센서원리 및 응용기술

정용택 저

JINSAEM
진샘미디어

센서 기술은 최근 반도체 기술의 결합으로 소형화, 저전력화, 디지털화가 되면서 응용 분야는 급속히 확산되고 있다. 스마트폰과 자동차에 각종 센서가 장착되어 운영되고 있으며, 공장 자동화 분야에서도 수많은 센서들이 계측 및 제어분야에서 활용되고 있다. 에너지 관련한 스마트그리드 분야에서도 공조 및 전등 제어 시스템에 센서가 활용되고 있다. 그리고 기지국에 설치된 일기 예보용 시스템인 온도, 습도, 풍향, 압력계 등에도 각종 센서가 장착되어 운용되고 있다. 또한 차세대 미래 성장 동력으로 꼽히고 있는 사물인터넷(Internet of Thing, 줄여서 IoT) 분야가 최근 큰 관심을 받고 있는데, IoT의 핵심기술은 바로 센서를 통해 수집된 데이터를 인터넷 상에서 제어하는 기술이다. IoT 기술은 약 10 여년 전에 “언제, 어디서나, 존재한다”라는 뜻의 라틴어인 유비쿼터스(ubiquitous) 기술과 일맥상통한 기술로, 유비쿼터스와 IoT의 공통 기반 기술은 바로 센서 기술이다. 현재 IoT 기술이 가장 많이 활용될 것으로 예상되는 분야 중의 하나로 스마트홈(smart home), 헬스케어(healthcare), 웨어러블(wearable) 분야로 보고 있으며, 센서를 이용한 가전기기 제어, 가스밸브 차단, 원격 검침, 그리고 스마트 자동차 분야 등 생활전반으로 확대될 것으로 예상하고 있다.

센서는 인간의 오감과 유사하게 센서 주변의 환경을 감지하는 역할을 한다. 시각센서의 경우, 정지해 있거나 움직이는 물체의 크기를 감지할 수 있으며, 색상 정보와 형태 정보도 감지한다. 이런 정보로부터 얼굴을 촬영하면 누가 누구인지 인식을 할 수 있다. 매우 많은 군중 속에서 얼굴을 촬영하여 찾고자 하는 사람을 자동으로 추적이 가능하다. 그러나 인간의 눈은 한정된 동작 범위를 가지고 있다. 즉 전자기파 스펙트럼에서 가시광선 영역만 볼 수 있다. 가시광선은 파장으로 보면 보라색인 410nm부터 빨간색인 750nm 영역으로, 자연계에 존재하는 전자기파 스펙트럼에서 가시광선은 매우 협소한 영역으로 인간의 눈은 자연에 존재하는 매우 일부분만 보고 판단하고 있다. 청각도 이와 비슷하다. 한정된 주파수 영역에서의 인식 능력은 매우 뛰어나지만, 들을 수 있는 범위는 가청 주파수 영역인 20Hz ~ 20kHz 영역에만 국한되어 있으며, 박쥐와 같은 동물들이 활용하는 초음파 영역에 대해 인간은 감지를 하지 못한다. 이처럼 사람의 오감은 한계가 있지만, 센서 기술을 이용하면 사람이 감지할 수 없는 영역도 감지할 수 있다.

저자는 센서 분야만 약 30년간의 R&D 경험을 바탕으로 적외선 센서, 물리보안용 센서, 온도 센서, 유체역학 센서, IoT용 센서 등에 대한 기술서적을 저술한 경험이 있다. 그 동안 저술한 책의 내용 중에서 센서 기술에 입문하는 학생 또는 직장인들에게 기초적인 동작 원리 및 응용 중심으로 재정리하였다. 이 책은 크게 두 Part로 구성하였다. Part Ⅰ에서는 기본 센서의 동작 원리를 다루었다. 원리를 알면 이를 활용할 수 있는 분야는 무궁무진하므로 기본 센서의 원리를 이해하는데 초점을 두고 있다. 이를 위해 센서 종류별로 원리에 대해 체계적으로 정리를 하였다. 각 chapter의 마지막 부분에 별도의 "생각해 봅시다"라는 코너를 추가하였으며, 여기에는 본문에서 다룬 내용을 복습하고, 내용상 중급 이상의 과정에 필요한 내용을 일부 추가하였다. Part Ⅱ에서는 기본 센서를 활용하여 특수 목적용으로 센서를 복합화하여 활용할 수 있는 응용 분야에 대해 다루었다. 물리보안, 공기질과 수질과 관련된 환경 모니터링, 비접촉식 거리 측정 방법, 생체인식 기술, 자동차에 적용된 센서 기술, 바이오 센서 등에 센서가 어떻게 적용되는지 정리하였다.

책의 말미에 센서를 제대로 활용하기 위해서는 센서 출력 신호를 전송하는 근거리 무선 통신 기술이 필수적인데, 센서 기술에 가장 많이 사용되고 있는 통신 기술에 대해 별도로 정리를 하였다. 센서가 많이 사용되고 있는 제어계측, 로봇, 사물인터넷, 자동차 등의 분야를 전공하는 학생들이 본 책을 통해서 센서에 대한 이해도를 높이고, 각 분야에서 센서 전문가가 되기를 바란다. 센서를 활용한 실험 내용은 별도로 다루지 않았다. 그 이유는 최근 아두이노를 활용한 교재들이 매우 많이 나와 있기 때문에 실험을 하고자 하면 이와 같은 아두이노 교재를 참고하는 것을 권장한다. 참고로 이 책에서 사용된 전문적인 용어의 한글 번역은 한국물리학회지에서 발행한 물리학용어집을 기초해서 번역을 하였으나, 일부 생소한 용어들은 외국어의 발음을 기초로 한글로 옮긴 부분도 있으니 독자 분들의 양해를 구하는 바이다.

2017년 7월
저자

CONTENTS

PART 1 기본 센서 동작 원리

PART 1

기본 센서 동작 원리

Chapter 01

센서의 물리적 개념

1.1 센서 개요

센서(sensor)란 "신호 또는 자극에 따라 반응을 하는 소자"로 정의된다. 이 정의는 상당히 넓은 의미를 포함하고 있다. <그림 1-1>과 같은 수위 제어 시스템을 생각해 보면, 운영자는 밸브를 조작하여 탱크에 있는 유량의 레벨을 조절할 수 있다. 만약 제어를 하지 않게 되면, 탱크에 있는 물은 넘쳐 흐르거나 말라버릴 것이다. 적절히 제어하기 위해서 운영자는 탱크 속에 있는 수위에 대한 정보를 수시로 확인을 해야 한다. 이 예제에서 수위 정보는 센서에 의해 획득되는데, 여기에는 두 가지 중요한 사항이 포함되어 있다. 운영자의 눈으로 탱크 위에 있는 튜브를 관찰하는 것인데, 이러한 정보는 시신경을 통한 전기적인 반응으로 나타난다. 튜브관찰 자체는 센서가 아니며, 눈 또한 엄밀한 의미에서는 센서가 아니다. 이 두 가지 성분이 합쳐진 조합이 좁은 의미에서 센서라고 하며, 유량 레벨에만 선택적으로 민감한 것이다. 만약 튜브관찰이 적절히 디자인되어 있다면, 수위 변화에 매우 빨리 반응을 하게 된다. 즉, 센서는 빠른 반응 응답 특성을 가지게 된다. 만약 튜브의 내측 직경이 주어진 유체의 점성에 비해 매우 작다고 하면, 튜브 내에 있는 레벨은 탱크 내의 수위보다 일정시간이 지난 후에 관측되게 된다. 만약 예측하여 미리 제어를 하지 못하면

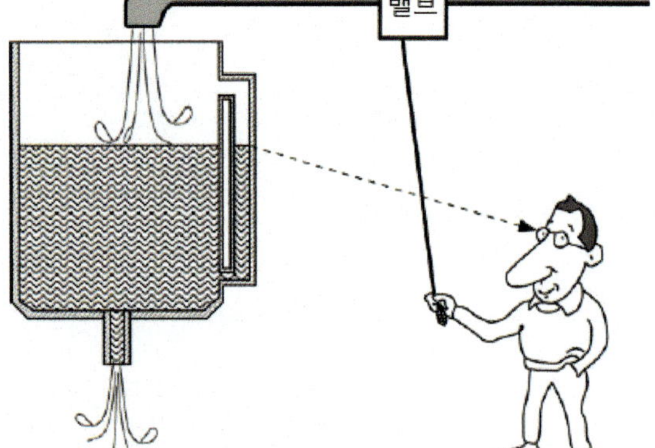

▲ 그림 1-1 사람 눈에 의한 수위 조절 시스템

정해진 수위를 넘어갈 수 있으므로 이런 경우에는 센서의 위상 특성도 고려해야 한다. 어떤 경우에는 지연되는 정도가 받아들일 수 있는 수준인 반면, 어떤 경우에는 보다 더 좋은 튜브관찰 디자인이 필요해지게 된다. 그러므로 센서의 성능은 데이터 수집 시스템의 한 부분으로 고려되어야 한다.

센서는 자연적인 것과 인공적인 것으로 구분될 수 있다. 생물체에서 발견되는 것과 같은 자연적인 센서는 전기화학적인 특성을 가진 신호로 대개 반응을 한다. 즉, 신경섬유 내에서 이온전달과 같은 본성에 기초로 하고 있다. 그러나 인공적인 소자들은 정보를 전자들의 흐름을 통한 전기적인 신호로 전달된다. 인공적인 시스템 내에서 사용되는 센서들은 동일한 언어로 동작을 하게 되는데, 이 언어는 이온에 의한 전달이 아닌 전자들의 변위에 의해 전달되는 전기적인 특성이다. 그러므로 센서는 신경섬유 또는 전기화학적인 용액을 통하는 것이 아니고, 전선을 통한 전기적인 시스템과 연결되어 사용된다. 그러므로 좁은 의미에서 <그림 1-2>와 같이 “센서는 외부자극(stimulus)을 받아 전기적인 신호로 반응을 하는 소자”로 정의된다.[1]

외부자극의 입력에 따라 센서는 센서의 특성과 조건에 의해 전기적인 출력 신호 형태로 변하게 된다. 어떤 책에서는 감지 가능한 정량화된 특성이라는 동일한 의미를 가진 측정량(measurand)이라는 표현을 사용하기도 한다. 즉, 센서는 어떤 임의의 물리적인 입력(또는 외부자극)에 반응을 하여 전기회로에 적합한 전기신호로 변환시켜 주는 역할을 한다. 어떤 의미에서는 비전기적인 값을 전기적인 값으로 변환시켜 주는 것을 센서라고 정의하기도 한다. 여기서 “전기적”이라는 것은 전기회로 내에서 분배되고, 증폭되고, 변환이 가능한 신호를 의미한다. 따라서 센서의 출력신호는 전압, 전류, 또는 전하량의 형태를 가지고 있으며, 또한 이러한 신호들은 증폭, 극성, 주파수, 위상 또는 디지털 신호의 형태로도 표현이 가능하다. 이러한 특성의 세트를 출력 신호 포맷이라 부른다. 그러므로 센서는 입력 특성과 전기적인 출력 특성을 가지고 있다.

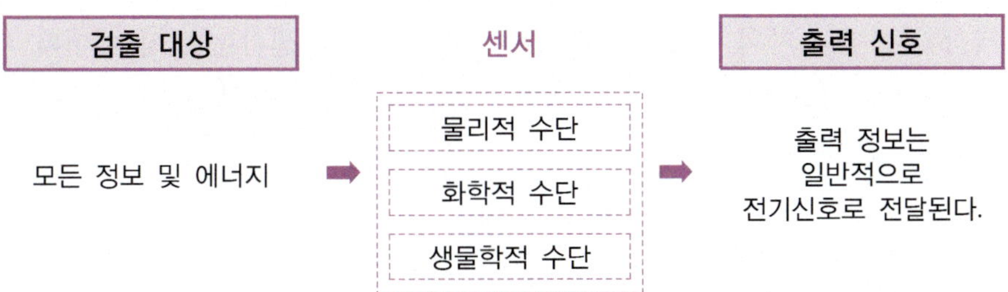

▲ 그림 1-2 센서의 정의

1. Chapter 1, “Handbook of Modern Sensors”, Jacob Fraden, 4th Edition, Springer

센서와 트랜스듀스(transducer)를 종종 혼돈하여 표현하는 경우가 있다. 트랜스듀스는 에너지의 한 형태를 다른 형태로 변환시켜 주는 것을 의미하며, 센서는 에너지의 한 형태를 전기적인 에너지로 변환시켜 주는 것으로 구분된다. 스피커는 트랜스듀스로 분류되는데, 이것은 전기적인 신호를 자기적인 신호 형태로 변환시켜서 최종적으로 음파의 형태로 바꾸어 주는 방식이다. 이것은 센서가 전기적인 출력을 내는 것과는 전혀 다르다. 트랜스듀스는 다양한 시스템에서 액추에이터(actuator)로 사용되기도 한다. 액추에이터는 센서와는 반대되는 개념을 가진 것이며, 전T기적인 신호를 비전기적인 에너지로 변환시켜 주는 역할을 한다. 예를 들면, 전기모터가 대표적인 액추에이터인데, 전기모터는 전기적인 에너지를 역학적인 에너지로 바꾸어 준다.

트랜스듀스는 <그림 1-3>과 같이 복잡한 센서의 한 부분에 해당한다. 예를 들어, 어떤 두 개의 부분으로 이루어진 화학센서에서 하나는 화학적 반응의 에너지가 열로 변하는 부분(트랜스듀스)과 열을 전기적 신호로 변환시키는 서모파일 부분으로 이루어져 있다고 하면, 이 두 개의 조합으로 화학적 시약에 대응하여 전기적 신호로 출력하는 하나의 화학센서가 되는 것이다. 즉, 상당수의 센서들은 최소한 하나의 직접형 센서와 여러 개의 트랜스듀스로 구성되어 있다. 직접형 센서는 에너지 변환을 직접 전기적 신호를 생성 또는 변환시킬 수 있는 물리적인 효과와 관련된 소자이다.

요약하면, 센서에는 직접형과 혼합형의 두 가지 형태가 있다. 직접형 센서는 외부자극을 전기적 신호로 변환하거나 적절한 물리적인 효과를 이용하여 전기적인 신호로 변환하는 소자이다. 반면에 혼합형은 직접형 센서 전단에 하나 또는 두 개 이상의 트랜스듀스를 포함하여 전기적인 신호를 출력하는 소자이다. 일반적으로 센서는 단독으로 동작하지 않는다. 다른 검출기, 신호 조절기, 신호 프로세서, 메모리 소자, 데이터 기록계, 액추에이터 등으로 이루어진 큰 시스템의 한 부분에 해당하는 것이 센서이다. 센서는 시스템 외부의 영향을 감지하기 위해 소자의 입력단에 위치하며, 외부자극의 변화에 대해 시스템에 신호를 전달하는 역할을 한다. 또한 시스템이 적절한 역할을 수행할 수 있도록 시스템 자체를 모니터하기 위한 소자의 한 부분으로 사용되기도 한다. 센서는 항상 데이터 획득 시스템의 한 부분으로 사용되며, 종종 이러한 시스템은 다양한 피드백 기구를 포함한 보다 큰 제어 시스템의 한 부분이기도 하다.

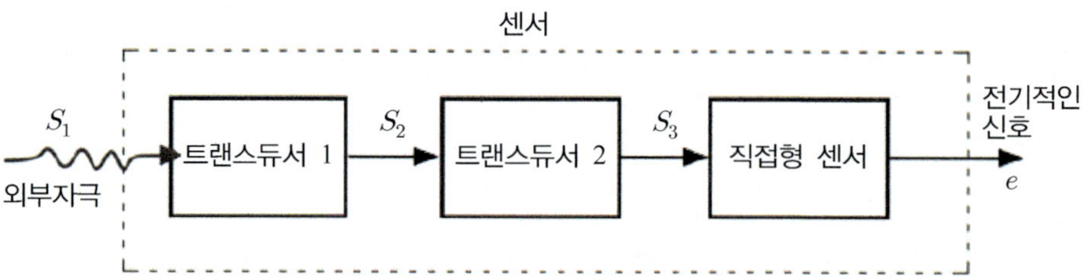

▲ 그림 1-3 여러 개의 트랜스듀스와 직접형 센서로 구성된 센서

센서의 종류가 매우 많기 때문에 센서를 분류하는 방법도 단순하지가 않다. 센서 분류는 간단한 방법부터 복잡한 방법까지 다양하다. 분류 목적에 따라 방법을 선택할 수 있는데, 일반적으로 센서는 다음과 같이 분류할 수 있다.

가) 모든 센서는 능동형(active)과 수동형(passive)인 두 종류로 나눌 수 있다. 수동형 센서는 어떤 부가적인 에너지원이 필요하지 않으며, 외부 자극에 대해 직접 전기적인 신호로 출력하는 센서이다. 즉, 입력된 외부지극 에너지기 센서에 의해 출력 신호로 변환된다. 서모커플, 포토다이오드, 압전센서 등이 수동형 센서에 해당한다. 능동형은 센서 쪽에서 임의의 신호를 내보내어 반사되어 오는 신호를 분석해서 감지하는 센서를 의미하며, 반면 수동형은 물체 자체에서 나오는 신호를 이용해서 감지하는 센서를 의미한다. 따라서 능동형은 송신부와 수신부가 함께 있으며, 부가적인 전원 및 회로가 필요한 단점이 있다. 반면, 수동형은 수신부만 있으면 되므로 회로구성이 간편한 장점은 있으나 잡음에 취약한 단점이 있다.
능동형 센서는 동작을 위해 여기신호(excitation signal)라고 하는 외부 전원(external power)을 사용한다. 여기신호는 센서에서 출력 신호를 만들기 위해 필요한 전원이다. 능동형 센서의 특성은 외부 효과에 반응하고, 이에 따른 변화량이 전기적인 신호로 변하기 때문에 능동형 센서를 때때로 파라미터형(parametric)이라 부르기도 한다. 이것은 센서의 파라미터들이 여기신호를 변조하고, 이렇게 변조된 측정값에 정보가 있다는 것을 의미한다. 예를 들면, 서미스터는 온도에 민감한 저항체이다. 이것은 어떠한 전기적인 신호를 생성시키지는 않지만, 서미스터에 전류를 흐르게 하면(여기신호), 서미스터의 저항을 전류 또는 전압에 의해 측정할 수 있다. 이러한 저항 변화로부터 전달함수를 이용해서 온도를 계산할 수 있다. 능동형 센서의 또 다른 예제로 저항성 스트레인 게이지를 들 수 있는데, 마찬가지로 센서의 저항을 측정하기 위해 외부에서 전류를 흘려야만 한다.

나) 선택된 기준점에 따라 센서를 절대적인 것과 상대적인 것으로 분류할 수 있다. 절대적 센서는 측정 조건에 무관하게 절대적인 물리적 크기에 따라 외부자극을 탐지하는 방식이다. 반면, 상대적인 센서는 몇 가지 특수한 경우와 관계된 신호를 출력하는 방식이다. 절대적인 센서의 예로 온도 센서인 서미스터를 들 수 있다. 서미스터의 저항은 절대온도 스케일과 직접 비례 관계에 있어 서미스터의 저항을 측정하면 절대온도를 바로 환산할 수 있다. 반면 서모커플(thermocouple, 다른 번역으로 '열전쌍'이라고도 함) 온도센서는 상대적인 센서이다. 서모커플은 온도에 따라 기전력이 발생하는 센서이지만, 기준점을 어디에 두느냐에 따라 기전력이

변한다. 현재 가장 많이 사용하는 방법은 얼음물이 있는 0℃를 기준으로 서모커플의 기전력을 측정하여 온도로 환산한다. 만약 표준점을 0℃가 아닌 다른 온도로 설정하게 되면 서모커플에서 나온 기전력은 다른 방법으로 온도를 환산해야 한다. 압력센서에도 절대적인 것과 상대적인 것이 있다. 절대압력은 압력 스케일이 완전히 제로인 진공을 기준으로 압력신호를 측정하는 것을 절대압력 센서라 하고, 제로 압력이 아닌 대기압을 기준으로 압력신호를 측정하면 상대적인 게이지 압력 센서가 된다.

다) 특수한 목적을 기준으로 센서를 분류하는 방법도 있다. <표 1-1>과 같이 센서 재료별로 금속, 반도체, 세라믹, 광섬유, 유전체, 고분자 등으로 구분할 수 있다. <표 1-2>와 같이 물리적인 변환현상에 따라 역학센서, 전자기 센서, 광센서, 온도센서, 화학센서 등으로 분류할 수 있다. 지금까지 개발된 센서의 종류가 매우 많기 때문에 센서 분류에 대한 기준은 아직 정해져 있지 않다. 따라서 각자 사용자의 입장에서 구분하기에 편한 방법을 사용하면 된다. 이런 관점에서 저자는 "센서물리학 개론"에서 오감을 기준으로 <표 1-3>과 같이 센서를 분류하는 방법을 제안하였다.[2] 크게 접촉식과 비접촉식으로 구분하였으며, 시각, 청각, 후각은 비접촉식 센서이고, 촉각과 미각은 접촉식 센서로 분류하였다. 예를 들어 압력센서는 물리적 변환현상 관점에서 보면 유체역학센서에 해당하고, 오감센서 기준에서 보면 촉각센서에 해당한다. 다양한 재료와 원리를 이용하여 유량과 압력을 측정하기 때문에 센서 재료별로 구분하는 것은 무리가 있다.

■ 표 1-1 센서 재료별 구분

재료	대표적인 센서
금속	RTD, 스트레인 게이지, 로드셀, 서모커플
반도체	홀 소자, 홀 IC, 반도체 압력센서, 포토다이오드, CCD, CMOS
세라믹	습도센서, 서미스터, 가스센서, 압전센서, 산소센서
광섬유	온도센서, 레벨센서, 압력센서, 변형센서
유전체	초전형 센서, 온도센서
고분자	습도센서, 압전센서
생체물질	바이오 센서

2. 정용택, "센서물리학 개론", 1장, 2013년 9월, 홍릉과학출판사

■ 표 1-2 물리적 변환현상에 따른 센서 분류

변환현상	대표적인 센서
역학센서	근접센서, 회전각센서, 레벨센서, 가속도센서, 진동센서, 하중센서, 압력센서, 유량센서
전자기 센서	홀센서, 홀 IC, 자기저항센서
광센서	포토다이오드, 적외선 센서, CCD, CMOS, 자외선 센서
온도센서	RTD, 서미스터, 서모커플
화학센서	가스센서, 습도센서, 이온센서

■ 표 1-3 오감(五感)에 해당하는 센서의 분류

형태	감각	오감	물리적인 검출 대상	해당 센서
비접촉	시각	눈	가시광	CCD, CMOS
			적외선	열화상카메라, 광증폭기
			마이크로웨이브	MRI, SAR
			X선	방사선 검출기
	청각	귀	가청 음파	마이크로폰, 스피커
			초음파	SONAR
			마이크로웨이브	레이더 센서, RFID
			광센서	적외선센서, 조도센서, 자외선센서, 가스화염센서
	후각	코	대기질, 일반가스	대기질센서, 가스센서
			화재	광전식/차동식/정온식
			온도	비접촉식 온도계
			가속도/각속도	가속도센서/자이로센서
접촉	촉각	피부	온도	열전대, 바이메탈, 광섬유센서
			습도	모발센서, 정전용량, 전기저항
			터치스크린	압저항, 정전용량, 초음파, 광학
			힘/압력	스트레인게이지, 탄성식, 전기식
			유량/레벨	유량센서, 레벨센서
	미각	혀	수질, 맛	수질 센서, 맛센서

센서의 종류가 매우 많기 때문에 정확한 시장규모를 추정하는 데에도 상당한 어려움이 있다. 몇 군데 기관에서 조사한 자료를 이용하면 정확하지는 않지만 어느 정도 시장규모를 추정할 수 있다. 2012년 지식경제부의 전자산업과에서 조사한 자료에 의하면, <표 1-4>에서 보듯이 2011년 센서의 세계 시장규모는 약 722억불(약 77조원)로 메모리 반도체의

■ 표 1-4 센서 시장 규모(단위 : 억불)

		2010년	2011년	2016년	2017년	성장률
Global Industry Analysts		463	497	721	767	7.4%
Business Communications Company		565	628	914	985	7.8%
지경부*	세계	642	722	1,148	1,200	9.4%
	국내	54	60	72	82	10.5%

시장규모인 685억불을 능가하는 규모 수준이다. 그리고 매년 10% 정도 성장할 것으로 예상하였으며, 2017년경에는 약 1,200억불(약 130조원)로 성장할 것으로 예상하고 있다. 이 중에서 국내의 센서시장은 전 세계 시장에서 약 7% 정도를 차지하고 있다.[3]

2011년 Yole사의 센서시장분석 보고서에 따르면 <그림 1-4>와 같이 2011년 센서의 세계시장 규모는 약 55조원 정도이며, 2020년경에는 약 80조원으로 급성장 할 것으로 예상하고 있다. 특히 반도체 기술의 하나인 MEMS 기술의 발달로 소형화, 경량화, 저가격화, 복합화가 가능해져 그 사용범위가 점점 더 확대될 것으로 보고 있으며, 그 중에서 바이오센서, 이미지센서, 압력센서, 유량센서 4가지 종류의 센서가 전체시장에서 약 60% 정도를 차지하는 것으로 분석되고 있다.[4] 국내 지경부에서 발표한 시장규모와 Yole사에서 발표한 자료 사이에 약간의 차이는 있으나 매년 급성장하고 있는 분야임에는 틀림없다.

센서시장 규모가 2010년에 약 55조원으로 다른 분야의 시장크기에 비해 매우 작다고 볼 수 있다. 그러나 스마트폰이나 자동차의 예에서처럼 비록 가격은 낮지만 첨단 센서가 장착되지 않으면 스마트폰과 자동차는 경쟁에서 뒤처지게 된다. 따라서 단순히 센서시장 규모만 보고 생각보다 작다고 판단하는 것은 큰 오해이다. 센서를 이용한 부가 시스템의 시장까지 같이 생각한다면 작게는 10배에서 1,000배 이상의 시스템 시장이 있으며, 또한 이러한 시스템을 이용한 서비스 시장까지 생각한다면 센서가 시장에 미치는 파급효과는 생각하는 이상의 규모로 확대해서 생각할 수 있다.

이미지, 동작, 소리, 빛, 열, 가스, 온도, 습도 등 주변의 물리적 · 화학적 · 생물학적 정보를 감지하여 이에 비례하는 전기적 신호로 출력하여 사용자에게 정보를 통신하는 모듈을 포함한 시스템을 '스마트센서 시스템(smart sensor system)'이라고 한다. 스마트센서 내부에는 외부의 물리적/화학적 자극에 대해 전기적 신호로 바꾸어 주는 센서와 센서에서 나온 아날로그 신호를 디지털 신호로 바꾸어주는 신호 프로세스부, 그리고 이들 부품에 전원을 공급해 주는 전원부, 신호 프로세스의 출력 신호를 외부 사용자에게 전달하고 통

3. 지식경제부, 전자산업과, "센서산업 발전전략", 2012년 12월 14일 보도자료
4. Yole사 "센서세계시장 보고서", 2010년

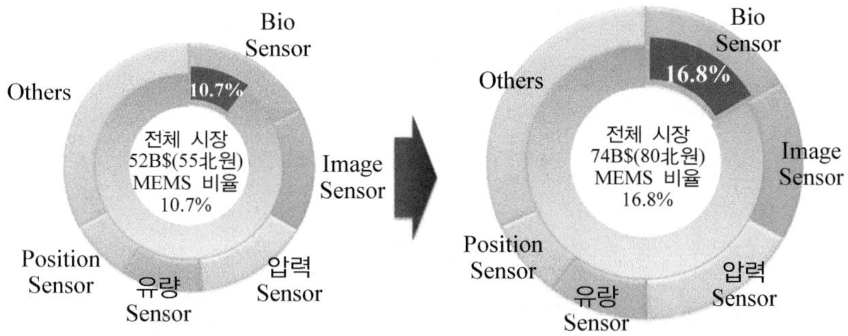

(a) 2011년 시장 규모 (b) 2020년 시장 규모

▲ 그림 1-4 센서 시장규모(Yole사 시장분석 보고서)

신을 할 수 있는 통신모듈로 구성되어 있다. 특히 통신모듈은 유선뿐만 아니라 무선(radio frequency, RF)으로 통신하는 기능으로 스마트센서에서 필수 기능이다. 특히 사물인터넷(I nternet of Things, IoT)에 사용될 스마트센서는 크기가 크면 부착하기 어려우므로 초소형이어야 하고 센싱모듈에 장착이 쉬워야 한다. 또한 센싱모듈은 궁극적으로 유선이 아닌 무선으로 연결될 것이기 때문에 배터리 교체시 발생하는 비용 문제로 인해 저전력화가 중요하다. 특히 스마트센서는 모듈화를 통해 어플리케이션에 장착이 쉬워야 한다. 예를 들어 센싱모듈 외에도 RF 송수신 기능과 여기에 필요한 안테나와 에너지 저장 등을 쉽게 적용할 수 있는 모듈화 기술이 필요하다. 따라서 스마트센서는 더욱 특화된 성능과 서비스 등으로 발전할 전망이다. <그림 1-5>는 스마트센서에 대한 개념을 도식화 한 것이다.

스마트센서의 가장 큰 기회는 분명 IoT 분야가 될 것이다. IoT는 우리 생활에 사용되는 다양한 디바이스에 스마트센서를 탑재해 네트워크를 통하여 관련 정보를 활용한다. IoT 뿐만 아니라 이미 다양한 분야에 스마트센서가 사용되고 있다. 자이로스코프센서는 가속도센서와 함께 모션 센서에 활용되는 대표적인 센서로 x, y, z 좌표로 움직이는 방향을 측정할 때 사용한다. 자이로스코프센서를 이용하면 스마트폰을 바닥에 놓고 있다 집

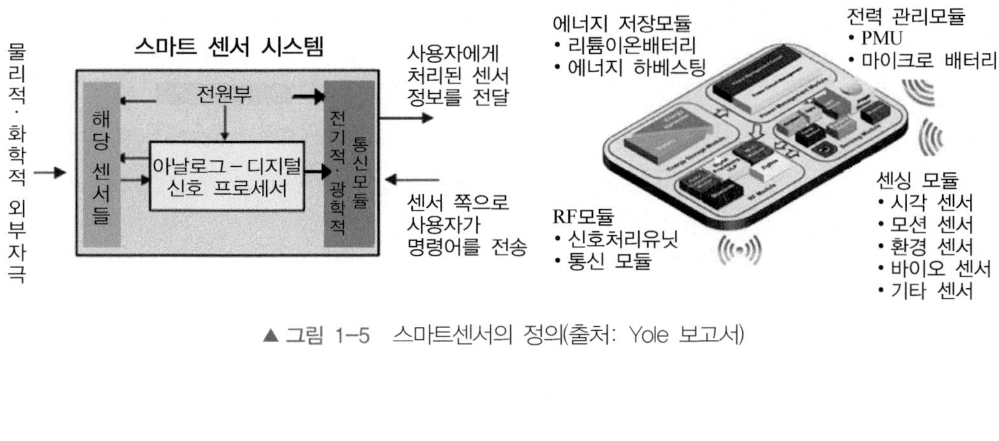

▲ 그림 1-5 스마트센서의 정의(출처: Yole 보고서)

어 올렸을 때 특정한 앱을 실행하거나 기능을 동작할 수 있다. 지자기센서는 지구의 자기장을 탐지해 방위각을 알 수 있는 센서로 위치 추적과 3차원 입체 게임 등의 용도로 사용되며 내비게이션 항법장치 등에 활용된다. 가속도센서는 이동하는 물체의 가속도나 충격의 세기를 측정하는 센서로 출력신호를 이용하여 물체의 가속도, 진동, 충격 등의 동적 힘을 측정하는데 사용된다. 가속도센서는 보통 자이로스코프센서와 함께 사용하여 물체의 움직임을 정확하게 모니터링 하는 용도로 사용된다. 광센서 또는 조도센서는 빛을 감지하여 이를 다시 처리하기 쉬운 양으로 변환하는 용도로 사용되며, 근접센서는 어떤 물체가 센서에 근접했는지 알 수 있으며 보통 스마트폰의 앞면에 위치하여 얼굴에 폰을 갖다 대는 것을 감지한다. <그림 1-6>은 대표적인 응용분야별로 사용되는 센서의 중요도를 레벨로 도식화 한 것이다. 사각형에 짙은 색이 많으면 그만큼 중요하다는 뜻이다.

시스코(Cisco)에서는 사물인터넷(Internet of Things, IoT)라는 용어 대신에 보다 더 확장된 개념인 만물인터넷(Internet of Everything, IoE)이라는 마케팅 용어를 제안하였다. 따라서 미래에는 <그림 1-7>에서 보듯이 기기들이 인터넷에 연결되어 기기의 모든 정보가 인터넷을 통해 클라우드 서버에 저장되며, 이렇게 저장된 엄청난 데이터를 빅데이터 분석기법으로 잘 활용하면 인공지능뿐만 아니라 새로운 분야의 가치사슬을 창조해 낼 것으로 기대하고 있다. 따라서 현재 시점에서 ICT의 빅4는 단연 IoT, 클라우드, 빅데이터, 모바일이라 할 수 있으며, 이것의 영문 첫글자를 따서 ICBM(IoT, Cloud, Big Data, Mobile)이라 부른다. IoT의 입장에서 보면 빅데이터, 클라우드, 모바일의 기술이 반드시 필요하며, 또한 빅데이터, 클라우드, 모바일의 발전은 IoT를 확산시키는데 필수적이다. 이러한 관점에서

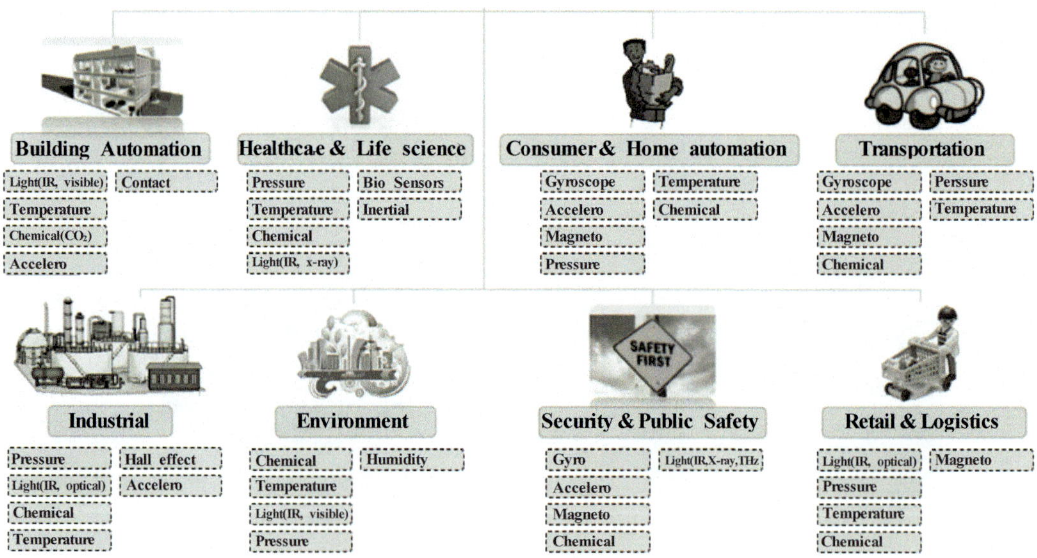

▲ 그림 1-6 각 응용분야 활용되는 센서의 활용정도(출처: Yole 보고서)

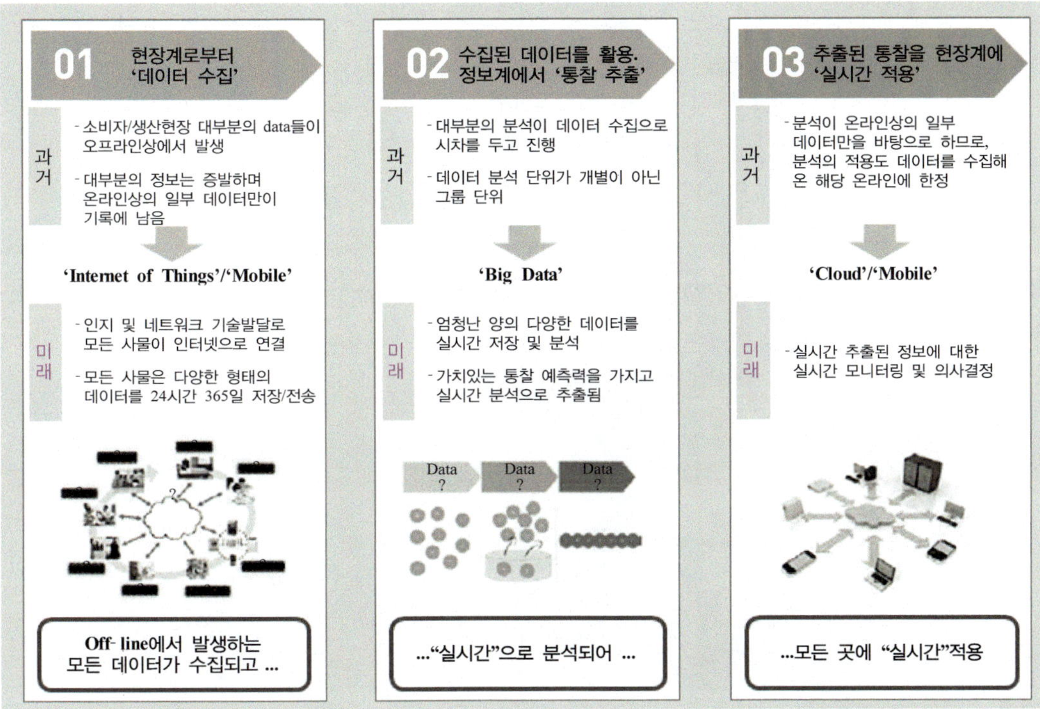

▲ 그림 1–7 제조업의 기술 트랜드(출처: 동아비즈니스 리뷰, 2014년 12월호)

보면 2020년까지 IoT가 발전하리라고 하는 데에는 이의가 없기 때문에 빅데이터, 클라우드, 모바일도 함께 발전할 것으로 예측된다.

IoT 관련된 기술을 한 마디로 정의하기는 어렵지만, 이 용어를 잘 표현한 것이 바로 <그림 1-8>이다.[5] 이 그림은 나무를 비유로 뿌리는 기초기술이며, 나무 기둥은 소프트웨어 기술이며, 열매는 다양한 응용분야인 서비스로 비유할 수 있다. 나무의 뿌리에 해당하는 기초기술은 센서, 프로세서, 무선통신 등 3가지 기술로 구분된다. 이 3가지 기술은 서로 따로 떨어져 있는 것이 아니고 항상 같이 붙어 다니면서 하나의 제품으로 만들게 되는데, 이것이 바로 스마트센서인 셈이다. 스마트센서는 나무 기둥에 있는 소프트웨어와 호환이 되기 위해서는 일종의 표준이 필요하다. 이러한 표준 플랫폼은 매우 다양하게 전개되고 있으며, 구글이나 시스코, 삼성 등과 같은 IT 대기업들에서 IoT의 표준 플랫폼 주도권을 잡기 위해 치열히 경쟁 중에 있다. 이러한 스마트센서가 장착된 대표적인 응용 분야가 <그림 1-9>와 같은 웨어러블 디바이스이다. 머리부터 발끝까지 신체 모든 부위에 착용할 수 있는 웨어러블 디바이스는 많은 응용 분야로 확대되고 있다.

5. iTers News, "Freescale, Oracle join forces to set a standard for IoT infrastructure", 2013.11.14

▲ 그림 1-8 사물인터넷 기술의 상호 연결성

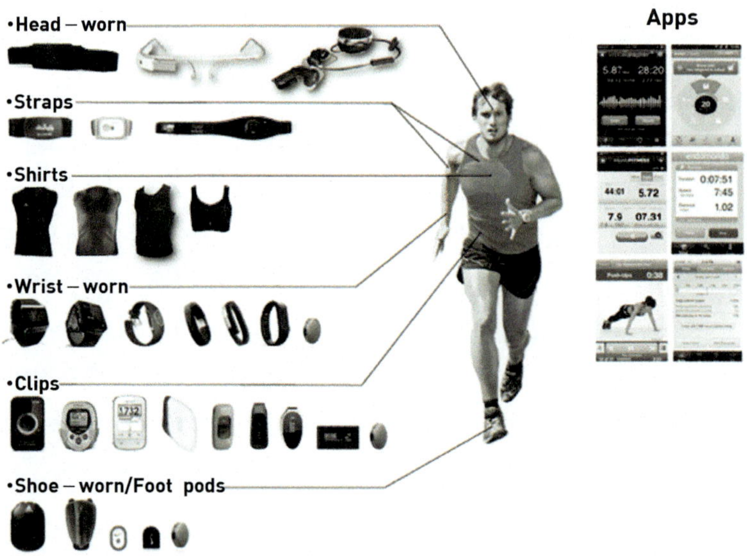

▲ 그림 1-9 스마트센서가 장착된 웨어러블 디바이스

1.2 센서 신호 특성

센서의 출력신호는 센서 내부 열적잡음과 외부의 각종 잡음에 의해 참값에 대해 어느 정도 오차를 포함하게 된다. 이때 이런 오차를 고려할 때 다음과 같은 3가지 기본적인 사양인 정확도(accuracy), 반복성(repeatability), 선형성(linearity), 측정범위(range) 등을 고려해야 한다.

1.2.1 정확도

정확도는 같은 조건에서 매번 측정할 때마다 같은 값으로 측정하는 능력을 의미하며, 계기가 알려주는 측정값(indicated value)과 참값(true value) 사이의 오차를 의미한다. 비율 정확도(rate accuracy) 또는 점 정확도(point accuracy)와 전체범위 정확도(full scale accuracy)는 다음과 같이 정의된다.

$$\text{비율 정확도} : \%\,\text{Error} = \frac{(\text{측정값} - \text{참값})}{\text{참값}} \times 100 \tag{1-1}$$

$$\text{전체범위 정확도} : \%\,\text{Error} = \frac{(\text{측정값} - \text{참값})}{\text{전체범위}} \times 100 \tag{1-2}$$

1.2.2 반복성

측정을 여러 번 실시하여 얼마나 동일한 측정값을 얻느냐 하는 것이 반복성이다. 정확도와 반복성의 개념은 <그림 1-10>과 같다. 반복성은 높으나 정확도가 낮은 경우, 정확도는 높으나 반복성이 낮은 경우, 둘 다 낮은 경우, 둘 다 높은 경우 등이 있을 수 있다. 기본적으로 반복성이 높다고 한다면, 교정을 통해 정확도를 높일 수 있다. 그러나 반복성이 좋지 않으면 기본적으로 정확도를 높일 수가 없다. 따라서 센서의 제일 기본 요건은 반

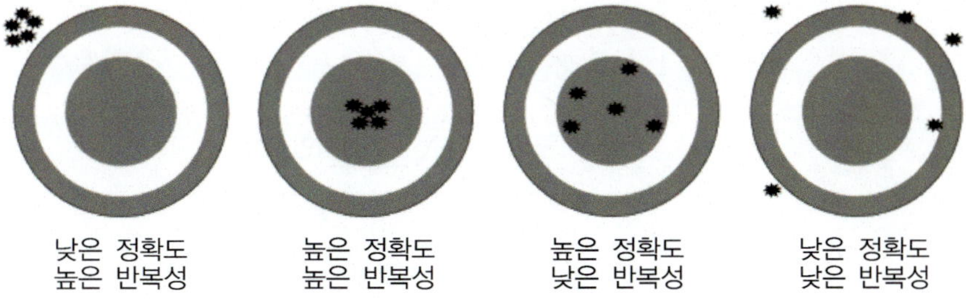

▲ 그림 1-10 정확도와 반복성의 개념

복성이 우수해야 하므로, 그림에서 앞에 2개의 경우가 바람직한 센서의 성능을 만족한다고 볼 수 있다.

1.2.3 선형성

몇 가지 참값에 대해 실제 측정된 측정값 사이에는 <그림 1-11>과 같이 약간의 오차가 발생한다. 이러한 상관관계를 선형성이라고 하며, 선형성이 우수하면 선형보간법으로 기울기를 계산하여 이상적인 경우로 가정할 수 있다. 그러나 선형성이 좋지 않으면 매우 복잡한 함수를 이용해야 한다. 센서의 측정값과 참값 사이의 함수근사식을 전달함수(transfer function)라 한다.[6] 센서로 측정한 값과 함수근사식으로 계산한 값을 비교함으로써 함수근사식이 얼마나 잘 일치하는지 알 수 있다. 만약 근사식이 선형함수와 같은 전달함수는 계산하기 쉽다. 그러나 센서로 획득한 데이터는 대부분 비선형적인 관계를 나타낸다.

그림의 결과를 이용해서 다음과 같이 가장 간단한 선형함수인 전달함수를 가정해 보자.

$$S = A + Bs \qquad (1\text{-}3)$$

여기서 A는 입력신호 s가 0인 경우 센서에서 출력되는 신호에 해당하며, 각 데이터의 기울기가 B이며, 이 기울기는 센서의 감도(sensitivity)를 의미한다. 즉 기울기가 크면 외부자극의 조그만 변화에도 센서가 인지할 수 있다는 것을 의미한다. 그리고 센서출력 S는 전기적인 값으로 센서의 특성, 신호 조건 및 회로에 따라 진폭, 위상, 주파수, 펄스폭

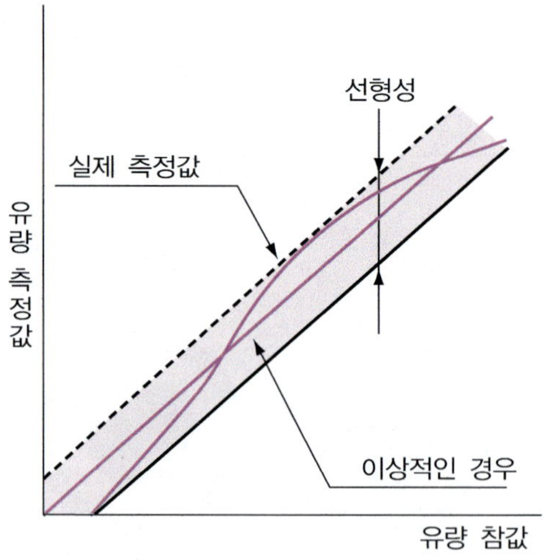

▲ 그림 1-11 센서의 선형성 개념

6. 정용택, "센서물리학 개론", 2장, 2013년 9월, 홍릉과학출판사

변조(pulse-width modulation, PWM), 디지털 코드 등의 형태로 출력된다. 식 (1-3)은 이상적인 전달함수인데, s 대신에 기준점인 입력 표준값 s_0을 사용해서 보다 실제적인 센서의 전달함수는 다음과 같이 쓸 수 있다. 이것을 옵셋(offset) 보정이라 한다.

$$S = S_0 + B(s - s_0) \tag{1-4}$$

여기서 S_0는 옵셋보정을 통한 초기 입력값에 해당한다. 식 (1-3)과 식 (1-4)와 같은 선형적인 전달함수를 가진 센서는 매우 드물지만, 많은 경우 다음과 형태의 전달함수를 가정해서 근사하는 방법을 사용한다. 그 대표적인 것이 다음과 같은 로그함수, 지수함수, 멱함수(power function) 등이다.

$$S = A + B\ln s\,,\ s = \exp\left(\frac{S - A}{B}\right) \tag{1-5}$$

$$S = A\exp(ks),\ s = \frac{1}{k}\ln\frac{S}{A} \tag{1-6}$$

$$S = A + Bs^k,\ s = \sqrt[k]{\frac{S - A}{B}} \tag{1-7}$$

위의 3가지 전달함수는 결정해야 할 변수도 작고 계산도 용이하기 때문에 비교적 간단한 전달함수에 해당한다. 따라서 결정해야 할 변수가 가급적 적을수록 편리하며, 센서의 교정을 위해서도 적은 비용이 든다.

센서의 전달함수가 일차함수와 같은 단순한 형태가 아니고 복잡한 경우도 있다. 이러한 복잡한 전달함수를 포현하기 위해 사용하는 방법이 다항식 근사법이다. 예를 들면 식 (1-6)의 지수함수는 다음과 같은 3차 다항식으로 근사시킬 수 있다.

$$S = A\exp(ks) \approx A\left(1 + ks + \frac{k^2}{2!}s^2 + \frac{k^3}{3!}s^3\right) \tag{1-8}$$

실제로 대부분의 센서 전달함수로 2차 또는 3차 다항식으로 근사시켜도 큰 무리가 없다. 따라서 식 (1-8)은 다음과 같이 쓸 수 있다.

$$\begin{aligned} S &= a_2 s^2 + b_2 s + c_2 \\ S &= a_3 s^3 + b_3 s^2 + c_3 s + d_3 \end{aligned} \tag{1-9}$$

식 (1-9)의 역 전달함수도 다음과 같은 근사식으로 사용한다.

$$s = A_2S^2 + B_2S + C_2$$
$$s = A_3S^3 + B_3S^2 + C_3S + D_3 \quad (1\text{-}10)$$

위 식의 계수 A, B, C는 a, b, c의 역으로부터 계산된 값이다. 만약 좀 더 정밀한 결과를 얻고자 한다면 보다 높은 다항식을 사용하면 된다. 대부분의 경우 외부자극의 일정 범위 내에서는 대부분 이차 다항식의 전달함수를 이용해서 계산해도 큰 문제가 없다.

1.2.4. 동적 범위

측정범위는 센서가 측정할 수 있는 하한과 상한 사이의 범위이며, 스판(span)은 상한과 하한의 차이로 숫자로 표시한다. 센서에 의해 측정할 수 있는 외부의 입력 동적범위(dynamic range)를 스판 또는 총 입력 범위(input full scale)라고 부르며, 오차를 허용할 수 있는 범위 내에서 외부에서 센서로 입력할 수 있는 최대의 값을 의미한다. 이 값은 보통 파워 또는 힘의 로그 레벨인 데시벨로 표시한다. 파워에 대한 데시벨의 정의는 파워의 로그 비율에 10을 곱한 형태이며 다음과 같다.

$$1\ \text{dB} = 10 \log \frac{P_2}{P_1} \quad (1\text{-}11)$$

유사한 방법으로 힘, 전류, 전압에 대해서는 10 대신에 20을 곱하여 다음과 같이 표시한다.

$$1\ \text{dB} = 20 \log \frac{S_2}{S_1} \quad (1\text{-}12)$$

데시벨은 음향센서와 같이 최소, 최대 출력값이 차이가 크게 날 때 사용하는 방법이다. 그러나 온도센서 또는 유량센서와 같이 최대, 최소 출력이 크게 차이가 나지 않는 경우에는 <그림 1-12>와 같은 최대 및 최소의 차이인 스판을 사용한다. 그림에서와 같이 임의의 온도센서의 하한 측정범위는 500℃, 상한 측정범위가 1,000℃라고 하면, 이 온도센서의 측정범위는 500℃ ~ 1,000℃라고 하며, 스판은 이 두 값의 차이인 500℃로 정의된다.

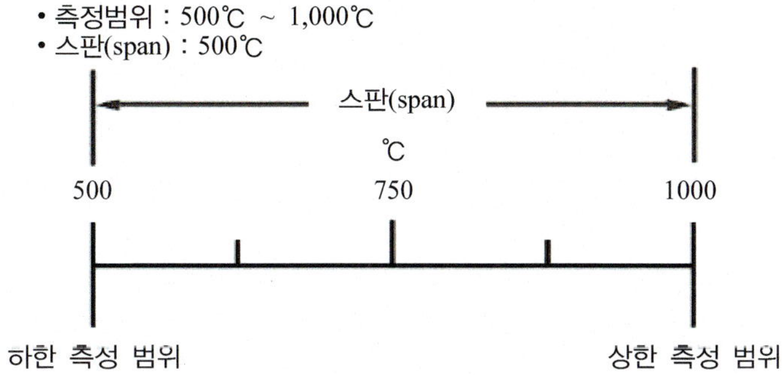

▲ 그림 1-12 측정범위와 스판에 대한 개념적 차이

1.3 SI 단위계

단위계의 필요성은 19세기 유럽에서 산업혁명이 확산되고 과학기술이 발전하면서부터 제기되었다. 이때까지만 해도 우리나라가 속해 있는 동아시아에서는 척관법을 사용하고 있었고, 영국과 미국에서는 피트/파운드법, 프랑스에서는 10진계인 미터법을 사용하고 있었다. 그러나 국가 간의 무역과 정보교류가 점점 늘어나면서 국가마다 서로 다른 체계의 단위를 사용하면 자기네들 단위로 다시금 일일이 환산해야 하는 불편함이 있었다. 그래서 국제사회에서 국제적으로 통일된 단위계의 필요성이 제창되었고, 이에 따라 각국의 과학자들이 모여서 어느 국가에서 사용하고 있는 단위가 가장 과학적이고 합리적인가를 논의하게 되었다. 그 결과, 여러 가지의 단위계 중에서 프랑스에서 사용하는 미터법이 가장 간결하고 합리적이라는 것에 의견일치를 보았고, 이에 따라 1875년 국제도량형총회(General Conference on Weights and Measures, CGPM)가 발족되었으며, 우리나라는 1959년에 가입하였다.

단위에는 크게 기본단위, 보조단위, 유도단위로 구분할 수 있다. 기본단위는 길이, 시간, 질량, 온도, 열량 등의 기본적인 물리 단위를 의미한다. 국제도량형총회에서 제정한 7가지 기본 물리량은 SI(국제 단위계, International System of Unit) 단위계로 <표 1-5>와 같다. 참고로 2007년 제23차 국제도량형총회에서는 과학기술발전에 따라, 기존에 정의되었던 SI단위를 재정의 하고자 하는 안건이 제출되었으며, 현재 사용 중인 SI단위 중 질량, 전류, 온도 및 물질량에 대해 새로운 정의를 적용하는 것을 주요 내용으로 하고 있으며, 현재 활발히 논의가 진행 중에 있다.[7]

7. BIPM 홈페이지, www.bipm.org/en/si/new_si/

■ 표 1-5 SI 표준 기본단위의 정의(출처: 한국표준과학연구원 자료)

물리량	이름	단위	정의(정의 년도)
길이	Meter	m	진공 속에서 빛이 1/299,792,458초 동안 진행한 거리(1983)
질량	Kilogram	kg	90% platinum + 10% iridium 표준기 (1901)
시간	Second	s	세슘 133 원자의 바닥상태에 있는 두 초미세 준위간의 전이에 대응하는 복사선의 9,182,631,770 주기의 지속 시간(1967)
전류	Ampere	A	무한히 길고 무시할 수 있을만큼 작은 원형 단면적을 가진 두 개의 평행한 직선 도체가 진공 중에서 1m 간격으로 유지될 때, 두 도체 사이에 매 미터당 2×10^{-7}N의 힘을 생기게 하는 전류 (1948)
온도	Kelvin	K	물의 삼중점을 기본 고정점으로 선정하고 이 고정점 온도의 1/273.16 (1967)
물질량	Mole	mol	탄소 12의 0.012kg에 있는 원자의 개수와 같은 수의 구성요소를 포함한 어떤 물질계의 물질량 (1971)
광도	Candela	cd	진동수 540×10^{12} Hz인 단색광을 방출하는 광원의 복사도가 어떤 주어진 방향으로 매 스테라디안(sr)당 1/683W일때 이 방향에 대한 광도 (1979)

보조단위는 기본단위 및 유도단위 앞에 십진배수 또는 분수로 표시한 접두어 형태의 <표 1-6>과 <표 1-7>과 같이 SI 단위계와 함께 사용이 허용된 단위를 의미한다. 시간의 단위를 초 뿐만 아니라 분, 시, 일을 사용할 수 있으며, 각도도 rad 대신에 도, 분, 초를 사용할 수 있으며, 부피의 단위로 리터를 사용하며, $1\ L = 10^{-3}\ m^3$가 된다. 네퍼는 유럽에서 많이 사용하는 단위인데, 전기회로 내에서 전압, 전류 또는 에너지의 감소량을 나타내는 감쇠상수를 나타낸다. 데시벨(dB)과 비교하면 1 Np = 8.686 dB이고, 1 dB = 0.1151 Np이다. 이 단위는 전기회로와 음향학에서 주로 사용된다.

유도단위는 <표 1-5>와 <표 1-7>에서 정의된 기본단위와 보조단위계를 기초로 하여 만들어진 단위로 대표적인 22개의 유도단위는 <표 1-8>과 같다.[8]

몇 가지 물리량에 대해 유도단위를 계산해 보면 다음과 같다. 속도는 물체가 단위 시간당 움직인 거리이므로 유도단위는 다음과 같다.

$$\text{속도의 단위} = \frac{\text{움직인 거리}}{\text{단위 시간}} = \frac{m}{s} = m/s \tag{1-13}$$

8. 국가표준기본법 시행령, 대통령령 제22534호, 2010.12.20. 공포, 시행

■ 표 1-6 국제단위계의 접두어인 보조단위

인자	기호 (접두어)	사용예
10^{24}	Y (yota)	
10^{21}	Z (zeta)	
10^{18}	E (exa)	
10^{15}	P (peta)	
10^{12}	T (tera)	
10^{9}	G (giga)	1 GPa = 10^9 Pa
10^{6}	M (mega)	1 MPa = 10^6 Pa, 1기압 = 1 at = 1 kgf/cm^2 ≒ 0.1 MPa
10^{3}	k (kilo)	1 km = 10^3 m
10^{2}	h (hecto)	1 hPa = 100 Pa = 1 mb
10	da (deca)	1 daN = 10 N ≒ 1 kgf
1		
10^{-1}	d (deci)	1 dℓ = 0.1 ℓ
10^{-2}	c (centi)	1 cm = 0.01 m
10^{-3}	m (milli)	1 mm = 0.001 m
10^{-6}	μ (micro)	1 μm= 10^{-6} m = 0.001 mm
10^{-9}	n (nano)	1 nm = 10^{-9} m = 10 Å
10^{-12}	p (pico)	
10^{-15}	f (femto)	
10^{-18}	a (ato)	
10^{-21}	z (zepto)	
10^{-24}	y (yocto)	

■ 표 1-7 국제단위계와 함께 사용이 허용된 보조단위

명칭	기호	SI 단위로 나타낸 값
분	min	1 min = 60 s
시	h	1 h = 60 min = 3600 s
일	d	1 d = 24 h = 86 400 s
도	°	1° = (π/180) rad
분	′	1 ′ = (1/60)° = (π/10 800) rad
초	″	1 ″ = (1/60) ′ = (π/648 000) rad
리터	L, l	1 L = 1 dm^3 = 10^{-3} m^3
그램	g	1 g = 10^{-3} kg
톤	t	1 t = 10^3 kg
네퍼	Np	1 (Np) = 8.686 dB
벨	B	1 B = (1/2) ln 10(Np)

가속도는 물체가 단위 시간당 속도의 변화량이므로 속도와 마찬가지로 가속도의 유도단위는 다음과 같다.

$$\text{가속도의 단위} = \frac{\text{속도의 변화}}{\text{단위 시간}} = \frac{\mathrm{m/s}}{\mathrm{s}} = \mathrm{m/s^2} \tag{1-14}$$

힘은 뉴턴의 운동 제2법칙에 의해 F = ma 로 주어지므로 힘의 유도단위는 다음과 같다.

$$\text{힘의 단위} = \text{질량} \times \text{가속도} = \mathrm{kg \cdot m/s^2} \tag{1-15}$$

그리고 압력은 단위 면적당 수직으로 가해진 힘을 의미하므로 P = F/A에서 [N/m^2] 또는 [$kg/(m \cdot s^2)$]이 되고, 이것을 파스칼(Pascal)이라고 한다. 그리고 에너지(W)는 힘이 지속적으로 가해져서 물체를 일정한 거리로 움직이게 한 것으로 W = F · s이며, 단위는 [N · m]가 되며, 이것을 줄(Joule)이라 한다.

무게와 질량을 흔히 혼동하는 일이 있는데 이는 구분해서 사용해야 한다. 물체에 작용하는 중력의 크기는 그 장소에서 그 물체의 무게라고 정의한다. 무게는 질량과 중력 가속도의 곱이며, 장소에 따라서 크기가 다르다. 그것은 중력가속도가 장소에 따라서 달라지기 때문이다. 그러나 질량은 위치에 따라 변하지 않는 물체의 고유한 값이며, 질량의 기본단위는 킬로그램(kg)이다. 이것은 1875년, 미터 조약에 의거해서 미터원기의 질량을 1킬로그램으로 하고 있다. 무게의 단위는 힘의 단위와 같은 뉴턴(킬로그램×미터/초^2)이라는 단위를 사용하지만, 질량과 지구 표면의 중력 배수(9.8kg/s^2=1G)와의 곱셈으로 표시한 "킬로그램 중"이란 단위가 사용된다. 예로서 장소에 따른 1kg 물체의 무게는 다음과 같다. 북극에서는 9.83 뉴턴(1.003 킬로그램 중), 적도에서는 9.78 뉴턴(0.997 킬로그램 중), 달의 표면에서는 1.63 뉴턴(0.167 킬로그램 중)으로 달에서는 지구에서의 약 6분의 1 무게에 해당한다.

미국에서는 길이를 meter(단위는 m), centimeter(단위는 cm), millimeter(단위는 mm) 대신에 feet(단위는 ft), inch(단위는 in) 단위를 주로 사용하며, 유럽에서는 yard(단위는 yd), mile(단위는 mile) 단위를 주로 사용한다. 무게 단위로 kilogram(단위는 kg)과 gram(단위는 g) 대신에 pound(단위는 lb), ounce(단위는 oz)도 사용되고 있다. inch는 엄지손가락의 너비에 해당하는 길이이며, feet 또는 foot는 발의 길이에서 유래한다. 여기서 meter, kilogram, second 단위를 [MKS] 단위계 또는 SI 단위계라 하고, centimeter, gram, second 단위를 [CGS] 단위계라고 하며, 미국에서 사용하는 feet, pound, second 단위를 [FPS] 단위계, 유럽에서 사용하는 yard, pound, second 단위를 [YPS] 단위라 한다. 기본 물리량에 따른 단위계의 상호 비교는 <표 1-9>와 같다.

■ 표 1-8 특별한 명칭을 가진 SI 유도단위

물리량	SI 단위			
	명칭	기호	단위	기본단위
평면각	radian	rad		$m \cdot m^{-1} = 1$
입체각	steradian	sr		$m^2 \cdot m^{-2} = 1$
진동수	Hertz	Hz		s^{-1}
힘	Newton	N		$m \cdot kg \cdot s^{-2}$
압력, 응력	Pascal	Pa	N/m^2	$m^{-1} \cdot kg \cdot s^{-2}$
에너지, 일, 열량	Joule	J	$N \cdot m$	$m^2 \cdot kg \cdot s^{-2}$
일률, 전력	Watt	W	J/s	$m^2 \cdot Kg \cdot s^{-3}$
전하량	Coulomb	C		$A \cdot s$
전위, 전위차, 기전력	volt	V	W/A	$m^2 \cdot kg \cdot s^{-3} \cdot A^{-1}$
전기용량	farad	F	C/V	$m^{-2} \cdot kg^{-1} \cdot s^4 \cdot A^2$
전기저항	ohm	Ω	V/A	$m^2 \cdot kg \cdot s^{-3} \cdot A^{-2}$
전기전도도	Siemens	S	A/V	$m^{-2} \cdot kg^{-1} \cdot s^3 \cdot A^2$
자기력선속	weber	Wb	$V \cdot s$	$m^2 \cdot kg \cdot s^{-2} \cdot A^{-1}$
자기력선속밀도	Tesla	T	Wb/m^2	$Kg \cdot s^{-2} \cdot A^{-1}$
인덕턴스	Henry	H	Wb/A	$m^2 \cdot kg \cdot s^{-2} \cdot A^{-2}$
섭씨온도	Celsius	℃		K
광선속	lumen	lm	$cd \cdot sr$	$cd \cdot sr$
조명도(광조도)	lux	lx	lm/m^2	$m^{-2} \cdot cd \cdot sr$
방사능	becquerel	Bq		s^{-1}
흡수선량	gray	Gy	J/kg	$m^2 \cdot s^{-2}$
선량당량	sicvert	Sv	J/kg	$m^2 \cdot s^{-2}$
촉매활성도	katal	kat		$mol \cdot s^{-1}$

■ 표 1-9 기본 물리량에 대한 단위계별 단위 및 기호

물리량	SI [MKS] 단위계		CGS 단위계		FPS 단위계	
	단위	기호	단위	기호	단위	기호
길이	meter	m	centimeter	cm	feet	ft
질량	kilogram	kg	gram	g	pound	lb
시간	second	s	second	s	second	s
온도	kelvin	K	degree Celsius	℃	degree Fahrenheit	°F
몰	kilogram mol	kg mol	gram mol	g mol	pound mol	lb mol

단위계에 따른 길이와 무게 단위 사이의 상관관계는 다음과 같다.

길이	무게
1 in = 2.54 cm	1 oz = 28.36 g
1 ft = 12 in = 12×2.54 cm = 30.48 cm	1 lb = 16 oz = 453.59 g
1 yd = 3 ft = 36 in = 91.44 cm	= 0.4536 kg
1 mile = 1760 yd = 1.609 km	

이들 단위계 사이는 환산인자(conversion factor)를 사용해서 변환할 수 있다. 즉, 새로운 단위 = 본래의 단위 × 환산인자 공식을 이용하면 된다. 대표적인 물리량에 대한 환산 결과는 다음과 같다.

SI 단위 × 환산인자 = FPS 단위			SI 단위 × 환산인자 = FPS 단위		
m	3.2808	ft	kJ	0.9478	Btu
kg	2.2046	lb	W	3.4121	Btu/hr
℃	1.8(℃)+32	°F	m/s	2.2369	mi/hr
m^2	10.7639	ft^2	m^3/s	35.3147	ft^3/s
m^3	35.3147	ft^3	kg/m^3	0.06243	lb/ft^3

이와 같은 방법을 적용하면 길이, 면적, 질량, 부피에 대해 <표 1-10>에서부터 <표 1-13>까지의 단위환산표를 만들 수 있다.

■ 표 1-10 길이 단위 환산표

단위	mm	cm	m	km	in	ft	yd	mile
mm	1	0.1	0.001	–	0.03937	–	–	–
cm	10	1	0.01	–	0.393701	0.032808	–	–
m	1000	100	1	0.001	39.3701	3.28084	1.09361	
km	–	–	1,000	1	–	3280.84	1,093.61	0.621371
in	25.4	2.54	–	–	1	0.083333	0.027778	–
ft	304.8	30.48	0.3048	–	12	1	0.33333	–
yd	914.4	91.44	0.9144	0.000914	36	3	1	0.000568
mile	–	–	1609.344	1.609344	–	5,280	1,760	1

■ 표 1-11 면적 단위 환산표

단위	cm^2	m^2	km^2	in^2	ft^2	yd^2	acre	mile2
cm^2	1	0.0001	–	0.155	0.001076	0.00012	–	–
m^2	10000	1	0.000001	1550	10.7639	1.19599	0.000247	–
km^2	–	1000000	1	–	–	–	247.105	0.386102
in^2	6.4516	0.000645	–	1	0.006944	0.000772	–	–
ft^2	929.03	0.092903	–	144	1	0.111111	0.000023	–
yd^2	8361.27	0.836127	–	1296	9	1	0.000207	–
acre	–	4046.86	0.004047	–	43560	4840	1	0.001562
$mile^2$	–	–	2.589987	–	–	–	640	1

■ 표 1-12 질량 단위 환산표

단위	kg	ton	lb	UK cwt	UK ton	US cwt	US ton
kg	1	0.001	2.20462	0.019684	0.000984	0.022046	0.001102
ton	1000	1	2204.62	19.6841	0.984207	22.0462	1.10231
lb	0.453592	0.000454	1	0.008929	0.000446	0.01	0.0005
UK cwt	0.453592	0.000454	112	1	0.05	1.12	0.056
UK ton	1016.05	1.01605	2240	20	1	2204	1.12
US cwt	45.3592	0.045359	100	0.892857	0.044643	1	0.05
US ton	907.185	0.907185	2000	17.8571	0.892857	20	1

■ 표 1-13 부피(용량) 단위 환산표

단위	cm^3	m^3	ℓ	in^3	ft^3	yd^3	UK gall	US gall
cm^3	1	–	0.001	0.061024	0.000035	–	0.00022	0.00026
m^3	–	1	1000	61023.7	35.3147	1.30795	219.969	264.172
ℓ	1000	0.001	1	61.0237	0.035315	0.00131	0.21997	0.26417
in^3	16.3871	0.000016	0.016387	1	0.000579	0.000021	0.003605	0.004172
ft^3	28316.8	0.028317	28.3168	1728	1	0.037037	6.22883	7.48052
yd^3	764555	0.764555	764.555	46656	27	1	168.1784	201.974
UK gall	4546.09	0.004546	4.54609	277.42	0.160544	0.005946	1	1.20095
US gall	3785.41	0.003785	3.78541	231	0.133681	0.004951	0.832674	1

맛있게 생각해 봅시다!

1 비행기가 2,200 ft/s의 속도로 날아가고 있다고 하면, 이 비행기의 속도를 km/hr 단위로 환산해 보면 어떻게 되나요?

2 질량 m = 1kg이고, 무게가 W = 10kgf라고 하면 중력가속도 g는 얼마인가요?

3 스마트폰에는 많은 센서가 탑재되어 있다. 이 중에서 스마트폰을 얼굴 근처에 갖다 대면 화면이 꺼지는 기능이 있다. 이것은 근접센서를 이용한 것이다. 근접센서의 동작원리에 대해 설명하시오.

4 스마트폰에 장착되어 있는 근접센서를 활용한 앱을 보기로 들어 설명하세요.

5 스마트폰의 기능 중에 커버를 덮으면 화면이 변하는 기능이 있다. 이런 기능을 삼성 갤럭시에서는 'S뷰 커버' 기능이라고 한다. 이 기능에 대해 설명하세요.

맛있는 풀이

풀이 1 이것은 다음과 같은 환산인자를 사용해서 계산할 수 있다.

$$\frac{2200\,\mathrm{ft}}{\mathrm{sec}} \times \left(\frac{3.2808\,\mathrm{m}}{\mathrm{ft}}\right) \times \left(\frac{\mathrm{km}}{10^3\mathrm{m}}\right) \times \left(\frac{3600\,\mathrm{sec}}{\mathrm{hr}}\right) = 25{,}984\,\mathrm{km/hr}$$

풀이 2 뉴턴의 운동 제2법칙에서 무게 W = mg이므로, 중력가속도 g = W/m이 된다. 여기서 무게와 질량은 차원이 다르므로 통일을 해야 한다. 두 단위의 변환관계는 1 kgf = 9.8N이므로, W = 10kgf = 98N이 된다. 따라서 중력가속도 g는 다음과 같다. g = W/m = 98 [N]/1 [kg] = 98 [kg · m/s^2] / 1 [kg] = 98 [m/s^2]

풀이 3 근접센서는 기술적으로 적외선을 이용한 광전방식, 전자기 유도 원리를 이용한 전자기 유도방식, 자기장의 변화를 감지하는 자기방식, 전기용량의 변화를 이용한 정전용량방식 등이 있다. 현재 근접센서로 가장 많이 사용되는 방식은 광전방식이며, 정전용량방식은 미래의 스마트폰에 적용될 것으로 예상하고 있다. 전자기 유도방식은 오작동이 없다는 장점은 있으나 금속성 물체만 인식하는 것이 단점으로 지적되고 있어 다양한 용도로 사용하기에는 부족한 점이 있다. 자기방식도 오작동이 없다는 장점은 있으나 매우 짧은 거리에 있는 자석만을 감지하는 단점이 있다. 그래서 자기방식은 스마트폰 내부에 홀센서를 이용하여 플립커버 내부의 자석이 가까이 온 것을 감지하여 닫힘 여부를 판단하는 용도로 사용되고 있다.

광전방식은 스마트폰의 전면부 상단에 위치해 있으며, 단순한 원리와 안정된 동작, 그리고 포토다이오드가 조도센서 역할까지 겸해서 할 수 있다. 화면 밝기를 자동 조절하기 위해 사용하는 것이 RGB센서인 조도센서인데, 광전방식은 근접센서 하나로 두 가지 기능을 동시에 수행이 가능한 장점이 있다. <그림 1-13>과 같이 적외선 LED에서 적외선(엄밀하게 말하면 근적외선의 빛으로 빛의 파장은 일반적으로 850nm, 880nm, 940nm 중에서 상황에 맞게 사용함)이 투과창을 통해 빛이 나오게 되고, 근접한 물체가 있으면 적외선이 물체 표면에서 반사되어 수광부의 투과창을 통해 포토다이오드 쪽으로 적외선이 입사하게 되며, 이때 포토다이오드의 전기적 출력(전류 또는 전압)은 반사되어 온 빛의 세기에 비례하게 된다. 일정한 값 이상의 전기적 출력이 나오게 되면 물체가 근접했다고 판단하게 되는 단순한 동작 원리이다. 여기서 적외선을 사용하는 이유는 항상 태양과 같은 가시광선의 외부 광원이 포토다이오드 쪽으로 입사하고 있기 때문에 이와 같은 신호로 인한 오작동을 줄이기 위해 적외선을 사용한다. 그러나 적외선 LED와 포토다이오드를 구동해야 하는

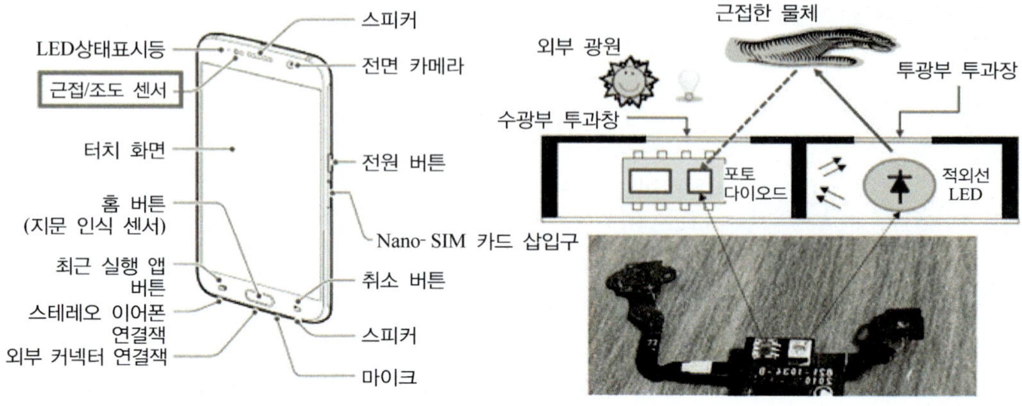

▲그림 1-13 광전방식 근접센서의 동작 원리

높은 전력 소모량과 이물질이 투과창 표면에 쌓이게 되면 오동작의 가능성이 있으며, 근접한 물체의 표면 상태에 따라 적외선의 반사량이 달라 오동작 할 가능성이 있는 것이 단점이다. 이러한 단점을 보완할 수 있는 방법이 정전용량방식이며, 이 방식의 채용에 대해서도 스마트폰 제조사에서 적극 검토 중에 있다. 이 방식은 전기장의 변화를 측정하는 것인데, 스마트폰의 다른 부품에 전자기적인 간섭 문제가 있어 아직 채용이 보류되고 있다.

풀이 4 전화가 걸려왔을 때 스마트폰 화면 위로 손바닥을 스치기만 하면 바로 통화모드를 유지할 수 있는 것도 근접센서를 이용한 대표적인 움직임 감지 기능이다. 또한 운동앱인 푸쉬업(Push Ups)은 근접센서를 활용해 팔굽혀펴기를 한 횟수를 자동으로 측정해 준다. 이 앱은 팔을 굽혀 신체가 근접센서 근처로 가까이가면 몸이 아래로 내려왔다고 인식하고, 팔을 쭉 펴서 근접센서에서 멀어지면 신체가 위로 올라갔다고 인식을 하여 팔굽힌 횟수를 자동으로 측정하고 관리하도록 해 준다.

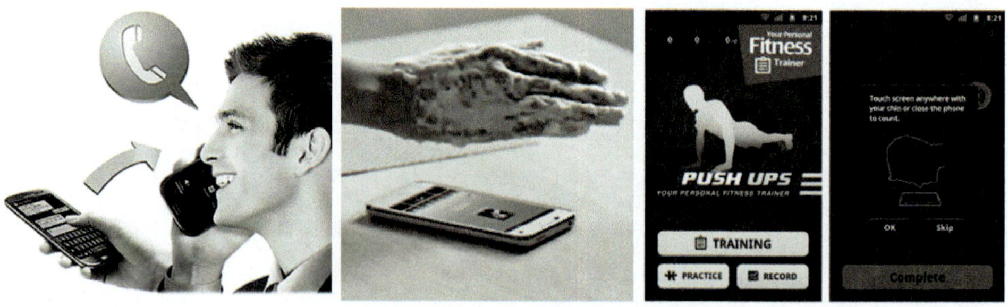

▲그림 1-14 스마트폰 근접센서를 활용한 다양한 응용

풀이 5 뷰 커버로 스마트폰을 덮으면 투명창을 통해 배터리 잔량, 통신상태 등 상단 표시바의 정보는 물론 문자수신여부 및 날짜와 시간을 확인할 수 있다. 이런 기능은 삼성 갤럭시S4에 제일 먼저 도입이 되었고, 이후 LG G2 스마트폰에도 이와 유사 기능인 '퀵윈도우 케이스'라는 이름으로 출시되었다. S뷰 커버의 내부에는 미세한 자기장을 가진 자석이 내장되어 있으며, 커버가 열려 있을 때는 자석이 홀센서로부터 멀리 떨어져 있어 홀센서에 아무런 영향을 미치지 못한다. 커버를 닫게 되면 자석과 홀센서 사이의 거리가 가까워져 홀센서가 자석을 감지하게 되어 커버가 닫힌 것을 인식하여 디스플레이 화면을 투명창의 화면 모드로 전환하게 한다. 이것은 간단한 실험으로 확인이 가능하다. <그림 1-15>와 같이 커버를 연 상태에서 자석을 그림의 위치에 갖다 대면 커버를 닫지 않아도 디스플레이의 전체 화면이 투과창 화면 모드로 변경되는 것을 확인할 수 있다. 그러므로 커버의 오른쪽 하단 내부에 자석이 숨겨져 있다는 것을 알 수 있다. 자석을 가지고 커버 표면 위를 움직이면 다른 위치에서는 당기는 것을 느끼지 못하지만, 자석이 있는 위치인 오른쪽 하단에서는 자석이 붙는 것을 느낄 수 있다. 그림에 있는 홀센서의 위치는 삼성의 갤럭시 노트4 이며, 그 위치는 모델과 제조사마다 다를 수 있다.

▲ 그림 1-15 근접센서인 홀센서를 응용한 S뷰 커버 원리

Chapter 02

광 센서

2.1 광 센서 개요

광센서는 인간이 눈으로 감지할 수 있는 가시광선 영역을 중심으로 X-선, 자외선 및 적외선과 같은 광신호를 감지하여 <그림 2-1>과 같이 전기적인 신호로 검출하는 소자로 정의된다. 이에 반해 LED는 광센서와 반대로 전기적인 신호에 의해 빛을 방출하는 소자이다. 따라서 이와 같이 빛에 의해 전기적인 신호인 광전류를 발생하는 소자를 광센서라고 한다. 파장으로 보면 적외선은 1,000μm ~ 0.75μm, 가시광선은 0.75μm ~ 0.38μm, 자외선은 380nm ~ 1nm, X-선은 1nm ~ 10^{-3}nm 이므로 대략 1,000μm부터 10^{-3}nm 사이의 파장에 해당된다. 이러한 파장을 가진 전자기파는 가시광선과 같이 직진성, 반사 및 굴절의 특성을 가지고 있다.

광센서의 기본적인 동작원리는 광전효과(photoelectric effect)에 근간을 두고 있다. 광전효과는 1905년 아인슈타인에 의해 정립된 물리현상으로 <그림 2-2>와 같이 입사하는 빛의 에너지에 의해 금속판에 있는 전자가 에너지를 받아 음극판에서 탈출하여 양극으로 이동하여 전기전도에 기여한다는 효과이다. 이러한 광전효과에는 <표 2-1>과 같이 외부광전효과, 내부광전효과, 광이온화효과 등 3가지로 세분화 할 수 있다. 외부광전효과는 고체 표면에 적외선에서 자외선 영역의 빛이 조사되었을 때, 외부에 자유전자를 방출하는 현상이며, 초기 광전효과의 실험에서 관측된 내용이며, 주로 자외선 센서에 응용된다.

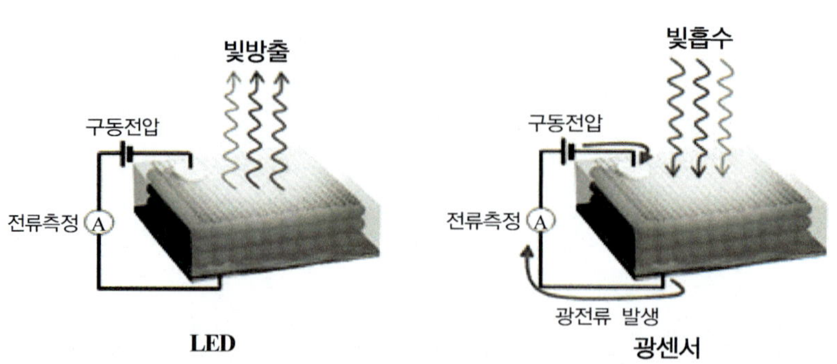

▲ 그림 2-1 LED와 광센서의 비교

내부광전효과에는 다시 광전도효과(photoconductive effect)와 광기전력효과(photovoltaic effect)로 구분되며, 광전도효과는 절연체 또는 반도체에 빛을 조사하면 가전도대 또는 불순물 레벨에 있는 전자가 광에너지를 흡수하여 전도대로 천이하여 자유롭게 움직일 수 있는 전자 또는 정공이 되어 전도도가 증가하는 현상이다. 광기전력효과는 pn 다이오드의 반도체에 빛을 조사하면, pn 반도체에서 만들어진 전자와 정공이 접촉전위차 때문에 분리되어 pn의 양쪽으로 전류가 발생하는 현상이며, 포토다이오드나 광전지에 응용된다. 마지막으로 광이온화효과는 알파선, 감마선 등과 같이 에너지가 높은 빛을 쪼였을 때, 기체 분자의 원자가 전자를 내놓으면서 이온화되는 현상이며, X-선 센서에 응용된다.

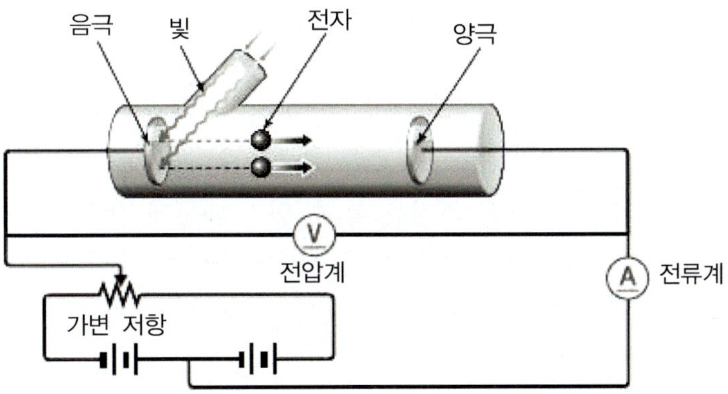

▲ 그림 2-2 광전효과의 개념도(출처: 윤제한의 물리교실)

■ 표 2-1 광센서에 응용되는 물리적인 효과

구분		원리
외부광전효과 (광전자 방출)		고체 표면에 적외선에서 자외선 영역의 빛이 조사되었을 때, 외부에 자유전자를 방출하는 현상이며, 초기 광전효과의 실험에서 관측된 내용이며, 주로 자외선 센서에 응용
내부 광전효과	광전도 효과	절연체 또는 반도체에 빛을 조사하면 가전도대 또는 불순물 레벨에 있는 전자가 광에너지를 흡수하여 전도대로 천이하여 자유롭게 움직일 수 있는 전자 또는 정공이 되어 전도도가 증가하는 현상
	광기전력 효과	pn 다이오드의 반도체에 빛을 조사하면, pn 반도체에서 만들어진 전자와 정공이 접촉전위차 때문에 분리되어 pn의 양쪽으로 전류가 발생하는 현상이며, 포토다이오드나 광전지에 응용
광이온화 효과		알파선, 감마선 등과 같이 에너지가 높은 빛을 쪼였을 때, 기체 분자의 원자가 전자를 내놓으면서 이온화되는 현상이며, X-선 센서에 응용

동작원리에 따른 광센서 분류는 <표 2-2>와 같다. 외부광전효과에는 광전관(photoelectric tube)과 광전자증배관(photomultiplier tube)으로 구분된다. 광전관은 진공으로 된 공간 속에 한 쌍의 음극(cathode)과 양극(anode)으로 이루어져 있으며, 높은 에너지의 빛이 입사하게 되면, 음극에 있는 전자가 광 에너지를 받아서 전자가 튀어나와 양극으로 흐르게 된다. 광량에 따라 흐르는 전류의 세기는 비례하게 된다. 광전도효과를 이용한 광전도(photoconductive) 센서에는 조도센서로 잘 알려진 CdS가 대표적이다. 광기전력효과는 pn 다이오드 구조를 이용한 센서이며, p층과 n층 사이에 존재하는 공핍영역(depletion region)의 영향으로 커패시턴스가 존재하게 되는데, 포토다이오드는 이러한 커패시턴스 효과가 크기 때문에 고속으로 동작하는 회로에는 부적합하다. 커패시턴스 효과를 줄이기 위해 공핍영역을 크게 만들 필요가 있는데, 이런 용도로 개발된 것이 PIN 다이오드이다. PIN 다이오드는 커패시턴스 효과가 작기 때문에 고속으로 동작하는 회로에 적합하며 주로 광통신용으로 사용된다. 광이온화효과는 매우 높은 에너지 영역에서 사용되며, 주로 X-선 검출용으로 사용된다.

이러한 광센서는 비접촉식으로 측정을 할 수 있기 때문에 접촉식 센서에 비해 수명이 긴 것이 특징이며, 대부분의 물체를 감지하는 것이 가능하다. 또한 빛을 이용하기 때문에 검출할 수 있는 거리가 긴 편이며, 빠른 응답속도 및 높은 분해능을 가진 것이 장점이다. 빛은 전자기장과 무관하기 때문에 지자기의 영향을 받지 않고 외부 환경에 관계없이 안정된 검출 특성을 보이는 특성을 가지고 있다. 그러나 측정 대상과 센서 사이에 빛의 투과를 방해하는 요인이 있으면 오차를 일으킬 수 있는 단점도 있다.

■ 표 2-2 동작원리에 따른 광센서 분류

동작원리	광센서		재료
외부광전효과	광전관(Photoelectric Tube)		Ag-O-Cs, Sb-Cs
	광전자증배관(Photomultiplier Tube)		Ag-O-Cs, Sb-Cs
내부광전효과	광전도효과	광전도센서	CdS, CdSe, PbS, PbSe
	광기전력효과	pn 포토다이오드	Si, Ge, GaAs, InGaAsP
		PIN 다이오드	Si, Ge, GaAs
		어밸런치 포토다이오드	Si, Ge, GaAs
		포토트랜지스터	Si, Ge, GaAs
		PSD(위치감지센서)	Si
	복합형	포토커플러, 포토인터럽터	LED-포토트랜지스터
광이온화효과	Ion Chamber, 비례계수기, Geiger-Muller Counter		

2.2 광전관 및 광전자증배관

광전자 방출효과는 진공 또는 가스 내에 놓여있는 금속이나 반도체에 빛을 조사할 때, 그 표면으로부터 진공 속으로 전자가 방출되는 현상을 말하며, 이때 방출되는 전자를 광전자(photo-electron)라고 한다. 금속-진공 계면에는 <그림 2-3>과 같이 정전하인 금속 이온과 부전하인 전자 사이에 형성된 전기 이중층이 전도전자에 대해서 전위장벽을 형성하고 있다. 금속내부의 전자가 이 전위장벽을 극복하고 진공으로 방출되는데 필요한 에너지를 일함수(work function)라고 한다. 금속에 일함수 또는 그 이상의 에너지를 갖는 빛이 입사하면, 전자는 전위장벽을 극복하고 진공 속으로 방출된다. <그림 2-3(b)>는 반도체의 에너지 준위를 나타내는데, 빛에 의해 가전자자대에 있는 전자가 전자친화력(χ)만큼 또는 그 이상의 높은 에너지 위치로 여기되면 진공 중으로 방출된다. 따라서 반도체에서 광전자 방출을 일으키는데 요구되는 문턱 광자에너지는 다음과 같다.

$$E_{th} = E_g + \chi \tag{2-1}$$

금속 중에 Cs의 일함수는 2.1 eV이며, 이 경우 0.59μm 이상의 긴 파장을 갖는 빛에 대해서는 광전자 방출효과가 나타나지 않으며, 화합물 반도체인 CsSb의 문턱 광자에너지는 2.05 eV이며, 주로 가시광선에 반응을 한다. 이러한 광전자 방출효과를 이용한 광전관(phototube)은 다른 센서에 비해 전류는 작지만 감도가 안정되고, 빛의 세기에 대해서 직선성이 좋기 때문에 정밀한 광량 측정에 사용된다.

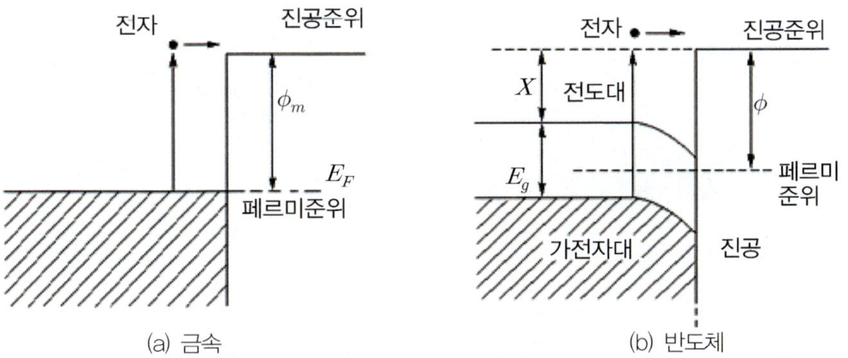

▲ 그림 2-3 광전자 방출효과에서 전자의 에너지 준위

2.2.1 광전관

광전관(photoelectric tube, 줄여서 phototube라고 함)의 대표적인 응용분야는 자외선 검출용 센서로 사용된다. 대표적인 광전관 센서의 내부구조와 이를 응용한 자외선 센서인 Hamamatsu사의 UVTron의 구조는 <그림 2-4>와 같다. 광전관 내부가 진공으로 만든 진공 광전관(vacuum phototube)과 비활성기체를 삽입하여 밀봉한 가스가 있는 가스 충진형 광전관(gas filled phototube)이 있다. 진공 광전관은 입사하는 빛의 양과 출력 전류의 주파수 특성이 좋기 때문에 측정 장치 등에 주로 사용된다. 가스 충진형 광전관은 가스 분자와 광전자의 전리 현상으로 인하여 매우 높은 감도를 얻을 수 있지만 시간 지연이 있는 단점이 있다.

Hamamatsu사의 자외선 센서인 UV Tron의 파장 반응도는 <그림 2-5>와 같다. 음극 금속으로 사용된 Ni, W, Mo에 따른 광반응도이다. 자외선인 185nm에서 300nm 영역에서 높은 반응도를 보이고 있으며, 자외선을 제외한 가시광선과 적외선에는 전혀 반응을 하지 않는 특성을 보이고 있다.

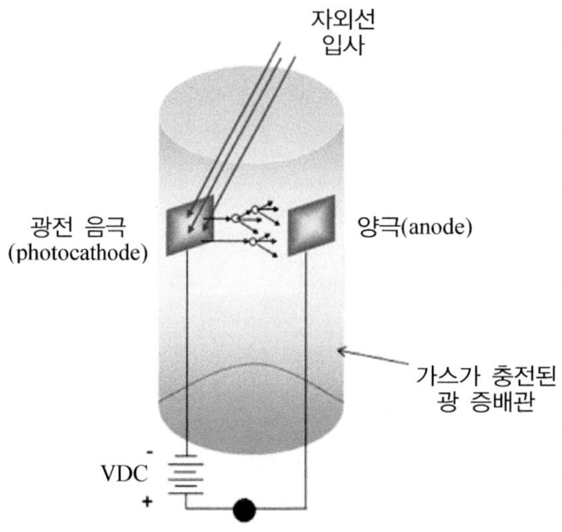

(a) 광전관 내부 구조

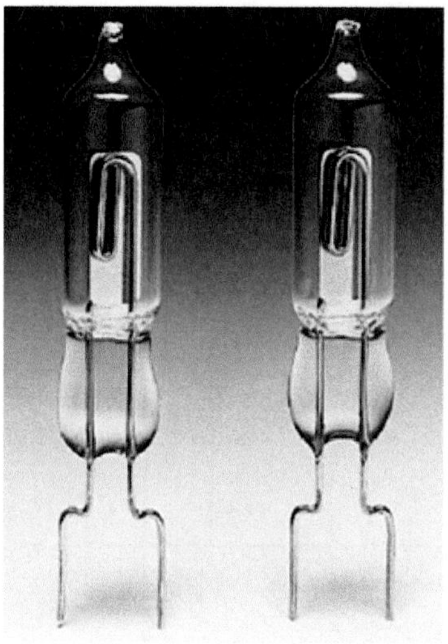

(b) UVTron 외관

▲ 그림 2-4 광전관 내부구조 및 UV Tron의 외관

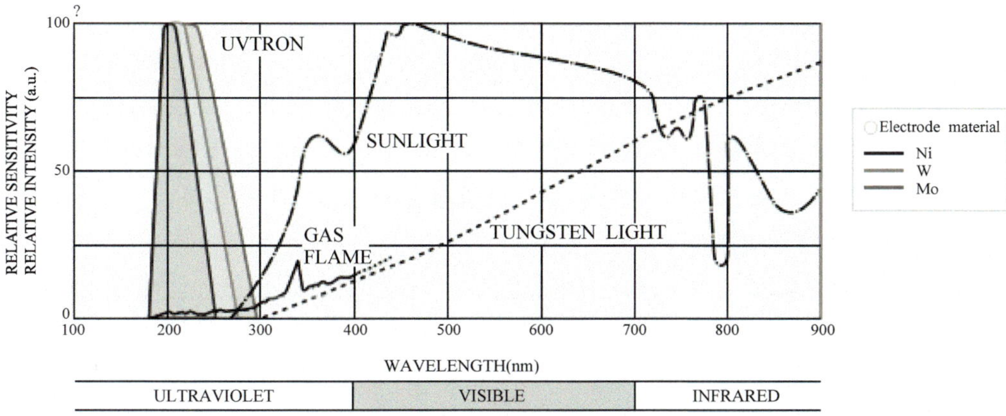

▲ 그림 2-5 UV Tron의 파장 반응도(출처: Hamamatsu 홈페이지)

2.2.2 광전자증배관

광전자증배관(photomultiplier tube, 줄여서 PM tube라고 함)은 현존하는 광센서 중에서 감도가 가장 높은 센서이며, 광자 1개가 입사하는 경우라도 검출할 수 있어 고정밀 광측정 실험과 야간 투시경으로 주로 사용된다. 이 센서의 원리는 <그림 2-6>과 같다. 광음극(photocathode)은 초고진공(약 10^{-10} Torr) 수준으로 유지된 유리 튜브의 입사면의 끝에 있으며, 표면은 광에 민감하게 반응하는 알칼리 금속으로 코팅되어 있다. 입사한 빛에 의해 광음극판에서 낮은 에너지를 가진 전자가 방출하게 된다. 광전자의 수는 입사한 빛의 광자수와 거의 동일하기 때문에 광전자 수는 너무 작아 직접 전기적 신호로 감지할 수 없다. 그래서 광전자증배관을 통해 잡음 없이 신호를 증폭할 필요가 있다.

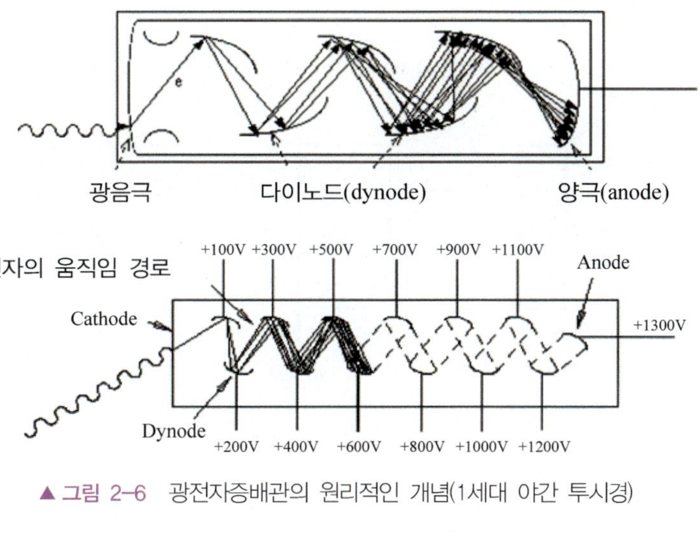

▲ 그림 2-6 광전자증배관의 원리적인 개념(1세대 야간 투시경)

전자 증배 부분(electron multiplier section)은 소위 다이노드(dynode)의 배열로 이루어져 있는데, 이런 다이노드들은 광음극과 양극(anode) 사이에 있다. 첫 번째 다이노드에 충돌한 전자는 외부 전기장에 의해 가속이 되어 높은 운동에너지를 갖게 되고, 이러한 운동에너지를 가진 전자들의 충돌로 더 많은 전자가 나오게 되어 증폭되는 원리이다. 이렇게 증폭된 전자들이 양극으로 증폭되어 신호로 기여하게 된다. 그림의 광증폭관은 광전자증배관의 양극 대신에 형광체를 이용해서 영상을 볼 수 있도록 하는 원리이다. 만약 광증폭관 방식의 야간 투시경으로 암흑 속에 들어가 있거나, 구름이 잔뜩 낀 날 숲이 우거진 속에 있거나 하면 야간 투시경으로는 아무런 영상을 볼 수가 없다. 이때는 외부조명이 반드시 필요한데, 백색광보다는 780 nm 대역의 근적외선 LED를 주로 사용한다.

이와 같은 야간 투시경은 1930년 미국 RCA사의 Vladmir K. Zworykin이 발명하였는데, 이 당시에는 덩치가 매우 크고 가격이 매우 높아 실용적이지 못하였다. 그러나 2차 세계대전 당시 독일이 군사용으로 사용할 수 있도록 개량한 야간 투시경을 1939년 AEG사를 통해 개발하였다. 이 당시는 적외선 LED를 이용하는 능동형 야간 투시경을 사용하였다. 이러한 능동형 야간 투시경의 단점은 상대편에서 LED 조명을 관측해서 위치가 탄로 나는 것이 문제였다. 이것을 0세대 야간 투시경으로 분류한다.

1942년 미국에서 윌리엄 스파이서(William E. Spicer)가 적은 양의 빛을 약 1,000배 정도로 증폭할 수 있는 기법을 개발하여 적외선 LED 조명이 필요없는 최초의 수동형(passive type) 야간 투시경을 개발하였다. 이 장치는 베트남 전쟁에서 그 능력을 인정받았다. 이러한 수동형 야간 투시경은 관측자의 위치가 노출되지 않는 장점은 있지만, 만약 외부에서 임의의 강한 빛이 입사하게 되면 광증폭관 부분이 손상되는 단점이 있었다. 이런 단점을 해소하기 위해 최근의 야간 투시경에는 조도센서가 같이 장착되어 있어, 일정 광량 이상이 되면 광증폭관으로 입사하는 빛을 자동 차단하는 기능이 장착되어 있다.

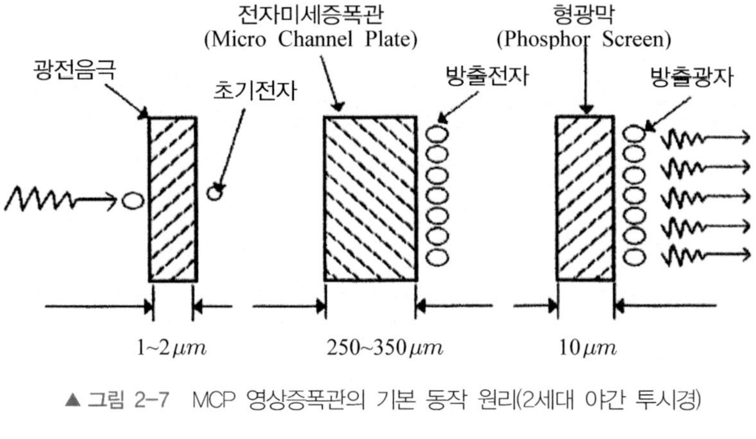

▲ 그림 2-7 MCP 영상증폭관의 기본 동작 원리(2세대 야간 투시경)

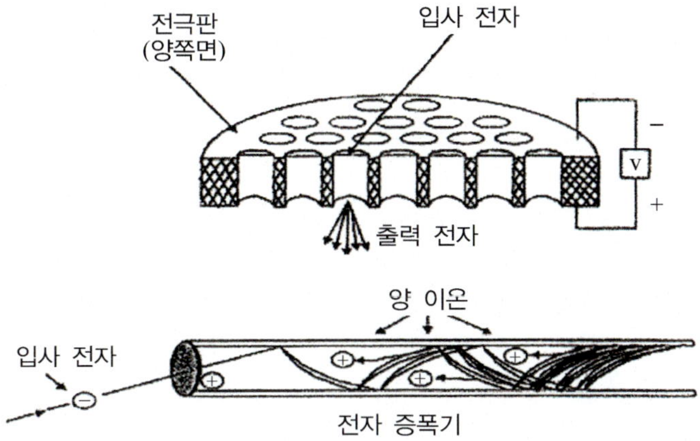

▲ 그림 2-8 MCP의 동작 원리

1960년대에 등장한 1세대 광증폭 야간 투시경은 <그림 2-7>과 같은 광전자증배관을 이용한 원리로 만들었으나, 1970년대에 개발된 장비는 미세전자 증배기(micro channel plate, MCP)의 개발로 1단만으로도 영상을 충분히 증폭시킬 수 있는 2세대 장비로 발전하였다.

이에 대한 개념은 <그림 2-8>과 같다. MCP는 수백만 개의 lead-silica 유리미세관 다발로 이루어져 있으며, 전자가 유리미세관의 전자 방출층을 통과하면서 10^3~10^4배로 증폭이 된다. 1세대는 증폭이 되는 경로가 하나였다면, 2세대는 <그림 2-7>과 같이 여러 다발로 된 증배기를 거쳐 동시에 증폭이 되므로 거리가 짧고 가볍게 구현할 수 있다.

현재는 혁신적인 광음극관 구조와 표면 활성화 기술의 개발로 넓은 스펙트럼 영역의 빛을 집광시켜 이전 장비보다 30% 정도 높은 효율을 갖는 3세대 장비가 개발되어 있다. 광전음극은 유리에 입힌 박막재질로 1세대 및 2세대에서는 Ⅲ-Ⅴ족 화합물(Na-K-Cs-Sb)을 사용하였으며, 3세대 영상증폭관에서는 GaAs 박막을 사용하였다. 이렇게 함으로써 감응영역을 기존의 가시광선 영역에서 근적외선 영역까지 더욱 확장시켰고, 2세대와 비교하여 크기나 무게 등의 외형은 동일하나 감응도가 향상되었다. 또한, MCP 전면에 이온 방지막(ion barrier)을 설치하여 광음극판을 보호하게 하여 수명을 크게 향상했다. 특히 여명이나 야간에 수풀과 군복의 대조비가 큰 근적외선 영역에서의 감응도가 월등히 개선되었기 때문에 무월광, 별빛 하에서 관측성능이 2세대에 비해 매우 우수하다.

<표 2-3>에 세대별 야간 투시경의 성능 차이를 비교하였다. <그림 2-9>는 일반적인 야간 투시경으로 관측한 영상 및 대표적인 야간 투시경이다. 야간 투시경의 형광영상은 눈에 감도가 우수한 초록색 영상이 나타나는 것이 특징이다. 야간 투시경은 일반 망원경처럼 볼 수만 있고, 디지털카메라처럼 촬영하여 저장할 수 있는 기능이 없어 불편한 점은 있다. 그러나 야간 투시경은 한 손에 쥘 수 있을 정도로 가벼워 휴대성이 뛰어나고, 가격

이 수십만 원대로 비교적 저렴하여 군인이나 경찰 등 야간에 활동을 많이 하는 사람들에게 많이 사용되고 있다.[9, 10]

■ 표 2-3 야간 투시경의 발전 추세별 주요 특성

		1세대	2세대	3세대
개발시기		1960년대	1970년대	1980년대
증폭방식 특징		3단 영상증폭	MCP를 이용한 1단 영상증폭	MCP에 이온차단막 설치, 분해능 향상, 수명 연장
광음극	코팅	Sb-Na-K-Cs	Sb-Na-K-Cs	GaAs
	대역	400~800 nm	400~900 nm	560~900 nm
	감도	150 μA/lumen	300 μA/lumen	1,200 μA/lumen
수명		최소 2,000시간	최소 2,500시간	최소 7,500시간
증폭율		약 1,000배	약 20,000배	약 30,000~50,000배
운영조도		0.1 lux 이상	0.001 lux 이상	0.00001 lux 이상
주요특성		3단 증폭으로 크기/무게 과다, 영상왜곡이 심함	MCP 1단 증폭, 영상왜곡 감소, 섬광/잔상 효과 감소	감응대역 확장, 분해능 증대, 신뢰도 증대, 운영조도 개선

(a) 야간 투시경으로 관측된 영상 (b) 휴대용 야간 투시경 (양안형 및 단안형)

▲ 그림 2-9 야간 투시경의 획득 영상 및 휴대용 야간 투시경 외형

9. 홍석민, "전자광학 영상센서", 물리학과 첨단기술, January/February, 2006
10. (주)오이티, "야간투시경 영상증폭관 KIT-7 가속 수명 시험법 개발 및 신뢰성 향상", 최종보고서, 산업자원부, 2007

2.3 광전도형 센서

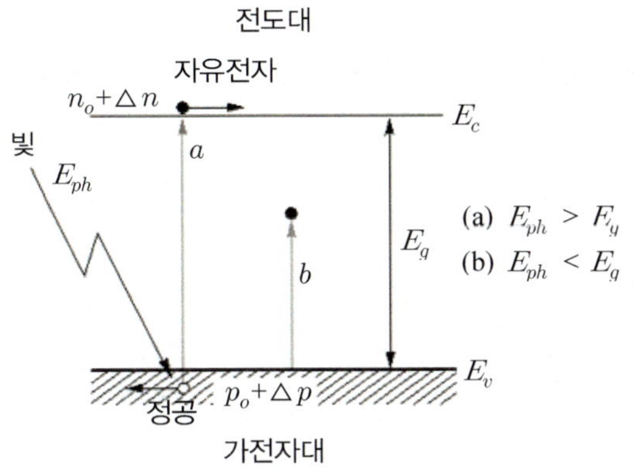

▲그림 2-10 광전도형 센서의 한계파장 개념

반도체의 에너지갭보다 큰 에너지의 빛이 입사하게 되면 <그림 2-10>과 같이 전자-정공 쌍이 발생하여 전기 전도도가 증가하는데, 이것을 광전도효과(photoconductive effect)라고 한다. 만약 반도체의 에너지갭보다 작은 에너지가 입사하게 되면 아무런 반응을 일으키지 않고 투과하게 된다. 따라서 광전도형 센서는 에너지갭과 관련된 빛만 감지하기 때문에 다음과 같은 한계파장(threshold frequency)이 존재하게 된다.

$$E_{ph} = \frac{hc}{\lambda} \geq E_g \Rightarrow \lambda_c \leq \frac{hc}{E_g} = \frac{1.24}{E_g}\mu m \tag{2-2}$$

따라서 모든 입사광에 대해 광전도 효과가 나타나는 것은 아니며, 광전도형 센서는 한계파장보다 더 짧은 파장의 빛만 검출할 수 있다. 즉, 반도체 재료의 에너지갭 E_g가 결정되면 센서의 장파장 측의 감도한계로 식 (2-2)로부터 차단파장을 알 수 있다.

광전도형 센서의 전류 모델을 살펴보면, <그림 2-11>과 같이 빛을 조사하기 전의 전기 전도도는 다음과 같다.

$$\sigma_0 = en_0\mu_n + ep_0\mu_p \tag{2-3}$$

여기서 σ_0는 빛을 조사하기 전의 전기전도도, n_0와 p_0는 빛을 조사하기 전의 각각 전자 및 정공의 농도, μ_n과 μ_p는 빛을 조사하기 전의 전자 및 정공의 이동도(mobility), e는 전하량이다. 만약 에너지갭보다 큰 빛이 센서로 입사하게 되면 <그림 2-10>과 같이 전자 농도 및 정공농도가 각각 다음과 같이 증가하게 된다.

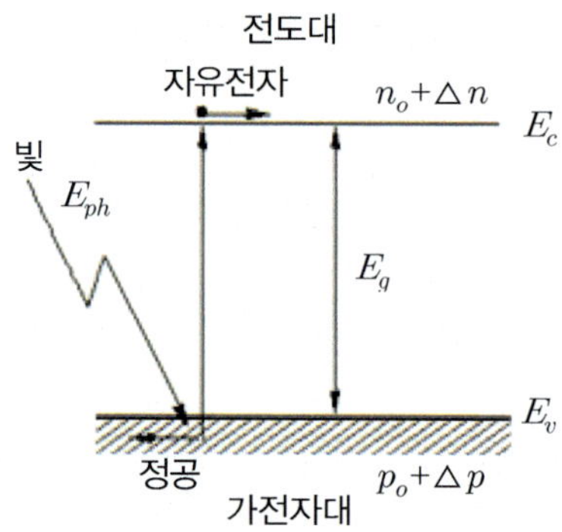

(a) 입사광에 의한 전하량 변화

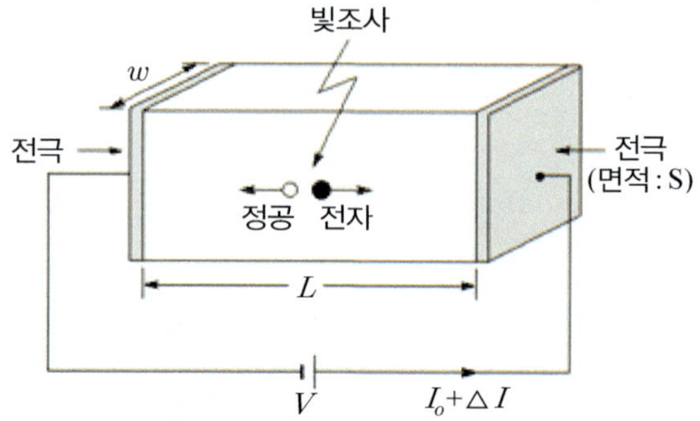

(b) 광전도형센서의 전류 모델

▲ 그림 2-11 광전도형 센서의 전기전도도 변화 모델

전도대의 전자농도 증가 : $n_0+\Delta n$

가전자대에서 정공농도 증가 : $p_0+\Delta p$

따라서 입사한 빛에 의한 전기 전도도의 변화는 다음과 같다.

$$\begin{aligned}\sigma_{ph} &= en\mu_n + ep\mu_p \\ &= e(n_0+\Delta n)\mu_n + e(p_0+\Delta p)\mu_p \\ &= (en_0\mu_n + ep_0\mu_p) + (e\Delta n\mu_n + e\Delta p\mu_p) \\ &= \sigma_0 + \Delta\sigma\end{aligned} \tag{2-4}$$

따라서 입사한 빛에 의해 전기전도도는 $\Delta\sigma$만큼 증가하며, 이로 인한 전류의 변화량은 다음과 같다.

$$\Delta I = \Delta\sigma\frac{S}{L}V = e(\Delta n\mu_n + \Delta p\mu_p)S\frac{V}{L} \tag{2-5}$$

광전도형 센서 종류에 따른 차단파장은 <표 2-4>와 같다. 에너지갭이 작은 재료들의 차단파장은 주로 적외선 영역이며, 가시광에 사용할 수 있는 재료로는 CdSe, GaP, CdS 등이 있다. 이 중에서 CdSe는 빨간색 쪽에 치우쳐 있어 가시광선의 전체 영역에는 부적합하며, GaP와 CdS가 가시광선 감지용으로 주로 사용된다.

■ 표 2-4 광전도형 센서 종류에 따른 차단 파장

재료	에너지갭(eV)	차단파장(μm)	영역
InSb	0.18	6.89	적외선
PbS	0.62	2.00	적외선
Ge	0.67	1.85	적외선
Si	1.11	1.12	적외선
GaAs	1.43	0.86	적외선
CdTe	1.45	0.86	적외선
CdSe	1.74	0.72	적외선
GaP	2.30	0.54	가시광
CdS	2.45	0.51	가시광

CdS 셀에 전압 V를 인가하고 조도 E(lux)이 빛이 입사하면 이때 신호전류는 다음과 같이 쓸 수 있다.

$$I_L = KV^{\alpha}E^{\gamma} \tag{2-6}$$

여기서 K는 상수, α는 신호전류에 대한 전압지수(~1), ɣ는 신호전류에 대한 조도지수를 나타내며, 신호전류 대 조도의 기울기에 해당하는 값이다. CdS 셀의 저항은 입사광의 세기가 증가하면 감소하지만, 조도세기와 저항 사이가 항상 일직선이 아니기 때문에 센서로 사용하고자 하는 경우에는 보정이 필요하다.

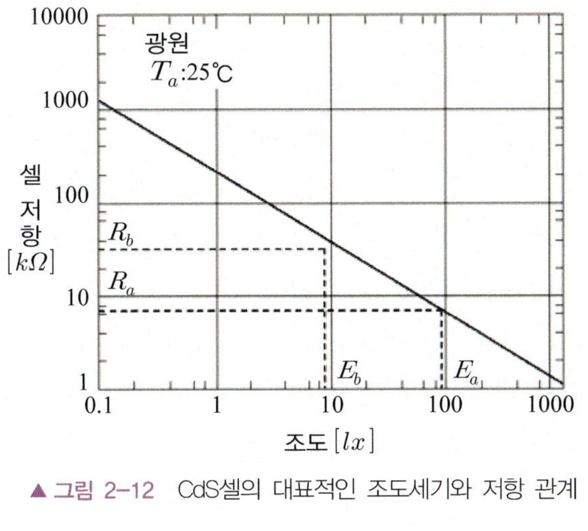

▲ 그림 2-12 CdS셀의 대표적인 조도세기와 저항 관계

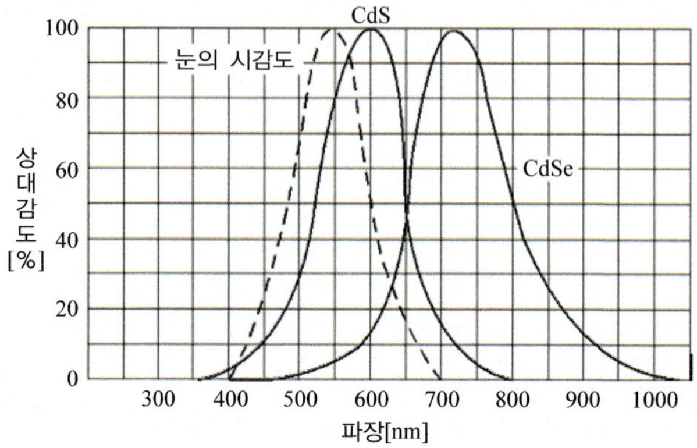

▲ 그림 2-13 CdS와 CdSe의 파장에 따른 감도

CdS 셀의 대표적인 조도세기에 따른 저항 변화는 <그림 2-12>와 같다. 이 그림에서 조도지수인 γ는 조도가 100 lux와 10 lux 사이의 기울기로 정의되며 다음과 같다. γ값은 소결막의 조성과 소결조건에 따라 0.5~1.0 범위의 값을 가지며, 통상적으로 0.7~0.9 범위의 값을 가진 CdS셀을 조도센서로 사용한다. 이 식에서 R_{10}은 조도가 10 lux 일 때의 저항값이며, R_{100}은 조도가 100 lux일 때의 저항값이다.

$$\gamma = \frac{\log(R_a/R_b)}{\log(E_a/E_b)} = \frac{\log(R_{100}/R_{10})}{\log(100/10)} = \log\left(\frac{R_{100}}{R_{10}}\right) \tag{2-7}$$

CdSe와 CdS 두 재료의 파장에 따른 감도는 <그림 2-13>과 같다. CdS 반도체는 515nm 부근의 파장에서 최대의 감도를 나타내며, CdSe는 730nm 파장에서 최대의 감도를 나타낸다. 따라서 CdS와 CdSe의 조성비를 적절히 제어하게 되면, 최대감도를 515nm ~ 730nm 사이의 파장에서 최적화시킬 수 있어, 인간의 눈과 매우 유사한 분광감도특성을 갖는 셀의 제작도 가능하다.

CdS 셀의 내구구조와 외관은 <그림 2-14>와 같다. 세라믹 기판 위에 CdS 분말을 소결한 것으로, 소결체 양단에 In, Sn 등의 전극을 형성하고, 입사광에 의한 저항변화를 크게 하기 위해, CdS를 꾸불꾸불한 형태로 만들어 전극과의 접촉면적을 크게 한다. CdS 셀은 습기에 의해 열화가 쉽게 되므로 밀봉되어 있다. 빛은 유리 또는 플라스틱 도포막을 투과하여 셀 표면에 입사한다. 전극사이에 전압을 인가하고 노출되어 있는 CdS에 빛을 조사하면 자유전자와 정공이 발생하고, 입사광의 세기에 따라 CdS의 저항이 감소하여 전극에 흐르는 전류가 증가한다.

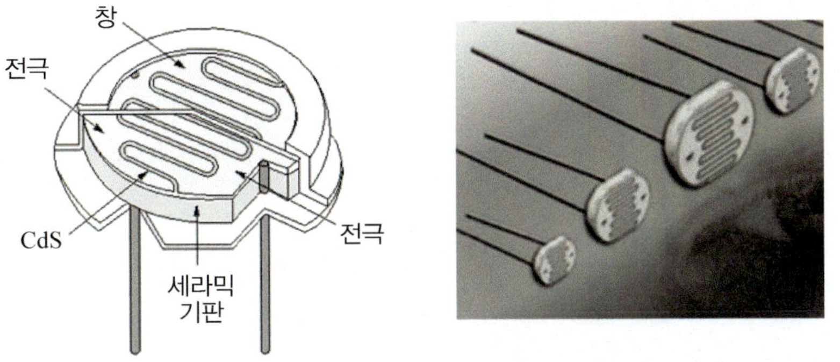

▲ 그림 2-14 CdS 셀의 내부구조 및 외관

응답속도는 빠르게 변하는 빛의 레벨이나 on/off 스위치를 설계하는데 중요하다. CdS 셀은 입사광에 응답하는데 일정한 시간지연이 발생한다. 응답시간은 보통 셀에 빛이 조사된 후 포화값의 63%에 도달하는데 소요되는 상승시간과 빛이 제거된 후 저항이 포화값의 37%로 떨어지는데 소요되는 하강시간으로 정의된다. 응답속도는 입사광의 세기가 강할수록 빨라지고, 어두운 곳에 오래 두었던 셀은 밝은 곳에 두었던 셀 보다 더 느린 응답속도를 나타낸다. 또한 부하저항이 증가하면 상승시간은 빨라지지만 하강시간은 반대로 느리게 된다. 일반적으로 CdS 셀의 응답시간은 10~100 ms로 느린 편이다. 또한 CdS 셀의 빛 조사시 저항, 암저항, 응답속도는 셀이 과거 빛에 노출된 조건에 의해 달라진다. 이것을 광이력 효과(light history effect) 또는 광기억 효과(light memory effect)라고 한다. 특히 CdS 셀이 측정 전에 어두운 곳이나 밝은 곳에 있었을 경우, 조사 시 저항(감도)에서 차이가 나는데 이 차이를 광이력 오차(light history error)라고 한다. CdS는 고감도인 장점은 있으나, 응답시간이 늦고 히스테리시스가 큰 단점이 있다. 이러한 CdS 조도센서는 주로 TV 등의 디스플레이 밝기와 명암의 자동조절, 카메라 노출계, 가로등 스위치, 물체의 존재유무 및 검출센서, 연기 검출기, 침입 경보기, 카드리더, 복사기의 토너 밀도 측정 등에 사용된다.

2.4 광기전력형 센서

광기전력형 센서는 다이오드 형태로 된 포토다이오드(photodiode)이며, 포토다이오드에는 기능과 구조에 따라 pn 포토다이오드, PIN 포토다이오드, 어밸런치 포토다이오드(avalanche photodiode, 줄여서 APD), 포토 트랜지스터 등이 있다. 광기전력 효과(photovoltaic effect)는 다이오드 접합에 빛을 조사하였을 때 기전력이 발생하는 현상이며, 광전도형의 확장이라고 보면 된다. 광전도형 센서는 반드시 외부 전원을 인가해야 하는 단점이 있지만, 광기전력형 센서는 빛에 의해 센서 자체적으로 기전력이 발생하기 때문에 외부 전원이 반드시 필요한 것이 아니라는 점이 차이가 있다. 포토다이오드의 종류별 특징 및 용도

■ 표 2-5 포토다이오드 센서 종류별 특징

종류	특징	용도	응답속도
pn 포토다이오드	• 입사광에 따른 우수한 직진성 • 넓은 분광 감도(400~1,100nm) • 미약한 광검출 용이	조도계 분광 광도계 엔코더	보통
PIN 포토다이오드	• 고속응답을 위해 i층 구성 • 높은 암전류 • 넓은 분광감도(400~1,100nm)	광통신 광메모리	빠름
Schottky 포토다이오드	• 가시광선에서 자외선까지 넓음 • 높은 역전류와 작은 개방전압	자외선검출기 광전 스위치	빠름
어밸런치 포토다이오드	• 광전류 증폭작용(고감도) • 고속 응답 • 작은 암전류 • 고주파에서 우수한 S/N	광통신	빠름

는 <표 2-5>와 같다.

2.4.1 포토다이오드

pn 포토다이오드에서 빛을 조사하기 전에 p형 반도체와 n형 반도체를 접합시키면, <그림 2-15>와 같이 p형과 n형 반도체는 페르미 준위를 중심으로 에너지 띠가 휘게 되어, 접합부에는 자유전자와 정공이 존재하지 않는 공핍층(depletion layer)이 형성된다.

이 상태에서 에너지갭(또는 불순물 레벨) 보다 큰 에너지를 가진 빛을 조사하게 되면, 내부광전효과에 의해 n영역, p영역, 공핍층에서 전자-정공 쌍이 생성된다. 이 중에서 공핍층에서 생성된 전자-정공 쌍들이 광기전력에 주로 기여한다.

<그림 2-16>에서처럼 공핍층에서 발생된 전자는 n영역으로, 정공은 p영역으로 내부전계(built-in potential) E에 의해서 가속된다. n영역에서 발생된 전자는 전도대에 머무르고, 정공은 공핍층까지 확산된 다음 그곳에서 내부전계에 의해 가속되어 p영역으로 흘러간다. 마찬가지로 p영역에서 발생된 정공은 가전자대에 머무르고, 전자는 공핍층까지 확산된 다음 전계에 의해 n영역으로 흘러가게 된다. 이로 인해 빛에 의해 각 영역에서 발생된 전자는 n영역의 전도대에 축적되고, 정공은 p영역의 가전자대에 축적되고, 이로 인해 p영역은 (+), n영역은 (-) 전위가 형성되어 광기전력이 생성된다. 단자가 개방된 상태에서 이 전압을 개방전압(open circuit voltage)이라고 한다. 만약 단자를 단락시키게 되면 외부회로를 통해 전류가 흐르게 되는데, 이때의 전류를 단락전류(short circuit current)라고 한다.

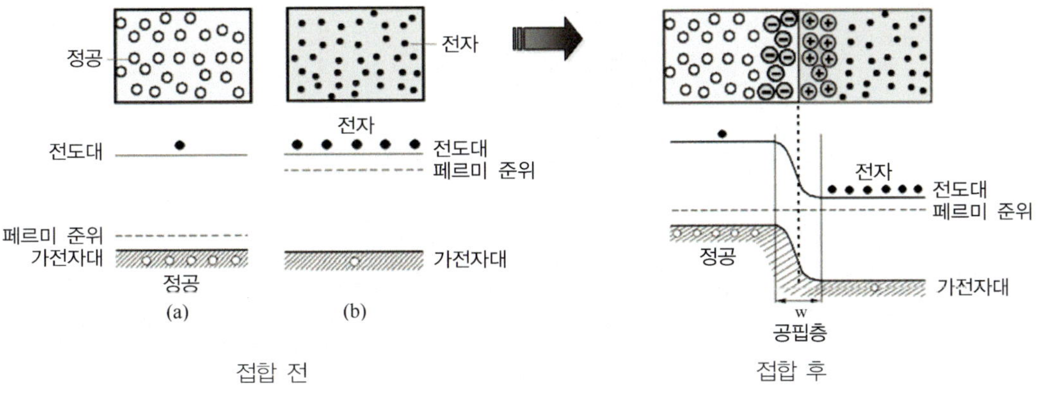

▲ 그림 2-15 빛을 조사하기 전 pn 포토다이오드의 공핍층 형성

반도체에 입사하는 빛의 침투 깊이는 파장에 따라 변한다. <그림 2-17>에서 보듯이 Si pn 포토다이오드의 경우, 비교적 긴 파장인 1 μm 근처의 적외선은 포토다이오드의 표면으로부터 100 μm 이상까지 깊숙이 침투한다. 반면 짧은 파장인 400 nm 근처의 보라색 파장은 0.1 μm 이하 정도만 침투한다. 따라서 단파장 빛은 포토다이오드의 표면에서만 흡수된다. 따라서 포토다이오드의 효율을 올리기 위해서는 빛과 반도체의 상호작용 길이가 적어도 침투 깊이의 2배 이상은 되어야 한다.

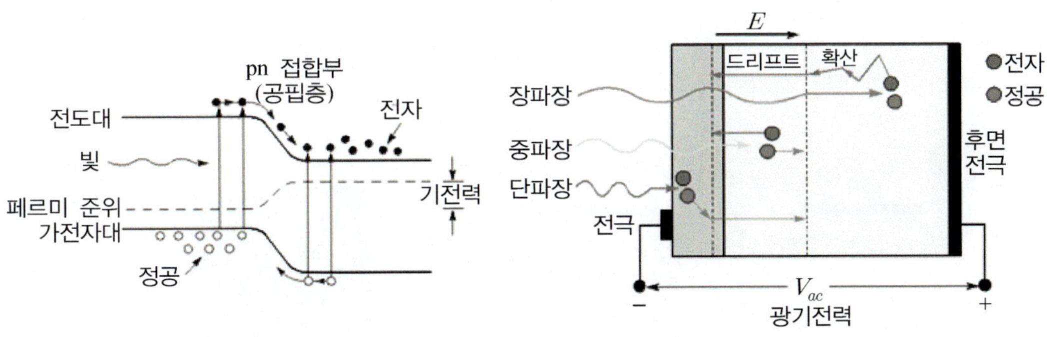

▲ 그림 2-16 pn 포토다이오드에 비치 조사된 경우 전자-정공의 흐름

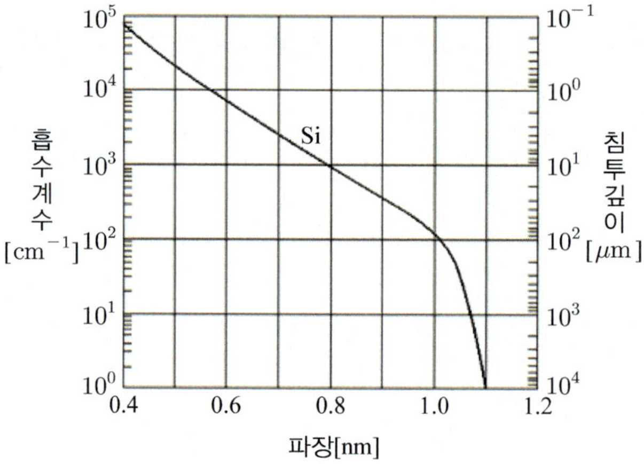

▲ 그림 2-17 파장에 따른 침투 깊이 비교

<그림 2-18>은 대표적인 Si pn 포토다이오드의 내부구조와 외관 그림이다. n형 실리콘 단결정의 표면에 p형 불순물(보통 보론을 주입)을 선택 확산하여 1 μm 정도 깊이의 pn 접합을 형성한다. 빛을 p층 방향에서 입사하면, 앞서 설명한 바와 같이 공핍층에서 전자-정공 쌍이 생성되어 광기전력이 발생하고 외부회로를 통해서 광전류가 흐르게 된다. 효율을 높이기 위해서는 빛을 가능한 많이 흡수하여야 하므로, 포면에 반사방지막을 코팅하여 표면에서 반사로 인한 손실을 최소화하도록 제작한다.

pn 포토다이오드에 입사하는 빛의 에너지를 E 라고 하면, 포토다이오드에 입사하는 광자수는 $E/h\nu$(h는 플랑크 상수, ν 빛의 주파수)이며, 입사한 광자가 전자를 발생시킬 확률(양자효율이라고 함)을 η라고 하면, 빛의 에너지 E에 의해 발생된 전자수는 $\eta E/h\nu$가 된다. 따라서 발생된 전자들에 의해 생성된 전류는 다음과 같다.

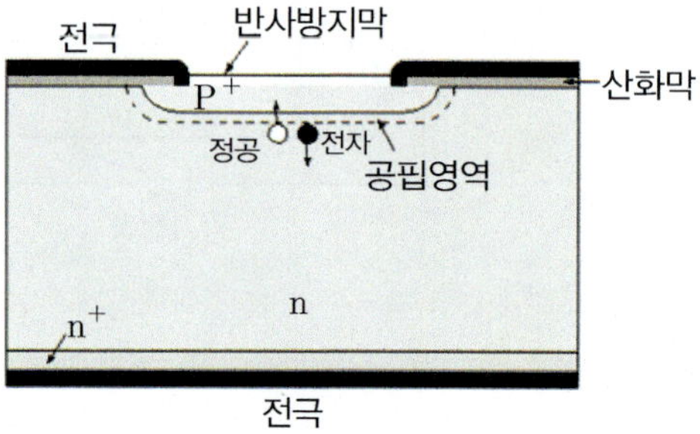

(a) pn포토다이오드 내부

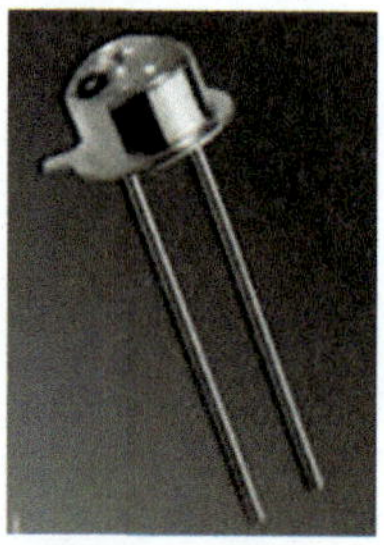

(b) 포토다이오드의 외관

▲ 그림 2-18 n 포토다이오드의 내부구조와 외관

$$I_{ph} = \eta \frac{E}{h\nu} e = \frac{\eta e E}{h\nu} \tag{2-8}$$

따라서 포토다이오드의 분광 응답 도는 다음과 같다.

$$S_\lambda = \frac{I_{ph}}{E} = \frac{\eta e}{h\nu} = \frac{\eta e \lambda}{hc} = \frac{\eta\lambda}{1.24} \tag{2-9}$$

여기서 λ는 입사광의 파장이다. 분광 응답도(감도)는 입사광이 전류로 변환되는 효율을 나타내는 척도이다. 양자효율 η와 함께 분광 응답도 S_λ는 포토다이오드의 효율을 나타내는 중요한 성능지수(figure of merit)이다. 파장에 따른 분광 응답도는 이론적으로 <그림 2-19(a)>와 같이 삼각형의 모양을 나타낸다. 짧은 파장 영역에서는 반도체 표면부근에서 전자-정공의 재결합에 의해서 감소하며, 입사광의 파장이 차단파장보다 크면 전자-정공 쌍이 발생하지 않기 때문에 응답도는 급격히 떨어진다. 그리고 표면의 반사효과와 반도체 내부의 결함 때문에 그림(b)의 실제적인 포토다이오드는 이론적인 값에 비해 낮아진다.

빛이 없는 상태에서 포토다이오드에 전압 V를 인가하면 <그림 2-20>의 곡선 ⓐ와 같은 일반 다이오드의 정류특성을 나타내며 이를 수식으로 표현하면 다음과 같다.

$$I = I_s\left[\exp\left(\frac{eV}{kT}\right) - 1\right] \tag{2-9}$$

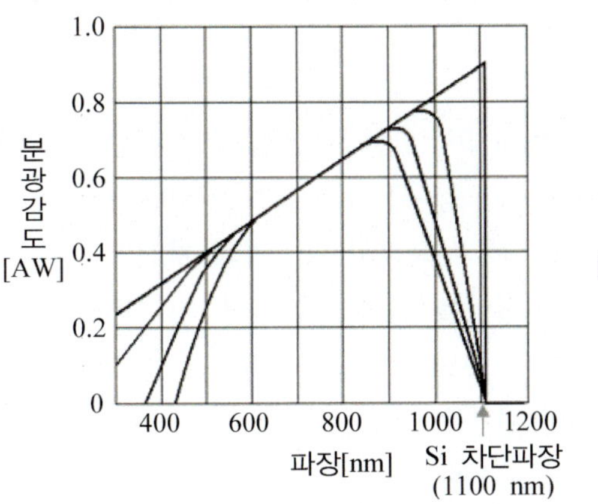

(a) 이론곡선

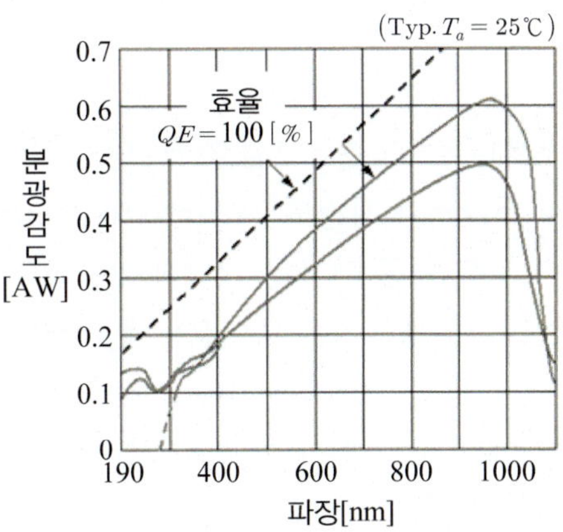

(b) 대표적인 Si 포토다이오드

▲ 그림 2-19 포토다이오드의 이론적인 분광 응답도와 실제적인 분광 응답도 비교

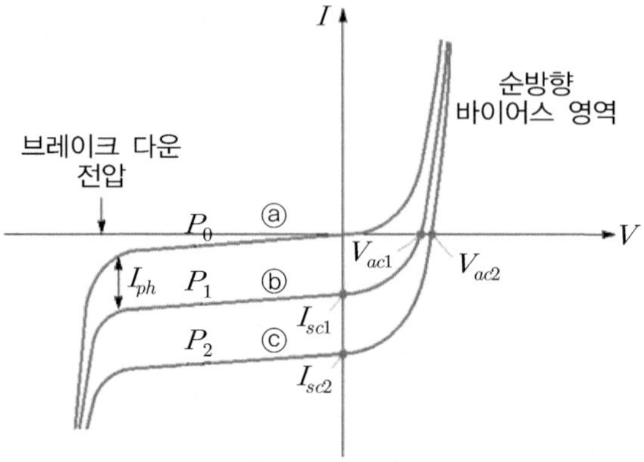

▲ 그림 2-20 pn 포토다이오드의 전류-전압 특성

여기서 I_s는 역방향 포화전류를 나타낸다. 여기서 빛이 조사되면 입사광의 세기에 정확히 비례하는 광전류 I_{ph}가 발생하고, 전류-전압 특성은 빛의 세기가 $P_0 \rightarrow P_1 \rightarrow P_2$로 증가함에 따라 비례해서 ⓐ → ⓑ → ⓒ로 평행 이동하게 되며, 이때 흐르는 전류는 다음과 같다.

$$I = I_s\left[\exp\left(\frac{eV}{kT}\right) - 1\right] - I_{ph} \tag{2-10}$$

여기서 개방전압(open circuit voltage) V_{oc}는 다이오드 전극이 개방된 상태에서의 다이오드 전압이며, 빛의 세기가 P_1일 때의 개방전압은 V_{oc1}, 빛의 세기가 P_2일 때 개방전압은 V_{oc2}가 된다. 또한 단락전류(short circuit current) I_{sc}는 다이오드 전극을 단락시켰을 때 외부회로를 통해 흐르는 광전류이며, 빛의 세기가 P_1일 때의 단락전류는 I_{sc1}, 빛의 세기가 P_2일 때 단락전류는 I_{s2}가 된다.

포토다이오드는 <그림 2-21>의 전류-전압 특성에서 볼 수 있듯이 광기전력 모드(photovoltaic mode)와 광전도 모드(photoconductive mode) 등 두 가지 모드로 사용할 수 있다. 광기전력 모드는 두 단자를 개방하거나 고저항(R_L)을 접속하고 양단자의 기전력을 측정하는 모드이며, 이 경우에는 다이오드에 어떠한 외부전압을 가하지 않는다. 광기전력 모드에서는 단자용량(접합용량 + 기타 정전용량)이 매우 크므로 센서의 응답속도를 제한할 수 있기 때문에 회로설계 시 이 점을 고려해야 한다. 광전도 모드는 광기전력 모드에 비해 많이 사용하는 동작모드이다. pn접합에 역 전압(reverse bias)을 인가하고($-V_R$) 외부회로에 흐르는 전류를 측정한다. 역 전압을 인가하면 응답속도와 직선성이 크게 향상되며, 역 전압에 의해 공핍층 영역이 넓어져 정전용량이 감소하기 때문에 응답속도도 빨라진다. 그러나 역 전압을 가하면 암전류(dark currnet)와 잡음전류가 증가하는 단점이 있다.

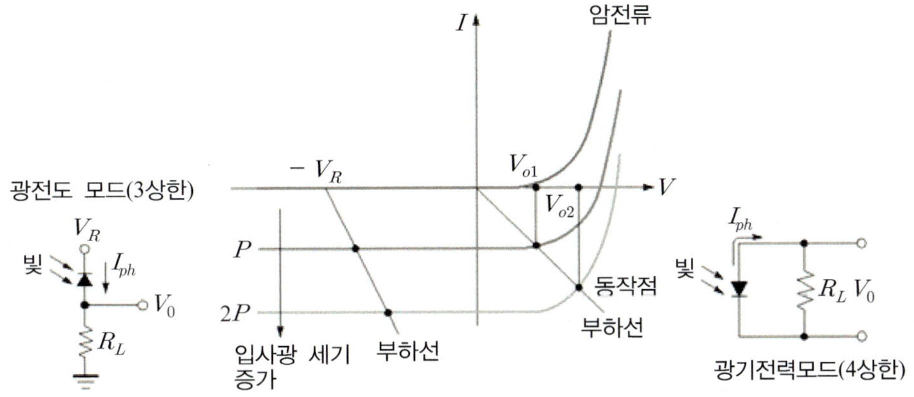

▲ 그림 2-21 포토다이오드의 두 가지 동작 모드

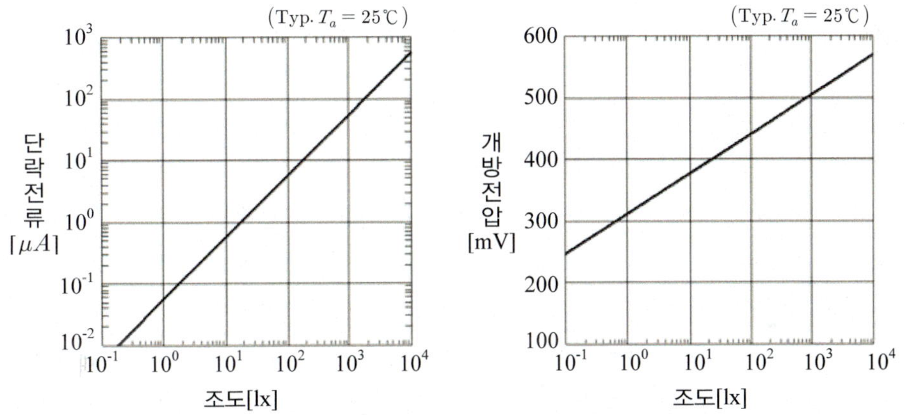

▲ 그림 2-22 Si pn 포토다이오드의 출력특성

<그림 2-22>는 실리콘 포토다이오드의 조도에 따른 출력진류 및 출력전압의 관계를 나타낸다. 포토다이오드에 발생되는 광전류는 넓은 범위에 걸쳐 조도에 비례하기 때문에 직선성이 매우 우수하다. 반면 출력전압은 광량변화에 대해 지수함수적으로 변하기 때문에 온도 변화가 큰 광량측정에는 부적합하다.

2.4.2 PIN 포토다이오드

pn 포토다이오드의 감도를 증가시키고 응답속도를 향상시키기 위해서는 다이오드 내의 정전용량을 최소화해야 한다. 이렇게 하기 위하여 <그림 2-23>과 같이 공핍층의 두께를 확대시키기 위해서 pn 접합 사이에 비저항이 큰 진성영역(intrinsic layer)을 형성하여 pin 구조로 만든 것을 PIN 포토다이오드라 한다. 여기서 진성영역인 i-영역의 운반자 농도는 매우 작으므로 고저항이 된다. n^+ 영역에 (+), p^+ 영역에 (−)의 역방향 전압을 인가하면, 인

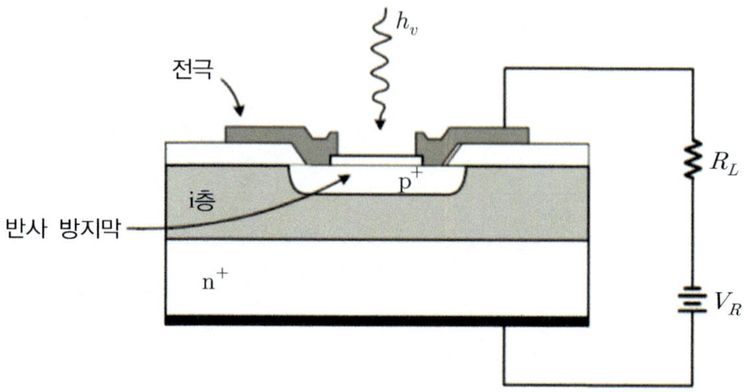

▲ 그림 2-23 PIN 포토다이오드의 내부 구조

가전압의 대부분이 고저항 층에 걸리게 되어 i-영역은 완전히 공핍영역으로 된다. 에너지 갭보다 더 큰 에너지를 갖는 빛이 입사되면, 그 대부분이 i-층에서 흡수되어 전자-정공 쌍이 발생하고, 이 전자와 정공은 공핍층으로 이동하여 전류에 기여하게 된다. 높은 양자효율을 얻기 위해서 표면에 반사방지막을 코팅하여 반사계수를 가능한 한 작게 하고, i-층의 두께를 가능한 한 크게 하여 입사된 빛이 i-영역에서 모두 흡수될 수 있도록 제작한다.

PIN 포토다이오드는 두꺼운 공핍층 영역 때문에 센서의 정전용량이 작기 때문에 고속 동작이 가능하며, 양자효율이 높고, 암전류가 작으며, 동작전압이 낮아 사용하기 쉬운 장점을 가지고 있다. <그림 2-24>는 대표적인 PIN 포토다이오드의 역전압에 따른 특성변화이다. 역전압이 증가하면 차단 주파수가 증가하고 조도에 따른 선형성이 향상된다. 역전압이 주파수 응답과 선형성 향상에는 매우 유용하지만, 반대로 암전류와 잡음전류가 증가하는 단점도 있다. 또한 과도한 역전압에 의해서 소자가 손상을 입을 수 있는 위험도 있기 때문에 역전압을 최대 정격전압 이내로 제한하여 사용해야 한다.

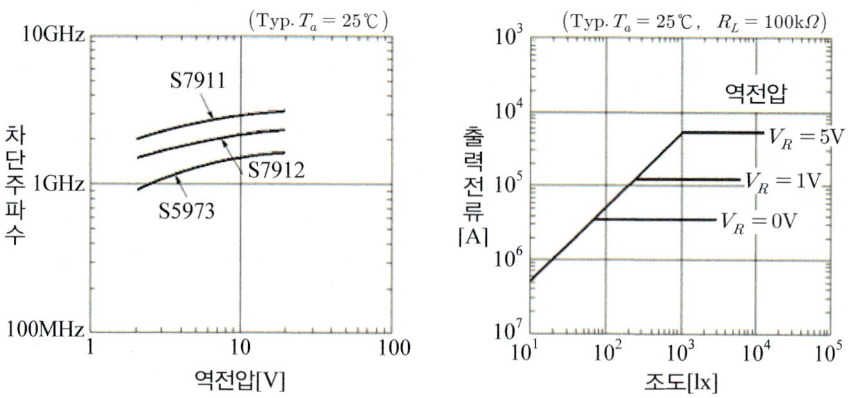

▲ 그림 2-24 역전압에 따른 PIN 포토다이오드의 특성

2.4.3 애벌런치 포토다이오드

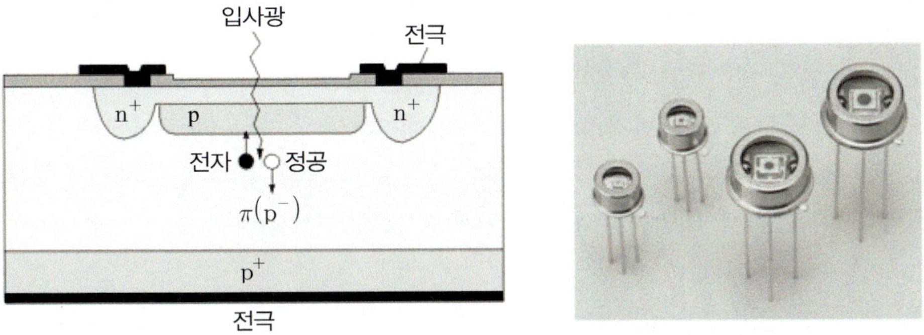

▲ 그림 2-25 APD의 내부구조 및 대표적인 외관

애벌런치 포토다이오드(avalanche photodiode)는 줄여서 APD라고 하며, 눈사태라는 의미인 avalanche라는 이름이 붙은 것은 광전자 증배관과 같이 내부에서 급격히 증배되는 원리를 사용하기 때문이다. APD의 내부구조는 <그림 2-25>와 같다. 입사된 빛은 주로 π층에서 흡수되고 여기서 발생된 전자는 n^+ 영역으로, 정공은 p^+ 영역으로 이동한다. p영역에는 강한 전계가 형성되어 있기 때문에, 이 영역에 주입된 전자는 이 전계에 의해 가속되어 결정격자(예를 들면 실리콘 원자)에 충돌할 때마다 새로운 전자-정공 쌍이 생성된다. 이러한 과정은 마치 연쇄반응과 같이 반복되며, p영역에서 전자-정공 수는 급격히 증배(multiplication)된다. 이 현상을 광전류의 애벌런치 증배(avalanche multiplication)라고 부르며, 전계 강도가 2×10^5 V/cm에 도달하면 발생한다.

pn 접합에 충분히 큰 역전압($-V_R$)을 인가하면, <그림 2-26>에서 보듯이 빛에 의해 공핍층에서 발생된 전자와 정공은 높은 전계에 의해 각각 반대방향으로 가속되어 큰 운동에너지를 얻게 되고, 결정의 원자와 충돌하여 에너지를 잃으면서 동시에 새로운 전자-정공 쌍을 발생시킨다. 이러한 과정의 반복에 의해서 전자와 정공의 수가 눈사태처럼 급격히 증배하는 현상을 애벌런치 효과(avalanche effect)라고 부른다. APD는 이런 효과에 의한 전류증폭작용을 이용한 내부 증폭형 광센서이다.

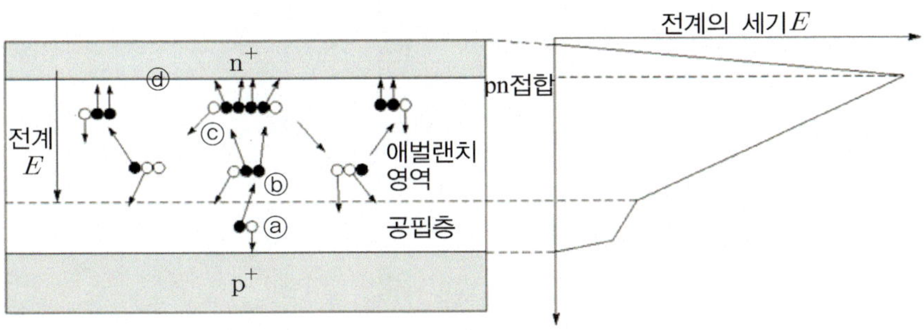

▲ 그림 2-26 APD 내부에서 증폭되는 현상 개념

APD는 내부증배기구(internal multiplication mechanism)를 갖기 때문에 PIN 포토다이오드와 큰 특성 차이를 나타낸다. Si APD의 대표적인 분광 응답도 특성은 <그림 2-27>과 같다. 그림의 (a), (b)는 빛의 흡수가 π-영역의 공핍층에서 발생하도록 설계하여 근적외선 영역에서 고감도를 유지하도록 제작된 것이며, 이것은 주로 광통신용으로 사용된다. (c)는 p층이 표면에 오도록 구조를 변경하여 입사광의 대부분이 소자 표면 근처에서 흡수되도록 설계한 것으로, 가시광 주변의 빛을 검출하는 용도로 제작된 것이며, 분석기기 등의 미약광 검출부 또는 가시광 영역에서의 정밀 광측정용으로 사용된다.

APD가 일정 전압에서 동작할 때, 온도가 증가하면 이득은 감소하는 특성을 가지고 있다. 따라서 일정 출력을 얻기 위해서는 온도에 따라 바이어스 전압을 변화시키든지 또는 APD를 일정 온도로 유지시키는 것이 필요하다. 그리고 내부증배 과정 동안, 생성되는 이온화는 일정하지 않기 때문에 증배잡음(multiplication noise)이 추가로 존재하며, 이 잡음을 과잉 잡음(excess noise)이라 부른다. 따라서 이득이 증가하면 과잉 잡음도 증가하며, 이득은 파장 의존성을 갖기 때문에 과잉 잡음도 입사광의 파장에 따라 다르다. 신호광에 의해서 발생된 광전류는 이득만큼 증폭되기 때문에 어떤 이득값에서 최적의 S/N이 존재함을 의미한다. PIN 포토다이오드에서 큰 부하저항을 사용하면 열잡음을 줄일 수 있지만, 부하저항이 커지면 응답속도가 느려지기 때문에 이 방법은 비실용적이다. 그러므로 대부분의 PIN 포토다이오드의 경우 열잡음은 광 검출의 하한을 결정하는 주요한 인자로 작용한다. 이와는 대조적으로 APD에서는 산탄잡음(short noise)이 열잡음과 동등한 수준에 도달할 때까지 이득을 증가시킴으로써 고속 응답을 유지하면서도 S/N은 향상시킬 수 있다.

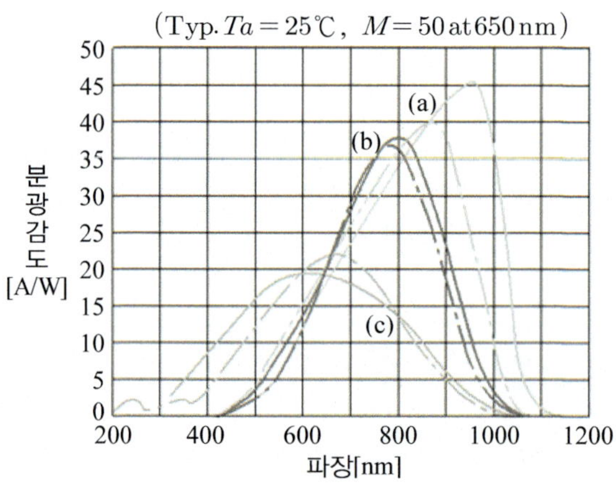

▲ 그림 2-27 Si APD의 분광 응답도 특성

따라서 APD는 고속에서 동작하는 고감도 포토다이오드 중의 하나이며, 역전압을 인가하면 내부증배기구에 의해 미약한 신호를 열잡음 레벨 이상으로 증폭하는 것이 가능하기 때문에 PIN 포토다이오드 보다 더 큰 S/N 비를 얻을 수 있으므로, 포토다이오드에 비해 작은 부하저항으로 충분한 출력전압을 얻기 때문에 고속화를 달성할 수 있어 장거리 광통신 또는 미약한 광 검출용으로 사용된다. 그러나 애벌런치 증배과정 특유의 전류 불안정에 기인하는 과잉잡음이 발생할 수 있으며, 높은 역전압을 인가하여 사용하므로 브레이크다운(breakdown)에 주의해야 하며, 역진원이 충분히 안정되어야 한다.

2.4.4 포토트랜지스터

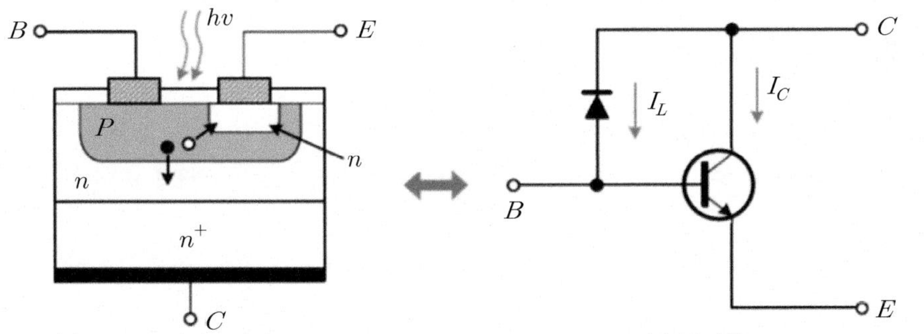

(a) 포토 트렌지스터의 구조 (b) 등가회로

▲ 그림 2-28 포토트랜지스터의 내부 구조 및 등가회로

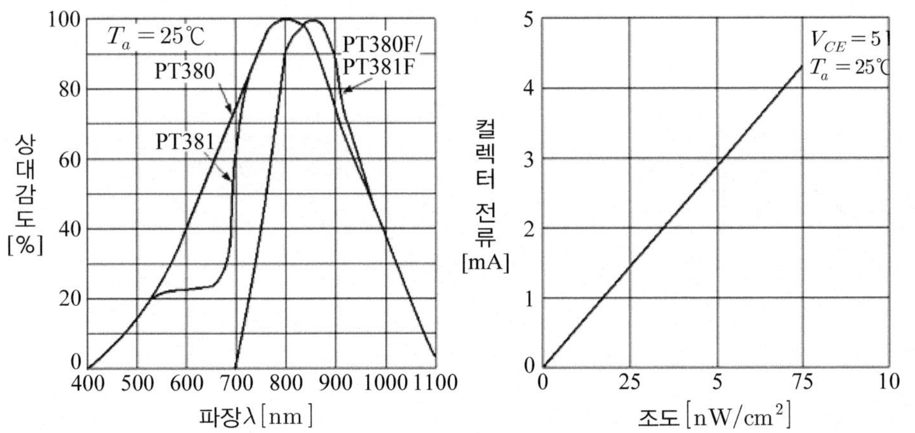

(a) 분광 응답도 (b) 출력 – 조도 특성

▲ 그림 2-29 포토트랜지스터의 분광 응답도 및 출력–조도 특성

포토트랜지스터(phototransistor)의 내부구조는 <그림 2-28>과 같이 포토다이오드와 트랜지스터를 조합시킨 것으로 생각할 수 있어 트랜지스터의 증폭작용에 의해 고감도의 광센서로 사용할 수 있다. 포토트랜지스터의 분광 응답도는 포토다이오드의 응답도와 등가이나 전류 증폭률 만큼 곱해서 생각하면 된다. 대표적인 포토다이오드의 분광 응답도와 조도에 따른 특성은 <그림 2-29>와 같다.

출력전류는 포토다이오드와 달리 입사광의 세기에 비선형적으로 비례해서 증가하는 특성이 있다. 포토트랜지스터는 직선성이 나빠 광감도 측정에는 별로 사용되지 않으며, 속도가 느려 주로 광의 유무를 검출하는 스위치로써 사용되고, 통신용으로는 사용되지 않는다. 포토트랜지스터 단독으로 사용하는 경우보다, LED와 조합하여 입출력을 전기적으로 절연한 광전달소자, 포토커플러, 포토인터럽터 등으로 더 많이 응용되고 있다.

2.4.5 포토인터럽터

발광소자(LED 등)와 수광소자(광센서)를 조합시킨 것을 복합 광센서라고 하며, 포토인터럽터(photointerrupter), 포토커플러(photocoupler), 포토릴레이(photo relay) 등이 있다. 포토인터럽터는 발광부와 수광부 사이에 통과하는 물체의 존재여부나 위치검출의 목적으로 사용된다. 포토인터럽터에는 구조에 따라 <그림 2-30>과 같이 광투과형과 광반사형이 있다.

투과형 포토인터럽터는 차광물체가 두 소자 사이에 없을 때의 출력을 1.0, 완전히 차폐했을 때의 출력을 0으로 한 특성을 이용하며, 이 특성은 좁은 슬롯을 검출하는 광 인코더나 정확한 위치 및 위상의 검출에 사용된다. 대표적인 투과형 포토인터럽터의 검출위치에 따른 전류 특성은 <그림 2-31>과 같다.

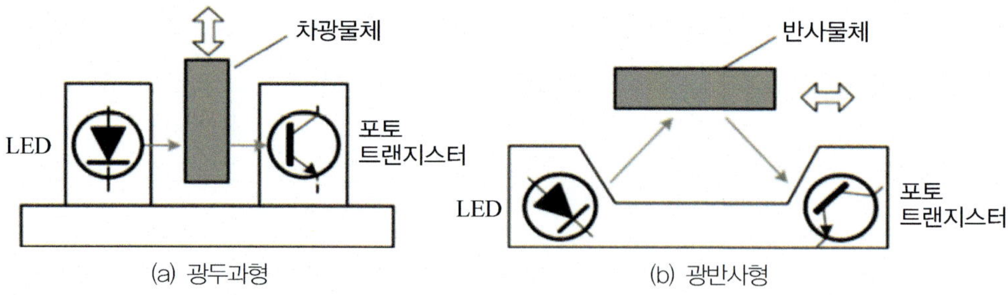

▲ 그림 2-30 포토인터럽터의 구조

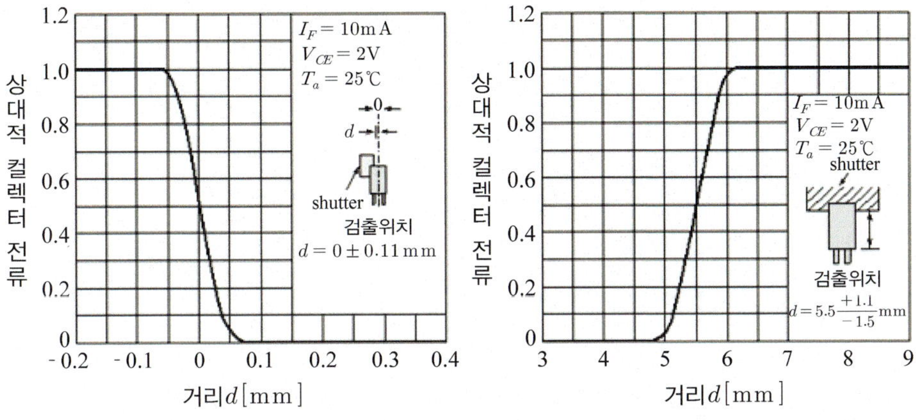

▲ 그림 2-31 투과형 포토인터럽터의 검출위치 특성

반사형 포토인터럽터는 검출거리, 초점거리, 초점깊이 등의 정보로부터 포토인터럽터와 반사물체까지의 최적 위치관계와 반사물의 평행이동에 의한 광전류 변화를 알 수 있다. 검출위치특성은 반사물체의 표면상태, 색조에 따라 다르며, 경면의 경우에는 지면 등과 같이 난반사가 많은 물체에 비해서 검출정도가 높다. 대표적인 반사형 포토인터럽터의 검출위치 특성에 따른 출력 전류의 특성은 <그림 2-32>와 같다.

포토인터럽터의 일반적인 특징을 요약하면 다음과 같다. 마모되는 기계적 부품이 없으며, 물체를 비접촉으로 검출할 수 있으며, 소비전력이 작으며, 가격이 저렴하며, 어떠한 불투명 물체도 검출이 가능한 장점이 있다. 또한 소형으로 신뢰성이 높으며, 적용분야의 요구를 만족시킬 수 있는 다양한 형태의 기계적 구조물을 만들 수 있으며, 출력단에 TTL 또는 CMOS 등의 IC를 직접 구동할 수 있다. 이와 같이 포토인터럽터의 사무기기 응용분야는 <그림 2-33>과 같다. 팩스에서 기록지 검출, 문서 폭 검출, 문서 전송 검출 등의 용

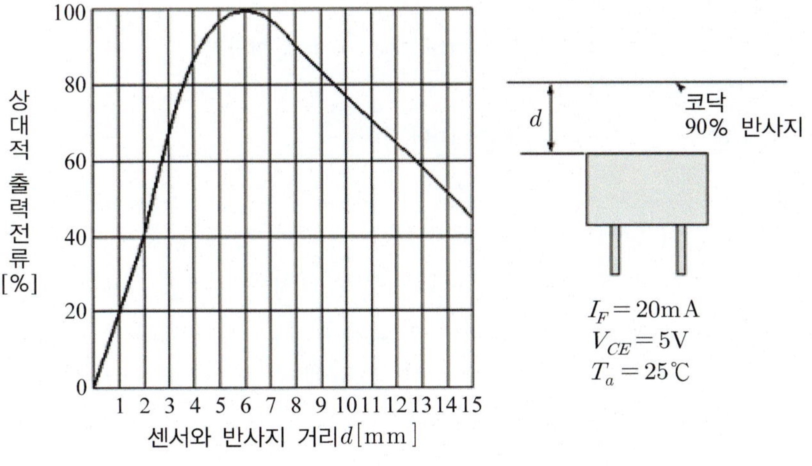

▲ 그림 2-32 반사형 포토인터럽터의 검출위치 특성

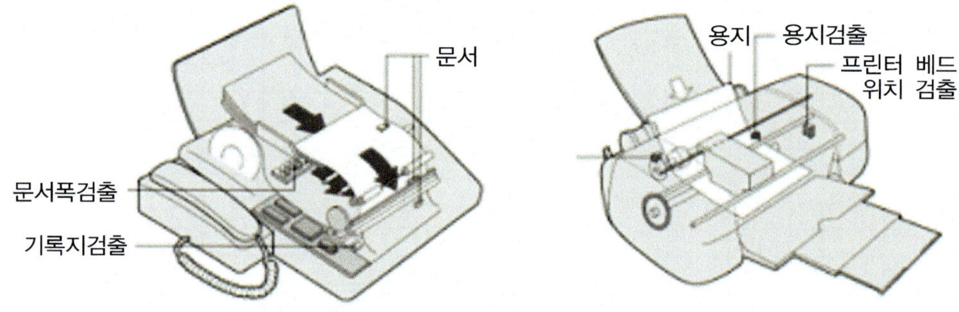

▲ 그림 2-33 포토인터럽터의 사무기기 응용분야

도로 사용이 가능하며, 프린터에서 용지 검출, 급지 검출, 프린터 헤드 위치 검출 등의 용도로 사용이 가능하다.

2.5 광이온화 센서

광이온화 센서는 매우 높은 에너지의 빛인 X-선 검출용으로 주로 사용된다. X선 검출에 사용되는 센서는 <표 2-6>과 같다. 디지털 방식의 센서가 나오기 전에는 아날로그 방식인 필름이나 가스 검출기 방식을 주로 사용하였다. 디지털 X선 검출에는 X선과 직접 반응하여 생성된 전자-정공 쌍을 읽어내는 직접 검출방식과 X선을 발광체를 통해 빛으로 변환한 뒤 빛을 검출하여 읽어내는 간접 검출방식으로 구분한다.[11]

■ 표 2-6 X선 검출기의 분류

검출 원리	센서 종류
기체의 이온화	Ion Chamber, 비례계수기, Geiger-Muller 카운터
섬광	섬광검출기(scintillation counter), 형광판
사진건판	필름
반도체 방식	CCD, CMOS, α-Si, CdTe 등

기체의 이온화를 이용한 방식은 구조가 매우 간단한 것이 특징이다. 챔버 내에 있는 가스가 X선에 의해 이온화가 일어나게 되고, 내부에 설치된 전극에 의해 포획된 전하량의 변화로부터 X선의 양을 검출하는 방식이다. 검출기의 전극에 인가하는 전압에 따라 사용하는 영역이 <그림 2-34>와 같이 구분이 된다. 그림에서 재결합 영역은 생성된 이온쌍의 일부가 재결합이 일어나는 영역으로 검출 사용이 불가능한 영역이다. 전리함 영역은 일차

11. 허영, 전성채, 진승오, "디지털 X-ray용 센서기술 및 동향", 물리학과 첨단기술, 2007

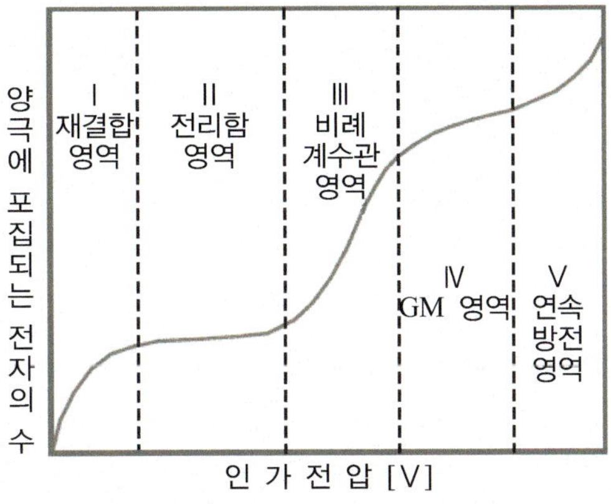

▲ 그림 2-34 인가전압에 따른 계수율의 변화

적으로 생성된 모든 전자와 이온이 전극에 포집되는 영역으로 전리함(ion chamber)을 사용하는 영역이다. 양극에 포집되는 전자수는 10~100개 정도이다. 비례계수관 영역은 기체증폭이 발생하는 영역으로 비계계수기로 X선을 측정한다. 10^6~10^7 정도의 전자가 양극에 포집된다. 마지막으로 GM영역은 양극 주변 모든 영역에서 기체증폭이 발생하는 영역으로 Geiger-Muller 카운터를 사용하는 영역이다. 증폭이 가장 많이 일어나는 영역으로 양극에 포집되는 전자수는 약 10^9 정도로 매우 많다.

전리함(ion chamber) 방식은 일차적으로 생성된 모든 전자와 이온이 전극에 포집되고, 이때 흐르는 전류를 통해 방사선량을 측정하는 원리이다. 대개의 경우 대기압 상태의 공기를 이용하며, 특수한 경우에 특수가스 또는 고압으로 사용하는 경우도 있다. 이 방식은 모든 종류의 방사선 측정이 가능하며 넓은 파장범위를 갖는 X선 검출에 용이하다. [12.]

비례계수관(proportional counter)은 보통 내경 25mm 정도의 원관을 음극으로 하고, 그 중심에 직경 50 μm 정도의 텅스텐 심선이 양극으로 되어 있으며, 두 전극간에 1,000~2,000 volt의 직류 고전압을 가한다.

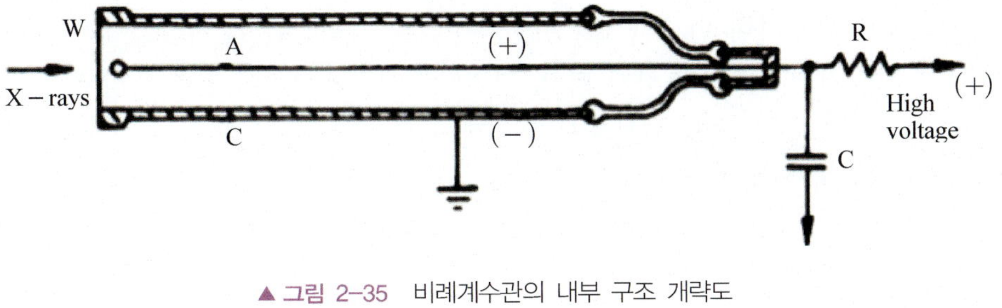

▲ 그림 2-35 비례계수관의 내부 구조 개략도

12. "방사선 계측기술 및 중성자 계측기 기술 개발 현황", 기술현황분석보고서, 한국원자력연구소, 2002년

관 내에는 충전기체로 P-10이라는 가스를 사용하는데, 이것은 Ar(90%)와 CH_4(10%)가 혼합된 기체를 1기압 정도로 혼합된 기체이다. 대표적인 계수기의 단면은 <그림 2-35>와 같다. 비교적 강한 X선(0.2~3Å)을 검출하는 경우는 가스를 봉입한 계수관을 사용하는데, 이를 봉입형 비례계수관(sealed proportional counter)이라 한다. 약한 X선(2~50Å)을 검출하는 경우는 창을 아주 얇게 하여 가스를 천천히 흐르게 하여 사용하는데, 이것을 가스흐름 비례계수관(gas flow proportional counter)이라 한다. 전자는 X선 회절분석용으로 사용하며, 후자는 형광 X선 분석용의 원소측정용으로 사용한다.

비례계수관 방식은 X선이 계수관 안으로 입사하여 계수관 내의 가스를 이온화 시킨다. 1차 이온의 수는 X선 광량자의 에너지에 비례한다. 여기서 이온은 양극으로 향하는 도중에 다른 중성원자에 충돌하여 이온의 수가 증가한다. 이렇게 X선 광량자 1개가 계수관에 들어가 1개의 펄스 전류로 계수관의 두 극 사이에 흐르게 된다. 이 펄스의 평균전압을 펄스 높이의 평균값이 입사된 X선 광량자의 에너지에 비례하므로 비례계수관이라고 한다. 이 크기는 기체의 종류 및 압력, 인가전압, 계수관의 구조 등에 따라 다르며, 출력신호의 크기는 입사하는 X선의 에너지에 비례하기 때문에 에너지에 대한 선별력은 우수한 편이다. 충전기체로 사용되는 P-10 가스 중에서 CH_4는 소멸기체의 역할을 하는데, 이차 전리현상이 생길 때 여기된 원자가 방출하는 자외선에 의한 새로운 증폭을 방지하기 위한 역할을 한다.

GM 계수관은 비례계수관과 구조가 동일한 것으로 에너지 분별성이 없어 방사능 측정용으로만 사용한다. 충진기체를 P-10 기체에 불활성 기체를 일부 혼합해서 사용한다. GM 계수관은 민감도가 높아 여러 종류의 방사선을 측정하는 것이 가능하고, 큰 출력신호로 휴대가 용이하며, 동작이 간편하다는 장점이 있다. 반면 에너지 분해능이 없어 선량측정이 원칙적으로 불가능하며, 계수직선성영역이 좁고, 수명이 짧고, 불감시간이 100~400μs 정도로 다른 방식에 비해 길다는 단점이 있어 현재는 잘 사용하지 않는다.

섬광검출기(scintillation counter)는 기본적으로 입사하는 X선 광자에 대해 펄스상의 광을 발생하는 섬광장치와 광전자 증배관으로 구성되어 있다. 이것의 원리는 X선이 입사하여 섬광장치에서 발광하여 반사판으로 광전자증배관에 집광을 해 주고, 광전면에서 광의 강도에 비례하는 광전자를 방출하게 되고, 광전자증배관에서 이차전자가 발생하여 전류펄스를 발생하는 원리이다. 이것은 분해시간이 짧아서 고계수율로 측정이 가능하며, 검출효율이 높고 대면적이 가능하다는 특징이 있다. 이의 내부 구조는 <그림 2-36>과 같다.

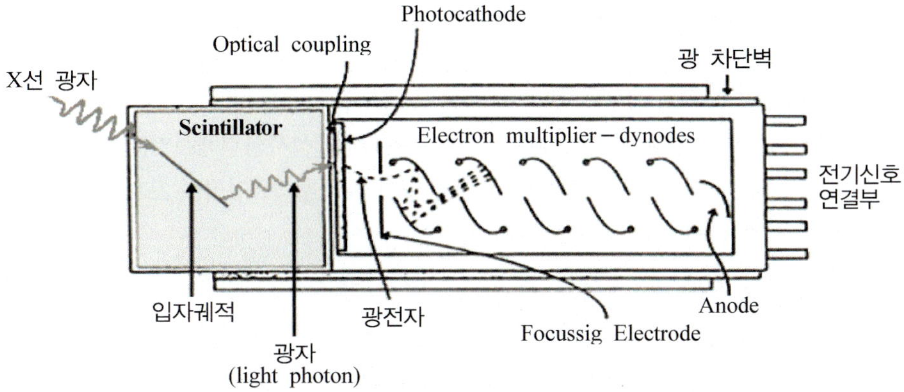

▲ 그림 2-36 섬광계수기의 내부 구조

섬광기에는 흡수된 X선 에너지를 가시광으로 변환하여 광을 방출하는 역할을 하는데, 그 과정은 <그림 2-37>과 같다. 섬광기에는 이런 특성을 낼 수 있는 물질을 이용하는 것인데, 이런 특성을 가진 물질은 크게 유기질과 무기질로 나눌 수 있다. 무기질로는 NaI, CsI, LiI, ZnS 등이 있으며, 유기질로는 C, H, O가 주 성분인 안트라센(anthracene), 스틸벤(stilbene) 등이 있다. 무기 섬광물질은 발광효율이 높고, 선형성이 좋은 반면, 천이속도가 느린 점이 단점이다. 이에 반해 유기 섬광물질은 천이속도는 빠르나, 발광효율이 낮고, 선형성이 좋지 않은 단점이 있다.

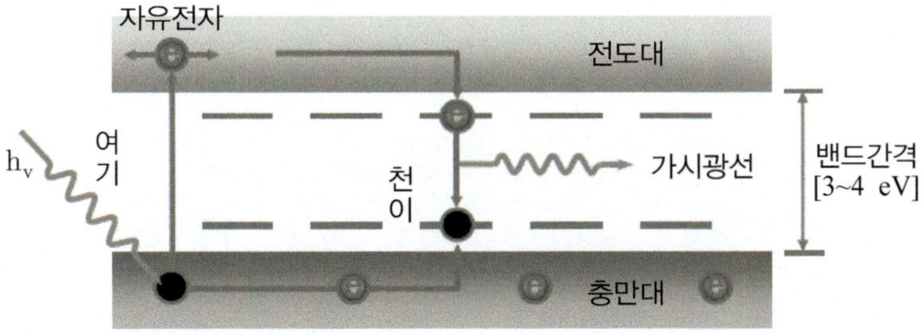

▲ 그림 2-37 X선에 의해 가시광으로 변환되는 섬광 현상

맛있게 생각해 봅시다!

1 복합형 광센서인 포토커플러(photocoupler)는 각종 전자장치에서 발생하는 전기적 잡음을 제거하기 위해 기계식 릴레이 대신에 많이 사용된다. 이러한 포토커플러의 장점 및 동작 원리에 대해 설명하세요.

2 길게는 수 m, 짧게는 수 cm의 거리에 있는 물체의 거리 측정용으로 반도체 위치검출소자인 PSD(position sensitive device)를 많이 사용한다. PSD의 동작 원리에 대해 설명하세요.

3 광섬유는 측정할 물리량이 있는 곳에 손쉽게 빛을 전달하는 역할 뿐 아니라, 광섬유를 구성하고 있는 유리를 매개로 빛과 측정하고자 하는 외부신호 사이에 상호작용을 일으키게 하는 역할을 한다. 대부분의 광섬유 센서에서는 광섬유에 가해지는 외부 물리량의 변화(신호)에 의해 광섬유 속을 진행하는 빛에 유도되는 여러 가지 특성 변화를 측정하게 되는데, 외부에서 가해지는 신호에는 온도, 압력, 전기장, 자기장, 회전, 화학물질의 농도, 기계적인 움직임 등 거의 모든 종류의 물리량들이 포함된다. 광섬유는 광통신 뿐만 아니라 미세한 광 신호의 변화에 따라 각종 물리량을 측정할 수 있는 다양한 센서로 활용할 수 있다. 광섬유를 이루고 있는 광케이블의 내부 구조에 대해 설명하고, 광섬유 센서만이 가지는 장점에 대해 기술하세요.

맛있는 풀이

풀이 1 포토커플러는 발광용 소자와 수광용 소자 사지에 고절연물질을 넣어 광학적으로 결합시켜 접지 전위가 다른 회로간의 신호 인터페이스로 사용한다. 포토커플러의 입력단은 아래 <그림 2-38>의 캐소드와 애노드(A와 K단자)이다. 여기에 전압이 가해지면 포토커플러 내부에서 GaAs LED가 빛을 내게 되며, 이 빛의 양에 비례해서 컬렉터와 이미터(C단자와 E단자) 사이에 흐르는 전류의 흐름을 제어할 수 있다. C와 E 단자는 NPN 트랜지스터의 콜렉터와 이미터이고, 발광 다이오드 출력이 베이스에 연결되어 있으므로 스위칭 동작이 이루어진다.

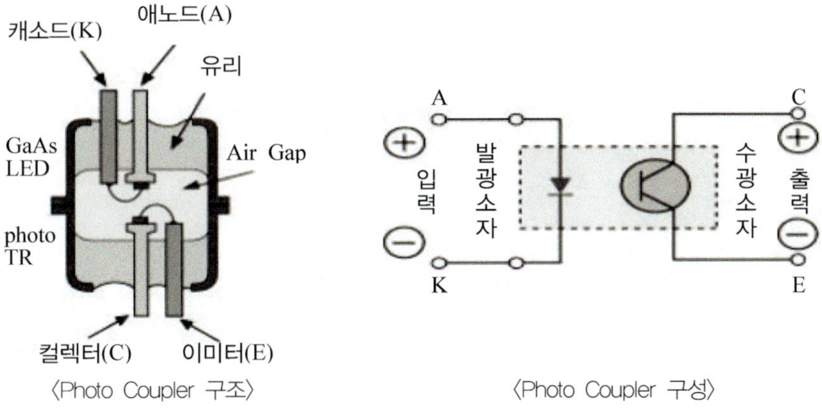

▲ 그림 2-38 포토커플러의 구조 및 구성

따라서 이러한 포토커플러의 일반직인 특징은 다음과 같다.

i) 입출력간이 전기적으로 완전히 절연되어 있기 때문에 전위차가 다른 두 회로간의 신호전달에 사용된다.

ii) 신호전달이 단방향이므로 출력으로부터 입력에 대한 영향이 없다.

iii) 논리소자와의 인터페이스가 용이하고 응답속도가 빠르다.

iv) 소형, 경량이므로 실장밀도를 높일 수 있다.

v) 수명이 반영구적이며, 높은 신뢰성을 갖고 있다.

vi) 포토커플러는 빛을 이용하여 신호를 전달하기 때문에 전기적 잡음에 강하다.

풀이 2 PSD는 빛에 반응하는 반도체로서, PIN 포토다이오드의 구조로 되어 있다. 반도체의 표면저항을 이용해서 1개의 pn접합으로 화상을 주사하지 않고 입사광의 단, 장거리 위치를 검출한다. 고저항 실리콘 기판(i층) 표면에 p층을, 후면에 n층을 형성하고, 상하에 출력신호를 얻기 위한 전극으로 구성되어 있다. 표면에 형성된 p층은 균일하게 분포하는 전류 분할저항(R_l)으로 기능한다. <그림 2-39>에서 전극 1로부터 입사광 위치까지의 거리를 X, 이 부분의 저항을 R_x라고 하면, 입사광 위치에서 발생된 총전류 I_0는 전극 1, 2 까지의 저항에 역비례하여 나누어져서 각 전극에 출력된다.

$$I_0 = I_A + I_B,\ I_A = I_0 \times \left(\frac{R_l - Rx}{R_l}\right),\ I_B = I_0 \times \left(\frac{R_x}{R_l}\right)$$

저항층은 균일하므로, 저항값이 길이에 비례한다고 가정하면 각각의 전류는 다음과 같다.

$$I_A = I_0 \times \left(\frac{l - x}{l}\right),\ I_B = I_0 \times \left(\frac{x}{l}\right)$$

두 전류의 차($I_A - I_B$)를 합($I_A + I_B$)으로 나눈 값을 위치신호(P_l)라고 하면 다음과 같이 쓸 수 있다.

$$P_l = \frac{I_A - I_B}{I_A + I_B} = \frac{l - 2x}{l} = 1 - \frac{2x}{l}$$

따라서 전류의 차 또는 비를 알면 입사광의 세기에 관계없이 입사위치 신호를 알 수 있다. PSD센서는 1m 내외의 근거리에 있는 물체까지의 거리를 정확히 읽어내는데 사용된다.

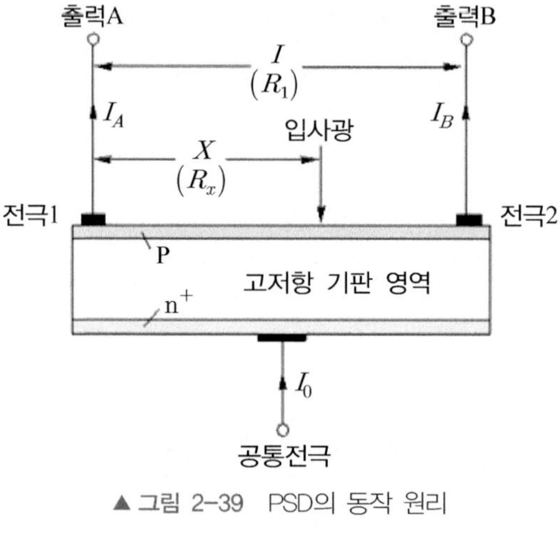

▲ 그림 2-39 PSD의 동작 원리

<그림 2-40>과 같이 근적외선 LED인 광원이 렌즈를 통과하여 나온 빔이 물체에 부딪힌 후 반사되어 PSD를 향해 다시 반사되어 돌아오게 되고, 미약한 반사빔은 렌즈에 의해 PSD 표면에 집광된다. 따라서 PSD는 그 표면에 있는 광점의 위치 x에 비례하는 출력전류를 발생시키게 되고 이로부터 물체까지의 거리를 측정할 수 있다.

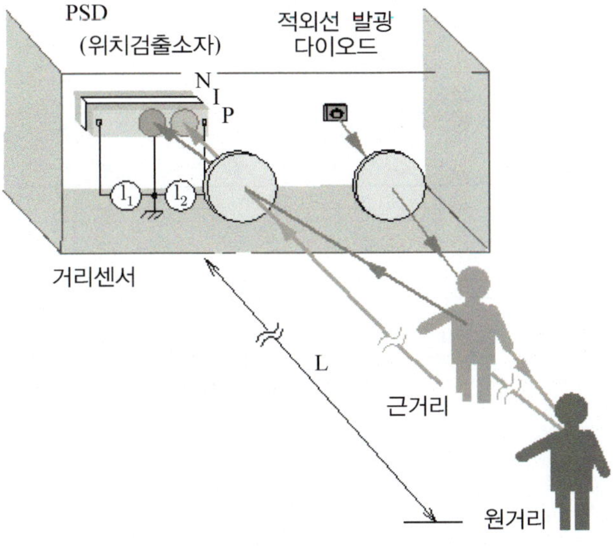

▲ 그림 2-40 IR LED와 PSD를 이용한 거리측정 방법

풀이 3 광케이블은 광신호로 변환된 레이저 신호를 멀리까지 전송하기 위해서 광섬유로 만들어진 전송 케이블이다. 기본적인 구조는 <그림 2-41>과 같다. 광섬유를 보호 피복에 넣어 다양한 외부 환경에 견디도록 구성되어 있다.

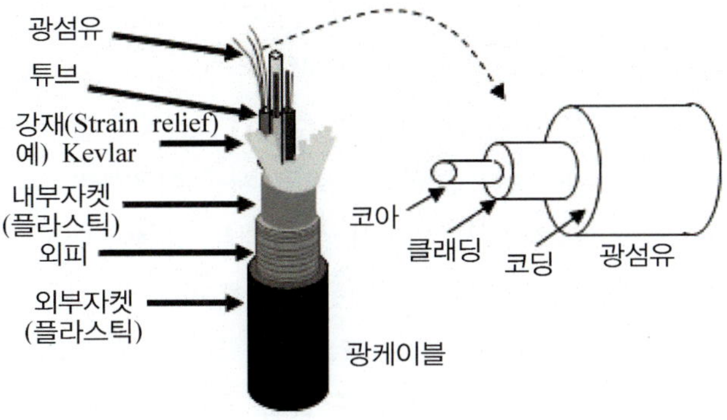

▲ 그림 2-41 광케이블 내부 구조

광케이블에는 전송 모드에 따라 <그림 2-42>와 같이 두 가지 모드가 있다. 싱글모드(single mode, 코어 직경이 9 μm)는 광케이블 코어 안에 도파되는 빛의 모드가 하나인 광섬유이며, 모드분산이 적어 긴거리까지 전송이 가능하다. 멀티모드(multi mode, 코어 직경이 62.5 μm, 50 μm)는 광케이블 코어 안에 도파되는 빛의 모드가 여러 개인 광섬유이며, 단거리 전송에 유리하다. 외부자켓의 색깔에서 두 가지 모드를 구분하는데, 노란색이 싱글모드이고, 주황색은 멀티모드이다.

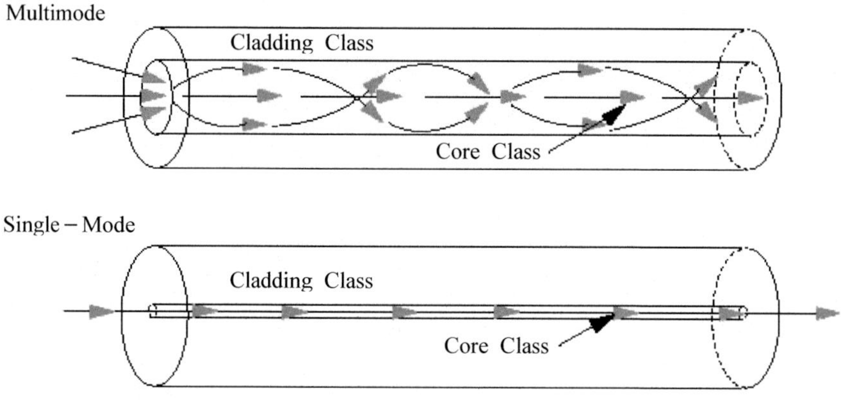

▲ 그림 2-42 광섬유의 두 가지 모드 개념

광섬유 센서가 다른 센서들에 비해 갖는 장점은 전자소자 대신에 빛을 이용하여 측정한다는 점과, 이 측정신호의 전달도 빛으로 하고 있는 점이 특징이다. 전기가 통하는 전도체가 포함되어 있지 않으므로 주변의 여러 장치에서 발생할 수 있는 전자파 장애에 의한 잡음이 없고, 전기적인 접지, 누전, 감전 등의 염려가 없다. 크기가 가벼우며, 거의 모든 종류의 물리량 측정에 이용할 수 있다. 특히 파장이 매우 짧은 빛을 기준으로 측정하게 되면 매우 높은 감도를 얻을 수 있다. 뿐만 아니라 통신의 경우와 마찬가지로 광손실이 거의 없고 정보전송 대역폭이 넓어 많은 수의 센서를 광섬유 한가닥에 연결하여 동시에 측정할 수 있는 배열형 센서가 가능하며, 수십 km 떨어진 거리에서도 원력측정을 할 수 있고, 위치에 따른 물리량의 분포를 측정하는 분포계측이 가능하다. 또한 광섬유 센서를 이용하면 기존의 기술로는 센서의 동작이 불가능한 환경에서도 사용할 수 있다는 장점이 있다. 에를 들면 전자파 장애가 많은 환경(발전소, 변전소, 전기용접 등이 이루어지는 공장 등), 전자레인지 내부, 환자 혈액의 실시간 모니터링, 고온 다습 고압력의 환경, 폭발위험이 있는 환경 등에서 광섬유 센서는 별다른 어려움 없이 사용할 수 있다.

Chapter 03

CMOS 이미지 센서

3.1 CMOS 센서 개요

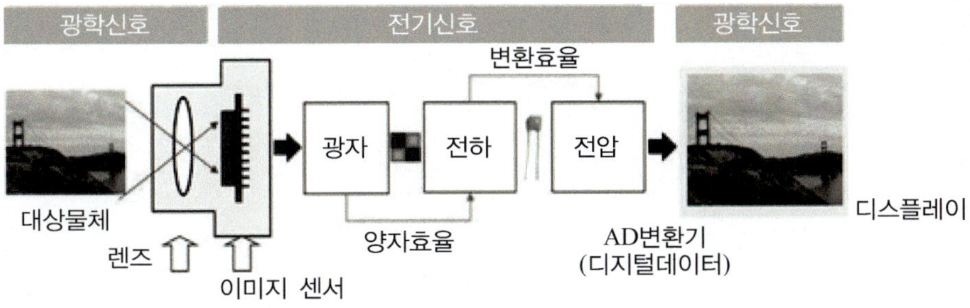

▲ 그림 3-1 카메라의 영상획득 개념

사람은 오감 중에 시각을 통해 정보를 분석하는 비중이 약 80% 정도라고 한다. 그 만큼 시각 정보는 중요하다. 사람의 시각에 해당하는 것이 바로 카메라를 이용한 영상획득 기술이다. 카메라를 통해 영상을 획득하는 개념은 <그림 3-1>과 같다. 대상물체의 광학신호가 렌즈를 통해 이미지 센서로 입사하게 되고, 이미지 센서는 피사체의 광학 정보로부터 전기적인 영상신호로 변환해 주는 장치로서 빛 에너지를 전기적 에너지로 변환해 주는 역할을 한다. 광학 신호에 비례한 전기적 신호로부터 화면에 영상을 재현할 수 있다. 따라서 광학신호를 전기적인 신호로 변환해 주는 이미지 센서의 역할이 중요한데, 이미지 센서로 예전에는 CCD(charged coupled device)가 많이 사용되었으나, 최근에는 CMOS(complementary metal-oxide semiconductor)가 더 많이 사용되고 있다.

1970년에 Bell 연구소의 W. Boyle과 G. Smith가 하나의 커패시터에서 인접한 커패시터로 전자를 전달하는 구조를 고안했다. Charged Coupled Device(CCD)라고 부르는 이 구조는 초기에 아날로그 딜레이 라인, 아날로그 필터, 아날로그 메모리 등에 주로 사용되었지만, 이미지 센서에 응용되면서 매우 중요한 소자가 되었다. CCD형 이미지 센서는 <그림 3-2>와 같이 각 화소마다 구성된 포토다이오드와 신호 전자를 출력부로 전달하는 CCD channel, 그리고 전달된 전자의 개수에 비례하는 전압으로 변환해서 외부로 출력하는 출력부로 구

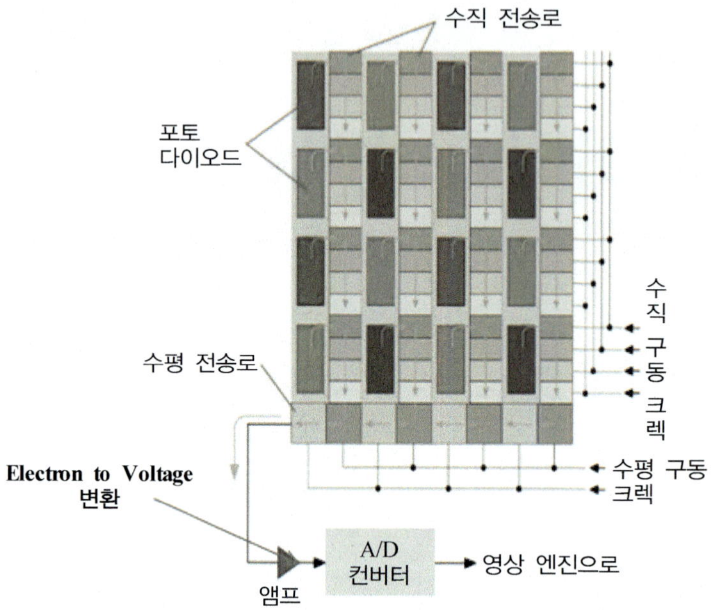

▲ 그림 3-2 CCD 센서의 내부 구조

성되어 있다.[13] 각 화소에서 축적한 신호전자를 받아서 수직방향으로 전달하는 CCD를 수직전송로(shift register)라 하고, 이를 받아서 수평방향으로 전달하는 기능을 하는 CCD를 수평전송로라 한다. CCD는 이와 같이 각 화소에서 1-field 동안 빛에 의해 발생한 전자를 CCD의 수직/수평 전송로를 통해 출력부로 이동시켜서 전압으로 변환, 출력하는 것이다.

각 픽셀에 해당하는 포토다이오드에 빛이 들어오면 빛의 세기에 비례해서 발생한 전자가 각 포토다이오드의 potential well에 축적된다. 1-field (VGA 방식의 경우 1/60초)의 시간이 지나면, 포토다이오드와 수직전송로 사이의 gate에 높은 전압을 인가해서 각 화소의 신호전자를 포토다이오드로부터 수직전송로 쪽으로 이동시킨다. 수직전송로의 전압분포는 각 화소로부터 전달된 전자그룹이 서로 섞이지 않도록 형성되어 있다. 수직전송로의 gate에 구동펄스가 인가되면, 모는 전자 그룹은 수평전송로 방향으로 한 칸 이동하는데, 이때도 각 전자그룹이 서로 섞이지 않으면서 이동한다.

수평전송로에 가장 가까이 있는 전자그룹은 수평전송로로 이동하고, 이때 수직전송로는 잠시 대기한다. 수평전송로의 gate에 빠른 속도로 구동전압을 인가하면 각 전자 그룹은 차례로 출력부로 이동한다. 출력부에서는 각 전자그룹이 올 때마다, 전자 수에 비례하는 전압으로 변환해서 출력패드를 통해 외부로 출력한다. 모든 전자그룹이 출력부로 전달되어서 수평전송로가 비워지게 되면, 다시 수직전송로가 구동되어서 다음 행의 전자그룹을 수평전송로로 이동시킨다.

13. www.dcmcafe.co.kr

빛은 계속 들어오기 때문에 이런 이동/출력 동작이 진행되는 동안에도 각 화소의 포토다이오드에서는 다음 field를 위한 신호전자를 축적하고 있다. 따라서 1-field 동안 모든 전자그룹의 이동/출력을 마쳐야만 다음 field의 전자를 다시 옮기게 된다. 이러한 동작원리가 CCD 이미지센서의 frame rate를 제한하는 원인이 된다. CCD 이미지 센서의 감도는 각 화소에 입사한 빛이 몇 mV의 전압으로 출력되는가를 나타내며 다음의 식으로 주어진다.

$$감도 = \frac{출력전압}{입사조도}\ [\mathrm{mV/lx}] \tag{3-1}$$

감도가 높으면 어두운 피사체에 대해서도 더 선명한 영상을 얻을 수 있다. 또한 감도가 높으면 잡음 대비 신호가 높아지기 때문에 최저 피사체의 조도가 낮아진다. 하지만 출력신호의 최대치에는 제한이 있기 때문에, 감도가 높으면 신호가 빨리 포화되어서 동작범위가 줄어든다. 따라서 저조도에서는 감도가 높고, 조도가 올라갈수록 감도가 낮아지는 출력을 내주는 것이 이상적이다.

감도를 높이기 위해서는 우선 수광부의 포토다이오드가 넓어서 많은 빛을 받을 수 있어야 한다. 그리고 받아들인 빛이 가능하면 많은 신호전자를 만들어야 한다. 신호전자가 많을수록 출력이 높아지기 때문이다. 이러한 요소는 수광부의 설계영역에 해당한다. 출력부에서는 전달받은 신호전자가 가능하면 높은 전압으로 변환되어야 감도가 높아진다. 신호전자는 수평전송로를 통과한 후, 배출구(field drain)에 담긴다. 배출구는 p-well상에 형성된 n+층의 커패시터이므로, (-)의 전하량을 가진 신호 전자그룹이 들어오면 전하량에 비례해서 전압이 낮아진다. 이 낮아지는 전압을 ΔV라고 하면, ΔV는 다음과 같이 표현된다.

$$\Delta V = \frac{qN}{C_{FP}}\ [\mathrm{mV}] \tag{3-2}$$

여기서 C_{FP}는 배출구의 커패시턴스, q는 전하량, N은 신호 전자수이다. 따라서 감도를 높이기 위해서는 신호 전자수 N에 의한 전압변동 ΔV가 커야 하고, 따라서 C_{FP}가 작아야 한다.

이와 같이 전자를 직접 전송하는 CCD 이미지 센서와는 달리, CMOS형 이미지 센서는 화소에서 신호전자가 바로 전압으로 변환된다. 따라서 화소마다 몇 개씩의 트랜지스터가 필요하게 되고, 이 트랜지스터의 개수로 종류가 나뉜다. 화소에 들어있는 트랜지스터의 불균일도는 곧바로 영상으로 나타나 눈에 보이기 때문에 CMOS형 이미지센서 기술은 한동안 빛을 보지 못하다가 반도체 공정이 발달한 1990년도 중반 이후 상용화가 시작되었다.

CMOS는 반도체 방식을 표현하는 단어이기도 하다. 반도체 중에는 MOS (metal oxide semiconductor)라는 방식이 있다. 이는 반도체 중에 움직이는 자유전자가 튀어 나온 후 정공의 전하를 운반하는 방식의 반도체이다. 이 전하 운반에 자유전자와 정공 쌍방을 이용해 동작 속도를 고속화 시킨 것을 CMOS(complementary metal oxide semiconductor)라고 부른다. 즉 CMOS는 반도체의 방식 중 하나로써 촬상소자 이외에도 다양하게 사용된다. 따라서 본래 디지털카메라에 사용된 촬상소자는 CMOS 이미지 센서라고 부르고 CMOS 메모리 또는 CMOS 오토포커스센서 등을 구별할 필요가 있지만, 디지털카메라에서 사용되는 CMOS는 특별한 경우를 제외하고는 CMOS 이미지 센서라고 표현한다.

CMOS와 CCD의 큰 차이점 중에 하나는 신호를 읽어내는 방법이다. 앞서 CCD는 각 화소에 빛이 조사돼 발생된 전하를 그대로 CCD의 전송기능을 이용해 증폭기에 불러 그곳에서 처음 전기 신호로 취급하여 증폭한다. 그러나 CMOS방식은 <그림 3-3>과 같이 각 화소에 전하를 축척한 후 화소 자체에 전기 신호로써 취급하여 증폭한다. 이때 CCD처럼 저장고방식으로 신호를 전송하는 것이 아니고 화소 자체에 회로를 연결해 개별적으로 신호를 만드는 점이 다르다.

이것이 가능한 것은 CMOS의 구조와 동작이 CCD와 다른 구조를 갖고 있기 때문이다. CCD는 반도체의 종류 중 하나이지만 그 제조 프로세스는 반도체 제조방법과는 약간 다르다. 그러나 CMOS 방식은 통상의 LSI와 같은 제조 프로세스로 만들어진다. 따라서 CCD는 회로를 투입하는데 곤란한 반면 CMOS는 몇 개의 층 구조에 따라 회로와 이미지센서를 같은 칩(chip)에 제작이 가능하다. CCD는 전하 발생이 포화량을 초과한 경우 수직전송용

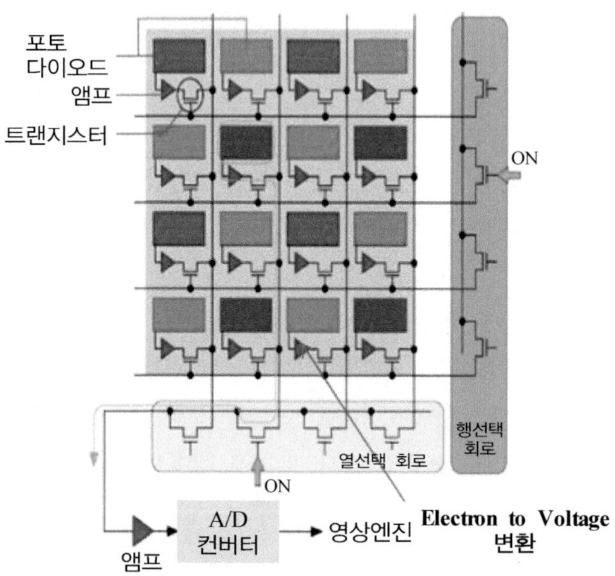

▲ 그림 3-3 CMOS 센서의 내부 구조

CCD에 따라 다른 화소에 축척된 전하에 영향을 받지만 CMOS는 각 화소의 신호가 변화되므로 다른 화소의 전하에 영양을 받지 않는다. 또한 CCD와 비교해 작은 소비 전력으로 기동할 수 있는 큰 장점이 있다.

CCD형 이미지 센서는 빛에 의해 발생한 전자를 그대로 gate펄스를 이용해서 출력부까지 이동시킨다. 따라서 도중에 잡음이 들어오면 전압은 달라지더라도 전자의 수 자체는 변함이 없으므로 잡음이 출력신호에 영향을 주지 않는다. CMOS형 이미지 센서는 빛에 의해 발생한 전자를 각 화소내에서 전압으로 변환한 후에 여러 CMOS 스위치를 통해 출력한다. 잡음은 원래의 형태로 들어오는 것이므로 잡음이 더해진 만큼 그대로 출력신호에 나타나게 된다. 또한 CCD형 이미지 센서는 하나의 출력회로를 모든 화소가 거쳐감으로써 각 화소간에 차이가 없는데, CMOS형 이미지 센서는 각각의 화소가 전자-전압 변환회로를 따로따로 가지므로, 각 화소의 소자 불균일성이 그대로 출력신호에 반영되게 된다. 이러한 이미지 소자 자체의 기본적인 차이점은 <표 3-1>과 같다.

CMOS를 이용하면 시스템의 구조는 매우 간단해질 수 있고 전력소비량도 줄어들기 때문에 쉽게 작은 제품을 만들어낼 수 있지만, 어두운 곳에서 일반적으로 균일도가 떨어지기 때문에 고성능의 제품을 만들어내기 위해서는 별도의 이미지 프로세서를 사용하여 극복해야 한다. CMOS와 CCD의 중요한 특성 차이 중 하나가 스미어(smear)와 블루밍(blooming)이다. 스미어는 부분적으로 강한 빛이 들어오는 영역의 상하로 수직의 밝은 선이 나타나는 현상이다. 스미어 신호는 밝은 영역에 들어오는 빛의 세기에 비례하며, 또한 밝은 영역의 수직 방향 화소 수에도 비례한다. 스미어는 원래 화상에 없는 패턴을 형성하므로

■ 표 3-1 CCD와 CMOS 이미지 센서의 기본적인 구조상 차이 비교

항목	CCD	CMOS
픽셀 신호특성	전자의 흐름	전압 신호
픽셀 수광면적	상대적으로 큼	상대적으로 작음
시스템 크기	상대적으로 큼	작음
집적도	낮음	높음
동작 복잡성	다양한 전압 및 클럭이 필요	동작이 간편
전력 소모	전력소모가 높음	전력소모가 낮음
신호대 잡음비	노이즈 적응력이 높음	노이즈 적응력이 낮음
스미어,블루밍	드물게 발견	기본적으로 없음
반응속도	상대적으로 느림	상대적으로 빠름
저조도 특성	균일성이 높음	상대적으로 떨어짐
시스템 내구성	좋음	매우 우수

잡음에 해당하며, CCD에서 특히 잘 나타난다. 블루밍은 말 그대로 넘친다는 표현인데, 스미어와 원인은 다르지만 CCD가 과도한 빛을 받으면 전기신호가 넘쳐나서 사진에 빛이 번져 보이는 현상이기 때문에 스미어와 구별이 힘든 경우도 있다. 스미어는 밝기 차가 많은 피사체를 촬영했을 때 세로로 빛이 갈라져 보이는 현상인데, 이러한 문제도 카메라의 기술적인 발전으로 어느 정도 해결이 되고 있다.

신호전자는 CCD의 경우에는 출력부의 capacitor, CMOS의 경우에는 각 화소의 capacitor에서 전압으로 변환된다. 이 때, 신호전압 = (신호전자 수 × 전자 전하량)/capacitor 의 식으로 변환되기 때문에 capacitance의 값에 따라 신호전압은 달라진다. 감도는 입사광의 세기 대비 출력전압으로 나타나기 때문에, 감도를 높이기 위해서는 capacitance의 값을 줄여야 한다. 신호전압은 아날로그 회로에서 gain조절, 잡음제거 등의 과정을 거친 후 ADC에서 디지털 신호로 바뀌게 되고, 이 디지털 신호가 영상을 형성한다. 이 과정에 입사된 빛의 정보가 디지털 출력으로 나가는 동안 많은 정보손실이 있을 수 있다. 이미지 센서의 화소의 출력신호는 <그림 3-4>와 같이 조도에 따라, 잡음에 신호가 묻히는 영역, 조도에 비례하는 영역, 신호가 조도에 더 이상 증가하지 않는 영역으로 나뉘며, 특히 신호가 조도에 비례하는 영역을 active 영역이라고 한다.

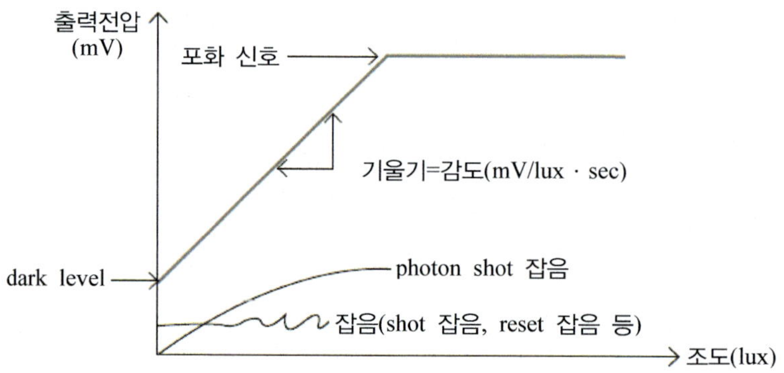

▲ 그림 3-4 이미지센서의 빛의 세기와 출력전압의 관계

이미지 센서의 성능은 얼마나 어두운 빛에서부터 얼마나 밝은 빛까지 유효한 정보를 출력해 주는가에 달려 있으므로, active 영역을 늘리는 방향으로 연구가 진행되고 있다. 조도가 낮아지면 잡음신호에 가려서 신호의 의미가 없어지므로 잡음과 구별되어서 빛에 의한 정보를 출력할 수 있는 최소한의 조도를 최저 피사체 조도라고 부른다. 카메라에서는 렌즈의 특성과도 관련이 있으므로, 이미지 센서에 직접 입사하는 조도를 이미지 센서의 최저 피사체 조도라고 한다. 최저 피사체 조도는 빛에 의해 나타나는 신호가 잡음 신호의 표준편차와 같게 될 때로 정의한다. 최지 피사제 초도는 감도가 높고 잡음이 적어야 최지 피사체 조도도 낮아진다. 따라서 이미지 센서의 동작범위는 포화조도와 최저 피사체 조도의 비로 나타내서 다음과 식과 같이 된다.

$$\text{dynamic range} = 20\log\frac{\text{포화조도}}{\text{최저피사체조도}} \tag{3-3}$$

3.2 픽셀의 컬러 구현

CCD와 CMOS는 빛을 받으면 전하를 축적하는 소자로 빛의 양을 전하적 양으로 변환하는 역할을 한다. 즉 CCD 또는 CMOS 자체적으로는 빛의 명암만을 파악할 수 있고 컬러정보는 파악할 수 없다는 뜻이다. 최초의 사진기는 흑백 이미지만 저장할 수가 있었다. 그래서 초기의 사진작가들은 직접 흑백 사진에 색을 입히는 방법으로 색을 재생해야만 했다. 그러나 1860년 James Clerk Maxwell이 칼라사진이 red, green, blue 세 가지 필터를 사용해 만들어질 수 있다는 사실을 발견했다. 그는 피사체를 각각 red, green, blue 필터를 사용해 세 번을 촬영해서 세 가지 사진을 각각 서로 다른 프로젝터를 이용해 한 스크린에 겹쳐서 컬러 영상을 구현했다. 이러한 기본 원리가 지금도 그대로 적용되고 있다.

카메라에도 이와 유사한 원리를 사용한다. 즉 red, green, blue의 세 가지 필터를 이용하는 방법이다. 대표적인 모델이 <그림 3-5>와 같은 Bayer Mosaic Pattern이다. 전체 픽셀 중 green이 전체의 반을 차지하게 되는데, 그 이유는 사람의 눈이 green에 대해 더 민감하게 반응하므로 green의 정확도가 중요하기 때문이다. 이렇게 색정보를 저장 후에 다시 각각의 픽셀의 색정보를 계산하는 과정을 demosaic이라 하고, interpolate라는 수학적 기술을 이용한다.

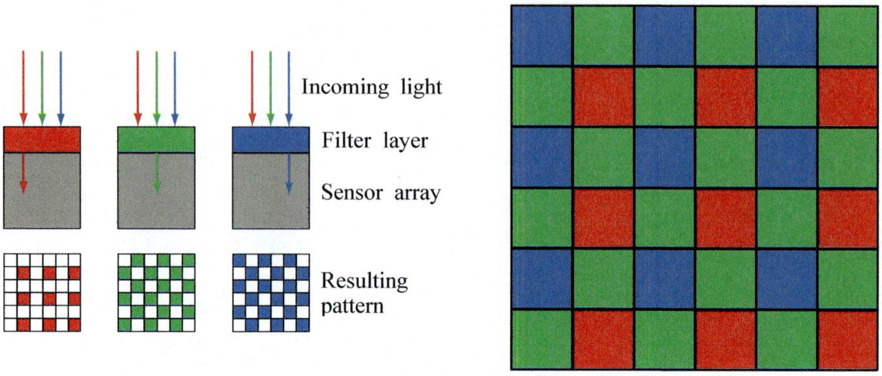

(a) mosaic pattern 원리 (b) bayer pattern

▲ 그림 3-5 컬러필터를 구현하기 위한 Mosaic Pattern과 Bayer Pattern

컬러를 구현하기 위해 각 회사마다 독창적인 아이디어로 제작하고 있다 , 그 대표적인 것이 <그림 3-6>과 같은 예이다. 일본 후지필름사에서 개발한 허니컴 구조는 포토다이오드의 모양을 팔각형으로 함으로써 화소면적에 대한 면적비를 크게 할 수 있어 고감도와 높은 S/N비를 실현한 것이 특징이다. 반면 미국 Foveon사에서 개발한 포비온은 포토다이오드의 소재가 되는 실리콘 결정에서 푸른 빛은 비교적 표면에서, 붉은 빛은 약간 깊은 부분에서 흡수되는 등 파장에 따라 빛이 흡수되는 깊이가 다른 것에 주목해서 개발된 것이다. 포토다이오드의 깊이에 따라 RGB 각각의 신호전자를 끌어낼 수 있는 이미지센서를 개발해 하나의 화소로 RGB 모든 신호를 끌어낼 수 있도록 한 것으로 매우 해상도 높은 컬러이미지를 얻을 수 있다.

컬러필터를 형성하는 목적은 각 화소가 목적하는 색에 해당하는 파장의 빛만 통과시켜서, 이를 포토다이오드에 입사시켜 그 출력 신호를 조합해서 컬러영상을 만드는 것이다. 이를 위해 실리콘 공정이 끝난 후, 통상 포토다이오드와 비슷한 유기물질로 구성된 컬러

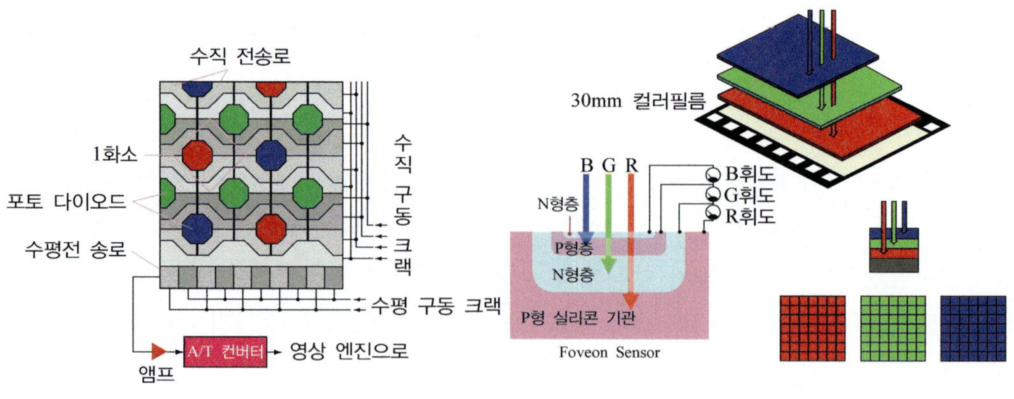

(a) 허니컴 구조 (b) 포비온(Foveon) 구조

▲ 그림 3-6 허니컴 구조 및 포비온 구조

필터를 포토다이오드 위에 적층한다. 컬러필터는 해당되는 파장 대역의 빛은 통과시키고, 나머지 파장 대역의 빛은 필터물질이 흡수하게 된다. 따라서, 컬러필터 물질은 해당하는 화소의 목표색과 동일한 색으로 보인다.

컬러필터를 형성하는 방법에는 필터물질에 이미 해당 색의 안료를 포함시켜서 적층하면 곧바로 필터기능을 하는 안료 분산법이 있고, 무색의 필터물질을 적층한 후에 별도로 염색을 하는 염색법이 있다. 컬러구성 방식에는 red(R), green(G), blue(B)의 색을 쓰는 원색법과 yellow(Y), cyan (Cy), magenta(Mg)의 색을 쓰는 보색법이 있다. 원색법은 빛의 삼원색을 받아들이기 때문에 색이 선명하고 컬러신호처리가 쉬운 장점이 있지만, R, G, B의 3대역 중 한 대역만 포토다이오드로 통과시키고 나머지 대역은 필터에서 흡수되기 때문에 광효율이 낮다. 반면 보색법은 두 가지 색을 투과시키기 때문에 광효율이 높다는 장점이 있다. 그러나 RGB신호를 얻기 위해서는 컬러연산을 해야 하고, 색의 선명도가 떨어지고 신호 연산 중에 잡음이 발생할 수 있기 때문에 주로 동영상 용도의 이미지 센서에 사용된다. <그림 3-7>은 색필터들의 파장에 따른 투과도 특성과 대표적인 필터의 배치 예이다.[14] 이처럼 컬러는 휘도를 받을 수 있는 센서 부위에 컬러필터를 씌워 일체화된 형태로 만든다. 즉 처음에는 모든 빛이 들어 올 수 있는데, 블루필터가 있는 셀은 블루만 투과하게 된다.

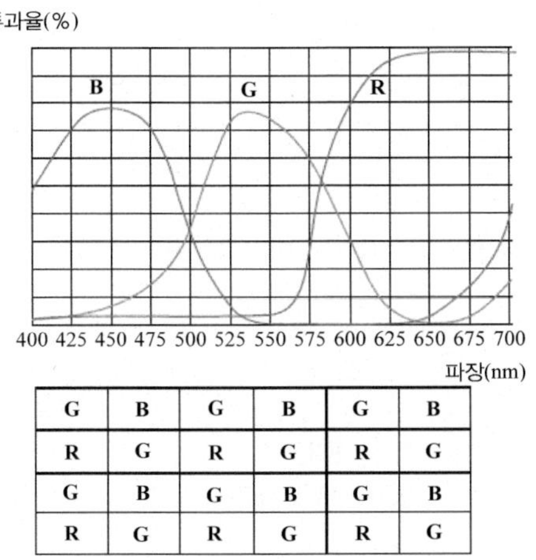

G	B	G	B	G	B
R	G	R	G	R	G
G	B	G	B	G	B
R	G	R	G	R	G

(a) RGB 필터의 투과도 특성 및 컬러필터 배치

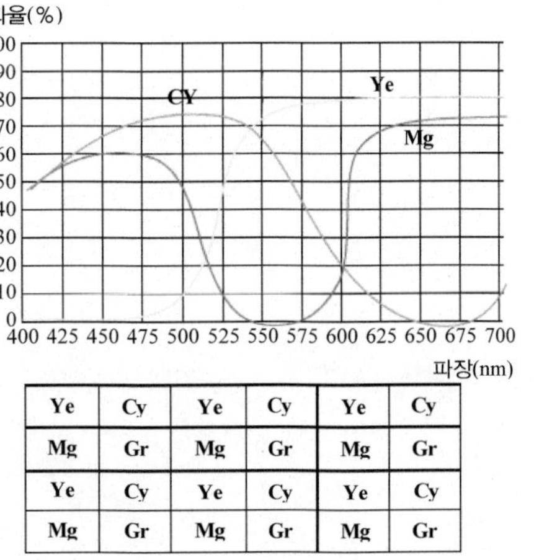

Ye	Cy	Ye	Cy	Ye	Cy
Mg	Gr	Mg	Gr	Mg	Gr
Ye	Cy	Ye	Cy	Ye	Cy
Mg	Gr	Mg	Gr	Mg	Gr

(b) Cy, Mg, Ye 필터의 투과도 특성 및 컬러필터 배치

▲ 그림 3-7 컬러 필터의 투과도 특성 및 필터 배치도

14. 박상식, "CCD/CMOS 이미지 센서", 두양사, 2009년

이와 같이 실제 이미지 센서는 각 화소에서 R, G, B 중 어느 한 색만을 감지할 수 있지만, 카메라에 구현된 영상은 각 화소마다 R, G, B 전체 색상을 나타낸다. 이것이 가능한 이유는 소프트웨어적으로 각 화소마다 주변 셀들의 색상값을 보간(interpolation)하여 색을 구성하기 때문이다. 따라서 보간된 컬러 이미지를 받으면 화소별로 3바이트가 필요하지만, 원래의 베이어 패턴 데이터를 그대로 받은 후 PC에서 이미지를 보간하면 데이터 전송량을 크게 줄일 수 있다. 따라서 베이어 패턴 데이터로부터 픽셀별 색상을 보간하는 방법에는 여러 가지가 있으며, 어떤 방법을 사용했느냐에 따라 최종 이미지의 화질이 크게 좌우된다. 이와 같이 베이어 패턴 데이터로부터 픽셀별 색을 보간하는 과정을 디모자이크(demosaic)라고 하며, 그 한 사례가 <그림 3-8>과 같다. 그림에서 33번 픽셀에서의 컬러값은 다음과 같이 계산할 수 있다. 33번 픽셀의 컬러필터가 빨간색이므로 빨간색은 33번 픽셀에서 측정된 값을 그대로 사용하면 된다. 초록(green)색은 33번 주위의 초록필터인 23번, 32번, 34번, 43번 픽셀의 평균값이 33번 픽셀의 초록색에 해당하는 값이 된다. 그리고 파란색은 33번 주위의 22번, 24번, 42번, 44번 픽셀의 평균값이 33번 픽셀의 파란색에 해당된다. 따라서 RGB의 평균값을 더한 값이 바로 33번 픽셀에서의 컬러로 규정된다. 나머지 픽셀도 이와 같은 방식으로 계산이 가능하다. 예를 들면, 43번 픽셀의 경우 컬러가 초록색이고, 파란색은 42번과 44번의 평균값을 구하면 되고, 빨간색은 33번과 53번의 평균값을 계산하면 된다.

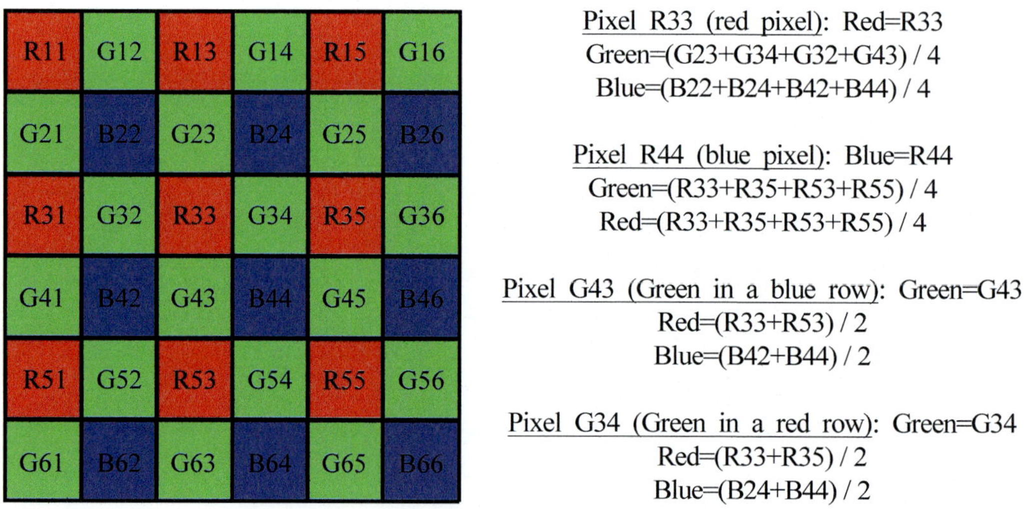

▲ 그림 3-8 컬러필터에 의한 색상 구현 원리

3.3 픽셀 해상도

최근 스마트폰에 탑재된 이미지 센서의 고급화를 위해 픽셀수를 주로 강조한다. 원론적으로 픽셀수가 많으면 사진의 세밀한 표현이 가능해지기 때문에 뚜렷한 사진을 얻을 수가 있다. 사진을 찍으면 스마트폰은 사진이 들어갈 면적을 바둑판처럼 가로와 세로로 나누게 되는데, 이때 생기는 작은 정사각형들의 개수가 바로 픽셀이다. 1200만 픽셀이라고 하면 가로 40만개, 세로 30만개 칸으로 나누어서 1200만개의 정사각형이 들어간 바둑판을 의미한다. 스마트폰의 픽셀 수는 해마다 꾸준히 증가하고 있다. 2009년 이전까지만 해도 300만 픽셀을 넘는 모델은 거의 없었으나, 2011년 이후 대부분의 고급모델에서 800만 픽셀이 기본적으로 장착되기 시작했고, 2014년 이후부터는 1800만 픽셀 이상의 모델도 출시되고 있다.

이미지 센서는 픽셀 수 뿐만 아니라 크기도 중요하다. 일반적으로 픽셀과 이미지 센서의 이해를 돕기 위해 빗물과 양동이의 비유를 많이 든다. 비가 오는 날 여러 개의 양동이를 마당에 늘어놓고 비를 받는다고 할 때, 픽셀 수는 양동이의 수를 의미하고, 센서 크기는 양동이가 설치된 면적을 의미한다. 같은 면적에 100개의 양동이를 사용하는 것보다 100만개의 양동이를 사용한다면 더 많은 빗물을 받아낼 수 있다. 그러나 좁은 땅에 작은 양동이만 있다면 어떻게 되는가? 개수만 많을 뿐 한 번에 받는 빗물의 양은 제한적일 수밖에 없다. 좁은 공간에 양동이를 많이 설치하겠다고 하면 결국 더 작은 양동이를 쓰게 되고, 많은 비가 아닌 가랑비가 내릴 때 아예 빗물이 받아지지 않은 양동이도 생기게 된다. 카메라로 보면 이것이 바로 노이즈가 된다. 즉 빛이 충분하지 않은 곳에서 픽셀 수만 높은 카메라로 찍으면 노이즈가 많아지는 것이 바로 이런 이유 때문이다.

반대로 큰 양동이로 넓은 땅위에 같은 수의 양동이를 놓고 받으면 더 많은 양의 빗물을 받아낼 수 있다. 비를 받는 면적이 넓은데 양동이 수를 적게 설치하고 싶다면 큰 양동이를 이용해서 빈 공간을 없애주면 된다. 이런 경우는 픽셀 수가 작더라도 오히려 높은 픽셀 수를 가진 카메라보다 더 좋은 화질을 얻을 수 있다. 당연히 픽셀 수가 높으면 장점도 있다. 사진으로 인화하기 위해 사진의 크기를 확대하는 경우에는 픽셀 수가 적은 사진을 확대하면 해상도가 떨어지지만, 픽셀 수가 많으면 사진을 확대해도 해상도가 그대로 유지된다. 따라서 픽셀 수는 사진 크기에 영향을 미치고, 이미지 센서 픽셀의 크기는 화질에 영향을 미친다. 결론적으로 큰 면적의 센서와 많은 픽셀 수를 가진 이미지 센서를 장착한 카메라가 성능이 좋은 카메라이다.

최근 CMOS 이미지 센서의 칩 크기는 작아지고 픽셀 수는 늘어나 픽셀의 크기는 계속 작아지고 있다. 작은 픽셀일수록 충분한 빛을 흡수하기 어려워 CMOS 이미지 센서 기술은 '수광율(이미지센서가 빛을 받아들이는 정도)'을 높이는 방향으로 발전을 해 오고 있

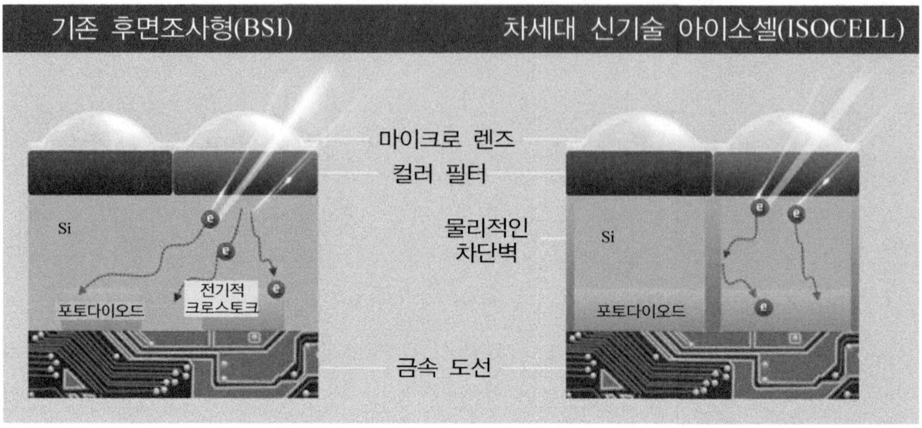

▲ 그림 3-9 삼성전자의 아이소셀 개념

다. 최근 삼성전자에서 업계 최초로 CMOS 이미지 센서의 성능 한계를 극복한 <그림 3-9>과 같은 '아이소셀(ISOCELL)' 개발에 성공했다. '아이소셀'은 '격리하다(isoltate)'와 '세포(cell)'의 뜻이 합쳐진 어원으로, 용어에서도 알 수 있듯이 픽셀과 픽셀 사이에 절연부를 형성해 인접한 픽셀들을 서로 격리시킨 구조이다. 즉 이미지 센서를 구성하고 있는 수백만 개의 픽셀 각각의 테두리에 물리적인 차단벽을 세워 픽셀로 들어온 빛이 밖으로 나가지 않도록 하는 이미지 센서 기술이다. 각 픽셀에 들어온 빛이 주변 픽셀에 영향을 주는 간섭현상인 '전기적 간섭현상인 크로스토크(crosstalk)'를 최소화해 빛의 손실을 줄인 것이 특징이다. 때문에 빛이 적은 어두운 공간에서도 보다 깨끗한 이미지를 얻을 수 있어 모바일 기기 사용자들의 카메라 성능 만족도를 높일 수 있게 되었다.[15]

일반적인 중·소형 DSLR 카메라의 경우 35 mm 필름 카메라와 동일한 크기의 이미지 센서를 채용하지만 카메라 부피를 줄이거나 가격을 낮추기 위해 이보다 작은 크기를 사용하기도 한다. 통상적으로 35 mm 이미지 센서를 탑재한 디지털카메라를 풀 바디(Full Body), 이 보다 작은 제품을 사용한 카메라를 크롭 바디(Crop Body)라 부른다. 그래서 35 mm 규격의 크기인 36×24 mm^2 이미지 센서를 가진 풀 바디 DSLR 카메라를 풀 프레임(full frame)이라 부르며, 절반 크기인 18×24 mm^2의 이미지 센서가 장착된 카메라를 하프 프레임(half frame)으로 부른다. 스마트폰에 들어가는 이미지 센서는 스마트폰의 크기와 다른 부품의 배치 때문에 디지털카메라인 DSLR에 사용되는 이미지 센서의 크기에 비해 약 1/30 정도 작은 크기인 1/3.2인치 이미지 센서를 사용하고 있다. 따라서 스마트폰의 이미지 센서가 작기 때문에 화소수를 늘리더라도 기대만큼 화질개선이 이루어지지 않는 이유가 여기에 있다. 여기서 인치는 센서의 대각선 길이에 해당하며, 풀 프레임인 35mm 이미지 센서의 대각선 길이는 2.7인치이며, 하프 프레임인 크롭 바디는 1.35인치이다.

15. 삼성반도체 이야기, http://samsungsemiconstory.com/642

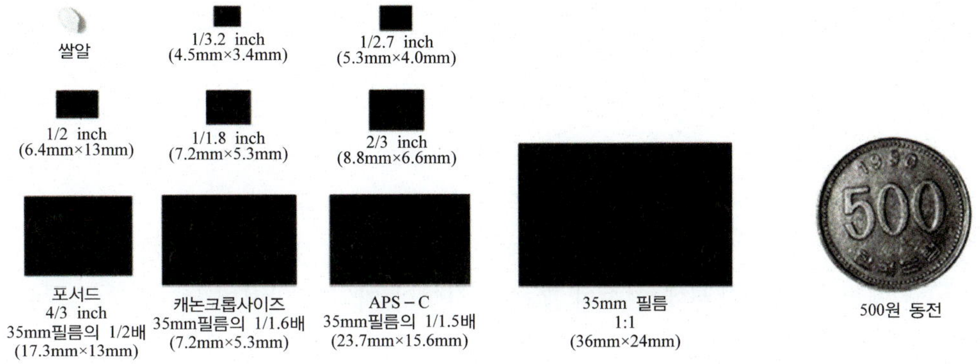

▲ 그림 3-10 이미지 센서 크기 비교

<그림 3-10>에 이미지 센서의 크기를 상대적으로 비교한 것으로, 풀 프레임과 하프 프레임을 제외한 다른 이미지 센서는 모두 대각선 길이인 인치단위의 숫자로 구분한다.

사람의 눈은 주간에는 약 7백만 픽셀, 야간에는 1억 픽셀로 동작한다고 한다. D1급의 경우, NTSC(national television system committee) 방식은 720×480 모드이며, PAL(phase alte rnation line) 방식은 720×576 모드로 약 0.4M 픽셀, HDTV는 1280×720 모드로 1M 픽셀, Fu ll HD는 1920×1080 모드로 2M 픽셀이다. 해상도는 픽셀로도 정해지지만 일반적으로 픽셀 해상도는 <표 3-2>와 같은 표준 용어를 사용한다.

■ 표 3-2 픽셀 수에 따른 표준 해상도

표준 용어	내용	화소수 (수평×수직)	전체 화소수
CIF	Common Intermediate Format	352×288	101,376
VGA	Video Graphics Array	640×480	307,200
NTSC(D1)	National TV System Committe	720×480	360,000
PAL(D1)	Phase Altercation in Line	720×576	414,720
SXGA	Super Extended Graphics Array	1,280×1,024	1,310,720
UXGA	Ultra Extended Graphics Array	1,600×1,200	1,920,000
HDTV	High Definition TV	1,920×1,080	2,073,600
UHDTV	Ultra High Definition TV	3,840×2,160(4k)	8,294,400
		7,680×4,320(8k)	33,177,600
필름 사진		5,000×4,000	2천만
사람의 눈		11,000×11,000	1억 2천만

3.4 광학계와 이미지

스마트폰에 장착된 카메라 기능에서 또 다른 단점은 바로 렌즈이다. 스마트폰은 크기 때문에 광학구조에 한계를 가질 수 밖에 없다. 대부분 스마트폰은 광학식 줌 기능을 지원하지 않는다. 초점거리가 25 mm 수준으로 고정된 단렌즈 형태이다. 반면 렌즈 교환식 디지털 카메라에 기본적으로 장착되는 표준렌즈는 50 mm 수준이다. 여기서 초점거리란 렌즈의 중심에서 이미지 센서에 영상이 맺히는 사이의 거리를 말하며, <그림 3-11>에서 보는 것처럼 초점거리가 길어질수록 화각이 좁아지면서 보다 먼 거리의 사물을 촬영할 수 있다.[16]

일반적인 디지털 카메라에는 광학줌 렌즈가 탑재되어 있어 디지털 줌렌즈가 달린 스마트폰보다 멀리 있는 사물을 더 선명하게 찍을 수 있다. 광학 줌은 여러 개의 렌즈를 물리적으로 움직여 피사체를 확대시키는 것으로 화질의 저하가 거의 없다. 이에 반해 디지털 줌은 촬영된 이미지를 소프트웨어로 확대하는 것으로 이미 저장된 이미지를 확대하기 때문에 아무리 소프트웨어적으로 처리를 잘한다 하더라도 화질이 떨어진다. 즉 디지털 줌 비율과 화질은 반비례하므로 당연히 이미지를 확대할수록 피사체가 깨져 보일 수밖에 없다. 스마트폰은 공간의 한계로 광학 렌즈를 장착할 수 없기 때문에 DSLR에 비해 화질이 떨어질 수밖에 없다.

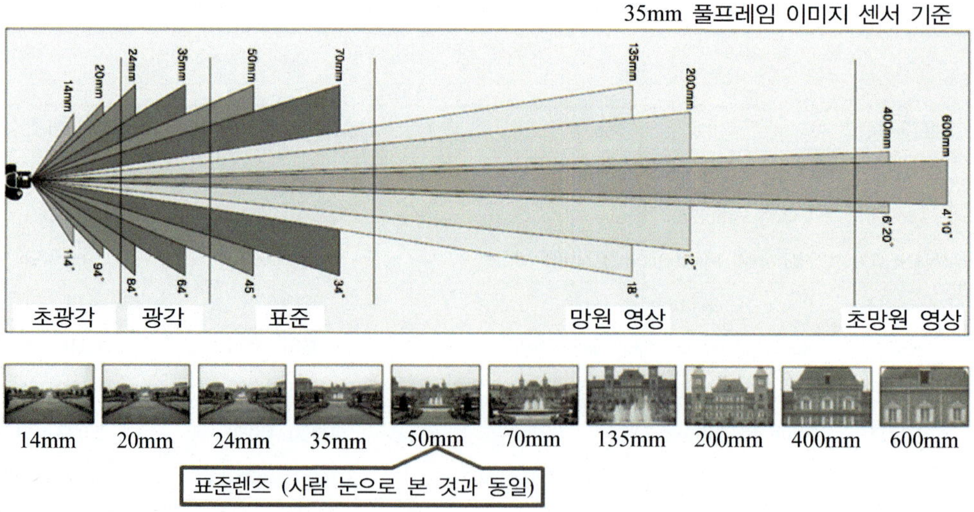

▲ 그림 3-11 렌즈의 초점거리에 따라 이미지 센서에 맺히는 영상 크기

16. Panasonic, Digital Camera Lumix, http://av.jpn.support.panasonic.com/support/global/cs/dsc/ knowhow/knowhow12.html

카메라로 찍은 사진의 화질은 조리개, 감도, 셔터속도에 의해 결정된다. 이 세 가지 성분은 모두 빛과 관련되어 있다. 렌즈가 사람 눈의 수정체라고 하면, 조리개는 빛의 양을 조절해 주는 사람 눈의 홍채에 비유될 수 있으며, 셔터는 눈꺼풀과 같다. 조리개는 영어로 aperture라고 하며 f#(F number 또는 조리개값)로 나타낸다. f#는 f/D로 정의되는데, 렌즈의 초점거리 f에 조리개 직경 D를 나눈 값이다. 카메라에서 렌즈의 초점거리는 고정되어 있으므로 조리개 직경인 D값에 의해 f#가 결정된다. 따라서 조리개가 개방된다는 것은 D값이 커지므로 f#는 작아지고 이것은 빛이 많이 들어온다는 의미이다.

반대로 조리개를 닫으면 D값이 작아지므로 f#는 커지고 이것은 빛이 적게 들어온다는 의미이다. 즉, 조리개를 개방할수록(D값이 커지거나 f#가 작아지면) 사진이 밝아지고, 조리개를 닫을수록(D값이 작아지거나 f#가 커지면) 사진이 어두워진다. 조리개가 완전히 개방된 상태를 f1이라 하며 100%의 빛이 이미지센서로 들어온다는 의미이며, f1.4는 f1에 비해 50% 줄어든 빛이 입사한다. f2.8은 f1.4에 비해 50% 빛의 양이 줄어들며, 숫자가 한 단계 커질수록 빛의 양은 50%씩 줄어든다. 조리개값인 f#의 숫자는 면적을 50% 줄이도록 계산된 값이므로 대략 f#값을 제곱하면 2의 배수로 증가한다. 즉, 1.4의 제곱은 2, 2의 제곱은 4, 2.8의 제곱은 8, 4의 제곱은 16, 5.6의 제곱은 32가 된다. 또한 조리개를 개방할수록 사진의 심도가 옅어지고, 조리개를 닫을수록 심도가 깊어진다(<그림 3-12> 참고). f#가 클수록 심도가 깊어지므로 그림에서 보듯이 중앙에 있는 물체와 뒤에 있는 배경이 뚜렷이 촬영된다. 반대로 f#가 작으면 뒤에 있는 배경과 중앙에 있는 물체의 초점이 차이가 나도록 촬영된다.

셔터속도는 빛이 들어오는 시간을 결정하는데, 셔터속도가 빠르면 빛이 적게 들어와 사진이 어둡게 되고, 셔터속도가 느리면 빛이 많이 들어와 사진이 밝아진다. 이것은 조리개값과 서로 상관관계에 있기 때문에 조리개값인 f#를 한 단계 올릴 때마다 동일한 밝기의 사진을 얻고자 하면 셔터속도를 반으로 줄이면 된다. 만약 조리개값이 f8, 셔터속도가 1/30초에서 밝기는 안정적인데 흔들리는 영상을 얻었다고 하면, 이런 경우 조리개값을 f5.6으로 한 단계 더 올리고 셔터속도를 1/60초로 조절하면 안정된 사진을 얻을 수 있다.

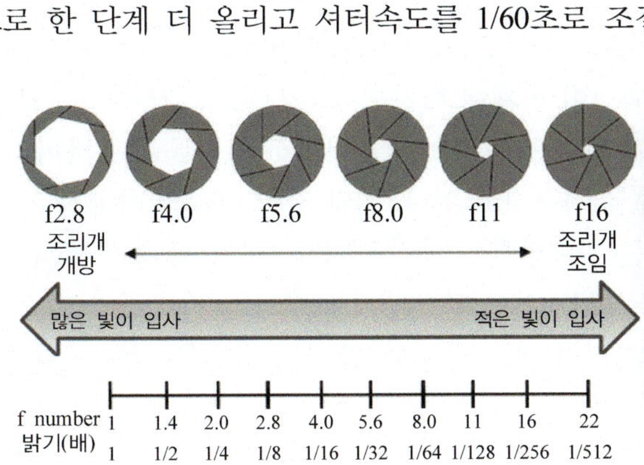

▲ 그림 3-12 조리개값에 따른 밝기와 심도 비교

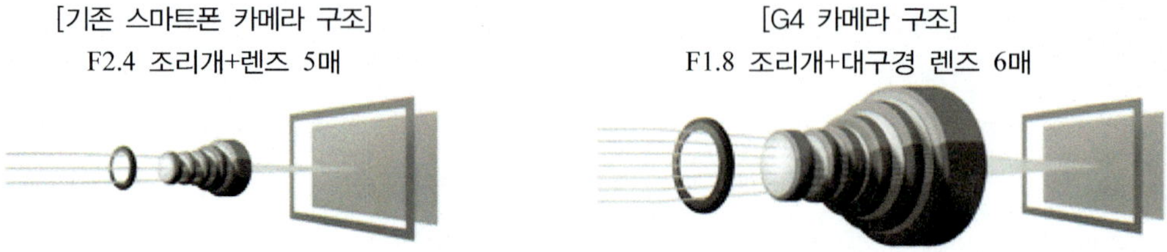

▲ 그림 3-13 LG전자 G4에 탑재된 f1.8 렌즈 구조(출처: LG전자)

조리개값이 f2.8인 렌즈와 f5.6 렌즈를 비교해 보면, 수치로는 2배 차이지만 빛이 들어오는 양은 그 제곱인 4배 차이가 난다. 조리개값이 작으면 어두운 배경의 사진도 흔들리지 않고 사진을 찍을 수 있다는 의미이다. 따라서 f2.8 고정렌즈가 f5.6 고정렌즈보다 가격이 더 비싸다. f#가 1에 가까울수록 더 많은 빛을 받을 수 있어 셔터속도 확보에 도움이 된다. 최근에 출시된 LG전자 G4 스마트폰의 경우 <그림 3-13>과 같이 경쟁사 제품에 비해 밝은 렌즈인 f1.8 렌즈를 탑재했으며, 이에 비해 삼성의 갤럭시 S6에는 f1.9, 애플의 아이폰6에는 f2.2렌즈가 탑재되어 있다. LG G4의 렌즈는 분명 경쟁사보다 우위인 것은 사실이지만 조리개값 하나만으로 사진의 질이 결정되는 것은 아니다.

3.5 True Day & Night 카메라

사람의 눈과 카메라는 물체에 반사되어 온 빛을 감지하여 영상으로 인식한다. 낮에는 반사되어 온 빛의 양이 충분하기 때문에 좋은 영상을 획득할 수 있지만, 야간이나 조도가 낮은 환경에서는 반사되어 온 빛의 양이 부족하여 이미지 센서에서 좋은 영상을 얻을 수가 없다. 따라서 조도가 매우 낮은 환경에서는 백색광과 적외선 LED와 같은 별도의 외부 광원이 필요하다. 백색광을 사용하게 되면 이용자들에게 주위를 밝게 해 보행자들에게 많은 도움을 줄 수 있다. 이런 장점 때문에 도로 및 주요시설의 야간에 가로등을 주로 사용하고 있다. 그러나 이것은 별도의 시설이 필요하고 많은 유지보수 비용이 드는 단점이 있다. 이러한 문제점을 극복하기 위해 현재 가장 많이 사용하고 있는 방법이 근적외선(0.75 μm ~ 1.4 μm) 영역의 광원을 이용해서 근적외선이 물체에 반사되어 온 신호를 감지하여 영상으로 복원하는 기술을 사용하고 있다. 근적외선 광원용으로는 적외선 LED를 사용하며, LED를 카메라 주위에 부착하여 보조 조명으로 사용하고 있다. 이와 같이 하나의 카메라로 주간 영상과 야간 영상을 겸용으로 볼 수 있는 카메라를 주야간 겸용 카메라(Day and Night Camera)라고 부른다. 주간과 야간을 구분하는 방법에는 조도센서를 사용하는 방법과 이미지센서로 통해 들어온 빛의 양을 스스로 감지하는 방법이 있다. 후자의 방법은 어두운 날 사진을 찍을 때 카메라의 플래쉬(Flash)가 자동으로 켜지는 원리와 동일하다.

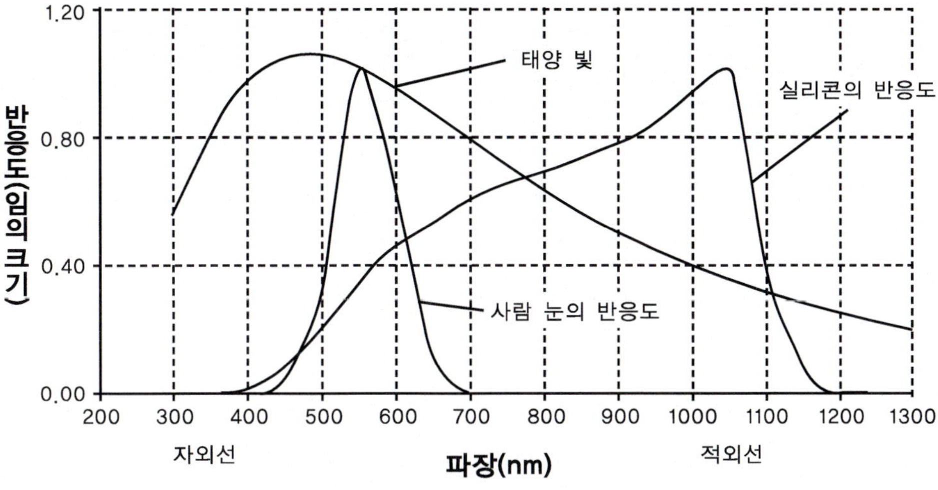

▲ 그림 3-14 파장에 따른 실리콘의 파장 반응도

이미지 센서는 Si 반도체 재료를 이용해서 만드는데, 사람 눈은 가시광만 감지하고, 일반적인 CMOS는 <그림 3-14>와 같이 가시광 뿐만 아니라 근적외선 영역도 일부 감지를 하는 반면에, 일반적인 CCD는 근적외선 영역인 1200 nm까지 감지하는 특성을 가지고 있으며, 근적외선 영역에서 오히려 더 반응도가 높다. 이러한 특성을 이용해서 주간에는 가시광 영역의 빛을 이용해서 영상을 컬러로 구현하고, 야간에는 적외선 영역의 빛을 이용해서 흑백 영상을 구현한다. 따라서 야간에는 카메라에 부착된 근적외선 LED에서 나온 빛이 물체로부터 반사되어 온 빛을 통해 영상을 구현한다. 가시광과 적외선의 파장이 다르기 때문에 일반 렌즈를 사용하게 되면 색수차에 의해 초점면이 서로 다른 위치에 맺히게 된다.

대부분의 보안용 카메라에는 주간에 컬러영상, 야간에 흑백영상을 볼 수 있도록 하는 주야간 겸용 기능이 탑재되어 있으며, 이러한 주야간 겸용 카메라는 조도가 낮은 실내 또는 실외에서 24시간 사용이 가능하도록 설계되어 있다. 일반적으로 주야간 겸용을 구현하는 데에는 다음과 같은 기술을 사용한다. 일반적인 적외선 필터는 가시광 영역(400~700 nm)의 빛은 투과시키지만, 적외선은 투과시키지 않는 필터이다. 주야간 겸용 카메라에는 조도를 측정할 수 있는 CdS 조도센서가 부착되어 있는데, 조도가 정해진 레벨로 떨어지게 되면 조도센서에서 이를 감지하게 되고, 카메라에서는 소프트웨어적으로 흑백모드로 전환하고 적외선 LED의 전원을 켠다. 이때 적외선 필터를 이용해서 적외선을 투과할 수 있도록 하여 카메라의 이미지 센서는 적외선에 반응할 수 있게 된다. 주간에는 적외선 필터가 렌즈와 이미지 센서 사이에 위치해 있기 때문에 카메라는 상대적으로 적외선에 반응을 하지 못한다. 적외선을 차단하게 되면 <그림 3-15>와 같이 연색성(color rendition), 이미지 선명화, 색온도(white balance)등이 개선되는 효과가 있다.

적외선 필터가 있는 경우

적외선 필터가 없는 경우

▲ 그림 3-15 적외선 필터 유무에 따른 영상의 효과

적외선 필터는 가시광은 투과시키고 적외선은 차단시키는 광 필터이다. 이것은 흡수와 반사의 두 가지 광학적 방법으로 구현이 가능하다. 흡수 필터는 적외선 근처의 복사를 흡수할 수 있는 특수한 유리 재질로 만드는 방법이고, 반사 필터는 전반사 코팅(AR coatin g) 기술과 유사한 방법으로 적외선 영역만 반사시킬 수 있도록 특수 코팅을 사용하는 방법이다. 주야간 겸용 카메라는 <그림 3-16>과 같이 야간 상황에서는 이미지 센서가 최대의 성능을 낼 수 있도록 필터를 제거할 수 있게 하는 기구적인 장치가 설치되어 있다. 그림과 같이 낮에는 자동적으로 렌즈와 이미지 센서 사이에 적외선 필터를 위치시켜 적외선에 의한 잡음을 제거하도록 하고, 조도가 낮아지게 되면 카메라는 자동적으로 야간모드로 전환되어 근적외선의 빛이 이미지센서로 입사된다.

가시광과 적외선은 파장이 다르기 때문에 일반적인 렌즈를 사용하게 되면 이미지 센서로 초점면이 형성될 때 수차로 인해 <그림 3-17>과 같이 초점면의 위치가 서로 달라 초점이 맞지 않게 된다.

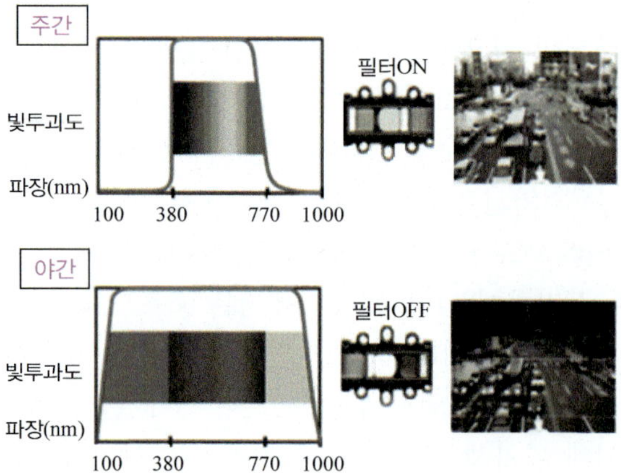

▲ 그림 3-16 주간과 야간에 따른 적외선 필터 효과

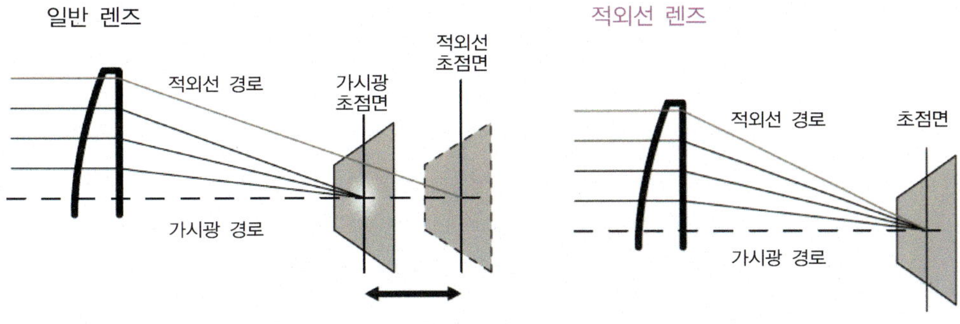

(a) 일반렌즈에 의한 가시광과 적외선의 초점면 차이 (b) 적외선 렌즈에 의한 초점면 위치

▲ 그림 3-17 적외선 렌즈에 의한 색수차 보정

이를 해결하기 위해서는 두 가지 방법이 있을 수 있다. 하나는 특수렌즈인 적외선 렌즈(IR lens)를 이용해서 가시광과 적외선에 의한 초점면이 동일하도록 해 주는 방법이 있고, 다른 방법은 야간모드에서 초점면을 뒤로 이동시켜 주는 방법이 있다. 초점면을 이동시키는 방법은 광학부분의 부피가 커지는 단점이 있기 때문에 적외선 렌즈를 이용하는 방법을 사용한다. 유리 표면 위에 특수 코팅과 비구면 기술을 이용해서 적외선 렌즈를 제작하며, 주야간 수차로 인한 영상의 왜곡을 최소화 시킬 수 있다. 이와 같은 특수렌즈를 통해 24시간 낮에는 컬러 모드, 야간에는 흑백모드의 뚜렷한 영상의 획득이 가능하다.[17] 실내에서 적외선 LED의 조명이 부족한 경우와 적절한 조명이 있는 경우의 CCD 영상은 <그림 3-18>과 같다. 야간에는 조도가 낮기 때문에 외부 조명이 없이는 영상 획득에 한계가 있다. 그러므로 주야간 겸용의 CCD 카메라 동작을 위해서는 부가적인 LED 조명이 반드시 필요하다.

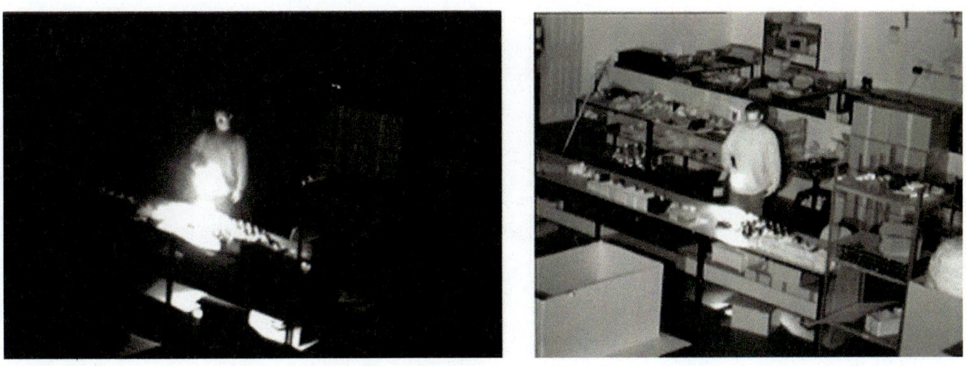

▲ 그림 3-18 적절한 적외선 LED 조명으로 획득한 실내 영상 비교

17. www.deviewelectronics.com, Solutions Guide

맛있게 생각해 봅시다!

1 충분한 조도가 주어지는 주간에 CCTV를 운영하는 데에는 어려움이 없으나, 조도가 낮아지는 야간에는 CCTV로 영상을 확인하는 데에는 한계가 있다. 이를 해결하기 위해 외부 조명등을 사용하는데, 상황에 따라 백색조명과 근적외선조명을 사용한다. 이러한 백색광과 근적외선 조명의 장단점을 서로 비교해서 설명하세요.

2 CCTV를 활용한 통합관제시스템의 효용성은 날로 증가하고 있다. 통합관제시스템에 연결되어 있는 카메라는 수천대를 넘어간다. 이렇게 많은 카메라에서 나오는 정보를 일일이 사람이 감시하는 것은 불가능하다. 이런 문제점을 해결하기 위해 등장한 기술이 지능형 영상인식 기술이다. 지능형 영상인식 기술로 구현이 가능한 기술은 어떤 것이 있는지 간략히 설명하세요.

3 이미지 센서를 활용한 분야는 매우 점점 확대되고 있는 추세이다. 최근 스마트폰을 활용한 가상현실(virtual reality, 줄여서 VR)과 증강현실(augmented reality, AR)이 각광을 받고 있다. VR과 AR 기술에 대해 간략히 설명하세요.

맛있는 풀이

풀이 1 CCTV에 사용되는 영상센서인 CCD와 CMOS는 Si 기반의 반도체 재료로 제작을 한다. <그림 3-19>와 같이 Si의 광반응도 특성은 가시광 뿐만 아니라 근적외선 영역에서도 높은 반응도를 가지고 있다. 따라서 주간(또는 야간에 백색조명을 사용시)에는 적외선 필터를 사용하여 컬러 영상의 촬영이 가능하고, 야간에 백색조명 대신 근적외선 LED 조명을 사용시에는 흑백 영상의 촬영이 가능하다.

이와 같이 근적외선 근적외선 LED를 내장한 TDN(True Day/Night) CCTV는 주간에는 컬러로 영상이 나오고, 야간에는 흑백으로 영상을 촬영할 수 있다. 따라서 야간에 중요 시설의 외곽감시를 위해서는 백색조명을 사용하여 주야간 컬러로 영상을 획득할 수도 있고, 근적외선 조명을 사용하게 되면 주간에는 컬러영상, 야간에는 흑백영상을 획득할 수 있다. 조명등은 야간이나 주간에 조도가 매우 낮은 경우 좋은 영상을 획득하기 위해 사용을 한다. 근적외선과 백색 조명의 장단점은 <표 3-3>과 같다. 보안 감시용으로 사용되는 백색 조명등에는 <표 3-4>와 같은 램프들이 사용되고 있다. 친환경적이고 소비전력이 낮은 LED를 이용한 조명으로 빠르게 이동하고 있다.

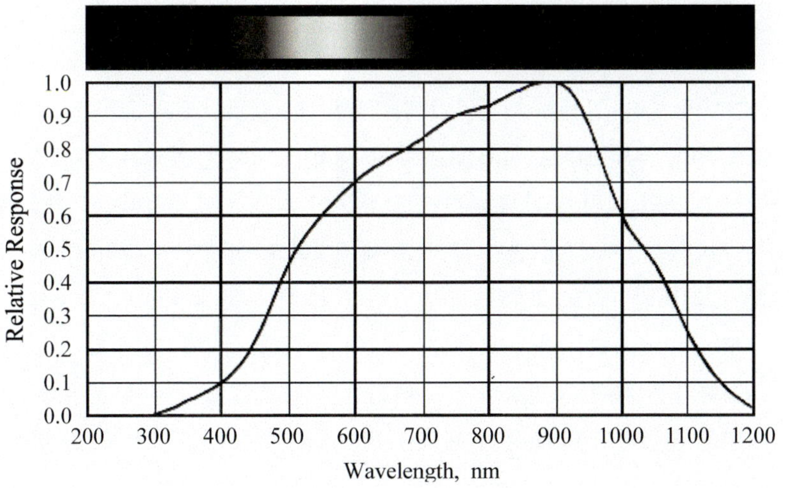

▲ 그림 3-19 포토다이오드의 광반응 특성

■ 표 3-3 백색광과 근적외선 조명의 장단점 비교

	장점	단점	적합한 카메라 타입
백색광	시각적 감시 기능	빛의 공해	컬러 카메라, 흑백 카메라, TDN 카메라
	완전 컬러 색상	조명 거리 감소	
	설치 용이		
근적외선	비노출	시각적 감시기능 어려움	흑백 카메라, TDN 카메라
	장거리 가능	설치 어려움	
	빛의 무공해		

■ 표 3-4 백색 조명 비교표

구분	고압 나트륨 램프	세라믹 메탈 램프	무전극 램프	LED 램프
소비전력(W)	250	150	150	80
수명(시간)	12,000	12,000	40,000	40,000
호율(%)	95	85	70	70
연색성	28이상	80	80	72
중금속 함유여부	수은(30mg)	수은(5mg)	수은(5mg)	친환경적
해충 집중도	높음	높음	높음	보통
점등 부수장치	안정기 외장형 (자기식)	안전기 내장형 (전기식)	안전기 내장형 (전기식)	컨버터 내장형
점등 속도	10~20분 소요	점등은 1~2분, 재점등은 10~20분 소요	순간점등	순간점등
사용가능 온도	-20℃~50℃	-20℃~50℃	-20℃~50℃	-20℃~50℃

CCTV의 좋은 영상을 획득하기 위해 설치하는 보안등은 보안등 자체의 성능도 중요하지만, 무엇보다도 설치를 제대로 해야만 원하는 효과를 얻을 수 있다. 이와 같이 보안등의 설치 조건에 따른 연구논문이 최근 발표되었다. "보안설비의 적정관리를 위한 조명개선"에 관한 주제로 제주대학교 이개명 교수가 한국산학기술학회논문지, 제16권 제2호, 2015년에 발표하였다. 이 논문에 따르면 효율적인 외곽 감시를 수행할 수 있도록 경비과학화시스템에 적합한 등기구 선정과 균일한 조도환경을 조성하기 위하여 조명설비의 부적절한 적용으로 모니터에 눈부심이 심한 울타리 지역을 선정하여 LED 등의 용량을 변화시키며 등기구의 각도, 등주간의 거리, 등기구의 취부높이 등의 조정에 따른 현장 모의실험으로 감시모니터에 발생하는 눈부심을 해소시키고자 하였다. 또한 모의실험 조건에 따른 CCTV 화면분석과 조도값을 바탕으로 공항 외곽지역과 유사한 조건으로 조명 모델링하고 소비전력이 다른

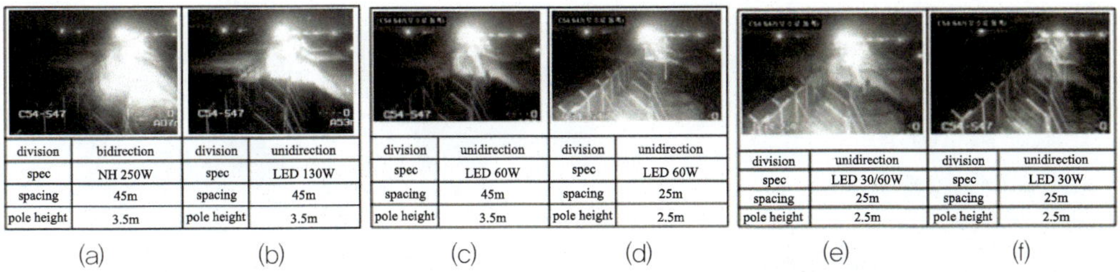

▲ 그림 3-20 조명등 설치 조건에 따른 CCTV 영상 비교

LED 광원을 이용한 시뮬레이션 실시로 공항 외곽 보안설비의 적정운영 위한 조명 설계안을 제시하고 있다. 이 실험 결과에 의하면 <그림 3-20(f)>가 눈부심 없이 빛이 균일한 조도 환경을 나타내고 있으며 사물식별 정도가 양호하였다. 또한 CCTV 화면에 나타나는 화면을 관찰한 결과, 감시하는 경비시스템에서는 밝은 조도 보다는 균일한 조도분포 환경을 조성해 주는 것이 유리하다는 결론을 내렸다. 기존 나트륨 250W보다 낮은 LED 30W의 램프를 적정 높이의 등주 및 등주간 간격을 유지하면 보다 효율적이고 안정된 보안시스템을 구축할 수 있음을 보였다.

풀이 2 영상보안 시스템은 고성능 CCTV 카메라가 급속히 보급되면서 통합형(직접 감시 및 분석의 한계를 극복하고 사후처리가 아닌 실시간 감시 시스템에 대한 요구 등의 통합을 의미함) 지능형 영상보안 시스템으로 발전하고 있다. 기존의 CCTV 영상보안 기술은 카메라로부터 촬영한 영상을 실시간 전송 네트워크를 통해 전송하고 이를 모니터를 이용해 관리자가 직접 감시하거나 DVR 등에 저장한 후 영상을 검색해 대응하는 수동적인 보안시스템이었다. 지능형 영상보안 시스템의 가장 기본적인 목표는 CCTV 카메라를 통해 획득한 영상정보를 실시간으로 분석해 자동으로 목표물 또는 이동물체를 탐지 · 추적 · 식별 · 행위분석 · 검색하는 것이다. 이러한 결과를 영상처리 및 컴퓨터 시각처리, 패턴 분석, 인공지능 및 데이터 관리기술들과 결합해 객체의 행위나 상호작용을 해석하는 것이다. 특히 지능형 영상분석기술(visual content analysis)의 기본적인 동작프로세스는 '관심대상의 검출(object detection) → 관심영역의 검출(region localization) → 객체 인식 및 추적(object identification and tracking) → 추적물체의 분류(object classification) → 위험 탐지 → 경고발생'의 제품망(product chain)'으로 형성된다. 이를 위해 여러 종류의 모듈들이 이용된다. 지능형 영상분석 기술은 국내에는 이 기술에 대한 이해가 아직은 그리 높지 않은 편이며 최근 들어 일부 보안업체들의 개발제품이 출시되고 있다. 이러한 지능형 영상분석이 필요한 이유는 <그림 3-21>에 설명이 되어 있듯이 사람이 20분 이상 모니터를 관찰한다고 하면 이벤트의 95% 이상을 인식이 불가하다고 한다.

▲ 그림 3-21 지능형 영상분석 기술의 필요성

따라서 사람은 24시간 365일 실시간 감시가 불가능하다. 따라서 카메라로부터 입력된 영상 데이터를 컴퓨터에서 실시간 분석하여 사람 대신에 사건(또는 이벤트)을 자동으로 분석하는 기술이 필요하다. 이와 같이 컴퓨터에서 소프트웨어적으로 영상을 분석하는 기술을 '지능형 영상분석 기술'이라고 한다. 이러한 기술로 구현이 가능한 분야는 <그림 3-22>와 같다.

그림에는 없지만 자동차 번호인식은 이미 구현되어 사용되고 있다. 번호인식 기술도 불과 몇 년 전에는 태양과 그림자에 의해 오인식이 많았으나, 근적외선의 조명을 이용하는 기술이 개발됨에 따라 이제는 거의 오인식 없이 100% 가까운 정도의 정밀도로 구현되고 있다. 지능형 영상분석 기술은 현재는 빛과 그림자 때문에 오보가 자주 발생하는 문제점을 가지고 있지만, 가까운 미래에는 카메라의 성능과 더불어 컴퓨터의 연산속도와 능력이 지금보다는 월등히 좋아질 것으로 예상하기 때문에 사람이 인식하는 수준 이상의 능력을 보일 것으로 예상된다.

▲ 그림 3-22 지능형 영상분석에서 구현이 가능한 기술

풀이 3 증강현실은 현실 세계에 3차원의 가상정보를 겹쳐서 보여주는 기술이다. 현실 세계에 실시간으로 부가정보를 갖는 가상세계를 합쳐 하나의 영상으로 보여주므로 혼합현실(mixed reality)이라고도 한다. 축구 중계 때 그라운드에 나타나는 정보 그래프, 기상 캐스터 뒤로 보이는 가상 기상도 등이 대표적인 예이다. 스마트폰의 증강현실은 카메라로 주변을 비추면 GPS 위치센서와 연동하여 근처에 있는 상점의 위치 및 전화번호, 지도 등의 정보가 입체 영상으로 표시된다. 현실세계를 가상세계로 보완해주는 개념인 증강현실은 컴퓨터 그래픽으로 만들어진 가상환경을 사용하지만 주역은 현실 환경이다. 컴퓨터 그래픽은 현실 환경에 필요한 정보를 추가 제공하는 역할을 한다. 증강현실 기술은 모든 것을 가상의 이미지로 사용하는 가상현실과 구분된다. 가상현실은 자신(객체)과 배경이 모두 현실이 아닌 가상의 이미지를 사용하는 것에 비해, 증강현실은 현실의 배경에 3차원 가상의 이미지를 겹쳐서 하나의 형상으로 보여주는 기술이다.

증강현실과 가상현실은 서로 비슷한 듯 하지만 그 주체가 허상이냐 실상이냐 따라 명확히 구분된다. 컴퓨터 게임에서 가상현실 격투 게임은 나를 대신하는 캐릭터가 가상의 적과 대결하지만, 증강현실 격투 게임은 현실의 내가 현실의 공간에서 가상의 적과 대결을 벌이는 형태가 된다. 때문에 증강현실이 가상현실에 비해 현실감이 뛰어나다는 특징이 있다.[18.] <그림 3-23>은 가상현실과 증강현실의 차이를 설명하는 좋은 사례라고 할 수 있다.

18. 이문규, "현실과 가상의 절묘한 조화", IT동아, http://it.donga.com/21422/

▲ 그림 3-23 증강현실과 가상현실의 차이

스마트폰으로 구현하는 증강현실 사례는 무궁무진하다. 예를 들어, 친구가 보고 있는 책의 자세한 정보가 궁금하다면 스마트폰 내에 있는 증강현실 앱을 실행한 다음, 카메라로 책 표지를 비추거나 사진을 찍으면 해당 앱이 화면 정보를 읽어 이 책과 관련된 정보(책 제목, 저자, 출판사, 서평 평점, 가격 등)가 스마트폰의 화면에 나타난다. 만약 이 책을 사고 싶으면 GPS 위치센서와 연동하여 가까운 거리에 있는 서점의 위치도 증강현실 앱을 통해 자세한 안내를 받을 수 있다. 자동차 이동경로나 대중교통, 또는 도보 이동 시 내비게이션 기능까지 제공된다.

스마트폰으로 길거리를 비추면 증강현실 앱이 가는 방향을 가상의 화살표 등으로 표시해 준다. 이런 사례가 가장 일반적인 스마트폰의 증강현실 응용이다. 또 다른 사례로 미국에서 개발된 포스퀘어(Foursquare)라는 앱이 있다. 포스퀘어는 위치기반 서비스와 증강현실을 기반으로 한 소셜 네트워킹 서비스이다. 이용자들은 자신이 현재 있는 장소에 체크인하고, 그 장소에 대한 정보를 이용 팁의 형식으로 친구들과 공유할 수 있는데, 이 정보들은 증강현실을 통해 지도상에 나타난다. 2015년 4월 기준으로 서비스 가입자 5,500만 명, 7,000만 개의 팁(특정장소에 대한 정보), 70억 회의 체크인을 돌파했다. 증강현실은 아이폰을 시작으로 알려지기 시작했으며 아이폰을 통해 큰 인기를 끌었다. 하지만 이에 대항하는 안드로이드폰이 급격히 증가하면서 안드로이드 기반의 첫 번째 증강현실 앱이 바로 오브제(OVJET)이다. 이 앱의 주요 기능은 카메라로 인식한 실제 환경을 바탕으로 하여 다른 이용자들이 등록한 정보가 결합되어 나오는 증강현실을 기반으로 한 것이다.

예를 들어 이용자가 카메라로 한 음식점을 비추면 다른 이용자들이 등록했던 그 음식점에 대한 평가, 전화번호 및 기본정보들이 음식점을 비추는 화면에 표시되는 것이다. 이 외에도 QR코드 리더, 별자리 위치를 확인할 수 있는 증강현실 등 흥미를 유도하는 콘텐츠도 있다. 증강현실 기술은 엔터테인먼트 업계 및 홍보 업계에서도 큰 관심을 가지고 있다. 빈폴 진은 빈폴 홈페이지에서 증강현실 카드를 스마트폰으로 인식하면 그림이 있던 자리에 전속 모델 투애니원이 나와 춤추는 모습을 볼 수 있는 증강현실로 홍보를 진행하기도 했다. 오스트리아 TV 네트워크인 스카이 오스트리아가 TV 프로그램인 '워킹데드'를 홍보하기 위해 광고회사인 JD디카우의 자회사 지위스타와 제휴를 맺은 후 소비자들의 일상생활에 공포를 재현하는 마케팅을 전개했다. 오스트리아에서 이 TV 프로그램이 방영되기 전 방송사와 광고회사는 증강현실 기술을 이용하여 버스정류장에서 사람이 기다리고 있을 때 대형 스크린을 통해 TV 프로그램에서 방영될 좀비가 등장하는 장면을 이용해 광고를 하여 큰 관심을 불러 일으켰다.

▲ 그림 3-24 증강현실의 사례

2016년 2월에 개최된 스페인 바로셀로나에서 개최된 MWC에서 마크 저커버그 페이스북 최고 경영자는 갤럭시S7시리즈와 기어VR의 결합이 엔터테인먼트 및 소셜 네트워킹에 중요하게 활용될 것이라며 다음과 같은 VR 시대의 도래를 강조했다. "VR은 차세대 플랫폼이다. 사람들이 일하고 커뮤니케이션하는 방식을 바꿀 것이다. 삼성 기어VR은 지금까지 나온 것 가운데 최고로 뛰어난 모바일 VR 경험을 제공한다. 과거에는 글과 사진을 통해 경험을 공유했지만 이제는 비디오시대이며 VR은 게임과 엔터테인먼트를 넘어, 진화하면서 사람들의 경험을 공유하는 사회적인 수단이 될 것이며, VR은 차세대 플랫폼이다. 삼성과 오큘러스, 페이스북 간 제휴를 통해 고객들은 기어VR에서 200개가 넘는 게임과 앱을 제공받게 된다." 그는 엔터테인먼트는 물론 페이스북의 활용성도 강조했다.

삼성전자는 MWC 개막에서 갤럭시S7시리즈와 함께 기어 VR에 대해 상당한 공을 들였다. 이에 앞서 LG전자도 G5를 공개하면서 VR 기기인 'LG 360 VR'과 360도 동영상 카메라 LG 360 캠을 동시에 선보였다. 향후 모바일의 발전에는 VR이 기술을 선도할 것으로 예측하고 있다. 글로벌 시장조사업체인 마켓스탠드마케츠는 최근 가상체험 콘텐츠 시장이 2015년 6억 7200만 달러(약 7400억원)에서 2020년 15억 8800만 달러(약 1조 7500억원) 규모로 크게 성장할 것이라고 분석했다. 현행의 가상현실 기술은 HMD 등 기존의 인터페이스 장치들을 활용하여 몰입형 가상현실을 제한적으로 구현하는 방향으로 개발이 진행되고 있으며, 디스플레이(모니터 · HMD 등) · 스피커 · 키보드 · 마우스 등의 일반적인 인터페이스 장치들을 활용하는 방향성을 추구하고 있어서 대중매체나 서브컬처에서 흔히 나오는 것과 같은 완전한 몰입형 가상현실을 구현하는 데에는 아직 기술적인 한계가 있다. 완전한 몰입형 가상현실을 구현하기 위해서는 컴퓨터와 사용자의 뇌 간의 직접적 데이터 통신이 이루어져야 하는데, 현실에서는 뇌-컴퓨터 인터페이스(brain-computer interface, BCI)의 발전이 아직 그러한 개념을 실현할 수 있을 정도로 진행되어 있지 않기 때문이다. 여러 이유로 인해서 현행의 가상현실 기술은 이미 상용화되어 보급되어 있는 기존의 인터페이스 장치들을 활용하는 것을 주축으로 개발이 진행되고 있으며, 대중매체나 서브컬처에서 묘사되는 것과 같은 완전한 몰입형 가상현실의 구현까지는 아직 많은 과제가 남아 있는 상황이다. 또한 대중매체나 서브컬처에서의 일반적인 묘사와는 달리 완전한 몰입형 가상현실의 구현을 위해서는 헤드기어나 캡슐과 같은 형태의 비침습식 BCI 기기로는 한계가 있고, 그 실현을 위해서는 사용자의 몸에 이식되는 형태의 침습식 BCI 기기가 필요해질 것이라 예상해볼 수도 있을 것이다.

가상현실에 필요한 세 가지 요소는 3차원 공간성, 실시간 상호작용, 그리고 몰입성이다. 각 요소 구현을 위해서는 컴퓨터 그래픽 기술, 네트워크 통신기술, 그리고 HMD(Head Mount Display) 등 오감을 자극하는 다수의 입출력 장치 개발기술에 의해 확립되고 발전될 수 있다. 네트워크 통신기술이 사실상 현재의 기술력만으로도 가상현실 구현에 어려움이 없음을 고려할 때, 실질적으로 가상현실 구현을 위해 발전이 필요한 기술은 컴퓨터 그래픽 기술과 입출력 장치기술이라고 볼 수 있다.

▲ 그림 3-25 갤럭시노트4가 장착된 기어VR

Chapter 04

열화상 이미지 센서

4.1 적외선의 발견

중세의 과학자들은 사람 눈에 보이는 빛에 대해 많은 연구를 하였다. 특히 사람 눈에 보이는 색에 대해 연구를 많이 하였는데, 물리학자 뉴턴 당시까지만 해도 빛에는 색이 없다고 믿었으며, 색을 물체 자체의 고유한 성질이라고 생각했다. 예를 들어 사과가 빨간 것은 사과가 고유한 성질인 빨간색을 갖고 있기 때문이라는 것이다. 이러한 이론은 나타났다 사라지는 무지개 색에 대해서는 설명하기 어려운 현상이었다. 고대 학자인 데카르트는 빛이 프리즘을 통과할 때 프리즘 재질의 특수한 성질로 무지개색이 나타난다고 설명하였다. 즉, 원래 색이 없던 빛이 프리즘의 재질로 여러 가지 색을 가진 빛으로 변화하게 된다는 이론이었다.

1666년 뉴턴은 <그림 4-1>과 같은 프리즘 실험을 통해 데카르트의 설명이 맞는지 실험을 해 보았다. 프리즘 현상에 대한 데카르트의 설명이 옳다면, 프리즘 B를 통과한 빛의 색은 빨간색이 될 수 없다. 그러나 뉴턴의 실험결과는 이와는 달리 프리즘 B를 통과한 빛의 색도 빨간색으로 나타났다. 이것은 데카르트의 설명에 반하는 결과였다. 따라서 뉴턴은 프리즘 현상을 설명하기 위해 '빛에는 여러 색에 대응하는 종류들이 있으며, 같은 재질에 대해 각 종류의 빛이 굴절되는 정도는 다르다.'라는 가설로 자신의 실험결과를 설명하였다. 1704년 그는 '광학'이라는 책을 출판하였는데, 여기서 가장 큰 크기의 빛 입자가 최대 진동수인 적색을 만들고, 가장 작은 크기의 빛 입자가 최소 진동수인 청색을 만들어 낸다고 발표했다.

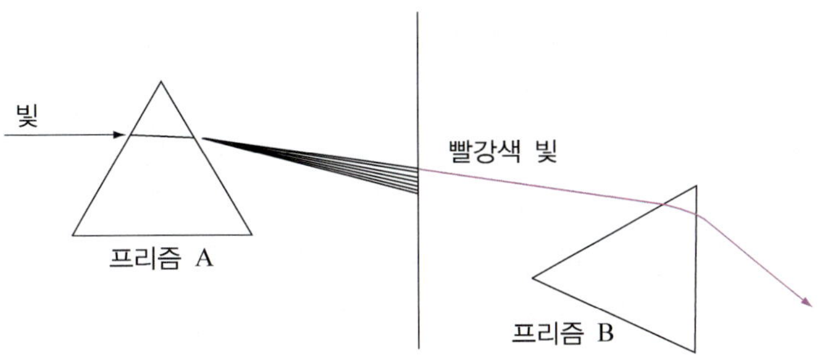

▲ 그림 4-1 뉴턴이 실험한 이중 프리즘 실험 개요

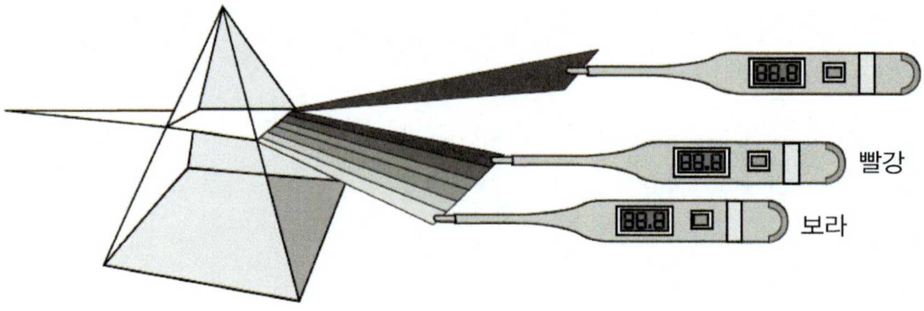

▲ 그림 4-2 W. Herchel의 적외선을 발견한 프리즘 실험 개요

1800년대에 영국의 왕립 천문학자인 윌리엄 허셀(William Herchel)이 프리즘을 이용해서 가시광선 온도를 <그림 4-2>와 같이 측정하는 실험을 시도하였다. 빨간색 바깥에 아무런 빛이 없는 곳에 있는 온도계의 온도가 예상했던 것보다 훨씬 높게 나온 것을 우연히 발견하였다. 이에 허셀은 눈에 보이지는 않지만 어떤 형태의 전자기파가 존재한다는 사실을 처음 발견하였으며, 빨간색 너머에 있다는 의미에서 적외선(infrared, 赤外線)이라고 최초로 명명하였다.

1830년경에 모든 물체는 적외선을 발산한다는 사실을 알게 되었으며, 노빌리(Nobili)에 의해 두 금속의 열기전력 차이를 이용한 최초의 서모커플(thermocouple)이 발명되어 보다 정확한 온도를 측정할 수 있게 되었다. 1859년 키르히호프(Kirchhoff)는 적외선의 흡수(absorption)와 방사(emission)는 서로 비례관계에 있음을 증명하였으며, 1879년 슈테판(Stefan)은 적외선의 복사량은 온도의 4 제곱에 비례한다는 사실을 발표했으며, 1884년 볼쯔만(Boltzmann)은 슈테판의 주장을 이론적으로 증명하였다. 1893년 율리어스(Julius)는 적외선 흡수는 원자가 아니라 분자에서 일어난다는 사실을 발표했으며, 1896년 빈(Wien)은 적외선 복사량이 온도와 파장의 함수임을 제시하였다. 1900년 12월 독일 베를린 대학의 이론물리학 교수였던 맥스 플랑크(Max Planck)는 독일 물리학회에서 흑체복사의 에너지는 플랑크 상수라는 특정한 상수와 진동수 곱의 정수배가 되어야 한다는 주장을 했다. 이것이 현대 물리학의 시발점이 되었으며, 적외선 복사현상을 이론적으로 최초로 정립한 계기가 되었다. 이 이론으로 미세 에너지는 불연속적이라는 양자 역학적인 개념을 받아들이게 되었다.

적외선은 영어로 infrared이며, 한자로 赤外線(적외선)이라고 한다. Infrared는 빨간색'을 뜻하는 red에 '넘어'라는 뜻을 가진 infra라고 하는 접두어가 합해진 것으로 풀이하면 '빨간색 너머'라는 뜻이다. 이러한 영문의 뜻을 그대로 한자로 풀이한 것이 赤外線이다. 빨간색은 사람 눈으로 볼 수 있는 가시광선(visible light) 중의 하나이다. 가시광선은 무지개색이라고 하는 '빨주노초파남보'의 일곱 가지 색이 존재하는 빛의 영역이다. 사람의 눈으로 인식할 수 있는 파장을 기준으로 가시광선 중에서 빨간색 바깥에 있는 빛을 적외선이라 하며, 보라색 바깥에 있는 빛을 자외선(紫外線, ultraviolet)이라 한다.

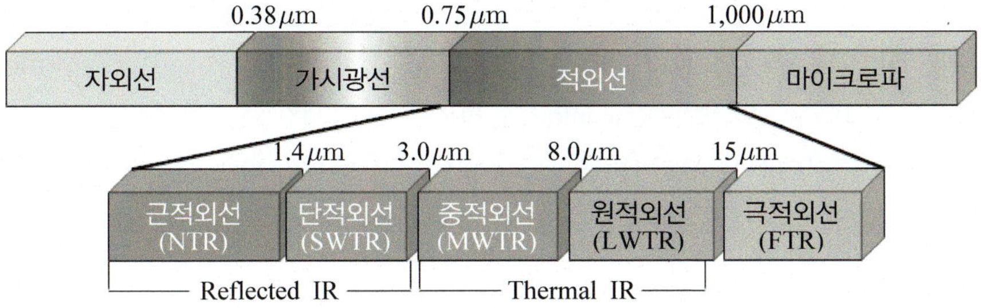

▲ 그림 4-3 전자기파에서 적외선 영역

전자기파 스펙트럼에서 적외선은 <그림 4-3>과 같이 0.75 μm에서 1,000 μm 파장 영역에 해당하며, 가시광선에 비하면 매우 넓은 영역 대이다. 적외선은 일부 구간마다 각각의 특성이 다르므로 파장 대역을 세분화해서 부르기도 한다. 일반적으로 구분하는 방법, 국제조명위원회(International Commission on Illumination, CIE)에서 분류하는 방법, ISO에서 구분하는 방법, 천문학자들이 분류하는 방법 등 다양한 방법이 있다. 일반적인 분류방법은 <표 4-1>과 같다. 근(近)적외선, 단(短)적외선, 중(中)적외선, 원(遠)적외선, 극(極)적외선 등 5개 영역으로 세분한다. NIR과 SWIR 영역에서는 주로 반사된 광을 이용한 응용분야가 많기 때문에 반사 적외선(reflected infrared)이라고 부르기도 하며, MWIR과 LWIR은 물체에서 스스로 방사하는 광(즉, 온도)을 이용한 응용분야이기 때문에 열 적외선(thermal infrared)이라 부르기도 한다.[19]

CIE에서는 0.7~1.4 μm를 IR-A, 1.4~3.0 μm를 IR-B, 3.0~1,000 μm를 IR-C로 구분한다. ISO 20473에 의하면 근적외선(near infrared, NIR) 영역을 0.78~3.0 μm, 중적외선(mid infrared, MIR) 영역을 3.0~50 μm, 원적외선(far infrared, FIR)을 50~1,000 μm 영역으로 구분한다. 그리고 천문학에서는 근적외선을 (0.7~1)~5 μm, 중적외선을 5~(25-40) μm, 원적외선을 50~1,000 μm로 구분하기도 한다. 본 교재에는 <표 4-1>의 기준으로 적외선을 분류하고 있다.

■ 표 4-1 파장에 따른 적외선 대역의 분류

적외선 이름	파장 대역
근적외선 (NIR, Near InfraRed)	0.75 μm ~ 1.4 μm
단적외선 (SWIR,Short Wavelength InfraRed)	1.4 μm ~ 3.0 μm
중적외선 (MWIR, Middle Wavelength InfraRed)	3.0 μm ~ 8.0 μm
원적외선 (LWIR, Long Wavelength InfraRed)	8.0 μm ~ 15.0 μm
극적외선 (FIR, Far InfraRed)	15.0 μm ~ 1,000 μm

19. http://en.wikipedia.org/wiki/infrared

CIE에서는 0.7~1.4 μm를 IR-A, 1.4~3.0 μm를 IR-B, 3.0~1,000 μm를 IR-C로 구분한다. ISO 20473에 의하면 근적외선(near infrared, NIR) 영역을 0.78~3.0 μm, 중적외선(mid infrared, MIR) 영역을 3.0~50 μm, 원적외선(far infrared, FIR)을 50~1,000 μm 영역으로 구분한다. 그리고 천문학에서는 근적외선을 (0.7~1)~5 μm, 중적외선을 5~(25-40) μm, 원적외선을 50~1,000 μm로 구분하기도 한다. 본 교재에는 <표 4-1>의 기준으로 적외선을 분류하고 있다.

4.2 플랭크(Planck) 복사법칙

1900년 플랑크의 이론적인 복사법칙이 나오기 전까지는 두 가지 이론이 알려졌었다. 첫 번째는 1879년 슈테판이 실험적으로 발견하고, 1884년 볼쯔만(Boltzmann)이 맥스웰(Maxwell)의 전자기학을 이용하여 이론적으로 열복사와 온도와의 관계를 최초로 설명하였으며, 이것은 이후의 열복사 연구에 중요한 계기가 되었다. 이 법칙에 의하면 온도 T인 흑체(black body)의 단위면적에서 단위시간에 방출되는 복사에너지 s는 $s = \sigma T^4$로 쓸 수 있으며, 비례상수 σ를 슈테판-볼쯔만 상수(Stefan-Boltzmann constant)라고 정의하였다. 1886년 미국 천문학자인 랭글리(Langley)는 적외선 강도를 측정할 수 있는 볼로미터(bolometer)를 개발해서 흑체 구리에서 발생하는 에너지와 태양에서 발생하는 에너지를 비교하는 실험을 통해 흑체 복사에 대한 정량적인 실험을 하였으며, 그 관계를 나타내는 구체적인 실험 결과를 제시하였다. 이어 1887년 러시아의 블라드미르 미켈슨(Wladimir Michelson)은 슈테판-볼쯔만 법칙을 자신의 이론과 결합해 랭글리의 실험적 결과에 정성적인 설명을 부여하였으나 정량적으로 설명하기에는 부족하였다.

곧이어 1893년 독일의 빌헬름 빈(Wilhelm Wien)은 슈테판-볼쯔만 법칙을 보다 일반적인 방법으로 유도하는 한편, 절대온도 T에서 흑체로부터 방출되는 복사에너지 밀도가 최대로 되는 파장에 반비례한다는 빈의 변위법칙(Wien's displacement law)을 발표했다. 즉, $\lambda_m = b / T$의 관계가 있으며, b는 Wien의 상수이다. 이 상수는 고전 역학적으로는 계산이 불가능하며, 양자역학에 의해서만 계산이 되는 값이다. 이 법칙에 의해 물체를 가열했을 때의 색은 온도를 높일수록 짧은 파장의 빛으로 이동함을 나타내는 것으로 온도가 높을수록 빨간색에서 보라색 쪽으로 이동해 가는 것을 설명할 수 있었다.

1900년에 플랑크가 앞선 두 가지 실험 및 이론을 완벽하게 정리한 복사법칙을 발표하였다. 그의 가장 큰 업적은 복사에너지가 연속적으로 분포된 것이 아니라 hυ의 양만큼 불연속적으로 양자화 되어 있다는 가정이었다. 이러한 혁명적인 아이디어로 1905년 아인스타인(Einstein)에 의해 광전자 효과(photoelectron effect)를 설명할 수 있게 된 계기가 되었다. 광전자 효과 이전에 빛은 파동의 성질만 가지고 있다고 생각했으나, 광전자 효과의 실험적인 증명으로 물리학자들은 빛은 입자이자 파동의 성질을 동시에 가지고 있다는 사실을 알게 되었다. 이상적인 흑체에서 나오는 플랑크 복사법칙은 아래의 식과 같으며, 여기서 E는 분광 복사휘도(spectral radiance), T는 흑체의 절대온도 K, k_B는 Boltzmann 상수로 1.38×10^{-16} erg/K, h는 Planck 상수로 6.625×10^{-27} erg-sec, c는 빛의 속도로 3×10^{10} cm/sec이다. 20. 21.

$$E(\nu,\mathrm{T}) = \frac{2h\nu^3}{c^2}\frac{1}{[\exp(h\nu/k_BT)-1]} \tag{4-1}$$

$$E(\lambda,\ T) = \frac{2hc^2}{\lambda^5}\frac{1}{[\exp(hc/\lambda k_BT)-1]} \tag{4-2}$$

이 식에서 슈테판-볼쯔만 법칙과 빈의 변위법칙을 유도할 수 있다.

$E = \sigma T^4$,

슈테판-볼쯔만 법칙 : $\sigma = 5.6705\times10^{-5}\,\mathrm{erg}\cdot\mathrm{cm}^2\cdot\mathrm{K}^{-4}\cdot\mathrm{s}^{-1}$

(σ : 슈테판-볼쯔만 상수)

빈의 변위법칙 : $\lambda_{max} = \dfrac{3\times10^7}{T}$, ($\lambda$: Å, T: kelvin)

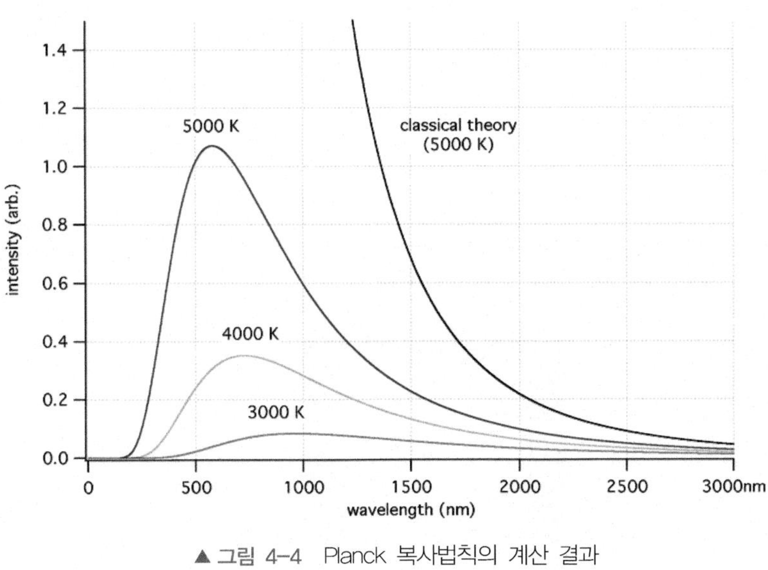

▲ 그림 4-4 Planck 복사법칙의 계산 결과

20. Astheimer, R.W., Handbook of Infrared Radiation Measurements, Barnes Engineering Co., Stanford, CT, (1983)
21. Bramson, M.A., Infrared: A Handbook for Applications, Plenum Press, New York, (1966)

빈의 변위법칙은 해당 온도에서 복사분포의 최대점이 되는 파장을 알려주는 관계식이며, 슈테판-볼쯔만 법칙은 모든 파장에서 방출되는 총 에너지에 대한 정보를 나타낸다. 그러므로 빈의 변위법칙은 온도가 올라감에 따라 최대 복사가 일어나는 파장이 짧아지는 것을 설명해 주며, 슈테판-볼쯔만 법칙은 온도가 올라감에 따라 곡선의 높이가 높아지는 것을 설명해 준다. 플랑크 복사법칙의 수식으로 온도별, 파장에 따른 계산 결과는 <그림 4-4>와 같다. 그림에서 알 수 있듯이 고전적인 방법에서 계산된 자외선 파국(ultraviolet catastrophe)을 플랑크 복사법칙에서는 해결할 수 있게 되었다.

흑체(black body)는 모든 각도에서 다양한 주파수를 가지고 입사하는 전자기파 복사를 완벽하게 흡수하는 이상적인 물체를 의미한다. 따라서 열적 평형상태에 있는 흑체에서 나오는 전자기파 복사를 흑체복사라고 하며, 이때 발산하는 전자기파 복사는 Planck의 복사법칙을 따른다. 열적평형상태에 있는 흑체는 다음과 같은 두 가지 특성이 있다.

① 이것은 이상적인 방사체(ideal emitter)로서, 동일한 온도에 있는 어떤 다른 방사체보다 항상 에너지가 높다.

② 이것은 분산 방사체(diffuse emitter)로서, 에너지는 방향에 관계없이 등방성으로 복사된다.

1860년 키르히호프(Kirchhoff)가 "입사하는 모든 빛을 완벽하게 흡수하고, 반사하거나 흡수되지 않는 무한히 얇은 두께를 가진 물체이다. 나는 이것을 간단히 줄여서 흑체라고 정의한다."라고 처음으로 흑체에 대한 개념을 도입하였으며, 오늘날 무한히 얇은 두께라고 하는 조건은 삭제하고 사용되고 있다. 흑체의 외형적인 개념은 <그림 4-5>와 같이 외부로 복사(radiation)하지 않는 벽면을 가진 공동(cavity)에 조그만 구멍(hole)이 있는 것과 같은 개념이다. 빛이 구멍 안쪽의 공동으로 들어가면, 공동의 내부가 매우 넓어서 한번 들어온 빛은 외부로 빠져나가지 못한다. 그림과 같은 구멍을 가진 물체는 입사하는 복사의 파장이 구멍의 직경보다 더 크다면 입사하지 못하고 반사할 것이기 때문에 부분적으로는 완벽

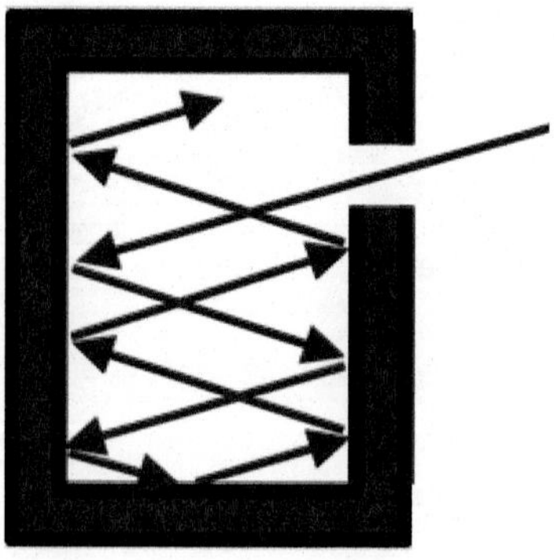

▲ 그림 4-5 흑체의 개념

한 흑체는 아니지만 흑체에 대한 개념적인 이해를 위해서 자주 사용하는 모델이다. 공동의 온도가 일정하다고 하고 내부로 들어온 빛들이 열적으로 평형상태에 있다고 가정을 하면 구멍을 통해 빛들이 빠져나갈 수 있다. 만약 구멍이 작다면, 이 구멍을 통해 들어오고 나가는 복사량은 공동 내부의 열적 평형상태에는 영향을 거의 주지 못할 것이다. 따라서 구멍의 크기보다 훨씬 짧은 파장의 빛이 구멍을 통해 나가는 복사는 구멍과 공동의 특성과 관계없이 온도의 함수로만 주어진 에너지 특성을 보일 것이며, 이는 흑체 복사와 거의 유사하다.

한 물체가 뜨거워지면 열을 내게 되는데 이를 복사(radiation)라 한다. 고체에서 방출되는 복사에는 여러 가지 파장(또는 진동수)을 가진 빛으로 구성되어 있다. 19세기 말에 물리학자들은 흑체에서 어떻게 여러 가지 진동수를 가진 복사가 나오며 이들은 물체 표면의 온도와 어떠한 관계가 있는지를 연구하였다. 1860년 키르히호프는 '흑체 복사 강도의 분포는 벽의 물질이나 공동의 모양 및 크기와는 상관없고 오직 온도와 빛의 파장에만 관계된다.' 라는 것을 밝혔다. 즉, 같은 온도로 데워진 물체는 돌이든 쇠든 방출하는 빛의 분포는 똑같다는 것이다. 이 당시만 해도 열복사는 전자기파와 아무런 관계가 없는 것으로 생각했으나, 1888년 하인리히 헤르쯔(Heinrich Hertz)가 전자기파의 존재를 발견한 이후, 물리학자들은 가시광선이나 열복사에 전자기파 이론을 적용하기 시작하였다.

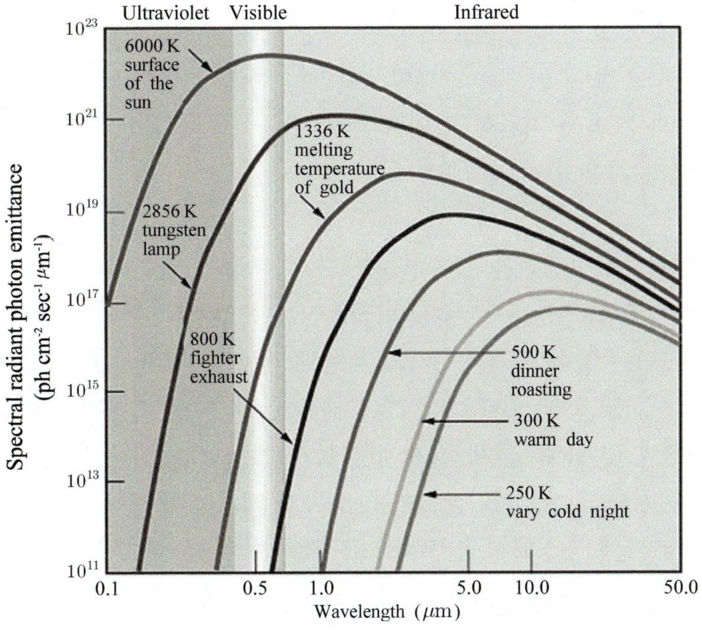

▲ 그림 4-6 흑체의 온도에 따른 복사 스펙트럼

흑체를 이용해서 온도에 따른 복사를 측정하면 앞서 이론적으로 정의된 Planck 복사 법칙에서 예측한 결과를 얻게 된다. <그림 4-6>은 특정 온도에서 파장에 따른 복사량을 계산한 결과이다. 저온에서부터 약 1300K 온도까지 나오는 대부분의 복사 에너지 피크 파장은 적외선 영역에 해당한다. 즉, 사람이 생활하는 일반적인 온도인 300K 근처의 피크 파장은 8~14 μm에 해당하며, 500K 근처의 피크 파장은 3~5 μm에 해당한다. <표 4-1>의 적외선 분류에서 LWIR 영역은 사람 체온과 관련된 응용 분야에 사용되고, MWIR 영역은 군사용의 미사일 추적기 분야에 사용된다. FIR 영역은 분자의 진동 에너지와 관련되어 있어 고체 표면물리 연구에 활용되고 있다.

4.3 열화상 카메라 역사

오감 중에 시각은 약 80% 정도의 정보를 제공해 주기 때문에 영상과 사진에 의한 판독이 가장 확실한 정보라고 할 수 있다. 적외선 분야도 픽셀의 숫자를 이차원으로 늘린 이미지 센서를 이용해서 적외선을 감지하는 열화상(thermal imaging) 카메라를 제작하고 있다. 열화상 기술은 초기에 군사용 목적으로 기술이 발전하였으며, 열화상 카메라를 통해 깜깜한 밤에 부가적인 조명이 없어도 뚜렷한 영상을 볼 수 있다. 또한 안개, 비, 눈이 오는 기후환경에서도 어느 정도 물체를 구분할 수 있는 특징이 있다. 이러한 열화상 카메라가 가지고 있는 장점과 가격이 저렴한 적외선 센서 기술이 개발됨에 따라 군수용 뿐 만 아니라 민수용에도 널리 사용하게 되었다.

열화상 카메라는 가시광선을 감지하는 Si을 이용해서 만든 CCD/CMOS 센서 대신에 적외선을 감지하는 센서로 만든 것이다. 비접촉식 온도센서인 적외선 센서로 만든 카메라를 적외선 카메라 또는 열화상 카메라라고 하는데, 주로 MWIR과 LWIR 영역의 카메라는 열화상 카메라라고 하고, NIR/SWIR 영역의 카메라는 적외선 카메라라고 한다. 그 이유는 원리적으로 MWIR과 LWIR은 물체 자체에서 복사하는 열선을 감지하는 것이고, SWIR과 NIR은 물체에서 반사되어 온 빛을 감지하는 것이기 때문에 구분해서 부른다. 그러나 일반적인 CCTV와 구분해서 통칭해서 일반적으로 적외선 카메라로 명명한다. SWIR/MWIR/LWIR 적외선 카메라는 수동형(passive) 카메라이고, NIR 적외선 카메라는 능동형(active) 카메라이다. 일반적인 CCD/CMOS 센서를 사용한 TDN 카메라는 야간에 근적외선 LED를 이용하기 때문에 혹자는 적외선 카메라라고 부르기도 하지만, 엄밀한 의미에서는 수동형 SWIR/MWIR/LWIR 적외선 카메라와 구분해서 단순히 TDN 카메라로 구분한다.

적외선을 감지하는 센서 재료에 대해서는 수많은 재료들이 연구되어 왔다. 세계 2차 대전 기간에 현재와 같은 적외선 센서에 대한 기틀이 잡혀졌다. 그 이후 반도체 제조 기술과 신호판독회로 기술의 발전으로 오늘날 이차원 배열의 초점면 어레이(focal plane array, FPA) 기술이 자리잡게 되었다. 초창기 1세대에는 광학적인 스캔 시스템을 이용해서 2차원 영상을 획득하였으며, 픽셀의 수가 점점 증가하여 약 10^6개 이상의 픽셀을 구현하면서 2차원 FPA를 만들 수 있었다. 신호판독회로인 ROIC와 포토다이오드는 In 범퍼를 이용해서 전기적으로 연결한 하이브리드 구조로 되어 있었는데, 이런 구조를 하이브리드 FPA라고 불렀다.

그리고 1990년대 초반에 픽셀의 수는 더 많아지고 2가지 대역의 적외선을 감지할 수 있는 포토다이오드 구조가 개발되었는데, 이를 3세대 이미지 센서라고 한다. 지난 약 30년간 이미지센서 픽셀의 수는 <그림 4-7>과 같이 지수함수적으로 증가하였는데, 메모리 반도체의 집적도 법칙인 Moore 법칙과 동일한 경향을 보이는데, 매 19개월마다 픽셀의 수는 배로 증가하고 있다. 2009년에 10 μm 픽셀의 8k×8k 어레이가 가능할 것으로 예상하였으나 약 1년 정도 지연되었다. 현재 Teledyne Imaging Sensors에서 2048×2048 픽셀의 센서모듈을 35개로 모자이크 배열로 묶어서 약 147 메가픽셀의 FPA를 제작한 것이 세계에서 가장 큰 어레이다. 현재 기술적으로는 100 메가픽셀 이상으로 픽셀 수를 늘리는 것은 문제가 없으나, 단지 예산의 한계로 제작하지 않을 뿐이다.

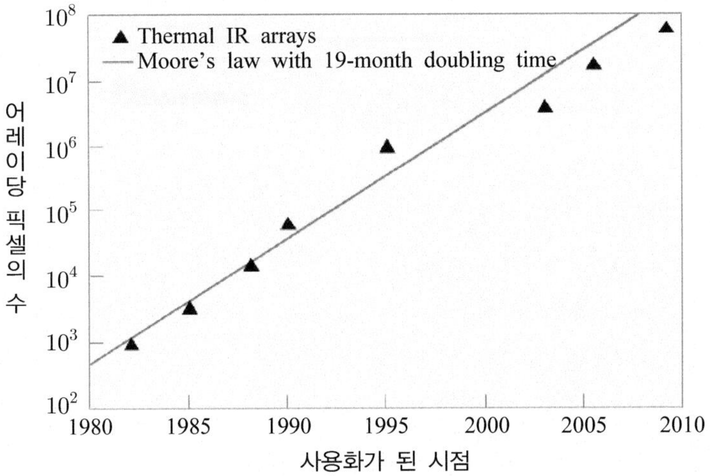

▲ 그림 4-7 열화상 이미지센서의 픽셀 증가 추세

적외선 센서 기술은 크게 양자형(quantum type)과 열형(thermal type) 두 종류로 구분이 된다. 양자형은 반도체 재료의 광전도 현상을 이용한 것이며, 우수한 양자효율과 매우 낮은 동작온도로 열적 잡음이 작아 탐지도 및 잡음온도분해능(NETD) 특성이 매우 우수하다. 그러나 에너지갭에 따라 적외선에 반응하는 영역이 정해져 있으며, 동작온도가 액체질소(77K) 온도 근처이며, 이를 위해 반드시 진공을 유지해야 하는 문제점이 있다. 따라서 이런 재료를 이용해서 만든 열화상 카메라는 가격이 매우 높아 상업용 보다는 군사용으로 많이 사용되고 있다. 열형은 반도체 이외의 재료를 이용하며, 파장에 무관한 반응도의 특성을 가지고 있으며, 대부분 상온에서 동작을 하므로 카메라 가격이 상대적으로 저렴한 것이 장점이다. 그러나 상온에서 동작을 하기 때문에 열적 잡음이 그만큼 높으므로 탐지도 및 NETD 특성이 양자형에 비해 좋지 않은 단점이 있다.

적외선 감지용 센서로 사용되는 대표적인 재료의 사용영역은 <표 4-2>와 같다. 열형 센서는 대부분 적외선의 모든 영역을 감지할 수 있지만, 상온에서 동작하기 때문에 열적 잡음이 비교적 높다. 이런 이유로 주로 사용하는 영역은 LWIR 영역의 감지용으로 사용이 되고 있다. 반면 양자형은 에너지갭에 따라 감지영역이 정해진다. 특히 $Hg_{1-x}C_xdTe$(MCT)는 HgTe와 CdTe의 조성 비율에 따라 감지영역의 조정이 가능하며, 이런 이유로 다중컬러 감지용으로 사용된다. 다만 양자형은 온도를 액체질소 온도까지 낮추어서 사용해야 하며, 이로 인해 반드시 진공을 유지해야 하는 단점이 있다. PtSi를 이용한 광전자방출(photo emission)형은 Si을 이용해서 제조가 가능하며 상온에서 동작 가능한 것이 장점이다.[22]

■ 표 4-2 대표적인 적외선 센서 재료의 감지영역

<table>
<tr><th colspan="4">양자형</th><th colspan="3">열형</th></tr>
<tr><th colspan="2">종류</th><th>센서재료</th><th>사용영역</th><th>종류</th><th>센서재료</th><th>사용영역</th></tr>
<tr><td rowspan="6">내인성</td><td rowspan="4">PV</td><td>HgCdTe</td><td>SWIR, MWIR, LWIR</td><td rowspan="4">볼로미터</td><td>V_2O_5</td><td rowspan="9">LWIR*</td></tr>
<tr><td>Si, Ge</td><td>NIR</td><td>Poly-SiGe</td></tr>
<tr><td>InGaAs</td><td>NIR, SWIR</td><td>Poly-Si</td></tr>
<tr><td>InSb, InAsSb</td><td>MWIR</td><td>α-Si</td></tr>
<tr><td rowspan="2">PC</td><td>HgCdTe</td><td>SWIR, MWIR, LWIR</td><td>서모파일</td><td>Bi/Sb</td></tr>
<tr><td>PbS, PbSe</td><td>MWIR</td><td rowspan="2">초전체</td><td>LiTa</td></tr>
<tr><td colspan="2">외인성</td><td>Si:X</td><td>NIR</td><td>PbZT</td></tr>
<tr><td colspan="2">양자우물</td><td>GaAs/AlGaAs</td><td>LWIR</td><td>강유전체</td><td>BST</td></tr>
<tr><td colspan="2">광전자 방출</td><td>PtSi</td><td>LWIR</td><td>미세 캔틸레버</td><td>바이메탈</td></tr>
<tr><td colspan="7">* 열형은 적외선 전 영역에서 감지를 하지만, 열화상 카메라는 사용영역이 한정되어 있음</td></tr>
</table>

22. Sirica 홈페이지, 기술자료, "A New Approach for Quantum Infrared Detection at Room Temperature"

바이메탈 원리로 상온에서 동작이 가능한 미세 캔틸레버를 Sarnoff사에서 MEMS 기술을 이용하여 320×240 어레이 센서의 가능성을 발표하였다.[23]

비냉각형 적외선 센서 기술은 1970년대 초반에 미국 군인들의 야간 전투력 향상을 목적으로 크기도 작고, 무게도 가벼워 이동시 문제가 없어야 했으며, 모든 병사들에게 지급해야 하므로 가격 또한 획기적으로 낮아야 하는 필요성이 제기되었다.

1978년에 Texas Instruments사에서 BST를 이용한 강유전체 적외선 센서에 대해 특허를 출원하였으며, 1979년에 처음으로 제품이 만들어졌다. 동시에 Honeywell에서 미세가공 기술을 이용한 VOx 볼로미터를 이용한 연구도 진행이 되었다. 미 국방부의 지원으로 약 15년간 두 기술이 발전을 하게 되었다. 그러나 2000년대에 VOx가 BST보다 우수하다는 것이 증명이 되었고, 원리적으로 기계적인 쵸퍼(chopper)의 사용으로 광량의 50%만 센서로 입사해서 민감도가 낮다는 치명적인 단점과 기계적인 쵸퍼는 고장이 잘 나며 충격과 진동에 취약하다는 단점이 노출되었다. 이 이후로 미 국방부는 BST에 대한 지원을 중단하였다. BST에 대한 정부지원 중단으로 이 분야에 대한 연구가 급속하게 줄어들게 되었으며, 최근 10여년 동안 BST의 픽셀 크기는 50 ㎛ 수준에서 변화가 없다. 또한 VOx와 비정질 실리콘 마이크로볼로미터 카메라에 비해 BST 카메라는 평균고장시간(MTBF, mean time between failures)이 짧으며 전기적인 분극을 안정화시키기 위해 냉각을 해야 한다는 추가적인 단점이 발견되었다.

1990년대 중반부터 비정질 실리콘(α-Si)을 이용한 카메라 기술이 연구되기 시작하였다. α-Si의 가장 큰 장점은 실리콘 제조공정을 그대로 사용할 수 있다는 것이다. 최근 VOx 볼로미터도 실리콘 공정으로 제조가 가능해지면서 마이크로볼로미터 카메라를 미국 이외의 국가로 판매하기 위해 필요했던 수출 허가는 필요가 없게 되었다. 최근 비냉각 적외선 카메라에 사용되는 센서 재료의 시장 점유율은 <그림 4-8>과 같다.[24]

그림에서 보듯이 최근의 비냉각용 센서 재료는 VOx 볼로미터가 주류를 이루고 있다. 중저화소용에는 공정이 쉽고 가격이 저렴한 재료인 서모파일에 대해서도 제품이 나오고 있다. 이러한 기술적인 발전에 따라 열형 비냉각형 적외선 카메라는 민수용 뿐만 아니라 군수용으로도 시장이 점점 확대되고 있다. 냉각형에서는 HgCdTe를 이용한 센서들이 대부분을 차지하고 있으며, 일부 InSb, 양자우물 구조 등이 사용되고 있다. 비냉각형에서는 VOx를 이용한 마이크로볼로미터가 대부분이며, 일부 초전체와 서모파일 센서를 사용하고 있다. 초창기에 개발되었던 PbS와 Golay 셀 등의 센서는 거의 사용하지 않고 있다.

23. Hunter, Scott R, etc., Proc. of the SPIE, "High-sensitivity uncooled microcantilever infrared imaging arrays", vol. 5074, p. 469 (2003)
24. http://www.flir.com/iploadedFiles/Eurasia/Cores_and_Components/Technical_Notes/uncooled%20detectors%20BST.pdf

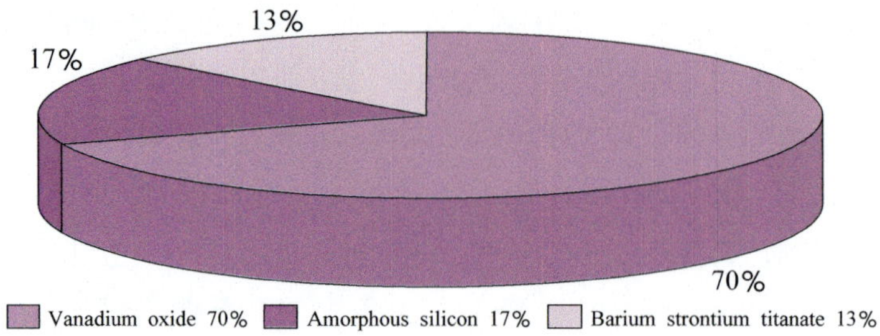

▲ 그림 4-8 고화소용 VOx, α-Si, BST 센서의 시장 점유율

4.4 열화상 카메라의 응용

열화상 카메라의 응용분야는 파장에 따라 4가지 영역으로 구분할 수 있다. 먼저 근적외선(NIR, near infrared) 영역이다. 이것은 0.75 ~ 1.4 μm 영역대로 일반적인 CCD 또는 CMOS 이미지 센서를 사용하는 CCTV 카메라로 주야간겸용(True Day & Night) 기능으로 야간에 시각적으로 볼 수 있는 응용분야이다. CCTV 카메라로 낮에는 컬러로 볼 수 있고, 야간에는 카메라에 장착된 근적외선 LED를 이용해서 흑백영상으로 볼 수 있다. 근적외선 LED로 볼 수 있는 거리와 시야각이 한정되어 있기 때문에 발전소와 같은 중요시설의 외곽 감시를 위해서 야간에 조명등을 설치하여 운용하는 방법도 있다. 이 방식은 현재 보안용 감시 분야에서 가장 많이 사용하고 있다.

두 번째 응용영역은 단적외선 영역(short wavelength infrared, 줄여서 SWIR)인데, 파장으로 1.4~3 μm에 해당한다. 이 영역은 NIR과 마찬가지로 빛이 물체에 반사되어 온 빛을 감지하는 반사형 카메라이다. 센서의 픽셀은 CMOS나 CCD와 유사 수준으로 구현이 가능하기 때문에 영상 분해능은 CCTV와 거의 유사하다. NIR 카메라와 다른 점은 야간에 공기 중 분자들의 진동에 의해 SWIR 영역대의 파장이 하늘에서 내려오고 있기 때문에 추가적인 조명이 필요하지 않다. 이런 원리로 달빛이 없는 깜깜한 밤에도 SWIR 카메라로 영상을 볼 수 있다. 매우 높은 온도의 물체, 예를 들면 용광로에서 금속이 녹을 때에는 SWIR 영역의 빛을 스스로 복사하기도 하므로 고온 영역의 물체 온도를 측정할 때에는 SWIR 영역을 사용하기도 한다.

세 번째 응용영역은 중적외선 영역(medium wavelength infrared, 줄여서 MWIR)이다. 이 영역의 파장은 3~6 μm에 해당하며, 야간 감시용뿐만 아니라 물체의 온도 측정도 가능하다. 그러나 MWIR 영역대의 피크 파장은 약 500K 정도의 높은 온도에 해당하므로 비교적 높은 온도를 측정하고자 할 때 사용된다. 주로 군수용의 미사일 추적 시스템에 사용된다.

네 번째 응용영역은 원적외선 영역(long wavelength infrared, 줄여서 LWIR)이다. 이 영역의 파장은 8~14 μm에 해당하며, 상온의 물체에서 나오는 열을 감지하는 영역이다. 중적외선과 마찬가지로 물체에서 나오는 열을 감지하는 영역이므로, 중적외선과 더불어 열에너지를 감지한다는 의미에서 적외선이라는 용어 대신에 열화상 카메라 용어를 사용한다. 이 영역은 온도 측정뿐만 아니라 야간 감시용으로도 사용이 가능하며, 가장 많이 활용되고 있는 영역이다. 상기 4가지 영역에 대한 응용분야를 요약하면 <표 4-3>과 같다.

비냉각형 적외선 카메라는 상온에서 동작하기 때문에 열적 잡음에 의한 노이즈로 온도 분해능이 다소 떨어지고 큰 시정수로 빠른 움직임의 물체를 정확하게 획득하지 못하는 일부 단점은 있지만, 저렴한 가격과 높은 해상도, 개선된 온도 분해능 등의 성능이 개선되면서 냉각형 적외선 카메라를 대신할 수 있게 되었으며 그 사용 범위는 점차 확대되고 있는 추세이다. 특히 온도 측정용으로는 비냉각형 LWIR 열화상 카메라가 주류이며, 1,000℃ 이상의 고온을 측정하기 위해 SWIR 적외선 카메라가 사용되기도 한다. 영상관측용으로는 다양한 파장대의 카메라가 사용되고 있으며, 특히 외곽감시용으로는 가격적인 문제 때문에 NIR 영역인 TDN 카메라를 많이 사용하고 있다.

최근 몇 년 사이에 열화상 카메라 기술이 민수용 분야에서 다양하게 응용되기 시작했다. 고성능이 필요한 군수용과는 달리 민수용은 카메라의 가격이 낮아야 하는 것이 필수적이었으며, 군수용으로도 모든 병사들의 야간 전투력 향상을 위해 기존 냉각형 열화상

■ 표 4-3 파장 대역별 응용분야 및 상대적인 시장 규모(출처 : Yole 2012 리포터)

구분	응용분야	NIR (0.7~1.4 μm)	SWIR (1.4~3 μm)	MWIR (3~5.6 μm)	LWIR (8~12 μm)
Thermography (온도측정)	유지관리 (온도측정관련)				★★★
	빌딩검사 (누수, 단열등)				★★★
	기타 (R&D, 의료, 자동제어)	★	★	★	★★★
Vision (영상관측)	군사용& 기타	★★	★★	★	★★
	외곽감시용CCTV	★★★	★		★★
	자동차용	★★			★★
	소방				★★★
	해상	★★	★★		★★
재료분석	프로세스제어, R&D	★★	★★	★★	

★ 개수는 상대적인 시장규모임

카메라 대비 가볍고 크기도 작은 비냉각형 열화상 카메라가 필요하게 되었다. 민수용과 군수용을 충족시킬 수 있는 기술이 바로 열화상 카메라의 가장 핵심기술인 LWIR용 비냉각형 적외선 센서기술이다. 열화상 카메라에 탑재되는 비냉각형 적외선 센서로는 마이크로볼로미터와 강유전체가 사용이 되고 있는데, 마이크로볼로미터는 산화바나듐(VOx, vanadium oxide)과 비정질 실리콘(α-Si, amorphous silicon) 재료로 구현하며, 강유전체로는 티탄산바륨스트론튬(BST, Barium Strontium Titanate) 재료로 구현되고 있다. 이러한 재료들이 개발되기 전까지는 앞절에서 설명된 냉각형 양자형 센서들이 주로 사용되었다.

■ 표 4-4 년도별 응용분야에 따른 시장규모 및 사용수량 예측(출처 : Yole 2012 report)

(시장규모단위:M$), (사용수량단위:units)

년도 응용분야			2010		2012		2014		2016	
			시장 규모	사용 수량	시장 규모	사용 수량	시장 규모	사용 수량	시장 규모	사용 수량
군수용	소총야간감시 (TWS)		$383	44,000	$310	36,652	$288	37,759	$312	45,273
군수용	전차/ 탱크야간감시		$241	24,150	$245	26,299	$221	26,297	$218	28,716
군수용	휴대용 야간감시		$168	18,700	$155	17,593	$150	18,824	$162	22,571
군수용	원격무기체계		$178	12,000	$187	12,852	$208	14,577	$242	17,478
군수용	기타군사목적		$30	3,000	$32	3,308	$36	3,785	$43	4,539
군수용	계		$1,000	101,850	$929	96,704	$903	101,242	$977	118,577
민수용	온도측정	초급형	$11	8,200	$20	19,701	$34	47,330	$57	113,711
민수용	온도측정	보급형	$231	42,000	$261	65,625	$303	98,438	$310	124,523
민수용	온도측정	일반형	$280	28,000	$300	37,030	$321	48,972	$315	59,256
민수용	온도측정	고급형	$61	2,444	$63	2,957	$64	3,578	$66	4,330
민수용	외곽감시	보급형	$19	5,320	$24	8,581	$30	13,840	$37	22,322
민수용	외곽감시	일반형	$136	21,280	$171	41,709	$215	81,749	$335	176,652
민수용	외곽감시	고급형	$28	1,400	$34	2,419	$42	2,903	$51	4,180
민수용	자동차나이트 비전		$36	39,200	$44	66,248	$58	120,571	$71	235,114
민수용	해안용		$71	6,120	$87	8,094	$104	10,704	$124	14,156
민수용	소방		$119	15,450	$114	15,450	$109	15,450	$105	15,450
민수용	기타상용목적		$32	8,400	$38	11,109	$45	14,692	$54	19,430
민수용	계		$1,018	177,814	$1,155	278,519	$1,324	458,227	$1,525	789,125
합계			$2,018	279,664	$2,084	375,223	$2,227	559,469	$2,502	907,702

적외선 센서관련 시장 조사기관인 Yole사의 2012년 리포터에 의하면, 년도에 따라 응용분야별 시장규모는 <표 4-4>와 같다.[25] 군수용의 년도별 시장규모는 거의 변화가 없으나, 민수용으로는 사용수량이 큰 폭으로 확대될 것으로 예상하고 있다. 특히 온도측정, 외곽감시, 자동차 나이트비전 분야는 성장세가 매우 클 것으로 예상하고 있으며, 사용수량의 증가만큼 시장규모가 따라가지 않는 것은 카메라의 가격이 매년 획기적으로 낮아질 것이기 때문이다. 온도측정용의 카메라 단가는 민수용의 다른 카메라보다 높게 형성되어 있다. 그 이유는 온도 측정을 위해 광학계 부분이 더 정밀하며, 마이크로프로세스에서 입사된 광량으로부터 온도로 계산해 주는 모듈이 탑재되어 있기 때문이다.

4.5 LWIR 열화상 카메라 응용

적외선을 이용한 열화상 카메라는 열 또는 온도를 감지하는 특성을 이용해서 다양한 분야에 활용되고 있다. 최초에는 군사용의 목적으로 주로 사용되었고, 차츰 그 기술이 보편화됨에 따라 상업용으로 확대되었다. 군사용으로는 야간에도 주간처럼 아주 뚜렷한 영상을 확보할 수 있는 장점 때문에 외곽 감시용으로 주로 사용되었다. 2000년대 후반부터 군사용의 목적으로 개발된 기술들이 점점 민수용으로 전파되기 시작하였다. 물론 1~4개 픽셀을 갖는 적외선 센서를 이용한 응용은 많은 곳에서 이루어졌다. 주로 시큐리티용의 침입자 감지, 아파트의 실내등 자동점멸, 비접촉식 귀속 온도계, 가스 및 화재 감지용, 계측기의 센서용 등의 목적으로 사용되었다. 그러나 열영상을 이용한 민수용은 SARS라고 하는 전염병이 생기면서부터 급격히 늘어나게 되었으며, 그때까지 군사용의 기술을 보유하고 있었던 미국의 FLIR사는 경쟁사를 물리치고 선두주자로 나서게 되었다. 향후 민수용 분야에서 가장 큰 시장을 형성할 것으로 기대하는 분야가 바로 <그림 4-9>와 같은 자동차용 열화상 카메라분야이다.

▲ 그림 4-9 자동차용 열화상 카메라 적용 사례

25. "Uncooled Infrared Imaging Market 2012", Yole Development, (2012)

안개가 낀 야간에 자동차를 운전하다 보면 마주 오는 차량의 불빛 때문에 전방을 자세히 보기가 어려운 경우가 종종 있어 교통사고의 위험이 매우 커진다. 이런 경우 열화상 카메라를 이용하면 전방을 아주 깨끗하게 확인할 수 있으며, 인체와 유사한 온도를 가진 물체가 전방에 발견되면 경보도 보내어 사고를 획기적으로 줄일 수 있다. 현재는 고급용 승용차에만 적용되고 있지만, 조만간 열화상 카메라의 가격이 낮아지면 일반 승용차에도 보급될 것으로 예상한다. 또한, 32×32 정도의 픽셀을 가진 열화상 센서를 이용하여 승용차 내부의 온도를 정확히 분석해서 에어컨 또는 히터의 효율적인 통풍으로 더욱 쾌적한 환경을 유지할 수 있다. 특히 시장 예측 기관인 Yole사에서는 2013년 이후부터 자동차용 열화상 카메라 시장이 급격히 확대될 것으로 예측하고 있다.

MWIR과 LWIR 대역의 적외선은 온도와 관련되어 있어 물체의 온도를 측정하고자 하는 목적으로도 사용된다. 매우 높은 온도를 사용하는 제철 및 철강 관련 산업, 유리산업, 의약품 생산, 플라스틱 산업, 정유산업 등 비교적 높은 온도 영역에서 정교한 온도제어가 필요한 산업현장에는 열화상 카메라를 이용한 온도측정이 매우 일반적으로 사용되고 있다. 현재까지는 320×240픽셀 이상의 고화소용 열화상 카메라가 사용되고 있으나, 중저화소용 카메라를 이용해서 제조공정 중 필요한 부분에 설치하여 이상 시 경보를 발생시키는 용도로 사용될 수 있다. 이 외에도 고급식당의 조리실에서 음식을 만드는 과정 중에 온도측정이 필요한 곳에도 응용할 수 있다.

또한, 화재 때문에 연기가 발생하여 앞을 볼 수가 없을 때 열화상 카메라를 이용하면 화재로 인한 뜨거운 곳과 차가운 곳을 알 수 있어 화상을 입지 않고 피할 수 있으며, 연기 너머에 있는 물체를 볼 수 있어 화재시 인명 조난용으로 사용이 가능하다. 현재는 가격이 너무 높아 소방대원만 소지하고 있으나, 향후 가격이 획기적으로 낮아진다면 공공건물 또는 지하철 역사 등에 방독면과 같이 비치하여 화재시 쉽게 출구를 찾아 빠져나올 수 있도록 하는 용도로도 사용이 가능하다.

(a) 건물 외벽의 단열상태 (b) 단열 조치를 취한 전과 후의 비교 영상

▲ 그림 4-10 에너지 관리를 위한 열화상 카메라 적용 사례

지구 온난화로 점점 에너지 문제는 심각해지고 있다. 특히 전기를 많이 사용하는 겨울과 여름에 단열 문제 때문에 열이 밖으로 새어 나간다면 그만큼 에너지를 낭비하는 것이다. <그림 4-10>은 건물의 단열 상태를 열화상 카메라로 측정한 사진과 단열 조치 전후에 따른 비교 영상으로 확연히 단열에 대한 상태를 한눈에 알 수가 있다. 앞으로는 일정 기간이 지난 건축물의 외관을 열화상 카메라로 점검하여 에너지가 낭비되지 않도록 하는 제도도 필요하지 않을까 생각한다.

<그림 4-11>과 같이 의료용으로도 열화상 가메리가 많이 사용되고 있다. 한방 분야에서는 오래전부터 인체의 열영상 정보로부터 온도가 평균보다 낮거나 높게 측정되는 부위를 통해 혈액의 비정상 흐름을 판단하는 용도로 사용해 왔다. 최근 한의학에서는 적외선 체열 영상에 대한 학문적인 연구가 많이 진전되고 있으며, 인체의 주요 부위에 대한 온도 표준화 작업도 진행 중이다. 또한, 사람뿐만 아니라 가축에도 열화상 카메라 기술을 적용하는 연구가 진행 중이다. 구제역 또는 조류인플루엔자에 감염된 가축은 초기에 고열(약 40℃)이 발생하는데, 열화상 카메라로 가축들의 체온을 실시간 모니터링하면 이상 발생시 즉시 알 수 있다.

겨울철 전기로 인한 화재가 자주 발생하고 있는데, 대부분 무절제한 전열기구의 남용에 따른 과부하와 누전이나 합선으로 화재가 발생한다. 이상이 있는 부분을 열화상 카메라로 보면 <그림 4-12>와 같이 과열된 것을 알 수 있다. 고가의 열화상 카메라로 일일이 이렇게 확인을 한다는 것은 어렵지만, 과부하가 예상되는 곳에 중화소용 열화상 카메라를 설치하여 사전에 일정 온도 이상이 올라가면 경보를 발생하도록 하면 화재를 사전에 예방할 수 있다.

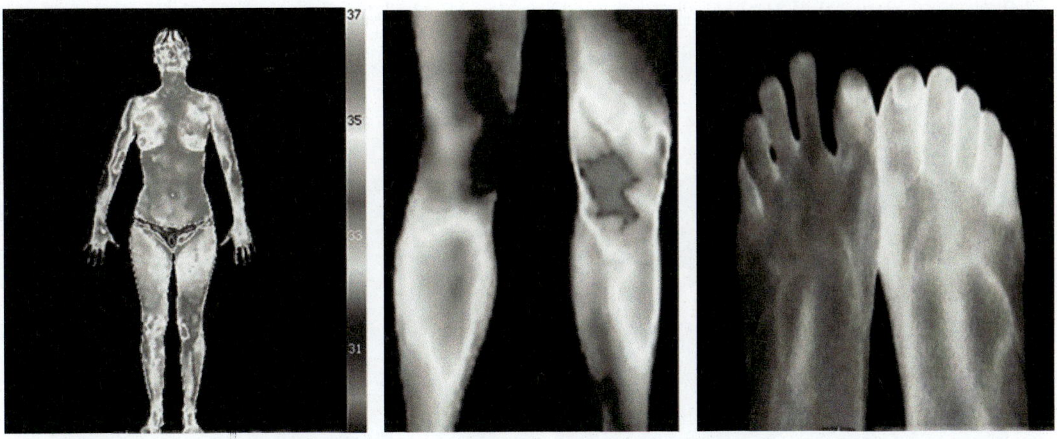

▲ 그림 4-11 열화상 카메라로 촬영한 인체 열영상

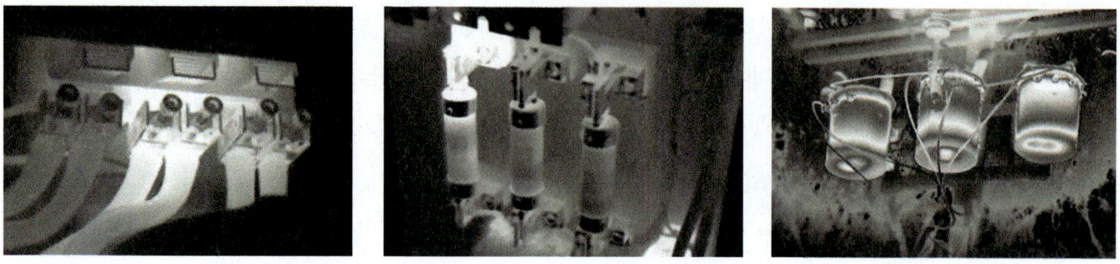

▲ 그림 4-12 전기 과부하로 인한 열영상

적외선은 온도와 관련되어 있어 물체의 온도를 측정하고자 하는 목적으로도 사용된다. 매우 높은 온도를 사용하는 제철 및 철강 관련 산업, 유리산업, 의약품 생산, 플라스틱 산업, 정유산업 등 비교적 높은 온도 영역에서 정교한 온도제어가 필요한 산업현장에는 열화상 카메라를 이용한 온도측정이 매우 일반적으로 사용되고 있다. 현재까지는 320×240 픽셀 이상의 고화소용 열화상 카메라가 사용되고 있으나, 중저화소용 카메라를 이용해서 제조공정 중 필요한 부분에 설치하여 이상 시 경보를 발생시키는 용도로 사용될 수 있다. 이 외에도 고급식당의 조리실에서 음식을 만드는 과정 중에 온도측정이 필요한 곳에도 응용할 수 있다. 열화상 카메라는 화재 초기 단계에서 문제점을 발견할 수 있는데, 그 사례는 <그림 4-13>과 같다.[26] 창고나 물류 시설 등을 열화상 카메라로 24시간 실시간 온도 분포를 감시할 수 있다. 특히 화재 가능성이 있는 위치의 온도를 상시 감시하다가 이상 현상이 발생하면(그림에서 98.8℃에서 128.8℃로 변함), 이를 알람으로 발생하게 해서 화재가 발생하기 직전에 이상상태를 모니터할 수 있는 장점이 있다. 화재를 감지할 수 있는 방법에 대한 장단점은 <표 4-5>와 같다. 현재는 가격적인 문제 때문에 화재감지기를 주로 사용하고 있지만, 가격적인 문제도 향후에는 열화상 카메라 제조비용이 점점 낮아지고 있으므로 가까운 미래에는 열화상 카메라가 화재감지기의 많은 부분을 대체할 수 있을 것으로 예상한다.

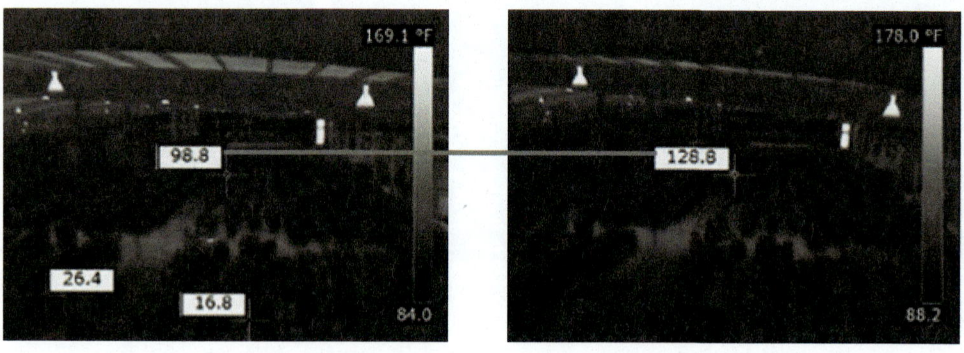

▲ 그림 4-13 열화상 카메라에 의한 화재 초기 감지

26. FLIR사 홈페이지, http://www.flir.com/thermography/americas/us/view/?id=43988

■ 표 4-5 화재 감지기 종류에 따른 장단점

감지기 종류	장점	단점
CCTV	• 가격이 비교적 저렴함 • 매우 넓은 영역을 감시할 수 있음	• 야간에는 별도의 조명이 필요함 • 조명등 운영으로 유지비용이 과다 • 스모그 등의 환경에서 제약이 있음 • 어느 정도의 연기가 발생해야 감지
화재감지기	가장 가격이 저렴함	• 화재 단계가 많이 진전됨 • 오보가 많은 편임 • 유지비용이 많이 듦
열화상카메라	• 외부 조명등이 필요없음 • 스모그 환경에서도 감시가 가능 • 화재 초기단계에 감지가 가능 • 넓은 영역을 감시할 수 있음 • 화재원과 배경의 우수한 대조영상 • 오보가 거의 없음 • 유지비용이 없음	구입 가격이 고가

비냉각형 열화상 카메라의 온도 분해능이 거의 0.05K 정도로 성능이 급격히 향상됨으로 인해, 최근 온도 측정용으로는 냉각형 보다는 비냉각형 카메라를 주로 사용한다. 최근 출시되고 있는 열화상 카메라의 등급에 따른 가격 대비 성능 비교는 <표 4-6>과 같다. 기술의 발달로 카메라의 가격은 매년 약 10% 정도씩 낮아질 것으로 예상하고 있다. 대부분은 비냉각 기술로 응용이 되고 있으나, 매우 높은 성능의 온도분해능의 요구되는 가스 누출에 대한 열화상 감시는 거의 100% 냉각형 열화상 카메라가 사용되고 있다.

■ 표 4-6 열화상 카메라 온도계의 등급에 따른 가격 대 성능

등급	가격 (2011년 기준)	이미지센서 픽셀수	NETD (K)	대표 제품
초보용	$1,200	60×60	0.1	FLIR i3, DeWALT
보급형	$1,500 ~ $7,500 (평균 : $5,500)	80×80 120×120 160×120 140×140	0.1	Fluke Ti100
중급형	$7,500 ~ $15,000 (평균 : $10,000)	180×180 200×150 320×240 384×288	0.08 ~ 0.05	FLIR T series
고급형	$20,000 ~ $30,000	640×480	0.05 ~ 0.03	NEC H2640

현재 민수용 열화상 카메라 시장의 약 50%는 미국의 FLIR사가 차지하고 있다. FLIR사는 적외선 관련하여 센서부터 카메라까지 전 부품을 자체적으로 개발 및 생산하고 있는 회사이며, 자체적으로 생산한 마이크로볼로미터 센서를 외부에 판매를 하기도 한다. 그 다음으로 미국의 Fluke사가 민수용의 약 30% 정도 차지하고 있으며, 특히 Fluke사는 이동식 테스트&측정 장비 분야에서 두각을 나타내고 있다. 프랑스의 Ulis사는 카메라는 전혀 제조하지 않고, 오직 비정질 실리콘 기술을 바탕으로 640×480까지의 이미지 센서를 외부에 공급하고 있다. 미국의 L-3Com은 비정질 실리콘 기술의 이미지 센서 제작 기술을 보유하고 있으며, 센서 생산량의 1/3은 군수용으로 사용하고, 나머지 2/3는 자체 민수용 카메라 양산에 사용하고 있다. 미국의 DRS사는 군수용 카메라의 최대 공급자이며, 그 뒤를 이어 BAE, Raytheon사 등이 군수용으로 생산 공급하고 있다.

4.6 SWIR 적외선 카메라 응용

TDN(true day & night) 카메라는 NIR 영역의 LED를 이용해서 물체에서 반사되어 온 빛을 감지하는 능동형 카메라이다. 이와 유사한 원리로 동작하는 것이 SWIR 영역을 이용한 수동형 적외선 카메라이다. 이런 이유로 NIR과 SWIR 영역의 적외선을 반사형 적외선 영역이라고 한다. 반면, MWIR과 LWIR 영역을 이용한 열화상 카메라는 물체에서 나오는 적외선 복사량으로부터 인식하는 수동형 카메라이며, 이런 이유로 MWIR과 LWIR 영역을 열형 적외선 영역이라고 한다. SWIR 대역의 파장은 가시광과 NIR에 비해 상대적으로 길어 산란에 의한 효과가 작으며, 이런 특성으로 분자 진동의 스펙트럼 분석과 눈에 보이지 않는 소스를 이용한 조명(대기 상공으로부터 나오는 수동형의 야광 또는 눈에 안전한 LED를 이용한 능동형 조명)으로 영상을 획득하는 카메라 그리고 약 150℃ 이상의 매우 높은 온도를 가진 물체의 온도측정 용도로 사용이 된다. 달빛이 전혀 없는 밤하늘에서 SWIR 영역의 반사된 빛으로 물체를 볼 수 있는 이유는 대기 상공에 있는 O-H 분자들의 진동으로 인해 야광과 달빛의 양에 따라 SWIR 대역의 파장이 복사되기 때문이다.[27]

SWIR은 가시광에 비해 파장이 긴 특성이 있어 산란현상이 덜 일어나므로 안개나 먼지 등의 기후조건에서도 잘 통과한다. <그림 4-14>는 약 2km 떨어진 호텔의 영상을 일반 카메라와 640×512 픽셀의 SWIR 카메라로 획득한 것을 비교한 것인데, 일반 카메라인 (a)는 안개로 인해 호텔이 보이지 않는 반면, SWIR 카메라인 (b)는 안개가 있음에도 불구하고 깨끗한 영상을 획득할 수 있다.

27. "Seeing Photons: Progress and Limits of Visible and Infrared Sensor Arrays", National Academy of Science, 2010

▲ 그림 4-14 안개가 낀 상황에서 일반 카메라와 SWIR 카메라 영상 비교

날씨가 좋은 일반적인 상황에서도 SWIR 카메라로 매우 깨끗한 영상을 얻을 수 있다. <그림 4-15(a)>에서 보듯이 가시광선으로는 시야가 약 5 km 정도 확보가 되지만, SWIR로는 시야가 약 20 km 까지 확보가 가능하며 영상의 화질도 훨씬 뚜렷함을 볼 수 있다. 다만 컬러 영상이 아니기 때문에 색상에 대한 정보가 없다는 것이 단점이다. 그리고 (b)와 같이 가시광선으로는 먼지가 있는 환경에서의 차량을 구분할 수 없지만, SWIR 영상으로는 뚜렷한 영상 획득이 가능하다. 이처럼 SWIR 영상은 거의 전천후 영상 획득이 가능하다는 장점을 가지고 있어 군사용으로도 응용범위가 확대되고 있다. 따라서 평상시 맑은 경우에도 SWIR의 영상이 일반 가시광선 카메라의 영상보다 훨씬 뚜렷한 영상을 얻을 수가 있다.

(a) 맑은 날, 가시광선으로는 약 5km 시야 확보, SWIR로는 약 20km 시약확보 가능

(b) 먼지로 인해 가시광선으로는 산란으로 인해 차량이 보이지 않지만 SWIR로는 비교적 깨끗한 영상 확보가 가능

▲ 그림 4-15 다양한 환경에서 가시광선과 SWIR 영상 비교

또한 긴 파장이 짧은 파장보다 물체 표면을 깊이 투과하는 특성이 있는데, 이런 특성을 이용해서 신경조직 관측과 산업용 코팅막 관측용으로도 사용된다. 광간섭단층촬영(optical coherent tomography, OCT)에도 SWIR의 영역을 이용한 사례가 늘고 있다. 안과에서 각막과 망막의 OCT 영상촬영을 위해 기존에는 0.84 μm의 파장을 사용하였다. 그러나 각막 주변은 산란 현상 때문에 녹내장의 잠재원인을 진단할 수가 없었다. 대신 1.04 μm 또는 1.3 μm 파장을 이용하여 눈에 대한 다양한 OCT 영상을 얻을 수 있다. 또 다른 바이오 응용분야로 혈관 위치를 찾는 용도로도 사용될 수 있다. 간호사들은 정맥을 대부분 느낌으로 찾는데, 노약자 또는 유아인 경우에는 정맥의 정확한 위치를 찾기 어렵다. SWIR 카메라를 이용하면 <그림 4-16>과 같이 쉽게 정맥의 위치를 찾을 수 있다.[28]

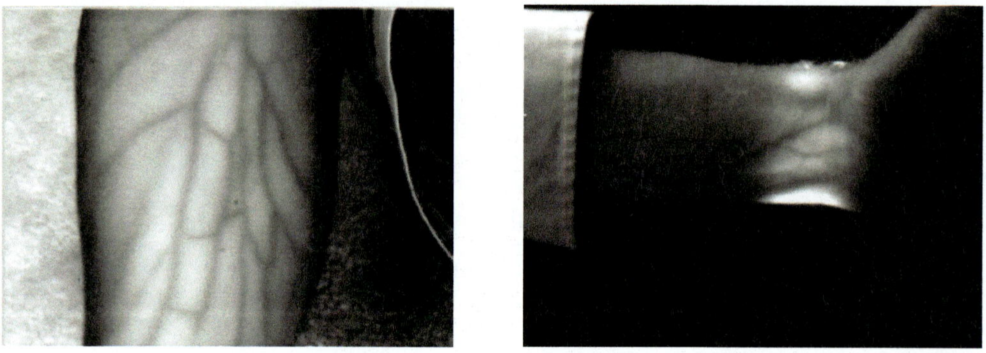

(a) NIR/SWIR InGaAs 카메라로 획득한 팔뚝 표면의 정맥 영상

(b) 손목을 투과시켜 획득한 정맥과 동맥 영상 (뼈는 이 파장 대역에서 상대적으로 투과함)

▲ 그림 4-16 NIR/SWIR 카메라로 획득한 팔뚝 정맥 영상 및 손목을 투과시켜 획득한 정맥/동맥 영상

28. Marc P. Hansen and Douglas S. Malchow, "Overview of SWIR detectors, cameras, and applications", Proc. of SPIE vol.6939

맛있게 생각해 봅시다!

1 적외선은 대기를 투과하면서 대기 중의 이원자 분자들에 의해 흡수가 많이 발생한다. 이로 인해 적외선의 전 파장 영역이 대기를 투과하지 못하고 일부만 투과한다. 이것을 적외선의 대기 투과도 특성이라고 한다. 적외선의 대기 투과도 특성에 대해 간략히 설명하세요.

2 적외선은 대기를 투과하면서 흡수뿐만 아니라 산란 현상도 발생한다. 적외선의 산란은 가시광 보다 작게 발생하기 때문에 먼지 또는 안개가 낀 날에도 뚜렷한 영상을 볼 수 있다. 적외선이 가시광 보다 산란이 적게 일어나는 이유에 대해 간략히 설명하세요.

3 적외선을 사용하는 열화상 카메라에도 일반 CCTV와 같이 멀리 있는 물체를 보기 위해서는 광학계를 사용한다. 가시광에서 사용하는 투과창과 렌즈와 같은 광학계는 가격이 저렴한 유리로 만들어서 사용이 가능하다. 그러나 유리는 4 μm 보다 긴 파장의 빛은 투과를 시키지 못하는 특성이 있다. 적외선 영역에서 사용할 수 있는 투과용 재료에 대해 간략히 설명하세요.

4 카메라의 화질은 기본적으로 좋은 이미지 센서를 사용해야만 좋은 화질의 영상을 얻을 수 있다. 그러나 이미지 센서가 좋은 성능을 내기 위해서는 많은 광이 이미지 센서로 입사를 해야 한다. 카메라에는 빛을 모으기 위해 광학계를 사용하는데, 광학계에 사용되는 렌즈 및 투과창 재료들은 기본적인 굴절률 때문에 반사가 많이 발생한다. 반사가 많으면 그 만큼 광 정보를 잃게 되므로, 렌즈 또는 투과창 표면에서 반사가 일어나지 않도록 표면에 특수한 코팅 처리를 한다. 이러한 기술을 반사방지 코팅(antireflection coating, 줄여서 AR 코팅) 기술이라고 하는데, AR 코팅 기술에 대해 간략히 설명하세요.

맛있는 풀이

풀이 1 자연에서 관측되는 자외선에서 적외선까지의 스펙트럼은 <그림 4-17>과 같다. 태양의 표면에서는 약 5,500K의 복사 에너지가 방출되며, 이 중에서 약 70~75% 정도의 복사 에너지가 지구 표면으로 도달하고 있다. 이에 해당하는 영역이 자외선과 가시광선, 일부 적외선 영역이다. 태양의 입사 에너지에 의해 지구 표면은 데워져서 약 300K의 복사 에너지를 공간으로 방출하게 된다. 대기 중에는 다양한 이원자로 된 분자들(특히 수분과 이산화탄소)이 존재하는데, 이들 분자들의 진동에너지에 의해 복사 에너지가 흡수를 하게 되며, 지구 상공보다는 지표면에서 분자들에 의한 흡수 효과가 더 크게 나타난다.

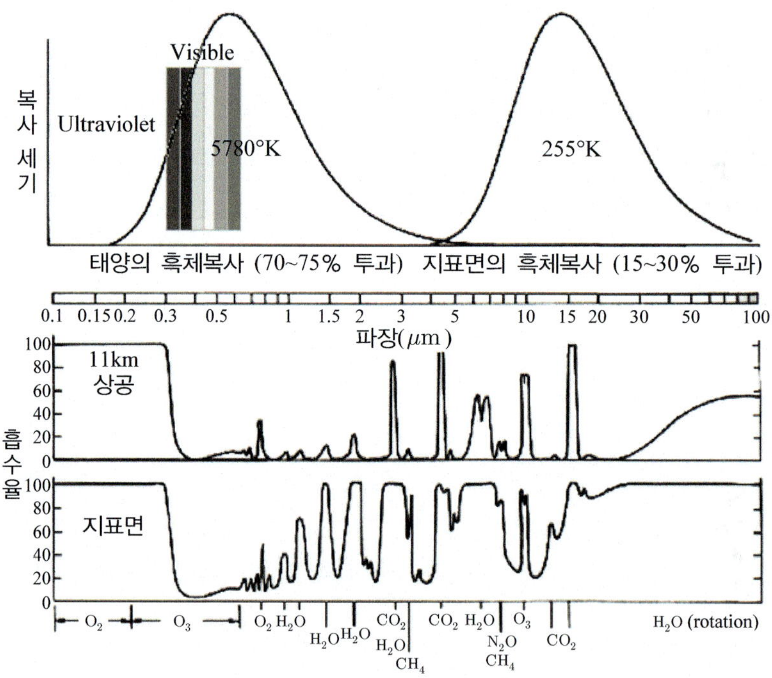

▲ 그림 4-17 태양과 지표면 흑체복사의 이종 분자들에 의한 흡수율

전자기파의 전 영역 대기 투과도(atmospheric transmission) 특성은 <그림 4-18>과 같다. 극적외선 영역은 이산화탄소와 수분에 의해 대부분 흡수가 되어 적외선이 대기를 투과하지 못하는 반면, 다른 파장 대역의 적외선은 이산화탄소와 수분에 의해 일부 흡수가 발생하지만 대기를 투과하는 영역이 존재하는데, 이 영역대가 바로 NIR, SWIR, MWIR, LWIR 영역에 해당한다. 그리고 마이크로웨이브와 가시광선 영

역은 분자들의 영향을 덜 받으며, 대기 투과도가 적외선에 비해 매우 우수하다. 단파장의 자외선 영역의 대기 투과도가 떨어지는 것은 공기 중에 존재하는 입자들과의 산란(scattering) 때문이다.[29]

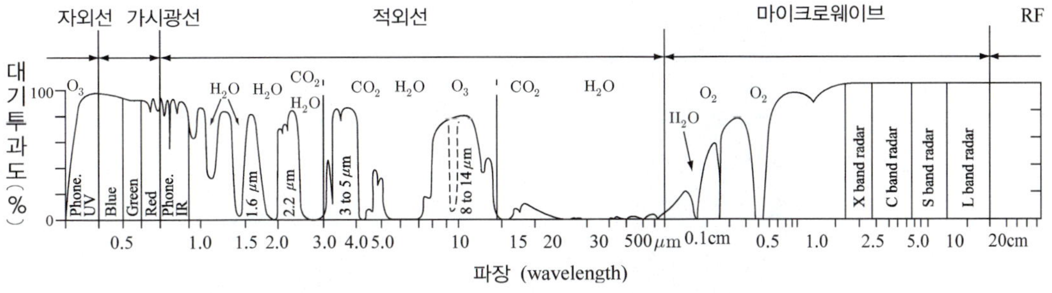

▲ 그림 4-18 전자기파의 대기 투과도 특성

풀이 2 적외선은 분자들에 의한 흡수효과로 투과 특성이 좋지 않지만, 가시광선에 비해 적외선이 안개를 통과해서 물체를 잘 볼 수 있는 것은 산란이 잘 생기지 않는 특성 때문이다. 빛의 파장은 입자 크기에 따라 두 가지 종류의 산란이 존재하는데, 입자 크기가 파장보다 작은 경우는 레일리 산란(Rayleigh scattering)이 발생하고, 입자 크기가 파장보다 같거나 큰 경우에는 미 산란(Mie scattering)이 발생한다. <그림 4-19>와 같이 레일리 산란은 전 방향으로 산란이 발생하며 산란의 세기는 파장의 4제곱근 역수($1/\lambda^4$) 관계에 있다. 따라서 긴 파장(빨간색) 보다는 짧은 파장(파란색)에서 이 산란 효과가 더 크게 나타난다.

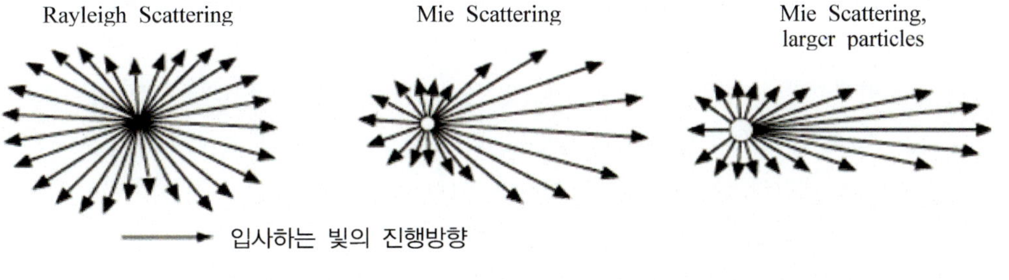

▲ 그림 4-19 Rayleigh 산란과 Mie 산란의 차이

29. "적외선 센서의 최신 기술동향", 홍릉과학출판사, 정용택, 2014년

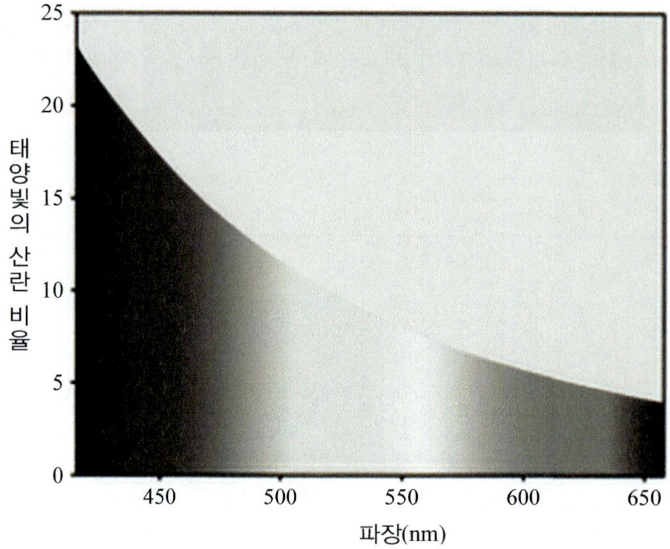

▲ 그림 4-20 가시광선 영역에서 Rayleigh 산란의 비율

가시광선 영역에서 레일리 산란이 발생하는 확률은 <그림 4-20>과 같다. 자외선 영역의 투과도가 떨어지는 이유가 바로 레일리 산란 때문이다. 반면, 미 산란은 진행 방향으로 빛이 나아가려는 특성이 있으며, 산란의 세기는 파장의 역수($1/\lambda$)로 서서히 줄어드는 효과가 있다.

<그림 4-21>은 관측자의 위치에 따른 레일리 산란과 미 산란을 개념적으로 설명한 것이다. 관측자의 머리 위에 위치한 하늘 부분에서 입자 부유물에 의해 두 산란이 동시에 발생하지만, 미 산란은 그대로 우주 공간으로 진행을 하므로 관측자에게 보이는 것은 주로 레일리 산란에 의한 효과이다. 그리고 일몰 또는 일출시에 공기 중에 큰 부유물이 있으면 미 산란효과가 우세하게 나타나는데 이로 인해 태양 주위에 백색섬광이 생기는 원인이 된다. 맑은 날 대기에 있는 공기의 주 성분은 질소와 산소 분자, 미량의 연기 입자 등인데, 이런 입자들은 가시광선에 비해 충분히 작기 때문에 레일리 산란이 주로 발생하며, 이런 이유로 맑은 날에 하늘이 푸르게 보이며, 우주에서 볼 때 대기는 엷은 푸른색으로 보이는 원인이 된다. 구름이 하얗게 보이는 것은 미 산란으로 태양광이 그대로 투과해서 지표면으로 오기 때문이다. 단, 물방울이나 얼음이 빛을 회절하거나 굴절하거나 하면 무지개 색으로 나타나기도 한다.

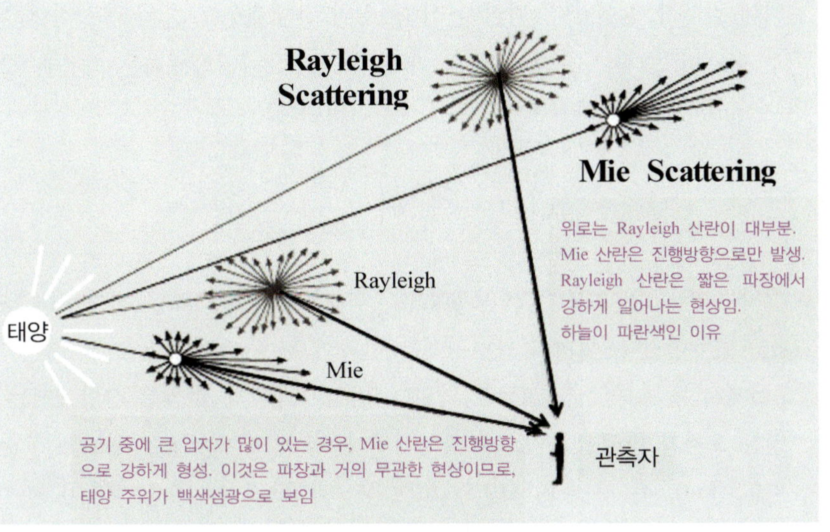

▲ 그림 4-21 관측자 위치에 따른 Rayleigh 산란과 Mie 산란의 개념적인 차이

따라서 두 가지 산란효과는 파장이 길면 현저히 감소하여 산란에 의한 감쇄가 상당히 줄어든다. 적외선은 가시광선보다 파장이 길기 때문에 두 가지 산란현상이 현저히 낮게 나타나는 특성이 있어 가까운 거리의 경우, 기후조건에 관계없이 비교적 깨끗한 영상획득이 가능하다. 그러나 대기환경이 좋지 않으면 적외선으로도 볼 수 있는 거리가 제한된다. 이에 대한 실험적인 관계식이 많이 제시되어 있는데, 그 중에 대표적인 것이 크루즈 모델(Kruse model)이다. 대기를 통과하는 빛은 공기 분자에 의한 산란과 흡수, 공기 중에 떠다니는 고체 또는 액체 입자들과 흡수와 산란 등에 의해 영향을 받는다. 대기를 통과하는 빛의 투과도는 비어 램버트 법칙(Beer Lambert law) 수식으로 다음과 같다.

$$T(\lambda, L) = \frac{P(\lambda, L)}{P(\lambda, 0)} = \exp[-\gamma(\lambda)L] \tag{4-3}$$

여기서 $T(\lambda, L)$은 파장 λ에서 대기 중의 총 투과도, $P(\lambda, L)$은 방사체로부터 거리 L만큼 떨어진 곳에서의 신호 출력, $P(\lambda, 0)$는 방사체의 출력, $\gamma(\lambda)$는 단위 길이당 총 소멸계수 또는 감쇄계수이다. 특히 감쇄계수는 흡수와 산란의 합으로 표현이 가능하다. 여기서 α_m과 α_a는 분자와 에어로졸 흡수계수, β_m과 β_a는 분자와 에어로졸의 산란계수이다.

$$\gamma(\lambda) = \alpha_m(\lambda) + \alpha_a(\lambda) + \beta_m(\lambda) + \beta_a(\lambda) \tag{4-4}$$

흡수에 의한 효과는 감쇄에 거의 영향을 주지 않고 대부분 에어로졸에 의한 산란에 의해 감쇄가 일어난다. 따라서 식 (4-4)의 감쇄계수는 β_a와 유사하다고 가정을 할 수 있으며, 크루즈 모델에 의해 가시거리에 따른 감쇄효과는 다음과 같다. 여기서 λ는 μm 단위의 파장이며, V는 가시거리이다.

$$\beta_a(\lambda) = \frac{3.912}{V}\left(\frac{\lambda}{0.55}\right)^{-q} \tag{4-5}$$

그리고 $q = 0.585\,V^{1/3}$ (V < 6 km), $q = 1.6$ (V > 50 km), $q = 1.3$ (6 km < V < 50 km)로 주어진다. 여기서 가시거리는 인간의 눈이 가장 반응을 잘 하는 파장인 0.55 μm에서 볼 수 있는 거리로 정의된다. 가시거리가 좋지 않은 상황에서는 식 (4-5)로 많은 오차가 발생할 수 있어, 가시거리가 6 km 이하인 경우의 q값은 $q = 0$(0 < V < 0.5 km), $q = V - 0.5$ (0.5 km < V < 1 km), $q = 0.16\,V + 0.34$ (1 km < V < 6 km)으로 세분해서 계산한다. 감쇄계수를 이용하면 거리에 따른 감쇄정도를 예측할 수 있다. 그리고 기후조건에 따른 감쇄정도는 <표 4-7>과 같다.[30, 31]

■ 표 4-7 기후조건에 따른 대기 감쇄정도

조건	실험식	
비	$Att_{rain}(\mathrm{dB/km}) = 1.076 \times R^{0.67}$, R은 비가 내리는 속도(mm/hr)	
눈	$Att_{snow}(\mathrm{dB/km}) = a\mathrm{S}^{b}$, S는 눈이 내리는 속도(mm/hr)	
	젖은 눈	$a = 0.0001023 \times \lambda(\mathrm{nm}) + 3.7855466$, $b = 0.72$
	건조한 눈	$a = 0.0000542 \times \lambda(\mathrm{nm}) + 5.4958776$, $b = 1.38$

풀이 3 포토다이오드, LED, 카메라 등에 빛이 입사하는 부분에 내부 전기회로 보호 및 빛을 잘 투과시켜주기 위해 투과창(window)을 장착해서 사용한다. 센서들이 좋은 특성을 내기 위해서는 투과창의 성능이 우수해야 하며, 투과창이 가져할 특성으로 측정 대상물로부터 방사하는 빛을 최대한 많이 투과시킬 수 있어야 한다. 또한 주변 온도 및 습도 환경에 강해야 하며, 태양빛에 의한 자외선에 의한 부식에 강해야 하며, 열적 충격에도 강인해야 하며, 전자기파를 어느 정도 차폐해야 하는 등 다양한 기능을 가져야 한다.

30. Al Naboulsi, et al., "Propagation of Optical and Infrared Waves in the Atmosphere"
31. http://www.mmwconcepts.com/, MMW Concepts company website. Accessed 9 August 2012

빛이 수직으로 투과창에 입사하는 경우, 광의 반사 및 투과에 대한 물리적인 개념은 <그림 4-22>와 같다. 두께가 d, 굴절률이 n인 투과창 표면으로 I_0 광의 세기로 수직 입사하고, 표면에서의 반사를 R, 투과창 내부에서의 흡수계수를 α, 투과창 내부에서 빛의 간섭현상을 무시한다면, 그림에서 투과창을 투과하여 나온 광을 모두 합하면 다음과 같다.[32]

$$I = (1-R)^2 I_0 e^{(-\alpha d)} + R^2(1-R)^2 I_0 e^{(-3\alpha d)} + R^4(1-R)^2 I_0 e^{(-5\alpha d)} + \ldots$$
$$= I_0 \frac{(1-R)^2 e^{(-\alpha d)}}{1-R^2 e^{(-2\alpha d)}} \qquad (4\text{-}6)$$

따라서 광 투과도(optical transmission) T는 다음과 같다.

$$T = \frac{I}{I_0} = \frac{(1-R)^2 e^{(-\alpha d)}}{1-R^2 e^{(-2\alpha d)}}, \quad R = \frac{(n-1)^2}{(n+1)^2} \qquad (4\text{-}7)$$

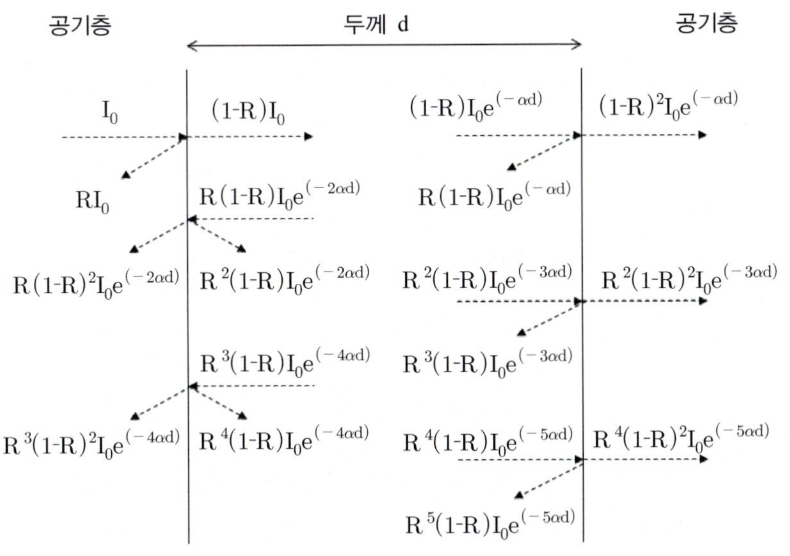

▲ 그림 4-22 수직입사 광의 내부반사에 의한 광에너지 흐름

32. 정용택 이학박사학위 논문, "HgCdTe 반도체의 조성", 동국대학교, 1998년

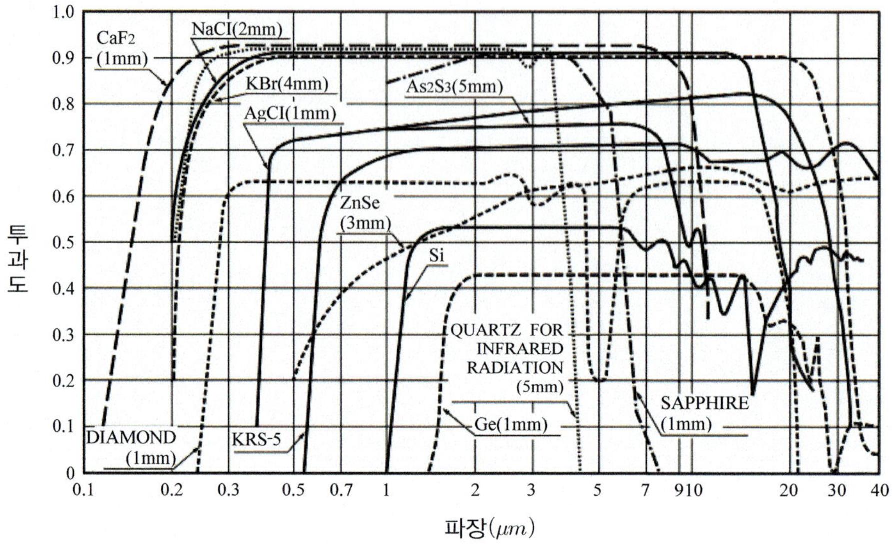

▲ 그림 4-23 대표적인 적외선 투과창 재료의 투과도

■ 표 4-8 적외선 영역에서 사용하는 대표적인 투과창 재료

재료명	화학 기호	파장대역 [μm]	굴절률	
			λ=4μm	λ=10μm
Calcium Fluoride	CaF_2	0.13~12	1.4096	1.3002
Sapphire	Al_2O_3	0.15~5.5	1.6752	-
Silicon	Si	1.2~9.0	3.429	-
Germanium	Ge	2.0~17.0	4.0242	4.0003
Gallium Arsenide	GaAs	0.9~16.0	3.3246	3.2952
Thallium Bromoiodide	KRS5	0.6~40.0	2.3834	2.3720
Zinc Sulfide	ZnS	0.37~14.0	2.2518	2.2001
Fused Silica	SiO_2	0.17~3.3	1.3888	-
Zinc Selenide	ZnSe	0.5~22	2.4331	2.4065
Barium Fluoride	BaF_2	0.15~12.5	1.4558	1.4014
IR Polymer	-	0.15~22	1.4 ~ 1.6	

플루오리드(fluoride) 계열은 수분에 매우 취약한 특성이 있지만, 낮은 굴절률로 반사율이 낮아 높은 투과도 특성 때문에 전통적으로 가장 많이 사용해 온 투과창 재료들이다. 그러나 바륨플루오리드(BaF_2)는 발암물질로 분류되어 있기 때문에 칼슘플루오리드(CaF_2)로 대체되어 사용되고 있다. 이들 재료는 수분에 매우 취약한 단점이 있기 때문에 표면에 수분흡착을 방지하는 코팅을 하여 사용했지만, 기계적인

강도가 약하다는 단점이 있다. KRS5 재료의 투과도 특정은 매우 우수하지만 수분에 약하다는 단점이 있다. 사파이어는 수분에 강하고 기계적 강도는 우수하지만, SWIR 영역만 투과한다는 단점이 있다. 반면 Ge과 ZnSe는 SWIR에서부터 LWIR 영역까지 고른 투과도 특성을 가지고 있으며, 두 재료 모두 수분에 매우 강한 특징이 있다. 다만, Ge이 ZnSe 보다 기계적 강도가 5~6배 정도 우수하기 때문에 열화상 카메라용 투과창 재료로 가장 많이 사용되고 있다.

이러한 재료들은 렌즈와 같은 형태로 가공을 하기 위해서는 큰 덩어리 형태로부터 기계적인 도구를 이용해서 갈아내야 하는데, 이것은 많은 비용이 소요되고 대량생산에는 적합하지 않다. 수분에 강하고, 어느 정도의 기계적인 강도를 유지하고, 손쉽게 가공이 가능한 재료가 칼코겐화합물(chalcogenide)이다. 칼코겐화합물은 주기율표상에서 산소가 속해 있는 16번째 그룹의 원소인 황(S), 셀레늄(Se), 텔루륨(Te), 폴로륨(Po)을 주성분으로 하는 비산화물계 유리상 물질이다. 칼로겐화합물의 적외선 투과특성은 <그림 4-24>와 같다. 텔루륨을 사용한 칼로겐화합물은 약 20 μm까지 투과하는 특성을 가지고 있으며, 적외선 투과창 재료로 칼로겐화합물의 가장 큰 장점은 적은 비용으로 대량생산이 가능한 금형가공 및 사출가공이 가능하다는 점이다.

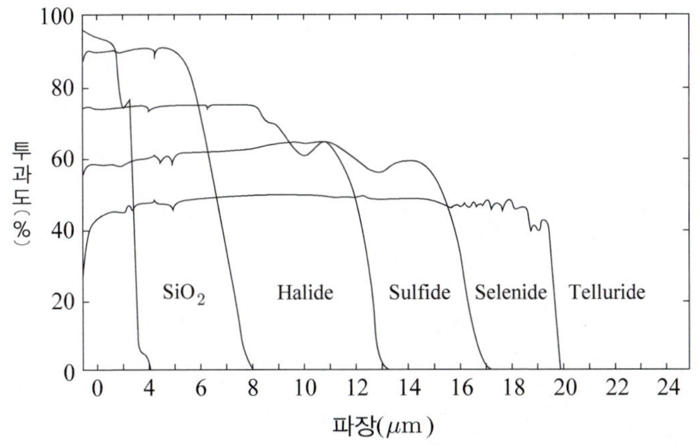

▲ 그림 4-24. 칼로겐화합물의 적외선 투과도 특성

풀이 4 Ge, Si, GaAs와 같은 재료들은 굴절률이 다른 재료들에 비해 상대적으로 크다. 굴절률이 큰 재료인 경우는 반사방지(AR) 코팅을 하여 반사율을 작게 해야 한다. 이런 재료들은 AR 코팅을 하여 반사율을 작게 해야 효과적이다. AR 코팅 원리는 1886년 레일리경(Lord Rayleigh)에 의해 제시되었는데, 기판의 굴절률 n_s, 공기의 굴절률 n_0라고 하면, 코팅을 할 재료의 굴절률은 $n_1 = \sqrt{n_0 n_s}$ 에 해당하는 재료를 선택하면 된다는 뜻이다. 즉, 굴절률이 1.5인 투과창에 AR 코팅을 한다고 하면 $n_1 \simeq 1.22$가 된다. 그리고 AR 코팅을 하고자 하는 막의 두께는 $n_1 d = \lambda/4$ 의 조건을 만족하면 된다. 유리에 단층, 이층, 복수층의 AR코팅을 한 경우의 효과는 <그림 4-25>와 같다.[33]

유리의 굴절률은 약 1.5인데, 반사율 $R = (1.5-1)^2/(1.5+1)^2 \simeq 0.04$로 그림과 같이 반사율이 약 4% 정도이다. 여기에 AR 코팅을 한다면 앞서의 Rayleigh 법칙에 의해 코팅층의 굴절률은 약 1.22가 되는데, 이런 굴절률을 가진 재료는 드물기 때문에 가장 근접한 굴절률(n = 1.38)을 가진 마그네슘플루오리드(MgF_2)로 코팅을 하게 되면, 그림 (a)와 같이 반사율을 약 1.5%까지 낮출 수가 있다. 그림 (b)와 같이 굴절률 n = 1.69 인 산화알루미늄(Al_2O_3)을 유리에 먼저 코팅하고, 마그네슘플루오리드(MgF_2)를 이중으로 코팅 박막을 입히게 되면 약 550 nm 근처에 약 0%의 반사율을 가질 수 있도록 만들 수 있다. 그림 (c)와 같이 공기/MgF_2/ZrO_2/CeF_3/유리 구조로 3층 코팅을 하게 되면 일정구간의 반사율이 약 0%에 근접하게 만들 수 있다.

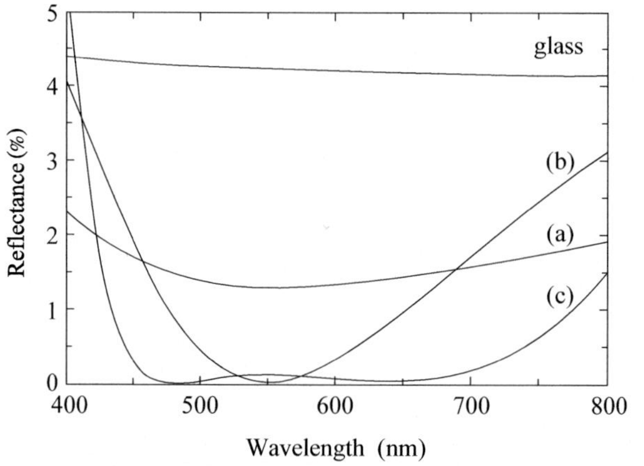

▲ 그림 4-25 유리에 AR 코팅을 한 경우 반사도 개선 효과

33. Chattopahyay et al., Materials Science and Engineering, R 69 (2010), pp. 1-35

Chapter 05

온도 센서

5.1 열의 전달

온도는 일상생활에서 가장 흔하게 접하는 물리량 중에 하나이다. 두 물체 사이에 온도 차이가 있으면 온도가 높은 곳에서 낮은 곳으로 에너지가 이동하는 것을 열이라고 한다. 겨울철 전기히터 또는 모닥불을 피워 놓으면 이것의 온도가 주위보다 높아서 열이 전달되어 우리는 따듯함을 느낀다. 따라서 온도는 물체의 물리량을 의미하며, 온도를 느끼는 것은 열이란 형태로 인식을 한다. 따라서 열을 다른 말로 표현하면 '온도가 높음'이라는 뜻이다. 그러므로 온도는 물질의 뜨겁고 찬 정도를 나타내는 물리량으로 뜨거운 물질은 높은 온도를 가지고 있다고 표현한다. 열은 두 물체 사이의 온도 차이 때문에 이동과정에 있는 에너지이며, <그림 5-1>과 같이 전도, 대류, 그리고 복사의 방법으로 이동한다. 전도는 에너지 전달이 고체 매개체를 통해 열이 전달되는 방식이며, 온도가 높은 쪽에서 분자의 운동이 활발하여 인접한 다른 분자들에게도 이 에너지가 전달되어 고체 매개체 전체가 뜨거워지는 현상이다. 금속과 같은 도체는 빠르게 열을 전달하는 반면, 유리나 나무와 같은 부도체는 전도가 잘 일어나지 않는다. 대류는 온도 차이에 따른 열팽창에 의해 액체 및

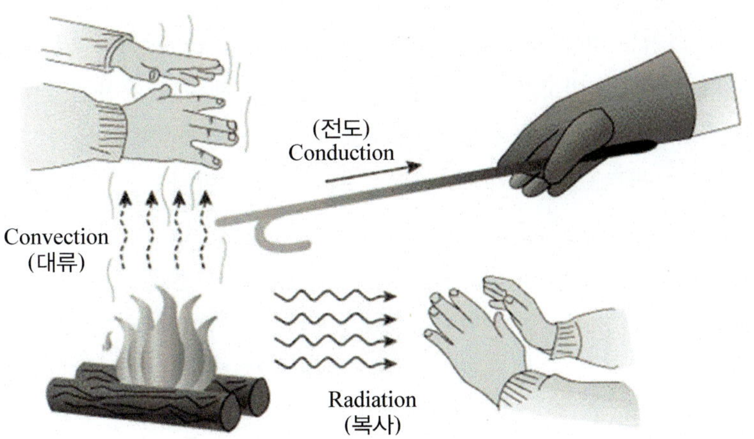

▲그림 5-1 열전달의 3가지 법칙

기체의 밀도 차이로 열이 전달되는 것으로, 높은 온도를 가진 입자가 직접 이동에 의해 열에너지가 전달되는 현상이다. 따라서 대류는 반드시 열을 전달하는 매개체가 있어야 하며, 가스와 액체가 주 매개체이다. 복사는 전도와 대류와 달리 매개체가 없이 온도에 따른 전자기파(구체적으로는 적외선임)에 의해 전달되는 현상으로 진공 속에서도 열이 전달된다. 이것은 태양에서 나오는 열이 우주의 진공을 지나서 지구로 전달되는 원리를 설명할 수 있는 원리이다. 이 현상을 이론적으로 잘 설명한 물리학자가 바로 플랑크(Max Planck)이다. 플랑크가 제안한 복사법칙에서 복사에너지를 측정하면 온도를 유추할 수 있다.

전도와 대류 현상은 복사(radiation)에 비해 직관적으로 쉽게 알 수 있는 자연현상이다. 복사에 대한 개념이 생기기 전에는 열 또는 빛이 전달되기 위해서는 반드시 매개체가 있어야 한다는 고정 관념이 있었다. 보통의 파동은 모두 그 파동이 전달되는 매질이 필요하며, 수면파는 물이라는 매질이, 음파는 공기라는 매질로 전달되듯이, 19세기 빛이 파동이라는 확신을 가졌을 때 매질이 필요하다고 생각하였으며, 이러한 매질을 에테르(aether)라고 명명하였다. 초기에 에테르는 빛이 진공 중에도 전파되는 것으로 보아 물질이 텅 비어버린 진공 속에도 충만된 그 무엇이라 생각하였고, 또한 보통 물체의 운동에 거의 영향을 주지 않을 것으로 생각하였다. 그러나 마이켈슨-몰리의 실험을 통해 에테르는 존재하지 않는 것이 증명되었다. 따라서 태양 빛은 높은 온도를 가지고 있는 전자기파로 지구까지 열에너지가 전달되는데, 이런 현상을 복사라고 이해하게 되었다. 태양빛 이외에 모든 물체는 분자들의 열적 진동에 의해 에너지를 복사하여 열이 전달된다. 태양에서 전달되는 열에너지는 지구와 태양 사이에 아무런 매개체가 없기 때문에 100% 복사에 의해 전달된다. 그러나 지구까지 도달한 빛에너지는 지구를 감싸고 있는 대기에 의해 인간이 살기에 적절한 빛에너지만 전자기파를 통한 복사로 지표에 전달된다.

열에너지의 전달방식을 역으로 이용하면 단열에 활용이 가능하다. 전도와 대류의 열류차단을 위한 저항형 단열, 복사에 의한 열류차단을 위한 반사형 단열 및 열용량을 이용한 열류 지연을 시키는 용량형 단열 방법이 있다. 저항형 단열이란 열전도를 낮출 수 있는 재료로서 분자간 거리가 멀고 다공질이며 밀도가 낮은 재료를 이용한 단열방식이다. 기체는 분자간 거리가 멀기 때문에 전도에 대해서는 최고의 단열재가 된다. 대표적인 저항형 단열재는 경량 콘크리트, 발포스티렌, 중공층 등이 있다. 반사형 단열은 복사열 흡수 및 방사율이 낮은 재료를 이용하여 복사열 에너지를 반사해서 단열하는 방법이다. 반사형 단열재의 종류로는 특별합금이나 코팅 처리한 철판, 알루미늄 블랭킷, 금속 블랭킷, 알루미늄 박판으로 처리한 석고 보드 등이 있다. 용량형 단열은 축열에 의해 열전달을 지연시키는 방법으로 열용량이 클수록 축열효과는 크다. 대표적인 것이 벽의 두께이다. 얇은 벽의 경우에는 열용량이 적기 때문에 실온은 바깥기온의 변화와 같이 변화한다. 반면에 두꺼운 벽의 경우에는 열용량이 크기 때문에 실온은 바깥기온보다 완만하게 변한다. 이러한 열에너지 흐름을 응용한 예가 옷 복장에서도 나타난다. 겨울철에는 검은색 계통의 옷으로 열에너지를 흡수하여 몸을 따뜻하게 보온하고, 여름철에는 하얀색 계통의 옷으로 열에너지를 반사시켜 몸을 시원하게 유지시킨다.

5.2 온도센서 분류

절대온도 0K 이상의 온도에 있는 물체의 분자들은 열적 진동을 하게 되는데, 플랑크 복사법칙에 의해 물체의 온도에 해당하는 적외선이라는 형태의 에너지로 복사를 하게 된다. 적외선을 측정한다는 것은 다른 말로 표현하면 물체의 열 분포를 측정한다는 의미이며, 이것은 달리 온도를 측정하는 것과 같은 개념이다. 그리고 온도는 열에너지의 흐름에 나타나는 물리적인 현상이며, 열에너지의 흐름은 전도, 대류, 복사의 형태로 전달되는 것이기 때문에 이를 응용하여 물체의 온도를 간접 또는 직접 측정할 수 있다. 온도는 열에너지의 흐름으로 나타나는 물리현상이며, 열에너지의 흐름은 전도, 대류, 복사의 형태로 전달되기 때문에 이를 응용하여 물체의 온도를 간접 또는 직접 측정할 수 있다.

온도센서의 분류는 <표 5-1>과 같이 온도를 측정하는 방법에 따라 접촉식과 비접촉식이 있으며, 측정하는 센서의 재료에 따라 반도체 재료를 이용한 양자형(quantum)과 반도체 재료가 아닌 재료를 이용한 열형(thermal)의 두 종류로 나눌 수 있다.

■ 표 5-1 온도센서 분류

<table>
<tr><th rowspan="3">구분</th><th colspan="2" rowspan="3">열형</th><th colspan="4">양자형</th></tr>
<tr><th colspan="2">PC</th><th rowspan="2">PV</th><th rowspan="2">QW</th></tr>
<tr><th>내인성</th><th>외인성</th></tr>
<tr><td rowspan="4">비접촉식</td><th>전기적</th><th>기구적</th><td rowspan="4">PbSe
InSb
HgCdTe</td><td rowspan="4">Si:X
GaAs:X</td><td rowspan="4">InSb
HgCdTe</td><td rowspan="4">GaAs/AlGaAs</td></tr>
<tr><td rowspan="3">볼로미터
- VOx
- 비정질Si
초전체
서모파일</td><td>Golay Cell</td></tr>
<tr><th>광학적</th></tr>
<tr><td>광섬유</td></tr>
<tr><td rowspan="4">접촉식</td><th>전기적</th><th>기구적</th><td rowspan="4"></td><td rowspan="4"></td><td rowspan="4"></td><td rowspan="4"></td></tr>
<tr><td rowspan="3">열저항
- RTD
- 서미스터
- 다이오드
서모커플</td><td>유리온도계
바이메탈</td></tr>
<tr><th>열색상</th></tr>
<tr><td>감온성 액정
류코염료
무기재료</td></tr>
</table>

열형에는 입사하는 적외선에 대해 출력되는 신호에 따라 전기적인 출력을 내는 것, 기구적인 변화가 나타나는 것, 그리고 열색상 변화을 이용하는 것으로 나눌 수 있다. 전기적인 열형센서에는 다시 열저항형(thermoresistive), 볼로미터(bolometer), 초전체(pyroelectric), 서모파일(thermopile) 등으로 나눌 수 있으며, 열저항형에는 RTD, 다이오드, 서미스터 등으로 세분할 수 있다. 열색상(thermochromism) 열형센서에는 유기재료와 무기재료로 나눌 수 있으며, 유기재료 온도센서에는 크게 감온성 액정(thermochromic liquid crystal)과 류코염료(leuco dyes) 두 가지가 있다. 액정은 정밀한 응용 목적에 사용될 수 있으나 컬러 범위가 한정되어 있는 것이 단점이다. 류코염료는 넓은 온도영역에 사용이 가능하지만 반응하는 온도의 정밀도는 다소 떨어지는 단점이 있다. 무기재료에는 이산화티튬(titanium dioxide), 산화아연(zinc oxide) 등이 있다. 기구적인 열형센서에는 바이메탈(bimetal), 온도계(thermometer), 골레이셀(Golay cell) 등이 있다.

양자형 센서는 열화상 카메라에서 사용된 적외선 센서와 동일한 재료이며, 일반적으로 광전도형(photoconductive, 줄여서 PC), 광기전력형(photovoltaic, 줄여서 PV), 양자우물형(quantum well, 줄여서 QW)의 3종류로 분류한다. PC형에는 다시 불순물 레벨의 유무에 따라 외인성(extrinsic)과 내인성(extrinsic)으로 나눌 수 있다. PC형 내인성에는 PbSe, InSb, HgCdTe 반도체가 사용되며, PC형 외인성에는 Si과 GaAs에 불순물을 첨가한 반도체를 사용한다. PV형에는 InSb와 HgCdTe 반도체 재료가 사용되며, QW형에는 Ⅲ-Ⅴ족 화합물 반도체인 GaAs/InGaAs 반도체 재료가 주로 사용된다. 열형은 주로 민수용으로 사용되며, 양자형은 군사용으로 사용된다. 열형과 양자형의 기본적인 특성의 차이는 <표 5-2>와 같으며, 양자형은 반도체의 에너지갭을 이용하기 때문에 파장에 따라 감도 의존성이 매우 큰 반면, 열형은 파장에 따라 감도변화가 전혀 없다.

■ 표 5-2 열형과 양자형 센서의 특성 비교

특성	열형	양자형
반응 속도	느림	빠름
반응 파장 대역	넓음	제한적임
동작 온도	상온	냉각
비용	저렴	고가
주요 응용분야	민수용	군사용

온도 센서의 보정을 위해서는 정밀한 표준이 필요하다. 과학과 산업분야에서는 일반적으로 선택된 평형 상태에서 온도 추이가 자연의 기본적인 법칙을 따르는 일종의 화합물을 표준으로 삼는다. 대표적인 온도 표준점은 <표 5-3>과 같다. 교정에 사용되는 표준 온도계는 기압이 조절되는 상황에서 표에 있는 조건에서 측정하고자 하는 범위 내에 있는 2~3개 조건에서 온도를 측정하여 교정을 한다. 이렇게 한 표준 온도계는 이차 온도 표준이 된다. 온도 교정 범위는 국제온도등급(ITS-90, international temperature scale)에 따라 실시해야 한다. 국제온도등급(ITS-90)은 1989년에 열린 국제도량형협회에서 채택되었으며, 이 등급은 1968년에 제정한 국제온도등급과 1976년에 제정된 잠정적 온도등급의 개정판이었다.

■ 표 5-3 대표적인 온도 표준점

표준 상태	표준 온도(℃)
수소의 삼중점	-259.34
일반 수소의 끓는점	-252.753
산소의 삼중점	-218.789
질소의 끓는점	-195.806
아르곤의 삼중점	-189.352
산소의 끓는점	-182.962
이산화탄소의 승화점	-78.476
수은의 어는점	-38.836
물의 삼중점	0.01
물의 어는점	0.00
물의 끓는점	100.00
벤존산(benzonic acid)의 삼중점	122.37
인듐(indium)의 어는점	156.634
주석(tin)의 어는점	231.968
비스무스(bismuth)의 어는점	271.442
카드뮴(cadmium)의 어는점	321.108
납(lead)의 어는점	327.502
아연(zinc)의 어는점	419.58
안티몬(antimony)의 어는점	630.755
알루미늄의 어는점	660.46
은의 어는점	961.93
금의 어는점	1,064.43
구리의 어는점	1,084.88
니켈의 어는점	1,455
팔라듐(palladium)의 어는점	1,554
백금의 어는점	1,769

5.3 접촉식 온도센서

접촉식 온도센서는 측정하고자 하는 대상물의 표면에 온도센서를 부착하고, 온도에 따른 물리량으로부터 온도를 유추하는 방식이다. 그러므로 접촉면에서 대상물체의 온도가 센서로 잘 전달되도록 해야만 정확한 온도를 측정할 수 있다. 접촉식의 열저항 센서는 온도에 따라 재료의 저항이 변하는 특성을 이용한 것이다. 대부분의 금속은 온도가 올라가면 저항이 증가하는 특성을 가지고 있는데, 이는 금속에서 온도가 증가하면 금속 내에 있는 자유전자의 움직임이 더 활발해져서 서로 충돌이 일어날 확률이 더 높아지기 때문이다. 1821년 험프리 다비(Humpry Davy)는 금속의 전기저항은 온도에 따라 변한다는 사실을 처음으로 밝혔으며, 1871년 윌리엄 지멘스(William Siemens)는 처음으로 백금저항이 온도계로 사용할 수 있음을 보였고, 1887년에 휴 캘린더(Hugh Callendar)는 실제로 사용이 가능한 백금저항온도계를 제작하였다. 이와 같이 금속재료가 온도에 따라 저항이 변하는 특성을 저항형 온도센서(resistive temperature detector, RTD)라고 한다. 그리고 1930년에 사무엘 루벤(Samuel Ruben)이 세라믹 재료도 온도에 따라 저항이 변한다는 원리를 이용하여 서미스터 온도센서를 발표하였다. 이와 같이 금속성 재료 또는 세라믹 재료들이 온도에 따라 저항이 변하는 특성을 가진 재료를 열저항(thermoresistive) 온도센서라고 부른다. 다이오드의 온도특성은 반도체가 개발되면서 알려지게 되었는데, 반도체의 pn 접합 다이오드의 온도에 따른 전류변화 특성을 이용한 센서이다. 이와 같이 온도와 저항 또는 전류가 서로 상관관계를 가지고 있기 때문에 저항 또는 전류를 측정하여 온도를 유출할 수 있다.

대부분의 금속들은 온도가 증가하면 저항이 증가하는 양의 온도계수(positive temperature coefficient, PCT) 특성을 가지고 있으나, 반도체와 산화물은 대부분 음의 온도계수(negative temperature coefficient, NTC) 특성을 가지고 있다. 금속에서 온도가 증가하면 자유전자가 그만큼 많아져서 충돌이 일어날 확률이 점점 높아지기 때문에 저항이 증가하는 원인이 된다. 반면 반도체는 온도가 증가하면 저항에 기여하는 소수운반자 농도가 증가하며, 전류에 기여하는 전하의 농도가 높아지므로 저항이 작아진다. 저항체를 전기회로에 사용할 때, 그것의 저항은 가능한 한 온도에 따라 변화가 작아야 한다. 그러나 센서는 온도계수가 높거나 예측이 가능한 나쁜 저항체가 센서로 좋은 역할을 한다. 온도 측정용으로 서미스터(thermal과 resistor의 합성어)와 저항형 온도 센서가 주로 사용되는데, 이들의 온도계수는 매우 크다. 이와 같은 열저항 센서는 회로부가 간단하고, 높은 민감도, 장시간의 안정성 등의 장점이 있다. 온도에 따라 저항이 변하는 센서는 RTD(resistance temperature detector), 서미스터, 다이오드 등 3가지 그룹으로 나눌 수 있다.

RTD 센서는 금속성 재료의 온도에 따른 저항 특성을 이용한 센서이며, 대표적인 것이 백금 RTD 온도센서이다. 이 센서는 ITS-90의 표준온도센서로 사용되고 있다. 서미스터는 세라믹 반도체 재료의 온도에 따른 저항 특성을 이용한 센서이며, 다이오드 센서는 반도체의 pn 접합 다이오드의 온도에 따른 전류변화 특성을 이용한 센서이다. 접촉식 센서로 가장 많이 사용되는 것은 서모파일, RTD, 서미스터 등이 있으며, 이들 센서들의 장단점은 <표 5-4>와 <그림 5-2>와 같다.

■ 표 5-4 접촉식 온도센서의 항목별 특성

항목	NTC 서미스터	Pt RTD	서모커플	pn 다이오드
센서 형태	세라믹	백금선	열전	반도체 접합
온도측정범위 (일반적으로)	-100 ~ 325℃	-200 ~ 650℃	200 ~ 1750℃	-70 ~ 150℃
정밀도 (일반적으로)	0.05 ~ 1.5℃	0.1 ~ 1.0℃	0.5 ~ 5.0℃	0.5 ~ 5.0℃
안정성 (@100℃)	0.2℃/year (에폭시) 0.02℃/year(유리)	0.05℃/year (필름) 0.002℃/year(선)	가변적	>1℃/year
출력형태	NTC 저항변화 -4.4%/℃(일반적)	PTC 저항변화 0.00385Ω/℃	열기전력 10μV~40μV/℃	디지털, 다양한 출력
선형성	지수 함수적	좋은 선형성	비선형적	선형적
반응 시간	빠름, 0.12~10초	느림, 1~50초	빠름, 0.1~10초	느림, 5~50초
전기적 잡음 민감도	영향 덜 받음 (고저항인 경우)	영향 덜 받음	영향 많이 받음	PCB 설계에 따름
비용	적절	선재: 높음 필름: 낮음	낮음	적절
납저항 효과	낮은 저항부분만 영향 받음	큰 영향 받음	TC 확장 케이블 필요	N/A
장점	• 높은 민감도 • 높은 정밀도 • 적절한 가격 • 강인함 • 기밀봉착	• 높은 정밀도 • 높은 안정성 • 우수한 선형성	• 넓은 온도측정 범위 • 자체 신호발생 • 자체 열없음 • 강인함	• 사용하기 쉬움 • PCB 장착가능 • 강인함 • 적절한 비용
단점	• 비선형 • 자체 열발생 • 수분에 취약	• 납저항 오차 • 느린 반응시간 • 진동저항 • 크기 • 패키지 제한	• 온도보정 필요 • 낮은 정밀도 • 낮은 안정성 • TC 확장 케이블 필요	• 낮은 정밀도 • 제한된 응용분야 • 낮은 안정성 • 느린 반응시간

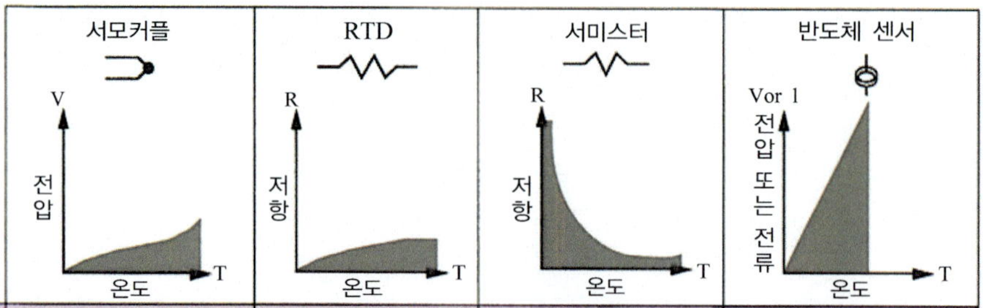

	서모커플	RTD	서미스터	반도체 센서
장점	□ 자가 전원 □ 간단함 □ 단단함 □ 가격이 저렴함 □ 다양한 응용분야 □ 넓은 온도 측정 범위	□ 가장 안정적 □ 가장 정확함 □ 서모커플에 비해 선형성이 우수	□ 큰 출력 신호 □ 빠른 응답속도 □ 2-선 측정이 가능	□ 선형성이 가장 우수 □ 큰 출력 신호 □ 가격이 저렴
단점	□ 비선형적 특성 □ 낮은 출력의 기전력 □ 레퍼런스 보정 필요 □ 안정성이 약함 □ 민감도가 낮음	□ 가격이 고가 □ 전류소스가 필요 □ 낮은 저항 변화율 □ 낮은 절대 저항 □ 자가 발열	□ 비선형적 특성 □ 한정된 온도측정범위 □ 깨지기 쉬움 □ 전류소스가 필요 □ 자가 발열	□ T < 200℃ □ 전원공급기가 필요 □ 반응속도가 느림 □ 자가 발열 □ 제한된 구성

▲ 그림 5-2 접촉식 센서의 장단점 비교

5.3.1 RTD 온도센서

모든 금속 재료들 뿐만 아니라 일부 반도체들도 온도에 따라 저항이 변하는 특성을 가지고 있다. 이러한 특성을 이용하면 훌륭한 온도센서로 사용이 가능하다. 특히 금속성 물질의 저항 변화를 이용해서 온도를 측정하는 센서를 RTD(resistance temperature detector) 센서라고 하며, 세라믹 재료의 저항 변화를 이용해서 온도를 측정하는 센서를 서미스터(th ermistor)라고 한다. 두 센서 모두 온도에 따라 저항이 변하는 특성을 이용해서, 저항을 모니터링 하여 온도를 역으로 추정하는 센서이다. 금속 재료를 이용한 RTD 센서는 매우 넓은 온도영역에서 우수한 정밀도로 온도를 측정할 수 있다. RTD용으로 순수한 금속재료를 사용하며, 주로 백금(Pt), 니켈(Ni), 구리(Cu), 텅스텐(W) 등의 재료가 사용 가능하며, 이 중에서 백금이 정밀도, 안정성, 반응시간 등에서 우수한 특성을 가지고 있어 주로 백금이 가장 많이 사용된다. 백금은 열팽창계수가 유리와 거의 유사하며, 공기 및 수분에 대해 매우 안정적이며, 고온으로 가열하여도 물성이 변하지 않는 특성이 있다. 현대적인 RTD센서의 제조 방법은 세라믹 기판 위에 백금 또는 기타 금속을 얇게 증착시켜 박막형 또는 필름형 도체로 만드는데, 이러한 박막 타입의 증착 기술로 인해 고저항을 유지시키기 위해 여러 번 감아야 하는 노고를 줄일 수 있게 되었고, 결과적으로 매우 저렴한 RTD 센서의 대량생산이 가능하게 되었다. 이와 같은 박막 타입의 RTD는 권선형의 형태보다는 덜 안정적이지만, 크기가 작고 생산비용이 덜 들고, 사용자에게 편리하기 때문에 가장 많이 사용되고 있다. 현재 사용 중인 상업용 권선형과 박막형의 구조는 <그림 5-3>과 같다.

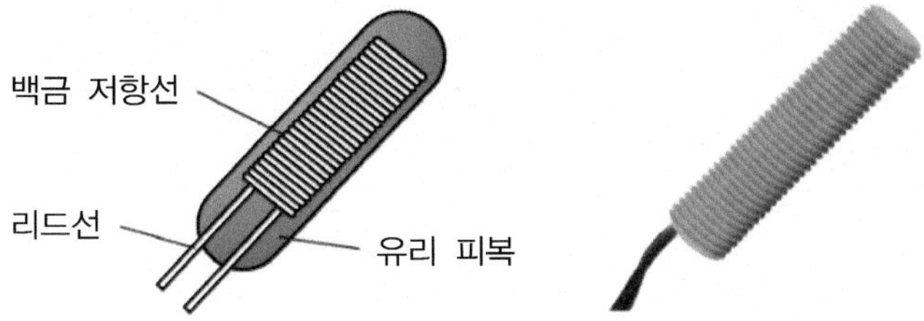

(a) 권선형의 내부 구조 및 외형

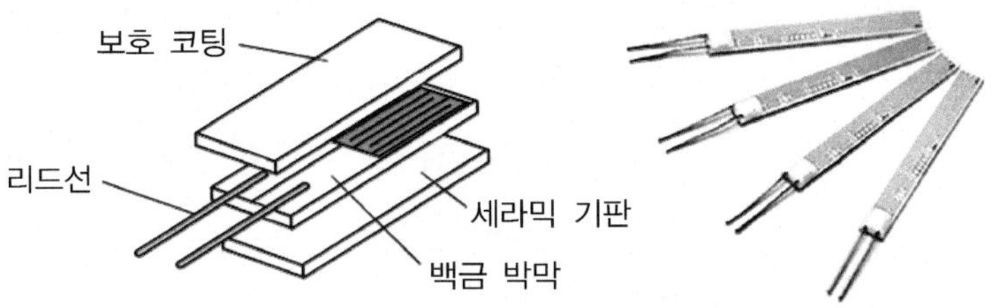

(b) 박막형의 내부 구조 및 외형

▲ 그림 5-3 대표적인 RTD센서의 내부구조 및 외형

선재를 코일로 감은 형태는 권선형은 선재를 코일로 감은 형태와 세라믹 맨드릴 주위에 선재를 감은 형태가 있으며, 이때 사용하는 백금 선재의 직경은 약 0.0005~0.0015 inch 정도이다. 백금선과 연결하기 위해 직경이 약 0.008~0.015 inch 정도인 신호선을 사용한다. 이 형태는 500℃까지는 측정이 안정적이고, 550℃ 이상에서 계속 사용하면 약간의 저항 변화가 발생하고(일반적으로 0.1Ω 이내) 또한 온도의 급변에 따라서 약간의 히스테리시스 현상이 발생할 수 있다. 박막형은 기판 위에 금속을 증착하여 만들며, 패턴의 길이가 최대가 되도록 설계하여 제작한다. 이것은 감지부위가 노출되어 있기 때문에 응답속도가 빠르며, 표면적이 넓어 공기 온도를 측정할 때에 매우 효과적이다. 보통 -50 ℃ ~ 500 ℃ 영역의 온도 측정에 좋다. 기타 운모판형도 있는데, 이것은 운모판에 백금 저항선을 감고 절연용 운모판을 양면에 덮은 후 그 위에 반원형의 스테인리스 스프링판을 덮고, 다시 가는 스테인리스선으로 묶은 형태인데, 이것은 온도감지 속도가 빠르고 진동에도 강한 장점은 있으나, 습기에 약한 단점이 있다. 백금 자체의 저항은 매우 작기 때문에 RTD 센서의 전체 저항을 올리기 위해 기판 위에 금속을 지그재그로 하여 전자의 경로를 매우 길게 디자인한 것이 특징이다. 이것은 조도센서인 CdS 셀의 저항을 높이기 위해 만든 구조와 동일한 개념이다.

모든 금속 재료는 온도가 증가하면 저항도 증가하는 특성을 가지고 있는데, RTD의 저항을 크게 할수록 오차를 줄일 수 있다. 다른 온도센서와 비교해서 온도에 따른 RTD의 저항은 매우 선형적인 특성을 가지고 있는데, 소위 알파(α)라고 부르는 온도계수에 의해 RTD의 출력 결과는 달리 나타나게 되며, 몇몇 제조업체에서는 온도계수를 서로 다르게 제조하여 생산하고 있다. 여기서 온도계수인 α는 온도 구간이 0℃~100℃ 사이에서 저항변화로 정의된 값이다. RTD 금속 재료별 특징은 <표 5-5>와 같다. 일반적인 산업용은 연간

■ 표 5-5 RTD 센서별 비교

재료	온도계수(/K)	저항값 (@0℃ 기준)	허용오차(측정온도, ℃)
Pt	0.003750	1000 Ω	±0.2% (−200 ~ 800)
	0.003850	1000 Ω	±0.1% (−200 ~ 800)
	0.003850	100 Ω	±0.2% (−200 ~ 800)
	0.003910	100 Ω	±0.5% (−200 ~ 800)
	0.003920	100 Ω	±0.1℃
	0.003926	100 Ω	±0.5%
Ni	0.00618	110 Ω	±0.5% (−70 ~ 320)
Ni-Fe	−	1000 Ω @21.1℃	±0.5%
		2000 Ω @21.1℃	±0.5%
Cu	−	100 Ω @25℃	±0.2% (−190 ~ 260)

0.1℃ 이내, 특수용도는 연간 0.0025℃ 이내의 변형만 가져올 정도로 매우 우수하다. 이들 재료를 이용하여 만든 RTD센서의 저항은 약 100Ω 정도로 매우 작고, 또한 온도에 대한 변화율도 0.4Ω/℃ 정도로 매우 작다. RTD 센서는 수동형 소자이기 때문에 외부에서 전원을 인가하여 저항을 측정해야 한다. 외부 전원에 의한 전류 흐름으로 인해 RTD 내부에서 열이 생성되어 오차의 원인이 될 수도 있는데, 이러한 오류로 인해 약 1℃ 정도의 오차가 생길 수도 있으므로 가능한 매우 작은 전류를 흐르게 해야 한다.

RTD는 저항체이기 때문에 저항 변화를 읽기 위해서는 저항체에 전류를 흘려주고 전압을 모니터링해야 한다. 그러나 RTD 센서를 측정 시스템에 연결하기 위해 사용하는 신호선에 저항이 존재하면 오차가 발생할 수 있다. 예를 들어, <그림 5-4(a)>에서처럼 2개 신호선을 가진 RTD 센서를 측정시스템에 연결하면, 신호선 저항 R_L에 의해 그만큼 전압 강하가 생기게 된다.

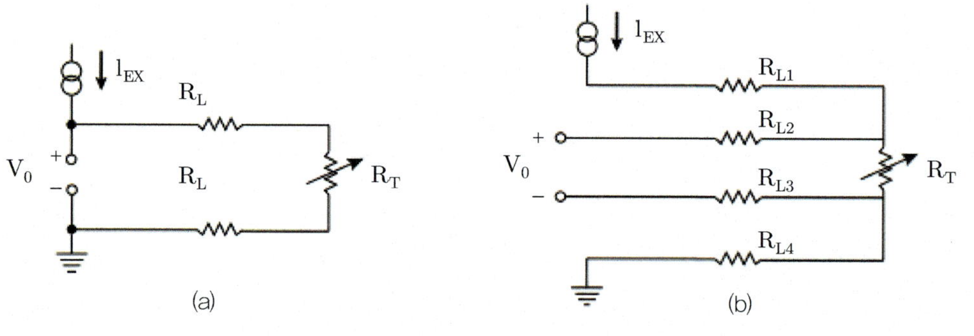

▲ 그림 5-4 RTD 센서의 신호 측정법(2선 측정법과 4선 측정법 비교)

만약 각 신호선에 0.3Ω의 저항이 있다고 하면, 저항 측정시 0.6Ω만큼 더해지게 된다. 온도계수가 $a = 0.00385$인 RTD 센서를 사용한다면, 부가적인 저항에 의해 발생하는 온도 오차는 0.6Ω/(0.385Ω/℃) = 1.6℃가 된다. 따라서 2-선 측정법은 측정 대상물과 온도센서가 매우 가까운 거리에 있을 때 측정이 가능한 방법이다. 또한 10 ft(약 3m)보다 긴 신호선을 사용한다면, 신호선에 의한 저항을 보상해 줄 필요가 있다. 선호도 높은 RTD 측정 방법은 <그림 5-4(b)>와 같은 4-선 측정법이다. 한쌍의 신호선을 통해 전류를 흘려주고, 나머지 한쌍의 신호선에서 전압을 측정하는 방법이다. 센서에 연결된 신호선에는 무시할 정도로 작은 전류가 흐르기 때문에 신호선에 의한 저항 R_{L2}와 R_{L3}는 무시가 가능하다.

4-선 측정법이 오차없이 측정할 수 있는 가장 좋은 방법이지만, 비용적인 측면을 고려해서 나온 방법이 3-선 측정법이다.

<그림 5-5(a)>의 휘스톤브릿지 구성의 전류소스 측정법에서는 신호선에 있는 저항은 보상이 가능하다. 즉, 브릿지 구성에서 R_{L1}과 R_{L3}는 반대편에 위치해 있기 때문에 상쇄된다. 그리고 R_{L2}로 흐르는 전류는 매우 작기 때문에 무시가 가능하다. 마찬가지로 <그림 5-5(b)>와 같은 여자전류 소스법에서는 오직 R_{L1}의 저항만이 측정에 오차로 기여할 수 있다.

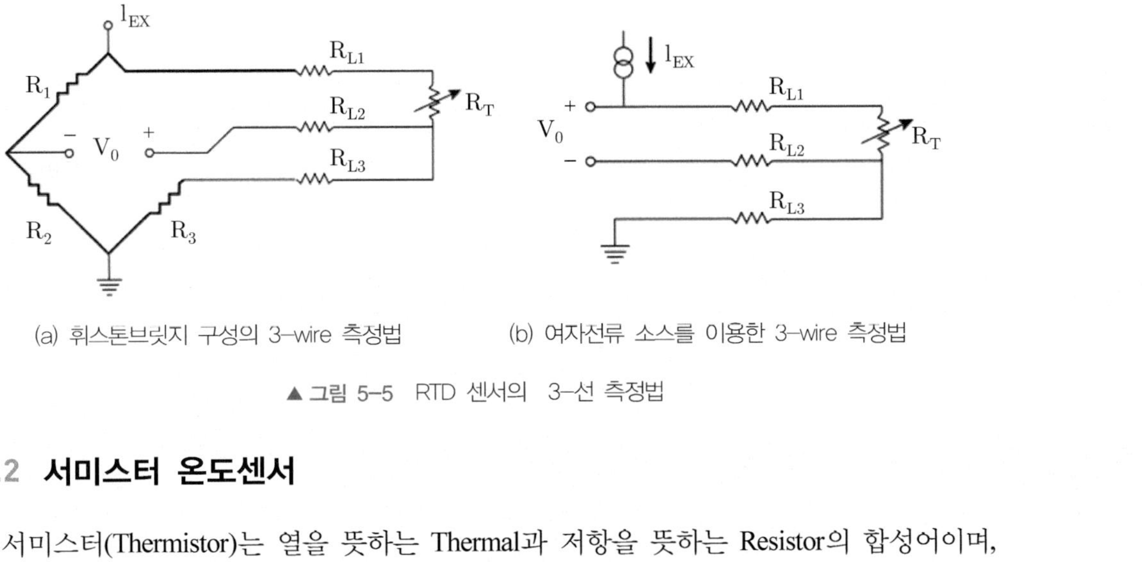

(a) 휘스톤브릿지 구성의 3-wire 측정법　　(b) 여자전류 소스를 이용한 3-wire 측정법

▲ 그림 5-5 RTD 센서의 3-선 측정법

5.3.2 서미스터 온도센서

서미스터(Thermistor)는 열을 뜻하는 Thermal과 저항을 뜻하는 Resistor의 합성어이며, 온도에 따라 저항이 민감하게 변하는 저항체를 의미한다. 금속인 RTD 센서와 구분하여 서미스터 온도센서는 세라믹 재료의 온도변화에 따른 저항변화를 이용해서 온도를 측정하는 센서이다. 이러한 서미스터에는 Ge, Si, 금속산화물 등을 이용해서 <그림 5-6>과 같이 물방울 모양, 바, 원통형, 직사각형, 두꺼운 필름 등의 다양한 형태로 제작된다. 서미스터에는 일반적인 세라믹 소결형의 NTC(negative temperature coefficient) 서미스터, 티탄산바륨계(BaTiO3), 산화아연계(ZnO-NiO), 산화염으로 대표되는 PTC(positive temperature coe fficient) 서미스터, 어떤 온도에서 급격하게 저항값이 바뀌는 CTR(critical temperature resistor) 서미스터 등이 있다. 일반적인 목적으로 NTC 서미스터가 가장 많이 사용되고 있으며, PTC 서미스터는 낮은 온도 조절용 발열체로 이용되고 있으며, CTR 서미스터는 일부 특수한 용도로 이용되고 있다. 대량 생산되는 서미스터의 일반적인 온도 오차는 ±10% 정도이며, 특수 제작시 1% 보다 더 작은 오차를 내는 서미스터도 만들 수 있으나 생산가격이 매우 높아지게 된다. 그리고 대표적인 서미스터 재료에 따른 종류는 <표 5-6>과 같다.

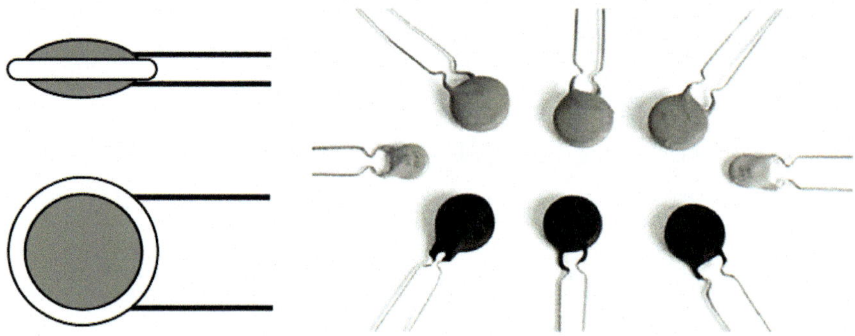

▲ 그림 5-6 서미스터의 구조 및 외형

■ 표 5-6 서미스터의 용도별 대표적인 재료

<table>
<tr><th colspan="2">구분</th><th>결정 형태</th><th>화학 조성</th></tr>
<tr><td rowspan="4">NTC</td><td rowspan="3">고온용</td><td>Spinel 계</td><td>Al_2O_3–CoO–$CaSiO_3$
Al_2O_3–CoO–MnO–$CaSiO_3$
Al_2O_3–NiO–CoO–$CaSiO_3$
MgO–Cr_2O_3–MgO–Fe_2O_3
MgO–Al_2O_3–NiO–Cr_2O_3</td></tr>
<tr><td>Perovskite 계</td><td>BaO–TiO_2–MgO–Fe_2O_3–Mn_2O_3
PbO–TiO_2–MgO–Fe_2O_3–Mn_2O_3</td></tr>
<tr><td>ZrO 계</td><td>ZrO–Y_2O_3–ZrO–CeO_3</td></tr>
<tr><td>저온용</td><td>Spinel 계</td><td>Mn–Ni–Co
Mn–Ni–Co–Cu
Mn–Ni–Cr</td></tr>
<tr><td colspan="2" rowspan="3">PTC</td><td>$BaTiO_3$ 계열</td><td>Curie 온도 조절용 : Pb, Sr, Sn, Zr
소결 촉진용 : Al_2O_3, SiO_2, TiO_3</td></tr>
<tr><td>ZnTiNiO 계열</td><td>–</td></tr>
<tr><td>Polymer 계열</td><td>–</td></tr>
</table>

서미스터를 온도 센서로 사용하려면 저항을 측정하는 회로가 필요하다. 이를 위해 소위 '제로부하저항'(zero-power resistance) 측정기법이 필요하다. 이것은 서미스터 내부를 흐르는 전류에 의해 온도가 상승하지 않도록 하는 방법이다. 제로부하저항 측정을 위해서는 서미스터의 저항이 높아야 하고, 열저항이 작고, 짧은 시간에 저전압으로 저항을 측정해야 한다. NTC 서미스터에 전류가 흐를 경우, 전력 소모에 의해 약간의 열이 발생하게 된다. 이러한 자기발열 효과는 가해진 부하뿐만 아니라 열방출 인자와 소자의 기하학적 형상에 기인한다. 일반적으로 소자의 크기가 작으면 작을수록 인가해줄 수 있는 최대 부하도 작아지고, 측정시 필요한 부하의 양도 작아진다. 대표적인 NTC 서미스터의 전류-전압 특성은 <그림 5-7>과 같다. 이 그림에서 보듯이 전류-전압 특성은 세 부분으로 나눌 수 있다. 전류-전압의 곱이 작은 영역은 선형적으로 증가하는 구간인데 이 영역은 자기발열에 의한 소모는 무시할 정도이다. 이 영역에서는 옴의 법칙에 따라 전류와 전압과는 비례관계에 있다. 서미스터의 저항값은 외부온도에 의해 결정되며, 이 구간에서는 서미스터가 센서로 사용될 수 있다. 이런 선형적인 구간이 끝나는 지점에서 최대 전압까지는 비선형적으로 증가하는 구간이며, 이 구간에서는 저항값은 감소하기 시작한다. 최대전압에서 자기발열에 의한 저항의 감소율 $\Delta R/R$은 전류의 증가율 $\Delta I/I$와 같다. 전류가 더 커지게 되면 전압은 감소하게 되는데, 이 영역에서의 저항은 감소하게 되고, 소자의 온도가 급격하게 증가하는 영역이다. 이 영역에서는 센서로 사용할 수가 없다.

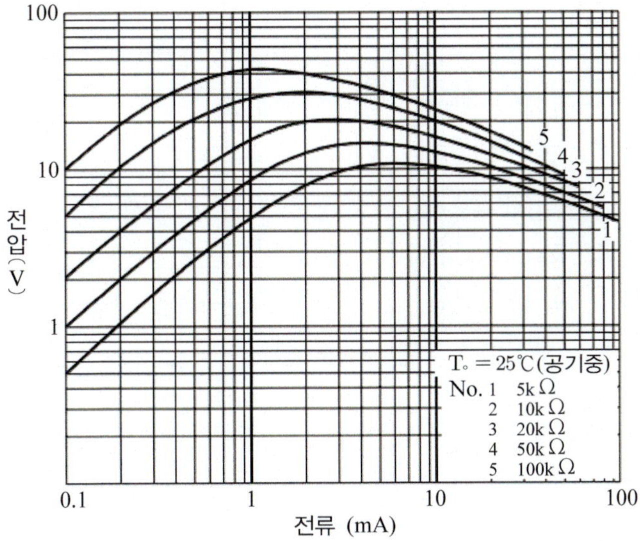

▲ 그림 5-7 NTC 서미스터의 전류-전압 특성

5.3.3 실리콘 PTC 온도센서

실리콘 결정의 전기전도 성질은 양의 온도계수(positive temperature coefficient, PTC) 특성을 가진 온도 센서로 사용을 할 수 있다. 현재 미세하게 가공된 구조의 실리콘 저항형 센서는 온도보상 또는 온도측정을 위해 사용되고 있다. 실리콘 온도센서는 우수한 선형성과 장기간 안정성(년간 ±0.05K)을 가지고 있다. 순수한 실리콘, 폴리실리콘, 또는 단결정 실리콘은 본질적으로 저항에 대해 음의 온도계수(negative temperature coefficient, NTC) 특성을 가지고 있다. 그러나 순수한 Si에 주기율표상 5족 원소인 안티몬(Sb), 비소(As), 인(P) 등의 n형 불순물을 첨가하게 되면 어떤 온도 영역에서는 온도에 대해 PTC 특성을 나타내게 된다. 이 온도영역에서는 전하 운반자 이동도(mobility)가 감소하기 때문이다.

반면 높은 온도영역에서는 열적에너지에 의해 가전도대에 있는 전자가 전도대로 더 많이 천이를 하여 내인성 운반자 농도(intrinsic carrier concentration)가 증가하게 되어 저항이 감소한다. 그러므로 <그림 5-8>의 좌측에서 보듯이 약 200℃ 이하의 온도에서의 비저항은 PTC 특성을 보이게 되며, 200℃ 이상의 온도에서는 NTC 특성을 보인다. 대표적인 PTC 실리콘 센서의 민감도는 0.7%/℃ 정도인데, 이것은 저항이 매 온도마다 0.7% 정도 변한다는 것을 의미한다. 대표적인 KTY 센서의 온도 대 저항의 관계는 그림의 우측과 같다.

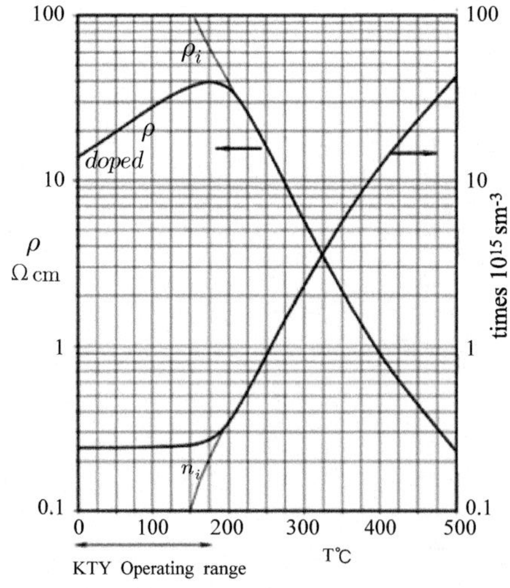

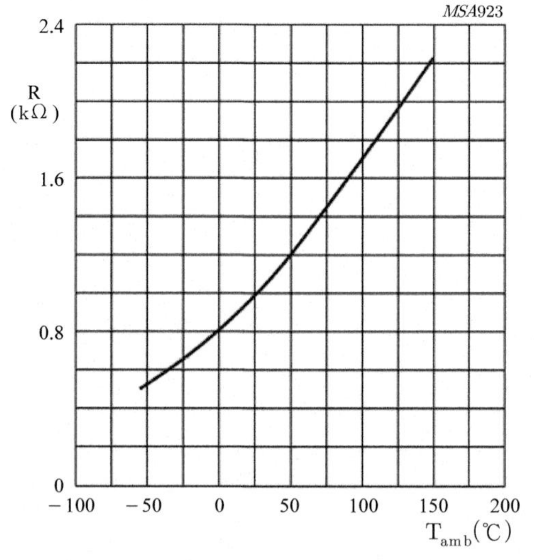

▲ 그림 5-8 n형 실리콘의 온도에 따른 비저항 특성과 KTY 센서의 온도 대 저항 관계

5.3.4 pn 다이오드 온도센서

pn 접합은 반도체에서 가장 기본이 되는 형태이다. pn 접합에 bias의 방향을 조절하면 내부확산전위가 낮아지기도 하고 높아지기도 하면서 도체와 부도체의 성질을 가지게 된다. 역방향의 전압을 가하게 되면 전위차가 평형상태보다 커져서 내부확산폭이 넓어지게 되어 전류가 거의 흐르지 않게 된다. 반면 순방향의 전압을 가하게 되면 접합의 전위가 낮아지게 되어 전자와 정공의 흐름이 더욱 많아지게 되면서 내부확산폭은 더 좁아지게 되어 전류가 많이 흐르게 된다. 이것이 다이오드의 기본 원리이다. 온도에 따른 전류-전압 특성 결과는 <그림 5-9>와 같다. 순방향 전압에서 온도가 올라감에 따라 문턱전압이 감소하며, 역방향 전압에서는 온도가 올라감에 따라 제너(Zener) 전압도 증가하며, 역방향 전류 영역에서 포화전류는 온도가 올라감에 따라 증가하는 특성이 있다. 다이오드 온도센서는 순방향 전압의 특성을 이용해서 온도를 측정하게 된다.

따라서 다이오드 또는 트랜지스터는 훌륭한 온도 센서로 사용이 가능하다. 트랜지스터 온도센서는 가격이 매우 저렴하고 간단하기 때문에 여러 분야에서 사용되고 있다. <그림 5-10>은 상용화된 PN100 실리콘 트랜지스터의 온도에 따른 오차범위를 나타내고 있다. 온도 측정범위가 1.4 K ~ 500 K까지 가능하며, 25 K 이상의 온도에서의 온도 민감도는 2.3 mV/K로 일정한 특성을 가지고 있어 선형보정 없이 사용이 가능하다. 액체헬륨의 온도에서도 측정이 가능하므로 극저온의 온도 측정용으로 사용이 가능하며, 가격이 매우 저렴하며, 크기도 매우 작게 제작이 가능한 점이 장점이다.

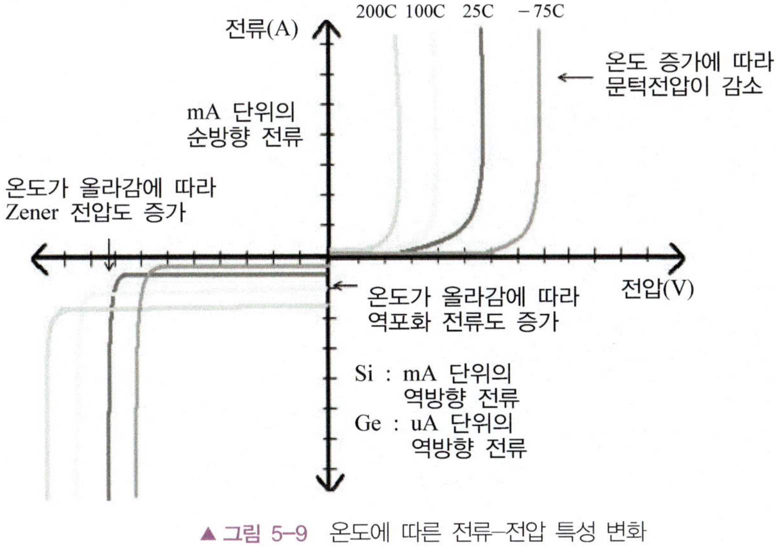

▲ 그림 5-9 온도에 따른 전류-전압 특성 변화

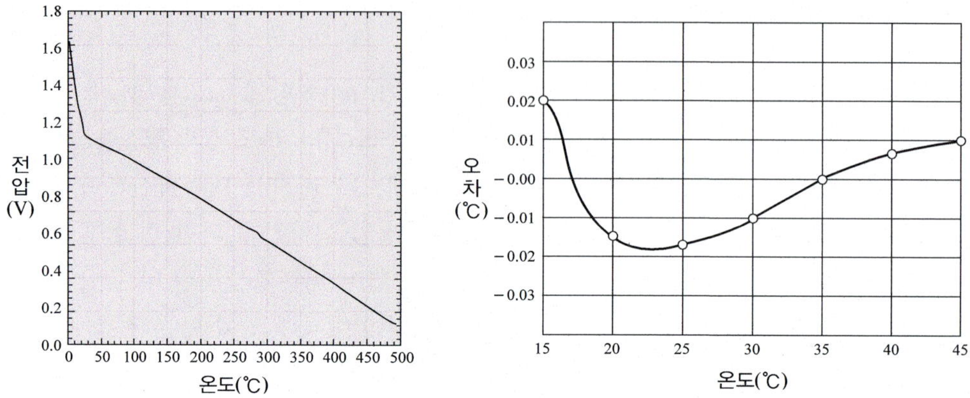

(a) 온도에 따른 출력전압 특성 (b) 상온 근처에서 최대 측정 오차

▲ 그림 5-10 PN100 실리콘 트랜지스터 온도 센서의 출력 특성

5.3.5 서모커플 온도센서

접촉식 서모커플(Thermocouple)은 열을 뜻하는 thermo와 쌍이라는 의미인 couple이 합쳐진 단어로 열전대라고도 한다. 서모커플은 약 100년 이상 온도측정과 온도제어용으로 널리 사용된 온도센서이다. 서모커플 센서는 <그림 5-11>의 제베크(Seebeck)라는 물리현상을 이용한 것인데, 이것은 종류가 다른 두 금속을 접촉시키면 온도에 따라 기전력이 발

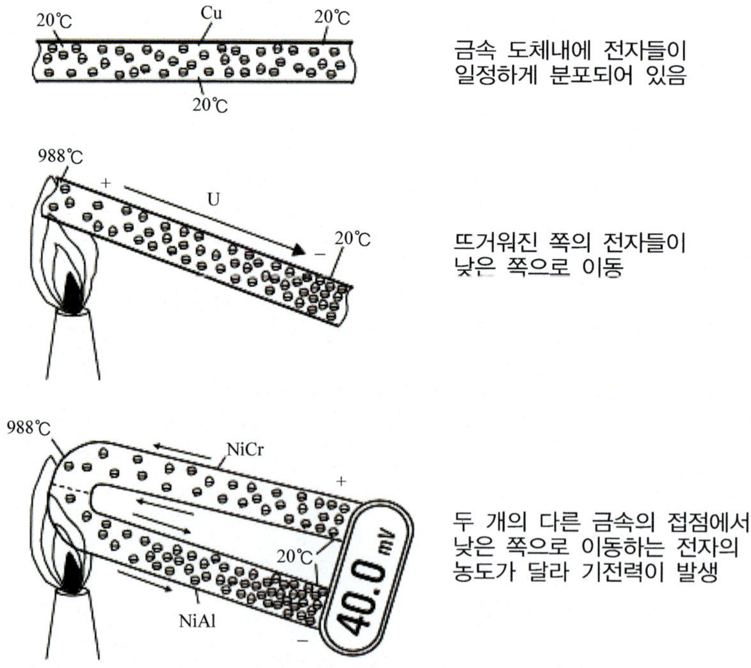

▲ 그림 5-11 제베크 효과의 개념

생하는 현상이다. 1821년 독일의 물리학자인 제베크가 비스무스(Bi)와 구리(Cu)를 이용하여 서로 한 쪽 끝을 연결하면 다른 한 쪽 끝에서 온도에 따라 전압이 발생하는 것을 발견하였는데, 이 현상을 발견자의 이름을 따서 제베크 효과라고 한다. 서모커플 온도센서는 두 종류의 소선(금속선) A와 B를 접합하여 절대온도를 읽는 것이 아니고, 그림과 같이 온도를 측정하는 측정 접점부(hot junction)와 두 금속선에서 기전력을 측정하는 레퍼런스 접점부(reference junction) 사이의 기전력 차이로부터 측정 접점부의 온도를 환산하는 원리이다. 즉, 한쪽 접촉점을 기준점으로 정하고 측정하고자 하는 부위에 다른 접촉점을 위치하면 기전력의 크기로 온도 차를 알 수 있으므로 기준점 온도와 비교하여 온도를 유추할 수 있다. 서모커플은 그림에서처럼 서로 다른 두 종류의 금속선을 한 쪽 끝에 접합을 시켜 놓은 것인데, 이 부위를 측정 접점부(일명 hot junction)이라고 하며, 다른 쪽은 두 금속의 끝이 붙어 있지 않고 신호출력회로와 전기적으로 연결되어 있는데 이 부위를 레퍼런스 접점부(일명 cold junction)라고 한다. 제베크 효과가 발견된 당시에는 hot junction과 cold junction이라는 용어를 사용하였으나, 온도 측정 분야에서는 측정 접점부(measuring junction)와 레퍼런스 접점부(reference junction)라는 용어로 사용한다. 그 이유는 측정하는 온도가 레퍼런스 접점부의 온도보다 더 낮은 경우도 많기 때문이다. 레퍼런스 접점부에서의 출력전압은 측정 접점부와 레퍼런스 접점부의 온도에 따라 달라지는데, 이런 이유로 서모커플 센서를 절대온도를 측정하는 센서가 아니고 상대적인 온도를 측정하는 센서라고 한다. 그러므로 물체의 정확한 온도를 측정하기 위해서는 레퍼런스 접점부의 온도를 알고 있어야만 한다. 서모커플의 동작 원리에서 오해를 불러일으키는 요소가 있는데, 측정접점이 전기적인 소스 역할을 하여 접점 자체에서 신호 전압이 발생한다고 생각하는 것이다. 이 개념은 잘못된 것이다. 실제적인 열기전력 효과는 서모커플 도체 전체의 온도 차이와 온도 구배에 의해 일어나는 현상으로 이해해야 한다. 즉, 열기전력은 접점에 의해 생기는 것이 아니고, 접점으로부터 시작된다는 것이다.

여기서 논리적으로 다음과 같은 질문이 나올 수 있다. RTD나 서미스터와 같이 절대온도를 직접 측정할 수 있는 센서가 있는데, 왜 레퍼런스 보정이 필요한 서모커플을 사용해야 하느냐 이다. 여기에 대한 가장 중요한 답은 다른 온도센서들은 측정할 수 있는 영역이 제한적인 반면, 서모커플은 상당히 넓은 온도범위를 측정할 수 있으며, 다양한 대기조건에도 최적화 되어 있는 장점이 있다. 또한 다른 센서에 비해 매우 강인하며, 납땜과 용접 기술에 의해 점용접이 가능하다. 달리 말해, 서모커플은 신호선과 매우 쉽게 연결이 가능하며, 레퍼런스 보정과 소프트웨어적으로 전압-온도 변환을 계산할 수 있기 때문에 다용도로 사용이 가능한 온도 변환기이다. 서모커플은 앞에서 설명한 제베크(Seebeck) 효과를 이용하여 넓은 범위의 온도를 측정하기 위해 두 종류의 금속을 접촉해서 만든 센서이다. 양 접점에 온도를 달리 해주면 온도 차에 비례하여 열기전력이 생기며, 한쪽 접촉점을 기준점으로 삼고 측정하고자 하는 부위에 다른 접촉점을 위치하면, 기전력의 크기로 온도차를 알 수 있으므로 기준점 온도와 비교하여 온도를 측정할 수 있다.

금속재료에 따라 B, R, S, K, E, J, T형으로 부르며, 온도를 측정하고자 하는 범위에 따라 적절한 타입의 서모커플을 사용한다. 서모커플은 여러 가지의 종류가 있지만 사용 장소 및 용도에 따라서 적정한 것을 선정하는 것이 중요하다. 온도를 정확하게 측정하기 위해서는 서모커플의 내열, 내식, 내진성 등을 고려한 보호관 등의 선정과 구조 및 취부 방법 등에 유의해야 한다. 서모커플은 종류가 다양하기 때문에 외관상 쉽게 구별하기 위해 색상을 달리하여 구별하고 있으며, 가장 많이 사용하는 유형인 K형은 노란색으로 구분한다. 일반적으로 자주 사용되는 서모커플은 J, K, T 형이며, 상온에서 이들 서모커플의 전압은 각각 52 μV/℃, 41 μV/℃, 그리고 41 μV/℃ 정도 변화한다. 서모커플 종류에 따라 측정온도 범위에 따른 전압 출력 특성은 <그림 5-12>와 같다.[34]

그리고 서모커플 타입별 특성은 <표 5-7>과 같다.

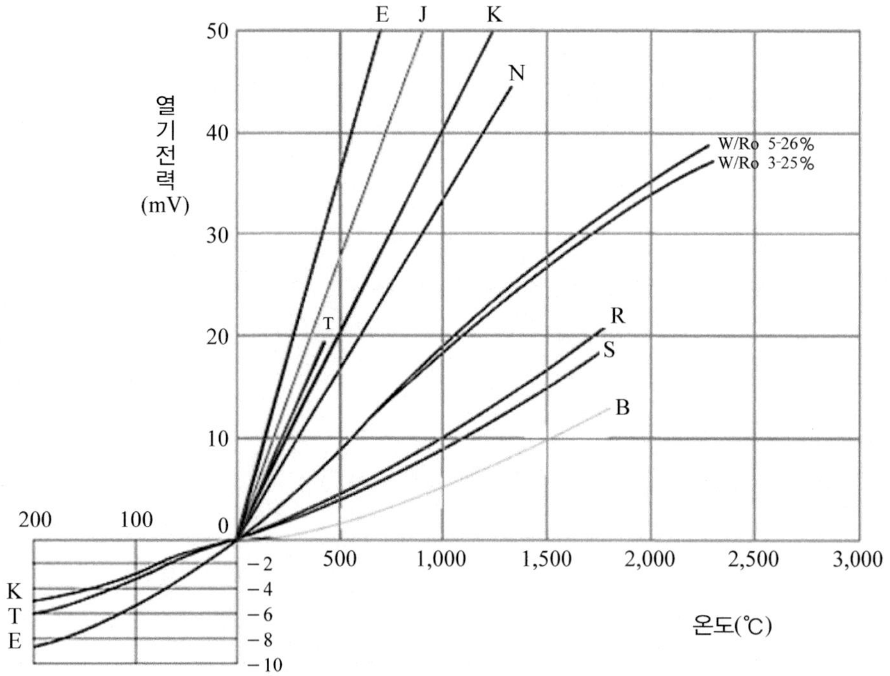

▲ 그림 5-12 서모커플 종류별 기전력의 온도 특성

34. Omega사 Homepage, http://www.omega.com/thermocouples.html

■ 표 5-7 서모커플의 종류 및 특징

분류	특징
B형	30% Pt/Rh(+) : 6% Pt/Rh(−), 870℃~1,700℃ 용융점 및 기계적 강도가 높고, 산화 및 중성 분위기에서 지속적으로 사용할 수 있으며, 다른 백금 및 로듐 서모파일보다 환원 분위기에서 장시간 사용이 가능하며, 특히 정밀 측정 및 고온 하에 내구성을 요구하는 용도에 적합
R형	13% Pt/Rh(+) : Pt(−), 0~1,480℃ 산화 및 비활성 분위기 내에서 지속적으로 사용 가능하나, 진공, 환원 또는 금속증기 분위기 내에서는 사용이 불가능
S형	10% Pt/Rh(+) : Pt(−), 0~1,600℃ 1886년 LeChatelier에 의해 처음으로 개발된 서모파일로 안티몬의 녹는점인 630.755℃와 금의 녹는점인 1,064.43℃ 사이의 표준 서모파일로 널리 사용
K형	10% Ni/Cr(+) : 5% Ni/Al/Si(−), −200℃~1,260℃ 오늘날 산업용 서모파일로 가장 많이 사용되고 있으며, 산화와 환원이 있는 부식성 분위기에서는 사용할 수 없음
E형	10% Ni/Cr(+) : Constantan(−), −200℃~900℃ 산업용 서모파일 중 기전력 특성이 가장 높으며, 화력 및 원자력 발전소 등에서 주로 사용
J형	Fe(+) : Constantan(−), 0~760℃ E형 다음으로 기전력 특성이 높고, 750℃까지 환원, 비활성, 산화 또는 진공 분위기에 추천되며, 저렴한 가격으로 다양한 곳에서 사용되고 있으나, 538℃ 이상의 유황 분위기에서는 사용할 수 없음
T형	Cu(+) : Constantan(−), −200℃~350℃ 습한 분위기에서 부식에 강하며, 0℃ 근처인 온도 측정에 적합하며, 기전력 특성이 안정되고 정확하기 때문에 실험용으로 폭넓게 사용
N형	89%Ni/14.2%Cr/1.4%Si(+) : 95.5%Ni/4.4%Si/0.1%Mg(−), 0~1,300℃ 호주 국방성의 재료연구 실험실에서 처음으로 개발, 600℃~1,250℃의 온도범위에서 사용시 K형 서모파일보다 안정되고 산화에 우수한 저항력을 갖고 있음

서모커플은 측정하는 온도 영역에서 선형적이지 않은 특성이 있다. 예를 들면, T 타입의 서모커플은 0℃에서는 제베크 계수가 39 μV/℃이지만, 100℃ 근처에서는 약 47 μV/℃로 기울기가 변한다. 이러한 서모커플의 비선형 특성을 보상하기 위해서 3가지 방법이 사용된다. 가장 많이 사용되는 방법이 측정하고자 하는 온도 범위 내에서 일정한 기울기를 갖는 서모커플 타입을 선택하여 사용하는 것이다. 이것은 복잡한 계산과정이 필요없는 장점은 있으나, 한정된 온도 영역만 측정이 가능하다는 제약사항이 있다.

두 번째 방법은 서모커플의 출력전압과 온도 값을 테이블로 만들어서 이것을 메모리에 저장하여 사용하는 방법이다. 측정된 값이 테이블에 없으면, 테이블에서 가장 가까운 두 개의 값을 선형회귀법을 통해 온도로 환산하는 방법이다. 각 서모커플별 온도와 전압 사이의 테이블은 NIST의 사이트에서 다운로드 할 수 있다.[35]

35. NIST 홈페이지, http://srdata.nist.gov/its90/main/

여기에 나와 있는 테이블과 방정식은 레퍼런스 접점부 온도가 0℃일 때 적용할 수 있는 것이며, 만약 0℃가 아니면 레퍼런스 접점 보상을 실시해야 한다. 세 번째 방법은 서모커플의 실험식을 이용하는 방법이다. 이것은 레퍼런스 접점 보상을 통해 읽은 기전력 전압으로부터 온도로 환산하는 방법이다. 서모커플 레퍼런스 접점 보상은 다음의 식으로부터 환산이 된다.

$$\triangle V = V@J_1 - V@J_2 \tag{5-1}$$

여기서 $\triangle V$는 서모커플의 출력 전압, $V@J_1$은 측정 접점부에서 생성된 전압, $V@J_2$는 레퍼런스 접점부에서 생성된 전압이며, 이 식은 레퍼런스 접점부에 있는 두 연결단자가 동일한 온도이어야 한다. 식 (5-1)에서 측정된 $\triangle V$값을 아래식의 V에 대입하면 온도로 환산이 된다.

$$T = a_0 + a_1 V + a_2 V^2 + \cdots + a_n V^n \tag{5-2}$$

여기서 V는 volt 단위의 기전력 값이고, T는 ℃의 온도이다. 미국 표준국(National Bureau of standard, NBS)에서 서모커플 타입별 다항식 계수값을 발표하였으며, 몇 가지 대표적인 서모커플에 대한 다항식의 계수는 <표 5-8>과 같다.

■ 표 5-8 NBS 다항식 계수표

	E형	J형	K형	R형
범위	-100~1000℃	-100~760℃	0~1370℃	0~1000℃
오차	±0.5℃	±0.1℃	±0.7℃	±0.5℃
a_0	0.104967248	-0.048868252	0.226584602	0.263632917
a_1	17189.45282	19873.14503	24152.10900	179075.491
a_2	-282639.0850	-218614.5353	67233.4248	-48840341.37
a_3	12695339.5	11569199.78	2210340.682	1.90002E+10
a_4	-448703084.6	-264917531.4	-860963914.9	-4.82704E+12
a_5	1.10866E+10	201844314	4.83506E+10	7.62091E+14
a_6	-1.7680E+11		-1.18452E+12	-7.20026E+16
a_7	1.71842E+12		1.38690E+13	3.71496E+18
a_8	-9.19278E+12		-6.33708E+13	-8.03104E+19
a_9	2.06132E+13			

n이 증가하면 정확도는 증가하며, 9차항의 경우 정확도는 약 ±1℃ 정도이다. 제조된 서모커플의 특성은 항상 일정하지는 않고 어느 정도 오차를 가지게 되는데, 규격마다 허용하는 오차 범위가 약간 다르다.

<표 5-9>는 미국 규격인 ASTM에서 정한 허용오차이며, <표 5-10>은 국제 규격인 IEC에서 정한 규격이다.

■ 표 5-9 미국 규격의 타입별 허용오차 (ANSI MC96.1-1982, ASTM E230)

타입	온도범위(℃)	표준 허용오차(큰쪽)	특수 허용오차(큰쪽)
J	0 ~ 760	±2.2℃ 또는 ±0.75%	±1.1℃ 또는 ±0.4%
K/N	0 ~ 1250 -200 ~ 0	±2.2℃ 또는 ±0.75% ±2.2℃ 또는 ±2.0%	±1.1℃ 또는 ±0.4% -
T	0 ~ 370 -200 ~ 0	±1.0℃ 또는 ±0.75% ±1.0℃ 또는 ±1.5%	±0.5℃ 또는 ±0.4% ±0.5℃ 또는 ±0.8%
E	0 ~ 870 -200 ~ 0	±1.7℃ 또는 ±0.5% ±1.7℃ 또는 ±1.0%	±1.0℃ 또는 ±0.4% ±1.0℃ 또는 ±0.5%
R/S	0 ~ 1400	±1.5℃ 또는 ±0.25%	±0.6℃ 또는 ±0.1%
B	870 ~ 1700	±0.5%	±0.25%

■ 표 5-10 국제 규격의 타입별 허용오차 (EN 60584-2, JIS C 1602)

타입	1등급	2등급	3등급
J	-40~375℃ / ±1.5℃ 375~750℃ / ±0.4%	-40~333℃ / ±2.5℃ 333~750℃ / ±0.75%	-
K/N	-40~375℃ / ±1.5℃ 375~1000℃ / ±0.4%	-40~333℃ / ±2.5℃ 333~1200℃ / ±0.75%	-167~40℃ / ±2.5℃ -200~-167℃ / ±1.5%
T	-40~125℃ / ±0.5℃ 125~350℃ / ±0.4%	-40~133℃ / ±1.0℃ 133~350℃ / ±0.75%	-67~40℃ / ±1.0℃ -200~-67℃ / ±1.5%
E	-40~375℃ / ±1.5℃ 375~800℃ / ±0.4%	-40~333℃ / ±2.5℃ 333~900℃ / ±0.75%	-167~40℃ / ±2.5℃ -200~-167℃ / ±1.5%
R/S	0~1100℃ / ±1.0℃ 1100~1600℃ / ±[1+0.3%×(T-1100)]℃	0~600℃ / ±1.5℃ 600~1600℃ / ±0.25%	-
B	-	600~1700℃ / ±0.25%	600~800℃ / ±4℃ 800~1700℃ / ±0.5%

5.3.6 시스 서모커플

서모커플의 소선을 노출한 채로 사용하면 외부의 물리적, 화학적 작용을 받아 열화가 현저히 일어나고 수명이 짧아지기 때문에 특수한 경우를 제외하고는 보호관(sheath)을 사용한다. 서모커플은 제작 형태에 따라 일반 서모커플(KS C1602)과 시스 서모커플(KS C1615) 두 가지로 분류한다. 일반 서모커플은 서모커플 소선을 원하는 길이만큼 절단 및 측정접점을 용접하여 세라믹 재질로 된 절연관에 삽입 및 조립하고, 보호관과 단자판을 조립한 형태이다. 특히 금속보호관을 사용해서 서모커플과 일체형으로 만든 것을 "시스 서모커플(sheath thermocouple)"이라고 한다. 시스 서모커플은 <그림 5-13>과 같이 금속보호관과 서모커플 소선 사이에 무기 절연재(MgO, Al_2O_3, ZrO_2 등)를 단단하게 충진하여 보호관과 서모커플 소선 사이를 전기적으로 절연시킨 일체화된 구조로 되어 있다. 그래서 시스 서모커플을 정확하게 표현하면, "무기질 절연 금속시스 서모커플(mineral insulated metal sheathed thermocouple)"이며, 경우에 따라서 MI 케이블이라 부르기도 한다. 터미널 연결부에 보호관을 부착하여 사용하는 경우도 있다. 측정 원리는 일반 서모커플과 동일하지만 구조가 다르다. 일반적인 서모커플과 구분하기 위해 서모커플 타입을 표시하는 영문자 앞에 S를 붙여 사용한다. 시스 서모커플은 금속 시스의 두께는 얇고, 내부 절연체는 고압으로 충진되어 있어 굽혀도 내부 소선의 이동이 없으며, 자유자재로 구부려 사용할 수 있고, 강도, 내열, 내진성이 우수한 것이 일반형 서모커플과 구분된다.

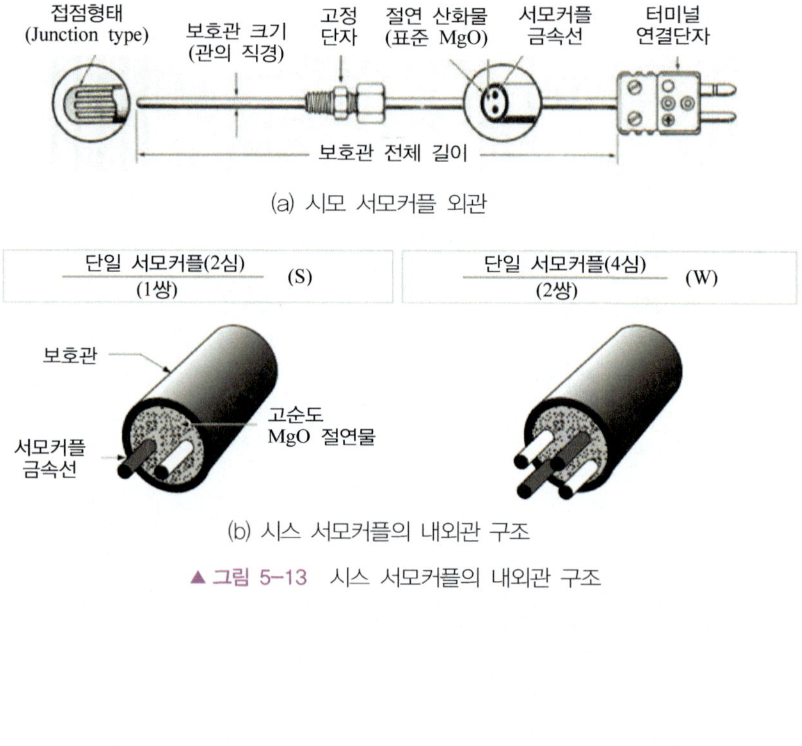

(a) 시모 서모커플 외관

(b) 시스 서모커플의 내외관 구조

▲ 그림 5-13 시스 서모커플의 내외관 구조

주로 사용하는 시스의 금속 보호관 재질의 특성은 <표 5-11>과 같으며, 규격화된 금속 시스 재질의 주성분은 <표 5-12>와 같다. 스테인리스강은 Cr이 Ni보다 많은 구성을 차지한 반면, 인코넬은 Ni이 Cr 보다 더 많이 함유되어 있는 재질이다. SUS316 스테인리스강은 음식과 화학분야에서 가장 많이 사용되며, 산업용으로 870℃까지 사용이 가능하다.

316L 스테인리스강은 316에서 탄소 성분을 제거한 것으로 900℃까지 사용이 가능하다. 304 스테인리스강은 낮은 온도용으로 가장 많이 사용되며, 가격이 가장 저렴하여 주로 음식, 음료수, 화학물의 온도를 측정하고지 할 때 사용되며, 최고 사용온도는 900℃까지이다. 304L 스테인리스강은 304에서 탄소 성분을 제거한 것으로 900℃까지 사용이 가능하다. 310 스테인리스강은 기구적인 것과 부식성이 304와 비슷하지만 약간 우수하며, 최대 사용온도는 1150℃까지이다. 321 스테인리스강은 사용온도가 870℃까지이며, 고온 영역

■ 표 5-11 시스 서모커플 보호관 재질의 특성

재질	최고 사용온도(℃)	특성
SUS 304	1,000	내산, 내열성이 양호
SUS 321	1,000	티타늄을 함유하고 있어, SUS304보다 내식성이 우수하며, 임계부식에 대해 내식성이 우수하나, 유황, 환원염에 약함
SUS 316	1,000	몰리브덴을 함유하고 있어 내열, 산화에 저항력이 우수한 최적의 고온 강도를 유지
SUS 310	1,015	Ni, Cr을 함유하고 있어 내열, 산화에 저항력이 우수한 최적의 고온 강도를 유지
INCONEL 600	1,250	고Cr, Ni강으로 내열, 내식, 환원염에 강함
SUS 446	1,125	고Cr강으로 내열, 내산화에 특히 우수하며, 유황 환원성 가스에 강함
HASTELLOY X	1,260	내산성, 환원성 환경에 저항력이 우수

■ 표 5-12 규격화된 금속 시스의 주성분

KS 기호	금속시스 재질	주성분
A	SUS 304	18% Cr – 8% Ni
	SUS 321	18% Cr – 9% Ni + Ti
	SUS 347	18% Cr – 9% Ni + Nb
	SUS 316	18% Cr – 12% Ni – 2.5% Mo
	SUS 310S	25% Cr – 20% Ni
B	NCF 600	72% Ni – 15% Cr – 8% Fe
KS에서 스테인리스강 시스의 기호를 A, 인코넬의 기호를 B로 표시		

(480 ~ 870℃)에서 탄소 침투에 대한 우수한 내성을 가지고 있으며, 주로 우주와 화학 응용분야에서 사용된다. 446 스테인리스강은 최대 사용온도가 1,150℃이며, 고온에서 황 분위기에 대한 강한 내성을 가지고 있다. 인코넬 600은 최대 사용온도가 1,175℃이며, 산업용에서 가장 많이 사용되는 보호관 재질이다. 인코넬 601의 사용온도는 인코넬 600과 동일하며, 매우 우수한 산화저항 특성이 있다.

시스 금속 내부에 절연재료는 MgO가 주로 사용되는데, 95%부터 99.8% 이상의 순도를 사용한다. 600℃ 이하의 낮은 온도 또는 정밀도를 높이 요구하지 않는 경우에는 95% ~ 98% 순도의 MgO를 사용한다. 반면, 고온 또는 높은 안정도와 정밀도가 요구되는 측정에는 99.4% 이상의 MgO를 사용해야 한다. 당연히 순도에 따라 시스 서모커플의 가격 차이는 많이 난다. 절연재는 보통 600℃가 넘어가게 되면 절연 저항능력이 떨어지므로 열기전력이 절연재를 통해 누설되어 정밀도 및 안정도가 떨어지게 된다. 또한 가공할 때 시스 서모커플의 절연재에 공기 중의 습기가 침투되지 않도록 해야 한다. 시스 서모커플을 원자재 상태에서 절단할 때, 그 절단 부위는 반드시 에폭시류 또는 다른 적당한 재료로 밀봉하여 습기를 차단해야 한다. 시스 서모커플을 가동, 조립하기 전에 건조로에서 약 200℃ 정도에서 충분히 건조한 후 사용해야 한다.

KS 규격에서 허용하는 전기적 특성은 <표 5-13>과 같다. 다만, 접지형의 경우에는 본 규격은 적용하지 않는다.

■ 표 5-13 시스 서모커플의 전기적 특성 시험(KS C1615)

항목	금속시스 바깥지름(mm)	평가기준
절연저항	1.0, 1.5, 1.6, 2.0	5 MΩ / 100 VDC 이상
	3.0, 3.2	5 MΩ / 250 VDC 이상
	4.5, 4.8, 6.0, 6.4, 8.0	5 MΩ / 500 VDC 이상
내전압	1.0, 1.5, 1.6, 2.0	100 VAC에서 1분간 견딜 것
	3.0, 3.2	250 VAC에서 1분간 견딜 것
	4.5, 4.8, 6.0, 6.4, 8.0	500 VAC에서 1분간 견딜 것

5.4 비접촉식 온도센서

접촉식 온도센서와는 달리 비접촉식 온도센서는 기본적으로 적외선을 이용해서 온도를 측정하는 방식이다. 적외선 센서는 온도센서 분류에서 비접촉식 센서에 해당하는 센서이며, <표 5-1>에서 보듯이 크게 반도체 재료를 이용한 양자형(quantum)과 반도체 재료가 아닌 재료를 이용한 열형(thermal)의 두 종류로 나눌 수 있다. 열형에는 입사하는 적외선에 대해 출력되는 신호에 따라 전기적 타입, 기구적 타입, 그리고 광학적 타입으로 나눌 수 있다. 전기적 열형센서에는 다시 볼로미터(bolometer), 서모파일(thermopile), 초전체(pyroelectric) 등 3가지로 나눌 수 있으며, 기구적 열형센서에는 골레이셀(Golay cell), 광학적 열형센서는 광섬유 센서가 있다. 양자형에는 광전도형(PC, photoconductive), 광전압형(PV, photovoltaic), 양자우물형(QW, quantum well), Type Ⅱ 초격자 등 4종류가 있으며, PC형에는 다시 불순물 레벨의 유무에 따라 외인성(extrinsic)과 내인성(extrinsic)으로 나눌 수 있다. PC형 내인성에는 PbS, PbSe, InSb, HgCdTe 반도체가 사용되며, PC형 외인성에는 Si과 GaAs에 불순물을 첨가한 반도체를 사용한다. PV형에는 SWIR용으로 InGaAs, MWIR용으로 InSb와 HgCdTe, LWIR용으로 HgCdTe 반도체 재료가 사용되며, QW형에는 Ⅲ-Ⅴ족 화합물 반도체인 GaAs/InGaAs 반도체 재료가 주로 사용되며, Type Ⅱ 초격자에는 InAs/GaInSb 등의 재료에 대해 연구 중에 있다. 대부분의 열형 센서는 냉각이 필요없는 상온에서 동작하기 때문에 비냉각형 적외선 센서라고도 한다. 반면, 양자형은 액체질소 온도와 같이 낮은 온도에서 동작하기 때문에 냉각 시스템이 필요하고, 비냉각형에 대비해서 냉각형 적외선 센서라고 한다.

비접촉식 온도센서는 모두 물체의 표면에서 나오는 적외선으로부터 온도를 측정하는 센서이다. 열형에는 적외선에 대해 출력되는 신호에 따라 전기적 타입, 기구적 타입, 광학적 타입으로 구분한다. 전기적 열형센서에는 다시 볼로미터(bolometer), 서모파일(thermopile), 초전체(pyroelectric) 등 3가지로 나눌 수 있다. 열형센서인 볼로미터, 초전체, 서모파일 센서는 온도 측정뿐만 아니라 적외선 카메라 및 물리보안용의 다양한 용도로 사용되고 있다. 비냉각형 적외선 센서인 열형센서의 대표적인 3가지 종류에 대해 전기적인 출력 형태에 따라 다음과 같이 구분하다. ① 볼로미터는 적외선이 입사 또는 온도가 변하면 내부의 저항이 변하는 원리, ② 서모파일은 적외선이 입사 또는 온도가 변하면 기전력이 변하는 원리, ③ 초전체는 적외선의 입사 또는 온도가 변함에 따라 내부 분극이 변하는 원리이다. 이러한 열형 센서에는 최소한 두 가지 중요한 부분이 있는데, 하나는 적외선을 흡수하는 흡수체이고, 다른 하나는 온도 센서 또는 온도 변환기이다. 두 부분의 역할은 입사하는 복사량에 대해 온도 변화가 최대가 되도록 하고, 센서의 열질량(thermal mass)은 최소가 되도록 해야 한다.

5.4.1 볼로미터 온도센서

볼로미터는 적외선이 입사하면 센서 내부의 저항이 변하는 원리이며, 원리적인 측면에서 보면 접촉식인 RTD센서와 서미스터와 동일하다. 볼로미터는 그리스어로 광선(ray)를 뜻하는 bolo와 계측이라는 의미의 meter가 합쳐져 만들어진 단어로 광선, 특히 적외선을 측정한다는 의미이다. 볼로미터는 1878년 미국의 천문학자인 사무엘 랭글리(Samuel Langl ey)에 의해 온도센서로 사용될 수 있다는 것이 처음으로 제안되었다. 현재 바나듐 산화물(VOx)과 비정질 실리콘 재료가 볼로미터 센서로 사용되고 있다. 볼로미터는 입사된 적외선을 흡수하여 열적으로 고립된 멤브레인 저항체의 온도가 올라가고, 이 온도변화는 흡수된 적외선 에너지에 비례해서 볼로미터 저항체의 전기저항변화 원리로 감지된다. 이러한 온도변화를 잘 감지하기 위해서는 적외선이 최대한 많이 입사할 수 있도록 수광면적을 최대한 크게 해야 하며, 온도에 따른 저항 변화율이 큰 저항체 물질, 낮은 1/f 잡음 특성 등을 가져야 한다. 최근 MEMS 관련된 제조공정 기술의 발전으로 <그림 5-14>와 같은 픽셀이 약 20 μm 이하인 마이크로볼로미터가 개발되었다.

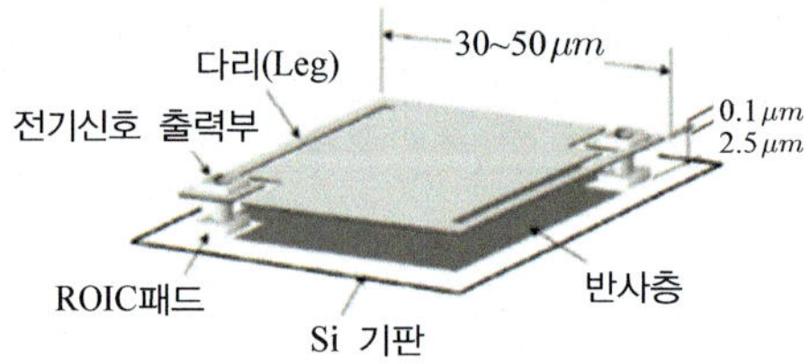

▲ 그림 5-14 마이크로 볼로미터 센서의 내부구조 및 제작된 센서 전자현미경 사진

볼로미터의 온도저항계수(TCR) 값은 적외선 센서의 성능이 얼마나 좋은지 평가할 수 있는 물리특성이며, 이 값은 볼로미터의 온도를 조절하면서 볼로미터의 저항이 온도에 따라 변화하는 정도를 측정해서 계산할 수 있다. 볼로미터 재료가 금속인 경우는 일반적으로 TCR의 부호가 (+)값을 가지며, 비금속인 경우는 (−)값을 나타낸다. TCR의 부호에 관계없이 절대값이 높을수록 적외선 센서용의 볼로미터 성능이 우수하다고 볼 수 있다. 대표적인 볼로미터의 전압-전류 특성 결과는 <그림 5-15>와 같다. 여기서 좌측 시편 A와 같이 온도에 따라 전류-전압 특성에서 선형성이 없는 경우는 볼로미터 센서로 부적합하며, 우측의 시편 B와 같이 온도에 따라 전류-전압 특성에서 선형성이 우수하면 볼로미터 센서로 적합한 센서이다. 볼로미터의 온도별 전류-전압 특성에서 온도별 저항값을 계산하면, 그림 우측과 같은 선형적인 직선을 얻게 되는데, 여기서 이 직선의 기울기 중에서 선형성이 우수한 영역을 선택해서 다음과 같이 계산하여 해당 볼로미터의 TCR 값을 얻을

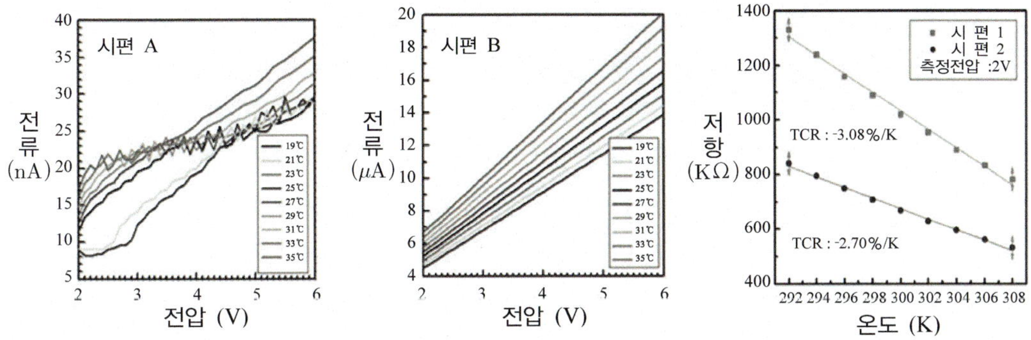

▲ 그림 5-15 대표적인 볼로미터의 TCR 특성

수 있다. 이 그림에서 시편1의 TCR 절대값이 시편2의 절대값보다 크므로 시편1이 더 우수한 볼로미터 재료라고 볼 수 있다.[36]

5.4.2 서모파일 온도센서

서모파일은 서모커플(다른 말로 열전대)의 다발로 구성된 형태로 되어 있으며, 서모커플은 종류가 다른 두 금속의 접촉 부위에 온도를 가하면 열기전력이 발생하는 원리이며, 서모파일 센서는 이러한 서모커플 센서가 다발로 모여 있는 센서이다. 서모파일은 서모커플과 같이 온접점(hot junction, 다른 말로 측정 접합부라고 함)과 냉접점(cold junction, 다른 말로 레퍼런스 접합부라고 함)이 존재하는데, 온접점 쪽으로 적외선이 입사하고 냉접점 쪽은 방열판(heat sink) 쪽으로 연결되어 있다. 온접점 쪽으로 적외선이 입사하면 제베크 효과에 의해 기전력이 발생하여 냉접점 쪽에서 기전력을 측정할 수 있다. 최근 반도체 기술의 발달로 매우 작은 영역에 서모파일을 이용한 센서가 양산되고 있다. 서모파일 센서는 실리콘 MEMS(미세가공기술)로 제작하는데, MEMS 기술로 제작된 서모파일의 형태는 <그림 5-16>과 같다.

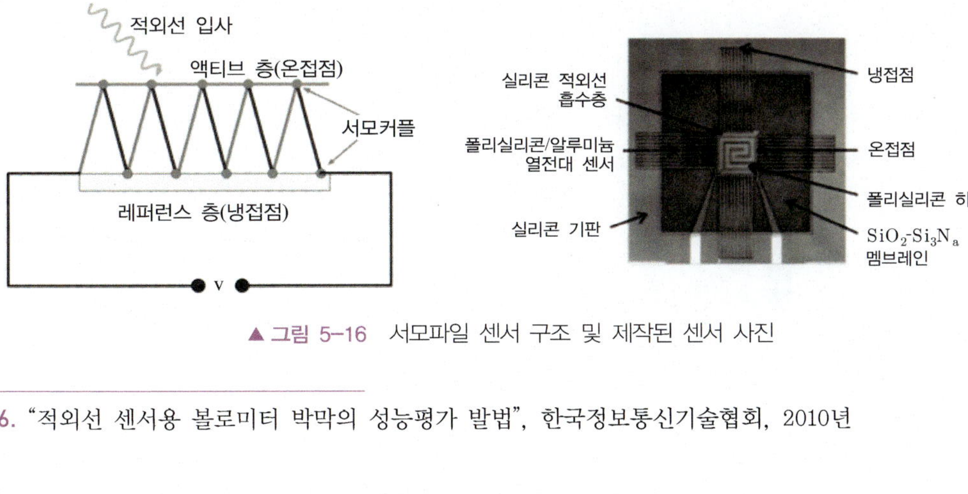

▲ 그림 5-16 서모파일 센서 구조 및 제작된 센서 사진

36. "적외선 센서용 볼로미터 박막의 성능평가 발법", 한국정보통신기술협회, 2010년

실리콘 기판을 wet 에칭으로 약 두께가 1 μm 정도인 멤브레인을 제작하고, 멤브레인은 보통 열전도율이 낮은 SiO2/Si3N4 재료로 증착으로 제작을 한다. 멤브레인 위에 두 가지 다른 종류의 열기전력 재료를 증착하는데, 멤브레인의 중심부에 측정 접합이 오도록 하고, 히트싱크 쪽인 Si 기판 쪽은 냉접합인 레퍼런스 접합이 연결되도록 한다. 이렇게 하여 멤브레인 위에 실리콘과 알루미늄으로 구성된 서모파일로 구성하고, 실리콘 기판은 방열판(heat sink) 역할을 하도록 되어 있다. 서모파일 재료는 플래티늄(platinum)과 Zn와 Sb의 50:50으로 혼합한 비정질 반도체 재료를 가장 많이 사용하고 있다. 이 외에도 Bi2Te3와 Sb2Te3 재료를 사용한 것도 있으며, 서모파일 효과를 낼 수 있는 재료는 많은 연구가 진행되고 있다. 그리고 서모파일 센서로 온도를 측정하고자 할 경우, 서모커플인 두 접점 사이의 온도 차이에 의한 열기전력이 출력전압으로 나오는 것이므로, 반드시 서모파일 센서 내부에 온도를 측정할 수 있는 다른 소자를 결합하여야만 대상물체의 온도를 비접촉식으로 측정할 수 있다.

서모파일은 마이크로볼로미터와 같이 진공을 유지할 필요가 없어, 제작공정 측면에서는 매우 간단하여 가격이 비교적 저렴한 편이다. 그러나 센서의 반응속도가 마이크로볼로미터의 수 ms에 비해 약 수십배 정도 느린 단점이 있어 고화소용으로 가게 되면 실시간 영상을 볼 수 없는 단점이 있다. 이러한 센서의 한계 때문에 저화소용에 응용되고 있으며, 주로 귀속 체온계나 비접촉식 온도 측정기 용으로 사용되고 있다.

5.4.3 방사율의 영향

적외선을 이용해서 비접촉식으로 물체 표면의 온도를 측정할 때, <그림 5-17>과 같이 반사, 투과, 방사와 같은 3가지 에너지 형태가 존재하게 된다.

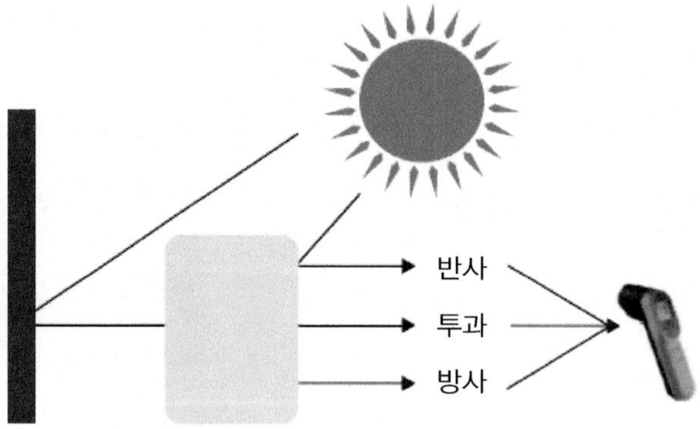

▲ 그림 5-17 적외선 온도계에 도달하는 에너지

이 중에서 오직 방사에 의한 에너지만 물체 표면의 온도를 측정하는 데 사용된다. 반사에 의한 에너지와 투과에 의한 에너지는 물체 표면 자체의 에너지와 관계없는 빛이다. 따라서 적외선 온도계로 온도를 측정하고자 할 때는 반사와 투과에 의한 효과는 제거하고 오직 방사에 의한 에너지로만 측정해야 한다. 일반적으로 투명하지 않은 물체인 경우는 투과에 의한 효과는 거의 없으며 반사에 의한 효과만 오차에서 고려하면 된다.

빛이 물체를 통과하게 되면 투과 τ, 흡수 α, 반사 ρ 세 가지 물리적 특성이 나타난다. 불투명한 물체는 약간의 반사가 있더라도 투과를 하지 못하는 것인데, 이 경우 $\tau=0$, $\alpha+\rho=1$로 표현되며, 투명한 물체는 $\tau=1$, $\alpha=\rho=0$로 볼 수 있다. 백색체(white body)는 입사하는 빛을 모든 방향으로 반사하는 것으로, $\tau=0$, $\alpha=0$, $\rho=1$이며, 흑체는 $\tau=0$, $\alpha=1$, $\rho=0$로 정의할 수 있다. 그리고 회색체(gray body)는 α, ρ, τ가 모든 파장에 대해 일정한 특성이 있는 것으로, 각 파장에서의 복사의 세기가 그 물체와 같은 온도에 있는 흑체의 동일 파장의 복사와 언제나 일정한 비율로 작아지는 표면을 갖는 물체를 의미한다. 공학적으로 흑체를 제외한 다른 모든 고체는 일반적으로 회색체로 간주한다.

키르히호프는 동일한 온도에서 어떤 물체가 빛을 발산하는 능력은 그것을 흡수하는 능력과 동일하다는 사실을 발표했는데, 이것은 방사율이 흡수율과 동일하다는 의미이다. 즉, 방사율(Emissivity) $\epsilon=\alpha$의 관계에 있다. 따라서 흑체는 $\alpha=1$이기 때문에 방사율이 $\epsilon=1$인 이상적인 소스를 의미한다.

일반적인 물체는 적외선을 방사하지만 플랑크 복사법칙을 따르지 않고, 방사율에 의해 결정된다. 방사율은 아래 수식과 같이 흑체 복사량에 비해 얼마만큼의 복사량을 내놓는가 하는 정도이다. 즉 방사율은 주어진 온도에서 흑체에서 나오는 방사와 물체에서 나오는 방사의 비율로 정의된다.[37]

$$\epsilon(\lambda, T)=\frac{E(\lambda, T)_{source}}{E(\lambda, T)_{Blackbody}} \tag{5-3}$$

회색체의 방사율은 파장에 따라 일정하지만 실제 일반적인 재료의 방사율은 <그림 5-18>과 같이 파장의 함수로 주어진다. 흑체는 이론적인 최대의 적외선 복사량을 내어놓는 물체이므로 방사율은 1.0이며, 회색체 및 일반적인 물체의 방사율은 항상 0과 1 사이의 값을 가진다. 일반적으로 금속 물질의 방사율은 대부분 0.5 이하이며, 비금속 물질은 0.5 이상의 값을 가진다. 또한, 금속 물질은 온도가 올라가면 표면에 산화막이 생기기 때문에 방사율이 올라가고, 반면 비금속 물질은 온도가 올라가면 방사율이 낮아지는 경향이 있다.

37. Wikipedia, http://en.wikipedia.org/wiki/Emissivity

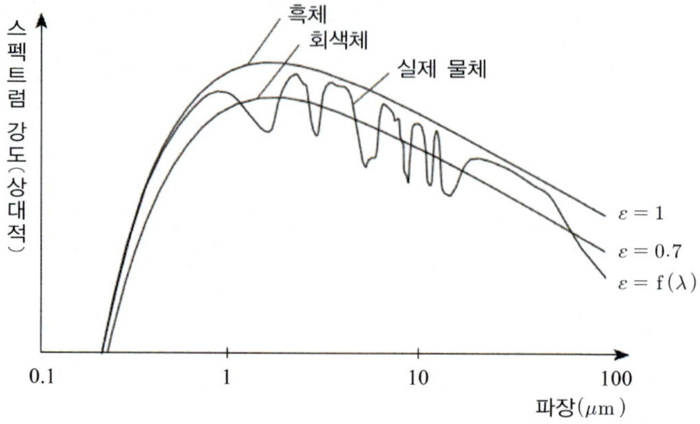

▲ 그림 5-18 파장에 따른 방사율의 특성

금속 재질 표면 상태에 따라 파장에 따른 방사율의 변화는 <그림 5-19>와 같다. 표면이 반짝이는 금속의 경우 긴 파장 영역에서는 방사율은 낮고, 짧은 파장 영역에서는 방사율이 높다. 그리고 표면 산화막의 상태에 따라 긴 파장 영역에서도 방사율이 0.8 근처의 값을 가진다. 그러므로 금속의 경우에는 정확한 방사율을 알아야 온도를 정확히 측정할 수 있다.

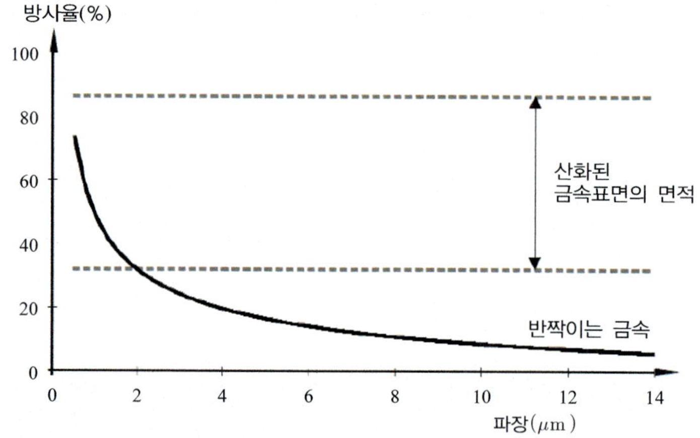

▲ 그림 5-19 금속 표면 상태에 따라 파장에 따른 방사율 변화

대표적인 재료에 대한 파장에 따른 방사율은 <그림 5-20>과 같다. 물체의 방사율은 파장에 무관하게 일정한 것이 아니고, 파장에 따라 방사율이 다르다. 일반적으로 금속 재료들은 짧은 파장으로 갈수록 방사율이 커지며, 비금속 재료들은 반대로 짧은 파장에서 방사율이 작아진다. 그리고 방사율은 물질의 표면 특성에 의해 결정되며, 이러한 물질의 방사율을 이용해서 물체의 온도를 비접촉식인 적외선 온도계로 측정할 수 있다. 따라서 방사율은 비접촉식 방법으로 온도를 측정할 때 매우 중요한 역할을 한다.

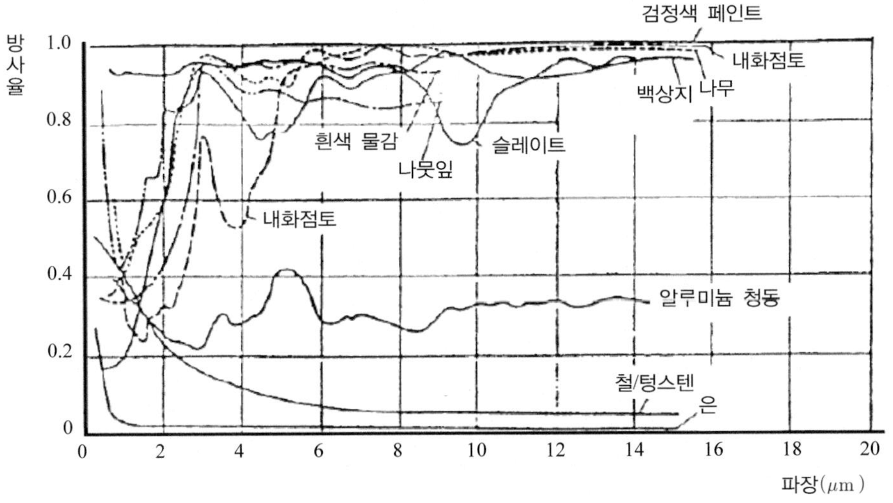

▲ 그림 5-20 대표적인 재료에 대한 파장별 방사율 특성

방사율이 1에 가까운 물체의 온도를 적외선 온도계로 측정하는 경우 오차가 작게 발생하지만, 방사율이 0에 가까운 물체의 온도를 적외선 온도계로 측정할 때에는 많은 오차가 생길 수 있다.

대표적인 금속 재료 및 비금속 재료에 대한 방사율 값은 <표 5-14>와 같다. 비금속 재료들은 보통 0.8에서 0.9 사이의 값을 가진다. 방사율 원리를 응용한 것이 겨울철 전기 히터에서 볼 수 있다. 발열부의 뒤쪽은 잘 연마된 금속면으로 되어 있어 발열부의 열을 최대한 반사하는 역할을 한다. 뒷면의 금속면은 방사율이 매우 낮아서 흡수하지 않고 발열체에서 나오는 대부분의 열을 앞쪽으로 반사하는 역할을 한다. 그리고 발열부 앞쪽에 발열부만을 가린 매우 얇은 금속판이 있는데, 이 금속판을 손으로 만져도 별로 뜨겁지 않다. 이것은 금속판의 발열부 쪽의 표면이 매끄럽게 되어 있어 발열체에서 나온 열을 히터 쪽으로 대부분 반사하고 열흡수가 없기 때문이다.

따라서 비접촉식 적외선 온도계로 정확한 온도를 측정하기 위해서는 물체의 방사율 값을 정확히 알아야 한다. 이미 많은 재료에 대한 방사율 값은 알려져 있으므로 굳이 새로 측정하지 않아도 되지만, 새로운 재료에 대해 온도를 측정하고자 하면 다음과 같은 5가지 방법으로 방사율을 보정하여 온도를 측정해야 한다.

① 측정 대상물의 온도를 정밀한 온도 조절기를 이용해서 일정 온도까지 올린다. 그 다음 적외선 온도계로 방사율 값을 조절하여 정확한 온도가 나오도록 보정을 한다. 만약 온도 조절기가 없으면, 접촉식 온도계의 온도와 적외선 온도계의 온도를 비교하면서 방사율을 조절한다.

■ 표 5-14 대표적인 재료들의 파장에 따른 방사율

재료	방사율(파장, μm)			
	1.0	2.2	5.1	8 ~ 14
납 – 연마 – 산화막	0.65 0.35 –	0.5 0.05~0.2 0.3~0.7	0.4 0.05~0.2 0.2~0.7	0.4 0.05~0.1 0.2~0.6
니켈 – 산화막 – 전해연마	 0.8~0.9 0.2~0.4	 0.4~0.7 0.1~0.2	 0.3~0.6 0.1~0.15	 0.2~0.5 0.05~0.15
은	0.04	0.02	0.02	0.02
카본 – 그래파이트	0.8~0.95 0.8~0.9	0.8~0.9 0.8~0.9	0.8~0.9 0.7~0.9	0.8~0.9 0.7~0.8
아스팔트	0.9	0.8	0.9	0.95
세라믹	0.4	0.8~0.95	0.85~0.95	0.95
콘크리트	0.65	0.9	0.9	0.95
점토	–	0.8~0.95	0.85~0.9	0.95
플라스틱	–	–	0.95	0.95
나무	–	–	0.9~0.95	0.9~0.95
눈				0.9
모래				0.9
흙				0.9~0.98
물				0.93
얼음				0.98
종이			0.95	0.95
피부				0.98

② 비교적 낮은 온도인 경우(약 260℃ 이하), 방사율을 알고 있는 특수한 플라스틱 스티커를 대상물에 붙여서 온도를 올린다. 방사율을 알고 있는 값을 이용해서 스티커의 온도를 측정한다. 그 다음 스티커를 제거한 후 대상물의 온도가 스티커의 온도와 같이 되도록 방사율을 조절한다. 보통 스티커는 방사율이 1 근처인 검은색 페인트 재료를 주로 사용한다.

③ 높은 온도를 측정하는 경우, 측정하고자 하는 재료를 이용해서 간이 흑체를 만든다. 홀의 깊이는 최소한 구멍 직경의 6배 이상이 되도록 한다. 또한, 구멍의 직경은 적외선 온도계의 광학적 측정 직경보다 커야 한다. 이런 구멍은 방사율이 1인 흑체와 같은 역할을 한다. 적외선 온도계로 구멍 내부의 온도를 측정하고, 그 다음 물체의 표면을 측정하여 비교하면 물체 표면의 방사율을 결정할 수 있다. 그러나 이 방법은 고체이면서 어느 정도 부피가 있어야만 측정할 수 있다는 단점이 있다.

④ 물체 표면의 일부에 코팅을 할 수 있는 환경이라면, 거의 방사율이 1인 윤기없는 검은색 페인트를 칠하고, 이 페인트 부분의 온도를 적외선 온도계로 측정한다. 그 다음 페이트가 없는 부분의 물체 온도를 측정해서 방사율을 보정한다.

⑤ 만약 측정하고자 하는 물체가 방사율 테이블에서 찾을 수 있으면, 그 물체의 방사율을 입력해서 측정한다.

방사율은 파장에 따라 다른 값을 가지므로 온도에 따라 측정하는 파장 대역을 잘 선택해야 한다. 700℃ 이하의 온도를 측정하는 일반적인 적외선 온도계는 8~14 μm의 필터를 사용한다. 그러나 경우에 따라서는 매우 좁은 대역의 필터를 사용하기도 하는데, 매우 높은 온도를 측정하고자 할 때에는 2.2 또는 3.8 μm의 협대역 필터를 사용한다. 일반적으로 1,300℃ 이상의 온도를 측정할 때에는 2.1~2.3 μm의 협대역 필터를 사용하며, 경우에 따라서는 0.78~1.06 μm의 협대역 필터를 사용하기도 한다.

측정하고자 하는 재료의 특성에 따라 선택하는 적외선 주파수를 달리하는 것이 오차를 줄일 수 있다. 금속 재료인 경우는 일반적으로 반사를 잘 하므로 상대적으로 방사율이 낮다. 금속 재료를 LWIR 대역의 파장을 사용하면 오히려 방사율 때문에 측정 오차가 커질 수 있다. 따라서 금속 재료인 경우는 NIR 또는 SWIR 영역 대의 적외선을 사용하는 것이 좋다. 평탄하고 반짝이는 금속 표면의 방사율은 짧은 파장에서는 높고 긴 파장에서는 작아진다. 또한 산화막의 유무 또는 부식여부에 따라서도 방사율이 달라진다. 따라서 고온의 금속 물체 온도를 측정하기 위해서는 0.8 μm ~ 1.0 μm 대역이 적합하며, 1.6, 2.2, 3.9 μm 파장 대역도 사용이 가능하다.

5.4.4 스폿크기와 측정거리

적외선 온도계의 광학계는 측정하고자 하는 물체 표면의 측정면적의 이미지를 센서까지 전달하는 역할을 한다. 이러한 측정면적을 스폿크기(spot size)라고 하며, 스폿크기의 형태는 광학계의 조리개에 따라 원형 또는 사각형으로 정의된다. 일반적으로 대상물체가 렌즈로부터 멀어지면 이미지는 확대되듯이, 적외선 온도계와 물체 사이의 거리가 멀어질수록 스폿크기의 직경은 더 커지게 된다. 적외선 온도계에 사용되는 광학계는 주로 다음과 같은 두 가지 형태이다. 하나는 고정 초점식이고, 다른 하나는 가변 초점식 이다. 고정 초점식 적외선 온도계에서 측정거리는 스폿크기의 최소 직경으로 결정되므로, 응용분야에 따라 적절한 광학계를 선택해야 한다. 따라서 이러한 고정 초점식은 측정 환경이 자주 바뀌지 않는 장소에 설치해서 모니터링 하는 용도로 주로 사용된다. 반면, 가변 초점식 적외선 온도계는 거리에 따라 대상물체의 초점거리를 조절할 수 있도록 광학계가 구성되어 있기 때문에 측정 환경이 자주 바뀌는 환경에 적합한 온도계이다.

스폿크기의 직경은 거리와 직경의 비(ratio)로부터 계산할 수 있다. 스폿크기와 측정거리의 관계는 <그림 5-21>과 같다. 여기서 M_1은 명목상 측정거리인 a_1에서의 스폿크기이며, M_2는 측정거리가 $a_2>a_1$에서의 스폿크기이며, M_3는 측정거리가 $a_3<a_1$에서의 스폿크기이며, 그리고 D는 렌즈의 직경이다. 이 관계식은 고정식과 가변식 모두에 적용이 가능하다. 고정식에서 a_1은 렌즈의 초점에 의해 물체의 상이 가장 뚜렷해지는 물체까지의 거리이며, 이 위치에서의 스폿크기 직경인 M_1이 가장 작게 된다. 만약 거리가 변한다면, 거리 방향에 관계없이 스폿크기의 직경은 커지게 되며, M_2와 M_3의 관계식은 각각 다음과 같다.

$$M_2 = \frac{a_2}{a_1}(M_1 + D) - D, \quad M_3 = \frac{a_3}{a_1}(M_1 - D) + D \qquad (5\text{-}4)$$

적외선 온도계 제조사들은 측정거리 대 스폿크기의 직경의 비인 S:M으로 사양을 표시한다. 이에 대한 개념은 <그림 5-22>와 같다. 여기서 S는 온도계와 대상물체까지의 거리이고, M은 스폿크기의 직경이다. 아래 그림에서 약 14cm까지는 빔의 직경이 약 13mm로 좁게 유지된 채 측정이 가능하며, 이보다 더 멀어지게 되면 스폿크기의 직경은 커지게

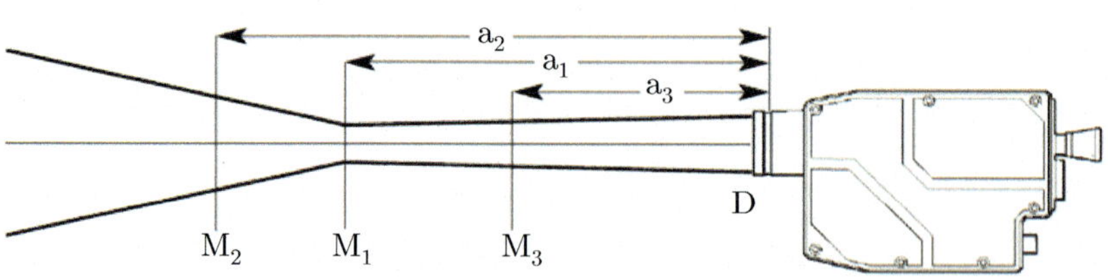

▲ 그림 5-21 스폿크기와 측정거리의 관계

된다. 그림과 같이 약 1m 떨어진 물체인 경우, 스폿크기의 직경은 약 50mm라는 의미로 S:M = 200:1로 표시한다. 즉, 대상물체의 크기는 50mm보다 크야만 정확하게 측정할 수 있다는 의미이다. 그리고 약 13mm까지 빔이 퍼지지 않는 거리를 집속거리(focusing distance)라 하며, 적절한 측정거리와 스폿크기와의 관계는 <그림 5-23>과 같다. 오차를 피하기 위해서는 물체크기가 스폿크기 보다는 약간 더 커야 한다. 만약 스폿크기보다 물체크기가 더 작게 되면 많은 측정오차가 발생한다.

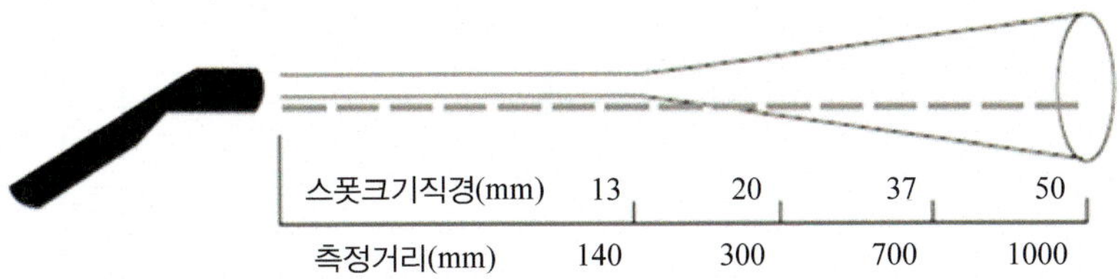

▲ 그림 5-22 측정거리 대 스폿크기 직경과의 관계 (S:M = 200:1의 경우)

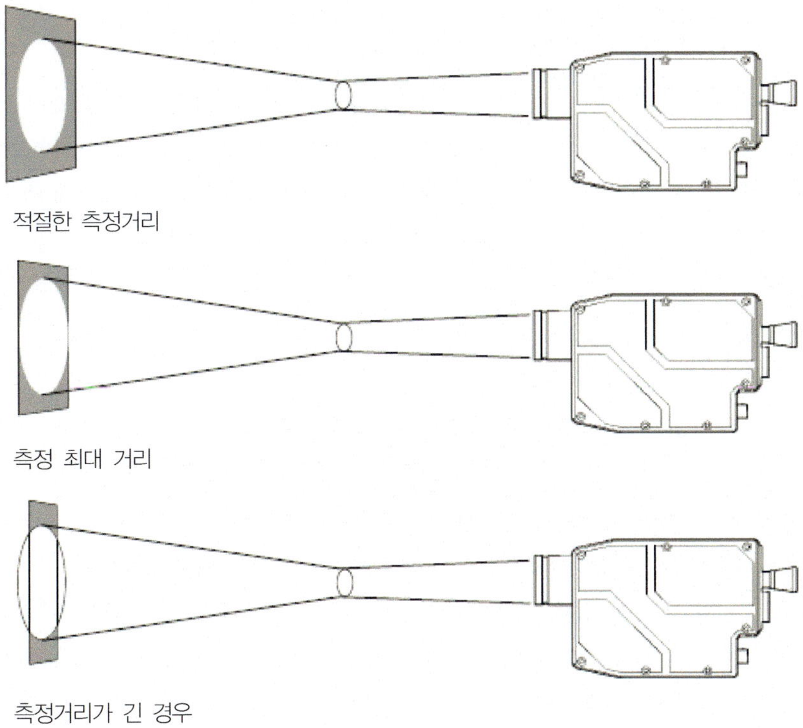

▲ 그림 5-23 측정거리와 스폿크기 관계

5.5 적외선 온도계 원리

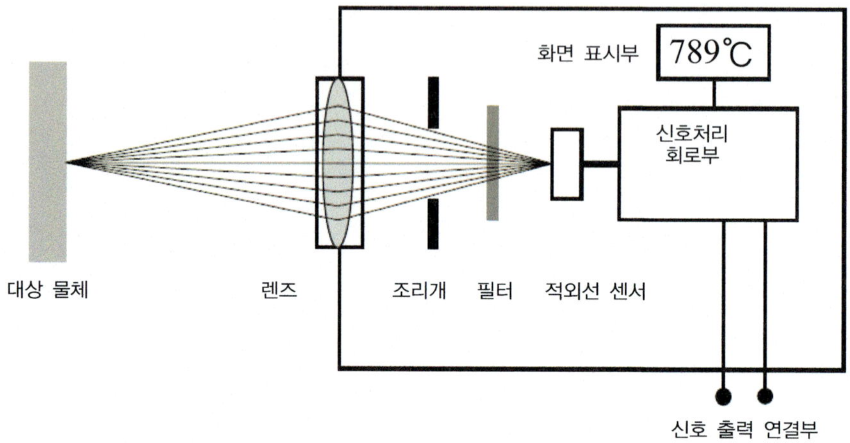

▲ 그림 5-24 적외선 온도계의 내부 구성도

적외선 온도계의 기본적인 부품은 렌즈, 조리개, 필터, 적외선 센서, 신호처리부로 구성되어 있으며, 개념적인 내부 구조는 <그림 5-24>와 같다. 물체에서 복사되는 적외선은 렌즈에 의해 집중되고, 조리개는 렌즈를 통해 입사한 적외선 중에서 불필요한 가장자리 신호들을 제거하는 역할을 한다. 적외선 필터에서 원하는 적외선 파장 대역만 통과시켜 적외선 센서쪽으로 들어가게 한다. 적외선 센서에서는 이러한 광학적 신호를 전기적인 신호로 변화시키는 역할을 하며, 신호처리 회로부에서 전기적인 신호로부터 온도로 환산하는 역할을 하게 된다.

신호처리부에서는 다음과 같은 3 종류의 알고리즘을 이용해서 온도를 계산한다. ① 물체의 복사온도 측정, ② 물체의 밝기온도 측정, ③ 물체의 컬러온도 또는 이색컬러(two color) 측정 등이 있다. ①번의 복사온도 측정법은 넓은 파장대역(1~30 μm)의 복사량을 측정하는 방식인데, 이러한 형태의 온도계는 오차가 많이 생기기 때문에 더 이상 상품으로 나오지 않고 있다. ②번의 밝기온도 측정을 위해서는 보통 다음과 같은 두 가지 형태를 사용한다. 하나는 광대역용으로 8~14 μm 대역의 필터를 이용하는 방법이고, 다른 하나는 유리와 같은 특수한 재료를 측정하기 위해 협대역용으로 5.14 μm 대역을 사용한다. ③번의 컬러온도 측정법은 동시에 두 가지 파장을 사용해서 측정하는 방법으로, 방사율에 무관하게 측정할 수 있다는 장점이 있다. 따라서 두 가지 파장은 방사율이 거의 변하지 않는 가까운 두 가지 파장대역을 사용하는데, 보통 0.95 μm와 1.05 μm 대역을 사용한다.

복사온도 측정법은 대상물체에서 나오는 적외선의 전 파장영역의 복사량을 측정하여 흑체의 복사량과 상대 비교를 통해 물체의 온도를 추정하는 방법인데, 이 방법은 물체의 복사량 측정범위에서 오차가 많이 발생할 수 있기 때문에 개념적으로만 가능성이 알려졌다. 물체의 밝기온도 측정법은 플랑크 복사법칙을 이용해서 측정하는 방법이다. 복사온도 측정법의 단점을 보완하기 위해 협대역 파장만 복사량을 측정할 수 있도록 필터를 사용하고, 그 파장대의 흑체 복사량을 계산해서 물체의 온도를 추정하는 방법이다. 그 계산 방법은 다음과 같다. 여기서 ϵ는 물체의 방사율, C = hc/k이다.

$$L(\lambda_0, T_B) = \frac{2hc^2}{\lambda_0^5\left[\exp(hc/\lambda_0 k T_B) - 1\right]} \left[\frac{\text{Watt}}{\text{cm}^2 \cdot \mu\text{m} \cdot \text{sr}}\right] \tag{5-5}$$

$$L_{obj}(\lambda_0, T_{obj}) = \frac{2hc^2}{\lambda_0^5\left[\exp(hc/\lambda_0 k T_{obj}) - 1\right]} \left[\frac{Watt}{\text{cm}^2 \cdot \mu\text{m} \cdot \text{sr}}\right] \tag{5-6}$$

$$L(\lambda_0, T_B) = \epsilon\, L_{obj}(\lambda_0, T_{obj}) \tag{5-7}$$

$$T_{obj} = \frac{C}{\lambda_0} \cdot \frac{1}{\ln\left[\epsilon\left(\exp(C/\lambda_0 T_B) - 1\right) + 1\right]} \tag{5-8}$$

컬러온도(color temperature) 방법은 기본적으로 밝기온도 측정법과 유사한 방법이며, 하나의 파장 대역에서의 방사율 오차를 없애기 위해 두 파장에서 나오는 복사량을 계산 및 측정해서 온도를 측정하는 방법으로 가장 정확하게 온도를 측정할 수 있는 방법이다. 이때 사용하는 파장 대역은 서로 이웃하는 파장을 선택해서 방사율 $\epsilon_1 = \epsilon_2$로 가정하여 아래의 Planck 복사 수식에서 온도를 계산하는 방법이다.

$$R = \frac{L(\lambda_1)}{L(\lambda_2)} = \frac{\epsilon_2}{\epsilon_1} \frac{\lambda_1^5\left[\exp(hc/\lambda_1 k T_{obj}) - 1\right]}{\lambda_2^5\left[\exp(hc/\lambda_2 k T_{obj}) - 1\right]} \tag{5-9}$$

위의 식에서 인접한 2개 파장대역의 방사율은 $\epsilon_1 \approx \epsilon_2$로 근사할 수 있으므로 물체온도 T_{obj}는 각 필터의 광출력의 비로부터 계산할 수 있다. 이 방법은 다음과 같은 장점이 있어 비교적 정확하게 온도를 측정할 수 있다. ① 파장에 따른 방사율을 고려할 필요가 없다. ② 측정장소의 먼지나 기타 오염물질에 의한 오차를 줄일 수 있다. ③ 측정 부위에 약간의 진동이 있어도 정확하게 측정할 수 있다. 이와 같은 장점으로 인해 매우 높은 온도를 측정해야 하는 경우, 대기 중에 연기 등으로 의해 적외선 경로에 간섭이 있는 경우, 스폿크기보다 물체의 크기가 작은 경우, 방사율이 매우 낮거나 모르는 경우 등에 사용이 가능하다. 이와

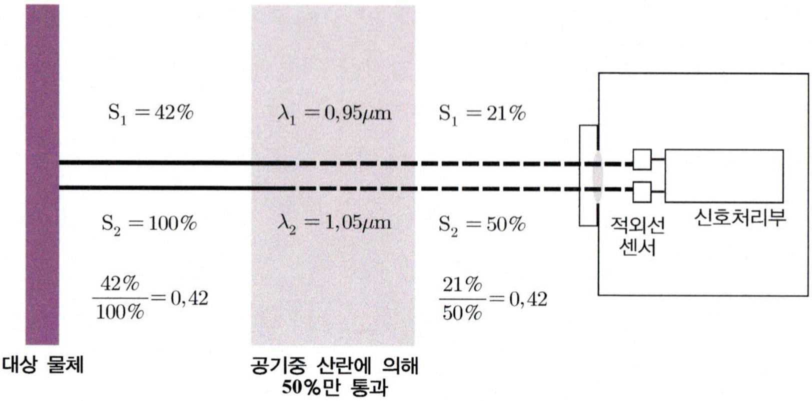

▲ 그림 5-25 컬러온도 측정 개념

같이 두 영역을 측정하기 위해서는 샌드위치 형태의 센서, 또는 두 개의 광학필터와 이에 해당하는 두 개의 분리된 센서, 회전하는 필터휠을 가진 센서 등으로 구현이 가능하다. 이 중에서 필터휠을 사용하는 방법은 동시에 두 영역의 적외선을 측정하지 못한다는 단점이 있어 움직이는 물체이거나 급격히 온도가 변하는 물체의 온도를 측정하기에는 부적합하다. 컬러온도 측정에 사용되는 적외선 온도계의 개념적인 내부구조는 <그림 5-25>와 같다.

5.6 귓속 온도계의 응용

신체 온도는 관상동맥의 온도를 측정하는 것이 정확한 방법이지만, 이렇게 하기 위해서는 외과적인 방법만이 가능하다. 대신 귓속의 고막 근처의 온도가 신체의 온도를 측정하기에 좋은 방법임이 여러 논문에서 밝혀졌으며, <그림 5-26>은 인체의 여러 부위에 대한 나이에 따른 온도분포이다. 이 그림에 의하면 귓속의 온도가 몸속의 온도를 가장 잘 나타냄을 알 수 있다. 이러한 의학적인 목적으로 적외선을 이용한 귓속 온도계가 개발되었다.

°C	0 ~ 2 세	3 ~ 10 세	11 ~ 65 세	65 세 이상
입속	—	35.5 37.5	36.4 37.5	35.8 37.0
직장	36.6 38.0	36.6 38.0	37.0 38.1	36.1 37.3
겨드랑이	34.7 37.3	35.9 36.7	35.2 36.9	35.5 36.3
귓속	36.4 38.0	36.1 37.8	35.9 37.6	35.8 37.5
몸속	36.4 37.8	36.4 37.8	36.8 37.9	35.9 37.1

▲ 그림 5-26 인체 부위별 나이에 따른 온도 분포

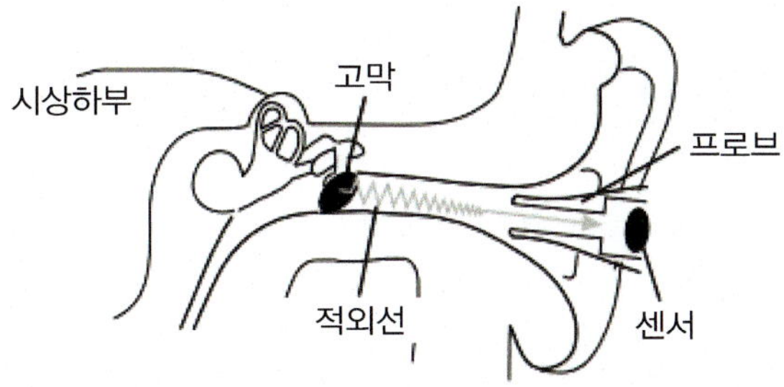

▲ 그림 5-27 귓속의 온도측정 부위

귓속의 고막은 혈관을 시상하부와 같이 사용하고 있으며, 고막에서 나오는 적외선의 온도는 인체의 몸속 온도와 거의 일치한다. 입속의 온도와는 달리 귓속 온도는 말하거나 먹고 마시는 것에 영향을 전혀 받지 않는 장점이 있다. 이러한 귓속의 온도를 측정하는 내부 구조는 <그림 5-27>과 같다.

귓속 온도계(tympanic temperature sensor)의 내부 구조는 <그림 5-28>과 같다. 시작버튼을 누르면 셔터가 구동되어 고막에서 나오는 적외선이 IR 센서로 입사하게 된다. IR 센서로는 초전 센서 또는 서모파일 센서가 주로 사용되는데, 서모파일 센서가 약간 더 많이 사용된다. 대표적인 서모파일 센서의 출력 특성은 그림 (b)와 같다. 이 센서는 귓속 온도계의 센서로 특화된 제품으로 모델명은 TS318-5C50이며, 주요 사양은 <표 5-15>와 같다.[38]

■ 표 5-15 TS318-5C50 서모파일 센서의 주요 사양

파라미터	기호	값	단위	조건
동작 온도	T_{amb}	-20 ~ 85	℃	연속 동작
패키지		TO-5		
흡수 면적	A	0.8×0.8	mm^2	
서모파일 저항	R_{TP}	70±30	kΩ	T_{amb} = 25℃
저항온도계수	TCR	-0.06±0.04	%/K	T_{amb} = 25℃ ~ 75℃
전압 반응	V_{TP}	9.2±2.2	mV	T_{amb}=25℃, T_{obj}=100℃,전 FOV
전압반응 온도계수	TCV_{TP}	-0.45±0.08	%/K	T_{amb} = 25℃ ~ 75℃
잡음동등전압	NEV	45	$nV/Hz^{1/2}$	T_{amb} = 25℃

38. Measurement Specialties, http://www.meas-spec.com, model TS318-5C50, (2011)

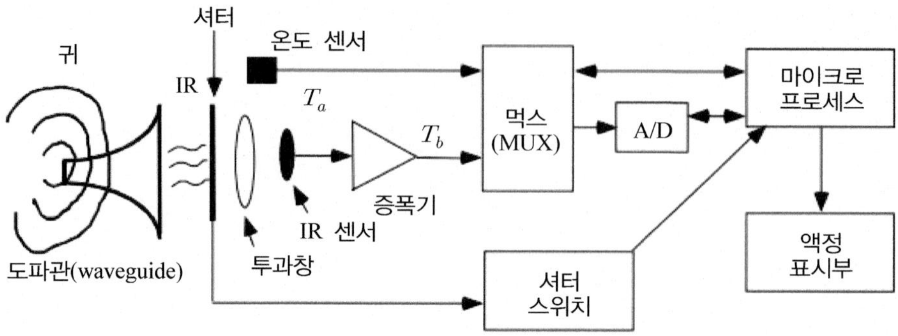

(a) 귓속 온도계 내부 구조

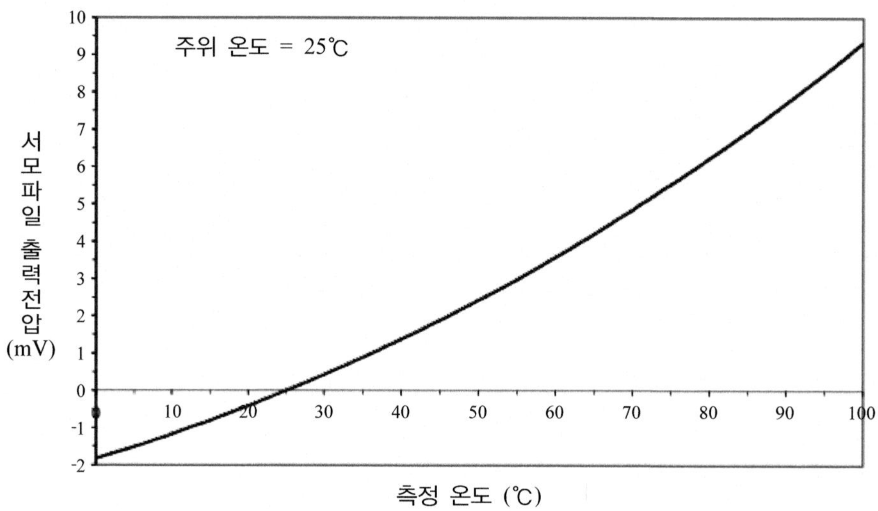

(b) 귓속 온도계용 서모파일의 출력 특성

▲ 그림 5-28 귓속 온도계 내부구조 및 서모파일 출력 특성

맛있게 생각해 봅시다!

1 온도를 나타내는 단위는 화씨온도, 섭씨온도, 절대온도 등 3가지가 있다. 각각의 온도에 대한 정의에 대해 간략히 설명하세요.

2 1990년에 개최된 국제도량형총회에서 온도의 표준점을 정하였다. 이 중에서 물의 삼중점에 대한 정의도 같이 규정을 하였다. 물체의 녹는점, 어는점, 삼중점에 대한 정의가 어떻게 되는지 간략히 설명하세요.

3 서모커플은 레퍼런스 접점의 온도를 기준으로 상대적인 기전력의 값에서 온도를 환산하는 방법을 사용한다. 이와 같이 서모커플을 이용해서 상대적인 기전력 값을 계산하는 방식에 다음과 같은 "중간금속 법칙(law of intermediate metals)", "중간온도 법칙(law of intermediate temperatures)", "부가전압 법칙(law of additive voltages)" 등 3가지 법칙이 존재한다. 이러한 법칙을 이용해서 서모커플의 출력전압을 측정하는데 사용하고 있다. 이 세가지 법칙에 대해 간략히 설명하세요.

4 온도센서는 온도측정 뿐만 아니라 온도제어를 위해서도 사용된다. 온도제어는 여러 분야에서 응용이 되고 있다. 온도제어를 위한 알고리즘에는 많은 방법이 제안되었지만 오늘날 가장 많이 사용되고 있는 기본 개념은 PID(proportional 비례, integral 적분, derivative 미분) 알고리즘이다. PID 알고리즘에 대해 간략히 설명하세요.

맛있는 풀이

풀이 1 1700년대 초에 독일의 물리학자인 파렌하이트(Daniel Gabriel Fahrenheit)는 뢰머(Romer)가 만든 온도 눈금을 이용해서 온도계를 만들기 시작했으며, 오늘날 우리가 사용하고 있는 화씨온도의 눈금 체계로 표준화하였다. 파렌하이트는 유리관 벌브 내에 당시에 널리 사용하고 있었던 정령(알코올) 대신에 수은으로 바꿔 온도계의 성능을 업그레이드했다. 수은의 열팽창은 온도에 대해 거의 선형적으로 변하는 특성이 있었다. 그의 온도교정 기술은 한동안 비밀로 되어 있었으나, 바다소금, 얼음, 물의 혼합물들의 녹는점과 건강한 사람의 겨드랑이 온도를 기준점으로 했다는 것으로 알려져 있다. 이 온도계는 매우 높은 재현성을 가지고 있었으며 정확한 눈금을 가리켰다. 이러한 온도눈금 체계는 영국에서도 채용되었는데, 물의 끓는점을 212도로 정하였으며, 이 온도와 얼음 소금물의 녹는 온도 0도를 이용한 두 개의 교정점을 사용하였다.

1742년에 스웨덴의 천문학자인 셀시우스(Andres Celcius)는 섭씨 눈금 체계를 제안하였는데, 아직 누가 이런 체계를 제안했는지는 분명하지 않다. 물의 끓는점을 (0)으로 하고 얼음의 녹는점을 (100)으로 하여 이 사이를 100등분한 눈금을 제안하였다. 린네우스(Linnaeus)는 눈금의 기준을 얼음 위치를 (0)으로 하고 물의 끓는점을 (100)으로 바꾸었는데, 이것이 1948년에 섭씨온도라는 기준으로 채택이 되었다. 파렌하이트가 액체를 이용한 온도계를 실험하고 있을 당시, 1802년에 프랑스의 화학자인 게이뤼삭(Jaspeh L Gay-Lussac)은 가스를 이용한 온도계로 실험을 하고 있었다. 그는 1787년에 Jacques Charles가 수행한 업적을 참고로 하여, 동일한 압력 하에서 공기의 부피는 온도가 1도 변할 때마다 일정한 율인 1/267로 팽창한다는 사실을 발표했다. 이것은 훗날 1874년 르뇨(Victor Regnault)가 1/273으로 수정하였으며, 또한 1/273.15 ℃에서는 압력이 제로가 된다는 사실을 발표하였다. 이러한 실험결과에 의해 절대온도 개념이 생기게 되었다.

화씨온도, 섭씨온도, 절대온도의 비교는 <그림 5-29>와 같다. 오늘날 사용하고 있는 온도 단위는 화씨온도(Fahrenheit temperature), 섭씨온도(Celcius temperature), 절대온도(Kelvin temperature) 3가지가 사용되고 있다. 화씨온도는 파렌하이트가 제안한 것으로 주로 미국과 유럽의 실생활에서 많이 사용하고 있으며, 섭씨온도는 셀시우스가 제안한 것으로 지금은 화씨온도 보다 섭씨온도가 전 세계적으로 많이 통용되고 있다. 일상생활에서는 물을 기준으로 한 화씨온도와 섭씨온도를 사용함에 있어 아무런 문제가 없으나 열역학 분야에서는 조금 더 다른 온도 체계가 필요하였다. 물리학의 새로운 온도기준은 1848년 영국의 물리학자인 바론 켈빈(Baron Kelvin)이 분자의 운동에너지가 0이 되는 온도를 0K로 정의한 것으로, 0K의 정의는 이상기체의 부피가 0이 되는 온도이며, 더 이상 냉각될 수 없는 온도이며, 따라서 물질 내의 열에너지가 0인 온도이다. 그리고 온도눈금은 섭씨온도의 눈금과 동일하게 정의하여, 0K = −273.15℃이며, 물이 어는 온도인 0℃는 273.15K가 된다. 열역학에서 사용하는 온도는 절대온도를 사용하며, 일상생활에서는 섭씨온도 또는 화씨온도를 사용한다. 이 3가지 온도의 변환관계 <표 5-16>과 같다.

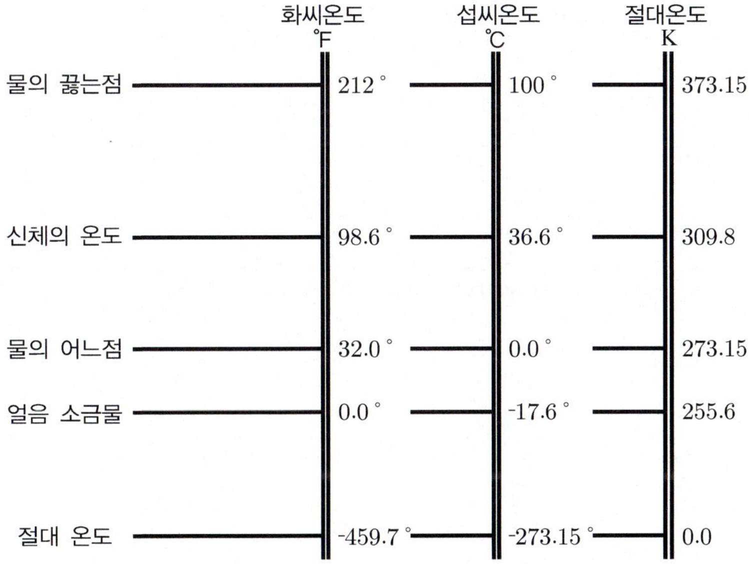

▲ 그림 5-29 화씨온도, 섭씨온도, 절대온도의 비교

■ 표 5-16 섭씨온도, 화씨온도, 절대온도 변환관계

	섭씨온도에서	섭씨온도로
화씨온도	[°F] = [℃] × 9/5 + 32	[℃] = ([°F] −32) × 5/9
절대온도	[K] = [℃] + 273.15	[℃] = [K] − 273.15

풀이 2 물의 끓는점은 다음과 같이 정의된다. 액체가 끓고 있을 때의 온도로 비등점이라고도 한다. 즉, 액체를 가열할 때 액체 표면에서 증발이 일어날 뿐만 아니라 액체 내부에서도 기화가 일어나는 온도를 말한다. 액체를 가열하면 액체가 증발하기 시작하므로 액체의 증기압이 커지게 되는데, 액체의 증기압이 외부의 압력과 같아지면 액체가 끓기 시작하게 된다. 이때의 온도가 액체의 끓는점이므로 외부의 압력에 따라 끓는점은 변화하게 되며, 일반적으로 외부의 압력이 커질수록 끓는점은 높아지

고 압력이 낮아지면 끓는점도 낮아진다. 따라서 액체의 끓는점을 나타낼 때에는 반드시 기압을 함께 표시해 주어야 한다. 보통 1기압 하에서 액체가 끓는 온도를 그 액체의 끓는점이라고 하는데, 특별히 1기압에서의 끓는점을 기준 끓는점이라고 하며, 물의 기준 끓는점은 100℃이다.

끓는점은 간단히 b.p.(boiling point)로 나타내며, 순수한 물질은 물질 고유의 끓는점을 가지고 있으므로 끓는점을 측정하면 물질의 종류를 구별할 수 있다. 액체가 끓고 있는 동안에는 공급된 열이 액체 분자 사이의 인력을 끊어 기체로 만드는 데 쓰이므로(증기열이라고 함) <그림 5-30>의 우측 그림과 같이 온도가 일정하게 유지된다. 따라서 순수한 액체의 가열 곡선에서 수평한 부분의 온도가 액체의 끓는점이다. 소금물처럼 물에 다른 물질이 녹아 있는 용액은 용질이 액체의 끓음을 방해하므로 순수한 물보다 끓는점이 높아지게 되는데, 이를 끓는점 오름이라고 한다.

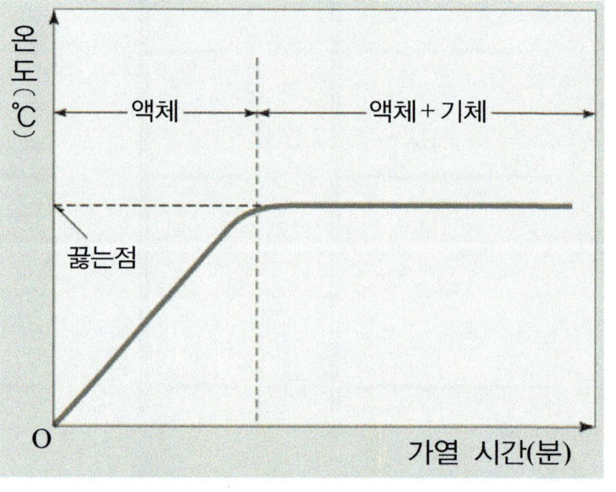

▲ 그림 5-30 끓는점에 대한 정의

녹는점은 용융점 또는 융해점이라고도 한다. 녹는 물질이 순수한 물질이라면 그 물질이 녹는 동안 가열하여도 온도가 일정하게 유지되는 일정 온도구간이 나타나며, 고체와 액체가 공존할 때의 온도를 녹는점이라 한다. 순수한 물질은 녹는점과 어는점(freezing point)이 항상 같으며, 각 물질마다 녹는점은 모두 다르므로 그 물질만이 가지는 고유한 성질인 물질의 특성이 된다.

<그림 5-31>에서 보이는 녹는점에서 일정온도 구간이 나타나는 이유는 고체가 녹고 있는 동안 흡수한 열(융해열이라고 함)이 물질의 상태를 고체상태에서 액체상태로 변화시키는 데에 사용되기 때문이다. 일반적으로 압력 1기압에서의 융해온도를 그 물질의 녹는점이라 하며, 불순물이 함유되어 있거나 압력이 변하면 녹는점도 달라진다. 유리, 플라스틱 등 비결정질 고체에는 녹는점이 뚜렷하게 나타나지 않는다.

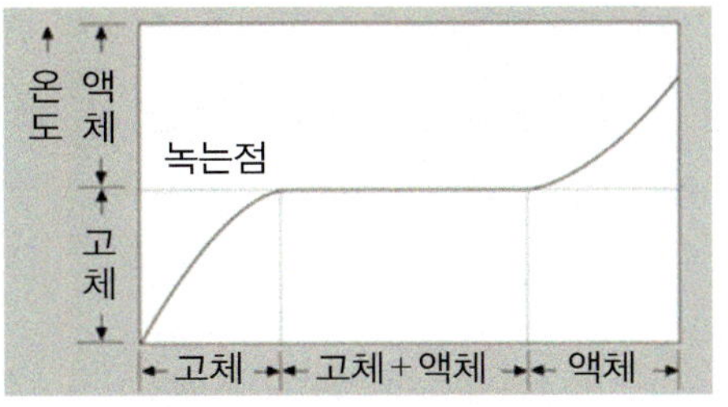

▲ 그림 5-31 녹는점에 대한 정의

순수한 물질은 온도가 어는점 아래로 내려가도 얼지 않기도 한다. 이러한 현상을 과냉각(supercooling)이라고 한다. 과냉각은 액체가 평형상태에서의 상변화 온도 이하로 냉각되어도 상변화를 일으키지 않는 현상이다. 예를 들어, 보통의 물은 1기압에서 0℃에서 얼지만, 얼음의 핵을 형성할 물질이 없는 순수한 물은 -42℃까지 냉각되어도 얼지 않기도 한다. 과냉각 상태에 있는 물을 얼리려면 다른 이온이나 먼지입자를 넣어주거나 흔들어주면 된다. 이러한 원리는 인공강우에 이용되고 있다.

물질의 상태는 온도와 압력에 의해 달라진다. 이때 고체, 액체 , 기체 3가지 상태가 공존하는 온도와 압력 조건을 삼중점(triple point)이라고 한다.

<그림 5-32>에서와 같이 삼중점 이하의 압력에서는 기체의 온도를 낮추어도 액화되지 않고 곧바로 고체로 승화한다. 물은 삼중점에서의 압력이 대기압인 1기압보다 낮은 0.006기압이기 때문에 수증기의 온도를 낮추면 액화하지만, 이산화탄소는 삼중점에서의 압력이 5.1기압이기 때문에 일반적인 대기압 상태에서 냉각시키면 액체 상태를 거치지 않고 곧바로 고체로 승화한다. 이산화탄소를 액체로 만들기 위해서는 압력을 5.1기압 이상으로 올린 후 냉각시키면 된다. 대표적인 물질의 삼중점 값은 <표 5-17>과 같다.

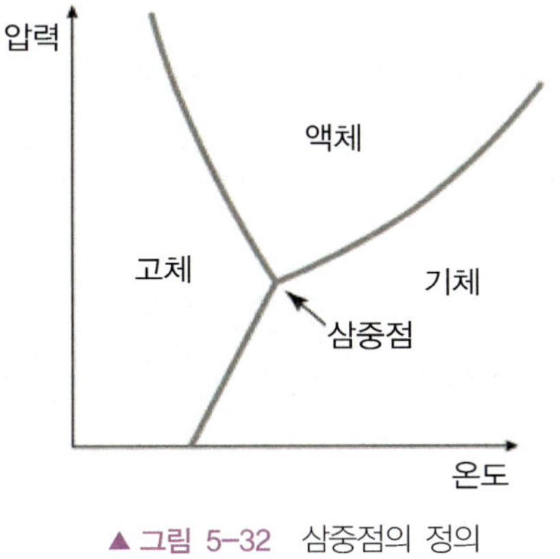

▲ 그림 5-32 삼중점의 정의

■ 표 5-17 대표적인 재료에 대한 삼중점

재료	온도(K)	압력(kPa)	재료	온도(K)	압력(kPa)
아세틸렌	192.4	120	질소	63.18	12.6
암모니아	195.40	6.076	에탄올	150	4.3×10^{-7}
아르곤	83.81	68.9	헬륨	2.19	5.1
수은	234.2	1.65×10^{-7}	백금	2045	2.0×10^{-4}
수소	13.84	7.04	티타늄	1941	5.3×10^{-3}
산소	54.36	0.152	물	273.16	0.6117

풀이 3 중간금속의 법칙은 제3의 금속 물질을 중간에 삽입하더라도 측정 전압에는 변함이 없다는 것이다. 여기서 중요한 것은 새롭게 생기는 두 개의 접점 온도는 항상 동일해야 한다는 전제 조건이 있다. <그림 5-33>을 통해 중간금속의 법칙을 쉽게 이해할 수 있다. 서모커플 소선 A와 소선 B로 이루어진 서모커플로 온도를 측정하고 있는데, 여기에 제3의 금속인 소선 C를 그림과 같이 어디에 삽입하더라도 전압계에서 측정하는 전압 V_{1-2}는 변함이 없다. 중요한 것은 소선 C로 인해 새롭게 생긴 2개의 접점 온도는 항상 동일해야 한다. 그림은 좌측과 우측에서 전압계에서 측정한 전압은 항상 동일한 결과를 얻을 수 있다는 것을 설명하고 있다.

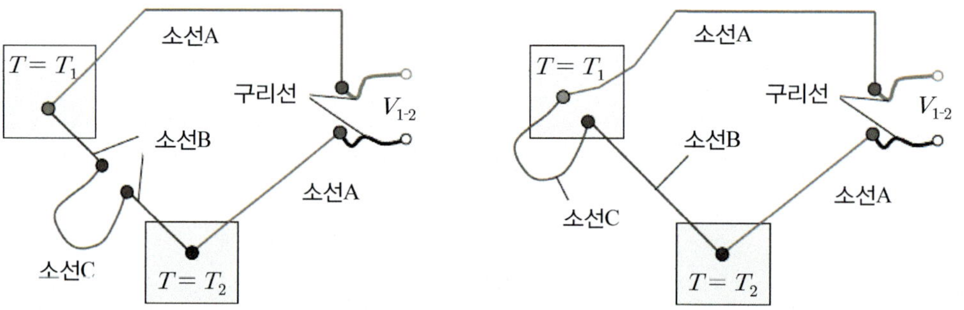

▲ 그림 5-33 중간금속의 법칙 개념

다음은 중간온도 법칙이다. 동일한 서모커플로 T_1과 T_2 사이의 온도 차이를 측정하고, 동일한 서모커플로 T_2와 T_3 사이의 온도 차이를 측정한다고 하면, 전체 출력전압인 $V_{1-2} + V_{2-3}$은 V_{1-3}과 같다는 것이 중간온도 법칙이다. 이것은 하나의 물체 온도측정 이외에 여러 물체들의 온도 차이를 서모커플로 측정하고 있는 상황에 적용할 수 있다. 이에 대한 개념적인 설명은 <그림 5-34>와 같다. 즉, 3가지 다른 온도 T_1, T_2, T_3를 측정하고 있다면, 최종 측정전압은 중간온도 법칙에 의해 다음과 같다.

$$V_{1-3} = V_{1-2} + V_{2-3} \tag{5-10}$$

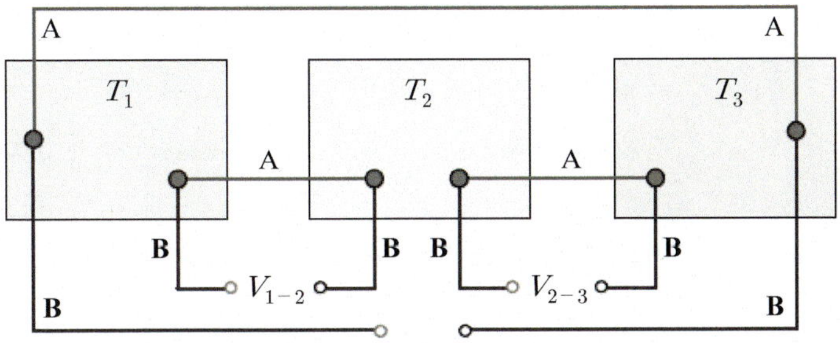

▲ 그림 5-34 중간온도 법칙의 계념

이 그림에서 보면 총 6개의 금속접점이 있으며, 각 박스에는 2개의 금속접점이 있다. 복잡함을 없애기 위해 전압계의 구리선은 무시할 정도로 짧다고 가정을 하고, 여기서 A와 B는 각각 다른 서모커플 금속 A와 금속 B를 의미한다. 이 그림에서 중간에 레퍼런스 접점(레퍼런스 온도 T_R는 0℃)이 있다고 하면, 출력전압 V_{1-3}은 다음과 같다.

$$V_{1-3} = V_{1-R} - V_{3-R} \tag{5-11}$$

이 식에서 V_{2-R}을 더하고 빼고 하면 다음과 같다.

$$V_{1-3} = (V_{1-R} - V_{2-R}) + (V_{2-R} - V_{3-R}) \tag{5-12}$$

여기서 $V_{1-2} = V_{1-R} - V_{2-R}$이고, $V_{2-3} = V_{2-R} - V_{3-R}$이므로, 결론적으로 식 (5-12)는 식 (5-10)으로 쓸 수 있다.

온도가 각각 T_1 = 160℃, T_2 = 100℃, T_3 = 20℃ 인 3개의 다른 욕조가 있다고 가정을 하고, J 타입의 서모커플과 전압계를 이용해서 각 욕조 사이의 전압차 V_{1-2}, V_{1-3}, V_{2-3}을 측정하고자 하는데, 이 3개의 전압값을 중간온도의 법칙을 이용해서 예측을 해 보도록 하자. 먼저, 레퍼런스 온도 T_R를 0℃ 라고 하고, V_{1-R}은 온도 T_1과 T_R 사이의 전압차이라고 하고, 나머지 V_{2-R}과 V_{3-R}도 같은 방법으로 측정된 전압이라고 정의하고, 그리고 V_{1-2}는 V_{1-R}과 V_{2-R} 사이의 전압이라 정의하자. 여기서 만약 $T_1 > T_2$라고 하면, 서모커플 출력전압은 온도에 따라 증가하기 때문에 V_{1-2}는 양의 값을 가지며, 그리고 $T_1 < T_2$이면, V_{1-2}는 음의 값을 가질 것이다. 먼저 J 타입의 서모커플 테이블에서 각각 V_{1-R}, V_{2-R}, V_{3-R}을 찾을 수 있다.

160℃에서 V_{1-R} = 8.560 mV,

100℃에서 V_{2-R} = 5.268 mV,

20℃에서 V_{3-R} = 1.019 mV이다.

따라서 $V_{1-2} = V_{1-R} - V_{2-R}$ = 8.560 mV − 5.268 mV = 3.292 mV,

$V_{1-3} = V_{1-R} - V_{3-R}$ = 8.560 mV − 1.019 mV = 7.541 mV,

$V_{2-3} = V_{2-R} - V_{3-R}$ = 5.268 mV − 1.019 mV = 4.249 mV가 된다.

또한 이것은 중간온도 법칙을 적용하여도 동일한 결과를 얻을 수 있다. 즉, $V_{1-3} = V_{1-2} + V_{2-3}$ = 3.292 mV + 4.249 mV = 7.541 mV로 위에서 계산한 결과와 같다. 앞의 계산의 $T_1 > T_2 > T_3$ 조건과는 달리, $T_1 < T_2 < T_3$의 경우에도 동일하게 계산을 할 수 있다.
즉, T_1 = 20℃, T_2 = 100℃, T_3 = 160℃ 라고 하면, $V_{1-2} = V_{1-R} - V_{2-R}$ = 1.019 mV − 5.268 mV = −4.249 mV, $V_{1-3} = V_{1-R} - V_{3-R}$ = 1.019 mV − 8.560 mV = −7.541 mV, $V_{2-3} = V_{2-R} - V_{3-R}$ = 5.268 mV − 8.560 mV = −3.292 mV가 된다.
마찬가지로 중간온도 법칙을 적용하면, $V_{1-3} = V_{1-2} + V_{2-3}$ = −4.249 mV − 3.292 mV = −7.541 mV로 위에서 계산한 결과와 동일하다.

다음은 서모커플을 이용해서 0℃ 레퍼런스 보정을 하지 않고 온도를 측정하는 경우를 고려해 보자. <그림 5-35>와 같이 구리-콘스탄탄 금속을 이용해서 집에서 서모커플을 간단히 제작하여 임의의 온도 T_H를 측정하고자 한다. 이때 전압계에서 V_{H-a} = 2.644 mV로 측정되었으며, 측정방의 대기온도는 T_a = 20℃이다. 구리-콘스탄탄은 T형 서모커플이며, 온도-전압 테이블에서 2.644 mV는 T_{H-R} = 64.0℃에 해당한다. 그러나 테이블의 값은 0℃의 레퍼런스 보정을 한 경우의 값이고, 반면에 본 측정의 레퍼런스 온도인 T_a = 20℃이다. 따라서 중간온도의 법칙을 적용해서 $T_H = T_{H-R} + T_a$ = 64.0℃ + 20.0℃ = 84.0℃로 계산할 수 있는데, 이것은 잘못된 결과이다. 중간온도의 법칙은 온도를 더하는 것이 아니라 오직 전압을 더해야 한다. 올바른 계산 절차는 다음과 같다. 우선 레퍼런스 온도 T_R = 0℃로 정해야 하고, 중간온도법칙에 의해, 레퍼런스 기준으로 하면 $V_{H-a} = V_{H-R} - V_{a-R}$로 쓸 수 있다. 여기서 V_{H-a}가 측정된 값인 2.644 mV이고, V_{H-R}은 측정대상의 온도와 레퍼런스 온도인 0℃ 사이에서 측정되는 전압이며, V_{a-R}은 대기온도인 20℃와 레퍼런스 온도인 0℃ 사이에서 측정된 전압이다. 그리고 V_{H-R}과 V_{a-R}은 서모커플 온도-전압 테이블에서 찾을 수 있는데, 20℃에서 해당하는 V_{a-R} = 0.789 mV이다. 따라서 중간온도 법칙에 의해 $V_{H-R} = V_{H-a} + V_{a-R}$ = 2.644 mV + 0.789 mV = 3.433 mV이며, 온도-전압 테이블에

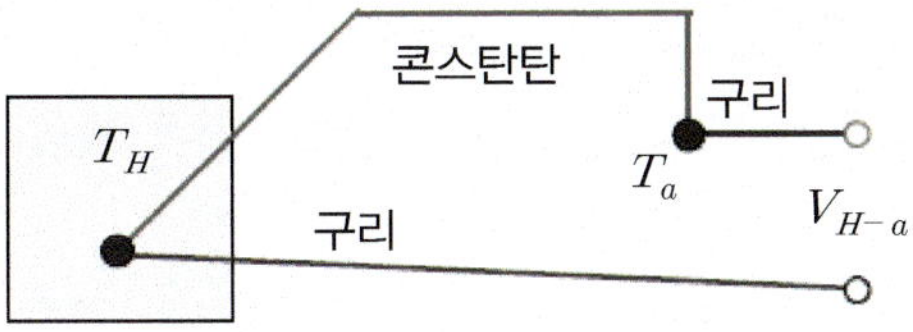

▲ 그림 5-35 레퍼런스 보정없는 온도 측정 구성

서 이 전압은 T_H = 81.6℃에 해당하기 때문에, 대상물의 온도는 84℃가 아니라 81.6℃가 정확한 온도이다. 이를 통해 레퍼런스 보정이 없어도 온도-전압 테이블을 이용해서 대상물의 온도를 계산할 수 있다.

세 번째 서모커플에서 고려될 수 있는 법칙이 부가전압의 법칙이다. 이것은 서모커플 소선 A, B, C 3개를 이용해서 <그림 5-36>과 같이 동일한 온도차인 T_1 - T_2를 측정한다고 할 때, 소선 A와 C에 의해 측정된 전압은 소선 A와 B로 측정한 접압과 소선 B와 C로 측정한 전압의 합과 동일하다는 법칙이다. 그림과 같이 6개의 서모커플 접점이 있으며, 위에 3개의 접점은 T_1의 동일한 온도 내에 있고, 아래 3개의 접점은 T_2 온도 내에 있으며, 여기서 알파벳 A, B, C는 각각 서모커플 소선 A, B, C를 의미한다. 이 상태에서 부가전압의 법칙을 수학적으로 표현하면 다음과 같다.

$$V_{1-2,\,A\&C} = V_{1-2,\,A\&B} + V_{1-2,\,B\&C} \tag{5-13a}$$

$$V_{1-2,\,A\&B} = V_{1-2,\,A\&C} - V_{1-2,\,B\&C} \tag{5-13b}$$

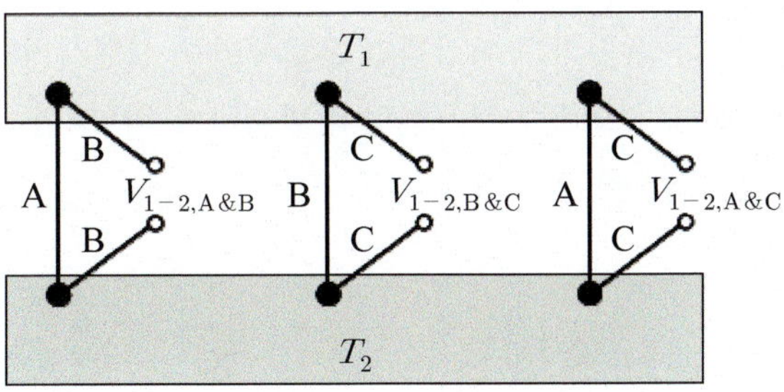

▲ 그림 5-36 부가전압 법칙의 개념

풀이 4 이것은 온도변동을 최소화하여 정해진 온도에 빨리 도달하도록 하는 알고리즘으로 이것은 욕조의 물 온도를 조절하는 것과 비슷한 개념이다. 욕조 물의 온도가 너무 뜨겁거나 너무 차갑지 않도록 더운 물 호스와 차가운 물 호스의 꼭지를 틀었다 잠갔다 하면서 물 온도를 맞추는데, 정확한 온도를 맞추는 데에는 많은 시간이 소요된다. 온도 제어를 위한 기본적인 구성은 <그림 5-37>과 같다.

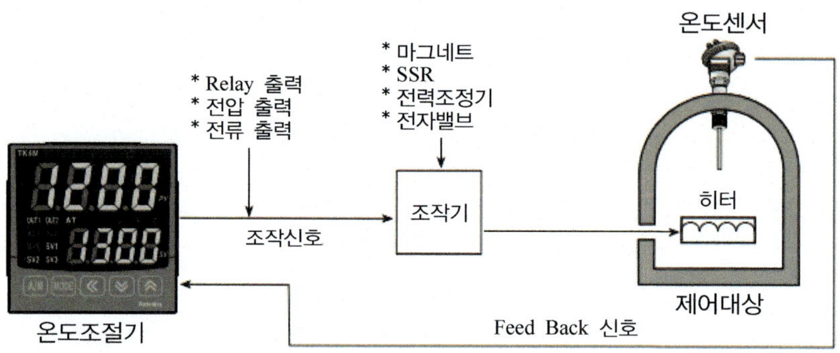

▲ 그림 5-37 온도조절기 시스템 개요

온도조절기는 온도센서의 전기적인 신호를 받아 설정온도와 비교하여 조작기에 조작신호를 보내는 기기이며, 조작신호의 형태는 릴레이 출력, 전압출력, 전류출력 등이다. 조작기는 전기로 등을 가열하거나 냉각하는 조작기로써 히터에 공급하는 전류를 개·폐하는 전자 개폐기, 연료를 공급하는 솔레노이드 밸브 등을 의미한다. 온도센서로는 보통 서모커플, 서미스터 등을 사용한다.

이상적인 온도제어는 <그림 5-38>의 (c)와 같은 경우이며, 오버슈트, 헌팅, 응답의 지연이 없고 어떠한 외란에 대해서도 설정한 값을 제어하는 것이다. 그러나 실제로는 제어대상의 특성에 의해 이상적인 온도제어를 실현시키기가 어렵다. 일반적으로 응답을 빠르게 하면 오버슈트나 헌팅이 발생하게 되고, 반대로 응답이 늦으면 설정값에 도달하는 시간이 길어지게 된다.

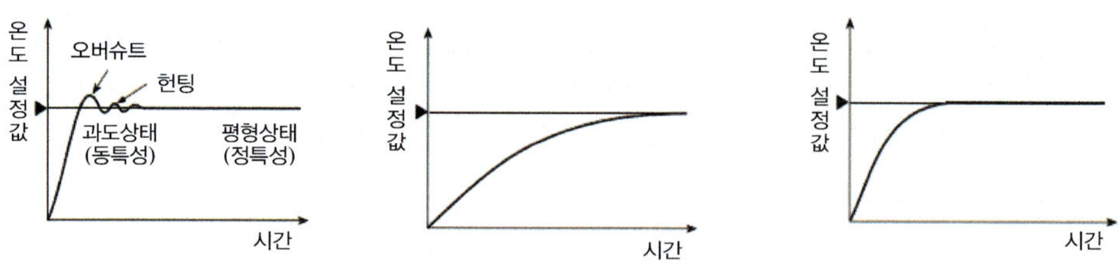

(a) 빠른 응답 (b) 설정 온도에 도달하는데 장시간이 걸리는 응답 (c) 최적의 온도 제어

▲ 그림 5-38 온도 제어의 종류, (c)가 최적의 온도 제어

이와 같은 제어 프로세스에 사용될 수 있는 알고리즘은 여러 가지가 알려져 있다. 이 중에서 가장 간단한 방법이 <그림 5-39>와 같은 on/off 스위치 방식이다. 이것은 현재 온도(PV)가 설정값(SV) 보다 낮을 때는 출력이 on 되어 히터에 전원이 공급되며, 설정값(SV) 보다 높을 때는 출력을 off하여 히터의 전원을 끊는 방법이며, 현재 온도와 설정값을 비교하여 히터의 전원을 on, off 하여 온도를 제어하는 방식이다. 그림과 같이 초기 전원 투입시 설정값을 넘는 양을 오버슈트라고 하며, 설정값을 기준으로 일정한 싸이클을 일으키는 것을 헌팅이라 한다. 이와 같이 on/off 제어는 오버슈트와 헌팅이 발생하므로 정밀한 온도제어는 적합하지 않지만, 가정용 기기와 같은 단순한 제품 또는 일부 산업용 기기에는 적용이 가능하다.

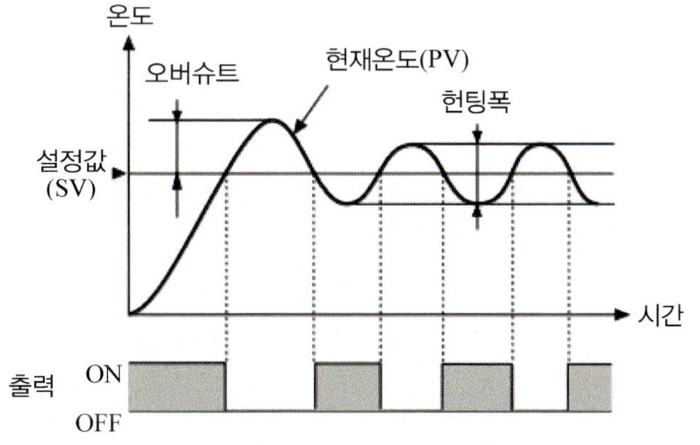

▲ 그림 5-39 on-off 제어 방식의 특징

비례제어(proportional control)는 설정값에 대해서 비례대를 가지며, 비례대 내에서 설정값과 현재 온도의 편차에 비례하는 조작량을 출력하는 제어동작으로 이에 대한 개념은 <그림 5-40>과 같다. 현재 온도가 A지점에 도달할 때까지는 조작량은 100%가 되어 출력은 on으로 유지하고, A 지점(비례대 하한선)을 넘어서면 비례 주기를 갖게 되고, 각 주기 내에서 제어출력이 on, off 반복된다. 설정값에 도달하면 조작량은 50%가 되어 on, off 시간은 1:1이 된다. 그리고 설정값보다 상승하면 제어출력의 on 시간은 짧아지고 off 시간은 길어진다. 결국 on/off 제어에서 발생하는 헌팅현상을 줄일 수 있으나, 설정값에 도달하는 데에는 시간이 많이 걸리고 오프셋(offset)이 존재하는 단점이 있다. 비례제어 동작에서는 제어대상의 열용량, 히터 용량 등에 의해 제어 온도가 안정상태에 도달하여도 설정값에 대하여 일정한 오차가 위 또는 아래로 생기게 되는데, 이 오차를 오프셋이라 한다. 이 오차는 비례제어에서만 발생하며, 리셋볼륨으로 수정할 수 있다. PID 제어에서는 이 오프셋을 자동으로 없애준다. 비례대를 크게 하면, 설정값보다 낮은 온도에서 제어출력이 on, off 동작을 하기 때문에 현재온도가 설정값에 도달하는 시간이 길어지게 되고, 오프셋도 커지게 된다. 만약 비례대를 작게 하면, 설정값에 근접해서 제어출력이 on, off 동작을 하므로 현재온도가 설정값에 도달하는 시간은 짧고 오프셋도 작아지지만 헌팅 현상이 발생하기 쉽게 된다.

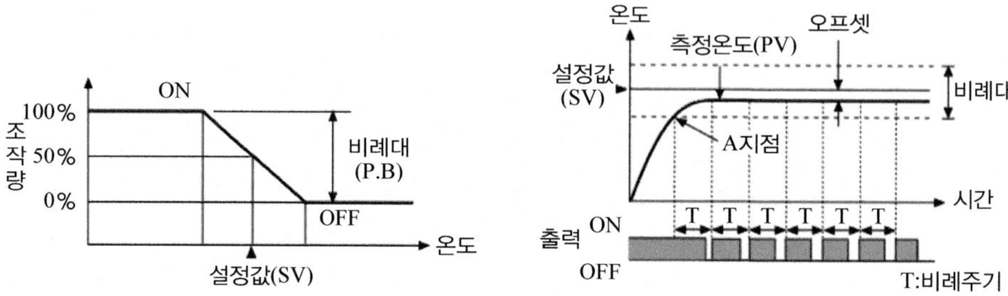

(a) 비례 조작량의 개념 (b) 비례 주기를 가진 on, off 주기

▲ 그림 5-40 비례제어의 조작량과 출력 on, off 주기

비례적분제어(proportional integral control)는 <그림 5-41>과 같이 비례제어에서 발생하는 오프셋을 적분동작이 자동으로 수정하여 설정값에서 안정된 온도제어를 할 수 있게 한다. 그러나 외란에 의한 급격한 온도변화에 대해서 제어온도가 안정될 때까지는 시간이 걸리는 단점이 있다. 또한 적분동작 단독으로 사용할 수 없으며, 비례제어와 같이 사용해야 한다. 적분시간을 짧게 하면 수정동작이 강하게 되어 오프셋을 짧은 시간 내에 없앨 수 있지만 헌팅이 발생하는 원인이 될 수 있으며, 반대로 적분시간을 길게 하면 수정동작이 약해지므로 오프셋을 없애는 데는 긴 시간이 소요된다. 적분시간은 적분동작의 강도를 나타내는 단위로 <그림 5-42>와 같이 편차가 일정할 때까지 적분동작에 의해 얻어지는 조작량과 비례동작에 의해 얻어지는 조작량이 같아지는 데까지 걸리는 시간을 적분시간(reset time)이라 한다. 그러나 적분시간을 너무 짧게 하면 수정동작이 너무 강해져서 헌팅이 발생하는 원인이 된다.

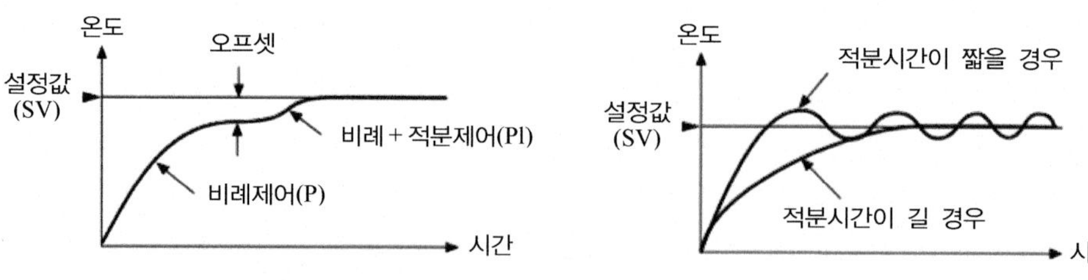

(a) 비례제어의 개념 (b) 적분시간에 따른 설정값 도달시간

▲ 그림 5-41 비례적분 제어의 개념

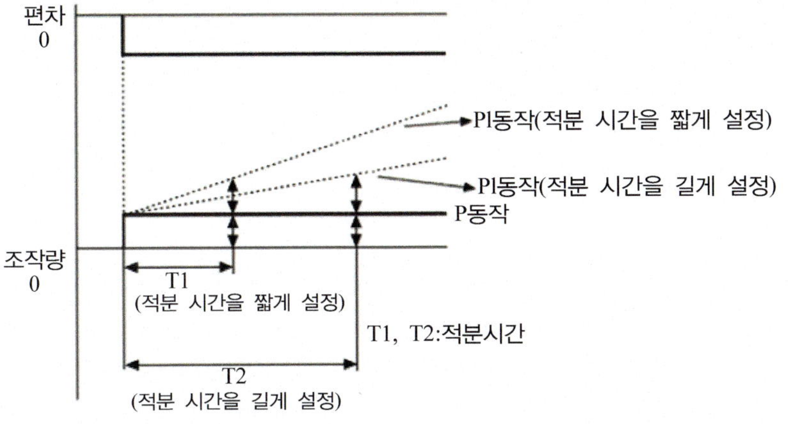

▲ 그림 5-42 적분동작의 적분시간 개념

비례미분제어(proportional derivative control)는 <그림 5-43>과 같이 비례제어와 비교해서 외란에 의한 급격한 온도변화에 대한 응답이 빠르며, 단시간 내에 제어를 안정시킬 수 있다. 미분동작은 온도변화의 기울기에 비례하는 조작량으로 수정동작을 행하므로 급격한 외란에 대해서 큰 조작량을 주어 단시간 내에 제어온도를 안정시킬 수 있다. 미분시간을 짧게 하면 외란 온도에 대한 수정동작이 약해져서 급격한 온도변화에 대한 응답이 늦어지며, 설정값까지 도달하는 시간은 길어지지만 오버슈트가 발생하지 않는다. 반면, 미분시간을 길게 하면 외란 온도에 대한 수정동작이 강하게 되어 급격한 온도변화에 대한 응답이 빨라지고, 설정값에 도달하는 시간은 짧아지지만 오버슈트가 발생하기 쉽다.

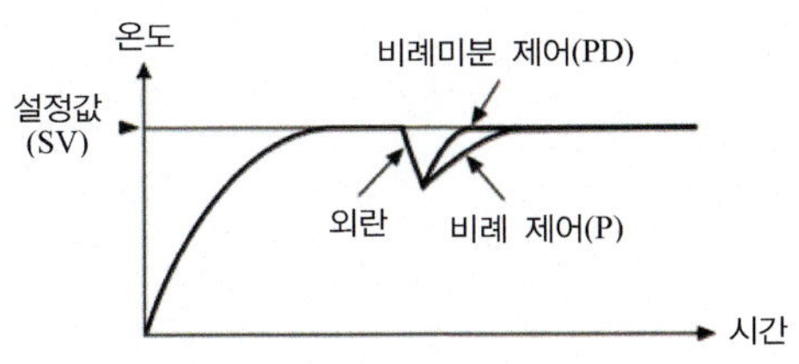

(a) 비례미분제어의 개념

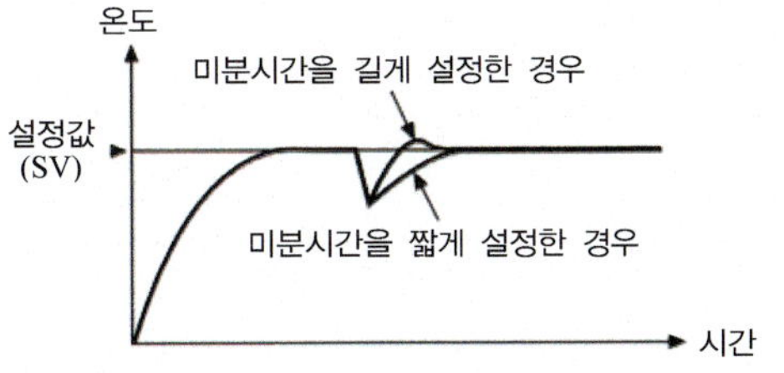

(b) 비례미분에 따른 설정값 도달시간

▲ 그림 5-43 비례미분 제어의 개념

결론적으로 PID 제어는 <그림 5-44>와 같이 비례제어, 적분제어, 미분제어를 합친 것으로 지연시간을 가진 제어대상에도 뛰어난 제어결과를 나타낸다. 비례제어에서는 오버슈트나 헌팅이 없는 부드러운 제어를 행하고, 적분동작으로 오프셋을 자동적으로 수정하고, 미분동작으로 외란에 대한 응답을 빠르게 할 수 있으므로 PID 제어로 이상적인 온도제어가 가능하다.

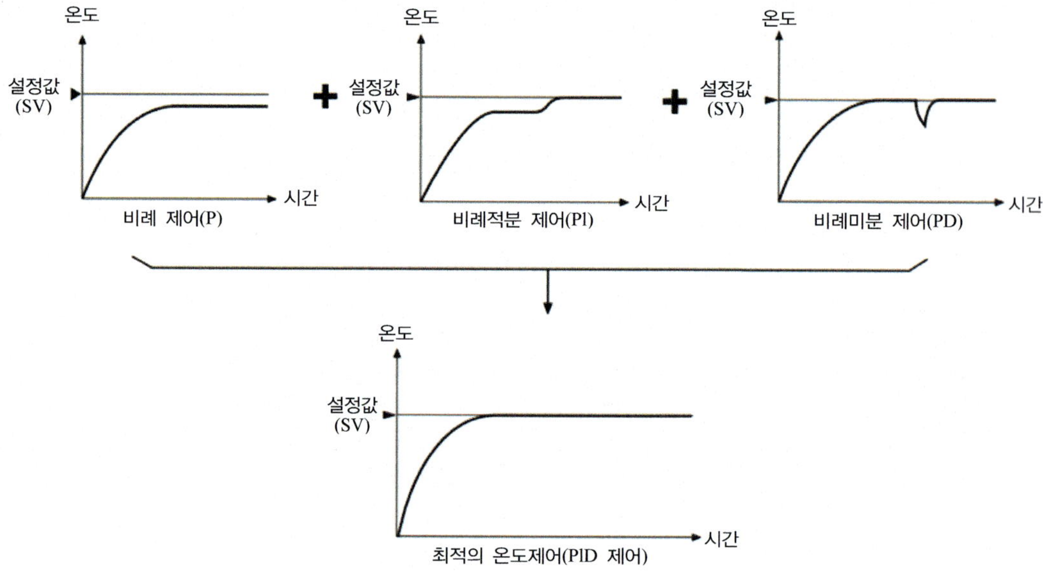

▲ 그림 5-44 PID 제어의 개념

Chapter 06

습도 센서

공기 주위에 있는 수분의 양은 인간과 동물의 건강에 매우 중요한 요소이다. 주위 환경이 인체에 영향을 주는 안락함의 정도는 주로 두 가지 요인이 있는데, 하나는 온도이고, 다른 하나는 바로 상대습도이다. 시베리아에서 겨울철 온도는 -30℃ 정도이고 공기는 매우 건조하여 안락함을 느낀다. 반면, 호수 근처인 클리브랜드는 0℃ 정도의 온도에서 상당량의 수분을 포함하고 있어 매우 불편하다고 느낀다. 또한 습도는 정밀 전기회로와 정전기에 민감한 장비들에 중요한 영향을 미친다. 습도는 여러 가지 방법으로 표현이 가능하다. 가스 내의 수분은 가스의 백만 입방체당 수분의 파운드로 표시하고, 액체나 고체 내의 수분은 총 질량당 물의 함량으로 표시한다. 만약 액체 내에 낮은 수분 함량이 있는 경우는 백만 질량당 함량을 의미하는 ppm 단위로 표현하기도 한다.

수분을 뜻하는 영어에는 두 가지가 있는데, 하나는 'Moisture'이고, 다른 하나는 'Humidity'이다. 두 가지 모두 한국말로 '수분'으로 번역이 되어 둘 사이에 구분이 없으나, 영어에서는 두 가지를 다음과 같이 구분해서 사용한다. Moisture는 액체와 고체 물질이 함유하고 있는 물의 양을 의미하며, Humidity는 기체 내에 포함된 물의 양을 의미한다. 우리말로 번역하면 일부 혼돈이 있을 수 있으므로, 이를 구분하기 위해 Moisture는 '수분'으로 번역하고, Humidity는 '습도'로 번역한다. 따라서 습도와 수분에 관련된 용어의 정리를 하면 다음과 같다.

① 수분(Moisture) : 액체나 고체의 화학적 특성의 변화없이 단순히 흡착 또는 흡수에 의해 포함된 물의 양이다.

② 혼합률(Mixing Ratio) : 건조한 가스의 단위 질량당 수증기의 질량이다.

③ 절대습도(Absolute Humidity) : 가스의 단위 체적당 함유된 수증기의 질량이며, 절대습도는 수증기 함량의 밀도를 의미한다. 절대습도는 입방체 미터당 그램의 단위 또는 입방체 피트당 파운드를 사용한다. 이 값은 대기압에 따라 변하므로 공학적인 분야에서는 잘 사용하지 않는다.

④ 상대습도(Relative Humidity) : 줄여서 RH로 표시하며, 임의의 온도에서 공기의 실제 증기압 값에 동일한 온도에서 포화된 최대 증기압으로 백분율(100×수증기의 부분압력/수증기의 포화압력)로 정의되며, 단위는 %를 사용한다. 끓는점 이상의 온도에서는 수압이 폐공간 내에서 모든 다른 가스의 압력을 대체하기 때문에 대기압은 수분의 증기압과 같게 된다. 따라서 100℃ 이상의 온도에서 상대습도는 100%를 넘을 수 없기 때문에 포화압력은 대기압보다 큰 값을 가질 수 없다. 그러므로 일반적인 대기압 하에서 100℃ 온도에서는 상대습도가 100%가 되고, 200℃에서는 오직 6%가 된다.

⑤ 이슬점 온도(Dewpoint Temperature) : 수증기의 압력이 최대가 되거나 또는 포화된 증기 상태일 때의 온도이다. 다른 표현으로 가스-수증기의 혼합물이 일정 압력 하에서 냉각을 시킬 때 성에 또는 얼음이 생성되는 온도로 정의된다. 즉 이슬점은 상대습도가 100%가 되는 온도를 의미한다. 온도를 이슬점까지 낮추게 되면, 공기는 포화되어 안개, 이슬 또는 성에가 생긴다.

습도센서를 보정하기 위해서는 습도에 대한 표준이 필요하다. 직관적으로 이런 표준은 건조한 공기(0% 습도)와 수분이 함유된 스팀공기(100% 상대습도)를 이용해서 이를 알고 있는 비율로 혼합하면 된다. 그러나 이런 방법보다는 일반적으로 물속에 포화된 소금용액을 주로 사용한다. 포화된 용액이 있는 그릇을 대기압과 분리된 공간에 위치시키고, 온도를 조절하면 매우 정밀한 상대습도 값을 얻을 수 있다. 공간의 온도를 0.5℃ 정도의 정밀도를 유지한다면 상대습도는 ±2% 내의 정밀도로 표준이 가능하다. 용액의 종류와 온도에 따른 상대습도 표준은 <표 6-1>과 같다.

■ 표 6-1 소금 용액의 종류에 따른 표준 상대습도

온도(℃)	$LiCl+H_2O$	$MgCl+6H_2O$	$NaCl+6H_2O$	K_2SO_4
5	13	33.6±0.3	75.7±0.3	98.5±0.9
15	12	33.3±0.2	76.6±0.2	97.9±0.6
25	11.3±0.3	32.8±0.3	75.3±0.1	97.3±0.5
35	11.3±0.2	32.1±0.1	74.9±0.1	96.7±0.4
45	11.2±0.2	31.1±0.1	74.5±0.2	96.1±0.4
55	11.0±0.2	29.9±0.2	74.5±0.9	-

■ 표 6-2 습도측정 방법의 분류

대분류	중분류	측정방법	측정원리
직접 측정	포화에 의한 방법	노점습도계	노점의 측정
		연화리튬노점습도계	변이점 온도측정
	흡수에 의한 방법	부피식습도계	수증기 부피의 측정
		전기분해식 습도계	흡수된 물의 전해전류 측정
		중량식 습도계	흡착체의 무게변화 측정
	증발에 의한 방법	건습구 습도계	증발에 의한 냉각의 측정
간접 측정	수분흡착에 의한 방법	모발습도계	모발의 길이변화 측정
		탄소피막 습도계	전기전도도의 변화 측정
		전기저항식 습도계	표면전도도의 변화 측정
		전기용량식 습도계	유전상수의 변화 측정
		색습도계	변색의 측정
	분광학적 방법	근적외선 습도계	근적외선 흡수의 측정
		마이크로파 습도계	유전성의 측정
	기타 방법	확산식 습도계	확산속도 차에 의한 압력차
		방전식 습도계	이온화 전위의 변화측정

습도측정의 원리는 물 분자나 수증기가 가지는 고유한 물리적 성질을 이용하는 것과 흡습성 물질에 물 분자가 흡착되어 그 물질의 물리적 성질의 변화를 측정하는 방법이 있다. 노점습도계, 건습구습도계, 확산식습도계, 적외선습도계 등이 전자에 속하고, 모발습도계, 박막 또는 후막 습도계, 색습도계 등이 후자에 속한다. 습도측정 방법에 따른 분류는 <표 6-2>와 같다.[39]

흡수성 물질의 수축이나 팽창을 이용하여 습도를 측정하는 방법을 역학적 습도계라고 하며, 특히 모발은 습도에 따라서 신축성이 우수하여 오랫동안 사용되어 왔던 습도계 중의 하나이다. 사용되는 모발은 탈지를 한 후 감습특성을 향상시키기 위하여 압연처리하고 화학처리하여 사용한다. 모발의 성질 중 가장 중요한 것은 습도에 따라 신축하는 관계인데, 사람의 모발은 상대습도 0%RH에서 100%RH까지 변할 때, 0%RH 보다 약 2.5% 길이가 늘어난다. 모발의 신축과 상대습도와의 관계는 1845년경 Regnault의 구체적 실험을 통하여 밝혔는데, 상대습도가 0%RH 일 때, 모발의 길이를 일정하다고 보고 공기 중에 방치하면 상대습도에 따라 일정한 값을 갖는다. 또한 모발습도계가 20%RH 이하의 습도에서는 정확한 측정이 어려우며, 습도가 높으면 모발의 길이가 늘어나고, 습도가 낮으면 모발의 길이가 줄어드는 원리이다.

39. 방기석, “습도측정 및 습도센서”, (주)공보엔지니어링

이런 장치를 이용해서 상대습도 100% RH일 때 늘어난 길이를 100으로 할 때, 상관관계는 <표 6-3>과 같다.

■ 표 6-3 습도에 대한 모발의 신장률(%)

습도(%)	100	80	60	40	20	10	0
신장률(%)	100	90.5	79.2	63.7	38.8	20.9	0

스마트 디바이스에 사용할 수 있는 습도센서로는 습도에 따라 전기적인 신호를 출력할 수 있는 전기저항식과 전기용량식을 들 수 있다. 물질에 따라서 수증기를 흡수하면 전기저항이 변하는 것이 있는데, 이러한 물질의 전기저항 변화를 이용한 것이 전기저항식 습도센서이다. 저항과 상대습도와의 관계는 실험으로 결정되며, 이 결과로 저항을 측정하여 상대습도를 얻을 수 있다. 전기저항식 습도센서는 1927년 Bridge와 Alexander가 전극사이에 순면이 촘촘히 쌓여 있을 때 전기저항이 상대습도에 따라 변하는 것을 이용하여 전기식 습도계를 만든 것이 계기가 되어, 1935년에 F.W. Dunmore가 염화리튬(LiCl)을 이용하여 습도계를 만든 후부터 다방면에서 응용되고 있는 센서이다. 순수한 물은 전기적으로 절연체이나 실제로 공기 중의 물은 어느 정도의 전해질 수용액 상태이므로 전기적으로 도체의 성질을 가지고 있다. 목면 등은 흡수성이 매우 강하며 이러한 흡수성은 일정한 온도에서 상대습도가 높을 때 수분흡수가 크게 일어나는데, 이때 전기저항은 감소하게 되고 이러한 성질은 약간의 온도 의존성을 가지고 있다. 상대습도에 따른 저항변화의 측정은 직류로는 분극작용 때문에 정확하게 측정할 수 없고 반드시 교류로 측정해야 한다. 전기저항식 습도센서로 습도 측정을 할 때, 센서 부분이 측정 기체와 평형상태를 이룬 후에 측정해야 하며, 온도와 습도가 변하는 상태에서는 정확한 측정을 할 수 없다. 대표적인 전기저항식 습도센서의 내부 구조와 전기저항 변화는 <그림 6-1>과 같다.

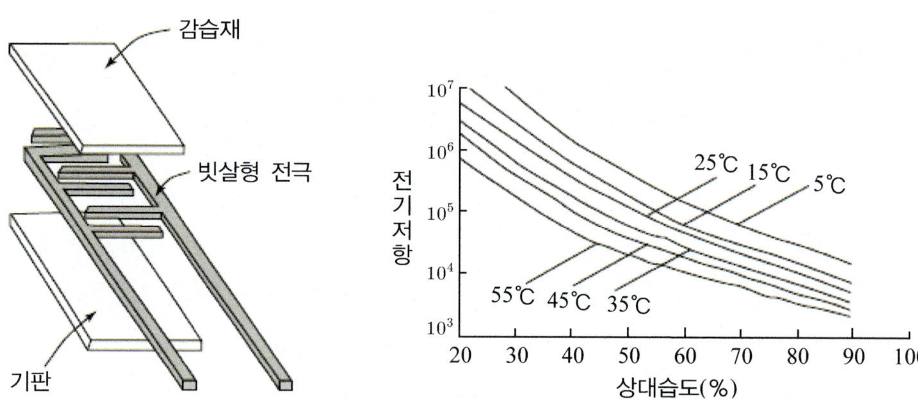

▲ 그림 6-1 전기저항식 습도센서 내부구조 및 상대습도에 따른 전기저항

감습재는 주위의 수분을 흡수하는 재료로 만드는데, 보통 도전성 고분자를 사용한다. Dunmore는 염화리튬(LiCl)을 사용하였고, 최근에는 물을 잘 흡수하는 산화알루미늄(Al_2O_3) 재료를 많이 사용한다. 그리고 습도가 증가함에 따라 저항은 줄어드는 특성이 있다. 전기저항형 습도센서는 1 kHz에서 사용할 때 임피던스는 10 MΩ에서 100 Ω까지 변하며, 이 경우 습도는 0~90%까지 측정이 가능하다.

전기용량식 습도센서는 커패시터 사이에 수분에 잘 반응하는 유전물질로 채워두면, 습도에 따라 유전율이 변하여 전극 양단의 전기용량이 변하게 되는데, 이로부터 습도를 유추할 수 있다. 이와 같은 센서는 통상적으로 0~90%RH 범위에서 ±2%RH 정도의 정밀도와 90~100%RH 범위에서는 ±3%RH 정밀도를 가진다. CMOS 공정으로 제조된 정전용량 습도센서의 단면도 및 위에서 본 그림은 <그림 6-2>와 같다. Si 기판을 이용해서 전극판 사이에 유전체로 divinyl siloxane benzocyclobutene (BCB) 박막을 사용한 예이다. 이 소자는 반응속도가 약 650 ms 정도이며, 최소 측정시간은 400 ms이며, 한번 측정 후 수초만에 수분이 빠져 나간 원래 상태로 돌아올 수 있어 의학용으로 많이 사용되고 있다.

열전도도 습도센서는 주로 고온에서의 절대습도를 측정하기 위해 사용하는 센서이며, 열전도도를 이용한 습도를 측정하기 위해서는 서미스터에 기반을 둔 센서를 사용한다. 이 센서는 <그림 6-3>과 같이 두 개의 서미스터를 사용한다. 하나의 센서는 대기 중에 노출되어 있으며, 다른 하나는 건조한 공기 중에 설치되어 있는데, 일반적으로 건조된 질소가스를 주로 사용한다. 두 개의 서미스터는 저항이 다른 브릿지 회로에 연결되어 있다. 전류를 서미스터에 흘리면, 자기가열(self heating)에 의해 서미스터의 온도가 약 200℃까지 상

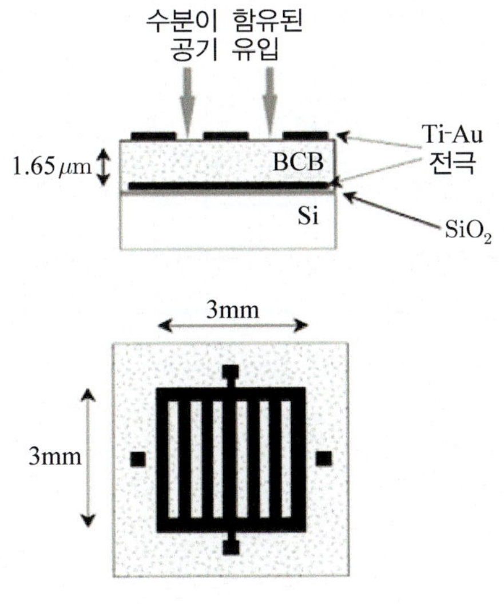

▲ 그림 6-2 CMOS 정전용량식 습도센서의 구성

승한다. 질소가스에 봉합된 서미스터 쪽이 수분을 함유하고 있는 대기 중에 노출된 서미스터보다 훨씬 더 빨리 열적손실이 발생한다. 그 이유는 수분을 함유한 공기와 건조한 질소가스의 열전도도 차이 때문이다. 열손실로 인해 서로 다른 온도를 나타내게 되고, 서미스터의 온도차에 의한 저항의 차이로부터 출력값이 0~13 mV까지 나오게 되는데, 이로부터 절대습도를 계산할 수 있다. 그 결과는 그림과 같다. 일반적으로 절대습도 센서는 앞서의 정전용량과 전기전도도 센서에 비해 170℃ 이상의 온도에서 보다 높은 정밀도를 제공하며, 일반적인 정밀도는 ±3g/m^{3}인데, 이것을 상대습도로 환산하면 대략 40℃에서는 ±5% RH 정밀도, 100℃에서는 ±0.5% RH 정밀도를 제공한다.

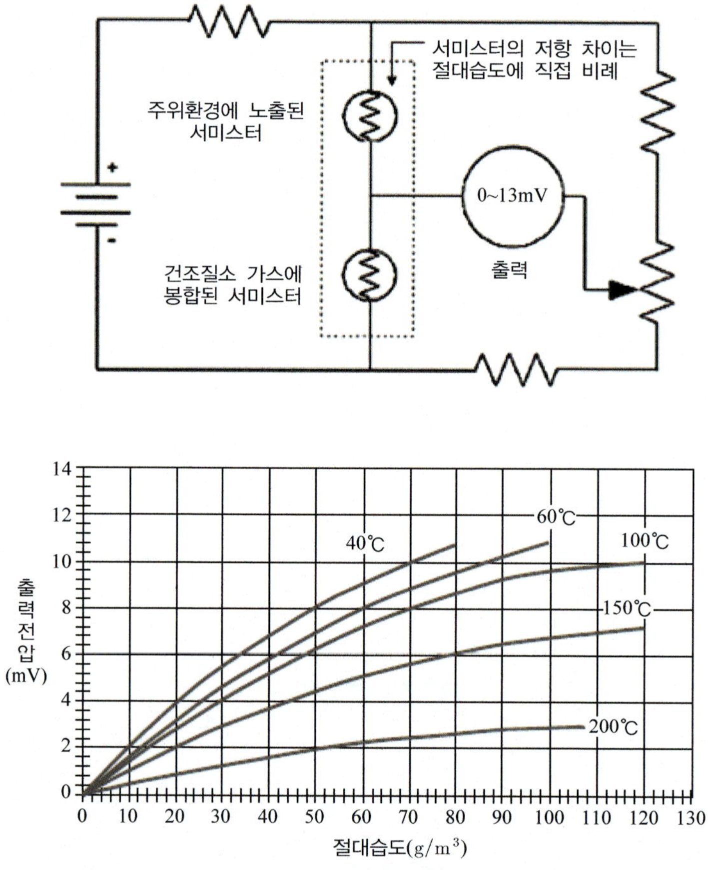

▲ 그림 6-3 열전도도 습도센서 구성도와 습도에 따른 출력전압 특성

맛있게 생각해 봅시다!

1 건습구 온도계를 이용해서 습도를 측정하는 방법에 대해 간략히 설명하세요.

2 상대습도가 높은 여름철에는 불쾌지수라는 용어를 자주 사용한다. 불쾌지수에 따른 체감 상태는 〈표 6-4〉와 같다. 이러한 불쾌지수를 계산하는 방법에 대해 간략히 설명하세요.

■ 표 6-4 불쾌지수에 따른 체감 상태

불쾌지수	체감 상태
85 이상	매우 견디기 어려운 무더위
80 이상	대부분 불쾌함을 느낌
75 이상	반 정도 불쾌함을 느낌
70 이상	일부 불쾌감을 느낌
70 미만	쾌적함

맛있는 풀이

풀이 1 온도계를 두 개 중 하나는 그냥 놓고(건구 온도계), 하나는 물에 적신 헝겊을 두른 온도계(습구 온도계)를 놓는다. 그러면 하나는 지금의 온도를 나타내고, 하나는 물이 증발하면서 실제 기온보다 낮은 온도를 나타낸다. 건조하면 물이 많이 증발하므로 습구 온도계의 온도는 낮을 것이다. 습하다면 물이 조금 증발하므로 습구의 온도는 건구의 온도와 비슷할 것이다. 이 두 개의 온도계의 차이로 지금의 습도를 알아내는 것이다. 그 차이를 아래 <표 6-5>의 습도표에서 찾아서 그때의 습도를 알아낼 수 있다. 습도표는 KS B 5218에서 찾을 수 있다. 증발속도가 습도 측정에 영향을 주므로, 이에 영향을 주는 풍속에 주의해야 한다. 때문에 바람을 막아주는 실내에서 주로 사용한다. 습구 온도계는 물이 증발하여 나오기 때문에 낮은 온도에서는(특히 영하) 제대로 측정이 불가능하다. 또한 온도계 특성상 그늘진 곳에서 측정해야 하며, 바람이 불지 않아야 한다는 조건 때문에 실외에선 사용할 수 없다. 또한 물이 계속 증발하므로 정기적으로 물을 채워 넣어줘야 하는 불편함이 있다.

■ 표 6-5 건습구 온도계에 의한 습도표

습구온도 (℃)	건구와 습구의 온도차(℃)							
	1	2	3	4	5	6	7	8
27	92	85	78	72	67	61	56	52
26	92	85	78	71	66	60	55	51
25	92	84	77	70	65	59	54	50
24	92	84	77	69	64	59	53	49
23	91	84	76	69	63	58	53	48
22	91	83	76	68	63	57	52	47
21	91	82	75	67	62	56	51	46
20	91	82	74	66	61	55	49	44
19	91	82	74	66	60	54	48	43
18	90	81	74	66	59	53	47	42
17	90	81	72	65	58	52	46	40
16	90	80	72	64	57	50	44	30

풀이 2 상대습도가 높을 때 일반적으로 불쾌감을 느낀다. 건구온도와 습구온도를 이용해서 다음의 식으로부터 불쾌지수를 계산한다.

$$\text{불쾌지수} = (\text{건구온도} + \text{습구온도}) \times 0.72 + 40.6 \qquad (6\text{-}1)$$

Chapter 07

압력 센서 및 로드셀

7.1 압력의 정의

압력은 유체가 가하는 단위 면적당 수직으로 작용하는 스칼라 양적인 힘을 의미한다. 기체 또는 액체를 다룰 때만 압력을 논하고, 고체에 있어서 압력에 상응하는 것인 수직응력이다. 압력은 <그림 7-1(a)>와 같이 단위 면적당 힘으로 정의되기 때문에 제곱미터 당 뉴턴(N/m^2)의 단위를 가지며, 이를 파스칼(Pa)이라 부르며, 이를 수식적으로 표현하면 다음과 같다. 여기서 P는 압력, F는 면적에 가하는 힘, A는 힘이 작용하는 면적이다.

$$P = \frac{F}{A} \tag{7-1a}$$

$$1\,Pa = 1\,N/m^2 \tag{7-1b}$$

실린더 또는 용기 내에 있는 유체(기체 또는 액체)에 피스톤을 사용하여 힘을 가했을 때, 유체에 작용하는 중력을 무시하게 되면 용기 내에 생성되는 압력은 힘에 면적을 나눈 값의 압력이 모든 방향으로 동일하게 작용하게 된다. 이런 현상은 자전거 타이어에 공기

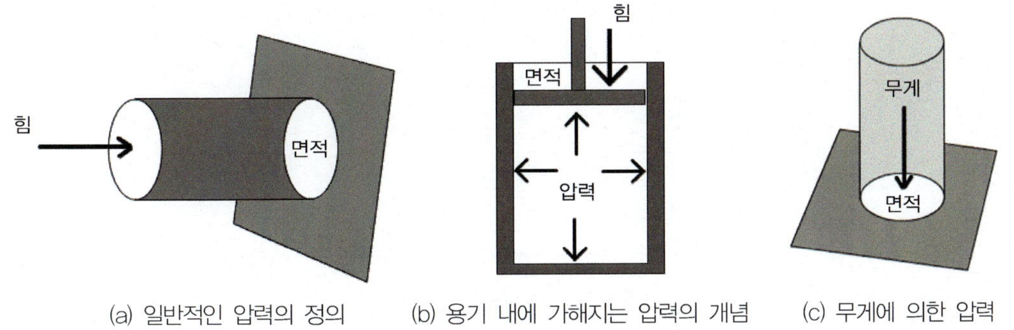

(a) 일반적인 압력의 정의 (b) 용기 내에 가해지는 압력의 개념 (c) 무게에 의한 압력

▲그림 7-1 압력의 개념

를 주입하는 경우에서 연상할 수 있다. 어떤 물체가 중력에 의해 힘이 가해진다고 하면, 여기서 힘은 무게 W에 해당하며, 면적 A에 작용하는 압력 P는 다음과 같다.

$$P = \frac{W}{A} \tag{7-2}$$

압력을 표시하는 방법에는 절대압력(absolute pressure), 게이지압력 또는 계기압력(gauge pressure), 차이압력(different pressure)이 있으며, 이들의 개념적인 차이는 <그림 7-2>와 같다. 주어진 점에서의 실제 압력을 절대압력이라 하는데, 이는 절대진공(즉 절대적인 영의 압력)에 대한 상대적인 값이다. 물리적인 정의에 의하면, 지구 위도 45도 해면상에서 온도 0℃에서의 수은주가 0 mmHg에 해당하는 압력 상태를 기점으로 측정되는 압력을 의미하며, 수치와 단위 끝에 절대라는 의미의 'abs'를 붙여서 표현하기도 한다. 유체역학과 같은 학문에서 사용하는 압력은 절대압력을 나타낸다. 게이지압력은 계기압력이라고 하며, 표준 대기압을 기준점 0으로 해서 측정되는 압력을 의미한다. 대부분의 압력 장치들은 대기 중에서 영으로 읽히도록 보정되어 있으며, 이들은 절대압력과 국소 대기압 사이의 차이를 나타낸다. 물리적인 정의에 의하면, 지구 위도 45도 해면상에서 온도 0℃에서의 수은주가 760 mmHg에 해당하는 압력 상태를 기점으로 해서 측정되는 압력을 의미하며, 수치와 끝에 'g'를 붙이거나 생략한다. 공업적으로 사용되는 압력 표현에 가장 널리 사용되는 압력을 의미한다.

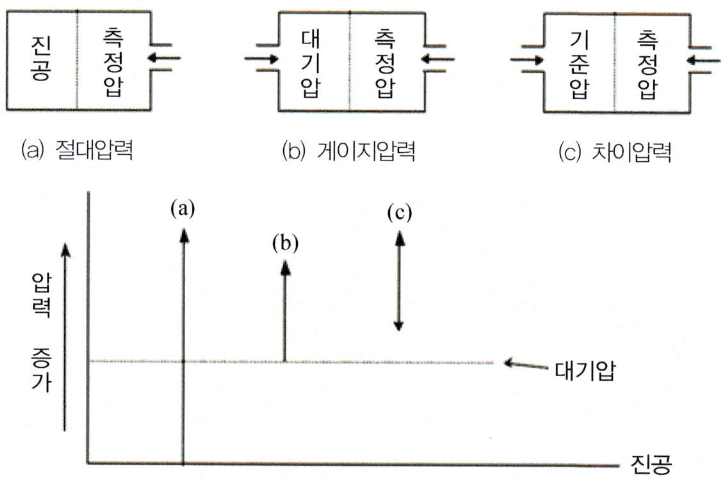

▲ 그림 7-2 압력 표시 방법

게이지압력은 상황에 따라 양 또는 음이 될 수 있지만 대기압보다 낮은 음의 압력을 진공압력이라 한다. 그리고 차이압력은 서로 다른 압력 중 어느 한쪽을 기준으로 다른 압력과의 차이 압력을 의미하며, 수치와 단위 끝에 'diff'를 붙여서 표시한다. 따라서 절대압력, 게이지압력, 진공압력은 모두 양의 값을 가진다. 예를 들어 자동차 타이어 안의 공기 압력을 측정하기 위해 사용되는 센서는 주로 게이지압력을 나타낸다. 그러므로 보통 32psi로 읽은 값은 대기압보다 32psi 높은 압력을 의미한다. 만약 대기압이 14.3psi인 위치에서 타이어 압력이 32psi라고 하면, 타이어 안의 절대압력은 14.3psi + 32psi = 46.3psi가 된다. 대기압을 기준으로 압력을 측정하면 압력은 게이지압력이고, 0 기압의 진공을 기준으로 측정하면 압력은 절대압력이다.

압력의 SI 단위는 pascal이며, 1 Pa = $1N/m^2$이다. 즉 1pascal은 1N의 힘이 $1m^2$의 표면 위에 골고루 작용하고 있다는 의미이다. 다른 표현으로 1atm이라는 대기압을 사용하기도 하는데, 1atm은 온도 4℃의 물이 1m 높이에서 면적 $1cm^2$에 작용하는 압력으로 정의된다. Pa은 매우 낮은 압력이므로, 실제 응용분야에서는 다른 단위를 주로 사용한다. 0℃ 수은주 1mm의 압력인 1mmHg를 1Torr로 정의하며, 지구 대기의 이상적인 압력은 760Torr가 된다.

또 다른 단위로 psi라는 단위도 사용하는데, 이것은 제곱 인치당 파운드의 약자이며, SI 단위와 비교하면 1psi = 6.89×10^3Pa = 0.0703atm 이다. 이와 같이 압력은 사용 용도에 따라 편리성 때문에 다양한 단위를 사용하는데, 각 단위들 간의 환산 관계는 <표 7-1>과 같다.

■ 표 7-1 압력의 단위 환산표

	Pa(N/m^2)	mbar	mmHg(Torr)	atm	psi(lb/in^2)	cmH_2O(@4℃)
Pa	1	1×10^{-2}	7.5×10^{-3}	9.87×10^{-6}	1.45×10^{-4}	1.02×10^{-2}
mbar	1.0×10^{2}	1	7.5×10^{-1}	9.87×10^{-4}	1.45×10^{-2}	1.02
Torr	1.33×10^{2}	1.33	1	1.32×10^{-3}	1.93×10^{-2}	3.94×10^{-2}
atm	1.01×10^{5}	1.01×10^{2}	7.60×10^{2}	1	1.47×10	1.0×10^{3}
psi	6.89×10^{3}	6.89×10	5.17×10	6.80×10^{-2}	1	7.03×10
cmH_2O	9.80×10	9.80×10^{-1}	7.36×10^{-1}	9.68×10^{-4}	1.42×10^{-2}	1

7.2 대기압 실험

갈릴레오의 학생이었던 이탈리아 물리학자인 토리첼리(Evangelista Torricelli)는 1643년에 그는 <그림 7-3>과 같이 대기에 노출된 수은을 담은 한 쪽 끝이 막힌 용기 속에 수은을 채운 후, 관을 거꾸로 세우면 수은이 76cm 높이까지 하강해서 멈추고 유리관 윗부분은 진공이 되는 것을 관측하였다. 그는 이 실험을 통해 대기압이 지구에 작용하고 있음을 발견하였으며, 이런 방법으로 대기압을 최초로 측정하였다. 점 B에서 압력은 대기압과 같고, 점 C에서의 압력을 영으로 잡을 수 있는데, 이는 점 C 위에는 단지 수증기만 있고 그 압력은 대기압에 비해 상대적으로 매우 낮으므로 무시될 수 있다. 이 측정에서 재미있는 것은 관의 길이와 단면적은 유체 기둥의 높이에 아무런 영향을 주지 않는다는 점이다. 따라서 대기압(1 atm)의 정의는 표준 중력가속도 하에 0℃ 수은 기둥의 높이가 760mm가 되도록 발생되는 압력으로 정의된다. 만약 표준 대기압을 측정하기 위해 수은 대신 물을 사용한다면, 약 10.3m의 물기둥이 필요하다. 이와 같이 압력에 대한 토리첼리의 업적을 기념하기 위해 압력 단위인 mmHg를 토르(Torr)라고 한다. 토리첼리와 동시대 과학자인 파스칼은 1647년에 그의 처남과 함께 산 정상에서 수은에 수직방향으로 가해지는 압력을 실험하였으며, 그 결과 압력은 고도에 따라 낮아진다는 것을 처음으로 밝혔다. 낮은 대기압인 높은 산에서는 물이 낮은 온도에서 끓기 때문에 낮은 고도에서의 요리시간에 비해 더 많은 시간이 걸린다. 그리고 고도가 높은 곳에서 코피가 자주 나오는 현상은 흔히 일어나는 일인데, 이는 혈압과 대기압 사이의 차이가 크게 되어 콧속 정맥의 섬세한 벽이 종종 이런 추가적인 응력을 견뎌내지 못하기 때문에 일어나는 현상이다.

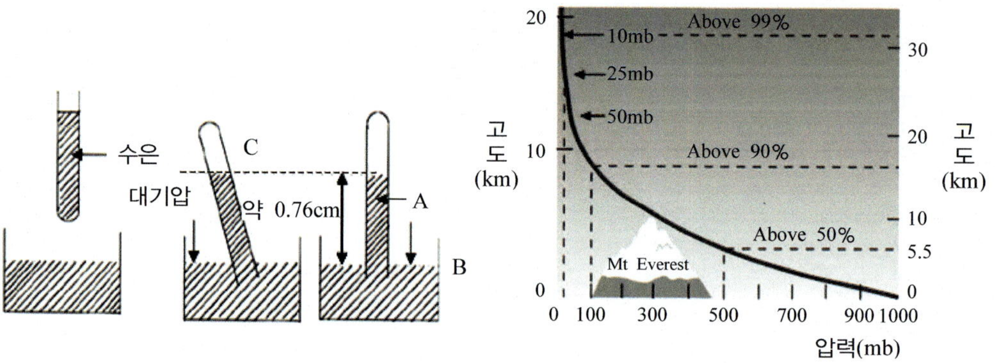

▲ 그림 7-3 토리첼리의 대기압 측정 및 파스칼의 고도에 따른 대기압 실험

7.3 액체 내에서 압력

압력은 단위 면적 당 압축력이며, 압력은 벡터일 것 같은 생각이 든다. 그러나 유체 내의 어느 한 점에서의 압력은 모든 방향으로 동일하다. 즉, 압력은 크기는 갖지만 특정한 방향은 갖지 않는다. 따라서 압력은 스칼라 양이다. 따라서 유체 내의 한 점에서의 압력은 모든 방향으로 동일한 크기를 가진다고 볼 수 있다. 이 결과는 정지 유체뿐만 아니라 운동 중인 유체에도 적용될 수 있다. 이런 이유는 압력이 벡터가 아니라 스칼라양이기 때문에 가능하다. 정지 해 있는 액체 내의 압력은 <그림 7-4(a)>와 같이 깊이에 따라 증가한다. (a)와 같은 직육면체의 유체를 생각해 보면, 이 유체의 부피 V = hA, 무게 W = mg가 된다. 따라서 단위 면적당 질량에 해당하는 압력을 수식적으로 표현하면 다음과 같다. 여기서 밀도는 $\rho = m/V$이다. 그러므로 (b)와 같이 유체 내 위치에 따른 압력 차이는 다음과 같다.

$$\text{압력} = \frac{\text{무게}}{\text{면적}} = \frac{\mathrm{mg}}{\mathrm{A}} = \frac{\rho \mathrm{Vg}}{\mathrm{A}} = \rho \mathrm{gh} \tag{7-3}$$

$$\text{액체} : P_2 - P_1 = \rho gh, \ \text{기체} : P_2 - P_1 = \int \rho g dh \tag{7-4}$$

액체는 본질적으로 비압축성 물질이고, 따라서 깊이에 따른 밀도의 변화는 무시할 수 있다. 이는 고도의 변화가 크기 않을 때 기체의 경우에도 성립한다. 그러나 온도에 따른 액체나 기체의 밀도 변화는 상당히 클 수 있으며, 높은 정확도가 요구될 때에는 이를 고려할 필요가 있다. 또한 바다와 같이 매우 깊은 곳에서는 액체의 밀도 변화가 클 수 있는데 이는 막대한 액체의 무게에 의한 압축 때문이다. 중력가속도 g는 해수면에서 9.807 m/s^{2}이고, 대형 여객기가 날아다니는 14,000m의 고도에서 9.764 m/s^{2}까지 변한다. 이와 같은 극단적인 경우에도 단지 0.4%의 변화만 생기므로 중력가속도 g는 거의 오차없이 일정하다고

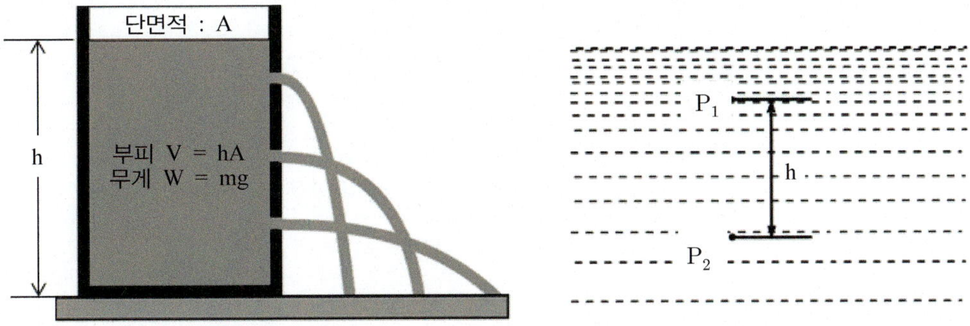

(a) 직육면체 유체의 높이에 따른 압력 (b) 유체 내에서 위치에 따른 압력

▲ 그림 7-4 높이에 따른 유체의 압력 차이

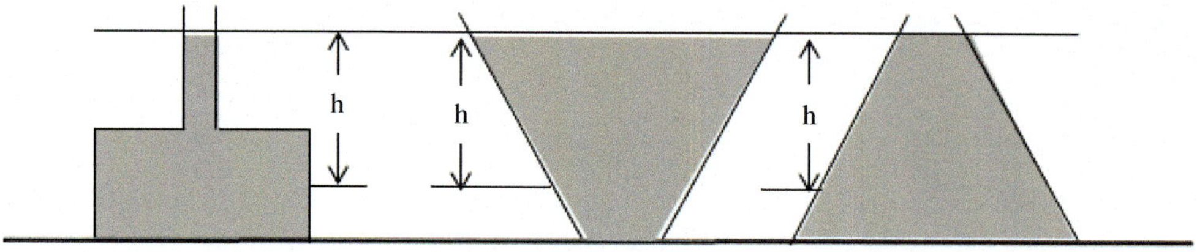

▲ 그림 7-5 정지해 있는 액체 내에서의 압력은 높이에 의해 결정

가정할 수 있다. 따라서 정지해 있는 액체의 압력은 모양이나 질량이나 액체의 표면적과는 무관하고 <그림 7-5>와 같이 단지 높이에 따라서만 압력이 결정된다고 볼 수 있다.

정지 유체 내의 압력은 용기의 모양이나 단면과는 무관하다. 압력은 수직 거리에 따라 변하지만, 다른 방향으로는 일정하게 유지된다. 그러므로 압력은 주어진 유체에서 수평면 상의 모든 점에서 동일하다. 유체 내의 압력은 수평방향으로 일정하게 유지된다는 이 결과는 갇혀있는 유체에 작용하는 압력은 그 유체 전체에 걸쳐 동일한 양만큼의 압력을 증가시킨다는 것이다. 이는 Blaise Pascal(1623~1662)의 이름을 따라 파스칼(Pascal)의 법칙이라 불린다. 또한 파스칼은 유체가 가한 힘은 표면적에 비례함을 알았다. 그는 면적이 다른 두 개의 유압실린더를 연결하면, 면적이 큰 쪽을 면적이 작은 쪽에 가해진 힘보다 비례적으로 큰 힘을 가하는 데 이용할 수 있음을 인지하였다. 우선 큰 힘을 필요로 하는 유압 시스템의 핵심 원리가 바로 파스칼의 원리이다. <그림 7-6>과 같은 유압 시스템은 가는 부분과 굵은 부분이 있는 금속으로 된 관에 유체가 들어 있다.

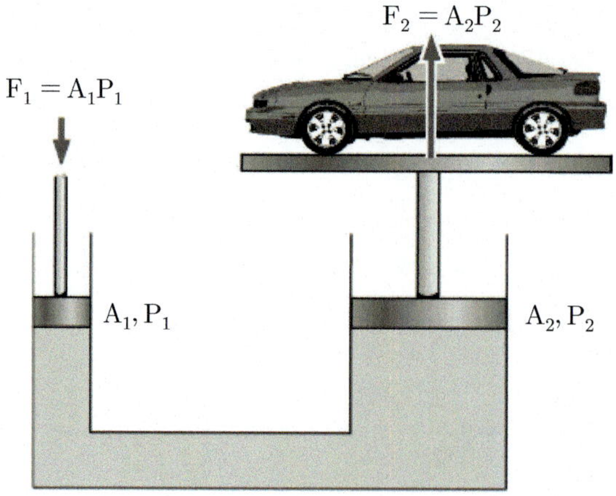

▲ 그림 7-6 파스칼의 법칙을 응용한 유압 차량 원리

금속관의 가는 부분에 있는 유체를 많이 밀어도 굵은 부분의 유체는 조금밖에 움직이지 않을 것 같지만, Pascal의 원리에 의해 압력은 똑같이 전해지므로 가는 부분을 작은 힘으로 밀어도 굵은 부분에서는 큰 힘이 생기게 된다. 양쪽 피스톤이 모두 동일한 높이에 있으므로 $P_1 = P_2$가 되며, 입력 힘에 대한 출력 힘의 비는 다음과 같이 결정된다.

$$\frac{F_1}{A_1} = \frac{F_2}{A_2} \rightarrow \frac{F_2}{F_1} = \frac{A_2}{A_1} \tag{7-5}$$

이 식에서 면적비(A_2/A_1)를 유압식 리프트의 이상적인 기계적 확대율(ideal mechanical advantage)이라 한다. 예를 들면, 면적비가 A_2/A_1 = 100인 유압 차량 잭을 이용하면, 사람이 단지 10kgf(=90.8 N)의 힘만 적용해도 1000kg의 차를 들어 올릴 수 있다.

7.4 압력 센서 분류

유체(특히 기체)의 압력 제어공정에 사용되는 기기는 압력을 직접 측정하는 압력 게이지(gauge 또는 gage), 게이지에서 측정된 압력을 전기신호로 변환하는 센서 또는 기타 신호로 변환하는 트랜스듀서, 센서 또는 트랜스듀서에서 나오는 신호를 제어부 또는 판넬로 전송해 주는 전송기(transmitter), 그리고 현장에서 측정된 압력의 제한을 두어 정해진 한계점을 넘어서면 알람 접점 신호를 내보내는 스위치 등으로 구성된다. 특히 전송기에는 측정된 압력을 공기 신호로 변환 및 전송해 주는 공압형(pnuematic type)과 측정된 압력을 전기적 신호로 변환 및 전송해 주는 전기형(electrical type)으로 구분된다. 보통 압력을 직접 측정하는 게이지와 전기적인 출력 신호를 내는 것을 합해서 압력센서라고 하며, 전기적인 신호 이외의 신호를 내는 것을 게이지와 합해서 트랜스듀시라고 한다. 대표적인 압력센서는 <표 7-1>과 같다. 표에 있는 압력계는 대부분 대기압보다 높은 압력을 측정할 수 있는 센서 종류이다. 대기압보다 낮은 진공도는 일반적인 압력 센서 대신에 진공을 측정할 수 있는 특별한 센서를 사용한다.

토리첼리와 파스칼이 대기압 측정을 위해 사용한 것을 수은주 압력계라 하며, 수은 대신에 다른 액체를 사용해서도 대기압 측정이 가능하므로 유리관 내부에 액체를 채워서 기압을 측정하는 방식을 액주식 압력계 또는 마노미터(Manometer)라 한다. 전자식을 제외한 다른 압력계는 아날로그 신호로 측정이 되기 때문에 디지털 신호가 필요한 스마트 디바이스에는 적용할 수가 없다. 따라서 스마트 디바이스에 적용할 수 있는 센서는 주어진 압력에 대해 전기적인 출력으로 나오는 전자식만이 가능하며, 이 중에서도 스마트 디바이스에 탑재할 수 있는 MEMS 센서는 반도체인 스트레인형과 전기용량형인 반도체식이 가능하다.

■ 표 7-1 압력계의 분류

분류	압력계		측정범위	특징
액주식	U자관형		5~2000mmH_2O	• 비교적 간단하고 정확함
	단관형		300~2000mmH_2O	
	경사관형		10~300mmH_2O	
탄성식	부르돈관형		0.1~5000 kg/cm^2	• 정기적인 교정이 필요함
	벨로즈형		0.01~10 kg/cm^2	
	다이아프램형		0.01~500 kg/cm^2	
분동식	분동형		2~10^6 수천kg/cm^2	• 표준기로 사용
전자식	포일형 스트레인게이지		수천mmH_2O~수천kg/cm^2	• 빠른 응답특성 • 선형성 우수
	반도체	스트레인형		• 히스테리시스가 없으며, 감도가 우수
		전기용량형		
	압전형		7×10^{-8}~700kg/cm^2	• 동적교정이 필요
	전위차계형		사양에 따라 결정	• 직류, 교류 모두 사용

7.4.1 액주식 압력계

수은주 압력계를 일반적인 용어로 액주식 압력계라고도 한다. 일반적으로 투명 유리관을 이용하여 유리관 내부에 액체를 채우고, 미지 압력을 가하면 관 내부의 액체 레벨이 변화하게 되는데 이와 같이 액체의 위치를 측정함으로 압력을 구하는 압력계이다. 압력과 액체 위치의 관계는 다음과 같다.

$$P = \frac{F}{A} = \frac{W}{A} = \frac{mg}{A} = \frac{\rho Vg}{A} = \rho Ahg/A = \rho gh \tag{7-6}$$

위의 식에서 ρg가 측정 중에 일성하다면, 압력 P와 액주의 높이 h는 비례관계를 가지므로 액주의 높이를 정확히 측정하면 압력을 측정할 수 있다. 액주식은 파스칼의 원리를 응용해서 압력을 측정하는 센서이며, 영어로는 manometer(마노미터)라고 한다. 일반적으로 투명 유리관을 이용해서 유리관 내부에 액체를 충진시키고 미지 압력을 가할 때, 관 내부 액의 위치변화를 측정하여 압력을 구하는 압력계이다. 구조는 다른 압력계에 비해 간단하고, 구조적인 오차발생이 적고, 고장이 적으며, 정확성이 높은 장점이 있다. 그러나 온도의 영향을 민감하게 받고, 액체와 유리벽의 오염에 따른 오차의 발생과 측정범위의 제약 등이 단점이다. 기본적인 마노미터는 측정 물질의 연결 부위에 작은 저장 용기를 두어 여기에 가해지는 압력을 용기 안의 액체에 직접 전달하게 하고, 이 액체가 압력에 의해 이동하여 투명 유리관 내에서의 높이가 변화하는 구조로 되어 있다. 대기압을 기준으로

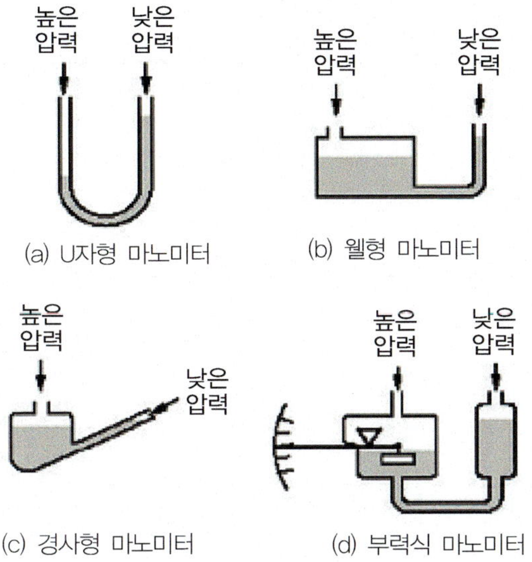

▲ 그림 7-7 대표적인 마노미터 종류

할 경우에는 유리관 꼭대기는 개방되어야 하며, 절대압을 측정할 경우에는 밀봉된 용기를 사용한다. 대표적인 마노미터로는 U자형, 우물형(웰형), 경사형 등이 있으며, 대표적인 액주식 압력계의 형상은 <그림 7-7>과 같다.[40]

액주식 압력계에 사용하는 액체의 선정기준은 다음과 같다.

① 측정범위와 측정 정밀도에 적합한 밀도를 가져야 한다.

② 점도가 낮고 유리관에 달라붙지 않는 액체라야 한다.

③ 증발하기 어려워야 한다.

④ 온도변화에 따른 밀도변화가 적어야 한다.

⑤ 냄새나 독성이 없고 유리관을 부식시키지 말아야 한다.

이러한 조건에 맞고 주변에서 쉽게 구할 수 있는 액체인 물과 수은을 가장 많이 사용한다. 수은의 경우, 비중은 13.6이므로 높이가 1 mm 증가할 때마다 1 mm의 물보다 13.6배의 압력이 가해진다. 마노미터는 유리관 내벽에서 액체 표면의 모양과 눈금의 정확성, 그리고 눈금의 선형성 등에 따라 정확도가 달라진다. <그림 7-8>과 같이 물의 경우, 표면장력에 의해 아래로 오목하게 표면이 형성되는 데 반해, 수은인 경우에는 큰 응집력으로 인하여 표면은 볼록하게 형성된다. 액주 높이를 측정하고자 할 때, 액체 물질에 따라 읽는 방법이 서로 다르다. 수은은 액면이 위로 볼록하므로 볼록한 윗부분의 눈금을 읽고, 물이나 기름은 아래 오목한 부분을 읽어야 오차를 줄일 수 있다.

40. 이유성, 히스코센서, "압력의 측정방법", 제1회, 월간계장기술, 2004년 2월
www.procon.co.kr/pdf/2004%202/2004%202-te-1.pdf

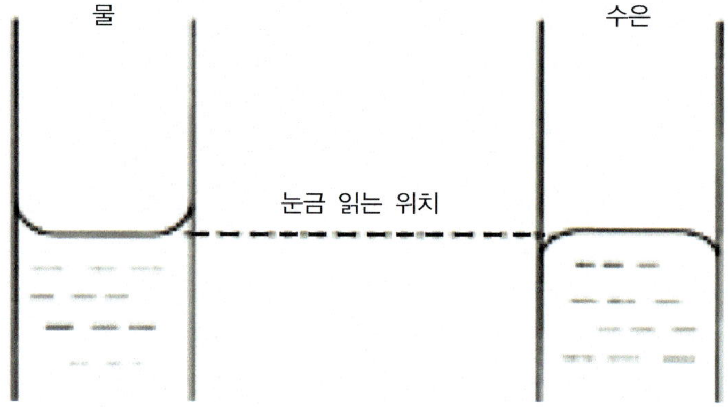

▲ 그림 7-8 물과 수은의 표면 형상

액주식 압력계의 다른 형태가 대기압을 측정하는 바로미터(barometer)이다. 바로미터의 기본 원리는 토리첼리의 실험을 재현한 <그림 7-9>와 같은 수은 바로미터이다. 한쪽 끝이 개방된 약 1m 길이의 유리 튜브를 수은이 담긴 수조에 거꾸로 세워놓은 구조로 되어 있다. 대기압에 의해 수은이 압력을 받아 유리 튜브 위로 올라가게 되며, 이 높이로부터 압력을 알 수 있다. 이것은 토리첼리가 대기압을 측정하면서 사용한 실험기기의 원형이다. 수은의 독성과 취급상 어려움 때문에 토리첼리 이후 수은 대신에 물과 진공펌프오일 등을 사용하여 기압을 측정하는 데 사용하였다.[41]

수은 바로미터는 수은 저수조, 유리 바로미터 튜브, 눈금자의 3가지 주요 부품으로 이루어져 있다. 초창기에 수은 저수조로 사슴가죽 재질을 사용하였으며, 고순도로 추출되고 정제된 수은을 사용하였다. 수은 표면이 산화가 되면 지시기와 표면 사이의 경계면이 불분명하게 되므로, 오염된 수은 표면은 청결을 유지해야 한다. 그리고 수은은 몸에 해로운 물질이기

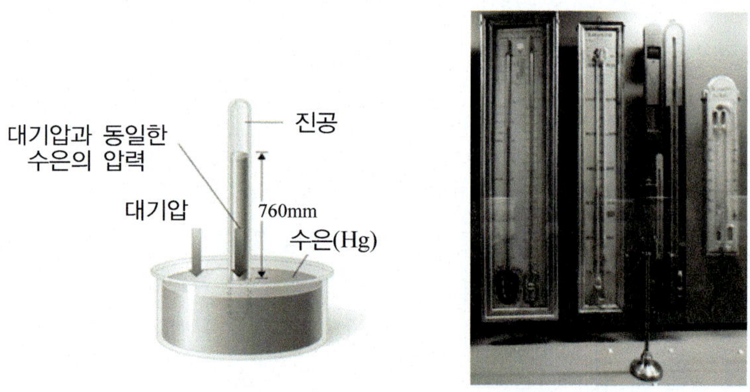

(a) 토리첼리 원리 (b) 초기 바로미터 외관

▲ 그림 7-9 수은 바로미터 원리 및 외관

41. http://en.wikipedia.org/wiki/Barometer

때문에, 수은을 담고 있는 저수조와 튜브 사이로 수은이 빠져 나오지 않도록 해야 한다. 측정 전에는 반드시 보정을 해야 하는데, 표준 보정점의 기준은 0℃에서 수은의 밀도가 13.5951 g/cm^3, 중력가속도는 980.665 cm/s^{2}이다. 수은의 밀도는 온도에 따라 변하기 때문에, 바로미터 옆에 온도계를 부착하여 측정 중의 온도를 기록하여 보정해 주어야 한다.

7.4.2 탄성식 압력계

액주식 압력계는 원리가 간단하고 정밀한 장점은 있으나, 휴대용으로 이동하기가 어렵고 깨지기 쉬운 구조이며, 액체의 위치를 눈으로 확인을 해야만 하는 단점이 있다. 이러한 단점을 보완하기 위해 만들어진 것이 탄성식 압력계이다. 탄성식 압력계는 수압부에 탄성체를 사용해서 측정하고자 하는 압력을 가했을 때, 가해진 압력에 비례하는 기구적인 변형으로부터 압력을 측정하는 것이다. 이와 같은 탄성식 압력계에는 <그림 7-10>과 같이 부르돈 튜브(Bourdon tube)형, 다이아프램(diaphragm)형, 벨로우즈(bellows)형 등이 있으며, 압력계 제작시에는 압력변화에 따른 극히 미세한 탄성변형을 탐지하기 위해 일반적으로 링크기구, 레버, 피니언 등의 기계적 구조를 이용하여 변형을 확대하여 지시, 기록, 전송, 전기적 변환 등을 수행한다. 이러한 의미에서 탄성식 압력계는 기계적인 압력계로 2차 압력계라고도 한다.[42]

부르돈 튜브형은 1852년 프랑스의 Eugene Bourdon이 발명했다. 단면적이 타원형인 튜브를 한쪽에 고정단으로 개방시켜 압력을 가하고, 다른 쪽은 밀폐 자유단으로 하여 원형으로 구부려 내부에 압력을 가했을 때 튜브가 압력으로 인해 똑바로 펴지려고 하는 특성을 이용한 것이다. 이 움직임에 바늘이나 기어 구조를 연결하여 압력의 정도를 측정하는 원리이다. 부르돈 튜브의 장점은 구조가 간단하여 가격이 저렴하며, 측정할 수 있는 압력범위가 매우 넓으며, 압력 스위치로도 사용이 가능한 장점이 있다. 반면, 압력계의 부피가 커서 설치공간이 제한적이며, 응답속도가 다른 압력계에 비해 느리며, 히스테리시스에 의한 오차가 큰 단점이 있다. 다이아프램(diaphragm) 압력계는 얇은 막으로 된 것인데, 한쪽에서 압력이 인가되면 압력차로 인해 다이아프램이 한쪽으로 변형이 일어나는 원리를 이용한 것이다. 금속 다이아프램과 비금속 다이아프램으로 구분되며 주로 유체의 압력 측정용으로 많이 사용된다. 이상적인 비금속 다이아프램은 두께가 제로이면서 다만 형상이 있은 막으로서 유한의 인장강성은 존재하며 전단강성 및 굴곡성은 없는 것이다. 실제 비금속 다이아프램은 보통 크기가 크고 동심원 무늬가 없는 것이 특징이며, 재질로는 네오프렌 고무, 테플론, 폴리에틸렌, 실리콘 등이 사용된다. 일반적인 압력 측정용 비금속 다이아프램의 두께는 약 0.2~0.3 mm 정도이며, 제어용으로 사용 시에는 3~4 mm도 사용된다. 벨로

42. http://benvalle.com/Pressure/Pressure.html

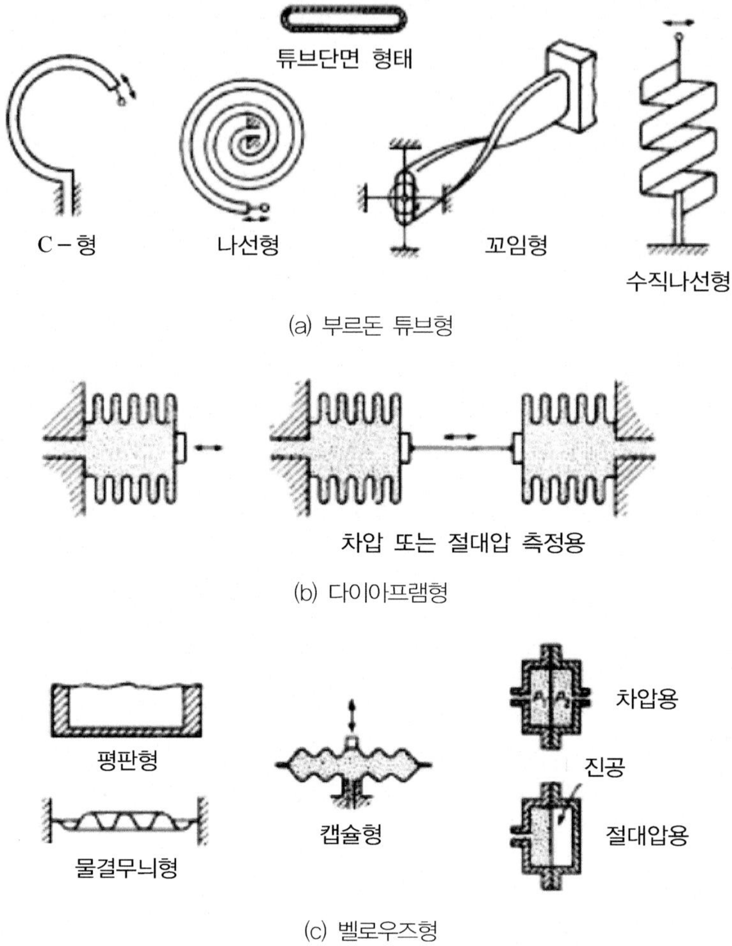

▲ 그림 7-10 탄성식 압력계의 분류

우즈 압력계는 주름 상자형의 주름이 있는 금속박판 원통에 그 내부 또는 외부에 압력을 가하면 중심 축 방향으로 팽창 및 수축이 일어나는 원리를 응용한 것이다. 대부분 복귀용 스프링을 내장하고 있으며, 측정에 필요한 직선성을 고려해서 전체 가변 범위의 5~10% 정도만 측정범위로 제한하여 사용한다. 벨로우즈는 압력에 따른 길이의 변화가 다이아프램이나 부르돈관에 비해 커서 보통 저압 측정용에 많이 사용된다. 벨로우즈 재질로는 황동이 가장 많이 사용되고 있으며, 이 외에도 유체의 종류에 따라 인청동, 벨리륨동, 스테인레스 스틸, 모넬(monel), 은, 니켈 등을 사용하기도 한다.

캡슐형 다이아프램 압력계를 응용한 것이 아네로이드 바로미터(aneroid barometer)이다. 아네로이드 바로미터는 액주식인 수은 바로미터보다 정밀도는 약간 떨어지지만, 크기가 작아 휴대성이 뛰어나며, 사용하기가 간편하다는 장점으로 많이 사용하게 되었다. 이것은 1844년 프랑스의 과학자 Lucien Vidi에 의해 최초로 고안이 되었는데, 그는 베릴륨과

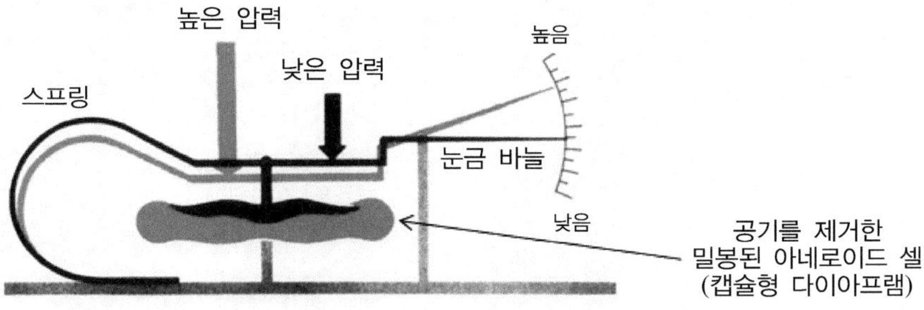

▲ 그림 7-11 아네로이드 바로미터 동작원리

구리의 합금을 이용해서 아네로이드 셀(또는 캡슐)이라고 불리는 다이아프램 박스를 제작하였다. 외부에서 약간의 기압 변화가 발생하면, 캡슐의 수축 또는 팽창량을 이용해서 압력을 측정하는 원리이다. 아네로이드 바로미터의 동작원리는 <그림 7-11>과 같다. 아네로이드 셀의 내부는 공기가 거의 없는 밀봉된 상태로 있으며, 이것이 기압에 의해 압축 또는 팽창하면서 여기에 연결된 스프링이 움직이면서 눈금이 압력을 가리키도록 동작한다. 그리고 그림에는 없지만, 아네로이드 셀의 탄성은 온도에 따라 변하기 때문에 바이메탈 온도기를 이용해서 온도 보상을 해 주도록 설계되어 있다.[43]

아네로이드 바로미터를 응용한 것이 아네로이드 기압기록계(barograph)이다. <그림 7-12>에서 보듯이 기존 아네로이드 바로미터의 눈금 바늘을 기록용 펜으로 바꾼 것 이외에는 원리가 거의 동일하다. 압력을 감지하는 아네로이드 셀의 수축 및 팽창에 의해 펜 지지대가 움직이고, 펜 지지대 끝에 회전드럼형 기록지 위에 압력을 기록하게 되어 있다.[44]

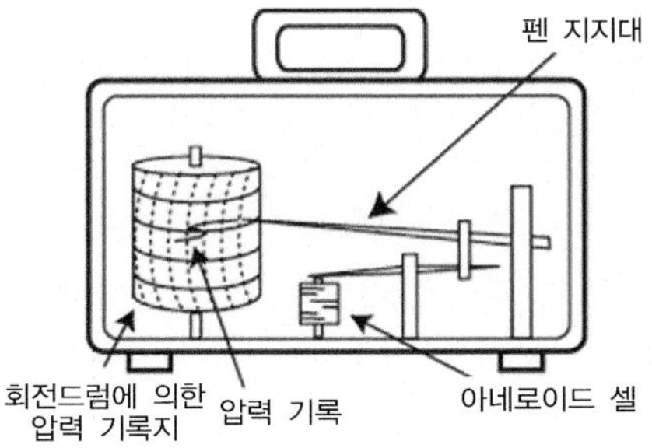

(a) 아네로이드 기압기록계 원리

(b) 아네로이드 기압기록계 외관

▲ 그림 7-12 아네로이드 기압기록계 원리 및 외관

43. http://www.aviationweather.ws/012_Atmospheric_Pressure.php
44. http://www.infoplease.com/cig/weather/pressure-getting-to-you.html

7.4.3 분동식 압력계

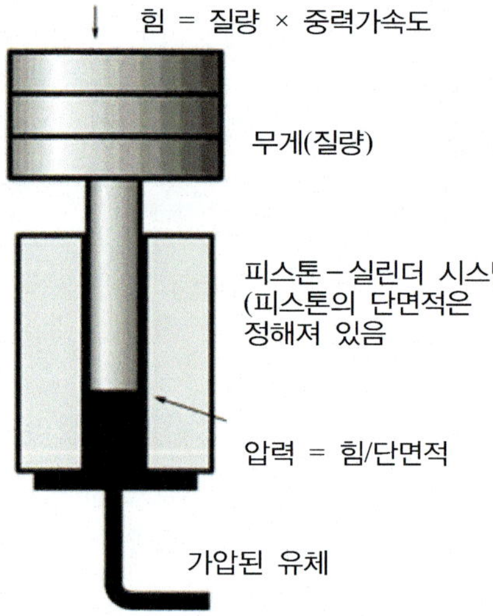

▲ 그림 7-13 분동식 압력계의 원리

분동식 압력계는 영어로 dead-weight pressure calibrator라고 하며, 분동은 양팔저울의 한쪽에 물건을 놓고 무게를 달 때, 무게의 표준으로서 다른 한쪽 저울판 위에 올려놓는 추를 의미한다. 따라서 분동식 압력계는 단위면적에 작용하는 수직력을 이용해서 표준압력을 만들 수 있도록 된 압력계이다. 이를 이용해서 압력도 측정하지만, 미지의 압력계의 교정용 표준기와 표준압력 발생기로도 사용된다.

<그림 7-13>과 같이 질량을 알고 있는 분동을 피스톤 위에 올려놓게 되면, 분동의 수직방향의 힘은 분동의 무게(질량×중력가속도)만큼 작용하게 된다. 그리고 피스톤의 단면적을 알고 있다면, 피스톤에 의해 실린더 내에 있는 유체에 작용하는 압력은 힘/단면적의 공식을 통해 압력을 알 수 있다. 따라서 질량이 다양한 분동만 있으면 원하는 표준 압력을 쉽게 만들 수 있다. 여기에 다른 압력계를 연결하여 정해진 표준압력이 읽히는지를 확인을 할 수 있으며, 또한 교정도 가능해진다. 대표적인 분동식 압력계의 내부 구조와 외관은 <그림 7-14>와 같다. 유체의 종류에 따라 기체식과 액체식으로 나눌 수 있으며, 기체식은 1.5 kPa~100 MPa, 액체식은 0.1 MPa~500 MPa까지의 게이지압에 적용할 수 있다.[45]

45. http://www.instrumentationtoolbox.com/2013/08/how-to-calibrate-pressure-gauge-with.html#axzz3PnSMbGGD

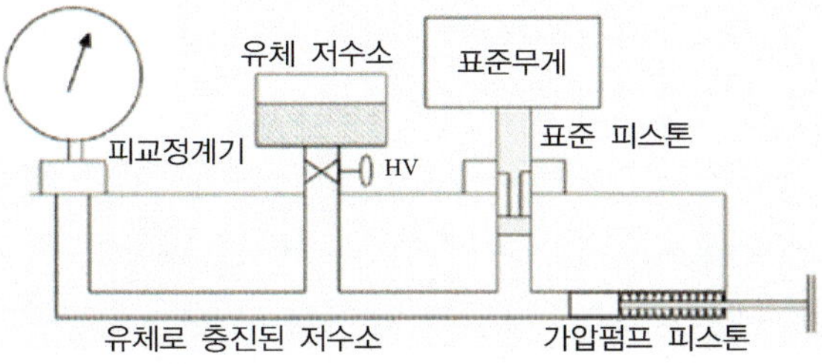

(a) 분동식 압력계 내부 구조

(b) 대표적인 분동식 압력 외관

▲ 그림 7-14 분동식 압력계의 내부구조와 외관

분동식 압력계는 압력계의 교정용으로 사용되기 때문에 정확한 압력을 얻기 위해서는 다음과 같은 사용상의 주의사항이 요구된다.

① 피스톤과 실린더 시스템이 오염 및 손상되지 않도록 주의를 해야 한다.
② 분동의 무게변화가 생기지 않도록 철저한 관리가 필요하다.
③ 측정시 항상 수평과 수직을 정확히 맞추어야 한다.
④ 파이프 부분에 무리한 힘을 가하지 말아야 한다.
⑤ 규정압력 이상의 과도한 압력을 가하지 말아야 한다.
⑥ 유압식의 경우, 측정범위에 알맞은 점성의 유체를 사용해야 한다.
⑦ 정확한 측정을 위해서는 최대 측정 압력의 약 10% 이상의 범위에서 사용한다. 예를 들어 최대 100 kgf/cm^{2}인 경우, 약 10 ~ 90 kgf/cm^{2}의 범위에서 사용한다.

7.4.4 압저항형 압력 센서

금속 스트레인게이지는 압력을 받으면 금속의 저항이 변하는 특성을 이용한 것이며, 금속에서는 전자의 이동도가 변하여 저항이 변하지만, 반도체에서의 압저항(piezoresistance) 특성은 이동도 변화뿐만 아니라 운반자 수도 변화하기 때문에 저항률의 변화가 금속에 비해 훨씬 크게 나타난다. 일반적으로 단결정 실리콘은 거의 모든 전자소자의 재료로서 널리 사용되고 있으며 제조공정 기술 또한 상당한 수준에 도달해 있다. 최근에는 실리콘 자체의 우수한 압저항효과, 기계적 특성 그리고 반도체 제조공정을 이용한 미세가공기술인 MEMS를 이용한 반도체 압력센서에 대한 연구가 활발히 진행되고 있다. 역학식 압력센서에 비해서 전기적 변화를 이용하는 반도체 압력센서는 소형, 저가격, 고신뢰성, 고감도, 다기능, 고분해 및 집적화 등의 우수한 특성을 가지고 있다. 이와 같은 반도체 기술의 발전으로 스마트폰 등의 모바일 기기 등에 활용되면서 응용범위가 점점 확대되고 있다.

압저항형 압력센서(piezoresistance pressure sensor)의 연구 및 개발은 1954년 Bell 연구

소의 스미스(C.S. Smith)가 Si과 Ge에서 이런 현상을 발견한 이후부터 활발한 연구가 진행되었다.46.

p형 또는 n형 실리콘 기판 위 일정한 부위에 열확산 또는 이온주입기술로 확산형 저항체를 만들고, 기판 뒷면을 이방성 식각기술로 박막 다이아프램을 만든 구조로 되어 있다. 에칭으로 공간을 만든 부분쪽으로 압력이 인가되면, 이로 인해 다이아프램에 변형이 일어나고, 다이아프램 경계면에 연결된 p형 Si 압저항체의 저항이 변하는 원리이다. 이것은 구조가 간단하고, 사용 가능한 압력의 범위가 넓고 제작의 용이성 때문에 일반적으로 많이 사용되고 있다. 그러나 저항 변화의 한계로 인해 감도가 떨어지고 온도 드리프트가 크기 때문에 실제 사용시 소자 하나 하나의 교정이 필요하며 특별한 보상기술의 개발이 필요하다.47.

대표적인 Si 압저항체의 내부 및 윗면 구조는 <그림 7-15>와 같다. 본 사진은 압력이 기판 아래쪽에서 인가되는 구조인데, 반대로 기판 위쪽에서 압력이 인가되는 구조도 있다. 압력 인입구 부분을 파이렉스 기구물로 만들어 실리콘 센서와 부착을 하여 압력이 다이아프램에 직접 인가되도록 디자인되어 있다. p형 실리콘 기판 위에 다이아프램의 역할을 하는 n형의 얇은 {100} 방향의 Si 박막층을 올리고, 다이아프램의 가장자리 부분에 p형 압저항체를 각 면에 한 개씩 총 4개를 설치하여 다이아프램의 변형에 의한 스트레인을 측정하도록 되어 있다. 압력을 감지하는 실리콘 압저항 센서의 크기는 측정하고자 하는 압력범위와 사용되는 제조기술에 따라 약간씩 다르지만, 일반적으로 300 mbar~30 bar의 압력을 감지하기 위해서는 약 $2 \times 2 \times 0.8$ mm^3 정도의 크기와, 다이아프램의 두께는 대략 10~50 μm 정도이다.

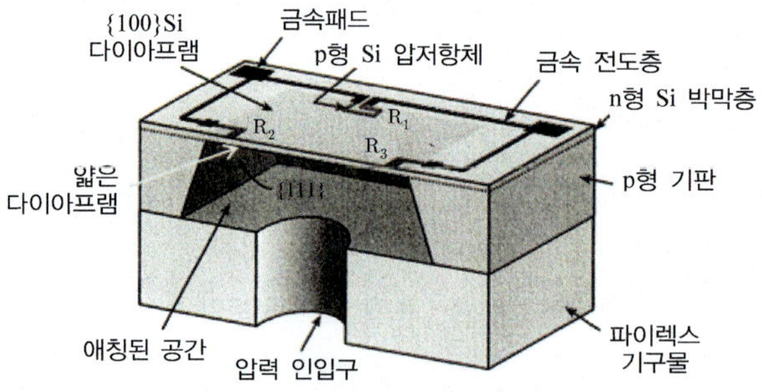

(a) Si 압저항체 단면 구조

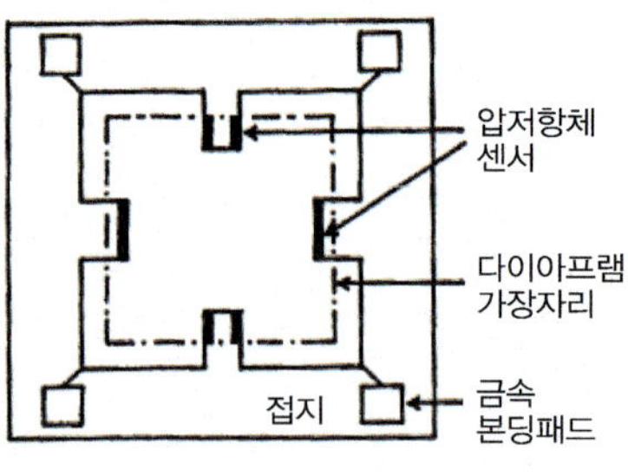

(b) Si 압저항체 윗면 구조

▲ 그림 7-15 Si 압저항체의 단면 및 윗면 구조

46. Charles S. Smith, "Piezoresistance Effect in Germanium and Silicon", Physical Review, vol.94, No.1, (1954)

47. 정귀상, "마이크로 압력센서의 기술동향", 전기전자재료학회지, vol.8, No.1, (1995)

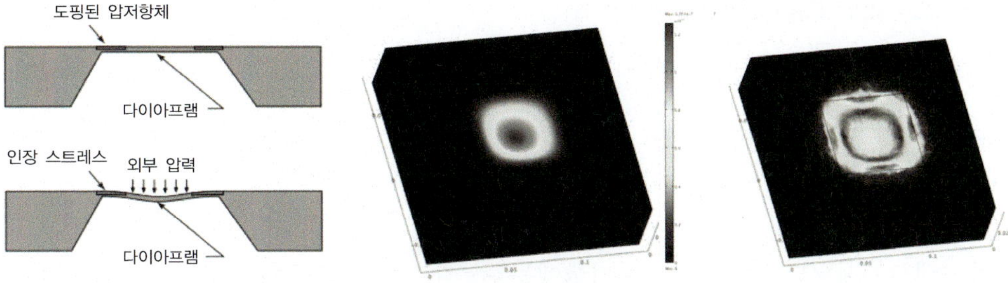

(a) 다이아프램에 외부압력이 인가된 경우 (b) 다이아프램 변형 분포 (c) 다이아프램 스트레인 분포

▲ 그림 7-16 외부압력에 의한 다이아프램의 변형 및 스트레인 분포

외부압력에 의해 다이아프램이 인장되면서 발생하는 다이아프램의 변형분포와 스트레인의 분포는 <그림 7-16>과 같다. 다이아프램의 변형은 중심부에서 많이 발생하고, 반면 스트레인은 다이아프램의 가장자리 부분에서 최대로 발생한다. 압력에 대한 민감도를 최대로 하기 위해 실리콘 압저항체 센서를 다이아프램의 가장자리 부분에 주로 설치를 한다.

절대압력 측정용 센서의 내부 구조와 외관 형태는 <그림 7-17>과 같다. 신호 증폭기와 회로를 포함한 ASIC, 압력 인입구와 신호처리용 외부단자 터미널 등 간단한 구조로 구성되어 있다. 반도체 압저항체 센서는 세라믹 기판 위에 고정되어 있으며, 반도체 내부 공동과 기판 사이의 압력은 제로로 보정되어 있다. 제로 기압이라는 레퍼런스 압력을 기술적으로 구현하는 것은 불가능하다. 따라서 실제 입력되는 압력은 항상 제로 기압보다는 높다고 가정을 하고, 일반적인 압력과 낮은 다른 압력 2개의 압력 값을 이용해서 두 압력의 직선값을 이용해서 제로기압에서의 전압으로 보정한다.

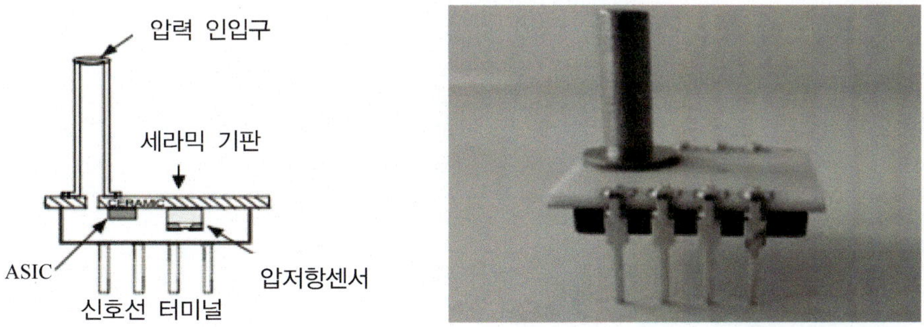

(a) 압저항 센서 조립 내부 구조 (b) 압저항 센서 외관

▲ 그림 7-17 절대압력 측정용 압저항 센서의 조립 내부구조 및 외관

7.4.5 전기용량형 압력센서

전기용량형 압력센서(capacitive pressure sensor)를 공학에서는 정전용량형 압력센서라는 표현을 더 많이 사용한다. 이것은 서로 평행한 두 개의 전극 사이에 유전체가 삽입된 형태의 콘덴서와 같은 구조로 되어 있다. MEMS 기술을 이용한 반도체 센서는 작은 크기, 고성능, 고신뢰성, 저가격이라는 장점으로 인해 최근 많은 발전을 하고 있는 분야이다. 특히 압력센서에서 사용되는 MEMS 기술에는 두 가지가 있는데, 하나는 압저항형 센서이고 다른 하나가 전기용량형 센서이다. 압저항형 압력센서는 자동차 분야에 매우 넓게 사용되고 있으며, 100 kPa 이상의 압력을 측정하는 용도로 주로 사용되고 있다. 최근 반도체 공정 등에서 약 10 kPa 이하의 압력을 모니터링 하는 분야가 늘어나고 있다. 낮은 압력 측정에서는 압저항형에 비해 전기용량형은 고민감도 때문에 주목을 받고 있다. MEMS 압저항형과 전기용량형의 장단점은 <표 7-2>와 같다. 전기용량형은 선형성 부문에서만 좋지 않은 특성을 보이는데, 이것은 다이아프램이 평행판 구조의 변형이 아니기 때문에 생기는 문제점이다. 이것을 개선하기 위해 최대한 평행판 구조와 같은 변형이 생길 수 있도록 다양한 다이아프램 구조에 대해 연구 중에 있다.

전기용량형 압력센서는 기본적으로 다이아프램의 변형을 이용한 센서이다. 금속전극의 면적을 A, 금속전극 사이의 거리를 d, 진공의 유전율을 ϵ_0, 금속전극 사이의 비유전율을 ϵ_r, 금속전극 사이의 거리를 d라고 하면, 전기용량 C는 다음과 같다.

$$C = \epsilon_0 \epsilon_r \frac{A}{d} \tag{7-7}$$

위 식에서 전기용량은 비유전율, 금속전극 사이의 거리, 전극의 면적에 따라 변하는데, 압력에 의해 이들 변수 중에 하나가 변하는 원리를 이용하면 전기용량의 변화로부터 압력을 측정할 수 있다. 금속 다이아프램을 사용하는 마노미터에서는 비유전율의 변화 또는 금속전극 사이의 거리변

■ 표 7-2 전기용량형과 압저항형의 특성 비교

항목	전기용량형	압저항형
측정압력 범위	10 kPa 이하	100 kPa 이상
민감도	우수함	낮음
출력 선형성	낮음	우수함
온도계수	우수한 선형성	낮은 선형성
소비전력	낮음	높음
디지털화	쉬움	AD 변환기가 필요

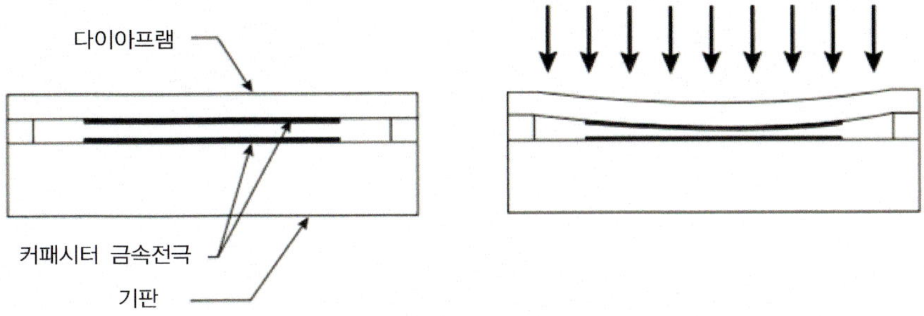

▲ 그림 7-18 전기용량형 압력센서의 기본 개념

화로부터 압력을 측정하는 방식이 있으며, 반도체 MEMS 압력센서에서는 비유전율을 변수로 사용하지 않고, 압력에 의한 금속전극 사이의 거리의 변화에 의해 변화하는 전기용량을 통하여 외부압력의 변화를 감지하는 방식을 사용한다. 왜냐하면 MEMS에서는 두 극판 사이의 물질을 공기로 사용하기 때문이다. 그리고 다이아프램 양쪽의 구성에 따라 게이지압, 차압, 절대압 측정이 가능하다. 전기용량형 압력센서의 기본 개념은 <그림 7-18>과 같다.

탄성식 압력센서들은 역학적인 변형만 측정이 되는데, 특히 다이아프램 방식에 전기용량형 방식을 접목하면 압력에 대한 전기적인 출력 신호를 얻을 수 있다. 탄성식 다이아프램을 이용하는 방식에는 압력에 따라 금속전극이 다이아프램과 같이 움직여 전극간 거리가 변하는 구조와 다이아프램과 금속전극 사이의 유전체가 다이아프램의 움직임에 의해 유전율이 변하는 구조 등으로 구현이 가능하다. 일반적으로 많이 사용하는 방식은 금속전극 사이의 거리 변화로 인한 정전용량 변화를 측정하는 방식이 가장 많이 사용된다. 이런 방식의 대표적인 것이 <그림 7-19>와 같은 전기용량형 마노미터이다. 여기에 사용되는 다이아프램은 얇은 금속으로 되어 있으며, 압력에 의해 금속 다이아프램에 휨이 발생하여 고정된 금속전극 사이의 거리가 변한다. 이와 같은 마노미터는 차압과 절대압을 측정하는데 있어서 가장 정밀한 센서로 알려져 있다. 이것은 보통 25,000 Torr에서 0.1 Torr까지의 10^4 동적범위가 가능하고, 일반적인 정밀도는 0.25% 정도이고, 고정밀 제품에서는 0.08%까지도 가능하다.

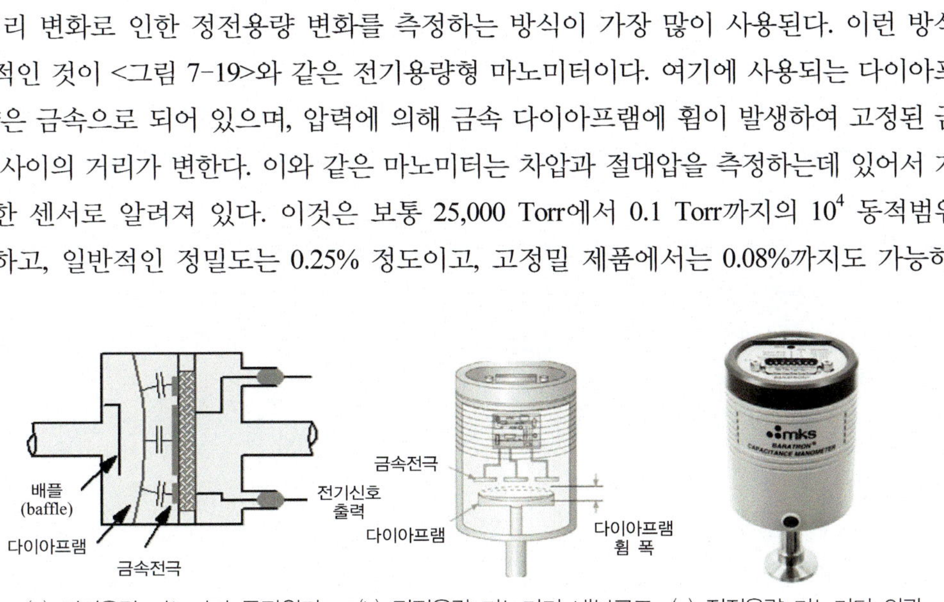

(a) 정전용량 마노미터 동작원리 (b) 정전용량 마노미터 내부구조 (c) 정전용량 마노미터 외관

▲ 그림 7-19 전기용량형 마노미터

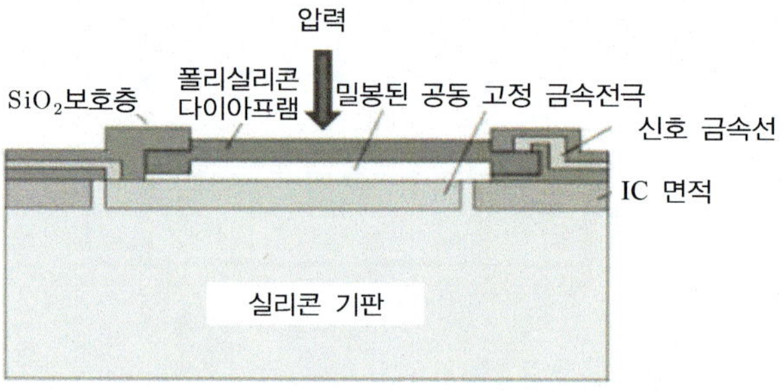

(a) 전기용량형 MEMS 센서 내부구조

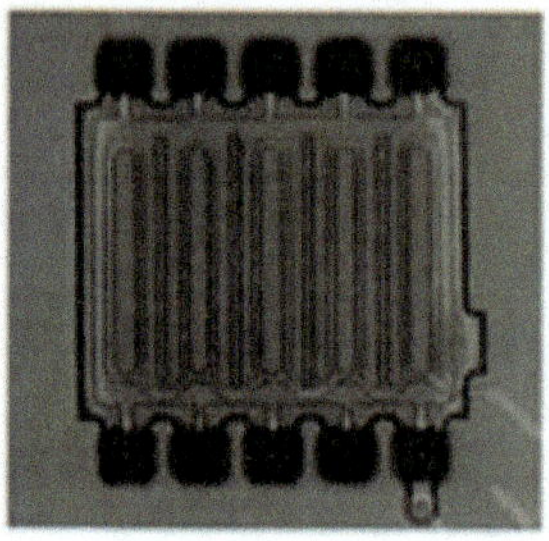

(b) 제작된 MEMS 윗면 형상

▲ 그림 7-20 전기용량형 MEMS 센서의 내부 구조 및 윗면

전기용량형 MEMS용 재료로는 주로 실리콘에 보론(boron)을 도핑한 반도체가 사용되고 있으나, 성능향상을 위해 3C-SiC(실리콘 카바이드)가 사용되기도 한다. 대표적인 전기용량형 MEMS 압력센서의 내부 구조 및 윗면 형상은 <그림 7-20>과 같다.

7.4.6 압전형 압력센서

압전 효과(piezoelectric effect)는 압저항 효과와 비교되는 물리현상이다. 영어의 piezo라는 단어는 그리스어의 piezein에서 유래가 되었는데, 이 단어는 누르거나 문지르다는 의미이다. 압저항 효과는 물체에 압력이 가해지면 스트레인의 변화로 인해 물체의 저항이 변하는 효과이며, 압전 효과는 물체에 압력이 가해지면 물체 내부의 전기분극의 변화가 생기며 이로 인해 금속 전극판의 전하량이 변하는 효과이다. 또한 역으로 물체에 전기장을 인가하면 물체에 변형이 일어난다. 이런 현상은 1880년, 큐리(Curie) 형제가 수정(quartz)에서 이런 현상을 발견한 이후, 많은 연구자들에 의해 수백종의 세라믹과 플라스틱에서 이런 현상을 발견하였다.

압전체에 압력이 가해지면 압력에 비례해서 전하량에 변화가 생기는데, 이것은 스트레인게이지의 출력신호와는 달리 압전체에서 생성된 신호는 급격히 사라지는 특성이 있다. 즉, 압전체에서 발생되는 전압은 변화하는 압력에만 반응하기 때문에 압력이 스텝형태로 가해지는 경우 출력전압은 곧 사라지게 되기 때문에 이를 증폭하고 저장하는 수단이 필요하다. 이런 특성 때문에 압전형 압력센서(piezoeletric pressure sensor)는 정압 측정에는 적합하지 않고, 다이나믹하게 압력이 변화하는 용도에 적합하다. 압전체는 외부의 여기 전원없이 사용하기도 하며, 이 경우에는 출력신호가 매우 작기 때문에 반드시 증폭을 해야 하는데, 이렇게 하면 잡음도 같이 증폭이 되어 정확한 신호를 얻기가 어렵다. 따라서 대부분 경우에는 외부전원을 연결하거나 병렬로 압전체를 여러 개 연결하여 사용한다. 압전형 압력센서는 직선성이 좋고, 고주파 응답 특성이 있으며, 크기가 작고 구조가 견고한 장점이 있는 반면, 정압측정이 어렵고 온도변화에 민감한 단점이 있다. 응답특성이 매우 빠르기 때문에 동압 또는 충격압 측정에 주로 사용되며, 폭발압, 로켓트 추진압, 내연기관의 연소압 등에 응용되고 있다. 대표적인 압전형 압력센서의 구조는 <그림 7-21>과 같다.

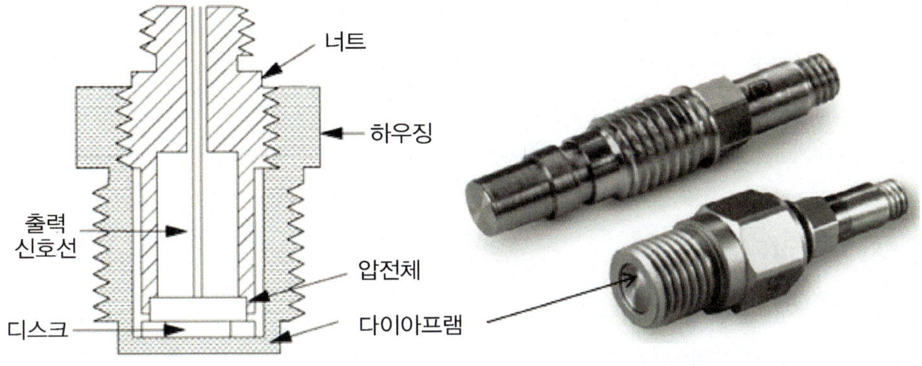

(a) 압전형 압력센서 내부 구조 (b) 압전형 압력센서 외관

▲ 그림 7-21 압전형 압력센서의 내부 구조 및 외관

7.4.7 전위차계 압력센서

전위차계 압력센서(potentiometric pressure sensor)는 탄성식 압력계의 출력을 전기적인 신호로 쉽게 얻을 수 있도록 한 것으로 탄성식 압력계와 전위차계 시스템을 합쳐 놓은 것이다. 이 센서의 핵심은 기구적으로 연결된 탄성식의 변위를 저항 부분과 연결시키는 부분이며, 기본적인 개념은 <그림 7-22>와 같다. 탄성식 압력계의 변위에 의해 저항의 위치가 변하게 되면 휘스톤브리지에서 저항변화를 측정하여 압력으로 환산하는 방식이다.

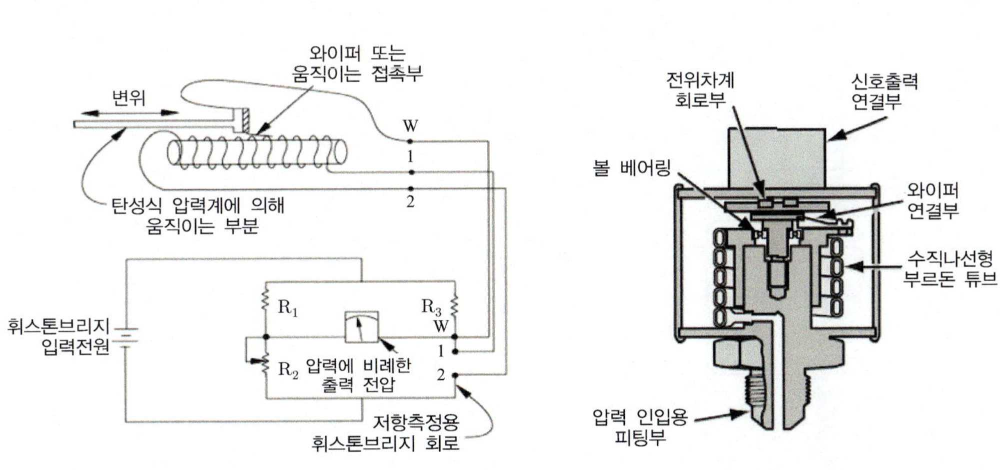

(a) 전위차계 압력센서의 기본 기념 (b) 부르돈 튜브를 이용한 전위차계 압력센서

▲ 그림 7-22 전위차계 기본 개념 및 전위차계 부르돈튜브 내부구조

탄성식과 기구적으로 연결된 와이퍼 부분은 측정시 접촉저항으로 인해 오차가 필수적으로 수반할 가능성이 매우 높다. 또한 서로 다른 기구가 접촉하기 때문에, 두 재질의 열팽창 계수의 차이로 인한 온도 영향도 무시할 수 없다. 그러나 전위차계의 회로부분은 매우 작게 구현이 가능하고 다른 증폭장치가 없이도 출력신호를 얻을 수 있는 장점은 있으며, 저전력 응용분야에 사용이 가능하다. 또한 저가격으로 쉽게 구현할 수 있는 장점도 있다. 그러나 이 방식은 민감도도 낮고 측정범위도 작은 문제점이 있으며, 일반적으로 0.035 ~ 70 MPa 측정범위에서 0.07 ~ 0.35 MPa 정도의 정밀도를 제공한다.

7.4.8 차동변압기

차동변압기(linear variable differential transformer, LVDT)는 변위의 변화를 코일 저항(inductance)의 변화로 변환하여 변위 또는 변형률을 측정하는 방법으로 줄여서 LVDT라고 많이 부른다. 차동변압기의 변위측정 원리는 <그림 7-23>과 같다. 절연튜브를 따라 3개의 코일이 대칭적으로 배치되어 있는데, 가운데 코일을 1차 코일(primary coil), 나머지 양쪽의 코일을 2차 코일(secondary coil)이라 하며, 이 두 개의 코일은 서로 반대 방향으로 같은 수의 코일이 감겨있고 직렬로 연결되어 있다. 절연튜브 내부로 직선운동을 할 수 있는 자성체 코어가 내장되어 있어, 코어의 이동에 비례하여 2차 코일에 출력이 나오도록 제작된 것이다. 전위차계와 마찬가지로 자성체 코어의 변위를 탄성식 압력계와 연결하여 압력에 따른 전기적인 신호를 얻을 수 있다.

1차 코일에 교류전압이 가해지면, 양쪽 2차 코일에 교류전압이 유도된다. 코어를 중간에 위치시키면 양쪽 코일에서 같은 교류 출력이 발생하게 된다. 코어가 중간에서 한쪽으로 이동하게 되면, 한쪽 코일이 다른 쪽보다 더 많은 자성코어를 갖게 되므로 더 큰 전압이 유도된다. 즉, 코어가 위쪽으로 이동하게 되면 2차 코일의 출력이 커지고, 코어가 아래

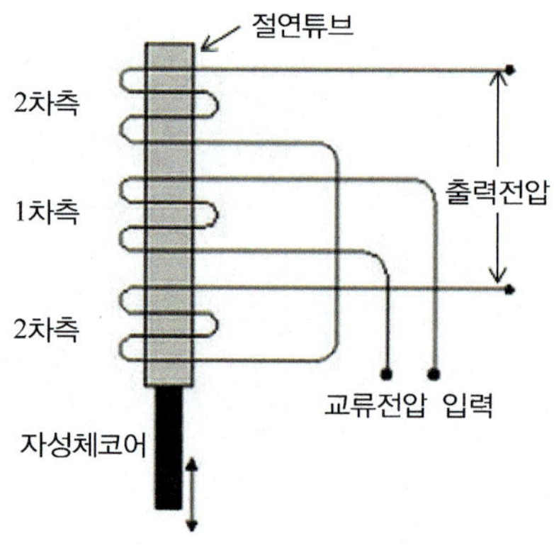

(a) 전동변압기의 코일 구조

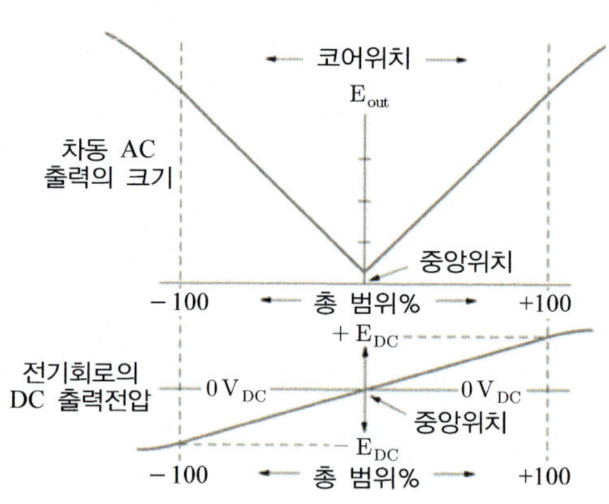

(b) 차동변압기의 AC, DC 출력전압

▲ 그림 7-23 차동변압기의 변위측정 원리

로 이동하게 되면 1차 코일의 출력이 커지게 된다. 이것은 코어의 위치에 따라 각각의 2차 코일을 통과하는 자속량이 다르기 때문이다. 이상과 같이 철심의 이동에 따라 2차 코일의 차동출력이 달라지는 것을 이용하면 코어의 변위를 측정할 수가 있다. 일반적인 LVDT는 유효변위는 ±2mm~±400mm 정도이고, 비선형 오차는 대략 ±0.25% 정도이다.

변위와 출력이 거의 직선관계를 이루는 영역이 있으며, 이 영역을 벗어나면 비선형 관계가 되며, 출력이 최대치에 도달한 후 변위의 증가에 따라 출력이 감소하는 형태가 된다. 실제 차동변압기에서 두 개의 2차 코일을 완전히 동일하게 제작할 수는 없으며, 또한 모든 것이 이론적으로 동작하는 것은 아니므로 코어가 중앙에 위치해 있더라도 엄밀히 출력이 0은 아니고 어떤 최소의 값을 가지게 된다. 이런 오차의 가장 큰 이유는 1차 코일과 2차 코일 사이에 부유용량(stray capacity)이 존재하기 때문이다. 보통 최소 전압값은 최대 전압의 1% 이하이기 때문에 매우 높은 감도를 요구하는 경우를 제외하고는 이에 대한 오차는 작다고 볼 수 있다. 그리고 변위와 출력 사이의 선형성에 관해서도 엄밀하게는 문제가 있을 것이나, 실제 사용상 비선형성을 무시할 수 있는 범위는 사용 가능 범위로 지정하여 사용하고 있다. 이런 의미에서 엄밀하게는 선형변화 차동변압기라 해야 한다. 차동변압기의 감도는 1차 및 2차 코일의 감김 수, 1차 코일의 전류, 차동변압기의 치수 등에 의해 결정된다. 즉, 자속은 감김 수, 전류, 코어의 단면적, 비투자율이 클수록 커지고, 코어의 둘레 길이가 길수록 작아진다. 이와 같은 특성에 따라 차동변압기의 감도도 달라진다. 일반적으로 탄성식 압력계의 지시부와 LVDT를 연결하여 압력을 전기적 신호로 바꾸는데 사용하며, <그림 7-24>는 다이아프램 탄성식 압력계를 이용한 LVDT의 내부구조와 다양한 형태의 외관이다.

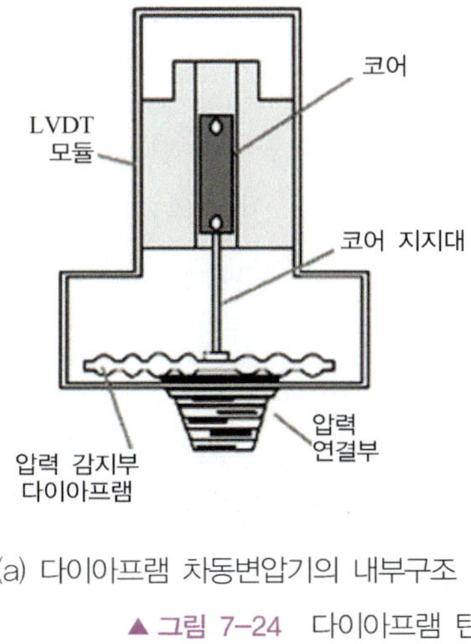

(a) 다이아프램 차동변압기의 내부구조

(b) 다양한 형태의 압력측정용 차동변압기

▲ 그림 7-24 다이아프램 탄성식 압력계와 LVDT의 연결 형상 및 외관

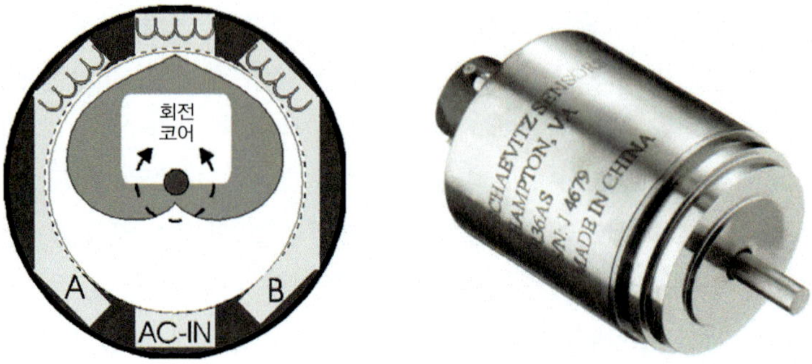

(a) RVDT의 코일 구조　　(b) RVDT의 외관

▲ 그림 7-25 RVDT 회전자 내부구조와 외관

회전형 가변 차동변압기(rotary variable differential transformer, RVDT)는 각도변위를 측정하는데 사용되는 전기적 변환장치 중의 하나이다. 원리상으로는 LVDT와 동일하게 입력 지지대의 각도변위에 따라 교류출력전압이 선형적으로 변하는 특성이 있다. RVDT에는 브러쉬가 없고 비접촉 방식기술로 수명이 오래가고 높은 신뢰도를 갖는 것이 특징이다. 회전자 내부구조와 외관 형상은 <그림 7-25>와 같다. 중간에 1차 코일이 있고, 양쪽으로 2개의 2차 코일이 위치해 있다. 코어가 회전을 하게 되면 2차 코일 중 한 쪽으로 출력전압이 치우치도록 코어는 하트 형상을 하고 있다.

7.5 스트레인게이지

물체가 외부의 압력(stress)에 의해 변위(strain)가 발생하여 이로 인해 저항이 변하는 물리현상을 압저항 효과(piezoresistive effect)라고 한다. 압저항 효과의 대표적인 것이 두 가지가 있는데, 하나는 금속 스트레인게이지(strain gauge 또는 strain gage)이고, 다른 하나는 반도체 스트레인게이지이다. 반도체 스트레인게이지는 다시 단결정 형태와 박막 형태로 나눈다. 게이지(gauge 또는 gage)는 외력에 의해 이에 비례해서 스트레인이 변하는 것이며, 게이지와 전기신호 출력회로를 포함한 것을 센서라고 한다. 스트레인게이지는 기구적인 미세한 변화를 전기저항의 변화로 검출하는 센서의 일종이다. 스트레스와 스트레인의 정의는 <그림 7-26>과 같다. 스트레스는 단면적에 작용하는 힘으로 압력과 동일한 개념이고, 스트레인은 스트레스에 의한 길이의 변화량으로 정의된다. 공학적인 의미의 스트레인은 "길이 변화량/초기길이"로 정의된다.

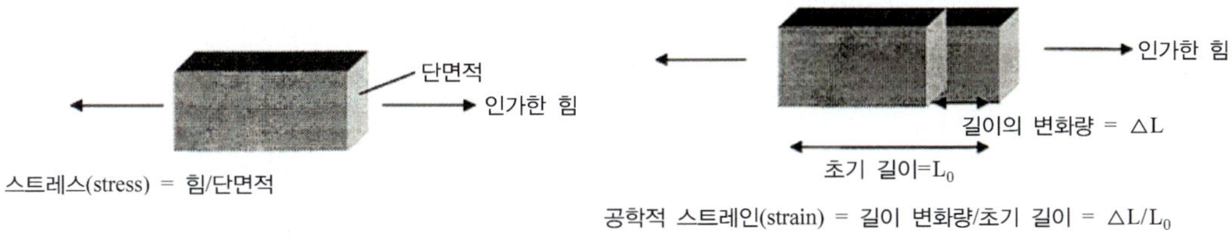

(a) 스트레스(stress)의 정의 (b) 스트레인(strain)의 정의

▲ 그림 7-26 스트레스와 스트레인의 정의

재료가 스트레인에 의해 저항이 변하는 것은 1856년 켈빈(Lord Kelvin)에 의해 발견되었으며, 특히 금속재료의 저항은 외부의 힘에 따라 늘어나면 증가하고, 압축되면 감소하는 성질을 가지고 있다. 초기 금속 스트레인게이지는 제조공정이 매우 까다로워 양산성이 좋지 않았지만, 1950년대 이후에 에칭 기법이 개발되면서 신공법으로 대량생산이 가능해졌다. 금속 스트레인게이지는 검출단이나 변환기나 기록계 등과 같은 측정 장치와 분리해서 스트레인의 원격 측정이 가능하고, 소형 및 응답성이 빠른 것이 특징이다. 스트레인과 관련된 힘, 압력, 가속도, 변위, 토크(torque) 등의 물리량을 전기신호로 바꾸어 주는 센서로 응용되고 있으며, 연구용뿐만 아니라 제어 계측용으로도 널리 사용되고 있다. 스트레인게이지를 기계나 구조물의 표면에 접착해두면, 그 표면에서 생기는 미세한 치수변화, 즉 스트레인을 측정하는 것이 가능하고 그 크기로부터 강도나 안전성의 확인을 하는데도 응용할 수 있다. 금속 스트레인게이지에는 <그림 7-27>과 같이 선재형(wire type)과 포일형(foil type)이 있다. 초기에는 선재형을 이용하여 사용하였으나, 현재는 포일형이 대부분이다. 포일형의 동작 원리는 선재형과 거의 동일하며, 대량생산이 가능하고 가격이 저렴한 장점뿐만 아니라, 두께도 매우 얇기 때문에 물체의 스트레인 변화량을 매우 민감하게 감지할 수 있다.[48]

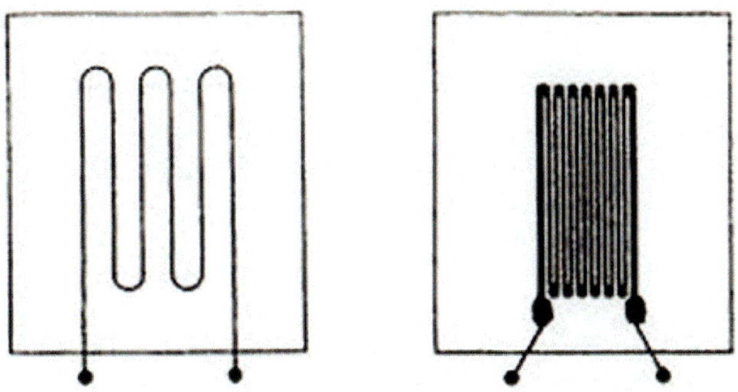

(a) 선재타입(wire type) (b) 포일타입(foil type)

▲ 그림 7-27 금속 스트레인게이지 종류

48. http://sastramech.blogspot.kr/2013/04/resistance-strain-gauge.html

포일형 스트레인게이지용 금속재료들의 상온근처에서의 게이지율에 대한 예는 <그림 7-28>과 같다. 게이지율은 이 그림에서 기울기에 해당하는 값이다. 10% 로듐/백금 합금의 경우, 높은 게이지율을 가지고 있지만, 약 0.4% 스트레인에서 급격히 변화하는 단점을 가지고 있어 일부 특별한 경우에는 사용할 수가 없다. 순수한 니켈인 경우, 작은 스트레인에서 음의 게이지율을 나타내므로, 니켈만으로는 잘 사용하지 않고 다른 합금과 혼합한 재료를 주로 사용한다. 가장 좋은 특성을 보여주는 것은 콘스탄탄합금이다.[49]

공학적인 관점에서 일반적인 재료들의 스트레인 변화는 2~10,000 microstrain 또는 0.000002~0.01 정도에 불과하다. 따라서 게이지에서의 저항변화로 탐지할 수 있는 값은 1% 미만인 매우 작은 값이 된다. 그러므로 측정회로의 디자인과 실제 설치에 있어 주의를 기울여야 한다. 실제로 스트레인의 변화량은 몇 millistrain(10^{-3}) 이상을 다루는 경우는 거의 없다. 따라서 저항 스트레인게이지를 사용한다면, 매우 작은 저항변화도 측정할 수 있는 장치가 필요하다. 만약 120Ω의 재료에서 0.001Ω을 직접 측정하기 위해서는 적어도 10^5배 정도의 정밀도(또는 6 디지터의 저항기)를 가진 장치가 필요하다. 일반적인 저항 측정법인 옴의 법칙을 이용하여 일정한 전류를 저항체에 흘려 양단간의 전압차를 측정하는 방법으로는 최대로 약 0.1%의 변화량만 측정이 가능하다. 이 방법의 단점은 저항체의 저항변화를 측정하는 것이 아니라 회로의 총 저항을 측정한 결과라는 것이다. 따라서 이 방법은 스트레인게이지의 저항변화를 측정하기에는 부적합하다. 이런 문제점을 해결하여 측정할 수 있는 방법이 휘스톤브리지(Wheatstone Bridge) 회로가 가장 적절한 해결책이다.

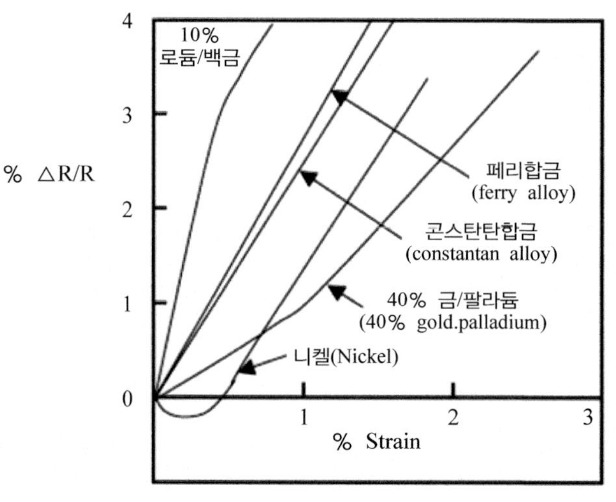

▲ 그림 7-28 포일형 스트레인게이지 재료들의 게이지인자

49. http://soliton.ae.gatech.edu/people/jcraig/classes/ae3145/Lab2/strain-gages.pdf

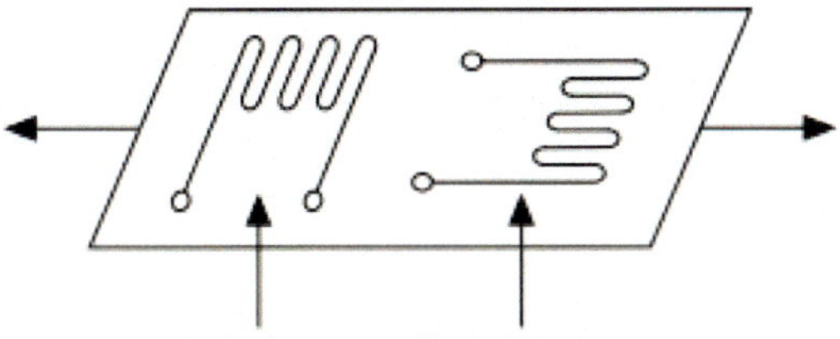

▲ 그림 7-29 2개의 게이지 배열

휘스톤브리지 회로를 이용하여 스트레인을 측정하는 동안 온도가 변하게 되면 두 가지의 심각한 오차가 발생할 수 있다. 하나는 온도에 따라 게이지의 비저항이 변한다는 것이고, 두 번째는 온도에 의해 게이지에 스트레인이 생긴다는 것이다. 이러한 온도에 의한 효과는 2개 이상의 게이지를 사용하게 되면 해결이 가능하다. <그림 7-29>와 같이 2개의 스트레인게이지를 사용하게 되면, 하나의 게이지는 활성화 스트레인에 의해 (R_G + △R)로 저항이 변하게 되고, 작용되는 스트레인에 횡방향으로 설치된 다른 게이지는 스트레인의 영향을 거의 받지 않는다. 그래서 이것을 더미게이지라고 부른다. 그러나 온도 영향은 두 개의 게이지에 동시에 작용하므로 온도변화량은 두 게이지에서 동일하게 관측된다. 따라서 두 게이지의 저항 비는 변하지 않으며, 출력전압도 변하지 않으므로 온도변화에 대한 영향을 최소화할 수 있다.

7.6 로드셀

로드셀(load cell)은 인가된 힘에 대해 측정 가능한 전기적인 출력으로 변환시킬 수 있는 트랜스듀서이다. 로드셀에는 여러 가지 종류가 있는데, 이 중에서 포일형 스트레인게이지를 이용한 로드셀이 가장 많이 사용되고 있으며, 스트레인게이지가 나오기 이전에는 공압(pneumatic)과 수압(hydraulic) 방식의 기구학적인 게이지가 주로 사용되었다. 로드셀로 사용되는 트랜스듀서들의 비교는 <표 7-3>과 같다.[50]

포일형 스트레인게이지가 부착된 로드셀은 금속 탄성체로 되어 있는데, 로드셀에 물체를 올려놓으면 금속 탄성체는 물체의 하중에 따라 스트레인이 발생한다. 물체의 하중에 따라 금속 탄성체에는 스트레인이 생성되고, 이에 비례하여 스트레인게이지에서는 저항변화가 일어난다. 통상적으로 스트레인게이지에서의 저항변화는 매우 작기 때문에 증폭회로를 통해 약 100~200배 정도로 증폭해서 측정한다.

50. Omega사 홈페이지, http://www.omega.com/prodinfo/loadcells.html

■ 표 7-3 로드셀 종류에 따른 장단점 비교

형태	하중범위	정밀도(FS)	장점	단점
기구적인 로드셀				
수압식	~10Mlbs.	0.25%	온도에 무관	가격이 고가, 복잡
공압식	매우 넓음	매우 높음	안전함	느린 반응속도, 깨끗한 공기 필요
포일형 스트레인게이지 로드셀				
휨형	10~5 klbs.	0.03%	가격이 저가, 단순한 구조	게이지 보호막 필요
전단형	10~5 klbs.	0.03%	전단응력에 의한 오차없음	
캐니스터형	~500 klbs.	0.05%	큰 중량 측정가능	수평부하방지가 없음
기타 로드셀				
헬리컬형	0~40 klbs.	0.2%	축에 관계없고, 과부하에 대한 내성 우수	
광섬유		0.1%	전자기장 영향을 받지않음	
압저항형		0.03%	제일 민감, 큰 신호출력	고비용, 비선형적 출력특성

탄성체는 인가된 스트레스에 대해 일정한 스트레인이 발생해야 하는 매우 중요한 부품이다. 따라서 시간에 따라 특성이 변하지 않아야 하고(creep 현상이 없어야 함), 탄성의 한계점이 높아야 하며, 히스테리시스가 적은 탄성체이어야 한다. 로드셀의 금속 탄성체는 사용 목적과 측정해야 할 무게의 범위에 따라 다양한 형태가 있으며, 주변 환경에 따라 다양한 종류의 금속을 사용한다. 적은 하중인 경우에는 베릴륨강이나 듀랄루민 금속을 사용하며, 큰 하중의 경우에는 특수강 종류인 경강(탄소가 0.4~0.5% 함유된 강철, hard steel)을 사용한다. 그리고 부식이 많이 발생하는 장소에는 주로 스테인리스강 소재를 사용하며, 스테인리스강의 가격이 일반 금속에 비해 가격이 비싸기 때문에 일반 금속에 도장 또는 도금처리를 하여 종종 사용하기도 한다.

로드셀은 하중 전달방식에 따라 <그림 7-30>과 같이 압축방식(compression type)과 인장방식(tension type)으로 크게 구분한다. 보통 압축방식은 약 400톤 이상까지의 무게 측정도 가능하지만, 인장방식은 약 10톤 정도의 무게가 한계이다.[51] 압축방식은 로드셀을 바닥 또는 힘이 인가되는 위치보다 낮은 곳에 고정하여 위에서 아래로 힘을 인가하여 압축에 의한 수감부의 변형을 측정하는 원리이고, 인장방식은 로드셀을 천정 또는 힘이 인가되는 위치보다 높은 곳에 설치하여 힘을 아래 방향으로 인가하여 인장에 의한 수감부의 변형을 측정하는 원리로 사용된다. 그리고 로드셀 탄성체의 기본적인 형상에 따라 휨형

51. "Strain gauges and load cells", Data Sheet, RS Components, 1997

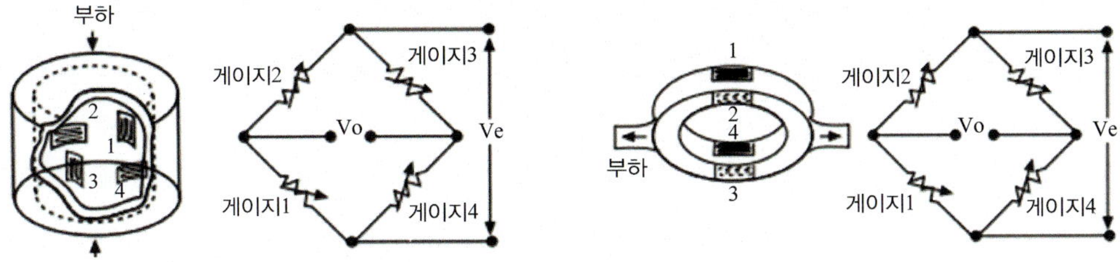

(a) 압축형 로드셀 (b) 인장형 로드셀

▲ 그림 7-30 압축형과 인장형 로드셀의 기본 개념

(bending type), 전단형(shear type), 기둥형(column type), 환상형(ring type)의 4가지로 구분된다.

휨형 로드셀은 간단하고 저가이기 때문에 가장 널리 사용되고 있으며, 동작원리는 <그림 7-31>과 같다. 켄틸레버 빔에서 최대 휨은 자유단에서 일어나고, 최대 변형은 고정단에서 일어난다. 따라서 스트레인게이지는 그림과 같이 고정단에 가까운 위치에 부착하며, 빔의 윗면에 부착된 2개의 스트레인게이지(1, 3 게이지)는 인장력을 측정하고, 밑면에 부착된 2개의 스트레인게이지(2, 4 게이지)는 압축력을 측정한다.

대표적으로 휨형 로드셀의 원리를 이용한 것이 <그림 7-32>와 같은 바이노큘러(binocular) 로드셀과 S형 로드셀이다. 특히 바이노큘러 로드셀은 소용량 상용 로드셀에서 가장 많이 사용되고 있는 디자인이며, 스트레인게이지는 최대변형이 일어나는 지점인 중간 부분에 부착된다. 이 구조는 게이지가 부착되는 위치만 얇게 하고, 나머지 빔 전체의 두께를 두껍게 함으로써 감도 희생없이 고유 주파수를 최대화 할 수 있는 장점을 가지고 있으며, 높은 안정성과 우수한 직선성이 특징이다. 힘이 위에서 아래로 인가되어 압축에 의한 스트레인의 변형을 측정하는 방식이다. S형 로드셀은 중심부에 스트레인게이지를 부착하여 측정하며, 압축과 인장 두 가지 방식 모두에 사용되는 방식이다.

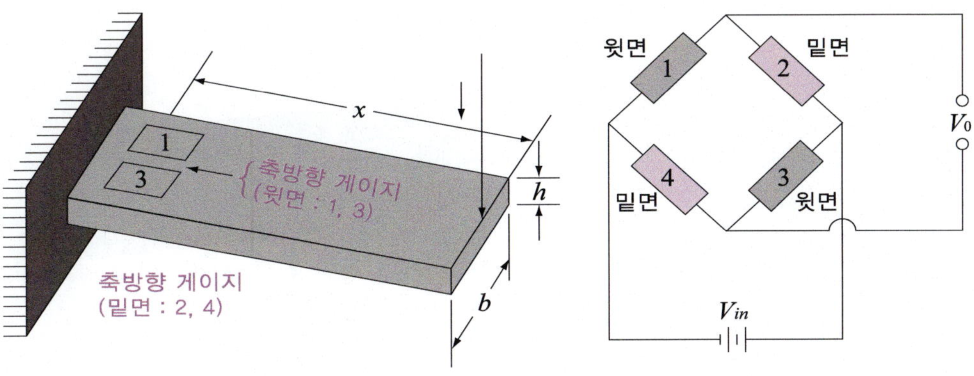

(a) 기본구조 (b) 등가회로

▲ 그림 7-31 휨형 로드셀의 동작원리

전단형 로드셀의 기본원리는 휨형 로드셀과 동일하며, 구조에 있어서 약간의 차이가 있다. 휨형 로드셀에서는 구멍이 셀을 완전히 관통하도록 디자인이 되어 있는 반면, 전단형에서는 <그림 7-33>과 같이 양측으로부터 뚫고 들어가 셀의 중심에 얇고 수직인 금속판(Web)을 만들고, 여기에 스트레인게이지를 수직으로 45도 방향으로 웹표면의 양측에 부착하여 전단응력을 측정하도록 디자인이 되어 있다. 게이지를 45도의 각도를 만든 것은 빔의 끝에 하중을 가하면 금속판에 발생하는 전단응력의 크기가 45도 방향으로 최대로 되기 때문이다. 동일 용량의 휨형에 비해 더 작게 만들 수 있으며, 동일 크기로 더 큰 용량의 로드셀 제작이 가능하다. 또한 하중 위치에 대해 덜 민감하여 비스듬하게 가해지는 하중에 대해 오차가 작으며, 이런 장점으로 무게를 측정하는 응용분야에 많이 활용되고 있다. 그러나 저용량의 전단형 로드셀을 제작하는 것은 대용량 제작에 비해 작은 양의 스트레인을 감지하기 위해 금속판을 더 얇게 만들어야 하기 때문에, 전단형의 구조는 휨형에 비해 가공이 약간 어려운 단점이 있다.

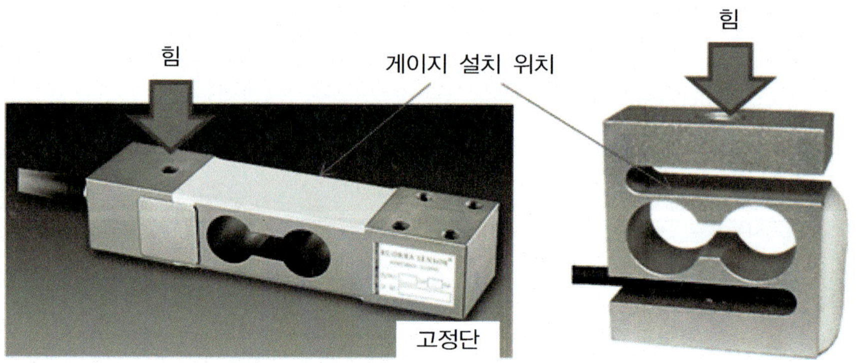

(a) 바이노큘러(binocular) 로드셀 (b) S형 로드셀

▲ 그림 7-32 바이노큘러 로드셀과 S형 로드셀 외관

(a) 전단형 로드셀의 내부 구조 (b) 전단형 로드셀의 외관

▲ 그림 7-33 전단형 로드셀의 내부구조 및 외관 형태

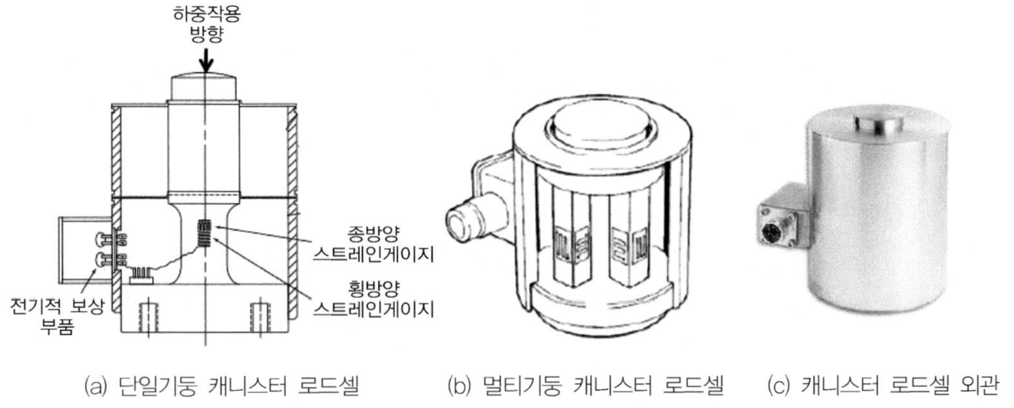

▲ 그림 7-34 캐니스터 로드셀의 내부구조 및 대표적인 외관 형태

기둥형 로드셀의 종류에는 사각형과 원통형이 있으나 원통형을 많이 사용하며, 기둥형 원통형 로드셀을 캐니스터(canister) 로드셀이라고 부른다. 캐니스터 로드셀의 내부구조와 대표적인 외관은 <그림 7-34>와 같다. 내부 기둥이 하나만 있는 싱글형(single column)과 멀티로 된 멀티형(multiple column)이 있다. 싱글형은 15% 이상 비스듬하게 인가되는 하중에 대해서는 많은 오차를 발생한다. 이런 단점을 보완한 것이 멀티형이다. 기둥형 로드셀은 대용량 제작이 가능한 장점은 있으나, 정밀도가 낮고, 비스듬하게 가해지는 하중에 대해 오차가 크다는 단점이 있다. 압축방식으로 동작을 하기 때문에 기둥의 크기에 따라 100 lbs ~ 500,000 lbs 범위의 하중 측정이 가능하며, 트럭이나 탱크 등의 큰 물체의 중량을 측정하는 용도로 사용된다.

환상형 로드셀의 내부구조와 종류는 <그림 7-35>와 같다. 그림에서 T의 의미는 인장 스트레인(tensile strain)을 측정하는 스트레인게이지를 의미하고, C는 압축 스트레인(compressive strain)을 측정하는 스트레인게이지를 의미한다. 링형 수감부는 신호출력이 크고 정밀도가 높은 장점이 있어 실험실용 소형 및 작은 하중 측정에 적합하다. 방향도 인장방식과 압축방식 모두 사용이 가능하지만, 대용량 제작이 어려운 단점이 있다. 링의 내외면에 4개의 스트레인게이지를 부착하여 탄성체의 변위를 측정하며, 로드셀을 선택할 때에는 측정하고자 하는 하중을 고려해서 용량을 결장해야 한다. 만일 큰 용량의 로드셀을 사용하게 되면 미세한 측정이 어렵게 되고, 용량에 딱 맞는 로드셀을 선택하면 예기치 않은 충격에 로드셀이 파괴될 수가 있기 때문이다. 로드셀의 다양한 형상과 크기를 이용해서 <그림 7-36>과 같이 식품점에서 사용하는 전자저울, 가정이나 병원에서 사용하는 전자 체중계, 크레인 스케일(crane scale), 트럭 스케일(truck scale), 펠릿 트럭 스케일(pallet truck scale) 등에서 하중을 측정하는 용도로 널리 이용되고 있다.

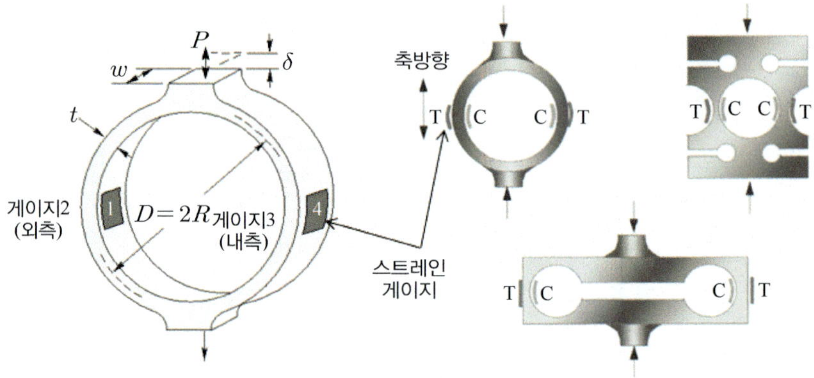

(a) 링형 로드셀의 내부 구조 (b) 링형 로드셀 종류에 따른 하중 방향

▲ 그림 7-35 링형 로드셀 내부구조 및 종류에 따른 하중 방향

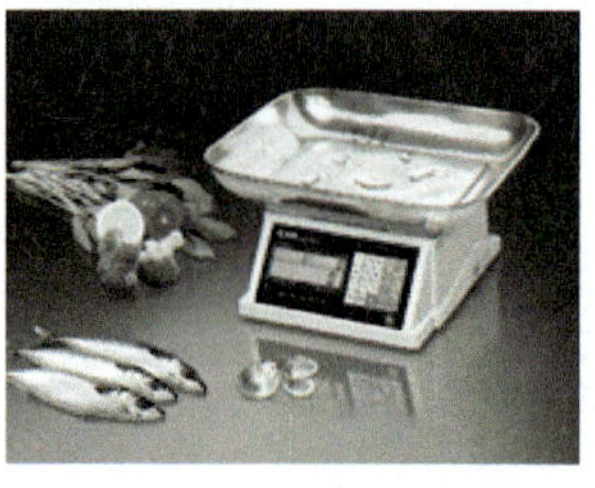

(a) 전자 저울

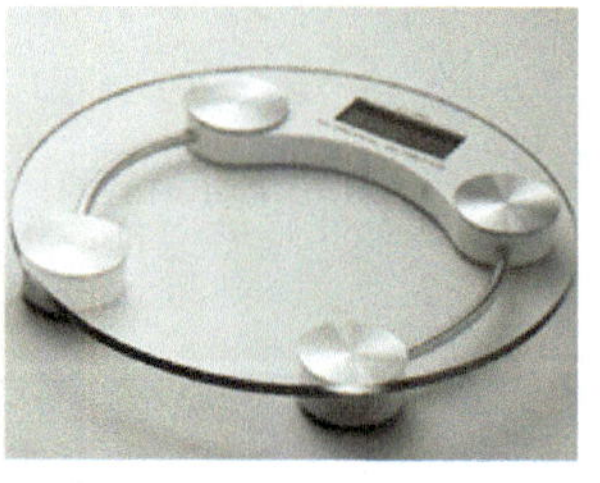

(b) 전자 체중계

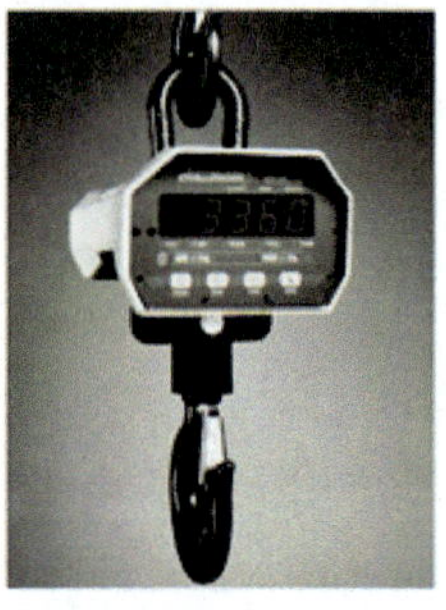

(d) 크레인 스케일

(e) 트럭 스케일

(f) 펠릭 트럭 스케일

▲ 그림 7-36 로드셀의 다양한 응용 분야

맛있게 생각해 봅시다!

1 스트레인게이지가 초기상태에서의 길이가 L, 저항이 R이라고 할 때, 외부에서 스트레스를 받아 길이가 ΔL, 저항이 ΔR 만큼 각각 변하였다면, 스트레인게이지의 게이지율(gauge factor) GF는 다음과 같이 정의되며, 이 값은 스트레인게이지의 민감도를 의미한다. 실제 스트레인의 크기는 매우 작기 때문에 스트레인의 단위로 microstrain($\mu\epsilon$)을 사용하며, 이것은 미터기준으로 μm(=10^{-6}) 정도 변형되었다는 의미이다.[52]

$$GF = S_g = \frac{(\triangle R/R)}{(\triangle L/L)} = \frac{(\triangle R/R)}{strain} = \frac{dR/R}{\epsilon} \tag{7-8}$$

(a) 저항이 120Ω, 게이지율 GE = 2.0 인 스트레인게이지를 가정해 볼 때, 5 microstrain(이 값은 알루미늄에서 50 psi와 동일)의 스트레인 변화가 생길 때 이에 해당하는 저항 변화는 얼마인가?

(b) 이 예제의 동일한 게이지가 5000 microstrain(알루미늄에서 약 50,000 psi) 변화량에 대한 저항 변화량은?

2 스트레인게이지의 미세한 저항 변화를 측정할 수 있는 방법으로 휘스톤브리지 회로 방법이 알려져 있다. 휘스톤브리지 회로를 이용한 스트레인게이지의 출력 변화는 어떻게 되는지 간략히 설명하세요.

3 다음 그림에서 h = 55cm, 유체의 비중이 0.85이고, 만약 ④ 위치에서의 국소 대기압이 96 kPa이라고 하면, 탱크 내부의 절대압력은 얼마인가? (가정: 탱크 안의 기체 밀도는 마노미터 유체의 밀도보다 훨씬 낮다)

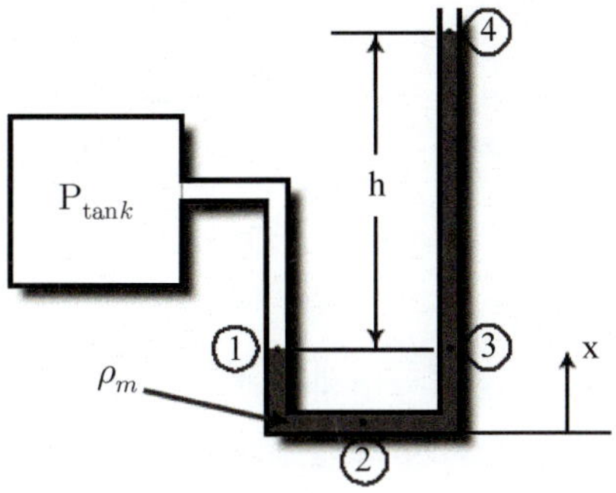

52. http://www.ni.com/white-paper/3642/ko/

맛있는 풀이

풀이 1 (a) $\triangle R = S_g \times \varepsilon \times R = 2(5 \times 10^{-6})(120) = 0.0012\,\Omega = 0.001\%$ 변화

(b) $\triangle R = S_g \times \varepsilon \times R = 2(5000 \times 10^{-6})(120) = 1.2\,\Omega = 1\%$ 변화

풀이 2 휘스톤브리지 회로의 기본적인 회로구성은 <그림 7-37>과 같다. 이것은 기본적으로 전압소스에 두 개의 균형회로(R_1, R_2와 R_3, R_4)와 연결되어 있으며, e 위치에서 전압을 측정하는 회로이다. 여기서 출력전압 e는 다음과 같다.

$$e = \left[\frac{R_2}{R_1 + R_2} + \frac{R_3}{R_3 + R_4} \right] E = \frac{R_2 R_4 - R_1 R_3}{(R_1 + R_2)(R_3 + R_4)} E \quad (7\text{-}9)$$

식 (7-9)에서 우측항의 분자 부분이 제로가 되면 초기전압이 제로가 되는데, 이와 같이 출력전압이 제로가 된 상태를 "평형 브리지(balanced bridge)"라고 하며, 4개의 저항 중 3개의 저항을 알고, 미지의 저항을 측정하고자 할 때(미지의 저항 $R_1 = R_x$, 가변저항 $R_2 = R_v$) 다음의 관계식을 통해 미지의 저항을 계산할 수 있다.

$$R_2 R_4 = R_1 R_3 \Rightarrow R_1 = R_2 \frac{R_4}{R_3} \Rightarrow R_x = R_v \frac{R_4}{R_3} \quad (7\text{-}10)$$

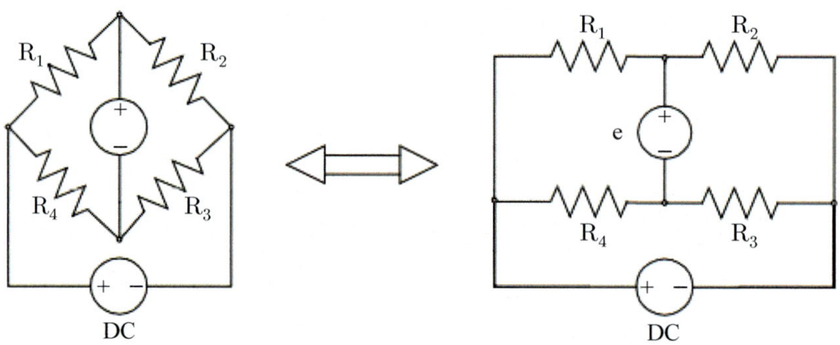

▲ 그림 7-37 휘스톤브리지 회로의 기본적인 회로구성

일반적인 휘스톤브리지 회로는 4개의 저항 중에서 3개의 저항은 알고 있고, 미지의 저항을 측정하기 균형 브리지 조건에서 미지의 저항을 측정하는 용도로 많이 사용되고 있다. 스트레인게이지는 단순히 미지의 저항을 측정하는 것보다는 저항의 미소 변화량을 측정하는 것에 관심이 있다. 따라서 각 저항체가 $R_i \Rightarrow R_i + dR_i$로 매

우 작게 저항이 변한다고 하면, 출력전압의 미소 변화량은 다음과 같다.

$$de = \left[\frac{R_1 R_2}{(R_1+R_2)^2} \left(\frac{dR_1}{R_1} - \frac{dR_2}{R_2} \right) + \frac{R_3 R_4}{(R_3+R_4)^2} \left(\frac{dR_3}{R_3} - \frac{dR_4}{R_4} \right) \right] E \qquad (7\text{-}11)$$

만약 브리지가 평형이 되었다고 하면($R = R_1 = R_2 = R_3 = R_4$), 위 식은 다음과 같이 쓸 수 있다.

$$de = \frac{1}{4} \left[\frac{dR_1}{R_1} - \frac{dR_2}{R_2} + \frac{dR_3}{R_3} - \frac{dR_4}{R_4} \right] E \qquad (7\text{-}12)$$

여기서 게이지율 S_g와 스트레인을 도입하면 다음과 같다.

$$de = \frac{S_g}{4} \left[\epsilon_1 - \epsilon_2 + \epsilon_3 - \epsilon_4 \right] E \qquad (7\text{-}13)$$

따라서 스트레인이 가해지기 전에 이미 브리지 회로는 초기에 평형이 되어 있으므로, 스트레인에 의한 출력 전압은 다음과 같다.

$$e = \frac{S_g}{4} \left[\epsilon_1 - \epsilon_2 + \epsilon_3 - \epsilon_4 \right] E \qquad (7\text{-}14)$$

여기서 <그림 7-38>과 같이 한 개의 스트레인게이지로 막대의 휨을 측정하는 경우를 생각해 보면, 휘스톤브리지는 3개의 고정저항과 스트레인게이지 하나로 회로를 구성하게 된다. 이 경우 식 (7-14)에서 3개의 스트레인은 제로가 된다. 여기서 게이지율 $S_g = 2$로 가정하고, 가해진 스트레인이 1,000 μm/m라고 하면, 식 (7-14)에서 $\epsilon_2 = \epsilon_3 = \epsilon_4 = 0$가 되어, 스트레인게이지의 전압변화는 다음과 같다.

$$\frac{\Delta e}{E} = \frac{S_g}{4} \epsilon = \frac{2}{4} (1000\,\mu\mathrm{m/m}) = 0.5 \times 1000 \times 10^{-6} = 0.5 \times 10^{-3} = 0.5 \frac{\mathrm{mV}}{\mathrm{V}}$$

(a) 한 개 스트레인게이지를 설치

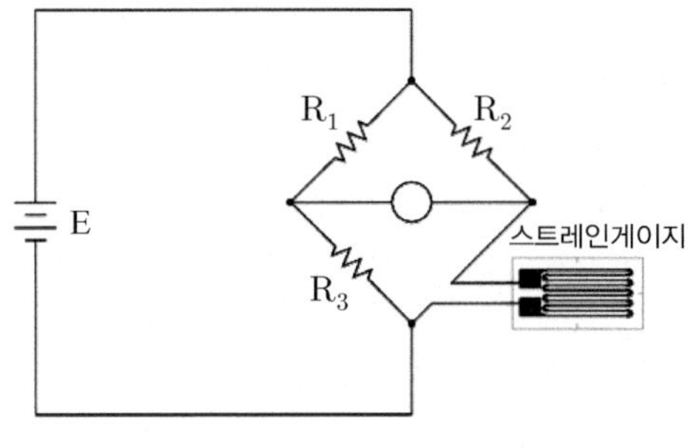

(b) 휘스톤브리지에서의 측정 회로

▲ 그림 7-38 한 개의 스트레인게이지를 사용한 휘스톤브리지 회로 구성

<그림 7-39(a)>와 같이 스트레인게이지를 2개 설치한 경우, 식 (7-14)에서 $\epsilon_3 = \epsilon_4 = 0$가 되고, 앞의 예제와 동일한 조건에서의 전압 변화량을 계산하면 다음과 같으며, 한 개의 경우보다 2배의 출력변화 측정이 가능하다.

$$\frac{\Delta e}{E} = \frac{S_g}{4}(\epsilon_1 - \epsilon_2) = 0.5 \times 2000 \times 10^{-6} = 0.1 \times 10^{-3} = 1\frac{\mathrm{mV}}{\mathrm{V}}$$

또한 <그림 7-39(b)>와 같이 4개의 스트레인게이지를 사용하게 되면 2 mV/V가 되어, 1개의 스트레인게이지 보다 4배의 변화량 측정이 가능하다.

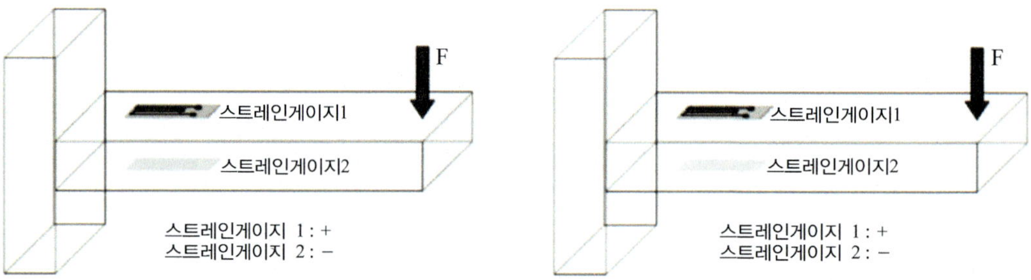

(a) 2개 스트레인게이지를 설치 (b) 4개 스트레인게이지를 설치

▲ 그림 7-39 2개와 4개의 스트레인게이지를 설치한 사례

풀이 3 유체의 밀도는 유체의 비중에 물의 밀도를 곱하면 계산할 수 있다.

$\rho =$ 비중 $\times$ 물의 밀도 $= (0.85)(1000\,\mathrm{kg/m^3}) = 850\,\mathrm{kg/m^3}$

따라서 파스칼의 수식인 식 (7-4)에 대입하면 탱크의 압력을 계산할 수 있다.

$$P = P_{atm} + \rho g h = 96\,\mathrm{kPa} + (850\mathrm{kg/m^3})(9.81\mathrm{m/s^2})(0.55\mathrm{m})\left(\frac{1\mathrm{kPa}}{1000\mathrm{N/m^2}}\right)$$

따라서 탱크안의 압력은 100.6 kPa이다.

Chapter 08

유량 및 레벨 센서

8.1 유량센서 개요

8.1.1 유량 단위계

산업이 발달함에 따라 유량측정은 온도, 습도, 압력, 레벨 등의 공업계측 중에서 가장 중요한 계측이 되어가고 있다. 그러나 유량측정은 그 대상이 유체로서 정적이 아닌 동적인 관계로 측정이 매우 어렵고 정확도 또한 다른 계측에 비해 낮다. 유량계의 원리는 유체역학적으로 간단하지만 이를 실현시키기 위해서는 수많은 실험과 시행착오를 거치고, 산업현장에서 잘 적응하여 자리 잡기까지는 몇 십 년 이상 소요되기도 하고, 때로는 현장 적응성 문제로 사장되기도 한다. 1990년대 들어 전자공학이 급속하게 발달하여 전자적인 유량계, 즉 초음파유량계, 전자기유량계, 질량유량계 등이 현저히 성능이 향상되어 각 분야에서 많이 사용되고 있다. 유량을 측정하는 방법에는 매우 많은 종류가 있으며, 사용되는 유량센서의 종류는 기계식, 전자식 등이 있다. 그리고 유량을 산출하기 위한 측정량으로는 차압, 온도, 등압, 회전수, 초음파의 전달시간, 레벨, 유도된 전기, 변이량, 와류 발생 주파수, 힘, 레벨 등 매우 다양하다. 따라서 유량센서에 대한 기술은 매우 종합적인 기술이라 볼 수 있다. 유량(flow rate)은 유체의 흐름 중 임의의 단면적을 통과하는 유체의 체적 또는 질량을 시간에 대한 비율로 정의된다. 따라서 유량과 관계된 단위는 체적유량과 질량유량으로 구분을 할 수 있다. 체적유량(Q)은 <그림 8-1>과 같이 유체의 체적을 시간에 대한 비율로 $Q_v = A \cdot v$로 정의된다. 여기서 A는 단면적, v는 단면에서의 평균유속이다. 그리고 질량유량(Q_M)은 유체의 질량을 시간에 대한 비율로 $Q_M = Q_v \cdot \rho = A \cdot v \cdot \rho$로 정의된다. 여기서 ρ는 유체의 밀도이다.

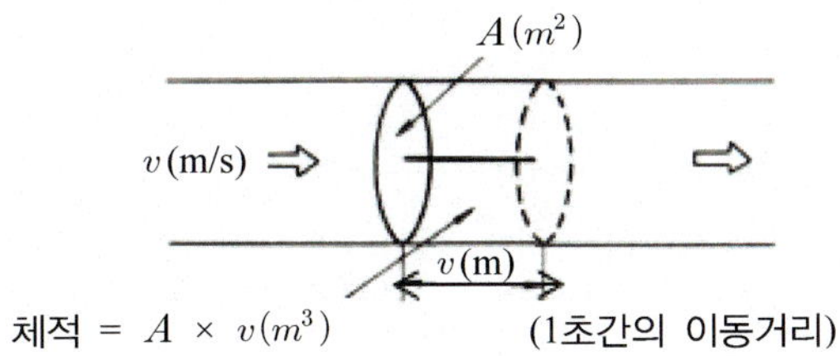

▲ 그림 8-1 체적 유량계의 개념

체적유량과 질량유량 사이에는 유체의 밀도와 비체적 개념을 도입하면 환산이 가능하다. 체적유량을 질량유량으로 환산할 때는 체적유량을 비체적으로 나누면 되며, 체적유량/비체적 = (부피/시간)/(부피/질량) = 질량/시간 = 질량유량으로 계산이 된다. 반대로 질량유량을 체적유량으로 환산할 때는 질량유량에 밀도로 나누면 되는데, 질량유량/밀도 = (질량/시간)×(질량/부피) = 부피/시간 = 체적유량으로 환산이 된다.

비체적과 밀도는 서로 역수 관계에 있는데, 비체적은 부피를 질량으로 나눈 값이며, 밀도는 질량을 부피로 나눈 값이다. 예를 들어, 1000 m^3/h의 체적유량을 가지는 유체의 비체적이 8 m^3/kg이면, 이 경우 질량유량은 (1000 m^3/h)/(8 m^3/kg) = 125 kg/h가 된다. 유량계에서 사용하고 있는 단위들의 환산관계는 <표 8-1>과 <표 8-2>와 같다.

이 중에서 대표적으로 가장 많이 사용하는 단위계는 약자로 줄여서 많이 사용하는데 다음과 같다.

- GPM : Gallons per Minute
- LPM : Liters per Minute
- ACMH : Actual Cubic Meters per Hour
- NCMH : Normal Cubic Meter per Hour
- KGH : Kilograms per Hour

■ 표 8-1 체적유량의 단위 환산 관계

SI 단위	미터 단위			피트-파운드 단위		
m^3/s	m^3/h	m^3/min	ℓ/min	gal/min(미)	gal/min(영)	ft^3/h
1	3600	60	60×10^3	1.585×10^4	1.320×10^4	1.271×10^5
2.78×10^{-4}	1	1.67×10^{-2}	16.670	4.403	3.667	35.31
1.67×10^{-2}	60	1	1×10^3	264.2	220.0	2.12×10^3
1.67×10^{-5}	6×10^{-2}	1×10^{-3}	1	0.2642	0.220	2.1186
6.31×10^{-5}	0.2271	3.78×10^{-3}	3.785	1	0.8326	8.019
7.57×10^{-5}	0.2830	4.54×10^{-3}	4.546	1.201	1	9.63
7.86×10^{-6}	2.83×10^{-2}	0.47×10^{-3}	0.472	0.1247	0.1038	1

■ 표 8-2 질량유량의 단위 환산 관계

SI 단위	미터 단위			피트-파운드 단위		
kg/s	kg/h	kg/min	g/min	lb/h	lb/min	lb/sec
1	3600	60	60×10^3	7.93×10^3	132.24	2.204
2.78×10^{-4}	1	1.67×10^{-2}	16.670	2.204	0.03675	6.12×10^{-4}
1.67×10^{-2}	60	1	1×10^3	132.24	2.204	0.03675
1.67×10^{-5}	6×10^{-2}	1×10^{-3}	1	0.132	2.204×10^{-3}	3.67×10^{-5}
1.26×10^{-4}	0.4537	7.56×10^{-3}	7.562	1	0.0167	2.78×10^{-4}
7.57×10^{-3}	27.216	0.4536	453.6	60	1	0.0167
0.4536	1.26×10^{-4}	0.00756	0.472	3600	60	1

8.1.2 유량계의 분류

유량계는 <표 8-3>과 같이 분류를 할 수 있다.[53] 크게는 체적을 측정하는 방식과 질량을 측정하는 방식으로 구분된다. 이들 유량계는 측정원리가 각각 다르고 정확도, 측정범위 등이 달라 유량측정 목적, 유체의 종류, 요구되는 정확도, 측정범위, 경제성을 고려하여 가장 적합한 유량계를 선정하여야 한다. 그리고 선정된 유량계는 유량계가 요구하는 설치 조건에 맞게 전, 후단의 직관부가 잘 형성되고 기포가 생기지 않는 지점에 설치하여야 한다. 그리고 대표적인 유량계의 상호 비교는 <표 8-4>와 같다.

■ 표 8-3 측정방식에 따른 유량계의 분류

체적 유량계	실제 측정식 (용적식)	자력식	회전자형
			피스톤형
			다이아프램형
		서보식	
	추측식	차압식	오리피스형
			노즐형
			벤츄리형
		가변 면적식	플로트형
			피스톤형
		터빈식	
		와류식	
		초음파식	
		전자식	
질량 유량계	직접식	열전도식	
		코리올리식	
		각운동량식	
	간접식	ρQ^2을 검출하는 유량계와 밀도계의 조합형	
		Q를 검출하는 유량계와 밀도계의 조합형	
		ρQ^2을 검출하는 유량계와 Q를 검출하는 유량계의 조합형	
		온도, 압력보정형 또는 온도보정형	

53. http://www2.spiraxsarco.com/kr/pdfs/steam-engineers-data -book/B-4-4.pdf

■ 표 8-4 대표적인 유량계의 상호 비교(1)_계속

<table>
<tr><th colspan="2">구분</th><th>용적식</th><th>차압식</th><th>면적식</th><th>터빈식</th></tr>
<tr><td colspan="2">원리</td><td>계량실의 회전수를 측정하여 유량을 환산</td><td>오리피스 전후에 유량의 제곱에 비례하는 압력차를 이용</td><td>통과 면적을 바꾸어 차압을 일정하게 유지하여 측정</td><td>터빈의 회전수를 측정</td></tr>
<tr><td colspan="2">정확도</td><td>±0.5%RD</td><td>±0.5~2%FS</td><td>~±2%FS</td><td>±0.5%RD</td></tr>
<tr><td colspan="2">측정가능범위
(rangeability)</td><td>1:10~1:20</td><td>1:3~1:5</td><td>~1:10</td><td>1:10~1:20</td></tr>
<tr><td colspan="2">측정유체</td><td>액체</td><td>액체, 기체, 증기</td><td>점도가 낮은 액체, 기체, 증기</td><td>동점도가 낮은 액체</td></tr>
<tr><td colspan="2">온도/압력</td><td>-30~300℃
~100kgf/cm²</td><td>-250~650℃
~300kgf/cm²</td><td>-10~320℃
~100kgf/cm²</td><td>-250~500℃
~100kgf/cm²</td></tr>
<tr><td colspan="2">압력손실</td><td>매우 높음</td><td>매우 높음</td><td>중간 수준</td><td>매우 높음</td></tr>
<tr><td rowspan="2">직관
길이</td><td>상류</td><td>20D</td><td>10~62D</td><td rowspan="2">불필요</td><td rowspan="2">불필요</td></tr>
<tr><td>하류</td><td>4D</td><td>4D</td></tr>
<tr><td colspan="2">범위 변경</td><td>크기 변경</td><td>오리피스 교환</td><td>버저교환</td><td>변환기 정수 변경</td></tr>
<tr><td colspan="2">가동부</td><td>있음</td><td>없음</td><td>있음</td><td>있음</td></tr>
<tr><td colspan="2">유지보수</td><td>가동부 보수</td><td>없음</td><td>버저 세척</td><td>가동부 보수</td></tr>
</table>

* 직관길이 D는 관의 내경임

■ 표 8-4 대표적인 유량계의 상호 비교(2)

<table>
<tr><th colspan="2">구분</th><th>전자식</th><th>초음파식</th><th>피토관식</th><th>격막식</th></tr>
<tr><td colspan="2">원리</td><td>패러데이 법칙을 이용</td><td>초음파의 전달속도 계측</td><td>베르누이 정리를 이용</td><td>베르누이 정리를 이용</td></tr>
<tr><td colspan="2">정확도</td><td>±1%FS</td><td>±1%FS</td><td>~±4%RD</td><td>±4%RD</td></tr>
<tr><td colspan="2">측정가능범위
(rangeability)</td><td>1:10~1:20</td><td>1:5~1:20</td><td>1:3~1:5</td><td>1:10~1:20</td></tr>
<tr><td colspan="2">측정유체</td><td>도전성 액체</td><td>액체</td><td>기체</td><td>액체</td></tr>
<tr><td colspan="2">온도/압력</td><td>-10~150℃
~30kgf/cm²</td><td>0~40℃
압력에 무관</td><td>300℃
~10kgf/cm²</td><td>상온
상압</td></tr>
<tr><td colspan="2">압력손실</td><td>거의 없음</td><td>없음</td><td>작음</td><td>중간 수준</td></tr>
<tr><td rowspan="2">직관
길이</td><td>상류</td><td rowspan="2">불필요</td><td>10D</td><td>10D</td><td>4~5B (B: 차단폭)</td></tr>
<tr><td>하류</td><td>5D</td><td>5D</td><td></td></tr>
<tr><td colspan="2">범위 변경</td><td>변환증폭기의 스판변경</td><td>변환기 정수 변경</td><td>크기 변경</td><td>크기 변경</td></tr>
<tr><td colspan="2">가동부</td><td>없음</td><td>없음</td><td>없음</td><td>없음</td></tr>
<tr><td colspan="2">유지보수</td><td>전극의 세척</td><td>없음</td><td>피토관 세척</td><td>가장자리 세척</td></tr>
</table>

8.1.3 유량계 선택 기준

유체에서 고려해야 할 물리적인 특성은 온도, 압력, 밀도, 비중, 점도, 레이놀드 수 등이다. 특히 원형 파이프의 경우, 레이놀드 수가 4000 이상이면 관성력이 지배하는 난류운동이 되고, 레이놀드 수가 2000 이하이면 점성력이 지배하는 층류운동이 된다. 층류운동을 하고 있는 것을 난류운동으로 바꾸고자 한다면, 파이프의 직경을 큰 것으로 교체하면 된다. 일부 층류운동에도 유량계의 적용이 가능하나, 대부분의 유량계는 유속분포가 평평한 난류운동에 적용했을 때 오차가 삭게 발생한다. 따라서 유량계에 맞는 레이놀드 수를 조절하려면 적절한 직경의 파이프를 선택해야 한다. 그리고 유량계의 전후단에 구부러짐 또는 방해물이 없이 직선으로 설치되는 직관거리(straight pipe)가 확보되어야 한다. 일반적으로 유량계의 전단부는 파이프 내경의 10배 정도의 직관거리가 필요하고, 유량계 후단은 파이프 내경의 5배 정도의 직관거리가 필요하다. 직관거리는 길면 길수록 평평한 유속을 얻을 수 있기 때문에 유량계의 오차를 최소화할 수 있다. 그리고 직선 파이프가 있는 경우, 총 직관의 2/3 지점이 유량계의 전단, 1/3이 유량계의 후단이 되도록 설치를 한다. 만약 유량계 전단에 구부러짐이나 제어밸브 등의 방해물을 설치해야 한다면 직관거리는 배로 늘리는 것이 좋다. 그러나 설치조건 상 부득이 충분한 직관거리를 확보할 수 없다면 유량계에 측정값에 대해 어느 정도의 오차는 감수해야 한다.

하나의 유량계로 복수의 유체를 측정할 수 있더라도 다른 형식을 필요로 하는 경우가 있으므로 주의를 해야 한다. 유체의 종류에 따라 적합한 유량계는 다음과 같다. 유체의 종류에 관계없이 측정이 가능한 유량계로는 차압식, 와류식, 면적식, 초음파식 등이 있으며, 액체 및 기체만 측정할 수 있는 유량계로는 용적식과 터빈식이 가능하다. 액체만 측정이 가능한 유량계로는 전자 유량계와 코리올리식이 가능하며, 기체만 측정이 가능한 유량계로는 열전도식이 가능하다. 그리고 유체의 온도와 압력에 따라 추천하는 유량계는 다음과 같다. 먼저, 200℃ 이상의 고온 유체 측정에는 차압식, 터빈식, 와류식, 면적식, 열전도식, 용적식 등이 적당하며, -100℃ 이하의 저온 유체 측정에는 와류식, 터빈식, 면적식, 코리올리식 등이 적당하다. 또한 유체의 압력에 따라서도 주의를 해야 하는데, 10 ㎫을 넘는 고압 유체측정에는 차압식, 와류식, 면적식, 코리올리식, 열전도식 등이 적당하다. 유량계에서는 원리상 직관길이를 필요로 하지 않는 유량계도 있으나 일반적으로 안정된 유속 분포를 얻기 위해서는 일반적으로 추천하는 직관길이는 다음과 같다. ① 상하류 직관 길이가 필요없는 유량계 : 용적식, 면적식, 코리올리식, 열전도식 ② 상류 5D, 하류 3D 이상 필요한 경우 (D는 파이프 내경) : 전자식, 만약 전자식에서도 구경이 500 mm 이상인 다전극형에서는 상류 직관 길이가 3D이면 충분하다. ③ 상류 10~15D, 하류 5~7D : 차압식, 터빈식, 와류식, 초음파식이다. 국내 상수도법에 의하면 <표 8-5>와 같이 유량계 형식에 따라 직관부 길이를 규정하고 있다.[54]

54. 지식경제부 고시 제2009-78호, 환경부, "유량계 설치 및 유지관리에 관한 지침"

■ 표 8-5 유량계 직관부 길이

설치조건 \ 형식		전자식	초음파	기계식
상류측(D)	밸브	3	30	5
	곡관	2	10	5
	확대관	5	30	5
	축소관	3	10	5
하류측(D)	확대관	2	5	3
	밸브	2	10	3

대부분의 유량계는 주로 체적 유량 측정용으로 개발되어 있다. 이들 유량계도 유체 밀도가 일정할 경우에는 단위 환산과 온도와 압력 보정으로 질량 유량도 측정할 수 있다. 그러나 프로세스 조건이 변동하여 본질적으로 질량 유량을 얻고자 할 경우에는 질량 유량을 직접 측정해야 한다. 현재 액체용 질량 유량계로는 코리올리식, 기체용으로는 열전도식과 와류식이 가능하다. 적절한 유량계를 선택하기 위해서는 다음과 같은 과정을 거쳐 선정하는 것이 좋다.

① 사용목적이 무엇인가를 정해야 한다. 유체의 계량을 목적으로 할 것인지, 단순히 감시를 위한 것인지, 또는 유체측정을 연속적인 공정제어에 이용할 것인지 등이다. 이러한 목적에 따라 유량계의 측정 정확도와 정밀도가 결정된다.

② 목적이 정해지면 측정 대상인 유체의 종류와 특성을 파악해야 한다. 유체의 종류가 가스인지, 액체인지, 또는 고형물인지를 우선 파악하고, 다음은 유체의 특성인 점도, 전도성, 밀도 및 부식성 유무 등을 알아야 한다.

③ 다음은 유량계가 설치될 환경이나 사용조건을 조사해야 한다. 즉, 유체의 온도, 압력, 기타 유량 범위 등이 선정될 유량계와 맞는지 확인해야 하고, 설치 장소에 따라 습도, 온도 및 기타 부식성이 유발되는 공간인지, 먼지가 발생하는 공간인지 등에 따라 유량계의 재질, 유량계 표면의 케이스나 하우징의 보호규격 등이 결정된다.

④ 다음은 유량계가 설치될 위치의 파이프 조건을 파악해야 한다. 일부 유량계는 직관거리에 상관없이 유량계가 가지고 있는 정밀도로 유체를 측정할 수도 있지만, 대부분의 유량계는 정밀한 측정을 위해서는 적절한 직관거리가 필요하다. 따라서 이러한 파이프의 직관거리가 유량계에 맞게 확보되는지, 측정정도에 영향을 미치는 맥동의 유무, 밸브 등 유량계 주변에 설치될 다른 계기 및 기기 등의 위치가 유량계에 미치는 영향 등을 면밀히 검토해야 한다.

⑤ 다음은 유량계의 구동을 위한 전원이 AC 인지 DC 인지 파악해야 한다.

⑥ 다음은 유량계의 어떤 출력신호를 이용할 것이지를 정해야 한다. 유량계의 출력신호 종류에는 아날로그, 디지털, 전류, 전압, 주파수 혹은 펄스신호 및 접점신호 등이 있으며, 이들 신호의 전송을 어떻게 이용할 것인지도 고려해야 한다. 즉, 현장 계기함에서 단순히 지시를 할 것인지, 제어를 위하여 컨트롤러 및 기타 제어장치로 신호를 전송할 것인지, 단순적산을 위하여 펄스신호만을 필요로 하는지, 혹은 경보를 위하여 접점신호를 받을 것인지 등이다.

⑦ 기타 사용 및 유지의 편의성, 설치의 용이성, 전체적인 비용 등을 고려해서 가장 경제적인 유량계를 선택하면 된다. 대표적인 유량계의 종류별 대상 측정유체의 조건에 따른 적합성 여부는 <표 8-6>과 같다. 표에서 비만수는 한자로 非滿水로 꽉 차지 않는 유체라는 뜻으로 주로 공장배수, 하수유량 등에 해당하는 유체이다.

■ 표 8-6 유체 종류에 따른 유량계의 적합성 여부(계속)

	용적식	면적식	차압식	터빈식	와류식
깨끗한 유체	◎	◎	◎	◎	◎
오염 액체 (하수, 배수 등)	×	△	○ 플로노즐	△	△
점착성 액체	○	△	○	△	△
석유, 오일	◎	◎	◎	◎	○
부식성 오일	○	○	△	△	○
연마성 슬러리	○	△	○ 벤츄리, 노즐	×	×
섬유질 슬러리	×	△	○ 상동	×	×
저속 유체	○	○	○	○	×
맥동 유체	○	○	△	△	×
수증기, 가스	◎	◎	◎	◎	◎
고온 유체	○	○	◎ 오리피스 ○ 기타	○	○
극저온 유체	×	○	○	○	○
고압 유체	○	○	○	○	○
비만수 유체	△	×	×	×	×
비뉴톤 유체	○	×	○	×	×
적합 순위	◎ : 최적, ○ : 적합, △ : 조건부 사용 가능, × : 불가				

■ 표 8-6 유체 종류에 따른 유량계의 적합성 여부

	초음파식	전자식	코리올리식	열전도식
깨끗한 유체	◎ : 전파 × : 도플러	◎	◎	◎
오염 액체 (하수, 배수 등)	○ : 전파 ◎ : 도플러	◎	◎	○
점착성 액체	○	○	◎	△
석유, 오일	○	×	◎	×
부식성 오일	○	◎	△	○
연마성 슬러리	○	◎	○	○
섬유질 슬러리	× : 전파 ○ : 도플러	◎	△	△
저속 유체	○	◎	○	○
맥동 유체	△	○	○	△
수증기, 가스	○	×	○	◎
고온 유체	×	○ 액체	○	○
극저온 유체	× : 전파 ○ : 도플러	○	○	×
고압 유체	△	○ 액체	○	○
비만수 유체	×	○ 액체	×	×
비뉴톤 유체	× : 전파 ○ : 도플러	△	◎	○
적합 순위	◎ : 최적, ○ : 적합, △ : 조건부 사용 가능, × : 불가			

8.2 체적 유량계 방식

8.2.1 용적식 유량계

용적식 유량계(positive displacement flowmeter, PDF)는 주로 액체 유량의 정량 측정에 사용되며, 계량법상 적산 유량계의 일종으로 분류된다. 유량 측정방법은 계량실 내부의 회전자나 피스톤 등의 가동부와 그것을 둘러싸고 있는 케이스와 사이에 일정 용적의 공간부를 밸브로 하고, 그 속에 유체를 충만시켜 유체를 연속적으로 유출구로 송출하는 구조로 되어 있으며, 그 계량횟수에서 용적유량을 측정하는 원리이다. 용적 유량계에는 케이스와 가동부에 의해서 형성되는 계량 공간부 형식에 따라 회전자형, 피스톤형, 로터리 벤형 등 여러 가지가 있으며, 회전자형 중에서 가장 많이 사용하는 것이 <그림 8-2>와 같은 오벌 기어(oval gear)형과 루터 기어(roots gear)형이다. 대표적인 것으로는 유량 계측방법은 유속

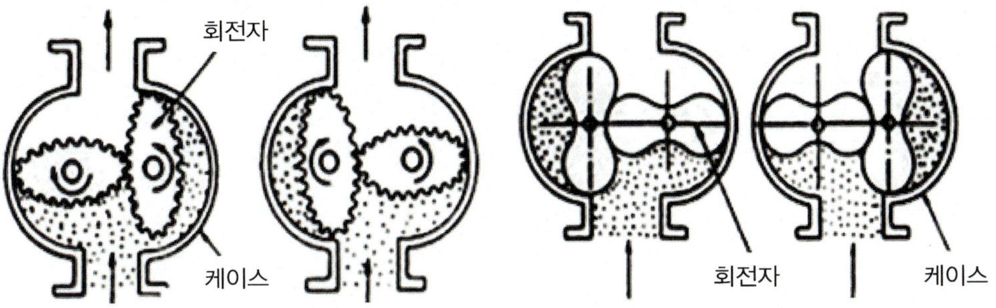

(a) 오벌 기어 타입(over gear type) (b) 루트 기어 타입(roots gear type)

▲ 그림 8–2 대표적인 용적식 유량계의 종류

이나 압력 등의 간접적인 방법으로 유량을 측정하는 것이 아니라 계량부의 일정체적에 따라 유량을 직접 측정하는 직접 측정방식이다. 계측 정밀도가 높아 공업용으로부터 LPG의 소비량 및 기름 판매를 위한 계량용에 이르기까지 다양하게 이용되는 방식이다.

8.2.2 차압식 유량계

액체 및 기체 등의 유체 유량을 측정하는 경우 유체가 흐르고 있는 관로 중에 조임기구(restriction element)인 오리피스(orifice), 벤츄리관(venturi tube), 플로우 노즐(flow nozzle) 등을 설치하여 전후 발생하는 압력의 차로부터 유량을 검출하는 방식이 차압식 유량계(differential pressure flowmeter)이다. 이러한 조임기구는 관로의 중간에 설치하여 관로의 단면적을 축소하게 하는 역할을 한다. 조임비(β)는 조임기구의 구멍 직경 d와 조임기구 이전 관로의 내경 D와의 비로써 $\beta = d/D$이다. 차압은 조임기구의 상류측 압력 출구와 하류측 출구에서의 압력의 차이이다.

<그림 8-3>과 같이 상류에서 하류로 조임기구를 통과하는 지점에서 압력이 급격하게 떨어지는데, 이와 같은 차압 발생기구에 의해 축소된 단면적은 유체의 관성 때문에 실제의 기구 구경보다 조금 하류 쪽에서 최소로 되어 기구의 개구 단면보다 적게 되는데, 이것을 축류(vena contracta)라고 한다. 축류의 단면적을 작은 구멍의 단면적으로 나눈 값을 축류계수라 하며, 오리피스 계산식에서 유량계수에 관계되는 보정 계수이다. 그리고 조임기구를 통과하게 되면 초기에 압력이 떨어졌다가 다시 원래의 압력으로 서서히 회복을 하기 시작하는데, 조임기구에 따라 영원히 원래의 압력으로 회복하지 못하는 현상이 있는데 이것을 압력손실이라고 한다. 이러한 압력손실은 오리피스에서 가장 크고, 벤츄리관에서의 압력손실이 가장 적다.[55]

55. http://www.EngineeringToolBox.com

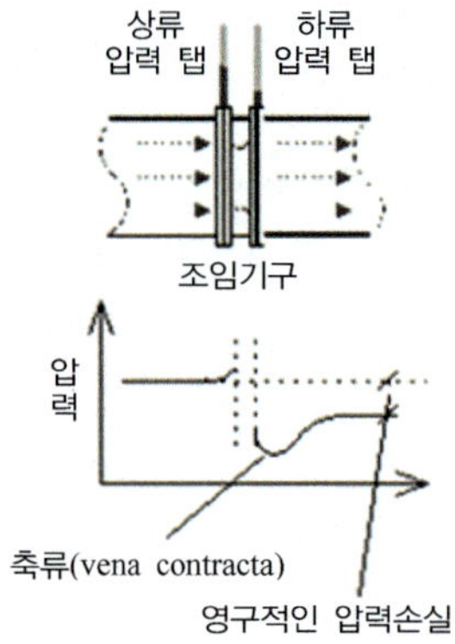

(a) 조임기구에 의한 위치별 압력 변화

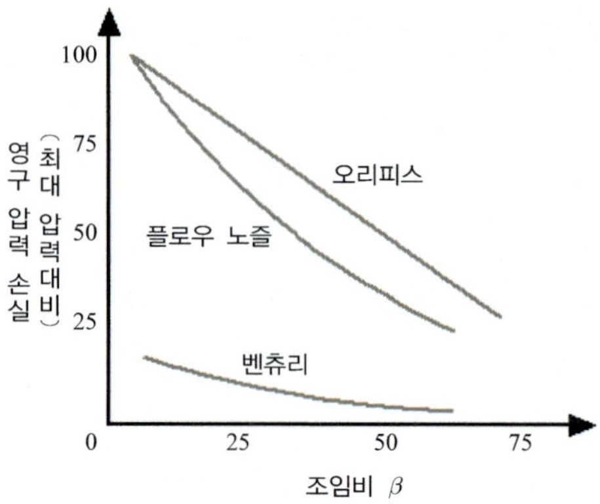

(b) 조임기구별 조임비에 따른 압력손실

▲ 그림 8-3 조임기구에 의한 조임비에 따른 압력손실 변화

차압유량계를 설치하고 차압계와 차압 측정관(도압배관)을 설치할 때는 유체의 종류에 따라 상당한 주의를 기울여야 한다. 차압유량계 설치 지점의 공간확보 문제, 유체의 종류에 따른 문제 때문에 부득이한 경우도 있으나, 반드시 이 두 가지 중요한 사항을 고려하고 설치를 해야 한다. 대표적인 오리피스, 플로우 노즐, 벤츄리관의 장단점 비교는 <표 8-7>과 같다.

■ 표 8-7 조임기구별 장단점 비교

종류	장점	단점
오리피스	① 구조가 간단하고 저가격 ② 사용구조에 따라 다르나, 거의 반영구적 ③ 측정유량 범위 변경시 플레이트 변경만으로 가능 ④ 점도는 일반적으로 1~2% ⑤ 액체, 가스, 증기의 유량측정이 가능하고, 광범위한 온도, 압력에서의 유량측정이 가능	① 충분한 정도를 보증하기 위해 필요한 직관부가 필요 ② 벤츄리관에 비해 압력손실이 큼 ③ 낮은 측정가능범위(rangeability)이며, 통상 4:1 정도 ④ 엣지의 마모가 곧 정도에 영향을 미치므로 유체 중에 고형물 함유를 피해야 함
플로우 노즐	① 오리피스에 비해 소량 고형물이 포함된 유량측정이 가능 ② 오리피스에 비해 차압손실이 작으나 벤츄리관보다는 큼 ③ 오리피스 보다 마모가 정도에 미치는 영향이 작음 ④ 고온, 고압, 빠른 유속 유체에도 측정이 적당 ⑤ 같은 사양의 오리피스에 비해 유량계수가 60% 이상 많음	① 오리피스와 같은 구경일 경우, 측정가능범위가 작음 ② 유량 측정 범위 변경시 교환이 오리피스에 비하여 어려움 ③ 오리피스에 비해 고가임
벤츄리관	① 고형물을 함유한 유체에 적합. 단, 차압취출구의 막힘이 발생하므로 퍼지 등 대책이 필요 ② 오리피스 및 노즐에 비해 압력손실이 적음 ③ 유체 체류부가 없으므로 마모에 의한 내구성이 우수 ④ 대유량 측정이 가능	① 가격이 노즐이나 오리피스에 비해 고가임 ② 낮은 측정가능범위를 가짐 ③ 유량의 측정범위 변경시 교환이 어려움 ④ 설치 범위가 큼 ⑤ 동일 사이즈의 오리피스에 비하여 발생차압이 작음

8.2.3 면적식 유량계

면적식 유량계(variable area flowmeter, VAF)는 <그림 8-4>와 같이 측정되는 유체는 아래로부터 들어와 위쪽으로 빠져 나가게 되고, 유량이 변함에 따라 플로트(float), 피스톤(piston) 또는 날개(vane)와 같은 지시계의 위치가 위 아래로 이동하게 된다. 수직으로 사용하는 이유는 지시계의 중력과 유속에 의한 힘의 평형상태를 이용하기 때문이다. 지시계의 위치는 유량과 선형적인 관계에 있으며, 지시계의 위치로부터 유량을 측정하는 방식이며, 지시계의 위쪽과 아래쪽의 압력차가 항상 일정하게 유지되는 것이 특징이다. 이러한 지시계 면적의 위아래 위치에 의해 유량을 측정하기 때문에 면적식 유량계라고 한다. 특히 그림(a)와 같이 테이퍼드(tapered) 튜브를 이용한 유량계를 로터미터(rotameter)라고 한다. 로터미터를 제외하고는 다른 종류의 튜브는 일직선으로 되어 있다.[56] 면적식 유량계의 단점으로는 압력손실이 비교적 큰 편이며, 반드시 수직으로 설치해야 하기 때문에 불필요한 파이프가 생겨나서 부가적인 압력손실이 발생할 수도 있고, 유량을 지시하는 지시계의 위치는 점도 또는 밀도에 대한 영향을 받기 때문에 측정대상이 다른 유체의 체적유량을 측정하면 큰 오차가 발생할 수 있기 때문에 반드시 위에서 표준 유체를 통해 교정을 해야 한다. 면적식 유량계는 주로 작은 유량의 측정에만 사용되고 있으며, 일반적으로 최대 유량측정 범위는 물의 경우 초당 1리터이고, 공기의 경우는 초당 수십 리터 정도이다. 면적식 유량계의 특징은 다음과 같다. ① 기체, 액체의 유량 측정이 가능하고, 특히 소유량, 고점성 유체 및 부식성 유체에 적합하며 맥동류에서도 오차 발생이 적다. ② 스케일 눈금이 직선적이다. ③ 측정가능범위가 10:1로 넓은 편이다. ④ 플로트 형상설계에 따라 레이놀즈수가 상당히 작은 범위까지 유량계수가 일정한 값을 얻을 수 있다. ⑤ 설치시 많은 직관부가 필요하지 않고, 일반적으로 수직으로 설치한다.

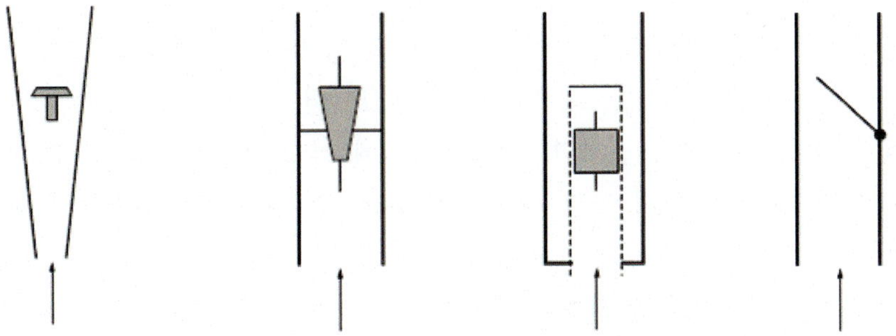

(a) 테이퍼드 튜브 (rotameter) (b) 테이퍼드 플로트 (c) 피스톤 방식 (d) 굽힘 날개 방식

▲ 그림 8-4 면적식 유량계의 종류

56. "Transactions in Measurement and Control, Flow & Level Measurement", vol. 4, Omega

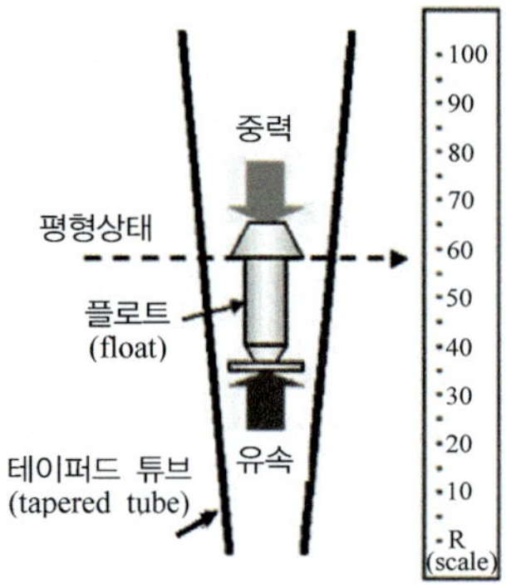

(a) 로이미터 동작 원리

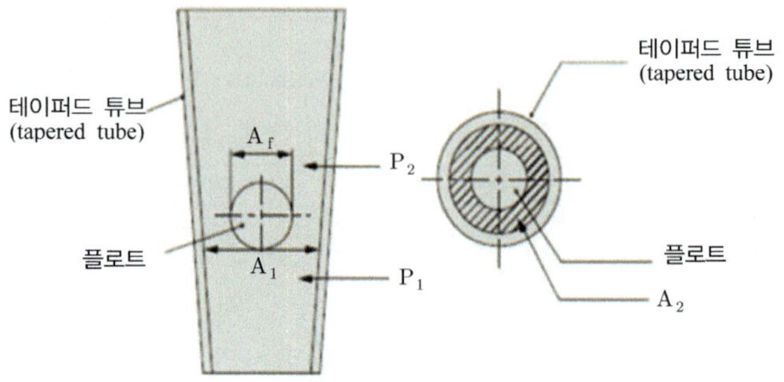

(b) 로이미터 플로트의 형상

▲ 그림 8-5 로터미터의 동작원리

면적식 유량계는 유체가 흐르는 유로의 면적변화와 유량과의 선형적인 관계를 이용한 원리이다. 면적식 유량계의 대표적인 것이 로터미터이며, 로터미터는 <그림 8-5(a)>와 같이 수직의 테이퍼드 튜브(tapered tube)와 그 안에서 자유롭게 위 아래로 움직일 수 있는 플로트(float)로 구성되어 있다. 중력과 유속에 의한 힘의 평형으로 된 플로트의 위치에서 눈금을 볼 수 있도록 되어 있다. 유체가 관의 하부로 흘러 들어오면 플로트는 위로 상승하게 되고 플로트에 작용하는 압력차, 부력, 중력 및 점성력 등이 평행을 이루는 위치에서 정지하게 된다. 따라서 플로트가 어느 위치에서 균형을 잡고 있을 때, 플로트가 아래로 미는 힘과 위쪽으로 미는 힘이 평형을 이룰 때, 플로트의 위치에서 관내에 흐르는 체적 유량을 환산할 수 있다.

8.2.4 터빈 유량계

터빈 유량계(turbine flowmeter)는 <그림 8-6>과 같이 여러 개의 날개가 달린 회전날개가 베어링과 지지대에 의해 자유롭게 회전하도록 설계된 유량계이다. 회전날개의 직경은 거의 유량계 내부의 직경에 가깝도록 설계되어 있어서 흐르는 유체가 효율적으로 회전날개를 돌리게 된다. 유체가 유입되면 유체의 속도에 비례하여 회전축이 회전하며, 각 날개의 끝이 측정점을 통과하면서 회전수가 측정되고, 이와 같은 출력신호는 부피유량에 비례하는 주파수 신호이며, 터빈 유량계에서 발생한 각 펄스 신호는 측정된 액체의 부피에 해당된다. 회전날개는 자성을 띤 물체로 만들어지거나 또는 조그만 자석이 날개의 끝부분에 달려 있어서 터빈 유량계 모체 외부로부터 회전날개에 가깝게 설치된 코일로 만든 자석 픽업코일(펄스감지부)에서 전자기 유도에 의해 펄스를 유도발생하게 하여 회전수를 감지한다. 즉, 파이프에 수평으로 터빈 유량계를 설치하여 유체의 흐름에 의하여 발생하는 터빈의 회전수로 유량을 측정하는 방법이다.

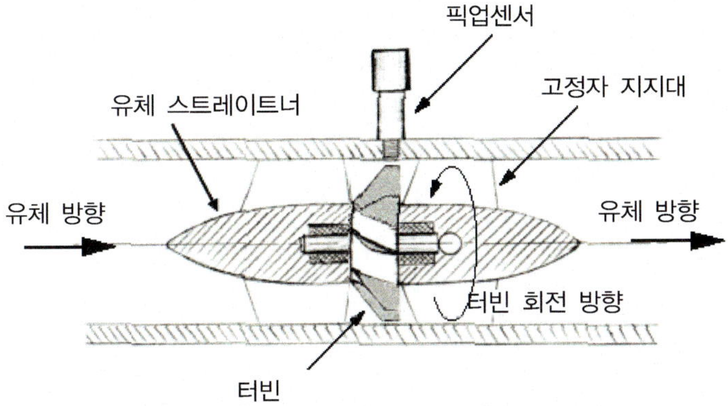

▲ 그림 8-6 터빈 유량계의 개략적인 내부 구조

이러한 터빈 유량계의 특징은 다음과 같다.

① 용적식 유량계에 비하여 소형, 경량으로 구조가 간단하다.
② 내구력이 있으며, 보수 점검이 용이하다.
③ 기본적으로 원통형이므로 고압에 대응하기가 쉽다.
④ 용적식에 비하여 압력손실이 적다.
⑤ 유량신호가 디지털 출력이다.
⑥ -60℃의 극저온부터 500℃의 고온 유체까지 적용 범위가 넓다.
⑦ 소형으로 대용량의 유량측정이 가능하다.
⑧ 유동상태(와류 등)에 따른 정확도에 미치는 영향을 방지하기 위하여 유량계의 상, 하류측에 직관부가 필요하다.
⑨ 설치는 보통 수평으로 하며, 유체가 파이프 내에 가득 차도록 해야 한다.
⑩ 맥동유동과 접착성이 있는 유체에는 사용이 곤란하다.
⑪ 슬러리 유체에는 사용할 수 없다.
⑫ 난류 영역에서 그 성능을 발휘하므로 저유량 영역에서는 큰 오차가 발생할 가능성이 높다.

터빈 유량계는 1950년대부터 항공, 우주산업으로부터 사용되기 시작하여 현재는 에너지 산업에까지 광범위하게 사용되고 있으며, 현재는 액체용으로 많이 사용되고 있다. 기체용으로 사용하는 경우에는 기체가 압축성 유체이므로 측정하는 기체의 온도 및 압력에서 유량을 기준온도 및 압력에서의 유량으로 변환의 필요성이 있으며, 이를 위하여 온도 및 압력을 보상해주는 온도압력보상장치가 필수적이다. 터빈 유량계는 원리가 매우 간단하며 구조도 상대적으로 간단하며, 특히 석유제품의 과세수량 계측용이나 거래용을 비롯하여 석유, 가스, 화학, 약품 등 각종 유체의 거래나 행정관리용으로 많이 사용되고 있다.

8.2.5 초음파 유량계

초음파 유량계(ultrasonic flowmeter)는 1880년 압전효과가 발견된 이후 1918년 초음파 진동소자가 선박의 항해시 암초와 빙산 등의 탐지를 위해 처음으로 사용되었으며, 이러한 원리를 응용하여 초음파를 이용한 유량측정은 1920년경 반전파 기술을 이용한 유량계가 처음 나왔고, 점차 기술의 발달로 1970년부터 산업현장에서 유량측정에 응용되기 시작하였다. 초음파 유량계를 음향식 유량계라고도 부르며 <그림 8-7>과 같이 유체가 흐르고 있는 관내에 음파를 보내면 그 전반 속도는 유체의 흐름 영향을 받아 흐름과 동일 방향에 대해서는 정지되어 있을 때의 음속에 유속을 가한 속도로 전해지고, 반대방향에는 반대로 유속을 뺀 속도로 전해진다. 이 두 가지 방향의 음속의 차를 측정하면 유속이 구해지고, 이것을 이용하여 유체의 체적유량을 측정할 수 있도록 한 것이다. 이 방법은 유속의 방해 없이 유속측정이 가능하고, 초음파가 전달되는 유체라면 어떠한 유체에 대한 유속 측정이 가능하다. 또한 두꺼운 금속관 외부로부터 유량 측정이 가능하므로, 기존 설치된 파이프에 별도의 가공을 하지 않고도 유량 측정이 가능하다.[57]

초음파를 이용한 유속 유량 측정방법에는 <표 8-8>과 같이 다양한 방법이 시도되고 있으며, 현재 실용화 되고 있는 것은 전반 속도차법과 도플러법을 이용한 것이다. 전반 속도차법은 정수공업 용수, 농수 등 비교적 맑은 물을 대상으로 하고, 도플러법은 하수, 공장 폐수 등 이물질을 다량 함유한 오수를 측정 대상으로 한다. 유체가 흐르고 있는 유체 동일 면상의 서로 반대방향에서 초음파를 발사하면 유체의 흐름과 같은 방향인 하류측으로 발사된 초음파와 그 반대방향인 상류측으로 발사된 초음파가 같은 거리를 통과하여 각각 반대편의 수신기까지 도달하는데 걸리는 시간의 차가 생기게 된다. 전반속도차법은 이와 같은 차를 직접 시간차로 검출하느냐, 위상차로 검출하느냐, 또는 주파수로 검출하느냐에 따라서 각각 시간차법, 위상차법, 주파수차법으로 세분된다. 초음파 유량계의 특징은 움직이

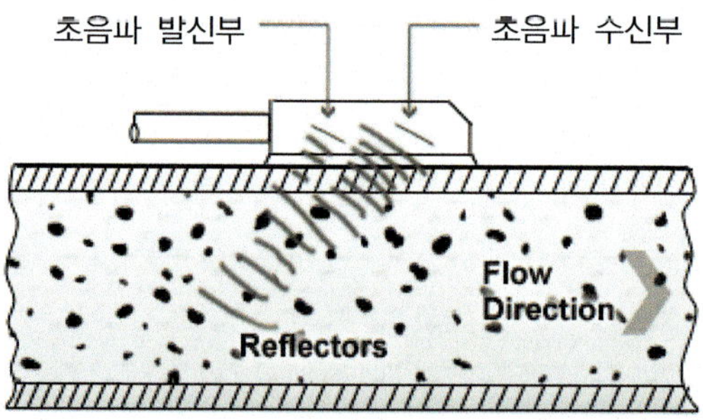

▲ 그림 8-7 초음파 유량계의 측정 개념

57. 이철호, "이야기로 다시보는 프로세스 계측", C&J, 2007년 11월

■ 표 8-8 초음파 유량계 측정 구분

구분	측정원리	검출 대상	측정법 약칭	비고
능동형	전반속도의 변화	위상차 시간차 주파수차	전반속도차법 위상차법 시간차법 싱어라운드법	가장 넓게 사용 주로 상수도용
	빔의 변위	수파 감도차	빔의 편위법	
	도플러 효과	변화 수파수	도플러법	하수, 배수용
수동형	유체 발생음	음의 크기	청음법	주파수도 관계

는 부속품이 전혀 없어 유지보수에 비용이 거의 들지 않으며, 압력손실도 없으며, 대유량 측정에 이용되고, 두꺼운 금속관 외부로부터 유량 측정이 가능하므로 기존 설치된 파이프에 별도의 가공을 하지 않고도 유량 측정이 가능하다는 장점이 있다.

8.2.6 전자석 유량계

전자석 유량계(electromagnetic flowmeter 또는 magnetic flowmeter)는 자기장 속을 도체가 가로질러 이동할 때 이동속도에 비례하는 전압이 도체 중에 발생된다는 Faraday의 전자기 유도법칙을 기본원리로 하고 있으며, 기본개념은 <그림 8-8>과 같다. 그 역사는 Faraday가 영국 템즈(Thames) 강의 유량을 계측하려고 지구의 자계를 가로질러 흐르는 강물에서 발생한 전압을 측정하고자 한 것으로부터 시작된다. 전자석 유량계는 압력손실이 없이 유량에 비례하는 신호를 얻을 수 있고, 부식성 유체를 측정할 수 있는 등 다른 유량계에서는 할 수 없는 많은 장점을 가지고 있다.

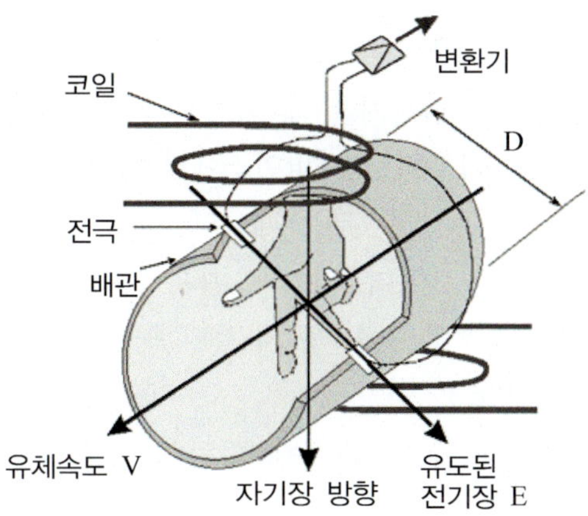

▲ 그림 8-8 전자석 유량계의 기본 개념

자기장 밀도를 발생시키는 방법에는 ① 영구자석 혹은 직류에 의한 자기장 발생, ② 교류전압에 의한 자기장 발생, ③ 주기적인 직류전압에 의한 자기장 발생 등 3가지 방법이 주로 사용되고 있다. 직류 전자석 유량계는 수은이나 금속 용액 같은 전도도가 큰 유체의 맥동 흐름이 있는 유체측정에 적합하다. 전도도가 작은 유체에서는 분극 현상이 일어나므로 직류에 의하여 발생된 자기장은 사용할 수가 없다. 자기장의 방향성을 바꾸어 줄 수 있는 교류전압이나 자기장을 주기적으로 발생시킬 수 있는 직류전압인 경우에는 분극현상은 일어나지 않는다. 교류전압을 사용하는 경우에는 교류전압에 의해 90°위상차가 있으며, 자기장과 전류, 출력 전압은 같은 위상에 있다. 코일에 공급하는 전류, 전압에 따라 출력이 변화하므로 기준 신호가 필요한 단점을 전자석 유량계는 가지고 있다.

• 전자석 유량계의 장점은 다음과 같다.
  ① 액체의 압력, 온도, 점도, 도전율 등의 영향을 받지 않는다.
  ② 유량지시가 균등눈금으로 적산계 등과 간단하게 결합할 수 있다.
  ③ 검출지연이 없고, 맥류 유동도 정확히 측정할 수 있다.
  ④ 진흙 상태의 액이나 고점도 액에서도 측정이 가능하다.
  ⑤ 층류, 난류 등의 흐름의 상태에 영향을 받지 않으므로 검출기 전후에 직관부가 필요 없으며, 압력손실도 없다.
  ⑥ 유체 흐름 방향에 관계없이 양방향 유량 측정이 가능하다.
  ⑦ 매우 낮은 유량 및 대유량 측정에도 사용이 가능하다.

• 반면 전자석 유량계의 단점은 다음과 같다.
  ① 측정 유체는 반드시 도전성을 가지고 있어야 한다. 그러므로 기체나 증기, 그리고 매우 낮은 전도성을 가진 액체와 석유 제품, 가스, 증기 등과 같은 유체의 유속측정에는 적용할 수가 없다.
  ② 액체의 저항 변화를 무시하기 위해서는 전극 사이에 흐르는 액체의 실효저항(effective resistance)이 외부회로 임피던스에 1%를 초과해서는 안된다.
  ③ 코일과 자석 등과 같은 필수 부품 때문에 작은 유량 측정을 위해서라도 유량계의 크기는 비교적 큰 편이며, 가격도 매우 고가이다.
  ④ 이 유량계는 항상 체적유량을 측정하기 때문에, 액체 내의 부유물질에 의한 오차가 발생할 수 있다.
  ⑤ 혼입공기에 의한 문제를 없애기 위해, 파이프는 수평으로 설치해야 하며, 전극도 수평으로 설치해야 한다.
  ⑥ 유속에 비례하는 전압을 발생시키므로 파이프 내의 유체는 항상 가득차 있어야 한다.

⑦ 라이너가 반드시 필요하고, 라이너가 파손되면 수리가 불가능하므로 유량계 자체를 교환해야 하기 때문에 유지보수가 어렵다.

전자식 유량계는 자기장 내부를 도체가 이동하거나 유체가 흐를 때 그 이동속도나 유속에 비례하는 기전력이 도체나 유체의 내부에 발생한다는 원리를 이용하여 유량을 측정하는 유량계이다. 기전력의 발생 원리는 플레밍의 오른손법칙을 따르는데, 이 법칙을 응용하여 <그림 8-9>와 같이 N, S극 자기장 공간 내에 파이프를 설치하고, 파이프 내부로 유체를 흘려주면 자기장의 방향과 유체의 방향에 직각인 제3의 방향으로 기전력이 발생하며, 이 기전력은 자속밀도와 유체유속에 비례하므로, 자속밀도만 일정하다면 유체의 유속과 기전력은 비례한다.

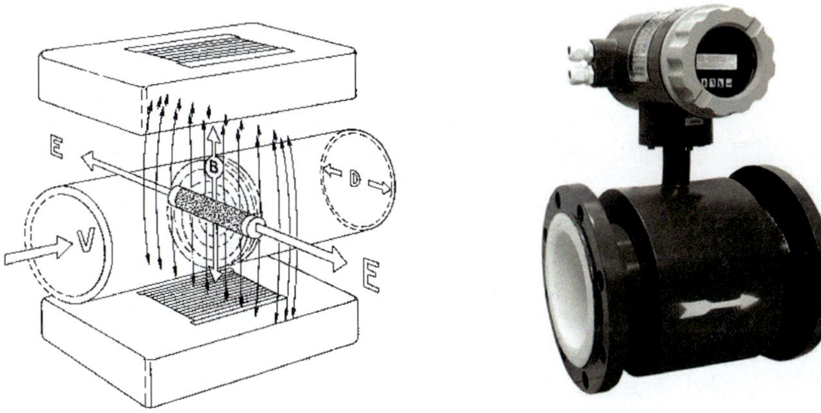

(a) 전자석 유량계 동작원리 (b) 대표적인 전자석 유량계 외형

▲ 그림 8-9 전자석 유량계의 동작원리 및 외형

8.2.7 와류 유량계

와류 유량계(vortex flowmeter)는 압전소자인 피에조 센서(piezo sensor)를 이용한 유량계이다. 유체의 흐름에 직각으로 놓여 있는 삼각기둥 모양의 소용돌이 발생체의 하류에는 유속에 비례하는 주파수의 소용돌이(와류라고 함)가 발생한다. 이러한 와류 신호의 유체진동을 압전소자인 피에조 센서로 검출하여 유량을 계측한다. 와류 형태에 따라 칼만(Karman)식, 축류소용돌이 중심의 회전운동을 이용한 스월(swirl)식 및 유체의 진동현상(코안다 효과)을 이용한 플루이딕(fluidic)식으로 크게 나눈다. 그러나 스월식과 플루이딕식은 거의 실용화되지 않고 대부분 칼먼식이 사용되고 있다. 이러한 현상은 400여년전 레오나르도 다빈치에 의해 처음 보고되었다. 물이 흐르는 곳에 바위나 유사한 방해물이 놓이게 되면, 물은 양쪽으로 분리되어 방해물 주위로 흘러 내려가면서 하류쪽에서 소용돌이 현상이 생

긴다. 이로 인해 부분적으로 압력이 증가하거나 감소하게 되며, 압력에 따라 유속도 변하게 된다. 1912년 테오도르 칼만(Theodor von Karman)이 이러한 와류 현상을 이용해서 유량을 측정할 수 있는 유량계를 최초로 디자인하였다. 이러한 와류형에는 유체의 유속변화에 따른 소용돌이 발생수를 직접 주파수 변화로 감지하는 유속 변화형과 소용돌이 발생에 의해 소용돌이 발생체(bluff body)에 작용하는 힘의 변화를 주파수 변화로 감지하는 압력변화형으로 구분할 수 있다. <그림 8-10>과 같이 소용돌이 발생체인 삼각주를 유체흐름에 직각으로 삽입시키면 삼각주의 하류 양측에 소용돌이가 교대로 발생한다. 이 소용돌이의 단위시간당 주파수 발생수는 일정한 레이놀즈수 범위에 있어서는 유속에 비례하는 특성을 가지고 있다. 이러한 규칙적인 소용돌이의 주파수를 측정하여 유량을 계측하는 것이 와류 유량계이다. 소용돌이로부터 발생된 소용돌이 압력은 삼각주내에 삽입된 센서에 교번응력으로 전달이 된다. 이 칼만 와류의 수는 와류의 생성분리에 따른 와류 발생체 주위의 물리적 변화를 서미스터, 스트레인게이지, 압전소자, 정전용량소자 등으로 측정이 가능하며, 대부분 압전소자를 가장 많이 사용하고 있다.

- 이러한 와류 유량계의 일반적인 특징은 다음과 같다.
  ① 스팀, 기체, 저점도 액체의 유량을 높은 정밀도로 측정이 가능하다.
  ② 넓은 유량범위와 온도범위에서 높은 정밀도로 유량 검출이 가능하다.
  ③ 검출소자는 유체와 완전히 차단되어 있으므로 내구성이 매우 높다.
  ④ 가동부분이 없으므로 고장율이 작다.
  ⑤ 압력 손실이 적으므로 에너지 절약형 유량계로 적절하다.
  ⑥ 유량계 본체를 파이프에 부착한 상태에서 유지보수 작업이 가능하다.
  ⑦ 출력신호가 유속에 비례하는 펄스 주파수이므로 적산이 용이하다.
  ⑧ 고형물을 포함한 유체의 경우 고형물이 삼각주와 충돌하여 잡음을 발생시키거나 장기간 사용할 경우 삼각주를 마모시키므로 사용을 피하는 것이 좋다.

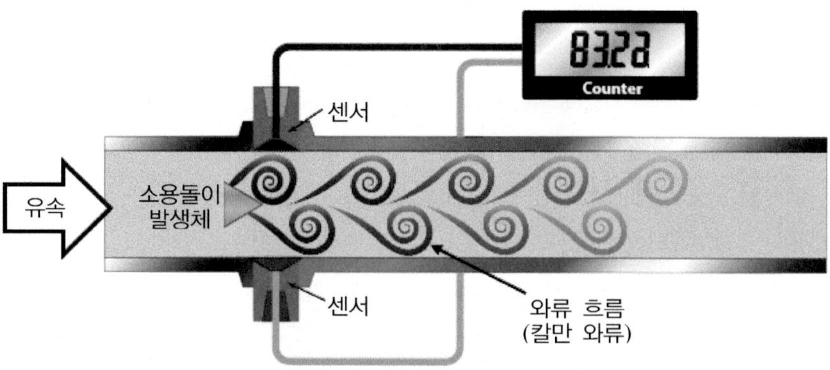

▲ 그림 8-10 와류 유량계 동작원리

⑨ 설치공간이 사정상 충분한 직관부를 확보할 수 없거나 보다 정확한 측정이 필요한 경우에는 정류기를 설치하는 것이 바람직하다.

⑩ 유량계 전, 후단에 반드시 직관부가 필요하며, 필요한 직관부의 길이는 제조업체마다 차이가 있다. 일반적으로 상류에는 파이프 상태 및 설치물에 따라 5D ~ 40D, 하류에는 5D 이상의 직관부가 필요하다. 대표적인 와류 유량계의 내부구조는 <그림 8-11>과 같다. 주요 부품인 소용돌이 발생체, 측정관, 소용돌이 검출부 및 변환기로 구성되어 있다. 와류 유량계의 소용돌이 발생체의 형태는 직접 유량계의 성능에 영향을 미치기 때문에 여러 가지 형태가 실용화되어 있다.

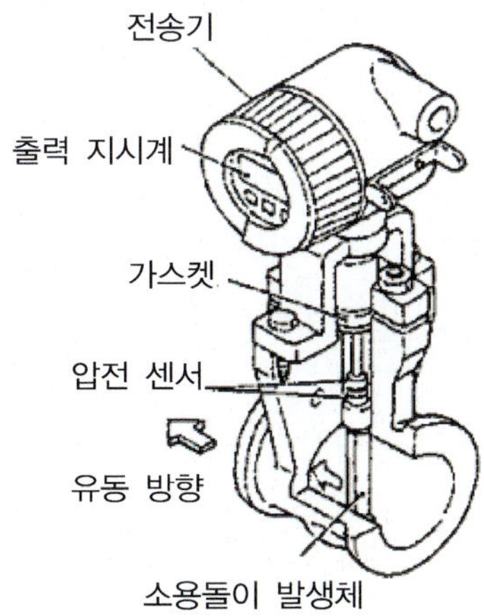

(a) 와류 유량계 내부 구조

(b) 대표적인 와류 유량계 외형

▲ 그림 8-11 와류 유량계 내부구조 및 외형

8.3 질량 유량계

일반적인 유량계는 부피유량을 측정한다. 그러나 이 부피유량은 유체의 온도 및 압력이 변하면 따라서 변한다. 특히 측정 유체가 압축성 유체, 즉 기체인 경우에는 그 변하는 정도가 매우 심하다. 이 부피유량을 질량유량으로 변환하려면 측정 유체의 온도 및 압력을 알아 밀도를 구하여 부피유량을 곱해야 질량유량을 구할 수 있다. 또한 기체의 경우, 온도 및 압력만의 보상만으로는 부족한 경우가 있다. 온도가 매우 높거나 또는 압력이 매우 높은 경우에는 온도 및 압력 보상만으로는 충분하지 않다. 소위 압축계수라고 하는 값을 구하여 추가로 보상해 주어야 한다. 부피유량을 측정하고 온도 및 압력의 측정을 통하여 질량유량을 구하는 것은 매우 번거롭다. 따라서 질량유량을 직접 구할 수 있다는 것은 매우 편리한 방법이다. 질량유량을 직접 구하는 방법에는 액체용은 코리올리 질량유량계가 사용되며, 기체용은 열식 질량유량계가 사용된다.

8.3.1 코리올리 유량계

코리올리 질량유량계(Coriolis mass flowmeter)는 지구의 자력을 이용하여 유량을 측정하는 원리로 가장 최근에 개발된 유량 측정 방식이다. 이 유량계는 액체의 점도에 영향을 받지 않고 정확도가 우수하여 석유화학 분야에 급속하게 확산되고 있다. 코리올리 힘은 지구와 같이 회전하고 있는 좌표계에서 수평적으로 움직이는 물체가 느끼는 겉보기 힘을 말한다. 이러한 원리를 이용하여 1978년 최초로 코리올리 질량유량계가 개발되었고, 1980년 초부터 실용화되기 시작하였다. 이것은 코리올리 효과를 이용한 것으로 코리올리 힘을 측정하여 질량유량을 구하는 방식이다. <그림 8-12>에서 보듯이 U자형 튜브의 고정점을 중심으로 한쪽 방향에 있는 U자형 튜브를 전자석을 이용해서 위 아래로 일정하게 고유진동수로 공진을 한다. 이 진동폭은 약 0.1 인치보다 작으며 초당 약 80회 정도를 진동한다. 이 튜브 내로 들어온 액체는 입구로부터 U자로 구부러진 부분을 향하여 흐를 때, 튜브의 상승 또는 하강에 따른 속도에 의하여 유체의 질량과 유속에 비례하는 코리올리힘이 발생된다. 이 힘은 진동을 방해하는 방향으로 작용하여 튜브에 비틀림을 주게 된다. 구부러진 부분으로부터 출구를 향하여 흐를 때는 코리올리 힘이 진동하는 방향으로 발생하여 입구 쪽과는 반대방향의 비틀림을 주게 된다. 즉, 역방향의 코리올리힘에 의하며 토크가 발생하게 되고, 그 비틀린 각도는 코리올리힘에 비례하므로, 이 각도를 측정하는 것에 의해 질량유량을 알 수 있다. 코리올리식 유량계는 진동을 이용하므로 본질적으로 외부로부터의 진동 영향을 받기 쉽다. 가장 많이 사용하는 형태는 2개의 튜브를 공진시켜 튜브간의 상대적인 위치로부터 비틀림 각도를 측정하여 외부진동의 영향을 배제하는 형태가 많이 사용된다.

질량유량과 연관되는 튜브의 비틀림 각도는 전자 픽업 코일 센서에 의해 시간차로 검출된다. 이렇게 계측된 시간차 신호는 신호전송기로 전달되어 유량신호로 변환된다. 코리올리 질량 유량계는 질량 유량을 계측하는 동시에 유체의 밀도 계측도 가능하다. 유체의

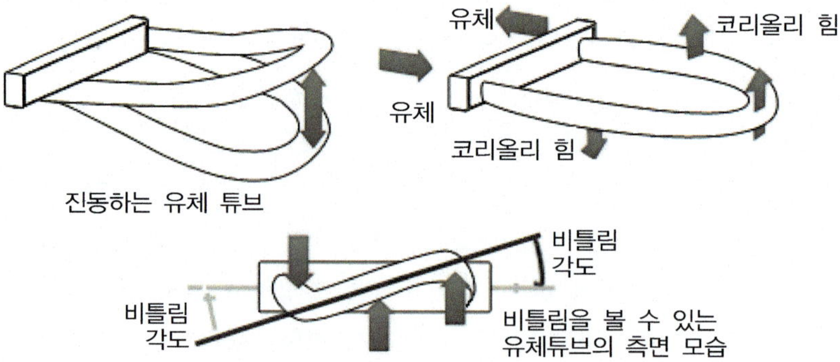

▲ 그림 8-12 코리올리 유량계의 동작원리

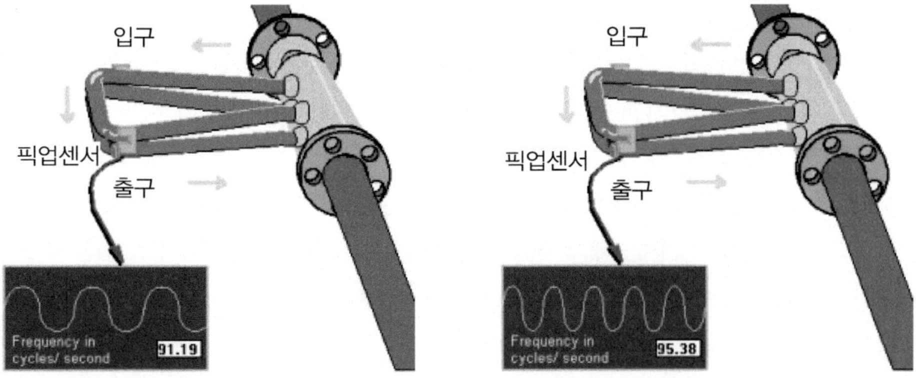

(a) 저밀도 유체의 튜브 진동 주기 (b) 고밀도 유체의 튜브 진동 주기

▲ 그림 8-13. 유체의 밀도에 따른 튜브 진동 주기 비교

밀도는 튜브의 고유 진동수를 측정함으로서 계측이 가능하다. <그림 8-13>에서 볼 수 있듯이 유체의 밀도에 따라 튜브의 진동 주기의 차이가 생기며, 이러한 튜브의 고유 진동수를 계측하면 유체의 밀도를 계측할 수 있다. 밀도 교정에 기준이 되는 요소는 물과 공기의 레퍼런스 밀도와 그 때의 튜브 주기가 된다. 따라서 실제 프로세스 유체의 밀도는 튜브 진공 주기를 픽업 코일 센서에서 특정하여 물의 밀도와 진동 주기 대비 공기 밀도와 진동 주기의 1차 함수에 의해 계산할 수 있다.

코리올리 유량계는 측정 튜브의 형상에 따라 직관형, 벤딩형, 루프형 등으로 크게 나누어지며, 형태에 관계없이 다음과 같은 기본적인 구조를 가지고 있다.

① 입구와 출구를 갖는 몸체
② 코리올리 힘을 발생시키기 위한 튜브(진동관)
③ 튜브를 진동시키기 위한 구동장치(튜브의 최고 진폭은 0.1 인치 이내이고, 약 80 Hz의 사이클로 진동)
④ 코리올리 힘을 검출하기 위한 측정 센서
⑤ 유체의 온도에 의하여 탄성계수가 변화하여 튜브의 고유진동수 및 비틀림 각도가 미묘하게 변화하므로 이를 보정하기 위한 온도 측정용 센서
⑥ 앞의 각 부품들을 보호하기 위한 하우징
⑦ 검출기의 신호를 질량유량신호나 밀도신호로 전환하는 전기 회로부

코리올리 질량 유량계의 장점은 근본적으로 질량을 측정하므로 온도, 압력, 밀도, 점도, 조성 등 프로세스 조건 변화에 영향을 받지 않는다. 따라서 액체 또는 기체의 유량 측정에 있어서 온도와 압력에 대한 보상이 필요 없다는 점이다. 그리고 기존의 부피유량계는 유속 분포를 고르게 하기 위해 전후단에 직관부가 필수적인 반면, 코리올리 유량계는

이러한 직관부가 전혀 필요하지 않다. 또한 기계적인 구동부가 없으므로 기존의 기계적 구동부를 가진 유량계에서 주기적인 부품 교체와 초기 교정에 대한 검증과 보정을 위한 유지보수 비용과 시간을 획기적으로 줄일 수 있는 장점이 있다. 코리올리 질량 유량계의 특징을 간략히 요약하면 다음과 같다.[58]

① 질량 유량을 직접 측정하며, 유량 외에 유체의 밀도 측정도 가능하다.
② 정확도가 ±0.1% 이내로 매우 높다.
③ 제한된 온도 및 압력 범위에서 거의 모든 유체의 유량 측정이 가능하다. 단, 압력 제한값은 890 bar, 온도 가능 범위는 −200 ~ 400℃이다.
④ 검출센서는 유체와 접촉하지 않는 비접촉식이다.
⑤ 측정가능범위가 0.03 ~ 1,500 kg/hr 으로 매우 넓은 편이다.
⑥ 원리적으로 유체의 점도, 밀도, 압력의 변동에 영향을 받지 않는다.
⑦ 침전물, 불순물, 부유물 등 다양한 유체의 측정이 가능하다.
⑧ 상류 및 하류의 직관길이에 따라 발생하는 유체의 소용돌이 유동이나 불균일 유속 분포의 영향을 받지 않는다.
⑨ 유체가 흐르는 파이프 내에 장애물이 없으며, 맥동류 측정도 가능하다.

8.3.2 열식 질량유량계

열식 질량유량계(thermal mass flowmeter, TMFM)는 주로 공기나 가스의 질량유량을 측정하기 위한 유량계이다. 흐르고 있는 유체 중에 가열된 물체를 놓으면 유체와 가열된 물체 사이에 열교환이 이루어짐에 따라 가열된 물체가 냉각된다. 이 냉각율은 유속의 함수가 되기 때문에 가열된 물체의 온도를 측정하는 것에 의해 유속을 구할 수 있다. 또 유체를 가열하여 일정한 온도로 높이기 위하여 필요한 에너지는 또한 유속의 함수가 되기 때문에 흐르고 있는 유체의 온도를 어떤 일정한 온도로 높이기 위하여 필요한 에너지를 측정하면 유속을 구할 수 있다. 열을 이용하여 기체의 흐름을 측정하는 방법으로 열선 풍속계가 있다. 열선 풍속계는 기체의 평균 유속과 속도 변화를 정확하게 측정하는 가장 좋은 방법으로 인식되었으며 낮은 유속도 충분히 측정할 수 있는 우수한 특징도 있어 광범위하게 이용되어 왔다. 그러나 열선 풍속계를 공업용으로 이용하고 낮은 유속부터 높은 유속까지 넓은 범위의 평균유속을 측정하는데 있어 장시간의 지시안정성, 유체 물성치의 변화에 따른 영향, 가는 열선의 내구성 등의 측면에서 만족할 만한 성능을 얻지 못했다. 이러한 열선 풍속계의 문제점을 해소하기 위하여 개발된 것이 열식 질량유량계이며, 이는 안정된 평균 유속을 측정하고 또한 견고하여 신뢰성이 우수한 유체 측정이 가능하게 하였다.

58. 최성현, "최근 코리올리 질량 유량계의 원리와 구조", 기획특집, 제어계측, 2010년

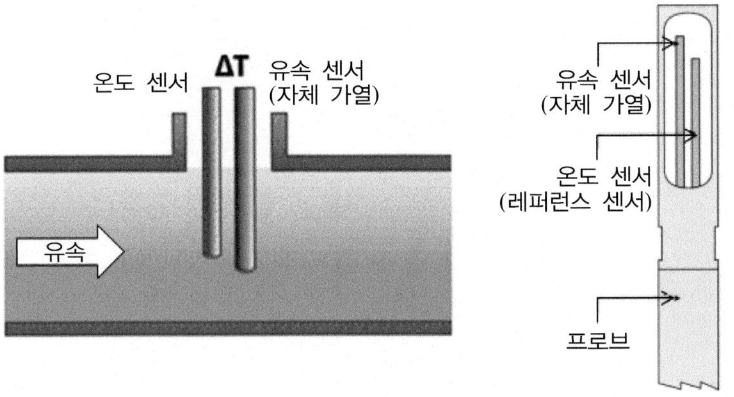

▲ 그림 8-14 삽입식 열식 질량유량계의 동작 원리

열식 질량유량계는 기본적으로 대류에 의한 열 전달의 원리에 기본을 두고 있다. <그림 8-14>와 같이 가스온도의 변화를 자동적으로 보정하는 두 개의 센서인 유속센서(velocity sensor)와 온도센서로 구성되어 있다. 변환기는 유속센서를 가스의 온도보다 높은 일정한 온도차이로 유지할 수 있게 열을 가한다. 그리고 가스의 흐름에 따른 냉각효과를 측정한다. 일정한 온도차를 유지하기 위하여 변환기는 전기적인 에너지를 필요로 하며, 파이프 내에 가스가 흐를 경우 변환기에서 유속센서와 가스의 온도차를 일정하게 유지하기 위한 에너지는 더 많이 필요하며, 이러한 전기 에너지의 변화는 가스의 질량유속과 비례한다. 따라서 가스유속에 필요로 하는 전기 에너지를 구하여 직접적으로 질량유속을 구하는 방식이 열식 질량유량계이다.

MEMS 공정으로 압력, 자이로스코프, 가속도계 등 다양한 형태의 센서 제작이 가능한데, 열식 유량센서도 MEMS로 제작하는 기술이 개발되었다. 이러한 열식 MEMS 센서는 부피, 속도, 또는 질량을 측정하는 용도로 사용되고 있으며, 대표적인 MEMS 유량센서의 개념은 <그림 8-15>와 같다. 하나의 히터와 두 개의 온도센서로 구성되어 있으며, 온도센서는 각각 상류측과 하류측의 온도를 측정한다. 이러한 MEMS 유량센서의 높은 민감도, 작은 크기, 저전력 전기소모, 저가격의 장점이 있어 자동제어 공정에 사용이 확대되고 있다.[59]

59. Azosensors.com Staff Writers, “Design of MEMS Based Mass Flow Meter”, http://www.azosensors.com/Article.aspx?ArticleID=277

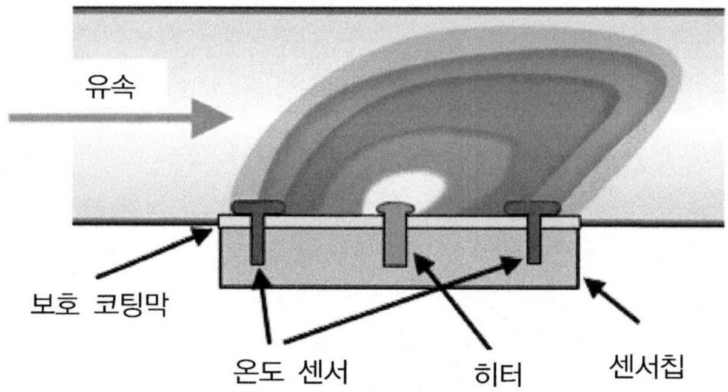

▲ 그림 8-15 열식 MEMS 유량 센서의 개념

열식 질량유량계는 공기나 가스의 질량유량을 측정시, 가스의 온도나 비중, 압력, 점도 등의 영향을 받지 않으며, 유량센서 외의 부가적인 장치(유량 컴퓨어, 압력 전송기, 온도 전송기 등)가 없이도 유체의 질량을 바로 측정하기 때문에 설치 및 유지보수가 매우 용이하다. 또한 유량측정범위가 매우 넓다는 것이 큰 특징이다. 특히 낮은 유속에서의 유량측정이 가능하기 때문에 가스용 유량계로 사용되는 터빈유량계, 차압유량계 및 와류 유량계 등에 비하여 저유속의 가스 유량 측정시 탁월한 측정 정밀도를 가지고 있다. 또한 유량측정을 위해서 고려해야 할 중요한 요소 중 하나가 유량계의 설치 후 발생되는 압력손실이다. 과도한 압력손실은 공정 자체에 악영향을 줄 뿐만 아니라 가스나 유체의 이송을 위해 많은 에너지가 필요로 하게 되어, 결국 생산비용이나 운영비용의 손실을 유발하게 된다. 하지만 열식 유량계는 압력손실이 거의 발생하지 않기 때문에 압력손실로 인하여 발생될 손실 및 공정운영의 영향에 따른 불편함을 최소화할 수 있다.[60]

8.3.3 열선 풍향계

열선 풍향계(hot wire anemometer)는 흐르는 유체 속에 노출된 열선이 대류에 의해 열이 손실되며, 기본적으로 센서에서 열 손실을 감지하여 유속을 유추하는 방법이다. 여기에는 열선(hot wire)과 열 필름(hot film) 두 가지 형태의 프로브가 있다. 대표적인 텅스텐 열선 풍향계 프로브는 <그림 8-16>과 같다. 일반적으로 프로브의 직경은 0.0038~0.005 mm 정도이고, 길이는 1.0~2.0 mm이다. 선재의 재료로 가장 많이 사용 것이 텅스텐 또는 백금과 백금-이리듐 합금이다. 텅스텐으로 만든 선재는 강인하고 약 0.004/℃의 매우 높은 열저항 계수를 가지고 있지만, 산화 가능성 때문에 높은 온도에서는 사용하지 않는다. 반면, 백금-이리듐 선재는 산화에 대해 강한 저항력을 가지고 있지만 약 0.00085/℃의 낮은 열저항 계수를 가지고 있다. 따라서 현재는 열선으로 텅스텐이 주류를 이루고 있으며, 선재와 지지대 사이의 결합력을 좋게 하기 위해 텅스텐 선재에 백금을 얇게 코팅하여 사용한다.

60. 송병학, "산업용 열식질량유량계의 활용", 기획특집, C&I, 2009년 2월

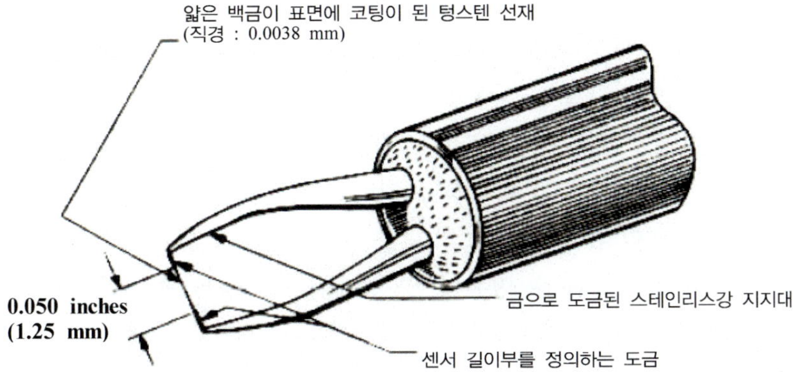

▲ 그림 8-16 대표적인 텅스텐 열선 풍향계 프로브

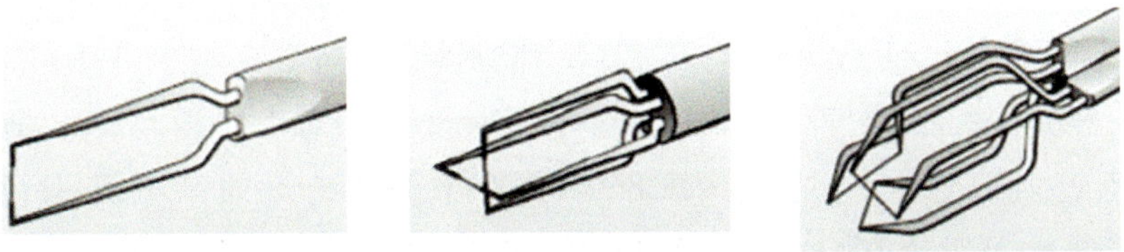

(a) 싱글 센서 프로브 (b) 듀얼 센서 프로브 (c) 트리플 센서 프로브

▲ 그림 8-17 열선 풍향계 프로브의 형태

이러한 열선 풍향계 프로브에는 형태에 따라 <그림 8-17>과 같이 1차원, 2차원, 3차원 버전인 싱글, 듀얼, 트리플 센서 프로브가 있다. 2개 이상의 열선이 있으면, 유속의 크기뿐만 아니라 서로 다른 각도로 열선을 배치함으로써 속도 방향까지 감지할 수 있는 장점이 있다.

8.4 레벨센서 종류

액체의 레벨(liquid level)이란 기준점에 대한 액면(liquid surface)의 높이로 정의된다. 준액체(quasi-liquid)로 생각되는 분체면(surface of powered solid)이나 입체면(surface of granular solids)의 높이에 대해서도 레벨이라고 정의한다. 현대에는 자동제어 분야에서 레벨에 대한 필요성 때문에 광범위한 분야에서 응용이 되고 있다. 그러나 레벨에 대한 측정은 이미 조선시대 영조 때 행하여졌다는 기록과 유산이 남아있다. 홍수로 인한 강의 범람을 사전에 조치하기 위해 수표교를 청계천에 설치하여, 다리 돌기둥에 경, 진, 지, 평이란 4단계의 수위를 표시하였으며, 그 당시 춘천사라는 관청을 두어 수위의 변화를 한성판윤에게 주기적으로 보고하게 하였다는 기록이 있다.[61]

61. 두산백과, 수표교 자료, http://terms.naver.com/entry.nhn?docId=1115975&cid=40942&categoryId=33383

오늘날 레벨센서(level sensor)는 액체나 준액체의 레벨을 검출하는 센서로서 프로세스 계측 및 제어분야에서 매우 중요한 역할을 하고 있다. 또한 기상, 농업, 환경, 토목, 수리 등 물과 직접적으로 관계가 깊은 분야에서도 레벨의 정확한 측정에 관한 관심이 높아가고 있으며, 이러한 레벨의 측정은 일반 공장에 설치되어 있는 각종 액체 저장 탱크 속의 유체의 양과 상태를 연속적으로 즉시 파악하고 원하는 양으로 자동 조절할 수 있는 공장자동화 시스템에 이용되고 있다. 이러한 측정과 조절 시스템에 사용되는 레벨 센서는 용도와 원리에 따라 몇 가지로 분류할 수 있는데, 공정 제어 측면에서 연속 레벨센서와 불연속 레벨센서(또는 점 레벨 센서)로 구분하고 있는데, 대부분 선형도가 2% 정도로 낮은 편이다. 연속 레벨센서는 측정 범위 내에서 레벨을 연속적으로 모니터링하고, 실제 레벨에 대한 정보를 제공해 주는 센서이다. 반면, 불연속 레벨센서는 상한 또는 하한 레벨 등 어떤 특정 레벨 위치를 검출하여 경보신호를 내거나 제어하는 것을 목적으로 하는 센서이며, 이런 센서를 일반적으로 레벨스위치라고 한다. 레벨센서는 측정하고자 하는 대상과 접촉해서 레벨을 측정하는 접촉식과 대상물과 접촉하지 않는 비접촉식 방식으로 구분을 할 수 있다. 일반적인 레벨센서의 분류는 <표 8-9>와 같다. 대부분의 액체 레벨센서들은 기준점으로부터의 액체 표면 높이나 액체 표면 위치 또는 액체 수두압을 이용하여 레벨을 측정하는데, 측정방식에 따라 직접 측정 방식과 간접 측정 방식으로 나눌 수 있다. 레벨센서 중에서 유체의 종류에 따른 적용 여부는 <표 8-10>과 같다. 액체인 경우에는 모든 레벨센서가 적용이 가능하며, 미립자인 경우에는 사용상 주의가 요구된다.

■ 표 8-9 레벨센서의 분류

구분	측정 방식	레벨센서
접촉식	압력/밀도 방식	부력식 레벨센서
		압력측정 레벨센서
		기포식 레벨센서
	전기 방식	전기용량 레벨센서
	레벨 스위치	열 센서
		진동 센서
		전기 전도도 센서
비접촉식	압력/밀도 방식	중량측정 레벨센서
	초음파 방식	초음파 레벨센서
	레이더	레이더 레벨센서
	방사선 방식	방사선 레벨센서
	레벨 스위치	광학 센서

■ 표 8-10 유체의 종류에 따른 레벨센서 적용가능 여부

	액체	분말	슬러리
레이더 방식	◎	○	◎
초음파 방식	◎	○	◎
압력식	◎	×	○
부력식	◎	×	○
기포식	◎	×	○
방사선 방식	◎	○	×
◎ : 적용 가능, ○ : 측정시 주의가 요망됨, × : 적용할 수 없음			

8.5 접촉식 레벨센서

8.5.1 부력식 레벨센서

부력식 레벨센서(displacement device level sensor) 방식은 연속적인 레벨 측정에 사용된다. 약 2,200년 전에 아르키메데스가 처음 발견한 원리를 응용한 방식으로 고체를 액체에 담그면 잠긴 부분과 동일한 액체 체적을 변위시키고, 유체의 이와 같은 변위는 물체를 위로 향하게 하는 힘을 발생시킨다. 이것을 부력이라고 한다. 즉, 물체에 작용하는 부력의 크기는 물체에 의해서 변위된 유체의 무게와 같으며, 이 때의 부력 증가, 감소에 의한 용기의 움직임은 레벨의 변동과 정비례하여 변하기 때문에 우수한 직선성을 얻을 수 있다. 이러한 원리를 응용하여 최초로 구현한 레벨센서는 1700년대 후반에 영국의 제임스 브린들리(James Brindley)와 수턴 토마스 우드(Sutton Thomas Wood)가 보일러 제어용에 사용하였다. 유체 속에 정지해 있는 물체는 중력과 반대방향으로 부력, 즉 물체를 위로 뜨게 하는 힘을 받는다. 따라서 부력식 레벨센서는 액면이 상하로 움직임에 따라 플로트(float) 또는 디스플레이서(displacer)에 작용하는 부력에 기초하여 레벨을 검출하는 방식이다. 플로트는 부력에 의해 액체 표면상에 떠 있는 것을 의미하며, 디스플레이서는 부분적으로 액체 속에 잠긴 것으로부터 부력을 측정하는 방식을 의미한다. 그러므로 플로트의 밀도는 액체의 밀도보다 작아야 하며, 디스플레이서의 밀도는 액체보다 커야 한다. 만약 그렇지 않으면 동작범위가 제한될 수 있다.

플로트 레벨센서는 <그림 8-18>과 같이 레버암(lever arm)을 사용한 센서이며, (a)의 레버암은 액면에 떠 있는 플로트와 피봇 조인트(pivot joint)를 연결한다. 플로트가 레벨의 변화에 따라 상하로 이동하면, 이것이 레버암의 다른 쪽 끝을 이동(회전)시켜 위치센서나 변위센서를 동작시켜 전류 또는 전압을 출력신호를 내 보낸다. 그리고 (b)는 플로트 내에

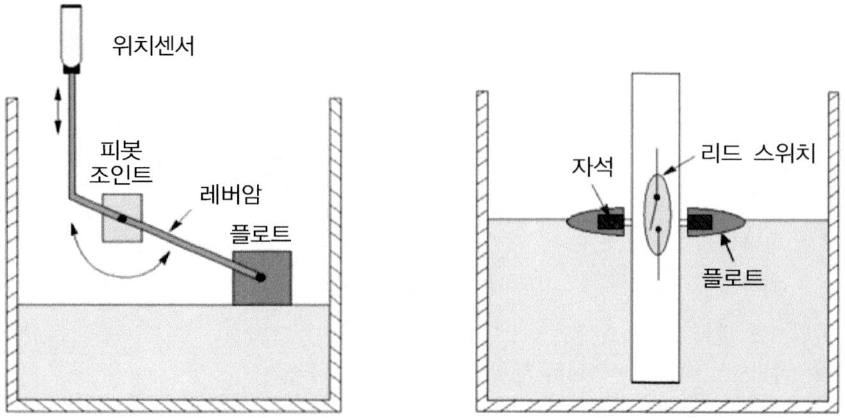

(a) 레버암 이용 방식 (b) 자석과 리드스위치 이용 방식

▲ 그림 8-18 플로트 레벨센서 동작원리

자석을 내장하고 있어 임계 위치에 도달하면 리드 스위치가 동작하여 스위치로 사용이 가능하다. 만약 다수의 리드 스위치를 사용하게 되면 레벨을 거의 연속적으로 측정이 가능하다. 좀 더 정밀도를 높이기 위해 리드 스위치 대신에 홀 센서를 사용하기도 한다. 이러한 플로트 레벨센서의 장점은 비교적 간단하고, 여러 액체의 레벨 측정에 적합하고 매우 정확하다. 그러나 전기적 출력을 내기 위한 기계적 부품이 많다는 것이 단점이다. 자동차의 연료 탱크의 레벨도 플로트 레벨센서를 이용하여 모니터링 하고 있다.[62]

디스플레이서 레벨센서는 <그림 8-19>와 같이 디스플레이서가 유체의 부력에 의해 움직이는 변위를 외부에 있는 토크 측정 장치를 통해 유체의 레벨을 측정하는 원리이다. 디스플레이서를 위치시키는 방식에는 유체가 있는 동일 박스 내에 디스플레이서를 위치시켜 사용하는 방식이 있고, 유체가 있는 메인박스 옆에 유체가 통하는 연결통로로 연결된 별도의 조그만 튜브에 디스플레이서를 이용하는 방법이 있다. 일반적으로 후자쪽을 많이 선호하여 사용한다. 이런 센서의 장점으로는 고온 및 고압의 유체에도 적용이 가능하고, 감도 및 정밀도가 좋고 응답속도가 빠르며, 절대 레벨이 변하지 않는다는 점이다.

반면, 유체의 밀도에 따라 레벨을 보정해 주어야 하며, 디스플레이서에 불순물 등이 부착해서 체적이 변하게 되면 오차가 생길 수 있으며, 플로트와 마찬가지로 상당량의 기계적 부품이 필요하며, 설치비용이 높다는 단점을 가지고 있다.

62. 남기민, 고려대학교, "제 14 장 레벨센서" 강의 자료

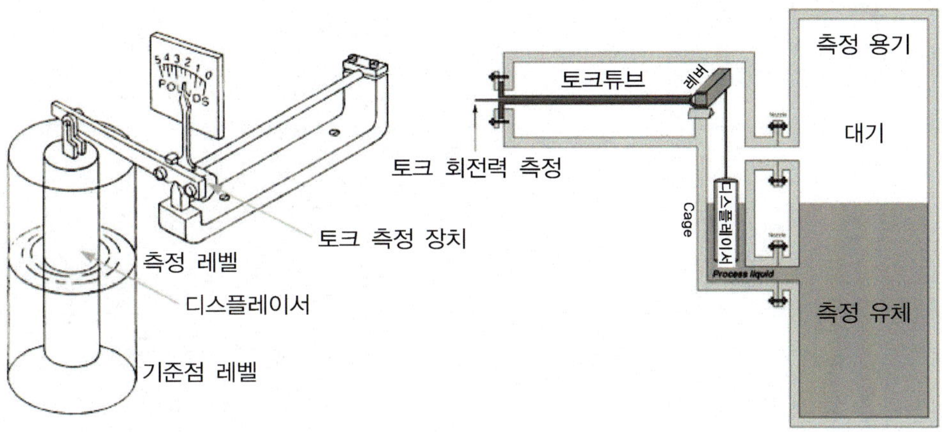

▲ 그림 8-19 디스플레이서 레벨센서 동작원리

8.5.2 압력측정 레벨센서

유체의 수직 기둥은 그 중량에 의해 아래쪽으로 압력이 가해진다. 유체 기둥의 밑바닥에서 기둥 높이와 압력관계는 용기의 폭 또는 모양에 관계없이 유체가 동일하면 일정하다. 따라서 <그림 8-20>과 같이 용기의 하부에서 차압을 측정하면 다음과 같은 파스칼의 법칙에 의해 유체의 높이를 측정할 수 있다.

$$P_1 = P_2 + \rho g L \tag{8-1a}$$

$$L = \frac{P_1 - P_2}{\rho g} \tag{8-1b}$$

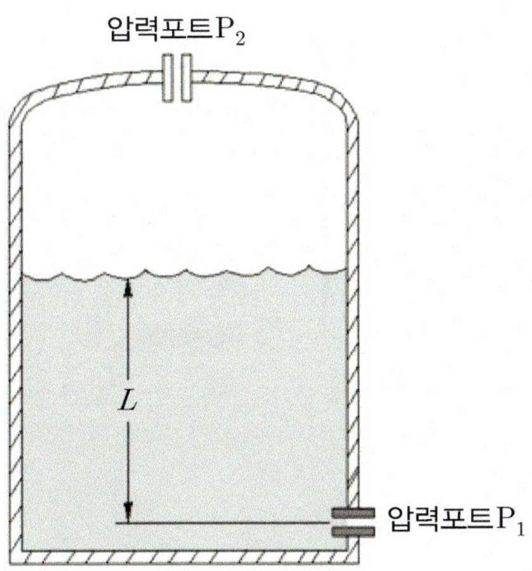

▲ 그림 8-20 압력측정 레벨센서 개념

8.5.3 기포식 레벨센서

기포식 레벨센서(bubbler level sensor)는 퍼지식 레벨센서라고도 하며, 부식성의 액체, 부유물을 함유하고 있는 액체나 고점도의 액체, 또는 도압배관을 부착하기 곤란한 지하탱크 등과 같은 경우에 사용하는 방식이다. <그림 8-21>과 같이 기체를 파이프 내로 강제적으로 주입하면, 기체 방울은 파이프의 끝 부분으로 방출되며, 파이프 내의 압력은 탱크 내 파이프 끝이 위치한 액체의 압력과 같다. 유체의 레벨이 변함에 따라 파이프 내의 압력도 따라서 변하게 된다. 이 압력은 연속적인 레벨지시를 위하여 압력계를 이용하여 측정할 수 있다. 공급되는 기체의 양은 약 1 SCFH(starndard cubic feet per hour) 정도로 낮게 유지하여 파이프 내에 현저한 압력 강하가 발생하지 않도록 해야 한다. 통상적으로 공급하는 기체는 공기 또는 질소를 사용한다. 진공 또는 대기압보다 낮게 운용되는 탱크인 경우는 액체 레벨 측정이 공급 기체압력과 액체의 증기압과 차압의 함수이기 때문에 기포식 레벨센서 시스템의 설치가 다소 복잡하다. 기포식 레벨측정은 구조가 간단하고 차압식 레벨센서로 측정이 어려운 경우를 대신할 수 있다는 장점은 있으나 정확도가 그다지 높지 않다는 점과 이 물질이 유입될 가능성이 있다는 단점은 있다.

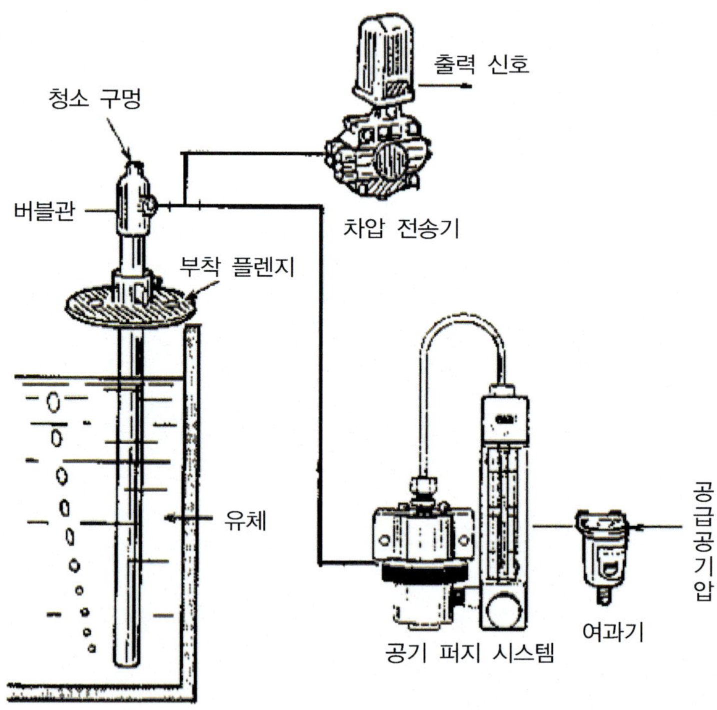

▲ 그림 8-21 기포식 레벨측정 시스템

8.5.4 중량측정 레벨센서

중량측정 레벨센서(weight level sensor 또는 load cell level sensor)는 로드셀을 이용하여 탱크 속의 액체 중량을 측정해서 레벨을 결정하는 방식이다. 압력/밀도 측정 방식 중에서 앞에서 언급된 센서들은 모두 접촉식인 반면, 중량측정 레벨센서는 비접촉식으로 측정이 가능한 센서이다. 높이를 측정하는 레벨센서와는 달리 측정된 높이를 질량으로 변환하는 과정이 필요없다. 비어있는 용기의 중량을 W_t, 유체가 용기 내에 있을 때 로드셀에서 측정된 총 중량을 W라고 하면, 유체만의 중량 W_L은 다음과 같다.

$$W_L = W - W_t \tag{8-2}$$

여기서 빈 용기의 중량 W_t는 이미 알고 있는 양이므로 차동 증폭기의 (+) 입력단자에 로드셀 출력 W를 연결하고, (−) 단자에 W_t를 입력시키면, 증폭기 출력 신호는 W_L이 되어 레벨 L을 측정할 수 있다. 저장 유체의 밀도가 일정하면 중량과 레벨 사이의 관계는 선형적으로 되어 쉽게 레벨을 측정할 수 있다. 그러나 밀도가 일정하지 않은 경우, 특히 고체의 경우 이 방식은 오차가 많이 발생할 수 있다. 이 방식은 레벨보다는 실제 중량이 더 중요한 곳에서 자주 사용되며, 용기의 모양 또는 내부구조에 관계없이 측정된 중량은 저장된 유체의 실제 중량이 된다. 이와 같은 중량측정 방식에서 중요한 것은 저장 용기를 파이프 또는 기계장치 등으로부터 발생하는 어떠한 외부의 기계적 스트레스로부터 분리해야 한다는 점이다. 대표적인 중량측정 레벨센서의 구조는 <그림 8-22>와 같다.

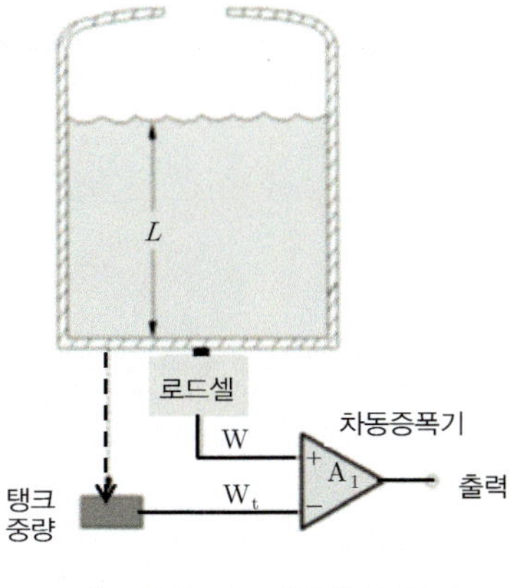

(a) 중량검출 레벨센서 원리

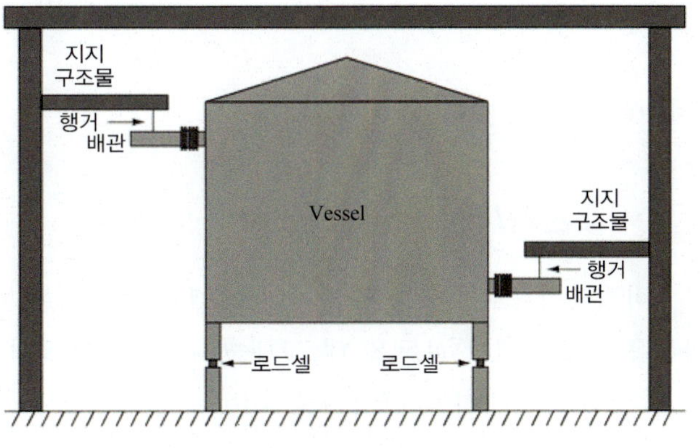

(b) 중량검출을 위한 로드셀 설치

▲ 그림 8-22 중량검출 레벨센서 원리 및 로드셀 설치

8.5.5 전기용량 레벨센서

전기용량 레벨센서(capacitive level sensor)는 유체를 유전체로 보고, 유체의 수위가 변하면 유전체의 유전율 값이 변하게 되는데, 이런 변화를 전기용량을 통해 측정하여 레벨을 유추하는 방식이다. 탱크 안에 있는 물의 레벨을 전기용량 레벨센서로 측정하는 원리는 <그림 8-23>과 같다. 물에 의한 전기적인 단락을 방지하기 위해 표면에 격리 코팅막을 입힌 동축(coaxial) 원통형 축전기를 센서로 사용한다. 이 센서를 탱크 내에 설치하여, 수위에 따른 동축 축전기의 전기용량 변화를 측정하여 수위로 환산할 수 있다.

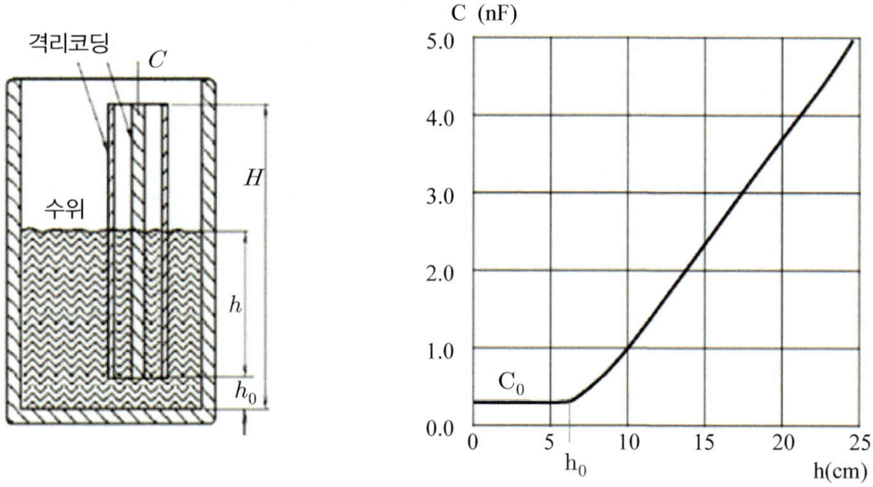

(a) 전기용량 레벨센서 원리 (b) 레벨에 따른 전기용량 변화

▲ 그림 8-23 전기용량 레벨센서의 레벨 측정

8.6 비접촉식 레벨센서

8.6.1 초음파/레이더 레벨센서

비접촉식으로 탱크 내 유체의 레벨을 측정하는 데에는 중력감지 레벨측정 이외에는 파동을 발신기에서 파동을 내 보내고, 유체 표면에서 반사되어 온 파동을 수신기에서 받아서 높이를 측정하는 방식이다. 이에 주로 사용되는 파동이 초음파, 마이크로웨이브, 광학, 방사선 등이 있다. 초음파는 사람의 귀에 들리지 않는 높은 주파수의 음(약 20 kHz 이상)을 통칭 초음파라고 한다.

초음파 레벨센서(ultrasonic level sensor)에서 사용하는 주파수는 통상 9 kHz에서부터 50 kHz 정도이며, 이 범위의 주파수는 초음파 펄스를 발생하기 쉽고 직진방향의 지향특성을 가지고 있다. 레벨측정 원리는 발신기에서 나온 초음파 펄스가 유체의 표면에서 반사

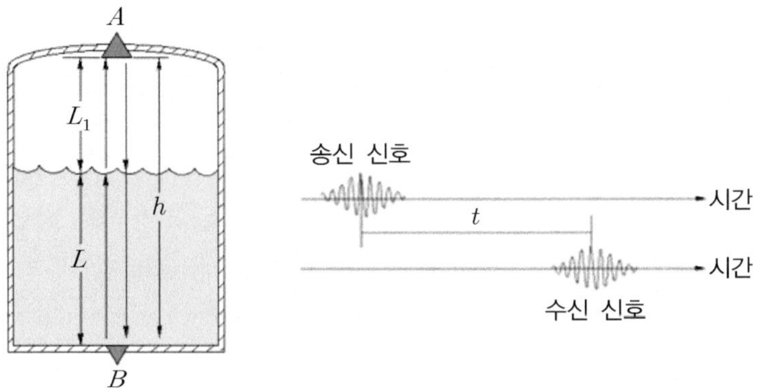

▲ 그림 8-24 주행시간 레벨센서의 원리

되어 다시 초음파 수신기로 되돌아올 때까지의 시간을 측정하는 주행시간(transit time) 방식과 공진기(resonant cavity) 방식으로 레벨을 산출한다. 주행시간 레벨센서의 원리는 <그림 8-24>와 같이 탱크 상부(센서 A) 또는 하부(센서 B)에 설치된 초음파 센서에서 초음파 펄스를 발사하고, 그것이 유체와 가스의 경계면에서 반사되어 센서로 되돌아오는데 걸리는 왕복주행시간으로부터 레벨을 결정하는 방식이다.

초음파 레벨센서는 탱크 내의 레벨 측정 뿐만 아니라 홍수 방지를 위한 강의 수위 측정에도 광범위하게 사용되고 있다. 재난보호를 위한 원격 모니터링 용도로 미국은 지난 2010년부터 <그림 8-25>와 같은 시스템을 전국가적으로 확산하고 있다. 이 시스템에 사용되는 전원은 태양전지판을 이용해서 공급하고, 초음파 레벨센서로 수신된 정보를 무선망(3G, LTE, GSM 등)을 통해 실시간으로 데이터센터에 전달하도록 되어 있다. 외부의 급격한 환경변화에 대해 여러 종류의 레벨센서 중에서 가격과 안정성 측면에서 초음파 레벨센서가 가장 무난한 것으로 보고 있다.

(a) 초음파 레벨센서를 이용한 강의 수위 모니터링 개념 (b) 실제 강의 수위 모니터링 사례

▲ 그림 8-25초음파 레벨센서를 이용한 강의 수위 원격 모니터링 시스템

레이더 레벨센서는 앞에서 설명된 초음파 레벨센서에서 초음파 대신에 레이더를 사용하는 것 이외에는 원리가 거의 유사하다. 마이크로웨이브 주파수를 연속적으로 가변하여 탱크 내부에 발사하고, 탱크 내 유체에서 반사되어 되돌아오는 마이크로웨이브와 발사된 마이크로웨이브의 주파수차를 측정하여 레벨을 측정하는 원리이다. 레이더에서 정지해 있는 물체까지의 거리를 측정하는 방법에는 펄스 레이더를 사용하는 방법과 주파수 변조(frequency modulation) 연속 레이더(줄여서 'FMCW 레이더'라고 함) 방법이 있다.

8.6.2 방사선 레벨센서

방사선 레벨센서(nuclear level sensor)는 방사선 동위원소에서 방사되는 감마선이 탱크를 투과할 때 흡수되는 에너지를 이용하여 레벨을 측정하는 원리이다. 레벨 측정에 사용되는 방사선 동위원소들은 저준위 방사선을 방출하는 것으로 하며, 알파선, 베타선, 감마선 중에서 투과성이 좋으면서 짧은 파장의 고에너지를 갖고 있는 감마선을 사용한다. 감마선은 파장이 매우 짧은 전자기파로서 빛과 유사하다.

방사선을 이용한 레벨 측정은 <그림 8-26>과 같이 두 가지 방식이 있다. 그림 (a)는 레벨을 연속적으로 측정하는 방식이며, 방사선원(S)과 센서(D)를 각각 탱크 하부와 상부에 설치하고, 방사선이 유체를 수직으로 통과할 때 방사선의 감쇄량을 보고 레벨을 유추하는 방식이다. 그림 (b)는 레벨을 불연속으로 측정하는 방식이며, 용기의 측면에 마주보도록 방사선원(S)과 센서(D)를 한 위치 또는 여러 위치에 설치하고, 유체의 레벨이 그 사이를 통과하여 방사선의 감쇄량을 측정해서 레벨을 결정하는 방식으로 주로 레벨 스위치 용도로 사용되는 방식이다. 또 다른 연속 레벨 측정법으로는 <그림 8-27>과 같이 스트립형태의 감마선 소스와 스트립 형태의 감사선 센서를 이용하여 연속적으로 측정하는 방법도 있다.

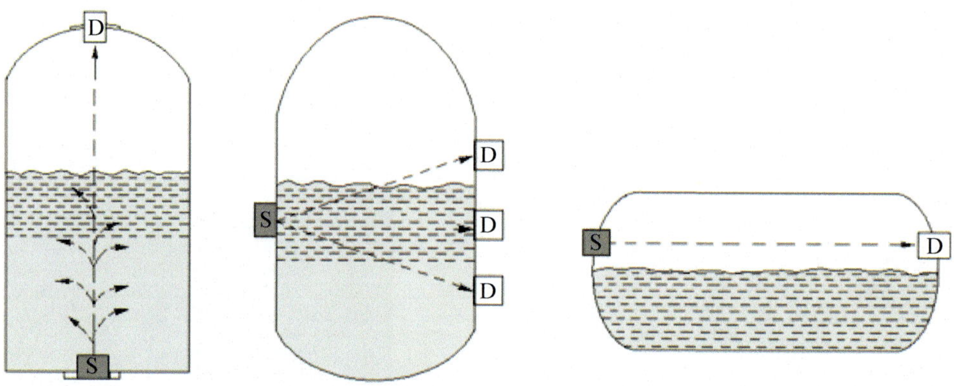

(a) 연속 레벨 측정 (b) 레벨 스위치 용도로 사용(점 위치 측정)

▲ 그림 8-26 방사선을 이용한 레벨 측정 방법

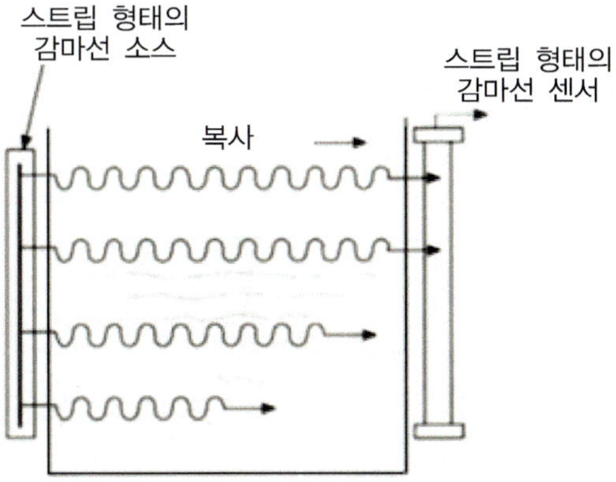

▲ 그림 8-27 기타 연속 레벨 측정법

8.7 레벨스위치

레벨스위치는 연속적인 레벨을 측정하는 레벨센서와는 달리 한 점의 위치를 측정하는 것이 목적이며, 열식(hermal), 진동식(vibrating), 광학식(optical), 전도도식(conductivity) 등의 레벨스위치가 있다. 레벨스위치의 주된 목적은 탱크 내 특정한 레벨에서 유체가 있는지 없는지를 판단하는 것이다. 따라서 이들 스위치는 디자인이 매우 간단하고, 직관적이며, 매우 안정적이며, 교정이 필요하지 않다. 레벨스위치는 탱크의 윗부분 또는 측면에 설치하여 레벨을 감지한다. 특히 진동식 레벨스위치는 파우더, 곡물, 플라스틱 알갱이, 시멘트와 같은 고형 물질의 레벨도 측정이 가능하다.

8.7.1 열식 레벨스위치

열식 레벨스위치(thermal level switch)는 발열체의 열전달율 변화를 이용하는 것이며, 탱크 내부에 감시하고자 하는 레벨의 위치에 발열체를 설치하고, 이 발열체가 기체 중에 있다가 액체의 레벨이 높아지면서 발열체가 액체 속에 잠기게 되면 열전달율이 변하게 되는데 이로부터 레벨을 감지하는 원리이다. 가장 간단한 열식 레벨스위치의 형태는 <그림 8-28>과 같은 두 가지 형태가 사용되고 있다. 그림 (a)는 발열체로 서미스터를 이용한 것으로, 외부에서 서미스터에 충분한 전류를 공급하여 주위 온도에 따라 저항값이 크게 변하는 자기발열점(self heating point)까지 가열하고, 액면이 상승하여 액체가 서미스터에 닿게 되면 열전달율이 좋아져(다른 말로 방열이 더 잘 되므로) 서미스터는 냉각을 하게 되어 저항이 급격히 증가하게 된다. 액체의 레벨이 아래로 내려가 서미스터가 다시 공기 중으로 노출되면 열전달율이 나빠지게 되므로 서미스터의 저항은 다시 감소하게 된다. 그림 (b)는 발열체로 서모커플을 이용한 것으로, 저항체 R_h에 전류를 공급하여 서모커플을 이

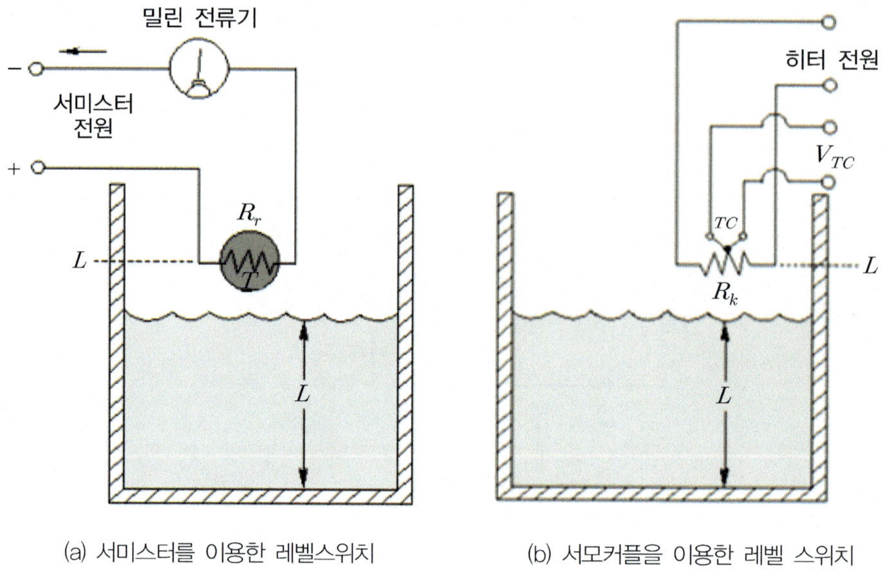

▲ 그림 8-28 열식 레벨스위치의 종류

용하여 온도를 측정하여 일정온도까지 가열을 시킨다. 액면이 상승하여 액체가 R_h에 닿게 되면, 저항은 감소하게 되어 발열체의 온도가 낮아지게 되어 레벨을 감지할 수 있다.

또 다른 형태로 두 개의 저항온도센서(RTD 센서)를 동일한 높이에 설치하고, 한 쪽 저항온도센서 쪽은 열을 가하고, 다른 한쪽은 열을 가하지 않고 레퍼런스로 유지하게 한 채로 휘스톤브리지에 연결해 놓는다. 공기 중에 있게 되면, 열을 가한 쪽은 레퍼런스 보다 더 뜨겁게 되어 휘스톤브리지 회로는 균형을 유지하지 않게 된다. 만약 액면이 상승하여 저항온도센서가 액체에 잠기게 되면, 두 개의 저항온도센서는 액체와 거의 동일한 온도를 유지하게 되어 휘스톤브리지 회로는 균형을 이루게 된다. 이러한 휘스톤브리지의 균형 변화로부터 레벨을 감지할 수 있다.

8.7.2 진동식 레벨스위치

진동식 레벨스위치(vibrating level switch)는 진동하는 부분이 유체에 잠기게 되면 진동수가 낮아지게 되어 레벨을 감지하는 원리이다. 진동식 레벨스위치에는 리드, 프로브, 소리굽쇠 3가지 방식이 주로 사용되며, 진동 주파수는 각각 120 Hz, 200 ~ 400 Hz, 85 Hz이다. 이들의 동작원리는 거의 유사하다. 소리굽쇠 진동 레벨스위치는 <그림 8-29>와 같다. 소리굽쇠를 한 번 치게 되면 진동을 시작하게 되는데, 이때의 진동은 고유 진동수로 진동하게 된다. 고유 진동수는 소리굽쇠의 크기, 모양, 재질에 따라 달라진다. 내부에는 2개의 압전 단결정(piezoelectric crystal)이 있는데, 하나는 소리굽쇠를 움직이게 하는데 사용하고,

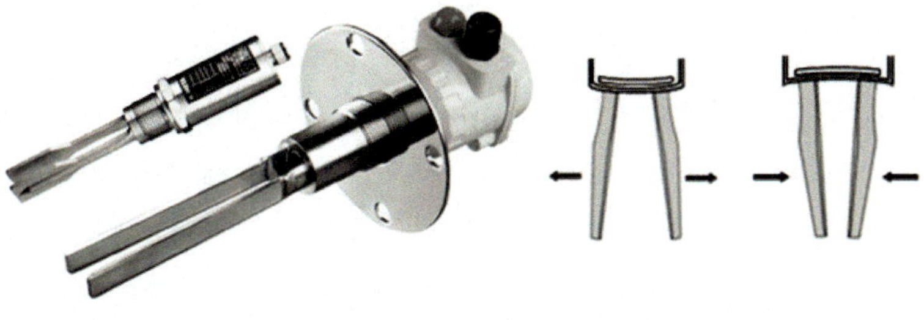

▲ 그림 8-29 소리굽쇠 진동식 레벨스위치

다른 하나는 주파수 변화를 측정하는 용도로 사용한다. 만약 소리굽쇠가 액체에 잠기게 되면 고유 진동수는 변하게 되는데, 액체의 밀도가 높을수록 주파수는 더 낮아지게 된다.

8.7.3 광학식 레벨스위치

광학식 레벨스위치(optical level switch)는 빛을 발산하는 투광부와 이를 받아들이는 수광부를 이용해서 유체에 의해 빛의 양이 변하는 것을 감지하는 원리를 이용한 센서이다. 여기에는 두 가지 방식이 가능하다. 하나는 <그림 8-30>과 같이 수광부와 투광부가 분리된 분리형 광학식 레벨스위치이다. 이것은 투광부와 수광부를 일정 공간 분리한 상태에서 유체가 이 사이로 들어오게 되면 수광부에 도달하는 빛의 양이 줄어들므로 레벨을 감지하는 방법이 있다. 다만 이 경우에는 유체가 사용하고자 하는 빛에 대해 불투명해야만 사용이 가능하다. 투광부로 적외선이나 가시광선 LED를 사용할 수 있으며, 수광부로는 포토다이오드(PD)를 사용하여 빛을 감지한다. 그리고 LED를 통해 빛이 나가는 부분에 렌즈를 사용하여 빛을 모아주어 가능한 한 빛이 퍼지지 않도록 한다. 이렇게 해야만 빛의 효율을 극대화 할 수 있다. 또한 수광부에도 렌즈를 이용하여 수광부에 도달한 빛을 포토다이오드에 집광시켜 줌으로써 미세한 빛의 변화도 감지할 수 있도록 해 준다. 분리형 광학식 레벨스위치는 설치가 간단하고 움직이는 부분이 없어 고장이 적지만, 외부의 조명에 의한 오보가 있을 가능성이 있으므로 특히 수광부 쪽으로 외부 광이 입사되지 않도록 유의해야 한다.

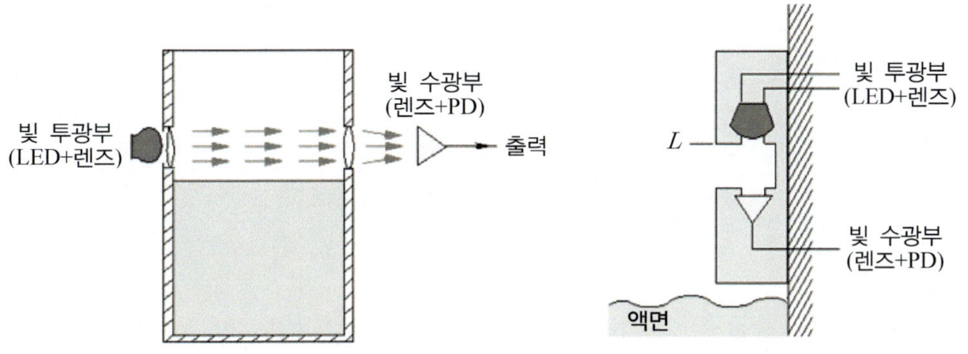

▲ 그림 8-30 분리형 광학식 레벨스위치 동작 원리

8.7.4 전도도 레벨스위치

전도도 레벨스위치(conductivity level switch)는 두 개의 저항체의 저항변화로부터 유체의 레벨을 감지하는 센서이며 원리는 매우 단순하다. 공기 중에 저항체를 일정 간격 띄워 놓게 되면 두 저항체 사이의 저항은 거의 무한대가 된다. 그러나 도전성의 유체의 레벨이 상승하여 두 저항체가 잠기게 되면 저항은 급격히 감소하게 되어 레벨을 감지할 수 있다. 여기에는 <그림 8-31(a)>와 같이 한 점의 레벨을 측정하는 경우와 (b)와 같이 여러 위치의 레벨을 측정하는 경우가 가능하며, 실제 제품화도 크게 2종류로 나와 있다.

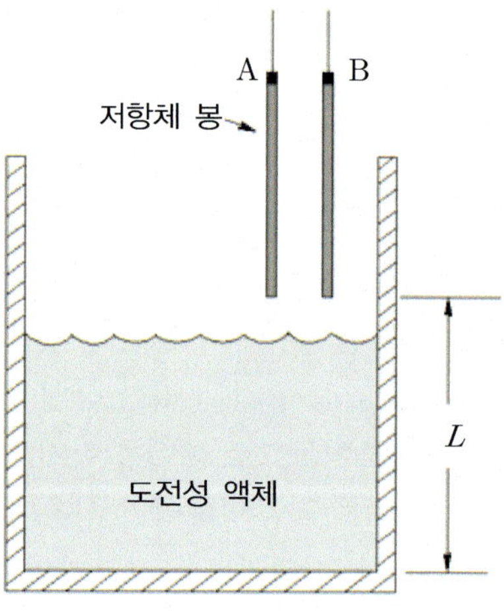

(a) 한 점 위치의 레벨을 감지하는 경우

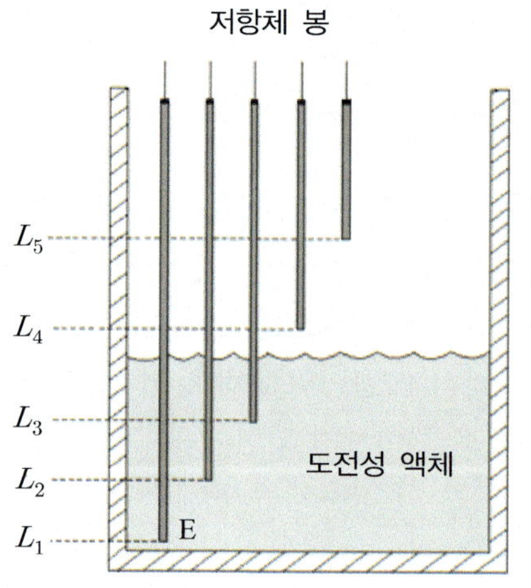

(b) 여러 위치의 레벨을 감지하는 경우

▲ 그림 8-31 전도도 레벨스위치 동작 원리

맛있게 생각해 봅시다!

1 정상유동에 적용되는 질량보존 방정식은 유체의 흐름 중에서 서로 다른 두 위치에서 유체의 속력 사이의 관계만 알려주고, 유체가 흐르는 속력이 어떻게 결정되는지는 알 수가 없다. 이것을 가능하게 해 주는 방정식이 베르누이 방정식이다. 베르누이 방정식에 대해서 간략히 설명하세요.

2 베르누이 방정식을 이용해서 만든 대표적인 유량계가 벤츄리 유량계이다. 벤츄리 유량계에 베르누이 방정식이 어떻게 적용되는지 간략히 설명하세요.

3 정원의 호스를 통하여 물이 흐른다. 어린이가 호스 출구를 엄지손가락으로 거의 막아서 고속의 가는 물제트가 분사된다. 엄지손가락 바로 상류의 압력은 400 kPa이다. 호스가 위쪽을 향한다면, 제트가 도달할 수 있는 최대 높이는 얼마인가? 여기서 ① 공기 중으로 분사되는 유동은 정상, 비압축성, 그리고 비회전이다. ② 표면장력 효과는 무시한다. ③ 물과 공기 간의 마찰은 무시할 수 있다. ④ 호스 출구에서 급격한 축소로 인해 나타날 수 있는 비가역성은 고려하지 않는다. 물의 밀도는 1000 kg/m^3이다. 베르누이 방정식을 이용해서 풀어 보세요.

4 오리피스를 이용한 차압식 유량계의 원리에 대해 간략히 설명하세요.

5 벤츄리관의 종류에 대해 간략히 설명하세요.

맛있는 풀이

풀이 1 베르누이 방정식은 흐르는 유체의 각 부분에서 압력, 속도, 위치 사이의 관계를 알려준다. 베르누이 방정식은 <그림 8-32>에 보인 것처럼, 아래쪽 ①의 위치가 y_1인 곳에서 넓이가 A_1인 단면을 통과하는 유체의 속력이 v_1이고, 이 단면에 수직으로 작용하는 압력이 P_1인 유체가 ②의 위치로 통과하게 되면 이들 사이의 관계는 다음과 같은데, 이것을 베르누이 방정식이라 한다.63.

$$P_1 + \rho g y_1 + \frac{1}{2}\rho v_1^2 = P_2 + \rho g y_2 + \frac{1}{2}\rho v_2^2 = \text{일정} \quad (8\text{-}3)$$

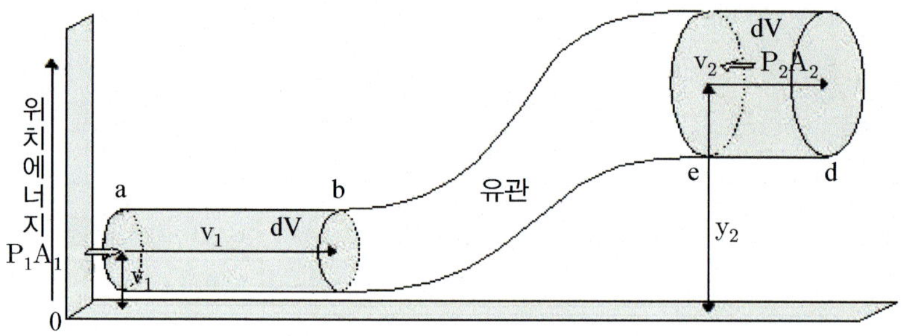

▲ 그림 8-32 베르누이 방정식의 개념

풀이 2 벤츄리 유량계는 <그림 8-33>과 같이 관을 흐르는 유체의 속도를 측정하는 장치이며, 그림에서 보는 것처럼 관을 통과하는 중에 단면적이 각각 S_1과 S_2로 다른 두 부분에 수직관 1과 2를 세워 놓는다. 유체의 흐름은 단면의 넓이가 넓은 S_1인 곳을 흐르는 유체의 속도 v_1은 좁은 단면적 S_2인 곳을 흐르는 유체의 속도 v_2보다 더 느리게 흐른다. 유체의 속력이 빠르면 베르누이 방정식에 의해 속력이 더 느린 곳의 유체에서보다 압력이 더 작게 된다. 따라서 그림처럼 액주의 높이가 1의 위치보다 2의 위치에서 액주 높이가 더 낮아지게 된다. 1의 위치에서 압력 $P_1 = \rho g h_1$이 되고, 2의 위치에서의 압력은 $P_2 = \rho g h_2$가 된다. 따라서 유체의 높이 h_1과 h_2, 유체의 속력 v_1과 v_2 사이에는 다음과 같은 식이 성립한다. 이 식을 이용하면 관 속에 흐르는 유체의 속력을 측정할 수 있다.

63. Yunus A. Cengel and John M. Cimbala, "Fluid Mechanics: Fundamentals and Applications", Chapter 5, 3rd Edition, McGraw-Hill, 2014

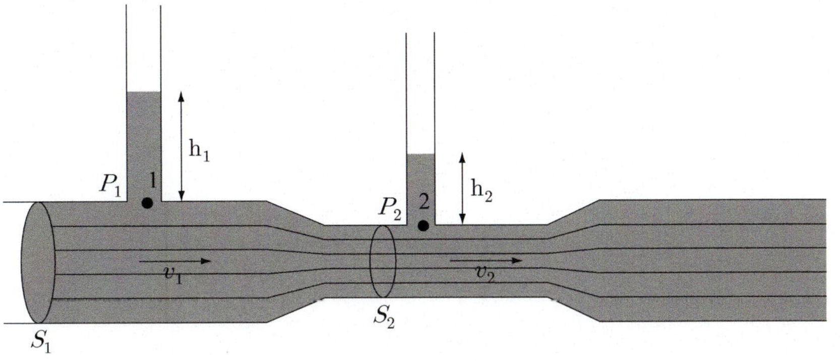

▲ 그림 8-33 벤츄리 유량계 개념

$$P_1 + \frac{1}{2}\rho v_1^2 = P_2 + \frac{1}{2}\rho v_2^2 \rightarrow \rho g h_1 + \frac{1}{2}\rho v_1^2 = \rho g h_2 + \frac{1}{2}\rho v_2^2 \qquad (8\text{-}4)$$

풀이 3 호스 내 물의 속도 v_1는 물제트 속도 v_j에 비해 상대적으로 작고($v_1^2 \ll v_j^2$, $v_1 \simeq 0$), 호스 출구의 바로 아래를 기준 위치($y_1 = 0$)로 잡는다. 그리고 물제트의 최대 높이에서 속도 $v_2 = 0$이고 압력 P_2는 대기압 P_{atm}에 해당한다. 따라서 베르누이 방정식은 다음과 같다.

$$P_1 + \rho g y_1 + \frac{1}{2}\rho v_1^2 = P_2 + \rho g y_2 + \frac{1}{2}\rho v_j^2$$

위 식을 y_2 항으로 정리를 하면 다음과 같다.

$$y_2 = \frac{P_1 - P_{atm}}{\rho g} = \frac{P_{1,\,gage}}{\rho g}$$

$$= \frac{400\,\mathrm{kPa}}{(1000\,\mathrm{kg/m^3})(9.81\,\mathrm{m/s^2})}\left(\frac{1000\,\mathrm{N/m^2}}{1\,\mathrm{kPa}}\right)\left(\frac{1\,\mathrm{kg\,m/s^2}}{1\,\mathrm{N}}\right)$$

$$= 40.8\,\mathrm{m}$$

위 식에서 계산된 높이 40.8 m 이상 물은 상승할 수 없고, 실제로는 가정에서 무시한 여러 비가역 손실들 때문에 40.8 m 보다 훨씬 낮게 상승할 것이다.

풀이 4 오리피스 방식의 측정원리는 <그림 8-34>와 같다. 파이프 내에 유체가 흐르면 파이프벽, 밸브 또는 오리피스에 의해 에너지가 손실되며, 이에 따라 하류측의 압력은 낮아지게 된다. 오리피스의 경우에는 그림과 같이 한번 낮아진 압력 중 일부분은 다시 회복되지만, 여전히 회복되지 않는 손실을 오리피스의 압력손실이라 한다. 일

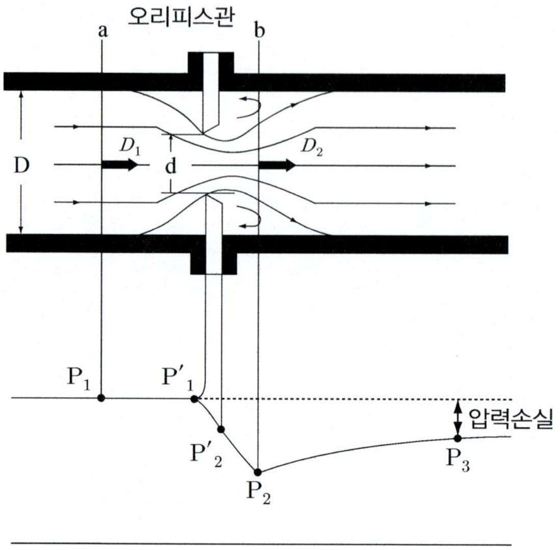

▲ 그림 8-34 오리피스 전후의 압력차

반적으로 압력손실은 대략 $\pm(1-\beta)$로 주어지며, 오리피스가 다른 조임기구에 비해 압력손실이 제일 큰 편이다.

차압식에 사용되는 핵심부품인 조임기구용으로 가장 많이 사용하는 것이 오리피스이다. 오리피스는 노즐이나 벤츄리관에 비해 압력손실이 크고 다른 조임기구에 비해 유량계수가 작은 결점이 있다. 그러나 형상이 간단하고 제작이 용이하고 고정밀 가공이 가능하며, 가격이 저렴하기 때문에 가장 많이 사용되고 있다. 오리피스 플레이트의 구조는 <그림 8-35>에서 보듯이 상류측과 하류측을 구분해야 한다. 하류쪽에 그림과 같이 경사지게 되어 있는데, 보통 30~45°각도로 제작한다. 오리피스 플레이트 가운데 부분, 즉 유체가 통과하는 부분의 형태는 동심원, 편심, 반원형 등이 있으며, 가장 많이 사용되는 모양은 동심원 오리피스 플레이트이다. 편심과 반원형 오리피스는 상류쪽에 고체 또는 입자들의 퇴적 우려가 있는 입자를 포함한 유체 측정에 적합하다. 대부분의 응용에서 액체의 경우 조임비는 0.15 ~ 0.75, 가스나 증기의 경우 조임비는 0.2 ~ 0.7이지만, 0.4 ~ 0.6 인 경우가 가장 좋은 결과가 나온다. 오리피스를 이용한 자세한 사용 방법은 국제규격 ISO 5167에서 다루고 있으며, 한국공업규격 KSA 0612에서 규정하고 있다. 오리피스 판의 두께는 파이프 내경을 D라 하면 보통 0.005D ~ 0.02D 사이의 값을 이용하고, 같은 유체에서도 고온용의 경우에는 팽창에 의한 변형을 막기 위해 최소 두께가 <표 8-11>과 같이 약간 두껍게 하여 사용한다.

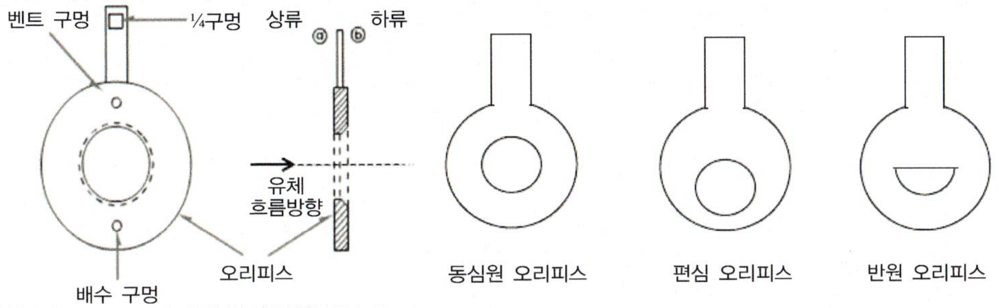

(a) 오리피스 플레이트 구조 (b) 오리피스 종류

▲ 그림 8-35 오리피스 플레이트 구조 및 종류

■ 표 8-11 고온용 유체의 오리피스 판 두께

파이프 직경(mm)	유체온도 (320℃ 이하)	유체온도 (320℃ 이상)
100 이하	1.5 ~ 3.0	6.0
100 ~ 180	3.0 ~ 5.0	10
180 ~ 250	3.0 ~ 8.0	13
250 이상	8.0 ~ 13.0	13 ~ 20

오리피스의 전, 후단에 압력을 측정하는 위치를 탭(tap)이라고 하며, 탭의 위치에 따라 오차가 발생할 수 있다. <그림 8-34>에서 보듯이 오리피스를 지난 후부터 급격히 압력이 낮아지다가 어느 지점 이후부터 다시 압력이 증가하기 시작한다. 따라서 오리피스를 이용한 압력차는 탭의 위치에 따라 달라질 수 있다. 탭의 위치 선정은 다음과 같은 5가지 방법이 있다.

① 플랜지탭(flange taps) : 이것은 파이프 직경이 50 mm 이상이고 파이프 직경이 35 mm 보다 작은 경우에는 사용하지 않는다.

② 축류탭(venacontracta taps) : 오리피스에서 상류측은 파이프 직경만큼 떨어진 위치 그리고 하류측은 압력이 최소가 되는 위치에 탭을 설치한다. 이러한 축류탭은 파이프 직경이 150 mm까지는 적용이 가능하다.

③ 반경탭(radius taps) : 오리피스에서 상류측은 배관직경(D), 하류측은 배관직경의 D/2 인 위치에 탭을 설치한다. 이것은 축류탭과 거의 유사하지만, 오리피스의 조임비에 관계없이 항상 탭의 위치를 선정할 수 있으므로 보다 간단하게 설치할 수 있다.

④ 파이프 탭(pipe taps) : 오리피스에서 상류측은 2.5D, 하류측은 8D의 위치에 탭을 설치한다. 오리피스에서 멀리 떨어진 위치이므로 정확한 위치는 별로 중요하지 않다. 그러나 파이프의 거칠기, 파이프의 정밀도 등에 영향을 많이 받는다.

⑤ 코너탭(coner taps) : 이것은 플랜지탭과 거의 유사하지만, 오리피스판과 파이프 벽 사이 코너에 탭을 설치하는 점이 약간 다르다. 이것은 보통 파이프 직경이 50 mm 이하인 경우에 주로 사용한다.

풀이 5 벤츄리관은 <그림 8-36>과 같이 크게 클레멘스 허셀(Clemens Herschel)이 1887년에 제안한 고전형(긴 벤츄리관, long form venturi tube)과 1950년대에 제안된 짧은 벤츄리관(short form venturi tube)으로 나눌 수 있다. 벤츄리관은 유체의 유입 및 유출부분이 모두 유선형으로 되어 있어서 유량 측정시 압력손실이 적으며, 실제적인 유체 유동과 벤츄리의 유선형도가 잘 일치하기 때문에 유출계수는 거의 1에 가깝다. 허셀이 제안한 고전적인 장형 벤츄리관은 다음과 같이 구성되어 있다.

① 원통형 입력부분은 파이프의 직경과 동일하다.

② 수렴하는 원뿔형 입구 부분은 단면적이 감소하도록 설계되어 있다. 이것은 이 부분을 지나는 유속이 점점 더 빨라지도록 하고, 동시에 압력은 감소하도록 한다.

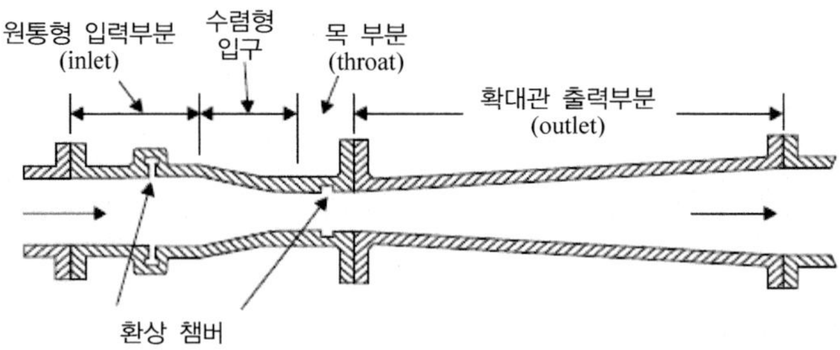

(a) 고전적인 장형 벤츄리 관

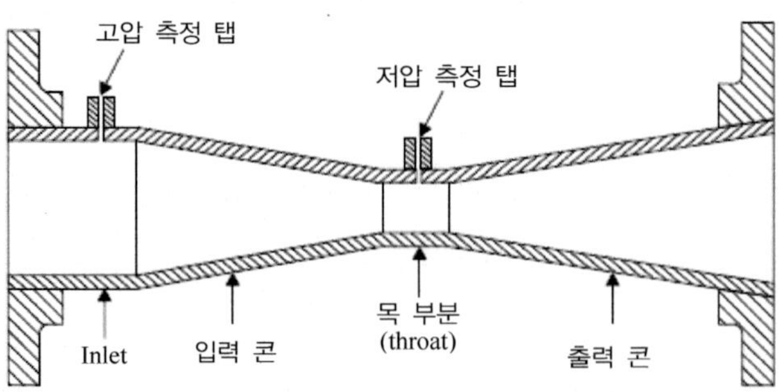

(b) 단형 벤츄리 관

▲ 그림 8-36 벤츄리 관 종류

③ 원통형 목 부분에서 속도는 일정하며, 여기서 감소된 압력을 측정한다. 목 부분의 중간 위치에 환상형으로 압력 탭을 가공하여 6~8군데에서 압력을 측정하고 평균하여 저압을 측정한다. 일반적으로 4개 정도의 탭을 가장 많이 사용한다.
④ 방사형 출력부분에서 속도는 다시 감소하고 압력손실은 여기서 대부분 처음 입력부분의 압력과 동일하게 회복된다.

진형적인 벤츄리관 유출부분의 발산각도는 규격서에 7~15°로 되어 있지만 실재적으로는 7~8°로 하는 것이 많이 사용되고 있으며, 축류가 없으므로 유출계수는 0.98~1.0 정도이다. 장형 벤츄리관 제작은 기계 가공법, 주철을 이용한 방법, 그리고 판금을 이용한 방법이 있는데 각각의 방법에 따라 유출계수와 오차는 <표 8-12>와 같이 차이가 난다. 이러한 장형 벤츄리관은 깨끗하고 부식성이 없는 액체와 기체 등에만 사용이 가능하다. 왜냐하면 압력 탭 부분이 먼지 또는 쓰레기에 의해 막히면 압력 탭 부분을 깨끗이 청소할 수 없는 구조로 되어 있기 때문이다.

■ 표 8-12 장형 벤츄리관 제작방법에 따른 유출계수와 예상오차

방법	레이놀즈 수($\times 10^4$)	유출계수 C	예상오차(%)
주철관	4	0.957	2.5
	6	0.966	2.0
	10	0.976	1.5
	15	0.982	1.0
	20	불변	불변
판금관	4	0.96	3.0
	6	0.97	2.5
	10	0.98	2.5
	20 이상	불변	1.0
기계 가공관	5	0.970	3.0
	10	0.977	2.5
	20	0.992	2.5
	30	0.998	1.5
	50	0.995	1.0

장형 벤츄리관이 가지고 있는 단점을 보완하고 가격도 낮추고 파이프 길이도 짧게 만들기 위해 개발된 것이 단형 벤츄리관이다. 이것은 이전의 장형과 비교해서 두 가지 점에서 큰 차이점이 있는데, 압력을 측정하기 위한 목부분의 환상형 압력탭 대신에 하나의 외부 압력탭을 만든 것과 출력부분의 콘의 각도를 7도에서 21도로 바꾼 것이다. 각도가 커지게 되면 길이는 더 짧게 줄일 수 있지만 이로 인한 압력손실은 점점 더 커진다. 조임비에 따른 7도와 15도에 대한 압력손실은 <그림 8-37>과 같다.

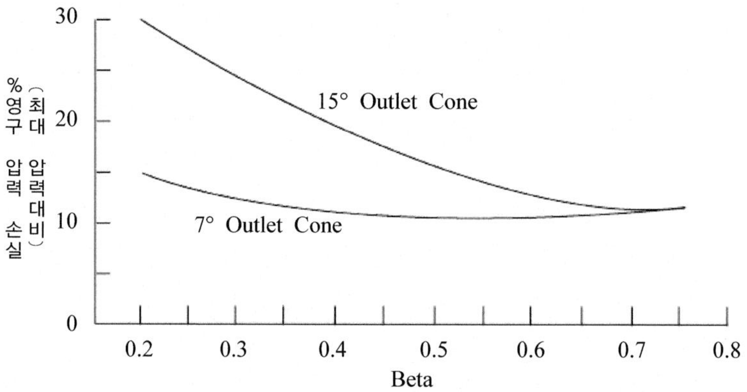

▲ 그림 8-37 벤츄리관 출력부 각도에 따른 압력손실 비교

Chapter 09

가스센서 및 화재감지기

9.1 가스센서 분류

가스센서는 가스배관, 가스 기구로부터 일정농도 이상의 가스가 누출될 때 이를 감지하여 즉시 경보음을 울려주어 사용자가 가스누출을 인지할 수 있도록 하며, 동시에 컨트롤러로 이상 신호를 출력하여 관제소로 해당 지역의 가스누출 사실을 알 수 있도록 하는 감지기이다. 일반적으로 가스 감지기는 가정 및 식당에서 사용하는 액화천연가스(LNG)와 액화석유가스(LPG)의 누출을 감지하는 용도로 주로 많이 사용된다. LNG와 LPG의 주요 가스 성분은 <표 9-1>과 같다. LNG 가스는 메탄이 주성분으로 공기보다 가벼워서 LNG용 가스감지기는 천정에 설치해야 하며, LPG 가스는 프로판이 주성분으로 공기보다 무거워서 바닥 쪽에 설치해야 한다.

가스센서는 1923년 수백도 고온의 백금선(Platinum wire)에 연소 가스가 접촉하면 연소하면서 백금선의 저항변화로부터 가스를 검출하기 시작하였다. 1957년 K. Kiukkola 等이 ZnO의 Thin Film을 이용해서 기체 흡착에 따른 금속산화물의 저항변화로부터 가스를 담지하는 방법을 제안하였다. 이 기술의 확상으로 1960년 S.R. Morrison이 SnO_2의 흡착과

■ 표 9-1 LNG와 LPG 가스의 주요 성분

구분	주요 성분	구성비	특성
액화천연가스 (LNG)	메탄 에트드로카본 프로판 이소부탄 기타	85 ~ 90% 7 ~ 8% 1.5% 0.4% 소량 ppm	공기보다 가벼움 (메탄 비중: 0.41)
액화석유가스 (LPG)	프로판 하이드로카본 에탄 기타	90 ~ 95% 3 ~ 5% 1 ~ 2% 소량 ppm	공기보다 무거움 (프로판 비중: 1.55)

■ 표 9-2 검출원리에 따른 가스센서 분류

검출 방식	원리	검지 대상 가스
반도체 방식	가열한 금속산화물에 가스 접촉에 의한 저항값의 증감	LPG, LNG, CO, 알코올, NH_3, H_2S 등
접촉연소 방식	가연성 가스가 촉매에 의해 연소하고 온도가 상승하면 백금선의 저항값이 증가	H, NH_3, LPG, 아세틸렌 등
전기화학 방식	화학용제와 가스의 반응에 따라 생기는 전류·전도율의 변화	O_2, NH_3, H_2S, PH_3 등
광간섭 방식	공기와의 굴절율 차이에 의해 생기는 간섭줄 무늬를 이용	각종 가스
열전도율 방식	열전도율의 차를 방열에 의한 발열소자의 온도저하로 측정	각종 가스
적외선흡수 산란방식	적외선조사에 의한 가스분자의 공진에 의한 흡수 또는 산란량	대부분의 이핵분자로 구성된 가스

표면장벽효과 발표 이후, 1980년대부터 SnO_2 Thin Film을 이용한 기술이 확립되면서 널리 사용하게 되었다. 현재 사용 중인 가스 감지기는 <표 9-2>와 같이 측정원리 및 측정방법이 매우 다양하고, 측정방식에 따라 접촉연소식, 반도체식 및 전기화학식 등이 있다.[64]

9.2 접촉연소식 가스센서

접촉연소식은 가연성 가스가 산소와 반응하면 반응열이 생기는데, 이 반응열을 전기 신호로 변환해서 감지하는 방식이다. 가스의 완전산화는 저온에서는 일어나기 어렵고, 일어나더라도 그 반응속도는 대단히 늦다. 반응속도를 높이기 위해 완전산화를 촉진하는 촉매를 사용하는데, 완전산화반응을 하게 하기 위해서는 산소가 충분히 존재해야 한다. 따라서 촉매표면의 산소가 과잉으로 되는 촉매가 바람직하며, 반응속도를 높이는 데는 촉매를 사용하는 것과 함께 반응계의 온도를 높이는 것도 효과적이다. 결국 접촉연소식 센서는 촉매를 균일하게, 될수록 많이 탐지할 수 있는 다공질 세라믹을 담체로 하고, 이 담체 속에 금속열선을 내장하고 있다.

<그림 9-1>과 같이 금속열선에 전원을 인가하여 담체를 가열한 상태에서 가스가 가열된 담체에 접촉하면 연소반응이 일어난다. 연소반응에 의하여 담체의 온도가 상승하고 담체내의 금속열선의 온도도 상승하며, 이에 따라 열선의 저항값이 변화하는데 그 변화값(ΔR)은 온도변화(ΔT)에 비례하고, 온도변화는 가연성가스의 농도와 반응열에 비례한다. 접촉연소식 센서의 특징은 가스농도에 비례하여 출력전압이 직선적으로 증가하며 불연성

64. 무역위원회, 한국전자산업진흥회, "센서 산업 경쟁력 조사", 2005년

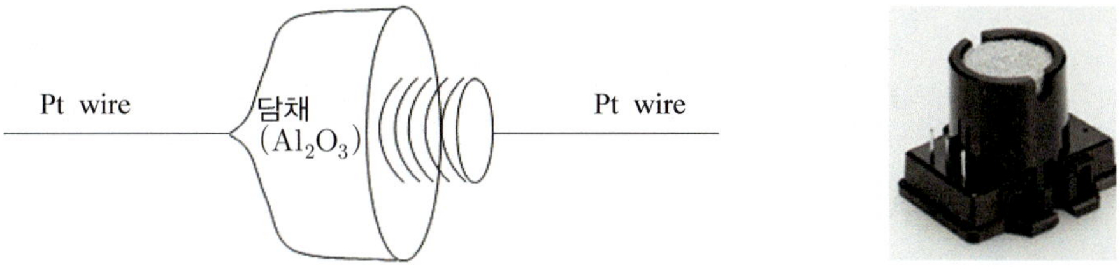

▲ 그림 9-1 접촉식 가스 감지기의 내외관 구조

가스인 잡가스의 영향을 받지 않는 장점이 있지만, 습도의 영향을 받고 또 너무 고농도인 가스는 검출할 수 없다는 단점이 있다.

접촉연소식 센서는 기본적으로 연한 백금선의 저항변화를 이용하기 때문에 충격에 약하다. 또한 촉매의 연소를 이용하므로 장기간 사용 시 촉매의 열화 때문에 연소반응이 약해져 감도가 점차 저하된다. 부탄가스의 고농도 접촉은 촉매를 열화 시키기 때문에 주의해야 한다. 음식물 조리 시 발생하는 김도 센서를 쉽게 열화 시킨다. 따라서 촉매의 열화 요인이 많은 장소는 피해야 하며, 촉매담체의 기계적 강도가 약하기 때문에 진동에 약하다. 감지 부분과 보상 부분의 온도차이 변화에 따른 저항변화를 이용하기 때문에 두 부분 중 한 부분만 바람, 수분 等에 의해 온도가 변화하면 오동작 및 부동작이 일어날 수 있다.

9.3 반도체식 가스센서

반도체식은 공기성분과 반도체 표면의 화학적인 상호작용에 의해 그 표면 전도전자의 밀도변화를 이용한 것으로 보통 4단계 과정으로 일어난다.

① 반도체 표면에 산소의 사전 흡착
② 특정가스의 흡착
③ 흡착가스와 산소의 반응
④ 반응가스의 탈착 순으로 반응한다.

특히 세 번째 단계에서 전자를 주고받는 과정이 포함되며 이것이 센서의 감지 효과로 나타난다. 센서가 가스에 대한 감지 효과를 나타낼 때 그 전기전도도에 변화를 일으키게 되고, 전기전도도는 흡착되는 공기 입자가 받게(acceptor)로 작용할 때 감소하고 주게(donor)로 작용할 때 증가한다.

<그림 9-2>와 같이 세라믹 반도체 표면에 가스가 접촉했을 때 일어나는 전기전도도의 변화를 이용하는 것으로 대부분 대기 중에서 가열하여 사용되는 일이 많아 고온에서 안정한 금속산화물(주로 세라믹)이 사용된다. 이중 금속원자가 과잉(산소결핍)일 때 n형 반도체, 금속원자가 결핍일 때 p형 반도체가 된다.

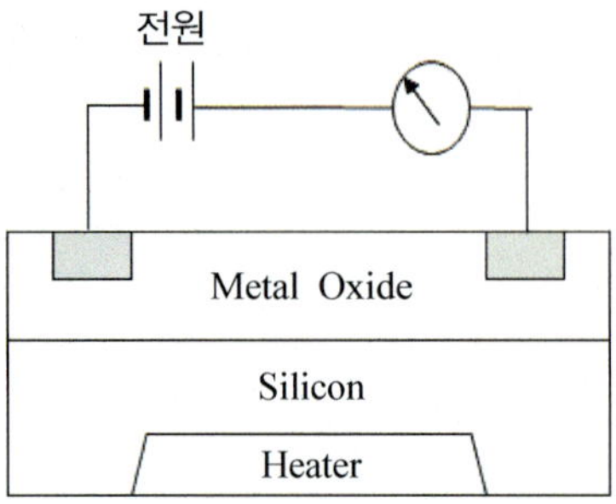

▲ 그림 9-2 반도체식 가스 감지기의 내외관 구조

이러한 세라믹 반도체 중 전기전도도가 크고 융점이 높아서 사용온도 영역에서 열적으로 안정한 성질을 가진 반도체가 센서에 이용된다. 반도체 가스 센서는 ① 대부분 유독가스, 가연성 가스에 응답을 나타내어 감지할 수 있는 가스의 종류가 많고, ② 센서제작이 용이하고 검출회로의 구성이 간단하다는 특징이 있다. 그러나 감지하려는 가스만을 감지할 수 있는 선택성이 우수한 가스 센서는 아직도 연구 중이다. 가스 센서용의 금속산화물로는 SnO_2, ZnO, Fe_2O_3 等이 있으며, 이 중에서 SnO_2가 상업용으로 가장 많이 사용된다. 세라믹 반도체 가스 센서는 고체의 표면과 기체와의 반응을 이용하는 것으로 기체가 흡착하는 속도와 흡착되는 기체의 선택성은 센서의 동작온도뿐만 아니라 촉매성분과 양, 센서 주위의 분위기에 크게 영향을 받는다. SnO_2 입자 내에는 열에너지가 주어지면 자유로이 움직일 수 있는 전자가 많이 있게 된다. 여기에 산소기체가 흡착하면 이들 자유전자는 입자표면의 산소기체에 포획된다. 따라서 SnO_2 입자 계면에 전위장벽이 형성되어 입자 간의 전기전도도는 낮아진다. 환원성 기체 또는 가연성 기체는 산소기체와 만나 산화되기 때문에 이들 기체가 존재하게 되면 SnO_2 표면에 흡착된 산소기체를 제거하게 되고, 산소기체에 포획되었던 자유전자는 SnO_2 입자 내로 들어가게 되어 전위장벽은 낮아져 입자 간의 전기전도도는 커지게 된다. 결국 산소기체의 흡착량과 탈착량은 센서의 감도를 좌우하게 된다. 기본적으로 산소흡착량을 많게 하기 위해서는 SnO_2 분말의 비표면적이 커야 하며,

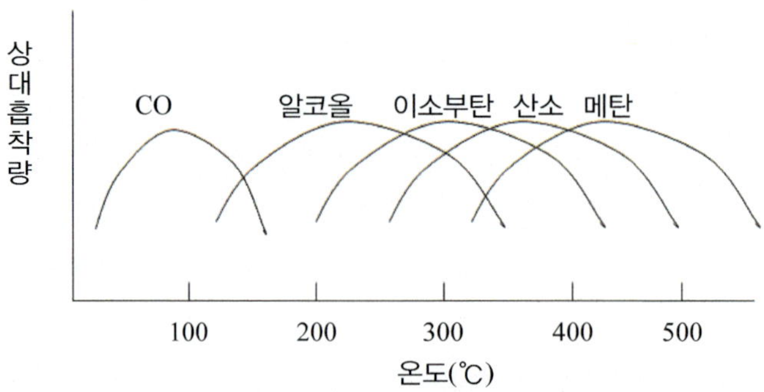

▲ 그림 9-3 온도에 따른 기체별 흡착량 변화

산소기체의 흡착이 최대가 되는 온도로 높여 주어야 한다. <그림 9-3>은 각 기체의 흡착 온도의 전형적인 예이다. CO는 100℃ 이하에서, 온도가 올라감에 따라 수소, 알코올, 이소부탄, 산소, 메탄의 순서로 최대 흡착온도가 나타난다.

촉매의 작용은 이들 기체의 흡착속도를 빠르게 하고, 흡착온도와 양을 변화시키기 때문에 같은 동작온도에서 센서의 응답속도와 감도를 높게 하며 가스 선택성을 부여한다. 가장 많이 사용되는 촉매는 Pd 또는 Pt이고, 촉매 양이 적으면 알코올감도가 높고, 양이 많으면 메탄가스 감도가 높다. 또한 센서의 온도가 낮으면 수소, 알코올 등에 대한 감도가 높고 메탄 감도가 낮다. 온도가 높으면 메탄 감도가 높아진다. 대상 가스에 따라 센서의 히터저항을 조정하거나 히터에 인가하는 전압을 조절하면 적절한 가스 감도를 얻을 수 있다. 센서의 수명과 신뢰성을 개선하기 위해 Pd 촉매 외에 다른 첨가제를 혼용하여 사용하기도 한다. 일반적으로 물리, 화학적인 흡착, 탈착이나 화학반응을 이용하는 가스 센서는 고온에서 동작하는 것이 많으며, 이에 따라 시간의 경과에 따른 특성의 열화가 심하다. SnO_2 세라믹스는 다른 물질에 비해 소결이 잘 안 되기 때문에 사용 중 장시간의 고온상태에서도 더 이상의 입계성장이 거의 일어나지 않는다. 이것이 바로 SnO_2 가스센서가 다른 물질을 원료로 하는 가스 센서보다 수명이 길고 신뢰성이 높은 이유이다. 그러나 센서에 첨가되는 촉매는 대기 중의 수분 및 다른 유해가스의 영향으로 장기간 사용시 열화 되기 때문에 이에 따른 센서저항 및 감도의 변화가 생긴다. 일반적으로 SnO_2 가스센서의 경시변화는 초기보다 저항이 작아지고 감도가 예민해지는 경향이 있다.

9.4 MEMS 가스센서

산화물 반도체식 가스센서는 다른 방식의 가스센서에 비해 가스에 대한 감도가 높고 빠른 응답속도를 가지며 제작이 용이할 뿐만 아니라 적당한 촉매제의 첨가로 특정가스에 대한 선택성의 부여가 가능하다는 장점을 가지고 있다. 이러한 센서는 반응가스가 산화물 반도체 감지막의 표면에 노출되면 흡착 및 탈리에 의한 산화물 표면에서의 전기전도성이 변하는 성질을 이용한 것으로 가스 감도를 측정하기 위해서는 감지물질의 온도를 고온으로 균일하게 유지시켜야 한다. 따라서 감지물질에 일정 온도 이상으로 유지하기 위한 히터가 필요하고, 그에 따른 많은 전력이 소모되는 문제점 때문에 휴대용 가스센서로는 부적합하다. 휴대용의 저소모전력형 센서가 필수적인데, 이를 위해 등장한 기술이 MEMS 기술을 이용한 MEMS 가스센서이다. MEMS 가스센서는 설계를 어떻게 하느냐에 따라 다양한 형태로 제작이 가능하다. 대표적인 설계는 <그림 9-4>와 같은 가스센서 어레이다. 이것은 수mm×수mm 이하의 초소형 칩상에 여러 개의 가스센서가 구현된 형태이며, 기존의 박막형이나 벌크형에 비해 센서 가열에 소모되는 전력이 매우 작으며, 가스에 대한 응

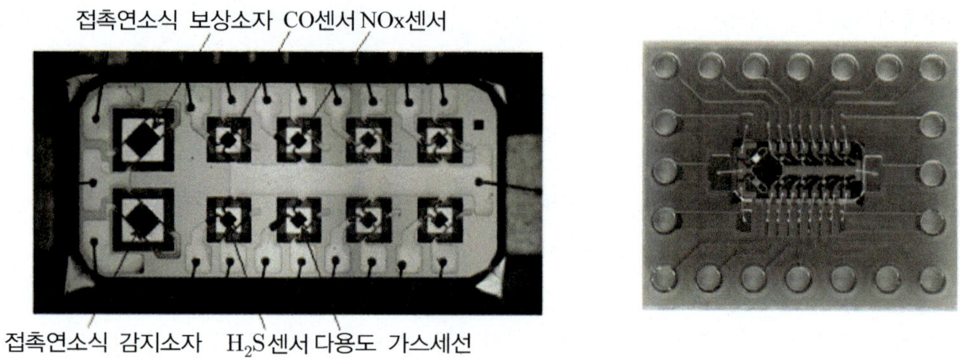

▲ 그림 9-4 5개의 센서로 구성된 센서 어레이 플랫폼과 패키징

답속도도 매우 빠르고, 제조단가도 낮은 것이 장점이다. 센서 어레이는 간단한 통계적 패턴인식 알고리즘을 통해 단일칩으로 다양한 가스를 한 번에 측정할 수 있는 장점이 있다. 그림에 있는 센서의 주요 사양은 <표 9-3>과 같다.[65]

MEMS 기술로 센서의 크기가 소형화되고 점차 성능향상과 더불어 센서 어레이 기술이 발전함에 따라 최종적인 가스센서의 목표인 전자코 개발에 도전을 하고 있다. 가스센서는 공기가 포함하고 있는 어떤 성분의 존재나 그 양을 감지 및 정량화 할 수 있으며, 주입되는 화학적 가스 변화량을 전기적 신호로 나타낼 수 있게 하는 센서이다. 따라서 여러 가지 가스의 종류를 동시에 감지 및 정량화 할 수 있는 고성능의 복합가스 측정장치가 개발되면, 냄새를 구별할 수 있는 시스템을 제작할 수 있게 된다. 더구나 인간이나 개의 코를 흉내낼 수 있는 전자코가 개발된다면, 기분과 사람의 감성, 환경 및 연령에 따라 같은 냄새원을 달리 감지할 수 밖에 없는 불확실성을 보다 확실하고 신뢰성과 객관성 있게 감지할 수 있게 된다. 최근 센서 어레이 기술과 신경회로망 기술을 결합함으로써 아직 초보 단계이기는 하지만 일부의 냄새를 인식하는 전자코 시스템의 개발이 이루어지고 있다.

■ 표 9-3 MEMS 기술로 구현된 반도체식 가스센서의 주요 사양

센서	구성 물질	소모전력(mV)	동작온도(℃)
CO	SnO_2 + Au 1%	35	350
NOx	SnO_2 (에틸렌클로스 5wt% + SiO_2 15 wt%)	14.8	155
H_2S	SnO_2 + La_2O_3 5%	14.8	155
일반	SnO_2 + PdO 0.5%	35	350

65. 변형기 외 3인, "MEMS기술로 제작된 가스센서 어레이를 이용한 유해가스 분류를 위한 간단한 통계적 패턴인식방법의 구현", J.of the Korean Sensors Society, Vol.17, No.6, (2008)

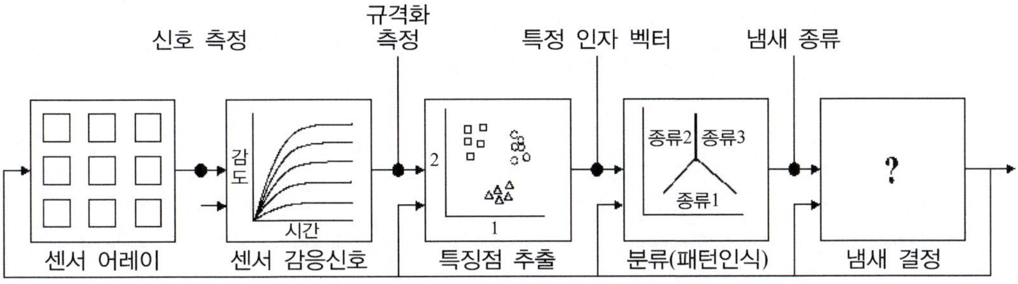

▲ 그림 9-5 전자코의 냄새인식 과정

<그림 9-5>는 전자코의 기본 기능인 공기 중의 냄새가스를 인식하는 과정이다. 이와 같은 냄새인식 기능을 확장해 나가면 각종 냄새와 무취가스를 통시에 감지 및 정량할 수 있는 시스템의 구현이 가능하다. 이 과정에서 중요한 것은 특징점 추출 부분인데, 일반적으로 주성분분석법(principal component analysis, 줄여서 PCA) 또는 선형판별식분석법(linear discriminant analysis, 줄여서 LDA)과 같은 방법을 이용하여 추출한다.

PCA방법은 유용한 패턴인식방법이나 데이터베이스의 냄새에 대한 강도를 무시하기 때문에 분류가능을 최적화하지 못하는 단점이 있다. 그러나 LDA는 데이터베이스의 각 예에 대한 분류지정을 하여 냄새구분 정보면에서는 보다 적합한 방법으로 알려져 있다. 최근에는 패턴인식기법과 인공신경회로망을 결합하여 인식률과 신뢰성을 높이는 연구가 진행되고 있다.

전자코 시스템에서 가장 중요한 요소는 그 신경세포의 구실을 하는 센서이며, 용도와 목적에 따라 여러 가지 센서가 이용되고 있으며 또한 새로운 센서가 개발되고 있다. 대표적으로 전자코에 사용되는 센서는 금속산화물, 전도성고분자, 수정진동자. 표면탄성파소자(SAW), MOSFET, 광학소자, 가스크로마토그래피, 광스펙트럼 등이다.

9.5 NDIR 가스센서

절대온도 0K 이상의 온도에서는 온도 또는 열에 의한 에너지로 분자가 진동하게 되는데, 이때 분자 진동으로 발생하는 에너지가 바로 적외선이다. 이러한 분자 진동에 의한 공명 현상으로 적외선이 흡수되어 대기를 투과하지 못하는 영역이 발생한다. 그러나 산소와 질소와 같은 동종원소로 이루어진 가스에 대해서는 흡수가 발생하지 않으며, 이종의 원자로 구성된 물질은 모두 적외선을 흡수한다. 또한, 물질마다 분자 진동의 형태가 다르므로 적외선 영역에서의 흡수 형태에 고유한 패턴을 가지고 있는데 이러한 특성을 이용해서 분자의 특성을 파악하는 데 사용할 수 있다. 즉 CO 가스는 4.8 μm, CH_4는 3.3 μm와 7.7 μm, N_2O는 4.6 μm와 7.8 μm, O_3는 9.4~9.6 μm, CO_2는 2.7 μm와 4.2 μm, H_2O는 5~8

μm와 짧은 파장영역에서 흡수되는 특성이 있다. 이러한 이종가스의 흡수 파장영역을 이용한 방법이 비분산 적외선 가스센서(non-dispersive infrared detector, 줄여서 NDIR이라고 함)이다.

NDIR의 기본적인 개념은 <그림 9-6>과 같다. 적외선 광원은 일반적으로 세라믹 히터를 사용하여 적외선의 넓은 영역 대의 빛을 내 보낼 수 있도록 하며, 쵸퍼를 이용해서 원하는 크기의 구경을 조절하여 적외선의 광량을 임의로 조절할 수 있도록 한다. 가스가 지나가는 경로는 될 수 있으면 길게 해야 정확한 측정이 가능하다. 경로를 길게 하기 위한 다양한 아이디어도 많이 나오고 있다. 표준가스 경로와 측정가스 경로 끝에는 적외선 필터를 사용해서 측정하고자 하는 가스가 가장 흡수를 잘 일으키는 대역만 통과시키는 협대역 필터를 사용한다. 그리고 감지기에서 측정가스와 표준가스에서 측정된 신호의 비로부터 측정가스의 농도를 측정하는 원리이다. 보통 CO는 4.64 μm, CO_2는 4.26 μm 영역대에서 흡수가 잘 일어나므로 적외선 필터는 이 대역만 통과시키는 협대역 필터를 이용해서 CO와 CO_2의 농도를 측정 및 분석할 수 있다.

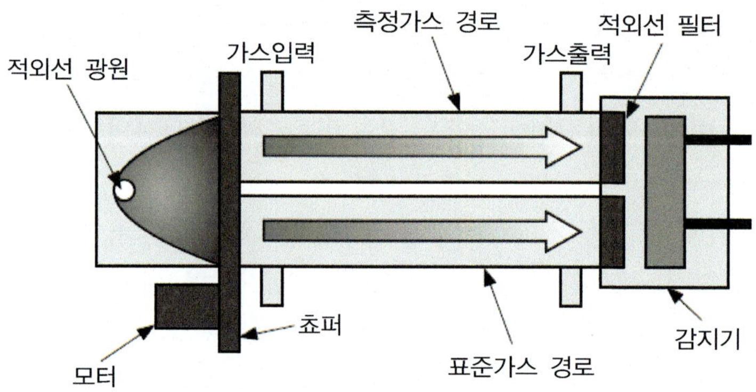

▲ 그림 9-6 NDIR 가스센서의 원리

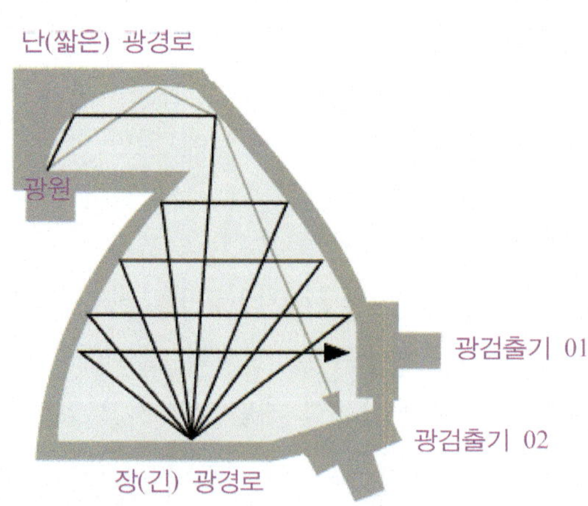

▲ 그림 9-7 듀얼가스 NDIR 센서 구조

NDIR은 필터의 특성에 따라 한 종류의 가스만 감지할 수 있는데, 경로차를 이용해서 두 가지 가스를 동시에 감지할 수 있는 아이디어도 제안되고 있다. 화재 발생의 조기 감지를 위해 CO 및 CO_2 가스를 동시에 감지하기 위한 아이디어도 나오고 있다. 두 종의 가스를 동시에 감지하기 위해 2개의 광 경로를 갖는 광도파관을 제작하여, <그림 9-7>과 같이 짧은 광경로는 CO_2 감지용으로 사용하고, 긴 광경로는 CO의 감지용으로 제작한 방식이다.[66]

NDIR에 사용되는 적외선 필터는 적외선 투과창 재료위에 다양한 재질의 박막을 증착시켜 협대역만 투과하도록 제작하는 것이 일반적이다. 다른 방법으로 빛의 간섭현상을 이용한 패브리-패럿(Febry-Perot) 원리를 이용한 방법도 가능하다. Febry-Perot 필터(FPF)는 반사를 잘하는 두 개의 판을 가까이 마주 보게 설치해서 반사 효과로 인해 필터 역할을 하게 하는 간섭계를 의미한다. 파장의 함수로 투과도를 보게 되면 두 반사판 사이에서의 공명 현상 때문에 특정 파장에서 피크가 나타나게 되는데, 이를 발견한 두 발견자인 찰스 패브리(Charles Fabry)와 알프레드 페롯(Alfred Perot)의 이름을 따서 Febry-Perot 간섭계라고 부른다. 이런 간섭계의 원리를 응용해서 만든 것이 <그림 9-8>과 같은 Febry-Perot interferometer (FPI) 필터이다. 반사거울의 한쪽은 스프링으로 연결해 놓고, 두 판 사이의 간격 d는 외부에서 전압조절을 통해 정확하게 제어할 수 있다. 굴절률이 1이고, 수직 입사한다고 한다면, 투과도는 <그림 9-9>와 같다. 이 그림에서 첫 번째 간섭결과인 m = 1인 경우를 선택하고, 나머지 파장 대역은 부가적인 광학 필터를 이용해서 제거해 버리면 하나의 협대역 필터 특성을 얻게 되며, 외부전압의 크기에 따른 두 반사판 간극 d를 변화시킴에 따라 <그림 9-10>과 같은 적외선 영역에서의 협대역 필터를 얻게 된다. 이를 이용해서 원하는 가스 흡수 피크를 이용해서 가스를 검출할 수 있다.[67]

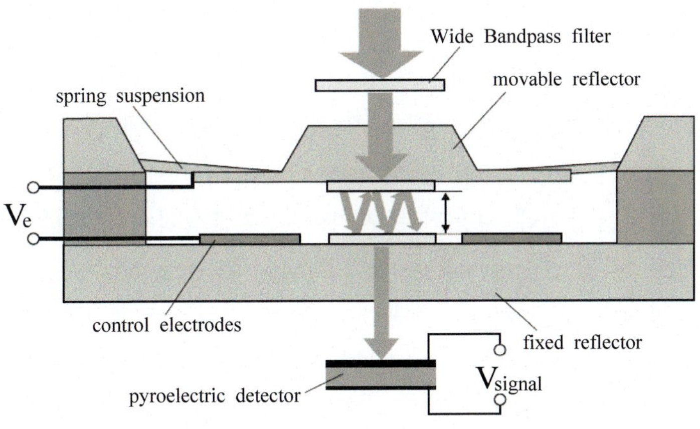

▲ 그림 9-8 FPI 필터의 동작 원리

66. (주)인바이런먼트 리딩 테크놀러지, 소방방재청 2010년 보고서, "신개념 화재감지용 CO & CO_2 멀티 가스 감지기 개발에 관한 연구과제"
67. InfraTec Homepage, http://www.infratec-infrared.com

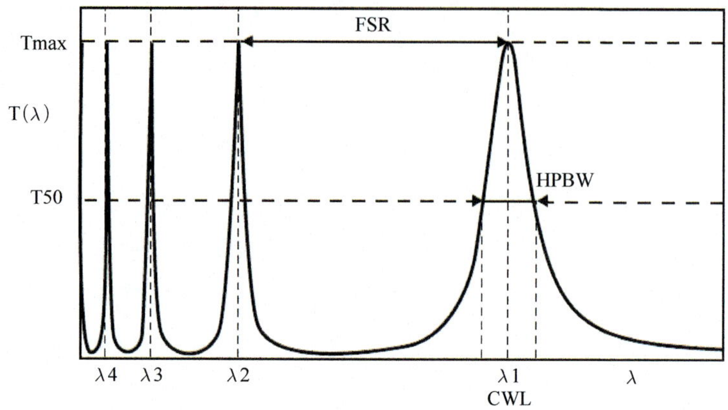

▲ 그림 9-9 FPI의 투과도 스펙트럼

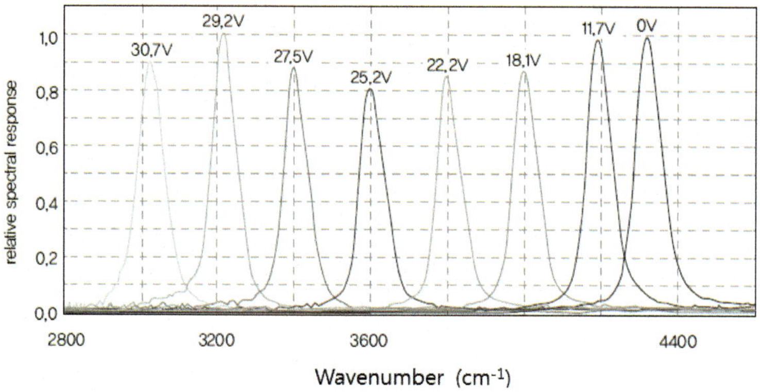

▲ 그림 9-10 전압에 따른 다양한 협대역 필터링 결과

9.6 다중가스분석 기술

지금까지는 하나의 분석 방법은 한 가지 가스 분석에 대해서만 가능하였다. 적외선 영역에서의 흡수 스펙트럼의 데이터베이스를 이용해서 가스를 분석하는 방법이 적외선분광법이다. 적외선분광법에 사용되는 기기에는 분산적외선 분광법(dispersive infrared spectroscopy)와 FTIR 분광법(Fourier transform infrared spectroscopy) 두 종류가 있다. 예전에는 분산적외선 방식을 사용했으나, 최근에는 PC 기술의 발달로 FTIR을 주로 사용하고 있다. 이러한 장비들은 파장(μm) 대신에 파수(wavenumber, cm^{-1})의 단위를 주로 사용한다. 파수의 단위인 cm^{-1}은 카이저(Kaiser)라고 읽으며, 파장과의 관계는 wavenumber$=10000/\lambda$이다. 즉, 10 μm의 파장은 1000 cm^{-1}가 된다. 적외선 분광법은 세 가지 영역으로 구분해서 분석에 응용된다. 가장 많이 사용하는 영역이 적외선 중간 대역인 400~4,000cm^{-1} (2.5~25 μm) 영역으로 흡수, 반사 및 방출 스펙트럼을 이용해서 정성 및 정량분석에 이용한다. 그

다음이 근 적외선 영역 대역인 4,000~14,000cm^{-1} (0.75~2.5 μm) 영역을 이용해서 물, 탄소(carbon), 이산화물(dioxide), 황(sulfur), 저분자량 탄화수소, 아민 질소 등의 화학 종류에 대한 정량분석에 이용하고 있다.

분자 에너지(molecular energy)는 전자 에너지(electronic energy), 진동 에너지(vibrational energy)와 회전 에너지(rotational energy)의 합으로 주어진다. 전자 에너지는 에너지갭과 관련된 것으로 II-VI족 화합물 반도체를 제외하고는 대부분 가시광선과 자외선 영역의 에너지에 해당한다. 진동 에너지는 대부분 적외선 영역의 에너지 대역에 해당하며, 회전 에너지는 근적외선 영역의 에너지 대역에 해당한다. 가장 많이 사용하는 4,000~400cm^{-1} 중적외선 영역은 특성상 <그림 9-11>과 같이 4가지 분야로 나눌 수 있다. 먼저 4,000~2,500cm^{-1} 영역은 N-H, C-H, O-H 싱글결합의 신축진동에 의한 흡수가 일어나는 영역이다. 특히 N-H와 O-H는 3,300~3,600cm^{-1} 영역에서 흡수가 일어나며, C-H 결합은 3,000cm^{-1} 근처에서 신축진동에 의한 흡수가 일어난다. 두 번째는 2,500~2,000cm^{-1} 영역으로 삼중결합진동(triple-bond streching)이 일어나는 영역으로 알킨(alkynes)과 니트릴(nitriles, RC≡N)의 흡수가 일어나는 곳이다. 세 번째는 2,000~1,500cm^{-1} 영역으로 모든 종류의 이중결합(C=O, C=N, C=C)에 의한 흡수가 일어나는 곳이다. 카보닐(carbonyl) 그룹은 1,670~1,780cm^{-1}에서 흡수가 일어나며, 알켄(alkene) 그룹은 1,670~1,780cm^{-1} 영역에서 흡수가 일어난다. 마지막으로 1,500cm^{-1} 이하의 영역으로 적외선흡수 스펙트럼의 지문영역으로, C-C, C-O, C-N, C-X 등 단일 결합진동에 의한 흡수가 일어나는 영역이다.

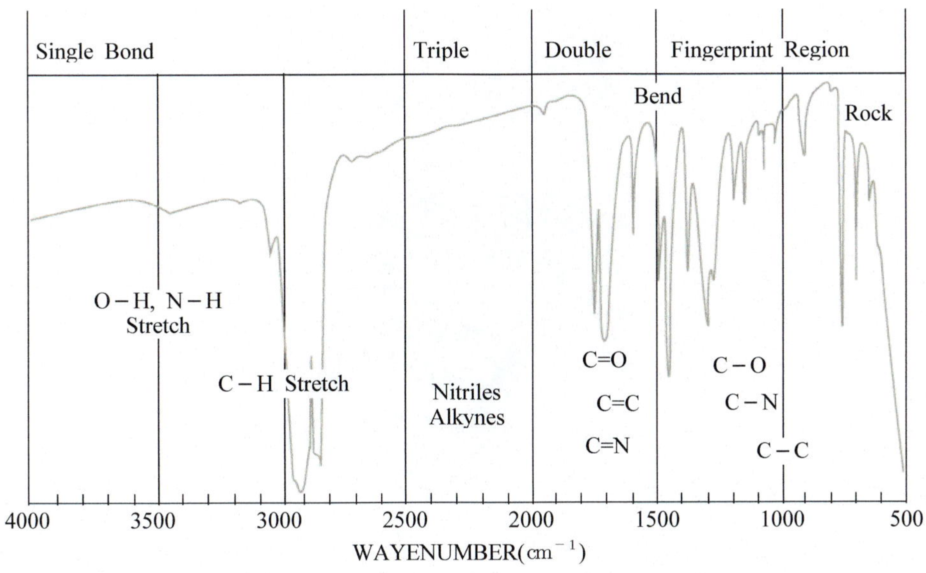

▲ 그림 9-11 적외선 흡수 스펙트럼의 네 가지 영역

중적외선 분광학(Mid-IR Spectroscopy)에서는 4,000~400cm^{-1}의 파장을 갖는 적외선을 시료에 조사하여 흡수 스펙트럼을 측정하는데, 이 대역은 주로 분자들의 기본 밴드가 나타나는 영역으로 각 분자의 특정한 흡수밴드가 비교적 깨끗하게 분리되어 있어 특정 화합물의 존재 여부를 확인하는데 사용된다. 그러나 일반적으로 시료에는 한 가지 화합물만이 존재하는 것이 아니고 여러 가지 화합물이 섞여 있는 경우가 많다. 특히 관심 있는 분자의 스펙트럼이 혼합물을 구성하는 다른 성분의 스펙트럼과 겹치게 되면 화합물의 유무를 확인하기가 매우 어렵게 된다. 이처럼 여러 가지 화합물이 섞여 있을 때에 나타나는 복잡한 적외선 스펙트럼을 분석하기 위해서 예측력이 우수하고 잡음 등에 강한 성능을 가진 검량 모델을 개발하는 것이 화학계량학(chemometrics)의 핵심이며, 신속하고 정확한 화학적・물리적 성분의 예측을 가능하게 해주는 중요한 역할을 수행한다. 이 중에서 많이 사용하는 방법이 다중선형회귀법(multiple linear regression), 부분최소자승법(partial least squares) 등이 있다.

최근 MEMS 기술이 발전함에 따라 FTIR의 광학 간섭계인 인터페로미터(interferometer) 부분을 MEMS로 제작하려는 연구가 진행 중이다. 이 분야에 대해 연구하고 있는 회사가 CTR사가 있다. CTR 사는 간섭계만 MEMS 공정으로 제작하여 <그림 9-12>와 같은 시제품을 제작하였다. 이것은 파장 대역이 2.2~9.5 μm로 Si-Ware사의 시제품보다는 파장 대역이 넓다. FTIR 크기도 180×120×100㎣이며, 중량은 약 1.7kg 정도로 매우 소형이다. 그러나 파장 분해능이 30cm^{-1}로 아직은 개선이 많이 필요한 시제품이다.[68]

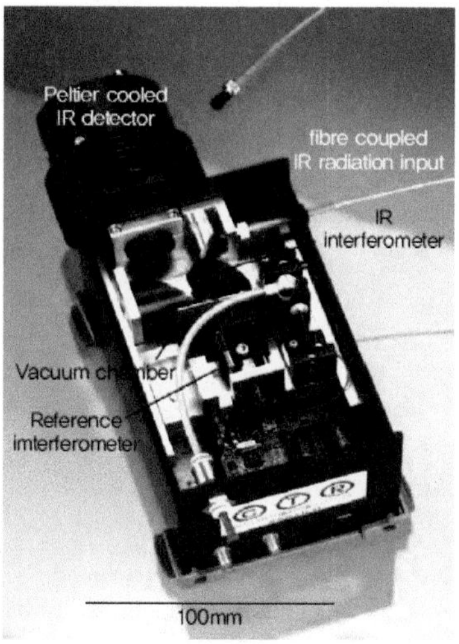

▲ 그림 9-12 MEMS FTIR 시제품

68. CTR Home page, "www.ctr.at"

9.7 화재감지기

화재가 발생하기 위해서는 기본적으로 3가지 요소가 동시에 존재해야만 하는데, 풍부한 산소(oxygen), 열(heat), 그리고 연료(fuel)이다. 이 세 가지 중에 하나라도 부족하면 화재가 발생하지 않는다. 이런 조건이 맞는 환경에서 연소에 의한 화재가 발생하게 되면, 수많은 양의 고체와 액체 입자들이 대기로 방출하게 된다. 이러한 입자들의 크기는 5×10^{-4} μm에서부터 10 μm까지 다양하다. 공기 중에 떠 다니는 이런 입자들을 에어로졸(aerosol)이라고 하며, 특히 화재로 인해 발생한 입자를 연기(smoke)라고 한다.

<그림 9-13>은 화재로 인해 시간에 따른 현상을 나타낸 것이다. 초기 단계에서는 열이 가해진 물체로부터 5×10^{-4} μm에서 1×10^{-3} μm의 크기를 가진 서브 마이크론 입자들이 생성된다. 이런 입자들은 주로 점화 온도보다 낮은 온도에서 발생된다. 물체의 온도가 점화 온도에 도달하게 되면, 눈에 보이는 연기가 발생하게 되는데, 이 때의 입자 크기는 약 0.02 ~ 0.1 μm 정도이다. 이러한 연기는 점화되기 직전에 생성되며, 서브마이크론 입자를 생성하게 하는 온도보다 몇 백도 높은 온도까지 도달했을 때 발생된다. 이후 계속해서 열이 물체에 가해지게 되면 불꽃이 생기고 큰 화재로 진화하게 된다.

실내에서 화재가 발생하면 불꽃에 의해 주위의 물건들이 타면서 연기가 발생하고, 연기는 공기보다 가벼워서 천정으로 올라간다. 시간이 지나면 실내에 있는 공기들이 불꽃에 의해 데워져서 공기 온도가 상승한다. 이러한 물리적 현상(연기와 온도)을 감지하기 위해 <그림 9-14>와 같이 온도를 측정하는 차동식 및 정온식 감지기, 연기를 감지하는 광전식 연기감지기 등 대표적으로 3가지 감지기가 사용되고 있다.

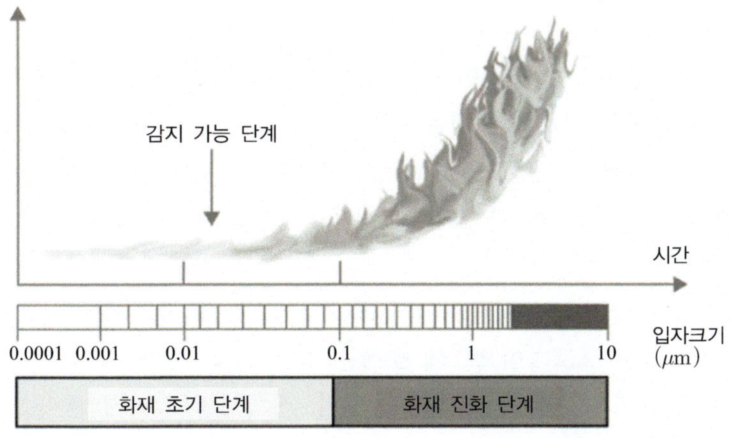

▲ 그림 9-13 시간에 따른 화재 진화 단계 및 입자 크기

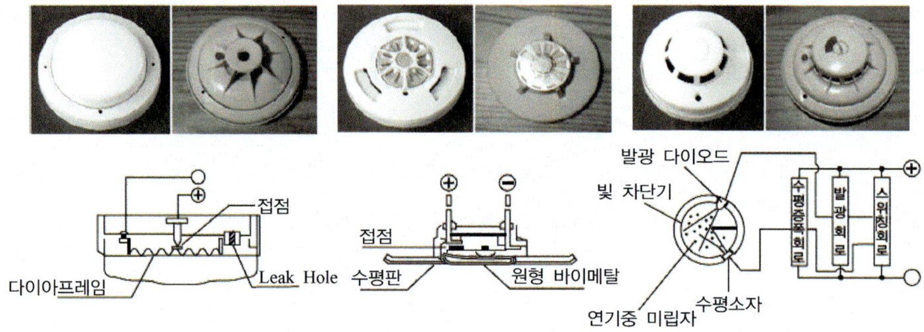

(a) 차동식 감지기 (b) 정온식 감지기 (c) 광전식 감지기

▲ 그림 9-14 화재감지기의 종류 및 감지원리

차동식 감지기는 주위온도의 변화가 일정 상승률 이상이 되면 작동한다. 개략적인 감지원리는 감지소자에 따라 공기식, 열전대식, 열반도체식이 있다. 공기식은 화재가 발생하여 온도가 상승하면 감열실 내부의 공기가 팽창하여 다이어프램이 위로 밀려 올라가 접점이 닫히고 화재신호를 발신한다. 일상적으로 발생하는 완만한 온도 상승으로 팽창한 공기는 리크구멍을 통해 외기로 배출되어 접점의 변화가 생기지 않는다.

정온식 감지기의 동작원리는 한정된 장소의 주위온도가 일정한 온도 이상으로 되었을 때 작동하는 것으로서, 바이메탈이 열을 받아 활모양으로 휘면서 접점을 닿게 하는 것이다. 양쪽 접점에 직류 24V의 전압을 공급한 후 감지기 주위의 온도가 상승하면 감열부의 온도가 상승함에 따라 캡 내부온도가 상승하여 공칭작동 온도인 75℃의 125% 높은 온도인 94℃가 된다. 그러면 바이메탈이 현재의 ∪상태에서 ∩상태로 반전하면서 절연봉이 위로 이동하면서 가동접점이 올라가 정접점에 연결되고, 폐회로가 구성되어 동작한다.

광전식 감지기의 동작원리는 산란광식을 이용한 것으로, 실내에 화재가 발생하면 초기에 화재로 인한 가스가 천정으로 올라가게 된다. 감지부는 0.01~0.1μm 범위의 미립자와 초기화재의 연기에 민감하게 반응하여 화재신호를 수신기로 보낸다. 감지기에 전원이 공급되어 검출부가 기동되면 연기입자 검출용 적외선 LED가 발광한다. 적외선 LED는 발진회로에 의해 약 수초 간격으로 펄스형태를 주기적으로 발생하여 이 주기 동안 연기를 감시한다. 검연부에 공기가 깨끗할 때에는 그 산란이 없으므로 포토다이오드는 빛을 전혀 받지 않고 아무런 변화도 생기지 않는다. 그러나 검연부에 연기가 들어가 산란광이 발생하면 그 산란광이 포토다이오드에 감지되어 포토다이오드의 출력이 증가하게 되며 검출되는 빛이 증가함에 따라 포토다이오드에 흐르는 전류도 증가하게 된다. 광전식 화재감지기는 앞서 설명한 일체형도 있지만 분리형도 있다. 적외선빔 감지기와 비슷한 구조로 투광부와 수광부가 분리된 구조이며, 일체형 감지기로 조기감지가 불가능한 대형로비, 아트리움 및 격납고 등과 같이 천장고가 높은 매우 넓은 공간에 광전식 분리형감지기를 주로 사용한다. 감지 원리는 일체형과 반대로 투광부와 수광부를 마주 보게 설치하여 연기에 의해 빛이 차단되어 수광량의 감소에 따른 전기적인 변화를 검출하여 화재를 감지하는 방식이다.

실내에서 화재가 발생하면 불꽃에 의한 열에 의해 물체가 타면서 연기가 먼저 발생한다. <그림 9-15>와 같이 연기는 공기보다 가벼우므로 천정으로 올라가게 되고 천정에 도달한 연기는 천정면을 따라 옆으로 퍼지게 된다. 퍼진 연기가 벽에 도달하게 되면 다시 되돌아오게 되며 일정한 두께를 가진 연기층이 형성된다. 이렇게 형성된 연기층에 감지기를 설치하면 화재를 조기에 감지할 수 있는데, 이런 원리를 이용한 것이 광전식 화재감지기이다.

광전식 감지기의 동작원리는 <그림 9-16>과 같다.

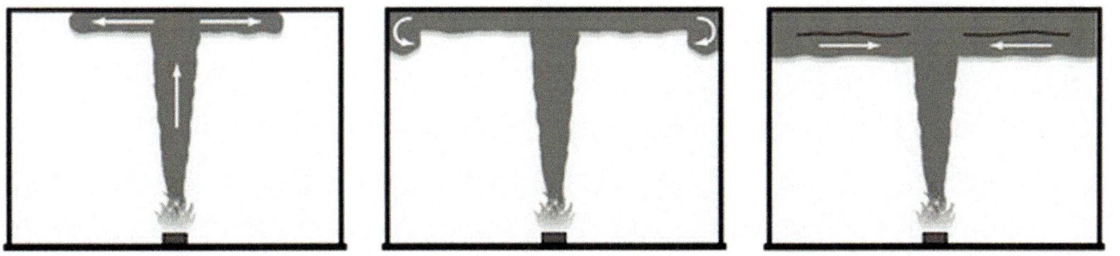

▲ 그림 9-15 화재로 인한 시간에 따른 연기층 형성 과정

(a) 광전식 화재감지기 외관

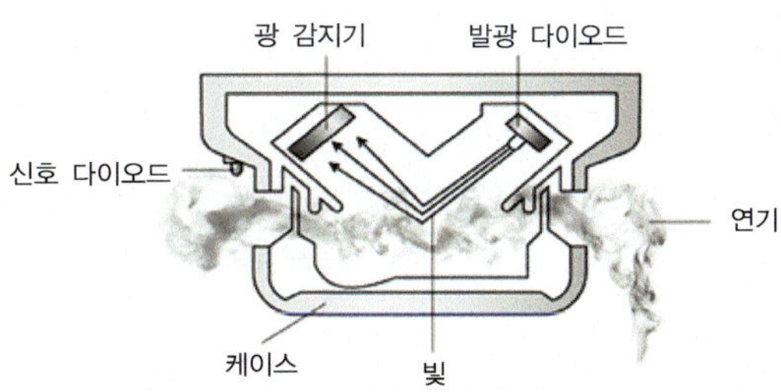

(b) 일반적인 광전식 화재감지기 내부 구조

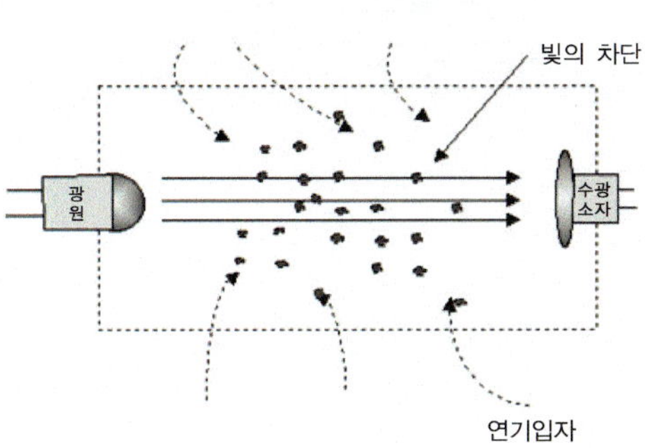

(c) 광감식 광전기 화재감지기 동작 개념

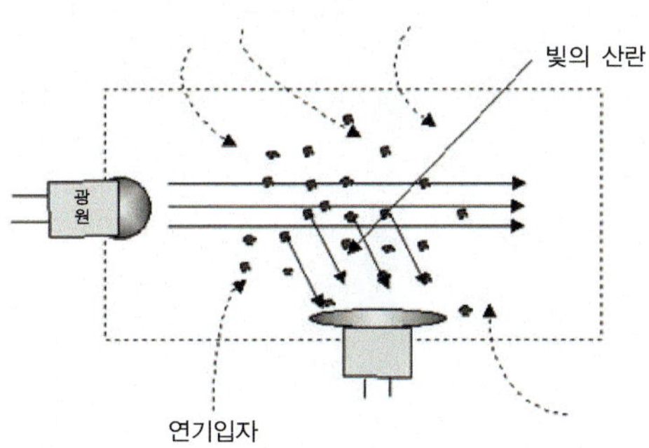

(d) 산란광식 광전기 화재감지기 동작 개념

▲ 그림 9-16 광전식 화재감지기 동작원리 개념

일반적인 외관은 (a)와 같이 공기가 감지기 내부로 들어갈 수 있도록 그물망이 있는 것이 특징이다. 감지기 내부는 (b)와 같이 발광다이오드(LED)와 광 감지기(포토다이오드)로 구성되어 있다. 동작원리는 (c)와 같은 광감식 방식과 (d)와 같은 산란광 방식이 있으며, 일반적으로 오보를 줄이기 위해 산란광 방식을 주로 이용한다. 실내에 화재가 발생하면 화재로 인한 가스가 천정으로 올라가게 된다. 적외선 LED는 발진회로에 의해 약 수초 간격으로 펄스형태를 주기적으로 발생하여 이 주기 동안 연기를 감시한다. 검연부에 공기가 깨끗할 때에는 산란이 없으므로 포토다이오드는 빛을 전혀 받지 않고 아무런 변화도 생기지 않는다. 그러나 화재에 의해 발생된 0.01~0.1 μm 범위의 미립자와 충돌하여 산란하여 산란광이 발생하면 그 산란광이 포토다이오드에 감지되어 포토다이오드의 출력이 증가하게 되며, 검출되는 빛이 증가함에 따라 포토다이오드에 흐르는 전류도 증가하게 되어 화재를 감지하는 원리로 동작한다.

광전식 화재감지기는 앞에 있는 일체형도 있지만 <그림 9-17>과 같은 분리형도 있다. AIR 감지기와 비슷한 구조로 투광부와 수광부가 분리된 구조이며, 아트리움 및 격납고 등과 같이 천장고가 높은 매우 넓은 공간에 광전식 분리형감지기를 주로 사용한다. 감지 원리는 일체형과 반대로 투광부와 수광부를 마주 보게 설치하여 연기에 의해 빛이 차단되어 수광량의 감소에 따른 전기적인 변화를 검출하여 화재를 감지하는 방식이다.

앞 절에서 설명된 화재감지기들은 모두 실내의 천정에 부착해서 화재를 감지하는 방식으로 실내에서만 사용이 가능하다. 실외의 화재를 조기에 감지기에 적합한 감지기가 불꽃감지기(flame detector)이다. 특히 기름과 가스를 취급하는 공장에서의 대형 화재를 조기에 발견하기 위해서는 불꽃감지기가 매우 유용하다. 가연성이 높은 물체가 주위의 열에 의해 발생하는 불꽃의 복사에너지는 <그림 9-18>과 같다. 이때 생성되는 복사의 대부분은 이산화탄소(CO_2)와 수증기 성분이 유독 강하게 나오는데, 0.27~0.29 μm 대역의 자외선, 2.7 μm 파장과 4.4 μm 파장대의 적외선 복사량이 급격하게 증가한다. 통상적인 불꽃감지

(a) 분리형 광전식 화재감지기 외관

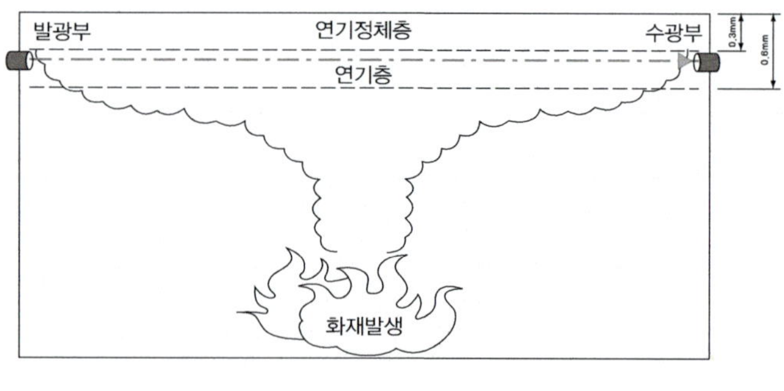

(b) 분리형 광전식 화재감지기 원리

▲ 그림 9-17 분리형 광전식 화재감지기

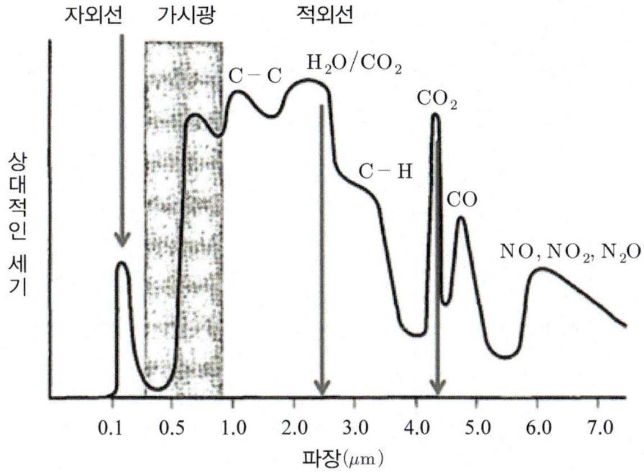

▲ 그림 9-18 불꽃에 의해 생성되는 파장에 따른 복사에너지 세기

기는 이 3가지 영역을 감지하도록 설계되어 있으며, 오보를 줄이기 위해 2개 영역 또는 3개 영역을 동시에 감지하면 경보를 울리도록 설계되어 있다.

소방방재청 고시 제2011-1호(2011년 1월 4일 소방방재청)의 "감지기의 형식승인 및 검정기술기준"의 제3조 감지기의 구분에 보면 총 17가지로 분류가 되어 있다. 모두 앞서 설명된 차동식, 정온식, 광전식, 불꽃감지식의 변형을 형태별로 분류한 것이다. 제14조와 제15조에 차동식감지기의 감도 시험 방법, 제16조~제18조에 정온식감지기, 제19조에는 광전식감지기, 제19조의2에는 불꽃감지기에 대해 상세히 규정되어 있다.[69]

대부분의 불꽃은 적외선을 복사하는데, 이러한 적외선은 불꽃 뿐만 아니라 다른 열원체에서도 적외선이 나오고 있기 때문에 이에 대한 오보요인을 제거해야 한다. 불꽃의 가장 큰 특징은 깜박임(flickering)과 불꽃에 의한 이산화탄소(CO_2) 가스 방출인데, 이산화탄소는 4.1~4.6 μm 파장대가 가장 많이 나오게 된다. 그러므로 깜박임을 감지하기 위해 전기적인 저주파수 통과필터(1~10 Hz)를 갖는 회로 구성과 4.4 μm 대역의 협대역 필터가 달린 적외선 센서를 사용하며, 이를 통해 다른 열원체에 의한 오보 요인을 제거하는 알고리즘으로 사용한다. 이산화탄소 대역의 단일 파장만 감지하는 불꽃감지기는 오보를 완벽히

▲ 그림 9-19 2채널 불꽃감지기의 외관

69. 행정자치부고시 제2004-20호, "자동 화재탐지설비의 화재안전기준"

제거할 수 없기 때문에 일반적으로 자외선과 적외선 두 가지 영역대를 동시에 감지하는 방식으로 오보를 줄이고 있다. 오보를 더 줄이기 위해서는 3파장 대역을 사용하는 경우도 있다. 2채널 불꽃감지기의 일반적인 외관은 <그림 9-19>와 같다.

대부분의 불꽃감지기의 시야각은 90°~120°정도이며, 폭이 넓으면 넓을수록 많은 영역을 감지할 수 있지만, 오보와 무감지의 확률은 그만큼 높아진다. 특히 민감도와 감지거리는 화염의 크기에 비례하는데, 만약 감지기를 화재원(fire source)으로부터 더 멀리 가져가게 되면, <그림 9-20>과 같이 감지기가 감지할 수 있는 화염의 크기는 거리 역제곱에 비례해서 커지게 된다. 그러므로 감지거리가 2배로 멀어지면 복사 에너지의 25%만 감지기에 도달한다. 다른 말로 표현하면, 동일한 반응시간동안 화재원의 표면적은 4배가 더 커져야 한다는 의미이다. 만약 표준 불꽃감지기가 15m 거리에 있는 $0.1m^2$ 크기의 화염을 감지한다고 하면, 화재원을 30m 위치에 두게 되면 최소 화염의 크기는 $0.4m^2$가 되어야 하며, 또한 화재원을 5m 위치에 두게 되면 $0.01m^2$의 화재원 크기에도 알람을 발생한다는 의미이다. 모든 재료들이 불꽃을 낼 때 동일한 자외선과 적외선을 복사하지는 않으므로, 불꽃감지기가 감지할 수 있는 표준 감지거리는 화재원의 종류에 따라 달라질 수 있다.

화재가 발생한 후 시간대별 화재를 감지할 수 있는 감지기는 <그림 9-21>과 같다. 화재를 가장 초기에 모니터 할 수 있는 것은 영상으로 보는 방법인데, 그 중에서도 주야간 화재를 감지할 수 있는 열화상 카메라가 가장 성능이 우수하다. 그 다음이 화재 초기 단계에 발생하는 연기를 감지하는 광전식 화재감지기이며, 이 감지기는 천정 높이가 낮은 실내에서만 화재감지가 가능하고 실외의 화재에 대해서는 감지가 불가능한 단점이 있다.

실외 화재를 조기에 감지할 수 있는 불꽃감지기는 불꽃이 어느 정도 생성해야만 감지가 가능하며, 불꽃감지기로 감지가 되면 즉시 진화를 해야만 더 이상의 피해를 막을 수 있다.

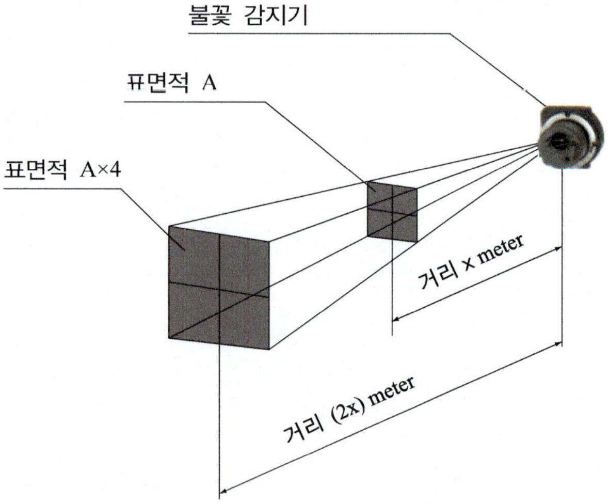

▲ 그림 9-20 거리에 따른 감지 가능한 화염의 크기

차동식과 정온식 화재감지기는 감지 원리상 화염에 의해 감지기 주위의 공기가 데워졌을 때 감지하는 감지기로 화재감지기 중에서 가장 늦게 감지하며, 이 감지기에서 신호가 발생하면 피해는 어느 정도 감수를 해야만 하는 상황이다. 화재는 초기에 감지를 하면 진압을 쉽게 할 수 있으나, 시간이 늦으면 늦어질수록 진압이 어려워지고 피해도 그만큼 크게 된다. 열화상 카메라에 의한 화재감지는 가장 초기에 이상징후를 발견할 수 있다는 장점은 있으나 가격이 부담스러운 것이 단점으로 지적되고 있다. 이를 해소하기 위해 일반 CCTV 카메라에 지능형 알고리즘을 탑재하여 화재를 감지하고자 하는 시도는 있으니 여기에는 한계가 있다.

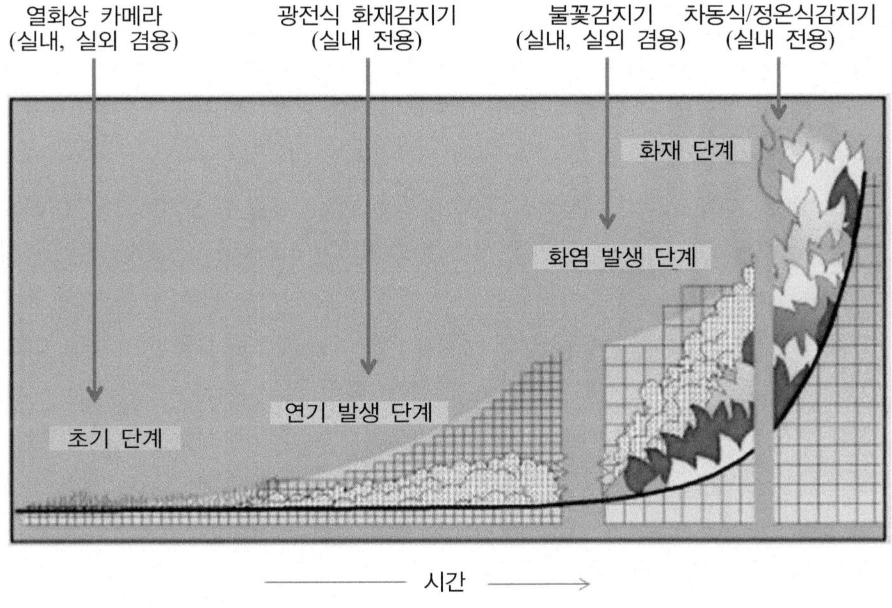

▲ 그림 9-21 화재의 시간대별 감지 가능한 감지기 종류

맛있게 생각해 봅시다!

1 화재를 감지할 수 있는 CCTV, 화재 감지기, 열화상 카메라의 장단점에 대해 간략히 비교해 보세요.

2 적외선 분광법 기술을 이용하면 기존의 가스 센서들이 감지하지 못하는 다중가스를 분석할 수 있는 큰 장점이 있다. 특히 적외선 분광법 중 FTIR 장비는 휴대성이 가능하고, 측정 속도가 빠르다는 장점 때문에 휴대용 다중가스 분석용으로 상품화 되고 있다. 다중가스를 분석할 수 있는 FTIR의 장단점에 대해 간략히 설명하세요.

3 전기화학식 가스센서의 동작 원리에 대해 간략히 설명하세요.

4 2014년을 기준으로 가스센서의 기술구분에 따른 점유율은 전기화학식(52.4%)이 가장 많은 비중을 차지하고 있고, 이어 적외선식(23.1%), 접촉연소식(11.8%), 반도체식(9.4%), 광이온화식(3.3%) 순으로 차지하고 있다. 향후 2021년에는 접촉연소식과 반도체식 가스센서의 점유율은 줄고, 적외선식의 점유율이 늘어날 것으로 전망하고 있다. 대표적인 가스센서인 전기화학식, 접촉연소식, 반도체식, 적외선식에 따른 특징을 요약해서 설명하세요.

맛있는 풀이

풀이 1

■ 표 9-4 화재 감지기 종류에 따른 장단점

감지기 종류	장점	단점
CCTV	• 가격이 비교적 저렴함 • 매우 넓은 영역을 감시할 수 있음	• 야간에는 별도의 조명이 필요함 • 조명등 운영으로 유지비용이 과다 • 스모그 등의 환경에서 제약이 있음 • 어느 정도의 연기가 발생해야 감지
화재감지기	• 가장 가격이 저렴함	• 화재 단계가 많이 진전됨 • 오보가 많은 편임 • 유지비용이 많이 듦
열화상카메라	• 외부 조명등이 필요없음 • 스모그 환경에서도 감시가 가능 • 화재 초기단계에 감지가 가능 • 넓은 영역을 감시할 수 있음 • 화재원과 배경의 우수한 대조영상 • 오보가 거의 없음 • 유지비용이 없음	• 구입 가격이 매우 고가

풀이 2 적외선 영역에서의 흡수 스펙트럼의 데이터베이스를 이용해서 가스를 분석하는 방법이 적외선 분광법이다. 적외선 분광법에 사용되는 기기에는 분산방식 분광기(dispersive spectrometer)와 FTIR(Fourier transform infrared spectroscopy) 분광기 두 종류가 있다. 예전에는 분산방식을 사용했으나, 최근에는 PC 기술의 발달로 FTIR을 주로 사용하고 있다. 분산방식은 grating을 회전하면서 파장을 스캔하는 방식을 사용하기 때문에 적외선의 전 파장을 스캔하여 측정하는데 많은 시간이 소요된다. 그러나 FTIR은 <그림 9-22>와 같이 마이켈슨 간섭계를 이용하여 한 번의 스캔으로 모든 파장 정보를 수집하고, 이를 푸리에 변환을 통해 파장에 따른 광특성을 분석할 수 있는 장점이 있다. 분산방식과 FTIR의 장단점은 <표 9-5>와 같다.

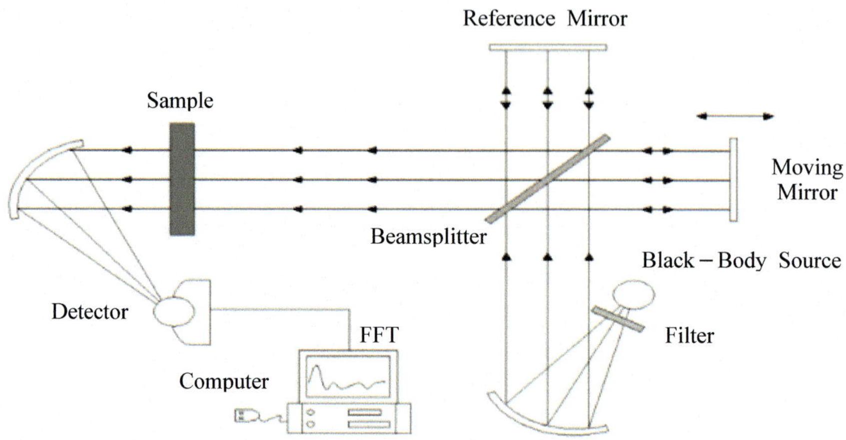

▲ 그림 9-22 FTIR의 기본 동작 원리

■ 표 9-5 FTIR 장비의 장점

항목	분산방식	FTIR
신호대 잡음비 (S/N)	나쁘다	미량의 가스 함량 분석에서도 높은 정확성을 보장
데이터 처리	아날로그 신호	광흡수의 세기의 파형을 디지털 신호로 저장한 후 계산하기 때문에 높은 정확도를 얻을 수 있음
확장성	속도가 느리기 때문에 사용에 제약이 있음	측정시간이 매우 빠르기 때문에 실시간 샘플의 변화를 관찰할 수 있음
장비유지관리	움직이는 부품이 많아 잔고장이 많음	구성이 간단하여 유지관리하기가 매우 쉬움
환경	온도, 습도, 진동에 매우 민감	온도, 습도, 진동에 큰 영향을 받지 않음

풀이 3 전기화학식 가스센서는 전해질 내에서 양극과 음극의 화학반응(산화 환원 반응)에 의해 발생하는 전류 값의 변화를 감지하는 방식으로 민감도, 가스 선택성, 안정성, 재현성 등 모든 면에서 다른 감지 방법의 센서들 보다 우수한 특성을 가지고 있다. 전기화학식 가스센서는 동작 원리에 따라 갈바닉 전지방식과 정전위 전해방식으로 구분되며, 갈바닉 전자 방식으로는 산소 가스센서, 정전위 전해방식으로는 유독가스(CO, NO, H_2S 등) 센서에 응용되고 있다. <그림 9-23(a)>는 전기화학식 갈바닉 전지 방식의 내부 구조이며, (b)는 정전위 전해방식의 내부 구조이다. 갈바닉 전지 방식의 동작은 외부에서 산소가 센서 내부로 유입될 때 다음과 같은 화학반응에 의

해 양극과 음극 사이에 산소 농도에 비례하는 전류가 발생하게 되며, 이 전류를 측정하여 산소의 농도를 환산할 수 있다.

양극에서의 산화 : $2Pb + 2H_2O \rightarrow 2PbO + 4H^+ + 4e^-$

음극에서의 환원 : $O_2 + 4H^+ + 4e^- \rightarrow 2H_2O$

정전위 전해방식은 측정물질의 산화가 일어나는 감응전극(working electrode 또는 sensing electrode), 작용전극에 외부로부터 전압을 걸어 줄 때 기준이 되는 기준전극(reference electrode), 감응전극에서 흐르는 전류만큼의 대응전류를 흘려줌으로써 평형을 유지시키는 상대전극(counter electrode)로 구성되어 있다. 예를 들어, 외부 가스 중에 포함된 일산화탄소 성분이 센서의 내부 감응전극에 확산되어 도달하면, 다음 반응식과 같이 전극 표면에서 CO가 CO_2로 산화되고, 그 결과 전자가 발생한다. 이때 상대전극에서는 감응전극의 반응과 평형을 유지하기 위하여 공기 중에 포함된 사소를 물로 환원시키는 반응을 수행한다. 결국 일산화탄소 농도에 비례하는 전기적 신호(전류)가 발생되고 이 전류를 측정하면 일산화탄소의 농도를 알 수 있게 된다.

감응 전극 : $CO + H_2O \rightarrow CO_2 + 2H^+ + 2e^-$

상대 전극 : $1/2\ O_2 + 2H^+ + 2e^- \rightarrow H_2O$

전체 반응 : $CO + 1/2\ O_2 \rightarrow CO2$

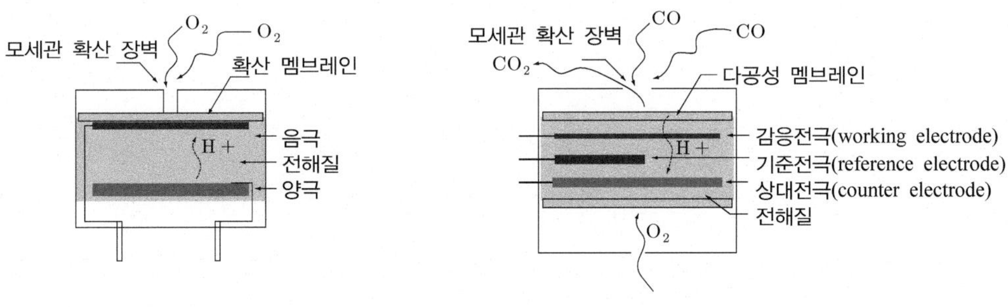

(a) 갈바닉 전지방식 (b) 정전위 전해방식

▲ 그림 9-23 전기화학식 가스센서의 내부 구조

풀이 4 대표적인 4가지 가스센서의 개략적인 특성비교는 <표 9-6>과 같다.[70]

■ 표 9-6 가스센서 종류별 특성 비교

항목	전기화학식	접촉연소식	반도체식	적외선 흡수식
동작원리	가스와의 반응에 의한 전극간의 기전력 변화	가연성 가스와의 발열반응에 의한 열선의 저항변화	가스와의 반응에 따른 금속산화물의 저항변화	가스에 의한 흡수도 변화
대표 감지가스	CO, CO_2, O_3, SO_2, NO, NO_2, VOC	가연성 가스 (H_2, CH_4, C_3H_8, C_4H_{10} 등)	CO, NO_2, SO_2, H_2S, VOC	CO, CO_2, O_2, NO, NO_2, SO_2, C_xH_y
감지가스 선택성	중	하	하	상
민감도	상	하	상	중
반응시간	빠름	중간	빠름	느림
소모전력	중	대	중	저
가격	저	저	저	고
크기	소형	중형	소형	대형
활용제품	갈바닉 방식, 정전위 전해방식	가연성 가스경보기	반도체식 가스센서 (소결형, 박막형, 나노 구조형)	이산화탄소 측정기 (NDIR 방식)

70. "가스센서 시장동향", 연구성과실용화진흥원, vol.42, 2016년 11월

Chapter 10

MEMS 동작 감지센서

10.1 가속도센서

디바이스 자체의 움직임을 감지하는 대표적인 것이 중력센서 또는 가속도센서이다. 중력이 영어로 gravity라고 해서 줄여서 지센서(G sensor)라고도 한다. 지센서의 작동 원리는 다음과 같다.

속이 빈 공간에 작은 쇠구슬이 들어 있다고 하면, 공 안쪽 면에는 전기신호발생 장치가 촘촘히 붙어 있어 쇠구슬이 닿을 때마다 신호가 발생한다. 각각의 신호발생장치는 서로 다른 전압을 발생시키기 때문에 위치를 구분할 수가 있다. 쇠구슬은 중력에 의해 항상 아래쪽에 위치하므로 발생되는 전압을 측정하면 공의 어느 면이 아래쪽을 향하고 있는지 알 수가 있다. 이런 지센서를 사용하면 스마트폰이 가로방향인지 세로방향인지를 인식하여 화면 방향을 보정해 주는 용도로 사용할 수 있다. 따라서 지센서는 중력의 방향을 감지할 뿐만 아니라 가속도를 측정하는 용도로도 사용된다.

2000년대 일본의 소니는 하드디스크가 내장된 MP3를 출시하면서 충격방지 및 데이터 보호를 위해 지센서를 탑재하였다. 사람이 실수로 MP3를 땅에 떨어뜨렸을 때 MP3는 일종의 가속도 운동을 하게 된다. 지센서는 이를 감지해서 하드디스크 내부의 헤드를 안전한 위치로 옮겨주어, 땅에 떨어진 충격에 의해 하드디스크에 있는 데이터가 손상되는 것을 막아 주는 용도로 적용되었다. 지센서로 가속도 측정이 가능하지만 MEMS 기술의 발전으로 3축 가속도센서가 나오면서부터 가속도센서와 지센서의 구분은 큰 의미가 없어졌다. 3축 가속도센서는 지센서 역할도 겸하기 때문에 최근 스마트폰에는 지센서 대신에 가속도센서와 자이로스코프센서가 그 역할을 대신하고 있다. 이러한 가속도센서는 단위 시간당 스마트폰의 직선 움직임을 알아낼 수 있으며, x, y, z 3축에 대한 가속도 감지가 가능하여 방향에 따라 가로모드와 세로모드로 화면이 바뀌거나 스마트폰을 뒤집으면 에티켓 모드로 변경되는 등 다양하게 활용되고 있다.

가속도는 Newton의 제2운동법칙에 따라 물체의 움직임 특성을 나타내는 물리적인 항목이다. 정지해 있는 물체는 힘이 필요하지 않지만, 물체의 위치가 바뀌는 것은 물체의 속도가 변하는 것이고, 일정한 속도로 계속해서 움직이면 역시 힘이 필요하지 않는다. 그러나 위치와 속도가 시간에 따라 변하게 되면 물체에는 힘이 작용을 한다. 속도는 위치의 일차미분 형태이고, 가속도는 속도의 일차미분 형태이다. 이것이 Newton의 제2운동법칙이다. 실제적으로 잡음이 많은 시스템에서 미분을 취한다는 것은 큰 오차를 낼 수 있기 때문에, 속도와 가속도를 위치 센서로부터 구하지는 않고, 오히려 이에 맞는 특수한 용도의 센서를 사용한다. 만약 낮은 주파수 응용(10 Hz 이하)에서는 위치와 변위로부터 속도와 가속도를 비교적 정확하게 유도할 수 있으나, 중간 주파수 응용(1 kHz 이하)에서는 속도를 측정을 해야 하며, 높은 주파수 응용에서는 가속도를 측정하는 것이 정확하다.

속도는 선속도와 각속도로 구분되는데, 선속도는 일직선상으로 물체가 얼마나 빨리 움직이는가 하는 정도이며, 각속도는 얼마나 빨리 회전을 하느냐 하는 것이다. 움직이는 차량의 위치를 GPS를 이용해서 주기적으로 측정하여 속도를 계산하는 것은 오차가 거의 없다. 그러나 GPS를 적용할 수 없는 매우 작은 물체 또는 짧은 거리를 움직이는 경우에는 속도를 직접 측정을 해야 한다. 이것은 표준 대상물에 대하여 물체의 변위를 측정하여 속도를 유추하는 방식이다. 속도 측정에 있어 변위는 매우 중요한 물리적인 항목이다. 그러나 속도 센서와 가속도 센서는 물체의 움직임을 직접 전기적인 신호로 출력을 하기 때문에 계산 중간에 위치로 환산하는 경우는 없다. 예를 들면, 코일로 만든 전선 내부로 자석이 움직인다고 하면, Faraday 법칙에 의해 코일에 유도전압이 발생하게 된다. 이 전압은 자석의 속도와 자기장에 비례하는 값으로 나오기 때문에 속도를 직접 측정할 수 있다.

대표적인 전자석 속도센서는 <그림 10-1>과 같다. 좌측의 경우는 파란색 단자를 검은색 단자로 연결하고, 초록색 단자를 빨간색 단자로 연결하여 유도코일의 상하를 병렬연결한 경우이다. 이런 연결은 민감도가 반으로 줄어들지만 고속으로 움직이는 분야에 적합하며, 낮은 입력 임피던스를 갖는 전기회로에 적합하며, 보다 높은 주파수 반응에 적합한 방식이다. 우측의 경우는 파란색과 초록색 단자를 서로 연결하여 직렬로 연결한 방식이다. 이것은 민감도를 최대로 할 수 있으며, 잡음을 최소화 할 수 있는 장점이 있다.[71]

이러한 속도센서는 선형위치센서(LVDT, linear variable differential transformer)와 유사한 형태를 가지고 있다. LVDT는 움직이는 강자성체로 감지하는 능동센서인 반면, 속도센서는 움직이는 영구자석으로 감지하는 수동센서이다. 즉, 속도센서는 외부에서 신호를 인가할 필요없이 전류가 스스로 유기되는 방식이다.

71. Trens-Tek, Inc., 기술자료

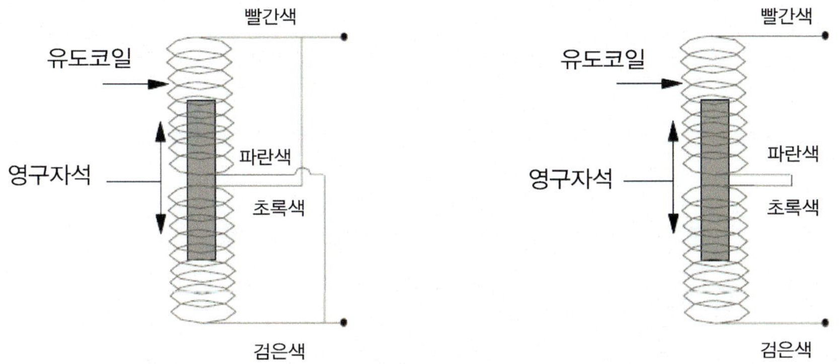

▲ 그림 10-1 전자유도 방식의 속도 측정(좌측: 병렬연결, 우측: 직렬연결)

가속도계의 물리적인 기본 개념은 스프링에 매달려 있는 질량의 움직임과 같다. 선형적인 움직임의 경우, 두 가지 중요한 물리적인 개념이 포함되어 있는데, 하나는 스프링의 움직임에 대한 Hooke의 법칙인 $F=kx$을 따른다는 점과 나머지 하나는 Newton의 제2운동법칙인 $F=ma$를 따른다는 점이다.

<그림 10-2>는 임의의 질량이 스프링에 연결되어 있는 시스템이다. 만약 이 시스템이 선형적인 가속도를 받게 되면, Newton의 제2운동법칙에 의해 ma 만큼의 힘이 가해지게 될 것이다. 가속도계의 기본 시스템은 이와 같이 움직이는 질량(다른 표현으로 검증질량이라고 함)을 이용해서 가속도 방향으로 움직이게 한 후, 이로 인해 생긴 변위로부터 가속도를 유추한다. 가속도계에서 공통적인 요소는 검증질량을 사용한다는 점이고, 다른 점은 변위를 어떻게 측정하느냐에 따라 다양한 가속도계가 사용된다. 가속도센서에는 정전용량형(capacitive), 열형(thermal), 압전형(piezoelectric), 압전저항형(piezoresistive) 등이 있다.

이런 원리를 응용한 가장 간단한 형태인 정전용량형 가속도센서는 <그림 10-3>과 같이 스프링 대신에 지지대에 연결된 연결선에 검증질량이 위치해 있고, 가속도방향으로 검증질량이 움직이게 되면 고정된 외부전극 사이의 놓인 검증질량의 전극위치가 변하게 되어 그 변화량으로부터 가속도를 알 수 있다. 정지해 있는 상태에서는 전극부의 정전용량에는 변화가 없으나, 가속도를 받아 움직이게 되면 전극부 사이의 간격이 변화하며, 이로 인해 정전용량이 변화하여 가속도를 인식하게 되는 원리이다.

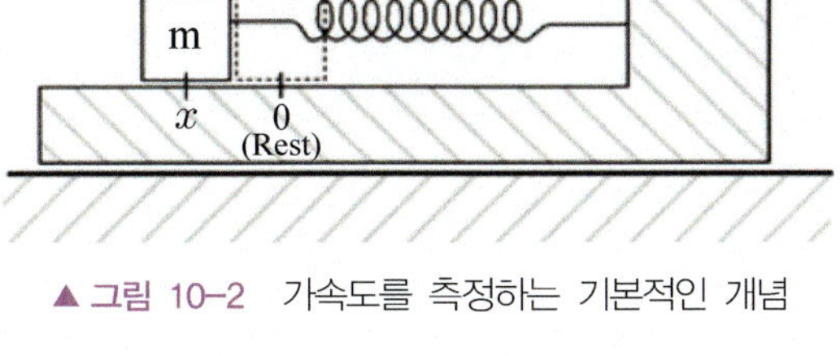

▲ 그림 10-2 가속도를 측정하는 기본적인 개념

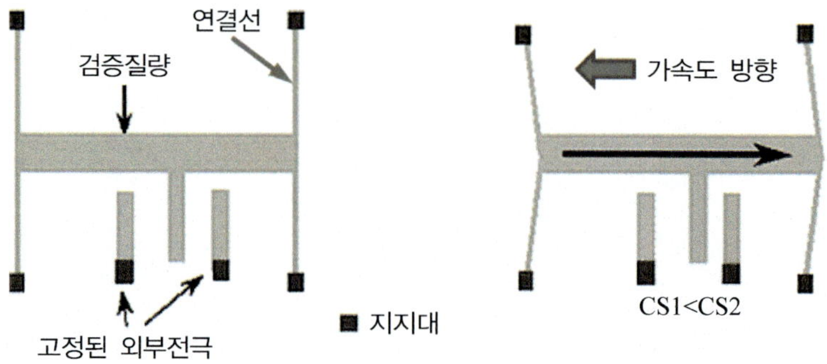

▲ 그림 10-3 정전용량형 가속도센서의 동작 원리

열형 가속도센서는 가속도에 반응하는 매질을 검증질량 대신에 히터판을 사용하는 방식, 가스를 사용하는 방식 등이 있다. 히터판을 사용하는 방식은 검증질량과 동일한 개념인데, <그림 10-4>와 같이 가속도 방향으로 움직이는 히터판의 온도를 측정하여 가속도를 계산하는 방식이다. 이러한 구조는 MEMS 기술을 이용하여 캔티레버 구조로 아주 작게 제작할 수 있다. 온도를 측정하기 위한 열전대 방식의 온도센서를 같이 제작하고, 열전

대에서 측정된 온도로부터 가속도를 환산하는 방식이다. 이 방식의 민감도는 가속도 1g당 출력신호가 약 1% 정도 변하는데, 이 값은 앞서의 정전용량 방식이나 압전체 방식에 비해 우수하다. 그러나 사용하는 주위 온도 또는 전자기장에 의한 잡음 등에 취약한 단점이 있다.

가스를 사용하는 방식은 가속도 방향으로 가열된 가스가 가속도 방향으로 움직이면서 생기는 온도차이를 이용해서 가속도를 측정하는 방식으로 동작원리는 <그림 10-5>와 같다. 가스를 검증질량 대신 사용하는 가장 큰 장점은 50,000g에 해당하는 충격에도 견디는 가장 큰 장점이 있다. 가슬 담을 수 있는 내부에 공동(cavity)가 있으며, 이 공간에는 가스로 충전되어 있다. 중간에 히터가 있으며 동일한 간격으로 설치된 온도센서로부터 가스의 온도를 실시간 측정하여 움직임을 감지하는 원리이다.

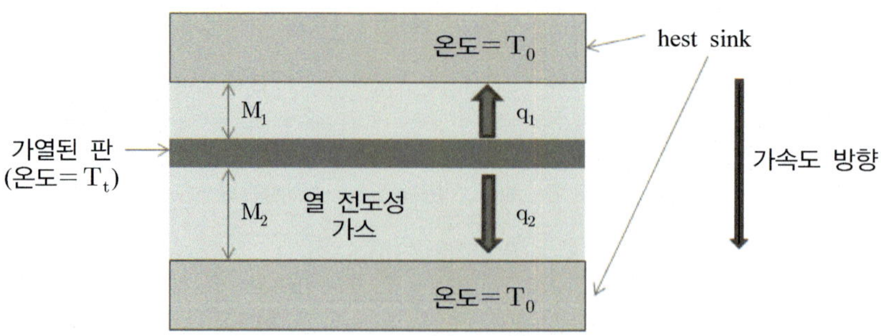

▲ 그림 10-4 가열된 판을 이용한 가속도센서

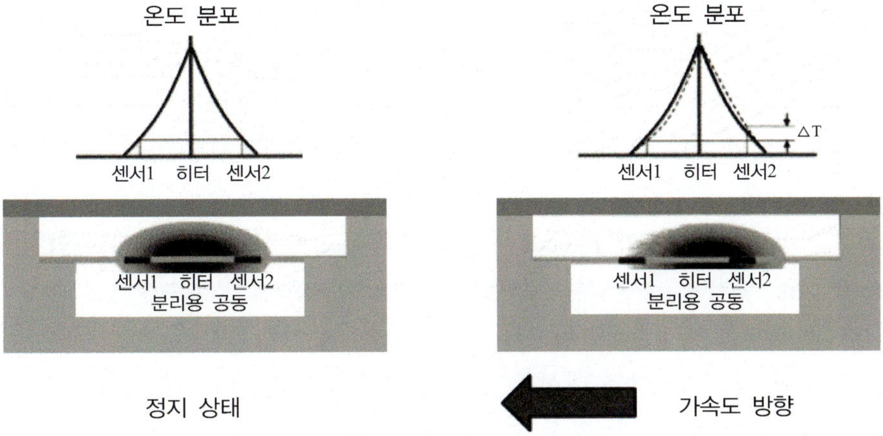

▲ 그림 10–5 열형 가속도센서의 동작원리

압전체는 결정에 압력을 가하면 결정 내부의 분극이 변하여 전기를 생성시키는 재료이다. 압전체의 응용분야는 청각센서의 마이크로폰, 소나 등에도 사용되며, 이 뿐만 아니라 가속도를 측정하는 용도로도 사용된다. 이 센서는 2 Hz ~ 5 kHz 정도의 낮은 주파수 대역에서 사용이 가능하며, 가속도에 대한 선형성이 우수하며, 동작온도범위가 120℃까지 사용할 수 있을 정도로 비교적 넓다. 압전형 가속도센서의 동작원리는 <그림 10–6>과 같다. 압전체로는 예전에 수정 단결정을 많이 사용하였으나, 최근에는 $BaTiO_3$, PZT 등의 세라믹 압전재료를 많이 사용한다. 압전체는 케이스 부분과 검증질량 사이에 샌드위치 형태로 고정시킨 후, 검증질량이 가속방향으로 움직이면 압전체에 수직으로 힘이 가하게 되어 압전체의 신호출력에서 가속도 정보를 얻게 되는 원리이다. 최근 MEMS 기술의 발전으로 이러한 구조가 Si 구조에서도 구현되고 있다. Si 자체에는 압전효과가 없으므로 Si 캔티레버에 압전재료를 박막코팅하여 제작한다.

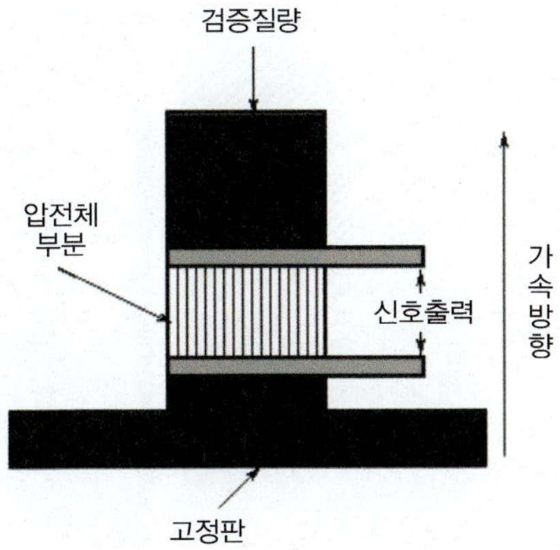

▲ 그림 10–6 압전형 가속도센서의 동작 원리

압전저항형 가속도센서에서 압전저항이란 금속 또는 반도체 결정에 외력을 가하면 결정의 저항비가 변하는 현상을 말한다. 이런 원리를 이용해서 스트레인 게이지 측정용에 응용되고 있다. 압전저항형 가속도계는 1979년 Roylance와 Angell에 의해 제안된 방법이다. 초기에 심장벽의 가속 현상을 측정하기 위한 의학용으로 사용되었다. 센서를 소형화할 수 있고 매우 폭 넓은 주파수 영역(DC ~ 13 kHz)에서 사용할 수 있으며, 0.01g 정도의 정밀도로 측정이 가능하며, 약 10,000g 정도의 충격에도 견딜 수 있다. 비록 압전저항형의 제작비용이 다소 높지만, 좋은 특성을 얻기 위해 압전저항형 가속도센서에 대해 많은 연구가 이루어지고 있으며, 그 동작원리는 <그림 10-7>과 같다. 제작비용만 낮출 수 있다면 향후 정전용량형 가속도센서를 대신할 수 있을 것으로 예상하고 있다.

MEMS 가속도센서에 가장 앞선 기술을 가진 회사가 미국의 ST 마이크로일렉트로닉스라는 회사인데, 이 회사에서 제작한 3축 가속도센서의 내부 구조는 <그림 10-8>과 같다. 빗살무늬들이 가속도에 의해 미세하게 움직이게 되는데, 움직인 변위만큼 정전용량이

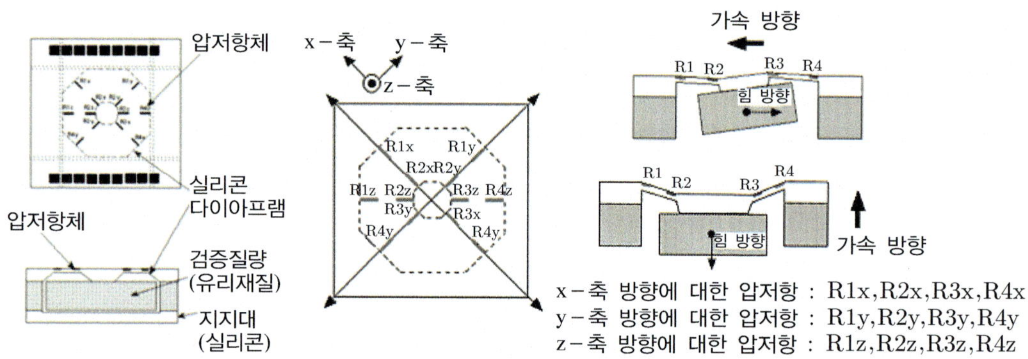

▲ 그림 10-7 압전저항형 3축 가속도센서의 동작원리

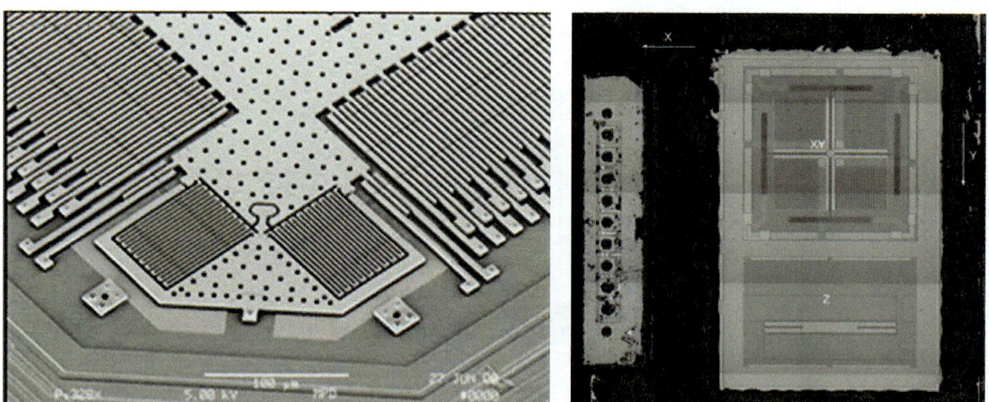

▲ 그림 10-8 MEMS로 만든 정전용량형 가속도센서(출처 : ST 마이크로일렉트로닉스)

변하게 되어 가속도를 측정할 수 있다. 이러한 빗살무늬를 한 평면에 서로 직각으로 위치하게 하면 x축과 y축의 가속도를 측정할 수 있고, 공간적으로 세워 놓게 되면 z축 방향의 가속도를 측정할 수 있다. 미국의 ST Microelectronics사(줄여서 STM)에서 3축의 가속도를 동시에 측정할 수 있는 가속도센서를 애플사의 아이폰4에 처음으로 적용하였는데, 센서가 패키지 된 그 크기가 4mm×4mm에 불과할 정도로 매우 작았다. 정전용량형 가속도센서는 제작단가가 저렴하여 상업적으로 많이 활용되고 있지만, 노이즈 특성과 주파수 응답특성이 압저항형 보다 좋지 않다는 것이 알려졌다.[72]

10.2 자이로스코프센서

가속도센서는 직선운동에 대해서는 감지를 잘 하지만, 회전을 하는 원운동에 대해서는 감지를 거의 하지 못한다. 회전운동을 감지할 수 있는 센서가 자이로스코프센서이다. 최초의 자이로스코프는 1817년 독일인 Johann Bohnenberger에 의해 회전하는 구를 가진 자이로스코프가 만들어졌다. 1832년에 미국인 Walter R. Jonhson이 회전하는 디스크에 기반을 둔 자이로스코프를 개발하였고, 1852년에 Leon Foulcault가 지구 자전과 관련된 실험에 사용하였고, 그리스어로 '회전'이라는 의미의 'gyro'와 '본다'는 의미의 'skopein'의 합성어로 '회전을 본다'라는 의미의 gyroscope라는 이름을 최초로 명명하였다. 자이로스코프는 줄여서 자이로라고도 한다. 자이로스코프는 각모멘트 보존법칙이라는 물리법칙에 기반을 두고 있으며, 물체의 각속도를 전압 등의 전기적인 신호로 변화시켜서 운동을 유지하고자 하는 성격을 이용하여 물체의 회전각도를 감지하는 센서이다. 따라서 자이로센서는 달리 표현하면 각속도센서이며, 자세 측정 장치를 통칭하여 자이로 센서라고 한다.

자이로스코프센서는 비행기의 항법장치에 사용되었는데, 비행기의 자세를 롤(roll), 피치(pitch), 요(yaw)라고 하는 각도로 표시한다. 요는 z축 방향의 회전을 의미하고, 롤은 좌우로 회전하는 것을 의미하는 것으로 자동차가 코너를 돌 때 한쪽 방향으로 쏠려서 기울어지는 각도를 의미한다. 그리고 피치는 자동차가 브레이크를 잡아서 앞으로 쏠릴 때 기울어지는 방향을 나타낸다. 중력방향을 기준으로 얼마나 기울어져 있는지를 나타내는 값은 롤과 피치이다. <그림 10-9>의 오른쪽 그림에서 한 선의 길이가 '1'이고 '3'만큼 이동했다는 정보를 토대로 위치추정을 한다고 하면, 경로 A, B, C의 이동거리는 '3'으로 동일하지만 그 위치는 제 각각으로 이동경로 추정이 불가능하다. 위치측정에서는 얼마만큼 이동했는지도 중요하지만, 어느 방향으로 이동했는지도 중요한 요소이다. 자이로스코프센서는 가속도센서로 측정할 수 없는 방위각과 모든 축에 대한 회전각을 측정할 수 있다.

72. 서상윤 외 3명, "압전저항형 멤스센서를 이용한 진동 측정용 3축 센서 시스템의 최적화 설계", 한국소음진동공학회 논문집, 제23권 제12호, 2013

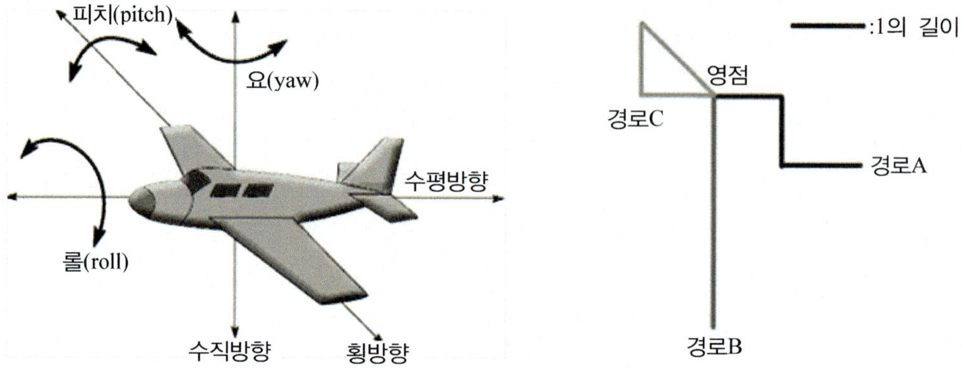

▲ 그림 10-9 자이로스코프 방향의 의미와 자이로스코프 센서의 필요성

MEMS형 진동 자이로 센서의 가장 기본적인 개념은 가속도센서와 마찬가지로 <그림 10-10>에서 보듯이 검증질량을 이용한 방식이다. 검증질량은 지지대에 의해 매달려 있고, 이 검증질량은 운전방향인 x축과 센서방향인 y축으로 자유롭게 진동을 할 수 있도록 설계되어 있다. 운동전극은 운동모드 진동을 만들기 위한 용도로 사용되고, 감지전극은 감지모드의 반응을 측정하는 용도로 사용된다. 운동모드 진동은 검증질량을 운동방향으로 진동시키는 모드이고, 검증질량이 외부의 주기적인 힘에 의해 운동방향으로 운동모드 공명주파수에서 공명하도록 되어 있다. 감지모드는 검증질량을 감지방향으로 움직일 때 감지하는 용도로 사용된다. 자이로가 원회전을 하게 되면, 운동모드 진동의 주파수에서 주기적인 코리올리(Coriolis) 힘이 감지방향으로 생기게 된다. 이 코리올리 힘은 검증질량을 감지방향으로 움직이게 하여 감지부에 신호를 보내게 되어, 이러한 주기적인 코리올리 반응이 감지부 전극에 의해 신호로 기여한다. 이러한 선형 진동형 자이로 시스템은 그림 (b)와 같이 질량 m을 가진 2차원 자유도를 가진 진동시스템으로 가정할 수 있다.

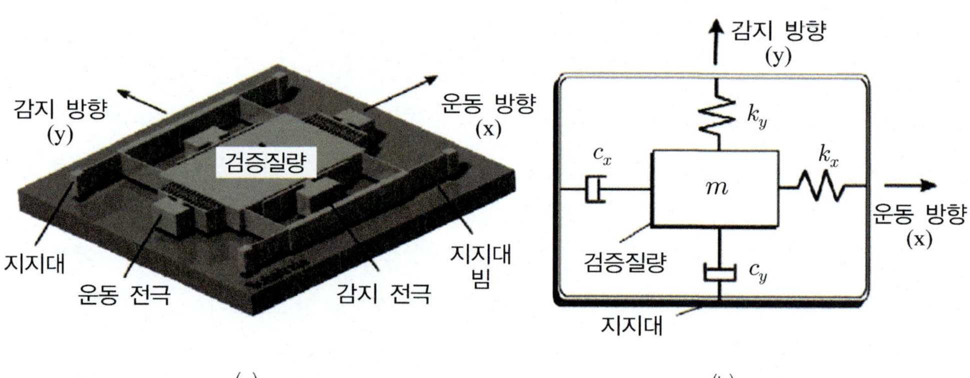

▲ 그림 10-10 선형 진동 자이로센서의 구조 및 등가회로 개념

코리올리 힘의 발생원인은 각운동량 보존법칙에 의해 생기는 것으로, 각운동량 보존법칙은 각운동량이 시간에 대해 일정하다는 것을 의미한다. 즉, 회전하는 좌표계 내에서 물체가 운동을 하는 경우 회전축에 대해 반지름이 줄어드는 경우에는 줄어드는 반지름에 대해 각속도가 변화하게 되어, 이 결과 회전좌표계에 코리올리 힘이 발생한다. 이러한 코리올리의 힘이 적용되는 예는 푸코의 진자에서 볼 수 있다. 푸코의 진자는 어떤 수직면에서 자유롭게 흔들리는 줄에 매단 추인데, 진자는 정확히 수직면에서 흔들리기 시작하지만, 지구의 자진에 의해 진동하는 수직축에 대해 시간이 지니면 지날수록 옆으로 도는 현상이 생기는데, 이것이 코리올리의 힘이 진자에 작용했기 때문이다. 북반구에서 내려다 볼 때, 그 회전은 시계방향으로 움직인다. 선형 진동 자이로센서 개발 이후, 하나의 센서로 3축 자이로를 구현할 수 있는 다양한 연구가 시도되었다. 이 중에서 MEMS 분야에서 세계 최고의 기술력을 자랑하는 미국의 STM사 <그림 10-11>과 같은 3축 MEMS 자이로 센서를 2009년 11월에 발표하였다. 이 센서의 기본원리는 회전에 의해 발생하는 검증질량의 움직임에 의해 커패시터(축전기)에서 감지되는 전기용량의 변화로부터 회전력을 감지하는 방식이다.[73]

가속도센서로 측정할 수 없는 회전운동 요소인 각도 정보를 구할 수 있는 자이로스코프센서와 직선운동에서 발생하는 가속도를 가속도센서로 측정하여 조합하면 이동한 거리와 방향을 알 수 있어 정확한 위치 측정이 가능해졌다. 굴곡이 없는 평지에서 움직이는 차량과 같이 2차원적인 운동을 하는 물체는 2축을 측정할 수 있는 가속도센서 1개와 롤과 피치각을 측정할 수 있는 자이로스코프센서 2개만 있으면 현 위치를 파악할 수 있다. 그러

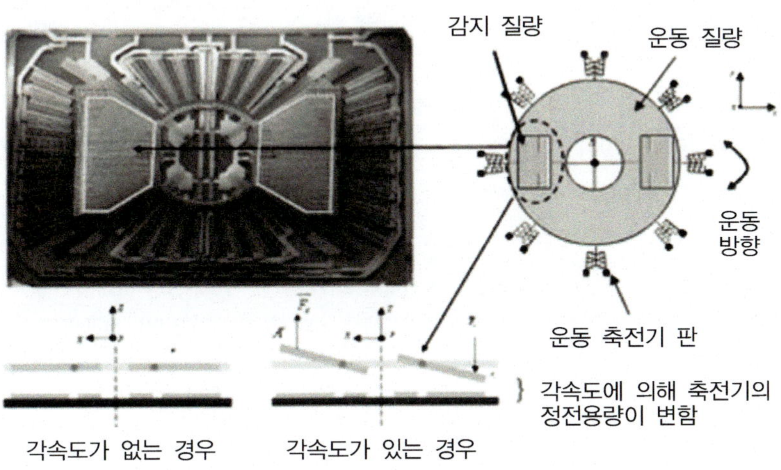

▲ 그림 10-11 STM사의 3축 MEMS 자이로 센서

73. STMicroelectronics사 Homepage

나 비행기처럼 3차원 운동을 하는 물체라면 가속도센서 3개와 자이로스코프센서 3개가 있어야 제대로 된 위치 측정이 가능해진다. 달리 말해서 3축 가속도센서와 3축 자이로스코프센서가 각각 1개씩만 있으면 3차원 운동을 하는 물체의 위치를 정확히 파악할 수 있다. 이렇게 병진운동과 회전운동 모두를 측정할 수 있는 형태의 센서구성을 가리켜 '6 자유도'(degrees of freedom, DoF)를 갖는다고 하며, 6축 센서라고도 한다. 여기에 추가적으로 3축 지자기센서가 탑재되면 '9 자유도'를 갖는 9축 센서라고 한다. 자이로스코프센서는 각속도를 측정하므로 단위는 degree per sec(dps)이며, 어떤 물체가 초당 1회전을 한다고 하면 각가속도는 360dps가 된다. 숫자가 커지면 초당 회전하는 속도가 빠르다는 것을 의미한다. 자이로스코프센서의 일반적인 감지범위는 모바일 제품의 경우 300~2000dps, 카메라 손떨림 보정의 경우에는 150dps, 차량용 내비게이션의 경우는 100~500dps 수준이다.

10.3 자기센서

지구가 하나의 커다란 자석이기 때문에 지구 자기장에 반응하는 나침반은 2000년 전부터 사용하였다. 배로 항해를 할 때 나침반으로 방향을 측정하는 것은 매우 훌륭한 자기센서라고 할 수 있다. 자기센서란 자기를 이용하여 다른 감응에 의한 물리적 변환을 전기적 신호로 변환하는 소자이며, 자기센서를 분류하는 방식에는 여러 가지가 있으나, 대표적인 자기센서의 일반적인 분류는 <표 10-1>과 같다.

■ 표 10-1 물리현상에 따른 자기센서 분류

변환 항목	물리 현상	해당 센서
자기장 → 전기	전류자기효과, 홀효과, 자기저항효과	홀센서, 자속게이트, MR소자, AMR 소자, GMR 소자
자기장 → 변위 → 전기	자기유도현상	서치코일, 차동변압기
자기장 → 스트레인	자기탄성효과	변형게이지, 리드스위치
자기장 → 열	네른스트 효과	서모스타트, 서모페라이트
자기장 → 광	자기광효과, 광전자효과	광섬유, 자이레이터
기타	양자효과, 죠셉슨효과	MRI, SQUID, 죠셉슨소자

이들 센서들의 탐지 가능한 자기장의 범위는 <표 10-2>와 같다. SQUID, 광섬유, 서치코일 등의 센서는 매우 미약한 1μG 이하의 자기장도 검출할 수 있는 소자들이며, AMR 소자, 자속게이트, MR 소자, 자기장-광 센서 등은 1μG ~ 10G 범위의 중간 레벨의 자기장을 검출하는 소자이며, GMR 소자와 홀센서는 10G 이상의 자기장을 주로 검출하는 소자이다.

■ 표 10-2 자기센서 종류별 자기장 검출범위

지자기 S극은 지구의 지리적 북극으로부터 약 1,300마일 떨어져 있으며, 지자기 N극은 지구의 지리적 남극으로부터 약 1,200마일 떨어져 있다. 이러한 지자기의 S극과 N극은 시간에 따라 변하고 있다고 알려져 있지만, 이 변화는 매우 천천히 진행이 되고 있기 때문에 시간에 따른 보정은 필요 없다. 지구 표면에서의 지구 자기장의 크기는 20~80μT(0.2 ~ 0.8Gauss) 정도이며, 한국에서는 약 50μT 정도이다. 이러한 지구 자기장은 수만 킬로미터 상공까지 그 영향을 미치고 있으며, 지표면에서부터 높이에 따라 약간씩 자기장의 세기가 작아진다. 2015년 6월에 일본의 전자부품업체인 로옴사에서 기존 홀센서 대비 정밀도를 7배 이상 높인 신제품을 발표하였다.

이 센서는 MR효과를 응용한 것으로 '비정질 와이어'라는 신소재를 코일로 사용하여 자기장에 따른 저항변화가 생기는 원리이다. 로옴사는 소비전력을 기존 대비 20분의 1 이하로 줄일 수 있으며, 잡음도 기존 제품 대비 7분의 1로 줄였기 때문에 위치 정확도를 크게 향상시켰다고 발표하였다.[74]

74. 전자신문, 2015년 6월 1일, http://www.etnews.com/20150617000280

10.3.1 홀효과

자기장의 변화를 전기적인 신호로 검출하는 효과에는 홀효과, 자기저항효과, 전류자기효과 등 3가지 물리현상을 이용한다. 먼저 홀센서는 홀효과를 이용한 자기센서이며, 홀효과는 1879년 Johns Hopkins 대학의 E. H. Hall에 의해 발견된 물리현상이다. 초기에는 금속, 반도체, 도체 내의 전기적인 농도를 분석하는 도구로 사용되었으나, 최근에는 자기장, 위치, 물체의 변위 등을 측정하는 용도로 사용되고 있다. <그림 10-12>와 같이 금속이나 반도체 재료 등의 고체를 자기장 속에 놓고, 자기장의 방향에 직각으로 고체 속에 전류를 흘리면, 두 방향 각각에 직각 방향으로 고체 속에 전기장이 형성되고 이로 인해 전압이 발생하는데, 이 전압을 홀전압(Hall voltage)이라 한다. 홀소자는 화합물 반도체인 InSb, GaAs, InAs, Ge 등을 이용하여 만들거나, 강자성체인 NiCo, NiFe 등을 이용하여 만든다.

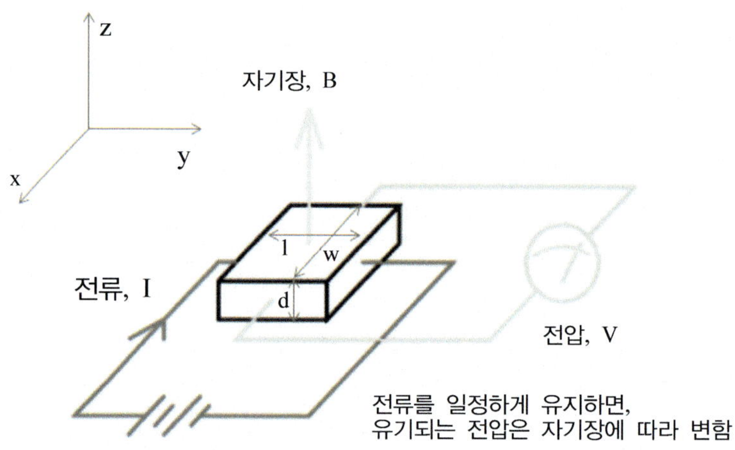

▲ 그림 10-12 Hall 효과 개념

다음 식은 <그림 10-13(a)>와 같이 무한히 긴 홀소자에 대한 이상적인 홀전압이다. 여기서 V_H는 홀전압, R_H는 홀계수, I는 인가하는 전류, B는 외부에서 인가하는 자기장의 크기, d는 홀소자의 두께이다.

$$V_H = R_H \frac{IB}{d} \tag{10-1}$$

그러나 실제의 홀센서는 그림의 (b) 또는 (c)와 같이 유한의 크기를 가지므로 홀전압은 위 식으로 주어지는 값보다 작아진다. 이것은 전극 접촉부가 전류의 유선을 왜곡시키기 때문에 발생하며, 그 감소의 비율을 형상계수(geometry factor) f_H를 사용해서 나타내며, 위 식을 다시 쓰면 다음과 같다.

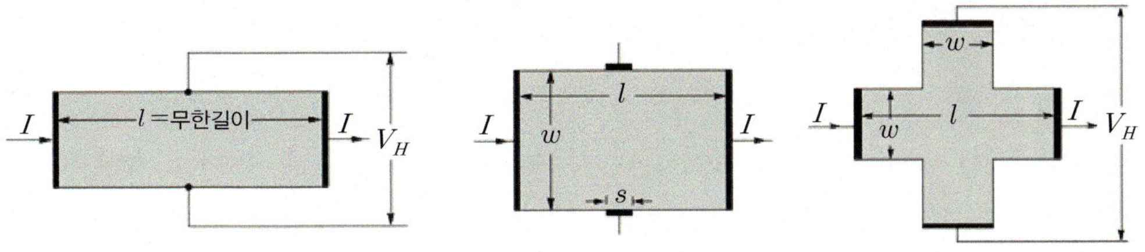

(a) 무한길이의 홀 소자 (b) 장방형 홀 소자 (c) 십자형 홀 소자

▲ 그림 10-13 홀센서의 형상 비교

$$V_H = R_H \frac{IB}{d} f_H \tag{10-2}$$

위 식에 있는 형상계수는 l/w와 θ의 함수(외부 자기장에 의해 전자가 편향되는 각도)이며, l/w>>3인 범위에서 f_H는 거의 1이 된다. 따라서 홀소자의 길이 l은 폭 w보다 3배 이상 커야 한다. 따라서 십자형 홀소자가 위의 조건을 잘 만족하기 때문에 실용적인 홀센서는 대부분 십자형으로 제작한다.

홀센서를 구동하는 방식에는 <그림 10-14>와 같이 정전류 방식과 정전압 방식이 있다. 정전류 구동방식에서의 출력전압은 식 (10-2)와 같이 주어진다. 따라서 자기장에 대한 직선성이 우수하고, 자속밀도가 커지면 소자저항이 증가하지만(자기저항 효과 때문에 증가함), 소자전류가 소자저항에 관계없이 일정하므로 식 (10-2)에 따라 직선성이 나빠지지 않는다. 다만 인가전압(I×R)이 소자저항의 온도변화에 따라 변화하므로 불평형 전압의 온도변화가 크게 나타나며, 이를 보정하기 위해 회로가 복잡해 지는 것이 단점이다. 반면, 정전압 구동방식에서의 출력전압은 다음과 같다.

$$V_H = \frac{w}{l} \mu B V_s \frac{f_H}{g_M} \tag{10-3}$$

정전류 방식에 비해 자기장에 대한 직선성이 나쁘지만, 인가전압이 일정하므로 온도에 따른 불평형 전압의 온도변화가 작기 때문에 회로가 간단한 것이 장점이다.

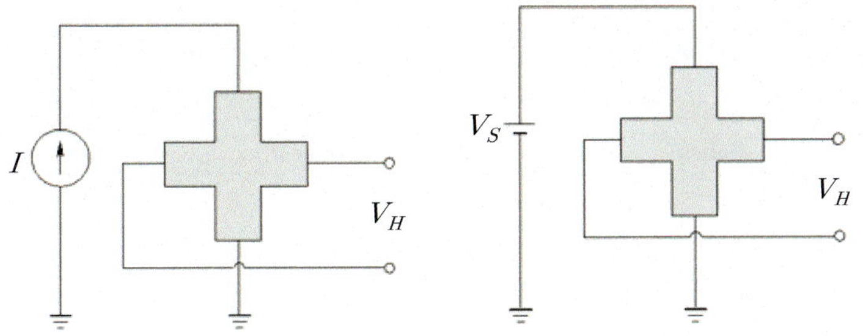

(a) 정전류 구동 (b) 정전압 구동

▲ 그림 10-14 홀센서의 구동 방식

10.3.2 자기저항효과

자계에 따라 재료 내의 저항이 변화하는 현상인 자기저항효과(magnetoresistance effect, 줄여서 MR효과)는 모든 금속 물질에서 발견되는 물리현상이다. 고전적으로 MR효과는 자기장의 세기와 전류 흐름에 대한 상대적인 자기장의 방향에 영향을 받는 것으로 알려져 있는데, MR효과는 재료의 종류와 원리에 따라 크게 정상 자기저항(ordinary MR), 비등방성 자기저항(anisotropic MR, 줄여서 AMR), 거대 자기저항(giant MR, 줄여서 GMR), 대규모 자기저항(colossal MR) 등 4가지로 구분할 수 있다.

반도체에서의 자기저항효과의 개념은 <그림 10-15>와 같다. 일반적으로 자기장이 없는 상태에서 전류가 흐르는 경우(그림 (a)의 경우), 전류는 전기장과 동일한 방향인 직선경로를 따라 흐른다. 이 상태에서 외부에서 자기장이 주어지면(그림(b)의 경우), 전류가 흐르는 경로는 그림과 같이 전기장 방향과 θ만큼 달라진다. 이와 같이 자기장을 가하면 전류에 기인하는 전하 캐리어의 편향에 의해 전극사이의 전류경로는 더 길어지고 더 좁아지므로 저항은 증가한다. 이때 반도체의 저항변화는 다음 식으로 주어진다. 여기서 m은 l/w에 의존하는 형상인자(geometrical factor)이다.

$$R = R_0(1 + m\mu^2 B^2) \tag{10-4}$$

자기장에 의해서 변화된 전류분포는 전극 부근에서만 일어나므로, 소자길이 l과 폭 w의 비(l/w)를 작게 하면 저항 변화율(R/R_0)이 증가한다. 즉 소자의 형상에 의해서 저항변화의 비율이 영향을 받게 된다. 이것을 형상 자기저항효과(geometrical magnetoresistance effect) 또는 간단히 형상효과라고 한다. 형상 자기저항효과에서도 이동도가 매우 중요한 역할을 한다. 실리콘의 경우 전자 이동도가 약 1,600 cm^2/Vs 정도로 작아 자기저항효과도 매우 작기 때문에 자기센서로 사용하지 않는다. 그래서 현재 전자 이동도가 약 70,000 cm^2/Vs 정도인 InSb와 같이 전자 이동도가 매우 큰 재료가 자기저항소자로 사용된다.

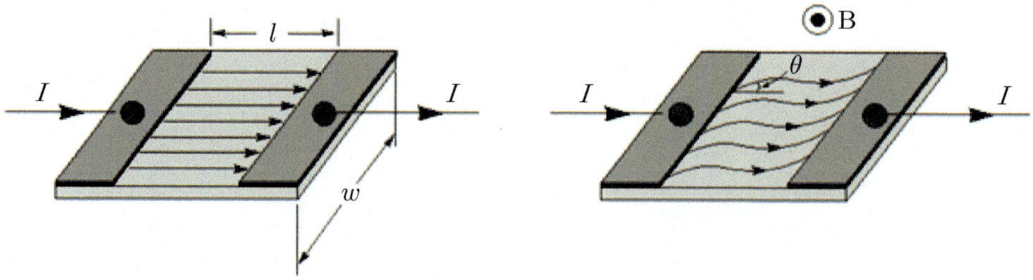

(a) 자기장이 없을 때　　(b) 자기장이 있을 때

▲ 그림 10-15 반도체의 자기저항효과

<그림 10-16>은 InSb로 만든 대표적인 MR소자의 저항-자기장 특성이다. 약한 자기장에서는 저항이 비선형적으로 증가하며 감도는 낮은 편이다. 반면 높은 자기장에서는 저항이 직선적으로 변하며, 자기장의 방향에 따라 대칭이기 때문에 자기장이 (+)인지 (-)인지를 극성을 구분하지 못한다.

반도체는 기본적으로 온도에 따라 특성이 많이 변하는 특성이 있기 때문에 <그림 10-17>과 같이 반도체로 만든 MR소자의 저항도 약 -2%/℃ 정도의 큰 온도계수를 가지고 있다. 마찬가지로 MR소자의 출력전압도 온도에 따라 특성이 변하는데, 출력전압의 온도계수는 약 -0.4%/℃ 정도이다. 반도체 MR소자의 장점은 동적 범위가 넓고, 출력이 높으며, 높은 자기장에서도 포화되지 않으며, 환경에 대한 저항력이 우수한 점이다. 반면, 약한 자기장에서는 감도가 낮은 편이며, 온도 의존성이 크고, 자기장의 방향을 구분하지 못하는 단점이 있다.

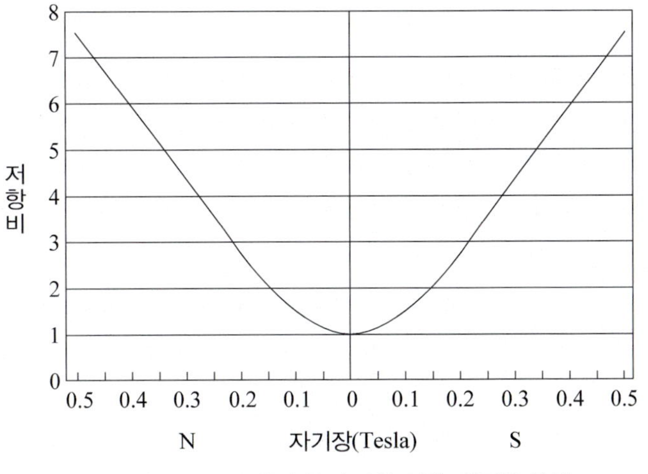

▲ 그림 10-16 InSb MR 소자의 저항-자기장 특성

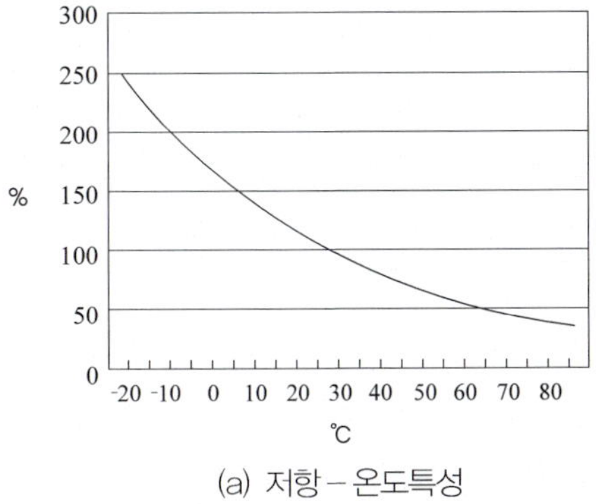

(a) 저항 – 온도특성

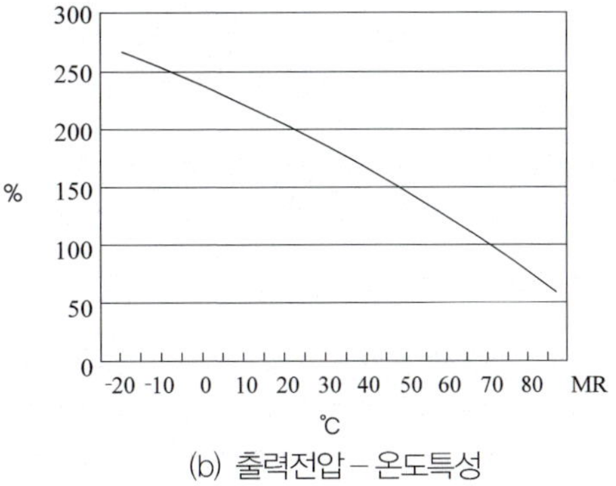

(b) 출력전압 – 온도특성

▲ 그림 10-17 반도체 MR소자의 온도 특성

10.3.3 이방성 자기저항효과

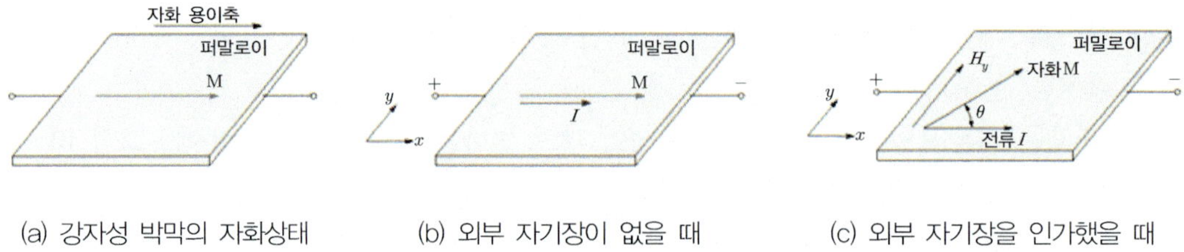

▲ 그림 10-18 강자성체의 이방성 자기저항 효과

보통 강자성 금속에서 전류와 자화(magnetization)의 방향이 서로 평행일 때 저항이 최대로 되고, 서로 수직한 경우 최소로 되는 현상이 일어나는데 이것을 이방성 자기저항효과(anisotropic magnetoresistance effect, 줄여서 AMR 효과)라 한다.

<그림 10-18(a)>와 같이 퍼말로이(permalloy) 강자성 박막을 기판에 증착하는 과정 동안, 강자성 박막의 길이방향에 평행하게 자기장을 인가하면, 증착이 완료된 후 퍼말로이 박막은 길이방향으로 자화되어 자화벡터 M을 갖게 된다. 그림 (b)와 같이 자화벡터 M의 방향과 평행하게 전류 I를 흐르게 한 후, 그림(c)와 같이 외부로부터 y축 방향으로 자기장을 인사하면, 박막의 내부 자화벡터 M은 x-축으로부터 θ각 만큼 회전하게 된다. 자화벡터가 회전하면, 박막의 저항은 각 θ, 즉 피측정 자기장의 세기에 의존한다. 이것을 이방성 자기저항효과하고 부른다.

강자성 박막의 저항은 전류 I와 자화벡터 M 사이의 각 θ에 따라 <그림 10-19>와 같이 변한다. 그림에서 M의 방향이 I와 평행일 때 박막의 저항 변화는 최대가 되며, M이 I와 서로 수직일 때 최소가 된다.

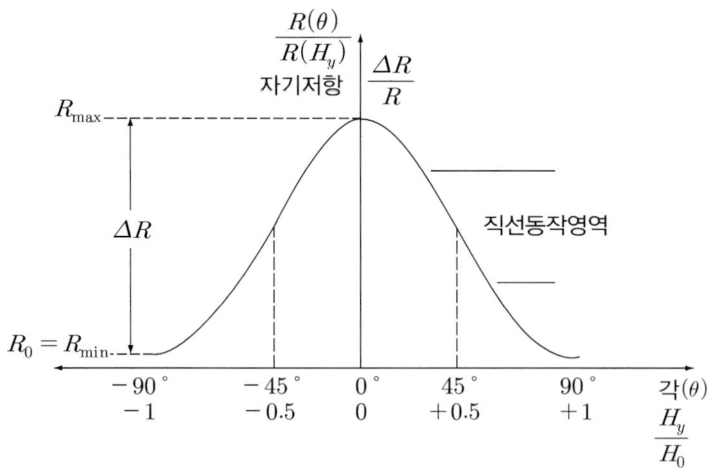

▲ 그림 10-19 각 θ에 따른 자기저항의 변화

자기저항변화는 각 축에 대해 대칭적이며, $\theta = 45°$를 전후로 하여 직선영역이 존재함을 할 수 있다. 그래서 AMR 소자는 이 직선영역을 이용한다. 이것을 식으로 나타내면 다음과 같다. 여기서 R_0는 M과 I가 수직일 때의 저항이다.

$$R(\theta) = R_0 + \triangle R\cos^2\theta \tag{10-5}$$

대부분의 AMR 센서는 실리콘 기판 위에 퍼말로리인 NiFe 박막을 증착한 후, 이것을 저항 스트립으로 패터닝하여 제작한다. 이 박막은 자기장 내에서 약 2~3%의 저항 변화가 생긴다. 미소자기장을 측정하기 위해서는 AMR 센서의 직선성이 요구되는데, 이것은 $\theta =$ 45°일 때 저항과 자기장은 직선 관계가 된다. <그림 10-20>은 전류가 45° 각도로 흐르도록 바버폴(barber pole) 구조의 AMR 센서이다. 센서 축과 45°로 알루미늄을 그림과 같이 증착하면, 바버폴인 알루미늄의 저항은 퍼말로이 보다 작으므로 단락 바로 작용한다. 전류는 박막을 통해서 가장 짧은 경로를 선택해 흐르기 때문에 하나의 단락 바에서 다른 단락 바를 향해 45° 각도로 흐르게 되므로 전류와 자기장의 방향이 45°로 된다. <그림 10-21>과 같이 바버폴을 사용해 전류를 45°만큼 편향시키면, 바버폴이 없을 때에 비해서 AMR 센서는 직선화가 된다.

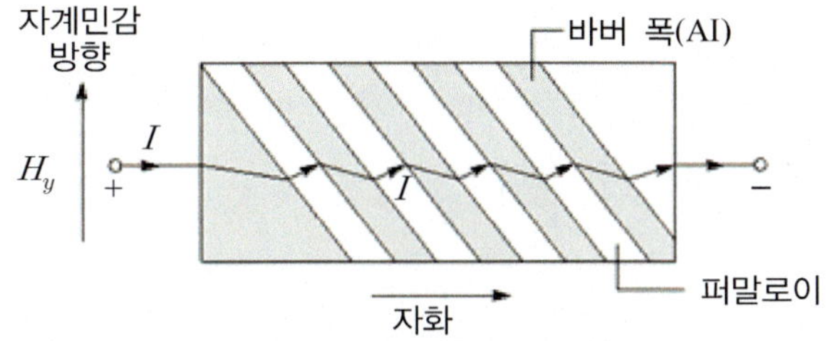

▲ 그림 10-20 바버폴을 가진 AMR 센서

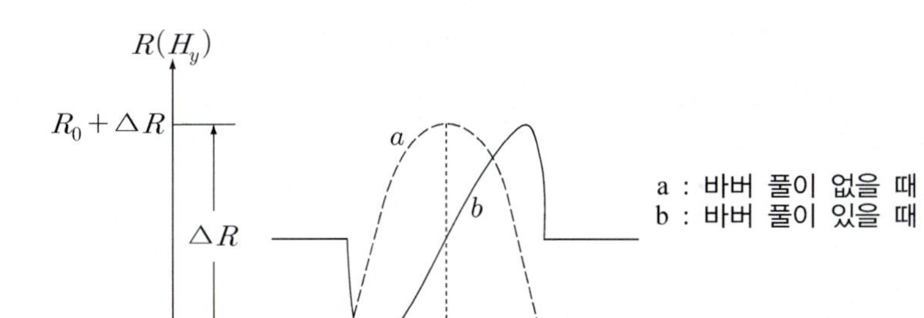

▲ 그림 10-21 바버폴의 유무에 따른 AMR 소자의 저항 변화

10.3.4 거대 자기저항효과

거대자기저항(giant magnetoresistance) 현상이 기존의 정상자기저항효과와 이방성 자기저항효과와 가장 크게 다른 점은 거대자기저항 현상은 자연계에 존재하는 물질에서 발현되는 현상이 아니고, 인위적으로 제작된 시료에서만 발현되는 현상이라는 점이다.

1980년대에 진공 증착기술의 발달에 의해서 균일한 수 원자 층 두께의 금속 박막을 제작하는 것이 가능해졌다. 강자성체와 비자성체를 수 nm 두께로 번갈아 증착한 초격자 다층 박막에서 약 70%의 자기저항 변화가 관측되었다. 이것은 AMR 센서의 자기저항 변화가 수 %에 불과한 점에 비추어 보면 거대한 자기저항이었다. GMR 현상은 스핀 의존성 산란(spin-dependent scattering)에 기인한다. 두 강자성 박막의 저항은 자성 박막 내의 자기 모멘트가 평행인가 또는 반평행인가에 따라 변화한다. 두 자성 박막이 평행한 자기 모멘트를 가질 때는 스핀업(spin up) 상태인 전자들은 경계면에서 산란 없이 통과할 수 있어 산란이 덜 일어나 전자의 자유평균자유행정(mean free path)이 더 길어지므로 저항도 작아진다.

반대로 두 자성 박막이 반평행 자기 모멘트를 가지면, 경계면에서 모든 전자들이 산란되기 때문에 전자의 평균자유행정이 짧아지고 따라서 저항도 증가한다. 즉, 두 자성체 박막의 자기 모멘트가 평행이면 전자 산란이 최소로 되어 저항도 최소로 되고, 반평행이면 전자 산란이 최대가 되어 저항도 최대가 된다.

<그림 10-22>는 비자성 금속박막의 두께가 1.5~2.0 nm, 폭이 2mm인 GMR 소자의 저항과 외부 자기장 특성을 나타낸다. AMR의 저항 변화가 3% 이하인 반면, GMR 소자의 저항 변화는 10~20% 정도로 매우 크다.

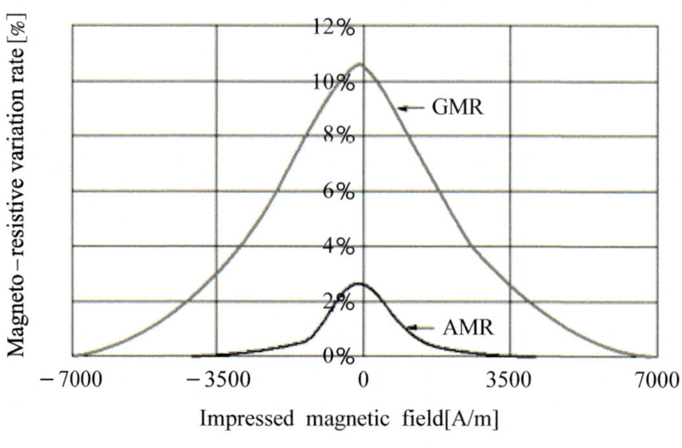

▲ 그림 10-22 GMR 소자의 저항-외부 자기장 특성

10.3.5 자속게이트

자속게이트(fluxgate)는 상온에서 동작하는 자기센서 중에서 가장 감도가 높은 센서이다. 자속게이트는 강자성 철심의 비선형 특성을 이용한 것으로 100pT의 분해능으로 1mT까지 자기장의 측정이 가능하다. 일반적으로 자속게이트는 <그림 10-23>과 같이 강자성체 코어, 여자 코일(excitation coil) 또는 구동코일(drive coil), 픽업코일(pick-up coil)로 구성된다.

외부 자기장이 없을 때, 코어 내부에는 단지 구동코일에 의해서 만들어진 자기장에만 의존한다. 코어내부의 자기장은 <그림 10-24>와 같이 대부분의 시간을 (+)와 (-) 포화상태에 머무르게 된다. 이때 픽업코일에 유기되는 전압은 (+) 포화상태와 (-) 포화상태 사이에서만 자속이 변하므로, 이 구간에서만 픽업코일에 전압이 유기된다.

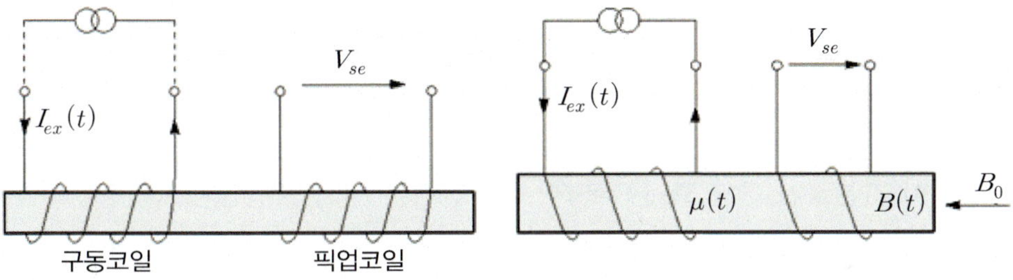

(a) 자기장이 없을 때 (b) 자기장이 있을 때

▲ 그림 10-23 기본적인 자속게이트 센서 구성

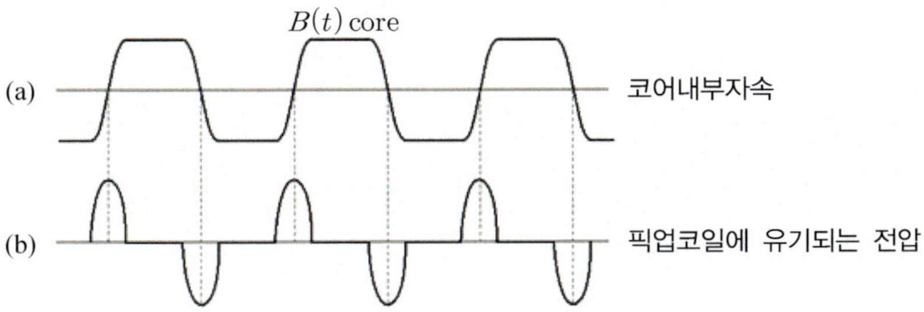

▲ 그림 10-24 외부자기장이 없을 때 픽업코일에 유기되는 전압

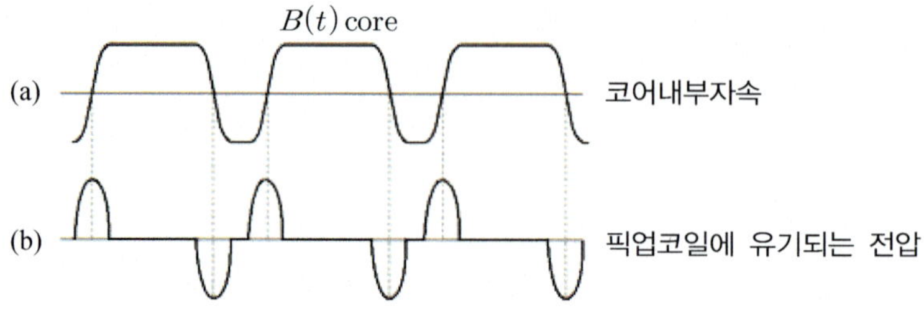

▲ 그림 10-25 외부자기장이 있을 때 픽업코일에 유기되는 전압

여기에 외부자기장의 성분이 코어 축을 따라 존재한다면, (+) 또는 (-) 포화상태 중 하나의 상태에서 보내는 시간이 증가한다. <그림 10-25>는 (+) 포화상태에서 있는 시간이 증가하고, (-) 포화상태에 있는 시간이 감소하는 경우이다. 이와 같이 외부자기장이 존재하게 되면 자화의 비대칭이 발생하게 된다. 이 경우 픽업코일에 유기되는 전압은 (+), (-) 포화자속 사이의 자속이 변하는 구간이 이동하였으므로, 픽업코일에 유기되는 전압도 이동하게 된다. 이 이동을 검출한 후, 이동의 크기로부터 외부자기장 밀도를 결정할 수 있다.

이와 같이 기본적인 단일 코어 구조의 주요 단점은 센서가 변압기로 작용하기 때문에 여자 주파수에서 센서 출력에 큰 신호가 나타나는 점이다. 그래서 단일 코어 구조는 간단한 센서에서만 사용하고, 정밀한 자속게이트는 보통 <그림 10-26>과 같이 이중 코어(double core), 링코어(ring core)로 만들어서 사용한다.

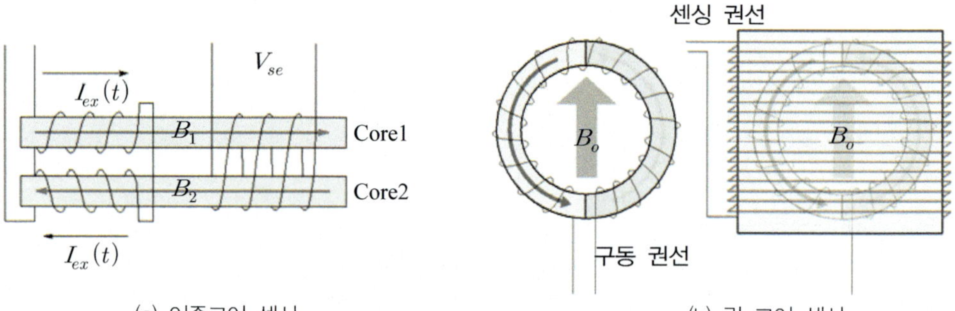

(a) 이중코어 센서

(b) 링 코어 센서

▲ 그림 10-26 이중 코어 및 링 코어의 구조

10.3.6 자기탄성 효과

자기탄성효과(magnetoelastic effect)는 강자성체에 자기장을 가하면 강자성체의 모양이 변하는 현상으로, 1842년 James Joule에 의해 니켈 금속에서 처음으로 관측되었다. 자기장의 세기가 아주 높지 않을 경우 부피의 변화가 없이 시편의 길이와 단면적이 변화한다. 이 현상은 모든 강자성체 재료에서 나타나는데, 자기장 속에 있는 강자성체는 탄성, 전류, 자장을 발생하며, 어떤 경우에는 열을 발생하기도 한다. 이러한 성질을 이용해서 센서, 액츄에이터, 트랜스듀서 등의 응용에 활용된다.

<그림 10-27>은 Terfenol-D 재료에 대한 자기변형 효과의 개념이다. 왼쪽과 같이 자기장이 없는 상태에서는 자기 쌍극자들이 랜덤하게 배열되어 있다. 그러나 오른쪽과 같이 외부 자기장이 가해지면, 강자성체 내부에 있는 국소의 자기 쌍극자들이 자기장의 방향에 따라 재배열을 하면서 재료에 변형이 유발하게 된다. 외부 자기장의 세기가 증가하면 할수록, 자기 쌍극자들의 재배열 포화가 되기까지 보다 많은 자기 쌍극자들이 재배열을 하게 되며 이에 따라 변형이 지속적으로 생기게 된다.

외부 자기장의 세기에 따른 변형되는 정도는 <그림 10-28>과 같다. 자기장이 없을 때 봉의 길이를 L이라 하고, 자기장의 세기에 따라 늘어난 길이를 ΔL이라고 하면, 자기장의 세기에 따른 $\Delta L/L$은 그림의 (b)와 같이 자기 쌍극자의 재배열 포화가 될 때까지 변하게 된다. 이러한 특성은 자성체 재료들이 가지고 있는 고유한 특성이다.

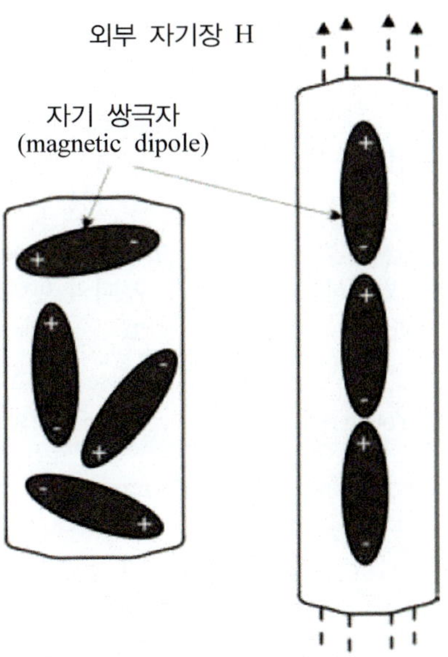

▲ 그림 10-27 자기변형 효과 개념

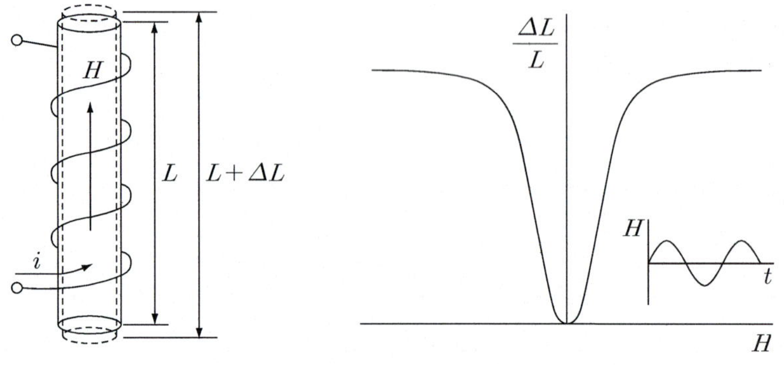

(a) 외부 자기장에 따른 길이 변형 (b) 외부 자기장의 변화에 따른 길이 변형률

▲ 그림 10-28 외부 자기장의 세기에 따른 길이 변형률

자기변형효과는 이 효과의 발명자 이름을 본 따서 Joule 효과라도 하며, 이 효과는 자기탄성결합(magnetoelastic coupling) 때문에 생기는 현상이다. 이것은 자기장의 방향에 따라 생성된 변형 현상 중의 하나인데, 이러한 현상을 자기탄성효과라 하며, 자기변형효과는 자기탄성효과의 가장 대표적인 현상이다. 자기탄성효과는 자기변형효과 이외에 <표 10-3>과 같이 직접 효과와 이에 대응하는 역 효과로 구분할 수 있다.

■ 표 10-3 자기탄성효과의 종류

직접 효과	역 효과
자기변형효과 - 외부 자기장의 방향에 따라 자성체에 변형이 생기는 효과	Villari 효과 - Joule효과의 역 현상으로 자성체에 외부에서 응력을 가하면 자기특성이 변화
Wiedemann 효과 - 자성체에 전류를 흘리거나 전류를 흘린 후에 자성체를 비틀면 자성체가 자화되는 현상	Matteuci 효과 - 강자성체에 종방향의 자기장을 가하고, 자성체를 비틀면 재료의 자화가 변화하는 현상
Magnetovolume 효과 - 대부분 큐리온도 근처에서 발생하는 현상으로 자화에 의한 부피 변화 효과	Nagaoka-Honda 효과 - 부피의 변화에 따라 재료 내의 자성이 바뀌는 효과
△E 효과 - 자화에 의하여 자성재료의 Young률이 변화되는 효과	Inverse ΔE 효과 - 탄성의 변화로 자화가 유도되는 효과

10.3.7 자기광학 효과

자기광학효과(magneto-optice effect)는 유리와 같이 광학적으로 투명한 등방물질을 자기장 속에 두어, 광이 물질 중에 자기장과 평행으로 전파될 때에 광의 편광면이 회전하는 현상이 1845년 이탈리아의 물리학자 Faraday에 의해 발견되었다. 즉, 자기광학효과는 매질

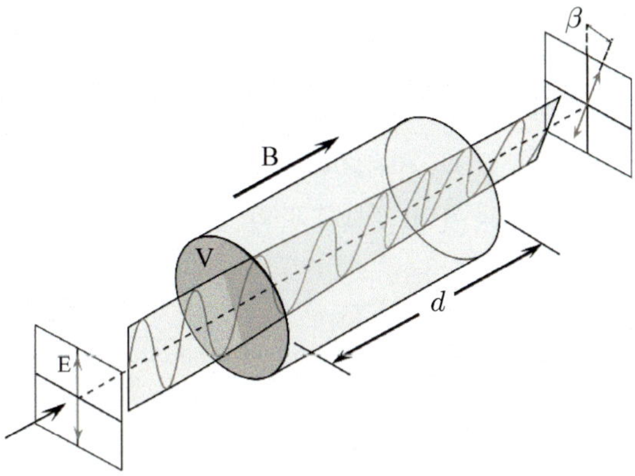

▲ 그림 10-29 자기광학 효과의 개념

을 전파해 나가는 광선의 광학적 특성이 매질에 인가된 자기장에 의하여 <그림 10-29>와 같이 편광면이 회전하는 현상으로 발견자의 이름을 따서 Faraday 효과라고도 한다.

이 효과는 자기장이 매질에 인가되면 Zeeman 효과에 의해 매질의 에너지 준위들이 분리되어 이 매질을 진행하는 광선의 편광상태에 따라 에너지 준위가 달라지며, 이에 따라 광선의 편광상태에 따른 광학적 특성도 달라지기 때문이다. 매질의 광학적 특성은 복소수 굴절률 ($\tilde{n} = n + ik$)로 표시할 수 있는데, 여기서 n과 k는 각각 굴절률과 흡수계수를 나타낸다. 진행하는 광선과 같은 방향으로 자기장이 인가되는 경우, 빛의 세기가 크지 않고 매질이 파장 λ에 대해 투명하면, 이 파장의 빛은 주로 원형복굴절성(magnetic circular birefringence, MCB)에 의하여 영향을 받게 되며, 이는 오른쪽 방향으로 원형편광된(righthand circularly polarized, RCP) 광선과 왼쪽 방향으로 원형편광된(lefthand circularly polarized, LCP) 광선에 대한 굴절률이 각각 다른 값을 갖는 자기광학 효과를 나타낸다.

10.3.8 조셉슨 효과

조셉슨 효과(Josephson effect)는 초전도체에서만 나타나는 현상인데, 이러한 물리적인 현상은 1962년 영국의 대학원생인 B. Josephson이 발견한 초전도체 위상의 결맞음(phase coherence)의 결과로 나타나는 효과이다. 이 효과의 개념은 <그림 10-30>과 같다. 두 개의 초전도 물질이 임의의 얇은 절연물질로 격리되어 있어도 전압이 0인 상태에서도 전류가 흐르는 현상이다. 그러나 (b)에서 보듯이 일반적인 재료들은 전압이 0이면 저항이 무한히 커져서 전류가 전혀 흐르지 않는다. 외부 전압을 가하지 않아도 단순히 위상차에 의해서 나타나는 전류의 흐름 현상을 조셉슨 전류라고 하며 다음과 같다.

$$I = I_0 \sin\left(\delta_0 + \frac{2e}{\hbar} Vt\right) \tag{10-6}$$

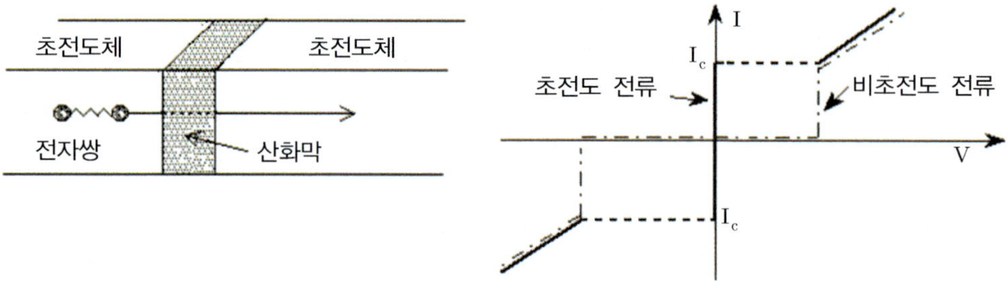

(a) Josephson 접합　　(b) Josephson 접합의 전류-전압 특성

▲ 그림 10-30 Josephson 효과의 개념

여기서 전압 V를 가하면 조셉슨 접합사이에 교류전류가 흐르게 되며 이를 교류 조셉슨 효과라고 한다. 여기서 δ_0는 접합사이 장벽의 폭이다. 예를 들어 조셉슨 접합에 1μV를 가하면 483.6MHz의 교류전류가 나타난다. 이런 특성을 이용해서 미세 자기장의 검출, 마이크로파의 검출 등에 이용하고 있으며, 이 접합은 기존의 반도체 회로보다 약 10~100배 이상 빠르게 스위칭 기능을 수행할 수 있는 장점 때문에 초고속 초소형 컴퓨터에 이상적으로 적용할 수 있다. 조셉슨 효과를 이용해서 만든 자기센서가 바로 KISQUID(superconducting quantum interference device)이다. SQUID에는 약한 접합부가 2개인 dc SQUID와 1개인 rf SQUID의 2종류가 있다. dc SQUID는 잡음에 강하나 안전성의 문제가 있어 처음에는 rf SQUID만 사용하였으나, 최근에는 dc SQUID도 상용화하여 사용하고 있다.

맛있게 생각해 봅시다!

1 MEMS를 이용한 센서 기술은 반도체 기술의 발전과 웨어러블 디바이스의 확산으로 사용 범위가 점차 확대되고 있다. 특히 스마트폰에는 MEMS 센서를 이용한 다양한 동작인식 기능이 구현되고 있다. 그 중에서 가까운 미래에 실용화가 예상되는 실내 네비게이션이 엄청난 잠재력을 갖고 있다. 실내 네비게이션에 대한 기술 동향에 대해 간략히 설명하세요.

2 스마트폰에 내장되어 있는 동작 감지센서를 이용해서 다양한 응용 분야가 나오고 있다. 대표적인 몇 가지 사례에 대해 간략히 설명을 하세요.

3 동작을 감지하기 위해 MEMS를 이용한 센서를 이용하는 방법도 있지만, 영상을 이용하는 방법도 있다. 이의 대표적인 것이 마이크로소프타사의 키넥트(kinect)이다. 키넥트 기술에 대해 간략히 설명을 하세요.

맛있는 풀이

풀이 1 GPS로 불가능한 실내에서의 위치를 추적하기 위해 다양한 방법이 시도되고 있다. 대표적인 것이 이동통신사의 기지국을 이용하는 방법이다. 이 방법은 삼각 측량법에 기초를 두고 있다. 기기국마다 고유의 ID가 있기 때문에 기지국을 이용한 위치 추적을 Cell ID 기술이라고도 한다. 도심지에는 기지국이 많이 설치되어 있기 때문에 측위오차는 100~500m정도이고, 교외에는 기지국이 띄엄띄엄 설치되어 있기 때문에 측위오차는 수 km에 달한다. 기지국의 큰 오차 때문에 실내의 위치 추적에는 한계가 있기 때문에 이의 대용으로 와이파이의 접속 포인트(access point, AP)를 통해 위치를 추적하는 기술이 가장 많이 활용되고 있다. 와이파이를 이용한 측위 기법에는 크게 두 가지가 있는데, 삼각측량 기법과 핑거프린팅(fingerprinting) 기법이다.

삼각측량법은 GPS와 기지국 방식에서 많이 사용된 방법이지만, 실내에서는 이 기술을 적용하기에 다소 무리가 있다. 그 이유는 AP에서 나온 신호들이 실내에 있는 벽, 바닥 및 천정에 여러 번 반사되어 스마트폰에 도달하기 때문에 스마트폰에서 측정된 신호가 어디서 온 것인지 정확히 분석하기가 어렵기 때문이다. 이러한 이유로 실내 위치추적을 위해서는 핑거프린팅 기법이 주로 사용되고 있다. 이 기술은 실내 공간을 여러 개의 작은 셀(cell)로 나누고, 각 셀에서 직접 측정한 신호 강도(received signal strength, RSS)값을 수집하고 데이터베이스화하여 라디오 맵(radio map)을 구축한다. 그런 다음 사용자 위치에서 수신된 RSS값을 데이터베이스와 비교하여 가장 유사한 신호 패턴을 보이는 셀을 사용자의 위치로 추정하는 방식이다. 이 방법은 공간 특성이 반영된 데이터를 직접 수작업으로 수집하기 때문에 삼각측량법에 비해 정확도가 훨씬 높다. 무선 네트워크 환경이 좋고 데이터베이스를 촘촘하게 수집할수록 정확도가 높아지는 것이 장점이다. 와이파이를 이용한 실내 내비게이션이 세계 최초로 상용화 되었던 곳은 다름 아닌 서울의 코엑스이다.

2010년 G20 서울 정상회의 기간에 코엑스를 방문하는 외국 대표단에게 실내 주요 시설을 안내하기 위해 <그림 10-31>과 같은 앱이 개발되었는데, 코엑스 내부에 설치된 약 3,400여개의 와이파이 AP를 이용한 위치의 오차범위는 3~8m 정도였다고 보고되고 있다.[75]

75. 조영연, "주목받는 실내 내비게이션 기술, 어떤 것들이 있을까?", http://platum.kr/archives/21956

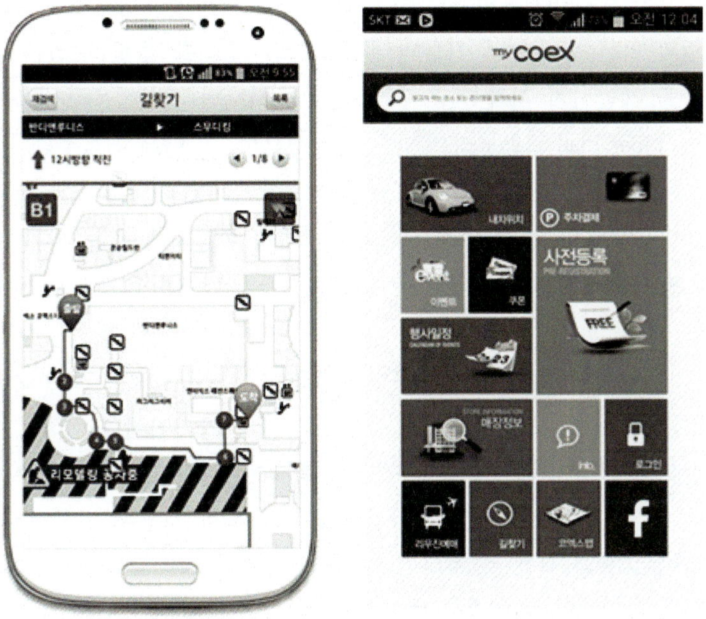

▲ 그림 10-31 코엑스의 실내 위치 서비스 앱 화면

와이파이를 이용한 방식의 장점은 기존의 와이파이 인프라를 그대로 활용하기 때문에 추가적인 하드웨어 인프라 설치가 필요 없다는 점이다. 단점으로는 라디오 맵을 구축하기 위한 비용이 많이 든다는 점이다. 촘촘하게 수집할수록 정확도는 향상되지만 비용은 지수함수적으로 증가한다. 그리고 AP가 교체되거나 이동하는 변화가 생기는 경우에 데이터를 다시 수집해야 하는 유지보수 비용이 발생한다는 점이다. 와이파이는 알고리즘의 단순성 때문인지 매우 많은 곳에서 시도되고 있다. 실제 서비스에 적용되기 위해서는 많은 장애물을 넘어야 한다. 예를 들면 RSS값의 데이터베이스 구축 비용 절감, 측위 성능, 배터리 소모, 장치간 RSS 이질성, 오차 추정 등이 있다. 최근 RSS값의 데이터베이스 구축 비용을 크게 절감할 수 있는 기술이 개발되었는데, 와이파이 SLAM(WiFi simultaneous localization and mapping)이라는 기술이다. '와이파이 슬램' 기술은 실내 공간을 단순히 걸어 다니는 것만으로 라디오 맵을 자동으로 구성해주는 기술이다. 이 기술은 셀 단위의 데이터 수집 방식에 비해 매우 빠르고 쉽게 라디오 맵을 구축할 수 있고 비용은 80~90% 정도 절감할 수 있다. 2013년에 애플은 설립 2년차인 이 기업을 무려 2,000만 달러에 전격 인수하였다. IT 전문지 테크크런치에 따르면 '와이파이 슬램'의 기술을 활용해 실내위치를 측정할 경우 2.5m의 오차 범위 내에서 실시간 위치추적이 가능하다고 발표하였다. 애플은 그 이외에도 실내 위치 추적을 위해 많은 비용을 들였는데, C3 Technology, Poly9 등과 같은 LBS(위치기반서비스) 전문 사업자들을 연이어 인수하

였다. 구글은 2011년 말부터 자체 지도 서비스인 구글맵(Google maps)을 통해 미국, 유럽과 일본 등에 한해 건물의 실내 구조와 위치를 찾을 수 있는 실내 지도 서비스 기능을 제공하기 시작했다. 구글은 실내 지도의 정확성을 보완하기 위해, 'Google Maps Floor Plan Maker'라는 앱을 출시했으며, 이 앱은 건물주나 상점 주인 등이 직접 수정한 평면도를 Google Maps에 업로드함으로써 구글측에 피드백을 보내는 일종의 크라우드 소싱(crowd sourcing) 방식을 활용하여 RSS 데이터베이스 구축비용을 줄이는 시도를 하고 있다.

이 외에도 비콘(beacon)을 이용한 방식도 있다. 비콘에서 2.4GHz의 주파수를 가진 매우 약한 신호를 발생시키고 사용자가 비콘 가까이에 근접하여 신호를 수신하면 비콘이 있는 위치에 있다고 추정하는 방식이다. 애플은 배터리 수명과 크기를 고려하여 매우 단순한 iBeacon을 선보였다. iBeacon에 사용된 핵심 기술은 블루투스 4.0 표준에 포함된 사양 중 하나인 블루투스 로우 에너지(bluetooth low energy, BLE)이다. 블루투스 4.0은 클래식 블루투스, 블루투스 하이 스피드, BLE로 구분되는데, 클래식 블루투스는 3.0버전까지의 기존 프로토콜 조합이고, 하이 스피드는 와이파이를 기반으로 한다. BLE는 기존에 '와이브리'(Wibree)로 불리던 기술로, 전력소모를 획기적으로 줄여 동전형태 전지의 매우 낮은 전력으로도 오랫동안 사용할 수 있도록 지원하는 것이 특징이다. BLE는 듀얼모드와 싱글모드 등 두 가지로 제품에 적용할 수 있다. 싱글모드는 저전력 프로토콜 스택을 단독으로 실행하는 반면, 듀얼모드는 기존의 클래식 블루투스와 호환이 된다. 기존의 주파수와 기능 등 클래식 블루투스와 아키텍처를 공유하기 때문에 기존 클래식 블루투스 대비 제조비용이 거의 올라가지 않는다. 상점의 경우 코너마다 하나씩 부착하게 되면 사용자는 어떤 코너에 있는지 확인이 가능하고 관련된 쿠폰이나 상품 소개를 받을 수 있는 서비스가 가능해진다. 상점 주인들이 어려움 없이 직접 비콘을 구매하고 설치할 수 있기 때문에 확산이 빠르게 이루어질 수 있다. 하지만 비콘의 신호 도달 범위가 짧아 공항이나 대형 쇼핑몰의 전체 공간에서 실내 측위를 원하는 경우에는 엄청난 양의 비콘을 설치해야 하는 단점이 있다.[76]

그리고 움직임 감지 센서를 이용한 실내 측위 기술도 개발되고 있는데, 이러한 기술을 '보행자 추측 항법(pedestrian dead reckoning, PDR)'이라 한다. 이를 위해 필요한 센서가 3축-가속도센서, 3축-자이로스코프센서, 3축-지자기센서, 기압센서(barometer)이며, 이와 같은 센서의 모음을 10축-모션센서라고 한다. MEMS 센서

76. Niklaus's Blog, "스마트폰을 위한 실내 측위 기술"

전문회사인 ST마이크로일렉트로닉스는 2012년에 와이파이의 AP 뿐만 아니라 자이로스코프센서와 가속도센서를 이용한 실내 측위 기술을 선보였다. 당시 이 기술을 이용하면 실내 위치 오차의 범위가 5~10m 이내로 줄어들 것이라 밝혔다. 이 기술은 와이파이의 AP 신호를 감지해 사용자의 위치를 체크하고, 이후에는 센서로 위치를 추적하는 방식이다. 가속도센서로 사람이 움직인 거리를 계산하고, 자이로스코프센서로 어느 방향으로 움직이는지 계산할 수 있다. 또한 기압을 측정하는 기압센서를 활용하면 높이에 대한 정보도 추가할 수 있다. 이러한 센서 데이터와 와이파이의 AP 데이터를 실시간 비교함으로써 지속적인 오차를 보정하면서 실내에서의 위치 추적이 가능하도록 한 기술이다. 가까운 미래에는 이와 같은 10축-모션센서만으로도 완벽한 실내측위가 가능할 것으로 예측하고 있다.

이 외에도 기존과는 매우 차별화된 실내 내비게이션을 연구하고 있는 곳이 있는데, 바로 이스라엘의 스타트업 기업인 ShopCloud라는 곳이다. 이 회사에서는 매우 독특한 방식의 실내 내비게이션 기술인 Inside라는 기술을 사용하고 있는데, 스마트폰의 카메라와 마이크, 자이로스코프센서 등 일반적인 스마트폰에 탑재된 부품과 센서를 활용해 실내 내비게이션을 구현하고 있다. 이 기술은 와이파이 AP와 같은 장비를 추가로 설치할 필요도 없고 사용자도 와이파이에 연결하기 위해 신경을 쓸 필요도 없다. 스마트폰 카메라로 주위를 확인한 뒤 데이터를 계산해서 정확한 위치를 파악할 수 있다고 하며, 각종 센서를 통해 사용자의 움직임을 추적하는 방식을 사용한다고 한다. 이 방식을 사용하면 실내 내비게이션은 1m 이하의 정확도를 보인다고는 하는데, 아직 상용화는 되지 않고 있다.

지자기센서는 내비게이션 시스템에 필수적으로 장착되어 있는데, 아날로그형 나침반을 대신하여 디지털 나침반 기능을 제공해 준다. 디지털 나침반으로 지자기 방향을 측정하여 차량의 주행방향이 동서남북 중 어느 방향으로 진행하고 있는지 알 수 있다. 또한 스마트폰 내에 있는 지자기센서를 응용한 금속탐지기 앱도 출시되고 있다. 스마트폰 주위에 금속 물질이 있으면 자기장의 변화가 생기는데, 큰 자기장의 변화량은 <그림 10-32>와 같은 앱을 이용해서 스마트폰의 지자기센서로 측정할 수 있다. 물론 미약한 자기장의 변화를 측정하려면 고정밀의 자기장센서를 내장한 금속탐지기를 사용해야 한다. 또한 수맥 탐지용으로도 활용이 가능하고, 벽속의 전기선을 찾는 용도로 사용을 할 수 있다고 한다. 실외의 내비게이션은 GPS 센서만으로도 충분히 위치 파악이 가능하지만, 실내에서는 GPS 센서가 동작하지 않기 때문에 다양한 방법이 시도되고 있다. 그 중에서 지구 자기장의 핑거프린팅 기법을 이용한 실내 위치추정에 관한 연구도 수행되고 있다. 철근 구조물인 경우 지자기가 많은 영향을 받는데, H빔의 구조물이 일반 철골 구조에 비해 많은 영향을 받는 것으로 나타났으며, 20cm 간격으로 데이터베이스를 구축한 결과 약 20cm의 위치오차가 발생한 것으로 보고되었으며, 이러한 실험 결과로부터 지자기센서만으로도 PDR의 구현이 가능하다.[77] 지자기센서를 만드는 회사에서는 잡음을 줄이고 감도를 높이는 방향으로 연구 개발을 지속하고 있으며, PRD 관련 회사에서는 복합 기술을 이용하여 실내에서도 완벽하게 위치를 추정할 수 있는 방법에 대해 연구 중에 있다. 조만간 스마트폰만으로도 실내외에서 완벽한 위치추적이 가능한 기술이 나올 것으로 기대된다.

▲ 그림 10-32 지자기센서의 활용 사례

풀이 2 2010년 6월 24일에 출시한 아이폰4는 출시 후 3일 만에 170만대가 판매되는 엄청난 인기를 끌었다. 이전의 아이폰은 경쟁사들에 비해 낮은 수준의 하드웨어를 탑재했다는 지적을 받았지만, 아이폰4로 이러한 우려를 불식시켰다. 그 이유는 아이폰4에 혁신적인 기능 3가지 탑재되었는데, 바로 레티나 디스플레이, 페이스타임, 그리고 자이로스코프센서이다. 특히 기존 휴대폰에서는 볼 수 없었던 자이로스코프센서는 당시 많은 이들에게 큰 기대감을 던져주었다. 닌텐도의 위(Wii)와 같은 콘솔 게임기의 사실감 넘치는 동작인식을 아이폰에서도 즐길 수 있게 되었기 때문이다. 이후 경쟁사 제품에도 이 센서가 탑재되었고, 안드로이드는 진저브레드(2.3)부터 공식 지원을 하게 되었다. x, y, z 3축 방향에 대한 직선 이동거리만 측정하는 가속도센서와는 달리 자이로스코프센서로 회전하는 각속도를 측정할 수 있게 되었다. 높이와 회전, 기울기 등 스마트폰의 작은 움직임도 감지할 수 있게 되어 가속도센서와 함께 사용하여 거의 완벽한 동작 인식이 가능하게 되었다. 자이로스코프센서는 각속도를

77. 허수정 외1인, "지구 자기장 기반의 Fingerprint 실내 위치추정 방법 연구", 한국통신학회논문, vol.38C, No.01, 2013

측정하므로 단위는 degree per second(dps, 초당 회전각도)이며, 어떤 물체가 초당 1회전을 한다고 하면 각가속도는 360dps가 된다. 숫자가 커지면 초당 회전하는 속도가 빠르다는 것을 의미한다. 자이로스코프센서의 일반적인 감지범위는 모바일 제품의 경우 300~2000dps, 카메라 손떨림 보정의 경우에는 150dps, 차량용 내비게이션의 경우는 100~500dps 수준이다. 건강을 유지하기 위해 걷는 것은 매우 좋은 운동이다. 예전에는 하루에 얼마를 걸었는지 알기 위해 조그만 크기의 만보계라는 것을 허리에 차고 다니면서 걸음수를 측정하였다. 하지만 이젠 스마트폰에 있는 움직임 감지센서인 가속도센서와 자이로스코프센서를 이용하면, 걸음걸이에 해당하는 움직임을 정밀하게 감지하여 뛰어난 만보계 기능을 수행할 수 있다.

가속도센서와 자이로스코프센서의 장착으로 <그림 10-33>과 같이 스마트폰에 만보계 기능이 구현되었으며, 스마트폰을 주머니에 넣어둔 채로 움직이기만 하면 자동으로 걸음수를 측정해 준다. 기존 만보계는 조그만 움직임에도 걸음걸이로 인식을 하여 오차가 많았던 반면, 스마트폰의 걸음걸이 인식은 스마트폰에 탑재된 고성능의 CPU를 이용하여 걸음걸이에 적절한 알고리즘을 통해 훨씬 정교한 걸음걸이 인식이 가능해졌다. 또한 스마트폰을 가로로 보다가 보다 넓은 화면으로 보기 위해 세로로 움직이게 되면 화면이 이런 동작에 따라 즉시 바뀐다. 스마트폰을 좌우로 흔들어 화면 속 주사위를 굴리거나, 투수의 구속을 측정하듯 스마트폰을 손에 꽉 쥐고 팔을 뻗으면 가상으로 공의 속도를 알려주는 것도 가능하다. GPS가 수신되지 않는 터널에 차량이 진입했을 경우 가속도센서로 차의 속도를 측정하고, 자이로스코프센서로 회전 방향을 측정하여 내비게이션에 반영하게 하면 터널 내에서도 내비게이션이 정상적으로 동작할 수 있다.

▲ 그림 10-33 움직임을 감지하는 스마트폰의 기능

아이폰용 소셜 게임인 '위룰'로 국내 사용자들에게 친숙한 Ngmoco가 아이폰4가 출시되자마자 발빠르게 자이로스코프센서를 활용한 게임을 선보였다. Ngmoco의 'Eliminate: GunRange'는 3차원 공간에 위치한 과녁을 사격하는 게임인데, 과거에는 화면을 드래깅하면서 플레이를 했지만 아이폰4에서는 휴대폰의 움직임만으로도 정확하게 과녁을 겨냥할 수 있게 되어 훨씬 실감나는 게임을 즐길 수 있게 되었다. 앞으로 자이로스코프센서가 단지 게임에서 그치지 않고 다양한 분야로 확대될 것으로 예측하고 있다. 그 중에서 가장 주목받는 분야가 바로 모바일 증강현실이다.

스마트폰에서 보다 실감나는 증강현실을 구현하기 위해 가장 필요한 것이 바로 휴대폰의 정확한 움직임을 감지해 내는 기술이다. 기존에도 가속도센서와 지자기센서, GPS와 위치정보를 활용한 여러 증강현실 기능이 스마트폰에서 구현되어 있었다. 그러나 기존 기술로는 사용자가 바라보는 방향에 정확한 위치정보를 표시해주는 데에 한계가 있었다. 예를 들어 사용자가 증강현실 앱을 실행하고 카메라 화면으로 식당을 비추면, 그 위에 그 식당의 메뉴와 사용자들의 평가를 보여줘야 하는데 실제로는 정확도가 떨어져 그 옆에 위치한 옷가게 메뉴가 뜨는 경우가 있었다. 게다가 화면을 이리저리 움직여보면 화면에 표시된 정보가 움직임에 맞춰 따라가지 못하고 화면 위에 둥둥 떠다니기 일수다. GPS의 정확도를 보정하는 A-GPS 기능이 최신 스마트폰에 속속 탑재되고 있으며, 여기에 자이로스코프센서까지 추가가 되면 훨씬 정확하게 증강현실 화면 구현이 가능해진다. 이와 같이 스마트폰 내에 있는 중력센서, 가속도센서, 자이로스코프센서 등은 스마트폰의 움직임을 정확히 파악하는 용도로 사용되고 있다.

풀이 3 적외선 카메라를 이용한 카메라 기반 방식의 기술을 적용한 게임기를 마이크로소프트사에서 출시했는데, 이 기술이 바로 키넥트(Kinect)이다. 키넥트에는 <그림 10-34>와 같이 적외선을 송출하는 '적외선 프로젝트'가 있고, 반사되어 오는 적외선을 인식하는 적외선 카메라가 있다. 이 센서들이 20여개 이상의 관절을 인식하여 xyz 3차원의 신체 움직임을 감지한다. 카메라 기반 방식은 기존의 컨트롤러 기반 방식보다는 조금 더 진일보 했다는 평가를 받고 있는데, 그 이유는 닌텐도 위나 PS무브는 손에 컨트롤러를 쥐고 있어야만 했지만, 키넥트는 카메라 앞에 서 있기만 하면 신체의 모션을 인식하기 때문이다. 2013년에 출시된 키넥트는 수평각 57.5도, 수직 48.5도, 약 5m 내에 6명까지 동시에 트래킹이 가능하였다. 최근 키넥트 기술을 이용하여 수화 인식 기능을 추가해 청각 장애우를 위한 '키넥트 번역기'로 사용하는 연구가 진행되고 있다. 이 기술을 이용하면 수화를 단어로 변화해 컴퓨터가 읽어주는 것은 물론 그 반대도 가능하다. 청각 장애가 없는 사람은 그냥 키넥트 번역기에 말하거나 단어를 입력하면 된다. 그러면 화면에서 가상 아바타가 수화로 해당 단어를 표현해 준다. 연구팀은 앞으로 더 많은 전문가와 협업하고 다양한 키넥트 번역기 활용사례도 발굴할 예정이다. 이 기기를 이용하면 청각 장애우들이 장애가 없는 청중들에게 프리젠테이션을 할 때 도움이 될 것으로 보인다. 안내 데스크에서 일하는 청각 장애우들이 방문자들의 질문에 응대하는 것도 더 수월해질 전망이다.[78]

▲ 그림 10-34 마이크로소프트사의 모션감지 센서 키넥트

78. 마이크로소프트 홈페이지, http://www.xbox.com/ko-KR/Kinect

PART 2

복합 센서 동작 원리

Chapter 11

물리보안용 센서

11.1 물리보안 개요

보안(security)이란 사전적인 의미로 어떤 위협으로부터 안전을 유지한다는 뜻이다. 안전(safety)은 위험하지 않거나, 위험이 없는 상태를 의미한다. 따라서 보안이라 함은 위험, 손실 및 범죄가 발생하지 않도록 방지하는 상태를 가리킨다. 일반적으로 보안은 피해발생의 원인이 '인간의 행위'라는 점에서 안전이라는 개념과 구분된다. 하지만 국내에서는 두 용어를 크게 구분하지 않고 혼용하여 사용하는 경향이 있다. 보안이 안전과 동의어로 쓰이기도 하지만, 일반적으로 보호해야 하는 대상에 대해 접근제어를 통해 안전을 도모하는 경우를 보안으로 정의한다.

보안에는 물리보안, 정보보안, 그리고 이 두 가지 기술을 융합한 융합보안으로 구분된다. 물리보안(physical security)의 정의를 위키피디아 백과사전에서 찾아보면 "물리적으로 정보, 인명, 시설을 보호하는 것을 의미하며, 이는 인가자/비인가자의 출입관리, 천재지변으로부터의 시설보호, 방범관리 等 모든 물리적 위협에 대해 보안을 지키는 것을 의미한다. 대한민국에도 물리보안 전문 업체가 여럿 있으며, 도난 예방중심으로 보안활동을 하고 있다."라고 기술되어 있다.

정보보안(information security)이란 "정보의 수집, 가공, 저장, 검색, 송신, 수신 도중에 정보의 훼손, 변조, 유출 등을 방지하기 위한 관리적, 기술적 방법을 의미한다. 정보보안을 위해서는 물리적인 방법과 비(非)물리적인(소프트웨어적인) 방법이 사용될 수 있다. 물리적인 방법 중 대표적인 것은 자물쇠의 사용이나 보초의 활용 등을 들 수 있으며, 비물리적인 방법 중 대표적인 것은 암호화 기술을 사용하는 것이다."로 정의되어 있다.

융합보안(convergence security)이란 물리보안과 정보보안을 융합한 보안 개념으로, 각종 내·외부적 정보 침해에 따른 대응은 물론 물리보안 장비 및 각종 재난·재해 상황에 대한 관제까지를 포함한다. 미래에는 물리보안과 정보보안의 구분이 없이 통합보안(total security) 개념으로 안전과 안심을 추구하는 방향으로 진행될 것으로 예상한다.

고대로부터 물리보안에 대한 인식은 꾸준히 있었다. 성의 담을 높이 쌓아 외곽으로부터의 침입을 방지하였고, 출입문에는 자물쇠로 걸어 잠가 열쇠를 가진 사람만 출입하고, 보초가 보안 취약지역을 정해진 시간에 순찰하면서 경계를 하는 보안을 유지했다. 이러한 물리보안의 개념은 오늘날에도 동일하게 적용된다. 외부에서 건물 내로 침입하지 못하게 담을 튼튼히 쌓고, 출입문에는 인가자만 출입하도록 전자식 도어락으로 출입문을 차단한다. 그리고 건물 내부에 각종 침입감지 센서를 설치하여 비인가자의 침입 시 알람이 발생하고, 경칠 또는 방범대원들이 대응하는 형태이다.

사회의 발전과 더불어 사람에 의존했던 기존의 인(人)경비형태는 첨단 보안센서를 사용한 무인(無人)경비시스템으로 진화하고 있다. 또한 각종 에너지 사용의 증가에 의한 환경오염이나 화재 等 여러 종류의 재난과 대형 건물, 교량 등과 같은 구조물의 붕괴로 인한 재해를 사전에 막기 위한 기술로 발전하고 있다. 이러한 위험 또는 위협으로 인한 재해를 사전에 감지하기 위해서는 센서가 필요하다. 센서 기술의 발전으로 보안도 따라서 발전을 해 왔다. 센서란 측정 대상물로부터 정보를 검지하여 측정량을 전기적인 신호로 변환해주는 기기이다. 이러한 센서의 응용범위가 광범위하여 산업 현장은 물론 일상생활에서부터 항공, 우주, 군사 등에 이르기까지 사회 전반에 걸쳐 사용되고 있으며 정밀계측 및 자동화 기술의 핵심이다.

최근 안전위협 요인의 증대, 보안의식의 증대, 보안기술의 첨단화로 보안 분야에 대한 시장이 날로 확대되고 있다. 각종 시장분석 자료를 종합해 보면 향후 2020년까지의 보안시장 규모는 <표 11-1>과 같이 예측하고 있다. 2020년경 기계경비 분야는 전 세계 시장규모가 98조 원, 국내시장 규모는 약 2.1조 원으로 예상하며, 인경비 분야는 각각 191조 원과 2조 원, 기타 서비스 분야는 81조 원과 0.3조 원으로 예상한다. 기타는 현금호송 等의 서비스를 포함한 내용이다. 시스템에 의한 기계경비 분야는 인경비 분야와 비교하면 세계시장 규모는 작지만, 국내는 거의 동등한 수준의 시장규모로 예상한다.[79]

출입통제 관련된 솔루션 분야는 2020년경 세계 시장규모가 56조 원, 국내시장 규모는 약 1.1조 원으로 예상되며, 영상감시 분야는 각각 80조 원과 0.8조 원, 침입감지 분야가 각각 4조 원과 0.8조 원으로 예상된다. 영상감시 분야가 50% 이상 차지할 것으로 예상한다. 전체 물리보안 시장규모는 2020년경에 약 510조 원의 매우 큰 시장을 형성할 것으로 예상하고 있다. 정보보안 서비스 시장은 2020년경 세계 시장규모는 약 172조 원, 국내시장 규모는 0.5조 원으로 예상하며, 정보보안 솔루션의 시장규모는 약 94조 원과 1.8조 원으로 예상된다. 정보보안 분야의 매년 평균 성장률이 약 14.4%로 물리보안의 12.5%보다 더 빨리 성장하는 시장으로 예상된다. 향후에는 물리보안과 정보보안이 결합한 서비스로 발전될 가능성이 높다.

---

79. Freedonia, Frost & Sullivan, IDC 2011년 자료

■ 표 11-1 년도별 보안시장 규모

(단위 : 兆 원)

구분	분야		2010년	2015년	2020년
물리 보안	보안 서비스	기계경비 (국내)	46(1.2)	67(1.6)	98(2.1)
		인경비 (국내)	93(1.3)	133(1.6)	191(2.0)
		기타 (국내)	41(0.2)	58(0.2)	81(0.3)
		계 (국내)	180(2.7)	258(3.4)	370(4.4)
	보안 솔루션	출입통제 (국내)	11(0.4)	24(0.6)	56(1.1)
		영상감시 (국내)	30(0.4)	50(0.5)	80(0.8)
		침입감지 (국내)	2(0.3)	3(0.5)	4(0.8)
		계 (국내)	43(1.1)	77(1.6)	140(2.7)
	계 (국내)		223(3.8)	335(5.0)	510(7.1)
정보 보안	서비스 (국내)		36(0.2)	78(0.3)	172(0.5)
	솔루션 (국내)		34(0.8)	56(1.1)	94(1.8)
	계 (국내)		70(0.9)	134(1.4)	226(2.3)
전체 계 (국내)			293(4.7)	469(6.4)	776(9.4)

개인의 재산과 신변의 안전을 24시간 보장받기 위해, 예전에는 보안에 대한 수요가 있었음에도 적절한 시스템이 부재했으며, 주로 사람이 역할을 대신 수행하였다. 공적인 수요를 감당하기 위해 경찰인력과 소방인력이 이 역할을 대신하고 있지만, 급격히 늘어나는 보안의 수요를 충족하기에는 인경비보다는 시스템 경비의 필요성이 커질 것으로 예상한다.

선진국일수록 시스템에 의한 기계경비에 대한 수요가 높음을 알 수 있다. <그림 11-1>에서와 같이 1인당 GDP가 큰 나라일수록 1인당 월평균 보안지출비용이 더 높다. 미국, 영국, 스웨덴과 같은 선진국은 개인 1인당 보안지출비용이 약 $200으로 제일 높으며, G7 국가들은 대부분 $150 정도 지출한다. 한국은 보안지출비용이 약 $100 이하로 선진국과 비교하면 여전히 적은 비용을 지출하고 있다. 반면 중국은 보안지출비용이 매우 낮은 상태이나, 향후 성장세가 가장 높을 것으로 예상한다.[80]

물리보안의 개념적 키워드는 물리적으로 차단하고, 침입자를 사전에 감지하고, 침입이 감지되면 즉각 퇴치하는 것이다. 선진국에서는 1960년대부터 첨단 센서를 이용한 물리보안시스템이 도입되기 시작했다. 물리보안시스템은 감시하고자 하는 주요 시설물에 적절한 센서를 설치하고, 센서들에서 발생한 이상 신호를 컨트롤러(controller)를 통해 중앙관제센터에 실시간 전송하는 시스템이다. 중앙관제센터에 이상 신호가 접수되면 각 지역에서 근무하는 순회요원에게 출동지시를 내리거나 가까운 인근 경찰서 또는 소방서에 통보하

80. The Freedom Group, Inc. 2005년

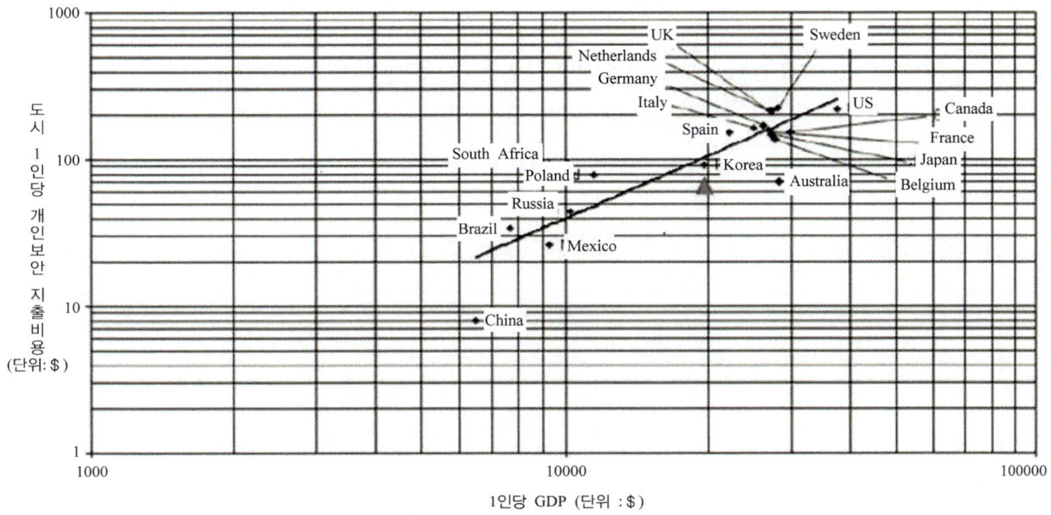

▲ 그림 11-1 1인당 GDP에 따른 도시 1인당 보안지출비용 관계

여 범죄확산을 예방할 수 있는 시스템으로 발전되었다.

이러한 물리보안시스템에서 가장 중요한 역할을 하는 것이 센서이다. 침입을 감지하지 못하거나 화재를 감지하지 못하면 무감지가 발생하여 이 시스템은 무용지물이 된다. 센서의 원리를 역이용한 무감지 현상도 종종 발생한다. 이러한 무감지를 막기 위해 센서의 감도를 너무 민감하게 설정하면 실제 상황이 아닌 오보(false alarm)가 발생하며, 너무 많은 오보로 인해 중앙관제센터에 부담이 가게 된다. 또한 현장 출동요원도 자주 출동하게 되어 내부 인프라 운영비용의 상승을 가져오게 된다. 따라서 무감지와 오보를 줄이기 위해서는 센서를 적재적소에 설치하고 운영해야 하며, 사람의 조정이 필요 없는 센서의 성능도 개선해야 한다.

11.2 PPS 설계 개념

물리적 방호를 잘 하기 위해서는 적재적소에 센서를 설치하여 조기에 침입자를 감지하고 대응을 할 수 있도록 해야 한다. 이를 위해 센서를 어떻게 설치를 해야 하는지 기준이 필요한데, 이러한 기준이 되는 것이 바로 PPS이다. PPS는 physical protection system의 약자이며, 번역하면 물리방호시스템이 된다. PPS 설계 프로세스는 <그림 11-2>와 같다. 우선 보호 대상물(대부분 주요 건물 또는 핵심 시설 단지)이 정의가 되면, 대상물에 침입하는 경로인 위협을 파악해야 한다. 그 다음은 보호 대상물의 성격을 정확히 정의한 후 본격적인 디자인을 하게 된다. PPS 디자인은 탐지, 지연, 대응이라는 3가지 기준으로 설계를 한다. 여기서 탐지 부분에서 적합한 센서를 지정하고 설치하는 작업을 하게 된다. 디자인

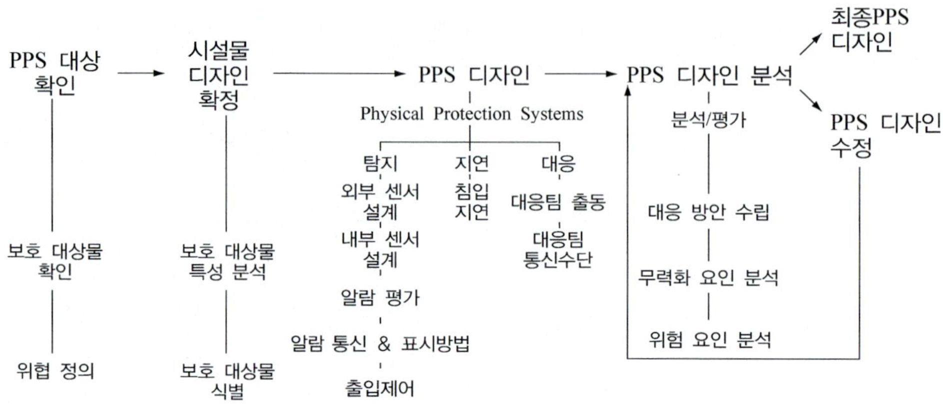

▲ 그림 11-2 PPS 설계 프로세스

이 끝나면 분석과 평가를 거쳐 무력화 요인 및 위협요인을 분석하여 수정을 하게 되고, 최종 이상이 없으면 PPS 디자인을 확정하게 된다.

이러한 PPS 설계에 있어 고려해야 할 사항은 <그림 11-3>과 같이 탐지 및 대응까지 소요되는 시간을 고려해야 한다는 것이다. 첫 번째 시간은 알람탐지 시간이다. 이것은 초기 알람이 발생하고 그로부터 오보인지 실제 침입신호인지를 판단한 후 침입임을 확정하기까지의 시간이다. PPS 설계에서 가장 중요한 고려사항이 바로 알람탐지 시간이다. 이 시간을 최소로 줄이는 것이 PPS 설계의 핵심이다. 그 다음은 침입으로 확정판정이 되면, 침입자에 대응할 수 있는 방안을 고려하여 최대한 빠른 시간 내에 대응이 가능하도록 시스템을 설계해야 한다. 이와 같이 알람탐지와 대응시간을 합친 시간이 PPS 설계시간이 된다. 그 다음 대응이 완료가 되면 업무가 종료가 되는데, 이에 소요되는 총 시간을 업무대응 시간이라 한다.

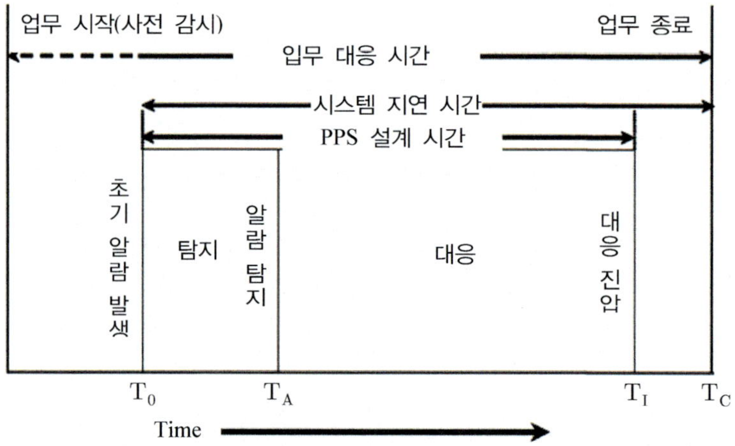

▲ 그림 11-3 PPS 설계시 고려해야 할 지연 시간 정의

<그림 11-4>는 주요자산을 보유하고 있는 건물 내부와 건물을 보호하는 외곽펜스로 구성된 물리보안 시스템에서 침입자가 침입하는데 소요되는 시간을 시뮬레이션한 사례이다. 외곽펜스는 침입자의 침입을 지연시키기 위해 필요한 시설물이고, 펜스를 지난 후에 여러 종류의 장애물을 마당에 설치하여 침입자가 건물로 진입하는 시간을 최대한 지연시켜야 한다. 마찬가지로 건물 내부로 침입한 이후에도 주요자산이 있는 위치까지 침입자가 쉽게 도달하지 못하도록 각종 장애물을 설치하는 것도 중요하다. 장애물이 없는 경우, 침입자가 펜스로부터 주요자산 탈취에 소요되는 시간을 추정해 보면 <표 11 2>와 같다. 약 10분이면 외부에서 침입하여 주요자산을 탈취할 수 있다. 그러므로 센서에 의한 조기 감지도 중요하지만, 장애물을 설치하여 지연시키는 것도 물리적 보안에서 아주 중요한 항목이다.

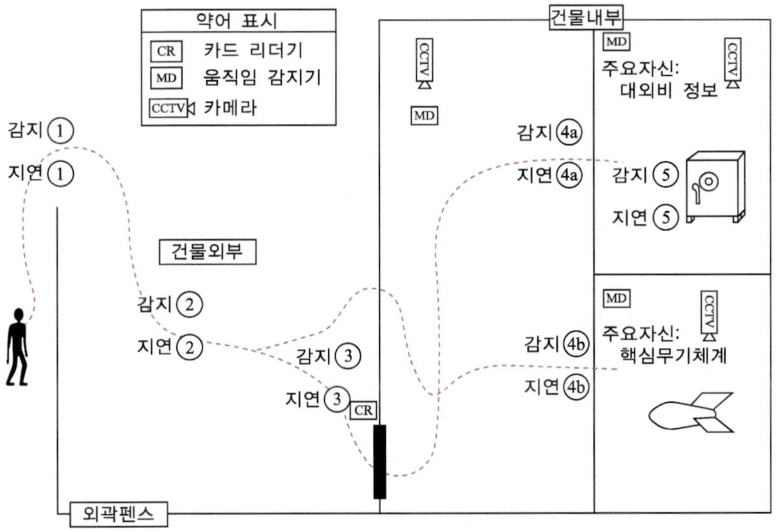

▲ 그림 11-4 PPS 디자인 사례

■ 표 11-2 장애물이 없는 경우 주요자산 탈취에 소요되는 시간 추정

단계	지연 옵션	추정 지연 시간	감지 옵션
1	펜스 기어오르기	20초	PISD
2	건물외부에서 달리기 (예, 약 180m)	40초	공간감지 센서
3	문, 창문, 벽을 부수고 침입	2분	공간감지 및 진동감지 센서
4	핵심시설 부수고 침입	4분	진동감지 센서
5	주요자산 탈취	3분	공간감지 센서
총 지연 시간		10분	

11.3 PIR 센서

실내 침입 감지를 위해 적외선센서가 가장 많이 사용되고 있다. 보통 1~4개 픽셀로 구성되어 있으며, 초전체 형태의 적외선센서가 거의 대부분이다. 열선센서(또는 열선감지기)는 물리보안용 센서로 가장 많이 사용되고 있다. 실내의 천정에 주로 설치하여 입체적으로 침입을 감지하는 데 사용한다. 열선감지기는 PIR로 줄여서 표현하는데, P는 수동형이라는 뜻을 가진 passive의 약자이며, IR은 적외선이라는 뜻의 infrared를 줄여서 쓴 표현이다. 따라서 PIR 감지기를 우리말로 표현하면 '수동형 적외선 감지기'란 뜻이다. 이것은 너무 길기 때문에 열선감지기 또는 PIR 센서라는 표현을 사용한다. 열선감지기가 감시하고 있는 영역 내에 일정 시간 동안 열 또는 온도의 변화가 생기면 - 예를 들어 약 2초 이내에 약 1℃ 정도의 온도변화가 2~3회 정도 발생할 때 - 이를 감지하고 알람 신호를 내보내는 센서이다. 열선감지기는 온도의 변화에 따라 내부 분극이 변화하는 초전효과를 이용한 감지기이다. 열선감지기는 감지기로부터 열선이 나와서 물체에 부딪힌 후 이의 변화를 보는 능동형(active type)이 아니라, 물체가 가지고 있는 온도(또는 열)에 의해 자발적으로 방출하는 적외선의 변화를 수동적으로 감지하는 원리이다.[81]

열선감지기에 사용되는 초전소자는 열형 적외선 감지소자이며, 열형소자는 열의 변화를 감지하기 위해 쵸퍼(chopper)를 사용해야 한다. 열선감지기에서 쵸퍼의 역할과 적외선을 집광하는 두 가지 목적으로 프레넬(Freznel) 렌즈를 사용한다. 열선감지기는 프레넬 렌즈를 이용하여 여러 개의 구역을 나누어서 동시에 감지하고 있다. 이 구역은 보통 고양이나 개 정도의 소동물 보다는 훨씬 크고, 사람보다 약간 크거나 작은 영역으로 정의된다. 실내에 어떠한 온도변화도 없다면, 즉 침입자가 없다면 열선감지기가 바라보고 있는 여러 구역의 배경(벽 또는 실내 물건 등)의 온도는 변화가 없이 일정하다. 이런 상황에 감지영역 내에 침입자가 생기면 특정 구역의 배경온도가 바뀌게 되어 열선감지기가 침입상황을 인식하게 되는 원리이다. 그러나 이 구역 내에 침입자가 움직이지 않고 가만히 있으면 더 이상의 온도변화가 없어서 열선감지기의 신호는 변화가 없게 된다. 만약 침입자가 일정 시간 내에 계속 움직이면 감시 구역이 바뀌게 되어 바뀐 구역 수만큼 감지신호가 발생하는데, 이것을 펄스신호라고 한다. 열선감지기의 외관 형태는 벽부형과 천정형으로 구분되며, 감지 방식에 따라 입체형, 면형, 스폿(spot)형으로 구분하여 사용한다.

열선감지기의 개념적인 블럭도는 <그림 11-5>와 같다. 아날로그 형태 또는 디지털 형태에서 가장 핵심은 초전소자와 프레넬(Fresnel) 렌즈이다. 초전소자에서 발생한 전기적 신호를 디지털로 처리하면 회로도 간단하여 양산 가격도 낮출 수 있다. 초전소자에서 나오는 미세한 전기적 신호를 증폭기(amplifier)를 통해 일차증폭하고, 비교기(comparator)를 통

81. 정용택, "물리보안용 센서의 원리와 응용", (주)인포더, 2012

해 문턱전압(threshold voltage) 이상인지를 확인한다. 만약 문턱전압보다 높으면 일정 시간 내에 몇 번 문턱전압을 넘었는지 확인을 하고, 알람으로 판단되면 – 예를 들어 2초에 3회의 문턱전압을 넘었다고 판단이 되면 – LED를 ON하고 릴레이(relay)에 출력 접점 신호를 보내게 된다. 디지털형은 이러한 일련의 판단을 마이컴 내에서 수행하도록 한 것이며, 좀 더 복잡한 알고리즘의 탑재가 가능하다. 또한, 운영 중 알고리즘을 변경해야 한다면 아날로그형인 경우는 회로를 새로이 설계 및 제작해야 하지만, 디지털형인 경우는 펌웨어(firmware)만 교체하면 된다. 이러한 장점 때문에 최근에는 디지털 제품이 주류를 이루고 있다.

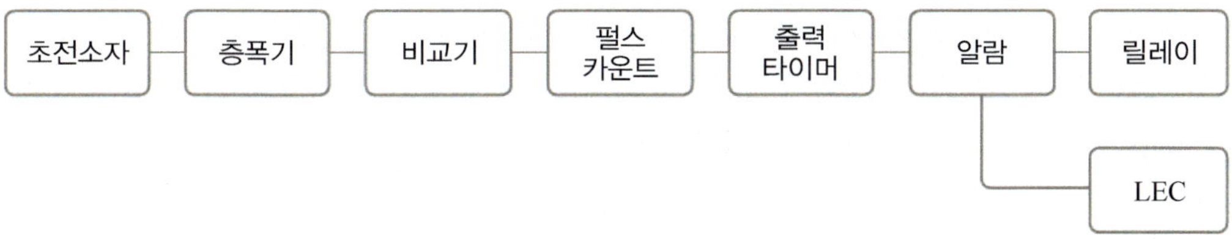

(a) 아날로그 열선감지기 블럭도

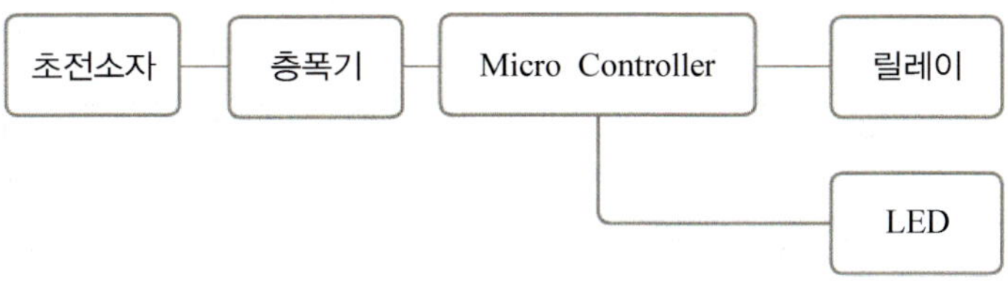

(b) 디지털 열선감지기 블럭도

▲ 그림 11-5 열선감지기의 블록 개념도

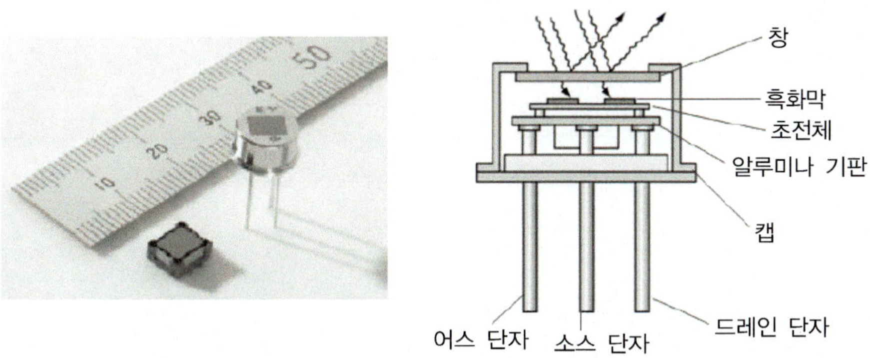

▲ 그림 11-6 초전소자의 외관 및 TO-5 내부 구조

열선감지기용 초전소자의 대표적인 외관 및 내부구조는 <그림 11-6>와 같다. 그림의 좌측은 일본 Murata사에서 제작한 SMD(Surface Mountable Device) 형태이며, 우측 그림은 TO-5 형태의 내부 구조이다.(일본 Murata사 카탈로그 참고) 예전에 트랜지스터 용도로 사용되었던 TO-5라고 하는 금속 통에 조립한 제품을 주로 사용했으나, 최근 소형화에 대한 요구로 SMD 형태로도 만들고 있다. SMD의 개념적인 내부구조도 TO-5와 같다. 3개의 핀은 각각 어스단자(g, GND), 드레인단자(d, Vin), 소스단자(s, Vout)의 용도로 사용한다.[82]

초전소자의 내부는 진공으로 되어 있으며, 윗부분에는 가시광에 의한 잡음을 없애기 위해 적외선만 투과하는 투과창(window)이 있다. 이 투과창은 적외선만 투과하는 특성이 있는 Si, Ge, Polyethylene 등의 재질로 코팅한다. 이런 재질은 3~12 μm 대역의 적외선 투과율이 약 60%~80% 정도이다. 적외선 투과율을 더 높게 하려고 투과창 표면에 반사방지(anti-reflection) 코팅을 한다. 반사방지 조건에 맞는 두께로 코팅하게 되면 90% 이상의 투과도를 얻을 수 있다. 이러한 코팅 때문에 투과창 표면은 검게 보인다. 금속 케이스 내에 초전소자는 보통 Dual, Quad 등 2개 이상을 쌍으로 배열하여 제작한다. 하나의 초전소자에서 나오는 출력은 매우 낮아서 외부의 환경변화와 침입을 구분하기 위해 이중(dual)으로 배열하여 신호를 증폭시켜 사용한다

투과창을 통해 입사한 적외선(또는 열선)에 의해 <그림 11-7> (a)와 같이 초전소자의 표면 온도가 ΔT만큼 변하게 된다. 이러한 온도변화 때문에 초전소자의 표면전하가 변하게 되고, 이런 변화량이 출력 전압으로 나타난다. (b)와 같이 (+), (-) Dual로 초전소자를 배열하면 출력전압이 2배로 되어 S/N(signal to noise) 비율을 높여 출력신호 특성을 좋게 한다. 일반적으로 Dual형을 많이 사용하고 있으나, <그림 11-8>과 같이 일부 특수 목적용으로 2쌍으로 된 쿼드(quad)형, 전방향 쿼드(omni-directional quad) 등도 사용하고 있다.

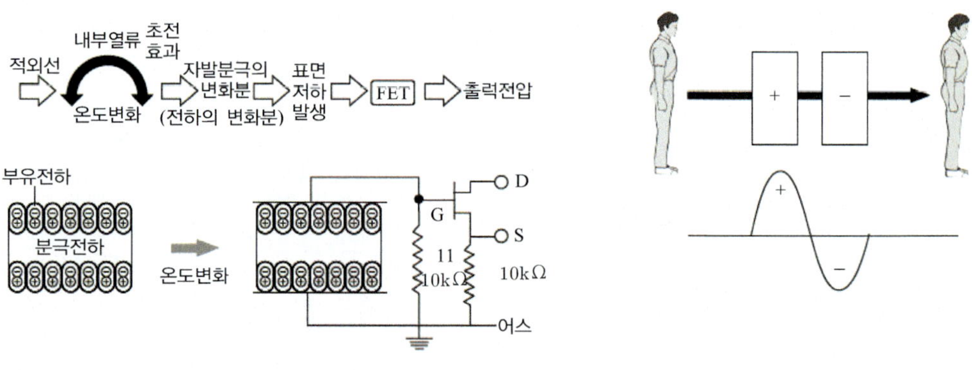

(a) 적외선 입력에 따른 초전소자 출력 (b) Dual 초전소자에 의한 출력

▲ 그림 11-7 적외선 입력에 따른 초전소자의 출력 형태

82. Murata사 Home Page, "www.murata.com/products/sensor/index.html"

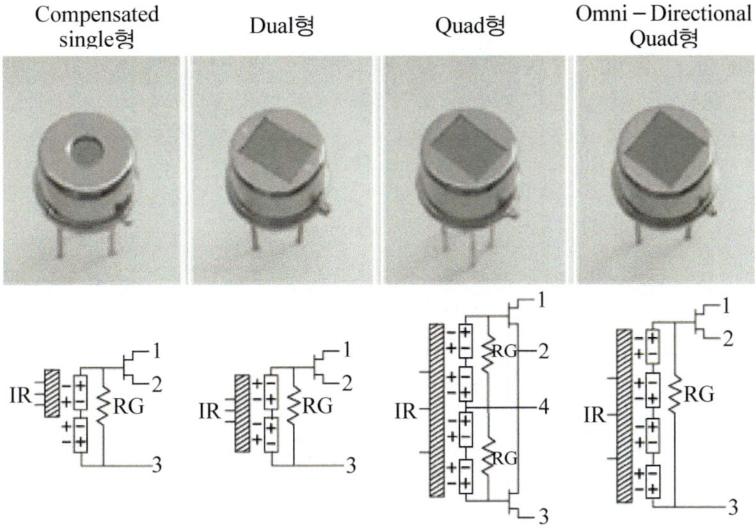

▲ 그림 11-8 일반적인 초전센서의 종류(Nicera사 자료 참고)

초전소자에 적외선(열선)을 모아주기 위해 렌즈가 필요하다. 일반적으로 빛을 모으기 위해서는 볼록렌즈를 사용하지만, 열선 감지기용으로는 이보다 매우 얇은 프레넬렌즈를 사용한다. 프레넬렌즈의 장점은 매우 얇은 구조로도 <그림 11-9>과 같이 볼록렌즈와 동일한 효과를 얻을 수 있다. 프레넬렌즈의 톱니 모양같이 생긴 것을 그루브(Groove)라고 하며, 이 그루브의 각도에 의해 빛이 굴절되어 초점을 맞추게 된다.[83]

프레넬렌즈의 원리를 볼록렌즈와 비교해서 설명하면 <그림 11-10>의 프로세서와 같다. 볼록렌즈의 내부를 제거하면 두께가 매우 얇고 같은 초점거리를 갖는 프레넬렌즈를 만들 수 있다. 열선감지기에 사용하는 프레넬렌즈는 한 개만 사용하는 것이 아니라 쵸퍼의 역할을 해야 하므로 여러 개의 프레넬렌즈가 복합된 형태로 되어 있다. 따라서 <그림 11-11>과 같이 하나의 렌즈 내에 여러 개의 프레넬렌즈가 있는 다중 프레넬렌즈를 만들어서 사용한다. 단일 감지존 내에서 움직이면 전체적인 온도변화가 없어서 감지할 수 없으나, 멀티 감지존 내에서 열원체가 움직이면 온도변화를 감지할 수 있다.

하나의 집광렌즈에 여러 개의 다중 프레넬렌즈가 구현되어 있으며, 렌즈 상단 부분은 원거리를 집광하고, 렌즈 하단 부분은 근거리를 집광한다. 프레넬렌즈 1개에 해당하는 영역을 감지영역이라 하며, 수평과 수직 감지영역에서 보면 감지영역 사이에 비감지영역이 존재하게 된다. 이러한 비감지 영역과 감지영역이 골고루 배치되어 있어서 열원체가 움직이게 되면 열의 변화를 감지할 수 있게 된다. 프레넬렌즈의 한 개 면이 하나의 감지존을 형성하게 되며, (b)는 위에서 내려다본 수평 감지영역을 나타낸다. 수평 감지영역을 통해 수평 감지각도와 최대 감지거리를 알 수 있다. (c)는 옆에서 본 수직 감지영역을 나타낸다. 이 그림을 통해 열선감지기의 설치높이에 따른 감지영역을 알 수 있다.

83. Fresnel Technologies, Inc. Home Page, “www.fresneltech.com”

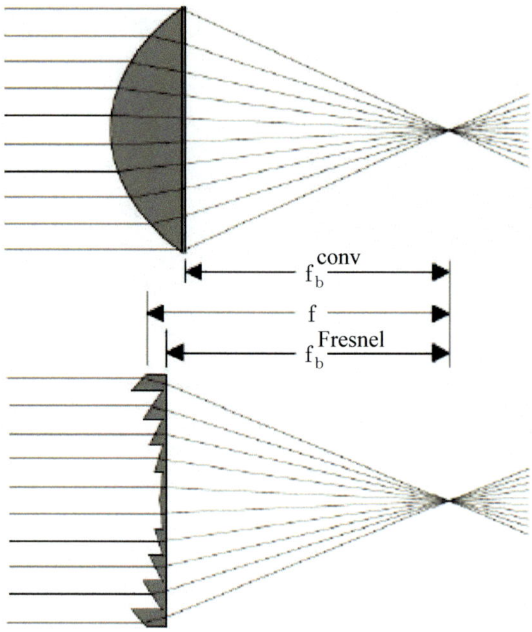

▲ 그림 11-9 프레넬 렌즈와 볼록렌즈의 비교

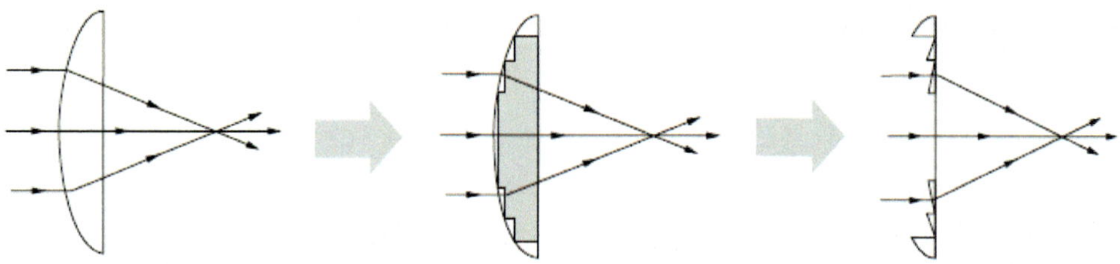

(a) 평블록렌즈 (b) 내부를 제거한 블록렌즈 (c) 프레넬 렌즈

▲ 그림 11-10 프레넬(Fresnel)렌즈의 가공 원리

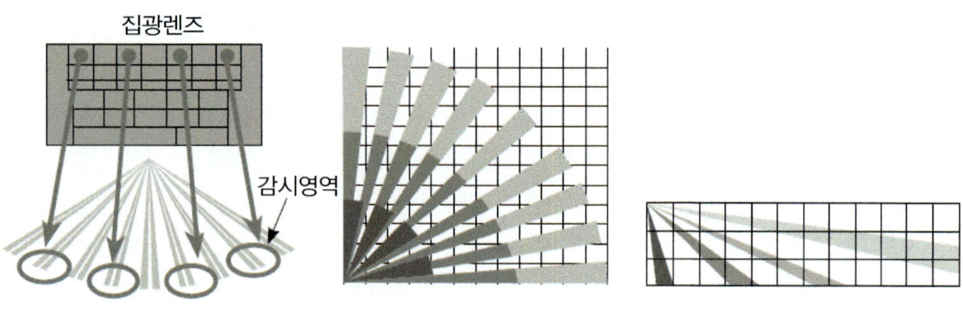

(a) 다중 프레넬 렌즈 (b) 수평 감지영역 (c) 수직 감지영역

▲ 그림 11-11 다중 프레넬렌즈의 형태와 수평/수직 감지영역

앞에서 언급한 초전센서, 프레넬렌즈, 증폭회로 등을 하나의 기구물 내에 조립하게 되면 열선감지기가 된다. 열선감지기는 사용용도에 따라 다양한 형태가 있다. 감지영역의 형태에 따라 입체형, 면형, SPOT형으로 구분되며, 감지거리에 따라 단거리, 중거리, 장거리형으로 구분되며, 고정 형태에 따라 벽부형, 천정형으로 구분된다. <그림 11-12>의 입체형은 수평 감지각도가 45도 이상 되는 넓은 영역을 감지하는 방식으로 가장 많이 사용되는 형태이다. 면형은 수평 감지각도가 20도 이하의 좁은 영역을 감지하는 방식으로 좁은 복도 등을 감시할 목적으로 사용된다. 스폿(spot)형은 천정에 설치하여 하단부의 360도를 감지하는 방식으로 십자형태의 복도 중간, 또는 방 한가운데에 설치하여 360도 감지하는 목적으로 사용된다. 그리고 안티 마스킹(Anti-Masking)형은 프레넬렌즈를 무력화하는 행위를 막아주는 특별한 형태의 감지기이다.[84]

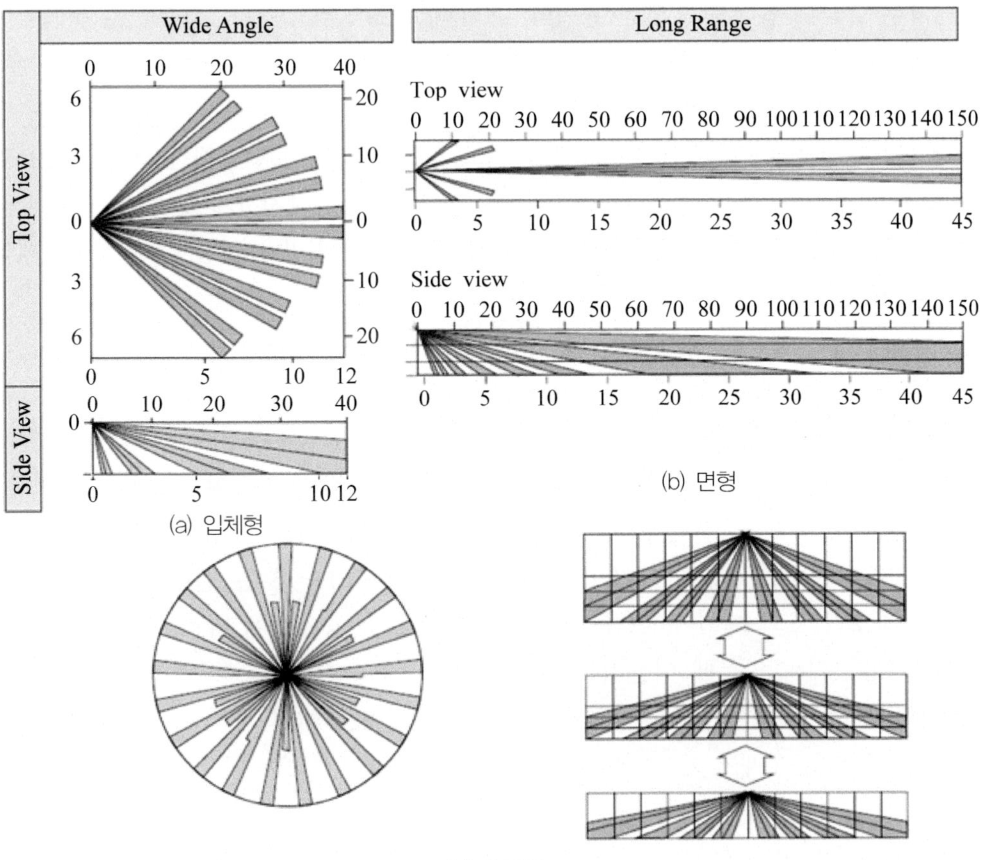

(a) 입체형
(b) 면형
(c) 스폿형

▲ 그림 11-12 프레넬렌즈의 감지형태에 따른 분류

84. Optex사 Home Page, "www.optex.co.jp"

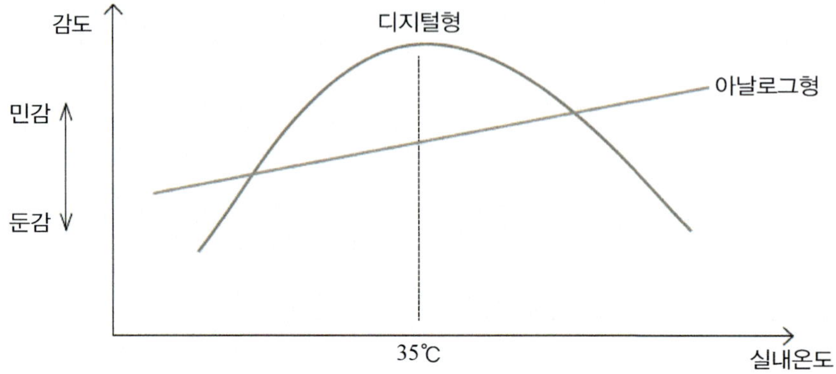

▲ 그림 11-13 열선감지기의 실내온도에 따른 감도 변화

열선감지기는 초전체를 사용하기 때문에 초전체의 특성을 그대로 따른다. 초전체는 반도체와는 달리 응답속도가 느린 편이다. 쵸퍼의 속도가 빠르거나 느리면 초전체의 전하 변화량은 거의 제로이다. 쵸퍼의 속도는 감지영역 내에 이동하는 물체의 속도와 같은 개념이며, 이러한 응답속도 때문에 감지할 수 있는 물체의 이동속도 범위가 정해진다. 일반적인 열선감지기들은 대부분 0.3~1.5m/s의 속도 범위로 움직이는 물체만 감지하며, 0.3m/s보다 느리거나 1.5m/s보다 빠른 속도로 움직이게 되면 거의 감지하지 못한다. 실내에서 침입하는 사람의 이동속도가 대부분 이 범위에 있기 때문에 일반 보안용 감지기에 문제없이 사용하고 있다.

열선감지기는 대부분 실내에 설치하여 사용한다. 겨울철에는 실내의 온도가 사람 체온과 비교해 차이가 많이 나는 반면, 여름철에는 실내의 온도가 많이 상승해서 사람 체온과 거의 차이가 나지 않을 수 있다. 이런 경우 감도를 동일하게 설정해 놓으면 여름철에는 무감지가 발생할 가능성이 생긴다. 그렇다고 계절마다 사람이 일일이 감도를 수동으로 조절할 수 없다. 그러므로 실내온도에 따라 열선감지기의 감도를 자동으로 조절하도록 온도에 따라 저항이 변하는 서미스터가 내장되어 있다. <그림 11-13>은 실내온도에 따른 열선감지기의 감도 분포의 예이다. 아날로그형은 실내온도가 증가함에 따라 감도가 계속 민감하도록 설계가 되어 있는데 여름철 실내의 온도가 지속해서 상승하게 되면 감도가 매우 민감해져 오보가 많이 발생할 수 있다. 그러나 디지털형은 어떤 임의 온도를 경계로 감도를 바꿀 수 있도록 설계가 가능하여 여름철 실내온도에 따른 오보를 아날로그형보다 줄일 수 있다.

열선감지기의 감지영역은 <그림 11-14>와 같이 두 가지 영역으로 나누어서 구분한다. 감시영역에는 감지영역과 비감시영역이 있으며, 감시영역은 사람을 확실히 감지할 수 있는 거리이며, 비감시영역은 감지기가 사람을 감지하지 못하지만 사람보다 크기는 작으나 사람보다 높은 온도의 열원체가 움직이면 감지될 수 있는 영역을 의미한다. 일반적으로 열선감지기의 감지거리는 감지영역까지의 거리를 의미한다. 열선감지기를 설치할 때, 이

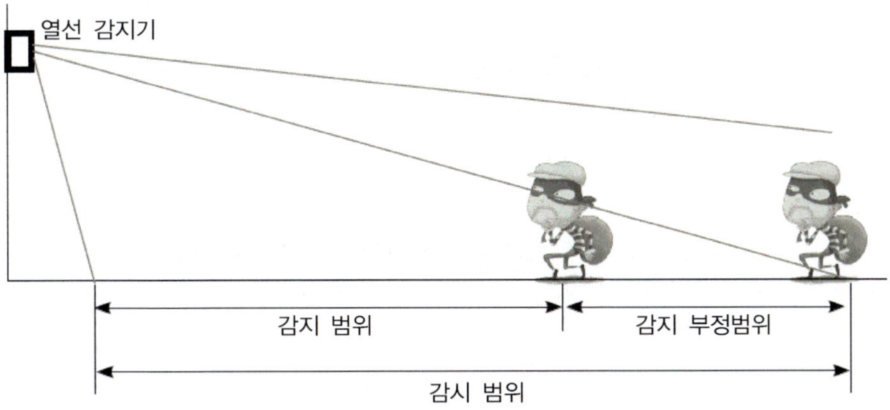

▲ 그림 11-14 열선감지기의 감지범위 및 감시범위의 정의

러한 비감시영역을 고려해서 오보가 발생하지 않도록 설치해야 한다. 이러한 오보요인을 피해 설치를 할 수 있도록 해 주는 것이 브라켓(bracket)이다. 브라켓은 열선감지기의 수직 및 수평 각도를 쉽게 조절해 줄 뿐만 아니라 천정이나 벽면에 쉽게 설치를 할 수 있도록 도와주는 부속품이다.

열선감지기는 열의 변화를 감지하는 원리 때문에 미세한 열변화에 의한 오보도 많이 발생한다. 통계에 의하면 보안업체에서 발생하는 열선감지기 알람신호의 약 90% 이상이 오보라는 보고도 있다. 대부분의 오보 원인은 감지영역 내에 개, 고양이, 쥐 등 소동물의 움직임을 감지하여 오보가 많이 발생한다. 일부 열선감지기는 이러한 소동물의 움직임을 감지하지 않도록 소동물 회피기능(pet-immunity)을 탑재한 열선감지기가 개발되어 있다. 이 기능은 <그림 11-15>와 같이 프레넬 렌즈를 설계할 때, 바닥면에서 일정 높이까지 감

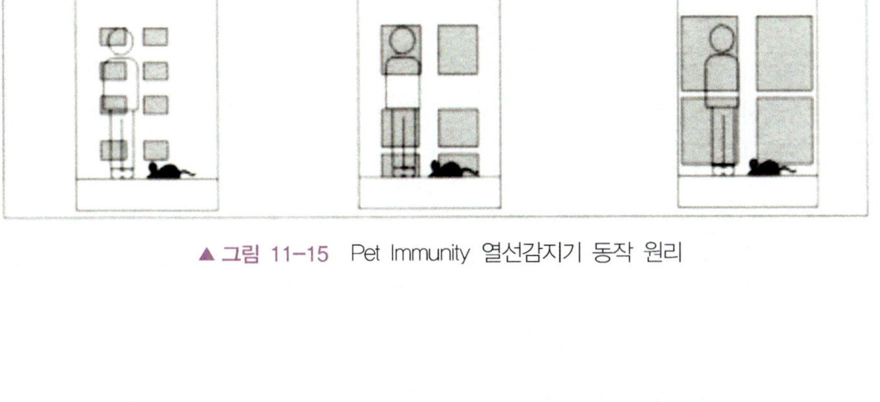

▲ 그림 11-15 Pet Immunity 열선감지기 동작 원리

지도를 낮출 수 있도록 설계를 하거나 듀얼 감지존 방식으로 설계한다. 듀얼 감지존 방식은 가격이 높으므로 일반적으로 감지도를 낮추는 방식을 많이 사용된다. 그러나 이러한 열선감지기도 설치 높이를 준수해야만 소동물 회피 기능이 제대로 작동하고, 설치높이를 너무 낮게 하면 역시 소동물의 움직임에 의한 오보는 발생한다.

열선감지기를 무력화 시키는 방법은 감지기 앞을 이물질로 가리거나, 렌즈를 마스킹하거나, 우산이나 스키복으로 침입자의 열 방출을 차단하는 방법 등이 있을 수 있다. 이 중에서 가장 무력화가 쉬운 방법이 <그림 11-16>과 같이 감지기 앞에 이물질로 감지영역을 가리는 방법이다. 종이나 비닐 등은 원적외선이 투과하지 않기 때문에 감지기 앞에 이런 물질을 이용해서 가리게 되면 침입자를 감지하지 못하게 된다. 이러한 행위를 못하게 하는 방법이 안티마스킹(anti-masking) 방법이다. 이것은 근적외선 LED와 포토다이오드를 열선감지기 앞에 설치해서 근적외선이 이물질에 반사되어 오는지를 지속적으로 모니터링을 하는 방법이다. 만약 감지기 앞에 이물질에 의한 가림막이 없으면 LED에서 나온 빛이 반사되지 않으므로 포토다이오드에는 신호가 잡히지 않게 된다. 이 경우는 정상적으로 열선감지기가 감지를 할 수 있다는 의미이다. 반대로 이물질이 감지기 앞에 놓이게 되면 LED에서 나온 빛이 일정량 반사되어 돌아오게 되므로 이 신호로부터 이물질이 가리고 있다는 것을 알게 되어 마스킹된 상태를 알게 된다. 안티마스킹 기능을 위해 사용되는 센서는 근적외선 LED와 포토다이오드를 사용하는 방법 이외에도 초음파를 이용하는 방법도 있다.

두 번째 방법인 렌즈를 마스킹 하는 행위는 렌즈 표면을 페인트 또는 테이프로 가리는 것이다. 이런 행위 인식은 렌즈 내부에 근적외선 LED와 포토다이오드를 이용해서 앞에서 설명된 안티마스킹 기법과 유사한 방법으로 인식할 수 있다. 정상 상태에서 렌즈 표면에 반사되어 온 빛의 양과 렌즈 표면에 페인트 또는 테이프로 가리게 되면 렌즈에서 반사되어 온 빛의 양이 많아지는데, 이 두 빛의 양을 비교해서 일정 레벨을 넘어가게 되면 렌즈가 가려졌다는 사실을 알게 되는 원리이다.

세 번째 방법인 우산으로 침입자 앞을 가리거나 스키복을 입고 침입하는 경우에는 열선감지기로 감지하기가 원리적으로 어렵다. 특히 비닐 우산의 경우, 건물 밖에서 건물 내부로 들어오게 되면 약 1분 이내에 실내 온도와 우산 표면의 온도 차이는 불과 0.5℃ 이내로 거의 동일하게 되어, 우산 뒤에 숨어서 움직이게 되면 침입자를 감지하지 못한다. 스키복을 입은 경우도 이와 유사해서 인체의 열이 스키복을 통해 나가지 못하고 스키복 표면은 실내 온도와 유사해서 스키복을 입고 움직이게 되면 열선감지기는 감지를 하지 못한다. 이런 경우를 감지하기 위해서는 열선감기와 같은 수동형 감지기가 보다는 마이크로웨이브 또는 초음파센서와 같은 능동형 감지기가 필요하다. 이러한 능동형 감지기는 배경과 침입자의 온도 차이를 감지하는 것이 아니라 움직임을 감지하는 원리이기 때문에 무력화하기가 매우 어렵다. 그러나 능동형 감지기의 경우의 단점은 감지 영역을 정확하게 정의하기가 어렵다는 것이다. 즉, 유리

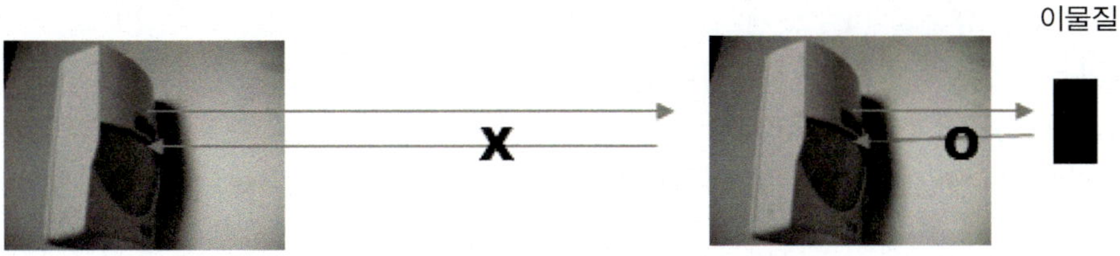

▲ 그림 11-16 anti-masking 기능 개념

나 얇은 벽이 있는 실내에 능동형 감지기를 설치하면, 마이크로웨이브는 이 벽을 뚫고 나가 실외의 움직임까지 감지할 수 있어 오보가 많아질 수 있다는 단점이 있다.

열선감지기가 넓은 영역을 동시에 감지할 수 있다는 장점 때문에 물리보안용 감지기로 가장 많이 사용되고 있지만, 감지기의 원리를 모르고 무작위로 설치하면 오보 또는 무감지가 발생한다. 열선감지기는 원리상 열선감지기를 바라보고 정면으로 걸어오게 되면 감지기에 따라 알람이 발생하지 않을 수도 있다. 이는 프레넬렌즈의 설계에 따라 다를 수도 있지만, 대부분 판매되고 있는 열선감지기의 약 5m 이전까지는 정면으로 바라보고 걸어오게 되면 감지를 못한다. 이러한 문제점을 해결하기 위해 <그림 11-17>과 같이 열선감지기를 설치할 때는 반드시 침입자 동선의 대각선 방향으로 설치해야 한다. 또한 온도

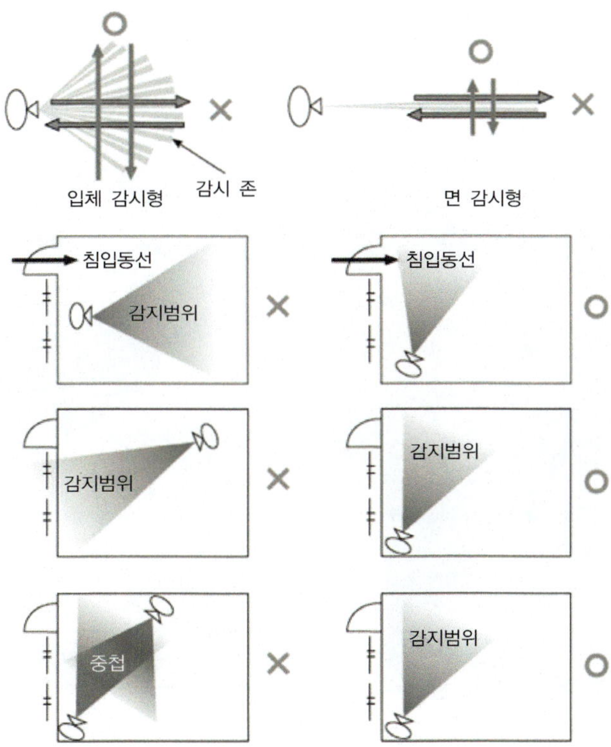

▲ 그림 11-17 열선감지기의 올바른 설치 방향

가 자주 변하는 창문을 마주보게 설치하는 것은 오보의 원인이 될 수 있으므로 가급적 창문을 바라보지 않도록 수평과 수직 각도를 조절하여 감지존 내에 오보를 일으키는 열원체가 없도록 해야 한다.

실내에서 발생하는 대표적인 오보요인은 감지영역 내에 움직이는 열원체가 있는 경우이다. 그 대표적인 것이 <그림 11-18>과 같은 열전사 방식의 팩스의 용지 출력에 의한 오보이다. 보통 열전사 방식의 팩스에서 나오는 용지는 온도가 약 47℃ 정도로 매우 높다. 이러한 고온의 용지가 감지영역 내의 감지존 내에 있게 되면 오보가 발생할 수 있다. 또 다른 오보요인은 열선감지기가 열원체(냉동고, 히터, 열배관, 창문 등)를 바라보고 설치한 경우이다. 대표적인 것이 슈퍼마켓의 냉동고를 바라보게 설치할 때 발생하는 오보이다. 냉동고는 내부 식품보관 장소의 온도가 설정온도 이상이 되면 온도를 낮추기 위해 냉기가 뿜어져 나오는 데, 이러한 냉기의 방출로 오보가 발생할 수 있다. 또한, 창문을 바라보게 설치할 경우, 창문의 틈을 통해 들어오는 바람에 의해 블라인드나 커튼의 흔들림에 의해 오보가 발생할 수 있다.

또한 에어컨이나 냉풍기 등에 의해 찬 공기 또는 따뜻한 공기가 열선감지기의 프레넬 렌즈에 직접 닿을 때 오보가 발생할 수 있으며, 열선감지기의 신호선 부분의 보호 피막이 벗겨져 이를 통한 노이즈 유입 또는 다른 전원선 등과 같이 설치할 때 전원선에 의한 전원노이즈에 의한 오보도 생길 수 있다. 열선감지기의 오보 유형은 업종의 특성에 따라 약

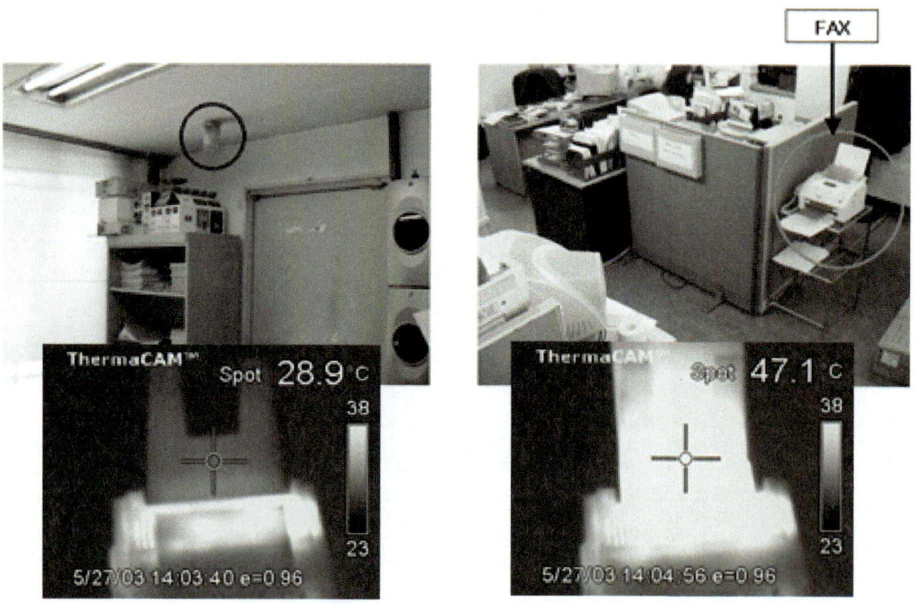

팩스 수신 전 팩스 수신 후

▲ 그림 11-18 팩스에 의한 오보 요인

간 다르다. 식당과 소형 슈퍼마켓에는 쥐에 의한 오보가 많이 발생하며, 사무실 등 비교적 환경이 깨끗한 경우에는 감지영역 내에 팩스나 창문 등 열원체에 의한 오보가 많이 발생한다. 외곽에 있는 대형 공장이나 창고인 경우는 외부 바람 유입이나 새와 같이 날아다니는 물체에 의한 오보가 발생할 가능성이 높다.

계절별로 오보의 원인도 달라진다. 여름철에는 나방과 같이 큰 곤충이 열선감지기의 프레넬렌즈 앞을 날아다니게 되어 오보가 발생할 수도 있다. 매우 특이한 경우이지만 여름철에 매우 작은 벌레가 열선감지기 내부의 초진센서 앞으로 들어감으로 인해 오보가 발생하는 예도 있다. 특히 여름철에는 날씨가 무더워 창문을 열어 놓는 경우가 많은데, 이러한 창문 사이로 바람 유입에 의한 물체 흔들림으로 오보가 많이 발생한다. 또한, 여름에는 낙뢰 때문에 기기파손 및 오보도 종종 발생한다. 이러한 낙뢰에 의한 피해를 줄이기 위해서는 전기적 외란간섭에 강인하도록 회로를 설계해야 한다. 겨울철에는 새벽에 신문배달을 하면서 출입문 틈새로 신문을 유입하는 경우, <그림 11-19>와 같이 기본적으로 실내 바닥의 온도와 신문 표면의 온도는 차이가 있으며, 문 틈새로 바람이 유입되면 신문이 움직이게 되어 오보가 발생할 수 있다.

대부분의 열선감지기에 의한 오보는 사전에 주위 환경을 잘 살펴보면 충분히 없앨 수 있다. 제일 중요한 것은 감지영역 내에 움직이는 열원체가 될 만한 소지를 없애는 것이 가장 좋다. 앞서 초전체의 원리에서 설명했듯이 열선감지기는 열원체의 쵸핑 효과를 감지하는 원리이므로, 무조건 열원체가 있다고 해서 오보가 발생하는 것이 아니라 열원체의 온도가 바뀌거나 움직임이 있을 때 감지하는 것이므로, 가장 중요한 것은 감지영역 내에 움직일 수 있는 물체를 없애는 것이 최선이다.

열선감지기 규격에 대해 선진국에서는 규격을 정해 놓았는데, 그중에서 유럽에서 2005년에 제정한 EN50131 경보제품의 안전기준에 관한 표준규격이다. 이 규격은 총 7가지 분야로 나누어져 있으며, 50131-1은 기본요구사항, 50131-2는 침입감지센서, 50131-3은 주장치 및 키패드/카드리더, 50131-4는 경광등과 사이렌, 50131-5는 통신채널, 50131-6에는

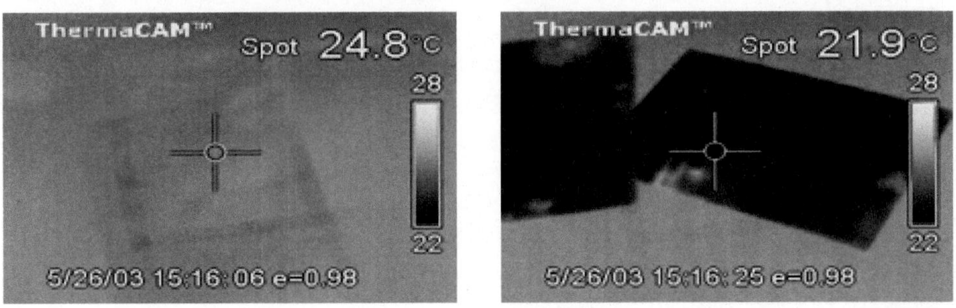

신문 유입 전 신문 유입 후

▲그림 11-19 겨울철 출입문 밑으로 신문유입에 의한 오보

전원장치, 50131-7은 적용 가이드라인에 대해 구체적으로 규정하고 있다. 50131-2의 침입 감지센서 부분을 제정하게 된 동기는 유럽에서 열선감지기의 렌즈를 가리는 행위(렌즈 마스킹, lens masking)와 우산이나 망토 착용(cloak)으로 침입자가 자신의 몸에서 나오는 열선을 차단하는 행위(시야차단, view-blocking)와 같은 범죄가 자주 발생하게 되어 이에 대한 대책을 강구하는 목적으로 열선감지기에 대한 규격을 정립하였다.

EU에서는 이러한 경보시스템 작동을 방해하는 지능범죄의 모방확산을 방지하기 위해서 위험 가능성에 따라 안전등급(security grade 1~4)으로 분류하고, 각각의 안전등급에 상응하는 경보제품 안전기준의 표준규격을 제정하였다. 2005년에 제정한 유로표준이 기존의 규격과 크게 다른 점은 침입 위험성이 높은 경보시설물에는 "열선감지기의 감지방해 행위를 탐지할 수 있는 안전등급의 열선감지기 설치를 의무화"한 것이다. 경보시설물의 안전등급을 침입자 유형 및 범죄수법에 따라 <표 11-3>과 같이 4가지 등급으로 분류하였으며, 등급이 높을수록 높은 안전규격이 요구된다. 그리고 이러한 위험등급별 열선감지기의 등급별 규격은 <표 11-4>와 같다.

■ 표 11-3 유럽규격에서 정의한 안전등급 분류

안전등급 구분	침입자 유형	범죄 수법
Grade 1/최소 위험 - 빈민 주택	경보장치 지식 없이, 단순히 문 여는 간단한 도구만으로 침입	계획적 범행이 아닌 우발적 침입
Grade 2/낮은 위험 - 서민 주택 - 저가품 상점	경보장치를 조금 알고, 기초적인 도구를 보유하여 침입	잠금장치를 커터로 자르고 침입
Grade 3/중 위험 - 중류층 주택 - 대부분 상점	경보장치를 많이 알고, 필요한 모든 도구는 소지하여 침입	경험이 많은 상습 털이범
Grade 4/고 위험 - 상류층 주택 - 귀금속점 - 금융기관 등	경보장치 진문 털이범으로 경보징치 센서감지를 피하고 변경할 수 있는 장비를 갖춤	혼자가 아닌 2~3명이 계획적으로 침입

■ 표 11-4 열선감지기의 안전등급 규격

등급	사양
Grade 2 (Tamper 감지)	PIR의 뚜껑 열림을 감지하여, Tamper 신호를 즉시 전송한다.
Grade 3 (Anti-Masking 감지)	렌즈가림(Anti-Masking)을 감지하여, 제3저항값 'Fault' 신호를 즉시 전송한다.
Grade 4 (Anti-Blocking 감지)	시야차단(View-Blocking)을 감지하여, 제3저항값 'Fault' 신호를 즉시 전송한다.

일본은 2001년 개정판으로 "SESE0501-2; General Standard for Detectors"의 규격집이 나와 있으며, 주로 온도 및 무선 관련 환경시험/신뢰성 시험 기준 위주로 정리되어 있다. 미국을 중심으로 한 북미지역은 오보에 관한 규격으로 1999년에 제정된 "SIA PIR-01; Passive Infrared Motion Detector Standard Features for Enhancing False Alarm Immunity" 내용으로 오보에 관한 내용을 담고 있다. 그리고 한국은 IEC (1990년) 기준을 그대로 번역한 수준으로 1999년에 "KS C 6119 ; 침입자 경보 시스템 요구사항 제6부 실내용 수동 적외선 탐지기"에 신호처리, 경보 후 복구 기준, 소동물, 주변 온도 변화 방해, 건드림 방지, 환경조건, 안정성 등에 대한 일반적인 내용을 담고 있다. 한국도 조만간 EU에서 제정한 규격 수용을 검토해 볼 필요가 있다.

11.4 AIR 센서

AIR 센서는 능동형 적외선센서란 의미인 active infrared detector를 줄여서 AIR 센서(또는 AIR 감지기)라고 하며, 모션을 감지하는 열선감지기를 PIR 이라고 줄여서 부르는 것과 같다. AIR 감지기는 다른 표현으로 적외선빔 감지기(photoelectric beam detector)라고도 하며, 주로 주택, 공장, 창고, 사무실 등 외곽을 감시하고자 하는 목적에 가장 많이 사용되고 있다. 이 감지기는 원리가 매우 단순하여 잘 설치해야만 효과를 볼 수 있다. AIR 감지기는 <그림 11-20>과 같이 투광기와 수광기가 1조로 되어 있으며, 투광기의 적외선 LED에서 900~1,000 nm 파장대의 적외선 펄스가 나오며, 수광부의 포토다이오드(PD)를 통해 일정 시간 펄스가 차단되는 시간으로 침입 여부를 판단하는 센서이다.

적외선을 사용하는 이유는 눈에 보이지 않는 빛을 사용하여 외부 침입자가 경계영역을 쉽게 볼 수 없도록 하기 위함이다. AIR 감지기의 투광기 및 수광기의 내부 회로 개념도는 <그림 11-21>과 같다. 투광기의 LED는 회로의 이상 유무를 표시하기 위함이며, MCU(micro control unit)에서 설정된 주파수를 만들어서 광학부 내부에 있는 PD의 전원을 제

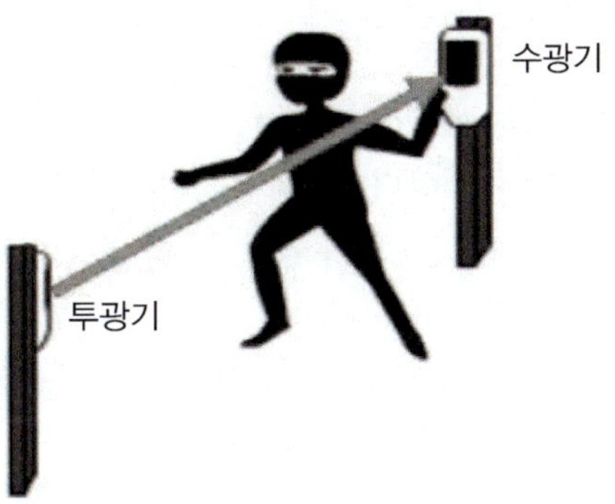

▲ 그림 11-20 AIR 감지기의 개념

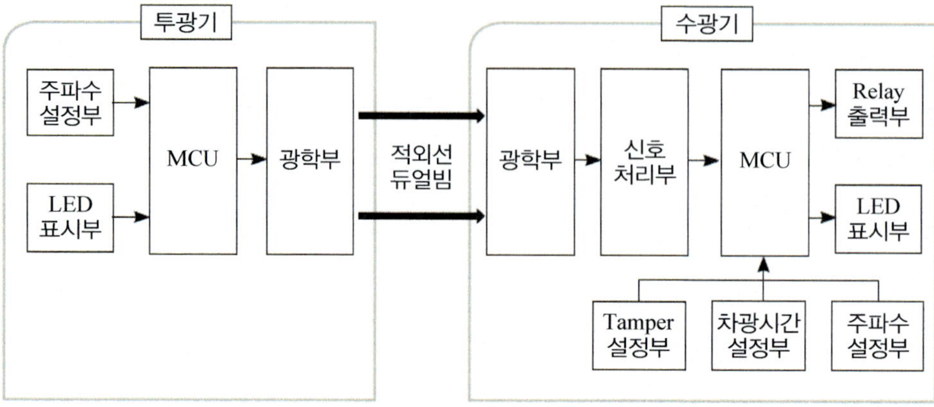

▲ 그림 11-21 AIR 감지기의 투·수광기 블록 개념도

어하여 펄스형태의 적외선을 내 보도록 한다. 주파수 설정부는 한 면에 여러 개의 AIR 감지기를 설치할 때 서로 혼선이 일어나지 않도록 하기 위해 보통 2~4개 정도의 주파수를 선택해서 사용하도록 한다.

수광기에서는 투광기에서 나온 적외선 빔을 광학부의 렌즈를 통해 PD의 초점에 맞도록 한다. 광학부의 PD는 적외선 빔을 전기적 신호로 바꾸어 주는 역할을 하며, 신호증폭 및 처리를 하여 MCU로 보낸다. MCU에서는 설정된 주파수와 차광시간을 비교해서 최종 감지 여부를 출력하게 한다. 수광기의 탬퍼감시부는 수광기의 뚜껑을 외부에서 여는 것을 감지하는 센서이며, 알람메모리 회로부는 이전에 알람 발보 사항을 기억해 두는 회로이다. AIR 감지기는 사용용도에 따라 LED와 PD의 수량이 결정된다. 단순한 출입규제용으로 사용되는 감지기에는 각각 1개씩 들어가 있으며, 일반적인 외곽감지용으로 사용할 때에는 투수광기에 각각 2개의 LED와 PD를 사용한다. 매우 넓은 면적을 감지할 때에는 이보다 더 많은 소자를 사용하기도 한다. 그리고 투광기의 LED는 레이저와 같은 빔을 방사하는 것이 아니고 어느 정도 각도를 가지고 퍼져서 나오게 된다. 경계 감시기리를 늘리기 위해서는 적외선 빔을 멀리까지 보내야 하는데, 이를 위해서는 두 가지 기술이 필요하다. 하나는 광이 퍼지지 않도록 하는 집광기술이고, 다른 하나는 외부 커버가 적외선 투과를 잘하도록 하는 재질로 만들어야 하는 점이다. 광량은 거리의 제곱에 반비례해서 감소하기 때문에 집광해 주는 기술이 매우 중요하다. 적외선 빔을 멀리 보내기 위해 LED에 전기적 출력을 높이면 되겠지만, 이렇게 하면 LED의 수명이 단축되기 때문에 집광기술이 필요하다.

일반적으로 집광을 위해 <그림 11-22>와 같이 반사거울 타입과 구형렌즈 타입이 사용되고 있다. 구형렌즈 타입은 색수차 및 구면수차 문제 때문에 반사거울 타입보다 집광의 효율성이 떨어지는 단점은 있지만, 가격적인 측면 때문에 구형렌즈 타입을 많이 사용하고 있다. AIR 감지기는 주로 외부에 노출하여 설치하기 때문에 사계절에 의한 온도 변

(a) 반사거울 타입 (b) 구형렌즈 타입

▲ 그림 11-22 적외선 빔집광 방법

화, 비와 먼지에 의한 방수구조, 태양의 자외선, 겨울철 눈이나 온도에 의한 열 충격 등에 강인해야 한다. 이런 이유로 광학부와 전기 회로부를 감싸고 있는 외부 커버는 매우 중요한 부품이다. 광학적으로는 적외선을 잘 투과해야 한다. 이런 용도로 폴리카보네이트(polycarbonate, PC) 레진을 가장 많이 사용하고 있다.

<그림 11-23>은 PC 레진으로 만든 외부커버의 적외선 투과도이다. x축은 파장(wavelength), y축은 적외선 투과도를 나타낸 것이다. 가시광 영역인 700 nm보다 짧은 파장은 전혀 투과하지 못하고, 900~1,000 nm 영역의 근적외선 파장만 약 85% 이상 투과하는 특성을 보이고 있다. 이러한 광투과도 특성은 근적외선의 광을 최대한 활용할 수 있도록 해 주며, 외부에 의한 광잡음을 최소화해서 S/N비를 최대로 할 수 있다. 이러한 투과도 특성은 환경 요인에 의해 많이 감소할 수도 있다.

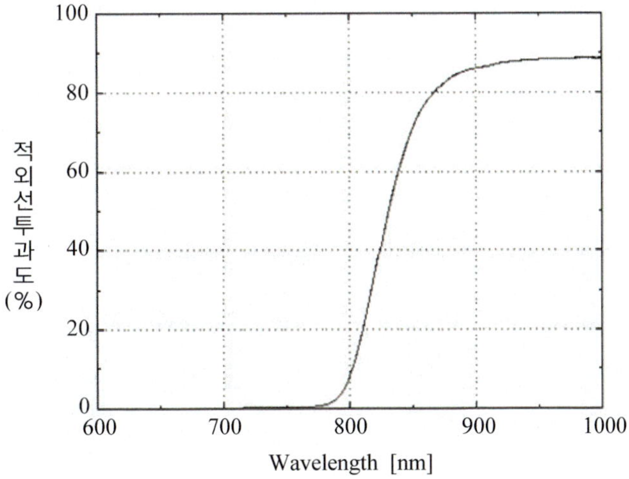

▲ 그림 11-23 PC레진의 적외선 투과도 특성

비가 오거나 안개가 매우 짙게 꼈을 때 투과도가 큰 폭으로 감소한다. 이러한 환경 요인을 고려해서 수광기의 MCU에서는 <그림 11-24>와 같은 자동이득조절(automatic gain control, AGC) 기능을 탑재하여 감지기가 최적의 상태가 되도록 유지해 준다. 즉, 날씨에 의한 투과도는 점진적으로 변하는 특성을 고려해서 문턱레벨을 가변적으로 자동 조절하여 오보를 최소화한다.

AIR 감지기의 외부커버는 겨울에 눈이나 얼음이 커버에 쌓이지 않도록 기구적으로 설계해야 하며, 이것을 성에 방지(anti-frost) 기능이라 한다. 이러한 기구적인 모습은 <그림 11-25>와 같다. 외부 커버가 돌출된 부분이 있는데, 이러한 구조가 성에 방지 기능을 하도록 설계가 된 것이다. 용도에 따라 감지거리로 구분하며, 20m 감지거리부터 200m까지 감지할 수 있는 모델까지 다양하게 있다. AIR 감지기는 설치한 후에 투광기와 수광기의 미세조절 나사를 이용해서 수광기의 출력전압이 최대가 되도록 설정해 주고, 최종적으로 차광시간을 선택해 주어야 한다. 차광시간은 일정 시간 동안 빔이 차단되었을 때 알람을 발보하게 하는 조건을 의미한다. 창문 등에 설치했을 때에는 침입자의 속도가 비교적 느리게 때문에 차광시간을 길게 잡아 주어야 하며, 출입문 등에 설치했을 때에는 침입자가 빨리 침입할 수 있으므로 차광시간을 짧게 해 주어야 한다. 기술적으로는 차광시간을 짧게 해 주면 감지

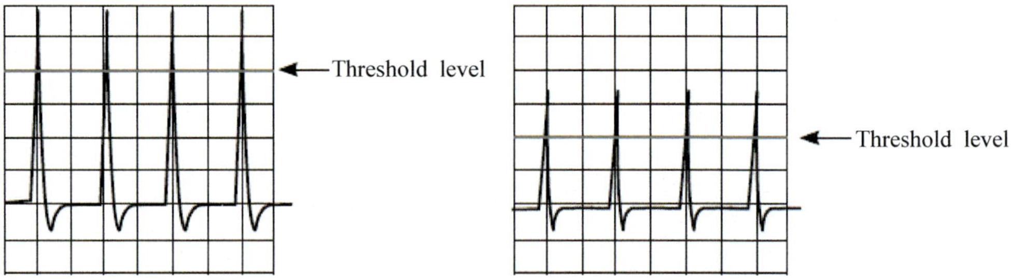

(a) 좋은 날씨일 때 (b) 궂은 날씨일 때

▲ 그림 11-24 AIR 감지기의 AGC 기능

(a) 일본 Optex사 제품 (b) 한국 KMT사 제품

▲ 그림 11-25 Anti-Frost 기능의 외관

성능이 좋아지지만 그만큼 미세한 변화에 의한 오보도 많이 발생하므로 현장에 적합한 차광시간으로 설정해야 한다. 통상적으로 사람이 뛰는 속도는 약 6m/s이므로 차광시간을 50ms 근처로 설정하면 되고, 보통 걷는 속도는 약 3m/s이므로 차광시간을 100ms 근처로 설정, 느리게 걷는 속도는 약 0.6m/s 정도이므로 차광시간을 500ms 근처로 설정한다.

AIR 감지기의 투광기에서 나오는 근적외선은 레이저빔과 같은 것이 아니라 어느 정도 각도를 가지고 퍼져 나온다. 이때 투광기와 수광기 사이에 <그림 11-26>과 같이 적외선을 잘 반사하는 면에 설치하고자 할 때, 수광기와 투광기를 벽에서 어느 정도 띄워 놓고 설치를 하면, 침입자가 투광기와 수광기 사이의 빔을 차단해도 벽에서 반사되어 온 빔 때문에 수광기는 빔이 차단되었다고 판단하지 않는 무감지 현상이 발생할 수 있다. 이런 경우의 무감지를 방지하기 위해서는 투광기 및 수광기를 벽에 가능한 밀착시켜 설치해야 침입자를 정확히 감지할 수 있다.

AIR 감지기는 주로 주택이나 공장, 창고 등에서 창문 규제용으로 주로 사용한다. 이 감지기는 여러 개의 창문을 동시에 규제할 수 있어 경제적인 장점이 있지만, 감지하고자 하는 영역이 외부에 노출되어 있어 감지기의 위, 아랫부분으로 침입할 수 있다는 단점이 있다. 따라서 이러한 침입 여부를 고려해서 2조 또는 3조로 설치해서 사용한다. 설치 시 수광기 쪽이 태양과 같은 강렬한 광원을 바라보지 않도록 해야 한다. 태양은 가시광뿐만 아니라 적외선도 발산하고 있기 때문에 투광기의 입력신호가 태양에 의해 가려질 수 있다. 태양뿐만 아니라 외부에서 수광기 쪽에 외부광을 입사시킨 상태에서 침입하게 되면 무감지가 발생할 수 있다. 이런 현상을 막기 위해 보통의 감지기는 일정 이상의 광량이 조사되면 알람을 출력하도록 설계를 하는데, 이 경우에는 태양에 의해 오보가 생길 수 있다. 그리고 감지기를 2개 또는 3개 이상으로 같은 면에 설치를 할 경우에는 <그림 11-27>과 같이 투광기와 수광기를 번갈아 가면서 설치를 해야 한다. 만약 이렇게 하지 않고 한 쪽에는 수광기, 다른 맞은편에는 투광기를 설치하게 되면, 투광기 내부에 있는 적외선 LED에서 나온 빔의 퍼짐 현상 때문에 다른 수광기에도 빔이 입사하게 된다. 이로 인해 서로 간섭 현상이 발생하여 무감지가 발생할 가능성이 있다.

이러한 간섭 현상을 피하기 위해서는 두 가지 방법이 가능한데, 하나는 빔의 퍼짐이 거의 없도록 레이저빔이 나오도록 하는 방법이고, 다른 하나는 투광기에서 나오는 빔의 주파

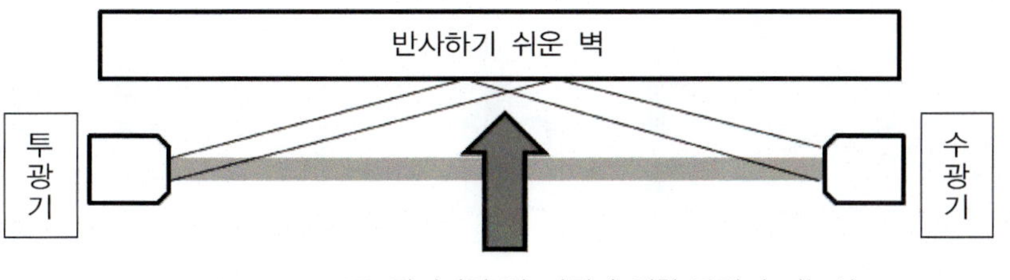

▲ 그림 11-26 AIR 감지기의 빔 퍼짐에 의한 무감지 가능성

수를 디지털로 출력시키는 방법이다. 레이저빔으로 나오게 하는 방법은 거리가 가까워서 투광기와 수광기를 일치시키는데 큰 문제가 없으나, 만약 거리가 제법 떨어져 있다면 투광기와 수광기의 빔 위치를 맞추기가 매우 어렵게 된다. 따라서 이 방법은 매우 가까운 거리(대략 2~3m 이내)의 용도로는 적합하지만 일반적인 외곽 감시용으로는 부적합하다. 따라서 주로 두 번째 방법인 디지털 출력 방법을 주로 사용한다. 여기서 디지털이란 의미는 출력 신호를 디지털처럼 0과 1로 출력한다는 뜻이 아니고, LED에서 나오는 빔을 일정한 주파수를 갖도록 해서 수광기로 보내고, 수광기에서는 같은 주파수를 갖는 신호만 받아들인다는 의미이다. 이러한 주파수를 여러 개로 만들게 되면, 각 주파수마다 1번 채널, 2번 채널이라는 이름으로 정할 수 있다. 따라서 하단 감지기는 1번 채널로 고정하고 상단 채널은 2번 채널로 고정하면 기존 아날로그 출력으로 인한 간섭 현상은 없앨 수 있다. 최근의 AIR 감지기는 이와 같이 출력 신호를 디지털화 하여 채널을 선택할 수 있는 디지털 제품이 출시되고 있다. 아날로그형 AIR 감지기는 연속적으로 출력을 내기 때문에 빔의 세기가 비교적 높은 편인데 반면, 디지털형은 비연속적인 출력 신호가 나오기 때문에 빔의 세기가 약간 낮아지게 되며, 이로 인해 감시할 수 있는 최대거리가 짧아지는 단점이 있다.

이런 원리를 이용해서 <그림 11-28>과 같이 베란다와 같은 큰 창문을 하나의 AIR 감지기로 감지할 수 있는 제품도 출시되고 있다. 기존의 AIR 감지기로 베란다에 있는 큰 창문을 감지하려면 4개 이상을 연속적으로 설치를 해야 하며, 이로 인해 설치된 외관이 보기에 좋지 않은 단점이 있다. 그러나 길이가 약 1.5m 정도인 4단 AIR 감지기는 일체형으로 한번의 공사로 설치할 수 있으며 미관도 좋아 보이는 장점이 있다. 일체형 감지기의 투광부 LED의 출력 신호는 디지털로 출력이 되며, 최소한 4개의 다른 주파수를 갖도록 설계되어 있다. 그리고 일체형의 가장 큰 장점은 외부에서 보았을 때, 빔이 어디에서 나오는지 알 수가 없으므로 보안적인 측면에서 우수하다고 볼 수 있다. 이런 형태의 감지기는 엘리베이터 문의 자동닫힘을 감지하는 센서로도 사용이 되고 있으며, 서울 지하철 스크린 도어의 개폐를 위한 감지기로도 사용되고 있다.

AIR 감지기는 원리가 비교적 단순한 편이지만, 보안적인 측면에서 효과는 매우 높다고 볼 수 있다. 군사시설이나 국가 주요시설물들의 외곽감시를 위해서도 이 감지기가 사용되고 있다. 대표적인 AIR과 마이크로웨이브 복합감지기는 <그림 11-29>와 같다. 높이는 약 2미터 정도이고, AIR 감지기와 마찬가지로 투광부와 수광부가 1조로 되어 있으며, 상단부와 하단

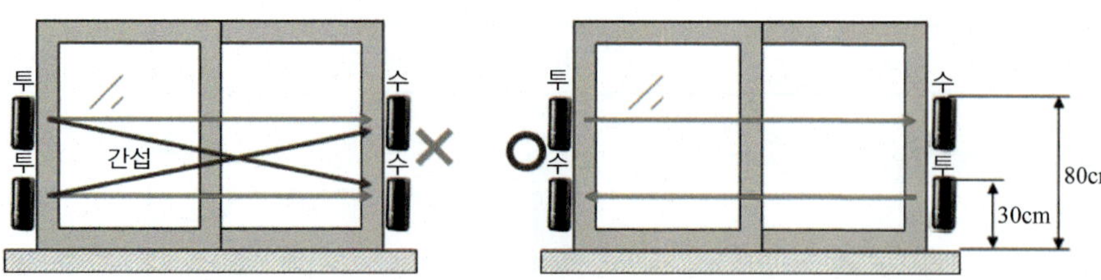

▲ 그림 11-27 AIR 감지기 설치시 유의사항

▲ 그림 11-28 4단 디지털 AIR 감지기 외관 및 설치 사례

부에 적외선빔이 설치되어 있고, 감지기의 중앙부에 마이크로웨이브 센서가 있는 구조이다.

마이크로웨이브는 입체적으로 공간에 퍼져서 감시할 수 있는 특성이 있으므로 감시영역은 그림의 우측에 있는 바와 같다. 적외선빔과 마이크로웨이브의 신호가 동시에 발보할 때만 알람을 발생하는 원리로 동작을 한다. 따라서 AIR만 있을 때의 단점인 안개, 폭우, 폭설 등의 환경조건에서 오보로 생성되는 알람신호는 복합화한 경우에는 거의 발생하지 않는 강점이 있다.[85] 별개의 감지기와 복합화한 감지기의 장단점은 <표 11-5>와 같다.

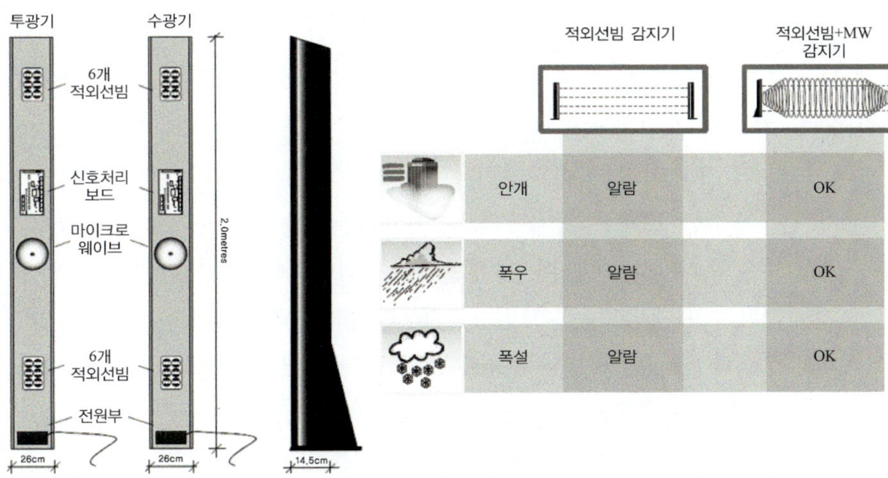

▲ 그림 11-29 AIR+마이크로웨이브 복합감지기의 외관 및 환경 대응력

85. http://www.sicurit.com, Absolute Plus Catalogue

■ 표 11-5 복합감지기의 오보 대응력

	전통적인 AIR	전통적인 MW	AIR + MW
작은 새	FALSE ALARM	OK NO ALARM	OK NO ALARM
작은 동물	FALSE ALARM	OK NO ALARM	OK NO ALARM
낙엽	FALSE ALARM	OK NO ALARM	OK NO ALARM
태양 빛	FALSE ALARM	OK NO ALARM	OK NO ALARM
고주파 RF	OK NO ALARM	FALSE ALARM	OK NO ALARM
펜스신호 반사	OK NO ALARM	FALSE ALARM	OK NO ALARM
가로등 불빛	OK NO ALARM	FALSE ALARM	OK NO ALARM

11.5 진동 및 문열림 감지 센서

진동 감지는 압전체(piezoelectrics) 원리를 이용한 센서를 사용하여 감지한다. 압전체는 센서로 전달된 진동을 전기적 신호로 감지하는 원리이다. 이러한 원리를 이용하여 물리보안용에서는 유리가 파손되는 될 때 전달되는 진동을 감지하는 유리감지기, 유리가 파손될 때 나오는 소리를 감지하는 음파감지기, 벽을 부수고 침입하기 위해 벽에 가하는 진동을 감지하는 벽 감지기, 금고 등의 철판을 부수기 위해 가하는 진동을 감지하는 금고감지기 등이 있다. 각각의 감지기들은 진동원(原)에 따른 진동 주파수 및 크기에 적합하도록 설계기 되어 있지만, 근본적인 원리는 모두 동일하다.

금고감지기는 특수한 목적용 감지를 위해 사용되는 것이고, 나머지 유리감지기, 벽 감지기, 음파감지기는 외부에서 벽 또는 창문을 깨고 침입하는 것을 감지하기 위해 사용한다. 이러한 진동감지기의 개념도는 <그림 11-30>과 같다. 파괴에 의한 진동이 압전소자로 전달이 되면, 압전소자에서는 특정한 주파수만 선택하는 필터회로를 거쳐 감지회로를 지나 이상 유무를 판단하는 회로로 구성되어 있다.

유리가 깨지는 것을 감지하는 목적으로 압전센서를 사용한 유리감지기와 집음 마이크를 이용한 음파감지기를 사용한다. 대표적 압전소자인 PZT는 티탄산납($PbTiO_3$)과 지르코산납($PbZrO_3$)을 일정비율로 혼합하여 세라믹으로 만든 것이다. 이것은 크기당 감도가 우수하며, 사용 주파수 범위가 0.5 Hz ~ 10 kHz로 매우 넓은 편이며, S/N비가 좋아 상대적

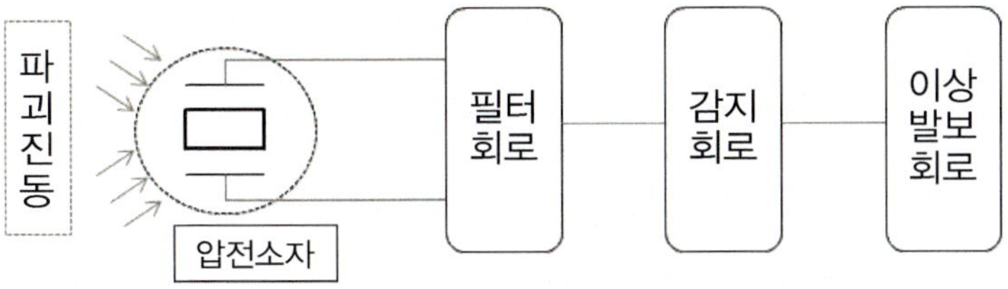

▲ 그림 11-30 진동감지기의 기본 회로 개념도

▲ 그림 11-31 대표적인 압전센서 모듈, 유리감지기 및 음파감지기 외형

으로 적은 신호도 잘 측정할 수 있다. 압전소자를 얇게 만들어서 양쪽 면에 전극용 금속을 증착하여 진동에 의한 전기신호를 읽을 수 있도록 하고 외형 기구물에 삽입하면 일반적인 유리감지기가 된다. 유리감지기가 유리에 부착되는 면은 진동을 잘 전달할 수 있는 금속 재질로 만든다. 음파감지기는 압전센서 모듈 대신에 소형 마이크를 센서로 이용하며, 마이크로 소리가 잘 전달될 수 있도록 만든다. (<그림 11-31> 참고)

유리감지기와 음파감지기는 유리가 깨지는 것을 감지하는 것이 목적이다. 유리감지기는 유리에 부착해서 유리가 깨질 때 나오는 진동을 감지하는 것이고, 음파감지기는 천정에 설치해서 일정영역 이내에 유리가 깨지는 소리를 감지하는 원리이다. 유리감지기는 유리에 부착해서 사용하기 때문에 감지율은 높으나 미관상 좋지 않고 감지할 수 있는 유리 크기가 한정되어 있으며 감시하고자 하는 유리마다 부착해야 한다는 단점이 있다. 반면 음파감지기는 하나의 감지기로 여러 개의 유리창을 감지할 수 있는 장점은 있으나, 소리를 감지하는 원리이기 때문에 유사한 종류의 소리가 주위에 발생하면 오보가 발생할 수 있다는 단점과 마이크 부분에 테이프 等으로 가리면 쉽게 무력화가 될 수 있다는 문제점이 있다.

유리가 깨질 때는 저주파부터 고주파까지 매우 넓은 범위의 파장이 나온다. 일반적인 충격이나 소음에 대한 오보를 줄이고 유리가 파손되는 것을 감지하기 위해 저주파 대역과 고주파 대역을 동시에 감지되도록 회로를 설계한다. 이렇게 회로를 설계하더라도 모든 종류의 유리 파손만을 감지하도록 설계하는 것은 원리적으로 매우 어렵다.

유리감지기 및 음파감지기는 모든 종류의 유리 파손을 감지하는 것은 아니며, 유리종류, 유리크기, 유리두께, 감지기 설치방법 및 장소에 따라 약간씩 감지성능에 차이가 있다. 따라서 감지기를 설치한 후 반드시 감지 여부를 확인하여 추가 설치를 검토해야 한다. 특히 유리감지기는 유리면에 장기간 접착할 수 있도록 접착제를 잘 선택해서 시공해야 한

다. 유리면이 코팅되어 있거나 유리면이 울퉁불퉁하다면 접착력이 현저히 떨어기 때문에 사계절의 온도변화에 감지기가 유리면에서 탈락할 수도 있다. 이런 점을 고려해서 유리감지기는 접착제 선택, 감지기가 접촉되는 면의 상태 等을 면밀히 따져서 설치해야 한다. 반면 음파감지기는 유리가 깨지는 소리를 감지하는 원리이기 때문에 소음제가 설치된 경우 또는 커튼이나 양탄자 등이 바닥에 깔린 경우는 규정보다 많이 설치해야 한다.

벽감지기는 콘크리트벽 또는 3공 블럭벽 등을 깨고 침입하는 것을 감지하기 위해 사용하며, 벽 감지기도 유리감지기와 유사한 개념으로 설계 및 제작한다. 유리는 망치나 주먹 등으로 한 번의 충격으로 깰 수 있지만, 벽은 해머나 매우 무거운 도구를 사용하여 몇 번의 충격으로 부수거나, 전기드릴을 이용해서 구멍을 내어 침입할 수 있다. 따라서 벽 감지기는 유리감지기와는 달리 두 가지 종류의 감지회로로 구성되어 있다. 즉, 단시간 내에 수 회 정도의 큰 충격을 감지하는 충격진동감지회로와 일정 시간 내에 수십 회 정도의 작은 충격을 누적으로 감지하는 연속진동감지회로로 구성한다. 보통 충격진동회로는 10초 이내의 간격으로 해머 등의 충격성 진동이 수 회 이상 감지될 때 발보를 하며, 연속진동감지회로는 연속성 진동이 1초 이내의 간격으로 수십 회 감지될 때 발보를 하도록 설계한다.

또한 벽에서 나오는 진동을 잘 감지하기 위해 앵커볼트를 이용해서 벽에 밀착해서 부착해야 한다. 기둥이나 대들보 등에는 벽 감지기를 설치하면 안 되며, 보통 하나의 벽 감지기로 약 10~20m 정도를 감지할 수 있다. 그러나 중간에 기둥이나 틈이 있는 경우는 감지거리가 더 짧아질 수 있다. 벽 감지기의 설치높이는 일반적으로 바닥면에 가깝게 설치하는 것이 좋다. 그 이유는 벽의 진동원이 보통 사람 허리부분이기 때문이다. 그러나 미관을 고려해서 바닥에서 약 2m 이내의 높이에 설치해야 최적의 감도를 얻을 수 있다.

문 열림 감지는 자석감지기를 사용하여 출입시스템과 연동하여 사용한다. 자석감지기의 동작원리는 리드스위치(reed switch)의 접점이 외부자석에 의해 On, Off되는 원리를 이용한 것이다. 리드스위치의 내부 구조는 <그림 11-32>와 같다. 리드스위치의 유리 캡슐 내부는 금속 접촉면의 산화 방지를 위해 불활성 가스로 채워져 있으며, 스위칭 부분은 전기적 접촉을 좋게 하기 위해 전도성이 우수한 금속으로 코팅되어 있다. 리드 블레이드는 외부자석의 접근에 민감하게 반응하도록 강자성체(ferromagnetic) 재료로 되어 있다. 리드스위치는 접점 방식에 따라 Form A, Form B, Form C 등 3가지 종류가 많이 사용된다. Form A는 평소에 두 리드스위치의 접점 부위가 떨어져 있다가 자석이 접근하게 되면 두 접점이 붙는 형태이며, Form B는 이와 반대 형태이다. 이런 원리 때문에 Form A를 정상 열림(normally open) 방식이라 부르며, Form B는 정상 닫힘(normally close) 방식이라 부른다. 그리고 Form C는 출력단에 2개의 리드가 존재하여 두 가지 동작 구현이 가능한 스위치이다. 일반적인 상태에서 접점이 붙어 있는 쪽을 NC리드라고 하며, 자석의 자장에 의해 붙는 쪽을 NO리드라고 한다.

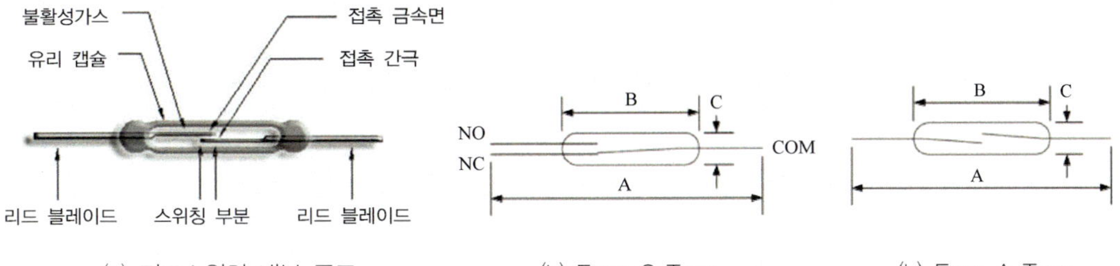

▲ 그림 11-32 리드스위치 내부구조 및 종류

리드스위치의 원리는 <그림 11-33>과 같다. 평상시 자석이 없을 때에는 리드의 양쪽 접점이 Open 상태로 있다가, 자석이 일정 거리 이내로 접근하게 되면 강자성체 물체인 리드는 자화가 되어 자성에 의해 각 리드의 양 끝이 N극과 S극으로 극성을 띄게 된다. 이 경우 스위칭 부분의 극성은 서로가 다른 극성을 가지게 되어 두 극성이 Close 상태가 된다. 자장을 생기게 하는 방법에는 자석을 갖다 대는 방법도 있지만, 리드스위치 몸통에 코일을 감아 외부에서 전류를 흘리게 되면 코일의 자장에 의해 스위치 역할을 할 수도 있다. 자석감지기는 이런 리드스위치의 원리를 응용한 것이다.

물리보안용에서 자석감지기는 일반문의 열림, 셔터의 열림 등을 감지하는 용도로 사용되고 있다. 자석 감지기는 리드스위치와 자석 2가지 부품으로 이루어진 매우 단순한 감지기이다. 문의 열림을 감지하는 용도로 사용할 때에는 문이 닫혀 있는 상황에서 리드스위치부와 자석부의 거리가 적절한 거리에 있도록 설치해야 한다. 적절한 거리가 확보되지 않으면 오보 또는 무감지가 발생할 수 있다.

<그림 11-34>는 자석감지기의 올바른 설치 예를 나타낸다. 자석은 온도에 따라 자장의 세기가 변하는데, 여름철보다 겨울철에 자장의 세기가 약해지며, 철문인 경우는 자석의 자력이 많이 약해진다. 따라서 이러한 자장의 변화량을 고려해서 충분히 가까이 설치해야 한다. 리드스위치는 진공 유리로 되어 있기 때문에 충격에 매우 약하다. 문이 닫힐 때 문

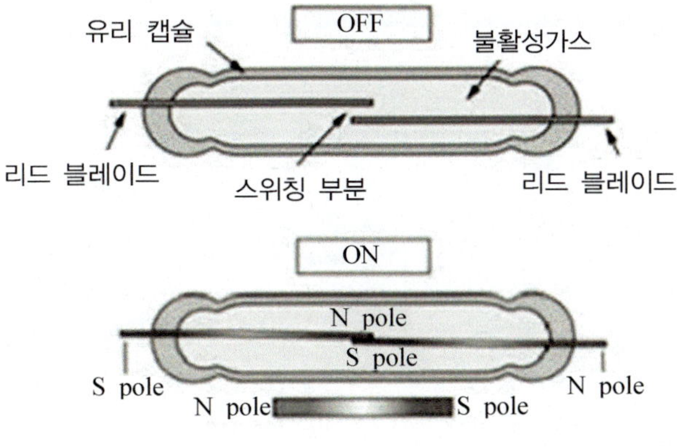

▲ 그림 11-33 리드스위치의 동작 원리

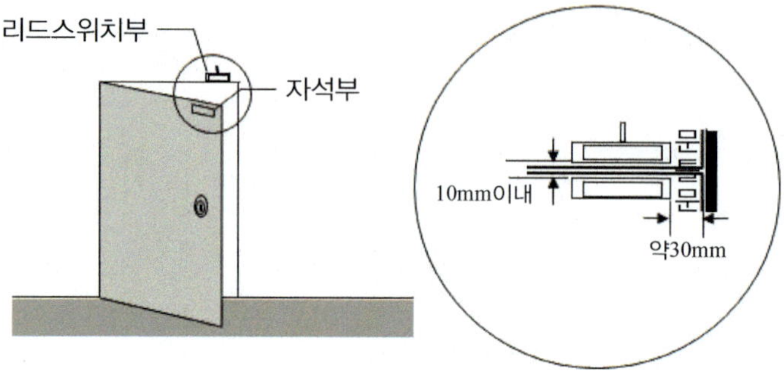

▲ 그림 11-34 자석감지기의 설치 방법

틀과의 충격을 완충할 수 있는 구조로 스위치부를 만들어야 한다. 정상적인 동작 기준으로 리드스위치의 수명은 약 1,000만 회 정도를 보장한다. 가격이 매우 저렴하고 뛰어난 신뢰도 때문에 보안용 감지기로는 가장 많이 사용되고 있다.

자석감지기에서 발생하는 오보는 대부분 스위치와 자석 사이의 간격을 견고하게 설치하지 못해서 발생한다. 문 자체의 뒤틀림 또는 견고하지 못한 설치로 인해 외부의 바람에 의해 문이 많이 흔들리게 되면 오보가 발생할 수 있다. 스위치부와 자석부를 문에 견고하게 설치하지 않아서 문이 닫힐 때의 충격으로 스위치부 또는 자석부가 흔들리게 되면

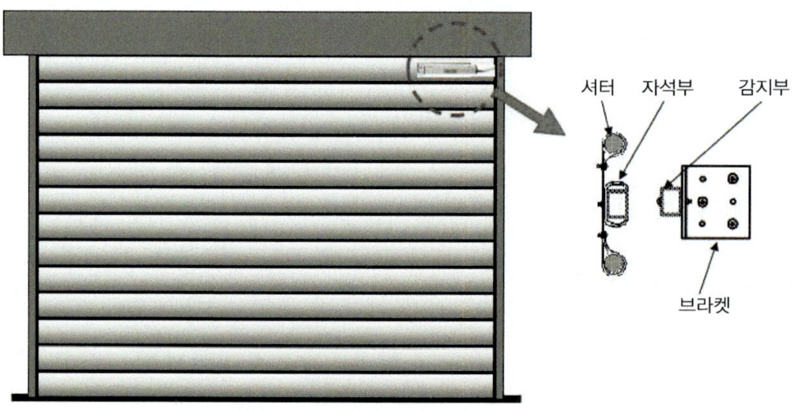

(a) 리드스위치를 이용한 셔터감지기

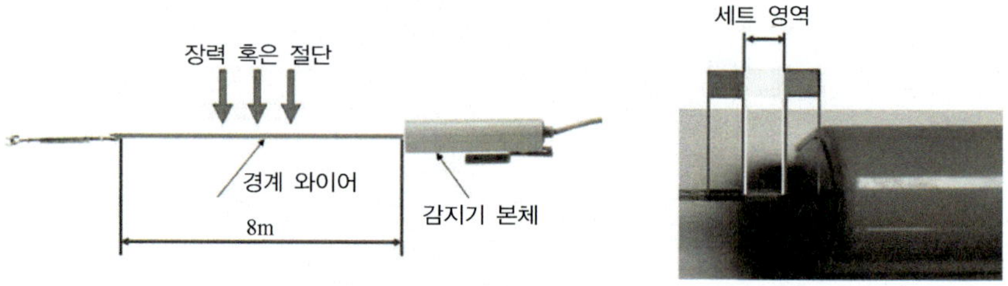

(b) 리드스위치를 이용한 펜스감지기

▲ 그림 11-35 리드스위치를 이용한 셔터감지기 및 펜스감지기

오보가 발생한다. 낙뢰가 자석 감지기의 신호선을 타고 들어오게 되면 리드스위치가 손상을 받아 오동작을 일으킬 수도 있다. 이러한 환경을 고려해서 주의 깊게 자석 감지기를 설치한다면 아무런 문제없이 잘 사용할 수 있다.

리드스위치의 원리를 이용해서 일반적인 자석감지기 이외에, 공장이나 창고 등의 대형 출입문 감지용으로도 사용된다. 또한 <그림 11-35>와 같이 셔터를 여닫는 것도 감지하는 용도로 사용되며, 와이어식 펜스감지기에도 사용된다. 펜스감지기는 몸통 안에 링 형태의 자석이 리드스위치의 중앙에 있도록 설치하며, 스위치의 위치를 외부에서 알기 쉽도록 색깔로 구분하며, 끊어지거나 당겨지면 링자석의 위치가 변경되어 스위치가 동작한다.

11.6 외곽 침입감지 센서

외곽 침입감지 시스템(perimeter intrusion detection system, PIDS)은 Frost & Sullivan 의 자료에 의하면 <그림 11-36>과 같이 크게 3가지 종류로 나눌 수 있다(<표 11-6> 참고). 독립형은 감지기 자체로 눈에 보이지 않는 경계면을 설정할 수 있으며, 이 구역을 침입자가 침입하는 경우 감지할 수 있는 시스템이다. 여기에는 마이크로웨이브, PIR, 정전식, AIR 감지기 등이 이에 해당한다. 펜스형은 2차원적인 물리적인 펜스를 제작하여 침입자가 펜스를 타고 올라가면서 발생하는 장력이나 진동으로 침입을 감지하는 시스템으로 마이크로폰, 광섬유, 장력, 진동, 지진파 센서 등이 이에 해당한다. 그리고 매립형은 땅 속에 센서를 매립하여 설치하고, 이곳을 밟고 지나가는 경우 알람을 발생하는 감지 시스템이다.[86]

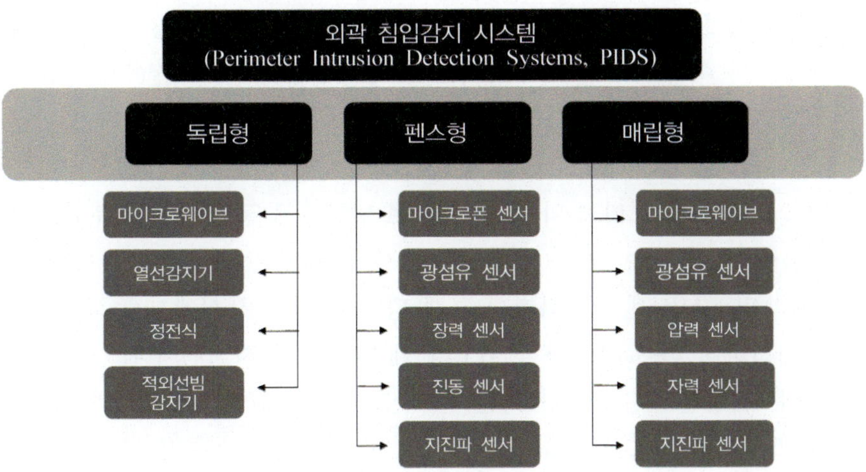

▲ 그림 11-36 외곽 침입감지 시스템 분류(출처: Frost & Sullivan 2010)

86. "Opportunities in the World Perimeter Intrusion Detection Systems Market", Frost & Sullivan, 2010, April.

■ 표 11-6 PIDS 시스템 분류 및 해당 감지 시스템 종류

시스템 분류		해당 감지 시스템
독립형 감지 시스템		마이크로웨이브 센서, 정전기(electrostatic) 센서, 능동형 적외선(Active Infrared, AIR) 센서, 수동형 적외선(Passive Infrared, PIR) 센서, 복합형 센서
진동 감지 시스템	펜스 부착식	음파(microphone) 센서, 광섬유(Fiber Optic) 센서, 진동(vibration) 센서
	매립형	지진파 센서, 자력식 센서, 음파 센서

마이크로웨이브(microwave, 줄여서 MR) 센서는 투광부와 수광부가 하나로 있는 일체형과 서로 마주보게 설치하는 분리형이 있다. 일체형의 경우, 투광부로부터 마이크로웨이브가 지속적으로 발사되며, 수광부에서는 투광부에서 발사된 마이크로웨이브가 물체로부터 반사된 파를 수신한다. 만약 침입자가 마이크로웨이브가 있는 영역으로 침입하게 되면 침입자의 유무에 따른 마이크로웨이브 특성의 변화로부터 침입을 감지하는 센서이다. 또한 분리형인 경우에는 수광부에서 투광부로부터 나오는 신호를 받고 있는 상황에서 이 사이로 침입자가 지나가게 되면 수광부에서 수신 신호가 변하게 되는데 이로부터 침입으로 인식하는 센서이다. 정전기(electrostatic) 센서는 펜스에 정전기를 감지하는 강선(wire)을 설치하고, 침입자가 강선을 만지거나 가까이 가게 되면 강선의 정전기에 미세한 변화가 발생하는데, 이로부터 침입자를 감지하는 센서이다.

PIR 센서는 감지 영역 내에 침입자가 진입하게 되면 침입자의 표면에서 나오는 원적외선(약 8~14 μm의 파장)을 감지하는 센서이다. PIR 센서는 투광부는 없고 신호만 받아들이는 수광부만 존재하는데, 이런 이유로 수동형 센서라고 한다. AIR은 마이크로웨이브 센서와 같이 투광부와 수광부가 한조로 설치되며, 투광부에서 근적외선(약 1 μm의 파장 대역) 파장이 발사되어 수광부로 입사하도록 서로 마주보게 설치를 한다. 만약 이 사이로 침입자가 지나가게 되면, 일시적으로 수광부에서 신호가 끊기게 되고 이로부터 침입을 감지하는 센서이다. PIR, AIR, 그리고 마이크로웨이브 단독으로 된 센서 시스템은 오보(false alarm)가 많이 발생하는 단점이 있어 이를 보완하기 위해 나온 것이 복합형 감지기이다. 즉, MR + PIR 또는 MR + AIR 센서를 복합화 하게 되면 두 가지 센서에서 동시에 감지하게 되면 침입으로 판단하게 하여 오보를 줄이고자 개발된 센서 시스템이다.

진동 센서는 침입을 감지하고자 하는 펜스 영역에 설치하며, 침입자가 펜스를 흔들거나 펜스를 타고 올라가거나, 펜스를 절단하거나 할 때 발생하는 진동을 감지하는 센서이다. 마이크로폰 센서는 펜스가 진동하는 음파의 패턴으로부터 침입을 감지하는 방식이다. 광섬유 센서는 펜스에 부착하여, 침입자가 펜스를 올라타게 되면 이로 인해 발생하는 미세한 진동 패턴을 감지하여 침입으로 인식하는 센서이다. 지진파 센서는 주로 펜스 진입

부의 땅 아래에 매설하여 설치하며, 펜스 앞을 지날 때 발생하는 발자국의 진동 패턴으로부터 침입을 감지하는 센서이며, 자력식 센서는 지진파 감지 센서와 동일하게 땅 아래에 매설하여 설치하며, 침입자에 의해 발생하는 미세한 자기장의 변화로부터 침입을 감지하는 센서이다. 매립형 센서의 가장 큰 장점은 침입자가 센서의 설치 여부를 확인할 수가 없어 무력화 시도를 할 수 없다는 점이다.

PIDS 시스템을 개발 및 양산을 하고 있는 대표적인 업체는 <그림 11-37>과 같다. 1965년에 설립된 이스라엘의 Magal Senstar(현재는 Magal S^3)사가 가장 높은 시장 점유율을 보이고 있으며, 마이크로웨이브 센서로 강점을 가진 미국의 Southwest Microwave사가 2번째 점유율을 보이고 있다. PIR과 AIR 센서에서 강점을 가진 일본의 Optex가 3번째 점유율을 보이고 있다. 광섬유 진동센서에서 강점을 가진 호주의 Future Fibre Technologies(FFT)사가 그 다음이며, 다양한 PIDS 시스템을 보유한 영국의 Geoquip사 등이 뒤를 따르고 있다. 기타 Cias, Takex, Sorhea, NSSC, STR Security, GPS, Fiber Sensys, D-Fence, XTralis, Sensoptics 등이 있다. Fiber Sensys는 일본 Optex의 자회사이며, 광케이블 센서 전문회사이다.

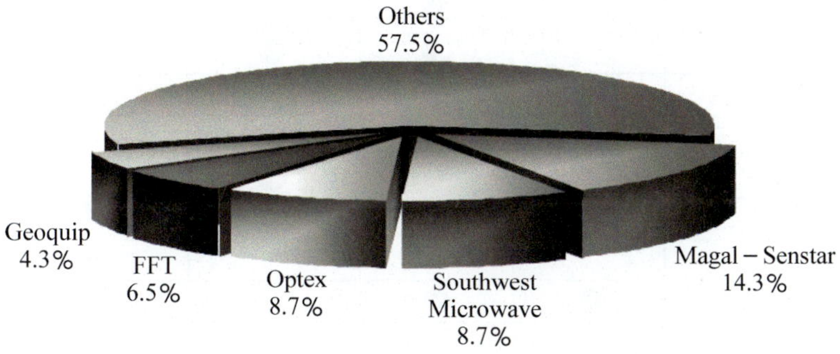

▲ 그림 11-37 글로벌 PIDS 시스템 업체들의 점유율(2009년 기준)

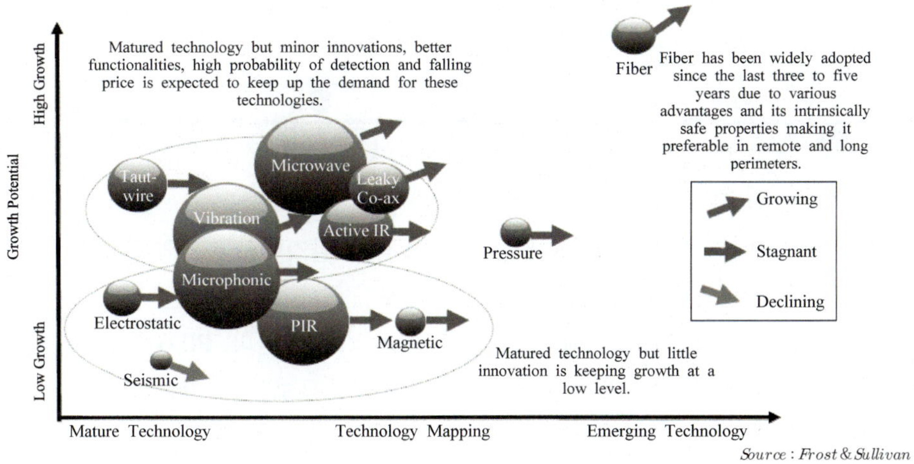

Source : Frost & Sullivan

▲ 그림 11-38 PIDS 기술 트렌드

현재 전 세계적으로 PIDS로 가장 많이 사용되고 있는 기술은 <그림 11-38>에서 보듯이 마이크로웨이브, 진동, 음파, PIR, AIR, 광섬유 센서 등이다. 이 중에서 향후 성장이 예상되는 기술로는 마이크로웨이브, 진동, 광섬유 등을 꼽을 수 있다. 반면 지진파 센서는 오히려 퇴보되는 기술로 분류되고, 나머지 기술들은 정체된 기술로 분류되고 있다. 그러나 국내에서는 마이크로웨이브 센서와 AIR 센서가 가장 많이 사용되고 있다.

독립형 감지 시스템을 개발하는 대표적인 글로벌 회사는 <표 11-7>과 같다. 이 자료는 2010년 자료이지만, 6년이 지난 지금에도 거의 동일하다. PIR 센서는 일본의 Optex가 단연 앞서 있으며, Xtralis, Geoquip, SSS, Takex 등이 대표적인 회사이다. AIR 센서는 일본의 Optex와 Takex 2개 회사가 가장 앞서 있으며, Bunker, ECSI, Sorhea, Cias, Geiquip 등이 뒤따르고 있는 회사이다. 마이크로웨이브 센서는 미국의 Southwest Microwave가 가장 앞서 있으며, 그 다음으로 Cias, Magal, STR Security, Xtralis 등의 회사들이 개발하고 있다.

■ 표 11-7 독립형 감지 시스템을 개발하는 대표적인 글로벌 회사

Company	PIR	AIR	Microwave	Electrostatic
Bunker		●		
Cias		◑	●	
ECSI		●		
Geoquip	◑	◑		
GPS			◑	
Magal/Senstar			◑	●
NSSC				●
Optex	●	●		
STR Security			◑	
Smarter Security Systems	◑			
Takex	◑	●	◑	
Xtralis	●			
Sorhea		●		
Southwest Microwave		◑	●	

● High Coverage ◑ Medium Coverage ◔ Low Coverage

이러한 센서들의 침입 유형에 대한 탐지율과 각종 환경에 대한 오보율의 비교는 <표 11-8>과 같다. 하나의 센서로 탐지율도 높이고 오보율도 줄일 수 있는 것은 없다. 환경과 침입유형을 고려하여 적재적소에 센서를 설치 및 운영해야 한다. PIDS로 가장 많이 되는 독립형 센서인 마이크로웨이브와 AIR 센서의 탐지율과 오보율을 비교해 보면 다음과 같다. 두 센서 모두 탐지율과 오보율은 거의 비슷하지만, 오보율 측면에서 마이크로웨이브 센서가 AIR 대비 약간 우수하다. 그 이유는 AIR 센서의 경우 탐지 알고리즘을 적용하는데

■ 표 11-8 침입 및 오보 유형별 PIDS 성능 비교

	천천히 걷기/바람	걷기/비	달리기/침수	기어 오르기/눈	빨리기어 오기/안개	점프/소동물	땅굴/큰동물	땅파기/작은새	사다리/큰새	자르기/번개	기어 오르기/고압력선	들어 올리기/지하 고압력선
진동센서	NA/H	NA/M	NA/L	NA/L	NA/VL	VH/L	VL/M	L/L	VL/L	MH/L	H/VL	MH/VL
장력센서	NA/VL	NA/VL	NA/VL	NA//VL	NA/VL	VH/VL	VL/L	VL/VL	VL/VL	H/VL	H/VL	H/VL
전기장센서	VH/M	VH/LH	VH/VL	H/M	VH/VL	VH/M	VL/VH	L/L	L/L	H/M	VH/L	H/VL
정전기센서	VH/M	VH/M	VH/vL	H/M	H/VL	VH/M	VL/VH/	L/L	L/L	H/M	VH/L	H/VL
광섬유센서	H/VL	VH/L	VH/L	VH/VL	VH/VL	H/VL	L/M	VH/VL	L/VL	H/M	VH/VL	M/L
지진파센서	H/M	H/L	H/L	M/L	M/VL	M/L	L/VH	M/VL	L/VL	NA//L	NA/L	NA/M
자력식센서	H/M	H/L	H/L	M/L	M/VL	M/L	L/VH	M/VL	L/VL	NA/H	NAM	NA/H
마이크로 웨이브센서	H/L	VH/L	H/MH	MH/LM	MH/L	MH/MH	VL/VH	LM/VL	L/M	NA/LM	NA/L	NA/VL
PIR/AIR	VH/L	VH/L	VH/L	MH/M	MH/M	H/M	VL/VH	L/L	VL/M	NA/L	NA/VL	NA/VL
영상센서	H/M	VH/L	VH/L	MH/L	H/MH	H/L	VL/VH	LM/VL	M/M	NA/L	NA/L	NA/VL

한계가 있는 반면, 마이크로웨이브 센서는 탐지 알고리즘을 보다 유연하게 적용할 수 있기 때문이다. 대신 마이크로웨이브 센서가 AIR 센서 대비 가격이 약간 높은 것이 단점이다. 그리고 펜스를 자르거나 기어오르는 행위는 감지할 수 없다. 마이크로웨이브와 AIR은 주로 펜스와 펜스 사이에 설치를 하여 운영을 하는데, 따라서 원리적으로 펜스에 붙어서 일어나는 행위는 탐지할 수가 없다. 반면 진동을 감지하는 센서는 펜스를 자르거나 기어오르고 들어 올리는 행위에 대해서는 높은 탐지력을 가지고 있다. 그러나 대부분의 물리적인 PIDS가 가지고 있는 단점은 사다리를 타고 올라가는 거나 땅굴을 파서 침입하는 것을 탐지할 수 없다는 것이다. 따라서 이런 침입에 대해서는 이차적으로 건물로 진입하는 것을 탐지할 수 있는 시스템으로 PPS를 설계해야 한다.

외곽침입감지 시스템의 장비가격과 설치/유지 비용을 비교해 보면 <그림 11-39>와 같다. 독립형 시스템은 가격이 저렴하고 설치가 간단하다는 장점이 있으며, 이중에서도 가장 가격대비 저렴한 시스템은 PIR 감지기인 열선감지기이다. 이것은 가격은 저렴하지만 오보가 많이 발생하기 때문에 국소적인 영역을 감시하고자 하는 용도로 사용된다. 가격대비 비교적 상대적으로 우수한 성능을 가진 것은 적외선빔 감지기와 마이크로웨이브를 복합화한 시스템이다. 다른 감시 시스템에 비해 상대적으로 설치비용도 매우 저렴하고 감지 시스템 가격도 상대적으로 저렴하다. 보통 하나의 감지 시스템으로 최대 수백미터까지 감지할 수 있는 장점이 있다. 다만, 투광부와 수광부가 마주 보아야 하기 때문에 굴곡진 부분은 감지할 수 없는 단점이 있다. 펜스형 시스템은 감지성능은 우수한 편이지만 설치비용과 유지보수 비용이 매우 고가인 단점이 있어, 특수한 시설의 일부 구간을 감시하고자 하는 목적으로 사용이 될 수 있다. 그리고 매립형은 감지 시스템이 외부에 드러나지 않기

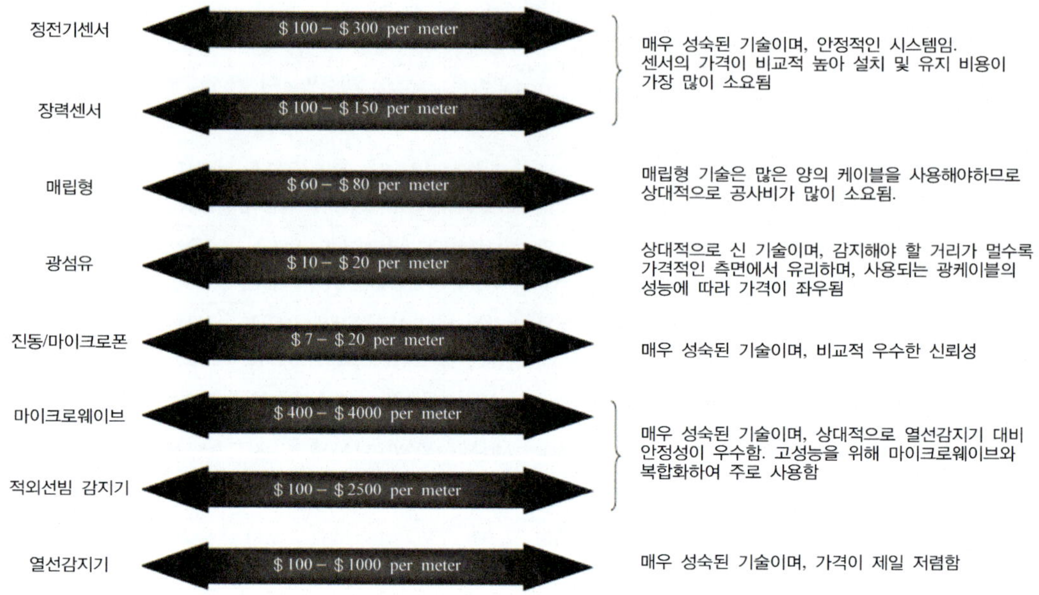

▲ 그림 11-39 외곽감지용 센서의 장단점 비교(출처: Frost & Sullivan 2010)

때문에 외관적으로 좋고 침입자가 감지 시스템을 인지하지 못하기 때문에 이 시스템을 피해서 침입하는 것은 매우 어렵다. 그러나 시스템의 매립을 위해 땅을 굴착해야 하는 문제점이 있기 때문에 특수한 용도의 목적으로만 사용이 된다.

PPS 설계에 있어 3대 핵심 키워드는 조기 감지, 지연, 신속한 대응이다. 조기 감지를 위해 다양한 PIDS 시스템을 사용한다. 이 중에서 울타리 시스템은 기본적으로 펜스 대용으로도 사용할 수 있으면서 침입을 감지할 수 있는 두 가지 목적으로 만들어진 시스템이다. 크게는 장력을 감지하는 Taut-wire 방식과 광케이블을 그물망으로 제작한 광망 시스템으로 나눌 수 있다. 울타리 시스템을 제외한 다른 PIDS 시스템들은 설치된 환경에 따라 오보가 필수적으로 따르기 때문에 오보를 줄이기 위해서는 CCTV와 연동을 하여 PIDS에서 검출된 신호가 침입인지 아닌지 판단을 해야 한다. 그러나 울타리 시스템은 거의 오보가 없는 것이 가장 큰 장점이다.

광망 시스템(optical net system)은 광섬유(optical fiber)를 이용해서 철망과 같은 형태의 망사구조로 제작하여 사용하는 원리이다. 광섬유의 내부구조는 코어(core), 클레딩(cladding), 버퍼코팅(buffer coating) 3가지 요소로 구성되어 있다. 코어는 얇은 유리섬유의 중심이 되는 부분으로 빛이 이동하는 통로가 되며, 이 중심부분의 굴절률은 바깥부분의 굴절률보다 약간 크도록 설계되어 전반사(total reflection) 현상을 이용해서 빛이 손실없이 이동이 가능하도록 되어 있다. 클레딩은 코어의 외부를 감싸고 있는 요소로 빛을 코어 안쪽으로 반사시켜 전반사 조건이 되도록 해 주는 역할을 한다. 버퍼코팅은 플라스틱 섬유의 코팅으로 광섬유를 보호하는 역할을 한다.

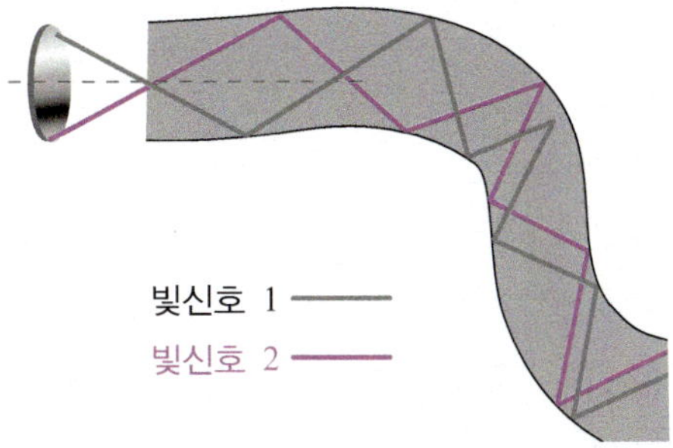

▲ 그림 11-40 코어 전반사에 의한 광전송

광섬유 코어의 굴절률을 클래드의 굴절률보다 높게 하면 <그림 11-40>과 같이 코어에 들어온 빛은 코어와 클래드의 경계에서 전반사를 반복하며 코어속을 전파한다. 즉, 클래딩은 광을 흡수하지 않고 전반사시켜 광원을 손실없이 코어를 따라 아주 먼 거리까지 보낼 수 있다. 물리적으로 코어의 굴절률을 클래드의 굴절률보다 크게 해 주었다고 해서 반드시 전반사가 일어나는 것은 아니다. 광이 입사하는 각도에 따라 다양한 내부반사가 생길 수 있는데, 광원의 입사각도가 임계각도(critical angle) 보다 클 경우는 항상 전반사가 일어나게 되어 클래딩은 광을 전혀 흡수하지 않으므로 광섬유가 구부러지거나 휘어져 있더라도 먼 거리까지 광을 전파시킬 수 있다.

광망방식은 광케이블을 <그림 11-41>과 같이 망사형태로 제작을 해서 기존 철책 펜스에 고정시키고, 광망의 한 쪽 끝에 컨트롤러에서 레이저빔의 광신호를 흘려 보내고 광망 전체를 거쳐서 다른 한 쪽 끝을 통해 다시 컨트롤러로 입사하게 한다. 이때 나가는 빛의 양과 들어온 빛의 양을 비교해서 광케이블 절단 및 광케이블의 휨을 감지하는 원리이다.

망을 제작할 때, 케이블이 서로 교차하는 크기는 사람의 머리 크기 정도로 교차해서 망을 제작한다. 그리고 광케이블의 표피는 태양에서 나오는 자외선에 의해 경화되지 않도록 광케이블의 표피에 UV강화제가 첨가된 피복으로 코팅을 해서 사용한다. 케이블의 교

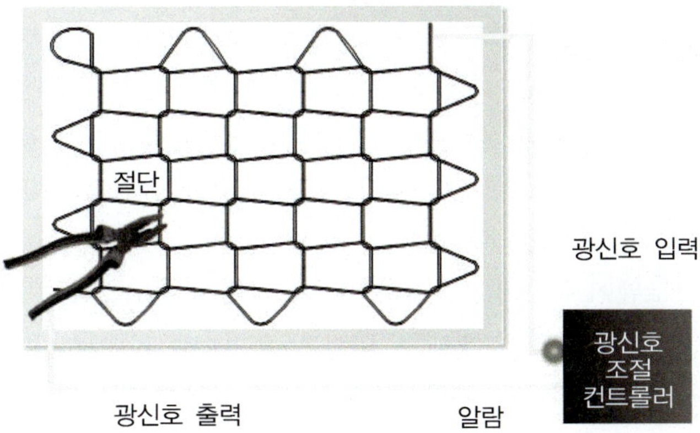

▲ 그림 11-41 광망 시스템 개념도

차지점을 쉽게 해체하지 못하도록 하기 위해 금속이나 우레탄으로 교차지점을 고정시켜 망의 형태를 유지하도록 한다.

광신호 조절 컨트롤러의 광출력단에 레이저빔의 크기를 측정하고, 광망으로 빛이 지난 후 광신호 입력단에서 들어오는 빛의 세기를 비교한다. 이때 절단시에는 입력신호가 "0"이므로 쉽게 절단을 구분할 수 있고, 망을 절단하지 않고 망의 교차지점을 풀어서 구멍을 크게 만들어서 침입시 케이블이 많이 휘어지므로 입력단의 신호가 급격히 줄어드는 것을 감지해서 풀어헤침을 감지한다. 광망 시스템은은 비와 바람에 의한 오보가 거의 없다는 장점이 있지만, 광망제작 설치에 많이 시간과 비용이 드는 단점이 있다.

11.7 재실자 감지 센서

최근 에너지 절감을 위한 그린 에너지와 개인정보보호에 대한 관심이 높아지고 있다. 건물의 전기를 절약하기 위해 전등을 형광등에서 수명이 길고 전력소모가 작은 LED 등으로 교체를 하고 있으며, 공조 시스템도 단순히 시간에 따른 공조시스템 운영 보다는 사무실 근무자의 재실 상태에 따라 공조를 on, off 하거나 온도를 조절하여 보다 쾌적한 환경을 유지할 수 있도록 운영이 되고 있다. 이러한 목적으로 사용될 수 있는 가장 좋은 기술은 CCTV 카메라를 이용한 기술이다. CCTV 카메라는 기존의 보안용으로 구축이 잘 되어 있으므로 이를 잘 활용하면 앞에서 언급한 전등 제어와 공조 시스템 제어 등을 쉽게 구현할 수 있다. 그러나 최근 개인정보보호법의 강화로 개인의 사생활에 대한 보호가 강화되고 있으며, 근무자가 자신의 근무 형태가 CCTV에 그대로 촬영되어 보관되기를 원하지 않고 있다. 이 뿐만 아니라 백화점이나 대형 매장에서 고객의 분포와 경로를 파악해서 이를 마케팅으로 활용하는 사례도 늘어가고 있는데, 이를 위해 CCTV로 촬영하는 것에 대해 고객들이 거부감을 느끼고 있다. 따라서 CCTV를 대신할 수 있는 다양한 기술들이 필요하다.

아파트 현관의 천정에 설치하여 사람이 집으로 들어오거나 나가게 되면 사람의 움지임을 감지하여 일정 시간동안 전등을 켜 주는 가장 단순한 PIR 감지 방식은 오래 전부터 널리 사용되어 왔다. 그러나 사람이 움직이지 않고 가만히 오래 있으면 사람이 없는 것으로 판단하여 전원이 꺼지게 된다. 이 경우 다시 불이 오게 하려면 몸을 움직이거나 손을 센서쪽으로 향해 흔들어 주어야만 다시 불이 켜진다. 이런 단점을 보완하기 위해 초음파 방식이나 마이크로웨이브 센서를 사용하기도 한다.

초음파와 마이크로웨이브는 PIR 감지기와는 달리 능동형(Active) 방식의 센서이다. 여기에는 발신부와 수신부가 분리된 형태로 되어 있으며, 발신부에서 일정 주기로 파동을 내 보내고, 수신부에서 반사되어 온 파동을 분석하여 사람이 있는지 여부를 판단하는 방식이다. 센서를 천정에 설치하고 사람이 없는 경우에는 발신부에서 나온 신호는 바닥에서 반사되어 온 신호를 수신하게 된다. 따라서 천정 높이의 2배 만큼의 시간 차이가 발생하게 된다. 이때 사람이 들어오게 되면, 사람 머리에서 반사된 신호가 바닥에서 반사된 신호보다 먼저 도달하게 되어 사람이 입실했음을 알게 되는 원리이다. 초음파의 경우에는 주위 온도에 따라 속도의 변화가 심하기 때문에 반드시 온도를 보상해주는 추가적인 회로가 필요하다. 마이크로웨이브는 환경에 의한 성능의 저하 문제없이 사용이 가능하며, PIR 센서 대비 상당히 넓은 영역을 감지할 수 있다는 장점은 있다. 그러나 마이크로웨이브는 경량벽을 투과할 수 있는 능력이 뛰어나 감지 영역을 정확히 규정하기가 어려운 단점이 있다. 또한 능동형 방식은 지속적으로 신호를 내보내야 하기 때문에 자체 전력 소모가 필연적으로 따른다는 단점이 있어, 전기를 효율적으로 절약할 수 있는 방법이 아니다.

<그림 11-42>는 PIR 방식과 마이크로웨이브 방식의 외관 비교 사진이다. 두 방식 모두 조도센서인 CdS 센서가 내장되어 있어 빛이 충분한 낮에는 감지가 되어도 동작을 하지 않으며, 조도가 낮은 경우에만 동작하도록 설정을 할 수가 있다.

그러나 이와 같은 방식은 현관의 조명 제어용으로는 적합하지만, 실내 전체의 조명을 제어하기에는 부족한 점이 많다. 왜냐하면 몇 명이 실내에 들어와 있는지 알 수가 없으며, 실내에 가만히 앉아서 근무하게 되면 감지를 하지 못하는 문제점이 있다. 그래서 나온 것이 2개의 센서를 사용하는 시스템이 나오게 되었다.

<그림 11-43>과 같이 출입문에 자석스위치를 설치하고, 방 내부의 천정에 PIR 센서를 설치한다. 만약 사람이 문을 열고 들어오게 되면 자석스위치에 의해 문 열림 신호가 먼저 올라오게 되고, 그 다음에 PIR 센서에 의해 입실 신호가 순차적으로 올라오게 된다. 이렇게 되면 정상적으로 입실했다고 판단하여 전등을 자동으로 점등하게 된다. 퇴실 시에는 PIR 센서가 방 내부에서 움직임을 감지한 신호가 먼저 올라오게 되고, 그 다음에 자석스위치에 의해 문 열림을 감지하게 된다. 이렇게 되면 사람이 정상적으로 퇴실을 했다고 판단하여

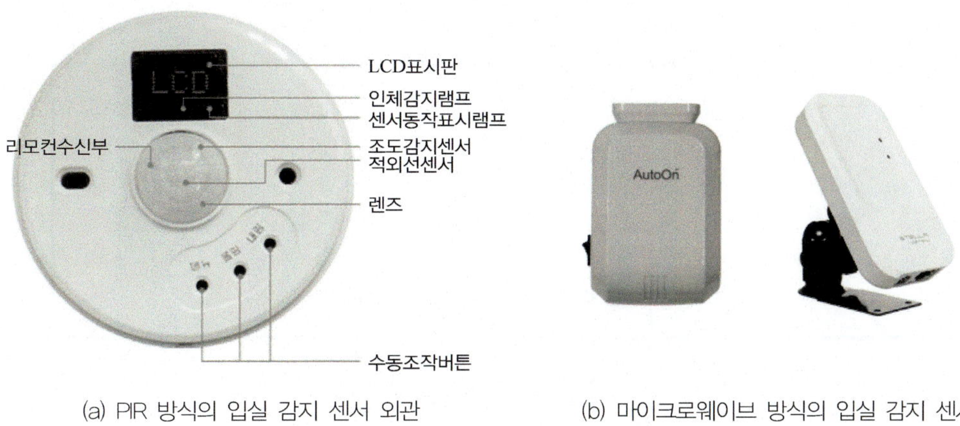

(a) PIR 방식의 입실 감지 센서 외관 (b) 마이크로웨이브 방식의 입실 감지 센서

▲ 그림 11-42 재실자 감지용으로 사용되는 PIR 방식과 마이크로웨이브 방식의 외관

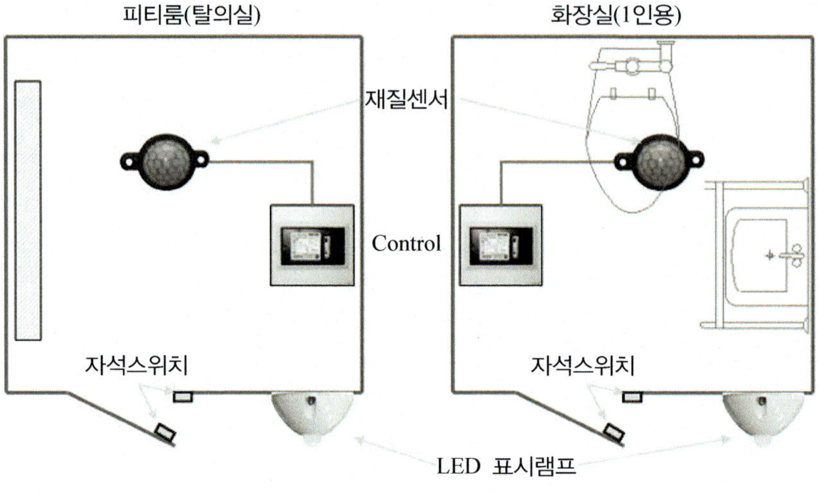

▲ 그림 11-43 재실자 감지용 센서 배치 개념도(출처: 오토리모 자료)

전등을 점멸하게 된다. 이런 방식은 PIR 센서에서 장시간 감지되지 않아도 사람이 있다고 판단하여 전등은 계속 켜져 있게 된다. 여기에도 당연히 조도센서가 있어 일정 조도 이상인 밝은 상황에서는 센서의 신호를 무시한다. 이런 센서 배치는 1인용의 전등 제어에 적합한 방식이다. 여기서 문이 있는 경우에는 가격을 고려하면 자석스위치가 가장 저렴한 방법이다. 그러나 출입문이 없거나 자석스위치를 설치할 수 없는 경우에는 면형 PIR 센서, AIR 센서, 초음파센서, 압전패드 등을 사용할 수 있다.

면형 PIR 센서는 감지를 할 수 있는 수평각도가 보통 10도 미만이기 때문에 출입여부를 감지하기에 적당한 센서이다. 그리고 압전패드는 출입하는 부분의 바닥에 설치를 하여 출입하는 사람의 무게를 감지하여 출입여부를 감지하는 센서이다. PIR과 압전패드는 수동형으로 동작하므로 추가적인 전력 소모가 없다는 장점이 있다. 그러나 AIR 센서나 초음파 센서 등은 능동형이기 때문에 불필요한 전력이 소모될 수 있는 단점이 있다.

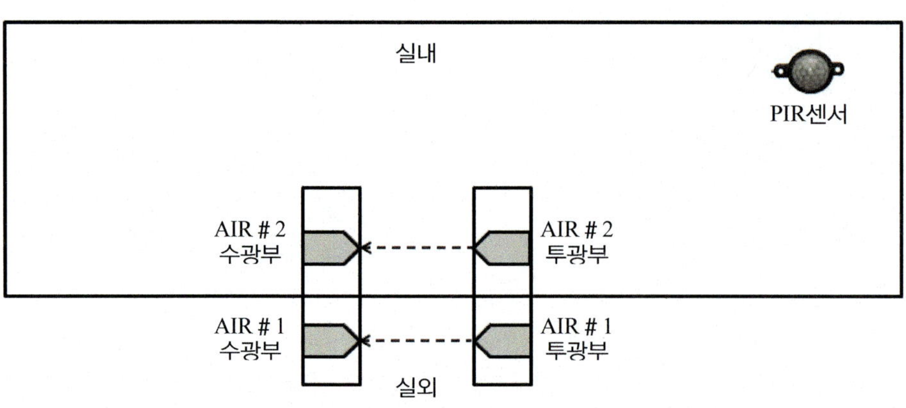

▲ 그림 11-44 AIR 센서와 PIR 센서를 이용한 재실자 감지 개념

적외선빔감지기인 AIR 센서를 사용하여 출입자를 카운트하여 재실 여부를 결정할 수도 있다. <그림 11-44>와 같이 출입구에 AIR 센서 2개를 순차적으로 설치하고, 1번 AIR (그림에서 AIR #1) 신호가 감지된 후 2번 AIR 신호가 올라오고 그 다음 순차적으로 PIR 센서 신호가 올라오면 1명이 입실했다고 판단을 하고, 반대로 PIR 센서 신호가 올라오고 2번 AIR 신호 감지 후 1번 AIR 신호가 감지되면 1명이 퇴실했다고 판단을 하는 개념이다. 이러한 AIR 센서와 PIR 센서를 복합적으로 사용을 하면 큰 사무실이나 실험실 등의 전등 제어와 공조 시스템 제어에 사용이 가능하다. 여기서 PIR 센서는 감지 영역을 고려하여 실내에 필요하면 여러 개를 설치할 수도 있다.

PIR 센서는 다양한 요인에 의해 오보가 많기 때문에 정확한 재실 감지에는 다소 부족하다. 이러한 시장 요구사항에 따라 부상하고 있는 기술 중의 하나가 적외선 어레이 센서를 이용한 재실자 감지(people counting) 기술이다. 또한 가정용 기기에도 이러한 센서가 사용될 가능성이 높아지고 있다. 소니와 삼성전자 등에서 TV와 에어컨 등에 기존 단일 적외선 센서에 의한 제한된 정보로 인한 제한된 기능 제공에서 탈피하기 위해 적외선 어레이 센서를 장착하여 재실자에 적합한 기능을 제공해 주고자 연구되고 있다. Yole사에 의하면 이와 같은 재실자 감지용의 적외선 센서 시장 규모가 2010년에 약 9천만달러 규모로 추정하였으며, 매년 14% 정도씩 성장할 것으로 예상하고 있다.

이러한 목적으로 상용 제품을 개발한 회사는 영국의 Irisys사이다. 이 회사는 16×16 초전체 센서를 어레이로 만들어 대형 매장 등의 사람의 이동을 실시간 모니터링 하는 목적으로 개발하였다. 고해상도 어레이를 사용하면 보다 정확하게 동선을 파악할 수 있지만, 고해상도 열화상 카메라의 가격은 매우 고가이기 때문에 이런 목적으로 사용하기에 부적합하였다. 그래서 저가의 저화소용 어레이 센서를 이용해서 동일한 목적을 구현하고자 개발하였다. 이런 목적으로 사용되는 시장 규모는 Yole사에 따르면 약 1.5백만달러 정도로 추정하고 있으며, 매년 25% 정도씩 성장할 것으로 예측하고 있다. 2010년 Irisys사에서 판매한 센서 가격은 개당 대략 50~200 달러 정도였으며, 실제로 영국 tesco 매장에 설치하여 운영 중에 있다.[87] 이 매장에 사용된 적외선 어레이 시스템의 개념도는 <그림 11-45>와 같다.

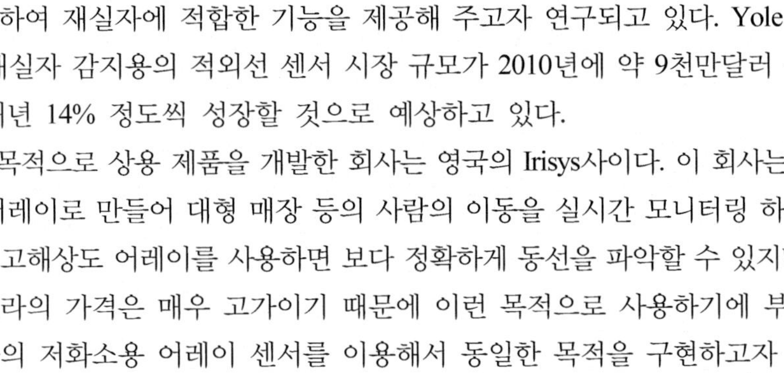

▲ 그림 11-45 Irisys사에서 개발한 재실자 감지 시스템 개요

87. http://www.irisys.co.uk/queue-management/download-tesco-case-study/

현재 이와 같은 저화소용 적외선 센서 어레이에 관심이 있는 회사로는 영국의 Irisys를 비롯해서 일본의 Omron, Hamamatsu, NEC, Chino, Panasonic, 독일의 Heimann, 프랑스의 ULIS, 이스라엘의 SCD, 미국의 FLIR 등에서 가까운 미래에 큰 시장을 형성할 것으로 예상하고 연구 개발을 진행하고 있다. 이 중에서 대표적으로 일본 Chino와 Panasonic사에서 판매 중인 저화소용 적외선센서는 <그림 11-46>과 같다. Chino사에서는 가까운 거리에 있는 물체의 온도를 실시간 모니터링 하는 것으로 목적으로 개발하였으며, 이것을 응용해서 노약자가 화장실에서 쓰러지는 것을 감시하는 실버용의 목적으로 개발하였다. Panasonic사는 자동차 실내의 공기조절, LED와 공조기 등의 실시간 전원제어, 그리고 매장의 피플 카운팅(People Counting)의 목적으로 Grid Eye라는 제품명으로 판매 중에 있다. 이러한 저화소용 적외선센서는 PIR 센서와는 달리 시야각 범위 내에 사람의 유무를 가장 확실히 판단할 수 있다는 장점이 있다. 두 제품 모두 가격은 점점 낮아지고 있어 조만간 널리 확산될 것으로 예상하고 있다.

아직 이런 기술이 크게 확산되지 못하고 걸림돌로 작용하고 있는 것은 적외선센서의 가격이다. 가격에 가장 큰 영향을 주는 것이 렌즈 가격이다. 가장 특성이 좋은 재료는 Ge 인데, 이 재료를 렌즈로 가공하기 위한 가공비용이 많이 든다는 단점이 있다. 이를 대신하기 위해 저가격의 Si 렌즈 기술과 칼코겐화합물(Chalcogenide) 기술, 폴리머 계열인 폴리에틸렌 기술 등이 연구되고 있다. 렌즈 가격을 낮추기 위해서는 센서의 크기를 줄여야 하는 것도 중요한 문제이다. 가격을 낮추기 위해서는 냉각이 필요없는 시스템으로 만들어야 하며, 그렇기 위해서는 패킹을 하면서 진공을 하지 않아도 되도록 만들어야 한다. 또한 저화소이기 때문에 사용 용도에 따라 시야각이 제한이 될 수 있다. 좁은 영역을 감시할 것인지, 아니면 넓은 영역을 감시할 것인지, 어느 정도 거리까지 감시할 것인지 등을 종합적으로 고려를 해야 한다.

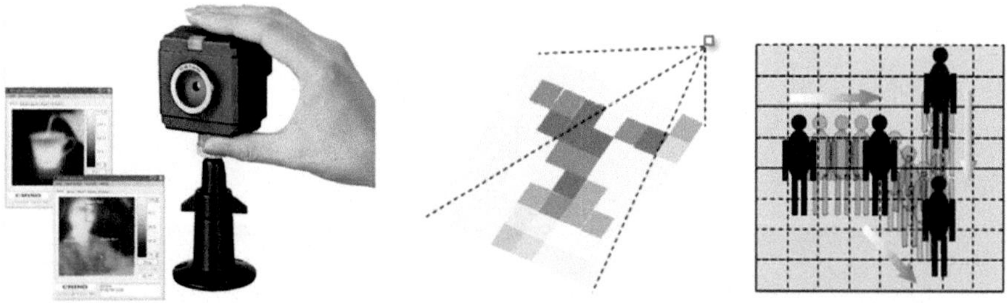

(a) 일본 Chino사의 2,000픽셀 센서 (b) 일본 Panasinic사의 8×8 픽셀 센서

▲ 그림 11-46 재실자 감시용 저화소 적외선센서

Chapter 12

공기질 관리 센서

12.1 실내공기질 관리법 개요

도시 생활 속에 각종 환경 오염원에 의해 인간의 삶에 심각한 영향을 미치고 있다. 대기와 수질에 대한 관심은 점점 증가하고 있으나, 이것은 개인의 노력으로만 이루어지는 것이 아니라 국가적인 관심과 국제적인 협력에 의해서만 해결이 가능하다. 기후변화에 의한 태풍과 폭우에 대한 피해도 결국 인간이 환경을 무시했기 때문에 발생했다고 보고 있다. 화석연료 사용증가로 대기 중 온실가스 농도가 증가해 지구의 평균 기온(지난 100년간 0.74℃)과 해수면(지난 40년간 매년 1.8mm)이 상승하였다. 이런 영향으로 2003년 유럽폭염으로 약 3만 5천명의 인명피해가 발생했으며, 2005년 허리케인 카트리나로 미국에서는 약 11조원의 막대한 피해가 발생하였다. 또한 한반도의 기후변화도 진행되고 있는데, 6대 도시 평균 기온이 지난 100년간 약 1.5℃ 상승하고, 제주지역의 해수면이 40년간 22cm 상승하였다. 그리고 한반도의 CO_2 농도는 2006년에 388.9ppm으로 1999년 대비 18.7ppm 증가하였다. 이러한 기후변화 및 국내에서는 최근 천식 및 아토피 등 환경성 질환의 급속한 증가에 따라 국민건강에 영향이 큰 실내공기질 관리가 중요한 문제로 대두되었다.

통계에 따르면 신축공동주택 입주민의 새집증후군 경험비율이 2006년에 35.9%, 2007년에는 29.8%로 나왔으며, 어린이 천식 유병률도 1995년 13.0%에서 2000년에 15.8%, 2005년에 18.6%로 증가하고 있으며, 또한 어린이 아토피 유병률도 1995년 19.7%에서 2000년에 27.5%, 2005년에 29.2%로 증가하고 있다. 이러한 사회적인 필요성 때문에 국내에서는 늦었지만 2003년에 「다중이용시설 등의 실내공기관리법」을 제정하여 실내 공기질 관리를 위한 제도적 기틀을 마련하였다. 이듬해인 2004년에 「실내공기질 관리 기본계획」 수립 및 「실내환경개선협의회」 구성으로 범정부 차원의 실내공기질 관리체계를 구축하였다. 또한 정부에서도 2008년에 향후 60년 국가비전으로 '저탄소 녹색성장(Low Carbon, Low Growth)'을 제시하였으며, 실내 공기질 관리대책도 기후변화대응을 우선적으로 고려하여 추진하고 관련 녹색 기술개발을 통한 경제성장을 도모하고자 하고 있다.

실내공기 오염물질중 미세먼지(PM_{10}), 이산화탄소(CO_2), 포름알데히드(HCHO), 총부유세균, 일산화탄소(CO) 등 5개 물질에 대해서는 유지기준을 설정하고 위반시 과태료부과 등 제재조치를 취하도록 되어 있다. 기타 외부에 오염원이 있거나 오염도가 비교적 낮은 이산화질소(NO_2), 라돈(Rn), 총휘발성유기화합물(TVOC), 석면, 오존(O_3) 등 5개 오염물질에 대해서는 권고기준을 설정하여 자율적으로 준수하도록 유도하고 있다. 실내공기질관리법과 동일한 개념으로 대기오염으로 인한 국민건강 및 환경상의 위해를 예방하고 대기환경을 적정하고 지속가능하게 관리 및 보전함으로써 모든 국민이 건강하고 쾌적한 환경에서 생활할 수 있게 함을 목적으로 '대기환경보전법 시행령'이 2010년 3월에 발표되었다.

환경부장관은 전국에 대하여, 시도지사는 관할구역에 대하여 대기오염도를 상시측정하고, 대기오염물질의 배출원 및 배출량을 조사해야 한다. 대기에 대한 기준은 <표 12-1>과 같다. 측정기별 간단한 측정개념은 <그림 12-1>과 같다.

■ 표 12-1 국내 대기환경기준 및 표준 측정방법

항목	기준	표준 측정방법
아황산가스 (SO_2)	• 연간평균치 0.02ppm이하 • 24시간평균치 0.05ppm이하 • 1시간평균치 0.15ppm이하	자외선 형광법 (Pulse UV Fluorescence Method)
일산화탄소 (CO)	• 8시간평균치 9ppm이하 • 1시간평균치 25ppm이하	비분산적외선분석법 (Non-Dispersive Infrared Method)
이산화질소 (NO_2)	• 연간평균치 0.03ppm이하 • 24시간평균치 0.06ppm이하 • 1시간평균치 0.10ppm이하	화학발광법 (Chemiluminescent Method)
미세먼지 (PM-10)	• 연간평균치 50$\mu g/m^3$ 이하 • 24시간평균치 100$\mu g/m^3$ 이하	베타선흡수법 (β-Ray Absorption Method)
오존(O_3)	• 8시간평균치 0.06ppm이하 • 1시간평균치 0.1ppm이하	자외선 광도법 (UV Photometric Method)
벤젠 (Benzene)	• 연간평균치 5$\mu g/m^3$ 이하	GC/FID, GC/PID, GC/MS
납(Pb)	• 연간평균치 0.5$\mu g/m^3$ 이하	원자흡광도법 (Atomic Absorption Spectrophotometry)

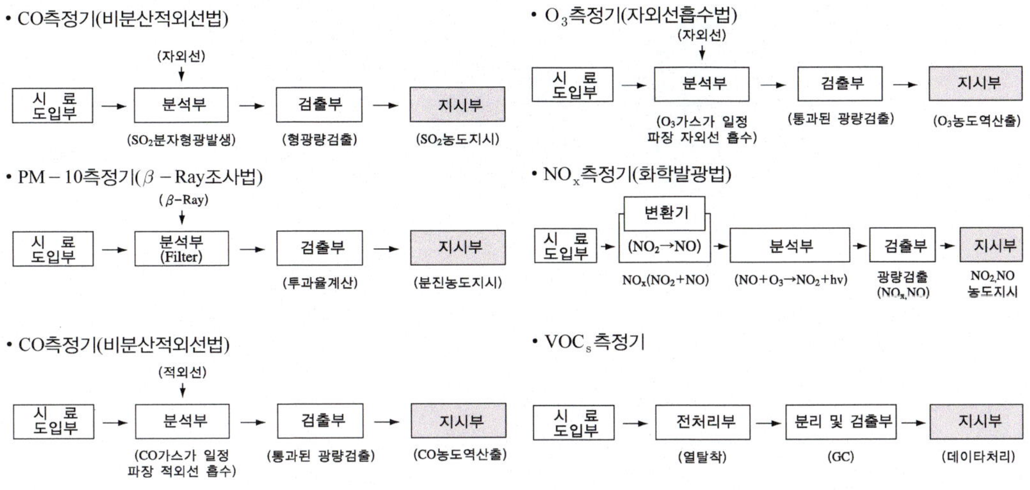

▲ 그림 12-1 대기환경 측정기별 측정원리

12.2 미세먼지 측정

미국은 이미 1971년에 총부유분진(Total Suspended Particulate, TSP)에 대해 많은 연구와 기술축적을 바탕으로 대기환경기준을 설정하고, 대기 중 입자상물질을 지속적으로 많은 관심을 가지고 관리하고 있다. TSP로 대기환경기준을 관리하여 오다가 다방면의 많은 연구결과를 토대로 인체의 유해성 등을 고려하여 1987년에 PM_{10}(지름이 10 μm 이하인 미세먼지) 대기환경기준(일평균 150 $\mu g/m^3$ 이하)을 설정하였다. 그 이후 2006년도에 $PM_{2.5}$(지름이 2.5 μm 이하인 미세먼지)에 대해 하루 기준을 35 $\mu g/m^3$ 이하로 크게 강화하였다. 우리나라는 1995년부터 PM_{10}의 입자에 대해 연간 평균치 50 $\mu g/m^3$ 이하, 24시간 평균치 100 $\mu g/m^3$ 이하로 규제하고 있으며, 2015년에 $PM_{2.5}$ 입자에 대해 미국과 유사한 기준을 도입하였다.

최근에는 미세먼지에 대한 관심이 $PM_{2.5}$에서 $PM_{1.0}$으로 보다 작은 입경 중심으로 옮겨가고 있다. 10 μm 이상의 큰 먼지는 대부분 코의 점막과 섬모에 걸려 인체 내로 유입되지 않고, 5~10 μm 미만의 먼지는 기도의 점막과 섬모에 걸려 객담(가래)으로 배출되며, 0.1~1 μm 크기의 먼지가 기관지를 통과할 수 있어 폐포 내 침착율이 가장 높아 진폐증이나 규폐증을 유발할 수 있다는 연구결과가 있다. 미세먼지의 상대적인 크기를 비교해 보면 <그림 12-2>와 같다. 모래는 약 90 μm, 머리카락은 약 50~70 μm 정도 크기이기 때문에, PM_{10} 미세먼지는 머리카락의 약 1/5~1/7 정도의 크기이고, $PM_{2.5}$는 머리카락의 약 1/20~1/30 정도의 크기로 매우 작다.

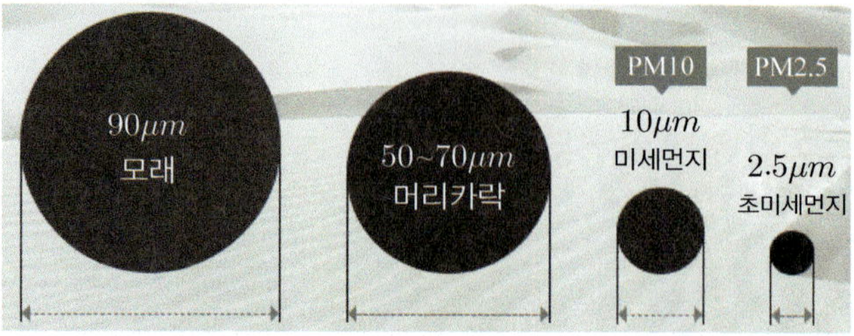

▲ 그림 12-2 미세먼지와 모래, 머리카락 크기 비교

이러한 미세한 먼지의 농도를 측정하는 방법에는 <표 12-2>에서 보듯이 '중량법', '광산란법', '베타선 흡수법' 등이 있다. '중량법'은 측정장비의 부피가 커 휴대가 불편하지만, 건축물의 실내 미세먼지 분석방법으로 가장 많이 사용되고 있다. '광산란법'은 버스 등 협소한 장소에 사용이 가능하고, 많은 사람이 다니는 곳에서도 측정이 용이하다는 장점이 있다. '베타선 흡수법'은 결과에 대한 신뢰도가 가장 높은 편이지만 휴대가 불편하다. 현재 환경정책기본법에서는 환경 대기 중의 미세먼지(PM_{10}) 농도를 베타선법에 의해 측정하는 것을 표준으로 정하고 있다.

베타선 흡수법은 대기 중에 부유하고 있는 직경 10 μm 이하의 미세먼지를 일정시간 동안 여과지 위에 포집하여 베타선을 투과시켜 베타선 세기가 감쇄하는 정도를 측정하여 비어-램버트(Beer-Lambert) 관계식으로부터 미세먼지의 질량농도를 연속적으로 측정하는 방법이다. 이 측정방법은 베타선을 방출하는 광원으로부터 조사된 베타선이 여과지 위에 포집된 먼지를 통과할 때 흡수소멸되는 베타선의 차로서 측정된다. 베타선의 광원으로는 Kryton-85 원자 또는 Carbon-14 원자를 이용해서 베타선을 만들어내고, 여과지를 통과한 베타선량은 방사선 센서인 GM tube 등을 이용해서 흡수량을 측정한다. 입자의 질량 증가분은 Lenard의 질량흡수법칙으로 알려진 식으로부터 계산한다.

■ 표 12-2 미세먼지 측정방법 비교

측정방법	구분	측정원리
소용량공기포집법 (중량법)	수동측정 (평균농도 측정)	• 여과지에 먼지를 채취하여 중량법으로 질량 측정(유량 : 2 ~ 7 L/min)
저용량공기포집법 (중량법)	수동측정 (평균농도 측정)	• 여과지에 먼지를 채취하여 중량법으로 질량 농도 측정(유량 : 1.2 ~ 1.7 m^3/min)
광산란법	연속자동측정 (실시간 측정)	• 입자상물질에 빛을 조사하면 빛이 산란하는 원리를 이용하여 산란광의 양을 측정하고 그 값으로부터 먼지의 농도를 구함
베타선 흡수법	연속자동측정 (실시간 측정)	• 여과지에 먼지를 채취하여 베타선을 투과시켜 여과지 위에 채취된 먼지를 통과할 때 흡수 소멸되는 베타선의 차를 이용하여 질량농도를 연속적으로 측정

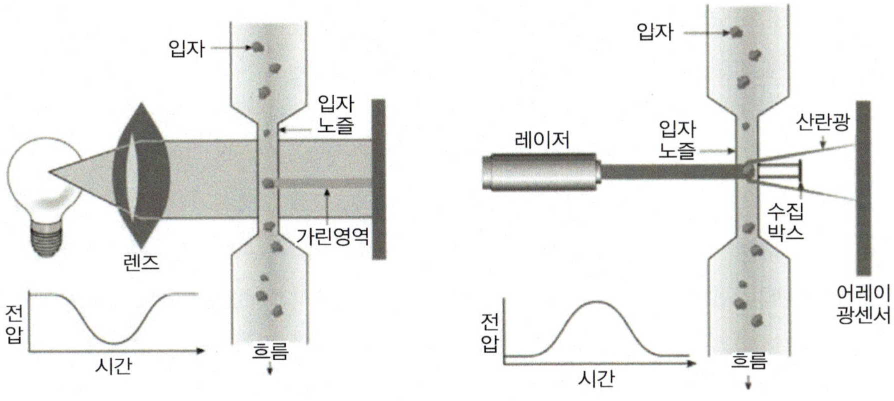

▲ 그림 12-3 입자 카운터기의 원리

베타선 흡수법 이외에도 이와 유사한 목적으로 입자 카운터 측정용 방법이 있다. 이 기술은 주로 무진실 등의 먼지 환경을 측정하는 용도로 현재는 많이 사용되고 있다. <그림 12-3>에서 보듯이 '빛 가림 입자카운터'(그림의 좌측)와 '빛 산란 입자 카운터'(그림의 우측) 방법이다. 빛 가림 입자카운터는 1960년대에 개발된 방법으로 광원에서 나온 빛이 렌즈를 거쳐 평행광을 만든 후, 이 빛이 입자가 지나가는 미세한 관을 투과하도록 하여 광전효과에 의한 반도체식 어레이 센서가 빛의 양을 검출하는 방식이다. 이때 빛이 지나가는 경로에 입자가 지나가게 되면 빛의 경로를 가림으로 인해 센서에 도달하는 빛의 양은 줄어들게 된다. 따라서 이 방법은 시간에 따라 출력전압이 입자가 발견되면 감소하는 특성이 있다. 센서에 도달하는 빛의 양은 입자의 크기에 거의 비례하는 특성이 있어 입자 크기를 유추할 수 있다. 이 이후에 개발된 것이 우측과 같은 산란방식을 이용한 장치이다. 백색광원 대신에 레이저를 사용하며, 높게 집속된 빛은 입자에 의해 간섭현상이 발생하여 산란현상이 일어나게 된다. 이렇게 되면 광센서의 측정면적이 증가하여 입자의 크기를 유추할 수 있다.

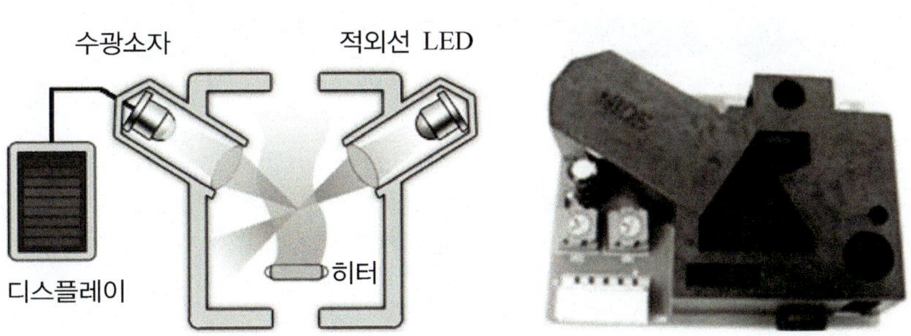

▲ 그림 12-4 가정용 먼지센서 동작 원리

일반 가정내 부유입자(먼지)를 검지하기 위해 전자기기에 탑재된 가정용 먼지센서는 입자 카운터기와 유사한 원리로 동작하는데, <그림 12-4>와 같이 측정방 내부에 근적외선 LED(보통 0.8 ~ 1.0 μm 파장을 사용)와 포토다이오드인 수광소자를 수직방향에서 약 45도 정도 기울여 설치를 하고, 아래쪽에 있는 히터에 열을 가하면 공기가 뜨거워져 위로 향하게 된다. 이때 근적외선빔이 공기와 산란을 하게 되는데, 먼지가 많으면 산란을 많이 하게 되고, 그렇지 않으면 수광소자에 도달한 근적외선의 양은 작아진다. 측정방향 위쪽은 막혀있지 않기 때문에 공기 대류에 의해 항상 밑부분에서 새로운 공기가 유입되고 측정된 공기는 다시 위쪽의 구멍을 통해 나가게 된다. 이 방식은 정확한 먼지의 양은 알 수 없지만, 상대적인 먼지의 양은 감지할 수 있다. 이와 같은 센서 구조는 광전식 화재센서와 안개센서 등에도 동일하게 적용되고 있다.

12.3 가시거리 측정

가시거리는 안개센서를 이용해서 측정한다. 안개가 낀 날에 특히 교통사고가 많이 발생하는데, 이는 가시거리 미확보로 인해 발생한다. 안개센서의 기본적인 동작 원리는 광전식 화재감지기와 거의 동일한 원리이다. 광전식 화재감지기는 근적외선 LED(투광부)와 광센서(수광부)가 한 쌍으로 이루어져 있으며, 투광부와 수광부가 서로 마주보게 사용하는 것이 투과형이고, 어느 정도 각도로 설치된 것이 반사형이다. 도로에 설치하는 안개센서는 대부분 <그림 12-5>와 같은 반사형의 제품을 사용한다. 동작 원리는 투광부에서 근적외선이 펄스 형태로 나오게 되고, 공기 중에 분무를 일으키는 수분 입자들에 의해 난반사가 일어나게 되고, 난반사가 일어난 일부 빛이 수광부로 들어오게 된다. 분무의 밀도가 높으면, 즉 안개가 짙게 끼게 되면 수광부로 들어오는 빛의 양이 많아지게 된다. 따라서 광센서의 출력 신호와 안개 농도와의 관계로부터 시정거리를 예측할 수 있다.

▲ 그림 12-5 반사형 안개센서

12.4 오존과 아황산가스 측정

오존은 특유의 비린내가 나고 희미한 청색을 띠며 공기 중에서 방전으로 생성된다. 산화력이 강해 표백 및 살균 등에 이용되나 농도가 증가하면 위험하다. 약 0.25ppm 이상이면 호흡기에 영향을 주고 5~10ppm이면 매우 위험하다. 아황산가스는 이산화황이라고도 하며, 무색의 달걀 썩는 자극성 냄새가 나는 것이 특징이다. 독성이 매우 강하여 공기 속에 0.003% 이상이 되면 식물이 죽고, 0.012% 이상이 되면 인체에 치명적인 해가 된다. 급성피해로는 불쾌한 자극성 냄새, 시정감소, 생리적 장애, 압박감 등이 있고, 만성피해로는 폐렴, 기관지염, 천식, 폐포의 확대로 폐가 부푸는 폐기종 등을 유발한다.

대기질가스 표준 분석법 중에서 오존(O_3)과 아황산가스(SO_2)를 자외선 영역의 흡수 및 형광법을 이용해서 정성 및 정량 분석에 사용하고 있다. 현재는 수 ppb의 농도부터 수%의 농도 범위에 이르기까지 폭넓게 측정법이 확립되어 있다. 국제적으로 공인된 오존 측정법은 여러 가지가 알려져 있으나, 이 중에서도 자외선 흡수법이 일반적으로 많이 사용된다. 자연광인 태양광선에는 자외선, 가시광선, 적외선 등이 동시에 나오고 있다. 이 중에서 자외선은 태양광선 중에 약 9% 정도 있으며, 인공적으로도 방전 램프를 이용해서 만들 수 있다. 그 원리는 방전시 수은원자의 최외각 전자가 여기 되었다가 기저상태로 복귀하면서 방사하는 전자기파가 각각의 에너지 준위에 따라 184.9 nm, 253.7 nm, 296.7 nm, 365.0 nm 등의 자외선으로 나타난다. 이때 방사되는 각 파장의 에너지와 에너지 준위에 따른 역할이 다르다. 특히 184.9 nm의 자외선은 오존을 발생시키는 파장이며, 253.7 nm는 주로 살균 및 소독의 목적으로 사용된다.

자외선을 만드는 UV 램프는 방전을 하는 재료에 따라 파장대역이 달라진다. 대부분의 램프들은 적외선의 빛을 가장 많이 내며, 대략 20~30% 정도의 자외선을 내 놓는다. 수은램프인 경우는 앞에서 언급한 184.9 nm, 253.7 nm, 296.7 nm, 365.0 nm 등의 4가지 파장이 나오며, 메탈램프(metal halide)는 260~420 nm, 갈륨램프(gallium)는 260~460 nm, 제논램프(xenon)는 350~470 nm 파장을 주로 내 놓는다. 자외선은 특성상 파장에 따라 UV-A, UV-B, UV-C 등 세 가지 영역으로 구분한다. 보라색 가까이 있는 것은 근자외선, 멀리 있는 것은 원자외선, 그 중간을 중자외선이라고 하며, 세 가지 영역의 구분은 <표 12-3>과 같다.

■ 표 12-3 자외선의 종류 및 특성

종류	파장 (nm)	광자에너지	침투력
UV-A (근자외선)	315 ~ 420	약함	강함
UV-B (중자외선)	280 ~ 315	중간	중간
UV-C (원자외선)	100 ~ 280	강함	약함

이 중에서 광자에너지가 강한 UV-C는 인간에게 매우 해로운 광자이다. 다행스럽게도 UV-C는 대략 약 35km의 고도에서 오존에 의해 완전히 차단되어 지구 표면에는 거의 도달하지 않는다. UV-B는 인체의 피부에 유해하고 햇볕에 타는 주된 원인을 제공하는 영역대로, 이 영역의 복사에너지에 과도하게 노출되면 유전학상의 손상을 유발하여 그 결과 피부암과 같은 문제가 생길 수 있다. UV-B도 대기의 오존층에 의해 상당량 차단이 되지만 극히 일부는 지구표면에 도달한다. 대부분의 UV-A는 손실없이 지표까지 도달하는데 다행히 인체에 그리 유해하지 않다.

오존의 양을 측정하기 위한 자외선흡수법은 오존이 자외선을 흡수하는 성질을 이용한 것이다. 특히 254nm 대역에서 최대 흡수를 나타내는 것으로 알려져 있다. 이 영역에서는 환경 대기 중에 공존하는 CO, CO_2, NO, NO_2 성분은 비교적 자외선을 흡수하지 않아 오존 측정에 거의 영향을 주지 않는다. 원리는 NDIR과 거의 유사하며, 다만 통과시키는 파장만 자외선이라는 점이 다르다. 측정은 자외선 광원을 광학 필터를 통하여 254nm 주위의 단파장을 가진 자외선만 선별하여 측정 광원으로 사용한다. 그리고 자외선이 지나가는 측정 셀 내에 측정 대상인 오존 가스를 주입시킨다. 가스에 존재하는 오존의 농도에 따른 자외선의 흡수 변화량을 측정하면, 비어-람버트 관계식으로부터 오존의 농도를 계산할 수 있다.

아황산가스를 측정하는 자외선형광법의 시스템 개략도는 <그림 12-6>과 같다. 자외선 램프는 아황산가스 분자가 흡수할 수 있는 파장대역인 214 nm 영역의 자외선 빛을 내놓을 수 있는 아연램프를 사용한다. 램프에서 나온 자외선은 필터와 렌즈를 거쳐서 반응관으로 모아지게 된다. 반응관 내부에 있는 아황산가스 분자는 램프에서 나온 자외선에

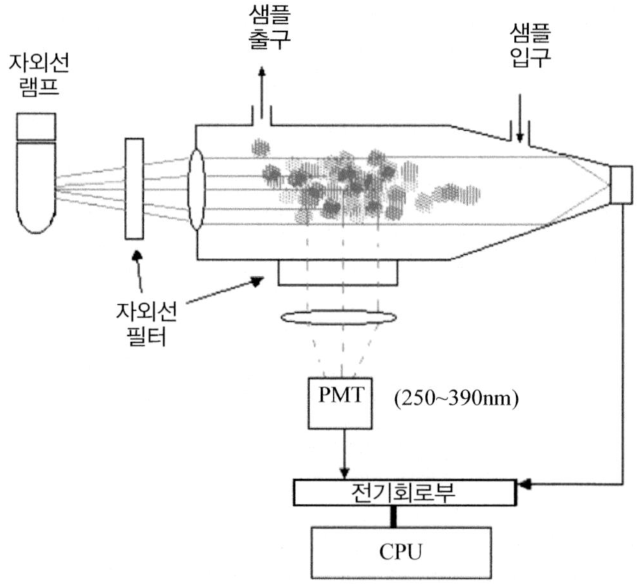

▲ 그림 12-6 자외선형광법의 시스템 개요

의해 여기가 일어난다. 여기된 아황산가스 분자가 안정상태로 환원될 때 자외선 형광을 발하게 되는데, 그 파장영역은 250~390 nm 영역대이다. 이 빛을 PMT에서 전기적인 신호로 변환시킨다. 또한 자외선 램프 세기 감쇠를 보상하기 위해 자외선센서로 자외선 강도를 감지하여 CPU에서 측정농도에 대한 보상을 한다. 아황산가스를 여기시키기 위해 Zn (214 nm) 이외에 Sb(218 nm)과 Cd(228 nm) 등의 광원을 사용하기도 한다.[88]

12.5 이산화질소 측정

NO_2(이산화질소)는 알칼리 및 클로로포름에 용해되는 인체에 유해한 자극성 냄새의 적갈색 기체로서 취사용 시설이나 난방 및 흡연 등으로 발생된다. 고농도로 존재하는 경우, 기관지염과 같은 호흡기 질환을 일으킨다. 인간의 호흡을 통해 인체로 유입되면, 이산화질소는 폐의 깊숙한 곳까지 도달하여 헤모글로빈의 산소 운반능력을 저하시키고, 수시간 내에 호흡곤란을 수반한 폐수종 염증을 유발할 수 있는 유독성 가스이다. 주로 차량에서 이산화질소가 많이 배출되며, 오존 발생의 원인이 되기도 하며, 광화학 스모그를 유발하며, 산성비의 원인물질로 작용해 대도시 대기오염을 심각하게 하는 주범이다.

이산화질소를 측정하는 표준방법은 일산화질소와 오존과의 반응으로 생긴 이산화질소로부터 발생하는 발광현상을 이용한 화학발광법을 이용하여 실내 공기 중의 이산화질소 농도를 연속으로 자동 측정한다. 일산화질소와 오존이 반응하면 이산화질소가 생성되는데, 이때 590~875 μm에 이르는 파장범위의 빛(화학발광)이 발생한다. 이 발광강도를 측정하여 시료 가스 중 일산화질소 농도를 연속적으로 측정한다. 질소산화물 농도는 시료가스를 환원장치를 통과시켜 이산화질소를 일산화질소로 환원한 다음 위와 같이 측정하여 구한다. 화학발광법의 개략도는 <그림 12-7>과 같다. 그림과 같이 유량제어부, 반응조, 검출기, 오존발생기 등으로 구성되어 있다. 유량제어부는 시료가스 유량제어부와 오존가스

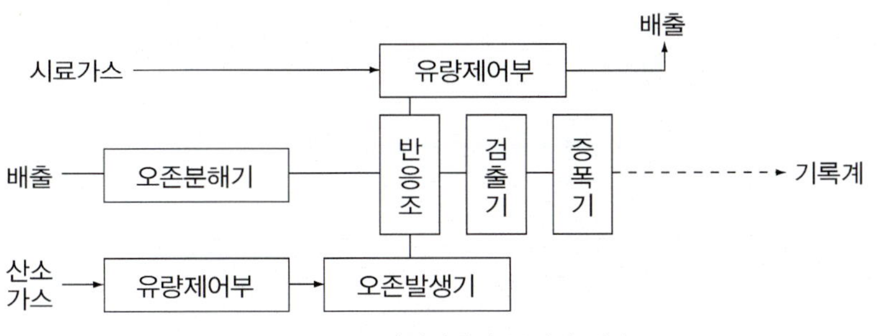

▲ 그림 12-7 화학발광법 분석계 개략도

88. 김현호, "환경 대기중의 아황산가스 계측기술", 한국표준과학연구원 환경계측그룹, 2002년

유량제어부가 있으며, 이들은 각각 저항관, 압력조절기, 니들밸브, 면적유량계, 압력계 등으로 구성되어 있다. 반응조는 시료가스와 오존가스를 혼합하여 반응시키기 위한 용기로서 이 반응에 의해 화학발광이 일어나게 된다. 내부압력조건에 따라 감압형과 상압형이 있다. 검출기에서는 화학발광을 선택적으로 투과시킬 수 있는 광학필터가 부착되어 있으며, 발광도를 전기적인 신호로 변환시키는 역할을 한다. 오존발생기는 산소가스를 오존으로 변환시키는 역할을 하며, 에너지원으로써 무성방전관 또는 자외선발생기를 사용한다.

12.6 VOC 측정법

환경대기 중 휘발성유기화합물(volatile organic components, VOC)은 대부분 ppb 수준의 낮은 농도로 존재하지만, 환경관리 측면에서 이들 물질의 중요성은 매우 크다. VOCs 중 반응성이 강한 물질들은 지표면 오존생성 및 광화학 스모그 발생의 전구물질로 작용하며, 반응성이 낮은 물질들은 대기 중에 오랫동안 존재하여 성층권의 오존층 파괴와 지구온난화에 관여하기도 한다. 특히 벤젠과 같이 역치가 없는 발암성 물질들은 그 농도가 아무리 낮아도 발암위해도가 제로가 되지 않으므로 이들 물질에 대한 상시관측과 관리의 필요성은 더욱 강조되고 있다. 유해성 VOCs(hazardous VOCs, HVOCs)에는 벤젠, 1,3-뷰타디엔과 같은 발암성 물질이 다수 포함되어 있어 위해성 평가 측면에서 이들 물질의 농도수준과 농도변화 추세를 파악하는 것은 매우 중요한 과제이다. 환경대기 중 VOCs 측정은 여러 가지 방법이 있으나 현재 많이 사용되는 방법으로는 GC/FID(flame ionization detector) 분석법, GC/PID(photoionization detector) 분석법, GC/MS(mass spectroscopy) 분석법 등이 있다(<그림 12-8>~<그림 12-10> 참고).

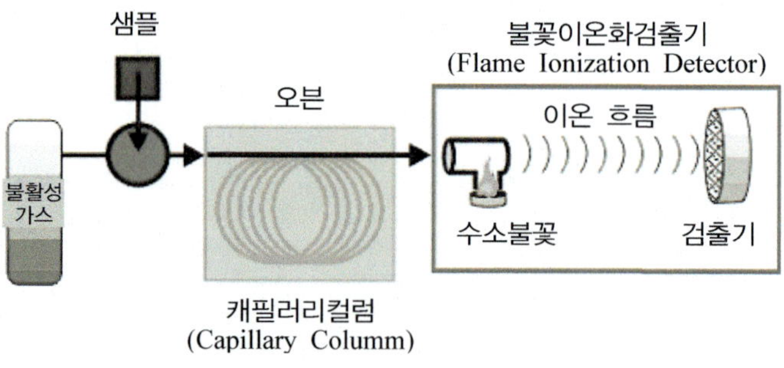

▲ 그림 12-8 GC/FID 측정 시스템

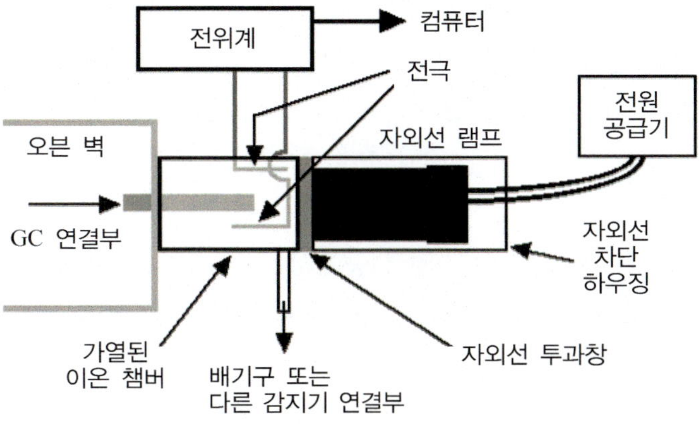

▲ 그림 12-9 GC/PID 측정 시스템

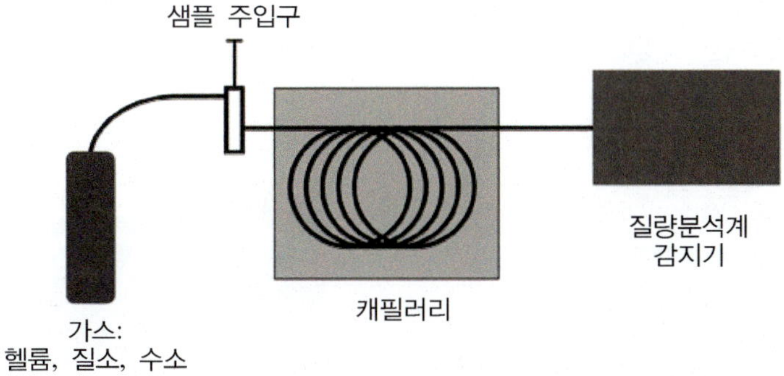

▲ 그림 12-10 GC/MS 측정 시스템

가스크로마토그래프는 검출기와 컬럼으로 구성되며, 사용하는 검출기에 따라 FID(불꽃이온화검출기), PID(광이온화검출기), MS(질량분석검출기)가 있다. 운반가스는 불활성 기체인 헬륨이나 질소가스를 사용하며, 시료 도입부의 온도는 약 200℃ 정도를 유지한다. 퍼지 및 트랩장치는 공통적으로 다음과 같다.

① 퍼지부 : 5~25mℓ의 시료를 주입할 수 있는 스파저(sparger)와 시료를 일정온도로 가온할 수 있는 가온장치로 구성된다.

② 트랩관 : 길이 5~30 cm 이상, 내경 2 mm 이상의 스테인레스강관에 휘발성유기화합물을 흡착·농축할 수 있는 충전제가 충전된 것 또는 이와 동등 이상의 성능을 가진 것을 사용한다.

③ 트랩의 종류 : Tenax, Carbopack, OV-1/Tenax/Silicagel/Charcoal 또는 이와 동등 이상의 성능을 가진 것을 사용한다.

④ 탈착부 : 트랩관에 포집된 휘발성 유기화합물을 가열·탈착할 수 있는 가열장치 또는 이와 동등 이상의 성능을 가진 것을 사용한다.

⑤ 냉각 응축부 : 부착되는 내경 0.20~0.53 mm의 모세관컬럼을 -50 ~ -150℃ 정도로 냉각 가능하고, 또한 200℃로 가열가능한 장치 또는 이와 동등 이상의 성능을 가진 것으로 경우에 따라 냉각 응축과정은 사용하지 않는다.

⑥ 원심분리기 : 4℃ 이하에서 원심분리가 가능한 것을 사용한다.

위의 3가지 방법 중 미국, 캐나다, 영국 등에서는 PID 방식을 이용하여 소형이며 검출한계가 높은 센서를 개발하여 환경오염물질 탐지를 위한 분석장비로 주로 사용해 오고 있다. 최근의 개발 경향은 환경, 위험물질규제, 산업안전과 관련한 환경오염물질 탐지센서 기술은 초소형화하려는 추세에 있다. 미국의 RAE Systems사가 전 세계 시장을 60% 이상 장악하고 있으며, 이 제품은 PID 방식을 이용한 VOC 측정 시스템으로 0.01 ~ 100 ppm 범위의 VOC를 측정할 수 있다. 미국의 Interscan사는 전기화학 센서를 이용하여 0.01 ppm 이상의 포름알데히드를 측정할 수 있는 시스템을 판매하고 있다(<그림 12-11> 참고).

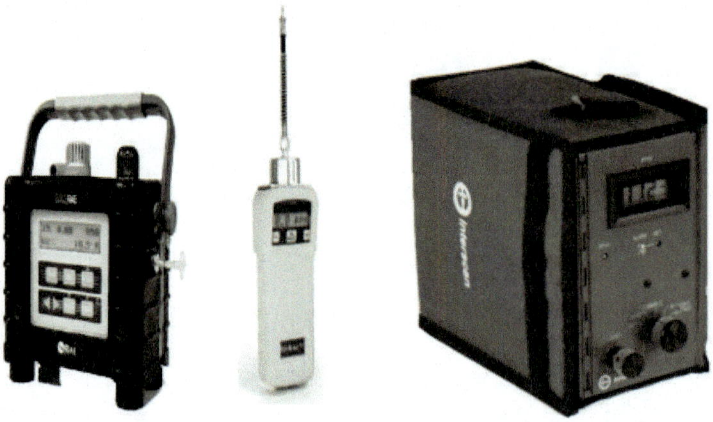

▲ 그림 12-11 RAE사의 PID 제품 및 Interscan사의 상용제품

가정이나 사무실 내에 있는 VOC를 ppm 수준까지 정확하게 측정하기 위해 사용하는 PID에는 <그림 12-12>와 같이 자외선 램프와 전극으로 구성되어 있다.

자외선이 VOC의 이온화 에너지보다 높은 에너지로 VOC 가스에 쬐이게 되면, VOC는 쉽게 이온화가 되어 전극 양단 사이에 걸린 전위차에 의해 음이온과 양이온이 분리되어 전류에 기여하게 된다. 반면 수증기는 자외선에 아무런 영향을 받지 않아 그대로 전극 사이를 빠져 나가게 된다. 따라서 전극 사이에 걸린 전위차는 VOC의 양에 비례한 값으로 출력이 된다. VOC가 많으면 많을수록 전류는 더 많이 흐르게 되며, 전류값을 ppb 또는 $\mu g/m^3$의 값으로 환산하여 출력하게 된다.

자외선 램프에 사용되는 가스로 크립톤, 제논, 아르곤 등을 사용할 수 있으나, 이 중에서 10.6eV의 에너지를 가진 크립톤이 가장 많이 사용되고 있다. 제논 램프는 긴 수명을 가

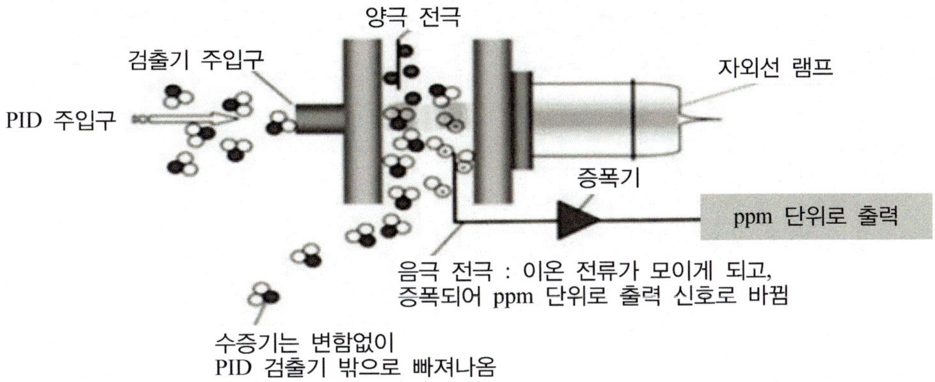

▲ 그림 12-12 PID의 동작 원리

진 장점은 있지만, 9.6eV 보다 작은 이온화 에너지를 가진 VOC만 측정이 가능한 단점이 있다. 따라서 가정이나 사무실에 존재하는 대부분의 VOC를 측정할 수가 없다. 아르곤 램프는 11.7eV 이하의 이온화 에너지를 가진 VOC를 측정할 수 있는 장점은 있으나, 수명이 짧아 자주 교체를 해야 하는 문제점이 있다.

Chapter 13

수질관리 센서

13.1 수질 관리법 개요

공기질과 마찬가지로 수질에 대해서도 수질환경보전법 “수질 및 수생태계 보전에 관한 법률 시행령”이 개정됨에 따라 수생태계를 포함한 다양한 물환경에 대한 조사 및 분석이 실시되고 있다. 시행령에 따르면 수질오염경보의 종류별 발령대상, 발령주체 및 대상 수질오염물질은 제28조 제2항에 의거하여 <표 13-1>과 같다.

■ 표 13-1 수질오염경보의 종류별 대상 수질오염물질 발령·해제 기준

구분	대상 수질오염물질	발령 · 해제기준		
조류경보(발령주체: 환경부장관 또는 시도지사)	남조류 세포수	상수원 구간	관심	남조류 세포수 : 1,000세포/mℓ ~ 10,000세포/mℓ
			경계	남조류 세포수 : 10,000세포/mℓ ~ 1,000,000세포/mℓ
			조류 대발생	남조류 세포수가 1,000,000세포/mℓ 이상인 경우
			해제	남조류 세포수가 1,000세포/mℓ 이하인 경우
		친수 활동 구간	관심	남조류 세포수 : 20,000세포/mℓ ~ 100,000세포/mℓ
			경계	남조류 세포수가 100,000세포/mℓ 이상인 경우
			해제	남조류 세포수가 20,000세포/mℓ 이하인 경우
수질오염감시경보(발령주체: 환경부장관)	수소이온농도, 용존산소, 총 질소, 총 인, 전기전도도, 총 유기탄소, 휘발성 유기화합물, 페놀, 중금속(구리, 납, 아연, 카드뮴 등), 클로로필-a, 생물감시	관심		가. 대상물질 중 2개 이상 항목이 경보기준을 초과하는 경우 나. 생물감시 측정값이 생물감시 경보기준 농도를 30분 이상 지속적으로 초과하는 경우
		주의		가. 대상물질 중 2개 이상 항목이 경보기준을 2배 이상 초과하는 경우 나. 생물감시 측정값이 생물감시 경보기준 농도를 30분 이상 지속적으로 초과하고, 대상물질 중 1개 이상 항목이 경보기준을 2배 이상 초과하는 경우
		경계		생물감시 측정값이 생물감시 경보기준 농도를 30분 이상 지속적으로 초과하고, 대상물질 중 1개 이상 항목이 경보기준을 3배 이상 초과하는 경우
		심각		경계경보 발령 후 수질 오염사고 전개속도가 매우 빠르고 심각한 수준으로서 위기발생이 확실한 경우
		해제		측정항목별 측정값이 관심단계 이하로 낮아진 경우

수질환경을 통합적으로 관리하기 위해서 수질 모니터링 및 평가를 토대로 수질오염 예방정책, 수질오염물질의 처리, 하천 및 호소 환경관리 등 물환경 정책을 효과적이며 과학적으로 추진을 하고 있다. 이의 구체적인 일환으로 국가수질자동측정망 사업과 수질원격감시체제(Tele-Monitoring System, TMS) 사업으로 추진하고 있다.

국가수질자동측정망 사업을 통해 한강 등 4대강 주요 하천과 호소의 수질상시 측정, 수질오염 사고 발생시 신속대처 및 상수원 수질 보호, 과학적인 하천수질관리기반 구축, 오염총량관리제 등 물환경 징책은 국가수질자동측정망 사업을 통해 이루이지고 있다. 수계별 수질자동 측정소는 주요 강수계에 총 56군데 설치되어 있으며, 수질자동측정망은 공통측정항목 5개와 선택항목 22개 등 총 27개 환경오염 항목에 대해서 측정 및 관리되고 있다. 공통항목 5개는 수온, pH(수소이온농도), DO(용존산소), 전기전도도(EC), TOC(총 유기탄소)이며, 선택항목은 생물독성(물고기, 물벼룩, 조류광합성, 미생물 연료전지), 휘발성유기화합물(VOCs) 9개 항목, 총 질소(TN), 총 인(TP), 클로로필-a, 암모니아성 질소(NH_3-N), 인산염인(PO_4-P), 탁도, 페놀, 중금속 4개 항목 등이다. 이 중에서 휘발성유기화합물이라 함은 탄화수소류 중 석유화학제품 · 유기용제 기타 물질로서 환경부 고시 제2004-141(2004. 09.18.)호로 37종의 물질 또는 제품으로 고시되어 있으며, 측정대상 9개 항목은 벤젠, 톨루엔, 자밀렌, 에틸벤젠, 트리클로로에틸렌, 디클로로에틸렌, 1.1.1-트리클로로에탄, 사염화탄소, 테트라클로로에틸렌 등이다. 중금속 4개 항목은 구리(Cu), 납(Pb), 아연(Zn), 카드뮴(Cd) 등이다.

13.2 수질 항목별 특성

수질TMS는 하 · 폐수 처리시설 및 폐수배출업소의 최종 방류구에 수질자동측정기기를 부착하여 수질 오염물질의 배출상태를 24시간 상시 측정하는 시스템이다. 측정기기는 '수질 및 수생태계 보전에 관한 법률 시행령 제35조 제1항'(2007년 11월 30일)에 근거를 두고 정해져 있다. 수질측정 항목별 특성은 다음과 같다. 수온은 물의 온도를 나타내며, 수온은 다른 측정 변수들의 값들을 보정하는 등의 용도로 사용되며, 수온에 따라 여러 측정 지표들이 달라지므로 다른 측정 지표들의 기준으로 사용된다. 전기전도도는 물이 전기를 통하는 능력으로서 측정되는 전기 저항의 역수로 나타낸다. 물의 전기전도도는 염분의 농도와 매우 밀접한 관련성이 있으며, 각종 무기질의 양과도 밀접한 관계를 가지고 있다.

탁도(Turbidity)는 물의 흐림 정도를 지표로 나타낸 것이다. 탁하다는 말은 빛의 통과를 방해하거나 가시심도를 제한하는 부유 물질을 포함하고 있다는 뜻이다. 탁도를 유발하는 물질로는 토사류와 같은 순수한 무기물질로부터 천연유기물 또는 공장폐수와 가정 하수에서 유입되는 많은 양의 무기물질과 유기물질, 그리고 유기물질로 인해 생성된 박테리아와 미생물, 조류 등도 탁도를 유발하는 원인물질이 된다. pH로 알려진 수소이온농도는 산성도 또는 알칼리도를 나타내는 지표이며, pH가 7인 물을 중성이라 하고, 7 미만은 산성, 7 이상은 알칼리성으로 나타낸다. 물속에 이산화탄소, 미네랄산, 염산, 황산, 질산 등이 함유되면 pH가 낮아지는 것으로 알려졌으며, 칼슘이나 마그네슘이 많으면 pH가 높아진다. 물은 일반적으로 정상에서 pH가 5.8~8.5의 분포를 나타내고 있지만, 먹는 물의 경우 7.0~8.0 정도의 약알칼리성을 띠는 것이 일반적인 것으로 알려져 있다. 염소이온농도는 물에 함유되어 있는 소금의 성분을 나타내는 지표이며, 염분이 고농도로 있으면 물맛이 짜게 되고, 해변가나 섬의 지하수에는 염분이 많이 함유되어 있는 경우가 많아 음용수로 사용할 경우 염분을 제거해야 한다. 잔류염소는 염소 소독을 실시한 후 남아있는 염소이온의 양을 나타내는 지표이다. 보통 염소 소독을 실시한 후 0.3ppm 이상이 되는지 확인하기 위해서 측정한다. 용존산소(DO)는 물속에 녹아있는 산소의 양을 의미하며, 수온이 낮을수록 공기 중의 산소가 많을수록, 여울이나 폭포와 같이 물살이 거칠수록 증가한다. 용존산소가 없으면 하천의 물은 썩는 원인이 되며, 4ppm 이상이 되어야 물고기가 살 수 있다. 따라서 DO값이 크면 클수록 좋은 물이라 할 수 있다.

생물화학적 산소요구량(Biochemical Oxygen Demands, BOD)는 호기성 미생물이 호기성 상태에서 분해 가능한 유기 물질을 20℃에서 5일간 안정화시키는데 소비되는 산소량을 말하며, 수질 오염을 나타내는 대표적인 지표이며, BOD로부터 물속에 있는 유기물의 양을 간접적으로 측정할 수 있다. 화학적 산소요구량(Chemical Oxygen Demands, COD)는 물속의 유기 물질을 간접적으로 측정하는 방법이며, 유기 물질(분해 가능한 물질과 분해 불가능한 물질 모두를 의미)을 강력한 산화제로 화학적 산화시킬 때 소모되는 산화제의 양을 의미한다. 일반적으로 COD값은 BOD값보다 높은데 이는 미생물에 의하여 분해되지 않는 유기물까지도 화학적으로 산화시키기 때문이다.

총인(TP)은 지표수에 서식하는 조류의 생장에 영향을 줄 수 있는 인의 농도를 의미한다. 사람 및 가축에 의해 주로 오염되며, 여름철 조류의 생장에 필요한 유기인의 한계농도는 0.005ppm 정도인 것으로 알려져 있다. 조류의 생장에 의해 먹는 물에서 나쁜 냄새와 맛을 일으킬 수 있다. 총질소(TN)는 물속에 존재하는 암모니아성 질소, 질산성 질소, 아질산성 질소 및 유기질소 등을 말한다. 조류성장에 필수적인 원소의 하나로서 수화현상의 발생가능성을 판단할 수 있는 수질 항목이다. 물속의 질소량에 따른 오염정도를 측정하는 것으로 사람 또는 가축의 배설물에 따른 오염여부를 판정할 수 있는 간접 기준으로도 사용된다.[89]

---

89. 이철호, (주)그린텍아이엔씨, "수질 계측의 최근 동향 및 수질다항목 측정기", 제어계측, 2009년 1월

13.3 수질센서의 분류

수질센서는 하천, 강, 호수, 해수 등 매우 다양한 측정대상 지역의 오염원을 감지하기 위한 것으로 센서의 형태로 나누어 프로브(Probe)형과 랩온어칩(Lab on a chip, LoC)형으로 구분한다. 리트머스 종이를 이용한 용액의 산, 염기의 정성적인 정도를 색으로 구분하는 것이 가장 간단한 프로브 형이지만, 이것은 수질 상태를 원격에서 모니터링을 할 수 없다. 모니터링을 위한 프로브형 센서는 전기화학센서, 광학센서, 나노센서, 바이오센서 등이 있다. 전기화학센서는 전류, 전위, 하전과 화학인자와의 관계를 전기량의 변화를 통해 측정 가능한 유용한 신호로 변환해주는 센서이다. 전기화학센서는 2개 또는 3개의 전극과 전해질로 구성되는 챔버를 포함하며, 화학반응에 의한 두 전극 사이의 전위차, 전류량(또는 전기량), 전기전도도, 임피던스 변화 등을 측정한다. 측정 대상의 성상에 따라 액체 전해질 센서와 고체 전해질 센서로 구분하며, 측정방식에 따라 전류법, 전압법, 전위차법, 전기전도도법, 임피던스법 등으로 구분한다. 전류법과 전압법은 레퍼런스와 워킹전극에 전위를 걸면 화학종에 따라 산화와 환원이 일어나며, 이로 인해 발생한 전류는 전자이동 반응을 측정하게 되고 이는 분석 대상물의 농도에 비례한다. 전위차법은 인식 멤브레인에 걸쳐서 형성된 국지적 평형 상태에서 분석 대상물에 의해 멤브레인 전위의 변화를 가져오며, 분석 정보는 이온선택 전극과 레퍼런스 전극 간의 전위차로부터 얻을 수 있다. 전기전도도법은 개념적으로 가장 간단한 전기분석 기술이며, 하천의 농도를 용액의 저항으로부터 얻을 수 있다. 임피던스법은 전극 표면에서 발생하는 전기화학적 변화를 교류 주파수에 따른 임피던스로부터 민감도와 선택성을 높이는 방법으로 사용된다.

프로브형 광학센서는 환경요소에 의한 대상물로부터 색, 흡광 및 형광 등의 광학적 현상을 전기적 신호와 같은 가능한 신호로 변환해주는 센서를 의미한다. 자외선, 가시광, 형광, 적외선 등 다양한 광원과 측정기기가 결합되어 있는 형태이며, 흡광원리는 주로 가스 및 분자구조 분석에 사용되며, 형광원리는 용존산소량, 화학적 산소요구량 및 중금속 분석 등 수질분석에 주로 사용된다. 그리고 산란원리는 탁도, 색깔은 수소이온농도 측정시 사용된다. 그리고 빛의 파장 대역에 따라 측정하는 요소가 달라지는데, 자외선은 TP와 TN 측정에 사용되고, 가시광은 유기물, 영양염류, 중금속, 이온, 탁도 및 염소 측정에 사용되며, 적외선은 분자 구조분석 및 연료분석 등에 주로 사용된다.

프로브형 나노센서는 고감도, 고선택성, 소형화를 위한 센서 제작에 최근 많이 활용되고 있는 센서 형태 중 하나로 100 nm 이하의 치수를 갖는 나노 구조 및 소재를 이용한 센서를 의미한다. 약 100만개의 전극을 1평방인치 면적 안에 형성한 고밀도의 나노 전극 어레이는 신호대 잡음비가 1,000배 좋은 신호를 얻을 수 있는 장점이 있다. 나노 센서는 기존 프로브형 센서들과 활용분야는 유사하나, 초소형이면서 고감도의 센서 시스템을 제작할 때 주로 활용되며, 트리클로로에틸렌, 비소, 납, 크롬과 같은 유독성 산업 화합물 및 금속 분석 등이 가능하다. 현재 환경분야에 활용되고 있는 나노센서로는 해양독소 측정, 병원균 정량 측정, 중금속 이온 검출 등에 사용되고 있다.

바이오센서는 넓은 의미에서 보면 생물체를 이용한 센서를 총칭하며, 지렁이, 해양발광미생물, 유전자변형발광미생물, 다양한 생체감지물질 등을 이용하는 센서들을 포함한다. 반면 협의의 바이오센서는 특정 물질과 선택적으로 반응하는 효소, 항체, 항원, 렉틴, 호르몬 수요체 등의 생체감지물질과, 전기화학, 광학, SPR(Surface Plasmon Resonance), FET(Field Effect Transistor), QCM(Quartz Crystal Microbalance), 열센서 등 다양한 물리화학적 방법을 이용하는 신호변환기로 구성되어 분석대상물질을 선택적으로 감지하는 센서를 의미한다. 항체, 효소, 핵산 등 생체분자로 구성된 바이오리셉터와 센서가 결합된 형태로 생체분자의 선택적인 결합 또는 반응 특성을 이용하여 고선택성의 측정 분석이 가능하다. 전기화학식 바이오센서는 전기화학 전극에 생체물질을 고정화하여, 생화학 반응을 전기화학적으로 측정하는 방식을 이용한 것이다. 주로 이산화질소, 포름알데히드 등을 측정하는데 사용된다. 광학식 바이오센서는 센서칩에 생체물질을 고정화하여, 생화학 반응을 형광, 흡광, 발광 등의 광학적 측정방식을 이용한 것이다. 주로 농약, 페놀, 포름알데히드 등을 측정하는데 사용된다.

랩온어칩형 센서는 기존의 의료용 랩온어칩 개념에서 확대 발전된 개념으로 칩 상에서 환경오염물질을 모니터링하는 것을 의미한다. 주요 요소기술로는 <그림 13-1>과 같이 전처리기술, 마커기술, 유체제어기술, 측정기술, 복합다중 분석기술로 구분된다. 전처리기술은 환경유해물질을 지닌 환경 샘플의 추출과 동시에 원하는 분석물질의 정제 및 농축과정을 포함한 기술이다. 마커기술은 환경오염물질 등을 특이적으로 측정하기 위한 요소기술을 의미하며, 환경분야의 복합물질 분석, 다중 동시분석 뿐 아니라 실시간 모니터링에 적용하기 위한 핵심기술이다. 마커를 이용하면 특이도를 높일 수 있을 뿐 아니라 다중분석 및 자동화 분석도 가능하다. 유체제어기술은 측정샘플의 주입, 혼합 및 분리를 조절할 수 있는 마이크로 채널 디자인 및 칩 내부의 제어장치를 통해 샘플의 흐름을 조절하여 다양한 생물학적 분석을 가능하게 하는 기술을 의미한다. 측정기술은 광학, 전기화학, 전기적 방법 등을 통해 오염물질의 측정이 가능하며, 고속의 고감도 자동측정 장비 적용에 필요한 필수기술이다. 복합다중 분석기술은 수인성 미생물, 병원균, 유기오염물, 중금속 등의 환경오염물질들을 동시에 검출 가능한 기술을 의미한다.[90].

90. KEITI, 측정분석 장비장치분야 기술동향보고서, "환경기술 기술동향보고서-수질센서/환경칩 기술동향", 2011년

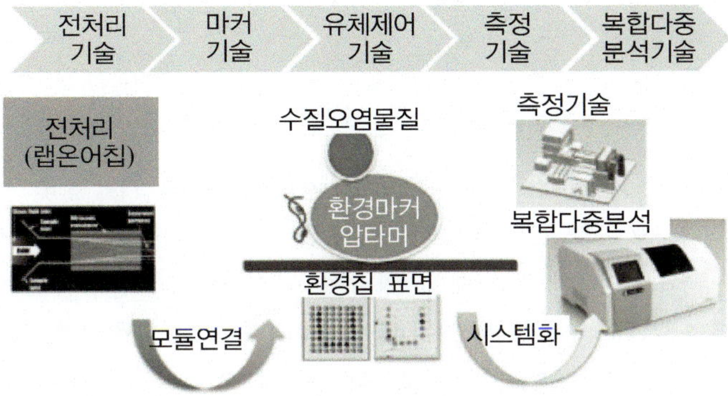

▲ 그림 13-1 랩온어칩 요소기술

일반적인 수질의 측정은 항목들도 매우 많고 측정하기가 쉽지 않아서 대부분 매번 사람이 피측정물을 샘플링하여 측정하는 것이 일반적이지만, 매번 그렇게 할 수 없는 경우나 수시로 수질에 대한 정보들이 필요한 경우, 또는 일정 주기를 기준으로 연속적으로 수질을 측정해야 하는 경우, 측정된 수질을 기반으로 수처리 공정을 운영하여야 하는 경우 등에는 일정한 불확도 범위에서 자동으로 측정할 수 있는 계측기기가 필요하다. 기본적이고 서로 관련성이 많은 몇 개의 수질 측정 항목들을 함께 계측하여 계측된 정보들을 서로 공유하고 모니터링 하는 용도로 사용하는 계측기를 수질다항목측정기라고 한다. 이러한 수질다항목측정기는 <그림 13-2>와 같이 수온은 기본적인 측정 항목이며, 탁도, 전기전도도, 잔류염소, pH 등을 포함한 수질측정항목들을 통합화된 계측기에서 측정하고 계측된 정보를 통합으로 처리하면서 서로 연관된 정보들을 사용하여 계측 값들을 보정하여 최종 수질계측 정보로 만들어 제공하게 된다.

Ⓐ 탁도 : 90° 빛 산란을 이용한 측정
Ⓑ 클로로필a : 특정 파장을 방사한 형광측정
Ⓒ 광학DO : Luminescence 광학측정
Ⓓ Reference : pH, ORP, Ion의 기준전극
Ⓔ pH Sensor : 유리셀 기전력차로 측정
Ⓕ 수온 : Main body 기본 구성
Ⓖ 전도도 : 흑연전극으로 부식 방지
Ⓗ 수심 : 25m, 50m, 100m, 200m 측정
Ⓘ 이온 : Ammonium/Nitrate/Chloride 선택측정

▲ 그림 13-2 대표적인 수질다항목측정기 구성

13.4 탁도 측정

탁도는 물의 흐린 정도를 정량적으로 나타낸 지표로서 빛의 통과에 대한 저항도이다. 탁도는 여러 가지 부유물질에 의해 발생하며 탁도 입자의 크기는 콜로이드 분산에서 굵은 분산질까지 다양하다. 호수와 같이 비교적 정체된 상태에 있는 물의 탁도는 대부분 콜로이드 분산과 같은 극히 미세한 분산질에 의하여 생겨나며, 하천수와 같이 흐르는 상태의 물속에서는 대부분 굵은 분산질에 의하여 생겨난다. 수중의 고형물은 유해한 미생물의 서식처 역할을 한다. 즉, 화학분석 및 미생물 분석에 지장을 초래하며, 염소 살균 효과를 저감시킨다. 탁도를 유발하는 물질(수중의 고형물)은 순수한 무기물부터 주로 천연의 유기물에 이르기까지 매우 다양하다. 탁도를 발생하는 물질의 이와 같은 상이성은 그 제거를 위한 정확한 기준의 설정을 어렵게 만들기도 한다. 이러한 탁도는 다음과 같은 이유로 인하여 급수시설 및 상수도 분야에서 중요하게 여겨진다.

첫째, 탁도는 정수처리공정 중 바이러스를 여과지에서 99% 이상 제거하는데 이를 확인할 수 있는 항목이라는 점에서 그 중요성이 매우 높으며, 여과지별로 탁도계를 설치·운영토록 명시되어 있다는 것을 볼 때 정수처리 공정 중에서 여과지의 중요성을 알 수 있다.

둘째, 심리적 안정감에 관한 사항으로 수돗물을 공급받는 물소비자들은 탁도가 낮은 맑은 물을 기대한다.

셋째, 여과성능에 관한 사항으로 물의 여과는 탁도가 높아지면 보다 어렵고 경제적인 부담이 늘게 된다.

넷째, 소독과 관련하여 탁도가 원수의 고형물에 기인되는 경우 많은 병원성 미생물들이 입자에 둘러싸여 소독제로부터 보호될 수 있다.

탁도는 물의 흐린 정도를 정량적으로 나타낸 지표로서 현재 학계에서 사용되고 있는 탁도의 단위는 <표 13-2>와 같으며, 여러 가지 탁도 단위들의 환산표는 <표 13-3>과 같다. 이들 단위를 사용하는 측정기는 표준 부유물로 교정하여야 하며, 국제적으로 인정된 탁도 표준은 포르마진(Formazine) 이다. 또한, 순수 용액에는 미립자가 없으나, 이상적인 순수 용액은 없고 정제수가 약 0.023 NTU에 해당된다.

■ 표 13-2 탁도의 단위

단 위	내 용
NTU (Nephelometric Turbidity Unit)	Nephelometer를 사용하여 탁도를 측정하는 단위를 말함. 산란광과 탁도(계량화된량)간의 관계를 나타내기 위해 산란광의 측정은 입사광의 90도에서 이루어진다. * 먹는물 기준 (1999년 2월 11일개정)은 탁도를 NTU 단위로 측정하여 수질기준을 1NTU 이하로 할 것을 규정하고 있음. [먹는물 수질공정시험방법(2002.6.21고시,환경부) 탁도 측정방법]
PPM (Parts Per Million)	Kaolin 표준탁도 : 극소 함유량의 단위로 ppm을 도(°)로도 사용한다. 도는 카오린으로 표준화한 광전분광광도계, 광전광도계로 측정하는 측정 단위임.
FTU (Formazin Turbidity Unit)	포르마진 탁도 단위로 적외선 광원을 채택한 Nephelometer를 사용하여 탁도를 측정한다.
FAU (Formazine Atenuation Units)	수처리에서 사용하는 포르마진 광량감쇠단위로 주로 0°산란각에서 측정한 값으로 ISO 7027에 의한다
FNU (Formazine Nephelometric Units)	수처리에서 사용하는 포르마진 네펠로메트릭 단위로 주로 90°산란각에서 측정한 값으로 ISO 7027에 의한다.
ASBC (American Society of Brewing Chemist)	미국 양조화학자 협회 단위
JTU (Jackson Turbidity Unit)	잭슨 탁도 단위계로 측정하였을 경우 사용하는 단위임. 눈금 있는 Mass-Cylinder를 촛불 위에 올려놓은 상태에서 Mass-Cylinder에 액체를 넣게 되면 탁도에 따라서 불꽃이 보이는 눈금이 달라지는 원리를 이용한다. 일반적으로 육안법으로 구한 결과와 기기법에서 Formazin 표준을 사용하면 40 JTU가 40 NTU와 거의 같아진다. (American Water Works Association Research Foundation, 1998)
EBC (European Brewery Convention)	유럽양조협회 단위
TE/F (Tribungseinheit/Formazine)	독일 포르마진 탁도단위로 현재는 FNU로 대체되었다.

■ 표 13-3 탁도 단위 환산표

구분	1 FNU, 1 NTU, 1 FTU	1 ASBC	1 EBC
FNU, NTU, FTU	1	0.057	4
ASBC	17.5	1	70
EBC	0.25	0.014	1

빛이 순수한 물을 통과할 때, 빛은 상대적으로 방해받지 않는 경로를 따라 이동한다. 그러나 순수한 유체 중에 부유하는 입자에 의해 빛이 산란할 때 약간의 비틀림이 발생한다. <그림 13-3>에 나타낸 바와 같이 빛이 현탁 물질을 포함하는 유체를 통과할 때 입자와 상호작용을 하고, 이 상호작용은 입자의 크기, 모양, 색깔, 굴절률에 따라 각기 다르다. 또한 투사되는 광원과 입자크기와의 관계에 따라 입자 크기에 따른 빛의 산란형태는 <표 13-4>와 같다.[91]

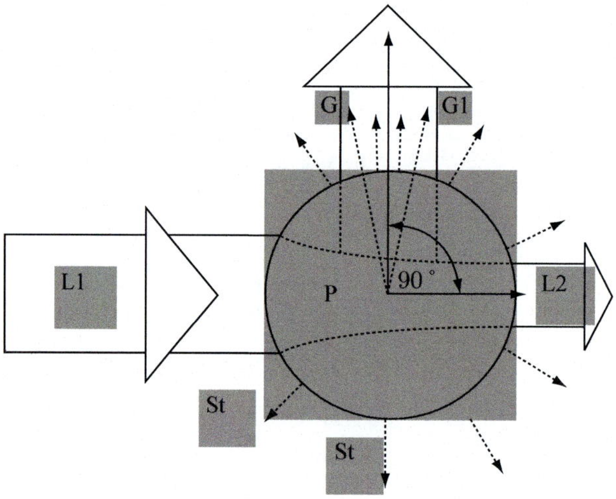

L1 : 입사광
L2 : 투과광
P : 시료입자
St : 산란광
G/G1 : 파장대역

▲ 그림 13-3 90도에서의 산란광

■ 표 13-4 광원과 입자크기에 따른 산란형태

산란형태	입자크기에 따른 산란형태
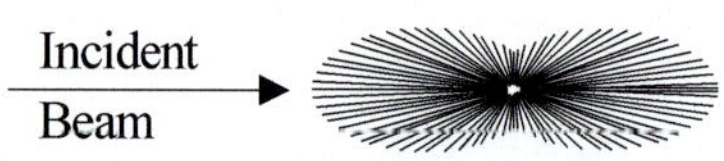	• 입자크기 : 투사되는 빛 파장의 1/10 보다 작은 크기 일 때 ($D<\lambda/10$) • 특징 : 투사방향 전후방의 산란이 대칭임
	• 입자크기 : 투사되는 빛 파장의 1/4 크기 일 때 ($D=\lambda/4$) • 특징 : 투사방향 전방쪽에 산란이 집중됨
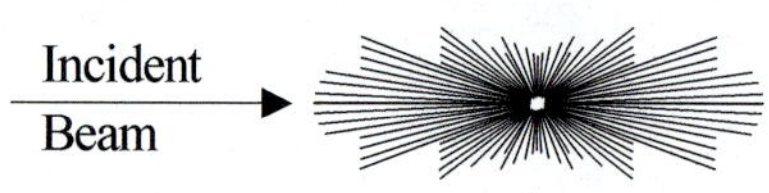	• 입자크기 : 투사되는 빛의 파장보다 큰 크기일 때 ($D>\lambda$) • 특징 : 투사방향 전방쪽에 산란이 극심해지고 사방으로 산란이 확산됨

* λ : 빛의 파장, D : 입경(Particle size)

91. 환경관리공단, "정수장 자동측정설비의 정도관리방안 수립을 위한 연구", 2003년 8월

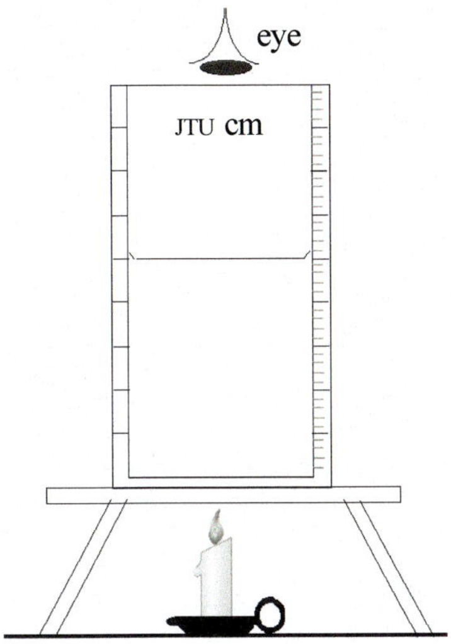

▲ 그림 13-4 육안법

탁도의 측정방법은 육안법, 투과광측정방법, 표면산란광측정방법, 산란광측정방법, 투과산란광측정방법 및 4-Beam 방법 등이 있다. 먼저 육안법은 <그림 13-4>와 같다. 육안법은 이를 개발한 사람의 이름을 따서 JTU(Jackson Candle Turbidity) 측정법이라고도 한다. 이 방법은 눈금이 있는 메스실린더 밑에 초를 두고 그 안에 시료를 넣어 눈을 통해서 촛불이 보이는 눈금을 읽어 그 값을 탁도 측정값으로 한다. 일반적으로 육안법으로 구한 결과와 기기분석법에서 포르마진 표준을 사용하면 40 JTU가 40 NTU와 유사한 결과를 보인다.

투과광 측정방식은 <그림 13-5>와 같이 측정조의 한쪽에 광원을 조사한 후 측정조를 통과한 광의 양을 측정하는 방식으로 투과된 광의 감쇄정도는 액중의 현탁물질 농도와 반비례 관계가 있다. 이 측정방법은 방식이 간단한 반면 측정액의 색도, 측정조 내부의 오염, 광원의 변동에 따라 영향을 받기 때문에 연속 측정용으로는 크게 이용되고 있지 않다. 출력되는 포토셀의 신호는 탁도가 증가하면 지수함수적으로 감소한다.

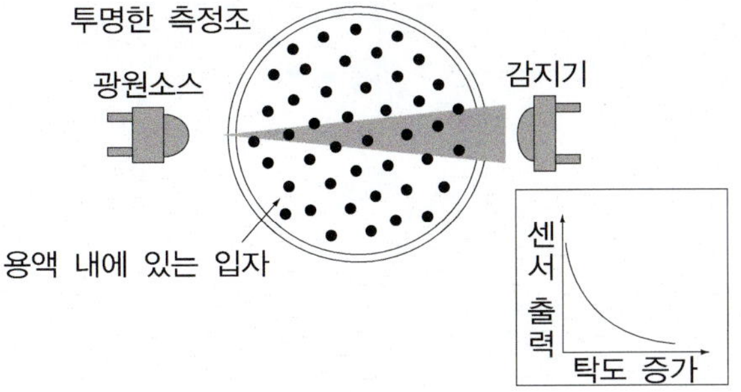

▲ 그림 13-5 투과광 측정법

표면산란광 측정방법은 <그림 13-6>과 같이 시료측정조에 시료수를 연속적으로 흘리면서 조사된 광원이 시료중의 입자에 부딪쳐 산란되는 산란광을 광원과 90°각도에서 측정하는 방식이다. 이 광의 강도는 액중 현탁물질의 농도에 비례하는 것을 이용하는 것으로 투과광 측정방식과는 달리 측정액에 접하는 창이 없기 때문에 측정조 오염에 따른 오차가 발생하지 않는다. 색도의 영향 또한 액의 표층부 산란광을 측정하기 때문에 크게 영향을 주지 않으므로 광범위하게 사용되는 방식이다. 주의해야 할 것은 광원램프의 노화에 따른 영향을 없애기 위한 광원용 전원회로의 별도 설계가 필요하고 오차원인이 될 수 있는 액중의 기포 제거에 주의하여야 한다.

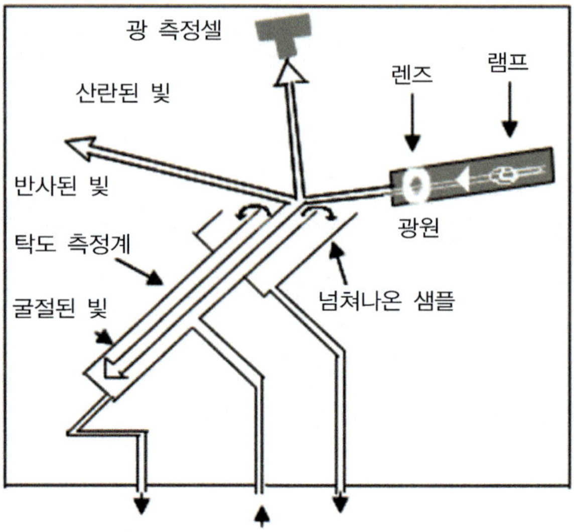

▲ 그림 13-6 표면 산란광 측정법

산란광 측정방법은 <그림 13-7>과 같이 측정액 한쪽 면에 광을 주사하여 액중의 입자에 부딪쳐 산란되는 산란광을 90°각도에서 측정한다. 이 광의 강도가 액중의 현탁물질의 농도에 따라 비례하는 것을 이용한 것이다. 표면산란광방식과 원리는 같으며 표면산란광방식이 액의 표면부분 산란광을 측정하는 반면 이 방식은 측정액 내부의 산란광을 측정한다는 점이 다르다. 셀 내부의 오염에 따른 오차는 세정기구 등을 설치하여 제거한다.

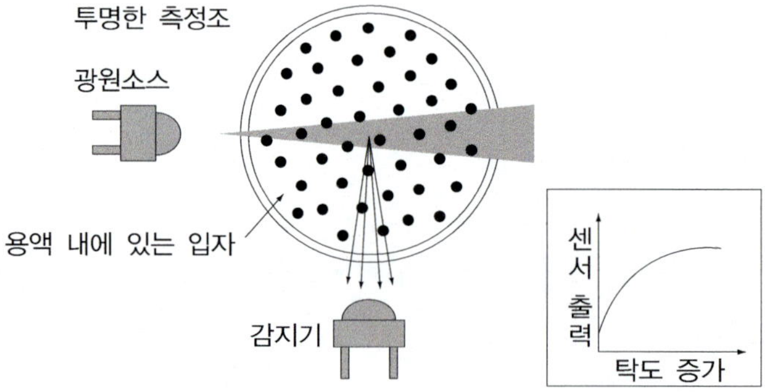

▲ 그림 13-7 산란광 측정법

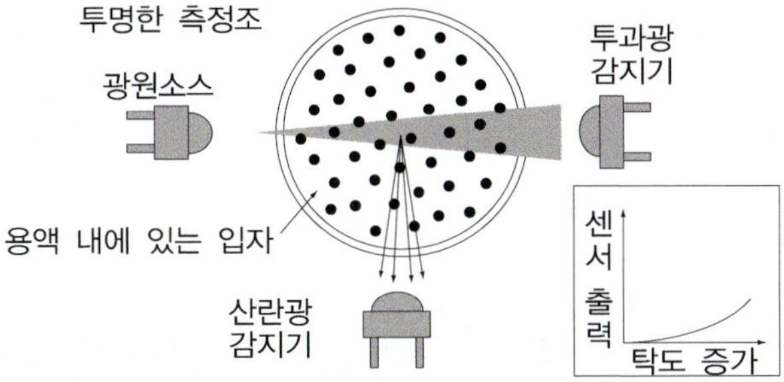

▲ 그림 13-8 투과산란광 측정법

투과산란광 측정방법은 <그림 13-8>과 같이 측정액 한쪽 면에 광을 주사하여 액을 통과한 투과광과 입자에 부딪쳐 산란되는 90°산란광을 측정하여 이 두 가지 광신호의 비율이 액중의 현탁물질의 농도에 따라 비례하는 것을 이용한 것이다. 이 방식은 두 신호의 비율에 따라 측정되므로 전원변동, 발광램프의 노화, 온도변화 등의 환경의 영향이 없다. 또 측정액의 색도의 영향에 대해서도 두 광신호의 상호 영향을 받기 때문에 상쇄되어 영향이 극히 적다. 같은 이유로 측정창의 오염에 의한 측정오차도 거의 없다. 기기의 안정성 등을 높이기 위하여 세정기구 등을 설치하여 작은 오차까지 제거하며, 시료의 오버플로우 장치를 첨가하여 오차 원인이 될 수 있는 액중의 기포제거 등을 하기도 한다.

4-Beam 측정방법은 <그림 13-9>와 같이 2개의 광원과 2개의 검출기로 구성되어 있다. 측정조 주위에 90°간격으로 광원소스와 광검출기를 배치시켜 놓고 프로세서 등에 의해 처음에 광원 1을 켜고 검출기 2에서 투과된 광을 검출기 1에서 산란광을 측정하고, 광원 1을 끄고 광원 2를 켬과 동시에 검출기 1에서 투과된 광을 검출기 2에서 산란광을 측정하여 위의 투과산란광과 같은 방식으로 측정하며 두 위상에서 측정한 신호의 평균을 얻는다.

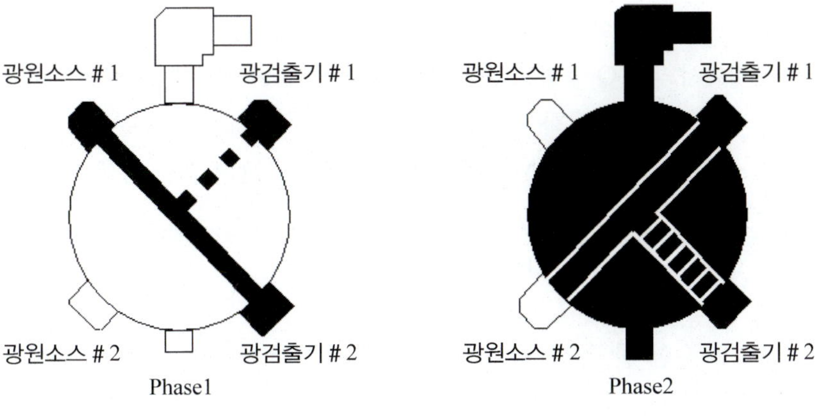

▲ 그림 13-9 4-Beam 측정법

13.5 pH 측정

pH 란 용액의 산성 및 염기성 정도인 "산(acid) 또는 알카리(alkali) 상태의 세기 정도"를 나타내는 측정 단위이다. pH를 부르는 방법에는 여러 가지가 있으며, 특히 부르는 방법에는 독어의 '페하'와 영어의 '피에취' 양쪽 모두 사용된다. 우리나라에서는 일반적으로 피에취로 부른다. pH는 눈금상에서 0부터 14까지 측정된다. pH 용어의 "p" 는 음의 상용대수의 수학적 기호 symbol(대수의 power를 뜻함)이고, "H"는 수소의 화학적 symbol(수소인 Hydrogen)에서 유도 되었다. pH를 측정하는 이유는 산(Acid)과 염기(Base)를 구분하기 위한 것이다. 일반적으로 식초, 과일, 김치 등은 신맛을 내는 산성 물질이며, 암모니아수, 비누 등은 쓴맛을 지니는 염기성 물질이다. 스웨덴의 화학자 아네리우스(Arrhemius)는 산은 수용액 중에서 해리되어 수소이온(H^+)을 만들고, 염기는 수용액에 해리되어 수산화이온(OH^-)을 만드는 물질이라고 정의하였다. 순수한 물은 비전도체이다. 이것은 순수한 물속에는 이온이 존재하지 않는다는 뜻이다. 그러나 정밀한 측정 장비로 측정을 하면, 순수한 물속에도 아주 미량의 이온이 존재한다. 순수한 물속에는 다른 용질이 없기 때문에 아주 미량의 이온이 존재한다는 것은 물 자체로부터 왔다고 추정할 수 있다. 순수한 물속에 이온이 존재한다는 것은 물 자체가 스스로 이온화 되었다는 것을 의미한다. 따라서 물은 아주 약한 전해질이므로 아래의 식으로 나타낼 수 있으며, 여기서 평형상수 K는 다음과 같다.

$$H_2O \leftrightarrow H^+ + OH^- \tag{13-1}$$

$$K = \frac{[H^+][OH^-]}{[H_2O]} \tag{13-2}$$

여기서 $[H^+]$는 평형상태에서의 H^+ 몰농도이며, $[OH^-]$는 평형상태에서의 OH^- 몰농도이며, $[H_2O]$는 평형상태에서의 H_2O 몰농도이다. 식 (14-2)에서 반응전의 물의 몰농도는 1000/18 = 55.5M(mol/L) 이다. 물이 자체이온화 과정에서 물분자 중 아주 작은 양의 분자만이 이온화되므로, 평형상태에서의 물의 몰농도는 55.5M이다. 이러한 이유로 식 (14-2)는 다음과 같이 쓸 수 있다.

$$K = \frac{[H^+][OH^-]}{[55.5]} \tag{13-3}$$

그리고 25℃ 순수한 물의 전기전도도 측정에 의해서 $K = 1.8\times10^{-16}$이므로, 이 식은 다음과 같이 쓸 수 있다.

$$1.8 \times 10^{-16} \times 55.5 = [H^+][OH^-] \quad (13\text{-}4)$$

$$1.0 \times 10^{-14} = [H^+][OH^-] \quad (13\text{-}5)$$

순수한 물과 같이 H^+ 몰농도와 OH^- 몰농도가 동일한 경우의 용액을 중성용액이라고 하며, 이 경우는 다음과 같다.

$$[H^+] = [OH^-] = 10^{-7} \quad (13\text{-}6)$$

이와 같이 중성용액에서의 수소이온농도 $[H^+]$는 10^{-7}M이다. 즉 산성용액에서는 $[H^+]$가 $[OH^-]$보다 크고, 염기성 용액에서는 $[H^+]$가 $[OH^-]$보다 적게 존재하게 된다. 25℃에서 물의 이온곱은 항상 1×10^{-7} 이기 때문에, 물에 산성 물질을 첨가하게 되면 $[H^+]$가 증가하게 되고 상대적으로 $[OH^-]$는 감소하게 된다. 반대로 염기 물질을 첨가하게 되면 $[OH^-]$는 증가하게 되고 $[H^+]$가 감소하게 된다. 수용액상에서 수소이온농도는 매우 크게 움직일 수 있다. 예를 들어 이 용액의 수소이온농도는 0.0000069M 또는 6.9×10^{-6}M로 다루기에는 너무 작기 때문에 덴마크의 화학자인 Sorensen은 이것을 보다 쉽게 표현하기 위해서 수소이온농도의 역수를 상용대수로 나타낸 값을 pH로 정의하였다.

$$pH = \log\left(\frac{1}{[H^+]}\right) = -\log[H^+] \quad (13\text{-}7)$$

이 식을 이용하면 0.0000069M을 pH 값으로 바꾸면 간단히 5.16으로 나타낼 수 있다.

즉 pH가 얼마인지를 알면, 이 용액 중에는 수소이온농도가 몇 M 존재한다는 것을 간단하 알 수 있다. pH는 대수의 기능을 가지므로, pH 1의 변화는 수소이온 농도 10배의 변화를 나타내며 pH 1의 변화는 전극상에서 59.16 mV의 전위를 가지고 있다. 수소이온농도와 pH와의 관계는 <표 13-5>와 같다.

■ 표 13-5 수소이온농도와 pH와의 관계

용액의 종류	수소이온의 농도[mol/l]	pH = −log{수소이온의 농도}
1/10 N HCl	10^{-1}	1
1/100 N HCl	10^{-2}	2
중성	10^{-7}	7
1/100 N NaOH	10^{-12}	12
1/10 N NaOH	10^{-13}	13

pH는 대략적으로 pH 리트머스 시험지나 지시약을 사용해서 pH의 정도에 따른 색상

의 변화로 측정할 수 있다. 이들 지시약들은 자체의 정확도에 한계가 있으며, 색깔을 갖고 있거나 어두운 시료들을 정확하게 측정하는데 어려움이 있다. 조금 더 정확한 측정은 pH 미터로 측정할 수 있다. 수소가스를 충분히 흡착시킨 백금전극을 수소전극이라 하는데 이것을 피검액에 담그면 액의 수소이온농도(엄밀하게 말하면 수소이온 활동도)에 관련된 전위가 발생하므로 피검액의 pH를 구할 수가 있다. 이 측정방법은 <그림 13-10>과 같다.

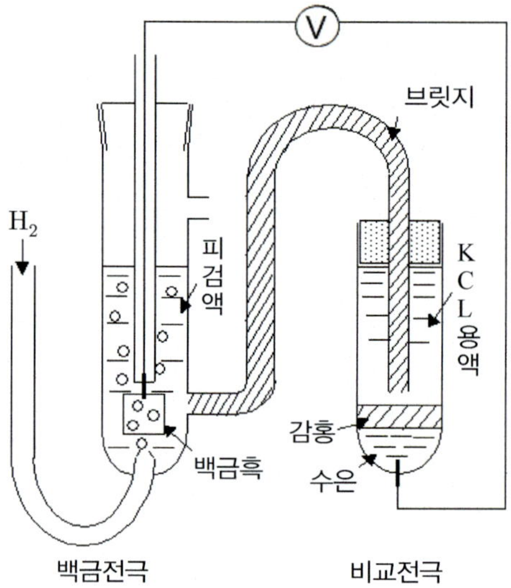

▲ 그림 13-10 수소전극을 이용한 pH 측정

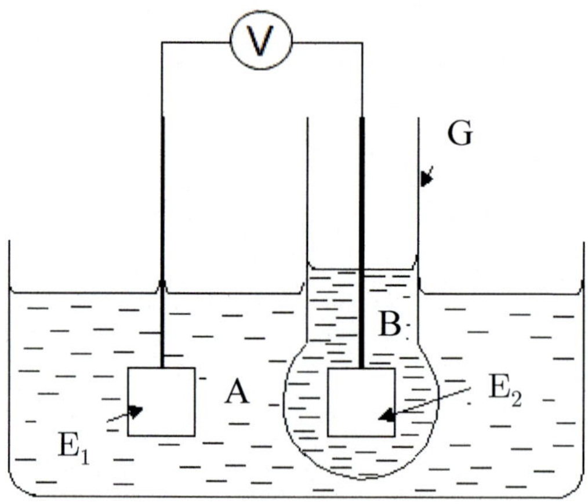

▲ 그림 13-11 유리전극에 의한 pH 측정

백금전극 대신에 안티몬 전극을 이용할 수도 있다. 잘 갈고 닦은 안티몬의 표면에는 그 산화물이 생성되어 있는데 이것을 용액내에 담그면 그 산화물은 용해되어 수산화물로 되지만 액의 pH에 따라서 안티몬 수산화물의 전리평형이 달라지는 것에 착안한 것이 안티몬 전극을 이용한 pH 측정방법이다. 퀸히드론 전극을 이용하는 방법은 피검액에 소량의 퀸히드론[$C_6H_4(OH)_2 \cdot C_6H_4O_2$]을 넣고 백금전극과 비교전극을 침지시켜 양 전극간의 전위차로부터 pH를 구하는 방법이다. 가장 많이 사용하는 방법은 유리전극을 사용하는 방법이다. 유리 박막의 양측에 서로 다른 2종의 용액을 놓으면 양쪽 용액의 pH 차에 비례한 기전력이 유리박막의 양면에서 발생하는 것을 이용한 것이 유리전극에 의한 측정의 원리이다. 실제의 형태로는 <그림 13-11>에서 나타나 있는 것처럼 얇은 유리막으로 만들어진 용기 G의 내부에 pH를 알고 있는 용액 B를 넣어 이것을 피검액 A의 내부에 침지시키면 유리막의 양쪽에 기전력이 생기므로 양쪽 용액 A, B에 적당한 전극 E_1, E_2를 넣어서 그 양 전극간의 전위차를 측정하면 유리막에 발생하는 기전력을 알 수가 있다.

유리전극은 측정범위가 넓고, 측정 시간이 짧고, 조작이 간단하며 연속측정이 가능하며, 재현성이 좋고 개인 오차가 작은 것이 장점이다. 반면 재질이 유리막이라 깨지기 쉽고, 전극의 내부저항이 높은 것이 단점이다. 유리전극을 이용한 pH 측정방법은 다른 방법에 비하여 정밀도가 높고, 측정대상의 제한이 적고, 또한 공업적으로 연속 측정이 가능하여 현재 가장 널리 사용되는 측정법이며 일부 국가에서는 공업규격 기준으로 채택하고 있다. 유리전극의 구조는 <그림 13-12>에서 보는바와 같이, 전극 지지관이라는 유리관의 선단에 반구상의 pH에 감응하는 특수유리의 박막인 전극막이 있고, 그 반대쪽에 전극 덮개(Cap)가 있으며, 내부는 유리전극 내부액과 내부전극으로 구성되어 있으며, 내부전극으로

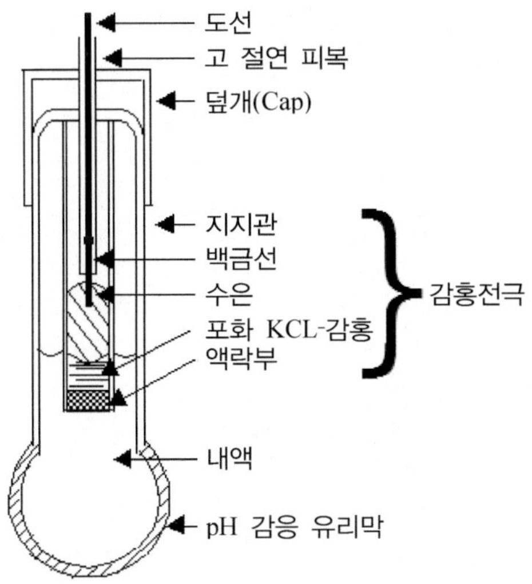

▲ 그림 13-12 유리전극의 구조

부터는 리드선이 연결되어 있고, 그 선단에는 계기와의 접속을 위한 단자가 있다. 지지관은 직경 12 mm 두께 1 mm의 연질 유리관으로 그 선단에는 두께 0.2~0.4 mm 정도의 전극용 유리라 칭하는 특수 유리로 만들어진 반구형의 전극막이 용착되어 있다. 내부액의 기능은 유리막의 내부 표면에서 일정한 상 경계 전위(Potential)를 보증하여 이끌어내는 시스템(Lead-out system)에서 일정한 전위를 갖게 하는 것인데, 일정한 상 경계 전위를 보증하기 위하여 pH에 대하여 낮은 온도계수를 가져야 하며, 지지관의 유리나 전극막 유리가 다소 용해하더라도 pH가 변하지 않을 정도의 큰 완충작용이 있는 용액이 사용되고 있다. 이 완충용액으로는 pH 7 부근의 것이 주로 사용되고 있으며, pH 4의 것도 사용되나 강한 산성이나 알칼리성은 유리구 내면을 화학적으로 서서히 침투해서 알칼리 또는 규산을 용출시켜 pH를 변화시키므로 바람직하지 않다. 내부전극으로는 종래의 감홍전지가 사용되었으나, 최근에는 고온에 대하여 염화은 전지가 특성이나 수명이 우수하므로 염화은 전지로 전환되고 있다. 리드선은 정전 유도를 방지하기 위하여 밀봉된 선을 사용하는 것이 보통이며, 전극막의 전기저항이 $10^7 \sim 3\times10^8$ Ω 정도이고 이에 비하여 리드선은 훨씬 높은 절연저항을 필요로 하므로 폴리에틸렌등 양질의 절연재료를 이용한 선이 사용되고 있다.

실제 유리전극의 특성은 상기의 것과는 약간 다르며 pH7의 내부액을 가지고 있는 전극의 특성 예는 <그림 13-13>의 실선과 같으며, 이 그림에서 점선은 <표 13-6>의 이론치를 나타낸다. 그림에서 알 수 있듯이 실제의 특성은 이론치와는 다소 구배가 다른 직선인 경우가 많으며 pH7에서 어떤 값(겉보기 부제전위차 또는 pH7의 기전력)을 가지고 있는 경우가 많다.

유리전극은 강산 용액 중에서 이상적인 수소이온 함수로부터 편차를 나타내는데 강산 용액에서 유리막의 겔층은 산 분자들을 흡착해서 겔층의 수소이온 활동도를 증가시키므로 의사적으로 높은 pH값을 나타내게 한다. 그러나 산 오차는 그림과 같이 알칼리 오차에 비하여 작은 값을 가지지만 pH가 낮은 강산 부분에서는 현저한 오차를 발생시키고 있

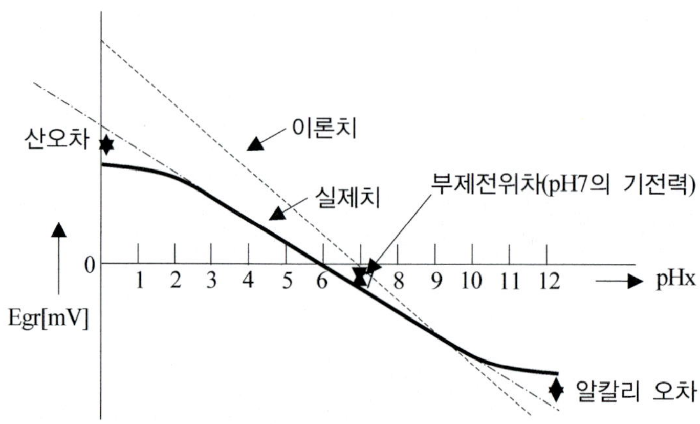

▲ 그림 13-13 유리전극의 기전력 특성

■ 표 13-6 pH 당의 기전력

온도[℃]	2.3026RT/F [mV]	온도[℃]	2.3026RT/F [mV]	온도[℃]	2.3026RT/F [mV]
0	54.20	35	61.15	70	68.09
5	55.19	40	62.14	75	69.08
10	56.19	45	63.13	80	70.08
15	57.13	50	64.12	85	71.07
20	58.17	55	65.11	90	72.06
25	59.16	60	66.11	95	73.05
30	60.15	65	67.10		

다. 또한 낮은 알칼리 오차를 가지는 유리전극은 낮은 산 오차를 가지는 경향이 있다. 일단 산 오차를 일으키는 유리전극은 다시 중성의 용액에 담가도 즉시 처음의 정상적인 거동을 나타내는데 꽤 많은 시간을 요한다. 알칼리 용액 중에서 수화겔층의 수소이온은 부분적으로 또는 완전히 알칼리 이온 특히 Na이온에 의하여 치환되어 진다. 그 결과 수화겔층의 수소이온 활동도는 측정에 있어서 의사적으로 낮은 pH값으로 나타나게 된다.

유리전극의 전기저항은 직접 측정치에 관여하지는 않지만 아주 높은 저항일 경우에는 측정오차를 일으키는 수가 많다. 전극이나 lead선의 절연저항 및 pH 미터의 입력저항은 수만 MΩ에서 수 십만 MΩ 정도인데, 그들의 절연저항이나 입력저항에 비해 유리 전극의 내부저항을 무시할 수 없다면 측정오차를 일으킨다. pH 미터로 측정할 때 케이블이나 기기의 정전용량을 전극의 기전력으로써 유리전극의 저항을 통하여 측정하게 되는데, 전극의 저항이 너무 높으면 측정에 시간이 걸려 속응성에 방해가 된다. 유리전극의 전기저항은 선단 전극막의 저항에 의하여 정해지므로 전극의 저항을 낮게 하기 위하여 전극막의 저항이 낮은 것이 좋다.

13.6 잔류염소 측정

사람은 매일 2~3 ℓ의 물을 평생 마시고 있어 먹는 물에 유해물질이 미량으로 함유되어 있더라도 건강에 미치는 영향은 매우 크다. 그래서 국가에서는 하천수, 호소수 등을 정수 처리한 수돗물을 먹는 물로 공급하고 있다. 그러나 표류수는 많은 유해물질로 오염될 가능성이 높다. 국제보건기구(WHO)에서는 물에는 약 2,000여종의 물질이 오염될 수 있고 약 750여종은 실제로 검출되고 있다고 보고하고 있다. 먹는물 중에 오염가능성이 높은 유해물질에 대하여 일생동안 섭취하여도 유해하지 않는 농도인 최대허용량을 먹는물 수질기준으로 정하고 먹는 물은 이 기준에 적합하도록 정수장에서 처리한 물을 공급하고 있다. 또한 처리된물이 각 가정에까지 운반되는 동안 오염물질로 부터의 수질저하를 방지하기 위해 염소를 사용한 소독을 하고 있다.

수돗물의 급수과정에서 미생물 오염 우려 및 염소의 추가 투여에 따른 관리상 어려움으로 정수장에서 잔류염소를 고농도로 투여하고 있다. 염소를 소독제로 사용하는 경우 잔류염소의 농도 유지는 매우 중요하다. 잔류염소의 농도가 기준치 0.2mg/L 이하일 경우 유기물 및 병원성 세균 등에 의해 2차오염이 발생할 수 있다. 이를 막기 위해 잔류염소의 농도를 높일 경우 0.6mg/L 이상의 잔류염소농도의 경우 소비자가 물맛에 심한 불만을 느낀다고 세계보건기구(WHO)에서 보고하고 있다. 수돗물에서의 소독 약품 냄새는 병원미생물이 오염되지 않았다는 지표이나, 물맛은 저하되어 식수로 사용하는데 거부감을 주고 있다. 또한 과다한 잔류염소는 발암물질인 THMs등의 소독부산물을 생성할 수 있으므로 적정한 농도는 필히 유지되어야 한다. 국가별 수돗물의 유리잔류염소 기준은 <표 13-7>과 같다.

■ 표 13-7 국가별 수돗물 중 유리잔류염소 기준 비교

국가	최소 유리잔류염소 (mg/L) (결합잔류염소)			비고
	정수장	급수시스템	수도꼭지	
한국	-	-	0.2~0.4 (1.5~1.8)	환경부
일본	-	-	0.1~0.2 (0.4~1.5)	후생노동성
미국	0.2	흔 적	-	EPA
영국	-	0.1~1.0	-	정수장 자체 운영기준
프랑스	-	-	0.1	정수장 자체 운영기준

유리잔류염소란 염소(Cl_2)가 물에 용해되어 생성하는 차아염소산(Hypochlorous acid, HOCl)과 차아염소산이온(Hypochlorite ion, OCl^-)으로 존재하고, 그 비율은 물의 pH와 수온에 따라 다르다. 결합잔류염소란 염소, 차아염소산 또는 차아염소산이온이 암모니아와 반응하여 생성된 모노클로라민, 디클로라민, 트리클로라민을 의미한다. 이는 살균 등의 목적으로 물에 가한 가스상 또는 분말상의 염소 또는 염소화합물의 원인이 되어 수중에 용존하고 있다. 물속에서 염소는 분자 염소(Cl2), 차아염소산(HOCl), 차아염소산이온(OCl^-)의 세 가지 형태로 존재하고, 이를 유리 잔류 염소라 한다. 이중 차아염소산이 가장 살균력이 강하여 활성 염소라 하고 유리 잔류 염소 중에 HOCl의 양이 많을수록 살균 능력이 강하게 나타난다. 이 차아염소산 (HOCl)은 차아염소산 이온(OCl^-) 보다 100배 이상의 살균 효과를 갖고 있다고 알려져 있으며, 특히 낮은 pH에서 살균과 소독력이 있는 것으로 알려져 있다. 염소의 살균 능력은 세균의 생존에 중요한 효소를 파괴시킬 수 있는 염소의 능력에 기인하는데, 살균률은 물속에 잔류하는 염소의 농도와 형태, pH와 온도, 수중의 불순물 농도, 접촉 시간 등에 의하여 영향을 받게 된다. 이런 이유로 잔류염소의 측정 방법은 DPD

비색법, DPD적정법, 오르트톨리딘(Orthotolidine)법, 전류적정법 등이 있다.(적정: 정량분석에서 부피분석을 위해 실시하는 화학분석법이다. 일정한 부피의 시료용액 내에 존재하는 알고자 하는 물질의 전량을, 이것과 반응하는 데 필요한 이미 알고 있는 농도의 시약의 부피를 측정하여 그 양으로부터 알고자 하는 물질의 양을 구하는 방법이다.)

DPD비색법은 DPD(N, N-diethyl-p-phenylenediamine) 시약 속의 아민(amine)이 중성의 pH 조건에서 염소에 의하여 산화된 1차 산화물을 생성하고 이를 잔류염소 표준비색표와 비교하여 측정하는 분석방법이다. 이 방법은 유리염소와 총염소 측정이 모두 가능한 방법이다. DPD적정법은 DPD비색법과 유사하며 자홍색의 1차 산화물을 환원제인 황산제1철암모늄을 사용하여 무색의 종말점까지 적정하는 분석방법이다. DPD적정법은 적정시간으로 인하여 유리염소측정이 어려우며 분광광도기를 이용하는 비색법에 비해서 정밀도가 떨어지는 단점이 있다. 오르트톨리딘법은 DPD법과 원리가 같은 비색법이다. 하지만 DPD법에 비해 낮은 정확도와 정밀도를 가지며 모든 농도범위에서 상대적으로 낮은 잔류염소농도가 검출되고 있어 표준방법에서는 1975년부터 채택되지 않고 있으며, 선진국에서는 사용하지 않는 방법이다.

전류적정법은 표준환원제(티오황산 또는 PAO)를 이용하여 적정하였을 때 화학반응에 의해 발생되는 전류값을 측정하는 방법으로 2개의 전극에 전기를 공급하는 전기화학적 측정방법이다. 유리염소 검출을 위한 전류적정방법은 전압을 양쪽의 전극에 가하고 환원제를 이용하여 적정을 시작하여 전기반응으로 인하여 발생하는 변화를 측정한다. 적정하는 동안 염소는 음전극에서 환원제와 반응하여 Cl^- 형태로 감소된다. 적정이 끝나면 더 이상 전류는 흐르지 않으며, 이때 적정에 이용된 환원제의 양을 염소 농도로 계산한다. 전류적정법은 일반적인 산화제, 온도변화, 탁도, 색도 등의 간섭에 대해서 자유로운 반면에 분석에 대한 까다로움으로 전문가적인 기술이 필요하고, 총염소 양이 1mg/L 이상일 때 적용 가능한 방법이다. 이에 대한 대표적인 방법이 폴라로그래피법이다.

폴라로그래피(Polarography)법은 <그림 13-14>와 같이 지시전극으로 적하수은 전극(Dropping Mercury Electrode, DME)을 이용하여 시료용액을 전기분해하고, 이때 흐르는 전류를 외부에서 걸어준 전위에 대하여 도시한 전류-전압 곡선을 해석하여 용액 중에 있는 화학종의 정성분석과 정량분석을 하는 방법을 말한다. 이때 전압대 전류곡선을 폴라로그램이라고 한다. 1922년 체코의 화학자 J. Heyrovsky가 창시한 직류 폴라로그래피가 기본이지만, 새로운 폴라로그래피가 여러 가지 개발되어 고감도의 분석법으로 이용되고 있다. 폴라로그래프 전해용기에 흐르는 전류는 전극반응의 속도와 전기화학적 활성종의 전극표면으로의 이동속도에 의존된다. 충분히 큰 음전하에서는 전극반응의 속도가 매우 빠르므로 전극표면으로 이동되는 물질 종의 이동속도가 전류의 결정인자로 된다.

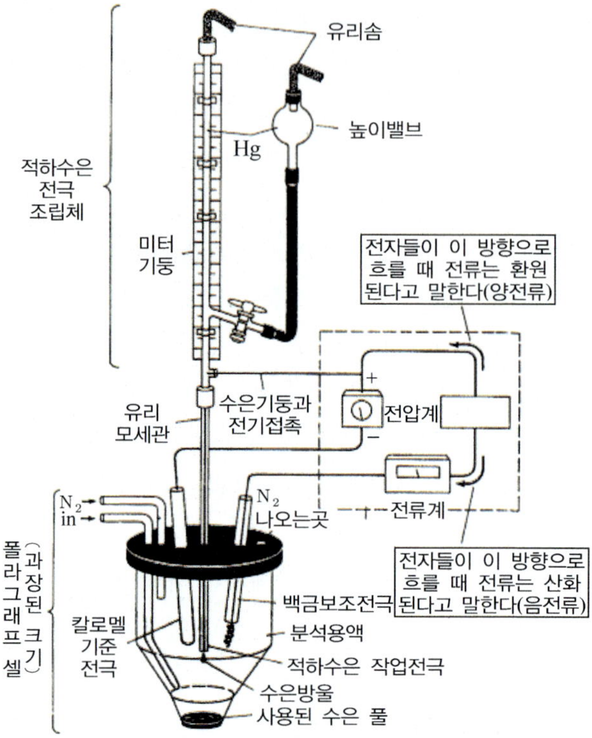

▲ 그림 13-14 폴라로그래피법 장치 개요

폴라로그래피의 측정회로는 전압계, 전류계 및 전해계로 이루어져 있다. 2전극식일 때의 전해계는 전해액을 넣은 전지에 DME와 상대전극(기준전극을 겸한다)의 2전극을 넣어서 만든다. 이 때에 상대전극 겸 기준전극은 전류가 흘러도 전위가 변하지 않는 소위 "편극되지 않은" 전극(unpolarized electrode)이라고 한다. 최근에는 상대전극과 기준전극을 따로 하여 DME, 상대전극 및 기준전극의 3전극식의 전해계를 쓰는 것이 보통이다. 전해액은 전극활성 물질(전극에서 산화 또는 환원되는 물질)과 지지전해질을 포함하고 있다. DME의 적하간격이 자연적하일 때에는 수초이지만 강제적하 장치로써 임의로 짧게 할 수 있나.

<그림 13-15>는 전압-전류그림(polarogram)의 보기이다. 전극활성 물질이 1 mM Cd^{2+}, 지지전해질이 0.1 M HCl일 때, A는 Cd^{2+}과 지지전해질을 포함하는 용액(1mM Cd^{2+} + 0.1M HCl), B는 지지전해질(0.1M HCl)만의 용액에서 얻어진 것이다. DME의 수은방울이 낙하하고 성장할 때마다 전류값이 진동하지만, 전압-전류곡선으로서는 적하직전의 전류값(최상단)을 연결하여 곡선을 얻는다. 곡선 B에서는 +0.1 V 대 Ag/AgCl 전극 부근에서 DME의 수은이 산화용출하기 때문에 전류가 흐르기 시작하고, -1.1 V 부근에서 수소이온의 환원전류가 흐르기 시작하지만, 그 사이는 잔류전류(residual current)라고 불리는 작은 전류가 흐른다. 곡선 A에서는 Cd2+의 환원반응(Cd2+ + 2e + Hg ⇄ Cd(Hg))에 의하여 S자형의 전압전류 곡선이 얻어진다. DME의 적하직전의 전류값만을 전기적으로 끄집어내어 폴라로

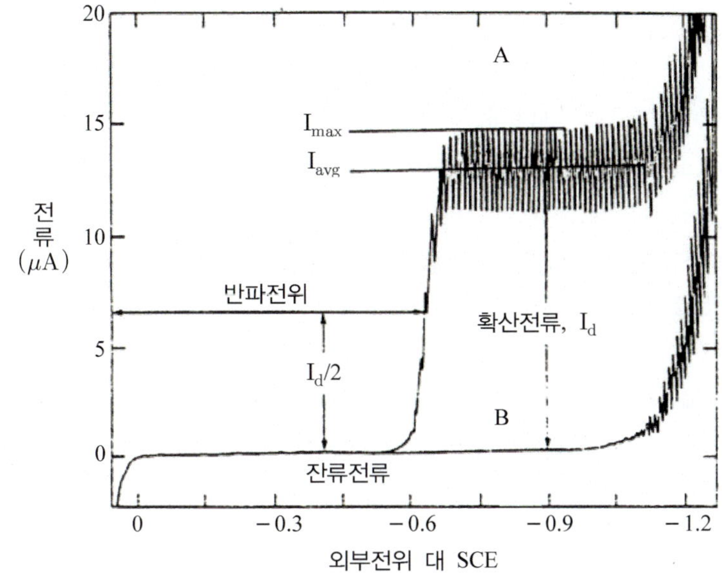

▲ 그림 13-15 폴라로그램

그램을 기록하는 방법(tast polarography)도 있다. 이 때에는 <그림 13-15>와 같은 전류값의 흔들림이 거의 일어나지 않는다.

직류 폴라로그래피에서는 일반적으로 전극반응에 의하여 S자형의 전압-전류곡선이 얻어진다. 이것을 폴라로그래피파(polarogaphic wave or polarogram)라고 한다. 한계전류가 전극활성 물질의 농도에 비례하고, 반파전위가 전극활성 물질에 특유한 값을 나타내므로 폴라로그래피파를 측정하여 정량분석과 정성분석을 할 수 있다. 직류 폴라로그래피에서는 전극에서 산화 또는 환원되는 많은 무기 및 유기물질(이온, 착물 및 분자)이 측정대상으로 되며, 측정 가능한 농도범위는 2×10^{-6}~10^{-2} M 정도이다. 또 여러 개의 전극활성 물질이 공존할 때에는 각 물질에 대한 폴라로그래피파가 계단모양으로 나타나고, 동시정량이 가능하다. 수은전극은 수소과전압이 크기 때문에 산성 용액 중에서도 꽤 -전위까지 측정할 수 있는 장점이 있다. 다만 -전위 쪽의 측정범위는 DME 수은의 산화용출에 의하여 제한되며, 전극반응이 +전위에서 일어나는 물질의 측정이 곤란하다. +전위 쪽의 측정에는 탄소전극이나 백금전극을 작업전극으로 쓰는 전압-전류법이 이용된다. 폴라로그래프법의 장점은 수은 방울이 계속 새로 생성되어 적하되어 항상 깨끗한 전극표면이 시료용액과 접촉을 하여 전극반응은 항상 같은 조건에서 반복되어 일어날 수 있다. 시약을 변화시킴으로서 잔류염소와 유리유효염소를 분리하여 측정할 수 있는 장점이 있으나, 수은은 쉽게 산화되므로 산화전극으로 사용이 곤란하며, 잔류전류로 인해 확산전류의 정확한 측정에 방해를 받으며, pH의 영향을 받기 쉬운 단점이 있다.

13.7 BOD/COD 측정

수질의 현재 오염도를 나타내는 지표 중 대표적인 항목은 생물화학적 산소요구량(BOD : Biochemical Oxygen Demand)이다. BOD는 수질 시료 속에 존재하는 물질들의 생물화학적 분해에 요구되는 산소량을 나타낸다. 생물화학적 산소요구량으로 어떠한 유기물이 미생물에 의하여 호기성 상태에서 분해하여 안정화시키는데 요구되는 산소량을 말하며 보통 ppm 단위로 표시하고 BOD가 높으면 유기물의 오염도가 높음을 의미한다. 물속에서 부착성 미생물에 의해 유기물질이 호기성 분해가 되면 물속에 있는 용존산소(Dissolved Oxygen, DO)가 소모된다. 만일 산소를 소모하는 속도가 물속으로 녹아 들어가는 속도보다 빠르면 물은 혐기성 상태가 된다. 혐기성 상태에서는 물고기의 개체수가 감소하고 부패하여 휘발성 물질이 생성된다. 유기물질의 분해속도와 산소의 소모속도는 BOD를 측정함으로 타나낼 수 있다.

일반적으로 폐수 내에 존재하는 유기물의 종류는 대단히 많고 각 유기물의 농도를 일일이 구하는 것이 대단히 어려워 폐수내의 유기물질의 종류를 분석하지 않고 호기성 미생물로 합성 또는 산화시키는 데 필요한 산소량을 측정하므로 유기물의 양을 간접적으로 측정할 수 있다. 유기물질이 유입되면 물속에 서식하는 미생물은 DO를 소모하므로 유입된 유기물의 양이나 종류를 측정하는 것보다 DO를 소비하는 양을 측정하는 것이 훨씬 용이하다. BOD는 20℃에서 5일간 배양했을 때 배양기간 동안 소모된 산소의 양을 측정하며 그 값을 통상 BOD 또는 BOD5라고 한다. BOD측정 결과를 보면 유기물이 미생물에 의해서 분해 섭취되므로, 산소소비량은 시간에 따라 증가하며 7~10일 후에는 탄소화합물에 의한 NOD(Nitrogenous Oxygen Demand) 이외에 질소화합물의 산화 즉, 질산화가 발생하는데 이를 질소 BOD 또는 NOD라고 부르며, BOD5 시험에서 BOD병 내에 질산화를 일으키는 미생물이 존재하면 탄소화합물에 의한 BOD보다 높게 나타나고 도시하수의 경우에는 질산화가 잘 일어나지 않으나 처리된 폐수에서는 질산화가 일어나는 경우가 있다.

시료가 산성 또는 알칼리성을 나타내거나 잔류염소 등 산화성 물질을 함유하였거나 용존산소가 과포화 되어 있을 때에는 다음과 같이 전처리를 행한다. pH가 6.5~8.5의 범위를 벗어나는 시료는 염산 또는 4% 수산화나트륨 용액으로 시료를 중화하여 pH 7로 한다. 다만 이때 넣어주는 산 또는 알칼리의 양이 시료량의 0.5%가 넘지 않도록 하여야 한다. 시료(또는 전처리한 시료)의 예상 BOD치로부터 단계적으로 희석배율을 정하여 3~5종의 희석 검액 2개를 한조로 하여 조제한다.예상 BOD치에 대한 사전경험이 없을 때에는 다음과 같이 희석하여 검액을 조제한다. 강한 공장폐수는 0.1~1.0%, 처리하지 않은 공장폐수와 침전된 하수는 1~5%, 처리하여 방류된 공장폐수는 5~25%, 오염된 하천수는 25~100%의 시료가 함유되도록 희석 조제한다.

BOD용 희석수 또는 BOD용 식종희석수를 사용하여 검액을 희석할 때에는 2L 메스실린더에 공기가 갇히지 않게 조심하면서 1/2용량만큼 채우고, 시료 적당량을 넣은 다음 BOD용 희석수 또는 식종 희석수로 희석배율에 맞는 눈금의 높이까지 채운다. 공기가 갇히지 않게 젖은 막대로 조심하면서 섞고 2개의 300 mℓ BOD병에 완전히 채운 다음, 한 병은 마개를 꼭 닫아 물로 마개주위를 밀봉하여 BOD용 배양기에 넣고 20℃ 어두운 곳에서 5일간 배양한다. 나머지 한 병은 15분간 방치 후에 희석된 시료자체의 처음 용존산소를 측정하는데 사용한다. 같은 방법으로 미리 정하여진 희석배율에 따라 몇 조의 희석 검액을 조제하여 2개의 300 mℓ BOD병에 완전히 채운 다음 위와 같이 실험한다. 처음의 희석시료 자체의 용존산소량과 20℃에서 5일간 배양할 때 소비된 용존산소의 양을 측정하여 구한다. 5일간 저장한 다음 산소의 소비량이 40~70% 범위안의 희석 검액을 선택하여 처음의 용존산소량과 5일간 배양한 다음 남아 있는 용존산소량의 차로부터 BOD를 계산한다. 다만 시료를 식종하여 BOD를 측정할 때는 실험에 사용한 식종액을 희석수로 단계적으로 희석하여 이하 위의 실험방법에 따라 실험하고 배양후의 산소 소비량이 40~70% 범위 안에 있는 식종 희석수를 선택하여 배양전후의 용존산소량과 식종액 함유율을 구하고 시료의 BOD 값을 보정한다.

환경에서의 오염물질은 화학적 산화과정 보다는 물속에 존재하는 호기성 미생물들의 호흡에 의한 산화과정에 의하여 더욱 더 빠르고 활발하게 분해된다. 따라서 BOD를 측정함으로써 미생물학적으로 분해 가능한 오염물질의 양을 측정해 낼 수 있다. 또한 측정시간이 5일 이상 소요되기 때문에 수계의 실시간 모니터링에 많은 한계를 가지고 있다. 현재 BOD 연속수질 모니터링장비를 생산하고 있는 국가는 대표적으로 독일과 일본이 있다. 이들 국가의 제품은 일반적으로 수중의 오염물을 분해하기 위해 미생물이 소비하는 산소의 소모량을 DO센서(용존산소 센서)를 사용하여 측정, BOD로 환산하는 방식을 사용하고 있다.

BOD를 측정하려면 시료를 적당한 미생물과 함께 5일간 배양한 후 감소하는 산소의 양을 분석해야 한다. 그래서 생물학적 산소 요구량을 보통 BOD5로 표시한다. 처리할 폐수의 오염 정도와 방류하는 처리수의 오염도를 알아야 적절한 조건으로 폐수처리시설을 가동시킬 수 있게 된다. 이와 같은 BOD측정의 경우 커다란 문제점이 있다. 오염물질의 분해에서 미생물의 역할이 매우 크기는 하지만 BOD 측정에 3일 또는 5일이 걸리므로 현실성이 없다. 흐르는 강물 시료의 BOD측정에 5일이 소요될 경우 측정이 완료되는 시점에서의 그 물은 이미 바다 어느 곳에 도착해 있을지도 모르기 때문이다. 오염 정도를 5일 후에 알게 되면 그 결과를 처리시설의 운전에 응용할 수는 없다. 또 방류수를 5일 이상 저장해야 하는 어려움이 있다. 그러나 산소전극을 이용하는 바이오센서를 가지고 있으면 한 시간 이내에 BOD를 측정할 수 있기 때문에 이러한 문제를 쉽게 해결할 수 있다. 산소전극에 적당한 미생물을 고정화하면

BOD측정용 바이오센서가 작동하기 시작한다. 이때 산소전극을 이 미생물이 이용(산화)할 수 있는 유기물이 없는 물에 담그면 산소농도의 변화가 없으나 여기에 유기물을 첨가하면 첨가하는 양에 따라 산소농도가 달라진다. 따라서 산소농도의 변화를 측정, 이 산소 소비량과 BOD값이 비례함을 근거로 BOD를 알아내는 것이다. 현재 일본에서 BOD센서에 관한 연구가 활발히 진행 중에 있으며, 기술이 비교적 간단하여 국내에서도 곧 실용화될 것으로 전망된다. 미생물연료전지(Microbial Fuel Cell, MFC)는 미생물의 에너지 대사에서 발생하는 환원력을 전기에너지로 전환시키는 장치이며, 탄소재질의 산화전극(Anode)과 환원전극(Cathode)으로 구성된다(<그림 13-16> 참고).

전기화학적 활성미생물이 유기물을 산화하면서 발생되는 전자는 산화전극의 탄소전극을 통하여 환원전극으로 이동하게 되어 전류를 발생시킨다. 측정하고자 하는 시료의 BOD는 미생물에 의해 유기물이 분해될 때 사용되는 산소량을 측정하여 환산하는 것으로 발생되는 전기량은 실제 유기물농도와 비례하게 된다. 따라서 미생물 연료전지 센서에 의해 발생되는 전기량은 유입된 시료 내 유기물 농도에 비례한다는 실험결과에 근거해서 BOD를 온라인으로 모니터링이 가능하다. 본 생물화학적 산소요구량은 전자의 발생과 그로 인한 전기신호를 감지하는 원리에 따라 EBOD(Electro Biochemical Oxygen Demand)로 일컬어진다.[92]

COD(Chemical Oxygen Demand)는 화학적 산소요구량으로 물속의 피산화성 물질을 산화제인 중크롬산칼륨($K_2Cr_2O_7$), 또는 과망간산칼륨($KMnO_4$)을 이용하여 화학적으로 산화

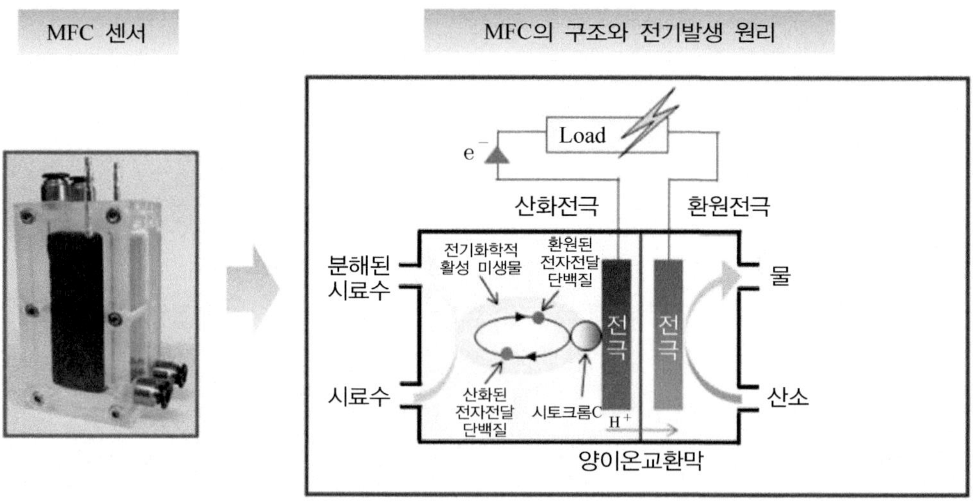

▲ 그림 13-16 미생물 연료전지 센서와 전기발생 원리

92. 이재선, 코비환경연구소, "미생물 연료전지 원리를 이용한 바이오센서 기반의 BOD 연속자동측정기 및 생물감시장치", 계장기술, 2014년 6월

시킬 때 소비되는 산소량을 보통 ppm단위로 표시한다. COD는 BOD와 더불어 폐수의 유기물 함유도를 간접적으로 나타내는 중요한 지표로 COD는 유기물을 화학적으로 산화시킬 때 얼마만큼의 산소가 화학적으로 소모되는가를 측정한다.

공정시험법에 의하면 산화제를 일정 과잉량을 가하여 일정시간 동안 방치하여 두었다가 소비된 산화제의 양을 산소로 환산하여 COD를 측정한다. COD는 유기물질의 추정을 목적으로 하는 경우가 많으나 측정치에는 아질산염, 제일철염, 유화물 등의 무기물과 환원성 물질이 포함되는 반면 안정된 유기물은 측정치에 포함되지 않는다. 일반적인 방법으로 유기물 및 무기물의 전부를 완전 산화시키는 것은 쉬운 일이 아니다. BOD측정은 5일이나 걸리지만 COD는 2시간으로 측정이 가능하여 BOD를 모르는 폐수를 위하여 COD측정이 흔히 채택된다. COD는 화학적으로 산화 가능한 유기물을 산화시키기 위한 산소요구량이지만 BOD는 미생물에 의해서 산화되는 산소요구량이므로 측정치의 차이가 발생되는 경우가 많다. 폐수의 COD가 BOD보다 클 경우에는 폐수 내에 생화학적으로 분해가 안 되는 물질을 함유하고 있거나 미생물에 독성을 끼치는 물질을 함유하고 있다는 것을 의미하며, 만일 BOD가 COD보다 클 경우에는 BOD측정 중에 질산화가 발생하였거나 또는 COD측정에 방해되는 물질이 폐수 내에 함유되어 있음을 의미한다. 산화제 중 중크롬산칼륨은 유기물의 약 80%정도를 분해하고 과망간산칼륨은 약 60%를 분해하여 COD를 표시한다. 일반적으로 하천이나 도시하천은 BOD값이 사용되며, 공장폐수나 해수 등의 오염지표로는 COD값이 많이 사용된다. BOD와 COD의 비교는 <표 13-8>과 같다.

어떤 수질시험에서 COD 측정치가 높게 나타난다는 것은 그 물 속에는 분해되어야 할 물질의 함량이 많다는 것을 의미한다. 대부분의 산업폐수, 생활하수, 축산폐수 등에는 많은 양의 유기물들이 함유되어 높은 COD 값을 나타낸다. 기존의 COD 측정시스템은 강력한 산화제를 이용하여 오염물질을 산화시키는 시스템이다. 즉 산화제와 오염물질 사이의 화학적 산화-환원반응을 이용한 것이다. 이와 같은 화학적 산화-환원반응은 전기화학적 산화-환원반응으로 대치가 가능하다. 전기화학적 반응시스템에서는 전극의 전압을 조절함으로써 전극의 산화 또는 환원력을 간단히 조절할 수 있다. 단지 오염물질에 따라 서로 다른 산화력이 요구될 뿐이다. 따라서 전극이 $KMnO_4$와 같이 높은 산화력을 가질 수 있도

■ 표 13-8 BOD와 COD의 비교

	BOD	COD
유기물의 산화	산화제 사용($KMnO_4$, $K_2Cr_2O_7$)	호기성 미생물
측정소요 시간	2시간 정도	20℃, 5일
적용 시료	생분해성 유기물, 난분해성 유기물, 독성 폐수	생분해성 유기물
해수 측정	전처리로 염분제거 후 측정	알칼리성 상태로 측정

록 전극의 전압을 조절해 주면 전극의 표면에서 물 시료 중 오염물질의 전기화학적 산화가 일어나게 된다. 이때 전극에 흐르는 산화 전류는 산화되는 오염물질의 직접 농도에 비례하게 된다. 간단히 이 산화전류를 측정하고 이를 오염물질의 산화에 요구되는 산소량에 대응시키면 COD를 알 수 있다. 이러한 COD 측정법은 화학적 산소 요구량 측정의 원리와는 약간 다르기 때문에 이러한 측정법을 '전기화학적 산소 요구량(Electrochemical Oxygen demand, EOD)'라고 구별하여 나타낸다. 그러나 한 가지 문제는 있다. 산화전극의 전압을 잘 조절하더라도 $KMnO_4$의 산화력에 해당하는 동일한 전압조건을 얻기는 불가능하다. 왜냐하면 $KMnO_4$의 화학적 산화작용과 전극의 전기화학적 산화과정은 근본에 있어 전자전달과정으로 같다할 수 있지만 전자전달과정의 경로와 속도가 다르기 때문이다. 열역학적인 이상성에서 벗어난다는 의미이다. 이를 전기화학적 용어로는 과전압이라 한다.

동일한 물질이라 하더라도 전극물질에 따라서 요구되는 과전압의 크기가 달라진다. 예를 들어 포도당을 전기화학적으로 산화시킴에 있어 탄소전극을 사용할 경우 은-염화은 기준전극을 기준으로 1V 이상의 전극전압이 필요하다. 그러나 산화구리전극을 사용할 경우 약 0.4V 정도의 전극전압으로도 충분하다. 전극반응 경로가 다르기 때문에 요구되는 전극 전압이 다른 것이다. 이때 산화구리는 포도당의 산화가 효과적으로 용이하게 일어나도록 하며 이러한 물질을 '전기화학적 촉매'라고 한다. 물 시료중의 오염물질을 효과적으로 산화시키기 위해서는 우수한 촉매 전극물질을 함유하는 전극조성물질이 필요하다. 우수한 촉매효과를 나타내는 물질로는 산화구리, 산화니켈, 산화납, 산화은 등을 들 수 있다. 높은 산화촉매효과를 가지는 이들 물질은 구리, 니켈, 납 또는 은전극에 높은 산화전압을 걸어 생성시킬 수 있으나 전극신호의 초기 안정화 시간이 길고 시간 경과에 따른 전극신호의 변동이 심하여 이를 개선한 산화금속 촉매 복합재료 전극을 사용한다. 산화금속 촉매 복합재료전극을 감지전극의 표면에 좁은 채널을 형성시켜 오염물질을 함유하는 물 시료를 지속적으로 통과시킨다. 촉매전극 표면에서 오염물질의 촉매산화가 일어나 산화전류가 발생되고 이 전류는 오염물질의 농도와 비례하는 EOD값으로 환산되게 된다.

13.8 TP/TN 측정

인(Phosphorous)은 지질학적 원인에 의해 물속에 소량으로 존재하지만 일반적으로 생활하수, 분뇨, 축산폐수, 공장폐수 및 비료 등에서 유출되고 있다. 물속에서 인은 오르토인산(H_3PO_4), 피로인산($H_4P_2O_7$), 트리폴리인산($H_5P_3O_{10}$), 유기인산 등의 다양한 형태로 존재하는데 이와 같은 모든 형태의 인을 총인(Total Phosphorous, TP)이라 한다. 수돗물 중에 인은 천연으로 존재하는 것 이외에 급수용 방청제로 가한 인산염 및 합성세제 중에 가한 폴리인산 등에 기인한다. 인은 질소(N)와 함께 수계의 부영양화 촉진 물질로서 해수에서는 적조현상을 유발하고 하천이나 호수에서는 조류를 과다 번식케 하여 용존산소(DO)를 고갈시키며 이로 인하여 수중의 어류와 패류 등을 질식시키는 원인물질이다. 총질소(Total Nitrogen, TN)는 무기성 질소와 유기성 질소의 총량이다. 무기성 질소는 암모니아성질소, 아질산성 질소 및 질산성 질소를 말하고, 유기성 질소는 아미노산, 폴리펩타이드, 단백질 등 생물학적으로 분해 가능한 유기화합물중에 함유된 질소를 말한다. 수중에 존재하는 암모늄이온, 아질산 이온, 질산 이온은 수질 환경에서 중요한 항목으로 급수시설과 지표수에서는 오래전부터 그 농도가 규제되어 왔다.

수질오염공정시험기준에 제시된 TN과 TP를 분석하는 방법은 수동분석법과 자동분석법으로 나눌 수 있다. 수동분석법으로 TN은 자외선 흡광광도법, 카드뮴 환원법, 환원증류-킬달법, TP는 흡광광도법(아스코르빈산 환원법)이 있다. 자동분석법은 수동분석법과 같은 원리로 분석이 자동화 된 것으로써 한 번에 많은 건의 시료를 분석하여 분석자의 반복작업을 줄이고 또한 적은 시료량이 소요되며 TP, TN 측정 시의 autoclave 분해과정이 연속흐름내에서 완전히 자동화되어 최근에 수질오염공정시험기준에 등재된 이후 많은 분석기관에 보급되고 있는 실정이다. 자동분석은 연속식 흐름주입분석(Flow Injection Analyzer, FIA)과 분할흐름분석(Segmented Flow Analyzer, SFW)으로 구분된다. SFA는 용액의 흐름 사이에 일정한 간격으로 공기방울을 주입하여 시료의 분산 및 연속흐름에 따른 상호 오염을 방지하도록 구성되어 있고 FIA는 공기방울 미 주입에 따라 시료의 분산 및 연속 흐름에 따른 상호 오염의 우려가 있으나 분석시간이 빠르고 기계장치가 단순해지는 장점이 있다.

흡광광도법(Absorption Spectroscopy)은 분석대상 시료가 본래 색을 띠는 용액이거나, 시료 자체는 무색이나 여기에 적당한 발색시약을 넣어주면 서로 반응하여 색을 띠는 용액으로 되는 경우, 특정 파장의 빛을 쪼여주면, 발색 용액의 색의 진하기에 비례하여 빛을 흡수하게 된다. 이 빛의 흡수정도를 흡광광도계라는 분석기기를 사용하여 흡광도로 측정할 수 있다. 이때 흡광도는 색의 농도에 비례하며, 다시 색의 농도는 시료용액의 분석대상 물질의 농도에 비례한다. 따라서 흡광도는 시료용액의 농도에 비례하게 되는 것이다. 이런 이치로 흡광광도계로 발색용액의 흡광도를 측정하여 미지 시료의 농도를 분석할 수 있다. TN은 시료 중 질소화합물을 알칼리성 과황산칼륨의 존재 하에 120℃에서 유기물과 함께 분해하여 질산이온으로 산화시킨 다음 산성에서 220 nm의 자외선 흡광도를 측정하여 질소를 정량하여 농도를 구한다. 정량범위는 0.005~0.05mgN/mℓ이며, 표준편차는 3~10%이다. TP는 시료 중 유기물을 산화 분해하여 모든 인 화합물을 인산염(PO_4^{3-})형태로 변화시킨 다음 인산염을 아스코르빈산으로 환원하여 생성된 몰리브덴산의 흡광도를 880 nm의 적외선에서 측정하여 총인의 양을 정량하여 농도를 구한다. 정량범위는 0.001~0.025mgP/mℓ이며, 표준편차는 2~10%이다.

Chapter 14

비접촉식 거리측정 센서

14.1 거리측정 센서의 비교

전자기파를 이용하여 비접촉으로 대상 물체까지의 거리를 측정할 수 있다. 거리 측정에 사용하는 전자기파는 초음파, 마이크로웨이브, 적외선, 가시광 등을 이용한다. 이 중에서 마이크로웨이브를 이용한 방식을 레이더(Radar), 레이저를 이용한 방식을 라이다(LiDAR)라고 한다.

레이더는 영어로 RAdio Detection And Ranging의 머리글자를 따서 radar로 쓰며, 의미는 무선탐지와 거리측정이라는 뜻이다. 라이더는 영어로 Light Detection And Ranging의 약자이며, 빛으로 탐지하고 거리를 측정한다는 뜻이다. 거리측정용으로 사용하는 센서들의 비교 성능은 <표 14-1>과 같다. 이러한 특성에 따라 자동차에 사용되는 거리측정용 센서들의 용도는 <그림 14-1>과 같다.[93]

■ 표 14-1 전자기파 속성에 따른 거리측정 센서의 비교

구분	Radar	LiDAR	Vision	적외선	초음파
거리	장거리	장거리	중거리	단거리	단거리
종방향 정확도	우수	우수	보통	우수	우수
횡방향 정확도	보통	보통	우수	-	-
날씨 영향	둔감	민감	민감	민감	민감
조도 영향	둔감	둔감	민감	민감	둔감
가격	고가	고가	보통	저가	저가
펄스 주기	60~100ms	60~100ms	30~60ps	5ms	-

93. Global Auto News, 2012년 6월 26일, 지능형 안전 자동차를 위한 인지기술, http://global-autonews.com/bbs/board.php?bo_table=bd_013&wr_id=660&page=11

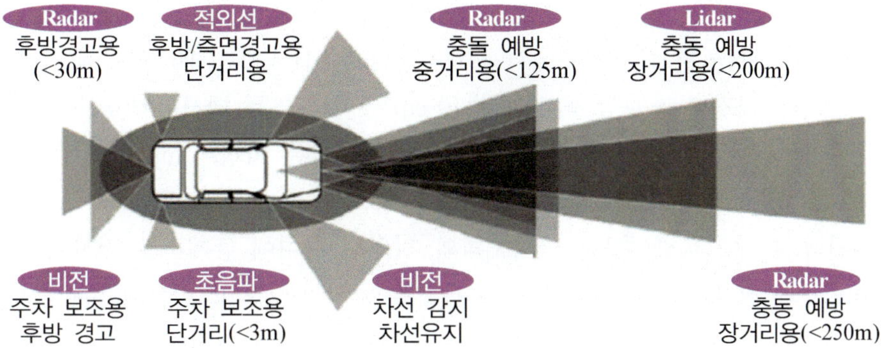

▲ 그림 14-1 차량에 사용되는 거리 측정센서의 용도

14.2 Radar 거리측정

14.2.1 마이크로웨이브 특성

마이크로웨이브는 전자파라고도 하는데, 전기력선과 자기력선으로 이루어진 일종의 유동 에너지이다. 전자파의 존재에 대해서는 1864년 스코틀랜드의 물리학자이자 수학자인 James Clerk Maxwell에 의해 그가 집필한 "전기와 자기"에서 전자기 이론인 Maxwell 방정식을 발표함으로써 처음으로 알려졌다. 1871년에는 빛의 전자기 이론을 발표하여 전자기파의 속도가 빛의 속도와 같다는 것을 확인하고, 빛도 전자기파의 일종임을 증명하였다. 그 후 Maxwell의 이론을 기초로 하여 1887년 독일의 물리학자인 Heinrich Hertz는 실험을 통해 전파의 존재를 입증하였으며, 전자파는 반사, 굴절, 간섭 등의 성질을 갖는다는 것을 입증하였다. 그의 이러한 공로로 전파에 사용되는 주파수의 단위를 Hertz의 약자인 Hz로 표기하게 되었다.

1897년 이탈리아의 물리학자인 Guglielmo Marconi 는 무선전신을 발명하였는데, 어떠한 물리적인 연결 장치 없이 무선으로 신호를 전송하는 최초의 기기였다. 그는 이 공로로 1909년 노벨 물리학상을 수상하였으며, 이를 계기로 전자파를 이용한 무선통신 기술 및 라디오 방송의 계기가 되었다. 1920년대에 Detroit시에서 경찰차에 단방향 방송기기가 사용되었는데, 이것은 고정된 기지국에서 이동차량간의 최초의 전자파 전달방식이었다. 마이크로웨이브란 용어는 1931년에 공식적으로 처음 사용되었으며, 1943년에 헝가리의 공학자인 Zoltan Bay가 달까지의 거리를 측정하기 위해 극초단파(ultra high frequency, UHF)를 이용함으로써 많은 연구가 진행되었다. 세계2차 전쟁 당시에는 군사목적의 통신용으로 필수장비로 자리 잡았다. 또한 세계2차 전쟁 당시에 레이더(Radar)시스템이 개발되어 물체에서 반사되어온 전자파를 분석해서 거리와 상대적인 속도를 계산할 수 있게 되었다. 오늘날 전자파를 이용한 기술은 위성통신, GPS 통신, 무선 전화기, 휴대폰, RFID 등 생활 전반에 자리잡고 있다.

마이크로웨이브는 전자기파 중에서 주파수가 0.3 GHz~300 GHz 영역에 해당하는 전자파를 의미한다. 파장으로 보았을 때 1 m~10 cm 영역의 파를 데시미터(decimeter)파, 1cm ~ 1mm를 밀리미터(millimeter)파라 한다. 첨두어 "micro-"는 파장이 micrometer 영역이라는 뜻이 아니고, 일반적인 라디오 방송 주파수에 사용되는 파에 비해 상대적으로 작다는 의미로 사용된다. 마이크로웨이브는 라디오파와 적외선 사이에 존재하는 전자기파이다. 국내는 라디오파와 전자기파는 방송 및 통신용도로 널리 사용되고 있으며, 두 영역대를 합친 무선 주파수 스펙트럼 대역을 <표 14-2>와 같이 구분하여 엄격히 법적으로 규제를 하

■ 표 14-2 마이크로웨이브(전자파) 주파수 스펙트럼 대역 구분

밴드 이름	약어	주파수 범위	주요용도
Very low frequency	VLF	3~30 kHz	표준시간 주파수방송
Low frequency	LF	30~300 kHz	선박 및 항공기 유도비콘
Medium frequency	MF	300 kHz~3 MHz	AM방송, SOS신호
High frequency	HF	3~30 MHz	국제방송, 아마츄어무선
Very high frequency	VHF	30~300 MHz	FM방송, VHF TV
Ultra high frequency	UHF	0.3~3 GHz	UHF TV, 이동통신, GPS, 택시무선통신
Super high frequency	SHF	3~30 GHz	시외 및 국제전화, TV 위성중계, 각종 레이더
Extra high frequency	EHF	30~300 GHz	우주통신, 미사일유도

■ 표 14-3 미국 전기전자학회에 의해 규정된 1~40 GHz 대역

대역 구분	주파수 범위 (GHz)	파장 범위
L band	1.0 ~ 2.0	15cm ~ 30cm
S band	2.0 ~ 4.0	7.5cm ~ 15cm
C band	4.0 ~ 8.0	3.75cm ~ 7.5cm
X band	8.0 ~ 12.0	2.5cm ~ 3.75cm
Ku band	12.0 ~ 18.0	1.67cm ~ 2.5cm
K band	18.0 ~ 26.5	1.13cm ~ 1.67cm
Ka band	26.5 ~ 40.0	0.75cm ~ 1.13cm
Q band	33.0 ~ 50.0	0.6cm ~ 0.91cm
U band	40.0 ~ 60.0	0.5cm ~ 0.75cm
V band	50.0 ~ 75.0	0.4cm ~ 0.6cm
E band	60.0 ~ 90.0	0.33cm ~ 0.5cm
W band	75.0 ~ 110.0	0.27cm ~ 0.4cm
F band	90.0 ~ 140.0	0.21cm ~ 0.33cm
D band	110.0 ~ 170.0	0.18cm ~ 0.27cm
G band	140.0 ~ 220.0	0.14cm ~ 0.21cm

고 있다. 이 표에 의하면 레이더는 SHF 대역인 3~30 GHz 주파수 범위에 해당하는 기술이다. 또한 미국의 전기전자학회(IEEE)에서는 마이크로웨이브 중에서 응용이 가장 활발한 1~40 GHz 영역을 별도로 구분해서 마이크로웨이브 대역을 <표 14-3>과 같이 세분화하여 정의하고 있다.

14.2.2 마이크로웨이브의 응용분야

전파이용에 관한 포괄적인 업무를 수행하는 미국의 방송통신정책 주관기관인 FCC(federal communications commission)는 1934년에 설립되어 그해 7월 11일부터 활동을 시작했다. FCC는 미국 내에서 무선을 이용한 응용을 위해 주파수 범위와 사양을 규제하고 있는데, 그 응용범위를 크게 TV방송용, 라디오 방송용, 위성 통신용, 휴대폰용, 경찰 레이더용, 침입감지용, 내비게이션 비콘 등으로 분류하고 있다. 각 응용분야는 <그림 14-2>와 같은 전파의 대기흡수와 밀접한 관련이 있다.[94]

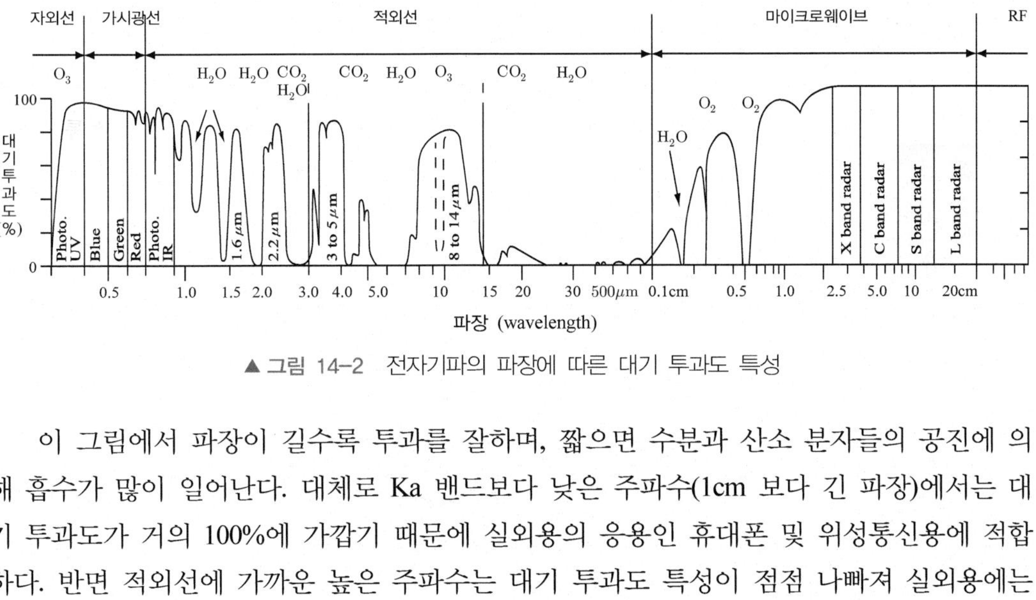

▲ 그림 14-2 전자기파의 파장에 따른 대기 투과도 특성

이 그림에서 파장이 길수록 투과를 잘하며, 짧으면 수분과 산소 분자들의 공진에 의해 흡수가 많이 일어난다. 대체로 Ka 밴드보다 낮은 주파수(1cm 보다 긴 파장)에서는 대기 투과도가 거의 100%에 가깝기 때문에 실외용의 응용인 휴대폰 및 위성통신용에 적합하다. 반면 적외선에 가까운 높은 주파수는 대기 투과도 특성이 점점 나빠져 실외용에는 부적합하고, 실내용의 목적으로 사용하는 것이 좋다. 주파수가 높을수록 나타나는 장단점은 <표 14-4>와 같다. GaAs 반도체의 전자 이동도가 Si 반도체 보다 빠르기 때문에, 약 4 GHz 이상에서는 Si 대신에 GaAs 소자를 사용해야 하는데, 수율이 Si에 비해 매우 낮기 때문에 Si 보다 가격이 매우 비싸지는 원인이 된다.

94. 정용택, "적외선 센서의 원리와 응용", pp137, (주)인포더, 2012년

■ 표 14-4 마이크로웨이브의 주파수가 높을수록 장단점 비교

장점	1. 대량의 정보를 보낼 수 있는 밴드폭을 가짐 2. 레이더의 경우 보다 높은 분해능 제공이 가능 3. CW 레이더의 경우 보다 큰 Doppler 천이가 발생 4. 보다 선명한 이미지 영상 제공이 가능 5. 안테나와 다른 부품들의 크기를 줄일 수 있음 6. 근처 주파수와 간섭이 비교적 작음 7. 디지털 신호처리 및 데이터 전송속도가 빠름 8. 재밍이 어려움
단점	1. 부품 가격이 올라감 2. 높은 대기 흡수로 인해 통신거리가 짧아짐 3. Si 기술 보다는 GaAs 기술 의존성이 높아짐 4. 부품손실률이 높아지고, 수동 소자인 경우 출력 전력이 낮음 5. 디자인 툴이 정교하지 못하고 기술적인 성숙도가 낮음

14.2.3 안테나 종류

안테나에 대한 특성은 매우 복잡하지만, 안테나의 종류 및 특성에 대해서 간단히 살펴보면 다음과 같다. 기본적으로 안테나는 라디오파 또는 마이크로웨이브파를 송신하거나 수신하기 위한 가장 기본적인 목적으로 사용한다. 따라서 마이크로웨이브 시스템에서 안테나가 없으면 신호를 보내거나 받을 수가 없다. 안테나에는 매우 많은 종류가 있으나, 대표적인 안테나의 종류는 <그림 14-3>과 같다. 안테나는 그림과 같은 기하학적인 외양에 따라 분류하기도 하고, 이득과 빔의 형태로도 분류하는데, 이러한 안테나의 분류는 <표 14-5>와 같다. 대부분의 안테나들은 전파의 파장에 따라 그 길이가 정해진다. 가장 많이 사

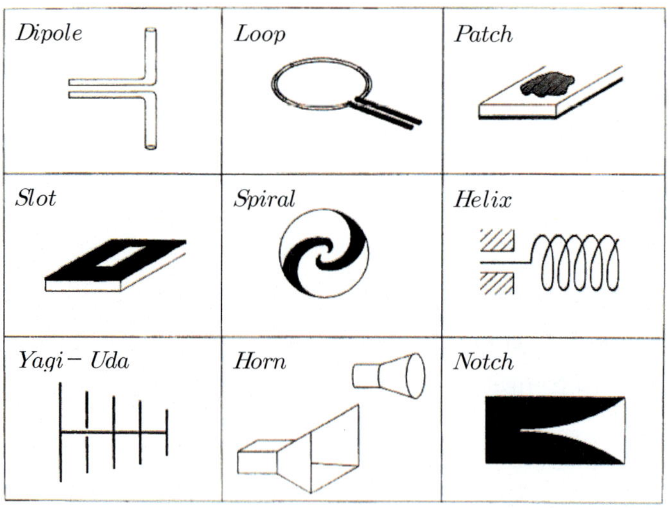

▲ 그림 14-3 마이크로웨이브 송수신용 목적의 다양한 안테나 형태

■ 표 14-5 다양한 분류 방법에 따른 안테나의 종류

분류	구분	안테나 종류
외양 (Geometry)	Wire 안테나	dipole, loop, helix
	Aperture 안테나	horn, slot
	프린팅 안테나	patch, printed dipole, spiral
이득 (Gain)	고 이득	parabolic
	중 이득	horn
	저 이득	dipole, loop, slot, patch
빔 형태 (Beam shape)	무지향성	dipole
	Pencil 빔	parabolic
	Fan 빔	array
대역폭 (Bandwidth)	광대역	log, spiral, helix
	협대역	patch, slot

용하는 형태 중 간단한 것은 전파 파장의 1/4 크기의 전도체 막대를 사용하는 것이다. 이런 안테나는 무지향성이며 수신과 송신에 제약이 없다. 그러나 안테나 양끝 방향으로의 수신이 되지 않는 음영지역이 있는 단점이 있다. 이것을 해결하기 위하여 추가적인 전도체 막대나 코일을 추가하여 전파의 지향성을 만들어 낼 수 있다.

① 다이폴 안테나(Dipole Antenna) : 이 형태는 안테나의 가장 기본적인 형태이다. 두 개의 서로 극이 다른 도선을 구부려서 전체 길이를 파장의 1/2이 되게 만들어서 무지향성인 빔을 형성한다. 이런 안테나는 단파, 초단파 대역에서 주로 사용한다. 특히 다이폴 안테나는 단일로 사용하는 것보다 여러개의 배열로 안테나를 구성하는 것이 일반적이며, 흔히 주택의 옥상에 올려놓고 사용하는 TV 수신용 안테나인 Yagi-Uda 안테나는 여러개의 다이폴 안테나에 반사기와 도파기를 추가하여 변형한 안테나이다.

② 모노폴 안테나(Monopole Antenna) : 다이폴 안테나와 비슷하게 직선 형태로 되어 있지만, 한쪽이 도체 대신에 접지로 설치된 안테나이다. 접지로 된 부분은 이미지 효과로 인해 마치 다이폴과 같은 효과가 일어난다. 그래서 안테나의 길이도 다이폴 보다 짧은 $\lambda/2$가 아니라 $\lambda/4$의 길이로 성능을 발휘한다. 따라서 안테나의 길이도 짧고 무지향성이기 때문에 이동통신용 개인휴대 단말기나 FM 라디오 수신용으로 많이 사용한다.

③ 패치 안테나(Patch Antenna) : 일명 직사각형의 마이크로스트립 안테나(rectangular microstrip antenna)로 알려져 있는 안테나로서, 평편한 기판 위에 네모 혹은 원형 형태의 금속패턴을 가진 라디오 안테나이다. 소형, 경량의 특성 및 여러 가지 패턴

조합과 손쉬운 배열을 통해 다양한 특성을 이끌어 낼 수 있지만, 구조상 높은 전력신호를 다루지 못하는 단점이 있다.

④ 혼 안테나(Horn Antenna) : 도파관(waveguide) 형태의 안테나이며, 도파관 끝 부분이 사각형 또는 원형의 깔때기처럼 벌어진 형상을 하고 있다. 대표적인 개구면(aperture) 안테나로서 안테나가 열린면의 크기가 파장에 비례하게 설계되어 있다. 그래서 낮은 주파수에서는 크기가 너무 커서 사용이 어렵고 무게도 무거워져서 통상적으로 GHz 단위 이상에서 주로 사용한다. 특성이 균일하고 이득이 높아서 빔패턴 측정용 표준 안테나로 사용되는 경우가 많으며, 비교적 큰 전력의 신호까지 다룰 수 있기 때문에 고전력용으로 사용이 된다.

⑤ 파라볼라 안테나(Parabolic Antenna) : 이득이 매우 높은 안테나이며, 빔패턴을 가장 샤프하게 만들 수 있기 때문에 위성통신용으로 가장 많이 사용된다. 파라볼릭 면에 수직으로 입사된 전자파는 반사되어 쌍곡선의 초점 부위에 모아지고, 그러한 초점위치에 위치한 LNB(low noise block)로 그 신호들을 저잡음 증폭시키는 구조로 되어 있다.

⑥ 헬릭스 안테나(Helix Antenna) : 선을 꼬아서 소형화시킨 안테나이다. 같은 주파수에서 모노폴 안테나에 비해 훨씬 작은 크기로 구현이 가능한 장점이 있으며, 꼬는 간격과 방법 등에 따라 빔패턴의 방향도 축방향 또는 정상방향으로 만들 수 있다. 만드는 방법에 따라 다양한 특성을 나타낼 수 있기 때문에 휴대용 단말기, 라디오, 위성용 등 광범위한 분야에 응용되고 있다.

⑦ 슬롯 안테나(Slot Antenna) : 도파관의 한 끝을 도체판으로 단락하고, 이 도체판에 전계와 직각방향으로 가는 홈(slot)을 뚫어서 만든 안테나이다. 홈의 길이를 전파 파장의 절반으로 하면 다이폴 안테나와 마찬가지로 공진하고, 홈 중앙이 전계 최대 전압의 출력이 나오게 되어 전파 방사효율이 최대가 된다. 주로 파라볼라 안테나의 1차 방사기로 사용된다.

14.2.3 레이더의 기본 원리

RF와 마이크로웨이브의 가장 큰 응용분야는 통신분야와 레이더/센서 분야이다. 레이더는 영어로 RAdio Detection And Ranging의 머리글자를 따서 radar로 쓰는데, 의미는 말 그대로 무선탐지와 거리측정이라는 뜻이다. 이것은 전자파를 방사해서 목표물에서 반사되어 되돌아 온 파를 검출하는 원리이다. 레이더는 사람의 눈으로 보는 것처럼 물체의 색깔이나 형체를 구분하지는 못하지만 어둠 속이나 안개 또는 비가 오는 상황에서도 물체를 탐지할 수 있는 장점이 있다. 레이더는 기본적으로 수신기(Receiver), 송신기(Transmitter), 안테나로 구성되어 있다. <그림 14-4>와 같이 반사된 일부 에너지가 레이더로 되돌아오는 신호를 분석한다. 목표물까지의 거리는 송신된 신호가 다시 되돌아오는 시간으로부터 계산하고, 또한 물체의 상대적인 속도는 되돌아 온 신호 주파수의 도플러 변이로부터 계산할 수 있다.

레이더는 세계 2차 대전 동안에 개발이 되었으며, 실제적인 레이더 시스템은 MHz부터 광학적 영역까지 적용되고 있다. 오늘날 레이더는 감시용과 무기 제어용의 목적으로 군사 분야에서 가장 많이 사용되고 있다. 그렇지만 비행기, 배, 자동차 등의 내비게이션, 교통 통제, 보안분야, 기상 관측 등의 민수용의 응용분야도 증가하고 있다. 레이더는 일반적으로 안테나가 높은 이득을 가지기 위해 협대역이면서 좁은 빔폭, 높은 출력 파우어로 동작한다. 그러나 침입자 감지용으로 사용되는 센서용으로는 출력 파우어가 매우 낮다. 레이더는 단상태(Monostatic) 또는 쌍상태(Bistatic) 레이더로 구분하는데, 단상태 레이더는 하나의 안테나로 송수신을 같이 하는 방식이며, 송수전환기(Duplex)를 통해 송신 및 수신 신호를 구분한다. 반면 쌍상태 레이더는 송신용 안테나와 수신용 안테나를 각각 분리하여 사용하는 방식이다.

거리를 측정하기 위한 간단한 레이더 시스템을 고려해 보면, 레이더 시스템은 송신기, 수신기, 안테나, 송수전환기로 구성되어 있다. 송수전환기에는 스위치가 사용되는데, 송신과 수신 시간을 달리해서 사용하기 위함이다. 목표물은 비행기, 미사일, 위성, 배, 탱크, 자동차, 사람, 산, 구름, 바람, 빗방울 등이 될 수 있다. 목표물이 다르면 레이더 반사면적(radar cross section, RCS) σ가 달라진다. 목표물에 반사되어 되돌아오는 파워는 레이더 반사면적인 σ만큼 영향을 받게 되는데, 레이더 반사면적은 다음과 같이 정의된 값으로 거리의 제곱 단위를 가진다.

$$\sigma = \frac{\text{레이더까지 되반사되어 온 파워}}{\text{목표물에서 파워밀도}} \tag{14-1}$$

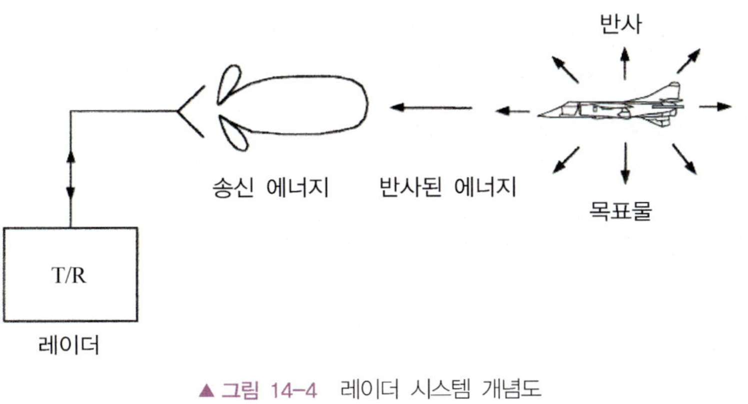

▲ 그림 14-4 레이더 시스템 개념도

■ 표 14-6 마이크로웨이브 주파수 영역에서 물체 종류에 따른 RCS

물체 종류	RCS(m^2)	물체 종류	RCS(m^2)
배(5000톤급)	10,000	자전거	2
자동차/작은 트럭	100 ~ 200	단발엔진 소형 비행기	1
대형 비행기	100	사람	1
중간급 비행기	40	소형 미사일	0.1
유람용 대형 모터보트	10	소형 오픈 보트	0.02
4인용 소형 비행기	2	새	$10^{-2} \sim 10^{-3}$
소형 레저용 보트	2	벌레	$10^{-4} \sim 10^{-5}$

RCS는 입력 파워 밀도 대비 되 반사된 파워의 비로 정의된 것인데, RCS가 클수록, 레이더로 되돌아온 파워 양도 많아진다. RCS는 목표물의 실제크기, 목표물의 형태, 목표물의 재질, 입력 파동의 편광과 주파수, 목표물에 대한 입력 및 반사각도 등에 의해 결정된다. 직관적으로 물리적인 크기가 클수록 RCS는 커진다. 또한 목표물의 형상도 중요한 요인인데, 난반사 시키는 형태로 되어 있으면 RCS는 작아진다. 재질도 중요한데, 나무나 플라스틱의 경우는 반사가 작아 RCS가 작으며, 금속 물체는 RCS가 크다. 주파수가 높을수록 RCS도 커진다. 대표적인 물체의 RCS값은 <표 14-6>과 같다.

14.2.4 펄스 레이더

펄스 레이더(Pulse Radar)는 레이더의 송수신에 펄스신호를 이용하는 방식이다. 펄스 레이더는 <그림 14-5>와 같이 하나의 안테나만을 사용하여 내부의 듀플렉스를 이용하여 송수신 신호를 시간에 대해 분리해낸다. <그림 14-6>과 같이 송수신을 동일한 시간대에 하지 않고 직사각형 펄스를 연속으로 송신하고, 각 펄스는 마이크로웨이브 신호의 짧은 버스트로 이루어져 있다. 각 펄스의 폭은 τ이고, 반복 주기는 $T_p = 1/f_p$이며, f_p는 펄스 반복 주파수이다. 송신된 펄스는 목표물을 맞은 후 거리에 따라 다르지만 일정 시간 t_R 후에 레이더로 되돌아온다. 여기서 t_R은 펄스 마이크로웨이브 신호의 왕복 이동시간이다. 따라서 목표물 거리는 빛의 속도 c를 이용해서 계산할 수 있다.

$$R = \frac{1}{2} c t_R \tag{14-2}$$

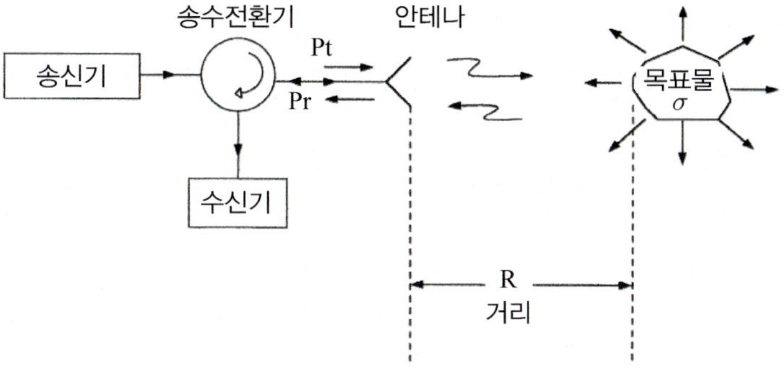

▲ 그림 14-5 펄스 레이더의 기본 개념도

혼란을 피하기 위해 T_p 시간은 최대 t_R 시간을 고려해서 이 보다는 길게 설정을 해야 하며, 혼란을 피할 수 있는 최대 거리는 다음과 같다.

$$R_{\max} = \frac{c\,T_p}{2} = \frac{c}{2f_p} \tag{14-3}$$

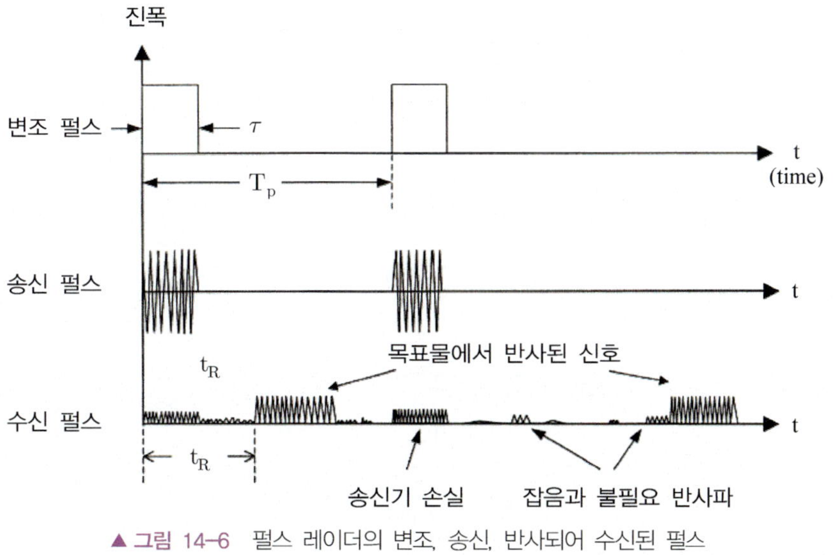

▲ 그림 14-6 펄스 레이더의 변조, 송신, 반사되어 수신된 펄스

여기서 주기 T_p를 증가시키거나 f_p를 줄이면 최대 측정거리 $R_{\max}$는 늘어나게 된다. 보통 f_p는 100 Hz ~ 100 kHz 정도로 설정해서 사용한다. 그리고 출력 피크 신호 대 평균 잡음 파워 비가 최대가 되도록 필터를 설계한다. 수신기의 필터 정합을 위해 일반적으로 밴드폭 B는 $B\tau \fallingdotseq 1$이 되도록 설계해서 사용한다.

14.2.5 CW 레이더(도플러 레이더)

연속파 레이더(Continuous Wave Radar, CW Radar)는 도플러(Doppler) 레이더라고도 한다. 이것은 움직이는 물체를 탐지할 수 있을 뿐만 아니라 물체의 속도도 알 수 있다. 도플러 효과는 음파 및 광학에서 잘 알려져 있는 원리이며, CW 레이더의 기본 개념이다. 그리고 CW 레이더는 펄스 변조가 필요없기 때문에 펄스 레이더에 비교해서 상대적으로 간단하다. CW 레이더는 펄스 레이더와는 달리 송신신호를 시간에 대해 휴지시간 없이 지속적으로 발사하기 때문에 송신기는 수신기가 신호를 받는 도중에도 동작을 한다. CW 레이더의 출력 파우어는 송신기와 수신기 사이에 간섭이 일어나지 않도록 하는 수준으로 제한된다. 이때 송신기의 잡음이 수신기 쪽으로 전이되어 수신기의 민감도를 떨어뜨릴 수 있다. 이런 이유 때문에 CW 레이더는 짧은 거리용으로 사용된다. 두 개의 안테나 시스템을 사용하면 송신기와 수신기 사이의 분리를 확실히 하여 거리를 늘릴 수는 있으나 시스템이 매우 복잡하게

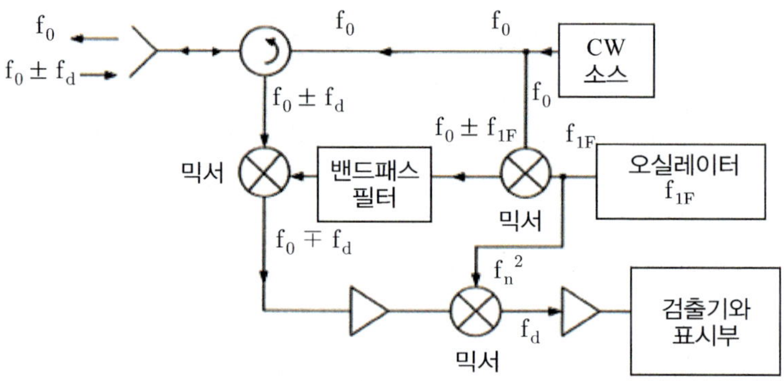

(a) 한 개의 안테나를 사용한 CW레이더

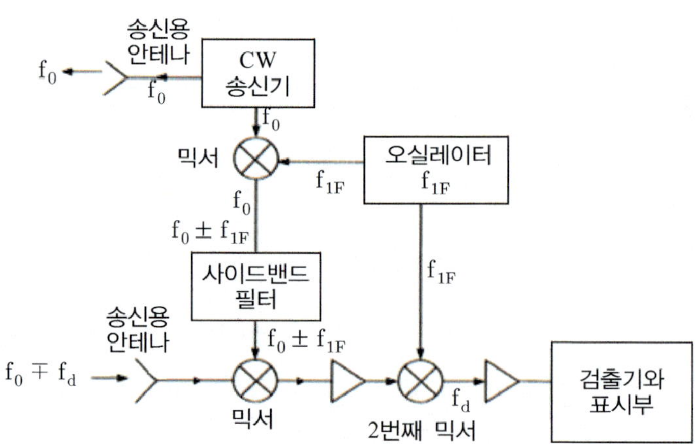

(b) 두 개의 안테나를 사용한 CW레이더

▲ 그림 14-7 안테나 개수에 따른 CW 레이더 블록도

된다. <그림 14-7(a)>는 한 개 안테나를 사용한 CW 레이더의 블록도이며, (b)는 두 개 안테나를 사용한 CW 레이더 시스템의 블록 개념도이다. CW 레이더는 물체의 속도 측정용에 사용될 수 있지만, 송신되는 파동부에 어떠한 시간 정보도 없기 때문에 거리 정보는 알 수 없다.

14.2.6 FMCW 레이더

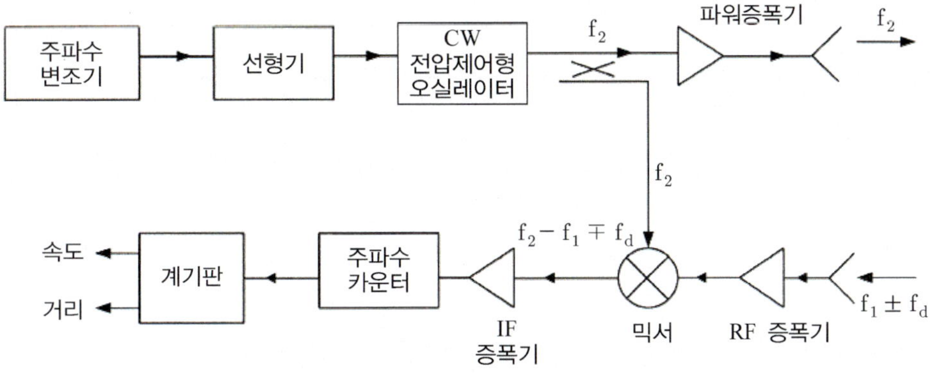

▲ 그림 14-8 FMCW 레이더의 블록도

CW 레이더의 단점을 보완한 것이 주파수 변조형 연속파 레이더(Frequency Modulated CW Radar, FMCW 레이더)이다. 거리 측정을 위해서는 되돌아 온 파의 시간을 알 수 있는 시간 정보 부분이 필요하다. CW 레이더는 단일 주파수 신호를 송신하고 매우 좁은 주파수 스펙트럼을 갖고 있다. 시간 정보를 넣으려면 어느 정도 스펙트럼이 넓어야만 진폭, 주파수, 위상변조 등의 응용이 가능하다. 펄스 레이더는 시간정보를 위해 진폭이 변조된 파형을 사용하였다. 주파수 변조는 거리 측정을 위해 CW 레이더에 적용된 기술이다. 시간정보를 위해서는 주파수 변화가 필요한데, 송신시간은 송신신호와 수신신호 사이의 주파수 차이로부터 계산할 수 있다. <그림 14-8>은 FMCW 레이더의 블록도인데, 전압제어형 오실레이터(voltage-controlled oscillator, VCO)로 FM 신호를 만들고, 송신기와 수신기의 간섭을 최소화하기 위해 두 개의 안테나가 설치된 경우이다.

되돌아 온 신호는 $f_1 \pm f_d$인데, (+) 부호는 목표물이 레이더 쪽으로 오고 있는 것이며, (-) 부호는 멀어져 가는 것을 의미한다. 물체가 정지해 있는 경우와 움직이고 있는 경우는 각각 다음과 같다.

① 물체가 정지해 있는 경우 : 이 경우 도플러 효과에 의한 주파수 편이는 없는 경우이다. 즉, $f_d = 0$이다. 만약 송신기 주파수가 <그림 14-9>의 실선과 같이 시간에 따라 선형적으로 변한다고 하면, 수신기에서 받은 신호는 t_R 또는 $t_2 - t_1$ 시간 후인 점선과 같게 된다. 여기서 시간차 $t_R = 2R/c$가 된다. 시간 t_1일 때 송신기는 주

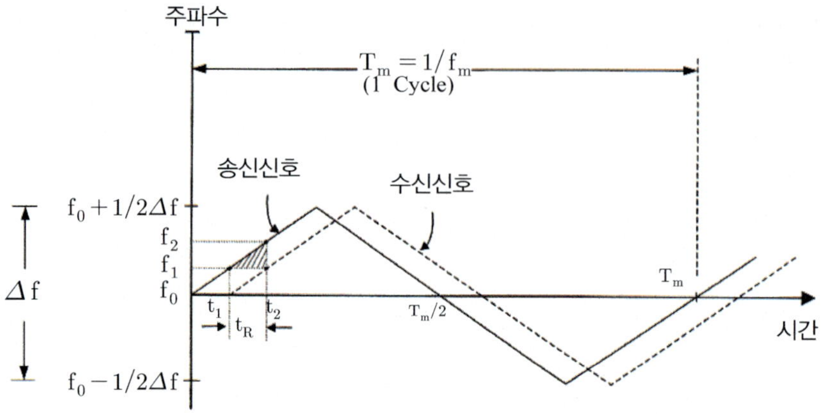

▲ 그림 14-9 정지해 있는 물체에 대한 FMCW 주파수 변화

파수 f_1의 신호를 방사하게 되고, 이 신호는 시간 t_2일 때 수신되는데, 이때의 주파수는 f_2로 변하게 된다. 그리고 주파수가 근접한 두 주파수의 진동을 겹칠 때 양 주파수의 차로 진동하는 파가 생기는데, 이것을 비트 주파수라 하는데, f_2와 f_1을 믹서기에 의해 생성된 비트 주파수는 $f_2 - f_1$ 주파수가 된다. 물체는 정지해 있으므로 비트 주파수(f_b)는 오직 거리에 의한 요소만 가지고 있게 된다. 그러므로 $f_R = f_b = f_2 - f_1$이 된다.

$$f = \frac{\Delta f}{\Delta t} = \frac{f_2 - f_1}{t_2 - t_1} = \frac{f_b}{t_R} \tag{14-4}$$

주파수 변화율은 변조율로부터 계산할 수 있다. <그림 14-7>에서 주기 T_m 동안에 주파수는 $2\Delta f$ 만큼 변한다. 레이더 시스템을 디자인 할 때, 시간의 함수인 주파수 변화는 알고 있으므로, 식 (14-8)에서 변조율이 f_m과 변조범위인 Δf는 알고 있는 값이다. 그러므로 수신시간인 t_2에서 비트 주파수인 f_R만 측정하면 물체까지의 거리를 알 수 있다.

$$R = \frac{c f_R}{4 f_m \Delta f} \tag{14-8}$$

② 물체가 움직이는 경우 : 물체가 움직이는 경우는 도플러 주파수 변이가 비트 주파수에 포함되는 경우이다. 이 경우 거리 정보와 도플러 효과를 분리해야 한다. 이 경우, $f_d \neq 0$ 이므로, 믹서기에 나온 출력 주파수는 $f_2 - f_1 \mp f_d$가 된다. 여기서 (−) 부호는 물체가 레이더 방향으로 움직이고 있다는 뜻이며, (+) 부호는 레이더로부터 멀어지는 방향으로 움직이고 있다는 뜻이다. <그림 14-10>의 (a) 정지해 있는 경우, (b) 레이더 쪽으로 움직이는 경우의 파형, (c) 레이더 쪽으로 움직이는 경우

의 비트 신호이다. 주파수에 따른 비트 주파수와 거리에 대한 관계는 다음과 같다.

$$f_b(up) = f_R - f_d \tag{14-9}$$

$$f_b(down) = f_R + f_d \tag{14-10}$$

$$f_R = \frac{1}{2}\left[f_b(up) + f_b(down)\right] \tag{14-11}$$

$$R = \frac{cf_R}{4f_m \Delta f} \tag{14-12}$$

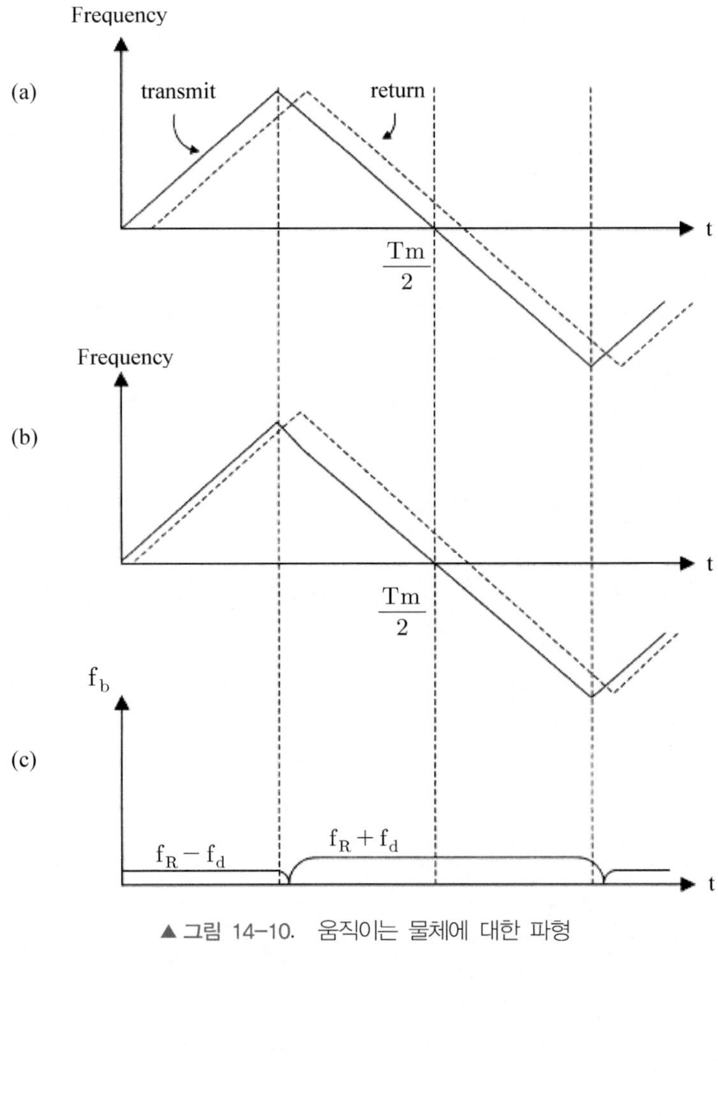

▲ 그림 14-10. 움직이는 물체에 대한 파형

14.3 LiDAR 거리측정

14.3.1 레이저의 구분

레이저는 발진 소스에 따라 고체 레이저(Nd:YAG, 루비, Nd:Glass, 반도체 등), 액체 레이저(Dye), 기체 레이저(이산화탄소, 엑시머, 아르곤, 헬륨네온) 등으로 구분이 되며, 발진 방식별로 레이저 발진지속 시간이 0.25초 이상이면 연속(CW) 레이저, 0.25초 미만이면 펄스레이저와 Q-스위치 펄스 레이저 등이 있다. 그리고 발진 파장별로 <표 14-7>과 같이 분류를 한다.

레이저는 밝기(brightness), 단색성(monochromaticity), 방향성(directionality), 결맞음(coherence) 등의 4대 고유한 특성 때문에 과학 및 산업분야에서 다양하게 응용되고 있다. 우리가 매일 집에서 사용하는 초고속 인터넷은 레이저 광통신을 이용하고 있으며, DVD 저장매체나 크고 작은 마트의 계산대에서 구매한 상품의 바코드를 읽는데도 레이저가 사용되고 있고, 병원에서 수술할 때 기존의 수술 칼 대신 레이저로 피부를 절개한다.

특히 적외선 레이저는 국방 분야에서 활용된 대표적인 기술이며, 주로 거리측정과 표적 지시기 목적으로 오래전부터 사용되어 왔다. 레이저 거리측정기(laser range finder)는 전차나 장갑차에 장착하여 포를 사격하기 전에 목표물까지의 거리를 재거나 개인이 휴대하여 멀리 떨어진 표적의 거리를 정확히 측정하는데 사용되고 있다. 레이저 표적지시기는 항공기나 포에서 발사된 레이저 유도탄을 원거리의 특정한 목표물로 유도하는데 사용되고 있다.

■ 표 14-7 파장 대별 레이저 구분

구분	파장 영역 (μm)	레이저 소스
적외선	10.6	이산화탄소
근적외선	1.153 1.064 0.83	He-Ne YAG 반도체
가시광선	0.6943 0.6328 0.53 0.5145 0.4880 0.4579 0.442	루비 He-Ne YAG Ar Ar Ar He-Ne
자외선	0.33~0.36 0.325	Ar He-Ne

국방용 레이저 거리측정기는 레이저가 발명된 지 불과 2년 후인 1962년에 개발되었으며, 1969년에는 미 육군의 M60A1 전차에 장착되어 전차 탄의 명중률을 향상시키는 데 큰 역할을 하였다.[95]

초기 군사용의 거리측정기에는 1960년대 말부터 1970년대 초반까지는 루비 레이저가 응용되었으나, 광 파장이 가시영역이어서 야간에 적에게 노출될 위험성이 있었다. 그 이후 사람 눈에 보이지 않는 근적외선 영역의 파장을 갖는 네오디뮴:야그(Nd:YAG) 레이저가 개발되어 1980년대까지 사용되었다. 그러나 Nd:YAG 레이저광은 10^{-5} J/cm^2 정도의 에너지를 가지고 있어서 눈에 노출시 망막을 손상시킬 우려가 있었다.

그 이후 1.54 μm인 라만 이동 네오디뮴 야그(Raman shifted Nd:YAG) 레이저와 어비윰(Erbium) 레이저, OPO(Optical parametric oscillator) 레이저, 10.6 μm인 이산화탄소(CO_2) 레이저 등이 개발되었으며, 현재는 이산화탄소 레이저가 가장 많이 사용되고 있다. 이산화탄소 레이저의 가스 조성은 CO_2:질소:헬륨 = 10:10:80의 비로 구성하고, 질소는 이산화탄소 기체가 고에너지 상태로 더 용이하게 가도록 해 주는 역할을 하고, 헬륨은 빛을 방출 후 이산화탄소 기체가 완전히 초기 상태로 가도록 해 주는 역할을 한다. 레이저는 출력에 따라 <표 14-8>과 같은 클래스로 분류를 한다.[96]

이 표의 노출방출한계는 S3-C-26-2001의 기준에 파장별로 분류되어 있다.

■ 표 14-8 레이저의 등급 구분

클래스	내용
Class 1	제품자체가 근원적으로 안전하게 설계된 제품으로서 주어진 사용조건에서 1급 노출방출한계를 초과하는 수준으로 방출될 수 없는 제품
Class 2	가시광(400~700 nm)을 방출하고 연속파나 펄스모드에서 작동하는 낮은 출력의 레이저 제품으로써 레이저에 노출시 보통 눈을 깜박이는 반사작용 등을 유발시키는 수준의 제품이며, 대부분 출력이 1 mW 이내임
Class 3a/3b	3a급 제품은 가시광(400~700 nm)에서는 2급 노출방출한계의 5배 이하이고, 그 밖의 파장에서는 1급 노출방출한계의 5배 이하의 수준을 말하며, 3b급 제품은 직접 빔을 관찰시 위험한 수준의 제품
Class 4	출력이 500 mW 이상의 모든 레이저의 등급이며, 반사된 빛에 노출도 눈 및 피부에 위험을 초래할 수 있으므로 반드시 안전수칙을 준수해야 함
펄스 레이저	거의 모든 펄스 레이저는 Class 4에 해당함

95. 김재기, "레이저 기술의 군사적 응용", 물리학과 첨단기술, January/February, 2006
96. 레이저 장치의 안전요건에 관한 안전인증 기준 (S3-C-26-2001)

14.3.2 LiDAR 기본 원리

라이다(LiDAR)는 Light Detection And Ranging의 약자이며, 빛으로 탐지하고 거리를 측정한다는 뜻이다. 때로는 LADAR(Laser Detection And Ranging)라는 이름으로 사용되지만, Lidar가 보다 일반적인 용어이다. 레이저라고 하는 광원을 목표물에 비춤으로써 사물까지의 거리, 방향, 속도, 온도, 물질분포 및 농도 특성 등을 감지할 수 있는 기술이다. 라이다 센서는 일반적으로 높은 에너지 밀도와 짧은 주기를 가지는 펄스 신호를 생성할 수 있는 레이저의 장점을 활용하여 보다 정밀한 대기 중의 물성 관측 및 거리 측정 등에 활용이 된다. 라이다 센서 기술은 탐조등 빛의 산란 세기를 통하여 상공에서의 공기 밀도 분석 등을 위한 목적으로 1930년대 처음 시도되었으나, 1960년대 레이저의 발명과 함께 비로소 본격적인 개발이 가능하였다. 1970년대 이후 레이저 광원 기술의 지속적인 발전과 함께 다양한 분야에 응용 가능한 라이다 센서 기술들이 개발되었다. 항공기, 위성 등에 탑재되어 정밀한 대기 분석 및 지구환경 관측을 위한 중요한 관측 기술로 활용되고 있으며, 또한 우주선 및 탐사 로봇에 장착되어 사물까지의 거리 측정 등 카메라 기능을 보완하기 위한 수단으로 활용되고 있다. 지상에서는 원거리 거리 측정, 자동차 속도 위반 단속 등을 위한 간단한 형태의 라이다 센서 기술들이 상용화되어 왔으며, 최근에는 3D reverse engineering 및 미래 무인자동차를 위한 laser scanner 및 3D 영상 카메라의 핵심 기술로 활용되면서 그 활용성과 중요성이 점차 증가되고 있다.

레이저 거리측정 기술은 레이저를 이용하여 레이저를 발생한 장소에서 레이저를 발생시킨 후 목표물에서 되돌아오는 레이저의 파장을 측정하여 목표물까지의 거리를 원격으로 측정하는 기술이다. 초창기에는 레이저 거리측정 기술이 레이저 및 부품 등의 가격이 비싸고 기술적인 난이도 때문에 주로 군사용으로만 사용되었다. 그 당시 측정거리는 수 km에서 수십 km 정도이고, 측정오차도 5~10 m 정도로 매우 우수하였다. 최근에는 이러한 기술을 산업용으로 상용화하기 위해 많은 노력을 하고 있다. 레이저 거리측정기는 자동화 산업 현장의 무인화 시스템, 선박 접안시 배의 파손을 막기 위한 거리 측정, 무인 과속 감지기, 차량 충동 방지 시스템 등에 적용되고 있다. 산업용의 경우 측정거리가 약 1 km 이내로 짧고 측정오차도 1~10 mm 이내를 만족하고 있다.

레이저를 이용한 거리측정에는 다음과 같은 방법이 알려져 있다.[97] 대표적인 펄스의 왕복시간을 측정하는 pulsed TOF(time of flight), 신호의 위상차를 통해 거리를 측정하는 위상변이(phase shift), 그리고 주파수에 변화를 준 후 주파수 차이를 통해 거리 정보를 추

97. Stanley Robinson, “Active Electro Optical Systems” (SPIE Optical Engineering Press, Washington USA, 1993), Chap.2.

출하는 주파수 변조법(FMCW, frequency modulated continuous wave) 기술 등이 있다. TOF 방식은 레이저가 펄스 신호를 방출하여 측정 범위 내에 있는 물체들로부터의 반사 펄스 신호들이 수신기에 도착하는 시간을 측정함으로써 거리를 측정한다. TOF 방식은 우수한 성능을 보여주지만, 시스템의 크기가 크고 고비용이 요구된다. 저가의 거리 측정 시스템에는 주로 phase shift 또는 FMCW 방식이 사용된다. Phase shift 방식은 특정 주파수를 가지고 연속적으로 변조되는 레이저 빔을 방출하고 측정 범위 내에 있는 물체로부터 반사되어 되돌아 오는 신호의 위상 변화량을 측징하여 시간 및 거리를 계산하는 방식이다. 그러나 phase shift 또는 FMCW 방식은 신호의 흔들림이나 crosstalk에 의해 시스템의 성능이 제한되고, 특히 FMCW 방식은 주파수 변화의 비선형성에 의해 시스템 성능이 제한된다는 단점이 있다. 이러한 라이다 센서 시스템의 구성은 응용 분야에 따라 때로는 매우 복잡하게 구성되지만, 기본적인 구성은 <그림 14-11>과 같이, 렌즈를 포함한 광학부, 레이저 송신부, 레이저 수신부, 데이터 획득 및 처리부로 구분할 수 있다.

LiDAR 시스템의 성능은 수신기의 측정각도를 나타내는 FoV(Field Of View), 측정범위를 선택하기 위한 field stop, 레이저 빔과 수신기의 FOV 오버랩 특성 등이 성능을 결정짓는 요인이다. 특히 광속에 대해 단위 데이터 수집을 위한 최소 시간은 거리 분해능(Range resolution)을 결정하는 요인이다. 따라서 1m 이하의 거리 분해능을 위해서는 수ns 이내의 짧은 초 정밀성 데이터 수집 및 처리가 요구된다. 레이저 광원은 250 nm ~ 11 μm까지의 파장 영역에서 특정 파장을 가지거나 파장 가변이 가능한 레이저 광원들이 사용되며, 최근에는 소형, 저 전력이 가능한 SLD(Semiconductor Laser Diode)가 많이 사용된다. 상기 3가지 방법에 대한 간략적인 장단점 비교는 <표 14-9>와 같다.

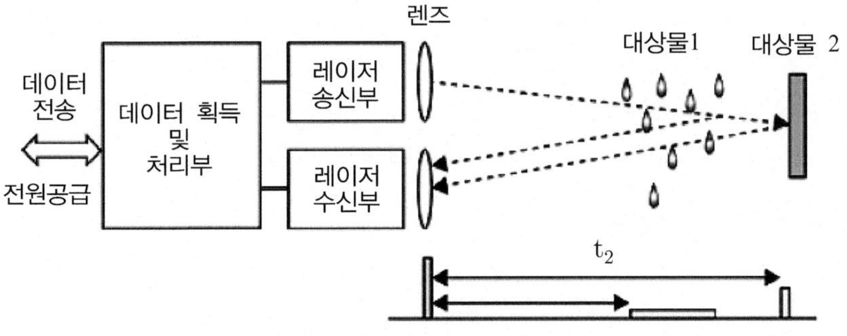

▲그림 14-11 라이다 센서 시스템의 기본 구성

■ 표 14-9 라이다 센서의 거리측정 기술의 비교

파라미터	TOF	FMCW	Phase shift
레이저 소스	Nd:YAG, CO_2	반도체	반도체
파우어	1.5 mW	3 mW	10 mW
파장	1,064 nm	650 nm	1,100 nm
검출 소자	APD	APD	APD
측정 거리	300~20 km	2~30 m	2~400 m
sampling rate	1~20 kHz	4 kHz	52 kHz
최소 감지 파우어	12.7 nW	200 nW	23 pW
정밀도	5 m	36 mm	21 mm
oscillator frequency	30 MHz	4~60 MHz	1 MHz
레이저 출력형태	펄스	ramp	사인파
비용	고비용	저비용	저비용
시스템 복잡도	간단	복잡	복잡

14.3.3 TOF LiDAR

Pulsed TOF LiDAR는 시간 펄스폭이 매우 짧은 레이저광을 표적으로 보내고, 표적 표면에서 반사되어 되돌아 올 때까지 시간을 측정하여 표적거리를 이 시간 값과 빛의 속도로부터 산출하는 방법이다. 이 방법은 장거리 측정에 적합한 방법이며 다음과 같은 식에서 거리를 계산할 수 있다. 여기서 d는 목표물과의 거리, Δt는 레이저 펄스의 왕복 시간, c는 빛의 속도 c = 3×10^8 m/s이다.

$$d = c \times \frac{\Delta t}{2} \tag{14-13}$$

펄스를 발사하는 시점과 펄스가 되돌아오는 시간차를 구하기 위해서는 카운터용 주파수(100 MHz)를 사용하고, 수신된 신호를 구형파로 변환하여 발사시점의 트리거(Trigger) 신호와의 시간차를 다음과 같은 식에서 계산하면 된다. 여기서 t_p, t_0, t_w는 <그림 14-12>에서 정의된 시간이다.

$$t_p = t_0 + \frac{t_w}{2} \tag{14-14}$$

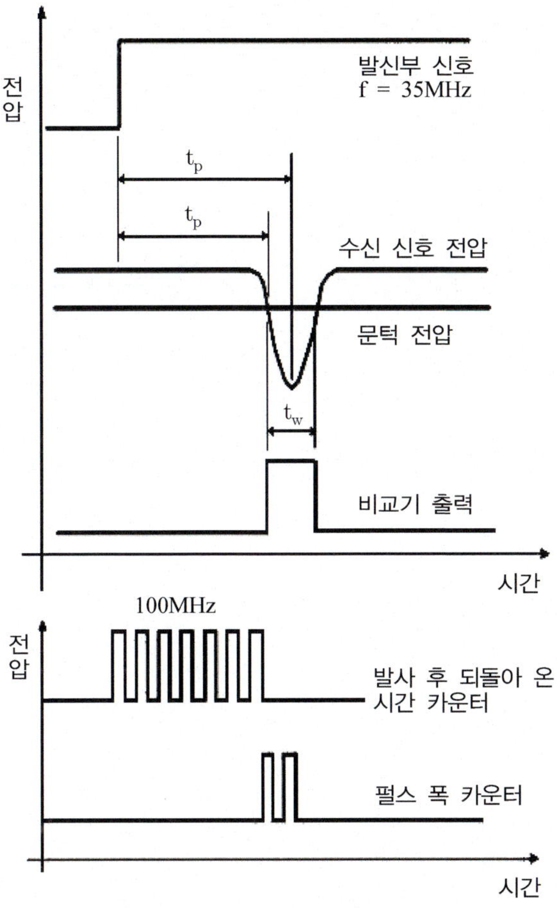

▲ 그림 14-12 거리측정에 사용된 시간 정의

14.3.4 FMCW 라이다

FMCW LiDAR는 기본적으로 FMCW 레이더와 원리가 동일하다. 다만 송신부가 RF이면 레이더가 되고, 레이저가 되면 라이다가 된다. 주파수 변조(FMCW) 방법에서 주파수가 선형적인 경우, 즉 이상적인 경우는 <그림 14-13>의 (a)와 같으며, 일반적인 경우는 (b)와 같이 주파수가 비선형적으로 변화를 한다. 그림에서 레퍼런스 신호는 기준신호로써 레이저를 통해 송출된 신호를 의미하고, 반사된 신호는 표적에서 반사된 신호를 의미한다. 그리고 f_B는 비트 주파수로써 두 신호의 주파수 차이를, τ_{RTT}는 레이저 빔의 왕복 시간을 나타내며, $\triangle f$는 주파수 변화의 폭, 그리고 t_{RAMP}는 램프 신호의 주기, 즉 주파수 변화의 시간을 나타낸다. FMCW 레이저 거리측정기에서 표적의 거리 정보는 비트 주파수에 포함되어 있으므로 레퍼런스 신호와 반사된 신호를 믹서의 입력 신호로 사용하여 비트 주파수 신호를 획득한 후 푸리에 변환으로 비트 주파수를 얻는다. 따라서 표적까지의 거리는 다

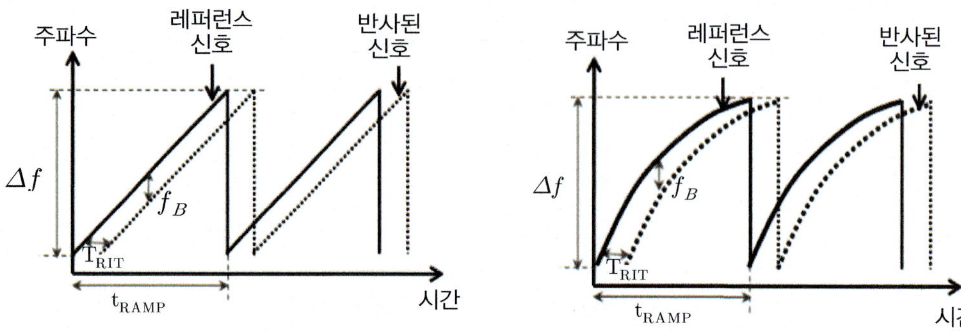

(a) 주파수 변화가 선형적인 경우 (b) 주파수 변화가 비선형적인 경우

▲ 그림 14-13 FMCW 방식의 파형

음의 식으로부터 계산을 할 수 있다. 이 방법으로는 수십미터 정도의 거리만 측정이 가능한 것이 단점이다.

$$d = \frac{\tau_{RTT} \times c}{2} = \frac{f_B \times t_{RAMP} \times c}{2 \times \Delta f} \tag{14-15}$$

14.3.5 Phase shift 라이다

상기 두 방법보다 가장 정확하게 거리를 측정할 수 있는 방법이 위상변이 라이다(Phase Shift LiDAR)이다. 기본적인 개념은 <그림 14-14>와 같이 표적에서 반사되어 온 파형의 주파수 변화량으로부터 거리를 환산하는 방법이다. 만약 f_0를 변조 주파수, 측정된 위상차를 $\Delta\phi$라고 하면, 거리와의 관계는 다음과 같다.

$$\Delta\phi = \omega_1 \tau_1 = 4\pi f_0 \frac{d}{c} \tag{14-16}$$

헤테로다인 위상검출법으로 위상차를 측정한다고 하면, 위상차는 다음과 같다.

$$\Delta\phi = 2\pi \frac{T_X}{T_{IF}} \tag{14-17}$$

여기서 T_{IF}는 중간매개 주파수의 주기, T_X는 위상차 검출 회로에서 측정된 사각 파형의 펄스폭에 해당하는 시간이다. 따라서 거리는 다음과 같은 식에서 계산을 할 수 있다.

$$d = \frac{\lambda_0}{2} \frac{T_X}{T_{IF}} \tag{14-18}$$

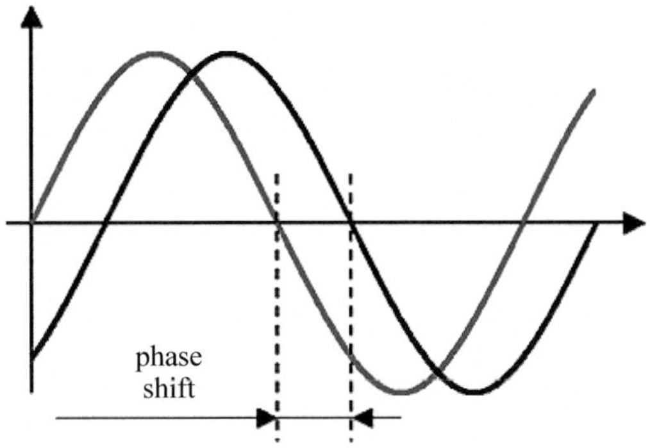

▲ 그림 14-14 phase shift의 개념

14.3.6 LiDAR 적용 분야

기존의 라이다 기술들은 기상 관측 및 거리 측정을 목적으로 주로 연구되었으며, 최근에는 위성에서의 기상관측, 무인 로봇 센서 및 3차원 영상 모델링을 위한 기술들이 연구되고 있다. 기본적인 라이다 기술들을 간단히 정리하면 다음과 같다.

① Elastic-backscatter LiDAR : 레이저 파장의 변화없이 입자들의 운동량에 따라 backscattering 되는 빛의 spectral broadening 특성을 이용하여 대기 중의 aerosol 및 구름의 특성 측정 등에 활용되는 기술이다.

② Raman LiDAR : 분자 에너지 상태에 따라 분산되는 레이저 빛의 주파수 변화 및 Raman band 내의 세기 분포 분석을 통하여 대기 중의 수증기 및 온도 분포 등의 측정에 활용되는 기술이다.

③ Differential-absorption LiDAR(DIAL): 각기 다른 레이저 파장을 가지는 레이저 빔들에 대하여 측정 대상 물질의 흡수 차이를 이용하여 대기 오염물질 등의 농도 분포를 측정할 수 있는 기술이다.

④ Resonance fluorescence LiDAR : 원자, 이온 또는 분자의 에너지 천이와 동일한 에너지를 가지는 레이저 빛에 대하여 동일 파장의 빛 또는 긴 파장의 빛을 방출하는 특성을 이용하여 중간권역 대기 중의 원자 및 이온 농도를 측정하는 기술이다.

⑤ Doppler LiDAR : Doppler 효과에 의한 레이저 빔의 미세한 주파수 변화를 측정하여 바람 등의 속도를 측정하는 기술이다.

⑥ Laser rangefinder : 물체로부터 반사되는 레이저 빔의 수신 시간을 측정하여 거리를 측정하는 가장 간단한 형태의 라이다 기술이다.

⑦ Imaging LiDAR : 레이저 빔의 진행 방향에 대한 거리 정보를 포함하여 공간에 대한 영상 모델링이 가능한 기술로써 laser rangefinder 기술을 기반으로 point-scanning을 통하여 point cloud 정보를 수집하거나 광각의 flash-laser에 대하여 반사되는 레이저 빛을 다중 배열 수신소자를 통하여 수집함으로써 3차원 영상 구현이 가능한 기술이다.[98]

14.4 Vision 거리측정

지능형 자동차의 경우 컴퓨터 하드웨어 성능의 발달로 컴퓨터 비전 및 영상처리 기술이 급속히 발달하였고, 고해상도의 영상데이터를 분석할 수 있을 뿐만 아니라 실시간 동영상 처리까지 가능해졌다. 교통사고의 예방, 방지 및 회피를 위하여 지능형 자동차와 관련된 많은 기술의 연구와 개발이 이루어지고 있으며, 인간의 지각능력에 의존한 주행방법의 한계점을 보완하고 안전 운전을 도와 운전자의 부담과 피로도의 경감을 목적으로 하는 다양한 보조시스템들이 개발되고 있다. 특히, 운전자는 운전 도중에 상황을 인지, 판단 및 조작하는 과정을 반복하여 수행하는데, 안전운전 불이행, 중앙선 침범, 과속, 신호위반, 교차로 통행위반 및 안전거리 미확보 등의 운전자의 과실로 다양한 유형의 사고를 일으킨다. 따라서 도로를 주행할 때 운전자의 과실로 인해 발생할 수 있는 교통사고를 사전에 방지하기 위하여 운전자에게 차선이탈 및 차량충돌 위험을 알리는 것은 안전 운전을 위해 매우 중요한 정보가 된다. 최근 들어 차량에 카메라를 탑재하고 도로 전방의 영상 정보를 수집하고 분석하여 운전자에게 시각 및 청각적인 경보를 제공하는 차간거리제어장치(SCC : Smart Cruise Control) 및 차선유지도움장치(LKAS : Lane Keeping Assist System) 등 자동차 관련 첨단기술이 연구 및 개발되어 상용화되기 시작하고 있다.

일반 카메라로 찍은 사진은 3차원(3D) 물체의 반사광을 2차원(2D) 필름 또는 2차원 센서에 투영시킨 것이기에 3차원 정보 중 카메라에서부터 물체까지의 거리 정보는 사라지게 된다. 즉 3D가 2D로 바뀌게 되는데, 이러한 과정을 투영(projection) 이라고 한다. 따라서 한 장의 사진으로는 거리 정보를 알아낼 수가 없다. 사라진 거리 정보를 복원하기 위해서는 또 다른 위치에서 찍은 다른 사진이 필요하다. 이 때문에 사람의 눈도 두 개가 있어 같은 물체를 서로 다른 장소(양쪽 각각의 눈 위치)에서 보고 그 영상의 차이를 이용해 거리를 복원하고 있다. 따라서 영상을 통해 거리 정보를 파악하고 카메라는 한 대가 아닌 두 대 이상이 되어야 한다. 이처럼 “같은 물체에 대해 서로 다른 장소에서 촬영한 여러 이미

98. 김종덕, 권기구, 이수인, “LiDAR 센서 기술 동향 및 응용”, 전자통신동향분석 제27권, 제6호, 한국전자통신연구원, 2012년 12월

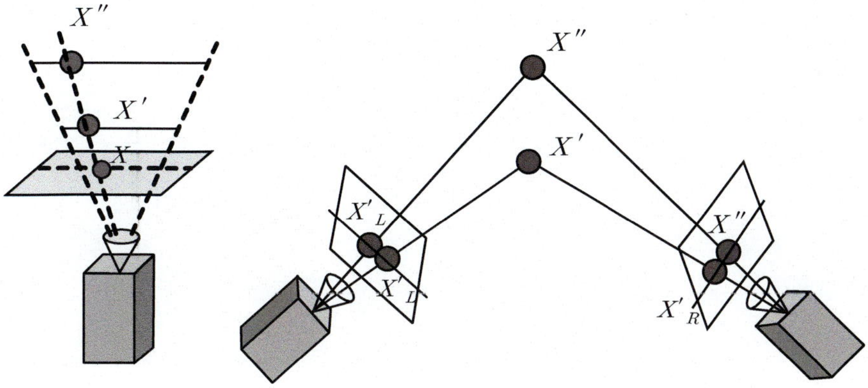

▲ 그림 14-15 단일 카메라와 Stereo 카메라의 영상그림

지에서 물체의 3차원 정보를 계산하는 학문 분야"가 바로 Stereo Vision이다. 각각은 다시 여러 제한 조건들에 따라 카메라 교정이 되어 있는지 아닌지(calibrated or uncalibrated), 카메라를 하나를 사용하고 이를 움직여가며 촬영하는 방식인지, 아니면 여러 대의 카메라를 사용하는 것인지(isolated camera or video sequence), 이미지가 단순히 두 장인지 아니면 수십, 수 백장을 처리하는 시스템인지에 따라 다양한 연구가 진행되고 있다. 하지만 좁은 의미에서는 서로 다른 장소에서 촬영한 두 장의 이미지에서 거리 정보를 추출해 내는 분야가 Stereo Vision이다. Stereo 카메라를 이용한 방법은 두 대의 카메라를 이용하여 한 대의 카메라에서 얻지 못하는 거리 정보를 얻을 수 있는 장점이 있다.

<그림 14-15> 좌측 그림은 단일 카메라를 통한 영상입력이고, 우측 그림은 Stereo 카메라를 통한 영상입력이다. 단일 카메라에서는 점 X′과 점 X″이 영상에서 같은 점이 되기 때문에 정확한 거리 정보를 얻을 수 없다. 반면 Stereo 카메라를 통해서는 좌측 카메라 영상에서의 점과 우측 카메라 영상에서의 점이 서로 다른 곳에 위치하게 되며, 이와 같은 각 영상에서의 차이로부터 거리 정보를 얻을 수 있다.

<그림 14-16>에 있는 두 장의 사진은 건물의 위치를 조금 달리해서 찍은 사진이다. 얼핏 보면 같아 보이지만 자세히 보면 조금 틀리다는 것을 알 수 있다. 가까이 있는 좌측 건물 지붕에 비해 뒤에 있는 더 멀리있는 나무의 위치는 두 장의 이미지에서는 확연히 차이가 나는 부분이다. 이처럼 동일한 물체에 대한 두 장의 사진 사이에서 나타나는 차이점을 이용하면 이미지 중에서 어느 부분이 카메라를 기준으로 더 가까운지를 알아낼 수 있다. 이를 이미지나 거리값으로 계산한 결과를 거리 정보라고 한다.

2차원 이미지 형태로 나타내는 것이 직관적으로 파악되기에 그림에 대한 거리 정보는 <그림 14-17>과 같이 가까운 곳은 밝은 색으로 먼 곳은 어두운 색으로 표시하는 것이 일반적이다. 자세히 보면, 건물 앞에 있는 도로는 카메라 기준으로 가깝기에 밝은 색으로 표시되어 있고, 건물은 뒤쪽으로 갈수록 어두운 색으로 표시된 것을 확인할 수 있다.

▲ 그림 14-16 Stereo 카메라로 획득한 2D 사진

▲ 그림 14-17 거리 정보로 변환된 사진

앞서 살펴본 바와 같이 거리 정보를 파악하기 위해서는 양쪽 이미지 사이에 대응되는 점이 얼마나 차이가 나야 하는지를 파악해야 한다. 이를 그림으로 그려보면 <그림 14-18> 처럼 3차원 공간상의 한 점은 왼쪽, 오른쪽 눈에 각각 투영이 되는데 그 점의 거리에 따라 위치가 서로 다르게 된다. 가까이에 있는 물체는 그 차이가 크고, 멀리 있는 물체는 그 차이가 적게 된다. 극단적으로 매우 멀리에 있는 물체는 차이가 나지 않게 된다. 이처럼 왼쪽 영상의 한 점의 위치에 비해 오른쪽 영상의 대응점 위치의 차이를 시각편차(Disparity)라 하며, 그 관계식은 다음과 같다. 이 식에서 물체까지의 거리는 z는 시각편차로부터 계산할 수 있다.

$$\text{시각편차} = x - x' = \frac{B \cdot f}{z} \tag{14-19}$$

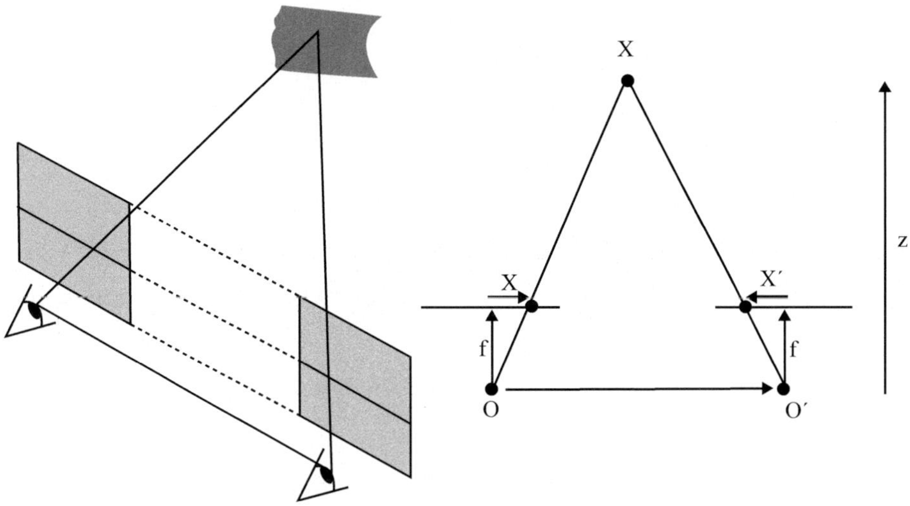

▲ 그림 14-18 거리정보와 시각편차(Disparity) 관계

즉 왼쪽 영상 한 점의 위치에서 대응되는 오른쪽 영상 한 점의 위치 차이는 그 점의 3차원 공간상의 거리 z에 반비례하며, 초점거리 f와 두 영상을 촬영할 때 거리차 B(베이스라인)에 비례한다. 스테레오 카메라로 어떤 물체를 촬영해 보면, 가까이에 있는 물체는 왼쪽 영상과 오른쪽 영상에 그 차이가 두드러지게 나타나고, 멀리 있는 물체는 차이가 상대적으로 작게 나타나게 된다. 왼쪽 카메라와 오른쪽 카메라의 거리가 멀면 시각편차가 크게 나타나기에 거리 정보를 보다 정밀하게 파악할 수 있다. 따라서 특정 스테레오 카메라로 거리 정보를 추출했는데 해상도가 불만족스럽고 더 높은 정밀도가 필요하다면 카메라와 카메라 사이인 거리차 B를 넓히는 것도 한 가지 해결 방법이다. 또 다른 방법으로는 카메라 렌즈를 초점거리가 긴 모델로 바꾸는 것도 한 가지 방법이다. 대신 베이스라인이 길어지거나 초점거리가 긴 모델로 바꾸면 한 번에 거리 정보를 계산할 수 있는 3차원 공간상의 영역은 줄어들게 된다. 따라서 스테레오 비전을 연구하는 사람은 거리차인 베이스라인이나 렌즈의 초점거리를 바꾸어 가며 자신의 실험에 가장 적절한 범위를 찾아야 할 필요가 있다.

두 대의 카메라에서 획득한 영상정보로부터 거리를 측정하고자 하는 위치(<그림 14-18>에서 점 X의 위치)에 있는 물체가 동일한지를 촬영한 사진으로부터 찾아야 한다. 왼쪽 이미지의 한 점이 오른쪽 이미지 상 어디에 존재하는지를 찾는 과정이 필요한데, 이를 스테레오 비전에서는 정합(matching) 또는 코레스펀던스(correspondence)라고 한다. 얼핏 생각하면 정합은 간단해 보이지만, 640×480 해상도를 가지는 VGA급 영상에서 예를 들어보면 다음과 같이 어마어마한 연산량을 필요로 한다. ① 왼쪽 이미지에서 한 점을 선택한다. ② 이 이미지와 같은 점은 오른쪽 이미지에서 640×480 루프를 돌려 찾는다. ③ 다시 왼쪽 이미지에서 또 한 점을 선택하고 ②의 과정을 반복한다. 이러한 반복은 640×480번 반복된다. VGA급 영상은 최근 HD 카메라에 비하면 매우 낮은 해상도임에도 불구하고, 정합하는데 (640×480)×(640×480) 루프를 반복해야만 한다. 당연히 시간이 많이 소요되고 실시간으로 계산이 안된다. 또한 왼쪽 영상과 오른쪽 영상의 정합을 하기 위해서는 한 점의 정보만으로는 부족한 경우가 태반이기에 정합을 할 때는 일정 블록(block)을 이용하게 되며, 이 또한 연산 시간을 더욱 늘어나게 된다. 따라서 스테레오 비전 분야의 연구 중에서 가장 중요한 부분은 바로 정합 부분이며, 역설적이게도 많은 연구자들이 연구를 진행하고 있지만 아직까지 상업적으로 사용하기에는 많은 부분이 부족하다.

VGA급 해상도의 영상에서 거리를 추출하는데 1~2분씩 소요된다면 멈춰있는 물체의 경우에는 상관이 없을 수도 있지만 움직이는 로봇이라든지 자동차라면 전혀 사용할 수 없다. 정합 문제를 잘 살펴보면 왼쪽 영상에서 한 점에 대응되는 점을 찾기 위해 오른쪽 영상의 모든 픽셀을 조회하고 있는 것을 발견할 수 있다. 물론 오른쪽 영상에 어디에 있는지는 미리 알 수 없기에 모두 조회해야 하는 것은 맞지만, 영상을 촬영할 때 카메라가 어떻게 배치되어 있는지 정보를 사전에 알 수 있다면 오른쪽 영상을 모두 조회할 필요는 없다. 이러한 작업을 에피폴라 제한조건(Epipolar Constraint)이라 한다. 따라서 스테레오 정합 문제에서 연산 속도를 증가시키기 위해서는 에피폴라 제한조건을 이해해서 이를 적용해야 하며, 이를 적용하면 2D 공간를 뒤져야 하는 일에서 1D 공간을 뒤지는 문제로 바꿀 수 있다. 에피폴라 제한조건은 수학적으로 유도하면 깔끔하게 나오는 수식이다.

<그림 14-19>와 같이 3차원 공간상에 X라는 점이 있다. 이 점은 왼쪽 카메라에서는 렌즈 초점 O와 연결하는 광선상에 놓이게 되므로 x로 투영된다. 이미지 상에서 본 x라는 점은 3차원 공간상에 위치한 X이기도 하지만 xX 선분 상에 있는 어떠한 점도 영상에서는 x로 보이게 된다. 따라서 영상에서 x라는 점은 3차원 공간상에서는 xX <그림 14-19> 라인에 있는 어떠한 점도 x가 될 수 있기에, x에 대응되는 오른쪽 카메라에서의 후보군은 선분으로 나타나게 된다. 이 때 이 선분들이 하나로 만나는 점이 생기는 데, 그 점은 재미있게

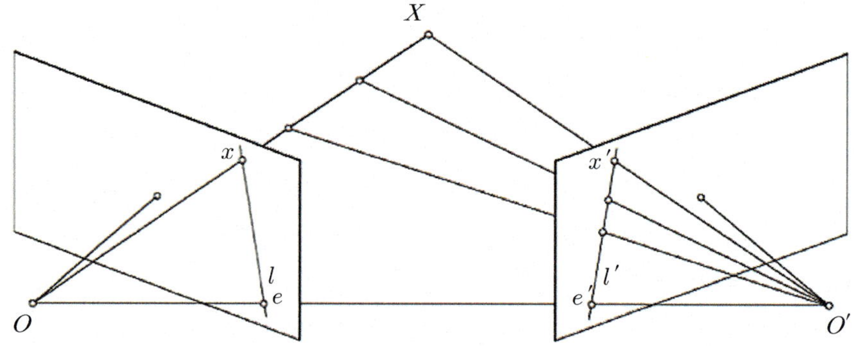

▲ 그림 14-19 에피폴라 제한조건

도 왼쪽 카메라와 오른쪽 카메라의 중심(OO′)을 서로 연결한 직선이 이미지를 관통하는 점 e와 e′으로 나타난다. 이 때 파악된 e를 에피폴(Epipole)이라고 부르고 에피폴을 지나는 후보군 선분을 에피폴라 라인(Epipolar line)이라고 부른다. 그리고 이러한 일련의 조건들을 에피폴라 제한조건이라고 한다. 따라서 정합에 활용한 부분은 에피폴라 라인이 된다. 지금까지 정리를 해 보면, (a) 거리 정보를 알기 위해서는 시각편차 파악이 필요하다. (b) 시각편차를 알기 위해서는 정합을 해야 하는데, 정합은 영상 전체를 모두 뒤져야 하기 때문에 매우 연산량이 많다. (c) 그러나 왼쪽 영상에서 한 점은 3차원 공간상에서 후보군이 한 직선으로 나타나고 이는 오른쪽 카메라에서 특정한 라인으로 표시가 되는데, 그 라인은 항상 에피폴을 지나간다. (d) 에피폴은 카메라 배치에 따라 정해지는 것이므로 미리 알 수가 있으니 이를 이용하면 오른쪽 영상 전체를 뒤질 필요없이 에피폴라 라인만 뒤지면 된다. (e) 그럼 이제는 에피폴을 어떻게 찾아내는가 하는 문제만 남게 된다.

에피폴은 각각의 카메라 중심을 연결한 선이기에 카메라 중심을 정확하게 알아야 할 필요가 있다. 이는 다시 카메라 교정(Calibration)으로 해결하는 문제로 바뀐다. 카메라 교정은 그 자체만으로도 매우 복잡하지만, 다행히도 스테레오 카메라의 교정을 위한 기법들은 오픈 소스로 많이 공개되어 있으며, 라이브러리로도 공급이 되고 있다. 대표적으로 유명한 라이브러리는 OpenCV이며, 이 안에는 Jang이 만든 교정 기법이 구현되어 있다. 미리 준비된 체크 무늬 PDF 문서를 프린터로 출력하여 카메라 앞에서 이 출력 문서를 움직여 가며 촬영한 이미지를 교정 프로그램에 넣어주면 스테레오 카메라 교정 결과값인 펀더맨털 행렬(Fundamental matrix)을 결과값으로 얻을 수 있다. 이 값을 이용하면 2D 공간을 모두 뒤지던 정합 문제를 1D 공간 문제로 바꿀 수 있으며, 이 또한 OpenCV에 이러한 기법으로 구현된 함수와 예제 코드가 있다.

스테레오 카메라 교정이 완료되면 에피폴의 위치를 알 수 있고, 왼쪽 카메라 한 점에 대응되는 오른쪽 카메라 영상의 에피폴라 라인을 알 수 있다. 일반적인 스테레오 카메라에서는 <그림 14-20>의 좌측 그림처럼 에피폴라 라인이 사선으로 나타나게 된다. X축으로 평행한 평행선이 아니기에 일일이 다음 점의 위치를 찾아 이미지 값을 확인해야 하는 식으로 프로그래밍을 해야 한다. 그러나 이 문제를 좀 더 단순화하기 위해 에피폴라 라인을 평행하

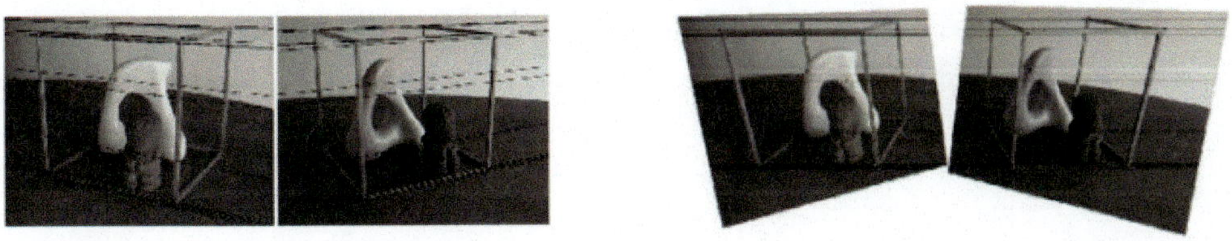

▲ 그림 14-20. 에필로라 라인을 일치시키는 렉티피케이션

도록 이미지를 변환하는 과정을 이미지 렉티피케이션(Image Rectification)이라고 한다. 좌측의 이미지에서 교정된 데이터를 이용해 렉티피케이션한 결과는 우측 그림과 같다. 이렇게 변환해 놓으면, 왼쪽 영상의 한 점은 오른쪽에서 한 줄만 처음에서부터 끝까지 쭉 찾으면 되기에 프로그램 코드가 무척 간결해 진다. 물론 이렇게 렉티피케이션하는데 시간은 추가로 소요되지만 정합에 줄어드는 시간까지 함께 생각해 보면 렉티피케이션을 수행하는 쪽이 더 빠르기에 스테레오 정합에 있어서 렉티피케이션은 필요한 과정으로 인식되고 있다.[99]

14.5 초음파 거리측정

14.5.1 음파의 정의

파동에너지는 크게 음파와 전자파로 나눌 수 있다. 음파는 음향적 진동 에너지로 초저주파, 가청주파, 초음파가 이에 속하며, 전자파는 전자기적 진동 에너지로 전파, 적외선, 가시광선, 자외선, X선, 감마선 등이 이에 속한다. 음파는 공기 중에서 340m/s의 전파속도를 가지고 있으며, 수중에서는 1,480m/s, 철과 같은 고체 속에서는 5,180m/s, 진공 속에서는 전파되지 않는 특성이 있다. 반면, 전자기파는 공기 중에서 빛의 속도로 움직이며, 수중에서는 공기 중에서 보다는 조금 느린 속도로 전파된다. 고체 내에는 전파되지 않으며, 진공 중에서는 빛의 속도로 전파되는 특성이 있다. 사람의 귀로 들을 수 있는 주파수 영역은 대략 20 ~ 20,000 Hz인데, 이 영역을 음파 또는 가청주파수 영역이라 한다. 20 Hz 보다 낮은 주파수 영역을 불가청음 또는 초저주파(infrasound) 영역이라 하며, 20,000 Hz 보다 높은 주파수 영역을 초음파(ultrasound) 영역이라 한다. 개와 같은 동물들은 보다 더 넓은 영역을 감지할 수 있다.

몇 가지 대표적인 물체 내에서의 음속은 <표 14-10>과 같다. 매질 내에서 임의의 점에서 압력은 일정하지 않고 지속적으로 변화하며, 측정 순간과 평균의 차이를 음압(P)이라 한다. 음파가 진행하는 동안, 진동하는 입자들은 순간속도로 정지해 있는 위치 근처에서 진동을 한다. 이때 음압과 순간속도의 비를 음향 임피던스(acoustic impedance)라고 하며 고유 음향 임피던스가 높다고 하는 것은 그만큼 파동 에너지를 전파하기 쉽다고 하는 것이고, 이것은 동일한 파워 밀도의 음파를 전파하는데 기체 보다는 액체, 액체보다는 고체가 유리하다는 것을 의미한다. 즉 밀도가 큰 물질이 적은 힘으로 음파를 전파할 수 있다. 여러 가지 매질에 대한 음향 임피던스는 <표 14-11>과 같다.

---

99. 위드로봇(주), 김도윤, Media Contents, "스테레오 영상을 처리하는데 있어 발생하는 이슈", http://www.ntrexgo.com/archives/2280

■ 표 14-10 다양한 매질 내에서의 음속

매질	음속 (m/s)
공기 (20℃, 건조)	331
스팀 (134℃)	494
수소 (20℃)	1,330
물 (증류수)	1,486
바다물	1,519
납	1,190
구리	3,810
알루미늄	6,320
파이렉스 유리	5,170
강철	5,200

■ 표 14-11 각종 매질의 음향 임피던스와 음파 속도

전파 매질	음향 임피던스 [Pa · s/m] = [N · s/m^3] = [kg/m@s]	밀도 ρ [kg/m^3]	속도 v [m/s]
강	39×10^6	7,700	5,000
알루미늄	14×10^6	2,700	5,200
용융 석영	14×10^6	2,700	4,400
연질 고무	0.067×10^6	950	70
물	1.44×10^6	1,000	1,440
공기	410	1,2	340

위의 표에서 알 수 있듯이 일반적으로 기체보다 액체, 액체보다 고체가 고유 음향 임피던스가 높은 경향이 있다. 이 표에서 공기의 고유 음향 임피던스가 가장 작으므로 음파의 차폐대책으로는 물체간의 공기층을 설치하면 음파를 쉽게 차단할 수 있다는 의미이다. 또한 음향 임피던스가 다른 두 개의 매질 사이에서는 음파의 반사와 투과 및 감쇠가 생긴다. 이 경우 두 매질의 음향 임피던스가 비슷하면 음파는 잘 투과하고 반사파는 매우 작다. 반대로 음향 임피던스의 차이가 크면 투과하는 파는 적고, 반사하는 파는 많아진다. 즉, 고체와 고체의 조합 혹은 고체와 액체의 조합은 잘 투과하지만, 고체와 기체, 액체와 기체의 조합은 거의 투과하지 않게 된다. 다시 말하면, 고체 중에서 강력한 음파라고 하더라도 공기 중에 방출되는 에너지는 매우 작다는 것이다.

14.5.2 초음파의 개요

1827년 스위스의 물리학자 Daniel Cooadon과 프랑스의 수학자 Charles Sturm에 의해 전등 불빛과 수중의 종소리와의 시간 차이를 이용해서 수중음파의 속도를 측정한 것이 초음파 연구에 대한 시초였다. 1880년 Jacques와 Pierre Curie가 수정에 기계적인 힘을 가하면 수정의 전극에 전하가 발생된다는 압전효과와 James Joule이 어떤 물질에 자장을 걸면 부피의 변형을 일으킨다는 자기변형효과가 알려지면서 압전 세라믹을 이용한 음향센서의 응용이 시작되었다. 초음파가 최초로 응용이 사용된 것은 1차 세계대전 중 독일 잠수함을 찾기 위한 노력으로 수중 탐지용으로 개발되기 시작하였는데, 그 당시 기술적인 미비로 전쟁에는 사용되지 못하고 전쟁 후에 초음파 측심기 등의 소나(SONAR)로 실용화되면서 많은 센서가 개발되었다. 초음파는 빛이나 전파와 같은 파동 에너지이지만 전파 속도가 늦고, 반사하기 쉬운 특성이 있다. 초음파의 여러 가지 특성에 따른 응용분야는 <표 14-12>와 같다.

■ 표 14-12 초음파의 특성과 이에 맞는 응용 분야

초음파의 특성	응용 분야
반사 특성	거리측정, 어군 탐지, 측심기, 방범용 센서, 적설량 측정, 투명한 물체의 위치센서
느린 전파 속도	두께 측정, 거리 측정, 초음파 진단장치, 초음파 현미경
비가청 영역	소나, 각종 통신 장치, 리모컨 장치
강한 지향성	방범장치, 위치센서, 초지향성 스피커, 거리측정
수중에서의 낮은 감쇠	측심기, 소나(SONAR), 어군 탐지, 세정, 가공
치료/살균작용	살균장치, 치료기, 담석의 파괴제거, 초음파 메스
발열작용	건조기, 용접기, 본딩 기기, 플라스틱 융착, 이종금속의 용접
세정 작용	칫솔, 세정기, 미용기, 세탁기, 쌀세척기
동력 작용	커터, 초음파 연마기, 초음파 믹서, 보석 가공기, 모터
진단 작용	비파괴 검사 장치, 태아 진단, 심장 진단, 골절 진단
해충 격퇴 작용	모기/쥐/바퀴벌레 격퇴 장치

표에서 알 수 있듯이 실생활에 음파를 이용해서 가장 많이 사용되는 분야가 소나, 초음파 진단기, 거리측정 분야 등이다. 이 중에서도 소나는 잠수함 및 군함 등의 발달로 군사용뿐만 아니라 민수용에 필수적인 센서 시스템으로 자리잡고 있다. 수중에서 사용되는 소나는 장님이 막대기로 땅을 더듬어 가는 것과 같은 역할을 한다고 할 수 있다. 막대기를 통해서 들어오는 정보로부터 장님은 길의 높낮이 및 형상을 개략적으로 파악하는 것과 같이 소나에 입력되는 음파의 정보로부터 수중의 물체, 모양, 속도 등을 파악할 수 있다. 소

나에서 물체의 정확성을 높이기 위해서는 분해능을 향상시켜야 하는데, 이를 위해서는 주파수를 높여야 하나 고주파는 원거리 전파(propagation)에 문제가 있고, 저주파는 원거리까지 전파하는 데에는 문제가 없으나 분해능이 저하되는 문제점이 있다.

소나는 Sound Navigation And Ranging의 약어로 영어로는 SONAR로 표현한다. 그 뜻에서 알 수 있듯이 소나는 음파에 의해 수중목표의 방위 및 거리를 알아낼 수 있는 센서이다. 공기 중에서는 음파보다는 전자기파가 보다 빠르고 멀리까지 전달되기 때문에 공중 및 지상의 목표물 관측용에는 앞 절에서 설명된 레이더가 많이 사용된다. 하지만 수중에서 전파는 육상에서와는 달리 물 표면에서 감쇠가 매우 커 조그만 바다 속으로 들어가면 지나치게 빠르게 감쇠해 수신 가능한 신호의 최저 레벨보다 낮아 정보 전달 및 수집에 근거리를 제외하고는 거의 사용할 수가 없다. 그러나 음파는 약 1,500m/s의 속도로 잘 전달되는 특성이 있다. 이러한 특성 때문에 수중에 존재하는 여러 가지 목표물을 능동 및 수동 방식으로 탐지하는 유일한 수단으로 활용되고 있다.

14.5.3 소나 센서의 원리

소나는 기본적으로 도플러 효과를 이용한 센서이다. 음파를 전기적 신호로 바꾸는 부분(마이크로폰 역할)과 전기를 음파로 바꾸는 부분(스피커 역할)인 트랜스듀서의 개발로 소나는 발전을 하게 되었다. 소나는 수중의 음파를 전기적 신호로 바꾸어 음파의 전달 방향과 물체의 크기를 분석할 수 있게 해 주는 센서이다. 소나 센서에는 <그림 14-21>과 같이 수동적으로 물체에서 나오는 음파만을 분석하는 수동 소나와 전기를 음파로 변환시켜 수중으로 전달시키고 음파가 수중에서 물체에 부딪쳐 되돌아오는 것을 분석하여 방향 및 거리를 분석하는 능동 소나로 구분할 수 있다. 능동 소나는 음파를 송신하게 되면 자신의 위치도 노출되기 때문에 군사용에서는 일부 한정된 목적에서만 사용하고 대부분 수동 소나를 이용하여 물체를 탐지한다.

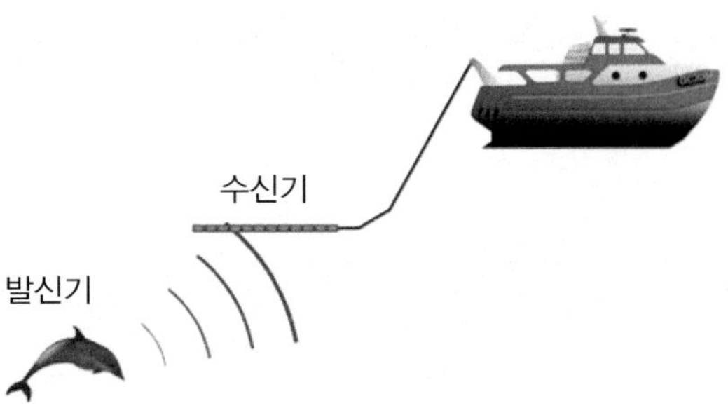

(a) 수동 소나(passive sonar)

(b) 능동 소나(active sonar)

▲ 그림 14-21 소나 센서의 종류

① 거리 측정 : <그림 14-22(a)>와 같이 소나센서와 음파의 반사체 사이를 거리라고 정의하는데, 이 거리는 다음과 같은 방법으로 측정할 수 있다. 펄스길이(duration) T_p인 짧은 펄스를 반사체 방향으로 송신하고, 수신부에서 반사체로부터 반사된 에코 신호를 측정하고, 송신부와 수신부 사이의 시간 차이 τ로부터 다음과 같이 거리를 계산할 수 있다.

$$R = \frac{v\tau}{2} \tag{14-20}$$

그리고 측정된 거리의 정밀도는 전통적인 통신(또는 gated CW 펄스)에 사용되는 펄스길이 T_p에 의해 다음과 같이 주어진다.

$$\delta R = \frac{vT_p}{2} \tag{14-21}$$

거리 정밀도인 식 (14-21)은 <그림 14-22(b)>에 있는 바와 같이 반사된 두 개의 파동을 구분할 수 있는 최소의 거리와 동일한 개념이다. 펄스 길이가 짧을수록 거리 정밀도는 좋아진다. 그러나 짧은 펄스는 펄스 내부에 에너지가 작기 때문에 전파되는 거리가 짧아진다. 이것의 보완책이 펄스를 코드화해서 변조해 주는 방법이다. 이와 같이 코드로 변조된 펄스인 경우 거리 정밀도는 다음과 같다. 여기서 B는 음파의 밴드폭(주파수 퍼짐)이다. 일반적인 gated CW 펄스는 $B = 1/T_p$ 이기 때문에 식 (14-22)는 식 (14-21)의 개념을 포함하고 있다.

$$\delta R = \frac{v}{2B} \tag{14-22}$$

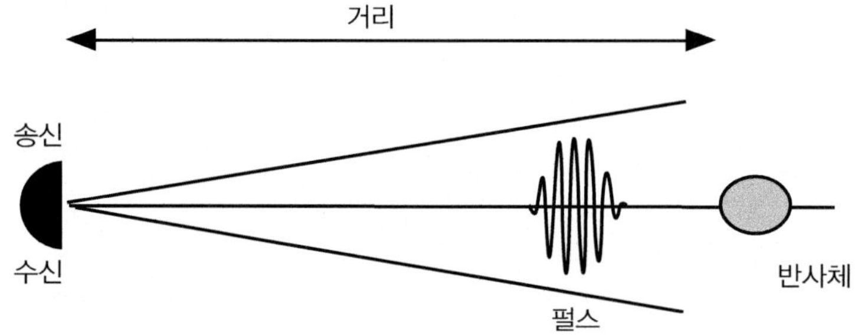

(a) 거리 측정 개념

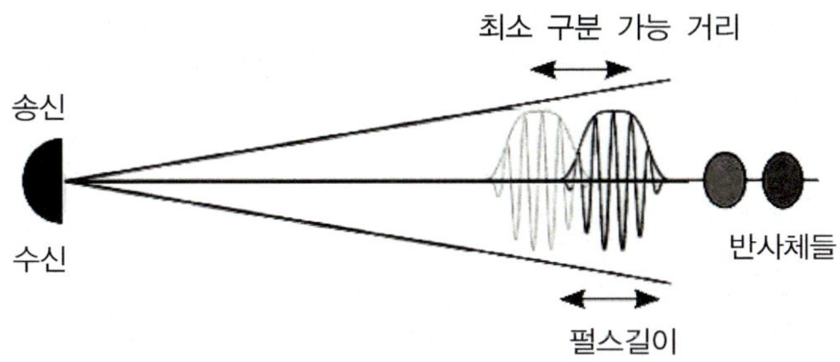

(b) 거리 정밀도 개념

▲ 그림 14-22 거리 측정 및 정밀도 개념

② 방향 측정 : 소나에서 방향을 유추하기 위해서는 두 가지 개념이 필요하다. 하나는 전기음향변환기(Electro-Aacoustic Transducer)와 이것의 크기이며, 다른 하나는 이러한 작은 변환기들을 배열하는 방법이다. 안테나의 크기가 음파의 파장에 비해 매우 크다면 변환기(안테나 또는 스피커)는 지향성의 특성이 있다. 일반적으로 지향성 패턴에는 임의의 빔폭(또는 시야각)을 갖는 1차 로브가 포함되어 있다.

$$\beta \approx \frac{\lambda}{D} \tag{14-23}$$

여기서 D는 <그림 14-23>에서 정의된 안테나의 직경이다. 빔폭은 주파수에 따라 달라지는데, 동일한 안테나 크기에 대해 높은 주파수는 상대적으로 좁은 빔폭이 가능하다. 이는 달리 말해 동일한 시야각에 대해 높은 주파수를 사용하면 안테나의 크기를 작게 해도 된다는 의미이다. 소나를 이용한 영상획득을 위해서는 높은 주파수를 사용해야 하는 이유이다. 반사된 신호 또는 외부 신호로부터 안테나로 입사하는 각도는 <그림 14-24>와 같이 수신기 간의 간격 L과 도착하는 시간차이 δt로부터 다음과 같은 식에서 계산할 수 있다.

$$\theta = \sin^{-1}\left(\frac{v\delta t}{L}\right) \tag{14-24}$$

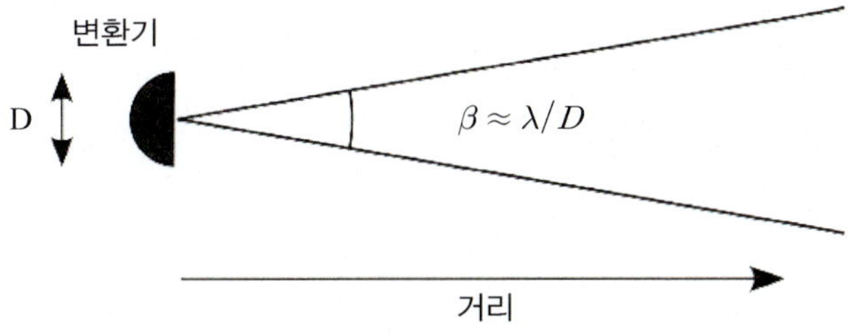

▲ 그림 14-23 변환기의 방향성 정의

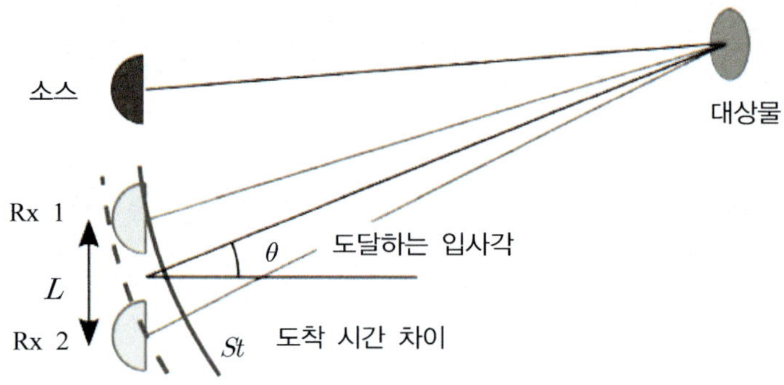

▲ 그림 14-24 물체에서 반사되어 오는 입사각의 개념

③ 신호 모델링 : 능동 소나에서 수신된 신호에는 다음과 같은 주요한 3가지 주요 요소가 포함되어 있다. 하나는 발신부에서 나온 신호가 대상물까지 중간매질을 통과하여 대상물 표면에서 되반사된 후 다시 수신부로 돌아온 신호가 있을 수 있다. 이 신호에는 관심 대상인 물체에 관한 정보가 담겨 있는데, 대상물의 물리적인 구조와 크기, 그리고 입사각 및 음파 주파수 등의 정보가 담겨 있다. 두 번째 신호는 발신부에서 수신부 사이의 경로에 원하지 않는 에코신호인 잔향(reverberation) 신호이다. 이 신호는 주로 해수의 바닥면과 물표면에서의 산란에 의해 발생되는 신호이다. 마지막 신호는 부가적인 잡음신호인데, 이것은 소나 자체보다는 다른 음원에 의한 음파신호가 잡음으로 기여한다.

14.5.4 초음파 거리측정기의 원리 및 응용

초음파를 이용한 응용분야는 일상생활에서 흔히 볼 수 있는 초음파 센서가 거리측정용이다. 이런 원리를 이용한 것이 자동차 또는 로봇 등에 장착하여 장애물 검시용 거리측정용으로 사용되고 있으며, 건물 내의 조명 제어용으로도 사용되고 있다. 거리측정을 위해서는 송신부와 수신부가 필요한데, <그림 14-25>와 같이 송신부와 수신부의 분리형과 일체형으로 나눌 수 있다.

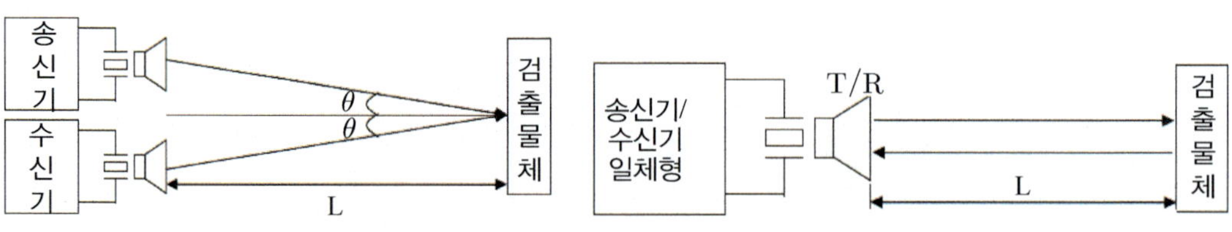

(a) 송신시/수신기 분리형 (b) 송신기/수신기 일체형

▲ 그림 14-25 초음파 거리 측정 시스템의 개요

송수신기 분리형은 서로 간섭이 작은 장점은 있으나, 각각의 특성을 맞추어야 하며 가까운 거리와 먼 쪽에서의 측정 오차가 클 수 있다. 이런 형태는 저주파 초음파 센서에 적합한 구조이다. 반면 송수신 일체형은 하나의 초음파 센서를 사용하기 때문에 송신부와 수신부 간의 간섭이 상대적으로 크며 회로가 복잡한 것이 단점이나, 거리측정 정밀도는 상대적으로 우수한 것이 장점이다. 이러한 초음파를 이용한 거리검출용은 차량 후방경보 시스템(Back Warning Buzzer System, BWS)에 적용되어 있다. 차량이 후진할 때 후방의 시야 사각지대를 초음파 센서를 이용하여 감시하고 해당지역에 장애물이 있으면 운전자에게 경보음을 주어 각종 사고를 사전에 방지하고자 하는 목적으로 사용되고 있다. 일부 차종에서는 후방 뿐만 아니라 전방 코너부의 장애물도 감시하는 용도로도 사용되고 있다. 대부분의 BWS용 초음파 센서는 40kHz의 초음파를 사용하며, 음파가 물체에 부딪쳐 되돌아 올 때까지의 시간을 측정함으로써 물체까지의 거리를 계산하는 방식이다. 이에 대한 측정 개념은 <그림 14-26>과 같다. 이 그림에서 거리 L은 다음과 같은 수식에서 계산할 수 있다. 단, 여기서 음속인 V는 알고 있어야 하며, 약 15℃의 공기 중에서는 약 340m/s 이다. 이 식에서 Δt를 정의하는 방법에 따라 거리 정확도가 결정된다. 거리측정에 사용하는 방법이 비행시간(time of flight, TOF) 검출 방식, 포락선 검출방식, 주기인식 검출방식 등이 있다.

$$L = \frac{1}{2} \times \Delta t \times V \tag{14-25}$$

비행시간 검출방식은 수신된 파형의 진폭을 기준으로 임계값 이상을 신호, 이하를 잡음이라 가정하여 거리를 계산한다. 수신 신호에 잡음이 혼합되어 있으면 큰 오차가 생길 수도 있으며 잡음 신호 때문에 검출할 수 있는 거리에 제약이 많이 있다. 포락선 검출방식은 수신된 신호에서 신호의 크기에 관계없이 일정한 형태의 포락선을 가지고 있으며, 포

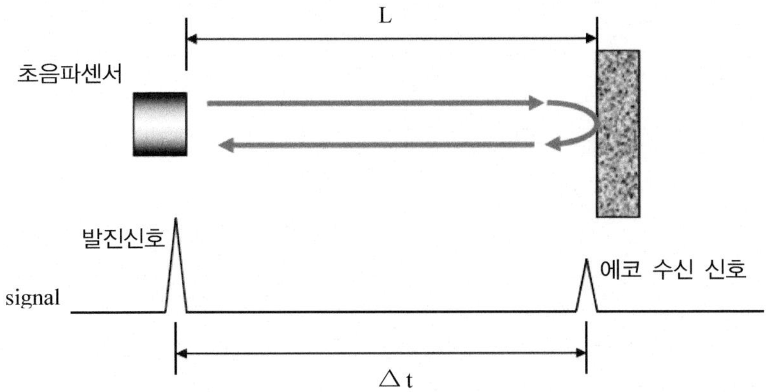

▲ 그림 14-26 BWS용 거리 측정 개념도

락선의 최대 진폭점을 이용하여 수신파형의 시작점을 역으로 추적하는 방법이다. 이 방법은 비행시간 방법에 비해 정확한 결과를 얻을 수 있다. 주기인식 검출방식은 수신파형에서 발신된 신호와 같은 주파수 성분을 검출하는 방법으로 진폭의 크기와 무관하기 때문에 원리적으로는 가장 정확한 검출이 가능한 방법이다. 그러나 실제 수신된 신호에는 여러 주파수 대역의 잡음 신호가 혼재되어 있으므로 대역통과필터를 이용하여 잡음성분을 제거해야 한다. 초음파로 거리를 측정할 경우 공기 중에서 신호감쇠로 인한 검출 범위에 제약이 있으며, 측정영역을 넓히기 위해 넓은 빔폭을 사용하면 방향에 대한 불확실성이 높아진다. 반사표면과 상대각도에 의해 거리에 대한 불확실성이 생길 수 있으며, 공기의 온도와 습도 등의 주변 환경에 따른 오차가 발생할 수 있다.

Chapter 15

생체인식 기술

생체인식이란 신체특성 또는 행위특성을 자동적으로 측정하여 신원을 파악하는 것으로 정의된다. 신체특성 정보는 인간의 신체에서 직접적으로 정보를 추출하는 것으로 지문인식, 얼굴인식, 홍채인식, 정맥인식, 손모양 인식 등이 있으며, 행위특성 정보는 음성인식과 서명인식이 대표적이다. 이러한 정보들은 비밀번호나 암호처럼 잊어버릴 염려가 없으며, 분실 및 도난의 위험이 없는 것이 가장 큰 장점이다. 생체인식 시스템은 많은 응용분야에서 다양하게 사용되고 있지만, 기본적으로 사용자를 등록하는 과정, 사용자 자신이 자신임을 확인받는 인증(1:1 인증), 데이터베이스에서 사용자를 찾아내는 인식(1:N 인증)으로 나누어진다. 일단 사용자가 생체정보를 등록한 이후, 개인이 생체인식 시스템을 사용하려면, 생체인식 시스템은 특정 데이터를 추출한 후 등록단계에서 저장해 놓은 표준 DB와 비교해서 유사도 혹은 매칭점수를 구하여 미리 설정된 임계점수와 비교를 통해 본인 여부를 최종 판정하는 단계를 거친다. 생체인식 시스템을 통해 특정인을 구분하는 방법에는 크게 두 가지가 있다.

한 가지는 본인의 ID와 생체정보를 생체인식 시스템에 동시에 제공하여, 생체인식 시스템으로 하여금 입력된 생체정보로부터 추출된 특징 데이터와 ID에 해당하는 표준 데이터와 비교하는 경우로서 1:1 매칭에 해당하며, 이를 인증(Verification) 또는 검증이라 한다. 나머지 하나는 생체인식 시스템에 생체정보만을 제공하면, 생체인식 시스템에 저장된 표준 DB 중에서 가장 유사도가 높은 것에 해당하는 등록자 정보를 이용하여 생체정보의 사용자를 판명하는 것으로 1:N 매칭에 해당하며, 이를 인식(Identification) 또는 식별이라 한다. 즉, 인증이란 "사용자가 미리 등록해 놓은 DB와 현재 사용자가 입력한 생체정보로부터 추출된 특징 데이터가 정합이면 시스템의 허가를 받아 접근을 허용하는 것"으로 정의되며, 식별은 "여러 사람의 생체 특징 DB를 검색하여 입력된 사용자의 생체 DB와 가장 유사한 것을 찾아내고 이로부터 사용자의 신원을 확인하는 것"으로 정의된다. 따라서 스마트폰의 지문인식에 사용되는 방법은 1:1 매칭에 해당하므로, 지문인식이라는 용어보다는 지문인증(Fingerprint Verification) 또는 지문검증이라 부르는 것이 맞다.

비밀번호 입력으로 인증하는 시스템의 경우, 입력된 문자 또는 숫자가 맞으면 100% 'Yes', 틀리면 'No'라고 판단할 수 있지만, 생체인식 시스템의 경우 생체 정보가 입력될 때마다 모양이나 환경 등이 약간씩 변하기 때문에 100%가 될 수는 없다. 입력되는 생체정보의 상황에 따라 본인임에도 불구하고 거절당하는 경우가 생길 수 있으며, 반대로 타인임에도 불구하고 승인을 받는 경우가 생길 수 있다. 본인이 거부당할 확률을 오거부율(False Rejection Ratio, FRR)이라 하고, 타인이 승인을 받는 확률을 오수락율(False Acceptance Ratio, FAR)이라 한다. 이에 대한 개념적인 관계는 <그림 15-1>과 같다.

그림에서 x축은 매칭점수를 나타내며, y축은 매칭점수에 대한 빈도를 나타낸다. 예를 들어 A라는 사용자가 지문을 등록시킨 후 다시 입력하면 매칭점수가 높게 나오겠지만, A와 전혀 다른 지문을 가진 B란 사람이 입력하게 되면 매칭점수는 낮게 나온다. 그러나 A가 지문을 놓는 위치를 달리하여 지문의 일부만 입력하게 되면 매칭점수는 낮게 나올 것이며, 반대로 A의 지문과 비슷한 지문이 입력되면 매칭점수는 비교적 높게 나올 것이다.

그림의 우측과 같이 타인분포와 본인분포 곡선이 서로 마주치지 않는 이상적인 생체인식 시스템에서는 절대 이런 일이 생기지 않겠지만, 대부분의 생체인식 시스템은 그림의 좌측과 같이 일부분이 겹쳐지게 된다. 따라서 그림에서 임계점수를 기준으로 좌측이 오거부율(FRR)이 되고, 우측은 오수락율(FAR)이 된다. 만약 오수락율을 줄이고자 하면 임계점수를 오른쪽으로 옮기면 되는데, 이 경우 오수락율은 줄어들겠지만 그만큼 오거부율은 증가하게 된다. 마찬가지로 오거부율을 줄이고자 하면 임계점수를 좌측으로 옮기면 되는데, 이 경우 오거부율은 줄어들겠지만 오수락율은 증가하게 된다. 스마트폰 지문인증의 경우, 사용자가 본인만 주로 사용하고 타인이 사용하는 경우는 매우 드물므로, 본인의 오수락율을 줄이는 것이 좋기 때문에 임계점수를 작게 하는 것이 오류를 줄일 수 있다. 결론적으로 임계점수를 낮추면 편의성은 증가하나 보안성이 낮아지고, 임계점수를 높이면 보안성은 증가하나 편의성은 감소한다. 대표적인 생체인식 기법들의 장단점은 <표 15-1>과 같다.

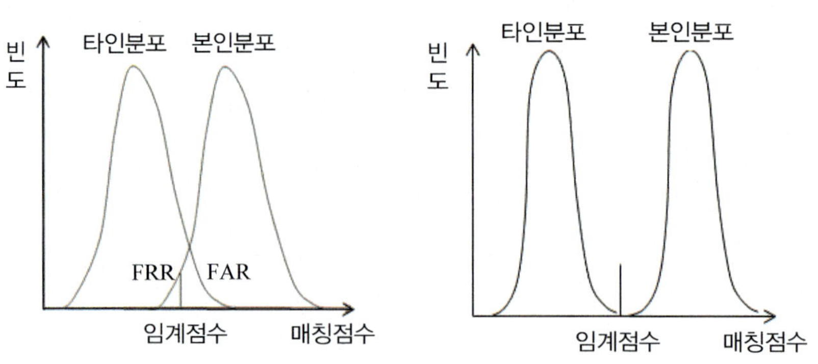

▲ 그림 15-1 FAR과 FRR의 개념

■ 표 15-1 다양한 생체인식 기법들의 특성 비교

인식 기법	장점	단점	FRR/FAR
지문인식	보안성이 뛰어나며, 시스템 가격이 저렴함	다수가 사용 시 지문접촉에 대한 사용자들의 거부감이 있음	0.5% 0.01%
얼굴인식	시스템 가격이 저렴하며, 사용자의 얼굴정보 저장이 가능	주위조명, 표정에 민감, 나이에 대한 정보 미반영	1% 1%
홍채/망막인식	복제가 불가능, 높은 인식률	고성능의 카메라가 필요함	0.0001% 0.0001%
정맥인식	인식률이 높으며, 복제가 불가능	시스템 크기가 크고, 가격이 높음	0.1% 0.0001%
음성인식	원격지에서 사용이 가능, 가격이 저렴함	신체적 특성(감기)에 민감, 옆에서 복조가 용이	1% 0.1%

15.1 지문인식 기술

지문을 이용한 사용자 인증은 생체정보를 이용한 개인인증 방식 중에서 가장 오래되었으며, 사용상의 편리함 때문에 현재 가장 많이 사용되고 있다. 동일한 지문을 가질 확률은 약 $1/10^{12}$ 정도로 매우 낮다는 연구결과로 인해 사용자 인증 수단뿐만 아니라 범죄수사용으로도 가장 널리 사용되고 있다. 역사적으로 볼 때 지문은 신분확인의 수단으로서 기원전부터 사용된 것으로 알려져 있으며, 과학적인 연구는 1800년대 중반부터 시작되었다. 영국인 의사였던 Henry Faulds는 연구를 통해 지문의 중요한 두 가지 특성을 밝혀냈는데, 하나는 모든 지문이 다른 형태를 가지고 있다는 것이며, 다른 하나는 지문의 형태가 평생 변하지 않는다는 것이다. 지문이란 인간의 손가락 끝에 존재하는 땀구멍이 융기한 선으로 형성된 문형을 말하는 것으로 융기되어 나타나는 선을 융선(Ridges), 두 융선 사이의 팬 곳을 골(Valleys)이라고 한다. 즉 지문은 손가락 끝에 나타난 융선과 골의 연속이며, 지문인식은 이러한 융선의 흐름을 분석해 같은 흐름을 보이는 지문을 찾는 과정이라 볼 수 있다. 일반적으로 지문을 획득하기가 어려운 지문은 약 2% 정도이며, 손에 땀이 많이 나오거나 손을 많이 사용하는 특정 직업(특히 건설업)에 종사하는 사람들은 지문을 획득하기가 어렵다.

인식 또는 인증에 필요한 생체정보를 특징(Feature)이라 하며, 지문에 나타나는 특징을 특징점(Minutia)이라 한다. <그림 15-2>에서 보듯이 특징점에는 단점(Ending)과 분기점(Bifurcation)의 두 가지 타입이 나타나는데, 단점은 융선의 흐름이 끊어지는 곳이며, 분기점은 두 가닥의 융선이 하나의 융선으로 만나는 곳을 말한다. 하나의 지문 이미지에는 이러한 단점과 분기점이 하나 이상 존재한다. 또 다른 특징으로는 코어(Core)와 델타(Delta)가 있

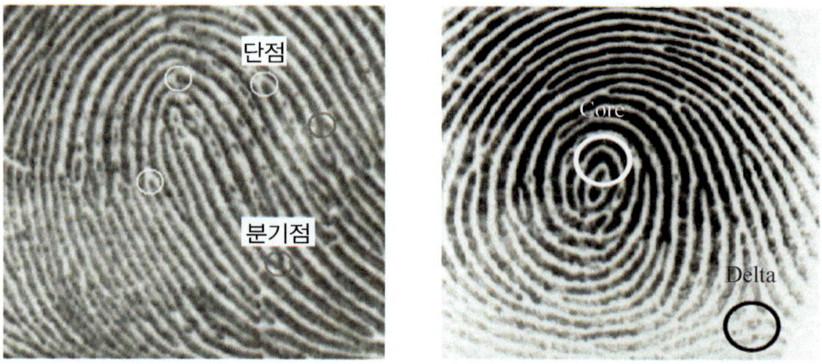

▲ 그림 15-2 지문의 대표적인 특징점 정의

다. 코어는 지문형상의 중심이며, 델타는 융선의 흐름이 삼각형 모양을 이루는 부분을 의미한다. 코어와 델타의 위치는 두 개의 지문 이미지의 정합 위치를 결정하는 데 많이 사용되지만, 단점과 분기점과는 달리 모든 지문에 코어와 델타가 존재하는 것은 아니다.

지문을 획득하는 센서로는 크게 광학식, 정전용량식, 초음파식, 전기장식 등이 있다. 광학식 지문센서(Optical Fingerprint Sensor)은 광원을 이용해서 지문의 영상을 획득하는 원리로 간단한 구조와 상대적으로 좋은 영상을 획득할 수 있으므로 출입제어용으로 가장 많이 사용되고 있다. 광학식에는 <그림 15-3>과 같이 광원을 사용하는 방식에 따라 프리즘 방식과 홀로그램 방식이 있다. 프리즘을 이용한 방식은 건물의 출입제어용으로 가장 많이 사용되고 있다.

정전 용량식 지문센서(Capacitive Fingerprint Sensor)은 <그림 15-4>와 같이 접촉 지문 융선간의 대전(Electrification)되는 전하량의 차이로 영상을 취득하는 방식이다. 지문 융선의 너비는 성인 남성의 경우는 평균 480 μm, 성인 여성의 경우는 평균 430 μm, 그리고 융선과 융선 사이의 가장 좁은 부분은 20 μm 정도인데, 센서 셀 간의 폭은 약 50 μm 이하로 융선의 이미지를 획득하는 데에는 아무런 문제가 없다. 최근 스마트폰에 장착되는 지문인식 센서는 대부분 성선용량식의 센서가 장착되어 있다.

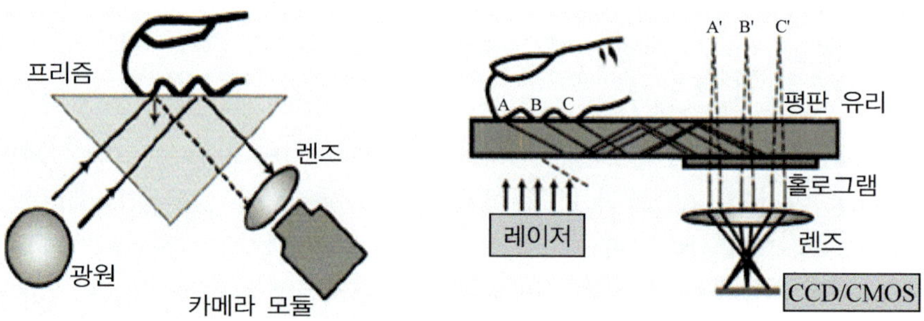

▲ 그림 15-3 광학식 지문센서의 종류(프리즘 방식과 홀로그램 방식)

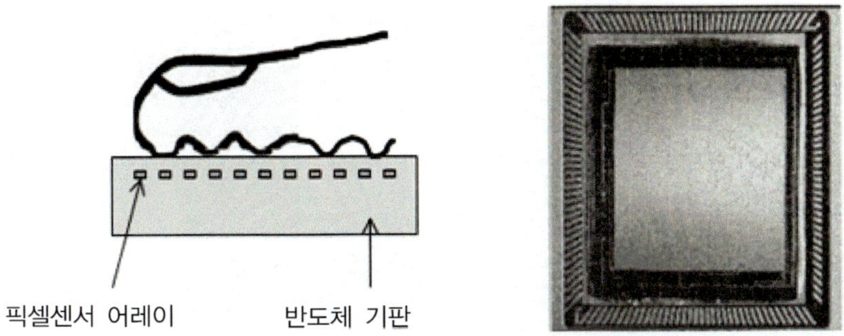

▲ 그림 15-4 정전용량식 지문센서의 형태

광학식과 정전용량식 지문센서는 한 가지 약점이 있는데, 물에 젖은 손가락이나 땀이 많은 손가락, 또는 습기가 많은 날에는 지문을 인식하는데 어려움이 있다는 것이다. 이런 단점을 보완하기 위해 제안된 기술이 초음파식이다. 퀄컴이 차세대 스냅드래곤 프로세스에 초음파식 지문인식 기술을 탑재하기로 되어 있어 기존의 정전용량식과 경쟁이 불가피하게 되었다. 퀄컴은 피부의 표면층을 관통하여 융선과 한공(땀구멍)을 포함한 사용자 손가락의 유일한 특성을 3D맵으로 생성하는 초음파 센서 기술을 개발하였다. 기존의 센서들은 평면인 2D로 지문을 인식했던 것에 반해, 퀄컴에서 제안한 초음파식은 3D로 인식하는 것이 가장 큰 차이점이다. 초음파식은 피사체와 센서 사이에 어떠한 장애물도 인식하는데 방해를 받지 않는 장점이 있으며, 또한 금속, 알루미늄, 유리, 사파이어, 플라스틱 등의 재질과 관계없이 지문을 인식할 수 있다는 것으로, 이는 스마트폰 제조업체가 다양한 디자인의 제품을 만들 수 있다는 선택권을 제공해 준다. 그 이외에도 기존 지문센서는 햇빛, 습도, 온도의 급격한 변화에 취약했던 단점과 먼지나 얼룩이 있는 경우에 인식율이 저조한 단점을 보완한 기술로 평가받고 있다.

입력된 지문영상으로부터 본인 여부를 판단하기 위해서는 지문인식 알고리즘이 필요하다. 지문인식 알고리즘은 크게 두 부분으로 나뉜다. 하나는 입력된 지문 영상으로부터 여러 과정을 거쳐 지문의 특징을 추출하는 영상처리 기술이고, 두 번째는 추출된 특징점들로 구성된 특징 데이터들을 데이터베이스에 미리 등록 저장된 사용자의 표준 DB와 비교함으로써 본인 여부를 판단하는 매칭 알고리즘 기술이다. 매칭 단계는 같은 특징점 기반의 알고리즘이라 하더라도 종류에 따라 세부적인 처리에서 많은 차이를 보인다. 일반적인 정합(Matching) 단계는 <그림 15-5>와 같이 네 단계로 이루어진다. 먼저 특징점 분석 단계에서 영상처리를 거쳐 얻어진 특징 데이터를 분석하여 기준 특징점과 기준 특징점을 중심으로 한 주변 특징점과의 기하학적 특징인 거리와 각도 등을 분석한다. 분석이 끝나면 입력된 특정 데이터의 모든 특징점 쌍들은 자신과 주변의 특징점 간에 거리와 각도로 이루어진 기하학적 관계를 가지게 되며, 이는 이후 국부 유사도 측정을 위한 기본 정보로

▲ 그림 15-5 지문인식 영상처리 과정의 이미지 차이

사용된다. 이러한 특징 데이터의 크기는 회사마다 다르지만 대략 지문 1개당 200~600byte 정도의 용량이 된다. 국부 유사도 측정 단계에 의하여 유사한 특징점 쌍을 양쪽 특징 데이터에 대하여 모두 구해 놓은 후 특징 데이터가 전체적으로 가장 잘 매칭이 될 수 있는 특징점 쌍을 선정하여 이를 기준으로 두 지문의 유사도를 계산할 수 있으며, 이 단계를 전체적인 유사도 측정이라고 한다. 마지막으로 전체적인 유사도 값을 이용하여 최종 정합 점수를 계산하여 미리 설정된 임계점수와 비교를 통해 본인 여부를 최종 판정하게 된다.

지문인식 시스템이 보편화함에 따라 위조지문을 만들어 이를 악용하는 사례가 생기고 있다. 위조지문은 일반적인 지문인식 시스템에서 실제 지문과 똑같이 인식되어 범죄에 악용될 소지가 매우 크다. 국내에는 약 2005년경부터 위조지문을 이용한 사례가 보고되기 시작했다.[100]

이러한 위조지문은 실리콘, 젤라틴, 고무 등의 재료로 만드는데, 가장 기본적인 절차는 지문 틀의 제작과 지문 모형의 제작이다. 지문 틀은 치과에서 흔히 사용하는 조형재료, 자유 플라스틱, 양초 등을 사용한다. 치과에서 사용하는 조형재료를 사용하는 경우, 두 가지 원료를 1대1의 비율로 골고루 혼합하고 복사하고 싶은 손가락으로 꾹 누르고, 약 30초 후 틀이 굳어지면 손가락을 떼어내면 틀이 제작된다. 양초는 가열하여 액상으로 녹이게 한 후 적당한 크기의 용기에 부어 놓은 후, 복제하고 싶은 손가락으로 누르고 잠시 기다리면 동일한 지문 틀이 만들어진다. 제작된 지문 틀에 실리콘, 젤라틴, Play-Doh 등을 사용하는데, 특히 실리콘으로 제작한 지문 모형은 아주 유연하여 피부와 비슷한 느낌을 나게 할 수 있으며, 여러 가지 색상으로 만들 수 있고, 일정한 첨가제를 첨부하면 경도를 조절할 수 있어 위조지문 제작에 가장 이상적인 재료이다. 젤라틴은 시간에 따라 변질하기 때문에 장시간 보관용으로는 부적합하다. 틀 모양 방식의 위조지문을 제조하는 데에는 특별한 재료를 구입해야 하고 제작기술도 일정한 수준에 도달해야만 하는 데 비해, 종이, OHP

100. 한국정보통신기술협회, "위조지문 탐지기술", 2010년

필름 等 간단한 재료를 이용해서 만들 수 있다. 백지에 자신의 지문을 인주 또는 잉크를 이용해서 취득한 후 일반 복사기로 복사하면 된다. 이런 종류의 위조지문에 대해 일부 광학식 지문인식기는 위조지문을 판단하지 못한다.

이러한 위조지문을 검출하는 방법은 크게 두 가지가 있다. 첫 번째 방법은 추가적인 하드웨어를 사용하여 <표 15-2>에서와 같이 맥박이나 온도와 같은 생체 고유의 신호를 측정하는 것이다. 이 방법은 기존의 지문입력장치를 변형하는데 비용이 많이 들고 시스템이 커지는 단점이 있다. 두 번째 방법은 지문인식 시스템에서 얻은 영상에서 생체지문과 위조지문의 영상차이를 분별하는 소프트웨어적인 방법이다. 하드웨어 방법 대비 비용은 절약할 수 있으나 성공률이 그리 높은 편은 아니다. 소프트웨어적인 방법은 주로 3가지 종류가 있는데, 발한작용기반의 방법, 피부왜곡기반의 방법, 영상품질 기반의 방법 등이다. 발한현상 기반의 위조지문 검출방법은 미국의 West Virginia 대학에서 연구된 내용으로 핵심적인 아이디어는 지문 융선의 중심선에서 발한현상을 전기신호로 측정하여 지문의 진위를 판단하는 것이다. 생체지문은 보통 많은 땀샘이 융선에 위치하여 있는데, 이런 땀샘은 지문이 센서를 접촉하는 2~5초 사이에 발한현상이 일어난다. 이런 원리를 이용하여 지문이 센서에 접촉한 후 0초, 2초(혹은 5초)에서 각각 영상을 취득한다. 그러나 이 방법은 상용화하는 데 있어서 일정한 시간이 필요하다는 것이 단점이다.

피부왜곡기반의 방법은 지문의 탄성을 측정하여 살아있는 지문과 위조지문을 구분하는 것으로 Maltoni사 등이 제안하였다. 이 방법에서 사용자는 센서를 접촉한 후 손가락을 일정한 각도로 돌아야 하고 Optical Flow를 이용하여 왜곡 정도의 특징을 추출하여 위조지문을 구분하는 방법이다. 품질기반의 방법은 융선과 곡선이 있을 때 좋은 품질의 영상을 얻을 수 있고, 희미한 융선과 곡선은 낮은 품질의 영상을 얻는다. 그러므로 살아있는 지문은 쉽게 동일

■ 표 15-2 하드웨어적으로 위조지문 구분 원리

제안 회사	위조지문 구분 원리
니트젠 社	광의 반사, 투과, 감쇠 특성 차이를 이용
유니온커뮤니티 社	지문입력창에 투명전극을 설치하여 인식을 위해 투명전극에 접촉함에 따라 발생하는 정전용량의 변화를 검출
씨큐트로닉스 社	손가락의 지문부위로 적외선을 발광하고 손가락으로부터 반사 또는 투과한 적외선의 양에 의해 손가락의 혈류를 감지
Simamura 等	지문의 전기저항을 측정하는 방법
Rowe 等	가시광선 영역에서 다수의 파장을 이용하거나, 손가락 내부의 특성을 이용하는 방법

■ 표 15-3 하드웨어 위조지문 구분법 비교

방식	원리	장점	단점
광학	다중스펙트럼 영상, 열 영상, 흡수/산란영상	고해상도, 정밀한 영상	큰 공간을 차지, 가격이 높음
전기학	사람 피부의 전기학 특성을 검사	다수의 위조지문 방지 가능	사람 피부와 비슷한 전기학 특성을 가진 위조재료에 취약
생리학	사람의 생리학 특성을 검출 (온도)	간단하고 구현하기 쉬움	작동원리를 알게 되면 쉽게 위조할 수 있음

한 품질의 영상을 얻을 수 있지만, 위조지문은 많은 요소에 영향을 받을 수 있기 때문에 지문 영상 품질이 늘 똑같지 않다는 것을 이용한 방법이다. 위조지문을 판별하기 위한 하드웨어 방식인 경우, 센서는 일부 특정한 원리에 근거하여 설계되었기 때문에 판별 가능한 위조지문의 종류가 국한되어 있다. 대표적인 하드웨어 방식의 장단점은 <표 15-3>과 같다.

소프트웨어적인 방법의 평가방법은 개발한 알고리즘을 위조지문 데이터베이스에 적용하여 위조지문의 식별 정확도 및 에러를 계산하는 것이다. 현재까지의 실험결과는 1% 미만부터 10% 이상에 이르기까지 발표되고 있다. 그러나 모두 각자 수집한 데이터베이스에서 진행한 결과이므로 어느 알고리즘의 성능이 더 우수한지는 비교할 수가 없다. 대표적인 소프트웨어적인 방법들의 장단점은 <표 15-4>와 같다.

■ 표 15-4 소프트웨어적인 위조지문 구분법 비교

방식	원리	장점	단정
발한작용 기반	땀샘에서의 발한을 검출	오직 생체지문에서 검출될 수 있음	신호를 검출하기 어려우며, 실용성이 낮음
변형 기반	사람 피부의 전기학 특성을 검사	피검사체의 탄성을 구분할 수 있음	위조지문의 재료에 의존되며, 동영상 촬영이 가능한 센서 필요
품질 기반	사람의 생리학 특성을 검출 (온도)	빠르고 구현하기 쉬움	Verification(검증) 모드에서만 가능

15.2 홍채인식 기술

스마트폰에 탑재될 다양한 지문인식 이외의 다른 생체인식 기술들이 속속 개발되고 있다. 일본 후지쯔사에서는 홍채인식(Iris Recognition) 기술인 '액티브 아이리스'를 선보였는데, 오인식률이 1000만분의 1로 상당히 낮은 편으로 보고되고 있다. 아이베리파이(EyeVerify)사에서도 아이프린트 ID(Eyeprint ID)라는 이름의 안구 혈관 패턴 스캔 기술을 선보였다. 두 기술 모두 매우 높은 인식률을 가지고 있는 것이 장점이다. 이와 같이 눈을 이용한 인식기술 중에 가장 먼저 등장한 것이 망막에 있는 맥관구조 무늬를 이용한 망막인식기술이다. 망막인식은 지문인식보다 무늬 데이터의 인식이 쉬우며 인식의 정확도가 높다. 그러나 망막은 눈 속 깊은 곳에 있어 영상을 취득하기가 어렵고, 백내장이 있는 사람이나 눈동자가 작은 경우 망막 영상을 취득하기가 어렵다는 단점이 있다.

홍채를 이용한 인식기술은 망막을 이용한 인식기술에 비하여 비교적 늦게 개빌이 되었다. 망막과 달리 홍채는 눈의 외부에 있어 영상을 쉽게 얻을 수 있다는 장점은 있으나, 그 무늬가 너무도 복잡하여 인식하기가 어려워 1994년에서야 비로소 실용화가 되었다. 홍채패턴이 개인 식별에 유용하게 사용될 수 있다는 사실은 1936년 안과 의사인 Frank Burch에 의해 처음으로 제안되었다. 그 뒤 미국의 두 안과 의사인 Leonard Flom과 Aran Safir가 홍채패턴이 사람마다 고유하다는 사실을 발표했으며, 1987년에 그 기술에 관한 원천특허를 등록했다.

그 이후 1994년 영국 케임브리지 대학의 John G. Daugman 교수가 홍채패턴을 256byte로 코드화 할 수 있는 가보(Gabor) 변환을 기반으로 한 영상신호 처리 알고리즘을 제안하였고, 이후 이들 세 사람이 주축이 되어 미국 뉴저지주에 Iris Scan사를 설립하여 1995년에 최초로 상용화된 홍채인식 시스템을 출시하였다. 이 시스템은 가보 필터를 이용하여 홍채 영상에서 128개 이상의 독립변수를 추출하고 256byte의 홍채코드를 작성하였는데, 이 기술로 이론적으로 약 80억명에 달하는 서로 다른 홍채를 코드화할 수 있었다. 이 외에도 웨이블릿 변환을 통해 홍채코드를 추출하여 생체를 인식하는 기술도 탑재되어 있었다. 이 기술에 의하면 두 홍채가 서로 같을 확률은 $1/10^{78}$이라고 한다. 홍채는 심지어 같은 사람일지라도 왼쪽과 오른쪽이 다를 뿐 아니라 같은 유전자를 가지고 있는 일란성 쌍둥이도 서로 달라 매우 높은 고유성을 가지고 있는 것으로 알려져 있다.

홍채는 <그림 15-6>과 같이 동공경계(홍채의 안쪽경계)와 홍채경계(홍채의 바깥경계)로 이루어진 도넛 형태를 말한다. 가시광선 조명하에서의 갈색 눈은 홍채와 동공의 밝기

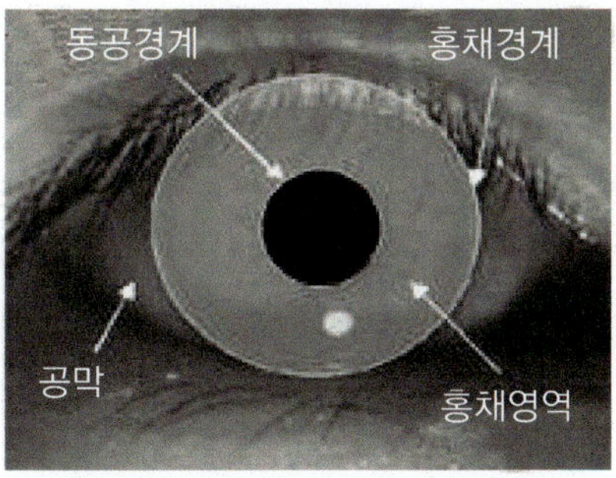

▲ 그림 15-6 홍채의 정의

분포가 비슷하여 동공경계가 잘 보이지 않지만, 적외선 조명이나 흑백 카메라 환경에서는 홍채와 동공의 밝기 차이가 많이 나기 때문에 도넛 형태의 홍채영역이 매우 잘 드러난다. 따라서 홍채 영역을 추출하기 위해서는 적외선 조명을 사용하는 것이 좋으며, 홍채 경계보다는 특징이 뚜렷한 동공경계를 먼저 추출하는 것이 바람직하다. 홍채의 크기는 약 11 mm 정도의 크기로 거의 일정하다. 가시광선 조명에서는 홍채와 공막(흰자위)의 밝기 차가 크기 때문에 동공경계를 쉽게 구분할 수 있지만, 홍채경계는 경계가 두껍고 블러(Blur)되어 있기 때문에 경계를 정확히 찾기가 어렵다.

홍채의 80%는 출생시부터 5~8세 사이에 유전적으로 완전히 형성되어 변하지 않으나, 약 20% 정도는 후천적인 질병이나 장기의 문제로 변할 수 있다. 불변의 패턴은 유전적・체질적 특성을 나타내고, 변하는 무늬 및 색깔은 후천적인 질병발생에 의한다. 따라서 이러한 특징에 기반을 두어 홍채는 홍채인식 같은 개인 신분확인 시스템, 홍채학 같은 건강판단 시스템 적용이 가능하다. 유전적인 요소에 의해 형성된 패턴은 그 사람의 체질을 나타내므로 개인 고유의 정보로 사용될 수 있다. 또한 건강상태 변화는 몸으로 잘 느끼지 못할지라도 일반적으로 장기간에 걸쳐 진행되기 때문에, 일정 기간 내에서는 후천적인 요인에 의한 변화도 개인 고유의 정보로써 이용될 수 있다. 하지만 일정 기간이 경과하면 홍채정보를 갱신해 주어야만 신분 확인정보로써 사용할 수 있다. 홍채의 색깔은 흑백 영상에서는 잘 표현되지 않기 때문에 색깔의 변화가 홍채정보에 미치는 영향은 적다. 따라서 질병 등에 의한 홍채의 패턴변화가 심하지 않다면 홍채를 개인 고유정보로써 사용하는 데 무리가 없다.

홍채를 이용한 개인식별은 홍채 영상 획득 부분과 홍채인식 부분으로 이루어진다. 영상획득은 홍채인식에 적합한 품질의 눈 영상을 획득하는 기능을 수행하고, 홍채인식 부분은 획득된 눈 영상으로부터 홍채 영역 추출, 홍채특징, 홍채 코드 생성, 정합(Matching) 등의 기능을 수행한다. 입력 장치는 시스템 측면에서는 시스템 전체의 성능과 관련이 있으며, 사용자 측면에서는 사용자 편리성과 관련이 있는 홍채인식 시스템을 구성하는 중요한 요소 가운데 하나이다. 인식 부분에서 홍채 영역 추출은 입력장치를 통하여 획득된 눈 영상으로부터 홍채 영역을 분리하는 단계이다. 정확한 홍채 영역 추출은 일관성 있는 홍채 특징 추출을 위하여 매우 중요하다. 홍채특징 추출은 홍채 영역에 나타나는 무늬 패턴의 특징을 추출하는 단계로, 홍채무늬 패턴의 그레이(Gray) 값의 변화를 반영하는 값으로 표현된다. 홍채 코드 생성 단계는 효율적인 홍채 코드의 저장과 비교를 위해 추출된 홍채의 특징을 일정한 형태로 부호화하는 단계이다. 홍채를 이용한 개인식별은 비교되는 두 홍채 코드의 유사도를 이용하여 판별한다.

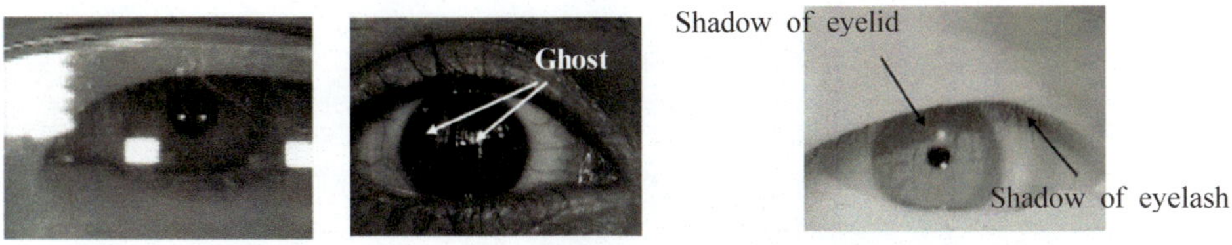

(a) 주위 조명의 반사 (b) Ghost 영상 (c) 속눈썹의 그림자

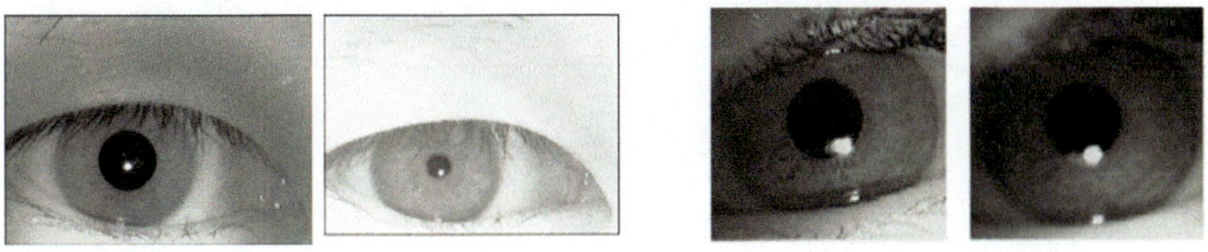

(d) 실내와 실외의 조명에 따른 동공 변화 (e) 영상 화질 변화

▲ 그림 15-7 홍채 영상 획득을 가로막는 장애 영상 요인들

홍채 영상을 획득하는 데 있어서 다음과 같은 3가지를 유의해야 한다. 첫째, 홍채 영상을 획득하는 데 있어 사용자에게 불편함을 주지 말아야 한다. 둘째, 홍채인식 시스템에 적합한 품질의 홍채 영상을 획득해야 한다. 셋째, 빠른 시간 내에 영상을 획득할 수 있어야 한다. 이러한 조건을 모두 만족하려면 홍채인식 시스템의 가격이 상당히 높아지는 문제가 있고, 가격을 낮추게 되면 이런 요구사항을 일부 충족시키지 못하게 된다. 따라서 응용분야에 따라 홍채 영상 획득시스템을 달리 구성할 필요가 있다. 눈은 그 표면이 매우 매끄러워 거울처럼 주변의 영상이 눈에 맺힐 수 있다. 카메라로 찍은 홍채 영상을 보면 심지어 눈에 비친 카메라의 모습까지도 볼 수 있다. 더욱 심각한 문제는 <그림 15-7>에서 보는 바와 같이 조명을 위한 광원의 빛이 눈 표면에서 정반사한 영상, 촬영배경의 고스트(ghost) 영상, 눈썹에 의한 가림 영상, 실외 조명에 따른 동공 크기 변화, 영상의 흔들림 등 영상획득에 여러 가지 장애 요소가 많이 있다.

홍채만의 특징을 얻기 위해서는 초점을 조절할 수 있는 카메라 렌즈 시스템의 설계와 홍채의 무늬를 증폭할 수 있는 광학적 필터의 선택이 필요하다. 또한 조명 방향과 카메라와의 각도를 조절하여 광원이 눈에 반사되는 현상을 최소로 해야 한다. 얼굴에서 홍채가 차지하는 면적은 매우 작고, 고화질의 홍채 영상을 획득해야 하므로 현재 판매되고 있는 홍채인식 시스템은 반자동식과 자동식 2가지 형태로 출시되고 있다. 반자동식은 얼굴을 카메라에 일정 거리 앞까지 고정해 영상을 획득하는 방식이고, 자동식은 사용자가 거의 의식을 하지 않고도 영상을 획득하는 시스템이다. 반자동식은 사용이 다소 불편하지만 시스템 가격을 낮출 수 있는 장점이 있고, 자동식은 사용이 편리하지만 홍채 영상을 획득하기 위해 고가의 카메라 시스템을 사용해야 하는 단점이 있다.

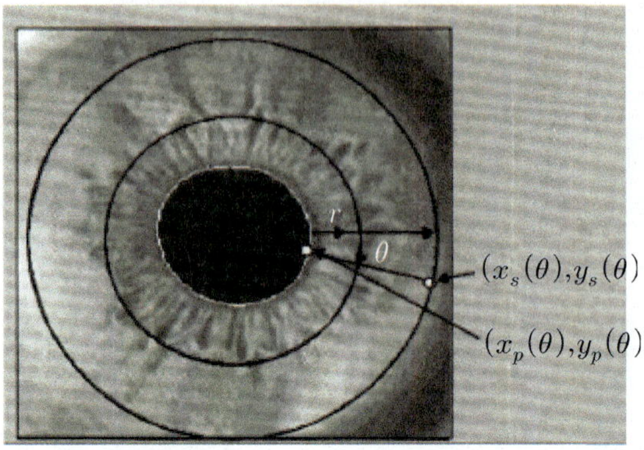

▲ 그림 15-8 극좌표계 변환 결과

홍채 영역 추출은 일관성 있는 홍채특징 추출을 위하여 정확하게 이루어져야 한다. 홍채 영역 추출은 동공과 홍채의 경계에 해당하는 홍채 내부 경계와 공막과 홍채의 경계에 해당하는 홍채의 외부경계를 검출해야 한다. 홍채 내, 외부 경계추출은 동공 및 홍채의 중심과 반지름을 통해 결정할 수 있는데, 원형 에지 검출기(Circular Edge Detector)를 이용하는 방법, 허프 변환(Hough Transform)을 이용하는 방법, 템플릿을 이용하는 방법이 있다. 이 방법들은 홍채의 경계가 원의 모양을 가지고 있다는 것과 동공은 다른 영역에 비해 어둡다는 가정을 기반으로 하고 있다. 원형 에지 검출기 방법은 중심과 반지름을 바꿔가면서 원주의 변화량이 가장 큰 곳을 동공 및 홍채의 경계로 정의한다. 동공과 홍채의 경계특성이 조금씩 다르므로 반지름에 대한 가우시안 블러(Gaussian Blur)를 취해서 경계를 찾는 방법이다.[101, 102]

내부경계와 외부경계가 검출되면, 홍채 영역을 <그림 15-8>처럼 r과 θ를 이용한 극좌표계로 변환하여 내부경계와 외부경계 사이의 홍채 패턴을 추출한 다음 이를 정규화시킨다. 이러한 좌표계의 변환은 홍채 영상이 내부로부터 증가하되는 반지름에 따른 원주 상에 빗살 모양, 얼룩점, 동공주위를 둘러싼 코로나 모양의 특징이 극좌표계상의 반지름과 중심각의 크기로 표현이 용이하기 때문이다.

신호와 영상 처리 분야에서 신호를 주파수 영역으로 분석하려는 방법으로 푸리에 변환(Fourier Transform)이 사용되기도 하는데, 이 변환은 시간 정보가 없어서 신호의 시간 정보와 주파수 정보를 동시에 분석할 수 없다는 단점을 가지고 있다. 대신 시간과 주파수 분석을 동시에 가능하게 하는 웨이블릿 변환이 사용된다. 입력된 홍채영상에서 특징을 추출하는 방법으로 웨이블릿 변환(Wavelet Transform) 방법을 사용한다. 웨이블릿 변환 과정

101. 임철수, "위치이동에 무관한 홍채인식을 위한 웨이블릿 변환기술", 정보처리학회논문지B, 제10-B권, 제4호, 2003년
102. 김재희, "홍채인식기술의 현황과 응용", 시큐리티월드 특집

에서 홍채 영상은 Low Pass Filter와 High Pass Filter를 거치면서 low-low, low-high, high-low, high-high의 4가지 서브이미지(subimage)를 만들고, 이 서브이미지 중 저주파 채널에 대해 웨이블릿 변환을 다시 적용해 그 결과에서 특징 벡터를 추출한다. 이를 통하여 홍채의 서로 다른 무늬패턴을 특징적인 값으로 표현하여 사용하게 된다. 소위 이런 방법을 '특징을 코드화시켰다.'라고 한다. 이렇게 표현된 홍채 특징은 두 홍채 사이에 유사도를 측정하여 본인인지를 확인하다. 유사도를 측정하는 방법을 특징정합이라고 하는데, 유사도 측정방법은 특징 추출방법과 매우 밀접하게 관련되어 있다. 일반적으로 사용하는 기법으로 해밍거리(Hamming Distance)를 이용하는 방법과 상관도(Correlation)를 이용하는 방법이 있다. 두 홍채 사이의 유사도 값이 미리 선정된 임계치(Threshold) 이상이 되면 동일인으로 판정하고, 임계치 이하이면 다른 사람으로 판단한다.

현재 가장 많이 사용하고 있는 지문 시스템은 사용자와 입력 장치 간의 접촉이 반드시 필요하며, 위조지문의 해결책 및 일부 상황에 따라 지문인식이 안 되는 때도 있는 단점이 있었다. 이의 해결책으로 카메라를 이용한 비접촉식 방법인 얼굴 인식기술이 등장하여 많은 연구가 이루어지고 있으나, 인식률에서 아직 지문의 수준에 도달하지 못하고 있는 문제점이 여전히 존재하고 있다. 이러한 문제점을 해결할 방법으로 비접촉식이면서 인식률이 높은 홍채인식 기술이 유일한 대안으로 예측하고 있다. 홍채인식 기술이 생체인식 기술 중에 비교적 늦게 기술적으로 정립되었으나, 향후 기술이 점점 그 사용범위가 확대될 것으로 기대하고 있다. 홍채만의 이미지를 얻기 위해서는 초점을 조절할 수 있는 카메라 렌즈 시스템이 필요하며, 홍채의 무늬를 증폭할 수 있는 광학적 필터의 선택이 필요하다. 또한 조명 방향과 카메라와의 각도를 조절하여 광원이 눈에 반사되는 현상을 최소화해야 하며, 얼굴에서 홍채가 차지하는 면적은 매우 작아 고화질의 홍채영상을 획득해야 한다. 이런 이유로 홍채인식을 위해서는 고가의 카메라 시스템이 필요하다는 단점이 있다.

15.3 얼굴인식 기술

생체인식기술에서 최근 관심을 많이 받고 있는 분야가 얼굴인식(Face recognition) 기술 분야이다. 최근 구글에서는 100%에 가까운 얼굴인식기술을 개발했으며, 페이스북에서도 구글 수준의 얼굴인식기술을 개발했다고 한다. 구글의 '페이스넷(Face Net)'은 99.96%, 페이스북의 '딥페이스(Deep Face)'는 97.25%의 얼굴 인식률을 자랑하고 있다. 구글 연구원들은 1만 3천명의 데이터 이미지를 사용한 결과 이처럼 100%에 가까운 얼굴인식률을 기록했다고 밝혔다. 이들은 인공지능 신경망에 얼굴인식 능력을 갖게 하기 위해 온라인에서 데이터마이닝 방식으로 본인과 일치하거나 일치되지 않는 얼굴사진을 가져와 무작위로 배열해 놓고 훈련을 시켰다고 한다. 구글의 접근방식은 얼굴당 128바이트만 사용하고도 기존 방식에 비해 훨씬 더 높은 얼굴인식 효율을 보였으며, 어느 정도 어두운 곳에서도 밝은 곳에서와 마찬가지로 얼굴을 인식할 수 있었다고 한다. 또한 구글에서는 표준 얼굴 데이터베이스인 레이블드페이스와일드(LFW) 사진 데이터사이트에서 테스트한 결과 이 시스템의 인식률이 99.63%였음을 확인했으며, 유튜브 동영상의 얼굴 DB를 사용해 테스트한 얼굴 인식률은 95.12%였다.[103] 이와 같은 얼굴인식기술은 딥러닝(Deep Learning)으로 불리는 인공지능(AI) 기술 활용을 바탕으로 하고 있으며, 범죄자 식별은 물론 보안 감시용, 인증용 등 당양하게 활용될 전망이다.

알리바바는 전자상거래시 얼굴인식기술을 인증용으로 적용할 것으로 전망되며, 페이팔 같은 회사도 이 기술을 전자결제 인증을 위한 새로운 수단으로 적용할 예정이다. 얼굴인식 알고리즘은 크게 얼굴검출, 특징점 추출과 얼굴인식 세 단계로 나눌 수 있다. 얼굴검출 과정에서 얼굴 영상은 조명, 시점 변화, 표정, 머리 모양, 화장 여부, 안경 착용여부 등 다양성으로 인해 큰 변화가 존재하고, 또한 얼굴과 유사한 수많은 비얼굴 데이터(얼굴이 촬영되는 화면 내부에 형태가 얼굴과 유사한 둥근 사물)가 존재하기 때문에, 복잡한 배경에서 얼굴 영역을 완벽하게 분리하는데 현실적으로 한계가 있다. 따라서 얼굴인식을 좋게 하기 위해서는 밝은 조명하에서 아무런 배경이 없는 벽 앞에 서서 얼굴을 촬영하는 것이 좋다.

생체인식을 위해 지문인식이 가장 널리 사용되고 있지만, 다른 대체인증에 대해서도 연구 중에 있다. 특히 얼굴인식과 홍채인식이 차세대 생체인증 수단으로 주목을 받고 있다. 얼굴인증의 경우는 은행 ATM기에 널리 사용될 것으로 예상되는데, 그 이유는 ATM기를 사용한 신원을 저장하고 관리하므로 문제가 발생했을 때 역추적이 가능하다는 장점 때문이다. 그리고 홍채는 뛰어난 FRR과 FAR과 복제가 어렵다는 장점 때문에 고도의 보안을

■ 표 15-5 국내 바이오인식 제품 매출 전망(단위: 백만원)

(출처: 한국지식정보보안사업협회)

구분	2013년	2014년	2015년	2016년	2017년	2018년	CAGR
얼굴인식	50,086	59,619	84,577	111,627	147,328	194,447	28.2%
지문인식	98,983	107,840	128,002	139,455	151,933	165,528	10.8%
홍채인식	1,163	2,026	6,149	10,713	18,663	32,513	94.7%
정맥인식	5,863	6,601	7,346	8,199	9,151	10,213	11.7%
기타	10,336	10,600	11,148	11,432	11,724	12,023	3.1%
합계	172,431	186,686	237,222	281,426	338,799	414,724	9.2%

103. 전자신문, "구글, 얼굴인식률 99.96%, 어디에 쓸까?", http://www.etnews.com/20150322000015

요하는 서비스에 적용될 것으로 예상된다. <표 15-5>는 향후 바이오인식 제품에 대한 매출 현황인데, 시장의 절대 규모면에서 얼굴인식이 지문인식을 넘을 것으로 예상되며, 매년 성장률 측면에서는 홍채인식이 가장 많이 성장할 것으로 예상되고 있다.

얼굴 검출 및 인식(Face Detection and Recognition)은 중요 생체인식 기술 중의 하나로써, 지문인식과 같은 생체인식 기술과는 달리 비접촉식 방법이고 가격이 저렴한 장점을 가지고 있어서 금융 기기, 로봇, 출입통제, 감시 카메라, 모바일 기기 및 자동차 등 다양한 분야에 활용될 수 있는 차세대 생체인식 기술이다. 특히 최근에는 IT 및 네트워크 기술의 발전과 대형 서버와의 통신 환경을 이용하여 소형의 스마트폰 환경에서도 얼굴 검출 및 인식이 가능해지고 있다. 얼굴인식은 특정한 장치를 이용하여 직접 입력을 받아야 하는 다른 생체인식과는 달리, 사용자의 입력 없이 카메라의 입력 영상만을 이용하여 좀 더 친숙하고 편안한 방법을 제공할 수 있는 장점과 사용 순간의 얼굴 영상이 저장되기 때문에 문제가 발생 시 확실한 추적이 가능하다는 장점이 있다. 그러나 다른 센서를 이용한 시스템에 비해서 영상 시스템은 많은 양의 데이터를 처리해야 하며, 이 때문에 처리 시간이 오래 걸리는 단점이 있다. 이의 극복을 위해서 고속의 시각 처리를 높은 신뢰도로 수행할 수 있는 적절한 하드웨어와 효율적인 알고리즘의 적절한 사용이 필요하다.

얼굴인식 알고리즘은 크게 얼굴검출과 얼굴인식 두 단계로 나눌 수 있다. 얼굴검출 과정에서 얼굴 영상은 조명, 시점 변화, 표정, 머리 모양, 화장 여부, 안경 착용여부 等 다양성으로 인해 큰 변화가 존재하고, 또한 얼굴과 유사한 수많은 비얼굴 데이터(얼굴이 촬영되는 화면 내부에 형태가 얼굴과 같이 둥근 사물)가 존재하기 때문에, 복잡한 배경에서 얼굴 영역을 완벽하게 분리하는데 현실적으로 한계가 있다. 현실적으로 얼굴검출의 성능을 가로막는 장애가 많이 있는데, 크게 3가지 정도로 요약할 수 있다. 첫째, 복잡한 배경을 포함한 영상에서 얼굴 영역 탐색은 얼굴과 비슷한 컬러, 모양 등의 특징을 가지는 변수들이 존재하기 때문에 매우 어렵다. 둘째, 얼굴 영역 탐색 시 안경, 선글라스, 콧수염 등과 같이 존재의 유무를 확신할 수 없는 장애물에 의해 문제가 발생할 수 있다. 셋째, 조명의 상태는 전체적인 입력 영상의 구조를 변화시키므로 얼굴 영역 탐색 결과는 예측할 수 없을 정도로 다르게 나타난다. 이러한 문제점을 극복하기 위하여 많은 연구가 이루어지고 있다. 얼굴검출 및 일굴 인식에 대한 알고리즘 흐름도는 <그림 15-9>와 같다. 얼굴인식을 위해서는 얼굴검출을 얼마나 잘하느냐가 매우 중요하다.

얼굴 영역 검출방법은 지식 기반 방법(Knowledge Based Method), 특징 기반 방법(Feature Based Method), 템플릿 정합법(Template Matching Method), 외형 기반 방법(Appearance Based Method)으로 나눌 수 있다. 지식 기반 방법은 얼굴을 구성하는 눈, 코, 입과 같은 요소들을 이용하여 얼굴을 검출하는 방법이다. 특징 기반 방법은 얼굴특징 성분(눈, 코, 입, 외곽선,

명암도)들의 크기와 모양, 상호 연관성, 얼굴의 색감과 질감 정보와 성분들의 혼합된 형태의 정보를 이용해서 얼굴을 검출하는 방법이다. 템플릿 정합법은 미리 훈련된 표준의 얼굴 영상을 일정한 크기로 스캔하여 표준 영상의 패턴과의 유사도를 측정하여 얼굴을 검출하는 방법이다. 외형 기반 방법은 패턴인식을 이용하여 학습 영상 집합에 의해 학습된 모델을 이용해서 얼굴을 검출하는 방법이다. 이 방법들은 단독으로는 만족할 만한 검출률을 얻기 힘들기 때문에 일반적으로 결합한 형태를 많이 사용한다. 얼굴검출에서 자주 사용하는 알고리즘의 종류는 <표 15-6>과 같다.

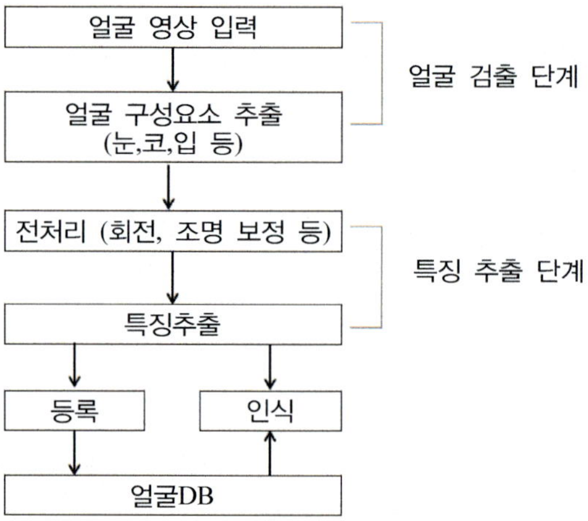

▲ 그림 15-9 얼굴인식 단계의 개요

■ 표 15-6 얼굴 검출에 사용되는 알고리즘 종류

방법	사용하는 알고리즘 종류
지식 기반 방법	• 다중 분해법 기반 방법(Multi Resolution Based Method)
특징 기반 방법	• 얼굴 특징 • Texture • 피부색 • 다양한 얼굴 특징
템플릿 정합법	• 사전정의 얼굴 템플릿 • 변형하는 템플릿
외형 기반 방법	• Eigenface • 분산기법 • 뉴럴 네트워크 • Support Vector Machine (SVM) • Naive Bayes Classifier • Hidden Markov Mode • Information Theoretical Approach

지식기반 검출방법은 일반적으로 알려진 얼굴 특징점(눈, 코, 입)들이 얼굴 내부에서 가지고 있는 법칙을 이용하여 발전되어 왔으며, 얼굴의 특징들과 그들의 상관관계를 규칙으로 만드는 것이 간단하다는 장점이 있다. 그리고 특징 간의 관계는 그들의 상대적인 거리나 위치를 측정함으로써 유도할 수 있다. 이 방법은 일반적으로 정면의 영상에 대하여 높은 검출 성공률을 보인다. 그러나 얼굴의 기울기, 카메라를 바라보는 각도, 표정 등과 같은 얼굴의 다양한 변화가 있는 영상에서는 얼굴의 검출이 어려워서 변화가 없거나 특별한 경우에만 적용할 수 있다는 단점이 있다.[104. 105.]

특징기반 방법은 얼굴특징 성분(눈, 코, 입, 외곽선, 명암도)들의 크기와 모양, 상호 연관성, 얼굴의 색상과 질감 정보와 성분들의 혼합된 형태의 정보를 이용해서 얼굴을 검출하는 방법이다. 상향식 접근법을 사용하여 얼굴의 부분적인 특징을 찾고, 후보영역(얼굴 특정 부분)을 통합하여 얼굴을 찾는 방법이다. 이 방법에는 얼굴특징, 질감, 피부색 등의 특징들을 이용한 검출 알고리즘이 있다. 이 방법은 처리 시간이 빠르고 쉽게 얼굴을 찾을 수 있고, 자세나 얼굴의 방향에 민감하지 않은 장점을 가지고 있다. 그러나 피부색과 유사한 배경이나 개체에 대해 오류 가능성이 있으며, 조명의 밝기 변화에 따라 얼굴의 색상 및 질감 정보를 잃을 수도 있고, 얼굴의 기울어진 정도에 따라 얼굴의 특징 성분을 검출하지 못하는 단점이 있다. 템플릿 방법은 표준 얼굴패턴을 수작업으로 미리 정의하거나 함수를 이용하여 계수화하고 입력영상이 주어지면 미리 정해진 얼굴패턴이 가지고 있는 윤곽선, 눈, 코, 입 등의 특징점과 입력 영상의 특징점을 서로 비교하여 상관도를 계산하여 가장 높은 상관도를 가진 영상을 얼굴로 검출하는 원리이다. 수식이 간단하고 쉽고 얼굴의 특징 성분의 검출이 용이하여 복잡한 배경에서도 얼굴의 검출이 가능하다는 장점이 있다. 그러나 거리에 따른 얼굴의 크기 변화와 얼굴의 회전각도, 기울어짐 등에 민감하여 실제 얼굴 검출에 적용하기에는 아직 많은 문제점이 있다.

외형기반 방법은 주어진 훈련 영상의 학습을 통하여 표준의 패턴을 정하는데, 적절한 얼굴 및 비얼굴 영상의 특징을 찾기 위해 가장 간단한 방법으로 기계적인 학습이나 통계적인 분석을 사용한다. 다른 검출 방법들에서 언급된 여러 제약 조건들에 대해 학습을 통해 극복된 것이기 때문에 높은 인식률의 장점을 가지고 있다. 그러나 이 방법은 데이터베이스 학습에 많은 시간이 소요되고, 또한 데이터베이스가 변하면 다시 학습을 시켜야 하는 단점이 있다. 얼굴인식은 입력 영상으로 들어온 얼굴이 데이터베이스에 저장된 얼굴 자료 중의 누구와 가장 유사한지를 밝혀내는 과정이다. 얼굴인식 알고리즘은 조명, 포즈, 표정, 장신구, 나이 等 사용자의 외부환경 또는 얼굴변화에서 발생하는 다양한 변화에 신

104. 한국인터넷진흥원, "CCTV기반 얼굴검출 및 인식 시스템 보안 프레임워크에 관한 연구", 수탁기관 경북대학교 산학협력단, 2009년 7월
105. 이형지, "외부변화에 강인한 다단계 이진화와 Hu 모멘트 기반 얼굴인식에 관한 연구", 인하대학교 대학원 전자공학과 박사학위 논문, 2004년

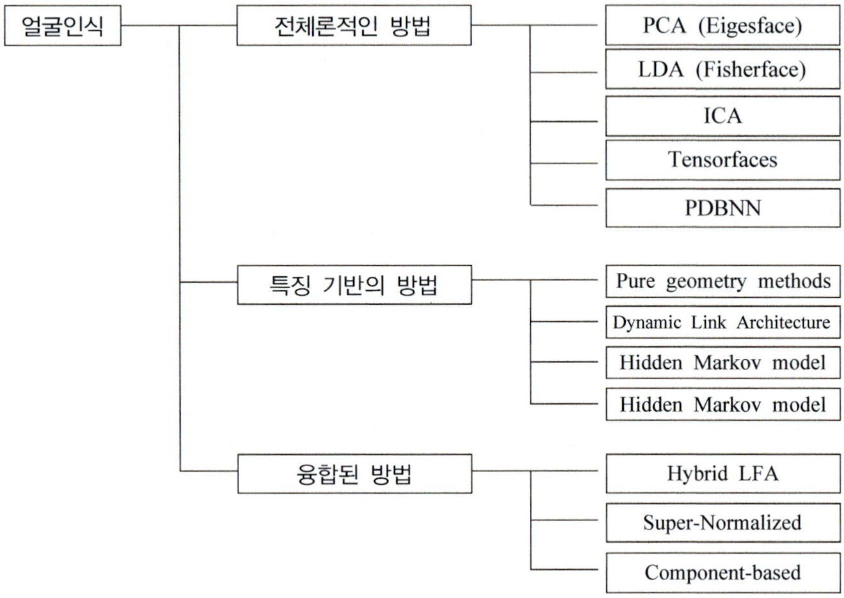

▲ 그림 15-10 얼굴인식에 사용되는 알고리즘 종류

뢰성 있는 알고리즘을 개발하기 위하여 다양한 방법이 연구 개발되고 있다. 얼굴인식 방법은 <그림 15-10>과 같이 전체론적인 방법, 특징값 기반의 방법과 융합된 방법 等 3가지 형태로 분류된다.

전체론적인 얼굴인식 방법은 얼굴 전체영역을 사용하는데, 일반적으로 전체론적인 얼굴인식 방법은 쉽게 구현할 수 있는 장점을 가지고 있지만, 얼굴의 자세한 부분까지 고려하지 않기 때문에 충분한 결과를 얻기 어려운 단점을 가지고 있다. 전체론적인 얼굴인식 방법에는 주요한 컴포넌트 분석(PCA, Principal Component Analysis), 선형 판별식 분석(LDA, Linear Discriminant Analysis), 독립적인 구성요소 분석(ICA, Independent Component Analysis), 텐서얼굴(Tensorface), PDBNN 등의 기법이 있다.

PCA 방법은 학습과 인식 두 단계를 가진다. 학습 단계는 얼굴 이미지들을 하나의 집합으로 모은 뒤 PCA를 이용하여 고유한 값과 고유한 벡터를 찾은 후 m개의 고유한 얼굴을 선택하고, 얼굴 영역에 얼굴 이미지를 투영한다. 인식 단계에서는 각각의 새로운 얼굴에 대하여 PCA를 사용하여 학습 단계와 동일한 얼굴 영역에 투영한다. 그리고 알려진 얼굴 집단의 간격을 찾는다. PCA 방법은 영상의 차원 감소 때문에 연산량을 줄일 수 있는 특성 및 구현의 용이성과 같은 장점이 있으나, 얼굴 영상의 위치변화에 대해 인식률이 급격히 감소하는 단점이 있다. 이러한 문제를 해결하기 위해 푸리에(Fourier) 변환을 전단계로 추가하여 위치변화에 강인한 얼굴인식 방법이 제안되었다. 일반적으로 PCA 기반의 알고리즘은 계산 속도도 빠르고, 모델 데이터베이스의 크기도 매우 작은 편이라 상품화하기에 용이하다는 장점이 있다. 그러나 이 방법은 모든 얼굴 영상이 잘 조절된 조명하에서 이상적으로 정렬시킨 후에 학습되어야 한다는 제약이 있다. 특히, 회전이나 포즈 변화, 표정 변화, 조명의 변화와 같은 얼굴의 부분적인 변형에 대해서 효과적으로 대처할 수 없다는 문제점이 있다.

LDA는 피셔(Fisher) 판별식 분석이라고도 하는데, 동일한 얼굴 이미지들은 가깝게 이동시키고, 서로 다른 일굴이미지들은 멀게 이동시킨다. 이미지들을 투영시키는 방법은 첫 번째로 얼굴이미지는 PCA 방법을 통하여 얼굴의 부분영역에 투사시킨다. 두 번째로 PCA 투영벡터들은 부분 공간 안에 선형 분류를 만들기 위하여 선형 판별식 분석을 사용하여 투영한다. 그런 후, 선형 판별식 분석 방법의 고유한 값에 의해 유도된 가중치 거리로부터 얼굴을 판단하는 방법이다. ICA는 PCA를 일반화한 방법으로 PCA와 동일한 방법을 사용하여 얼굴을 인식하는 방법이다. 얼굴 이미지 데이터베이스는 ICA 분석에 의해 얼굴 영역에 투영하는데, 입력 얼굴 이미지를 동일한 얼굴 공간에 투영하여, 입력된 얼굴 사이의 거리와 얼굴 공간 안의 얼굴 데이터베이스의 거리로부터 얼굴을 판단한다. 특징기반 매칭 방법은 공간 특징(눈, 코, 입)을 먼저 추출한 후, 공간 특징들의 위치와 공간 특성을 인식 시스템에 입력한다. 얼굴에는 많은 특징이 있고 대부분의 얼굴 인식 결과의 성능은 얼굴 인식을 위하여 최적의 특징들을 어떻게 선택하는지에 의해서 결정해야 하므로 복잡하다. 이 방법은 전체론적인 매칭 방법보다는 더 좋은 성능을 나타낸다.

기하학적 방법은 얼굴 특징인 눈, 코, 입의 위치와 각각의 거리를 이용하여 얼굴을 인식하는 방법이다. 동적 연결 구조(Dynamic Link Architecture)는 얼굴 이미지의 에지(Edge)에 의해 연결된 노드들의 기하학적인 관계를 이용해서 인식하는 방법이다. HMM(Hidden Markov Model)은 한 집합에 대하여 통계적인 모델을 제공하며, HMM 파라미터들은 얼굴을 위한 통계적 모델의 형태로 설계되어 있으며, 하나 또는 그 이상의 학습결과를 포함하고 있다. 임의의 얼굴로부터 HMM 파라미터를 추출한 후 가장 높은 동일성을 가질 때 얼굴을 인식하는 방법이다. 융합된 방법은 위치 특성과 하나의 얼굴을 인식하기 위하여 얼굴 전체 영역을 사용하기 때문에 매우 복잡하지만 인식률은 앞의 두 방법에 비해 월등히 좋다. 융합된 방법에는 선형특징 분석, 정상화된 모양 방법과 컴포넌트 기반의 방법이 있다.

얼굴검출 및 인식에서 가장 중요한 것이 획득된 영상으로부터 눈, 코, 입을 검출하는 것이다. 이 방법은 다양하게 있으나, 한 예를 <그림 15-11>과 같다. 입력 영상(640×480 pixel)의 중앙에 얼굴이 위치한다고 가정하고, HSI 컬러정보로부터 I 값만 사용하여 영상을 추출한다. 영상에 실린 잡음을 제거하기 위해 (b)와 같은 5×5 마스크의 가우스 필터(Gaussian Filter)를 사용하여 Gaussian 평탄화 작업을 하고, 잡음제거 후의 영상이 (c)이다. 얼굴의 특징적인 부분과 그렇지 않은 부분들의 흑백 영상에서 명확한 대비가 생기면 인식이 보다 용이해진다.

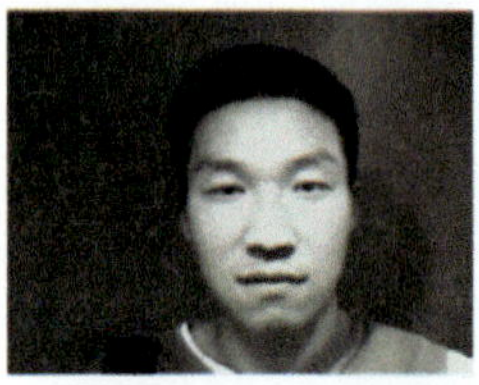

(a) 얼굴입력 초기영상

2	4	5	4	2
4	9	12	9	4
5	12	15	12	5
4	9	12	9	4
2	4	5	4	2

(b) 5×5 Gaussian filter

(e) 이진화 후의 영상

(e) 눈, 코, 입 추출결과

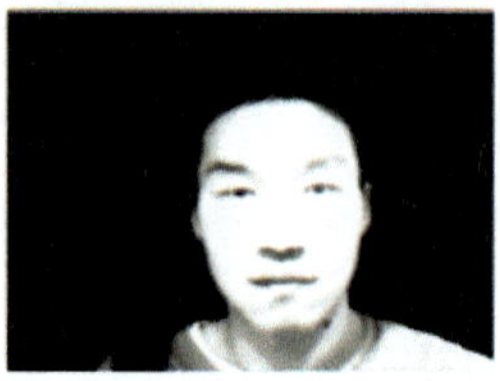

(c) 잡음제거 후의 영상

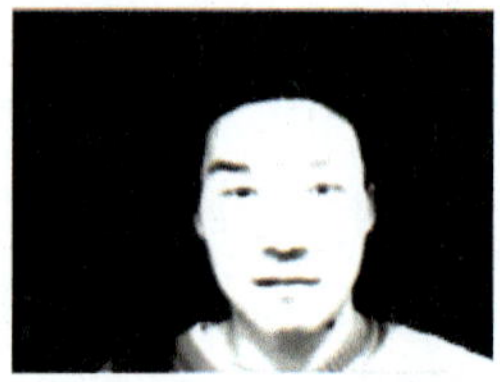

(d) Contrast 조절 후의 영상

▲ 그림 15-11 눈, 코, 입 검출 과정 예

2차원 영상은 임의의 자세와 조명변화 등의 다양한 변수에 따라 인식률에 현저한 차이가 나고, 인식방법에 따라 많은 제약 조건들이 필요하다. 이 경우 얼굴 영상 정보가 손실 또는 왜곡되기 때문에 3차원 물체를 2차원 정보만으로 인식하는 데에는 한계가 있다. 이에 비해 3차원은 2차원 영상보다 깊이 정보가 추가되어 사람 얼굴 영상에 존재하는 방대한 추가적인 변수들로 2차원 얼굴의 많은 단점을 극복할 수 있고, 좀 더 정확한 인식 결과를 얻을 수 있다.

3D 얼굴은 <그림 15-12>에서처럼 3가지 방법으로 획득할 수 있다. 2D 얼굴 이미지로부터 3D로 변환하는 방법, 다양한 각도에서 촬영한 2D 얼굴 이미지로부터 3D 화면으로 변환하는 방법, 그리고 스테레오 카메라를 이용해서 3D 영상을 획득하는 방법이 있으며, 3D 영상을 활용해서 주위 환경 변화에 대한 영향을 최소화할 수 있다. 얼굴인식 관련 알고리즘은 인증 수단뿐만 아니라 <그림 15-13>과 같이 입력된 영상으로부터 실시간 표정인식, 나이/성별 유추, 윙크상태 자동검출, 미소짓는 상태 판단, 저해상도 얼굴 영상복원, 없어진 얼굴복원 기술 等 다방면으로 응용되고 있다.

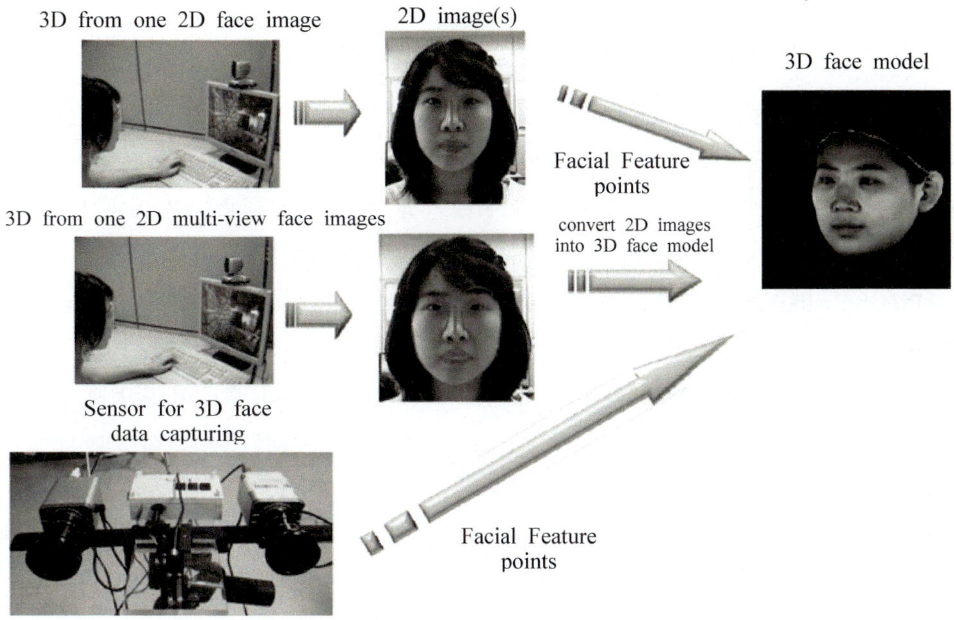

▲ 그림 15-12 3D 얼굴 이미지 획득 방법

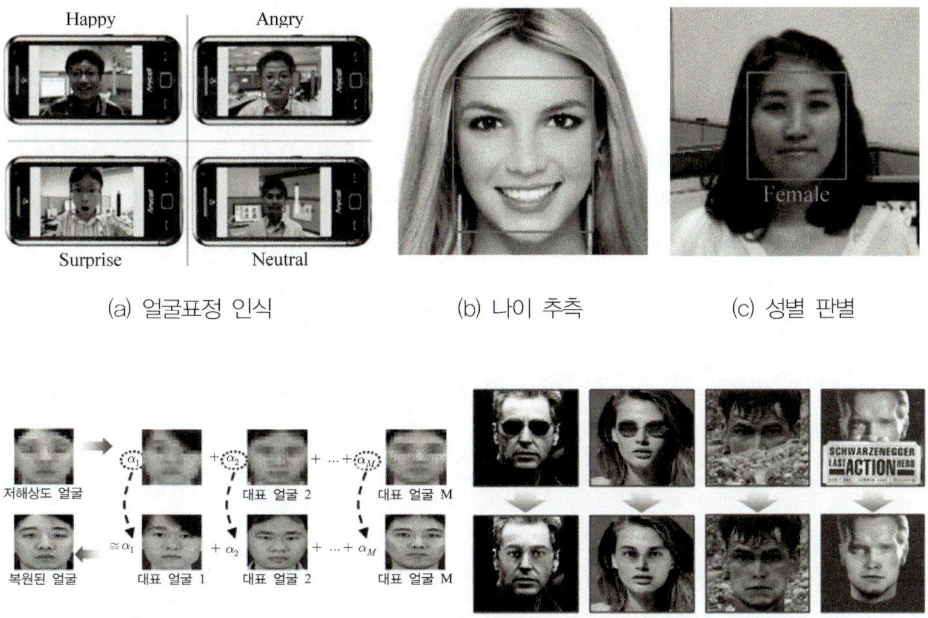

(a) 얼굴표정 인식 (b) 나이 추측 (c) 성별 판별

(d) 저해상도 얼굴 영상 복원 (e) 가려진 얼굴 부분 복원

▲ 그림 15-13 얼굴 인식기술의 다양한 응용 분야

15.4 음성인식 기술

음성인식(Speech Recognition)은 마이크를 통하여 얻어진 음향학적 신호를 단어나 단어집합 또는 문장으로 변환하고 인식하는 과정을 말한다. 음성인식은 1950년대 Bell Lab에서 고립 숫자 음에 대한 단독 화자에 대한 인식기를 개발하였고, RCA Lab에서 차별적인 음절을 인식하는 시스템을 개발하였다. 1960년대에는 소련 과학자들이 동적 프로그래밍(Dynamic Programming), 즉 DTW(Dynamic Time Warping)의 개념 확립과 CMU(Carnegie Mellon University)에서 음소의 동적인 탐색기법을 이용하여 연속어 음성인식에 대한 가능성을 보여 주었다. 1970년대에는 고립단어 인식 기술이 실제로 가능한 수준이 되었으며, IBM에서 대어휘 음성인식을 위한 시도와 AT&T Bell Lab에서 화자독립 음성인식 시스템을 위한 연구를 시작하였다.

1980년대에 미국의 DARPA(Defense Advanced Research Projects Agency)에서 수행한 대어휘 연속어 음성인식 프로젝트를 진행하였는데, 이 프로젝트에는 카네기 멜론 대학, BBN, Lincoln Labs, SRI, MIT, AT&T Bell Lab 等이 참여하였다. HMM(Hidden Markov Model)은 DTW 이후로 음성인식에 사용되는 가장 중요한 알고리즘이 되었다. 1980년대 말에는 NN(Neural Network)이 음성인식에 본격적으로 응용되었다. 현재 세계 대부분의 연속 음성인식 시스템은 대부분 HMM을 사용하고 있다. 음성인식 역사가 50년 이상이 되었지만, 아직도 자연스러운 대화 인식 문제는 아직 해결이 되지 않고 있다.

음성인식 알고리즘의 두 대표적인 방법은 NN과 HMM이다. 두 인식 방법의 공통점은 음성 신호정보로부터 해당 음성이 갖는 고유한 특징 파라미터들을 우선 추출하는 것이다. NN 방법은 인식시키려는 음소/음절/단어 특징 파라미터들 전체에 대한 인식 학습으로 큰 사이즈의 계수 행렬을 생성한 후, 새로이 입력된 음성 특징 파라미터를 기(旣) 생성한 커다란 계수 행렬에 직접 적용하여 출력 인덱스를 계산하는 방식이다. 이 같은 신경망 인식 방법은 인식시키려는 음성 전체에 대한 커다란 계수 행렬을 초기에 산출하는데 많은 학습 시간이 소요되고, 만약 새로운 음성인식 어음을 추가하기 위해서는 다시 처음부터 전체 어음에 대해 학습시간을 반복하여야 한다는 문제가 있다.

HMM은 인식시키려는 개별적인 음성 신호 특징 파라미터에 대한 은닉 마르코브 모델들을 인식 학습으로 초기 생성한 후, 새로이 입력된 음성 특징 파라미터에 대해서도 유사한 은닉 마르코브 모델을 만들어 기 생성된 각각의 HMM 모델들과 비교하여 가장 유사한 모델을 찾도록 하는 방식이다. 입력 음성에 대해 HMM 모델을 생성하여야 하고 매번 전체 모델들과 비교하기 때문에 인식 속도는 떨어지지만 초기 학습 속도가 빠르고 특히 새로운 음성 인식 어음을 추가하는데 단지 새로운 어음에 대해서만 HMM 모델을 생성하면 되는 장점을 가지고 있다. 신경망 알고리즘보다 인식 음수가 많으면 HMM 알고리즘이 더

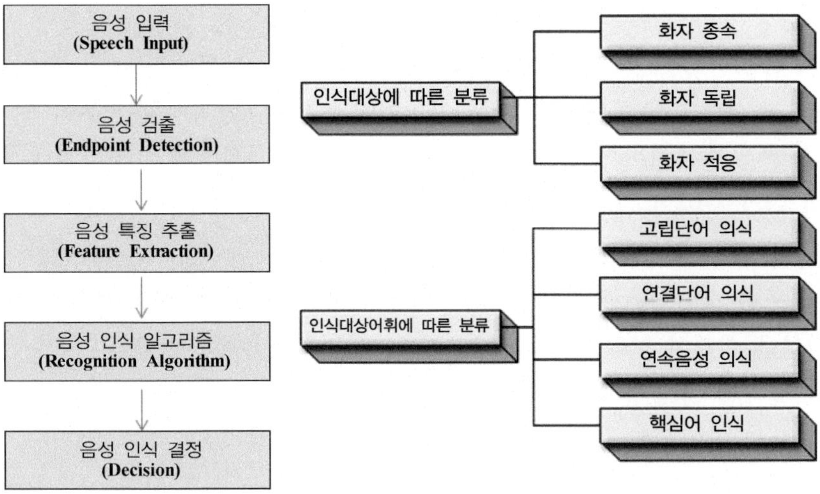

(a) 음성인식 순서 (b) 음성인식 기술 분류

▲ 그림 15-14 음성인식 순서 및 기술 분류

높은 음성 인식률 결과를 가져오는 알고리즘으로 평가받고 있다.

인식률을 높이기 위해서는 근본적으로 개별적인 음성신호로부터 가장 두드러진 고유 특징을 내포하는 특징 파라미터가 추출되어야 한다. 같은 뜻을 가진 음성이라도 사람마다 음의 세기와 높이(Pitch) 그리고 음색(Timbre)이 달라진다. 뿐만 아니라 발성 속도와 개성에 의해서도 음성신호 파형이 달라지고, 주변 소음에 음성 자체가 묻히기도 한다. 음성인식 순서 및 음성인식 기술 분류는 <그림 15-14>와 같다. 106.

음성인식은 사람의 목소리를 마이크 또는 헤드셋으로 입력하는 것이며, 음성검출은 음성인식 성능에 큰 영향을 미치는 부분으로서, 주어진 입력 소스로부터 음성 부분만을 검출하는 것이다. 음성특징추출은 일종의 음성압축 부분으로 인간의 발성기관을 모델링하여 필터 계수를 찾아내는 부분이며, 인식 알고리즘은 음성의 시변적인 특성을 잘 모델링할 수 있는 알고리즘을 이용하여 실제의 음성인식이 이루어지는 단계로 NN과 HMM 방법이 사용되고 있다. 화자종속은 특정화자의 음성만을 인식하는 것이며, 화자독립은 불특정 화자의 음성을 인식하는 것이고, 화자적응은 화자독립의 성질을 가지고 있으면서도 특정 화자의 음향학적 성질에 적응하는 것이다. 고립단어 인식은 발음된 단어의 시작과 끝을 알 수 있는 인식이며, 연결단어 인식은 연결된 단어를 인식하는 것이다. 연속음성 인식은 일상적인 대화체 문장을 인식하는 것이며, 핵심어 인식은 일상적인 문장 속에서 핵심 단어만을 인식하는 것이다.

106. 장순석, "HMM 음성인식 알고리즘의 분석", 공학기술논문지, 제3권, 3호, 2010년

현재의 음성인식 기술은 어휘 수에 구애받지 않고 음성의 변화(발성패턴, 발음 변이 等)에 무관한 음성인식을 못하고 있다. 그래서 연구의 방향은 무제한 어휘, 자연스러운 발성, 잡음 환경에서의 인식 等을 중심으로 이루어지고 있다. 실제 응용제품이 되기 위해서는 몇 가지 조건을 만족하여야 한다. 첫째, 그 응용제품은 사용자에게 생산의 증가, 사용의 편리, 기계와 인간 사이의 편리한 연결고리 등의 이익을 주어야 한다. 둘째, 사용하면서 편리해야 한다. 만일 그 사용법을 익히기 어렵다면 사용자는 현재의 조금 불편한 상태를 유지할 것이다. 또한 오인식은 적절한 수정이 가능해야 한다. 셋째, 해당 응용분야에 대해서 적정한 인식률을 가져야 한다. 넷째, 실시간으로 동작하여야 한다. 발성이 끝난 후 약 1/4초 이내에는 결과를 출력시켜야 한다.

미국 Apple의 아이폰4S 내 탑재된 음성인식 기술인 '시리(Siri)'가 음성인식에 활용되고 있다. 시리는 사용자가 음성으로 아이폰에 지시하거나 질문을 하면 이를 알아듣고 동작을 수행하거나 답변을 해주는 기술이다. 예를 들어 "서울의 오늘 날씨는?" 하고 질문하면 "맑음"이라고 날씨를 알려주는데, 아이폰 4S에 음성인식 기술인 시리가 탑재됨에 따라 이 제품의 모든 애플리케이션에서 기본적으로 타자를 치는 대신 음성인식을 사용할 수 있게 됐으며, 이에 따라 문자 메시지나 메일을 쓸 때 '마이크' 버튼을 선택하고 자판기 대신에 말로 읽어서 보낼 수 있다.

음성인식은 다른 입력방식과 차별화된 강점으로 다양한 분야에서 활용되고 있다. 첫째, 기능이 다양한 기기를 조작할 때 상용한다. 별도의 학습이다 훈련이 없어도 기기를 손쉽게 사용할 수 있어 사용자에게 편리함을 제공할 수 있다. 둘째, 이동 및 작업 중에 정보를 입력할 때 활용된다. 손과 발이 자유롭지 못한 상황에서도 정보를 입력할 수 있기 때문에 휴대폰, 자동차 등 모바일 기기를 사용하거나 물류 등의 작업을 수행할 때 안정성과 생산성을 제고할 수 있다. 셋째, 개인별 서비스 제공에 적합하다. 화자의 음성을 통해 신원확인, 심리 및 건강 상태, 언어능력 등을 파악할 수 있으므로 보안, 의료, 교육 분야 등에서 개인별 서비스 제공이 가능하다. 넷째, 실시간 정보 처리에 유용하다. 입력 속도가 타자에 비해 빠르기 때문에 고속 또는 실시간으로 정보를 처리해야 하는 콜센터, 병원, 방송 상황에서 신속하게 정보를 입력할 수 있다.

2010년 AT&T는 휴대폰에 "지난주 방영한 경찰 드라마"라고 말하면 TV화면에 선택 가능한 프로그램 목록이 표시되는 기능을 시연하였으며, 2011년 6월 MS는 게임기 X-box 360에 TV 프로그램 음성검색 기능을 탑재하여 시연한 바 있다. 그리고 2011년 러시아 국영은행 스베르뱅크는 거짓말 탐지기를 탑재한 ATM을 이용하여 화자의 음성에 기반한 신용 평가를 시험적으로 도입하였다. 신용카드 발급 등 모든 신용거래를 ATM에서 가능하게 만들기 위해 개발한 시스템으로 고객은 은행업무 자동화 기기의 질문에 제대로 답변을 해야만 거래를 할 수 있도록 한 시스템이다. 이 시스템은 스피치테크놀러지센터(SPC)가 러시아 사법당국이 보유한 거짓 진술자의 녹취록을 참고하여 개발하였다고 한다. 음성인식 기술의 시장은 2017년까지 세계적으로 1,132억 달러 규모로 5년간 연평균 16.2% 이상의 성장률을 보일 것으로 전망하고 있다.(BBC Research, 2013. 1)

15.5 정맥 패턴 인식 기술

정맥의 특성은 사람마다 고유한 형태로 알려졌는데, 정맥인식(Vein Recognition) 기법은 손바닥이나 손등의 혈관을 대상으로 근적외선을 이용하여 그 형태를 인식하는 기법이다. 근적외선(950 nm 근처의 빛)은 혈액 내의 헤모글로빈에 의해 흡수되는 성질이 있기 때문에 가시광선에 의해 취득하기 어려운 정보를 획득한 것이며, 따라서 살아있는 생명체로부터만 정보를 얻을 수 있다는 장점이 있다. 이는 복제가 거의 불가능하여 가장 높은 보안성을 가지나, 하드웨어 구성이 복잡하고 전체적인 시스템 비용이 많이 든다는 단점이 있다.

손등의 정맥 구조는 일반적인 육안으로도 식별 가능한 형상과 적외선 조명을 조사하여 개인별로 판이한 구조로 되어 있다. 정맥인식 시스템은 후자와 같이 적외선 조명을 손등에 비추어 반사된 영상을 소형의 CCD 카메라를 통해 디지털 영상으로 획득한 후, 정맥의 패턴을 추출, 분석하여 개개인을 식별하는 시스템이다. CCD 카메라에 찍힌 영상은 개인식별에 활용하기 위한 우수한 특징들을 획득할 수 있으며, 또한 영상 데이터도 256 byte 미만으로 지문인식 시스템과 유사한 수준이다. 카메라 촬영을 하므로 인식이 되지 않거나 오염이 발생하는 일도 적어 사용상 편리하다.

혈관의 형태를 이용한 정맥인식 제품으로는 손가락, 손등, 손바닥 등의 정맥인식 제품이 출시되어 있다. 손가락 정맥은 손가락 내부에 분포해 있는 혈관의 형태를 취득해서 정보를 얻는 것이고, 손등인식제품과 손바닥인식제품도 혈관이 있는 장소에 따라 그 제품의 성격을 규정지을 수 있다. 손을 이용한 제품이 많은 이유는 신체부위 중 가장 수월하게 사용할 수 있어서 사용자의 편의성이 높기 때문이며, 사용자들의 심리적 안정감 또한 중요한 이유이기도 하다.

현재 상용되고 있는 정맥인식 알고리즘은 다음과 같은 세 단계로 진행된다. 첫 번째로 CCD 카메라를 이용하여 원하는 손등 영상을 획득하여 저장하는 단계, 두 번째로 저장된 원시 영상에서 손등의 정맥패턴을 추출하여 각 개인의 특징으로 삼는 특징 추출 단계, 세 번째로 추출된 정맥패턴과 저장된 데이터베이스와 비교하여 유사도를 평가하는 단계이다. 특징 추출에 사용되는 알고리즘은 지문과 홍채인식에 사용된 유사한 인식 알고리즘을 사용하여 특징을 추출한다.

정맥인식 기술의 유용성은 이미 검증되어서 많은 산업 부문에 도입되고 있으며, 전세계 바이오인식 시장에서 2~3%의 점유율을 차지하고 있다. 아직 장치의 크기, 가격 등의 제약요소로 탓에 점유율이 작은 편이지만, 지문 대체기술들인 홍채, 얼굴, 음성인식기술들과는 격차가 크지 않으며, 특히 물리보안영역이나 근태관리시장에서는 두각을 나타내고 있다. 정맥인식제품은 높은 상용성과 실용성, 오염에 대한 강인성 等의 차별성을 기반으로 열악한 환경이나 실외환경에서 탁월한 성능을 나타내고 있다. 예를 들어, 건설현장과 같이 육체적 노동 특히 손을 많이 사용하는 장소이면서, 먼지, 땀, 물, 기름 등의 오염물질에 노출되기 쉬워서 바이오 정보를 명확히 취득하기 어려운 사업장은 상대적으로 오염에 덜 민감한 정맥인식 기술이 호평을 받고 있다.

모든 사용자에게 100% 만족할 만한 성능을 낼 수 없는 것이 모든 바이오인식기술이 공통으로 가지고 있는 한계이다. 정맥인식기술 또한 생체적 특징으로 인한 한계점들을 가지고 있다. 그 중 하나는 혈관의 분포형태 때문에 장치 간 취득방식이 동일하지 않아 센서 간 호환이 어렵다는 점이다. 생체정보 자체가 변하지는 않지만, 혈관의 구성형태는 3차원이기 때문에 2차원 정보를 만드는 과정에서 보는 각도에 따라서 또는 어떤 방식의 취득 장치이냐에 따라서 추출한 정보의 형태가 달라진다. 결국 동일한 사람의 혈관형태 정보라 할지라도, 장치에 따라 다른 형태의 정보를 갖게 된다. 반면 지문센서는 피부표면에 있는 2차원 형태의 정보를 면접촉 방식으로 취득하기 때문에 3차원 정보보다는 센서 간 편차에 의한 차이가 타 기술에 비하여 크지 않아서 장치 간 정보 호환성을 가질 수 있다. 그러나 정맥인식기술의 경우 취득 장치 간의 차이 때문에 이 기종일 경우 정보호환이 되지 않는다.

두 번째로 개인의 혈압이 변화하면, 혈관의 두께에도 영향을 주는 생체적 요소가 있다. 보통의 사람들은 하루에도 시간대에 따라 혈압이 변화하며, 항상 동일한 상태의 혈압을 유지하지 않는다. 혈관에 흐르는 혈액량의 변화가 혈관분포형태 자체를 바꾸지는 않지만, 취득정보의 개인변화폭을 발생시키는 요소가 되고, 따라서 이러한 변화폭에 대응하는 고수준의 알고리즘이 필요하게 된다.

마지막으로 장치 자체의 크기와 사용용적에 대한 부분이 대표기술인 지문에 비해 소형화하기 어렵다는 문제가 있다. 정보의 대상인 혈관분포영역이 지문보다 크고, 취득을 위한 거치 장치와 같은 보조적 기능을 하는 기구가 필요하기 때문이다. 얼굴인식이나 홍채인식과 같은 비접촉 기술보다 정보취득을 위한 필요공간은 작으나, 제품 자체의 크기는 클 수밖에 없다.

Chapter 16

스마트 자동차

16.1 스마트 자동차 개요

해마다 연초에 세계 최대의 가전 전시회가 미국 라스베이거스에서 개최된다. 그런데 최근 가전 전시회에 커다란 변화가 생겼다. 가전 전시회에는 가전제품을 중심으로 전시회가 이루어져야 하는데, 2017년 CES에서는 가전제품 뿐만 아니라 자동차가 대거 전시되었다는 점이다. 한국의 현대기아차를 비롯해서 아우디, 폭스바겐 등 완성차 업체들과 콘티넨탈, 델피아, 덴소 등 글로벌 자동차 부품사를 합쳐 총 115개사에 달하는 자동차 관련 업체들이 전시회에 참가하였다. CES는 삼성전자와 LG전자 등 글로벌 전자업체들이 신제품을 자랑하는 자리지만 최근 IT 기술의 적용 비중이 높은 스마트카가 미래 자동차 산업의 중심축으로 떠오르면서 자동차 관련 업체들의 참여가 늘고 있다. CES를 주관하는 미국소비자협회(CIA)와 업계에 따르면 2016년 전시회의 자동차 관련 전시면적은 지난해에 비해 25% 이상 늘어 1만 8580m^2에 달했다. 자동차 관련 업체들이 CES에 참여하기 시작한 것은 10여년 전부터다. 이 같은 트렌드는 2020년까지 97%의 신차가 커넥티드카(또는 스마트카)가 될 것이라는 전망과 밀집한 관련이 있다. 최근 한 시장조사기관에 따르면 자동차 부품 중 전기로 작동되는 전장 부품의 비중이 5년내 50%까지 확대될 것이라는 예측도 나오고 있다. 이제 자동차는 기계 부품으로만 동작하는 것이 아니라 전자 제품에 의해 동작하는 가전인 셈이다.

IT 업계의 최대 플랫폼 사업자인 구글과 애플 역시 스마트카에 주목하고 있다. 구글 안드로이드 오토와 애플 카플레이 등을 활용해 스마트폰의 사용자 경험, 예를 들어 구글 지도 같은 정보형 서비스나 구글 나우 등의 일정 관리 및 음성 인식 서비스를 자동차에 그대로 옮겨오겠다는 것이다. 나아가 완전 자율 주행 자동차(무인 자동차)를 위한 기술 개발에도 박차를 가하고 있다. IT와 조금 관련이 없어 보이는 사무공간 컨설팅 기업도 무인 자동차를 이용해 움직이는 사무공간을 구상하기도 한다. 사실 스마트카 관련 기술은 이전부터 있었다. 넓은 관점에서 보면 근접 센서를 통해 운전자 사각지대에 사람이나 물체가 있으면 알려주는 기능이나, 후진주차 시 후방 카메라를 통해 주차할 위치를 보여주는 기능 등도 스마트카 기술의 일종이다. 이처럼 과거부터 존재하던 스마트카 기술에 최근 급속도로 발전한 디스플레이 기술과 정보통신 기술이 융합하면서 새롭고 다양한 기능이 등장하고 있다. 이것이 바로 자동차 회사가 IT 전시회에 등장하는 이유다. <그림 16-1>은 CES2016에서 선보인 엔비디아(NVIDIA)의 자동차용 슈퍼컴퓨터이다. 엔비디아의 드라이버 PX2는 2개의 프로세서를 탑재한 고성능 컴퓨터로, 무인자동차의 핵심에 탑재하기 위해 만들어졌다. 비디오 카메라와 레이저 이미지 센서의 실시간 피드백을 처리하고 무인 주행 소프트웨어를 실행할 수 있다. 추후 볼보가 이 제품을 사용할 계획이라고 한다.[107]

국내 소프트웨어 업체 MDS테크놀로지는 2000년대 중반까지만 해도 삼성전자와 LG전자·팬택 등 전자업체가 최대 고객이었다. 하지만 요즘은 현대차 그룹이 이들을 제치고 최대 매출을 올려주는 회사가 됐다. 1994년 설립된 MDS테크놀로지는 판교 테크노밸리에 본사를 두고 있으며, 스마트폰 등 모바일 제품과 자동차·가전·항공기 등에 내장되는 컴퓨터 운영 체제나 소프트웨어 등을 개발하는 회사이다. 이 회사는 2010년만 해도 모바일 분야 비중이 전체 매출의 19%, 자동차 비중은 12%에 불과했다. 하지만 지난 3년 새 상황이 역전됐다. 2012년 모바일 시장 매출은 전체의 7%로 줄어든 반면, 자동차 매출은 26%(190억원)로 늘었다. MDS테크놀로지의 이런 변화에는 국내 자동차·IT 시장의 큰 흐름이 반영되었기 때문이다. 글로벌 자동차 업계가 앞 다퉈 스마트카 개발에 뛰어들면서 첨단 IT 기술 수요가 크게 늘어난 것이다. IT 업체들도 주력인 스마트폰의 성장 속도가 떨어지면서 자동차 분야로 영역을 넓혀가고 있다.

▲ 그림 16-1 엔비디아의 자동차를 위한 슈퍼컴퓨터

107. IT World, 2016년 1월 8일, http://www.itworld.co.kr/slideshow/97357?slide=5#stage_slide

전장 부품은 파워트레인(엔진 · 변속기) 속의 전기 장치, 차량 간격 조절 시스템, 에어백, 실내 이산화탄소 농도 조절 장치 등 각종 안전 · 편의장치에 들어간다. 차량 곳곳에 거미줄처럼 깔려서 차량 내 · 외부의 상황을 감지하는 센서도 모두 전장 부품에 속한다. 예를 들어 센서가 앞차와의 간격이 좁아지는 것을 감지해 전기 신호로 브레이크를 작동시킨다. 전기 모터는 핸들에 작은 힘만 전달해도 차량을 안정적이고 정교하게 움직이도록 보조해준다. 운전자가 운전을 하지 않아도 스스로 움직이는 무인자동차 등 자동차 시장 분야의 첨단 기술도 전기 신호를 주고받으며 차량을 움직이는 전장 부품과 소프트웨어가 핵심이다.

현재 자동차에 장착되어 있는 대표적인 스마트카의 주요 부품 구성은 <그림 16-2>와 같다.[108] 그림에서 보듯이 스마트카에 있어서 센서기술은 기본이다. 주행상태나 충돌을 감지하기 위해 각속도 및 가속도 센서, 사물을 탐지하는 레이더/카메라 센서 등이 요구된다. 반도체 미세공정기술에 기반한 MEMS 기술을 통한 센서의 소형화와 대량생산 속도가 빨라지고 있다. 실제로 자동차 한 대당 내장된 평균 센서는 2000년에는 87개(산소, 압력, 온도센서 등)에 불과했으나, 2010년에는 160개(가속도, 온습도, 빛감지, TPMS, 에어백 등)로 늘어났으며, 2015년에는 200개(자율주행센서, 레이더센서, 지능형 충돌방지센서), 2020년에는 300개 수준으로 늘어날 것으로 예상된다. 시장 조사기관인 가트너(Gartner)에 따르면 차량용 센서 업체 순위(MEMS형 센서 기준)는 로버트보쉬(독일), 덴소(일본), 파나소닉(일본), 프리스케일(미국), 센사타(미국), 무라타(일본) 순이다.

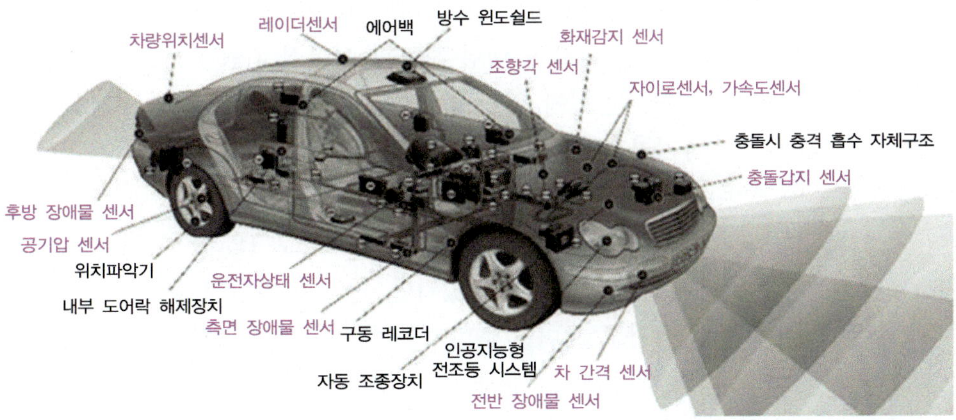

▲ 그림 16-2 :스마트카 주요 부품 구성도(출처: MDS테크놀로지)

108. 조선비즈, http://biz.chosun.com/site/data/html_dir/2013/12/23/2013122304631.html

스마트카에 대해 2010년 기획재정부에서 정의한 사전적 의미는 '첨단의 컴퓨터 · 통신 · 측정기술 등을 이용하여 자동으로 운행할 수 있는 차량' 즉, 자동차에 장착된 GPS 수신기로 정확한 위치를 통보받아 정밀한 지도를 제시하고, 현 위치에서 목적지까지 가장 효율적으로 가도록 해 주는 차량을 의미한다. 최근 스마트카는 기계 중심으로 발전해 온 자동차 기술에 차세대 전기전자, 정보통신, 지능제어 등의 기술을 접목, 자동차 주변과 차량 내 장치들의 정보를 실시간으로 수집하여 안전성을 증가시키고, 다양한 편의 기능을 추가한 환경 친화적인 차량으로 진화하고 있으며, 가까운 미래에는 자율주행이 가능한 무인자동차로 발전할 것으로 보인다. 완전한 자율 주행 정도는 아니지만, 자율 주행의 첫걸음이라 할 수 있는 자동 주차 기능은 이미 상용화됐다. 기아자동차나 현대자동차 등의 국내 기업은 물론, 렉서스. BMW, 폭스바겐 등 전 세계에 있는 수많은 자동차 브랜드가 이를 도입했다. 전진, 후진 등의 단순한 주차뿐만 아니라 좁은 공간에 평행주차를 하는 것처럼 사람에게도 조금은 어려운 기능을 자동으로 수행한다. 따라서 스마트카 기술은 크게 안전과 편의 측면으로 나눌 수 있으며, 궁극적으로는 자율주행 기술로 발전해 나아갈 것으로 전망된다.

16.2 TPMS

오래전부터 센서를 이용한 차량의 안전 확보를 위해 많은 노력을 기울여 왔다. 그 중에서 대표적인 센서가 바로 TPMS(tire pressure monitoring system)이다. 고속도로를 달리다가 타이어가 펑크가 난다면 어떻게 될까? 대형 사고로 이어질 개연성이 매우 높다. 타이어가 펑크 나는 주요 원인 중 하나가 타이어 공기압 부족문제이다. 타이어 공기압이 너무 낮거나, 이런 상태를 장시간 방치해 놓으면 대형 사고로 이어질 가능성이 높아진다. 도로에 널려 있는 못, 나사, 돌, 유리조각 등에 의해 타이어가 손상될 수 있으며, 다양한 원인에 의해 타이어가 파손되어 공기가 빠져나가게 되면 사고가 발생하게 된다.

이런 문제를 사전에 예방할 수 있게 해 주는 센서가 바로 TPMS이다. 차량용 블랙박스는 사고난 후 원인 파악에 도움을 줄 수는 있지만, 사고를 미연에 방지를 하지 못한다. 반면, TPMS는 타이어에 의한 사고를 미연에 방지를 해 줄 수 있기 때문에 블랙박스 보다 훨씬 중요한 제품이라 할 수 있다. TPMS는 타이어 공기압 경보 센서 시스템이다. 타이어의 공기압을 정해진 시간마다 모니터하다가 문제가 발생되면 운전자에게 무선 신호로 경보를 보내주는 장치이다. TPMS를 설치하면 좋은 점은 <그림 16-3>과 같이 다음과 같다. ① 타이어의 펑크를 방지한다. ② 타이어 공기 누출을 방지할 수 있다. ③ 타이어 공기압이 적당하면 연료를 절감할 수 있다. ④ 타이어에 공기가 빠져 나가면 타이어에 편마모 현상이 발생할 수 있는데, 이런 편마모를 예방하여 타이어를 오래 사용할 수 있다. ⑤ 한쪽

▲ 그림 16-3 TPMS 설치시 장점 5가지

타이어만 공기압이 낮다면 차량의 균형이 깨지고 운전 중에 한쪽으로 쏠림현상이 생길 수 있는데, 이런 문제점을 해결하여 승차감이 향상되고 제동력도 향상된다.

또한 TPMS는 휠에 장착되어 나오는 고정식과 타이어 공기 주입구에 장착하는 이동식이 있다. 대표적인 TPMS 센서 모듈 구성은 <그림 16-4>와 같이 MCU, 압력센서, 온도센서, 무선 송수신기(국내는 433MHz), 배터리로 구성된다. 타이어 내부에 설치하는 내장형과 달리 스틸메이트 TPMS TP-70 모델은 타이어 공기 주입구에 센서를 부착하고 수신기는 시거잭에 꼽기만 하면 되어 설치와 사용이 매우 쉬운 장점이 있다.[109] 4개 타이어에 설치된 센서가 무선으로 보내주는 공기압 데이터를 시거잭에 꽂힌 모니터를 통해 보여 주고, 기준치를 초과하는 다양한 문제에 대해서 경보로 알려준다. 자동차 제조회사에서 차량 출고시 옵션으로 내장해 나오는 TPMS는 보통 약 50만원 정도인데 반해, 이 제품은 20만원대 가격이며, 타사대비 길이가 짧은 것이 기술력이다. 길이가 길 경우 타이어 바깥으로 튀어나와 예상치 못한 문제가 생길 수 있기 때문이다. 또한 배터리를 타사 제품 보다 오래 쓸 수 있는 점도 장점이다. 배터리 세이브 기술 적용으로 최대 3년까지 사용이 가능하고, 수명이 다 된 배터리는 손쉽게 배터리를 교체할 수 있어 반영구적으로 사용할 수 있다.[110]

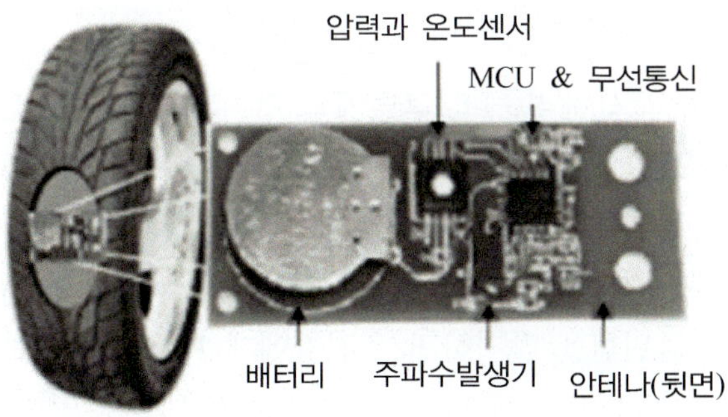

▲ 그림 16-4 TPMS 센서 모듈 구성

109. 스틸메이트 홈페이지, http://www.steelmate.kr
110. 베타뉴스, 2013년 11월 20일, http://m.betanews.net/bbs/read.html?num=586339

TPMS는 원리에 따라 직접(direct) 방식과 간접(indirect) 방식이 있다. 직접 방식은 각각의 휠에 붙은 압력센서가 실제로 읽어낸 타이어 공기압을 무선으로 전송해 각 타이어의 공기압을 모니터링하는 방식이다. 그리고 간접 방식은 휠의 스피드값을 모니터링하는 방식인데, 휠센서로부터 나오는 휠의 스피드값을 토대로 공기압이 부족하면 타이어의 구름직경이 작아지기 때문에 공기압이 높은 바퀴에 비해 회전수가 높아지게 된다. 반대로 너무 높으면 구름직경이 커지기 때문에 회전수가 낮아지게 된다. 이렇게 휠의 스피드값은 타이어의 공기압 차이에서 기인된다. 북미사양은 직접 방식으로 규정되어 있으며, 유럽 차량에는 간접 방식이 많이 장착되어 있다. 간접 방식은 타이어의 공기압을 판단하기 위해서는 차가 완전히 직진상태로 진행할 때만 판단이 가능하다. 즉 스티어링 앵글 센서값이 0인 경우를 제외하고는 모든 바퀴가 모두 제각각의 회전수를 가리키게 된다. 때문에 간접 방식의 TPMS는 스티어링 휠 앵글센서에서 올라오는 값이 0이 되는 지점, 매우 드문 순간이지만 이 순간에 올라오는 휠스피드 센서값을 이용해서 타이어의 압력을 판단한다. 따라서 직접 방식이 간접 방식 보다 앞선 기술이라 볼 수 있으며, 현재는 직접 방식으로 진화하고 있다.

16.3 충돌방지 시스템

자동차 안전기술인 ADAS(advanced driver assistance system) 기술은 센서를 이용해 사각지대에 있는 장애물을 파악하거나 충돌 위험이 있을 때 알려주거나 위급 상황에서 제동장치(브레이크)를 작동하는 기능이다. 또한, 카메라를 이용해 시야를 확보하는 기술, 차선이탈을 감지해 사용자에게 다양한 방법으로 알려주는 기능 역시 이 범주에 포함된다. 차량 전방에 설치한 적외선 센서를 통해 앞 차와의 거리를 계산하고, 일정 수준 이상 가까워지면 경고음이나 진동 등으로 알려준다. 그럼에도 거리가 멀어지지 않으면 강제로 브레이크를 작동해 사고를 예방할 수 있다. 차량 내부에 있는 카메라로 운전자의 얼굴을 감지해 운전 중 장시간 다른 곳을 바라보거나 눈을 감으면 경고 알람을 울리는 기능도 있다. <그림 16-5>는 도요타에서 공개한 충돌방지시스템(PCS, pre-collision system)의 개념도이다. 밀리미터파 레이더가 충돌위험을 감지하면 운전자에게 1차 경고를 보내고, 그럼에도 충돌위험이 높은 거리까지 접근하면 충돌예방브레이크어시스트가 일반모드에서 대기모드로 전환된다. 충돌 불가피 거리까지 다가가면 스스로 브레이크를 잡아 차가 앞 차와 충돌하는 것을 막아준다. 도요타의 PCS에는 자동차뿐만 아니라 보행자와 충돌을 막아주는 시스템도 내장되어 있다. 레이더와 입체촬영카메라, 근거리 적외선 거리측정센서를 이용해 낮과 밤에 관계없이 전방 보행자를 감지한다.[111]

111. 전자신문, 2013년 3월 6일, http://www.etnews.com/201306050301

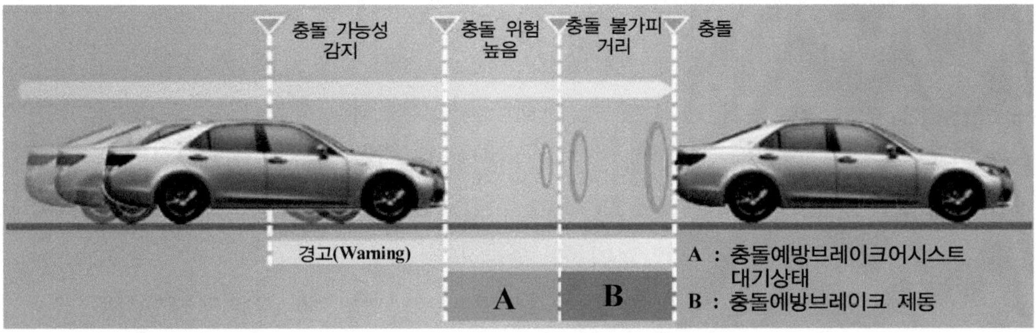

▲ 그림 16-5 도요타의 충돌방지시스템

MIT에서 2015년 혁신기술 10가지를 선정하여 발표를 하였는데, 그 중에서 차량간 통신(car-to car communication, CCC) 기술이 선정되었다. 도요타의 충돌방지시스템과 같은 기존 기술들은 차량에 탑재된 센서를 이용하여 충돌위험을 감지하는 방식인데, 이와 같은 기술은 악천후로 인해 센서가 측정할 수 있는 거리가 짧아질 수 있고 장애물 뒤편을 탐지하지 못하며, 복잡한 도심 주행에는 취약하다는 한계가 있다. 만약 차량끼리 서로 통신을 할 수 있다고 하면, 이런 문제점을 해결할 수 있다고 보고 있다. <그림 16-6>과 같이 위치, 속도, 핸들 방향, 브레이크 위치 등의 정보를 다른 차량에 제공해 주변에 무슨 일이 벌어지고 있는지 상세한 상황을 파악하여 운전자나 센서가 놓치거나 예상하지 못할 위험을 감지할 수 있다.

NHTSA(미국 도로교통안전국)에서 2012~2014년 약 3,000대의 차량을 대상으로 실험한 결과 이 기술이 매년 미국에서 50만 건 이상의 사고와 1,000건 이상의 사망사고를 예방

▲ 그림 16-6 차량간 통신기술의 개념도

할 수 있다는 결론을 내린바 있다. 따라서 미국 교통부는 차량 간 통신기술을 신차에 사용하는 것을 의무화할 새로운 규정 마련에 착수했다고 발표했으며, 해당 기술은 유럽과 일본에서 시험 중에 있다. 그러나 차량 간 네트워크를 구축하는 것은 여전히 어려운 과제로 남아 있으며, 통신 차량이 보편화되기까지 수십 년이 소용될 수도 있다. GM이 2017년형 캐딜락 모델에 차량간 통신기술을 도입하기로 했으나, 초기에는 정보를 주고받을 차량이 많지 않아 이 기술의 가치가 제한적이 될 가능성이 높다.[112]

16.4 주행 보조 시스템

현대자동차에 장착되어 있는 주차조향보조시스템(SPAS, smart parking assistance system)은 자동차 전 후면에 장착된 초음파 센서를 통해 스스로 주차에 적합한 위치를 탐색하여 스티어링 휠을 제어하고, 사용자는 변속기와 페달만 제어하면 주차가 가능하도록 하는 시스템이다. 이 기술은 주차뿐만 아니라 평행으로 주차된 차와 차 사이에서도 평행 출차가 가능하도록 제어한다. 최근 Advanced SPAS 기술도 소개되었는데, 기존의 SPAS는 '평행 주차' 또는 '평행 출차' 상황에서만 사용할 수 있다는 단점이 있었는데, ASPAS를 이용하면 <그림 16-7>과 같이 평행 주차뿐만 아니라 '직각 주차'에도 완벽히 제어가 가능한 것이 특징이다.

운전자의 부주의로 차선을 이탈하는 경우에 경고를 주는 차선이탈경보시스템도 차량의 안전을 위해 장착된 센서기술이다. 차선이탈경보시스템은 영문 약자로 LDWS로 줄여서 부르는데, 이것은 Lane Departure Warning System의 약자이다. 이것은 단순히 차선 이탈만을 경고하는 장치이다. 이에 반해 LKAS(lane keeping assist system)는 보다 능동적으로 차선을 유지할 수 있도록 해 주는 시스템이다. 이 기술들은 운전자의 부주의와 졸음으로

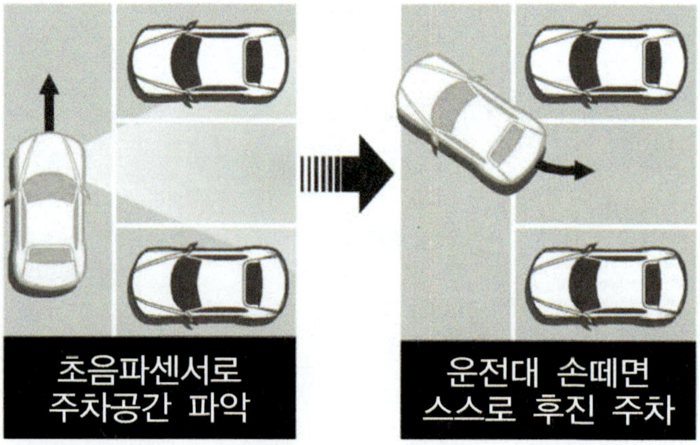

▲ 그림 16-7 현대자동차에 장착되어 있는 자동주차시스템(ASPAS)

112. 한국산업기술진흥원, "MIT가 제시하는 2015년 10대 혁신기술", 2015년 8월 10일

인한 사고 방지를 위해 개발된 안전시스템이며, 카메라 또는 근거리 레이더 등의 센서를 이용하여 차선을 확인하고 이에 따라 자동차의 방향과 위치를 결정하는 시스템이다. 카메라가 전방 영상을 촬영하면 모듈 내부에 장착된 센서 모듈이 색상에 따라 차선을 인식하고, 이를 바탕으로 주요 요소인 차량 중심, 도로 폭, 도로 곡률반경을 계산한다. 좌측 황색은 중앙선으로 인식하고, 청색과 백색은 주행차선으로 인식한다(<그림 16-8> 참고). 하지만 시스템의 기본적인 구동 방식이 차선을 인식하는데 있기 때문에 궂은 날씨와 불분명한 차신표시 같은 도로 상황에서는 인식률이 떨어지는 문제점이 있다. LDWA와 LKAS의 가장 큰 차이점은 최종적으로 위치 보정을 하는 방식이 운전자에게 경고를 주는 수동적인 방법에서 자동차가 스스로 수행하는 능동형으로 바뀌었다는 점이다.[113]

LDWS는 차량 내부에 장착되어 있을 수도 있고, 차량용 블랙박스에 달린 카메라를 이용하여 블랙박스내 소프트웨어를 장착하여 운영할 수도 있다.

다음으로 운전자 편의성을 위한 기술이다. 좌석에 앉으면 등받이나 운전대 등을 사용자 체형에 맞게 위치를 자동 조절해주거나 스마트 시계 등과 연동해 시동을 걸거나 원격에서 차량 내부 기능을 조작하는 기능 등이 여기에 해당한다. 또한, 인포테인먼트, 텔레매틱스 등 역시 이 범주에 속한다. 현재 ICT와의 접목이 활발하게 이뤄지고 있는 부분은 네트워크를 통해 스마트폰이나 태블릿PC 혹은 스마트 시계 등의 모바일 기기와 연결하고, 이를 통해 차량을 원격에서 제어하는 부분이다. 이미 LG전자와 아우디는 스마트 시계로 주차된 차량의 방향이나 거리를 탐지하는 콘셉트를 소개한 바 있고, 일부 기업은 아예 스

▲ 그림 16-8 차선이탈경보시스템(LDWS)의 차선인식

113. GEAR Insight, "차선이탈 경보시스템과 주행 조향보조시스템", 2015년 7월 28일

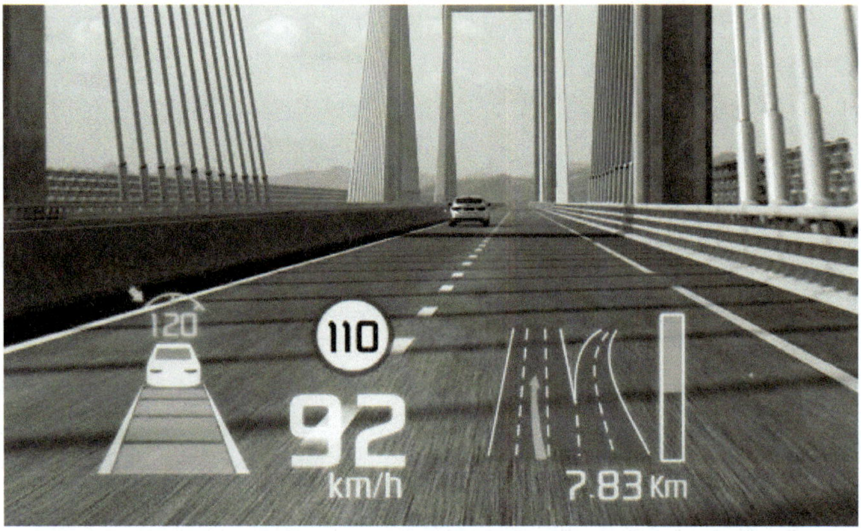

▲ 그림 16-9 K9에 설치된 내비게이션 HUD

마트폰 버튼만 누르면 주차된 차량이 자신의 위치까지 찾아오는 시스템을 개발할 계획을 공개했다. <그림 16-9>와 같이 자동차 앞 유리에 속도, 경로, 위험 요소 정보 등을 표시해주는 HUD(Head Up Display)도 예로 들 수 있다.[114.]

16.5 졸음운전 방지 시스템

일본 경찰청 발표 자료에 의하면 교통사고 발생원인 중 1위는 약 40%인 졸음운전 또는 집중하지 않고 한눈을 팔면서 하는 운전이며, 2위는 18%로 속도위반이라고 한다. 지금까지 졸음운전 방지장치는 다방면에서 연구되었고 일부 제품은 실제 판매가 이루어졌으나, 비용이나 검출 정확성 등의 문제가 있어 본격적으로 보급되지 않았다. 일본의 자동차 관련 업체인 Denso사에서 졸음운전 방지장치를 개발하였다. <그림 16-10>과 같이 스티어링휠 중앙에 설치된 카메라로 운전자를 촬영해 얼굴의 총 17개의 특징을 추출하고, 얼굴의 방향이나 눈의 열린 상태를 감지하여 졸음운전이나 한눈을 팔면서 운전을 하는 등의 위험한 상황을 감지하면 운전자에게 경고를 주는 장치이다. 눈꺼풀의 열린 정도를 감시해 눈 깜빡인 횟수 증가, 눈의 불규칙한 움직임 등 졸음징조를 다각적으로 파악이 가능하여, 졸음수준을 6단계로 인식하는 것이 특징이다.[115.]

또 다른 일본업체인 AISIN SEILKI사는 스티어링휠에 카메라 모듈을 설치하고 추가적으로 좌석에 압력센서와 진동장치를 내장해 운전자의 호흡이나 맥박 등을 종합적으로 감지해

114. iT DongA, 2015년 3월 9일, http://it.donga.com/20570/
115. http://www.robonable.jp/news/2011/12/denso-1202.html

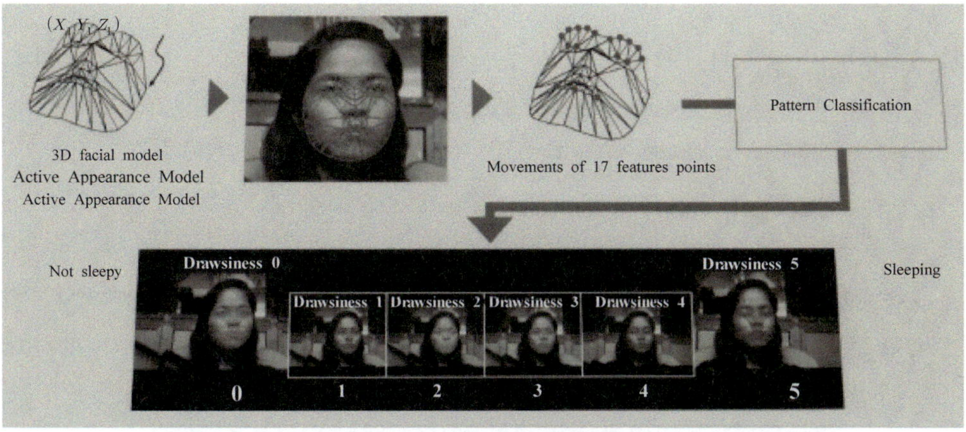

▲ 그림 16-10 일본 덴소사의 졸음상태 감지구조 데모화면

운전자의 졸음상태를 감시하는 방식을 개발했다. 카메라만으로 운전자의 상태를 파악하려면 운전자가 졸고 있는지, 실신해 있는지를 구분하기 어렵기 때문이다. 카메라와 압력센서를 통한 종합적인 판단으로 졸음 혹은 실신상태를 구별하고 만약 실신상태가 검출되면 자동으로 소방서 등에 긴급 통보를 해 준다. 가벼운 졸음의 경우 음성 안내만으로 끝나지만, 깊은 졸음운전 또는 실신 등 비상사태를 검출하면 음성 안내뿐만 아니라 좌석을 진동시켜 사고를 일으키기 전에 운전자를 깨우는 기능도 있다. Trywin사의 졸음방지장치는 카메라가 아닌 조금 특별한 방식으로 졸음을 감지하는 장치를 개발했다. 카메라 방식이나 각종 센서 방식은 설치가 복잡하고 운전자의 행동이 제한되는 등 여러 문제점이 있었는데, 이 제품은 앉아있는 운전자의 등과 척추의 움직임에서 기본 운전 동작을 감지해 졸음운전을 7단계로 구분해 운전자에게 경고로 알리는 장치이다. 운전자는 자동차를 운전할 때 핸들 조작, 엑셀 밟기, 거울 확인 등 기본 운전동작을 항상 하고 있으나, 집중력이 저하되면 기본 운전 동작을 하지 않게 되는 것에 착안을 한 제품이다.[116] (<그림 16-11> 참고)

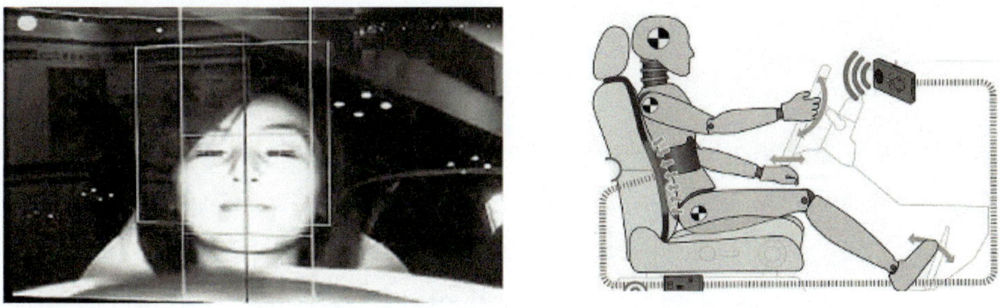

▲ 그림 16-11 SEILKI사와 Trywin사의 졸음운전방지 장치

116. KOTRA, 해외정보비즈니스정보포탈, global window, "일, IT활용 졸음운전 방지로 교통사고 줄인다", 2013년 10월 4일

일본 후지쯔는 맥박 등으로 졸음을 감지해 진동으로 알려주는 센서를 개발해 2015년 초에 언론에 공개했다. 센서를 귓불에 장착하고 본체를 목에 거는 구조다. 운수업자용으로 판매해 졸음운전 방지에 기여하겠다는 의도에서 개발이 되었다. 귓불에서 얻은 정보를 전용 무선장치 및 스마트폰이 수신한 뒤 졸음 정도를 추정한다. 운전기사에게 음성으로 알려주는 기능 외에, 버스와 트럭의 운행관리자에게도 통지할 수 있다. 무선장치는 속도와 시간 등을 기록하는 차량탑재기에 접속해서 사용한다. 본체 중량은 약 90그램, 연속 사용은 약 45시간 가능해 장거리 운전에도 이용할 수 있다. 본체 가격은 4만 1천엔 정도이다.[117] 후지쯔사 제품은 <그림 16-12>의 왼쪽 사진이다. 이와 유사한 형태로 임페카(Impecca)라는 회사가 만든 '얼럿밴드(Alert Band)'도 졸음과 관련된 제품이다. 얼럿밴드는 <그림 16-12>의 오른쪽 사진인데, 머리띠처럼 생긴 밴드 안에는 뇌파를 감지하는 센서가 내장돼 있다. 센서는 운전자의 뇌파를 항상 모니터링하고 있으며, 운전자가 졸 것으로 예상되면, 본격적으로 졸기 3~5분 전에 경고해 준다고 한다. 경고는 블루투스로 연결된 스마트폰을 통해 경고음을 내보내고, 가족이나 친구들에게 SNS로 졸음 사실을 통보해 준다. 개발업체에서는 정확도가 90% 이상이라고 보고하고 있다.[118]

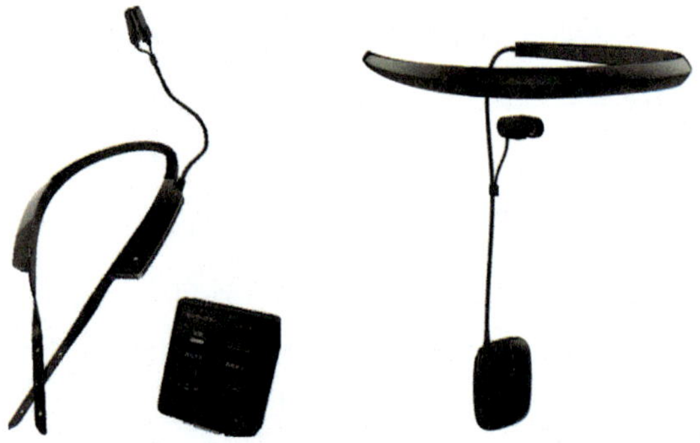

▲ 그림 16-12 졸음운전 감지용 스마트 디바이스

16.6 자율 주행차

현대기아차는 2015년 6월에 남양연구소 안 도로에서 이 회사가 개발 중인 자율주행차량인 수소연료전지차 투싼ix를 공개하였다.(<그림 16-13> 참고) 운전을 하다 버튼 하나를 누르니, 차가 스스로 운전대와 브레이크 등을 제어하기 시작한다. 특정 구간에서 차가 자동으로 달리는 현대차 기술이 언론에 공개된 건 이번이 처음이다. 차량 전면 · 측면 · 후방에는 카메라와 라이다센서가 달려 있다. 이러한 센서들이 도로 상황을 수집하면, 차는 이

117. http://www.47news.jp/smp/korean/economy/2015/01/106219.html
118. http://www.earlyadopter.co.kr/13601

정보를 이미 갖고 있던 연구소 지도와 실시간으로 비교한다. 이를 통해 자신이 어디쯤 위치할지 결정하고, 운전대 방향을 얼마나 틀지, 멈출지 말지를 판단한다. 자율주행은 미래 자동차를 이야기할 때 빠짐없이 거론되는 키워드이다. 판단이나 인지적 한계가 많은 사람이 운전하는 걸 최소화하고, 차가 스스로 주변 환경을 인식해 운전하는 것을 뜻한다. 지난 2013년 미국 도로교통안전국(NHTSA)은 자율주행 발전 단계를 0부터 4까지 다섯 단계로 구분해 제시했다. 운전자가 브레이크, 운전대 등 모든 제어장치를 책임지는 0단계부터 어떠한 상황에서든 운전자가 목적지만 입력하면 자동차가 알아서 가는 4단계로 나뉜다. 남양연구소 안 도로 등 제한된 조건에서 운전자가 선택한 구간에서만 자율주행을 하는 건 3단계다. 아직 관련 법규가 마련되지 않아 연구소 밖 공공도로에서 시험주행은 불가능하다.

현대차는 "3단계 기술이 적용된 자동차는 2025년 출시할 계획"이라며 "그에 앞서 운전 패턴을 학습해 이상 상황을 경고하는 시스템 등 부분적 자율주행 기술들을 단계적으로 내놓을 것"이라고 한다. 자율주행 기술의 선두주자는 완성차 업체가 아니라 정보통신기술(ICT) 공룡인 구글이다. 구글은 지난해 말 자체적으로 설계한 전기 동력의 무인자동차를 공개했다. 구체적인 지도 정보를 학습한 구간에서 운전대, 브레이크, 가감속 페달 없이 자동차가 스스로 움직일 수 있음을 보여주었다. 구글 자율주행차 프로젝트를 이끌고 있는 크리스 엄슨은 지난 3월 "열한살 아들이 2020년엔 면허를 딸 수 있는 나이가 되지만 그럴 일이 없도록 만드는 게 구글의 목표"라고 공언했다. 기존 완성차 업체도 자율주행 기술 개발에 열을 올리고 있다. 메르세데스벤츠, 혼다, 포드는 2020년 4단계 자율주행차를 시장에 선보이겠다는 계획을 가지고 있다.[119]

▲ 그림 16-13 현대기아차의 자율주행 시험 운전 자료

119. 한겨레 신문, 2015년 6월 28일, http://www.hani.co.kr/arti/economy/economy_general/697860.html

자율주행 자동차는 크게 센서, 프로세서, 알고리즘, 액추에이터 등으로 구성된다. 자율주행은 센서를 통해 차량 주변의 환경에 대한 데이터를 수집한 후, 이렇게 수집된 데이터를 프로세서가 받아 미리 정의된 알고리즘을 통해 그 결과를 해석하여 주행에 관한 의사결정을 내린 후, 액추에이터를 통해 실행된다. 이러한 일련의 과정 중 가장 중요한 것은 센서를 통해 수집된 대량의 데이터를 바탕으로 조향, 속도, 정지에 관한 의사결정을 내리는 소프트웨어 알고리즘이다.

무인자동차 부분에서 가장 앞서 있다고 평가 받는 구글이 끊임없이 무인자동차의 운행을 통하여 정보를 수집하는 것 역시 더욱 더 완벽한 알고리즘을 만들어 내는 것이 목적이기 때문이다. 레이더, 초음파, 카메라 등을 활용한 센서 기반의 안전 기술에서 V2X(Vehicle to X, 인프라 연계 교통정보 통합)로 발전해 나아가고 있다. 시장조사업체인 내비건트 리서치(Navigant Research, 디지털타임스 '스마트카 산업, 계속 손 놓고 있다면' 한국산업기술평가관리원, 인용)에 따르면 자율주행 자동차의 정식 시판 시기는 2020년으로, 시장 진입 후 세계 3대 시장(북미, 서유럽, 아시아태평양)에서의 성장 속도가 2020년 8,000대에서 2035년 9,540만대로 연평균 85%를 기록할 것으로 전망하였다. 구글 무인차에 자극을 받은 세계 자동차 업체들은 서둘러 무인차 개발에 나서고 있다. 독일의 유명한 브랜드 다임러는 최근 미국 라스베이거스에서 열린 'CES 2015' 행사에서 자동주행 콘셉트카 '메르세데스-벤츠 F 015'를 공개했다. 미국의 테슬라는 올해 안에 자동 주행 기능을 갖춘 전기차 '모델S'를 선보이겠다는 계획을 세우고 있다. 이와 관련 포드 자동차의 마크 필즈 대표이사도 기자들에게 "향후 5년 안에 무인자동차를 출시할 것"이라고 말한 바가 있다.

미국전기전자공학회(IEEE)가 발행하는 연구잡지 'IEEE 스펙트럼(IEEE Spectrum)'이 입수한 구글 무인자동차의 운행 테스트 문서 등 자료를 보면, 구글 무인자동차는 아직 돌발 상황에 완벽하게 대처할 수 있는 수준은 아닌 것으로 드러났다. 운전자의 도움 없이 작동하기까지는 다소 시간이 소요될 것이라는 결론이다. 물론 이것은 2012년 네바다주 운행 테스트에 적용된 기술 수준에서 이루어진 평가다. 구글의 무인자동차는 일반적인 상황에서는 거의 완벽하게 작동했다. 보행자를 감지해 즉시 멈춰 섰고, 고속도로로 진입해서는 제한속도까지 부드럽게 운행했다. 하지만 돌발상황이 발생하자 문제점이 하나씩 드러나기 시작했다.

도로를 달리면서 가로지르는 보행자를 예측해 정지하거나, 차량 앞에서 비틀거리는 자전거를 만나 뒤로 물러서는 것까지는 좋았다. 그러나 도로 내 공사 중인 상황이 펼쳐지자 구글 자동차는 수동 모드로 전환돼 구글 기술자에게 넘어 갔다. 결국 브레이크를 작동해 차량을 멈춰 세웠다. 그러나 문제는 산적해 있다. 운전자들의 반대다. 미 정부의 요구사항을 다 해결했다 해도 자동차 운전자들이 무인차의 도심 속 운행을 용인해줄 것인가 하는 문제다. 운전자가 없는 자동차를 운전자가 있는 자동차와 꼭 같이 생각하기에는 많은 시간이 필요할 것이다.

어쩌면 특수한 경우를 제외한다면 무인차가 도심 속으로 나와 일반 자동차와 같은 행세를 하기에는 상당한 시간이 필요할 것으로 생각된다.[120]

이 뿐만 아니다. 구글의 구상이 현실화할지는 미지수다. 구글 앞에 놓인 과제는 산적하다. 우선적으로 비싼 가격, 차량 제조사 부재, 현행법상 주행 불가능이 꼽힌다. 비용 면에서는 구글차 가격의 상당부분을 차지하는 360도 주변환경 감지 적외선 레이저 스캐너가 문제다. 현재 구글차 지붕에는 미국 벨로다인(Velodyne) 사의 레이저 스캐너가 탑재돼 있다. 가격은 7만 5000달러(약 8300만원)로 카메라 한대가 차량 한대 값이다. 구글 자체적으로 이를 대체할 저렴한 센서 개발을 진행 중이라고 한다. 그러나 자동차 엔지니어들은 "일정 규모의 양산을 전제로 설계하면 가격은 1700달러(200만원)선으로 낮아질 수 있다"고 전망했다. 구글 차량에 탑재된 센서는 <그림 16-14>와 같다.

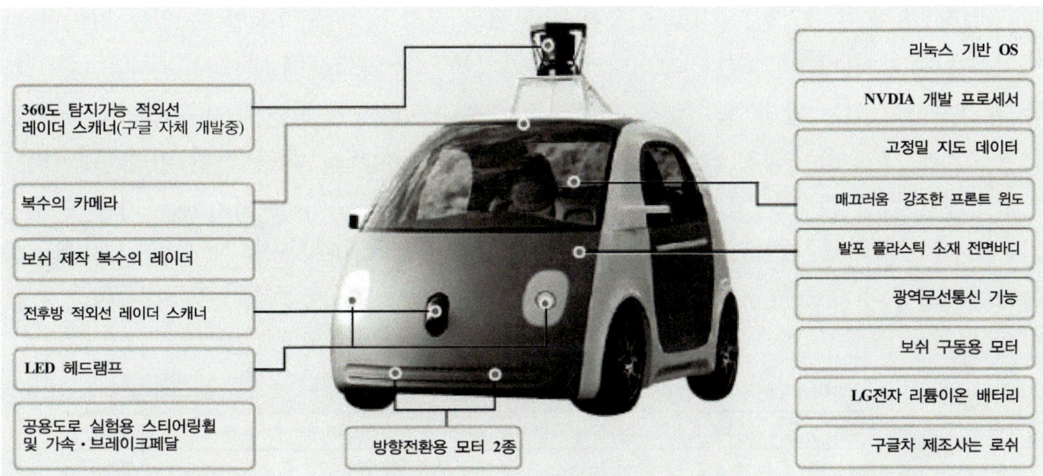

▲ 그림 16-14 구글 자율주행차량 주요 기능

120. The Science Times, http://www.sciencetimes.co.kr/?news=구글-무인차아직은-갈-길-멀어

Chapter 17

바이오 센서

17.1 헬스케어용 스마트 디바이스

스마트폰에 부가적인 장치를 이용해서 신체의 건강 정보를 측정할 수 있는 기발한 디바이스들이 많이 나오고 있다. 그러나 이런 기기들은 스마트폰에 반드시 부착을 해야 하는 제약사항이 있는 반면, 웨어러블 디바이스는 스마트폰과 통신 기능만 구현하면 되므로 스마트폰에 크게 종속되지 않고 다양한 디자인의 디바이스를 제작할 수 있다. 웨어러블 디바이스가 가장 많이 사용되는 응용분야는 피트니스(fitness)이다. 여기에는 가장 단순한 가속도센서, 자이로스코프센서 등을 사용해서 웨어러블 디바이스를 몸에 지닌채 얼마나 움직였는지를 숫자로 표현해 준다. 이러한 피트니스용 디바이스는 헬스케어 측면에서 보

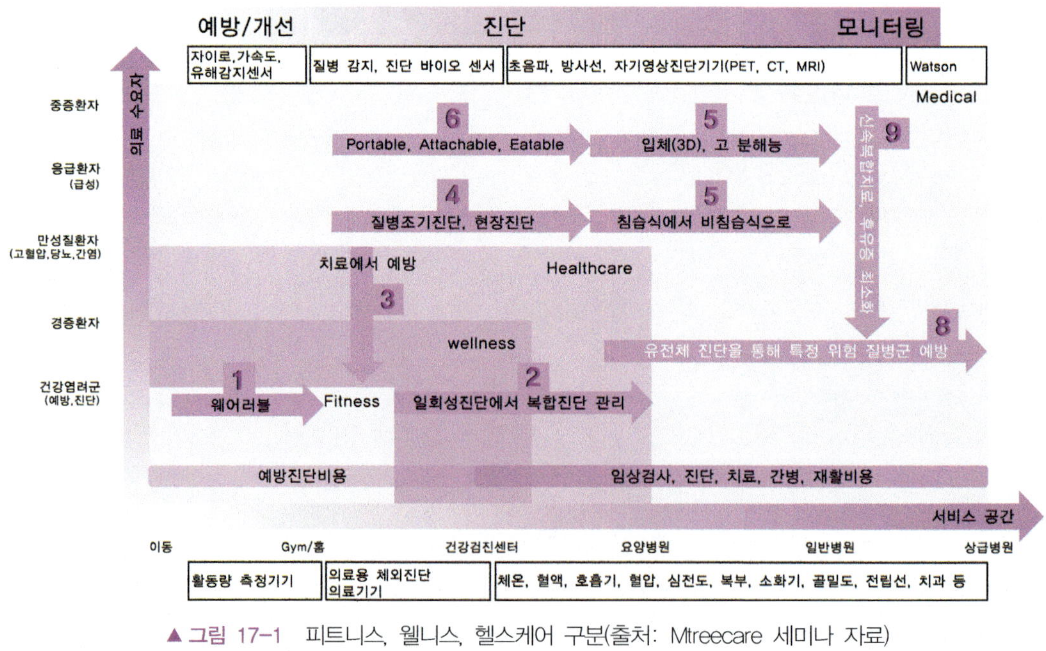

▲ 그림 17-1 피트니스, 웰니스, 헬스케어 구분(출처: Mtreecare 세미나 자료)

면 예방적인 기능이 강하다. 여기에 체온, 혈액, 혈압, 심전도 등의 다양한 신체 정보를 획득하게 되면 웰니스(wellness), 헬스케어(healthcare) 분야로 확대된다. 웰니스까지는 의료기기 승인을 받지 않아도 되지만, 헬스케어 분야로 확대되면 의료기기 승인을 반드시 받아야 한다. 이러한 구분은 <그림 17-1>과 같다.

신체 정보 중에서 가장 기본은 체온이다. 스마트폰으로 손쉽게 체온을 측정하고, 전용 앱으로 컨디션을 관리할 수 있는 스마트온도계가 출시되었다. <그림 17-2>와 같이 Y자형의 독특한 모양의 '위쉬본(Wishbone)' 온도계인데, 이 온도계는 스마트폰에 장착하여 체온과 기온을 측정할 수 있으며, 전용 앱에 기록을 남김으로써 컨디션 관리에 활용할 수 있다. 위쉬본은 스마트폰의 이어폰 잭에 장착하여 사용한다. Y자에서 한 축은 온도 측정에 사용되는 부분이며, Y자의 다른 축에는 배터리가 내장되어 있다. 온도를 측정하고 싶은 곳으로부터 3~5cm 거리를 두고 위쉬본의 온도센서를 측정하고자 하는 곳으로 향하게 한 뒤 스마트폰의 버튼을 누르면 수 초만에 온도를 비접촉식으로 측정할 수 있다. 독특한 디자인의 위쉬본의 포인트는 온도 센서 부분의 기울기가 45도로 설정돼 있다는 것이다. 이에 따라 아기의 체온을 측정하는 동안 화면을 보기 쉬우며, 자신을 향해 온도를 측정할 때에도 화면을 보면서 작업을 할 수 있다는 장점이 있다. 이와 같은 위쉬본은 물체에서 나오는 적외선을 측정하여 온도를 감지하는 센서이며, 인체에 영향을 줄 수 있는 전자기파가 전혀 방출되지 않으며, 온도는 0도에서 100도 사이를 0.1도 단위로 측정이 가능하다. 정밀도는 ±0.2도이며, 배터리의 수명은 약 1년, 가격은 US$49.99이다.[121]

위쉬본과 유사한 형태의 온도센서도 출시되었는데, 덴마크의 로보캣(Robocat)이라는 스타트업에서 <그림 17-3>과 같은 써모도(Thermodo)라는 온도센서를 출시하였다. 써모도는 4극 이어폰 단자를 이용하며 전용 앱을 통해 온도를 측정하고 기록하고 관리한다. 무게

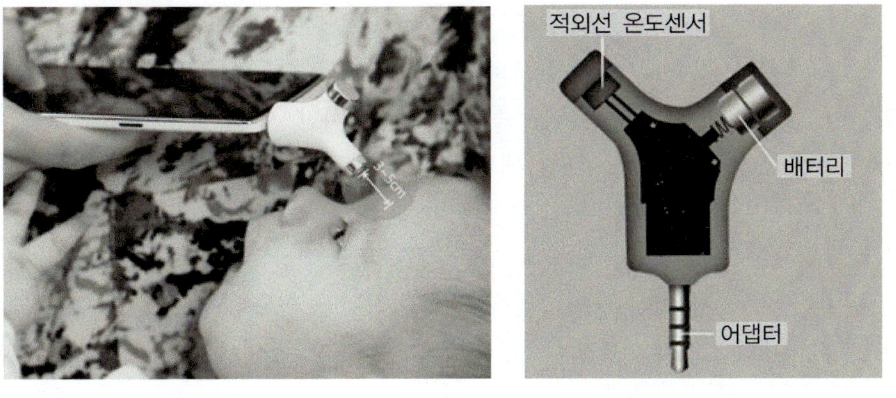

▲ 그림 17-2 온도 측정용 스마트 디바이스

121. http://wordlesstech.com/wishbone-smallest-non-contact-smart-thermometer/

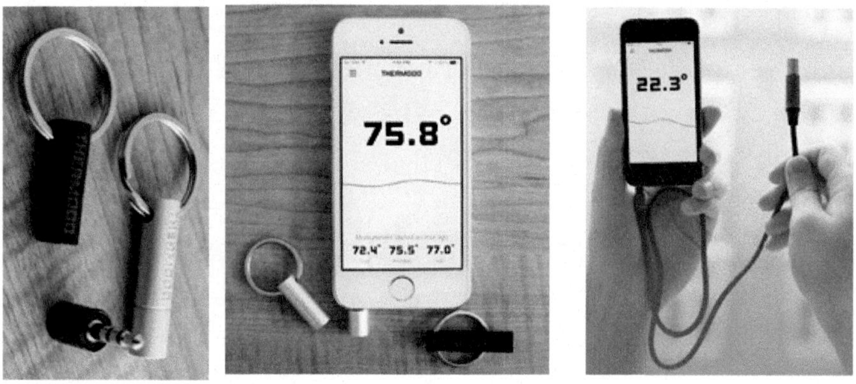

▲ 그림 17-3 스마트폰용 써모도(thermodo) 온도센서

는 7그램 정도로 매우 가벼우며 외관은 알루미늄 재질로 만들어져 있다. 센서 동작온도는 -40℃부터 125℃이며, 온도 측정 범위는 -20℃부터 50℃, 정밀도는 ±0.2℃이다. 아이폰뿐만 아니라 여러 안드로이드 기기에도 동작하며 상당히 정밀한 온도센서를 이용하기 때문에 오히려 이어폰 단자로 연결되어 있는 스마트폰의 발열이 온도 측정에 주는 영향을 고민해야 할 정도이다. 이와 같은 스마트폰의 발열 효과를 없애기 위해 별도의 연장 케이블도 제공하고 있다. 두 가지 모델로 출시되었으며, 일반형인 Black은 $29.99, 고급모델인 Premium은 US$44.99이다. 써모도는 소프트웨어 개발자 키트를 제공하여 여러 날씨 앱 등에서 써모도를 이용할 수 있는 여지를 가지고 있으며, 온도 앱에 이를 적용하여 지역의 기온을 실시간 제공할 수 있는 길을 열어두었다.[122]

패치타입으로 아기들의 체온을 실시간으로 24시간 모니터링이 가능한 디바이스가 출시되었다. 미국의 템프트랔(TempTraq)이라는 곳에서 블루투스로 스마트폰과 연동이 가능한 일회용 패치형태의 디바이스이다.(<그림 17-4> 참고) 30℃에서 43℃ 사이의 온도를 측정하며, 패치형 온도센서는 방수가 되며, 유연하여 신체의 어떠한 구조에도 접착이 가능하다. 비교적 정확한 온도 측정을 위해 겨드랑이 바로 밑 부분의 위치에 피부 표면을 깨끗이 닦은 후 접착을 하면 24시간 자동적으로 모니터링이 된다. 다른 온도센서는 주기적으로 보호자가 어린이 또는 아기의 온도를 측정해야만 하지만, 이 제품은 그럴 필요없이 붙이기만 하면 24시간 자동으로 모니터링 해 주는 것이 특징이다. 또한 만약 갑자기 열이 오르거나 하면 스마트폰을 통해 알람을 울려 경고해 줄 수 있다.[123]

지난 2012년 한 해에만 전 세계에서 무려 170만명 이상의 여성들이 유방암 진단을 받았다. 이는 매일 4,600명 이상의 여성들이 유방암 진단을 받았다는 것이며, 이 중에서 연간 무려 40만명이 유방암으로 사망한다. 대부분의 암이 그렇듯이 유방암도 조기에 발견해서

122. Thermodo 공식 홈페이지, http://thermodo.com/
123. 템프트랔 홈페이지, https://www.temptraq.com/

▲ 그림 17-4 템프트락의 체온 모니터링 패치형 디바이스

치료하는 것이 가장 중요하다. 조기에 발견하기만 하면 환자가 죽는 일은 거의 발생하지 않기 때문이다. 서양 여성들이 유방암에 걸릴 확률은 무려 12%라고 한다. 8명 중 1명 꼴로 발병되는 셈이다. 그런데 문제는 유방암 초기 9년 동안 의사들의 진단 실패율이 무려 43.1%에 달한다는 점이다. 유방에 생긴 종양은 12년 동안 약 4cm 정도로 성장한다. 그런데 11년 동안에 1cm 정도밖에 성장하지 않고, 특히 10년 동안에는 불과 0.1cm 밖에 성장하지 않아 이를 발견해 내기란 현실적으로 매우 어렵다. 현재 유방암을 조기에 발견해 내는 가장 좋은 장비는 바로 MRI와 맘모그래피(mammography)다.

그러나 맘모그래피는 10년 정도 자란 종양을 판별할 수 있고, MRI도 7~9년 정도 자란 종양을 판별할 수 있는 수준이다. 그렇다면 이 보다 더 작은 종양을 조기에 발견할 수는 없는 걸까? 지금까지의 기술과 장비로는 불가능했지만, 가까운 미래에는 누구나 손쉽게 유방암을 조기에 발견할 수 있을 것으로 보인다. 최근 미국에 있는 'First Warning Systems'는 유방암을 조기에 발견할 수 있게 해주는 최첨단 브래지어인 'BSE BRA'를 개발했다. 일반 스포츠 브래지어처럼 생긴 이 브라는 내부에 장착된 각종 센서와 알고리즘을 통해 유방암을 조기에 발견할 수 있게 해 준다. 놀라운 점은 바로 모세혈관에 생긴 매우 작은 크기의 종양을 탐지할 수 있다는 점이다. 'BSE BRA'는 유방암이 시작하는 3년차 정도의 매우 작은 크기의 종양 세포까지 찾아준다. 이 브라가 이처럼 놀라운 기능을 수행할 수 있는 이유는 바로 모세혈관이 성장할 때 세포에서 발생하는 미묘한 온도 변화를 감지할 수 있는 센서가 장착되어 있기 때문이다. 종양 세포는 정상 세포보다 세포 주위의 온도 변화가 상대적으로 낮다. 'BSE BRA'는 이러한 비정상적인 온도 변화의 패턴을 감지하여 유방암을 진단한다. 분석된 결과는 PC나 모바일 기기를 통해 확인할 수 있다. 'First Warning Systems'가 20여년의 오랜 기간 동안 심혈을 기울여 개발한 이 브라는 이미 650여명의 예비 환자 대상의 임상실험에서 92.1%의 유방암 진단율을 기록한 바 있다. 마모그래피의 진단율이 70% 정도인 것을 감안할 때, 이 브라의 진단율은 매우 높은 편이다. 2016년에 소비자들에게 판매될 예정이라고 한다.[124.]

17.2 무채혈 혈당 측정

현대인들의 건강을 위협하는 요인 중의 하나가 당뇨병이다. 움직임보다 음식 섭취량이 많다보니 자연적으로 체중이 비대해지고, 이로 인해 고혈압과 당뇨라는 합병증으로 많은 사람들이 고통을 받고 있다. 당뇨병 환자들은 적절한 혈당 관리를 위해 혈당을 주기적으로 측정을 해야 한다. 혈당 측정을 위해 수없이 손가락을 찌르다 보면 공포감은 물론 찔린 부위가 약해져 정전기에 민감하게 되거나 쉽게 통증을 느끼는 부작용도 생기게 된다. 또한 수없이 손가락을 찌르다 보면 공포감은 물론 찔린 부위가 약해져 정전기에 민감하게 되거나 쉽게 통증을 느끼는 부작용도 생기게 된다. 최근 스마트 디바이스를 활용한 대표적인 응용분야 중의 하나가 바로 혈당 측정분야이다. 일반적인 혈당계는 크게 혈당측정기기, 혈당스트립(또는 혈당검사지), 그리고 채혈기로 구성된다. 혈당측정기기는 혈액 내 혈당의 농도를 검출하는 기기로서 수천~수만번 사용이 가능하나, 혈당스트립은 혈액을 묻힐 수 있게 화학적으로 제조된 검사지로, 혈액 내 혈당과 반응하여 전기화학적 반응을 일으키는 효소를 포함하고 있으며 1회용 소모품이다. 채혈기는 피부에 구멍을 뚫어 모세혈관의 혈액이 나오게 하는 장치로, 일반적으로 손가락 끝에 1회용 바늘을 사용한다. 혈당측정기는 크게 광도측정법과 전기화학측정법으로 구분된다. 광도측정법은 포도당이 효소와 반응하는 과정에서 발생한 중간물질이 염료와 반응하여 이에 따른 색 변화를 빛을 이용하여 측정하는 방법이며, 전기화학측정법은 포도당이 효소와 반응하는 과정에서 발생한 전자를 전자 전달 매개체를 이용하여 전극으로 전달하고, 이에 따라 흐르는 전류를 측정하는 방법이다. 이렇게 측정된 혈당의 기준치는 <표 17-1>과 같다.

■ 표 17-1 혈당과 당화혈 색소에 대한 당뇨병 기준

	공복 혈당 (mg/dl)	식사 후 2시간 후 혈당 (mg/dl)	당화혈 색소 (%)
정상	100 미만	140 미만	5.7 미만
당뇨병 전 단계	100 ~ 125	140 ~ 199	5.7 ~ 6.4
당뇨병	126 이상	200 이상	6.5 이상

124. http://bizion.mk.co.kr/bbs/board.php?bo_table=tech&wr_id=142

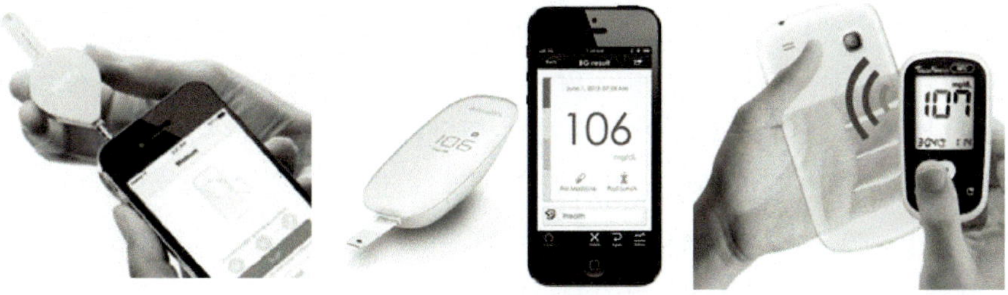

▲ 그림 17-5 다양한 통신방식의 스마트 혈당측정기기(좌측부터 이어폰, 블루투스, NFC)

기존의 혈당측정기는 혈당을 측정한 결과만 보여줄 뿐 이전 측정결과에 대해 관리를 하지 못하였다. 이런 문제점을 보완한 것이 스마트 혈당측정기이다. 혈당을 측정할 수 있는 센서를 스마트폰에 연결하고, 혈액을 체혈하여 시험지를 꽂게 되면 측정결과를 보여주고, 전용앱을 통해 혈당계의 데이터가 스마트폰으로 전송되어 이전 결과까지 관리를 할 수 있다. <그림 17-5>와 같이 이어폰을 통한 통신방식, 블루투스와 NFC를 이용한 무선통신방식 등 다양한 통신 방식을 이용한 혈당계가 출시되고 있다. 스마트폰이 대중화가 된 현재는 혈당측정기기 자체만으로는 경쟁력이 없으며, 데이터를 지속적으로 관리할 수 있는 스마트 혈당측정기기로 개발 방향이 급격히 바뀌고 있다. 차세대 혈당측정기기는 스마트폰 접속형으로 통신을 하는 방식에서 스마트폰 비접속형인 무선통신 방식으로 이동하고 있다. 스마트폰 비접속형은 기본적으로 NFC 무선통신기술을 이용하는 것이며, 추가적으로 침을 찔러 채혈하는 방식에서 피부에 일정한 전기 자극을 가해 체액을 추출하여 추출된 체액에서 포도당만을 측정하고 이 결과를 스마트폰에 무선으로 전달하는 방식이다. 웨어러블 기기가 발전하면서 이와 같은 기기들이 속속 등장하고 있다.

기존 대부분의 혈당측정기기는 손가락 끝에서 작은 양의 피 샘플을 채취하는 채혈 방법을 사용하고 있는데, 환자들은 이 방법을 피하기를 원하고 의학적으로도 감염의 위험이 있기 때문에 이런 혈액 채취를 통한 혈당 측정 방법이 아닌 눈물이나 땀 등에서 글루코스 성분을 분석하는 무채혈 방법에 대해 오래전부터 연구를 진행 중에 있다. 무채혈 혈당 측정의 개념적 정의는 혈액을 채취하지 않고 혈당 측정을 가능하게 하는 것이다. 현재 기술적으로 채혈 없이 혈당을 측정하는 방법은 크게 4가지로 구분된다.

첫째, 광학적인 방법, 둘째, 전기 생리학적인 방법, 셋째, 호기(호흡시 나오는 기체)에서 측정하거나 여러 방법을 혼합하는 등의 기타 방법, 넷째, 조직에 센서를 삽입하여 혈액이 아니라 조직액에서 혈당을 측정하는 방식이다. 이 중에서 가장 연구가 많이 된 분야가 광학적인 방법이다. 광학적 방법에는 적외선 분광법, 라만 분광법, 빛 간섭 촬영법, 편광법, 광음향 분광법 등이 있다. 빛을 이용하여 혈당 농도를 측정하는 것은 완전히 무채혈 방식이고 자극이 없으므로 어떻게 보면 진정한 의미의 무채혈 혈당측정기라고 할 수 있다. 하지만 광학적인 방법에는 정확성을 높이는데 여러 가지 한계가 있을 수 있고 이것을

극복하기 위해 여러 가지 기술이 개발 중에 있다.[125]

Onsens사는 근적외선을 이용한 광학식 글로코스 센서(Photonic Glucose Sensor, PGS)를 개발하였다. Onsens사는 2001년에 무채혈 혈당측정기 개발을 목적으로 설립된 회사이다. 이 시스템은 메인 센서, 2개의 팔목밴드, 배터리로 구성되어 있으며, 약 30시간 정도 지속적으로 사용이 가능하기 때문에 수면 중에도 측정이 가능하다. 또한 측정 결과가 블루투스를 통해 실시간으로 스마트폰으로 데이터가 전송된다. 이 센서의 원리는 5분 간격으로 근적외선을 피부 속으로 입사시키고, 반사되어 온 빛의 정보를 이용해서 혈당을 분석한다. 적외선이 매우 좁은 각으로 반사되어 오면, 피부 안에 글루코스의 양이 적다고 판단하며, 넓은 각으로 펴져서 반사되어 오면, 피부 안에 글루코스의 양이 많다고 판단한다. 이 센서는 글루코스의 정량적인 양을 측정하는 것이 주 목적이 아니고, 글루코스 레벨의 경향을 모니터링을 하고, 경향에 이상이 있다고 판단되면 진동이나 소리로 사용자에게 즉시 알려주는 것이 주 목적이라고 한다.[126] (<그림 17-6> 참고)

광을 이용한 방법 중에 폐쇄분광법(occlusion spectroscopy)을 이용한 제품도 상품화가 되었다. 이것은 빛의 산란을 이용한 방법인데, 혈류가 폐쇄되면 혈구가 응집되고 혈액 내에서 산란을 유발하는 입자의 크기가 커지게 되어 빛의 산란을 줄이고 투과를 증가시키게 된다. 글루코스는 산란을 유발하는 물질과 그 주위를 둘러싸는 매질 사이의 굴절율을 감소시켜 산란계수를 줄이고 빛이 매질 속으로 통과하는 거리를 짧게 한다. 결과적으로 글루코스의 농도가 증가하면 더 적은 광자가 매질에 흡수되어 투과되는 빛은 많아진다. 글루코스는 산란을 유발시키는 물질과 그 물질을 둘러싸고 있는 매질 사이의 굴절 지수가 불일치하는 정도를 줄여서 산란 계수를 감소시켜 광학경로를 짧게 하고, 결과적으로 당농도가 증가할수록 적외선이 조직에 덜 흡수되고 투과하는 빛의 강도는 증가한다. 반사를 이용한 PGS에 비해 더 많은 글루코스 분자와 충돌하게 하기 때문에 PGS에 비해 감도가 높다. 또한 PGS는 빛이 입사하는 부분의 결과만 나오는데 반해 이것은 전체 조직의 평균

▲ 그림 17-6 Onsens사의 PGS

125. 안원식, 김진태, "무채혈 혈당 측정기의 혈당 측정 원리: 혈당 검출방법 중심으로", J. Biomedical Engineering Research 33: 114-127 (2012)

126. http://www.diabetesnet.com/diabetes-technology/meters-monitors/future-meters-monitors/onsens

값과 관련된 결과가 나오므로 신뢰도가 높다고 볼 수 있다. PGS와 유사하게 근적외선 영역의 빛을 이용하고, 손가락에 수축기압 이상의 압력을 2~3초간 적용한 후 풀어서 빛의 산란되는 신호를 증폭시켜 측정한다는 점이 다르다.

비침습법인 전기적인 방법에는 역이온 삼투압 방식(reverse iontophoresis), 임피던스 분광학(impedance spectroscopy), 전자기적 탐지(electromagnetic sensing) 방식이 있다. 역이온 삼투압 방식은 피부에 양극과 음극 사이에 미세한 전류를 흘려주게 되면 피부 아래에 있는 나트륨과 염화물이 각각 음극과 양극으로 이동하게 된다. 당과 같이 전하가 없는 물질도 이온과 같이 피부를 통과하여 이동한다. 피부는 중성 pH에서 음전하를 띄기 때문에 양극 쪽으로 체액 이동이 많아지고 양극에서 당을 더 잘 추출할 수 있다. 당 분자 하나당 2개의 전자가 발생하여 전류를 흐르게 함으로 발생되는 전류량과 포도당의 양은 서로 상관관계를 갖게 된다. 샌디에이고 캘리포니아 대학교의 나노공학자들이 <그림 17-7>과 같은 피부 세포 사이에서 유동액에 존재하는 글루코스의 레벨을 측정하고 추출할 수 있는 일종의 타투(tattoo)를 개발하는데 성공했다. 약 10분 동안 피부에 매우 약한 전류를 공급해 피부 세포 사이의 유동액에 존재하는 나트륨 이온을 타투의 전극으로 이동시키는데, 이 이온들은 글루코스 분자들을 전달하는 역할을 한다. 이로 인한 전기적 변화량으로부터 글루코스 레벨을 유추하는 원리이다. 이 센서는 유연하고 착용하기 쉬우며, 당뇨 환자들이 비침습적으로 글루코스의 레벨을 측정할 수 있다. 비침습적 타투에 의해 추출된 글루코스의 농도는 인간의 혈액에 존재하는 양에 비해 수백 배 낮다. 따라서 매우 작은 양의 글루코스를 측정할 수 있는 뛰어난 전기적 감도의 센서가 필요하다.

이전에 시스너스사(Cygnus Inc.)에서 GlucoWatch라고 불리는 작은 장치가 개발되었지만, 이 장치는 결국 실패했다. 그 이유는 이 장치가 피부에 트러블을 유발했기 때문이다. 그러나 이번에 개발된 타투는 이러한 문제를 해결하기 위해 매우 약한 전류를 사용하였다.

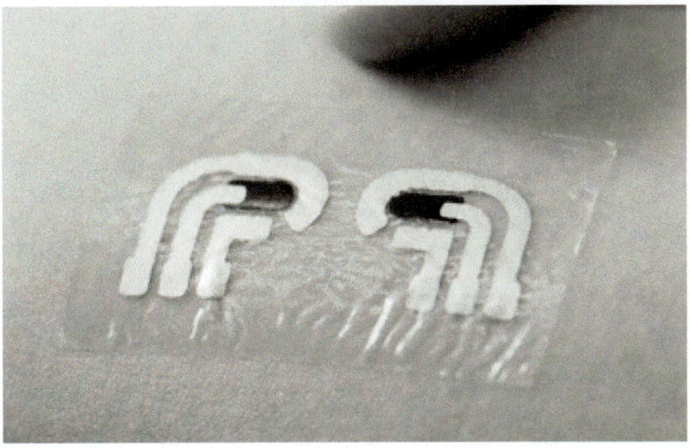

▲ 그림 17-7 글루코스 측정용 타투

이 센서의 문제점으로는 처음 사용시 표준 혈당 측정기를 통해 보정을 해 주어야 하고, 정확한 측정을 위해서 피부에 접촉된 패드를 약 12시간 마다 교환해야 하며, 교환 후 워밍업 시간과 보정의 과정이 필요하다는 점이다. 그래서 이런 단점을 보완하기 위해 현재 연구팀은 이 타투 센서가 오랫동안 지속할 수 있도록 하는 방법에 대해 연구 중에 있다.[127]

구글은 제약업계 노바티스와 함께 당뇨 환자를 위한 의료용 스마트 컨텍트 렌즈의 개발계획을 2014년에 발표했다. 구글이 개발한 스마트 컨텍트 렌즈 기술을 응용해서 노바티스의 안과사업조직에서 작은 무선칩과 안테나 및 소형화한 글루코스 센서를 내장한 렌즈를 상용화할 계획이다. 이 렌즈는 컨텍트 렌즈 속에 장착한 극소형 장치를 통해서 눈물로부터 당뇨병 환자들의 혈당 수치를 정확하게 측정할 수 있게 하겠다는 것이 프로젝트의 목표이다. 오랫동안 과학자들은 눈물과 같은 체액을 통해서 어떻게 하면 혈당을 더욱 쉽고 정확하게 측정할 수 있는지에 대해 연구를 해왔다. 구글이 개발을 공표한 스마트 컨텍트 렌즈는 비침습적이고 연속적인 혈당 측정을 목표로 하고 있다.

이 스마트 컨텍트 렌즈는 두 겹의 부드러운 렌즈 사이에 극소형화된 혈당 측정 센서와 무선칩을 장착해서 소량의 눈물만 가지고도 혈당을 측정할 수 있게 만들 계획이다. 이 센서는 1초에 한 번씩 혈당을 측정하도록 설계되었으며, 혈당이 기준치보다 올라가거나 내려가기 시작할 때에는 LED 불빛을 이용해서 사용자의 시야에 조기에 경고 신호를 디스플레이 하도록 설계되어 있다. 구글에서 이러한 개발계획을 발표하기 이전에 이미 오래전부터 연구를 진행해 왔다고 한다. 컨텍트 렌즈를 통해서 혈당뿐만이 아니라, 체온이나 콜레스테롤 수치, 나트륨, 칼륨과 같은 전해질 수치 등의 다양한 활력징후(vital sign)들을 측

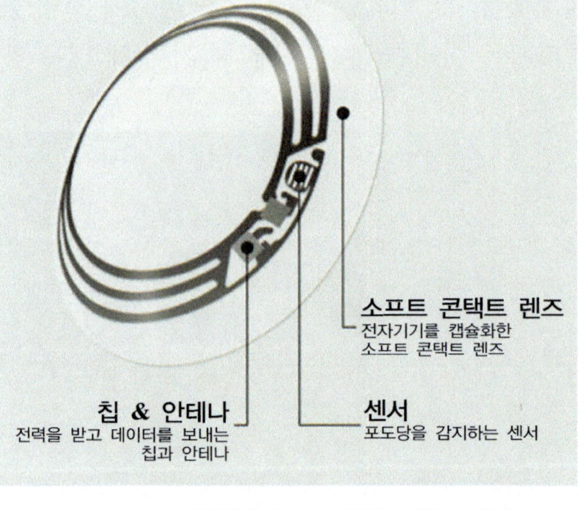

▲ 그림 17-8 구글의 스마트 컨택트 렌즈 개념도

127. http://phys.org/news/2015-01-tattoo-like-sensor-glucose-painful-finger.html

정할 수 있다고 한다. 눈물에는 병원에서 혈액검사를 받을 때 측정되는 것과 동일한 생체 표지자(biomarker)들이 발견되는데, 그 표지자들의 농도는 혈액 속의 농도와 비례한다는 것이다. 또한 렌즈는 한번 착용하면 신체 표면에서 눈물과 오랜 시간 동안 접촉하기 때문에 이를 측정하기에 적합하다고 한다.[128.] (<그림 17-8> 참고)

영국 리즈대학의 진 호세 박사가 개발한 이 첨단 혈당계는 혈액 속의 글루코스 밀도에 따라 다르게 나타나는 적외선 형광신호로 혈당을 측정하는 기술이다. 이 기술의 핵심은 나노기술을 적용, 석영 유리에 이온을 심은 것으로 이 이온들은 저출력 레이저 빛에 노출되면 적외선 형광신호를 나타낸다. 이 석영 유리는 손가락 끝에 갖다 대는 렌즈로 사용자의 피부와 접촉하면 혈액 속의 글루코스 밀도에 따라 형광신호의 길이가 다른데, 형광신호의 지속시간을 혈당수치로 환산해 나타낸 것이다. 이 혈당 수치가 나타나는 데 걸리는 시간은 30초 미만이라고 한다. 이 혈당계는 현재 임상시험을 위한 탁상용 모델로 만들고 있으나, 판매모델은 손가락을 갖다 대는 컴퓨터 마우스형과 휴대하면서 언제나 사용할 수 있는 착용형 등 두 가지로 개발되고 있다.[129.]

17.3 심전도 측정

외부 자극에 따라 사람은 다양한 생체적 반응을 한다. 모바일 기술이 점점 발전하면서 스마트폰을 활용하여 손쉽고 간편하게 생체적 반응을 인식하고 처리할 수 있는 기술들이 속속 등장하고 있다. 이중에서 심장과 관련된 신체정보 중에서 가장 중요한 것이 심전도(electro cardiogram, 줄여서 ECG라고 함)인데, 이것은 심장의 주기적 운동시 심근에 의해 발생하는 활동전위의 시간적 변화를 그래프로 기록한 것으로 부정맥, 허혈성심장질환, 심실의 비대, 전해질 이상 등의 판정 및 진단에 활용되는 아주 중요한 정보이다. 심장근육의 수축은 생명체의 전기를 공급하는 발전기와 같다. 수축을 일으키는 원동력은 심방의 동방결절에서 발생되는 미세한 전류인데, 이 미세한 전류가 심장근육을 통하여 신체 내에 전류가 흐르게 되고, 이 전류를 신체의 표면에서 기록할 수 있게 되었다. 이를 기록하는 장치를 심전도계(electrocardiography, 줄여서 ECG라고 함)라 하고, 이 기록을 심전도라 한다. 심장의 신호를 신체표면에서 최초로 기록한 것은 1903년이며, 그 때 사용한 장치는 <그림 17-9>와 같다. 네덜란드의 과학자인 아인트호벤(Einthoven)에 의해 처음으로 만들어진 ECG 기계는 지금도 라이덴시 국립박물관에 보관되어 있는데, 갈바노미터(Galvanometer)에 전선을 이용하여 기록하였다. 저항을 줄여줄 물질을 발견하지 못했기 때문에 그 당시에는 양손과 한쪽

128. 최윤섭 홈페이지, http://www.yoonsupchoi.com/2014/01/26/google-smart-contact-lens-fo/
129. http://www.yonhapnews.co.kr/bulletin/2015/07/16/0200000000AKR20150716057100009.HTML

다리를 물통에 넣고 물통에 전선을 연결하여 갈바노미터로 측정하였다.[130]

이 때의 기록은 두 개의 전극으로 전압차를 기록하였는데, 한 쪽을 (-)극으로 기준점으로 하였으며, 다른 쪽을 (+)극으로 기록전극으로 사용하였다. 그 당시 아인트호벤은 세 개의 조합으로 측정하였는데, 오른쪽 팔과 왼쪽 팔, 왼쪽 팔과 왼쪽 다리, 오른쪽 팔과 왼쪽 다리 간의 전압차를 기록하였다. 이것이 시초가 되었기 때문에 이와 같은 방식이 표준전극법이 되었다. 다리 중에 왼쪽 다리를 사용한 것은 심장이 왼쪽에 있기 때문이다. 사람의 심장은 두 개의 심실과 두 개의 심방으로 구성되어 일정한 주기를 가지고 각 신체에 혈액을 공급해주는 순환시스템의 펌프와 같은 기능을 수행한다. 잘 조절된 심방과 심실의 수축은 심장의 근육구조 내에서 발생하는 특정한 전기적인 활성화 패턴에 의해 이루어진다.

ECG란 심근의 수축에 의해 발생하는 활동전위가 신체의 표면에 전달된 것을 측정하여 파형으로 기록한 것이다. ECG의 파형의 형성은 심장의 박동에 의해 규칙적으로 발생하며, 1분에 약 60회에서 80회 정도의 심박동률(Heart Rate, HR)로 나타난다. 심장의 구조적 특성은 한곳에서 발생한 활동 전압이 심장 전체에 퍼질 수 있게 되고, 심방이나 심실이 마치 세포 하나가 수축하듯이 동시적으로 수축할 수 있다. 이와 같은 심장의 근육운동에 의해 발생하는 탈분극 현상을 체표면상에 전극을 부착하여 검출한 것이 ECG 파형이다. 심장의 탈분극에 의해 발생하는 활동전위는 약 20~30mV로 큰 편이지만, 체표면에서는 약 1mV 정도로 매우 낮은 활동전위를 가지게 된다. 이렇게 낮은 ECG를 측정하기 위해서는 전극이 필요하다.

▲ 그림 17-9 아인트호벤에 의한 최초의 갈바노미터 심전도 측정 장치

130. 위키디피아, https://en.wikipedia.org/wiki/String_galvanometer

병원에서 사용하는 심전도 측정 장비는 최소 2,000만원을 호가하는 매우 고가의 의료 장비인데, 심전도를 병원에서만 측정할 수 있다는 통념을 깬 혁신적인 제품이 최근 출시되었다. 미국 샌프란시스코 소재의 얼라이브코어(AliveCor)라는 회사에서 개발된 것으로 <그림 17-10>과 같이 일종의 스마트폰 뒤에 부착하는 케이스와 같은 작은 기기로서, 사용자가 스마트폰을 통해 자신의 심전도를 측정 및 기록할 수 있게 해 준다. 이 기기는 2012년 12월 이미 아이폰에 대해서 FDA의 의료기기 승인을 받아서 의사들이 의료 현장에서 사용할 수 있게 되었을 뿐만 아니라, 이 기기를 처방 받은 환자들은 자신의 심장 상태를 스스로 측정할 수 있다. 현재는 아이폰과 안드로이 스마트폰에서 모두 승인된 유일한 ECG 측정 장비이며, 측정된 데이터는 클라우드에 저장이 된다. 이 ECG 장비는 크게 두 가지 방법으로 사용된다.

첫 번째는 부정맥을 가진 환자들이 평상시에 자신의 심장상태를 측정할 수 있다. 기존에는 환자가 평소에 가끔 심장에 이상을 느낀다고 할지라도 병원을 방문해서 검사를 했을 때 이상이 발견되지 않는다면 증세를 정확히 진단하기 힘들다는 단점이 있었다. 하지만 이 기기를 환자가 평소에 항상 소지하고 다니다가, 자신의 심장에 이상을 느낄 때 ECG를 측정하여, 주치의에게 데이터를 보여줄 수 있으므로 심장의 상태를 훨씬 정확하게 진단할 수 있다는 장점이 있다. 두 번째로 이미 심방세동을 진단받아 치료받고 있는 환자에게 의사는 이 기기를 처방하여, 가정에서 환자 스스로 상태를 모니터링 할 수 있다. 특히 환자가 처방받은 약이 얼마나 효과가 있는지 예후를 관찰하는 용도로도 사용이 가능하다. 얼라이브코어 제품은 휴대폰 케이스에 부착되어 있는 두 개의 전극에 30초 정도 손가락을 갖다 대거나 가슴에 대고 심전도를 실시간으로 모니터링 할 수 있도록 개발된 제품이다.[131] 모바일 헬스케어 분야에서 최근 많은 전문가들로부터 각광받고 있는 한 기업이 있다. 피부에 붙이는 센서 '바이오 스탬프(Bio Stamps)'를 개발한 미국의 스타트업 'MC10'이다. <그림 17-11>의 바이오 스탬프에는 심전도를 측정하는 ECG센서, 외파와 근전도를 측정하는 EEG/EMG센서, 온도센서, 스트레인게이지가 탑재되어 있어 신체의 변화를 정확하

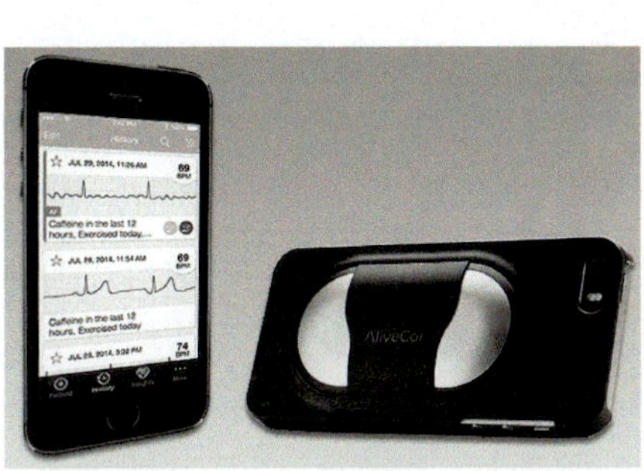

▲ 그림 17-10 심전도 측정용 얼라이브코어(AliveCor)

131. http://www.yoonsupchoi.com/2014/03/09/alivecor_three_innovations/

게 모니터링 할 수 있다. 실제로 바이오 스탬프를 피부에 붙이면 맥박수, 체온, 자외선 흡수량, 뇌 활동량 등의 데이터를 스마트폰으로 수집하고 클라우드에 전송해 체계적인 관리가 가능하다. ECG센서는 부정맥 등 심장의 만성질환을 실시간 모니터링 할 수 있고, 온도센서는 체온을, EEG/EMG센서는 뇌파를 측정해 뇌신경의 활동과 스트레스 상황을 파악하는 동시에 근육의 활동도 감지할 수 있다. 바이오 스탬프는 씰 형태의 센서를 피부에 붙이는 방식으로 사용되며, 피부의 움직임에 따라 센서 자체도 그림과 같이 휘어지며, 전자회로를 피부에 붙이고 그 위에 코팅 스프레이를 뿌리면 방수가 잘 돼 2주간 사용이 가능하다. 현재 바이오 스탬프는 구글과 함께 공동연구를 추진 중에 있다.[132]

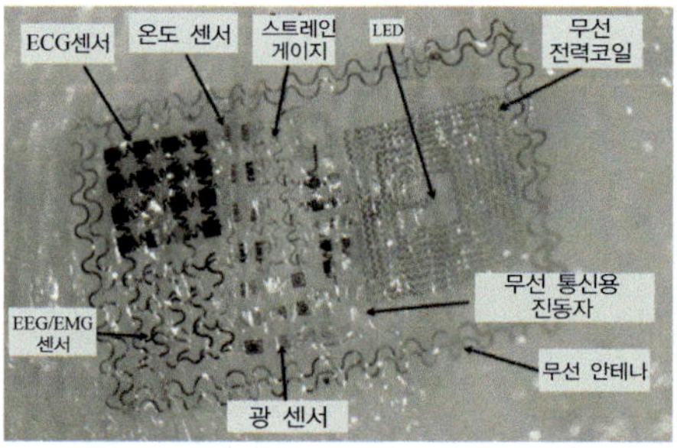

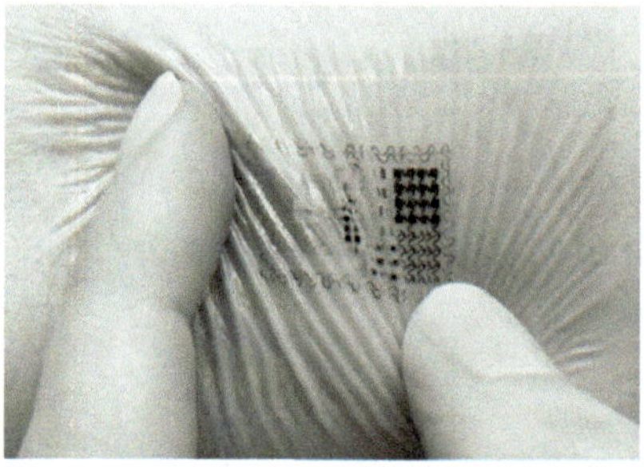

▲ 그림 17-11 바이오 스탬프 개념 사진

17.4 혈압 측정

헬스케어와 관련되어 가장 기본이 되는 정보는 혈압이다. 혈압 측정에는 크게 침습법과 비침습법으로 구분된다. 침습법은 카테터(catheter)를 혈관에 삽입하여 측정하는 방식인데, 급격한 혈압 변화 측정이 가능하고 불확도가 낮은 혈압을 측정할 수 있는 장점은 있으나, 카테터 삽입시 출혈 및 감염의 우려가 있기 때문에 실생활에서는 잘 사용하지 않는다. 따라서 실생활에서는 비침습법을 주로 사용하고 있는데, 여기에도 청진기로 측정하는 청음법, 오실로메트릭법, 초음파 도플러법, 맥전파 속도법 등이 있다.

이 중에서 현재 가장 많이 사용하는 방법은 오실로매트릭법(oscillometric method)이다. 이것은 커프(cuff, 공기를 주입하면 부풀어 오르는 천)에 공기압을 가하였다가 천천히 공기를 뺄 때 동맥혈관 위의 커프에 생기는 압진동(pressure oscillation)의 크기를 압력센서에 의해 감지, 기록하여 혈압을 측정하는 방법이다. 이 방법은 커프에 공기압을 꽉 채우면 해당 동맥혈관에는 혈액의 흐름이 멈춰진다. 그러다가 커프의 공기압을 조금씩 줄여나가면 어느 선에서 최초로 생긴 공간 속으로 혈액이 지나갈 때 맥박이 뛰면 진동이 발생한다. 점

132. http://bizion.mk.co.kr/bbs/board.php?bo_table=tech&wr_id=172

점 더 커프의 압력을 풀어주면 혈관은 더 넓어지며 통과하는 혈액의 양은 더욱 많아지고 진동도 더 커진다. 그러다가 최대의 진동 폭을 기록하며 커프의 압력이 더욱 빠짐으로 진동은 점점 줄어들다가 결국은 소멸된다. 진동 폭이 빠르게 높아지는 지점을 최고혈압으로 간주하고, 진동 폭이 빠르게 낮아지는 부분을 최저혈압으로 간주한다. 이와 같이 커프압의 진동을 직접 측정하여 혈압을 측정하는 방법이 오실로매트릭 방식이다. 이와 같은 오실로매트릭 혈압계는 팔에 커프를 감고 압력을 가한 후, 서서히 풀면서 혈압을 측정하는 방식이기 때문에 실시간 측정이 불가능한데다 팔뚝에 공기 튜브를 둘러싼 일시적으로 혈액의 흐름을 막는 방식을 쓰기 때문에 하루 6회 이상 측정이 곤란하다. 최근에 손목이나 손가락에 커프를 감는 혈압계도 개발되었지만 불편한 건 마찬가지이다.

삼성전자가 스마트폰의 다음 사업으로 디지털 헬스케어 시장의 선두주자가 되기 위해 노력 중에 있는데, 그 중에서 가장 눈여겨 볼만한 제품이 바로 심밴드(Simband)라고 하는 건강관리용 웨어러블 기기이다.(<그림 17-12>의 좌측 사진) 심밴드는 현재 상품은 아니고 레퍼런스 모델, 즉 소비자가 아닌 개발자에게 제공하는 참조 모델로 공개했다. 심밴드는 손목밴드형 웨어러블로 상단에 디스플레이를 탑재하고 있으며, 손목 안쪽의 밴드 부분에 내장된 센서 유닛으로부터 측정한 정보를 디스플레이에 숫자와 그래프로 표시해준다. 센서 유닛에는 여러 센서가 탑재되어 있는데, 심박수, 혈압, 심전도, 용적맥파(혈관의 용적 변화) 등을 측정할 수 있으며, 모듈 형식으로 되어 있어 다른 센서의 탑재도 가능하다.[133] 미국의 신생 벤처업체인 MOCACARE라는 회사에서 손가락을 본체 위에 올리기만 하면 자신의 건강 상태를 곧바로 알려주는 모카하트(MOCA Heart)라는 제품을 출시하였다(<그림 17-12>의 우측 사진). 본체 위에 있는 광센서에 손가락을 올려놓으면 혈중 산소 농도와 심박수, 혈압까지 간편하게 측정할 수 있다. 이 제품은 혈압에 대한 정확한 수치를 표시하지는 않지만 혈류 속도를 계산해서 5단계로 혈압 상태를 표시해 준다. 본체로 측정

▲ 그림 17-12 삼성전자 심밴드(Simband)와 모카하트(MOCA Heart) 이미지

133. 정보통신기술진흥센터, 최신 ICT동향, file:///C:/Users/user/Downloads/166603.pdf

한 값은 모바일앱을 통해 스마트폰이나 태블릿 등에 저장하고 공유나 메시지를 붙여서 보내는 것도 가능하다.[134]

국내에서도 비침습법으로 혈압을 측정하고자 하는 다양한 연구가 시도되고 있는데, 특히 손목의 맥진법으로부터 혈압을 측정하고자 하는 연구가 진행되고 있다. 사람이 직접 측정하는 전통적인 맥진파에는 맥동의 힘, 맥동의 주기, 맥의 팽창과 수축의 빠르기, 맥의 촉지 깊이, 맥의 폭, 맥의 유효한 촉지 길이 등이 있다. 기존의 맥진파 측정센서로는 광센서, 심전센서, 압력센서 등이 있으나, 이들 센서들은 측정방법이 어렵고 부피가 크다는 단점이 있어 상용화되지 못했다. 한 연구기관에서 손목의 요골 돌출부에 센서를 고정시켜 홀센서를 이용하여 요골동맥의 맥진파로부터 혈압 및 맥박을 분석하는 방법을 개발하였다. 기본적인 개념은 자기장을 측정하는 홀센서를 이용하여 요골 동맥에 놓여 있는 영구자석의 위치 변화에 따른 전압의 변화를 측정하는 것이다. 홀센서는 12개를 한 줄로 하여 3줄로 만들어 총 36개의 홀센서가 2차원적인 신호를 출력하도록 되어 있다. 이런 홀센서의 이차원적인 전압 변화는 맥의 파형 신호를 나타내며, 이 값으로부터 혈압으로 환산한 결과, 최고혈압은 표준규격의 오차범위인 ±10보다 조금 높은 ±12로 나왔으며, 최저혈압은 ±6 정도로 표준규격의 범위 내에 들어왔다고 보고되어 있다.[135]

서울대학교병원 의공학과 연구팀은 일상생활에서도 혈압의 변화를 연속으로 체크하는 혈압측정센서를 최초로 개발했다. 혈압측정센서는 가로 9cm, 세로 5cm 크기의 압전필름 양면에 심전도 및 심탄도용 전극과 전자회로 등 총 4개 층으로 구성되어 있다(<그림 17－13> 참고). 혈압측정센서는 패치 형태로, 가슴에 붙이기만 하면 심장이 수축할 때 발생되는 물리적 진동(심탄도)과 활동전위(심전도)를 동시에 측정하여, 두 신호로부터 혈압을 추정할 수 있는 변수를 추출하여 계산하고, 그 결과를 무선통신망을 이용해서 스마트폰으

▲ 그림 17-13 서울대학교병원에서 개발한 혈압측정센서

134. https://mocacare.com/
135. 안면천 외 4인, "홀소자를 이용한 손목착용 맥진기의 혈압추정 알고리즘", J. Kor. Magnetics Society, Vol.20, No.3, (2010)

로 실시간 전송해 주는 디바이스이다. 의사는 언제, 어디서나 인터넷을 통해 환자의 혈압 변화 상태를 체크할 수 있다. 개발된 센서로 피험자를 대상으로 비교 실험한 결과, 95% 이상의 높은 상관관계를 얻었는데, 이는 미국과 영국의 엄격한 혈압계 가이드라인을 충족시켰다고 한다. 고혈압은 현대 사회에서 가장 심각한 만성 질환 중 하나이다. 고혈압을 효과적으로 치료하기 위해서는 지속적인 혈압체크와 관리가 중요하다. 만약 이 센서가 상용화된다면, 환자들은 패치를 가슴에 붙이기만 하면, 하루 24시간 혈압의 변화를 아주 편하게 관리할 수 있세 된다. 현재는 수축기 혈압만을 측정하는데, 이완기혈압 측정에도 연구중에 있다.136.

울산과학기술대의 전기전자컴퓨터공학부와 벤처기업인 유메딕스의 공동 연구팀에서 손목시계처럼 손에 차고 실시간 혈압을 측정하여 확인할 수 있는 혈압측정기를 개발하였다. 이 측정기는 혈관의 손상 없이 자동으로 혈압을 실시간으로 재고, 그 결과를 스마트폰 앱을 통해 확인할 수 있다. 또 앱을 통해 혈압 데이터를 분석하고 다른 기기에 전송할 수 있어 혈압 변화에 따른 개인 건강관리도 가능하다. 이 연구팀은 동맥의 혈압이 높을수록 외부 압력에 반응하는 동맥 내 혈액의 파동을 피부가 더 강하게 전달하는 점을 이용했는데, 착용하면서 발생하는 외부 압력에 의해 손목 피부가 혈액의 파동을 전달하고 사용자의 동맥혈압에 따른 신호의 변화를 혈압 변화의 유형으로 추출하는 '자기회귀(Recursive) 알고리즘'을 활용했다. 이 연구결과로 혈액의 흐름을 막지 않고도 편리하게 혈압을 잴 수 있는 손목시계형 측정기가 탄생하였다.137.

17.5 체지방 측정

경제 성장과 더불어 식생활이 서구화되고 생활환경이 자동화 되어감으로써 영양섭취는 증가하는 반면, 신체활동은 감소되어 비만 인구는 점차적으로 증가하고 있다. 그리고 이미 세계보건기구에서도 비만을 '질병 아닌 질병'으로 정의하며 적극적인 관리가 필요하다고 강조하고 있는 상태이다. 비만을 판정하는 신체계측 방법으로 신장과 체중을 측정하여 환산하는 방법이 있는데, 이러한 신체계측지수로 대표적인 것인 신장별 표준 체중을 이용한 비만도와 체질량지수(body mass index, BMI)가 있으며, 비만의 근원 물질인 체지방을 직접 측정하는 방법이 있다. 비만도는 일반적으로 성인에서는 (체중-신장별 표준체중× 100/(신장별 표준체중)으로 정의되는데, 이것은 실제 체중을 표준 체중과 비교하여 산출하는 방식이며, 신장별 표준 체중과 비교하여 120% 이상인 경우를 비만으로 규정하고 있다.

136. http://webzine.snuh.org/PostView.jsp?b_idx=994&wzCateCode=d
137. http://www.hani.co.kr/arti/science/science_general/660904.html

그러나 이러한 방법의 비만도 평가는 비교적 간단하고 손쉽게 사용할 수 있는 장점은 있지만, 개개인의 체성분을 고려하지 않고 체중만으로 비교하는 방식이라 비만도라는 명칭과는 달리 실제 비만을 판단하는 데는 그다지 도움이 되지 않는다. 단지 초과되는 체중만을 알 수 있을 뿐이며, 체지방의 분포에 따른 성인 질환과의 관련성 및 체구성 비율의 변화에 따른 위험 요인과의 관련성 등을 알지 못한다는 한계점이 있다. BMI는 체중을 신장의 제곱으로 나눈 값(kg/m^2)으로 정의되는데, 이 값은 몸의 체지방량을 비교적 잘 반영하는 지수로 알려져 있다. BMI가 18.5 보다 작으면 저체중, 18.5~22.9이면 정상, 23~24.9이면 과체중, 25.0 이상이면 비만으로 진단한다.

체지방률이란 말 그대로 체중에서 체지방이 차지하는 비율을 백분율로 나타낸 것을 말한다. 적절한 체지방 비율은 성인 남성의 경우 15~18%, 성인 여성은 20~25%이며, 만약 이 값이 남성의 경우 25% 이상, 여성은 30% 이상일 때 비만으로 판정한다. 체지방 측정법에는 수중 체중법, 초음파나 근적외선 이용법, 생체전기 임피던스법(bioelectric impedance analysis, BIA), 이중 방사선 흡수법 등이 있는데, 이 중에서 사용상의 편리성으로 BIA법이 가장 많이 사용된다. 수중 체중법은 가장 높은 신뢰도와 타당성을 가지고 있는 방법이며, 다른 체지방 측정법의 기준값으로 쓰이는 방법이다. 원시적이고 가장 오래된 방법이지만, 이 이상의 정확도를 가진 검사는 없다. 원리는 유명한 아르키메데스의 법칙을 응용한 것으로, 같은 물질이면 물속에서도 같은 부력을 받을 것이라는 가정 하에 물체를 물에 넣기 전과 후의 질량, 부피, 밀도를 비교하는 방법이다. 이와 같은 원리를 몸에도 적용한 것이다. 몸을 이루고 있는 근육, 체지방, 뼈는 각자 밀도가 다르며, 지방의 부피가 근육보다 30% 정도 더 나간다. 따라서 물속에서 잰 체중과 물 밖에서 잰 체중을 체적과 함께 환산하면 몸에서 지방이 차지하는 비율을 가장 정확하게 측정할 수 있다. 그러나 현실적으로 체지방을 측정하기 위해 이런 방법을 사용하는 경우는 거의 없다. 그러므로 이를 대체할 방법이 필요한데, 이것이 바로 생체전기 임피던스법(BIA)의 체지방 측정기이다.

BIA법은 인체를 하나의 균질한 튜브형 전도체로 가정하고, 용적은 신장의 제곱을 임피던스로 나눈 값에 비례한다는 공식을 이용하여 체수분 및 체지방을 계산한다. 그러나 실제로 임피던스가 신장에 정확하게 비례하는 균질한 튜브형 전도체가 아니기 때문에 임피던스와 신장, 체중 외에 나이, 성별을 적용하면 더욱 정확한 분석을 할 수 있다. 생체전기 임피던스법은 조직의 생물학적 특성에 따른 전기 전도성의 차이를 이용해서 신체 구성을 예측하는 방법이다.

전기 전도성은 수분과 전해질의 양에 비례하며, 세포의 모양이 원형에 가까울수록 감소하는데, 지방조직은 원형의 세포로 이루어져 있으며, 수분이 근육 등 다른 조직에 비해 상대적으로 적으므로 지방의 양이 증가할수록 전기 전도성은 감소하게 된다. 인체에 약

250 mA 정도의 미세한 교류 전류 신호를 보낼 때 전기는 전도성이 높은 수분을 따라 흐르며, 수분의 많고 적음에 따라 체수분, 지방, 근육 등에서의 임피던스가 서로 다르게 발생한다. 이때 발생되는 임피던스는 체구성 성분과 일정한 연관성을 갖게 되므로 이를 이용하여 체구성을 평가한다. 이는 인체가 전도성이 높은 조직(근육과 수분)과 낮은 조직(체지방)으로 구성되어 있다는 전기적 특성과 임피던스 측정값에 두 조직의 비율이 반영된다는 점을 이용하는 방법이므로 생체전기 임피던스법이라 부른다. 실제로 인체는 임피던스가 신장에 정확하게 비례하는 균질한 튜브형 전도체가 아니고, 정해진 온도에서 전류의 흐름을 감소시키는 정도도 일정하지 않다. 또한 인체는 불균일한 체구성을 가진 복잡한 형상으로 이루어져 있고, 연령에 따라 체밀도가 다르며, 성별에 따라 체구성이 다를 뿐만 아니라, 외적인 조건에 따라 항상 변화하고 있다. 그러므로 실제 인체의 생체전기 임피던스법의 전제 가정과의 차이점을 극복하기 위하여 임피던스와 신장 이외에도 체중, 성별, 연령 등 기타 예측변수들로 보정한 측정 알고리즘을 개발하여 적용한 경우도 있다.[138]

대표적인 BIA 방식의 제품은 국내의 인바디(InBody) 제품으로 세계적인 경쟁력을 가지고 있다. BIA 초기 제품은 50 kHz의 단일 주파수만을 사용하였는데, 최근의 인바디 제품은 1 kHz~1 MHz 사이의 다주파수를 사용하여 세포내 수분과 세포외 수분을 모두 정확히 측정해내는 기술이 장착되어 있다. 또한 인체의 구조적 특성을 이용하여 좌우 손과 발에 각각 전류와 전압 전극을 2개씩 배치, 총 8개의 전극을 쥐거나 밟도록 되어 있다. 이러한 설계는 재현도를 높이기 위함으로 측정자세가 바뀌거나 여러 번 측정해도 손목과 발목이라는 항상 동일한 지점에서 측정이 시작되어 정확한 결과를 보여준다. 과거의 BIA 디바이스는 측정값에 연령, 성별, 기타 정보를 조합하여 체질량을 분석하였으나, 인바디는 다주파수와 8개 전극을 이용한 측정결과만을 가지고 체질량을 분석하는 기술을 보유하고 있다. 인바디는 전문가용의 고정식 BIA에서 얻은 노하우를 바탕으로 <그림 17-14>와 같이 손목에 찰 수 있는 웨어러블 BIA 디바이스를 상용화했다. '인바디 밴드'로 불리는 이 제품은 몸에 미세한 교류전류를 흘려 보이지 않는 체수분, 체지방, 근육량을 측정할 수 있다. 이 회사는 손목에서도 체질량을 측정할 수 있도록 기술 수준을 끌어 올렸다. 사용법도 간단해 손목에 착용한 상태에서 엄지와 검지를 대면 5초 안에 체지방률을 확인할 수 있다. 스마트폰과 연동하면 전용 앱을 통해 운동량 등의 데이터를 관리할 수 있다. 인바디의 인바디 밴드의 외형은 다른 웨어러블 밴드와 크게 다르지 않다.

인바디 밴드의 크기는 (W)6 0mm×(L)104 mm×(H)18.8 mm이며, 메인유닛의 두께는 12 mm이다. 시장에 출시된 거의 대부분의 웨어러블 밴드들은 메인유닛을 제외한 밴드를 교체할 수 있는 형태로 설계되어 있다. 그러나 인바디 밴드는 밴드 부분을 탈착할 수가 없

138. 자원메디컬, http://jawon.com/korean/tec1/principles-of-bia.html

다. 체성분 분석 결과의 정확도를 위해 유닛과 밴드와의 각도를 고정할 필요가 있기 때문이다. 인바디 밴드에 내장된 배터리 용량은 55 mAh인데, 이 정도 용량으로 밴드의 사용시간은 2~3일 정도이다. 그리고 인바디 밴드에는 가속도센서가 탑재되어 있어 사용자의 보행수를 정확히 측정해 준다. 인바디 측에서는 전문가용 인바디의 정확도를 100으로 놓고 봤을 때, 인바디 밴드의 정확도는 90 이상이라고 한다. 전문가용 인바디와 인바디 밴드의 가장 큰 차이점은 신체 부위별 데이터를 알 수 있느냐 없느냐의 차이 뿐이다.[139]

▲ 그림 17-14 인바디의 체성분 분석용 인바디 밴드

17.6 캡슐형 내시경

많은 사람들에게 내시경 검사는 공포의 대상이다. 카메라가 내장된 내시경을 입 속을 통해 들어갈 때, 그리고 장기를 헤집고 다닐 때 많은 사람들이 고통을 호소한다. 이러한 고통을 피하기 위해 수면 내시경을 선택하기도 하지만, 전신 또는 부분 마취는 잠에서 영원히 깨어나지 못할지 모른다는 공포감을 가진다. 그리고 내시경이 끝난 후 그 후유증으로 최소 반나절 정도 마취 상태에 있어야 하는 등 시간적인 손실도 크다. 이러한 문제점을 해소하기 위해 세계 각국에서 캡슐형 내시경을 개발하고 있다. 2002년 이스라엘의 기븐 이미징(Given Imaging)사에서 M2A라는 캡슐 내시경을 세계 최초로 개발하고 FDA 승인을 받으면서 비약적인 발전을 거듭하고 있다. 캡슐 내시경 검사는 비침습적 검사방법으로 검사 중 환자에게 고통을 가하지 않으며 전체 소장을 관찰할 수 있는 장점이 있다. 그러나 진단적 정확도가 떨어지고, 병변이 발견된 즉시 조직 검사나 치료적 시술을 시행할 수 없는 단점도 있다. 국내에도 한국과학기술연구원(KIST) 지능형마이크로시스템개발사업단(단장 김태송)에서 정부로부터 R&D 비용을 지원받아 2007년에 개발을 성공적으로 마무리하였으며, 이 캡슐형 내시경의 이름을 '미로(MIRO, Micro Robot)'라고 명명했다. 미로는 크

139. http://www.ilovepc.co.kr/news/articleView.html?idxno=9861

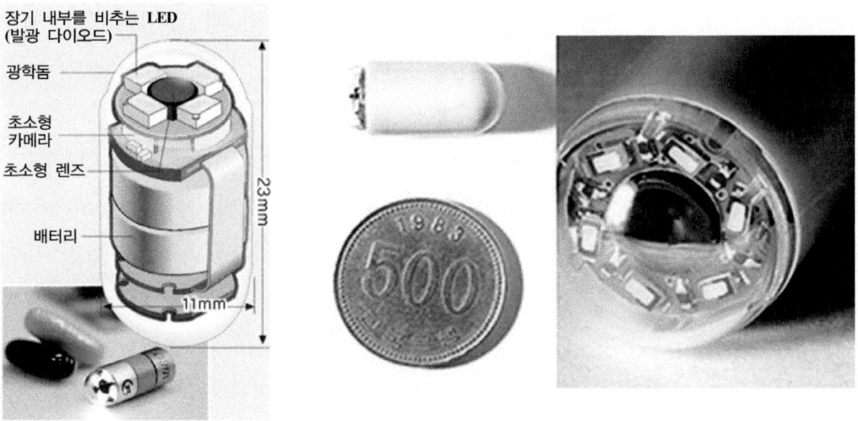

▲ 그림 17-15 캡슐형 내시경 미로

기가 지름 11 mm, 길이 23 mm 크기의 타원형 '초소형 비디오 캡슐'이다. 위와 소장 등 소화기관에 8~11시간 동안 머물면서 10만 화소급의 영상(가로 320픽셀×세로 320픽셀)을 1초당 1.4~2.8장 촬영한 다름 몸 밖에 있는 수신기로 전송한다. 외부 수신 장치는 사람의 허리에 부착할 수 있으며, 담뱃갑만한 크기다. 미로는 음식물이 소화하는 속도로 장기들을 속속들이 탐험한 뒤 임무가 끝나면 대변과 함께 배출된다. 따라서 내시경 검사를 하는 사람은 미로를 먹은 뒤 평소와 다름없이 잠을 자거나 일상 업무를 본 다음 병원에 수신 장치를 제출하면 된다.

개발팀이 가장 중점을 둔 기술은 저전력 소모 배터리 기술이다. 미로에는 가로 3 mm, 직경 10 mm 크기의 배터리 2개가 탑재돼 있다. 미로가 비록 초소형 캡슐이고, 스스로 움직일 수는 없지만, 몸 안에 있는 8~11시간 동안 엄청나게 많은 일을 한다. 가령 미로가 몸 안에 있는 동안 찍어서 외부로 전송하는 사진은 5만~8만장에 달한다. 10시간 동안 영상정보를 전송할 경우 정보량은 59기가바이트나 된다. 또 사람 몸 안에서 활동해야 하기 때문에 안전하고, 10시간 이상 작동해야 하고, 크기도 작아야 한다. 이 때문에 개발팀은 미로의 배터리에 산화은(AgO)을 주재료로 사용했다. 일반 배터리에 많이 쓰는 리튬이나 니켈은 인체에 해로울 뿐만 아니라 장시간 전력을 공급하기 어렵기 때문이다. 미로가 찍은 사진을 외부로 전송하는 데 쓰인 무선통신기술 개발도 쉽지 않았다. 인간의 몸에 흐르는 미세한 전류를 이용해 사람의 몸에 착용한 수신 장치에 정보를 전달하는 기술을 개발하여 특허로 출원했다. 이 기술은 이후 보완 과정을 거쳐 국내의 바이오기업인 인트로메딕이라는 업체에서 2010년 <그림 17-15>와 같은 제품의 상용화에 성공하였다. 미로가 개발될 당시에 양산에 성공한 업체는 이스라엘의 기븐 이미징과 일본의 올리푸스 등 전세계적으로 4개사에 불과할 정도로 기술적 난이도와 진입장벽이 높은 분야라 할 수 있다. 미로는 기븐 이미징사가 개발한 캡슐형 내시경 '필캠'보다 우수한 성능과 가격 경쟁력을 갖추고 있다. 다만 필캠이 시장의 선점 효과에 의해 세계 시장 점유율은 매우 높은 편이다.[140]

현재 출시되고 있는 대부분의 캡슐 내시경 시스템은 크게 캡슐, 수신장치, 진단장치 등의 3개 부분으로 구분할 수 있다. 일반적으로 캡슐은 삼키기 쉬운 11mm×26mm 이하의 크기로 작은 알약 모양의 형태로 되어 있으며, LED를 포함한 광학계, 초소형 카메라, 배터리, 통신장치 등을 포함하고 있다. 캡슐의 소재는 소화관 내에서 부식되지 않으며 인체에 무해한 재질로 만든다. 캡슐의 렌즈는 가능한 넓은 시야각(Field of View, FOV)을 가지며 최소 140도 이상으로 구현되고 있다. 수신 장치는 소화기관내 촬영한 정지영상을 캡슐로부터 수신하여 저장하는 통신장치이다. 일반적으로 심전도에서 정확한 측정을 위해 다수의 패치를 붙이고 검사를 수행하듯이 수신 장치와 연결된 여러 개(보통 8개)의 패치를 복부에 붙이고 그 중 우수한 감도의 신호를 받아 복조 후 데이터를 저장한다.

저장데이터의 용량은 정지영상의 촬영속도와 화질에 따라 달라지며 최대 수십 기가바이트에 달한다. 환자는 수신 장치를 몸에 휴대하고 일상생활이 가능하며, 캡슐과 마찬가지로 8시간 이상 데이터를 수신해야 하므로 배터리 소모가 적은 저전력, 경량화된 수신 장치가 필요하다. 환자가 진단을 마치게 되면 수신 장치를 병원에 제출하게 되고, 수신 장치에 저장된 영상 데이터는 병원내의 진단장치로 복사된다. 의사는 진단을 위해 특별히 프로그램된 진단 소프트웨어를 통해 병변이 있는지를 판독한다. 판독시간 단축을 위해 병변이 의심되는 지점을 자동으로 알리는 기술이 개발되고 있으며, 아울러 병변이 어느 지점에서 발생했는지 보다 정밀하게 알 수 있는 기술도 개발되고 있다. 최근에는 수신장치가 PC 및 스마트폰과 무선으로 연동되어 실시간 모니터링도 가능한 기술이 개발되고 있다.

현재까지 개발된 캡슐형 내시경의 성능 비교는 <표 17-2>와 같다. 캡슐 내시경이 최초 개발된 이래 영상 데이터 전송을 위한 무선 통신은 주로 402~405 MHz 대역의 RF 무선통신방식을 사용한다. 국내의 인트로메딕에서 사용하는 방식은 HBC(Human Body Communication) 방식 또는 인체통신방식이라고 불리는 기술을 사용하고 있다. 인체도 하나의 도전체임을 이용하여 캡슐에서 획득한 영상 디지털 정보를 미세 전압/전류 신호로 획득한 뒤 인체를 채널로 전송하면 몸에 부착한 패치가 전계 신호를 감지하여 검출한 뒤 복조하는 기술이다. 이와 같은 HBC 기술을 캡슐 내시경에 적용하고 상용화한 것은 인트로메딕이 세계 최초이며, 이 회사는 이 부분에 대한 원천특허를 보유하고 있다.[141]

140. http://www.chosun.com/economy/news/200611/200611010603.html
141. 김기윤, 원경훈, 최형진, "캡슐 내시경의 기술적 특징과 동향", 한국통신학회논문지, Vol.37C, No.04 (2012)

2012년 12월 기준으로 캡슐형 내시경 시장 분야에서 기븐 이미징사가 76%이상 점유하고 있으며, 일본 올림푸스가 14%, 나머지를 중국의 CIST와 인트로메딕이 각각 5% 정도 점유하고 있다.142.

■ 표 17-2 세계 캡슐 내시경 제품 성능 비교

항목	기븐이미징 (이스라엘)	올림푸스 (일본)	CIST (중국)	인트로메딕 (한국)
모델명	SB/SB2	EndoCapsule	OMOM	MicroCam
크기(D×L)(mm)	11×26	11×26	13×27.9	11×24
무게(그램)	3.45	3.8	6	3.4
해상도	256×256	N/A	320×240, 640×480	320×320
프레임촬영속도	2fps	2fps	2 fps	3 fps
동작 시간	8시간	8시간	8시간	11시간
시약각(FOV)	140°/156°	145°	140°	150°
통신 기술	RF	RF	RF	HBC
실시간 영상조회	No/Yse	Yes	Yes	Yes

17.7 바이오마커 센서

사람이 어떤 질병에 걸리면 혈액 등의 체액에서 항체, 호르몬, 또는 단백질 등이 그 질병에 특징적으로 높거나 낮게 나타나는데 이를 바이오마커(biomarker)라 한다. 질병을 진단하는 키트는 기판 위에 환자의 체액을 떨어뜨려, 체액에 포함된 바이오마커 키트 상에 고정되어 있는 반응물질과 결합할 때 나타나는 색변화로 질병의 유무를 판별하는 원리이다. 일상생활에서 이미 널리 사용되고 있는 임신진단키트 이외에, 간염, 결핵, 에이즈 같은 전염성 질환과 각종 암, 당뇨병, 심장 질환 등에 이르기까지 다양한 질병을 진단할 수 있는 진단키트가 개발되어 현재 시판되고 있다. 진단키트 개발에 있어서 핵심되는 부분은 보다 신뢰성 높은 바이오마커의 발견 및 그에 대한 고감도 검출방법 관련기술이다. 최근에 IT 및 나노 기술과 접목하여 진단키트도 날로 전자화되고 소형화되는 추세이며, 1개의 키트로 여러 질병을 동시에 감지하고 각자의 유전정보로부터 발병가능성까지 예측할 수 있게 해주는 바이오칩 기술이 크게 각광을 받고 있다. 특히 바이오칩의 일종인 단백질칩의 경우 기판에 고정할 때 단백질의 변형이 일어나는 것이 문제였으나, 최근 국내 바이오 벤처기업에 의해 단백질의 변형을 최소화하여 그 활성을 최대한 유지시킴으로써 기존 단

142. KHIDI, "캡슐내시경 국내외 시장분석", 의료기기산업지원실, 한국보건산업진흥원, 2014년 8월

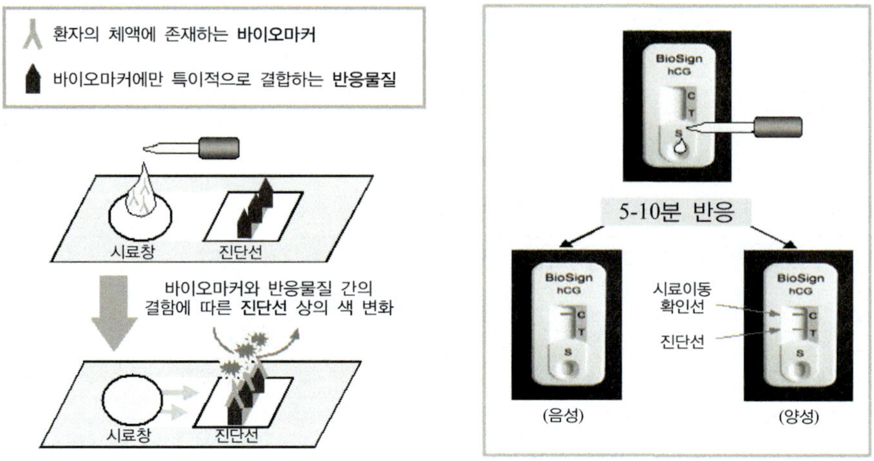

▲ 그림 17-16 진단키트의 동작 원리

백질칩에 비해 200배 이상의 감도를 나타내는 기술이 개발되어 관련제품의 실용화가 활발해질 것으로 기대되고 있다.[143.]

바이오마커란 DNA, RNA, 대사물질, 단백질 및 단백질 조각 등에서 유래된 단일 분자 또는 분자들의 패턴을 근거로 한 분자적 정보로서 생명체내에서 유전적 또는 후생 유전적 변화의 영향으로 유발된 신체의 변화를 감지할 수 있는 지표를 가리킨다. 바이오마커는 혈중포도당 같은 저분자 물질에서 단백질이나 특정 핵산 같은 고분자물질까지 다양하며, 생화학의 발전과 더불어 진화해 온 개념이다. 당뇨의 진단에 쓰이는 혈중포도당은 의학적 진단과 신약개발에 두루 쓰이는 바이오마커로서 가장 오래되고 널리 알려진 예이며, 그 외에도 혈중콜레스테롤이나 전립선특이항원 단백질 등은 바이오마커로서 개발된 좋은 사례라고 할 수 있다. 바이오마커는 포스트 게놈시대를 맞이하여 맞춤형 의료를 앞당길 수 있는 주요 수단이 되고 있다. 바이오마커는 DNA, RNA를 기반으로 하는 핵산 기반 바이오마커, 단백질 및 그 일부분 등을 기반으로 하는 단백질기반 바이오마커 등으로 구분한다. 이러한 바이오마커는 최근 암, 감염성 질환, 심장혈관 질환, 뇌졸중, 치매 등 각종 난치병에 대한 조기진단용, 약물반응진단 및 치료 진단용 등에 적용되고 있다. 바이오마크 관련 기술은 크게 발굴기술과 검증기술로 구분된다. 발굴기술은 프로테옴(Proteome, 세포내의 단백질의 총합을 의미) 분석기술과 대등하며, 프로테옴 분리, 분석, 검증 기술 등이 모두 바이오마커 발굴기술에 해당된다. 바이오마커 발굴기술이란 바이오마커를 발굴하기 위해서 질환시료와 대조군의 프로테옴을 분리 분석하고, 상호 비교하여 질환을 대표할 수 있는 단백질군을 찾아 나가는 기술을 의미한다. 검증기술이란 발굴된 단백질 후보군을 다시 임상시료에서 검증절차를 거쳐서 최종의 단백질 후보군을 선정하는 기술을 의미한다.

143. 특허청 보도자료, “질병의 조기발견 도우미, 진단키트”, 2004년 3월 19일

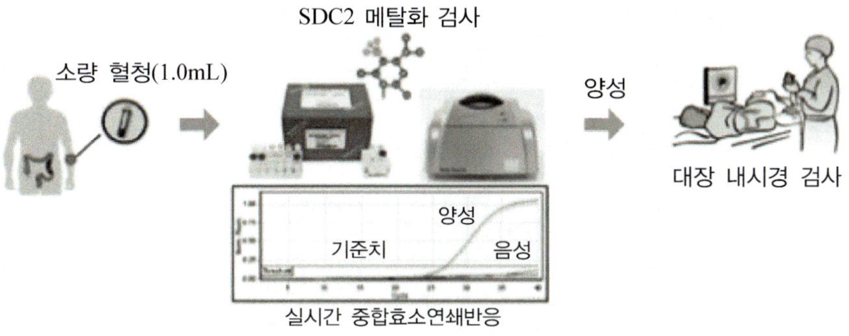

▲ 그림 17-17 SDC2 메틸화 검사 프로세스

발굴단계에서는 적은 수의 임상시료를 사용해 다수의 바이오마커 후보를 발굴하고, 검증단계에서는 가능성이 확인된 소수의 후보에 대해 대규모 임상시료에서 검증한다.[144]

연세대학교 암센터와 지노믹트리 연구진이 혈액 속 바이오마커를 이용해 90% 이상의 정확도로 대장암을 검진할 수 있는 기술을 개발했다. 국내 대장암 검진 대상인원은 연간 1,400만명 이상이며, 전 세계적으로 40~50세 이상인 성인은 정기적인 대장암 검진을 권장하고 있다. 그러나 대장내시경 검진 절차의 불편함과 비용 문제로 인해 대장내시경 참여율은 국제적으로 약 50%, 국내는 약 30%로 저조한 실정이다. 따라서 대장내시경 전 선별검사를 통해 내시경을 꼭 받아야 하는 사람만 시행해야 한다는 지적이 제기되어 왔다. 선별검사로는 분변이나 혈액 속의 대장암 바이오마커를 검출하는 방법을 이용할 수 있는데, 지금까지 개발된 방법은 정확도가 낮아 검사에 한계가 있었다는 점에서 국내 연구진이 개발한 혈액 속 바이오마커를 이용한 검진 기술에 큰 의미를 부여하고 있다.

이 기술은 후생유전학적 대장암 진단 바이오마커인 신덴칸-2(SDC2) 유전자의 메틸화를 실시간으로 정량 분석해 대장암 선별검사 및 모니터링 하는 기술이다. 유전자 메틸화 현상은 정상 세포가 암세포로 변화할 때 가장 초기에 일어나는 화학적인 변화로 유전자의 특정 염기서열에 메틸화가 일어나는 것을 말한다. 이러한 현상은 암의 종류에 따라 다르게 나타나며, 특정 암에서 특이적으로 메틸화되는 유전자를 메틸화 바이오마커라고 한다. 메틸화 바이오마커 유전자들은 암세포에서 혈액으로 흘러나오기 때문에 혈액을 이용한 메틸화 검사를 통하여 암을 조기에 진단할 수 있다. 연구팀은 신덴칸-2 유전자를 이용해 대장암 환자의 암 조직을 대상으로 한 임상검증 연구에서 95% 이상의 정확도를 보였다고 밝혔다. 또 혈액을 이용한 임상검증에서도 대장암을 진단하는 민감도가 87% 이상, 암이 아닌 경우를 진단하는 특이도는 95% 이상의 정확도를 보여 대장 내시경 시행 전 선별검사로서 충분히 활용할 수 있음을 시사했다.[145]

144. 손종구 외 3인, "바이오마커의 최근 시장동향 분석", Biomaterials Research (2010) 14(2)
145. http://www.monews.co.kr/news/articleView.html?idxno=54483

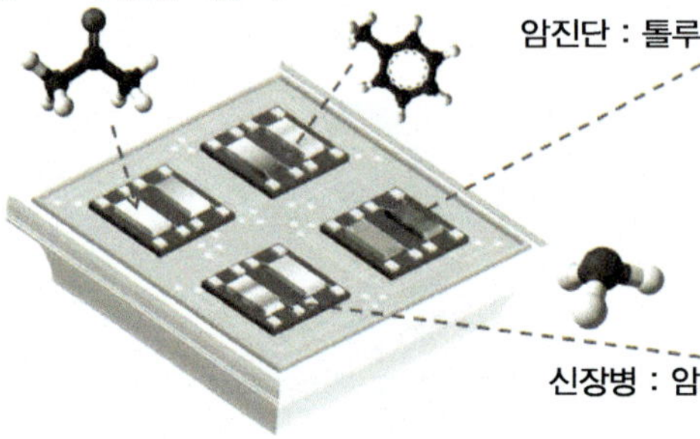

▲ 그림 17-18 나노섬유 센서들이 어레이로 구성된 당뇨진단 센서

숨만 쉬면 질병이 진단되는 센서가 한국과학기술원 신소재공학과 연구팀에서 개발됐다. 인간의 호흡으로 배출되는 아세톤 가스를 분석해 당뇨병 여부를 파악할 수 있는 날숨진단센서이다. 연구팀이 개발한 날숨진단센서는 사람의 호흡가스 속에 포함된 다양한 휘발성 유기화합물의 농도를 정밀하게 분석할 수 있다. 따라서 당뇨병은 물론 향후 폐암, 신장병 등의 질병을 조기에 진단하는데 활용될 수 있을 것으로 기대된다. 인간이 숨을 쉬면서 내뿜는 아세톤, 톨루엔, 일산화질소, 암모니아와 같은 휘발성 유기화합물 가스는 각각 당뇨병, 폐암, 천식, 신장병의 바이오마커로 알려져 있다. 일반적으로 정상인은 900ppb (parts per billion), 당뇨환자는 1800ppb의 아세톤 가스를 날숨으로 내뿜는다. 따라서 날숨 속 아세톤 가스의 농도 차이를 정밀하게 분석하면 당뇨병을 조기에 진단할 수 있고 발병 후 관리를 쉽게 할 수 있다. 연구팀은 얇은 껍질이 겹겹이 둘러싸인 다공성 산화주석(SnO_2) 센서 소재에 백금 나노입자 촉매가 균일하게 도포된 1차원 나노섬유를 대량 제조하는 기술을 개발했다.

이 소재의 표면에 아세톤 가스가 흡착되면 전기저항이 변하게 되는데, 1000ppb급 아세톤 농도에서 소재의 저항이 최대 6배 증가한다. 또한 7.6초의 빠른 센서 반응속도로 실시간 모니터링이 가능하며, 전기방사 기술로 제조해 나노섬유형상의 대량생산도 용이해졌다. 연구팀은 "ppb급 농도의 날숨 휘발성 유기화합물 가스를 실시간 정밀하게 진단하는 나노섬유 센서를 당뇨병 또는 폐암 진단용 감지소재로 이용하면 다양한 질병을 조기에 검출하고 관리하는 일이 가능해질 것"이라고 설명했다. 연구팀은 향후 다양한 촉매와 금속산화물 나노섬유의 조합을 통해 많은 종류의 날숨가스를 동시에 정확하게 진단하는 센서 어레이를 개발해 상용화할 계획이다.[146]

146. 한국과학기술원, KISTory, "숨만 쉬면 끝, 호흡분석 질병진단센서 등장". 2013년 6월 5일 http://kiststory.tistory.com/946

폐암에 대한 바이오마커에 대해서도 많은 연구가 진전되었다. 폐암은 흔한 질환 중 하나이며, 전 세계적으로 생명을 가장 위협하는 종양이다. 폐암은 컴퓨터 전산화 단층촬영, 기관지 내시경, 객담검사 등을 시행하고 있으나, 폐암의 조기진단에는 효과적이지 못하다. 얼마 전 특수 훈련을 받은 견공이 환자의 오줌 냄새만으로 갑상선암을 판별하는 능력을 보여 화제가 된 바 있다. 이 실험을 진행했던 미국 아칸소 의과대학의 연구진은 세퍼드를 특수하게 훈련시킨 결과, 환자의 오줌 냄새만으로도 갑상선암을 88%까지 판별하는 놀라운 능력을 나타냈다고 밝혔다. 당시 테스트를 주도했던 이 대학 내분비 종양학과의 도널드 보드너(Donald Bodenner) 박사는 "개의 후각 능력이 좋다는 것은 알았지만, 이런 미세한 부분까지 감지할 수 있다는 사실이 대단하다고 생각된다"라고 말하며, "조만간 개의 이런 능력을 활용한 진단 기법이 의료기술에도 적용될 것으로 보인다."고 예측했다.

과학자들이 냄새를 통해 암을 진단하려는 이유는 불치병이나 난치병으로 분류되는 위험한 질병들을 조기에 파악할 수 있기 때문이다. 인간의 몸은 미세한 분자들로 이루어져 있는데, 이런 모든 분자들은 질병이 발생하게 되면 구조 등에 문제가 생기면서 세포 형질에 영향을 미치게 된다. 일반적으로 사람의 코에는 500만개의 후각수용체가 존재하고 있는 반면, 코에는 약 2억 2000만개 이상의 후각수용체가 있어 탁월한 냄새 탐지능력을 발휘하고 있는 것으로 알려져 있다. 따라서 암에 의한 냄새를 맡을 수 있는 센서를 개발하려면, 개의 후각수용체처럼 암 냄새를 감지할 수 있는 시스템이 함께 탑재되어야 한다.

영국의 의료기업인 올스톤(Owlstone)사는 이 같은 원리를 바탕으로 폐암 냄새를 맡을 수 있는 진단장치를 개발하였다. '루시드(LuCID)'라는 이름의 이 진단장치는 폐암을 나타내는 바이오마커를 검출하기 위해, 마치 음주측정기처럼 생긴 호흡측정기를 사용한다. 진단장치 내에는 폐암 질병과 관련된 휘발성 유기화합물을 환자의 호흡에서 분석해내는 소형 칩이 장착되어 있다. 이 칩에 내장되어 있는 GC-FAIMS(비대칭 이온 이동도 가스 분석기) 센서는 올스톤사가 확보한 기술로서, 호흡할 때 내뿜는 가스들의 분석을 통해 폐암을 빠르게 진단할 수 있는 분석 시스템이다. 루시드는 현재 올스톤사의 연구진과 영국 레체스터대학교의 호흡기 전문가들이 함께 개발하고 있다. 이들이 개발하기 전에도 호흡을 이용한 암 진단장치가 몇 번 선을 보인적은 있지만, 장비의 가격이 워낙 비싸고, 크기도 커서 실용화되지 못했다. 반면에 루시드는 저렴하고, 크기도 작아 상용화 가능성이 높은 편이다.

올스톤사 이외에 호흡측정기를 활용하여 폐암을 진단하려는 연구는 세계 곳곳에서 진행되고 있다. 중국 충칭대의 경우는 호흡측정기를 회전식 가스챔버와 결합시켜, 폐암 관련된 휘발성 유기화합물 검출에 성공했다. 이 같은 결과는 10억 개의 시료 중 50개의 폐암 관련 유기화합물을 검출하는 매우 정밀도가 높은 분석기술이다. 전문가들은 "이는 10톤이나 되는 감자칩에 손가락으로 한번 잡은 소금을 뿌려놓은 정도가 될 것"이라고 비유하면서

"만약 충칭대의 발표대로라면 미미한 양의 시료를 분석하는 획기적인 방법이 될 것"이라고 평가했다. 충칭대 연구진이 개발한 이 진단장치는 폐암을 진단하는데 정확하게 20분 정도 걸리는 것으로 알려졌다. 이 과정에서 암 관련 바이오마커의 농도를 감지하는 것으로 나타났는데, 아직 임상실험에 들어가지 않았기 때문에 상용화까지는 상당한 시간이 걸릴 것으로 보인다. 이 밖에도 글로벌 의료기업인 지멘스까지 이 분야를 연구개발하고 있다. 지멘스의 관계자는 "우리도 오랫동안 안정적이고 정확한 암 진단의 조기식별을 위해 노력했다"라고 전하며 "다른 회사들과 마찬가지로 지멘스도 호흡측정기를 사용하여 최대한 숨을 내쉴 때 나오는 폐암 바이오마커를 측정하는 방법을 사용하고 있다"라고 밝혔다.[147.]

국내 대형 제약사와 바이오 벤처 기업 상당수가 극소량의 혈액으로 암을 진단할 수 있는 암 진단 키트를 개발하고 있다. 에이티젠은 2015년 10월 식품의약처로부터 허가 받아 '엔케이(NK) 뷰 키트'를 출시했다. 에이티젠은 2002년 설립돼 연구용 시양 및 진단장비를 연구하는 연구개발 중심의 중소기업이다. 엔케이 세포는 면역세포 중 유일하게 암세포와 정상세포를 구별해 암세포만 공격한다. 에이티젠의 키트는 엔케이 세포를 인위적으로 활성화시켜 엔케이 세포의 분비물질(사이토카인)을 측정한다. 이 검사는 환자의 항암 면역력을 수치로 알려준다. 검사방법은 간단하다. 혈액 소량만 키트에 떨어뜨리면 48시간 이내 진단결과가 나온다. 국내 제약사인 안국약품도 질병진단결정시스템(MDSS)에 기초해 다중 바이오마커 진단키트를 개발 중이다. MDSS는 바이오기술(BT)과 정보기술(IT)을 접목한 BT-IT 융합기술로 특정 질병 관련 생체 신호 중 최적의 바이오마커를 가려내는 시스템이다. 안국약품은 MDSS를 활용해 '난소암 다중 바이오마커 진단키트'를 개발했다. 안국약품 관계자는 "해당 제품은 기존 난소암 마커인 CA-125의 단점을 보완해 난소암의 조기진단과 진단정확도를 높일 것"이라고 기대했다. 안국약품은 난소암 진단키트 이외에도 암환자의 빈혈 등 타 질환의 치료에 쓰일 다중 바이오마커도 연구하고 있다. 바이오벤처 나노엔텍은 2009년 10월 전립선암, 간암, 대장암 진단 제품 '프렌드(FREND)'를 개발했다. 프렌드는 혈액 극소량(30$\mu\ell$)으로 여러 항목을 한 번에 검사할 수 있다. 나노엔텍은 지난 2000년 설립해 IT, BT, NT 등 최첨단 융합기술을 연구하고 있다. 나노엔텍은 유전자 전달시스템에 대한 특허권을 200억원 받고 미국 생명공학 연구기기 업체 라이프테크놀로지사에 판매했다.[148.]

임상시험에서 바이오마커를 이용하는 사례는 2005년 15%에서 2010년에는 65%까지 증가한 것으로 추정되며, 바이오마커를 사용하는 임상시험 사례가 지속적으로 증가할 것으로 예측된다. 최근 수행되는 임상시험의 50%에서는 약물의 효과나 안전성과 관련된 바이오마커를 찾기 위해 환자의 DNA 검체를 동시에 수집하는 사례가 증가하고 있다. 제약회사의 30%는 새로

147. http://www.sciencetimes.co.kr/?p=134125&cat=36&post_type=news
148. http://biz.chosun.com/site/data/html_dir/2013/08/16/2013081601309.html

운 약물 탐색에 바이오마커를 활용하고 있고, 전임상단계의 60%가 바이오마커 데이터에 의존하고 있으며, 초기 임상시험의 50%, 후기 임상시험의 30%가 바이오마커를 이용하고 있다. 즉 약물과 연관된 임상시험에서 바이오마커의 역할은 이제는 분리해서 생각할 수 없는 상황이 되었다. 국내에서는 비교적 이른 1999년부터 유체 연구 육성 및 기술개발지원을 시작하였고 맞춤형 치료제 위주로 신약개발사업이 주로 진행되었다. 2012년에는 맞춤의료 연구와 보건의료 산업을 위한 핵심인프라를 구축하고자 국립 중앙인체자원은행을 개관하였다. 하지만, 현재 맞춤의료를 위한 기초연구와 기술수준은 선진국에 비해 매우 부진한 상황이며, 바이오마커와 관련해서는 주로 중소 업체들이 국가 과제와 연계하여 <표 17-3>과 같이 유용성 및 임상검증을 수행하고 있다.

■ 표 17-3 국내 분자진단기업의 연구개발 현황(출처: 지식경제부 2011)

제조사	내용
마크로젠	간염 발생 관련 유전자 질환 마커, 유방암 관련 유전자 발현을 이용한 질환 마커 개발
지노믹트리	장암, 폐암, 위암, 자궁경부암, 간암에 대한 메틸레이션 질환 마커 개발 및 유용성과 임상검증
씨젠	유전자 증폭기술인 ACP와 DPO 기반 동시 다중 진단법 개발
엠지메드	감염성/유전성 질환 관련 분자진단 서비스 사업 및 분자진단키트 개발, 암유전자 검사, 신규 유전자 마커 발굴 및 신규 분자진단법 개발
진매트릭스	RFMP 임상진단시스템, RFMP 유전자 마커 개발, HIV/ADIS-Theranostics 시스템
서린바이오사이언스	질병 예측 DNA 진단키트 개발, 암진단 키트 개발, 유전자 다형성을 이용한 본태성 고혈압의 진단
SNPGenetics	당뇨 합병증 관련 SNP 질환 마커
디엔피바이오텍	폐암 감수성 유전자 마커 개발, 폐암예후예측 개발
프로탄바이오	폐암진단 예후 검증 단백질 마커 개발 및 유용성과 임상검증, 진단키트 개발
차바이오메드	HLA typing 검사, 혈전 및 혈액 특수검사
DNALink	심혈관질환 관련 SNP 바이오마커, 아토피 피부염 관련 치료반응 예측용 질환 마커
바이오메드랩	자궁경부암 진단용 HPV DNA칩 개발, 장바이러스 진단용 약제, 내성분석 결핵균 진단용, 성병 진단용 DNA microarray 개발
디지털오믹스	위염 관련 유전자 발현 질환 마커, 백혈병 진단 질환 마커

부록

근거리 무선통신 기술

A.1 통신 기술 개요

해외를 가게 되면 가장 불편한 것이 와이파이(WiFi) 접속이 불편하다는 것이다. 국내에서는 어디를 가든 마음껏 사용할 수 있던 것인데, 외국에서는 무료로 사용할 수 있는 곳을 찾기가 쉽지 않다. 와이파이가 되는 곳을 찾아도 속도가 느려서 불편하여 한국에서의 인터넷 속도를 그리워하게 된다. 2010년 이전에는 와이파이가 있는 곳을 찾아다니지 않았는데, 아마 스마트폰이 대중화되면서 데이터를 자유롭게 사용하고 싶기 때문일 것이다. 불과 몇 년전만 해도 와이파이라는 용어 자체를 아는 사람이 별로 없었는데, 이제는 삼척동자도 아는 용어가 되어 버렸다. 이것은 분명 스마트폰이 가져다 준 문화의 대변혁이라 볼 수 있다. 스마트폰 이전의 피처폰 시절에 휴대폰은 통화가 주목적이었다면, 스마트폰은 통화보다는 인터넷 검색이라든지 SNS를 한다든지 하는 데이터 통신이 주목적이 된 셈이다. 그래서 그런지 통신사들도 과거에는 통화량에 비례하여 요금을 책정했지만, 지금은 음성통화는 대부분 무료이고 데이터 사용량에 따라 요금을 과금하는 정책으로 변경이 되었다. 따라서 스마트폰 사용자는 요금을 덜 내기 위해 무료 와이파이를 찾을 수밖에 없게 되었다. 기술적으로 보면 와이파이는 근거리 무선통신 기술의 일종이라 볼 수 있다. 근거리 무선통신이란 전파를 정보의 전송 매체로 이용해서 가까운 거리에 있는 각종 정보처치 기기들 사이에 정보를 교환하게 하는 통신을 말한다. 와이파이가 대중화되기 이전에는 기기들 사이에 선으로 연결된 유선통신이었다. 그러나 이동성, 설치 및 확장의 용이성 등 무선의

■ 표 A-1 근거리 무선통신 기술의 비교

<table>
<tr><th colspan="4">구분</th><th>네트워크 범위</th><th>주요 접속방법</th></tr>
<tr><td>유선</td><td colspan="3">광, 동축 및 이더넷 케이블, PLC 등</td><td>케이블로 연결된 통신기술</td><td>유선 접속 케이블을 통해 통신</td></tr>
<tr><td rowspan="6">무선</td><td>WLAN</td><td colspan="2">2.4GHz / 5GHz WLAN</td><td>사무실, 학교 등에서 밀집된 정보통신 기기들간의 통신기술(약 50~100m 이내)</td><td>중계장치(AP)를 경유하여 통신</td></tr>
<tr><td rowspan="2">WPAN</td><td>고속</td><td>UWB</td><td rowspan="2">개인정보 통신 기기간의 통신을 유선에서 무선으로 대체하는 기술(약 10m 이내)</td><td rowspan="2">중계장치(AP) 없이 기기간 직접 통신 (Ad-hoc)</td></tr>
<tr><td>저속</td><td>Bluetooth, ZigBee, UWB</td></tr>
<tr><td rowspan="3">RFID</td><td>전자기장</td><td>UHF, 2.4GHz</td><td>태크와 안테나 사이의 거리가 약 1~100m 범위</td><td>태그와 안테나 사이의 전자기장 통신</td></tr>
<tr><td>인덕티브</td><td>125kHz, 13.56MHz</td><td>태그와 안테나 사이의 거리가 약 1m 이내</td><td rowspan="2">태그와 안테나 사이의 전자기 유도로 통신</td></tr>
<tr><td>NFC</td><td>13.56MHz</td><td>태그와 안테나 사이의 거리가 약 10cm 이내</td></tr>
</table>

장점으로 인해, 오늘날 근거리마저도 무선통신이 유선통신의 자리를 대체하고 있다. 근거리에서의 유선통신과 무선통신의 기술을 비교해 보면 <표 A-1>과 같으며, RFID에 대한 상세한 내용은 19장에 설명되어 있으므로 여기서는 WLAN과 WPAN 기술에 대해서만 언급한다. 현재 가장 많이 사용하고 있는 와이파이, 블루투스(Bluetooth), 지그비(ZigBee) 3개 기술은 <표 A-2>와 같다.

■ 표 A-2 대표적인 근거리 무선통신 기술 비교

항목	WiFi	Bluetooth	ZigBee
기반 기술	IEEE 802.11	IEEE 802.15.1	IEEE 802.15.4
네트워크 구성방식	인프라스트럭처/ 애드-혹	애드-혹 (소규모 네트워크에 적합)	메쉬
통신 거리	50~100m	10m 이내	10~100m
주파수 대역	2.5/5GHz	2.4GHz	868MHz(유럽)/915MHz(미국) 2.4GHz(그외)
전송 속도	54~600Mbps	1~3Mbps	250kbps
복잡도	매우 높음	중간	낮음
전력 소모	높음	중간	낮음
송신 전류	400mA 이상	40mA	25~35mA
대기 전류	20mA	200μA	3μA

A.2 WiFi 기술

와이파이는 하이파이(Hi-Fi, High Fidelity)에 무선기술을 접목한 것으로, 고성능 무선통신을 가능하게 하는 무선랜(Wireless LAN, 줄여서 WLAN이라고 함) 기술이다. 무선랜은 LAN 기반 망과 단말기(예, 스마트폰 또는 태블릿 등) 사이를 전파를 이용하여 전송하는 시스템을 말한다. 유선LAN이 설치되기 어려운 장소에 도입되기 시작한 무선랜은 처음에는 많은 초기투자비용과 느린 속도로 인해 널리 이용되지 못하였다. 그러나 IEEE 802.11b 표준의 무선랜 제품이 11Mbps의 유선랜과 유사한 속도를 제공하기 시작하고 칩 가격이 저렴해짐에 따라 2000년을 기점으로 사용량이 급증하기 시작했다. 초창기 2.4GHz 대역에서 서비스를 제공하던 무선랜은 더욱 빠른 전송속도를 위해 5GHz 대역에서 최대 54Mbps의 속도를 내는 제품이 속속 등장하면서 폭발적으로 확산되었다. 무선랜은 여러 분류 방법에 따라 구분할 수 있으나, 전송방식과 국제표준에 따라 <표 A-3>과 같이 구분할 수 있다. 이것은 시대 흐름에 따라 전송속도를 개선하기 위해 정해진 표준으로 구분된다.

■ 표 A-3 IEEE802.11 무선랜 표준기술 비교

구분	802.11a/b	802.11g	802.11n	802.11ac
표준화 시기	1999년	2003년	2009년	2014년
주파수(GHz)	3.7/2.4	2.4	2.4/5	2.4/5/60
대역폭(MHz)	20	20	20/40	20/40/80/160
데이터 속도(Mbit/s)	1 ~ 54	6 ~ 54	7.2 ~ 150	~ 7000
통신 범위(m)	35	38	70	-

무선랜의 가장 큰 장점 중의 하나는 유선랜에 비해 일정거리 내에서 이동성에 대한 자유로움이 보장된다는 것이다. 가정이나 사무실뿐만 아니라 대학 캠퍼스, 병원, 물류센터, 호텔, 공항에서 무선랜을 이용한 인터넷 서비스를 사용할 수 있게 됨에 따라, 효율적인 학업 및 업무환경 마련에 무선랜을 이용할 수 있다. 무선랜은 <그림 A-1>에서 보듯이 크게 2가지 접속형태가 있다. 하나는 인프라스트럭처(Infrastructure) 모드로 AP(Access Point)나 무선랜 공유기와 같은 네트워크 기기를 통해 통신하는 방법이다. 다른 하나는 애드-혹(Ad-hoc) 모드 또는 피어-피어(Peer-to-peer) 모드라고 하며, PCMCIA 무선랜카드나 USB 타입의 무선랜 어댑터끼리 연결하는 방법이다.

인프라스트럭처 모드는 AP와 무선랜으로 통신을 하여 외부 네트워크와 통신이 가능한 구조로 만든 것이다. 그래서 모든 통신은 반드시 AP를 거쳐서 이루어지며, 무선망을 사용하지만 결국은 유선망 하에서 연동되는 방식이다. 따라서 기존의 유선공유기 사용 환경처럼 중앙에 허브(Hub) 기능을 가진 네트워크 장치를 설치함으로써 하나의 유선초고속 통신망을 여러 대의 PC 또는 단말기를 공유하도록 하여 1개의 IP, 즉 하나의 인터넷 통신망으로 다른 추가 비용 없이 여럿이 AP라는 장치를 통하여 인터넷을 사용할 수 있는 환경을 말한다. 이런 방식은 일반 가정이나 사무실 등에서 하나의 AP를 공용으로 사용해서 여러 사람이 인터넷에 접속을 하기 위한 방식으로 사용하는 모드이다. 인프라스트럭처 모드의 장점은 기존의 유선공유기의 케이블 사용에 따른 번거러움과 이동성의 제약을 없애 버림으로서, 가정이나 사무실 어디에서나 무선랜 기능이 있는 디바이스로 케이블 없는 쾌적한 인터넷 환경을 구축할 수 있다는 것이다.

▲ 그림 A-1 무선랜 접속방법(좌측: 인프라스트럭처 모드, 우측: 에드-혹 모드)

에드-혹 모드는 AP없이 내부 단말기들끼리만 서로 구성된 내부망으로 외부 네트워크와 통신을 할 수 없는 모드이다. 이것은 인터넷에 연결이 불가능하고 각각의 디바이스들끼리만 연결 가능하다는 특징이 있다. 그러나 이러한 단점은 인터넷이 안 되는 상황을 가정할 때, 자료를 공유하기 위한 좋은 방법이 된다. 즉, USB나 메모리스틱 없이도 에드-혹 모드를 활용하면, 여러 대의 디바이스를 가상으로 묶어 자료를 공유할 수 있게 된다는 장점이 있다. 이런 방식은 회사 내부에 있는 하나의 고성능 레이저 프린터를 여러 사람이 공유하는 방식에 적용될 수 있다.

무선랜의 취약점 중의 하나는 전파라고 하는 무선 매체를 이용하기 때문에 집안이나 사무실의 가구배치, 책상과 파티션의 위치에 따라 방사되는 전파의 세기가 달라진다는 것이다. 이로 인해 같은 AP를 이용하고 있다 하더라도 주변 환경에 따라 무선랜의 전송속도가 저하될 수 있다는 점이다. 따라서 무선랜을 설치할 경우에 가장 중요한 것 중의 하나는 주어진 환경에서 적절한 AP의 설치 장소를 설정하는 것이다. 보통 두 개의 벽을 통과하면 신호가 많이 약해져서 인터넷 환경이 불안해질 수 있다. 그리고 무선랜을 이용시 적절한 보안대책을 수립하지 않으면 통신내용의 도청 또는 무선랜의 부정이용 등의 위협이 발생할 수 있다. 통신내용의 도청이란 무선랜에서 주고받는 데이터가 전파를 이용하여 송수신되기 때문에, 무선랜의 보안기술을 적절히 이용하지 않으면 누군가 쉽게 나의 정보를 도청하는 것이 가능하게 되어버리는 경우이다. 또한 보안설정이 되어 있지 않은 AP는 이용가능 범위의 어떤 디바이스로부터의 접속이 가능하게 된다. 이는 무선랜을 이용하여 인증받지 않은 타인이 내 무선랜 AP를 통해 통신을 행하는 부정이용이 가능하다는 것을 의미한다.

얼마전 무선랜 이용으로 문제가 되어 뉴스에 나왔던 사례는 허가받지 않은 임의의 누군가가 무선랜을 부정이용 함으로서, 다른 회사 네트워크에 침입하여 관련 정보를 유출하거나 열람한 경우였고, 실제 실험을 통하여 쉽게 다른 회사네트워크에 접근하는 것을 확인하기도 했다.

이와 같이 「통신내용의 도청」, 「무선랜의 부정이용」은 무선랜을 사용하는 많은 이용자는 큰 피해를 입힐 수 있으므로, 공중 무선랜 서비스 제공자 및 자가 이용자 역시 본인이 처한 환경에서 적당한 보안대책을 수립과 체계적으로 관리하는 것이 중요하다. 시판되고 있는 IEEE 802.11b와 11g 무선랜 표준은 호환성이 제공되기 때문에, 특별한 보안기능을 설정하지 않았다면, 주변 AP에 접속하는 것이 가능하게 되도록 만들어져 있다. 이것은 이용자가 무선랜 제품의 보안설정을 시행하지 않으면, 타인이 마음대로 자신의 통신을 훔쳐보거나 자신의 액세스 포인트에 접속하거나 할 수 있다는 것을 말합니다. 이러한 문제를 막기 위해 현재의 시판되는 무선랜 제품에는 보안기능으로서 <표 A-4>와 같은 기능을 설정할 수 있다.

■ 표 A-4 무선랜 제품의 보안기능

보안 기능	설 명	
WEP	무선랜 통신을 암호화하기 위한 규격으로서, 사용자가 임의의 문자/숫자를 결합하여 WEP 키를 생성한다.	현재의 WEP에는 약간의 취약성이 지적되고 있지만, 가장 간단하게 수행할 수 있는 보안 기능 중의 하나이다.
MAC주소 필터링	AP에 단말의 MAC주소를 등록하고, 등록한 이용자는 통신이 가능하게, 등록되지 않은 이용자는 통신이 불가능하게 만드는 방법이다.	통신기기 고유의 식별자인 MAC주소를 이용하여 AP에 접속 가능한 무선랜 단말을 제한하는 방식으로 MAC주소는 쉽게 확인이 가능하다.
SSID	AP의 SSID를 알고 있는 이용자만이 통신이 가능하고, 모르는 이용자는 통신이 불가능하게 설정하는 방법이다.	SSID는 무선랜의 네트워크 식별자로서 이용되고 있고, AP와 동일한 SSID를 설정한 무선랜 단말만이 해당 AP를 통하여 통신이 가능하다.
IEEE802.1x 인증	암호화 신뢰도가 비교적 높은 방식으로, 자가 이용자보다는 규모가 큰 경우에 활용하는 것이 좋다.	다른 기능보다 더 높은 신뢰성을 보장받는 암호화 방식이며, 인증서버 등을 활용한 보안방법이다. 무선랜단말, AP에 인증서버를 이용하여 이용자 인증과 개별 암호키의 배포 등의 과정을 행하는 방식이다.
WPA	암호화 신뢰도가 비교적 높은 방식으로, 자가 이용자보다는 규모가 큰 경우에 활용하는 것이 좋다.	WEP의 취약성을 보강하기 위해 개발된 보안규격이며, WPA는 하나의 기술에 의한 보안 기능만이 아닌, 이용자 인증을 행하는 IEEE802.1x, 새로운 암호화 방식인 TKIP 등을 조합시킨 신뢰성 높은 보안기술이다.

A.3 Bluetooth 기술

블루투스(Bluetooth)는 작고, 저렴한 가격, 적은 전력소모로 휴대폰, 노트북, 태블릿 등과 같은 휴대용 장치, 가정용 전자제품, PC 주변 장치들을 근거리(10~100m)에서 무선으로 연결하기 위한 하나의 무선 인터페이스 규격 사양이다. 1994년 에릭슨이 최초 개발을 시작한 이 기술의 명칭은 원래 10세기 스칸디나비아 반도의 덴마크 및 노르웨이를 통일한 바이킹 Herald Bluetooth의 이름에서 유래되었다. Herald Bluetooth가 스칸디나비아 반도를 통일한 것처럼 다른 통신장치 기기들 간의 연결을 통일하자는 의미로 프로젝트명으로 사용하던 것이 지금의 브랜드 이름으로까지 확장된 것이다. 곧이어 블루투스 SIG(Bluetooth Special Interest Group)라는 단체가 결성되어 본격적인 개발에 들어갔으며 1999년에 공식 발표되었다. 블루투스는 2400-2483.5 MHz의 주파수 범위에서 동작하며 때문에 같은 2.4 GHz 대역폭을 사용하는 와이파이와 동일한 주파수를 사용하여 사방에 널린 무선 인터넷 신호와 블루투스의 혼선으로 블루투스 기기들, 특히 키보드와 마우스의 연결이 자주 끊기는 경우가 있다. 이후 개선을 통해 전송거리가 증가하고 음질이 향상되었으며, 전력소모가 감소되었다. 오픈 라이센스라서 기술 사용에 라이센스비가 들지 않는 점이 블루투스가 다른 무선방식에 비해 좋은 점 중 하나다. 비허가 대역인 2.4 GHz ISM (Industrial Scientific Medical) 주파수 대역에서 동작하여 출력이 1 mW인 경우는 약 10 m, 출력이 100 mW인 경우는 100 m까지 가능하다.

블루투스는 근거리에서 기기 간에 저전력으로 무선통신을 하기 위한 표준으로 1999년 12월 블루투스 버전 1.0B가 발표된 이후 AFH(Adaptive Frequency Hopping)를 적용한 버전 1.2가 2003년 11월에 채택되었다. 2004년 10월에는 데이터 전송속도를 최고 3배로 향상시킨 2.0+EDR(Enhanced Data Rate), 2007년 7월에는 연결 방식을 간단하게 하고 보안기능을 강화한 SSP(Secure Simple Paring)가 포함된 2.1+EDR이 발표되었다. EDR 기능이 제품에 탑재됨에 따라 기존의 전송속도를 2~3배 향상시켰지만 여전히 스트리밍 서비스 등과 같이 고속데이터의 전송에는 한계를 가졌다. 이러한 한계를 극복하고 기존(EDR)보다 8배 이상 향상된 버전 3.0+HS(High Speed)가 2009년 4월에 발표되었다. 버전 3.0+HS는 기존 블루투스 전송방식을 그대로 사용할 뿐만 아니라 802.11 및 PAL(Protocol Adaptation Layer) 기술을 적용하여 블루투스 기기 간 데이터 스트리밍, 동영상 전송과 같은 대용량의 데이터 전송 서비스가 가능하게 되었다. 또한, 전력 관리 기능을 내장해 이전 버전에 비해 전력소모도 줄일 수 있게 되었다. 2007년 6월 블루투스 SIG(Special Interest Group)는 Wibree 포럼에서 표준화를 진행하고 있던 초저전력 응용기술인 Wibree 기술을 블루투스 규격으로 흡수하면서 블루투스 Low Energy라는 새로운 응용 분야를 개척하면서 2010년 6월에 Low Energy 기술이 탑재된 블루투스 버전 4.0을 발표하였다. 버전 4.0을 사용할 경우 전력소비를 급격하게 줄일 수 있어 스포츠, 헬스케어, 센서, 기기제어 등에 사용 가능한 싱글모드 제품뿐만 아니라 기존 블루투스와 저에너지 기술이 동시에 존재하는 듀얼모드 제품을 만들 수 있게 되었다. 블루투스 저에너지 기술은 기존 블루투스 규격과 비교하여 상대적으로 작은 duty cycle을 가지며 저가격 생산이 가능하고, 저속의 데이터 전송률을 통한 전

■ 표 A-5 기존 블루투스와 저에너지 기술 비교

기술사양	기존 EDR	v4.0 저에너지 기술
RF 채널 수	79	40
데이터 전송속도	1~3Mbps	1Mbps
토폴로지	스캐터넷	스타버스
음성지원	지원	지원하지 않음
데이터 전송시간	100ms	< 6ms
전력 소모	< 30mA	< 15mA
주 응용분야	휴대폰, 헤드셋, PC, 핸드헬드 디바이스 등	휴대폰, 시계, 스포츠, 헬스케어, 센서, 기기제어 등

력 소모를 크게 줄일 수 있어 코인 셀 배터리를 이용할 경우 1년 이상 동작이 가능하다. 또한 디바이스 연결 절차를 간소화하였으며, 패킷 사이즈도 기존 블루투스에 비해 작게 설계되었다. <표 A-5>는 기존 블루투스와 저에너지 기술의 비교이다.

블루투스 4.0은 2010년 6월 30일에 채택되었으며, Bluetooth Low Energy(BLE)라는 새로운 프로토콜이 추가되어 기존 버전들보다 전력을 적게 소모하는 것이 장점이다. 기술에 따라 세 가지로 나눠지는데, 클래식 블루투스(Classic Bluetooth)는 1.0부터 2.1로 이어져온 기존 블루투스 기술이고, 고속 블루투스(Bluetooth High Speed)는 3.0에서 더해진 와이파이를 활용한 HS 고속전송 기술의 연장이고, 저전력 블루투스(Bluetooth Low Energy)는 전력 소모를 최소화하고 배터리 수명을 연장하는데 중점을 둔 새로운 표준이다. 그중 BLE는 전지로 몇 년을 지속할 수 있는 주변기기가 주요 타겟이기 때문에, 속도는 다른 무선 전송 규격보다 상대적으로 느린 편이다. BLE만 지원되는 칩은 Single Mode라고 부르고, 단방향 전송만 지원되는 칩이 탑재된 제품을 Bluetooth SMART라고 부르며, 앞서 설명한 클래식 블루투스(Classic Bluetooth)와 함께 들어있는 칩은 Dual Mode라 하며, 양방향 전송 기능이 탑재된 제품을 Bluetooth SMART READY라고 부른다. 심장 박동 검사기 같은 주변 기기는 Single Mode 솔루션이 탑재되고, 스마트폰 등에는 Dual Mode 솔루션이 탑재되어 있다. 각각 1Mbps와 3Mbps를 지원한다. HS를 지원한다면 24Mbps도 지원한다. 가장 최근에 나왔기 때문에 갤럭시S3와 비슷한 시기에 출시한 스마트폰과 태블릿 컴퓨터, 노트북, 스마트 TV 등에 주로 탑재되어 있다.

2014년 12월 4일에 블루투스 4.2가 발표되었다. 블루투스 4.2의 핵심 업데이트 내용은 크게 3가지로 요약된다. 블루투스 SIG의 보도자료에 따르면, 블루투스 4.2 버전은 기존 4.0 규격 대비 전송 속도가 2.5배 증가했다. 특히 한 번에 보낼 수 있는 패킷 용량이 10배로 늘어나 전송 오류와 배터리 소비를 동시에 잡았다. 데이터를 주고받는 빈도를 조금 줄이는 대신 한 번에 더 많은 정보를 전송해 전반적으로 2.5배의 전송 속도 향상과 효율적인 데이터 전송을 하도록 되어 있다. 블루투스 기기가 IPv6나 6LoWPAN(저전력 무선 사설 네트워크)을 통해 인터넷에 직접 접속할 수 있다는 것도 큰 변화이다. 이것은 블루투스 4.2와 함께 조만간 승인 예정인 'IPSP(Internet Protocol Support Profile)' 기술이 채택되었기 때문인데, 기존 IP 인프라를 갈아 엎을 필요 없이 사물인터넷 기기나 스마트 디바이스가 인터넷에 직접 접속할 수 있어 이전보다 좀 더 유연하게 스마트홈을 구현할 수 있게 될 것으로 예상된다. 또한 사용자의 허락 없이 블루투스 기기 위치를 추적할 수 없게 했는데, 예를 들어, 애플의 아이비콘(iBeacon) 기술을 도입한 매장을 방문하더라도 사용자가 허용하지 않는 한 매장이 사용자의 위치를 마음대로 추적할 수 없다. 미국의 IT매체 아스테크니카가 취재한 바에 따르면 2.5배의 데이터 전송속도 향상은 새로운 하드웨어가 필요하지만,

개인정보보호는 기존 블루투스 기기에 대한 펌웨어 업데이트만으로도 대응할 수 있게 될 예정이라고 한다.

블루투스가 타 무선방식과 비교했을 때 가장 큰 장점이라면 역시 호환성이다. 요즘 나오는 휴대용 전자제품에서는 필수가 되어 블루투스가 지원 안 되는 제품을 찾는 것이 더 어려울 정도다. 그리고 지원기기간의 호환성이 매우 좋은 편에 속해서 간단한 절차를 거치면 연결이 가능하다. 스마트폰이니 노트북에는 기본사양이 된 지 오래되었고, MP3 플레이어뿐만 아니라 냉장고나 TV, 리모콘에도 쓰인다. 문제점이라면 비싼 가격에 비해 성능은 별로라는 점과 배터리 소모가 심하다는 점이다. 하지만 사실 타 무선규격들에 비하면 매우 적은 전력 소모량이다. 블루투스 스테레오 헤드셋의 경우 블루투스의 기술적 한계 때문에 음질이 제한되는데 보통 200kbps 정도가 최대 음질이다. 이렇게 음질이 압축되는 이유는 위에서도 설명했다시피 소비전력 문제 때문이다. 일반 CD음원이 1.4Mbps 수준이므로 소비전력문제만 아니라면 2.X버전에서도 충분히 전송이 가능하다. 하지만 블루투스에 오디오만 연결한다는 보장이 없으며, 전력 소비 문제와 대역폭 문제 등으로 인해 압축 전송을 사용하고 있다.[149]

A.4 ZigBee 기술

지그비(ZigBee)는 소형, 저전력 디지털 라디오를 이용해 개인 통신망을 구성하여 통신하기 위한 표준 기술이다. Zigbee의 어원은 zig-zag와 Bee의 합성어로 벌(bee)이 이리저리 날아다니면서(zig-zag) 다른 벌들과 의사소통을 하는 것에서 착안하여 벌처럼 단순하지만 효율적인 통신을 가능하게 한다는 의미에서 붙여진 이름이다. IEEE 802.15 표준을 기반으로 만들어졌다. 지그비 장치는 메시 네트워크 방식을 이용하여, 여러 중간 노드를 거쳐 최종 목적지까지 데이터를 전송함으로써 저전력임에도 불구하고 넓은 범위의 통신이 가능한 것이 특징이다. 애드-혹 네트워크적인 특성으로 인해 중심 노드가 따로 존재하지 않는 응용 분야에 적합하다. 따라서 지그비는 낮은 수준의 전송 속도만 필요로 하면서 긴 배터리 수명과 보안성을 요구하는 분야에 적합하다. 초당 250kbit의 전송 속도를 가지며, 주기적 또는 간헐적인 데이터 전송이나 센서 및 입력 장치 등의 단순 신호 전달을 위한 데이터 전송에 가장 적합하다.

응용 분야에는 무선 조명 스위치, 가내 전력량계, 교통 관리 시스템, 그 밖에 근거리 저속 통신을 필요로 하는 개인 및 산업용 장치 등이 있다. 지그비 표준은 블루투스나 와이파이 같은 다른 WPAN 기술에 비해 상대적으로 더 단순하고 저렴한 기술을 목표로 만들

149. 나무위키, https://namu.wiki/w/%EB%B8%94%EB%A3%A8%ED%88%AC%EC%8A%A4

어졌다. 유럽에서는 868 MHz, 미국 및 오스트레일리아에서는 915 MHz, 그리고 세계 대부분 지역에서 2.4 GHz 무선 주파수를 사용한다. 데이터 전송 속도는 868 MHz 주파수 대역에서 초당 20 킬로비트, 2.4 GHz 주파수 대역에서 초당 250 킬로비트 정도이다. 지그비는 IEEE 802.15.4 표준을 기반으로 한 무선통신 기술로 데이터를 250 kbps 속도로 10~100 m까지 전송할 수 있으며, 단일 네트워크에 최대 6만 5,000개의 무선기기를 연결할 수 있다. 주된 응용분야는 <그림 A-2>와 같이 빌딩자동화, 개인 헬스케어, 공장자동화, 주거지역 관리, PC와 주변기기 및 가전제품 등에 사용될 수 있다.

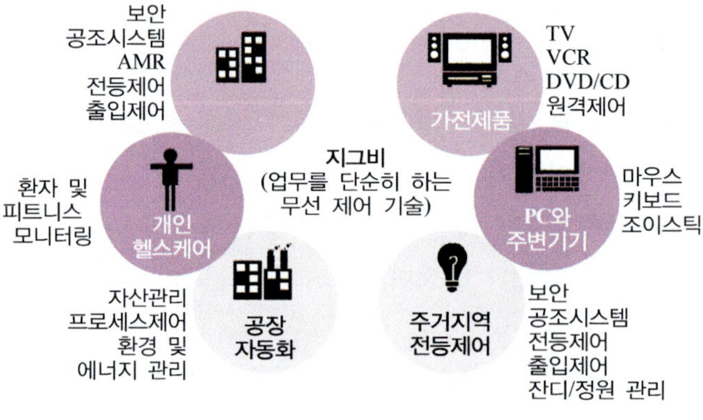

▲ 그림 A-2 지그비의 응용분야

A.5 소물인터넷 통신 기술

사물인터넷에서 사용되는 무선통신은 대용량의 통신이 아니고 아주 기본적인 소용량의 통신이 주를 이룰 것으로 예측되고 있으며, 이런 추세를 가리켜서 사물인터넷이란 용어 대신에 소물인터넷이 스마트홈의 주요한 통신 수단이 될 것으로 예측하고 있다. 이제까지 통신 기술은 모두 성능이 높은 곳으로 지향점을 두었으나, 사물인터넷의 무선통신 기술은 이와는 전혀 정반대의 사고 인식이 필요하다. 향후 '저성능'에 주목할 필요가 있다. 만물인터넷이라는 마케팅 용어를 만든 Cisco에서는 향후 추가적으로 연결될 대상으로 냉장고, 세탁기와 같은 가전제품과 조명기기 등 이미 연결되고 있는 기기들뿐만 아니라 숟가락(손떨림 보정, 리프트웨어), 젓가락(유해음식 판별), 유리컵(칼로리 및 음료량 측정)까지도 포함될 것으로 예측하고 있다. 제품 자체가 직접 연결될 수도 있지만 연결 기능에 충실한 작은 기기인 동글(Dongle)과 함께 더 많은 소물들이 연결된다고 볼 수 있다. 저성능 컴퓨팅 파워 기반의 소물들이 연결된 소물 인터넷은 기존의 PC, 스마트폰, 태블릿PC 등으로 연결된 환경과는 다를 것으로 예상된다.

기존의 스마트 기기들은 한 기기에서 더 많은 기능들을 융합하여 구현할 수 있어야 하므로 고성능 컴퓨팅 파워가 필요하다. 그리고 사용 주체가 사람이기 때문에 사람이 생산, 소비할 수 있는 멀티 미디어 콘텐츠 중심으로 활용되어 왔다. 그래서 기기의 스크린은 크면 클수록 사용성이 좋고 대용량 데이터를 송수신하기 때문에 데이터 전송속도는 빠르면 빠를수록 좋다. 이에 반해 소물인터넷은 저성능 기반의 소물들이 주변 환경을 능동적으로 감지하는 등 그 주체가 사람이 아니라 사물인 연결 환경이다. 저성능 컴퓨팅 파워 기반의 소물들이 생성한 데이터의 저장과 분석은 소물에 저장되기보다 대용량 저장소인 클라우드에서 진행될 것으로 보인다. 그래서 네트워크는 소량 · 저속이어도 그리고 스크린은 없어도 무방할 것으로 보인다. 이와 같은 소물통신용 기술을 줄여서 LPWAN(Low Power WAN)이라고 한다.[150]

LPWAN 통신환경을 구축한 선두기업은 프랑스의 시그폭스(Sigfox)다, 시그폭스는 UNB (Ultra Narrow Band)라는 기술을 사용하여 별도의 기지국 또는 중계 장비 없이 다양한 사물에 칩셋 기반의 통신모뎀을 연결, 가까운 거리에서 꼭 필요한 데이터들만 주고받을 수 있도록 하면서 별도의 망 구축비용과 전력 소모를 최소화하는 방법이다. 도시 지역은 3~10 km까지 전송이 가능하고, 교외 지역은 30~50 km까지 전송이 가능하며, 시야가 확보된 경우에는 1,000 km도 가능하다고 한다. 주파수 할당 대가를 내지 않고도 활용할 수 있도록 정부가 남겨놓은 '비면허 주파수 대역'을 활용해 자유롭게 서비스를 제공할 수 있다. 일반적인 셀룰러, 와이파이 등 모바일 망은 일반 사용자들이 전화를 하거나 멀티미디어 콘텐츠 소비를 지원하는 것에 최적화되어 있지만 소물인터넷이 현실화되기 위해서는 소형 배터리의 저성능 컴퓨터로 구동되는 사물들을 위한 전용망이 필요하다. 시그폭스는 저렴하게 많은 기기를 수용할 수 있는 서비스를 지향하고 있다. 시그폭스는 비면허 주파수 대역을 사용하며 하루에 최대 12바이트짜리 메시지를 140회까지 사용할 수 있는 서비스이다. 또 이들은 기기 당 연간 1달러에서 12달러 사이의 요금제로 서비스를 제공하고 있다. 예를 들어 스마트 주차시스템을 구축하려면 차량과 주차 공간 모두에 와이파이 또는 3G 모뎀을 각각 설치할 수도 있으나, 시그폭스 방식을 활용하면 동전 크기의 통신센서(배터리 내장형)를 차와 주차공간에 설치하면 그것들이 기존의 이동 통신 기지국과 직접 연결된다.

이러한 방식은 온도와 습도 제어장치, 가로등, 주차, 교통 센서, 에너지 측정(전기/수도/가스 스마트 미터), 산업/상용/홈 자동화(HVAC 제어, 스마트 가전, 보안 시스템, 조명), 시청률 조사 장비 등에 활용될 수 있을 것으로 전망된다. 이러한 기술력을 인정받아 삼성전자와 2015년 6월 프랑스 파리에서 지분 투자계약을 맺었으며, 삼성전자는 <그림 A-3>

150. LG Business Insight, "저성능의 소물인터넷이 IoT의 지평 넓힌다", 2015년 2월 4일

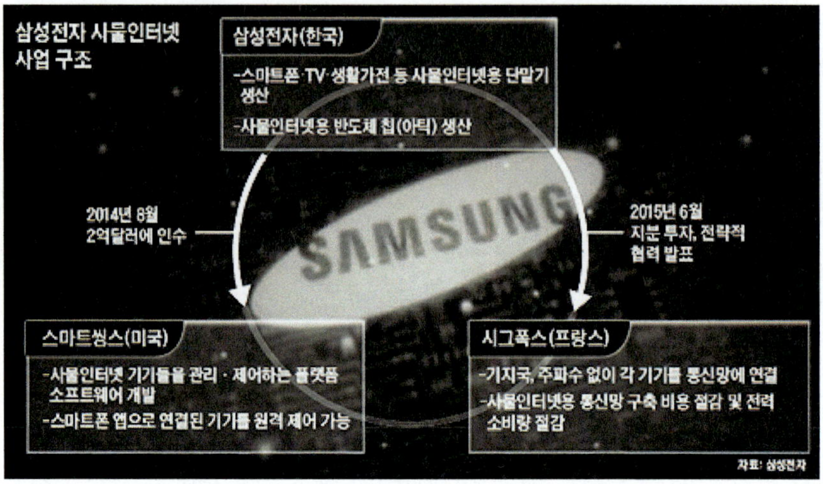

▲ 그림 A-3 삼성전자가 그리는 사물인터넷 사업 구조

과 같이 사물인터넷 사업 구조에서 시그폭스의 기술을 충분히 활용할 계획이다. 또한 미국 인텔, 스페인의 텔레포니카, 한국의 SK텔레콤 등이 이 회사에 총 1억 1500만 달러(약 1286억원)를 투자했다. 프랑스 벤처기업으로는 사상 최대 규모의 투자 유치라고 한다.[151]

LPWAN 분야에 떠오르는 또 다른 기술로 '로라 얼라이언스(LoRa Alliance)'가 있다. 로라 얼라이언스는 소물들을 연결하는 IoT 전용 통신 기술인 저전력 장거리 통신기술과 해당 기술이 적용된 제품 개발을 위해 조직된 다국적 연합체다. 로라 LPWAN은 16km 이상의 범위에서 10년 이상 지속되는 배터리 수명으로 사물인터넷과 M2M(Machine to Machine) 무선통신을 구현하고 수백만 개의 무선 센서 노드를 게이트웨이에 연결할 수 있다. 네덜란드 1위 이동통신 사업자 KPN, 스위스 1위 이동통신 사업자 스위스콤(Swisscom) 등 유럽 주요 이동통신 사업자와 IBM, Cisco, 셈텍(Semtech) 등 주요 하드웨어 · 소프트웨어 업체 약 50여개 업체가 로라 얼라이언스 회원으로 활동 중이며, 아시아에서는 SK텔레콤이 2015년 7월에 가입하였다. SK텔레콤은 아시아 이동통신 사업자 최초로 로라 얼라이언스에 가입해 기술 개발 작업에 적극적으로 참여할 계획이다. 또한 향후 해당 기술을 도입한 글로벌 통신 사업자 간의 협력체계를 구축하고, 서비스 및 제품 공동 개발을 추진할 방침이다.

'저전력 장거리 통신 기술'은 통신 거리가 수십km로 넓고, 전력 소모가 적어 단말기 배터리 수명이 수년간 유지되는 장점을 지니고 있다. 업계 전문가들은 초고속/광대역 네트워크를 필요로 하는 기존의 스마트 기기 연결 환경과는 다른 별도의 '소물인터넷' 만의 생

151. 조선 비즈, http://biz.chosun.com/site/data/html_dir/2015/06/16/2015061603953.html

태계가 생성될 것으로 전망하고 있어, 세계 유수의 기업들이 관련 기술 개발에 큰 관심을 보이고 있다. 향후 SK텔레콤은 ▲ 스마트홈 연동 계량기 개발 ▲ 자전거 관제 및 위치 추적 솔루션 ▲ 빅데이터를 통한 상권 분석 ▲ 스마트 가로등 관제 등에 로라 얼라이언스의 '저전력 장거리 통신 기술'을 적용해 연내 소물인터넷 시범사업을 본격적으로 추진할 계획이다. 또한 시범사업 운영을 통해 얻은 노하우 및 개선점에 대한 의견을 로라 얼라이언스에 지속 개진해 전 세계 소물인터넷 기술 진화 및 생태계 구축을 선도해나갈 것이라고 SK텔레콤은 밝히고 있다. 로라 기술은 3G 및 4G 셀룰러 네트워크에 비해 임베디드 애플리케이션이 더 높은 확장 가능성과 비용 효율성을 가질 수 있도록 하고, 이 기술을 활용하면 열악한 실외 환경에서도 안정적으로 작동할 수 있으며 광범위한 저속 무선 모니터링 및 제어 설계에 매우 적합하다.[152]

LPWAN에 Weightless SIG도 열심히 활동 중에 있다. 이 기구는 유휴주파수를 활용한 M2M 표준 기술을 개발·확산하기 위해 구성된 영국 캠브리지에 기반을 둔 비영리 국제 표준기구이다. 다른 LPWAN 기술은 수용자가 오직 단일 기지국 공급자 및 단일 네트워크 운영자를 선택하도록 국한시킨 것에 반해, Weightless SIG는 개방 표준형을 지향하고 있다. 모든 회사가 로열티 없는 Weightless 기술을 이용함으로써 저비용으로 기지국과 단말기를 개발할 수 있는 것을 목표로 하고 있으며, 주파수간 간섭 완화와 보안 강화를 위한 주파수 호핑 알고리즘을 이용하여 좁은 주파수 대역 내에서 송수신이 가능하도록 만든 기술이다. 표준은 암호화와 내면의 암시적 인증에서 고안되었으며, 128비트 AES 알고리즘을 통해 송신된 정보를 인코딩하기 위해 공유 비밀암호 체계를 사용한다. 또한 단말기의 메시지를 정확한 목적지로 전달하도록 자동적으로 경로를 설정(라우팅이라고 함)하는 네트

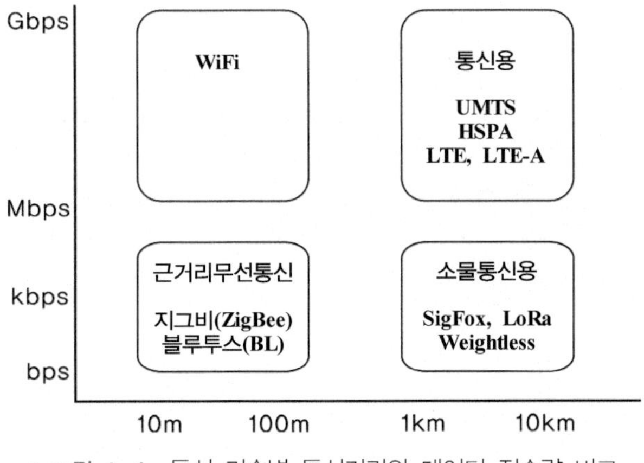

▲ 그림 A-4 통신 기술별 통신거리와 데이터 전송량 비교

152. SK텔레콤 홍보자료, http://www.sktelecom.com/press/detail.do?idx=3600

워크 이동성을 지원하고 있다.153. 이와 같은 무선통신 기술별 통신거리와 데이터 전송량의 비교는 <그림 A-4>와 같다. 소물통신에 적용된 LPWAN 기술은 2000년대 초에 유행했던 지그비 통신에 비해 확실한 강점을 가지고 있다.

이와 같은 소물통신이 확산되기 위해서는 무선 주파수 관련 정부의 정책적인 지원도 병행되어야 한다. 다행히 2015년 6월에 미래창조과학부에서 스마트홈과 원격검침 등 LPWAN용 기술 개발에 필요한 '용도 자유대역' 약 8 GHz 폭의 공급 방안을 마련하였다. '용도 자유대역'이란 출력 등 기기간 혼선 방지를 위한 최소한의 기술 수준만 만족하면, 허가나 신고 없이 자유롭게 사용할 수 있는 주파수 대역을 의미한다. 기존 주파수는 대부분 용도를 한정해서 사용했지만, 다양한 기술과 서비스 수요에 유연하게 대응하고 창의적인 융합 신산업이 창출될 수 있도록 용도 자유대역 주파수를 확대한다는 일환이다. 국내 주파수 이용현황을 토대로 해외동향과 산업계 수료를 고려하여 저대역과 고대역에 걸쳐 '용도 자유대역' 주파수를 추가 공급함으로써 ICT 신산업 활성화를 위한 다양한 서비스 활용이 가능하도록 할 전망이다.

<표 A-6>과 같이 저대역인 262~264 MHz 대역은 스마트홈과 원격검침 등 LPWAN 서비스로 사용하고, 고대역인 24~27 GHz 대역은 소출력 레이더 및 5세대 이동통신용 모바일 백홀 등으로 활용할 예정이다. 또 초고대역인 65~66 GHz 대역은 초고속 대용량 영상 전송용(WiGig), 122~123 GHz와 244~246 GHz 대역에서는 의료영상진단 및 보안검색 등으로 활용할 계획이다. 국내의 900 MHz, 2.4 GHz, 5.8 GHz 대역은 완전 용도자유대역은 아니나, 블루투스, 지그비 등 IoT용으로 이미 용도 자유대역과 유사하게 활용 중이다.154.

■ 표 A-6 용도 자유대역 주파수 공급 대역

구분	국제동향	활용전망
262~264 MHz (2 MHz 대역폭)	협대역 디지털 통신 및 군용에 이용	원격검침 및 스마트홈 등 장거리 IoT 서비스 등 활용 가능
24~27 GHz (3 GHz 대역폭)	• 물체감지센서, 차량충돌방지레이더 등 이용 • 광대역 무선통신, 무선탐지, UWB 기기 등에 이용	소출력 레이더, 5G 이동통신용 모바일 백홀(스몰셀) 등 활용 가능
66~66 GHz (2 GHz 대역폭)	무압축 대용량 영상전송, 고해상도 레이더 등 이용	무압축 대용량 영상전송, 근거리 고해상도 레이더 등 활용 가능
122~123 GHz	초고속 통신, 의료영상진단, 보안검색 등 관련 연구개발 진행 중	20년 이후 기술발전에 따라 다양한 소출력 기기 상용화 예상
244~246 GHz		

153. TTA, "해외 ICT 표준화 동향" 2015년 5월, 4주차
154. 미래창조과학부 보도자료, http://www.msip.go.kr/, 2015년 6월 25일

A.6 NFC 기술

NFC란 NFC 통신 전용칩을 이용하여 10cm 이내 근거리에서 13.56MHz 대역으로 데이터를 양방향 통신할 수 있는 비접촉 근거리 무선통신기술이며, 2002년 네덜란드의 NXP반도체와 일본의 소니가 공동으로 개발한 RFID(Radio Frequency IDentification) 기술의 한 영역이다. RFID의 경우 한쪽이 태그(Tag)를 가지고 있으면 그 반대쪽은 정보를 읽고 해석하는 리더기(Reader)가 필요했다.

그러나 NFC에는 <그림 A-5>와 같이 이런 두 가지 기능이 모두 탑재되어 양방향 무선 데이터 통신이 가능한 것이 특징이다. 기존의 콤비칩은 RF 태그 기능만 탑재되어 있어 별도의 동글 리더기에서 읽기 기능을 통해 모바일 신용카드를 인식할 수 있었으나, NFC 통신 전용 칩이 내장된 NFC 폰은 RF 리더 및 P2P(Point to Point) 커뮤니케이션 기능이 가능하여 폰이 리더기의 역할도 수행할 수 있다. NFC는 대표적인 비접촉식 근거리 무선기술을 모두 포괄함으로써 출입통제, 가전, 체크인 시스템, 헬스케어, 정보수집, 쿠폰, 결제, 교통 등 다양한 분야에 활용이 되고 있다. 스마트폰 간, PC와 스마트폰 간, 일반 가전제품과 스마트폰 간 등 NFC를 지원하는 모든 기기 사이의 직접적인 데이터 통신을 간단하게 한 번의 접촉을 통해 처리가 가능하다. 또한 RFID 태그가 부착되어 있는 자료에 NFC 스마트폰을 접촉하여 직접적인 정보획득이 가능할 뿐만 아니라 관련 웹 사이트로의 연결까지 제공함으로써 새로운 서비스 연결이 가능하다. 그리고 NFC는 비접촉식 스마트 카드기술과 보안기술을 접목해 안전한 모바일 결제방식에 사용되고 있다.

RFID 기술은 전파를 이용해 먼 거리에서 정보를 인식하는 기술로 정의되며, RFID 태그, 리더, 안테나 3가지 부품으로 구성되어 있다. RFID는 태그의 안테나와 리더의 안테나가 전파를 이용하여 데이터를 주고받는 통신을 수행하는 원리이다. RFID 태그 안에 내장

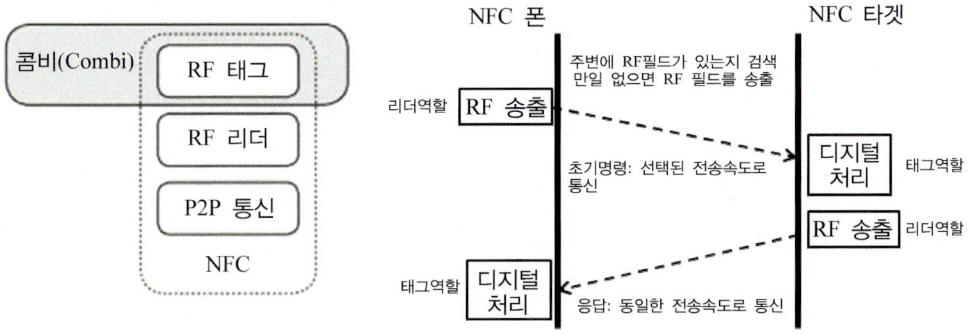

▲ 그림 A-5 NFC 내부 블록도 및 동작 프로세스

된 IC칩이 기동하여 칩 안의 정보를 신호화하여 태그의 안테나로 신호를 발신하고, 리더는 태그로부터 발신된 정보 신호를 안테나를 통해 수신하여 디지털 처리를 한다.

RFID는 ISO18000의 규정에 따라 태그의 전원 공급방식에 따라 수동형, 능동형, 반수동형으로 구분된다. 수동형은 리더의 안테나로부터 전자기 유도 에너지로부터 전원을 공급받아 정보를 교환하는 방식이며, 반수동형은 태그에 건전지가 내장되어 있어 칩의 정보를 읽는 데는 건전지의 전원을 이용하고 통신에는 리더기의 전원을 사용하는 방식이다. 그리고 능동형은 칩의 정보를 읽고 그 정보를 통신하는 데 모두 그 태그의 건전지 전원을 사용하며 전자기(Electromagnetic) 방식으로 정보를 교환하는 방식이다. 따라서 수동형은 통신거리가 짧고 능동형은 통신거리가 길다. 그리고 사용하는 주파수도 정해져 있는데, <표 A-7>과 같이 125/134 kHz를 사용하는 LFID(Low Frequency ID), 13.56 MHz를 사용하는 HFID(High Frequency ID), 433.92 MHz와 860~960 MHz 대역을 사용하는 UHFID(Ultra HFID), 그리고 2.45 GHz를 사용하는 MFID(Microwave Frequency ID)로 구분된다. 또한 각 주파수별 사용용도는 <표 A-8>과 같다.

■ 표 A-7 RFID 태그 주파수별 특성 비교

구분	LF	HF	UHF	UHF	Microwave
	125/134KHz	13.56MHz	433.92MHz	860~960MHz	2.45GHz
표준화	ISO18000-2	ISO18000-3	ISO18000-7	ISO18000-6	ISO18000-4
전원 공급	수동형	수동형	능동형	반수동형	반수동형
Data rate	1 kbit/s	25 kbit/s	30 kbit/s	30 kbit/s	100 kbit/s
인식 거리	~ 0.5m	~ 1.0m	~ 100m	~ 10m	~ 1m
특성	물은 투과하나, 금속은 투과하지 못함		물과 금속 투과 못함	많은 정보저장	높은 데이터 전송율
인식 속도	저속 ↔ 고속				
환경 영향	강인 ↔ 민감				
태그 크기	대형 ↔ 소형				

■ 표 A-8 주파수 대역별 서비스 현황

분류	125~134 kHz	13.56 MHz	433.92 MHz	860~960 MHz	2.45 GHz
인증관리	○			○	○
출입관리	○	○	○	○	○
자산관리	○	○	○	○	○
위치추적	○	○			
공정관리	○	○		○	○
동물관리	○	○			
교통카드 (요금징수)		○		○	
주차관리		○		○	
의료관리		○			
물류관리		○		○	○
모바일 RFID				○	
기타				○	

태그에는 RFID 칩이 동작하는데 필요한 전원과 태그의 안테나를 통해 무선 신호를 송신하는데 필요한 전원을 공급할 수 있도록 안테나와 칩이 연결되어 있다. 전원 공급 방식에 따라 수동형과 능동형은 통신원리가 완전히 다르다. <그림 A-6>과 같이 수동형은 상호유도 방식으로 동작하는 방식(좌측 그림으로 Inductively Coupled 방식이라고 함)이고, 능동형은 전자기파를 이용한 방식(우측 그림으로 Electromagnetic Wave 방식이라고 함)이다. 수동형은 저주파 RFID에 적용되는 원리로서 RFID 태그 안에 내장된 안테나가 리더로

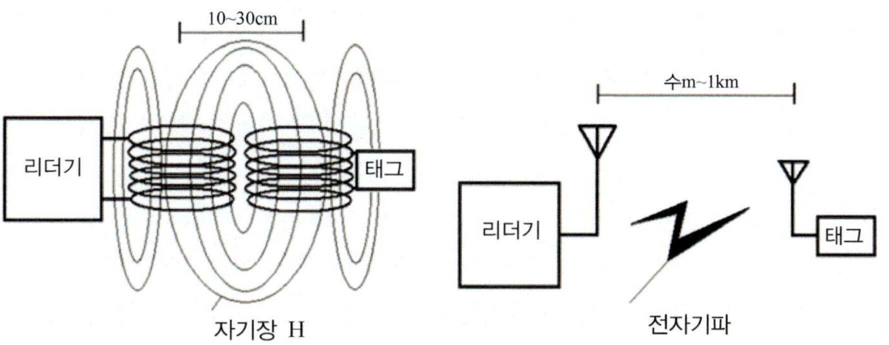

▲ 그림 A-6 RFID 신호 통신 방식

부터 전파를 수신하면 RFID 태그에 탑재된 IC칩은 태그 안의 안테나로부터 공급되는 미세한 전류로 동작되며, 칩 내부의 정보를 무선 신호화하여 리더로 데이터를 송신한다. 반면, 전자기파 방식인 능동형은 전파통신과 같이 전파전송 원리를 이용한 것이다. 리더기에서 전송되는 마이크로파 전기장 신호를 태그가 수신하며, 수신된 신호를 디지털 처리한 후 다시 리더기로 반송하는 방식이다. 이 방식은 UHF 이상에서 사용되며 데이터 전송속가 높고 인식거리도 저주파에 비해 매우 길다.

RFID의 태그는 각각의 개체에 대한 정보를 담고 있는 RFID IC칩이 탑재되어 있는데, RFID IC칩에는 각각의 고유번호를 가지며 제품에 따라 정보를 저장할 수 있는 메모리 영역이 있다. 읽고 쓰기 기능에 따라 읽기 전용형, 한번 쓰고 여러 번 읽기형(One Time Programming, OTP), 읽기/쓰기형이 있다. 읽기 전용형은 태그의 IC칩 내에 제조시 제조사에서 프로그래밍 된 내용이 탑재되어 있으며 이 정보내용은 변경이 절대 불가하다. 이것은 가격이 저렴하고 쓰기 과정이 필요없는 공정에 활용된다.

OTP형은 사용자가 데이터를 1회만 쓰기 가능한 형태이다. 그리고 읽기/쓰기형은 사용자 누구나 쓰기 기능이 가능하며, 가장 다양한 분야에 적용이 가능한 태그 방식이다. RFID 리더기는 태그에게 정보를 보내도록 명령을 하고, 태그로부터 정보를 받아 사용자가 저장하고 사용하는 장소로 정보를 송신하는 기능을 수행한다. 이러한 기능을 수행하기 위해 RFID 리더기에는 신호의 발신 및 수신과 데이터 디코딩을 하는 부분을 포함하고 있으며, 호스트 컴퓨터와 RS-232 또는 TCP/IP 등으로 통신할 수 있는 인터페이스가 내장되어 있다. RFID 안테나는 각각 리더기와 태그 두 곳에 설치되어 있으며, 리더기와 태그 간의 무선신호 송수신을 하는데 중요한 역할을 한다. 일반적으로 저주파 및 고주파용 안테나는 원형 코일 또는 원형 형태의 패턴으로 제작되며, 초고주파 및 마이크로파의 안테나는 평면형으로 송수신부로 나누어져 만들어진다.

NFC는 RFID 기술을 활용한 스마트 카드식 비접촉 무선통신 기술이며, 스마트 카드에 비하여 양방향성을 가지고 있으며 메모리 공간이 크며, 적용 가능한 서비스의 폭이 넓은 특징이 있다. NFC 통신 동작 방식에는 RFID와 마찬가지로 능동 모드와 수동 모드가 있다. 능동 모드는 발신기(리더기 역할)와 목표기(태그 역할)가 모두 스스로 생성한 RF 필드를 사용하여 통신하는 방식으로 리더와 리더간 P2P 통신을 가능하게 해 준다. 수동 모드는 발신기가 RF 필드를 생성하고 발신기의 명령에 응답하여 리더와 태그 사이에 통신을 하는 방식이다. 스마트폰에서 사용 중인 NFC의 통신 유형에는 대표적으로 카드 에뮬레이션 모드, 읽기/쓰기 모드, P2P 모드가 있다. 카드 에뮬레이션 모드는 전통적인 비접촉 IC카드와 같이 일종의 수동형 태그로서 기기 내 저장하고 있는 정보를 외부의 능동형 리더기에 데이터를 전송하는 방식이다. 이는 NFC 기기 내 카드 정보 탑재를 통한 비접촉 결제 기능뿐만 아니라 교통카드 기능, 출입통제와 같은 접근 제어 기능, ID카드 등의 사용자 인증

기능 등 다양한 분야에 응용되고 있다. 읽기/쓰기 모드는 외부의 수동형 태그정보를 능동형 NFC 기기가 읽어 들이거나 정보를 입력하는 방식이다. 디지털 콘텐츠 등의 데이터 접근, 결재용 POS기 등에 응용되고 있다.

마지막으로 P2P모드는 능동형 NFC 기기가 상호 통신하는 형태이며, 손쉽게 기기 간 데이터 교환이 가능하다. P2P모드는 전자적 형태의 명함, 연락처 정보, 디지털 사진, URL 등의 데이터 교환이나 블루투스와 WiFi 연결을 위한 셋업 파라미터 교환 등에 활용 가능하다. 다만, 통신속도가 그다지 빠르지 않기 때문에 소량의 데이터 송수신에 활용되고 있다. NFC 통신방식은 3가지 모드를 지원하기 때문에 NFC 디바이스는 매우 다양한 방법으로 사용할 수 있다. 스마트폰이 교통카드, 문 열쇠 등으로 동작(카드 애뮬레이션 모드), 미술관과 박물관 등에서 작품에 스마트폰을 가까이 가져가면 해당 작품의 소개로 연결하기, 스마트 카드 결제 단말기(읽기/쓰기 모드), 휴대폰 간 명함교환(P2P 모드) 등이 가능하다. 그리고 통신거리가 매우 짧기 때문에 보안 문제도 간단해지고, 통신을 위한 초기 셋업 시간이 0.1초 이하로 매우 짧은 것이 최대의 장점이다.[155]

통신거리가 10cm라는 거리의 제약은 오히려 NFC가 다른 근거리 통신 방식에 비해 더 편리하면서도 안전한 통신이라는 장점이 되고 있다.

<표 A-9>는 대표적인 기능에 따른 근거리 무선통신 기술간 비교이다.

■ 표 A-9 근거리 무선통신 기술간 특징 비교

구분	NFC	블루투스	ZigBee	IrDa(적외선)
접속 방식	P2P	P2P (Multi Point)	Star, P2P	P2P
칩셋 가격	낮음	보통	낮음	낮음
RFID 호환	가능	불가능	불가능	불가능
최대통신범위	20cm(평균 10cm)	약 10m	10~20m	약 10m
전송 속도	106~848 kbs	~24 Mbps	~250 kbps	~4 Mbps
통신설정시간	0.1초 미만	~6초	-	~0.5초

155. (사)개방형컴퓨터통신연구회, “13.56MHz 대역 RFID의 ID 및 OID 적용방안 연구”, 한국인터넷진흥원, 2011년

참고문헌

Chapter 01 센서의 물리적 개념

- Chapter 1, "Handbook of Modern Sensors", Jacob Fraden, 4th Edition, Springer
- 정용택, "센서물리학 개론", 1장, 2013년 9월, 홍릉과학출판사
- 지식경제부, 전자산업과, "센서산업 발전전략", 2012년 12월 14일 보도자료
- Yole사 "센서세계시장 보고서", 2010년
- iTers News, "Freescale, Oracle join forces to set a standard for IoT infrastructure", 2013. 11.14.
- 정용택, "센서물리학 개론", 2장, 2013년 9월, 홍릉과학출판사
- BIPM 홈페이지, www.bipm.org/en/si/new_si/
- 국가표준기본법 시행령, 대통령령 제22534호, 2010.12.20. 공포, 시행

Chapter 02 광 센서

- 홍석민, "전자광학 영상센서", 물리학과 첨단기술, January/February, 2006
- (주)오이티, "야간투시경 영상증폭관 KIT-7 가속 수명 시험법 개발 및 신뢰성 향상", 최종보고서, 산업자원부, 2007
- 허영, 전성채, 진승오, "디지털 X-ray용 센서기술 및 동향", 물리학과 첨단기술, 2007
- "방사선 계측기술 및 중성자 계측기 기술 개발 현황", 기술현황분석보고서, 한국원자력연구소, 2002년

Chapter 03 CMOS 이미지 센서

- www.dcmcafe.co.kr
- 박상식, "CCD/CMOS 이미지 센서", 두양사, 2009년
- 삼성반도체 이야기, http://samsungsemiconstory.com/642
- Panasonic, Digital Canera Lumix, http://av.jpn.support.panasonic.com/support/global/cs/dsc/knowhow/knowhow12.html
- www.deviewelectronics.com, Solutions Guide
- 이문규, "현실과 가상의 절묘한 조화", IT동아, http://it.donga.com/21422/

Chapter 04 열화상 이미지 센서

- http://en.wikipedia.org/wiki/infrared
- Astheimer, R.W., Handbook of Infrared Radiation Measurements, Barnes Engineering Co., Stanford, CT, (1983)
- Bramson, M.A., Infrared: A Handbook for Applications, Plenum Press, New York, (1966)
- Sirica 홈페이지, 기술자료, "A New Approach for Quantum Infrared Detection at Room Temperature"
- Hunter, Scott R, etc., Proc. of the SPIE, "High-sensitivity uncooled microcantilever infrared imaging arrays", vol. 5074, p. 469 (2003)
- http://www.flir.com/iploadedFiles/Eurasia/Cores_and_Components/Technical_Notes/uncooled%20detectors%20BST.pdf
- "Uncooled Infrared Imaging Market 2012", Yole Development, (2012)
- FLIR사 홈페이지, http://www.flir.com/thermography/americas/us/view/?id=43988
- "Seeing Photons: Progress and Limits of Visible and Infrared Sensor Arrays", National Academy of Science, 2010
- Marc P. Hansen and Douglas S. Malchow, "Overview of SWIR detectors, cameras, and applications", Proc. of SPIE vol.6939
- "적외선 센서의 최신 기술동향", 홍릉과학출판사, 정용택, 2014년
- Al Naboulsi, et al., "Propagation of Optical and Infrared Waves in the Atmosphere"
- http://www.mmwconcepts.com/, MMW Concepts company website. Accessed 9 August 2012
- 정용택 이학박사학위 논문, "HgCdTe 반도체의 조성", 동국대학교, 1998년
- Hamamatsu photonics home page, technical paper
- Chattopahyay et al., Materials Science and Engineering, R 69 (2010), pp. 1-35

Chapter 05 온도 센서

- Omega사 Homepage, http://www.omega.com/thermocouples.html
- NIST 홈페이지, http://srdata.nist.gov/its90/main/
- "적외선 센서용 볼로미터 박막의 성능평가 발법", 한국정보통신기술협회, 2010년
- Wikipedia, http://en.wikipedia.org/wiki/Emissivity
- Measurement Specialties, http://www.meas-spec.com, model TS318-5C50, (2011)

Chapter 06 습도 센서

- 방기석, “습도측정 및 습도센서”, (주)공보엔지니어링

Chapter 07 압력 센서 및 로드셀

- 이유성, 히스코센서, “압력의 측정방법”, 제1회, 월간계장기술, 2004년 2월 www.procon.co.kr/pdf/2004%202/2004%202-te-1.pdf
- http://en.wikipedia.org/wiki/Barometer
- http://benvalle.com/Pressure/Pressure.html
- http://www.aviationweather.ws/012_Atmospheric_Pressure.php
- http://www.infoplease.com/cig/weather/pressure-getting-to-you.html
- http://www.instrumentationtoolbox.com/2013/08/how-to-calibrate-pressure-gauge-with.html#axzz3PnSMbGGD
- Charles S. Smith, “Piezoresistance Effect in Germanium and Silicon”, Physical Review, vol.94, No.1, (1954)
- 정귀상, “마이크로 압력센서의 기술동향”, 전기전자재료학회지, vol.8, No.1, (1995)
- http://sastramech.blogspot.kr/2013/04/resistance-strain-gauge.html
- http://soliton.ae.gatech.edu/people/jcraig/classes/ae3145/Lab2/strain-gages.pdf
- Omega사 홈페이지, http://www.omega.com/prodinfo/loadcells.html
- “Strain gauges and load cells”, Data Sheet, RS Components, 1997
- http://www.ni.com/white-paper/3642/ko/

Chapter 08 유량 및 레벨 센서

- http://www2.spiraxsarco.com/kr/pdfs/steam-engineers-data - book/B-4-4.pdf
- 지식경제부 고시 제2009-78호, 환경부, “유량계 설치 및 유지관리에 관한 지침”
- http://www.EngineeringToolBox.com
- “Transactions in Measurement and Control, Flow & Level Measurement”, vol. 4, Omega
- 이철호, “이야기로 다시보는 프로세스 계측”, C&J, 2007년 11월
- 최성현, “최근 코리올리 질량 유량계의 원리와 구조”, 기획특집, 제어계측, 2010년
- Azosensors.com Staff Writers, “Design of MEMS Based Mass Flow Meter”, http://www.azosensors.com/Article.aspx?ArticleID=277
- 송병학, “산업용 열식질량유량계의 활용”, 기획특집, C&I, 2009년 2월
- 두산백과, 수표교 자료, http://terms.naver.com/entry.nhn?docId=1115975&cid=40942&categoryId=33383
- 남기민, 고려대학교, “제 14 장 레벨센서” 강의 자료

- Yunus A. Cengel and John M. Cimbala, "Fluid Mechanics: Fundamentals and Applications", Chapter 5, 3rd Edition, McGraw-Hill, 2014

Chapter 09 가스센서 및 화재감지기

- 무역위원회, 한국전자산업진흥회, "센서 산업 경쟁력 조사", 2005년
- 변형기 외 3인, "MEMS기술로 제작된 가스센서 어레이를 이용한 유해가스 분류를 위한 간단한 통계적 패턴인식방법의 구현", J.of the Korean Sensors Society, Vol.17, No.6, (2008)
- (주)인바이런먼트 리딩 테크놀러지, 소방방재청 2010년 보고서, "신개념 화재감지용 CO & CO_2 멀티가스 감지기 개발에 관한 연구과제"
- InfraTec Homepage, http://www.infratec-infrared.com
- CTR Home page, "www.ctr.at"
- 행정자치부고시 제2004-20호, "자동 화재탐지설비의 화재안전기준"
- "가스센서 시장동향", 연구성과실용화진흥원, vol.42, 2016년 11월

Chapter 10 MEMS 센서

- Trens-Tek, Inc., 기술자료
- 서상윤 외 3명, "압전저항형 멤스센서를 이용한 진동 측정용 3축 센서 시스템의 최적화 설계", 한국소음진동공학회 논문집, 제23권 제12호, 2013
- STMicroelectronics사 Homepage
- 전자신문, 2015년 6월 1일, http://www.etnews.com/20150617000280
- 조영연, "주목받는 실내 내비게이션 기술, 어떤 것들이 있을까?", http://platum.kr/archives/21956
- Niklaus's Blog, "스마트폰을 위한 실내 측위 기술"
- 허수정 외1인, "지구 자기장 기반의 Fingerprint 실내 위치추정 방법 연구", 한국통신학회논문, vol.38C, No.01, 2013
- 마이크로소프트 홈페이지, http://www.xbox.com/ko-KR/Kinect

Chapter 11 물리보안용 센서

- Freedonia, Frost & Sullivan, IDC 2011년 자료
- The Freedom Group, Inc. 2005년
- 정용택, "물리보안용 센서의 원리와 응용", (주)인포더, 2012
- Murata사 Home Page, "www.murata.com/products/sensor/index.html"
- Fresnel Technologies, Inc. Home Page, "www.fresneltech.com"

- Optex사 Home Page, "www.optex.co.jp"
- http://www.sicurit.com, Absolute Plus Catalogue
- "Opportunities in the World Perimeter Intrusion Detection Systems Market", Frost & Sullivan, 2010, April.
- http://www.irisys.co.uk/queue-management/download-tesco-case-study/

Chapter 12 공기질 관리 센서

- 김현호, "환경 대기중의 아황산가스 계측기술", 한국표준과학연구원 환경계측그룹, 2002년

Chapter 13 수질관리 센서

- 이철호, (주)그린텍아이엔씨, "수질 계측의 최근 동향 및 수질다항목 측정기", 제어계측, 2009년 1월
- KEITI, 측정분석 장비장치분야 기술동향보고서, "환경기술 기술동향보고서-수질센서/환경칩 기술동향", 2011년
- 환경관리공단, "정수장 자동측정설비의 정도관리방안 수립을 위한 연구", 2003년 8월
- 이재선, 코비환경연구소, "미생물 연료전지 원리를 이용한 바이오센서 기반의 BOD 연속자동측정기 및 생물감시장치", 계장기술, 2014년 6월

Chapter 14 비접촉식 거리측정 센서

- Global Auto News, 2012년 6월 26일, 지능형 안전 자동차를 위한 인지기술, http://global-autonews.com/bbs/board.php?bo_table=bd_013&wr_id=660&page=11
- 정용택, "적외선 센서의 원리와 응용", pp137, (주)인포더, 2012년
- 김재기, "레이저 기술의 군사적 응용", 물리학과 첨단기술, January/February, 2006
- 레이저 장치의 안전요건에 관한 안전인증 기준 (S3-C-26-2001)
- Stanley Robinson, "Active Electro Optical Systems" (SPIE Optical Engineering Press, Washington USA, 1993), Chap.2.
- 김종덕, 권기구, 이수인, "LiDAR 센서 기술 동향 및 응용", 전자통신동향분석 제27권, 제6호, 한국전자통신연구원, 2012년 12월
- 위드로봇(주), 김도윤, Media Contents, "스테레오 영상을 처리하는데 있어 발생하는 이슈", http://www.ntrexgo.com/archives/2280

Chapter 15 생체인식 기술

- 한국정보통신기술협회, "위조지문 탐지기술", 2010년
- 임철수, "위치이동에 무관한 홍채인식을 위한 웨이블릿 변환기술", 정보처리학회논문지B, 제10-B권, 제4호, 2003년
- 김재희, "홍채인식기술의 현황과 응용", 시큐리티월드 특집
- 전자신문, "구글, 얼굴인식률 99.96%, 어디에 쓸까?", http://www.etnews.com/20150322000015
- 한국인터넷진흥원, "CCTV기반 얼굴검출 및 인식 시스템 보안 프레임워크에 관한 연구", 수탁기관 경북대학교 산학협력단, 2009년 7월
- 이형지, "외부변화에 강인한 다단계 이진화와 Hu 모멘트 기반 얼굴인식에 관한 연구", 인하대학교 대학원 전자공학과 박사학위 논문, 2004년
- 장순석, "HMM 음성인식 알고리즘의 분석", 공학기술논문지, 제3권, 3호, 2010년

Chapter 16 스마트 자동차

- IT World, 2016년 1월 8일, http://www.itworld.co.kr/slideshow/97357?slide=5#stage_slide
- 조선비즈, http://biz.chosun.com/site/data/html_dir/2013/12/23/2013122304631.html
- 스틸메이트 홈페이지, http://www.steelmate.kr
- 베타뉴스, 2013년 11월 20일, http://m.betanews.net/bbs/read.html?num=586339
- 전자신문, 2013년 3월 6일, http://www.etnews.com/201306050301
- 한국산업기술진흥원, "MIT가 제시하는 2015년 10대 혁신기술", 2015년 8월 10일
- GEAR Insight, "차선이탈 경보시스템과 주행 조향보조시스템", 2015년 7월 28일
- iT DongA, 2015년 3월 9일, http://it.donga.com/20570/
- http://www.robonable.jp/news/2011/12/denso-1202.html
- KOTRA, 해외정보비즈니스정보포탈, global window, "일, IT활용 졸음운전 방지로 교통사고 줄인다", 2013년 10월 4일
- http://www.47news.jp/smp/korean/economy/2015/01/106219.html
- http://www.earlyadopter.co.kr/13601
- 한겨레 신문, 2015년 6월 28일, http://www.hani.co.kr/arti/economy/economy_general/697860.html
- The Science Times, http://www.sciencetimes.co.kr/?news=구글-무인차아직은-갈-길-멀어

Chapter 17 바이오 센서

- http://wordlesstech.com/wishbone-smallest-non-contact-smart-thermometer/
- Thermodo 공식 홈페이지, http://thermodo.com/
- 템프트락 홈페이지, https://www.temptraq.com/
- http://bizion.mk.co.kr/bbs/board.php?bo_table=tech&wr_id=142
- 안원식, 김진태, "무채혈 혈당 측정기의 혈당 측정 원리: 혈당 검출방법 중심으로", J. Biomedical Engineering Research 33: 114-127 (2012)
- http://www.diabetesnet.com/diabetes-technology/meters-monitors/future-meters-monitors/onsens
- http://phys.org/news/2015-01-tattoo-like-sensor-glucose-painful-finger.html
- 최윤섭 홈페이지, http://www.yoonsupchoi.com/2014/01/26/google-smart-contact-lens-fo/
- http://www.yonhapnews.co.kr/bulletin/2015/07/16/0200000000AKR20150716057100009.HTML
- 위키디피아, https://en.wikipedia.org/wiki/String_galvanometer
- http://www.yoonsupchoi.com/2014/03/09/alivecor_three_innovations/
- http://bizion.mk.co.kr/bbs/board.php?bo_table=tech&wr_id=172
- 정보통신기술진흥센터, 최신 ICT동향, file:///C:/Users/user/Downloads/166603.pdf
- https://mocacare.com/
- 안면천 외 4인, "홀소자를 이용한 손목착용 맥진기의 혈압추정 알고리즘", J. Kor. Magnetics Society, Vol.20, No.3, (2010)
- http://webzine.snuh.org/PostView.jsp?b_idx=994&wzCateCode=d
- http://www.hani.co.kr/arti/science/science_general/660904.html
- 자원메디컬, http://jawon.com/korean/tec1/principles-of-bia.html
- http://www.ilovepc.co.kr/news/articleView.html?idxno=9861
- http://www.chosun.com/economy/news/200611/200611010603.html
- 김기윤, 원경훈, 최형진, "캡슐 내시경의 기술적 특징과 동향", 한국통신학회논문지, Vol.37C, No.04 (2012)
- KHIDI, "캡슐내시경 국내외 시장분석", 의료기기산업지원실, 한국보건산업진흥원, 2014년 8월
- 특허청 보도자료, "질병의 조기발견 도우미, 진단키트", 2004년 3월 19일
- 손종구 외 3인, "바이오마커의 최근 시장동향 분석", Biomaterials Research (2010) 14(2)
- http://www.monews.co.kr/news/articleView.html?idxno=54483

- 한국과학기술원, KISTory, “숨만 쉬면 끝, 호흡분석 질병진단센서 등장”, 2013년 6월 5일 http://kiststory.tistory.com/946
- http://www.sciencetimes.co.kr/?p=134125&cat=36&post_type=news
- http://biz.chosun.com/site/data/html_dir/2013/08/16/2013081601309.html

부록 근거리 무선통신 기술

- 나무위키, https://namu.wiki/w/%EB%B8%94%EB%A3%A8%ED%88%AC%EC%8A%A4
- LG Business Insight, “저성능의 소물인터넷이 IoT의 지평 넓힌다”, 2015년 2월 4일
- 조선 비즈, http://biz.chosun.com/site/data/html_dir/2015/06/16/2015061603953.html
- SK텔레콤 홍보자료, http://www.sktelecom.com/press/detail.do?idx=3600
- TTA, “해외 ICT 표준화 동향” 2015년 5월, 4주차
- 미래창조과학부 보도자료, http://www.msip.go.kr/, 2015년 6월 25일
- (사)개방형컴퓨터통신연구회, “13.56MHz 대역 RFID의 ID 및 OID 적용방안 연구”, 한국인터넷진흥원, 2011년

찾아보기

저자 소개

정용택

이 책을 저술한 정용택 박사는 국방과학연구소와 삼성 에스원 등에서 약 30여년간 센서관련 분야를 연구한 센서 전문가이다. 이러한 연구개발의 경험을 바탕으로 물리보안센서, 적외선센서, 온도센서, 압력 및 유량센서, 사물인터넷용 센서 등 센서 관련 기술전문서적을 총 7권 출간하였다. 이 중에서 2013년에 출간된 "센서 물리학 개론"은 2014년 문화체육관광부 주관의 우수도서로 선정되었으며, 2016년에 출간한 "사물인터넷 – 스마트센서로 정복하다"는 2017년 대한민국학술원 주관의 우수도서로 선정되었다. 현재 센서에 관심이 있는 기업 및 기관을 대상으로 기술 컨설팅에 주력하고 있으며, 한국원자력통제기술원 물리적방호기술위원, 경기도 산학연 과제 평가위원, 미래창조과학부 산하 국가연구시설장비진흥센터의 장비심의평가단 등의 활동을 하고 있다.

센서 관련 저서는 다음과 같다.

1. 물리보안용 센서의 원리와 응용, 인포더북스, 2012년 5월
2. 적외선센서의 원리와 응용, 인포더북스, 2012년 6월
3. 센서물리학 개론, 홍릉과학출판사, 2013년 9월
4. 적외선센서의 최신 기술 동향, 홍릉과학출판사. 2014년 6월
5. 최신 온도센서 기술동향, 홍릉과학출판사. 2015년 2월
6. 압력센서, 유량센서, 레벨센서의 기본원리, 공감북스, 2015년 8월
7. 사물인터넷 – 스마트센서로 정복하다, 공감북스, 2016년 5월

센서원리 및 응용기술

발 행 일 • 2017년 7월 20일

저 자 • 정 용 택
발 행 자 • 최 봉 조
발 행 처 • 진샘미디어
주 소 • 서울시 은평구 연서로 5길 28 부호아파트 102동 상가5호
전 화 • 02)353-4421 / FAX 02)353-4431
홈 페 이 지 • www.jinsaem.co.kr

신 고 번 호 • 제311-2005-000025호
I S B N • 979-11-85504-86-5 93560

정가 33,000원